土木建筑国家级工法汇编

（2005～2006 年度）

下　册

住房和城乡建设部工程质量安全监管司
中国建筑业协会　主　编

中国建筑工业出版社

目 录

下　册

附录

上置式针梁钢模混凝土衬砌施工工法

YJGF271—2006

中国水利水电第十四工程局

王仕虎　陈炳兴　邱东明

1. 前　言

在水利水电工程中，水工隧洞占地下工程建筑大部分，其结构上不仅要考虑围岩压力，而且要考虑内水压力，要求表面光滑平整，糙率低，一般采用混凝土衬砌。20世纪90年代以前，隧洞混凝土衬砌常采用拱架（钢、木）配合小模板（钢模、木模）进行衬砌，对于地质条件差的地段，常采用开挖一段，浇筑一段的方法。这样不仅施工质量得不到保证，而且施工进度缓慢。自新奥法的概念深入我国的地下工程技术界后，初期支护不仅解决了围岩稳定问题，而且是作为永久支护的一部分，就混凝土衬砌安排在隧洞开挖支护结束后进行。

从广东省广州抽水蓄能电站（下称广蓄电站）到目前正在施工的广东惠州抽水蓄能电站（下称惠蓄电站），中国水利水电第十四工程局（下称水电十四局）不断进行科技创新，通过对以往传统针梁模板成功经验的基础上进一步改进创新，从最初的小断面、水平隧洞施工发展到今天的上置式、大直径、有坡度（最大可达8％）针梁钢模，施工工艺日趋成熟。在惠蓄电站输水平洞中利用上置式针梁钢模进行混凝土衬砌取得了成功，新型上置式针梁钢模配合底拱翻转模板人工抹面进行全断面混凝土衬砌施工工艺的成功应用，使隧洞混凝土衬砌表面平顺、光洁，能实现混凝土作业的高效、优质、安全、并达到节省人工、材料及减轻劳动强度的目的，在国内水电水利工程施工中尚属首例。

2. 工 法 特 点

2.1　节约时间、加快进度

针梁钢模是隧洞混凝土衬砌机械施工的一种重要设备，上置式针梁钢模配合底拱翻转模板人工抹面进行全断面混凝土衬砌施工工艺一次成形浇筑混凝土，取消了水平施工缝。在2小时内可以完成钢模的定位和校正工作，节约了立模和处理施工缝的时间，改善了混凝土外观的整体成形质量。同时，针梁钢模上有配套的风、水、电、混凝土振捣设备，缩短了浇筑混凝土的准备过程。因此，大大加快了隧洞衬砌施工速度，月浇筑进度可达16块（144m），月浇筑强度可达3600m³。

2.2　节省材料和劳动力、降低成本

针梁钢模与过去传统的人工立模相比，省掉了大量劳动力，降低了工人的劳动强度。钢模的行走、定位、振捣都配有相应的设备，对混凝土浇筑各工序的人员都大为减少，比传统采用拱架立模的方法节省约劳动力30％。再者，劳动强度和施工环境的改善，有利于施工人员的安全和健康。其次，针梁钢模为整体运动，模板损耗率低，周转次数多，节约了大量的钢材、木材，有利用环保要求，具有明显的社会效益。

2.3　隧洞成形质量好

针梁钢模的模板接缝经特殊处理，防止了模板接缝间的漏浆，混凝土成形后，外观平滑，无漏浆，混凝土密实性好。另外由于钢模刚性好，稳定性高，保证了混凝土设计体型和施工安全。消除了模板移动变形等不良现象和施工安全隐患。

上置式针梁钢模采用针梁上置，解决传统针梁钢模（针梁下置，底拱模板呈封闭状）浇筑混凝土

时底部气泡孔难以根除的问题，避免由于混凝土中存在的气孔在高速水流条件下产生气蚀破坏，确保混凝土的内在与外观质量。

3. 适 用 范 围

适用于水利水电地下工程纵坡小于12%的圆形输水平洞混凝土衬砌施工。

4. 工 艺 原 理

针梁钢模是靠针梁和模板组之间的相对运动来实现模板的位移。固定针梁，模板便可在针梁上沿隧洞纵轴线方向前后移动；固定模板，针梁便可在模板中沿隧洞纵向前后穿行。当进行隧洞混凝土衬砌时，利用针梁及其前后支腿形成一简支梁，承载模板组和混凝土施工荷载，因针梁处于圆形断面模板组的中间，模板可以合成一封闭的圆筒状，进而满足进行全断面衬砌需要，具有良好整体抗应变能力。针梁的主要作用是通过挂架和行走装置，完成与模板间的相对运动以及针梁钢模整体行走。

为解决传统针梁钢模浇筑混凝土时底部气泡孔难以根除的问题，上置式针梁钢模采用针梁上置，下部留出较大的施工空间；底拱3m范围采用翻转模板，在混凝土初凝前翻起翻转模板，人工辅助抹面，极大地方便了施工操作。

5. 施工工艺流程及操作要点

5.1 施工工艺流程

隧洞针梁钢模施工工艺流程见图5.1。

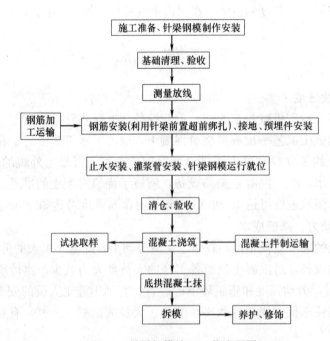

图5.1 针梁钢模施工工艺流程图

5.2 操作要点

5.2.1 施工程序安排

基岩面验收→针梁支座预留段钢筋安装（钢筋利用上块混凝土施工时针梁前置已绑扎）、灌浆管、止水、接地安装→针梁钢模就位、校模→堵头模板封堵、验收→混凝土浇筑→脱模。其中基岩面验收、顶拱钢筋安装两道工序超前，不占用直线时间，所以每循环各道工序时间如下：

① 预留段绑扎钢筋、灌浆管、接地安装：3h；

② 针梁钢模就位、校模、堵头封堵：9h；

③ 混凝土浇筑和脱模：36h。

浇筑一块混凝土共需48h（2d）时间，每月可浇筑混凝土15块，即135m。充分显示了针梁钢模配套设备的优越性。

5.2.2 针梁钢模安装及运行

1. 针梁钢模的构造

针梁钢模主要有模板组、针梁、支腿装置、挂架和行走装置、液压系统等五个部分组成，参见图5.2.2-1～图5.2.2-3。

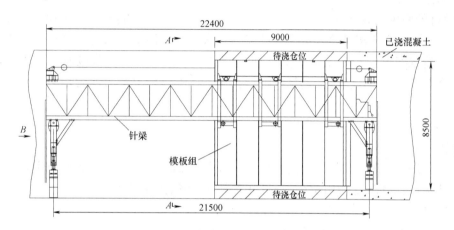

图5.2.2-1 针梁钢模结构布置图（单位：mm）

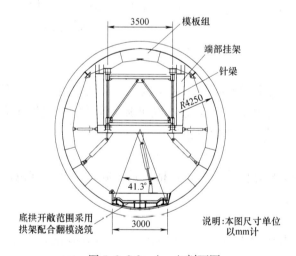

图5.2.2-2 A—A剖面图

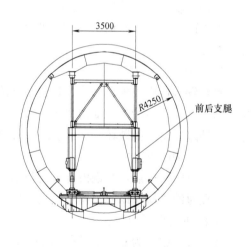

图5.2.2-3 B向立面图

针梁钢模的牵引方式采用电动葫芦牵引，配置液压操作台1个，油箱容积300L，支腿液压缸四个，横向移动采用丝杆装置。模板组分边模和顶模三大块，边模为2114.3°，顶模为90°，底拱41.3°为开敞范围，边模与顶模为铰接连接，在模板组底拱103°及顶拱155°处分别对称开两排450mm×600mm窗口，可供进料、进人以及检查之用。每排3个，共计12个窗口。

2. 针梁钢模操作原理

针梁钢模在完成一个仓位的衬砌后，将继续转移到下一个待浇仓位施工，是一个相同工序的不断循环过程，其工作循环程序如下：针梁运行→放置支腿→脱模→下降针梁→模板运行→立模→模板定位→浇筑混凝土→收回支腿→针梁运行（下一循环）。

立模：模板就位后，扳动丝杆装置使模板对中，然后升支腿、侧模油缸，到位后，将手动撑杆上紧；

脱模：拆去手动螺旋撑杆及上、下撑杆，先收底模油缸，然后再收侧模油缸，最后降下支腿油缸完成脱模；

移动：模板和针梁之间的相对运动使用电动链条葫芦进行，模板就位后针梁上部两端的电动链条葫芦应与模板拉紧，以保证模板不自由移动。

3. 注意事项

1）立模前，必须检查隧洞开挖轮廓，不允许出现欠挖。

2）针梁移动前，检查支腿是否回到位，支架上的辅助支撑、针梁中间支撑是否已松开，挂架上的行走轮是否在轨道中部。

3）在浇筑好的底拱混凝土面上移动针梁时，针梁的荷载由模板传至混凝土面，模板受力沿针梁移动方向逐渐增加，于混凝土浇筑块末端模板的受力最大，由于混凝土未达到设计龄期强度，易把端头混凝土压裂，若待混凝土有足够强度，等待时间过长又满足不了施工工期要求。所以在模板端头加两根手动撑杆，在针梁行走时，把手动丝杆与地面撑牢，使整个模板受力均匀，从而避免端头混凝土被模板压裂。

5.2.3 灌浆管埋设及封堵

1. 施工程序

灌浆管施工程序为：测量定位→切割下料（采用 ϕ50 黑铁管）→外端口封堵→绑扎定位→内端口封堵→检查→油漆标记→浇筑过程中的保护→打开管口→灌浆前管口保护。

2. 位置与角度

按设计图纸中的位置及角度参数严格确定灌浆管安放位置、角度。

3. 下料长度

下料长度根据设计位置和实际超挖情况确定，要求灌浆管的外端口抵到岩面，内端口距设计混凝土衬砌表面3cm。下料时应注意：根据所测量的尺寸，长短搭配进行，使单根灌浆管原材料的余料最短。

4. 内外端口的封堵

灌浆管端口应妥善封堵，以防混凝土流进管内引起堵塞，外端口用水泥包装纸堵塞，内端口用海绵卷塞紧。外端口堵塞长度为20cm，内端口海绵堵塞长度为6～7cm，这样既可避免灌浆管在模板就位时因受到过度挤压而破坏，又可使海绵有充分的伸缩余地保证与钢模紧贴。

5. 检查和标记

灌浆管安装好后，在钢模台车就位前，逐一认真检查安装质量是否合格，是否漏埋。并用红色油漆涂抹在海绵外端头以便脱模后能立即找到灌浆管口位置。

6. 浇筑过程中的保护

浇筑过程中，为避免灌浆管移位、破坏，严禁仓内作业人员踩踏灌浆管。在人可入仓的情况下，应检查浇筑过程中灌浆管是否移位或出现其他不良情况，并及时采取措施进行纠编复位和保护。

7. 找出灌浆管

脱模移模后，及时找到并打开灌浆管口，出露的管口严禁投入杂物，尤其是钢筋头和铁件。底拱部分已找出的管口必须进行保护以防杂物掉进孔内将灌浆管堵死。

5.2.4 混凝土衬砌主要工艺说明

1. 基础清理

先检查基础面是否有欠挖，对于局部欠挖用风镐处理，大面积欠挖则采用钻孔爆破处理。欠挖处理完毕后，用高压水枪或高压风枪冲洗岩面，保持岩面清洁湿润、无松散石渣、灰尘及杂质。

2. 止水条、接地扁钢安装

止水条安装是一件细致的工作，首先在先浇筑块端堵头模板（1/2 衬砌厚度处）钉一圈与止水条尺寸大小相适的木条，拆除堵头模后及时取出木条形成键槽，然后将已浇筑端堵头表面清理干净，沿键槽用小钢钉将橡胶止水条固定在已浇筑混凝土端堵头上，钢钉间距为 0.5m，参见图 5.2.4-1。

接地镀锌扁钢布置于隧洞底板以上 1.3m（高压隧洞1.5m）的混凝土衬砌内。镀锌扁钢每隔 10m 与结构钢筋用电焊连接，在混凝土分块处穿出堵头模板，镀锌扁钢焊接时，其搭接长为扁钢宽度的 2 倍，扁钢与钢管外壁焊接时，焊接长度不小于 10cm。

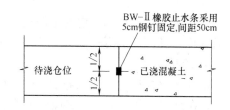

图 5.2.4-1　止水条安装示意图

3. 钢筋安装

各浇筑块由现场技术人员按图纸要求开出钢筋下料单，在钢筋加工厂加工制做。为防止钢筋运输和施工中出现混乱，每一型号的钢筋必须作好记号并挂牌明示，受力钢筋连接采用焊接连接，分布钢筋采用绑扎搭接，绑扎和焊接的搭接长度按施工技术规范要求执行，运至现场的钢筋必须按编号分开堆放，并在其下部垫上枕木，并用彩条布进行遮盖，防止钢筋变形和污染。

隧洞钢筋分底拱和边顶两部分进行安装，边顶钢筋安装利用上块混凝土施工时针梁前置超前安装，边顶拱钢筋安装完成后，再进行针梁前支腿处底拱预留钢筋安装。为使钢筋安装到设计位置，施工中设立架立筋作为钢筋的支撑架。架立筋由深入岩石的锚筋和锚筋上焊接的水平纵向钢筋组成，架立筋采用 $\phi20$ 钢筋，每仓采用 10 排锚筋。架立筋安装好后即可进行受力钢筋和分布钢筋的安装，钢筋保护层利用 50mm×50mm×30mm 的混凝土预制块进行控制。

4. 混凝土拌制、运输、入仓、浇筑

混凝土按监理工程师批准的混凝土配合比进行拌制，并在浇筑现场进行混凝土试块取样，用 6m³ 搅拌车水平运输至工作面，混凝土在运输过程中不得发生分离、泌水及过多降低坍落度等现象。当气温为 20~30℃时，运输时间不应超过 45min，气温 10~20℃时，不应超过 60min，5~10℃时，不应超过 90min。

混凝土入仓采用泵送入仓，入仓坍落度按 12cm 控制，出机口坍落度根据天气情况和运距的变化及时调整。入仓由低向高分次序进行，见图 5.2.4-2。要求将混凝土导管铺设在针梁上进行腰线以下部位混凝土输送，底拱敞开范围采用从针梁上吊溜筒至仓面入仓，或接混凝土导管至仓面退管法入仓，如下图①-1~3；腰线以下模板封闭范围采用从针梁上搭溜槽至模板窗口②、③入仓；腰线以上部分改用退管法④-1~2 接溜槽入仓，要求每块混凝土下料点不少于两个。浇筑过程中保证两侧对称下料，高差不大于 50cm，以确保钢模的稳定。

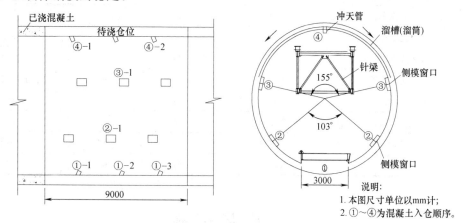

图 5.2.4-2　混凝土入仓次序图

针梁钢模上装有 36 个附着式振捣器，浇筑顶拱时主要靠附着式振捣器振捣，边拱浇筑根据仓面大小由人工进入仓内采用插入式振捣器振捣或在窗口采用插入式振捣器振捣。

5. 抹面、压光

底拱采用人工抹面，混凝土浇筑结束后，应充分掌握抹面时机，混凝土刚开始初凝且在终凝之前及时抹面。抹面用混凝土原浆，严禁人工拌砂浆抹面。抹面过程中严禁外来水流入仓面内。

6. 养护

混凝土终凝后开始喷水养护，使其保持湿润状态，底拱混凝土可采用麻布覆盖。养护时间不少于28d，在高温季节，可采用表面流水养护混凝土，这样有利于表面散热。

5.3 工艺改进

因底拱均为圆弧状，在实际浇筑过程中，混凝土初凝前自身由于底部开敞部位的存在而难以自稳，混凝土顺着洞身圆弧形下滑堆积在底部，致使开敞部位刮模施工和抹面难度增大，振捣和抹面时机不容易掌握，遇堆积量过大时，需停仓待凝来处理，影响了浇筑速度和混凝土施工质量。

根据上述情况，对上置式针梁钢模进行局部改进，在开敞部位设置加工弧形钢模，模板的尺寸大小以方便人工拆卸为宜，采用定型钢管拱架做模板背楞，拱架间距每隔75cm一榀。浇筑时将底部翻模安装好，进行浇筑，待混凝土浇筑至腰线部位时（具体时间根据混凝土初凝情况确定），将底模翻起，利用混凝土原浆进行底拱开敞部位抹面，这样大大加快了混凝土浇筑速度和保证混凝土内在和表观质量。

5.4 劳动力组织

劳动力组织情况见表5.4。

劳动力组织情况表 表5.4

工种	管理人员	技术员	安全员	质检员	模板工	混凝土工	钢筋工	电焊工	电工	驾驶员	测量工	杂工	合计
人数	2	1	1	1	5	9	7	3	2	3	2	2	40

6. 材料与设备

本工法无需要特别的材料，采用的机具设备见表6。

主要机具设备表 表6

序　号	设备名称	型号及规格	单　位	数　量	用　途
1	拌合站	HZS50	座	1	用于拌制混凝土
2	混凝土拖泵	HBT60A	台	1	输送混凝土入仓
3	混凝土搅拌运输车	6m³	辆	3	水平运输混凝土
4	载重汽车	10t	辆	1	长货箱用于运输钢筋
5	针梁钢模	9m长、φ8.5	套	1	混凝土衬砌
6	插入式振捣器	φ50	台	6	振捣混凝土
7	附着式振捣器		台	36	安装于钢板上振捣混凝土
8	污水泵	80WG	台	3	抽排施工废水
9	钢筋弯曲机	GW40-1	台	1	钢筋加工
10	钢筋切断机	GQ50-1	台	1	钢筋加工
11	电焊机	AX5-500	台	6	钢筋加工

7. 质量控制

7.1 工程质量控制标准

隧洞衬砌混凝土施工质量执行《水电水利基本建设工程单元工程质量等级评定标准》（第1部分：

土建工程），混凝土单元工程的质量标准由基础面或混凝土施工缝、模板、钢筋、混凝土浇筑工序及混凝土外观等的质量标准组成。

1. 基础面或施工缝检查项目和质量标准按表 7.1-1 执行。

基础面或施工缝检查项目和质量标准　　　　　　　　　　　　　　　表 7.1-1

项　次	检　查　项　目		质　量　标　准
主控项目	1. 基础岩面	建基面	无松动岩块
		地表水和地下水	妥善引排或封堵
	2. 软基面	建基面	预留保护层已挖除,地质符合设计要求
	3. 混凝土施工缝	表面处理	无乳皮、成毛面、微露粗砂
一般项目	1. 基础岩面	岩面清洗	清洗干净、无积水、无积渣杂物
	2. 软基面	垫层铺填	符合设计要求
		基础面清理	无乱石、杂物,坑洞分层回填夯实
	3. 混凝土施工缝		清洗洁净、无积水、无积渣杂物

2. 模板质量检查项目和质量标准按表 7.1-2 执行。

模板质量检查项目和质量标准　　　　　　　　　　　　　　　表 7.1-2

项　类	检　查　项　目		质　量　标　准	
			外露表面	隐蔽表面
主控项目	1. 稳定性、刚度和强度		符合模板设计要求	
	2. 结构物边线与设计边线	外模板	0、-10mm	15mm
		内模板	+10mm、0	
	3. 结构物水平截面内部尺寸		±20mm	
	4. 承重模板标高		+5mm 0	
一般项目	1. 模板平整度	相邻两板面高差	2mm	5mm
		局部不平(用 2m 直尺检查)	5mm	10mm
	2. 模板缝隙		2mm	2mm
	3. 模板外观		规格符合设计要求,表面光洁、无污物	
	4. 脱模剂		质量符合标准要求,涂抹均匀	
	5. 预留孔洞	中心线位置	5mm	
		截面内部尺寸	+10mm、0	

注：1. 外露表面、隐蔽内面系指相应的混凝土结构物表面最终所处的位置。
　　2. 高速水流区、流态复杂部位、机电设备安装部位的模板,除参照表中要求外,还必须符合有专项设计的要求。

3. 混凝土浇筑质量检查项目和质量标准按表 7.1-3 执行。

混凝土浇筑质量检查项目和质量标准　　　　　　　　　　　　　　　表 7.1-3

项　类	检　查　项　目	质　量　标　准	
		优　良	合　格
主控项目	1. 入仓混凝土料(含原材料、拌合物及硬化混凝土)	无不合格料入仓	少量不合格料入仓,经处理满足设计及规范要求
	2. 平仓分层	厚度不大于振捣棒长度的 90%,铺设均匀,分层清楚,无骨料集中现象	局部稍差

项 类	检 查 项 目		质 量 标 准	
			优 良	合 格
主控项目	3. 混凝土振捣		垂直插入下层 5cm,有次序,间距、留振时间合理,无漏振、无超振	无架空、无超振
	4. 铺料间歇时间		符合要求,无初凝现象	上游迎水面 15m 以内无初凝现象,其他部位初凝累计面积不超过 1%,并经处理合格
	5. 混凝土养护		混凝土表面保持湿润,连续养护时间符合设计要求	混凝土表面保持湿润,但局部短时间有时干时湿现象,连续养护时间基本满足设计要求
一般项目	1. 砂浆铺筑		厚度不大于 3cm,均匀平整,无漏铺	厚度不大于 3cm,局部稍差
	2. 积水和泌水		无外部流入,泌水排除及时	无外部流入,有少量泌水,且排除不及时
	3. 插筋、管路等埋设件以及模板的保护		保护好,符合要求	有少量位移,处理及时,符合设计要求
	4. 混凝土浇筑温度		满足设计要求	80% 以上的测点满足设计要求,且单点超温不大于 3℃
	5. 混凝土表面保护		保护时间、保温材料质量符合设计要求,保护严密	保护时间与保温材料质量均符合设计要求,保护基本严密

4. 钢筋质量检查项目和质量标准按表 7.1-4 执行。

钢筋质量检查项目和质量标准   表 7.1-4

项 类	检 查 项 目			质 量 标 准
主控项目	1. 钢筋的材质、数量、规格尺寸、安装位置			符合产品质量标准和设计要求
	2. 焊接接头的力学性能			符合规范及设计要求
	3. 焊接接头和焊缝外观			不允许有裂缝、脱焊点和漏焊点,表面平顺,没有明显的咬边、凹陷、气孔等,钢筋不得有明显烧伤
	4. 套筒的材质及规格尺寸			符合质量标准和设计要求,外观无裂纹或其他肉眼可见缺陷,挤压以后的套筒不得有裂纹
	5. 钢筋接头丝头			符合规范及设计要求,保护良好,外观无锈蚀和油污,牙形饱满光滑
	6. 接头分布			满足规范及设计要求
	7. 螺纹匹配			丝头螺纹与套筒螺纹满足连接要求,螺纹结合紧密,无明显松动,以及相应处理方法得当
	8. 冷挤压连接接头挤压道数			符合形式检验确定的道数
一般项目	1. 闪光对焊	接头处的弯折角		$\leqslant 4°$
		轴线偏移		$\leqslant 0.1d$ 且 $\leqslant 2mm$
	2. 搭接焊或帮条焊	帮条对焊头接头中心的纵向偏移		$0.5d$
		接头处钢筋轴线的曲折		$\leqslant 4°$
		长度		$-0.5d$
		高度		$-0.05d$
		宽度		$-0.1d$
		咬边深度		$0.05d$,不大于 1
		表面气孔和夹渣	在 $2d$ 长度上的数量	不多于 2 个
			气孔、夹渣的直径	不大于 3mm

项类	检查项目			质量标准
一般项目	3. 熔槽焊	焊逢余高		≤3mm
		接头处钢筋中心线的位移		≤0.1d
	4. 窄间隙焊	横向咬边深度		≤0.5mm
		接头处钢筋中心线的位移		≤0.1d 且≤2mm
		接头弯折		≤4°
	5. 机械连接	带肋钢筋套筒冷挤压连接接头	压痕处套筒外形尺寸	挤压后套筒长度应为原套筒长度的1.10～1.15倍,或压痕处套筒的外径波动范围为原套筒外径的0.8～0.9倍
			接头弯折	≤4°
		直螺纹连接接头	外露丝扣	无1扣以上完整丝扣外露
		锥螺纹连接接头	拧紧力矩值	应符合 DL/T 5169 的要求
			接头丝扣	无1扣以上完整丝扣外露
	6. 绑扎	搭接长度		应符合 DL/T 5169 的要求
	7. 钢筋长度方向的偏差			±1/2 净保护层厚
	8. 同一排受力钢筋间距的局部偏差	柱及梁中		±0.5d
		板及墙中		±0.1 倍间距
	9. 同一排中分布钢筋间距的局部偏差			±0.1 间距
	10. 双排钢筋,其排与排间距的局部偏差			±0.1 间距
	11. 梁与柱中钢筋间距的偏差			0.1 倍箍筋间距
	12. 保护层厚度的局部偏差			±1/4 净保护层厚

注:d 为钢筋直径。

5. 混凝土外观质量检查项目和质量标准按表 7.1-5 执行。

混凝土外观质量检查项目和质量标准　　　　　　　　　表 7.1-5

项次	项目	质量标准	
		优良	合格
主控项目	1. 形体尺寸及表面平整度	符合设计要求	局部稍超出规定,但累计面积不超过0.5%,经处理符合设计要求
	2. 露筋	无	无主筋外露,箍、副筋个别微露,经处理符合设计要求
	3. 深层及贯穿裂缝	无	经处理符合设计要求
一般项目	1. 麻面	无	少量麻面,但累计面积不超过0.5%,经处理符合设计要求
	2. 蜂窝、空洞	无	轻微、少量、不连续,单个面积不超过0.1m²,深度不超过骨料最大粒径,经处理符合设计要求
	3. 碰损、掉角	无	重要部位不允许,其他部位轻微少量,经处理符合设计要求
	4. 表面裂缝	无	有短小、不跨层的表面裂缝,经处理符合设计要求

7.2 质量保证措施

混凝土外观质量控制措施主要包括：保证混凝土表面平整度、垂直度和平顺；控制混凝土表面蜂窝、气泡、麻面、错台、挂帘的出现；防止表面裂缝的出现；保持表面混凝土颜色一致。

7.2.1 保证表面平整度、垂直度和平顺

保证混凝土表面平整度、垂直度和平顺，使用优质的模板和合理的施工工艺是关键，采用刚度满足混凝土衬砌要求的上置式针梁钢模施工，其模板表面平整、光滑、平顺。为延长模板使用寿命和方便脱模，应使用脱模剂。

7.2.2 控制表面蜂窝、麻面、气泡、错台及挂帘的出现

控制表面蜂窝、麻面、气泡，需严格按照混凝土配合比，其次采取合理的入仓方式，混凝土入仓后立即并充分振捣，不允许出现仓面混凝土堆集。

为减少混凝土表面错台、挂帘的出现，要求模板与模板之间及钢模台车搭接环与老混凝土之间加固紧密，保证模板结合处不留缝隙。

7.2.3 防止表面裂缝出现

1. 混凝土的温度控制

合理的温控措施能有效防止混凝土表面裂缝的出现，采取的主要温控措施如下：

1）选用水化热低的水泥，在满足施工图纸要求的混凝土强度、耐久性和和易性的前提下，改善混凝土骨料级配，加优质的粉煤灰和外加剂以适当减少单位水泥用量降低水化热，并对灰罐采用自来水（山涧溪水）喷淋及遮阳的措施；

2）为了减少料仓内的太阳辐射热，在骨料仓和皮带机上设防晒棚，必要时可采用在骨料仓（砂仓除外）上洒水蒸发降温或用冷水预冷骨料。骨料仓内骨料的堆积不小于 6m，以避免浅仓、空仓以防止辐射热；

3）混凝土拌合时，应适当延长拌合时间，并尽量缩短混凝土运输及等待卸料时间，混凝土运输总时间按上述第 5.2.3 节第 4 款控制，高温季节时，可对混凝土搅拌运输车采取用湿麻袋覆盖加顶棚的做法或对混凝土运输车外进行洒水降温，以防止混凝土搅拌运输车直接受太阳暴晒导致混凝土温度回升，降低混凝土运输过程中的温度回升率。

4）在高温季节施工，混凝土浇筑尽量安排在早晚、夜间。在混凝土浇筑过程中，应至少每 4h 用温度计测量混凝土出机口温度、入仓温度和现场浇筑温度。

2. 混凝土变形缝和施工缝的设置

混凝土变形缝和施工缝的设置是否合理，也是导致混凝土产生裂缝的另一个原因，合理的分层分块对防止混凝土温度裂缝具有重要作用，根据以往施工经验分块长度为 9m 时较为合适，遇结构断面变化处设置结构缝。

7.2.4 保持表面颜色一致

保持混凝土表面颜色一致，要求水泥、粉煤灰及外加剂品种尽量选用同一厂家的产品，脱模剂的选择也应尽量是同一类型。并保持模板表面清洁。此外，施工过程中对已浇筑好的永久外露面采取有效的保护措施，避免污物对外观颜色的影响或其他硬物对外观的磨损、破坏。

7.2.5 其他注意事项

1. 泵送混凝土入仓坍落度不大于 12cm 并保证混凝土浇筑的延续性。

2. 保证钢模台车模板组表面平整，模板安装偏差应符合规范要求且加固牢靠，在模板就位前必须刷脱模剂；严禁在模板上随意开孔，如果开了孔，在浇筑前必须用封口胶将孔口封严，补缝必须用旧层板、木条，并贴封口胶，避免出现漏浆。

8. 安 全 措 施

8.1 认真贯彻执行"安全第一、预防为主"的方针，根据国家有关规定、条例，结合施工单位实

际情况和工程的具体特点，组成专职安全员和班组兼职安全员以及工地安全用电负责人参加的安全生产管理网络，执行安全生产责任制，明确各级人员的职责，完善安全检查工作制度。

8.2 施工现场按符合防火、防风、防雷、防洪、防触电等安全施工要求进行布置，并完善布置各种安全标识。

8.3 进入洞内的所有人员必须正确佩戴安全帽、防尘（毒）口罩、反光衣服等防护用品，不得穿拖鞋、赤脚及短裤，进入施工区，高空及危险作业要系好安全带，洞内施工应有充足的照明。

8.4 施工前应给作业人员进行安全技术交底，对作业人员进行安全教育，增强其安全意识和自我保护能力。

8.5 按规范要求在钢模台车和钢筋台车上搭设安全作业平台，用钢管搭设栏杆，搭设方便人员上下的楼梯，并加固牢靠。

8.6 电工作业人员经常检查电气线路，作业人员及时反映情况，相互沟通。

8.7 特种作业人员应进行现场用火安全教育，充分认识了解现场情况。

8.8 危险作业必须按要求进行个体安全防护，并进行安全教育，使作业人员具有正确使用安全防护用具的能力。

8.9 制定车辆专项管理制度，规范行车安全管理，对施工便道进行保养维护，对车辆进行定期检查、检修。

9. 环 保 措 施

9.1 成立对应的施工环境卫生管理机构，在工程施工过程中严格遵守国家和地方政府下发的有关环境保护的法律、法规和规章，加强对施工燃油、工程材料、设备、废水、生产生活垃圾、弃渣的控制和治理，遵守有关防火及废弃物处理的规章制度，做好交通环境疏导，随时接受相关单位的监督检查。

9.2 生产废水含泥量高，污染物主要为悬浮物，直接排放对水源环境影响较大；因此，对于混凝土搅拌合仓面冲洗等产生的生产废水必须引入隧洞（或施工支洞）排水沟汇集到洞口污水处理池，经三级沉淀处理后排放，沉淀池定期清理，统一运至弃渣场。

9.3 废油的处理措施：停车场和全部维修车间全部用混凝土铺面，场地四周设置截油槽，集中并入集油池，定期清理集油池，集中焚烧；杜绝任何油污进入水獭排冲沟。加强对施工人员的管理，严格执行油类使用制度。

9.4 施工中优先选用先进的环保机械。采取设立隔声墙、隔声罩等消声措施降低施工噪声到允许值以下。

9.5 对施工场地道路进行硬化，并在晴天经常对施工通行便道进行洒水，防止尘土飞扬，污染周围环境。

10. 效 益 分 析

10.1 经济效益

1. 直接经济效益

传统隧洞混凝土衬砌施工中，采用拱架立模或顶、底模台车进行衬砌作业，顶拱和底拱分开浇筑，设有一水平施工缝。当利用目前国内水电工程中流行的顶、底模台车浇筑时，劳动力投入与针梁钢模相近，但仍存在水平施工缝，工序循环次数多；采用上置式针梁钢模配合底拱翻转模板人工抹面进行全断面混凝土衬砌施工工艺一次成形浇筑混凝土，取消了水平施工缝。在2h内可以完成钢模的定位和校正工作，与传统人工立模相比，省掉了大量劳动力，节约了立模和处理施工缝的时间，混凝土浇筑各工序的人员都大为减少。

综合底拱和顶拱并按流水作业施工计算，传拱架立模或顶、底模台车进行衬砌作业每块（9m）需耗时 6d、劳动力 44 人，而采此工法施工每块（9m）耗时 2d、劳动力 40 人，与传统施工方法相比节约工期 60％，劳动力节省 30％，直接经济效益明显。

2. 间接经济效益

运用上置式针梁钢模衬砌工法，针梁钢模的行走、定位、振捣都配有相应的设备，降低了工人的劳动强度，摆脱了以往隧洞衬砌施工那种低速度和大量直接体力劳动的现象，劳动强度的降低和施工环境的改善，有利于施工人员的安全和健康。另外，由于钢模刚性好，稳定性高，保证了混凝土设计体型和施工安全，降低了施工企业的安全风险。

针梁钢模的模板接缝经特殊处理，防止了模板接缝间的漏浆，并采用不设底模人工抹面，混凝土成形后外观平滑、无漏浆、混凝土密实性好。大大减少混凝土表面缺陷修补的费用，从综合效益看，提高了混凝土外观与内在质量，延长混凝土使用寿命，间接节约工程成本。

10.2 社会效益

1. 此工法大大加快了隧洞混凝土衬砌施工速度，在水电工程中为电站提前发电及在水利工程中为项目提前竣工过水带来巨大社会效益。

2. 针梁钢模为整体运动，模板损耗率低，周转次数多，节约了大量的钢材、木材，有利于环保要求。

10.3 技术效益

新型上置式针梁钢模台配合底拱翻转模板人工抹面进行全断面混凝土衬砌施工工艺在国内水利工程施工中尚属首例，填补了国内此项技术的空白，为今后类似工程施工提供可靠的依据。

11. 应 用 实 例

广东惠州抽水蓄能电站水道及厂房系统土建工程

11.1 工程概况

广东惠州抽水蓄能电站位于广东省博罗县城郊，是目前世界上最大型高水头大容量纯抽水蓄能电站。总装机容量 2400MW，分 A、B 两厂布置，电站分上下两个蓄水库，自然高差 531m，枢纽建筑物由上水库、下水库、输水系统、地下厂房洞室群及地面开关站等建筑物组成。输水系统均为一洞四机供水方式，A、B 厂输水系统上平洞、尾水隧洞总长分别为 2956m、2650m，最大纵坡分别为 4％、5.148％，总长 5.6km，采用 40cm 和 60cm 厚钢筋混凝土衬砌，隧洞成形断面尺寸为 ϕ8.5m，钢筋混凝土总量 10 万 m³，配备两套上置式针梁钢模进行全断面混凝土衬砌。

11.2 施工情况

该工程项目于 2006 年 4 月开始进行输水系统上平洞混凝土衬砌，截止目前 A 厂上平洞已浇筑完成 1300m，A 厂尾水隧洞浇筑完成 650m，平均每月施工 108m（12 块），隧洞成形形体尺寸及表面平整度满足设计要求，结构轮廓线条直顺美观，预计于 2009 年 5 月完成全部平洞衬砌。

施工过程中混凝土入仓方式采用泵送，入仓坍落度按 12cm 控制，保证两侧对称下料，高差不大于 50cm，以确保钢模的稳定。浇筑顶拱时主要靠附着式振捣器振捣，边拱浇筑根据仓面大小由人工进入仓内采用插入式振捣器振捣。底拱 3m 开敞部位采用人工抹面，混凝土浇筑结束后，应充分掌握抹面时机，混凝土刚开始初凝且在终凝之前及时利用原浆抹面。

11.3 效益情况

采用上置式针梁钢模配合底拱翻转模板人工抹面进行全断面混凝土衬砌施工工艺一次成形浇筑混

凝土，取消了水平施工缝，大大加快了隧洞混凝土衬砌施工速度，根据目前浇筑速度和劳动力使用情况，A厂上游水道充水比原计划提前3个月。与传统施工方法相比，按现行劳动力市场40元/人·天的单价计算，输水平洞混凝土衬砌节省人工费450万元人民币，为电站提前运营发电提供可靠保证，带来明显的社会效益。

另外，采用不设底模人工抹面，减少了底拱砌衬表面气泡，将大大减少混凝土表面缺陷修补的费用，从综合效益看，提高了混凝土外观与内在质量，延长混凝土使用寿命，间接节约工程成本。

抓取法混凝土防渗墙（地下连续墙）成槽施工工法

YJGF272—2006

中国水电基础局有限公司

宗敦峰　蒋振中　宋伟　李昌华　李军

1. 前　　言

坝（堤、堰）基防渗墙（地下连续墙）施工中，槽孔的形成是构筑防渗墙的关键工序。以往槽孔的形成主要是采用钻劈法，这种施工工法因出渣方式的原因，存在重复破碎问题，所以成槽工效低；而用圆钻头造孔、打小墙可控性差，至使孔斜保证率低、孔形的质量差。因此，提高防渗墙施工工效和质量一直是大家追求的目标。

20 世纪 80 年代，中国水利水电基础处理公司即中国水电基础局有限公司的前身，首先将日本生产的大型液压抓斗（型号 KH-180）应用到防渗墙槽孔的构筑施工中，从而在防渗墙施工中创建了抓取法施工工艺。

2. 工 法 特 点

2.1　由于该工法避免了造孔过程中钻渣重复破碎和修小墙，成槽过程中又有了纠偏措施，因此防渗墙施工工效、孔形和施工质量大大提高。在土层中平均工效可达到 $2\sim8 m^3/h$、在砂层中平均工效达到 $0.5\sim1.5 m^3/h$、在砂卵石层中平均工效达到 $2\sim6 m^3/h$，孔斜率能满足规范的要求（$\leqslant 4$‰）。

2.2　由于孔形好，为槽孔钢筋笼的安全下设提供了可能。

2.3　由于提高了造孔工效，与钻劈法相比大大缩短了成槽时间，从而减少了塌孔事故的发生。

2.4　抓取法是直接抓取地层出槽，与钻劈法相比大大减少了钻渣对泥浆的污染和消耗，从而降低了施工成本。

2.5　抓取法一般适合在较松散的地层中采用，但通过各种重凿的（专门破碎大粒径漂石、孤石、基岩）辅助施工，完全可以实现槽孔的构筑；遇到坚硬地层，如果不采取其他辅助措施，施工工效将显著下降。

3. 适 用 范 围

抓取法一般适合在较松散的地层中采用，即标贯击数 $\leqslant 25$，否则施工工效将显著下降；但通过重凿的辅助施工，抓取法也可以在坚硬地层中成槽。

4. 工 艺 原 理

抓取法成槽的工作原理是：利用抓斗（液压式、钢丝绳悬挂式）本身的重量对地层产生的压力和油缸或钢丝绳倍轮机构产生的合斗力形成的合力对地层进行掘进，并同时将渣土直接排出孔外，完成槽孔的构筑；抓斗质量的大小十分关键，质量小重量就轻，平衡下掘力就小。遇到比较硬的地层，抓斗（液压式、钢丝绳悬挂式）就会上抬，从而使掘进效率下降；另外，液压抓斗一般具有纠偏机构，在作业过程中可以随时发现孔斜情况，并给予纠正；钢丝绳抓斗虽然没有纠偏装置，在作业过程中可以通过观察悬吊抓斗钢丝绳位置的变化，随时判断孔斜的产生，并采取措施排除；当槽孔内地层较硬、或遇到大直径孤石、基岩时，可利用重凿进行预破碎后再进行挖掘。

5. 施工工艺流程及操作要点

5.1 施工工艺流程

根据设计图纸确定防渗墙轴线和标高→按施工组织设计要求构筑防渗墙导墙和施工平台→在导墙上标注Ⅰ、Ⅱ期槽段位置→往某个Ⅰ期槽灌注泥浆并做好开始施工的准备→按三抓完成一个槽段施工（一般槽段长6.8m，三抓分别是2.8m、1.2m、2.8m）→清孔→验槽→下设接头管和孔内预埋件及浇筑导管→浇筑混凝土→按工程师指令起拔接头管和导管→判断混凝土上升面位置→结束混凝土浇筑→完成相邻另一个Ⅰ期槽段施工→完成第一个Ⅱ期槽段施工→直至完成防渗墙所有槽段的施工。

5.2 操作要点

5.2.1 施工平台与导墙

1. 防渗墙（地下连续墙）施工平台应坚固、平整，适合于抓斗机械行走，宽度满足施工需要，高程需综合考虑以下条件：

1）应高出地下水位1.5m以上；

2）施工期水位应使得施工平台安全；

3）废渣、废水的排放应当通畅，满足抓斗要求；

4）考虑经济效益的影响，施工平台的建造应尽量减少平台的填挖方量。

2. 如使用冲击钻或冲击反循环钻机造孔，钻机施工平台须铺设轻轨，以便于钻机移位、行走。

3. 导墙起导向及承重作用，必须牢固。必要时须进行加固处理。

4. 由于抓斗机械是重型设备，要充分考虑施工荷载的影响。因此，导墙的结构形式、尺寸除满足防渗墙（地下连续墙）墙体厚度和深度、导墙以下土质情况等综合因素以外，还要考虑：

1）导墙应建造在坚实的地基上，如地基土较松软；或较软时，修筑导墙必须采取加固措施，如高喷桩、旋挖桩支护等，以使其有足够的承载力，避免导墙断裂、孔口坍塌。

2）导墙宜采用现浇混凝土构筑。

3）导墙高度应在1.5～2.0m以上。如果地基土较松软，必须考虑导墙中的钢筋配置。

4）导墙两侧回填土必须夯实。夯实回填土的时候应采取措施防止导墙倾覆或位移。

5. 抓斗的作业平台应采用现浇混凝土铺筑。紧急情况方可采用较密实的地基土作为作业平台，但是施工时必须密切注意平台的沉降量。

6. 在施工时，应随时对导墙的沉降、位移进行观测。

5.2.2 施工用泥浆

1. 由于本工法内容是使用抓斗对地层直接进行抓取，因此要求泥浆要有良好的物理性能、流变性能和良好的稳定性。

2. 拌制泥浆的土料可选用膨润土或膨润土、黏土两者的混合料。如果条件许可，应优先选用钠基膨润土，以使泥浆有良好的固壁性能。

3. 如果采用其他种类的膨润土或膨润土、黏土混合料进行泥浆制做，应考虑对泥浆进行合适的钠离子添加剂（如氢氧化钠、碳酸钠等）、CMC增粘剂的添加，以使泥浆有良好的稳定性及抗地层渗漏性能。添加种类及比例应采取现场试验的方式确定，以保持泥浆的可用性能，减少浪费和污染。

4. 应按照规定的配合比配制泥浆。各种成分的加量误差不得大于5％。储浆池内的泥浆应经常搅动，保持泥浆性能指标的均一性。

5. 应考虑施工区域采用地下水或海水拌制泥浆对泥浆性能的影响，应对水质进行化验分析后采取保证泥浆质量的有效措施。

5.2.3 抓取成槽

1. 根据地层情况划分抓取副孔大小。地层较密实，透水较低地层可将副孔长度定为 2.2～2.6m，地层松散或漂孤石较多时副孔应在 1.2～2.2m 左右，这样更利于发挥抓斗作用，提高工效。

2. 机械式抓斗与液压抓斗性能有别。实际操作中应根据地层情况适当选择。地层情况较好，槽孔深度小于 50m 时可选用液压抓斗；地层情况复杂，漂孤石较多，槽孔深度大于 50m 时宜采用机械抓斗，以用其重锤破碎大于 80cm 的孤石。

3. 抓取法成槽施工中，液压抓斗掘进时不能冲击，因为冲击会把油管拉断；钢丝绳抓斗掘进时可以冲击，但也只能做≤1m 以下短冲程冲击，因为大冲程冲击将损坏抓斗构件。

4. 抓取法成槽施工中，液压抓斗掘进时可以随时发现孔斜并及时通过调斜油缸纠偏；钢丝绳抓斗掘进时可通过观察悬吊抓斗钢丝绳位置的变化，随时判断孔斜的产生，并采取回填后重新挖掘的办法纠正。

5.2.4 抓取法成槽的其他注意事项

1. 采用Ⅰ、Ⅱ期槽段的方法构筑防渗墙（地下连续墙）是其特定的施工条件决定的。为了使Ⅰ、Ⅱ期槽段的墙体有效地连接在一起，就要解决好墙体之间的接头问题。而接头间接缝尽量小的夹泥厚度和足够长度的渗径直接关系到接头部位的防渗效果。鉴于上述原因，接头方式一般可采取常用的接头管法、接头板法、套打一钻法、止水带法等；另外，在Ⅱ期槽浇筑混凝土之前，一定要把槽孔两端接头部位（即两个Ⅰ期槽端头）的泥皮刷干净。

2. 接头管要下设在Ⅰ期槽段的两头，并在混凝土达到初凝状态后将接头管及时拔出。

3. 导管法浇筑混凝土是混凝土水下浇筑必要手段，是利用混凝土比重比水大的原理确保混凝土在水下灌注时与泥浆不会产生混浆。混凝土水下浇筑一定要严格按规范《水电水利工程混凝土防渗墙施工规范》（DL/T 5199—2004）。

6. 材料与设备

6.1 主要消耗材料

膨润土（或黏土—含沙量<5%）、烧碱。

6.2 主要设备

6.2.1 导板式液压抓斗：型号 KH-180，日本真莎株式会社生产。主要技术参数：抓斗质量为 200kN；斗宽 600～1400mm；开斗长 2200mm；闭斗长 1800mm；抓斗高 7500mm；履带吊车起重量 500kN；动力为 220 马力；系统压力 35MPa；单绳拉力：60kN；接地压力 0.056MPa。

6.2.2 导杆式液压抓斗：型号 QUY50，中国抚顺生产。主要技术参数：抓斗质量为 180kN；斗宽 600～1400mm；开斗长 2200mm；闭斗长 1800mm；抓斗高 7500mm；履带吊车起重量 500kN；动力 220 马力；系统压力 35MPa；单绳拉力 60kN；接地压力 0.056MPa。

6.2.3 钢丝绳抓斗：型号 HS843 HD，德国宝峨公司生产。主要技术参数：抓斗质量 130kN；斗宽 600～1400mm；开斗长 2800mm；闭斗长 2400mm；抓斗高 7500mm；履带吊车起重量 500kN；动力 300 马力；系统压力 35MPa；绳拉力 200kN；接地压力 0.056MPa。

7. 质 量 控 制

7.1 工法遵循规范：《水电水利工程混凝土防渗墙施工规范》DL/T 5199—2004。

7.2 工法在施工过程中质量控制必须严格按施工组织设计规定的执行。

7.3 工序验收严格执行"三检制"。在施工全过程，对施工关键生产工序及工序产品由班组初检，初检合格后由现场值班质检员复检，复检合格后由质检部会同监理工程师进行终检，鉴定合格并签字认可后方可转入下一道工序。

7.4 施工现场由质检员检查监控，质量管理领导小组负责定期或不定期对现场进行质量抽检。

7.5 物资部人员负责对原材料、外购件的检查。保证施工中所采用的原材料、外购件符合质量要求。

7.6 配备足够精度满足要求的检验测量仪器，检验测量仪器按规定周期进行校验。

7.7 委托具有相应资质试验室对各种原材料指标进行相关检测。

8. 安 全 措 施

8.1 严格按该工程施工组织设计对安全措施的要求施工。

8.2 施工平台基础载重能力要满足 50t 吊车工作要求，并应该有足够的宽度，以满足主机回转、卸土作业。

8.3 抓斗施工时，除主机操作手外，机下还应有一人配合指挥，以确保施工安全。

8.4 对全体职工进行安全施工技术交底，并进行经常性安全教育。

8.5 定期和不定期相结合进行安全检查，发现隐患及时整改。

8.6 施工现场有利于生产，方便职工生活，符合防洪、防火等安全要求，具备安全生产、文明施工条件。

8.7 在现场采取防火与消防措施，配备适当数量的手持灭火器，防火、防洪、防风及防雷击等安全设施完备，且定期检查，有损坏及时修理。

8.8 现场运输道路平整、畅通、排水设施良好；特殊、危险地段设醒目的标志，夜间设有照明设施。

8.9 施工现场内各种材料分类码放整齐稳固，废旧物品及时清理，以保持现场的整洁有序。

8.10 确保通过施工区的通信线路和电力线路的安全。

8.11 建立消防机构，购置了消防器材。

9. 环 保 措 施

9.1 做好施工生产、生活区排水系统的设计，生产、生活废水、污水都经过处理达到排放标准后才排至河道，严格防止废水、污水直接排入农田和河道。施工区域设置足够的卫生设施。泥浆循环使用，废浆集中存放，风干后，渣土由载重汽车运至指定地点。

9.2 施工期间，晴天对弃土区和未作硬化处理的场地，定期压实地面和洒水，减少灰尘对周围环境的污染。易于引起尘害的细料堆，予以遮盖或适当洒水。

9.3 加强野外用火管理，防止设备洒落的油污引起火灾。

9.4 优先选用先进的环保机械，采取使用隔声墙、隔声罩等方式降低设备使用时的噪声。

9.5 在城市施工时尽量避免夜间施工。

10. 效 益 分 析

与钻劈法对比抓取法设备投入减少、施工工效提高、泥浆消耗减少，因此施工成本会有较大的降低，据统计一般达到 5%～12% 左右。

11. 应 用 实 例

11.1 广州英德北江防渗墙工程（1998 年）

11.1.1 工程地点：广东省英德市。

11.1.2 防渗墙墙厚：300mm 薄型防渗墙。

11.1.3 施工日期：1998 年 9 月～1999 年 5 月。

11.1.4 工程总量：20000m²。

11.1.5 工程应用效果：该项目原定为链斗式挖槽机施工，开工后发现地层不太适合。首先是细沙在链斗上升时随泥浆流失严重，工效很低；另外因大堤靠近城市，地层中夹杂着一些树桩、大块石，也不适应链斗式挖槽机施工；改为液压抓斗施工后，工程进度大大加快，改变了工程面貌，获得业主的好评。

11.1.6 存在问题：由于抓取法成槽的挖掘过程对孔壁的挤压、加固作用不如钻劈法好，因此在松散地层中挖掘时要加大泥浆比重，强化对孔壁的支撑，否则容易出现塌孔。

11.2 湖北黄冈长江堤防除险加固工程（1999 年）

11.2.1 工程地点：湖北黄冈长江大堤。

11.2.2 防渗墙墙厚：300mm 薄型防渗墙。

11.2.3 施工日期：1999 年 10 月～2000 年 5 月。

11.2.4 工程总量：30000m²。

11.2.5 工程应用效果：因大堤为沙壤土地层，比较适合液压抓斗和钢丝绳抓斗施工。工程进度较快，只是在挖到 19m 深遇到铁板沙后，工效大大下降。采取先打导孔的办法后，工效问题才得到解决。

11.2.6 存在问题：纯粹采用抓取法施工往往地层适应范围较小，如果能配以其他机具辅助施工，施工工效将大大提高。

11.3 河北省黄壁庄水库除险加固副坝防渗墙工程

黄壁庄水库位于河北省鹿泉市黄壁庄镇附近的滹沱河干流上。副坝混凝土防渗墙Ⅱ、Ⅲ标段位于副坝中部，Ⅱ标段全长 890m，坝段起止桩号 1＋950～2＋840m；Ⅲ标段全长 860m，坝段起止桩号 2＋840～3＋700m。副坝混凝土防渗墙主要解决副坝坝基渗透稳定等问题，保证副坝正常运用。

副坝混凝土防渗墙Ⅱ标段于 1999 年 3 月 1 日正式开工，2001 年 10 月 26 日竣工。完成造孔进尺 73167.37m，截水面积 51027.63m²，浇筑混凝土 54640.55m³，形成墙段净长度 889.6m，平均深度 58.36m。共划分 11 个分部工程，由 149 个单元工程组成，其中 10 个分部评为优良，验收结论：本单位工程施工质量等级核定为优良。Ⅲ标段于 2000 年 9 月 9 日开钻，2002 年 3 月 13 日竣工。完成造孔进尺 37194.32m，截水面积 25974.32m²，浇筑混凝土 28565.55 m³，形成墙段净长度 434.7m，平均深度 60.75m。Ⅲ标段共划分为 11 个分部工程，有 150 个单元组成，其中 10 个分部工程为优良。验收结论：本单位工程质量优良。

工程应用效果：因为黄壁庄水库副坝防渗墙深达 60m 左右，上面 30～45m 为沙壤土和沙砾石地层，比较适合液压抓斗和钢丝绳抓斗施工。工程进度较快，挖到下面胶结砾岩后，工效大大下降。采取打导孔和重凿破碎后，工效问题才得到解决。

存在问题：纯粹采用抓取法施工往往地层适应范围较小，如果能配以其他机具辅助施工，施工工效将大大提高。

接头管（板）法混凝土防渗墙（地下连续墙）墙段连接施工工法

YJGF273—2006

中国水电基础局有限公司

肖恩尚　潘三行　李昌华　解同芬　陈航

1. 前　言

传统的防渗墙墙段连接（也称墙段接头）大都采用冲击钻机套打的办法在墙段接头处打出接头孔，以保证墙段的连接质量和增强防渗效果（图1）。这种方法的缺点是：

1.1 造孔效率低，视接头孔深度和地层情况不同，需要十几天甚至几十天时间。

1.2 浪费掉接头孔部位的混凝土，和打掉这部分混凝土所需要的费用。

1.3 对于深孔，不能保证孔的垂直度，较深的防渗墙接头连接质量无法得到有效保障。正因为如此，设计部门才不能够把墙设计得很深。

接头管法是在防渗墙接头部位预先下设一根直径接近墙体厚度的钢管、或断面为一定几何形状的板状物（称接头管或接头板）、待一期槽中的混凝土接近初凝状态时用专用设备将其拔出，形成一个深孔，然后开挖二期槽进行混凝土浇筑。接头板的形式之一见图1.3。

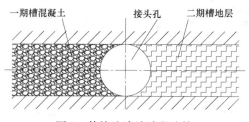 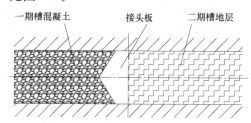

图1　传统防渗墙墙段连接　　　　　　　　　图1.3　接头管（板）法墙段连接

2. 工 法 特 点

防渗墙接头采用接头管（板）工法具有施工速度高、节约材料和提高施工质量的优势，尤其在提高施工速度和保障施工质量方面，比用传统的施工方法更具有明显的优势。一般情况下，可节约超过25％的工期，节约1/6～1/4的混凝土材料，对于深度超过70m的墙，采用打接头的方法，接头质量无法保证设计要求，而采用拔管（板）法却能够给予充分保证。

接头管法具有提高施工质量、节约材料、加快施工速度的明显优势。

3. 适 用 范 围

本工法适用于水电站大坝基础防渗墙和围堰防渗墙工程施工，以及江河湖海大堤防渗、城市高层建筑、地铁等地下连续墙工程施工。

4. 工 艺 原 理

防渗墙一期槽成槽后，在墙段连接部位下设一根直径（或宽度）与墙体厚度接近或相等的钢管

（板），然后在一期槽内进行混凝土浇筑，待混凝土接近初凝状态时通过专用设备——拔管机，按照一定的规律和规程将其拔出，使接头部位形成一个深井，然后进行二期槽开挖和混凝土浇筑。拔管机装有微动系统，能够使接头管在混凝土中始终处于运动状态，以保证施工作业时不发生铸管。

5. 施工工艺流程及操作要点

5.1 工艺流程（图5.1）

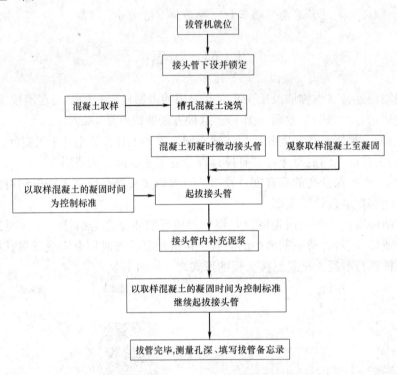

图5.1 接头管（板）法工艺流程图

5.2 操作要点

以试验室提供的混凝土初凝时间为基本依据，进行混凝土初凝现场模拟试验，准确测定混凝土初凝时间。在混凝土初凝前活动接头管，确定最大拔管力和最小拔管力。启动微动系统，使接头管始终处于运动状态。在拔管施工的过程中向接头管内注入泥浆。

5.2.1 以试验室提供的混凝土初凝时间为基本依据，进行混凝土初凝现场模拟试验，准确测定混凝土初凝时间。

5.2.2 开始浇筑时，当混凝土接触到底管位置时进行取样（只进行一次即可）。混凝土装在容器中将其放在泥浆10m以下随时用于观察。根据试验室提供的混凝土初凝时间报告，提前2h查看容器中混凝土的凝固情况，当试验的混凝土在呈现明显的固态状时（此时混凝土从容器中取出后应成一完整的形状）便可进行初拔。

5.2.3 严格控制混凝土浇筑速度，常态混凝土（其初凝时间约为6～8h），浇筑时混凝土面上升速度不应大于6m/h，正常拔管力控制在900～1200kN之间。塑性混凝土（其初凝时间约为9～15h），浇筑时混凝土面上升速度不应大于4.5m/h，正常拔管力控制在900～1500kN之间。

5.2.4 在混凝土浇筑5h后必须上下活动接头管。

5.2.5 遵循限压拔管法理论，最大拔管力和最小拔管力必须始终控制在允许范围内。常态混凝土浇筑开始6h后，塑性混凝土开始浇筑8h后应启动副泵，使接头管处于慢速上升状态，一般情况下副泵不应停止运行。

5.2.6 接头管每拔出 10～12m 后必须向接头管内注入泥浆。

5.2.7 拔管不必待混凝土浇筑完后进行，可边浇筑边拔。

5.2.8 混凝土的初凝时间应从混凝土接触接头管时算起。

5.2.9 接头管下设时应尽量将管子下到底，但下管时如遇到障碍物应立即停止接头管的下设，并将管子提高 30cm 以上。

5.2.10 每次起拔时都必须锁紧抱紧圈。

5.2.11 拔管的速度应小于混凝土上升速度，原则上每小时不应超过 4m 的上升速度。

5.2.12 试验容器内的混凝土达到凝固时的拔管力应为最小拔管力；根据这个力限定一个最大拔管力，这个力不应超过最小拔管力的 1.5 倍（50m 左右深的孔指导压力为 6～9MPa）。

本拔管机设有操作手柄两个，左侧大阀控制大泵，右侧小阀控制小泵。当拔管力小于最小拔管力时，应立即停止用大泵拔管，改用小泵起拔，并随时观察小泵的压力变化；当小泵的压力接近最大拔管力时，立即改用大泵迅速起拔，直到压力降到最小拔管力为止，然后再用小泵起拔，如此反复进行。

5.2.13 补浆原则：最多拔出 3 根管必须从接头管中补进泥浆，防止真空。

5.2.14 导向槽中最上层的混凝土达到初凝状态时，才可将管子全部拔出。

6. 材料与设备

6.1 设备

拔管机、接头管、起重吊车、运输汽车。

图 6.1 卡键式拔管机

6.2 材料

方木（支垫拔管机用）、补浆软管、电缆。

7. 质量控制

7.1 严格控制成槽质量，保证接头管顺利下设，控制泥浆质量。

7.2 进行混凝土现场初凝试验，准确确定初拔时间。

7.3 起拔力控制在一定范围内，拔管速度不宜过快。

7.4 及时补浆。

8. 安全措施

8.1 认真贯彻执行国家有关安全生产方针、政策和法规。

8.2 建立健全以岗位责任制为中心的安全生产责任制，建立安全生产管理体系。

8.3 加强安全教育。学习安全操作规程，讲解各类事故的危害，严格施工纪律，遵守安全操作规程，确保安全生产。

8.4 各项安全防护设施、信号必须齐备完好，并由专人进行日常和定期检查维修。

8.5 加强防尘工作，保证职工身体健康。

8.6 加强用电管理。施工用电严格采用三相五线制做业，安全距离高度必须符合规程要求。高压电缆必须绝缘良好，变压器四周设醒目的防护栏。电器设备坚持安装接地及保护装置，非电气值班人员不得操作电器设备。各种电器设备和电线线路要经常维修、检查，防止漏电事故发生。

8.7 加强防火、防洪、防风沙工作，建立管理制度，明确责任人，制定防范措施，定期检查落实情况；建立义务消防队，配备足够的消防器械并保持完好状态。

8.8 所有进入工地人员规定佩戴安全防护用品，遵章守纪，听从指挥；同时加强安全保卫，禁止闲杂人员进入。

8.9 根据下设接头管深度不同和起重量大小配制合适的汽车吊。

8.10 每班检查拔管机及接头管的使用情况，及时修复。

9. 环 保 措 施

9.1 在施工过程中，严格遵守国家和地方政府下发的有关环境保护的法律、法规和规章，加强对噪声、粉尘、废气、废水的控制和治理，降低噪声，控制粉尘和废气的浓度以及做好废水和废油的治理和排放，做好垃圾等废弃物的处理，采取有效措施，保护饮用水源免受施工活动造成的污染。

9.2 冲刷拔管设备和接头管时防止废水流入江河湖海之中和施工场地之外。

10. 效 益 分 析

10.1 单一工程经济效益举例

尼尔基工程拔管总长度 6820m，每米节约混凝土 $0.5m^3$，共节约混凝土 $3400m^3$，每立方米混凝土按 250 元计算，混凝土节约费用 85 万元。若不采用拔管技术，采用套打接头的方式，其费用按 800 元/m 计算，则需要 800×6820＝545（万元）。另外，正是采用了本工法施工，尼尔基工程在工期十分紧张的情况下按期完工。

10.2 社会效益

按正常的施工规模每年施工防渗墙 10 万 m^2 计算，接头面积约 1.2 万 m^2，平均墙体厚度按 80cm 计算，则节约混凝土材料费用约 $7680m^3$，约 230 万元左右。

如果采用套打接头的方式施工，费用按 800 元/m 计算，则需要 960 万元。

最主要的是采用本工法施工可以缩短施工工期，使得水电站按期投产。节约的水电工程施工工期所带来的社会经济效益是巨大的。

11. 应 用 实 例

11.1 尼尔基水利枢纽主坝混凝土防渗墙

尼尔基水利枢纽工程位于黑龙江省与内蒙古自治区交界的嫩江干流的中部，坝址距右岸的内蒙古自治区莫力达瓦达斡尔族自治旗尼尔基镇约 2km，距左岸的黑龙江讷河市约 29km。

枢纽工程由主坝、左右副坝、右岸岸坡溢洪道、右岸河床式电站厂房和两岸灌溉输水洞组成。坝顶高程为 221m，坝顶总长 7180m，主坝最大坝高 41.5m。水库正常蓄水水位 216m，总库容 86.1 亿 m^3。混凝土防渗墙总长 1356.25m，墙厚 0.8m，截水面积 40425.79m²。防渗墙工程于 2002 年 6 月 30

日开工，当年 11 月 3 日竣工。

该工程采用卡键式拔管机进行拔管施工，取得了较好的效果，确保了工程当年竣工的目标，且节省了约 3400m³ 混凝土。采用本工法施工，有效地保证了工程质量，工程竣工后经取样检验效果良好。如不采用拔管法施工技术，由于套打接头施工工期的限制，防渗工程无法实现当年竣工的目标，尼尔基大坝主体工程的施工要拖后一年。

11.2　沙湾水电站一期围堰补强工程

沙湾水电站位于四川省乐山市沙湾区葫芦镇河段，为大渡河干流下游梯级开发中的第一级。该工程以发电为主，兼顾灌溉和航运功能。电站装机容量 480MW，额定水头 24.5m。河床式厂房，厂后接长 9015m 的尾水渠，尾水渠利用落差 14.5m。

沙湾水电站一期围堰补强防渗墙轴线总长度 998.83m，其中上游围堰 358.84m，纵向围堰 567.66m，下游围堰 72.33m。设计墙厚 1.0m，最大墙深 80.50m，平均墙深 61m。墙体穿过岩溶角砾岩 5.5～31.1m，深入泥质白云岩 0.5m；若无岩溶角砾岩，墙体穿过覆盖层深入灰岩 1.0m。共计完成造孔进尺 61514m²，混凝土浇筑 73000m³，拔管 11572m，预灌浓浆 14000m。墙体材料为塑性混凝土，全部施工要在 5 个月内完成，其中一期槽浇筑施工仅仅用了 50d 左右的时间，防渗墙接头施工全部采用了拔管法施工技术。在该工程中，共投入了 6 套 12 台拔管机，在 50d 内连续拔管 10000m，创造了月拔管施工强度之最，使得该工程得以提前完工。

该工程应用卡键式拔管机效果良好，即加快了工程进度，又节省约 8000m³ 混凝土，而且极大地提高了工程质量，工程竣工后经取样检验效果非常理想。由于采用了拔管法施工技术，使得该工程比原定工期提前 26d 全面竣工。

11.3　狮子坪水电站坝基防渗墙工程

狮子坪水电站位于四川省理县岷江支流杂谷脑河上，水库库容 1.33 亿 m³，装机容量 195MW。拦河大坝为砾石土心墙坝，最大坝高 136m。正常蓄水位 2544m。坝区为对称的"V"形河谷，岩石为变质砂岩夹千枚状板岩。河床覆盖层厚度 90～102m，主要为含砂漂（块）卵砾石层，粉质壤土与粉细砂互层等。漂卵石岩性为变质砂岩。坝基防渗采用 1.2m 厚的混凝土防渗墙，墙内下设钢筋笼和两排预埋灌浆管，墙底嵌入基岩 1.0m 以上。防渗墙面积为 5242m²，于 2005 年 10 月 5 日开工，2006 年 9 月 14 日完工。

狮子坪水电站大坝基础防渗墙是目前我国建成的最深的防渗墙，墙体最大深度超过 100m，在该防渗墙工程施工中，BG450/100 型卡键式拔管机发挥了巨大的作用，拔管深度超过 94m，保证了墙体接头施工质量。

半圆形预应力混凝土渠槽离心—振动成型工法

YJGF274—2006

中国水利水电第十三工程局

周建　王熙勇　徐建亭　辛炳烈

1. 前　言

2003 年中国水利水电第十三工程局在阿尔及利亚承接了灌溉面积约 8400hm² 的引水灌溉工程，工程总投资 3200 万美元，工期 26 个月。合同的主要工程内容是：生产、架设总长为 336km、单根长 7m 的半圆形预应力混凝土输水渠槽。经过调研，工程所需渠槽若外购，不仅价格昂贵，而且供应能力不足。因此，工程局决定自行开发研制渠槽生产线，并先后在工程局和集团公司进行了科研立项。通过开展技术攻关，在历经 8 个月百余次的试验后，终于研制成功了直径 350mm 到 1550mm、长 7m 的预应力钢筋混凝土半圆形渠槽整套生产设备及相关制作工艺。2004、2005、2006 三年来的工程实践证明：该设备和制作工艺完全达到了设计与使用要求，产品质量良好，经济效益明显。2006 年 3 月，经中国水利水电集团公司专家评审组鉴定，该科技成果为"国际先进水平"，并获得中国水利水电集团公司第一次科技大会优秀科技成果二等奖。

2. 工法特点

预应力钢筋混凝土半圆形渠槽制作主要依靠振动离心成型机、自动喂料机、渠槽模具等设备完成。渠槽属于薄壁混凝土构件（最小壁厚 40mm），一般离心机无法满足产品的质量要求，振动离心成形机通过离心过程中对管模施加高频振动的方式达到密实混凝土的效果；同时采用自动喂料机实现了混凝土料沿管模均匀分布，边旋转边布料，以达到喂料的精度和速度；圆柱形管模由两个半圆形模具组成，在合模口增加隔板实现在同一管模内同时生产两根半圆形渠槽的效果，合模采用螺栓固定，并在合模后完成预应力钢筋的张拉，然后进入渠槽制做工序。该工法工艺制度完整，制做的渠槽具有强度高（混凝土抗压强度≥40MPa），抗渗性能好（混凝土渠槽抗渗≥192d），内壁光滑等特点，成品率高达 98% 以上。

3. 适用范围

本工法适用于采用振动离心成型机进行预应力钢筋混凝土半圆形渠槽的制作，半圆形渠槽的直径 350~1550mm；壁厚 40~80mm；单根总长 7m；承插口连接。

4. 工艺原理

预应力钢筋混凝土半圆形渠槽的制作主要利用高速旋转的圆钢筒模内壁带动混凝土料运动，在离心力、重力、粘着力、摩擦力与振动力的共同作用下，使混凝土沿钢模内壁均匀分布、密实，并将多余水分挤出，从而形成高密实度、高强度的混凝土渠槽；半圆形渠槽的模具是将圆管模具改为两个半圆形的模具，在管模中间增加一块隔板，使圆形管分隔成为两个半圆形管槽，再利用离心成型的原理完成渠槽的成形。

5. 施工工艺流程及操作要点

5.1 工艺流程（图5.1）

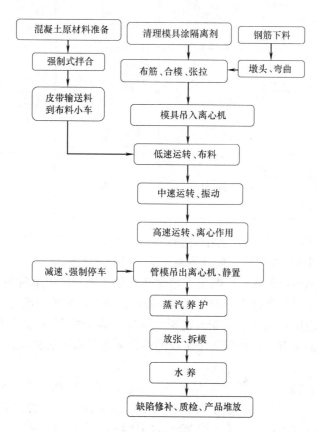

图5.1 半圆形预应力混凝土渠槽离心—振动成型工艺流程

5.2 操作要点

5.2.1 混凝土配制

离心混凝土的配合比设计按《普通混凝土配合比设计标准》JGJ 55规定进行，渠槽构件设计强度一般不低于C40，出厂强度不低于设计强度的80%，要严格按照配料单进行配比，经试配确定（以内径350型渠槽为例生产总结得出）。

由于离心振动工艺的要求，砂率要偏高一些，否则混凝土的和易性达不到要求，从而影响渠槽的布料和成型质量。砂率一般掌握在40%左右。水泥用量需满足强度的需要，具体要根据选用骨料的粒度情况通过试验确定。水灰比一般在0.3左右，随着渠槽管壁的厚度增加，水灰比应相应减小。因渠槽各种规格的管壁厚度不同，拌制混凝土中用水量也有差异。见表5.2.1。

5.2.2 混凝土搅拌与输送

在选用拌合机时要选择计量精度高、搅拌均匀、搅拌速度快的，由于渠槽所用离心混凝土的坍落度较小，导致搅拌困难（特别是在未添加外加剂时），故在搅拌时间上要延长一些，一般不低于180s，保证搅拌均匀，从而保证混凝土的搅拌质量。同时注意在搅拌第一拌混凝土时，在原配比用量的基础上增加5%的水泥和砂量。

搅拌好的混凝土料，停放时间不得超过下列时限：

环境温度高于30℃时   30min

环境温度为20～30℃时   60min

环境温度低于20℃时   90min

各种内径的渠槽混凝土配合比的差异比较 　　　　　　　　　　　表 5.2.1

渠槽内径	壁厚(mm)	水灰比	用水量(kg/m³)	坍落度(mm)	砂率(%)
C350		0.36	185	15	45
C400					
C500	40				
C600					42
C700					
C800		0.35	179	13	
C950	50				
C1100					
C1250	60				40
C1400	70	0.34	173	10	
C1550	80				

在冬季时（气温低于 5℃），应对拌合用水进行加热，水温不超过 60℃，并采取保温措施。在夏季（气温高于 30℃时）要适当增大坍落度，防止混凝土失水造成布料困难。

搅拌好的混凝土，按照生产班次抽样测定坍落度和在生产地点随机取样制做试块，每班取样一次，每次三组试块，其中一组在标准条件下养护 28d，检验设计强度，另外两组与产品同样条件下养护，作为预应力放张、脱模、测定出厂强度的依据。混凝土运送到离心机料斗可采用两种方式，一是采用输送带方式；二是采用料斗输送方式，将料斗用架设的轨道运送至布料机料斗处。

5.2.3　钢筋制作

渠槽钢筋可采用手工绑扎。钢筋骨架要有足够的刚度、定位准确、接点牢固、不塌不松动、无明显的扭曲和大小头现象，在安装骨架、装模及渠槽离心时能够保证稳定性。环向分布筋位置偏差应控制在 ±5mm，（连续 10 环平均值）。绑丝采用 20～22 号镀锌钢丝，所有箍筋与纵筋的交叉点均应捆扎牢固。

1. 高强钢丝的下料及加工

1）本渠槽采用 $\phi6$ 刻痕钢丝，$f_{pk}=1670\text{N/mm}^2$. 将成捆的高强钢丝用钢筋切断机截成长度为 7m 的钢丝。

2）在每根钢丝上串上两个螺母，用以固定张拉螺栓。

3）利用墩头机对单根钢丝进行墩头加工。

2. 箍筋加工

1）将 $\phi6$ 的普通钢筋按渠槽尺寸用钢筋机械进行除锈、调直、切断、弯曲。

2）在钢筋操作台上将箍筋加工成半圆形，并加工弯钩。

3. 钢筋笼骨架制做

为预防高强钢丝与箍筋绑扎成的钢筋骨架变形，采用三根 $\phi8$ 的钢筋和箍筋焊接成半圆形的钢筋笼进行加固。

5.2.4　高强钢丝与钢筋笼绑扎

在自制专用的平台上，将高强钢丝与半圆形钢筋笼绑扎在一起，同时对箍筋进行加密，间距为 150mm。对渠槽两端的箍筋进行加密，间距为 100mm。

1. 纵筋安装时，应检查螺杆与螺母的紧固程度，使其紧固不松动保证与混凝土粘结牢固，便于拆卸张拉螺栓。

2. 检查环筋帮扎质量，避免存在大小不一、横向不齐、纵向偏向的情况。

3. 绑丝要交叉方向绑扎，以避免出现散架现象，长度要控制在 15cm 以内，方向要保持与纵筋方向一致或朝上。

4. 采用 20～22 号镀锌钢丝绑扎，所有箍筋与纵向筋交叉点均应绑扎牢固。对于大内径渠槽底部交叉点可进行梅花形绑扎，沿纵向钢筋长度排列的绑扎应是正反向交叉形式。

5. 钢筋骨架要有足够的刚度，接点牢固，不松散、不倾斜、无明显的扭曲和大小头现象；在安装骨架、装模及渠槽成形时能保证其稳定性。环向分布筋位置偏差应≤±5mm。

5.2.5 钢筋张拉

将制作好的钢筋笼放入涂刷脱模剂的模具中，穿好纵向预应力钢丝以及承口钢筋，放置模具隔板，然后合模，并紧固模具螺栓，检查模具同心度，上好模具跑轮，最后对纵筋进行张拉。

1. 张拉预应力钢筋所用的各种机具和仪表，应定期维护和校验，张拉预应力筋的机具设备应有专人操作及维护。

2. 纵向预应力钢筋数量，张拉控制应力应符合产品设计要求，本渠槽采用液压千斤顶单根张拉，单根张拉必须对称进行。其张拉程序如下：

预应力筋：$0 \rightarrow 105\%\sigma_{con} \rightarrow 95\%\sigma_{con} \rightarrow \sigma_{con}$

实际张拉值与设计张拉值的允许偏差应控制在±3%之内。

3. 当张拉过程中张拉机具设备漏油、油压表指针不能退回零位或更换油压表时，应重新校验仪表和张拉机具。当实际张拉钢筋伸长值与计算伸长值之差超过 6% 时，应查找原因和采取措施。

4. 张拉时在管模两端设防护网，防止出现断丝或脱栓造成螺栓飞出，对附近的操作人员造成人身伤害，张拉人员要佩带安全帽，张拉区应避免非操作人员进入。

5. 在张拉完毕后做一次全面检查（螺栓、张拉、模板等各个环节部位），保证在离心过程中不出现安全质量隐患，对存在隐患的管模应马上处理，必要时应重装。

5.2.6 管模安装

管模的安装包括清模、刷隔离剂、装筋、合模几个步骤。

1. 模板要清理干净，剔除残存水泥浆渣，特别是大小头、隔板、企口板等处。

2. 隔离剂选用要求是不粘结、不污染渠槽表面、脱膜性好、易涂刷、附着力强。

3. 隔离剂涂刷要均匀适量，不要过多，容易脱模又不影响渠槽外观质量。管模内壁及大小头承插挡圈、隔板等处均要求涂刷隔离剂。

4. 钢筋网片在模内绑扎、张拉完毕后，要保持钢筋网片与管模的保护层间距，不出现露筋现象。

5. 下片模钢筋就位后，将隔板用定位销固定好；上片模钢筋就位后在合模前再仔细检查各个环节，箍筋是否进入隔板以里。

6. 管模合缝应无明显间隙，各部分之间连接的紧固件应牢固可靠。模板合上后，按对称的原则对各个部位的螺栓进行紧固，并经过复检以防发生事故。

7. 所有管模均应标明规格和编号，便于分析影响产品质量的因素和维修保养模具。钢模按规范要求定期检修。

5.2.7 模板拆卸

蒸养结束后，用行吊将管模从蒸养池内取出，放到固定支架上，首先拆卸两端张拉螺栓，对预应力钢丝根据对称的原则进行放张。然后再根据对称的原则拆卸合口螺钉和跑轮螺钉。拆卸完毕后将上片模吊走放到固定支架上，进行清理。用专用吊具将上片渠槽吊运至水养池内，进行养护。对于下片渠槽，将隔板卸下后，用行吊吊起一边慢慢竖起，并沿横向移动行车，逐渐将管模扣到预先放置好的废轮胎上，用木榔头敲击管模将渠槽振下来，用行吊将管模吊走，然后将渠槽送入水养池。两片渠槽均用水泥砂浆将张拉螺栓孔堵死，以防锈蚀钢丝。

拆模注意事项：

1. 拆卸端头螺栓时应细心，避免将螺栓拧弯或将混凝土撬下来。

2. 在起上模或翻模时行吊工应细心，避免将大、小头拆裂，不得用大锤猛击模板，以免模板变形。

3. 拆隔板时，为保证其不变形，应避免摔砸。

4. 在吊运渠槽时，应在吊钩上包裹橡胶垫，吊钩要稳，做到轻起轻落。

5.2.8　喂料系统操作

1. 喂料前应检查预应力钢筋、分布筋、架立筋的位置，合格后方可进行下一工序。喂料顺序是先喂承口，然后沿管身向插口方向进行。

2. 离心机在运行前应检查所有生产线设备和模具螺栓是否有松动，检查所有油路和电器系统是否符合安全规定。

3. 对下料系统，包括拨料器、下料螺旋电机及皮带进行空转试机，检查其运转是否正常，防止布料途中损坏。

4. 检查一切正常后，将拌合好的混凝土送入下料斗，启动离心机主电机，电机转速为电机允许最低转速，并将喂料小车喂料臂开到承口端。喂料过程中要求喂料机行走平稳，并可进行无级调速。皮带运行速度不高于 1m/s。

5. 离心机操作手将振动轮通过换向阀手柄使它与管模振动环接触。在振动轮作用下对承口（渠槽大头）进行低速布料，若下料斗下料不畅，要启动下料斗上的附着式振动器。

6. 待承口喂料完毕，启动喂料小车行走调速电机，向插口方向移动，根据下料斗的下料量来决定调速电机的速度，使其达到喂料均匀。整个喂料过程，必须伴随着相应位置的振动，以期达到布料均匀快速。

7. 对于布料的厚度，应在承口布完料振实（混凝土不再明显沉降）后，用木棒将内壁刮平，与大头盖内沿和隔板内边平齐，作为向插口方向布料的水平依据。应沿承口与插口注意仔细观察，随时掌握布料厚度防止过厚，若过薄可进行二次布料，振实后的混凝土厚度应与隔板内沿齐平。

5.2.9　设备运转

渠槽离心机成型运转分为三个阶段，即：低速运转阶段、中速运转和高速运转阶段。

1. 低速运转阶段为使混凝土在管模内均匀分布，运转速度应使离心力大于混凝土颗粒的重力，克服混凝土自由下落，避免混凝土产生离析，此阶段转速应不低于 100r/min，这一阶段又称为"布料阶段"。

2. 布料结束后，离心机开始提速，为中速运转阶段，此时振动轮仍然接触模具跑轮进行振动，大约中速振动 3min 左右，观察看到模具内孔混凝土产生光亮时，结束振动放下振动轮。此阶段混凝土混合物在管模中开始形成中空圆柱体，管模转速加快，在离心力与较强的振动力联合作用下，使混凝土混合物受到离心力和振动力的复合作用，混凝土中的粗骨料相互挤压移动，达到合理的密实排列，确保混凝土的密度，这一阶段称为"渠槽成型阶段"。

3. 振动结束后离心机进一步逐步提高转速，逐步达到 650 转/分左右，高速旋转 2.5～4.0min 左右，大直径渠槽旋转时间 5min 左右，然后减速停车进行一次倒浆，之后再次启动离心机进行 5min 的高速旋转离心，完成离心法渠槽成型。在高速运转阶段产生更大的离心力，这时，混凝土骨料进一步向管模方向移动，并将混凝土中的多余水分排出，从而获得高密实的混凝土渠槽。这一阶段称为"强度增强和内表面减少糙率阶段"。见表 5.2.9。

各阶段电机转速与时间的关系　　　　　　　　　　　　　　　　　表 5.2.9

生产阶段	喂料阶段	低速振动	中速振动	中速阶段	高速阶段	一次排浆	高速阶段	二次排浆	高速阶段
电机转速（r/min）	110～150	110～150	250～300	250～350	700		600		550
时间（min）	4～6	4～6	1～2	3～4	3～4		1/2		1

5.2.10　成品养护

渠槽成形后进入蒸汽养护环节，根据不同季节制定相应的养护方案，严格按照规范要求操作。常温湿热养护方式采用燃油锅炉产生的常压水蒸气在蒸养池内进行。蒸汽养护时每隔 1h 测温一次，值班人做记录并调整供气量。蒸养制度应根据不同的季节、原材料、工艺制度确定。渠槽蒸养完成后脱模，要放入水养池进行水养，每条生产线需建立 2 个 30m×20m 的水养池，用清洁的自来水进行 30h 以上的养护，以达到渠槽的设计强度。

1. 预养期：将成形好的管模放入蒸养池，进行温室养护期，又称静停期，静养时间一般为 1~1.5h。

2. 升温期：静养结束后再放蒸汽养护称为升温期，升温期取决于混凝土的允许升温速度及最高养护温度。升温速度控制在 20~25℃/h，防止升温过快造成混凝土干裂。最高养护温度按所用水泥品种而定，普通水泥为 85℃，矿渣水泥为 95~100℃。

3. 恒温期：升温至最高养护温度后在此温度下恒温养护一段时间称为恒温期，恒温时间以恒温温度高低而定。一般 $\phi350$~700 型渠槽恒温 6h，其他型号渠槽根据混凝土厚度相应增加。对于夏季（气温高于 30℃），恒温时间可适当缩短 1~3h。

4. 降温期：蒸养后由恒温温度降到室温温度的时间为降温期，降温速度为 35~50℃/h。当冬季温度低于 10℃时，要增加 60min 的降温，以防止温度骤降造成管模收缩过快难以拆卸。当夏季气温高于 30℃时，可直接拆卸而不经过降温过程。

6. 材料与设备

6.1 原材料

6.1.1 预应力钢筋的要求

1. 纵向预应力钢筋的下料长度由计算确定。严格控制墩头后的钢筋长度，其误差为 ±2mm。

2. 预应力钢筋不得有油污，不得有局部弯曲，端面应平整。不同厂家、不同型号规格的钢筋，不得混合使用。

3. 预应力钢筋墩头必须完整，不得有歪斜、裂纹现象。钢筋墩头强度不得低于钢筋标准强度的 90%。

4. 纵向预应力钢筋的张拉控制应力 σ_{con} 不宜超过 $0.7f_{pyk}$（f_{pyk} 为钢筋的标准强度），冷拉钢筋不宜超过 $0.85f_{pyk}$。张拉力计算确定后，采用应力和伸长值双控来确保预应力的控制。

6.1.2 水泥

由于离心混凝土与普通混凝土存在着工艺上的区别，离心混凝土所用水泥应采用硅酸盐水泥或矿渣水泥，不宜采用火山灰质及粉煤灰相对密度较小、抗渗性能差的水泥。水泥强度等级不宜低于 42.5R。

水泥进厂时必须有生产厂家提供的产品质量保证书及试验报告，各项性能指标合格才能进厂。

水泥要放置在专用的水泥罐中，水泥罐要有防潮措施，水泥按厂家、品种、强度等级分别贮存和标识。水泥的外观检查主要是检查有无受潮现象，凭手感判断水泥是否有结块，受潮水泥不能适用于生产。水泥贮存期不得超过 3 个月。

6.1.3 粗骨料

为了得到密度高的混凝土，粗骨料宜采用级配良好的连续级配，以减小空隙率。粗骨料最大粒径不宜大于壁厚的 1/3，最好采用不超过 20mm 的破碎石，在我国实际采用的是 5~15mm 的破碎石，无石粉及任何轻质杂物，含泥量不超过规定的标准。如果骨料中混进轻质杂物，在离心过程中，杂物会浮在渠槽内表面，影响渠槽的外观质量，对混凝土的强度也有一定的影响。如果含泥量超过规定的标准，必须用合格的水进行冲洗。粗骨料的各项技术指标应按高强度等级混凝土来控制。

6.1.4 细骨料

对于细骨料适宜采用级配良好的中细砂，应干净、坚硬，中砂细度模数为 2.3~3.0，细砂细度模数为1.6～2.2，其质量符合《建筑用砂》GB/T 14684，其中含泥量不大于1%。不含草根、树根、树叶及其他轻质杂物，否则应过筛清理。由于在工地附近中砂采购困难，只能改用细砂，故混凝土的配合比在国内试验结果的基础上，进行了多次试验调整确定，它的技术指标也采用高强度等级混凝土标准来控制。

6.1.5 混凝土外加剂

为了得到性能良好的混凝土，提高混凝土的各种性能，缩短混凝土的蒸养时间，避免夏季高温导致混凝土失水过快，采用合适的混凝土外加剂是比较经济的方式，可在一定程度上节约成本。

6.2 设备

6.2.1 离心振动机组

离心振动机组包括：离心机装置、振动系统、管模系统、喂料系统、刹车系统、调速电机、液压泵站和电器控制柜等装置。

1. 离心系统包括离心电机、托轮及托架两个部分组成；
2. 振动系统包括托架、液压油缸、振动轮几个部分组成；
3. 管模系统包括筒体、跑轮、筋板、企口板、隔板及合模螺栓等部件组成；
4. 喂料系统包括行走电机、电动滚筒、输送皮带及托架、行走轨道等；
5. 下料系统包括料斗、附着式振捣器、拨料器、下料螺旋四个部分组成；
6. 刹车系统含液压油缸和刹车板两个部分；
7. 液压系统包括液压油泵、输出油路组成，用于控制振动系统、刹车系统；
8. 电器控制系统主要是一个电路控制柜，用于控制以上各系统的操作。

6.2.2 离心机形式

渠槽离心机采用的支承方法为托轮式，由调速电动机带动主动轮，并依靠摩擦力带动钢模跑轮旋转。其特点是构造简单、加工容易、操作方便、生产效率高。托轮和钢模均为钢制，离心成形时由于相互撞击，噪声较大，当钢模加工精度差及其他原因造成钢模变形时，不仅噪声增大，而且容易造成钢模剧烈振动、跳动。因此离心机托轮和钢模加工必须有较高的精度，须经过同心度校验。离心机形式见图6.2.2。其主要技术参数见表6.2.2。

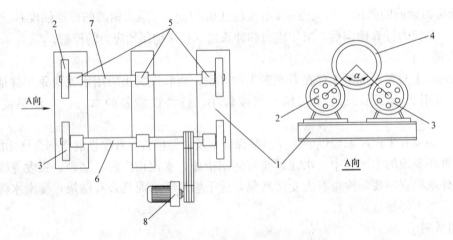

图6.2.2 双托轮式离心机组形式

1—底座；2—被动托轮；3—主动托轮；4—钢模板；5—轴承座；6—主动轴；7—被动轴；8—调速电机

6.2.3 管模设计与制作

管模由筒体、跑轮、筋板、企口板、隔板及合模螺栓等部件组成。管模应有足够的强度和刚度，为满足半圆形渠槽的外形尺寸，设计时在圆形模具两个半圆的合模处增设隔板，隔板要求通长平直、离心时不变形，研究小组将隔板与模具的环形肋设计成为一体，解决了隔板的刚度问题，合模时用合模螺栓固定在一起，使同一管模内同时生产两根同规格半圆形渠槽产品。其主要技术参数见表6.2.3。

振动离心机主要技术参数　　　　　　　　　　　表 6.2.2

序号	项　目	单位	渠槽直径型号(mm)										
			350	400	500	600	700	800	950	1100	1250	1400	1550
1	托轮轮距	mm	5000										
2	托轮轴距	mm	1400				1780				2300		
3	托轮直径	mm	800				900				950		
4	托轮宽度	mm	90				100				110		
5	托轮中心与钢模中心连线的夹角(α)	°	85～110										
6	电机型号		YCTZ355-4A			YCT400-6A				YCT400-4A			
7	电机功率	kW	55			75				110			
8	电机转速	n/min	140～1360			140～850				400～1400			
9	主动轴转速范围	r/min	140～1360 无级调速			140～850 无级调速				178～625 无级调速			
10	振轮直径	mm	250			300				300			
11	油缸行程	mm	340			400				410			

离心钢模主要技术参数　　　　　　　　　　　表 6.2.3

钢模筒体		跑轮			振动环	
长度偏差	内壁线直度	内径偏差	径向跳动	轮距偏差	径向跳动	轮距偏差
±5mm	7000/2500mm	±1mm	0.5mm	≤5mm	≤2mm	≤5mm

管模加工工艺要求严格，既要保证模具准确外形尺寸，又要保证高频振动条件下管模的强度和刚度，确保模具的同心度，保证长期的动负荷作用下不发生变形；同时还要求表面光洁，以减少脱模阻力。为保证管模的刚度，减少抗疲劳应力，管模采用 Q235A 钢板（厚度 8mm）焊接回火而成的圆形钢模板，应符合《预应力混凝土管钢模》JC 364—86 标准要求。

钢模主要配套设备：

管模还需配备相应的附属设备。主要配套的机械设备有起吊机、张拉机等。起吊机型号可根据渠槽的重量（模板加渠槽）和起吊高度及作业空间（横向距离）来确定。张拉机包括液压张拉千斤顶、电动油泵、外接油管和测力仪器组成。型号可根据所需张拉力和钢丝型号来确定。在本工程中，张拉机油泵型号为 ZB×2/50，钢丝拉伸机为 YB-50。

6.2.4 喂料系统

喂料机的工作原理：

首先将混凝土搅拌站生产线传送来的混合料暂存于喂料机的储料仓料斗内，当离心机带管模启动后，料斗内的螺旋输送装置开始运行，并均匀地向管模内喂料，为满足喂料的足量和均匀性要求，喂料机必须边喂料边行走，并能自动控制以提高工作效率。为保证混凝土从料斗顺利进入喂料臂，料斗上带有 0.8kW 附着式振动器，使混凝土能连续均匀到达指定的管模位置。

喂料机设计及主要技术参数（表 6.2.4）：

采用悬臂式浇筑喂料机，由储料仓、喂料小车、喂料臂、轻轨组成。在浇筑混凝土过程中要求喂料机行走平稳，并可进行无级调速，皮带运行速度均匀。

喂料小车是喂料机的主要部件，小车由调速电机驱动、沿专用轻轨行走。安装在喂料小车上的喂料悬臂长 8m，安装有传送皮带，对小车产生一定的前倾弯力，为保证喂料时喂料臂平直、顺畅作业，在喂料小车上设计了配重，同时将喂料臂按使用载重量设计成斜坡形，保证了喂料臂的平直度。根据多次试验、调整，皮带传送速度定为 1.25m/s。

喂料机主要技术参数　　　　　　　　　　　表 6.2.4

适用管径(mm)	行走电机型号	行走电机功率 (kW)	传送带电机功率 (kW)	螺旋输送器叶片 直径(mm)	传送带宽度 (mm)	传送带速度 (m/s)
350～500	YCT160-4A	2.2	1.5	175	112	1.25
600～950	YCT160-4B	3.0	3.0	220	200	1.25
1100～1550	Y100L-4A	3.0	3.0	300	300	1.25

6.2.5 混凝土设备

混凝土生产的主要设备一般为强制式拌合机，采用国产 JS350 型强制式搅拌机，配 20t 散装水泥储存罐组成配套设备。由于输水渠槽所用混凝土要求强度高、水灰比稳定，所以在选用拌合机时要选择计量精度高、搅拌均匀、搅拌速度快的机型。

7. 劳动力组织（以一条生产线为例）

劳动力组织见表 7。

劳动力组织　　　　　　　　　　　　　　　　表 7

序　号	人员工种	工作内容	人　数
1	管理、技术人员	负责组织生产、策划方案、技术指导、经济核算	2
2	离心机组机械工	离心机械操作、振动装置操作	2
3	模具系统工人	模具清理、安装、拆卸、吊装等	6
4	吊装工		2
5	喂料系统机械工	混凝土喂料系统操作	2
6	行车工	行车操作	1
7	电气工程师/电工	维护电气设备正常运转、现场供电	1
8	钢筋工	钢筋骨架制做、绑扎、张拉	3
9	张拉工	高强钢丝下料调直，箍筋下及制做，墩头制做	5
10	试验工	混凝土配制、试验	1
11	混凝土工	混凝土搅拌站操作工	1
12	蒸汽养护工	锅炉管理，蒸养池温度控制	1
13	清洁工	生产线上混凝土清理	1
14	装卸机司机	细骨料、粗骨料的装卸	1

8. 质 量 控 制

混凝土质量控制应符合《混凝土质量控制标准》GB 50164 的规定，包括混凝土强度、坍落度、配合比、计量误差等内容。混凝土性能实验评定按《普通混凝土力学性能实验方法》GBJ 81 的规定，混凝土强度检验评定按《混凝土强度检验评定标准》GBJ 107 规定进行。

8.1 主要控制措施

1. 建立齐全的质量纪录，工序跟踪检查纪录，责任落实到人。

2. 每套管模应按编号使用，不得混淆。

3. 对渠槽进行编号并注明生产日期。

4. 定期检查原材料质量。

5. 每班组应检查混凝土质量，做 7d 和 28d 混凝土抗压强度试验。

6. 定期抽检不同型号渠槽的抗裂及抗渗性能。

7. 制定渠槽检验标准，建立渠槽出厂检验制度。

8.2 不合格品的界定

1. 渠槽坑洼不平（毛面），较难修补。

2. 渠槽厚度超厚 5mm，超薄 5mm。

3. 渠槽露筋。

4. 渠槽角碰掉。

5. 因张拉力不够造成挠度过大或断裂（空载时挠度≥10mm）。

6. 因混凝土质量不好或生产操作不好（含布料、振动和离心等工序），致使渠槽出现质量缺陷，如气泡过多、强度低、毛面等。

7. 吊装或拆模过程中造成的渠槽裂缝、断裂和其他缺陷。

8. 脱模剂涂抹过多导致渠槽外观质量下降。

9. 模板清理不净导致渠槽外观质量下降。

10. 因蒸养控制不好导致渠槽出现纹裂。

8.3 废品的界定

1. 渠槽断裂。

2. 严重超厚或超薄。

3. 纵筋露或露筋严重影响质量。

4. 布料严重不足。

5. 糙率大或超厚严重（≥15mm）。

6. 因蒸养控制不好导致渠槽出现通缝。

9. 安全措施

9.1 渠槽成形操作注意事项

1. 主电机最低转速不得小于电机允许最低转速，且在低速工作时间不得超过 1h。

2. 提速、振动过程中，严密注意观察电流表，不得超过电机额定电流。电机提速不能过快，应当缓慢加速。

3. 离心成形后，在起吊管模时，为了防止模具内混凝土脱落，要避免起吊过程中发生碰撞和撞击。

4. 为了安全，在离心旋转过程中，严禁离心机两侧站人员。

9.2 振动离心成型机设备的维护和保养

1. 每班清理下料斗、喂料输送带。

2. 定期给所有轴承加润滑剂。

3. 定期检查更换液压油，及时清理或更换滤芯。

4. 检查设备所有紧固件是否有松动，电器及液压系统是否正常。

5. 定期校验压力表。

6. 每套模具应当按序编号，防止混用。

7. 模具不使用时应堆放于干燥、平整、坚实的场地上，跑轮之间应垫实，严禁半模堆放。

10. 环保措施

环保措施要执行企业的有关规章制度，对废水、废料进行集中处理。

11. 效 益 分 析

11.1 效益分析

11.1.1 工程项目效益

阿尔及利亚米纳灌区改扩建工程分为 ABCD 四个标段，半圆形预应力输水渠槽设计全长为 496km，其中 A、B 标段由中国建筑总公司承建，渠槽长度 160km，C、D 标段由中国水电建设集团公司水电十三局承建，渠槽长度 336km，渠槽部分投标报价 1211 万美元，占总合同价（3256 万美元）的 37.19%；渠槽预制件价格 973 万美元，占总合同价（3256 万美元）的 29.88%，渠槽预制件价格占渠槽部分产值的 80.35%。

11.1.2 社会效益

米纳灌区工程是中国水电建设集团公司在阿尔及利亚国家中标承建的第一个工程，该工程是树立水电建设集团在阿尔及利亚直至北非国家良好形象的关键工程，在阿尔及利亚和其他北非国家能否开拓水利、建筑市场，和米纳工程的形象有极大的关系。

我们在阿尔及利亚仅半年时间就建成了一个年产 240km 渠槽产品的大型预制厂，并且生产的渠槽已完全符合设计标准，形成了规模化生产，经过业主和监理工程师的认真检测验收，其内在和外观质量均超过当地公司的产品，得到他们的一致好评。让业主看到了中国水电建设集团公司的强大实力和完成米纳工程的决心以及我们执行国际合同的良好信誉。

中国水电建设集团在阿尔及利亚自行建设渠槽预制厂，且生产的渠槽产品速度快、质量好，得到阿尔及利亚各界人士的好评，在该工程的良好影响下，中国水电建设集团陆续在阿尔及利亚有中标了布谷斯水库工程、2516 排水灌溉工程和苏服 1、2 标降水排水工程等 4 个标段，社会影响较大。

12. 应 用 实 例

12.1 米纳项目应用情况

阿尔及利亚米纳灌区改扩建工程需要渠槽长度总量 496km。阿尔及利亚只有 TRANS-CANAL 公司一家生产该类型的渠槽产品，其年产量约 70km。AB 标段由中国建筑总公司承建，渠槽长度 160km，合同工期 30 个月；CD 标段由中国水电建设集团公司水电十三局承建，渠槽长度 336km，合同工期为 26 个月。2003 年 12 月 24 日业主下发开工令，扣除 3 个月的设备、人员动员周期，和 2 个月的渠槽安装的施工时间，我们的渠槽预制时间仅为 21 个月，根据两家公司的渠槽需求量计算，TRANS-CANAL 公司需每月产量达到 16.54km，年产量为 198km，是 TRANS-CANAL 公司实际年产量的 2.83 倍。

TRANS-CANAL 公司建厂和生产时间已经 15 年，设备生产能力已定型，年产量基本没有提升的空间。该公司也没有增加设备和生产线的计划。其若按该公司现有的生产能力，将延误工期达 48 个月。

12.2 自行建厂预制情况

中国水电建设集团公司水电十三局 2003 年 2 月与西安红旗建材设备有限公司联合开发渠槽生产设备和生产工艺，于 2003 年 7 月试验成功并签订离心机及配套设备采购合同，2004 年 3 月第一批离心机及配套设备在西安交货，2004 年 7 月全部设备运抵阿尔及利亚，同年 11 月完成设备安装调试，进入产品试生产，2005 年 1 月正式投入生产。

自 2005 年 1 月起，渠槽预制厂月平均产量达到 20km，2005 年 11 月 15 日渠槽预制产量突破 200km 大关。渠槽产品现已全部预制完成，并已完成架设渠槽 260km 工程量，为按合同工期完成提供了有力的保障。

12.3　中建公司采购我方生产的渠槽情况

　　中建公司 2005 年 5 月 10 日和 TRANS-CANAL 公司签订了渠槽供货合同，按照该公司年产量 70km 的速度计算，中建公司所需渠槽（160km）全部供货完成需 27 个月，即供货完成到 2007 年 8 月 10 日，将超过合同工期近 14 个月（中建公司合同工期到 2006 年 6 月 24 日）。因此 TRANS-CANAL 公司的渠槽供应，不能满足中建公司的要求，中建公司通过业主协调，从我部采购 20km 的渠槽产品，以保证工程项目的工期要求。

混凝土防渗墙（地连墙）"上抓下钻法"槽孔建造工法

YJGF275—2006

中国水利水电建设集团公司

蒋振中　宗敦峰　胡迪煜　李军　郭宏波

1. 前　言

三峡二期上游围堰混凝土防渗墙技术复杂、难点多、风险大，专家称其综合难度世界第一。工期紧迫、施工强度高是其首要特点，除 1.22 万 m² 的墙体可在大江截流前完成外，其余 3 万 m² 要求在截流后大施工期一个枯水期内完成；当年成墙，当年抵御洪水，高峰月成墙面积约 6500m²。尤其是河床深槽段，混凝土防渗墙呈双墙布置，需分期完成，轴线长度仅 162m，设备投入受到限制。如此大的施工规模和施工强度，此前国内外尚无先例。如果不能在当年完成施工任务，必须在汛期将围堰加高抵御洪水，汛后再挖开围堰继续施工混凝土防渗墙，三峡工程将推迟一年发电，其政治影响和经济损失不可估量。

为确保工程按期完成施工，此前确立了引进必要的国外先进设备的基本思路。早在 1995 年之前，中国水利水电建设集团公司水电基础局有限公司已拥有了一台日本真沙液压抓斗，曾在长江葛洲坝和黄河小浪底等工程中有所应用，并研究总结了抓斗与冲击式（反循环）钻机配合的"两钻一抓法"和抓斗单独施工的"纯抓法"槽孔建造工法；但日本真沙液压抓斗性能较低，在上述工程中应用施工的工作量很少。为三峡二期上游围堰防渗墙工程施工作准备，中国水利水电建设集团公司水电基础局有限公司于 1995 年，利用正在施工的三峡下引航道隔流堤防渗工程引进了意大利产 BH-12 型液压抓斗和国产钢丝绳抓斗，通过抓斗与钻机的配合施工，在工程中进一步完善了"两钻一抓法"和"纯抓法"槽孔建造工法，研究总结了"上抓下钻法"槽孔建造工法。从此，液压抓斗和钢丝绳抓斗在我国水利水电工程中广泛应用，采用抓斗以及其与冲击式钻机配合施工的一系列施工工法开始成熟。

为顺利完成三峡二期上游围堰防渗墙工程的施工任务，中国水利水电集团公司技术人员与其子公司施工单位中国水电基础局有限公司设立了"长江三峡工程二期上游围堰混凝土防渗墙施工技术研究与工程实践"研究课题，掌握液压抓斗和钢丝绳抓斗、研究总结抓斗以及其与钻机配合施工的一系列施工工法是该课题的研究内容之一。该课题成果完成后，被专家鉴定为国际领先水平，于 2003 年 10 月获大禹水利科学技术奖二等奖，2005 年 1 月获国家科学技术进步奖二等奖。2007 年 5 月，中国水利水电建设集团公司组织专家对本工法进行了评审，其关键技术被评审为国际先进水平。

本工法经试验工程总结研究成功后，在三峡二期上游围堰混凝土防渗墙截流后大施工期采用，采用本工法约完成了四分之一的工程量，为工程高质量的按期完工，起到了重要作用。

"上抓下钻法"槽孔建造工法自三峡下引航道隔流堤防渗工程研究总结，应用于三峡二期上游围堰混凝土防渗墙工程之后，广泛应用在水利水电工程和城市地连墙工程，如河北黄壁庄水库防渗墙工程、润扬长江大桥北锚锭地下连续墙工程、长江向家坝水电站一期围堰防渗工程、大渡河沙湾电站一期围堰混凝土防渗墙工程、南水北调穿黄一期工程地连墙工程等工程，具有明显的经济效益和社会效益。

2. 工 法 特 点

本工法与"两钻一抓法"和"纯抓法"槽孔建造工法一样，是混凝土防渗墙（地连墙）工程采用抓斗或抓斗与冲击（反循环）式钻机配合施工的施工工法。"纯抓法"仅采用抓斗施工；如为液压抓斗，则适用于均质松软覆盖层地层；如为钢丝绳抓斗，亦可用于夹漂（卵）石覆盖层地层，但目前都不能应用于入岩的混凝土防渗墙（地连墙）工程。

本工法和"两钻一抓法"均可应用于大多数地层。与"两钻一抓法"相比，本工法工效更高，工效是"两钻一抓法"的1.5倍；但上部如为夹有大量漂（卵）石或坚硬的覆盖层地层，则只能使用钢丝绳抓斗，且要求抓斗操作水平较高。

本工法和"两钻一抓法"一样，与"纯抓法"相比，还有一个优点，就是不像"纯抓法"需配有专门的设备清孔换浆，减少了工序之间的转换。

本工法施工成本要远低于使用液压铣槽机的工法。

3. 适 用 范 围

除地层均匀松软可采用较为简单的"纯抓法"、在堆石体等特殊地层建造混凝土防渗墙（地连墙）需采用特种设备、城市施工对噪声要求较高外，本工法适用于大多数地层中建造混凝土防渗墙（地连墙）工程，特别是工期紧张、墙深量大的工程，更能发挥其工效快的优势。

4. 工 艺 原 理

"上抓下钻法"槽孔建造工法的基本原理是采用液压或钢丝绳抓斗抓取混凝土防渗墙（地连墙）的上部覆盖层地层，靠抓斗斗体重量或油缸压力切割地层后抓出槽外而取得进尺。但上部如为夹漂（卵）石或坚硬的覆盖层地层，则只能使用钢丝绳抓斗，钢丝绳抓斗遇到漂（卵）石或坚硬的覆盖层地层时，可换重凿砸碎地层后，再行抓取。

对于下部基岩地层，采用冲击（反循环）式钻机钻取地层，该类型钻机是靠钻头冲击破碎地层后、间断或连续排渣而取得进尺。

槽孔施工到设计深度后，采用冲击（反循环）式钻机清孔换浆。

5. 施工工艺流程及操作要点

5.1 施工工艺流程

本工法施工工艺流程见图5.1。

工艺流程1：抓斗抓取槽孔上部覆盖层地层，上部如为夹漂（卵）石或坚硬的覆盖层地层，则只能使用钢丝绳抓斗，钢丝绳抓斗遇到漂（卵）石或坚硬的覆盖层地层时，可换重凿砸碎地层后，再行抓取；

工艺流程2：冲击（反循环）式钻机分主、副孔钻取钻取基岩地层；

工艺流程3：冲击（反循环）式钻机清孔换浆；

工艺流程4：浇筑墙体混凝土。

5.2 操作要点

5.2.1 施工导墙、平台

施工导墙宜为钢筋混凝土结构，其规格应根据设计的墙体深度、预计的成槽周期、地基密实程度确定，以保证施工期间槽口的稳定、施工设备和人员的安全。

施工平台需考虑不同设备的特点，宜在墙体轴线两侧分别建造，抓斗的移动相对灵活，可在轴线的一侧建造整体或部分为混凝土结构的施工平台，其配筋情况根据具体情况确定，以保证安全兼顾经济为总体原则；钻机平台一般为枕木上架设轨道，布置在抓斗平台的对面。

抓斗平台应布置排水沟，以便于施工废水排出，保证现场文明施工。

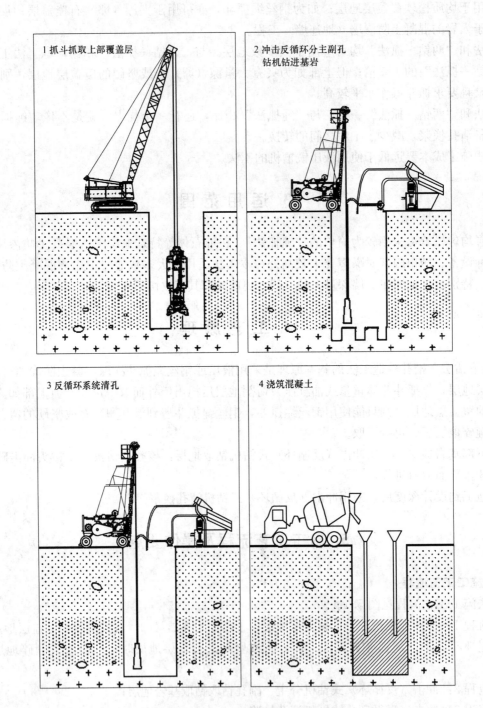

图 5.1　上抓下钻成槽工法工艺流程图

5.2.2　一、二期槽孔长度的确定

因为需要抓斗和钻机配合施工，槽孔长度应结合两种设备的特点，并结合地层条件确定；一般为 5.0～7.0m。

5.2.3　固壁泥浆及墙体材料

采用本工法，因抓斗施工速度较快，一般使用膨润土泥浆，一方面有利于固壁效果，另一方面有利于清孔换浆和保证墙体浇筑质量。

不同地层、设备和成槽的不同阶段，需根据实际情况使用适合参数的泥浆。

不同阶段泥浆性能指标可参考国家电力行业标准《水电水利工程混凝土防渗墙施工规范》（DL/T

5199—2004）有关要求。

5.2.4 "上抓下钻法"槽孔建造工法对地层的适应性

不同的地层和不同的工程要求，选择不同的设备组合与施工工法至关重要，采用抓斗或抓斗与冲击（反循环）钻机配合施工的三种主要工法"纯抓法"、"两钻一抓法"和本工法对地层的适应性前已所及，现详述如下：

1. 对于在均匀软弱的覆盖层中建造的混凝土防渗墙（地连墙），如不要求嵌入基岩，以"纯抓法"最为简单，工效最高；即使是底层中含有少量漂（块）石，如采用钢丝绳抓斗亦可施工。

2. 对于要求嵌入基岩的混凝土防渗墙（地连墙），除在堆石体等特殊地层建造需采用特种设备、城市施工对噪声要求较高外，均可采用"两钻一抓法"或本工法施工。一般来讲本工法工效更高，工效是"两钻一抓法"的1.5倍；本工法工法对于上部结构均匀、疏松软弱的覆盖层，或者风化程度较高、硬度较低的基岩，可以直接利用抓斗成槽，工效高，槽形好，最为适用。

3. 当上部地层夹有大量漂（卵）石或是坚硬的覆盖层地层时，如采用本工法则只能使用钢丝绳抓斗，且要求抓斗操作水平较高，非高水平专业操作手不能采用。鉴于目前国内抓斗操作手的水平，为保证工效和槽孔精度，应采用"两钻一抓法"。

6. 材料与设备

本工法的主要设备包括液压（钢丝绳）抓斗和冲击（反循环）钻机。每种类型的设备还需要根据地层的实际特点选用不同的专用配件，比如抓斗主机及斗体型号、钻机卷扬提升力、钻头类型和重量等等。

常规配合本工法的材料主要为固壁泥浆，宜优先使用膨润土泥浆。膨润土质量等级要求及泥浆质量控制指标，可按照电力行业标准《水电水利工程混凝土防渗墙施工规范》DL/T 5199—2004有关要求。

7. 质 量 控 制

7.1 一般标准

本工法质量标准可参考国内相关规范，电力工程按电力行业标准《水电水利工程混凝土防渗墙施工规范》DL/T 5199—2004的有关要求执行。该规范规定的主要指标如下：

槽位允许偏差不大于30mm；

偏斜率：钻机成槽不得大于4‰；遇含孤石地层及基岩陡坡等特殊情况，应控制在6‰以内；抓斗成槽时不得大于6‰，遇含孤石地层及基岩陡坡等特殊情况，应控制在8‰以内。

如采用套打接头，套接孔的两次孔位中心在任一深度的偏差值，不得大于设计墙厚的1/3，吊放接头管（板）的端孔偏斜率，应按成槽工艺分别控制，同时应保证接头管板顺利吊放和起拔。

7.2 质量保证措施

7.2.1 应该根据地层特性和成槽深度、预计成槽周期，建造坚固的导墙和施工平台，保证成槽导向和成槽过程中设备的稳定；

7.2.2 选用质量优良的固壁泥浆固壁，保持槽内泥浆面的水平，保证成槽过程中槽壁的稳定；

7.2.3 根据不同的地层情况，及时调整不同的设备，除了充分发挥各种设备的效率优势外，成槽质量也相对易于保证；

7.2.4 选用经验丰富的操作手，成槽过程中适时监控成槽垂直度，发现偏斜及时纠正；

7.2.5 套接法接头连接时，二期成槽的偏斜需考虑相邻一期槽的偏斜情况，验收时对比检查，保证墙段可靠连接。

8. 安 全 措 施

8.1 认真贯彻"安全第一，预防为主"的方针，根据国家有关规定、条例，结合施工单位安全标准，建立完善的安全体系，成立专门的安全结构，按照安全生产责任制的管理模式，明确各级人员的安全职责。

8.2 根据作业现场具体情况，制定切实可行的安全操作规程，规程需涵盖现场所有的相关作业，包括安全用电、用水、高空作业、防火等措施。

8.3 液压（钢丝绳）抓斗属大型贵重设备，应严格按照其操作规程保养和施工，避免设备的损坏；在施工强漏失地层时，为防止槽孔坍塌将斗体埋在槽孔中，应采取必要的地层堵漏方案和槽孔建造过程中的堵漏措施，并随时观察槽孔状况，必要时及时将斗体提出孔外。

8.4 如在雨期、冬期施工，应该制定相应的防雷、防冻、防滑等措施。

8.5 在制定的安全操作规程的基础上，设立现场各类安全警示牌，组织例行的和不定期的安全检查，并做好记录，及时整改不合格的安全事项，消除安全隐患。

9. 环 保 措 施

9.1 严格遵守国家和地方有关环境保护的法律、规章和制度，成立专门的环境管理部门，设立专门人员执行项目环境管理具体事务。

9.2 根据项目特点，制定专门的环境保护技术措施，合理进行现场施工布置，便于现场废水、废渣控制及排放。

9.3 定期、及时清理现场施工生产垃圾，保持施工平台干净、整洁。

9.4 按照规定地点弃渣弃浆，避免污染。

9.5 及时维护现场施工道路，及时清理遗撒在施工道路上的垃圾及废料。

9.6 旱季施工需在施工场地做好洒水等防尘措施。

9.7 如施工场地对噪声控制有特殊要求，需制定并采取相应的降噪、隔声等措施。

10. 效 益 分 析

10.1 "上抓下钻法"成槽工法由于采用了先进的混凝土防渗墙（地连墙）施工设备，大大提高了施工效率，是采用国内常用的冲击式钻机及"钻劈法"工效的2～5倍。在可用地层中，是"两钻一抓法"工法的1.5倍；具有较好的经济效益。

10.2 抓斗可以作为机群配置的骨干设备，相对于传统工法，可实现较少的设备投入，设备和施工人员数量较采用钻机成槽施工大为减少。

10.3 采用本工法成槽相对于传统工法有利于现场文明施工和环境保护。

10.4 "上抓下钻法"槽孔建造工法自三峡下引航道隔流堤防渗工程研究总结，应用在三峡二期上游围堰混凝土防渗墙工程之后，广泛应用在水利水电工程和城市地连墙工程，如河北黄壁庄水库防渗墙工程、润扬长江大桥北锚锭地下连续墙工程、长江向家坝水电站一期围堰防渗墙工程、大渡河沙湾电站一期围堰混凝土防渗墙工程、南水北调穿黄一期工程地连墙工程等国家重点工程，具有明显的推广价值和社会效益。

11. 应 用 实 例

长江三峡二期上游围堰混凝土防渗墙工程。

11.1 工程概况

三峡二期围堰是工程最重要的临时建筑物之一，它是工程二期施工时期的安全屏障，其中上游围堰更是重中之重：其轴线全长 1439.59m，最大高度 82.5m，最大填筑水深达 60m，最大挡水水头达 85m，混凝土防渗墙最大高度 73.5m，在世界围堰工程中均属罕见。堰体深槽段典型剖面图见图 11.1-1。

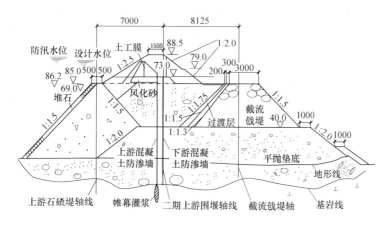

图 11.1-1 三峡二期围堰堰体深槽段典型剖面图

作为围堰成败的技术关键混凝土防渗墙，轴线全长 997.634m（在桩号 0＋140.82 以左为高喷混凝土防渗墙），成墙面积约 4.1 万 m²。其中深槽段长度 162m 采用中心距为 6m 的双墙，双墙之间设 5 道隔墙，深槽断两边均为单墙。墙体厚度除液压铣生产性试验段为 0.8m 外，其余均为 1.0m。墙体材料为塑性混凝土和柔性材料。混凝土防渗墙上部接土工膜，下部接帷幕灌浆。

上游围堰混凝土防渗墙施工技术复杂，风险大，其主要特点是：

1. 地质条件复杂：原始砂卵石层和堰体水下平抛砂卵石层孔隙率大，易漏浆塌孔；两岸漫滩及河床段分布有新淤粉细砂层，松软，物理力学指标低，槽孔稳定性差；在覆盖层及全风化岩中，有相当数量的块球体，岩性坚硬，成槽困难；河槽左侧基岩陡坡高 30m，坡度超过 70°，墙体嵌岩困难。

2. 墙体深度大，大于 50m 的墙体面积达 13700m²，最大深度达 73.5m，成槽精度要求高，槽段连接难度大。

3. 工程量大、工期短、施工强度高，约 6 个月的截流后大施工期要求完成约 3 万 m² 的工程量，平均月成槽强度在 0.5 万 m² 左右，最高月强度要求达 0.65 万 m² 左右，为当时全国单道混凝土防渗墙之最。

混凝土防渗墙施工大体可划分为三个阶段：（1）上游围堰右接头段液压铣槽机试验阶段；试验安排在墙体轴线右端头，对液压铣进行性能和生产性检验，为截流后大施工期提供技术保证。（2）预进占段施工时段；1997 年大江截流前在左右预进占段堰体内进行，其目的是降低截流后大施工期的施工强度。（3）截流后大施工期；大江截流后，在防渗施工平台形成及对堰体风化砂振冲加密后进行，这是工程的攻坚阶段，其成败直接关系到堰体 1998 年安全度汛和基坑按期抽水，这几个时段的施工布置参见图 11.1-2，各时段施工安排见表 11.1。

三峡二期围堰上游防渗墙剖面图

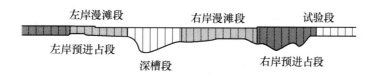

图 11.1-2 三峡上游围堰防渗墙分段布置示意图

各时段施工概况表　　　　　　　　　　　　　　　　　　　　表 11.1

时　段	起止时间	完成工程量 (m²)	主要成槽设备	施　工　情　况
液压铣槽机试验段	1996.9.23~1997.4.26	3740	BC-30 液压铣槽机 1 台,钢丝绳抓斗 1 台,SM-400 全液压工程钻机 1 台,CZF-1500 冲击反循环钻机 1 台	除完成液压铣槽机性能与生产性试验外,还进行了固壁泥浆、硬岩钻爆、灌浆管埋设、槽孔精度检测、预灌浓浆等 5 项专题工艺试验,收集了大量试验资料,提出了适合三峡地层的"铣削法"成槽工艺,成墙效率可达 1200m²/台月,所建成的墙体质量良好,墙段连接采用"铣削法"
预进占段	1997.5.5~8.27(左)	2997	液压铣槽机 1 台,钢丝绳抓斗台,全液压工程钻机 1 台,冲击反循环钻机 25 台	左进占段采用"上抓下钻法"和"两钻一抓"法成槽,墙段连接采用"双反弧接头槽"法。右进占段采用"铣削法"和"铣抓钻法"成槽
	1997.5.10~9.20(右)	4737		
截流后大施工期	1997.11.15~8.27	30769	BC-30 液压铣槽机 1 台,利勃海尔主机机械式抓斗 1 台,BH-12 液压抓斗 1 台,SM-400 全液压工程钻机 3 台,CZF-1200、1500、2000 冲击反循环钻机 25 台,CZ-22、30 冲击钻机 20 台	左右漫滩段采用"上抓下钻法"和"两钻一抓法"成槽,槽段连接采用"双反弧接头槽"法和"钻凿法"。深槽段采用"铣削法"、"铣抓钻法"成槽,墙段连接采用"钻凿"法。对块球体、陡坡采用各种爆破措施。最高月造孔 6071m²,最高月成墙面积 6440m²

11.2 "铣削法"槽孔建造工法在工程中的应用

11.3 "上抓下钻法"成槽工法在工程中的应用

在三峡上游围堰混凝土防渗墙截流后大施工期,为发挥各种设备的优势和特长,采用本工法主要集中在左右漫滩段,使用本工法完成了约占总工程量五分之一的工程量,对工程高质量地按期完工起到了重要作用。

三峡二期混凝土防渗墙是当时世界上综合难度最大的混凝土防渗墙工程,是三峡工程成败的关键之一。通过采用先进的设备,研究采用先进的施工工艺,工程得以高质量的按期完工。施工中的科技进步与创新,大大推动了我国混凝土防渗墙施工技术的发展,使我国的防渗墙施工技术跻身于世界领先水平。

混凝土防渗墙槽孔爆破辅助成槽工法

YJGF276—2006

中国水利水电建设集团公司

蒋振中　宗敦峰　胡迪煜　宋伟　郭宏波

1. 前　言

三峡二期上游围堰混凝土防渗墙技术复杂、难点多、风险大，专家称其综合难度世界第一。工期紧迫、施工强度高是其首要特点，除 1.22 万 m² 的墙体可在大江截流前完成外，其余 3 万 m² 要求在截流后大施工期一个枯水期内完成；当年成墙，当年抵御洪水，高峰月成墙面积约 6500m²。尤其是河床深槽段，混凝土防渗墙呈双墙布置，需分期完成，轴线长度仅 162m，设备投入受到限制。如此大的施工规模和施工强度，此前国内外尚无先例。如果不能在当年完成施工任务，必须在汛期将围堰加高抵御洪水，汛后再挖开围堰继续施工混凝土防渗墙，三峡工程将推迟一年发电，其政治影响和经济损失不可估量。

三峡二期上游围堰防渗墙地层中，存在有较高比例的花岗岩块石，块球体和硬岩；它们岩性坚硬、风化程度低，抗压强度大于 100MPa，可钻性级别达到 X 级，坚固系数为 8～12。这些块石和块球体分布在覆盖层中和岩石顶面，防渗墙要求嵌入弱风化或新鲜岩石中，在成槽地层中占有相当比例。据当时已施工完成的三峡一期围堰及下引航道隔流堤防渗墙施工的统计资料，上述地层造孔工程量仅为总量的 5%，但所耗工时却占总工时的 30%。二期上游围堰防渗墙施工同样面临硬岩造孔工效的问题，而且工期要紧迫得多，如不采用有效措施而用常规手段，在这种地层施工，无论何种设备，均存在工效低、机械故障多的问题，按期完成施工任务是不可能的。

据国外资料及国内以往工程施工的经验，在上述地层的成槽施工中，辅以爆破技术是一种常用、而且行之有效的方法。但由于种种原因，我国防渗墙成槽爆破技术很不完善，个别工程采用了一些辅助爆破手段，但效果很差；如钻孔预爆的覆盖层钻孔效率很低，在深墙施工几乎不能采用，而槽内爆破随意性很强，爆破效率低、浪费大，还常常带来塌槽的负面效应等。为此，在三峡二期上游围堰防渗墙工程截流后大施工期之前，施工单位在三峡下引航道隔流堤防渗墙工程进行了大量试验，总结研究出包括钻孔预爆、槽内聚能爆破和槽内钻孔爆破在内的一整套槽孔爆破辅助成槽工法，大大提高了防渗墙成槽的工效。

为顺利完成三峡二期上游围堰防渗墙工程的施工任务，中国水利水电集团公司技术人员与其子公司施工单位中国水电基础局有限公司设立了“长江三峡工程二期上游围堰混凝土防渗墙施工技术研究与工程实践”研究课题，混凝土防渗墙槽孔爆破辅助成槽工法为该课题的研究内容之一。该课题成果完成后，被专家鉴定为国际领先水平，于 2003 年 10 月获大禹水利科学技术奖二等奖，2005 年 1 月获国家科学技术进步奖二等奖。2007 年 5 月，中国水利水电建设集团公司组织专家对本工法进行了评审，其关键技术被评审为国内领先水平。

本工法经试验工程总结研究成功后，在三峡二期上游围堰混凝土防渗墙截流后大施工期采用，明显提高了防渗墙成槽的工效，为工程高质量的按期完工，起到了重要作用。

本工法自三峡下引航道隔流堤防渗工程研究总结，应用在三峡二期上游围堰混凝土防渗墙工程之后，广泛应用在水利水电工程和城市地连墙工程，如汉江王甫洲水利枢纽防渗墙工程、河北黄壁庄水库防渗墙工程、润扬长江大桥北锚锭地下连续墙工程、长江向家坝水电站一期围堰防渗墙工程、大渡河沙湾电站一期围堰混凝土防渗墙工程、南水北调穿黄一期工程地连墙工程等工程，具有明显的经济效益和社会效益。

2. 工 法 特 点

本工法是混凝土防渗墙槽孔建造的辅助工法，是先进的深覆盖层造孔技术与爆破技术的集成，同时研究了专用的机具和施工工艺。

本工法与以往混凝土防渗墙施工中随意简单的槽内爆破相比，其技术含量和效果明显提高；与复杂地层混凝土防渗墙施工不采用任何爆破措施的工程案例相比，其功效大大提高，综合成本降低，且保证了工期；与其他专业的爆破相比，地下工程具有其专业性，技术要求较高，工艺控制较严。因此，本工法是在坚硬地层建造混凝土防渗墙行之有效的辅助成槽工法。

本工法的三种爆破工艺各有特点。钻孔预爆由于周围介质约束较强，爆破效果最好，但成本最高；槽内钻孔爆破的效果位于其次，成本也比其低；槽内聚能爆破成本最低，也最灵活、容易掌握，但效果最差。

3. 适 用 范 围

本工法总体上适用于含有坚硬漂（块）石的不均匀覆盖层和需要嵌入坚硬基岩的混凝土防渗墙施工，但三种工艺应用对象不同。

钻孔预爆适用于已探明地层中含有漂（块）石的密集区，或应用于需要穿过较厚全风化、强风化岩层的工程，否则成本会大幅度增加；钻孔预爆需要工程留有一定的时间，其施工常占用工程直线工期。

槽内钻孔爆破适用于槽孔建造过程中遇到大直径漂（块）石、或需要穿过全风化、强风化岩层较厚又没有钻孔预爆的情况；槽内聚能爆破则适用于槽内的探头石、基岩或较小直径的块石处理。

对于不容许爆破的工程本工法不能应用，二期槽施工应慎用。

4. 工 艺 原 理

本工法三种工艺中，钻孔预爆和槽内钻孔爆破的原理与常规岩石开挖钻孔爆破基本相同，槽内聚能爆破的原理则与裸露爆破大致相同；本工法的关键是将上述技术应用到混凝土防渗墙这个地下工程的特例上，较好的解决复杂地层深混凝土防渗墙的施工技术难点，并形成专有的技术。

5. 施工工艺流程及操作要点

5.1 施工工艺流程

5.1.1 钻孔预爆施工工艺流程

钻孔预爆施工工艺流程见图 5.1.1。

5.1.2 槽内聚能爆破施工工艺流程

槽内聚能爆破原理见图 5.1.2。

槽内聚能爆破施工工艺流程为：

1. 加工聚能爆破筒

2. 装入炸药；

3. 停止造孔，将聚能爆破筒放入槽孔内定位；

4. 点火爆破。

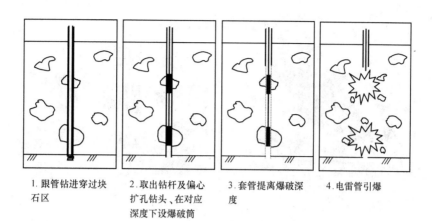

1. 跟管钻进穿过块   2. 取出钻杆及偏心   3. 套管提离爆破深   4. 电雷管引爆
   石区   扩孔钻头、在对应   度
               深度下设爆破筒

图 5.1.1　钻孔预爆施工工艺流程图

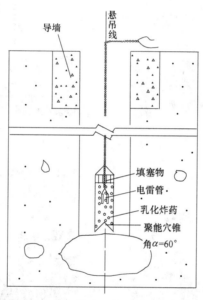

图 5.1.2　槽内聚能爆破原理图

5.1.3　槽内钻孔爆破施工工艺流程

槽内钻孔爆破施工工艺流程见图 5.1.3。

5.2　操作要点

5.2.1　钻孔预爆工艺

1. 钻孔。钻孔预爆工艺的关键是预爆孔施工；在覆盖层中造孔，尤其是深厚覆盖层和夹有集中、坚硬的漂（块）石地层，采用普通岩芯钻机工效极低，必须采用先进的全液压工程钻机和跟管钻进工艺。即使如此，亦必须确定合适的钻具和钻进工艺，否则夹管断管事故会经常发生，降低工效、增大成本。

2. 漂（块）石位置记录。爆破孔钻进过程中，要准确记录漂（块）石大小及位置，为爆破提供依据。

3. 爆破筒制做。爆破筒可采用塑料空心管制做，按照记录的漂（块）石大小及位置配置相应得爆破筒，采用可靠的方法将爆破筒串联后下入孔中爆破。一般爆破筒每米炸药用量载 2kg 左右。

5.2.2　槽内聚能爆破工艺

如前所述，槽内聚能爆破一般用于处理槽内探头石、基岩或较小直径的块石。聚能爆破筒可用铁皮制成，常用的聚能爆破筒锥顶角一般为 $60°\sim90°$，每个爆破筒装药量一般为 $5\sim7kg$；槽内聚能爆破的关键在于对准要处理的部位并贴近被爆破的对象，否则效果会很差，一般将聚能爆破筒用钢筋连接在冲击钻钻头上定位。

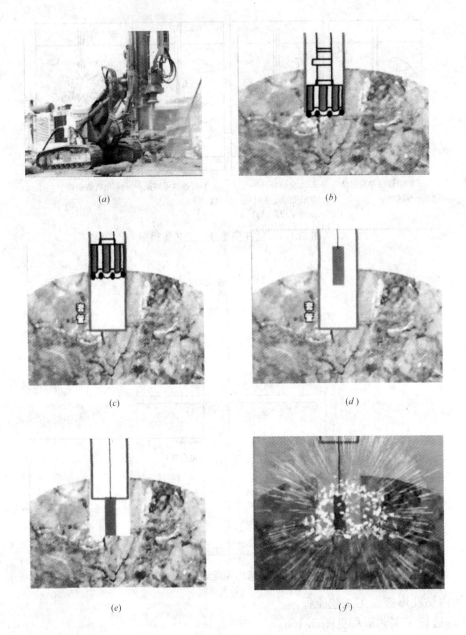

图 5.1.3　槽内钻孔爆破施工工艺流程图

（a）全液压钻机钻孔　（b）钻孔进入弧石　（c）取出钻头、留下套管　（d）放入炸药卷

（e）拔出套管　（f）点火爆破

5.2.3　槽内钻孔爆破工艺

槽内遇到大直径漂（块）石、或需要穿过全风化、强风化岩层较厚时，可采用槽内钻孔爆破，其关键是跟管钻进时套管的槽内定位，钻孔需要采用特殊的定位机具，保证爆破孔能在坚硬的漂（块）石开孔；在三峡工程研究应用了专门的定位器（见后），在确保安全的前提下，也可使用防渗墙成槽钻头、反循环排渣管等辅助定位。

6. 材料与设备

6.1　爆破材料

主要爆破材料包括炸药、雷管和爆破筒。

炸药一般可选用岩石乳化炸药；雷管可根据一次起爆爆破筒数量，选用即发电雷管，或迟发毫秒雷管。

6.2 爆破机具

全液压工程钻机，一般宜选用行走灵活、给进力、扭矩等参数适用于穿过块石、钻进深部基岩的钻机。需选用跟管钻具，保证炸药筒的顺利下设。

可根据槽内爆破深度，设计和使用不同类型的槽内定位机具，包括快速连接头、定位架、定位器等等。

7. 质 量 控 制

对于预钻爆，主要是爆破孔位、爆破孔偏斜率、钻孔深度的控制，需根据实际的设计标准具体执行。一般应保证爆破孔偏斜不得超过设计墙体的偏斜率；如果机具能力允许，一次钻爆深度需达到防渗墙设计深度。

根据爆破深度、岩石硬度选定适合的爆破参数，在保证安全的前提下，充分发挥爆破效果。

聚能爆破的聚能角、装药量，需根据不同项目的试验结果最终确定

8. 安 全 措 施

8.1 爆破施工属于特殊作业，应严格按照安全规程和特种危险物品的管理规定保管爆破器材、进行爆破施工。

8.2 认真贯彻"安全第一，预防为主"的方针，根据国家有关规定、条例，结合施工单位安全标准，建立完善的安全体系，成立专门的安全结构，按照安全生产责任制的管理模式，明确各级人员的安全职责。

8.3 具体操作人员必须经过专门培训，取得相应资格证书，持证上岗。

8.4 爆破器材专人保管，严格履行出入库制度。

8.5 槽内爆破时应保证槽孔稳定，二期槽孔应保证不破坏一期槽孔混凝土的安全。

8.6 如在雨季、高温季节施工，应该制定相应的防雷、防潮、防高温等措施。

8.7 在制定的安全操作规程的基础上，设立现场各类安全警示牌，组织例行的和不定期的安全检查，并做好记录，及时整改不合格的安全事项，消除安全隐患。

9. 环 保 措 施

9.1 严格遵守国家和地方有关环境保护的法律、规章和制度，成立专门的环境管理部门，设立专门人员执行项目环境管理具体事务。

9.2 遵守项目一切通用的环保制度。

9.3 对于噪声、震动控制有特殊要求的项目，应该通过试验和监测确定相应的爆破参数，在施工中严格执行。

10. 效 益 分 析

10.1 根据三峡及以后工程应用统计，采用本工法技术，可使槽孔建造施工效率提高2～4倍，效果十分显著，综合经济效益明显。从1998年至今，累计为企业创造经济效益近千万元。

10.2 课题成果直接应用到三峡二期上游围堰防渗墙施工，使得该工程高质量地按期完成，保证

了三峡二期工程的安全施工。

10.3 本工法解决了混凝土防渗墙在漂（块）石与硬岩地层造孔工效极低的技术难题，尤其是对工期要求高的复杂地层条件下深混凝土防渗墙工程，具有较大的推广应用价值。

10.4 本工法技术在三峡工程研究总结应用后，广泛应用在水利水电工程和城市地连墙工程，如汉江王甫洲水利枢纽防渗墙工程、河北黄壁庄水库防渗墙工程、润扬长江大桥北锚锭地下连续墙工程、长江向家坝水电站一期围堰防渗墙工程、大渡河沙湾电站一期围堰混凝土防渗墙工程等几十个国家重点工程，具有明显的经济效益和社会效益。

10.5 本工法被写入《水利水电混凝土防渗墙施工规范》的相关内容，推动了行业技术的进步，与三峡开发的系列工法一起把我国防渗墙施工技术提高到了一个新水平。

11. 应用实例

11.1 应用实例1：三峡二期上游围堰防渗墙工程

11.1.1 工程概况

三峡二期上游围堰防渗墙轴线总长 992.4m，防渗面积 4.22 万 m²，成墙总面积 4.83 万 m²，最大深度 73.5m，墙厚 0.8～1m。两岸较浅部位布置一道墙，河床深槽段（长 162m）布置双墙，典型剖面见图 11.1.1。

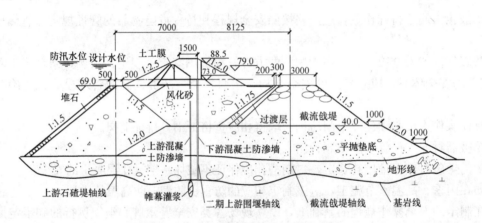

图 11.1.1 三峡二期上游围堰典型断面

上游围堰防渗墙技术复杂、难点多、风险大，专家称其综合难度世界第一，主要体现在：

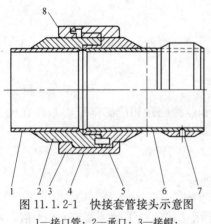

图 11.1.2-1 快接套管接头示意图
1—接口管；2—承口；3—接帽；
4—O形圈；5—定位销；6—尾管；
7—紧定螺钉；8—销片

1）工期紧迫，施工强度高。除 1.22 万 m² 的墙体可在大江截流前完成外，其余 3 万 m² 要求在截流后的一个枯水期内完成，当年成墙，当年抵御洪水，高峰月成墙面积约 6500m²。尤其是河床深槽段，防渗墙呈双墙布置，需分期完成，轴线长度仅 162m，设备投入受到限制。如此大的施工规模和施工强度，国内外尚无先例。

2）地质条件复杂，成槽困难。主要问题有：天然覆盖层和全、强风化花岗岩中含有大量新鲜完整的块球体；墙段要求嵌入弱风化基岩，岩性坚硬，完整性好；深槽段左侧存在高差大于 30m 的、坡度大于 70°的双向陡坡，目前尚无施工的先例。

为确保工程高质量的按期完工，在成槽施工中大量采用了本工法技术，取得了良好的效果。

11.1.2 施工机具

爆破施工机具主要包括 SM-400 型全液压工程钻机、TUBEX 跟管钻具、XHP750S 型空压机和项目自制的快速套管和定位器。

TUBEX 跟管钻具的套管采用快速接头连接，可减少起下管作业时间，快速接头结构见图 11.1.2-1。

定位器用于槽内钻孔爆破孔的导向定位，使爆破孔能取得较好的爆破效果。定位器结构见图 11.1.2-2。

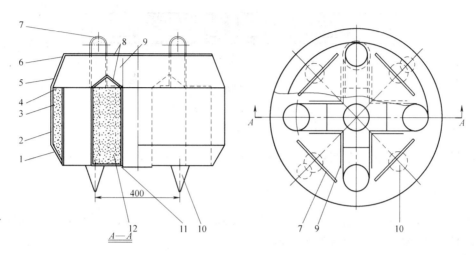

图 11.1.2-2　定位器结构图

1—下斜板；2—外环板；3—导向管；4—中间板；5—上斜板；6—限位板；7—吊环；
8—导向斜板；9—竖板；10—锥齿；11—底板；12—填料

11.1.3　爆破方法

1. 钻孔预爆

槽孔施工前在块球体密集带或石碴块石区布设钻孔预爆孔，采用单排形式，布置在防渗轴线上，其孔距为 1.2～1.6m。

采用 SM-400 型全液压工程钻机，配置 TUBEX 偏心扩孔钻具和普通冲击器进行跟管（ϕ114mm）钻进，钻至强风化岩面后取出 TUBEX 钻具，下入 ϕ90 潜孔锤钻具继续钻进，钻至弱风化带 0.5～1.0m 终孔，用高压风清孔后取出 ϕ90 潜孔锤钻具。

钻孔到设计深度后，在孔内下置爆破筒，然后起管爆破。其工艺流程见图 5.1.1。

爆破炸药为 HW-1 型乳化炸药，其性能见表 11.1.3。雷管采用 8 号即发电雷管，或迟发秒雷管。爆破筒采用铁皮制做，或用 ϕ75mm 塑性管制做，长度 40～60cm，结构见图 11.1.3；爆破筒装药量是参考理论公式，并根据地层情况来选择的，一般漂（块）石用药量 1～3kg/m，弱风化基岩 1.5～2.5kg/m，强风化基岩 0.5～1.5kg/m。

HW-1 型乳化炸药性能指标　　　　　　　　　　　　　　　　　　表 11.1.3

项　目	密度（g/cm³）	猛度（mm）	爆速（m/s）	殉爆距离（cm）
性能指标	1.0～1.3	＞12	＞3000	＞4

理论公式：　　　　　　　　　　　　　　$Q = 8.5R^3/(Kabc)$

式中　Q——装药量（kg）；

R——爆破半径（m）；

K——炸药爆炸力量系数；

a——爆破筒材料系数；

b——钻孔爆破筒直径差系数；

c——岩石抗力系数。

根据钻孔提示的地层情况，确定爆破筒的下设位置、数量（个数）及装药量，下置两个以上爆破筒时，采用串联连接。

起拨 ϕ114 套管，使其管靴距离上部爆破筒 5m 以上，向钻孔内注水或泥浆，然后按动起爆器进行起爆，爆破后起出钻孔内剩余套管。

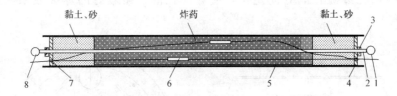

图 11.1.3 爆破筒结构图

1—连接环Ⅰ；2—中间拉杆；3—压紧螺帽；4—压板；
5—爆破筒；6—雷管；7—引爆线穿孔；8—连接环Ⅱ

有时也可利用先导孔和预灌浓浆堵漏孔兼作预爆孔，一孔两用，节省钻孔费用，但灌浆孔在爆破后往往需要进行扫孔。

2. 槽内聚能爆破

在块球体或硬岩表面放置聚能爆破筒进行爆破（图 5.1.2）。根据试验结果，本工程选用 600 的锥顶角，效果较好，每个爆破筒装药量为 5～7kg。

3. 槽内钻孔爆破

成槽过程中遇漂（块）石或硬岩成槽困难时，采用槽内钻孔爆破措施，即在槽孔内采用 SM-400 型全液压钻机跟管钻进至嵌入硬岩 0.2m 深度，从 ϕ114 套管内取出 TUBEX 钻具，下入 ϕ90 潜孔锤钻具钻至预计深度。如钻孔部位的岩石有陡坡应下置定位器进行导向定位钻孔。

槽内爆破孔，一般只布置在一期槽孔内，孔数随槽内情况决定，孔距 1.4～2.4m。

爆破方法与前相同，如钻孔内下置两个以上爆破筒时，应采用迟发秒雷管，可减轻对槽孔的负面影响。

11.1.4 爆破对成槽工效的影响

1. 钻孔预爆

三峡液压铣试验段共布置预爆孔 59 个，钻孔进尺 1186.5m，爆破段长度 169.38m，耗炸药 401.8kg，平均单耗 1.93kg/m。

经过对比分析，弱风化基岩经钻孔预爆后，其成槽平均工效是未钻孔预爆基岩平均工效的 3.25～4.43 倍，效果十分显著。

2. 槽内钻孔爆破

经统计分析可看出，槽内钻爆钻孔难度大，故障多，有时还需要下置定位器进行导向定位钻孔。尽管如此，钻爆工效仍高于钻孔预爆工效，为钻孔预爆工效的 1.85 倍。其原因在于不需在回填层和覆盖层中钻孔。弱风化基岩经爆破后，其成槽平均效率是未经爆破基岩成槽平均工效的 2.91 倍，效果较好。提高的幅度略低于钻孔预爆，其原因是预爆孔用药量较大，槽内爆破因注重槽孔安全用药量较小。

11.1.5 应用结论

三峡二期上游围堰防渗墙工程由于墙深量大、地质条件复杂，且工期要求高，大量应用了本工法技术后，成槽工效大幅度提高，效果良好；本工法的应用，为高质量的按期完成工程施工起到了重要作用。

新老混凝土结合面新增人工键槽施工工法

YJGF277—2006

湖北葛洲坝试验检测有限公司　中国水利水电第三工程局　葛洲坝集团第二工程有限公司

周厚贵　程雪军　宋拥军　李东锋　潘纪良　王宏民　马江权　丁新中　潭明军

1. 前　言

在水工工程施工中，经常涉及新老混凝土的结合面的处理问题，为了保证新老混凝土结合良好，需要在结合面上设置许多键槽来有限传递应力。有些结合面在老混凝土施工时就在模板上预留有传力键槽，一些没有预留键槽的结合面就需要新增键槽，以提高结合面的受力状况。

丹江口大坝加高工程作为南水北调中线水源工程项目，为了改善贴坡混凝土与老混凝土结合面的受力条件，根据设计要求，需要在老坝体下游坡面新老混凝土结合面新增人工键槽，键槽断面三角形一般分长短边，长边长度为760mm，短边长度为500mm，开口边为1100mm，施工时需要将该三角形断面的混凝土从老坝体表面剔除。

传统的施工方法主要有人工凿除法、钻排孔以及大功率圆盘锯切割法三种，其中前两种方法工效低，无法满足工期要求，所以施工设计方案采用大功率圆盘锯切割，由于作业面是陡坡斜面，而且工期紧，需要几台圆盘锯同时作业，不但成本高而且斜面作业安全风险大，尤其是垂直面施工。为此，借用了石方工程常用的钻孔膨胀预裂成缝方法，即采用静态破碎剂将混凝土胀裂成缝，但该方法需要有自由面以便成缝，单独采用这个方法是无法形成三角形键槽的，经过对比优选和大量的现场模拟试验，发明了一种新的施工方法即锯割静裂法，在丹江口加高工程新老混凝土结合面键槽的施工中取得了巨大的成功，不但提前完成了施工任务，而且节约了大量的设备投资，经过混凝土无损检测，采用该方法成型的键槽完全满足了混凝土施工技术要求。该项施工技术获葛洲坝集团公司2005年科技进步一等奖，同时形成了新的施工工法。

2. 工法特点

2.1 将盘锯切割和静态预裂两种混凝土成缝方法有机结合在一起，利用盘锯切割形成静态预裂自由面，然后进行静态预裂二次成缝。

2.2 该方法实施时盘锯切割和静态预裂可同时立体交叉作业，在不增加设备投入的情况下提高施工工效一倍以上。

2.3 由于减少了切割设备圆盘锯的设备投入，本施工工法节约成本50％。

2.4 由于避免了陡坡斜面垂直缝切割，本工法降低了施工过程中的安全风险。

3. 适 用 范 围

本工法适用于在新老混凝土的结合面新增人工键槽。

4. 工 艺 原 理

新老混凝土结合面新增人工键槽采用大功率液压圆盘锯切割加钻孔静力膨胀相结合的施工工艺。

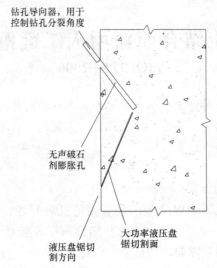

图 4　新老混凝土结合面新增人工键槽施工方案示意图

键槽下部面采用 HILTI 公司生产的 D-LP32/DS-TS32 钻石墙锯系统大功率液压圆盘锯切割，上部键槽面采用钻孔后灌注静态爆破剂（又称无声破石剂），通过静力膨胀将键槽混凝土同坝体混凝土分离后形成键槽。见图 4。

5. 施工工艺流程及操作要点

5.1　施工工艺流程

键槽的施工工艺流程见流程图 5.1。

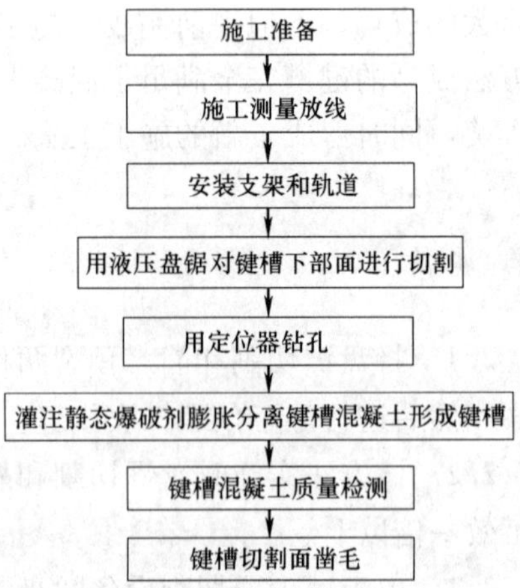

5.2　操作要点

5.2.1　施工测量放线

根据施工图纸要求对新增的人工键槽进行测量放样。

5.2.2　安装支架和轨道

由于键槽的两个面同老混凝土面存在一定的夹角，为了保证该角度尺寸，一方面设计专用支架，用于安装大功率液压圆盘锯行走轨道，另一方面设计快速钻孔定位器，定位器可快速地安装在专用支架上，来控制上部键槽面的钻孔的角度。根据不同键槽的设计角度，制作定位器控制的角度范围为 20°～90° 夹角。

5.2.3　用液压盘锯对键槽下部面进行切割

安装大功率液压盘锯对混凝土进行切割，根据切割深度，分别采用直径 800～1600mm 几种规格的金刚石锯片逐步切割至需要的深度，将键槽下部面同坝体混凝土分离。

5.2.4　钻无声破石剂孔

在支架上安装快速钻孔定位器，用手风钻通过定位器钻孔，定位器保证钻孔的间距均匀，且所有孔保持在一个平面上，提高膨胀分离面的平整度，钻孔深度同键槽上边长度，钻孔孔径和孔距根据静态爆破剂的性能试验确定，本施工方案采用的孔径为 $\Phi25$，孔距为 25cm。

5.2.5　灌注静态爆破剂膨胀分离键槽混凝土形成键槽

将配置好的静态爆破剂，灌注到钻好的孔中。通过静态爆破剂反应膨胀将键槽混凝土同坝体混凝土分离，即可形成键槽。

```
施工准备
  ↓
施工测量放线
  ↓
安装支架和轨道
  ↓
用液压盘锯对键槽下部面进行切割
  ↓
用定位器钻孔
  ↓
灌注静态爆破剂膨胀分离键槽混凝土形成键槽
  ↓
键槽混凝土质量检测
  ↓
键槽切割面凿毛
```

图 5.1　新老混凝土结合面新增人工键槽施工流程图

5.2.6 键槽切割面凿毛

清理静裂缝面，去除表面浮渣，挖除松动混凝土块体；人工对盘锯切割面进行凿毛。

5.2.7 键槽混凝土质量检测

垂直于静裂缝面钻孔，每 20m 钻 1 组，每组 3 个孔，孔深 1m-2m，采用声波仪检测混凝土松弛范围。

6. 材料与设备

6.1 施工材料

超力牌静态爆破剂，最大膨胀力可达到 122MPa（1220kg/cm^2）。

6.2 施工设备

静力无损切割设备：HILTI 公司生产的 D-LP32/DS-TS32 大型液压钻石盘锯系统，最大切割深度 730mm，功率 35kW。

钻孔设备：空压机、手风钻。

6.3 检测设备

非金属超声波仪。

新老混凝土结合面新增人工键槽施工主要材料与设备见表 6.3。

新老混凝土结合面新增人工键槽主要施工设备、材料一览表　　　　　表 6.3

序号	名称	规格型号	技术指标	单位	数量
1	大型液压钻石盘锯	D-LP32/DS-TS32	最大切割深度 730mm，功率 35kW	套	1
2	空压机		3.0m^3	台	1
3	手风钻	24 型		台	1～3
4	静态破碎机		最大膨胀力达到 122MPa		
5	非金属超声波仪	RSW-SY5		台	1
6	安装支架	加工		套	1
7	钻孔导向器	加工		套	1～3

7. 质 量 控 制

7.1 质量控制标准

主要控制指标见表 7.1。

新老混凝土结合面新增人工键槽施工质量控制标准　　　　　表 7.1

序号	项目	控制指标	序号	项目	控制指标
1	支架安装尺寸	±2cm	3	切割及钻孔角度	±5°
2	切割深度	±5cm	4	钻孔深度	±5cm

注：上表根据丹江口加高工程现场施工经验总结确定。

7.2 质量保证措施

7.2.1 严格坚持质量控制"三检"制，施工过程中严把"三关"，即严把图纸关；严把测量关；严把工序质量关，坚持质量一票否决制。

7.2.2 键槽切割施工中重点控制切割深度及钻孔深度，避免损伤坝体保留的混凝土。

7.2.3 盘锯操作人员在经过培训合格后才能上岗操作设备。

8. 安 全 措 施

8.1 建立健全安全管理责任体系，严格按国家的安全法规、安全规程规范施工。加强安全培训教育，增强职工安全意识，贯彻落实"安全第一、预防为主"的主题，确保"安全零事故"目标。

8.2 坚持实行逐级安全技术交底制，保证有足够的专职安全员在施工现场旁站或巡视等跟踪监督，并加强职工安全生产和安全意识教育，认真开展"班前五分钟"活动，做到有记录、有反馈、有处理意见。

8.3 现场应有上下安全哨，民技工有带班，都应经过本项目施工有关的安全培训，合格并取得合格证。施工现场劳保着装，必须佩戴合格的安全帽、鞋，持证上岗，特种人员有相应证件。

8.4 作业前，必须对机械、电气及各部件的连接部分进行认真检查，并做好完整记录，现场必须有专职维修人员进行随时检查和处理。

8.5 电源及电线必须按规范架设，使用手电钻、角磨机等手持带电设备时必须防止漏电。

8.6 设立安全记事牌和安全警示牌，做好危险部位的安全标识，完善照明系统，保证施工时光线充足。

8.7 对不服从安全人员检查，拒不执行安全规章制度的施工人员严肃处理，对存在安全隐患的施工部位、工序等责令整改后施工。

8.8 施工结束后，及时将现场清理干净，做到工完场清。

9. 环 保 措 施

本工法施工过程中由于切割会产生较多的施工废水及泥浆，施工中应建立有效的施工废水的排放设施。

9.1 施工废水及泥浆不得直接排放，应设立相适应的沉淀池进行沉淀后排放。

9.2 在靠近居民生活区位置施工应采取隔声措施降噪，并在夜晚 10 点以后不宜施工。

10. 效 益 分 析

10.1 经济效益

10.1.1 由于大功率圆盘锯设备和大尺寸的金刚石锯片价格昂贵，键槽上部面改为钻孔膨胀后，切割面积减少 40% 以上，设备和耗材的成本可大幅度下降，仅丹江口项目就节约成本 91.71 万元；

10.1.2 由于切割设备固定在需要剥离的键槽部分混凝土上，上下采用切割的方法可能会造成设备脱落等安全隐患，本施工方法采用无声破石剂膨胀分离键槽部分混凝土，降低了施工中的安全风险；

10.1.3 将键槽上下两面的分离分别采取两种施工手段后，施工中两道工序可以交替作业，形成流水作业，缩短了单条键槽施工所占用的时间，将施工工效提高了 50% 以上。

10.2 社会效益

丹江口大坝加高工程是南水北调中线的重点项目，因为施工不能影响工程正常运行，主要施工都集中在几个枯水期，工期相当紧张，混凝土键槽切割是大坝加高加宽的先行工作，由于这种大规模的混凝土人工键槽施工很少见，传统方法的机械切割和人工凿除不是工效低就是成本投入大，没有一种成熟的工效高成本低的方法可以借鉴，这是参建各方都感到头痛的事情。该工法不仅解决了丹江口大坝加高工程的关键技术，而且为同类工程施工提供了一种实用新型的施工方法，在混凝土人工键槽施工技术上向前迈进了一大步，为我国水工技术的发展作出贡献。

11. 应 用 实 例

11.1 丹江口大坝加高工程左岸标段厂房坝段新老混凝土结合面新增人工键槽施工工程

11.1.1 工程概况

丹江口水利枢纽工程位于湖北省丹江口市,汉江干流与支流丹江汇合处下游800m,控制流域面积95200km。丹江口大坝于1973年建成,已运行30多年。作为南水北调中线水源工程。丹江口水利枢纽大坝坝顶高程要从现在的162m加高至176.6m,初期工程混凝土大坝坝体需要在下游贴坡加厚。丹江口大坝加高工程左岸标段厂房坝段包括25号至31号共6个坝段。

11.1.2 施工情况

丹江口大坝加高工程左岸标段厂房坝段的6个坝段,各个坝段均需要在没有预留键槽的贴坡面新增键槽。厂房坝段新增人工键槽施工全部采用金刚石无损切割和静态预裂结合的施工工法即锯割静裂法进行施工,共施工键槽2455m。

11.1.3 工程评价结果

丹江口大坝加高工程左岸标段厂房坝段贴坡面新增键槽施工,施工质量全部达到设计标准,并且大大缩短了施工周期,无安全事故发生,得到了各方的好评。

11.2 丹江口大坝加高工程左岸标段左联坝段新老混凝土结合面新增人工键槽施工工程

11.2.1 工程概况

丹江口水利枢纽工程位于湖北省丹江口市,汉江干流与支流丹江汇合处下游800m,控制流域面积95200km。丹江口大坝于1973年建成,已运行30多年。作为南水北调中线水源工程。丹江口水利枢纽大坝坝顶高程要从现在的162m加高至176.6m,初期工程混凝土大坝坝体需要在下游贴坡加厚。丹江口大坝加高工程左岸标段左联坝段包括32号至44号共13个坝段。

11.2.2 施工情况

丹江口大坝加高工程左岸标段左联坝段的13个坝段,各个坝段均需要在没有预留键槽的贴坡面新增键槽。左联坝段新增人工键槽施工全部采用金刚石无损切割和静态预裂结合的施工工法即锯割静裂法进行施工,共施工键槽2853m。

11.2.3 工程评价结果

丹江口大坝加高工程左岸标段左联坝段贴坡面新增键槽施工,施工质量全部达到设计标准,并且大大缩短了施工周期,无安全事故发生,得到了各方的好评。

11.3 丹江口大坝加高工程左岸标段溢流坝段新老混凝土结合面新增人工键槽施工工程

11.3.1 工程概况

丹江口水利枢纽工程位于湖北省丹江口市,汉江干流与支流丹江汇合处下游800m,控制流域面积95200km。丹江口大坝于1973年建成,已运行30多年。作为南水北调中线水源工程。丹江口水利枢纽大坝坝顶高程要从现在的162m加高至176.6m,初期工程混凝土大坝坝体需要在下游贴坡加厚。丹江口大坝加高工程左岸标段溢流坝段包括16号至24号共9个坝段。

11.3.2 施工情况

丹江口大坝加高工程左岸标段溢流坝段的9个坝段,各个坝段均需要在没有预留键槽的贴坡面新增键槽。溢流坝段新增人工键槽施工全部采用金刚石无损切割和静态预裂结合的施工工法即锯割静裂法进行施工,共施工键槽835m。

11.3.3 工程评价结果

丹江口大坝加高工程左岸标段溢流坝段贴坡面新增键槽施工,施工质量全部达到设计标准,并且大大缩短了施工周期,无安全事故发生,得到了各方的好评。

混凝土面板堆石坝坝体填筑工法

YJGF278—2006

中国葛洲坝集团股份有限公司　中国水利水电第十二工程局

王亚文　王小和　廖光荣　施荣跃　严大顺　李中方

1. 前　　言

堆石坝坝体填筑是面板坝的主要分项工程，由于堆石坝体是构成面板坝的主体，控制坝体沉降变形量是业界十分关注的重要问题。因此必须充分研究坝体填筑分期规划、施工工艺，以及设备配置和施工组织，以实现坝体填筑施工的高质量与高效率。

水布垭混凝土面板堆石坝以其坝高 233m 为当今世界最高面板堆石坝，其坝体填筑施工工艺、质量控制、安全管理等一系列工程实践均为面板坝施工界首次进行 200m 以上的面板坝施工，即推行挤压边墙在高坝中的应用，首次利用 GPS 系统进行坝体填筑质量控制，高质高效安全地进行堆石坝体填筑施工是工程实践中相当重大的技术课题（突破）。

葛洲坝股份有限公司围绕水布垭面板堆石坝工程进行了一系列的施工创新，首次在工程建设以前进行工程施工可行性方案论证，编制《水布垭混凝土面板堆石坝施工工法》规范施工中的各项施工行为、组织管理与机具配套，取得了良好的效果。工程经过 5 次国家质量监督巡视组的检查，获得巡视组专家的首肯。同时，在工程填筑施工中总结的经验形成的混凝土面板堆石坝填筑施工工法，具有广泛的代表性，工程实用性和可操作性较强，且施工技术领先，故有明显的社会效益和经济效益。

2. 工 法 特 点

2.1　上游垫层料坡面利用挤压边墙施工技术，利用深孔梯段微差挤压爆破获取过渡料等一系列技术的施工，使本工法具有技术领先、操作性强的特点。

2.2　利用大吨位智能型振动碾，大型挖掘、运输机械，及配套填筑施工设备，保障工程施工的质量和高强度施工要求。

2.3　首次利用 GPS 系统进行坝体填筑质量控制与检查，大幅稳定提高工程施工质量。

3. 适 用 范 围

适用于 200m 以上的高面板堆石坝堆石体填筑施工。

4. 工 艺 原 理

坝体填筑前，做好填筑单元规划，根据填筑区的划分，采用大型碾压设备及相应配套的中小型碾压设备，按照确定的碾压参数逐层施工，对特殊部位进行专项处理，同时在碾压施工中，采用试验检测、定位系统监控及现场过程定点监控等进行质量多参数控制。

5. 施工工艺流程及操作要点

5.1　施工程序

一个填筑单元的施工程序见图 5.1。

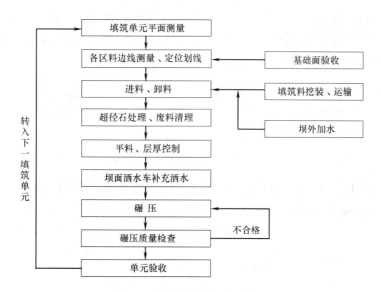

图 5.1　大坝填筑施工程序图

5.2　操作要点

5.2.1　填筑单元划分

在填筑作业时，应按坝体分区、坝面大小、设备型号数量等条件划分作业单元，单元面积约为6000～10000m²，工作面之间设标识牌或划线做标志，填筑工作面内依次完成填筑的各道工序，进行流水作业，避免相互干扰。

5.2.2　装料

装料前，现场管理人员应根据开采石料的分类，向作业人员进行技术交底，装料司机应熟悉坝体各区料的规格和质量要求。

5.2.3　坝料运输及卸料

1. 运输及标识

1）堆石料以32t自卸汽车运输为主，20t自卸汽车运输为辅；过渡料、垫层料和小区料等主要采用15～20t自卸汽车运输。

2）坝料运输车辆设置料区标识牌，以区分各类上坝料。坝面上用白灰划出料区分界线，竖立料区标示牌，指示坝料运输车辆卸料地点。

2. 坝料卸料

1）单元作业面上设专职人员指挥卸料，卸料指挥员未发出卸料信号，运输司机不得随意卸料。

2）堆石区应采用进占法卸料，并用大功率推土机及时平整。

3）垫层区和过渡区宜采用后退法卸料。卸料时，根据铺层厚度、汽车厢容大小，应使卸料料堆之间保持适当距离，以利推土机平料。过渡区亦可采用进占法卸料。

3. 泥团及不合格料的处理

1）坝料装车时，注意分选，泥团和废料不得装车。

2）各料场出路口设置坝料检查站，配备专职人员检查并将泥团和废料拣出。

3）在坝外加水站附近设水槽，专门负责运输车辆清洗，以免将污物带入坝内污染坝料。

4）在坝体作业面设置专职队伍，在摊铺过程中及时将泥团和废料拣出，用斗车或编织袋集中堆放，然后用装载机或反铲装车运出。

5.2.4　铺料

1. 各种填料最大粒径及摊铺层厚控制

各种填料最大粒径及摊铺层厚控制要求根据生产性碾压试验而定。

2. 铺料顺序及方法

1）坝前区填筑摊铺顺序如图 5.2.4-1。每上升一层主堆石料后，立即上升两层过渡料和垫层料。主堆石料铺好后，清除上游界面的超径石，然后铺过渡料；亦清除过渡料上游界面的超径石，最后铺设垫层料。坝后区原则上先铺主堆石料，后铺次堆石料或下游堆石料。

①②③④⑤为填筑摊铺顺序

图 5.2.4-1　坝前区填筑顺序图

2）上游 1/3H 范围内，两岸岸坡向坝内先各铺设 2m 宽的垫层料和过渡料，然后再铺主堆石料。其垫层料和过渡料与坝前区的垫层料、过渡料相连。填筑次序如图 5.2.4-2 所示。

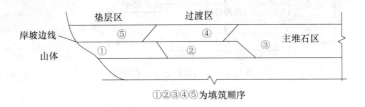

①②③④⑤为填筑顺序

图 5.2.4-2　1/3H 范围内岸坡各料区填筑顺序图

3. 铺料厚度及层厚控制

1）铺料层厚的控制是保证碾压质量的关键之一，其误差应不超过 10% 的设计层厚。

2）铺料前，根据各料区厚度，在回填区周边测量高程，用油漆或白灰标注回填层的等高线。铺料时，前进方向用移动高度标志杆来控制推土机平料厚度（每个填筑单元设可移动标志 2～3 个）。

3）推土机平料时，刀片应从料堆一侧最底处开始逐步向另一侧前方推料，并保持平整。每卸一车料后应及时摊铺，不应让卸料多排堆积，出现超厚现象。

4）坝料与两岸山坡接合面，推土机应沿山坡线平整。

5）铺料过程中，随时进行铺料厚度检测。对铺料超厚部位应及时处理。

4. 超径石处理

应在料场中严格控制装运超径石，已上坝面的超径石应分别按以下方法处理：

1）ⅢA 料中的超径石，由装载机或反铲清理到ⅢB 区填筑面上，用作ⅢB 区填料。

2）ⅢB 料中出现超径石，一是将超径石挖运到ⅢD 区填筑，或用作块石护坡。二是采用液压冲击锤或夯锤将其破碎。

3）ⅢD 料中出现的超径石，用作护坡或采用液压冲击锤或夯锤破碎。

5.2.5　坝料洒水

安排专人负责坝料洒水，采取坝外加水和坝面补充洒水的方法，保证洒水的充足性和均匀性。当采用坝面加水法时，宜用水枪边铺料边洒水的施工工艺。

1. 坝外加水

运输坝料的车辆在上坝前，通过上坝道路口设置的加水站给坝料加水，然后再运输到填筑工作面上。加水管道安装流量计，由人工控制按不同运输车型、不同坝料种类计量加水。

2. 坝面洒水

采用大吨位的洒水车进行坝面补充洒水。坝面洒水应在碾压前进行。

3. 加水量控制

1）按照碾压试验确定的加水量，在加水站加一部分水量，在坝面上补充剩余的需水量。在加水站，ⅢA 料加水 3%～5%，ⅢB、ⅢD 料加水 5%～8%，在填筑作业面补充加水 5%。遇雨天时，可按雨量大小由试验测定后，在坝面调整洒水量。

2）垫层料（含小区料）先作含水量试验，当含水量大于最佳含水量时，在料场脱水；当含水量小于最佳含水量时，在坝面铺料区进行洒水。堆存料场的ⅢC料，一般在填筑作业面上加水；建筑物部位开采的ⅢC料，在加水站加水 3%～5%，在填筑作业面补充加水 5%。

3）负温下填筑不洒水，并减少填筑层厚和增加碾压遍数。具体碾压参数由试验确定。

4）同一填筑单元洒水与碾压时间相隔较长时，应重新洒水。

5.2.6 坝料碾压

1. 根据大坝填筑料的压实标准及现场生产性碾压试验确定施工压实参数。

2. 碾压路线应平行于坝轴线，前进和后退全振行驶，行驶速度不大于 2km/h。

3. 一般应采用错位法碾压，搭接宽度不小于20cm。跨区碾压时，必须骑界线振压，骑线碾压最小宽度不小于50cm。

4. 趾板附近的小区料和垫层料，采用液压振动夯板和小型机械夯板夯实。

5. 振动碾水平碾压垫层料时，钢轮外侧距上边缘应预留安全距离。水平碾压完成后，采用液压振动夯板或小型振动碾进行补充压实。

6. 运用GPS信息控制系统，实时监测振动碾运行工况，提示运行位置、碾压遍数、行车速度等。

5.2.7 特殊部位处理

1. 料区分界面处理

在ⅢA区上游面用反铲剔除粒径超过 100mm 的粗粒；在ⅢB区上游面剔除粒径超过 300mm 的块石；在ⅢC区中，较粗的料应填在靠近ⅢB区或ⅢD区的边界部位。

2. 临时断面边坡的处理

临时断面边坡采用台阶收坡法施工，平均坡比应≥1:1.4。后续回填时，采用推土机或反铲清除相应填筑层的台阶松散料，均匀地摊铺在该层进行碾压。搭接处增压2遍，保证接坡面的碾压质量。

3. 上坝路与坝体结合部位

1）采用与坝体相同料区的石料进行分层填筑。填筑质量按相同区料的填筑要求控制。

2）坝区外下游侧路段与坝体接触部位，采用反铲挖除，并清理松渣，按坝后干砌块石要求砌筑块石。上游跨趾板道路拆除后，其趾板下游侧按填筑基础要求进行处理。

4. 坝体分期分段结合部位

1）根据现场施工进度需要，形成的先期填筑区块坡面，采用台阶收坡法施工。预留台阶宽度不宜小于1m。后期填筑时，用反铲清除先期填筑体坡面的松散料，与新填筑料混合一并碾压。

2）在填筑单元之间、料区交接缝以及坝料分段摊铺填筑结合处，易产生粗颗粒集中及漏压、欠压等现象。采用反铲或其他机械将集中的粗颗粒料作分散处理，改善结合处填筑料的级配，碾压时，进行骑缝加强碾压。

5. 坝体与岸坡结合部位

坝前 1/3H 范围按图 5.2.4-2 所示程序填筑，分界处用反铲整理。

5.3 坝体下游面护坡砌石施工及面板上游铺盖填筑

5.3.1 坝体下游面块石护坡施工

1. ⅢD料填筑时，应向下游界面超填 50cm。每 2～3 层碾压完毕后，进行边线测量放样，采用人工配合反铲整理砌石坡面。

2. 坡面整理后，按网点控制坡面测量放样，网点上插标识，标有地面高程和设计高程。

3. 砌石前，必须依据测量标志，作好砌石样架。样架经复检确认后，方可允许砌石。

4. 在料场选择符合设计要求的块石或从相邻ⅢB、ⅢD区挑选块石作为砌筑材料。

5. 砌筑的块石护坡坡面应满足平整度要求，并不得有石块规格过小、石质风化、架空、通缝现象。否则应立即进行纠正或处理。

6. 砌石作业应尽量随坝体填筑同时上升。

5.3.2 面板上游铺盖填筑

1. 上游铺盖区范围内的趾板与面板表面止水，应在回填前安装完毕。

2. 应分层进行上游铺盖填筑施工，每层填筑程序宜为：测量放样→粉细砂摊铺→黏土回填→IB料回填。

3. 粉细砂卸在靠趾板和混凝土面板的层面上，再用反铲均衡摊铺在趾板和面板坡面上，黏土采用后退法、IB料进料采用进占法和混合法填筑。

4. 盖重区每填筑20m左右，进行一次边坡修整工作。大面积采用推土机削坡，边角部位辅以反铲整修。

5. 重载车辆离面板要有一定的距离，避免损坏面板。

5.4 施工期坝体排水

5.4.1 外来水处理

1. 地表水

1）应在两侧趾板及高边坡选择适当部位修筑截水墙、排水沟引水至基坑外或集水泵站抽排。

2）结合上坝道路排水沟截引部分地表水至坝外。

2. 地下水

1）在趾板及堆石体范围岩体地基的透水、涌水点，应及时报监理工程师，会同有关单位根据出水量研究制定处理方案，不许擅自处理。

2）按照设计技术方案，施管人员认真做好封闭、引排水处理，质检人员进行检查做好记录，报监理工程师验收后进行下道工序施工。

5.4.2 坝体反渗水处理

按照设计要求布设反渗水设施，在规定时限内进行封堵。

6. 材料与设备

填筑施工主要配套机械设备如表6。

填筑主要设备表　　　　　　　　　　　　表6

序号	设备名称	规格型号	备注
1	钻孔设备	液压钻、潜孔钻、手风钻	
2	挖装设备	正铲、反铲、装载机	
3	自卸汽车	20～32t	
4	碾压设备	大吨位振动碾、液压振动夯板、小型振动碾、履带夯	
5	平整设备	推土机	
6	其他设备	洒水车、破碎锥	

7. 质量控制

7.1 质量控制标准

坝体填筑质量控制标准应符合《混凝土面板堆石坝施工规范》（DL/T 5128—2001）和设计技术要求。

7.2 质量检查的内容

7.2.1 检查上坝材料的质量，注意垫层料和过渡料的质量。坝料检查的内容包括：岩性、超径石的含量、含泥量、石料颗粒级配等。

7.2.2 检查填筑施工工艺及相关碾压参数，如铺料顺序、方法、铺层厚度、碾压遍数、加水量、分区界面或搭接带是否有超径石集中等。

7.2.3 检查坝体各区的压实质量，尤其是特殊部位（结合部、边角部位）的填筑质量。

7.2.4 检查坝体断面的形式、坡度、分区界面位置等是否符合设计要求。

7.3 质量检验与控制方法

7.3.1 坝体填筑以控制碾压参数和挖坑取样检验的双控方法进行质量监测。

7.3.2 采用挖坑取样的方法测定坝体各区的压实质量时，干密度、含泥量、渗透系数应符合设计技术要求，垫层料、过渡料还应满足级配曲线要求。

7.3.3 采用附加质量法无损检测成果与试坑法检测成果进行填筑压实质量检测比较。

7.3.4 运用GPS监控技术，对碾压机械的运行轨迹、运行速度和碾压遍数，实时监视，控制施工质量。

7.4 质量缺陷处理与纠正措施

7.4.1 上坝料含泥量超过设计要求时，应作弃渣处理。

7.4.2 垫层料含水量偏大时，可放置一定时间后碾压，或经碾压后局部出现弹簧现象时，应暂停碾压，同时进行弹簧后的石料置换，待数小时后再碾。含水量低于最优含水量时，应在存料场喷雾加水或在坝面摊铺中补充加水。制备料场还应做好排水系统，以防雨水浸泡和泥浆浸入。

7.4.3 推土机铺料时，出现局部粗颗粒集中现象，应采用反铲或推土机将其分散，并适量铺填细颗粒石料，以改善石料级配。

7.4.4 坝体填筑中的少量大块石，采用破碎锥或夯锤将其击碎，不许在坝面上解炮。

8. 安 全 措 施

8.1 施工道路安全措施

8.1.1 上坝道路及坝体临时道路应路基坚实、边坡稳定，纵坡一般控制在10%以内，个别地段最大不得超过12%。道路外侧设置安全埂或安全墩。夜间应照明良好。

8.1.2 道路应有专人养护，保持路面平整、排水畅通，路面上滚落的石碴应及时清除。

8.1.3 在车流量较大的交叉路口及环境较复杂的路段设置安全警示标志，并设专人指挥。

8.2 参与坝体填筑的机械应按其技术性能的要求正确使用。缺少安全装置或安全装置已失效的机械设备不得使用。必须保持制动、喇叭、后视镜的完好。严格检查运输车辆性能状况。

8.3 经常检查坝体两岸坡的稳定情况，在必要的地方设置安全防护和安全警示标志。

8.4 坝面作业安全措施

8.4.1 坝面应划分作业区，将各工序作业尽量分开，避免互相干扰。

8.4.2 浓雾、大雨、大雪或停电时，应暂停坝面施工。大风、雨时暂停岸坡下的施工。人员和设备严禁在岸坡下停留。夜间作业应有足够的照明。

8.4.3 汽车倒车卸料时，应放缓速度，必须在指挥员的指挥下进行卸料和行走。

8.4.4 推土机、振动碾操作手应精力集中，密切注意周边环境的变化，正确判断周边人和机械的运动趋势。复杂地段应有专人指挥。

8.4.5 在推铺过程中拣废料时，应首先向推土机操作手示意，在推土机停下或反向行走时进行。

8.4.6 采用液压冲击锤或夯锤破碎超径石时，锤点安全半径之内不得有人和其他设备。夯锤在坝体与岸坡结合处作业时，岸坡下不得有人。

8.4.7 坝面指挥人员、拣废料人员应穿反光背心，严格劳动着装。指挥人员还应配备袖章、红绿旗、口哨，夜间应配备灯具。

8.4.8 埋设仪器及挖坑取样时，应圈定警戒范围，并设醒目警示标志。仪器埋设处应有醒目的警示标志和安全防护。

8.4.9 施工机械在上下游及高处临边作业时，应预留足够的安全距离。

8.5 坝体下游面块石护坡施工

8.5.1 汽车卸块石或反铲转运块石时，应服从专人指挥，卸料点下方坡面落石滚动辐射范围内不得有人。

8.5.2 砌石人员取料时应自上层或表层开始，严禁在坡面底层反掏。

9. 环保措施

9.1 环境保护措施

认真贯彻落实国家有关环境保护的法律、法规和规章及本合同的有关规定，做好施工区域的环境保护工作。

9.2 防止扰民与污染

9.2.1 工程开工前，编制详细的施工区和生活区的环境保护措施计划。施工方案尽可能减少对环境产生不利影响。

9.2.2 对受噪声污染的，事前通知，随时通报施工进展，并设立投诉热线电话。

9.2.3 采取合理的预防措施避免扰民施工作业，以防止公害的产生。

9.2.4 采取一切必要的手段防止运输的物料进入场区道路和河道，并安排专人及时清理。

9.3 搞好空气质量的保护

9.3.1 机械车辆使用过程中，加强维修和保养，防止汽油、柴油、机油的泄漏，保证进气、排气系统畅通。

9.3.2 运输车辆及施工机械，使用无铅汽油和优质的柴油，减少有毒、有害气体的排放量。

9.3.3 采取一切措施尽可能防止运输车辆将砂石、石渣等撒落在施工道路及工区场地上，安排专人及时进行清扫。

9.3.4 不在施工区内焚烧会产生有毒或恶臭气体的物质。

9.4 加强噪声控制

9.4.1 加强交通噪声的控制和管理。合理安排运输时间，避免车辆噪声污染对敏感区影响。

9.4.2 选用低噪声设备，加强机械设备的维护和保养，降低施工噪声。

9.5 弃渣和固体废弃物处理

9.5.1 施工弃渣和固体废弃物以国家《固体废弃物污染环境防治法》为依据，按设计和合同文件要求送至指定弃渣场。

9.5.2 保持施工区和生活区的环境卫生，在施工区和生活营地设置足够数量的临时垃圾贮存设施，防止垃圾流失，定期将垃圾送至指定垃圾场，按要求进行覆土填埋。

9.5.3 易燃及有害物体处理：施工现场出现的易燃及有害物体，如含硫岩层、含磷岩层等容易自燃的石矿和石碴，按合同文件或监理工程师的指令运往指定的渣场，分散掩埋处理。

10. 效益分析

10.1 本工法利用垫层面挤压边墙技术、坝料规模开采、大吨位智能型振动碾、大型机械设备等新技术、新设备，实现高强度施工，加快大坝填筑施工进度，降低施工成本，创造经济效益 700 余万元，具有较好的经济效益。

10.2 本工法在传统施工方法基础上，利用 GPS 系统实时监控碾压轨迹和碾压遍数，实现碾压全过程监控；利用附加质量法和试坑取样检验法，实现坝体填筑质量双参数控制。其中利用 GPS 进行质量控制，是我国首次利用信息技术进行填筑施工的质量控制，具有极大的推广价值。坝体填筑施工质量控制，始终处于掌控状态，对提高大坝填筑质量，减少坝体在面板施工期及运行期的变形，尽量减少或消除各种不利影响，具有较好的社会效益。

11. 应用实例

11.1 水布垭面板堆石坝填筑

11.1.1 工程概况

水布垭工程位于湖北省巴东县水布垭境内，是清江梯级开发的龙头枢纽，是目前世界上最高的面板堆石坝，坝顶高程 409m，坝轴线长 660m，最大坝高 233m，坝顶宽度 12m，大坝上游坝坡 1：1.4，下游平均坝坡 1：1.4。坝体填筑分为 6 个填筑区，从上游到下游分别为盖重区（ⅠB、黏土料、粉细砂ⅠA）、垫层区（ⅡA）、过渡区（ⅢA）、主堆石区（ⅢB）、次堆石区（ⅢC）和下游堆石区（ⅢD），大坝填筑总量 1570 万 m³。

11.1.2 施工情况

大坝于 2003 年 1 月 31 日开始填筑，至 2006 年 10 月 8 日大坝填筑至设计高程 405m。月均填筑强度 40 万 m³，最高月填筑强度 75 万 m³，最大日填筑强度 2.9 万 m³。

11.1.3 工程监测与结果评价

1. 坝体填筑质量检测

坝体填筑密度检测结果：干密度标准差小于 0.1g/cm³，一检合格率大于 92%。对垫层料、过渡料和堆石料区采用附加质量法检测，对小区料采用核子密度计检测，检测结果表明：合格率均大于 98.6%，标准差 0.006～0.037g/cm³ 均小于 0.1g/cm³，最小密度均大于 0.95，满足设计和相关规范要求。

大坝填筑共完成单元工程 4269 个，优良单元 3862 个，合格率 100%，优良率 90.5%。

2. 坝基变形和渗流检测

最大坝高断面上 5 个基岩变位计监测表明，截至 2006 年 7 月，最大沉降量小于 10mm，2004 年 10 月后沉降趋于稳定。坝基渗压较小，满足设计和相关规范要求。

3. 坝体沉降变形和水平变形

大坝观测资料表明：大坝内部变形检测系统工作正常，获取的检测资料全面、可信。从检测资料分析，大坝沉降变形和水平变形过程符合规律，坝体变形正常，填筑施工期沉降仅为 0.88%，与百余米大坝沉降量等同，坝体施工满足设计和相关规范要求。

4. 结果评价

坝体填筑分期及上、下游高差控制满足设计要求。坝料铺填顺序、垫层料和过渡料的结构厚度和各料区界面结合质量得到控制。铺料、加水、碾压等工艺均处于严格的受控状态。坝体垫层区、过渡区及主堆石区、次堆石区和下游堆石区干密度、渗透性等设计指标检测均满足设计和规范要求，施工质量优良。

11.2 寺坪面板堆石坝填筑

11.2.1 工程概况

寺坪水电站位于汉江中游右岸支流南河上段粉清河上，工程以发电为主，兼有防洪、灌溉、水产养殖、库区航运等综合利用效益，电站装机 6 万 kW，永久建筑物由面板堆石坝、右岸溢洪道、右岸引水式地面厂房等组成。

大坝坝顶高程 318.5m，坝轴线长 376m，最大坝高 90.5m。大坝上游坝坡 1：1.6，下游综合坝坡1：1.7，最大横断面底宽约 300m。

坝体填筑分八个主要填筑区，从上游至下游分别为盖重任意料（1B），铺盖粉质土（1A），垫层料区（2A，其中包括小区料 2B）、过渡料（3A）、烟囱式排水区（3F），主堆石区（3B），下游堆石区（3C），块石贴坡护脚（3E）和下游坡面干砌块石。填筑总量 212.48 万 m³。

11.2.2 施工情况

河床保留砂卵石层采用强夯处理，2004 年 11 月开始，12 月完成。大坝填筑于 2005 年 1 月 9 日开始，2005 年 11 月 21 日全部完成，历时 10.4 个月。

上游坡面采用挤压边墙，烟囱式排水体及下游块石贴坡护脚采用灰岩料填筑，主堆石区采用河床砂卵石填筑。

11.2.3 工程监测与结果评价

根据水平位移计获得的数据分析，监测断面每个高程各个测点在蓄水过程中均呈向下游位移的趋势，坝体中部高程向下游的位移最大，其次是坝体底部，坝顶部位向下游的位移最小。

根据水管式沉降仪获得的数据分析，从累积沉降量的分布情况看，在坝体 1/3～2/3 高程坝轴线以下 20～50m 范围内的累积沉降量最大，累积沉降量最大为 68.1mm，相当于最大坝高（90.5m）的 0.75%。

大坝填筑共完成单元工程 981 个，优良单元 863 个，合格率 100%，优良率 88%。

大坝填筑施工中，严格控制施工工艺，从检测数据、单元工程评定及现场控制分析，大坝工程填筑质量满足设计和合同要求，质量保证体系运行正常，质量管理制度健全，施工中未发生任何质量事故。

11.3 瓦屋山面板堆石坝

11.3.1 工程概况

瓦屋山水电站位于青衣江一级支流周公河上游洪雅县瓦屋山境内，是周公河干流七级开发的第一级。电站正常蓄水位高程 1080m，总库容 5.84 亿 m³，总装机 2×13 万 kW。枢纽由混凝土面板堆石坝、左岸泄洪隧洞、右岸泄洪隧洞、引水系统、厂房枢纽、导流隧洞等主要建筑物组成。

面板堆石坝坝高 138.76m，坝顶全长 277m，坝顶宽 8m，上游坝坡位 1：1.4，下游坡比为 1：1.3。坝体填筑分 7 个填筑区，从上游到下游分别为上游铺盖区（ⅠA）、盖重区（ⅠB）、垫层料区（ⅡA）、特殊垫层料区（ⅡB）、过渡层料区（ⅢA）、主堆石区（ⅢB）和下游堆石区（ⅢC）。大坝填筑总量 316.73 万 m³。

11.3.2 施工情况

大坝共分四期填筑。Ⅰ期度汛临时断面填筑高程 1011.0m，填筑量 78.9 万 m³，施工时段为 2004 年 12 月～2005 年 4 月；Ⅱ期坝体全断面填筑到高程 1025m，填筑量 121.4 万 m³，施工时段为 2005 年 5 月～2005 年 12 月；Ⅲ期坝体全断面填筑到坝顶高程 1080.87m，填筑量 116.4 万 m³，施工时段为 2005 年 12 月～2006 年 6 月；Ⅳ期为坝顶公路垫层料填筑，填筑量 0.53 万 m³，施工时段为 2006 年 7 月～2006 年 7 月。

11.3.3 工程监测与结果评价

在坝体填筑施工过程中，严格按规范及设计要求，对坝料开采、坝料铺填顺序、各区料的结构厚度和各料区界面结合质量等坝体填筑施工过程中各主要环节进行全方位、全过程质量控制，确保大坝填筑施工质量。

对坝体各料区的干密度、渗透性等设计指标检测均满足设计和规范要求。

大坝观测资料表明大坝内部变形检测系统工作正常，大坝沉降变形和水平变形过程符合规律，沉降量较小，坝体变形正常，坝体施工满足设计和相关规范要求。

单戗立堵截流施工工法

YJGF279—2006

中国葛洲坝集团股份有限公司　中国水利水电第四工程局

周厚贵　邢德勇　马金刚　廖绍凯　阴承德　杨元庆

1. 前　　言

水利水电工程建设中，截流是工程建设的重要里程碑，截流施工的成败直接影响到工程总体施工进度。截流方法的选择，是截流成功的重要先决条件。在截流工程施工实践中，以戗堤截流法最为常用，该法又可分为平堵、立堵和平立堵三类。其中立堵截流以其施工简单、便于就地取材和机械化施工、施工准备工作量小、较为安全可靠等特点，成为截流工程广泛采用的施工方法。当截流落差不是很大时，一般采用单戗立堵截流。

长江葛洲坝工程大江截流和三峡工程大江截流均采用单戗立堵截流法施工，针对截流施工中的关键技术，中国葛洲坝集团股份有限公司联合清华大学、武汉大学等单位开展科研攻关，在成功解决了葛洲坝工程大江截流高水力学难关的基础上，针对三峡工程深水截流堤头坍塌和稳定等新的技术难题，通过采取平抛垫底、防护性进占等技术措施，确保了截流高效、优质、安全地合拢。通过工程实践，总结形成了适用于大流量、大深水、高流速条件下的单戗立堵截流施工工法。在长江三峡大江截流工程施工中，创造了截流流量突破 $10000 m^3/s$、龙口水深突破 $60m$、日抛投强度突破 $194000m^3$ 等多项世界纪录，施工关键技术达到国际领先水平，并获得了 1999 年国家科技进步一等奖。

本工法此后又相继在大渡河瀑布沟水电站截流、深溪沟水电站截流、雅砻江锦屏一级水电站截流等工程施工中得到应用，并进一步优化完善，创造了巨大的经济效益和社会效益。

2. 工 法 特 点

2.1　对戗堤龙口段深水部位进行平抛垫底，抬高底部高程，减小戗堤抛填水深，降低戗堤相对高度，从而减小堤头坍塌规模。同时增加河床糙度，提高戗堤基础抗冲刷能力，减少抛投料流失。

2.2　在戗堤进占过程中，采取裹头防护、堤头挑流、高强度抛投进占等防护性进占措施，增加堤头的抗冲刷能力，防止堤头坍塌。

2.3　在戗堤进占的不同区段，采用不同粒径的抛投料和不同的抛投方式，增加堤头稳定性。

2.4　施工组织方便，能发挥机械化作业优势，受地形、水文条件等限制较少，安全可靠，适用范围广。

3. 适 用 范 围

适用于截流最大落差不超过3m（一般情况下）、具备高强度抛投条件的大江大河截流工程施工。

4. 工 艺 原 理

单戗立堵截流是在河道截流的设计戗堤，从一岸单向或两岸双向向河床抛投进占，逐渐缩窄河床直至全部断流的截流方式。在水深较大的情况下，可预先对截流戗堤龙口段深水部位进行水下平抛垫底，抬高底部高程，降低戗堤进占抛投水深；在水流流速、落差较大的情况下，可预先抛投拦石护底，抬高底部高程，增加糙度，减少抛投料的流失量。进占开始前，以预进占方式自两岸构筑戗堤进行非龙口段施工，形成龙口，并将预进占堤头防护起来。与此同时，完成导流泄水建筑物，具备导流条件，根据水文气象条件，选择龙口进占时机，从一岸单向或两岸双向进行龙口段高强度抛投进占，一鼓作气将龙口堵住，截断水流。

5. 施工工艺流程及操作要点

5.1 施工工艺流程

截流准备→平抛垫底（护底）施工、预进占施工→非龙口段进占→龙口段进占→龙口合拢。在戗堤进占工程中，围堰堰体跟进填筑。

5.2 操作要点

5.2.1 截流准备

截流准备是保证截流施工顺利的前提，主要包括技术准备、组织准备、资源准备、安全准备、实战准备等。

1. 技术准备

1）截流水力学仿真计算

建立截流水流数学模型，模拟不同截流流量不同龙口宽度时河段内的水流条件，计算得出龙口区域的水力学参数，包括流速、水位落差、单宽流量、单宽功率、龙口过流量等水力参数及其分布和变化规律，同时计算出不同区段截流抛投材料尺寸和重量，进行多方案对比分析。

2）截流模型试验

根据《水电水利工程施工导截流模型试验规程》DL/T 5361—2006，考虑截流工程规模、河道特性、截流流量等因素，选择适宜的模型类型和比尺，制作截流试验模型。采用单戗堤立堵方法进占，进行截流龙口位置及龙口宽度试验、定床或动床试验、抛投强度试验，观测龙口各项水力要素：截流流量、龙口过水宽度、流态、龙口流速、戗堤的上游和下游水位、导流工程进口前水位及导流流量、截流抛投料流失量以及堤头坍塌规律等。

将试验成果与仿真计算成果进行对比，验证截流数学模型的科学性和合理性，并进行综合分析，为制定施工方案和指导截流施工提供科学的参考依据，确保截流高效、优质、安全地合拢。

2. 组织准备

结合现场施工实际，组建高效、精干、反应快捷的截流组织指挥系统。截流组织指挥系统由上而下分四个层次设置。第一层为决策系统，是截流总指挥部；第二层为指挥系统，由各个进占工作面的指挥所组成；第三层为保障和服务系统，由专家顾问组、施工技术组、生产调度组、质量安全组、设备管理组、物资供应组、劳人财务组、通信保障组、医疗救护组、宣传报道组、交通保卫组等十一个专业组组成；第四层为实施系统，由施工作业队伍组成。

每一层的各职能机构要有明确的岗位，人员有明确的职责。设置有线和无线通信进行联络，使决策的意图能很快落实到现场施工中，得到认真实施。

3. 资源准备

1）施工队伍准备。结合截流所需指挥员、质检员、各类司机、操作手及各种技术人员等的岗位要求，开展岗位培训，使每一个参加截流的上岗员工都训练有素。

2）施工设备准备。根据截流施工强度进行设备配置，对抛投不同规格的材料要准备相适应的装运设备。挖装设备选用液压挖掘机和装载机，运输设备选用大型自卸汽车，堤头推动设备选用大功率推土机。对投入截流施工的大型设备提前检修、保养，使每一台设备都以良好工作状态投入截流施工。

3）施工抛投料准备。根据截流施工组织设计安排，做好各个料场的规划工作和各种抛投料的储备工作，并留有较充分的储备系数，确保截流的需要。

4）施工道路和器材准备。施工前，对截流道路进行规划和维护，确保截流交通通畅。施工需要的各种物资器材均应提前备足，并放置在最方便存取的地方。

5）水、电供应及通信准备。根据施工规划，提前将水、电供应管（线）路铺设到各工作面，将无线通信设施开通到各施工工作面。

6）施工监测和信息管理系统准备。截流施工前，建立施工监测和信息管理系统，对截流施工进行全过程的监测，通过信息管理系统及时把水情等信息传递给参加截流的各方，为截流施工决策提供依据，保障截流顺利进行。

4. 安全准备

1）建立安全保障体系。实行安全责任人负责制，对安全人员进行系统的安全管理培训，对参与截流工程施工的全体人员开展安全知识培训，提高全员的安全意识。

2）安全措施准备。根据施工组织设计中有关安全的要求，制定详细的安全规定、安全措施和应急预案，并在截流施工中贯彻落实。

3）安全设施准备。根据施工安全规定和措施，提前配备陆上、水下施工所需的各种安全设施，包括：钢丝绳、防滑链、插销、手提式照明灯、指挥旗、口哨、望远镜、信号枪、灭火器、救生衣、救生圈、铁锚等等。

5.2.2 平抛垫底施工

1. 平抛试验

在平抛垫底施工前，进行平抛试验，确定抛投料在不同水深、不同流速条件下的漂移距离以及水下分离情况，为平抛垫底定位抛投和料源控制提供依据。

2. 施工方法

1）平抛区按垂直围堰轴线方向每40～50m分成一个作业条带，用一艘趸船在条带内定位。定位船五锚作业，定位、摆动、移位准确灵活，在作业条带范围内可左、右摆动，上、下移动。

2）抛投料采用对开驳或侧抛驳运至抛填部位，依托定位船准确按顺序抛填。

3）组织测量专班，对抛投起点、终点、边坡、转点等控制点严密监测。定位船每次移位、定位均用岸上经纬仪交会，定位后的摆动和上、下移动用六分仪校位，准确控制设计抛填断面。

4）抛填5～6d后，施测1/1000水下地形图，然后按间距20m画横断面图。超过20m水深用回声仪施测，20m以内用测绳施测，当抛填接近设计高程时，用回声仪检测。

5）对照设计断面，检查水下抛填地形，发现漏抛及时补抛。

5.2.3 预进占施工

对于抛填工程量较大的截流工程，为缓解进占施工压力，消减高峰施工强度，可提前进行预进占施工。

1）预进占的时间一般在截流的上一个枯水期。

2）进占前，清理围堰防渗墙轴线上、下侧各5.0m范围内的块石和两岸岸坡的覆盖层。

3）在预进占堤头形成回车场和码头，为非龙口段和龙口段进占创造条件。

4）预进占段施工完成后，对堤头做防冲裹头，裹头要能抵抗汛期的洪水冲刷。

5.2.4 非龙口段进占

1）非龙口段应尽量提前进占，为围堰抛填及防渗墙施工赢得时间。截流当年的汛期结束后即可开始非龙口段进占施工。

2）对于有通航要求的河道截流，需妥善解决进占施工与航运的矛盾，合理确定非龙口段的进占长度，避免进占施工与通航相互干扰。

3）非龙口段进占采取戗堤领先，围堰堰体填筑和防渗施工随后跟进的方式。各填料区保持滞后10m至20m跟进，防止各填料区相互侵占。

4）在进占过程中，抛投料出水面后，及时采用石渣加高，对戗堤顶面用碎石或粗颗粒风化砂尾随铺筑，并安排专人养护路面，确保施工道路满足大型截流车辆通行要求。

5）非龙口段戗堤进占顶高程，根据进占时段的水情，一般按照当月 5% 频率最大日平均流量不漫顶确定，其顶部可根据实际逐步降低，或形成斜坡道路，以增加戗堤顶面进占宽度和加大卸料点提高进占强度，减少抛投料流失。

6）选择适当时间，在非龙口段进占时，组织进行高强度抛投演习，全面检验截流施工的各项准备工作及施工方案的合理性，为龙口段进占施工积累经验。

7）在进占期间，如水情预报有较大流量来水时，应停止进占，对戗堤头部抛填大、中石形成防冲裹头。

8）非龙口段进占至龙口宽度时，对堤头做防冲裹头，等待时机进行龙口段进占合拢。

5.2.5 龙口段进占

1. 进占时机的选择

根据水情预报分析和施工进度选择恰当的截流时机，要保证截流后能及时加高到初期挡水高程，防止漫顶。恰当的截流时机对争取围堰后续施工时间至关重要，为围堰防渗施工提供充裕的施工工期，使围堰尽快闭气，使下阶段施工尽早开始。

2. 戗堤堤头车辆行驶线路布置

截流车辆行车线路是高强度抛投进占的关键，如果线路布局得当，可加大堤头抛投强度，提高运输设备的生产效率。根据围堰和戗堤宽度、运输车辆性能参数（长度、宽度和回转半径等）以及堰体跟进等情况对截流车辆的行驶路线做好规划。一般有以下三种方案：

1）方案一：自卸汽车在距堤头 50m 距离回车，然后在戗堤的上游侧排成两列纵队编队，倒车就位抛投，空车从戗堤的下游侧退出。见图 5.2.5-1。

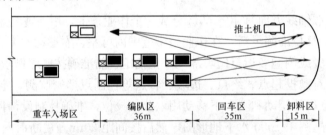

图 5.2.5-1　戗堤堤头车辆行驶线路布置（方案一）

2）方案二：与方案一类似，自卸汽车倒车后，成单列编队，卸料后，空车从戗堤中间退出。见图 5.2.5-2。

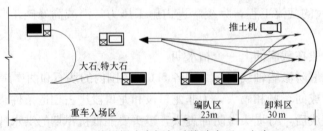

图 5.2.5-2　戗堤堤头车辆行驶线路布置（方案二）

3）方案三：自卸汽车单列直接驶入戗堤头部回车，卸料抛填后，从戗堤中间退出。见图 5.2.5-3。实际施工中，可根据实际情况选择合适的行驶线路方案。

3. 堤头抛投方式

1）龙口段戗堤堤头抛投主要采用全断面推进和凸出上挑角进占两种方式，根据不同口门宽度下的水深、流速特点分为不同区段，选择不同的进占方式。对高流速、堤头坍塌堤头，采取凸出上挑角进占方式。

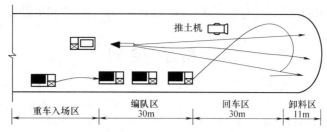

重车入场区　编队区 30m　回车区 30m　卸料区 11m

图 5.2.5-3　戗堤堤头车辆行驶线路布置（方案三）

2）混凝土四面体等大体积截流材料的抛投，均采用堤头骨料，推土机赶料方式，石渣以直接抛投为主。特大石串采取在备料场将块石正中部位钻孔、吊装，在车上穿绳以加快进度，运到堤头卸料，用推土机赶料。

3）龙口段进占一般划分 3 个区段进行：

① 第一区段：口门尚宽，采用上游侧抛大石防冲，下游侧石渣、中石齐头并进，抛投方式视堤头的稳定、抛投强度和施工工期需要进行安排，部分采用自卸车全断面抛投，对易塌滑区全部采用堤头集料，推土机赶料抛投。

② 第二区段：为合拢最困难区段，采用凸出上游挑角进占，在堤头上游侧与戗堤成 45°角用特大石或大中石等抛填形成凸出 5~8m 的防冲矶头，宽 8~12m，在戗堤下游形成回流区，石渣尾随跟进。抛投方式主要采用堤头骨料，推土机赶料抛投。

③ 第三区段：为流速最大区段，此时戗堤坡脚已开始逐渐合拢，水深变浅，戗堤已稳定，为减少抛投料被冲刷流失，仍需继续凸出上游挑角进占，挑角抛投材料采用特大石、四面体等，同时加宽防冲矶头宽度。抛投方式视堤头的稳定情况部分采用直接抛填，特大石等采用堤头骨料，推土机赶料。

4. 戗堤稳定情况判断

一般从以下几个方面进行判断：

1）堤头纵向边坡的坡比变化：堤头纵向坡度在正常无流失的情况下约为 1:1.3 左右，当纵向坡比逐渐变陡达到 1:1 或更陡时，将会发生坍塌；

2）流态变化：采用上挑角进占，若抛投料能在水中站稳，这时必然形成急流并挑出去，在挑角下游形成回流区，而且有小跌水现象。当抛投料粒径较大而水深较浅时，跌水现象更加明显。若填料抛投下去后，跌水顺水流由上而下移动，说明抛投的块体正被急流冲走；

3）进展速度：如抛下一定数量的填料不见堤头向前延伸，说明抛投的块体正被急流冲走；

4）堤头附近的情况：当堤头附近范围内出现裂缝，缝宽逐渐增大时，表明堤头有失稳现象；如果堤头部位高程在逐渐下降，说明堤头发生"沉陷"。

出现这些现象应引起高度重视，及时改换抛投方式。

5.2.6　龙口合拢

龙口段进占形成小龙口后，在导流条件完全具备的情况下，组织高强度进占抛投，一鼓作气将龙口合拢。

6. 材料与设备

6.1　材料

单戗立堵截流的主要材料为：石渣、块石（$d=0.4~0.6m$）、中石（$d=0.4~0.7m$）、大石（$d>1.0m$）、特大石（$d>1.3m$）、20~30t 混凝土四面体、6~8m³ 钢网石兜等。遇水力学难度高时，可采用特大石串、四面体串、钢筋石笼串等。

6.2　主要设备

截流设备的配备应根据不同工程的特点和要求具体分析确定，尽量选用容量大、效率高、机动性好的设备。包括备料开采钻爆设备、挖装设备、运输设备、推土机、起吊设备、平抛垫底船舶等。

7. 质 量 控 制

7.1 质量控制标准

7.1.1 截流模型试验执行《水电水利工程施工导截流模型试验规程》DL/T 5361—2006。

7.1.2 工程验收执行《水利水电基本建设工程单元工程质量等级评定标准》DL/T 5113—2005。

7.2 质量控制措施

7.2.1 施工中，遵循"千年大计，质量第一"和"质量管理，预防为主"的方针，采取主动控制、对隐蔽工程、关键工序实行旁站监督、重点盯防的措施，认真执行内控"三检制"，即班组自检、施工队复检、质量部门终检。对施工有关的质量标准和设计图纸、文件，实施全方位、全过程的跟踪检验和控制，做到上道工序未经检验合格，不得转入下道工序施工。

7.2.2 平抛垫底施工严格按照实测水位、流量、流速及漂距参数确定定位船位置，开工前在施工区域内加密GPS全站仪控制网点，每次抛投前对定位船船位进行复测检查，确定定位船舶无位移、漂流、锚链失控等现象。及时施测抛投后水下地形图，对欠抛位置进行补抛直至满足设计要求。

7.2.3 针对截流和围堰填筑工程量大、填料种类多、管理难度大的情况，依照技术要求和质量检测计划，对料源进行全面检查，分析料源分布情况，掌握料源质量情况，设置质量控制点，按照储量和要求进行检测，严格控制料源质量。

7.2.4 对风化砂填筑实行旁站监控。在料场和堤头安排专人负责分拣块石，在堤头安排质检员严格控制防渗墙轴线两侧5m范围来料风化砂质量，选用优质风化砂料超前填筑，5m范围以外风化砂跟进填筑，避免漏拣块石填至防渗区域，确保风化砂填筑质量。

7.2.5 加强现场监督，确保各种填筑料按照技术要求的先后顺序进行填筑，在验收过程中认真检查各种填筑料进占长度，确保各种填料之间的滞后长度满足施工技术要求。

7.2.6 加强现场测量放样和水下测量，填筑过程中要求测量队跟踪检查填筑边线和高程，对水下部分要求进行水下地形测绘，检查水下部分的边坡是否满足设计要求，对欠填部分及时补填。

7.2.7 龙口抛投强度大，不同材料的车辆多，为方便指挥防止混杂，对抛投同一材料的车辆作上相同标记，分队编号，一个车队的车辆尽量装运固定材料的抛投料。

8. 安 全 措 施

8.1 建立以项目经理为安全第一责任人的安全管理责任体系，明确各级人员的安全责任，形成自上而下的安全管理网络，做到"安全生产、人人有责"。

8.2 截流施工现场实行封闭管理，禁止无关人员不得进入截流施工现场，进入戗堤的施工及管理人员都必须穿救生衣。

8.3 截流施工所需的各种大型机械设备（自卸汽车、挖掘机、装载机、推土机、吊车等）必须检修，以保证设备的性能完好，操作人员必须经过培训后持证上岗。

8.4 加强对戗堤上的施工机械及工作人员统一指挥，为防止堤头坍塌危及汽车和施工人员安全，在堤头前沿设一排石渣埂，并配备专职安全员巡视堤头边坡变化，观察堤头前沿有无裂缝出现，发现异常情况及时处理以防患于未然。

8.5 自卸汽车卸料时要与堤头保持5m以上的安全距离，采取自卸汽车堤头集料、推土机赶料的抛投方式，设备堤头作业时必须将车门打开，操作人员必须按规定穿救生衣。

8.6 自卸汽车卸料应由专人指挥，指挥人员必须由经过培训的职工担任，指挥人员要相对固定，不得随意更换，指挥时要使用旗语和哨子，指挥人员在夜间要穿反光衣。

8.7 安排专人日夜"三班"对堤头巡视，检查堤头是否存在裂缝，如发现有坍塌症状，要立即通知堤头人员和设备撤离至安全地带。

8.8 戗堤侧边2.5m为安全警戒距离，拉上安全警戒绳，设立安全警示标志。戗堤现场必须配备钢丝绳、插销、救生设备等应急器材，并放置于离戗堤和上下游醒目的位置。

8.9 严格控制堤头的骨料高度，防止因卸料高度过大使抛投石料分离而产生架空现象，从而导致边坡失稳坍塌。

8.10 所有电器末端开关处，必须使用满足安全要求的漏电保护装置，现场动力线与照明线要分开，并按规定进行标识，同时要与现场的风水管分开并标识。

8.11 运输船要谨慎驾驶，严格执行《内河交通安全管理条例》及《内河避碰规则》，船上要配备足够的救生圈及救生衣等救生设施，船上施工人员必须穿救生衣。在抛投钢架石笼和合金钢网兜时，要在船上设置醒目的信号标志，以防与过往船只发生碰撞，运输船舶应在海事局的监督船的指挥下作业，并严格遵守《内河交通安全管理条例》的规定。其旗信、声信、灯信等指示按规定设置且齐全有效。

9. 环 保 措 施

9.1 成立以项目经理为第一责任人的施工现场环境保护委员会，制定《环境保护实施计划》，严格执行国家和地方的各项环保法规，使环保指标分解落实到各单位和个人的经济责任制中。

9.2 弃渣、废渣运至指定的弃渣场，渣场堆存按要求实施，设置必要的排洪设施及挡渣结构，防止暴雨冲刷污染环境。对有毒的废渣、废液，上报处理方案，经监理工程师批准后，处理达标后排放或掩埋。

9.3 采取有效措施，防止在利用或占用的土地上发生土壤冲蚀，防止由于工程施工造成开挖料或其他冲蚀物质在河流或支流中的淤积。

9.4 配置洒水车，并安排专门人员加强对施工道路的维护，做到晴天不扬尘、雨天不溅泥。

9.5 保护施工区水质，未经沉淀处理的施工污水不得直接排入河道。

9.6 现场运输车辆适度装料或车厢尾部设挡渣板，避免车装渣、料沿路洒落，组建专门的养路队，负责对道路进行清理、打扫。

9.7 加强对设备尾气的检测，经常性检测柴油机械废气排放情况，对于超标排放废气的车辆及时维修或禁止使用。

9.8 建立环境保护及卫生防疫机构，设置足够的临时卫生设施，定期清扫处理；配备相应人员定期检查各项环卫工作。

10. 效 益 分 析

单戗立堵截流施工工法具有施工简单、快速、经济、受地形和水文影响小等特点，施工安全可靠。可靠安全的截流为后续工程施工赢得了时间，确保主体工程施工按计划进行。采用平抛垫底和防护性进占措施，减少了堤头坍塌和抛投料流失。本工法已成为水电工程截流施工中首选的截流方式，在许多工程中得到成功应用，确保水利水电工程顺利建成并按期或提前发挥功能和作用，社会效益和经济效益显著。

11. 应 用 实 例

11.1 长江葛洲坝大江截流工程

葛洲坝工程是长江干流上的第一个大型水利枢纽工程，截流采用单戗堤立堵截流施工方法，设计截流流量 7300m³/s，龙口水深 10.8m。由于截流流量、水深大，且分流的二江导渠及泄水闸底板比大江河床高出 7m，其截流规模和难度是国内外罕见的。

为了降低截流难度减小龙口水深，截流前龙口进行了护底预抛投中石、钢筋石笼、钢架石笼以及混凝土四面体。截流施工于 1980 年 10 月 1 日开始非龙口段进占，1981 年 1 月 3 日开始龙口段占，经过 36h 的高强度抛投，1 月 4 日胜利合龙，实现第一次截断长江，使我国截流技术跨入世界先进行列。实际截流流量为 4720m³/s，最终落差 3.23m，龙口最大水深 10.7m，最大流速 7.0m/s。

11.2 长江三峡大江截流工程

三峡工程大江截流采用单戗立堵双向进占方式，下游围堰石渣戗堤亦尾随进占。截流戗堤为二期上游土石围堰背水侧的石渣堤，此石渣堤兼作排水棱体。戗堤长 797.4m，顶宽 30m，龙口段高程 69m。戗堤填筑总量为 125.66 万 m³，其中龙口段 20.84 m³。截流设计流量为 14000～19400m³/s，截流戗堤基础最低处水深达 60 m，是目前世界上截流流量最大、水深最大的截流工程。

三峡工程大江截流施工进度为：1997 年汛前完成预进占段，即左岸 0＋244.278 以左和右岸 0＋704.278 以右的施工；1997 年汛期末 9 月 12 日～10 月 13 日完成部分非龙口段，即左岸 0＋244.278～0＋350.8 段和右岸 0＋740.278～0＋595.0 段施工；1997 年 10 月 14 日～11 月 8 日，完成龙口段进占及合拢。

1997 年 11 月 8 日 8 点 55 分，在举世瞩目的三峡工程大江截流现场，随着一声令下，早已排队等候在上游围堰龙口两侧戗堤堤头的大型载重汽车依次将一车车石料抛进 40m 宽的龙口中。6h35min 之后，龙口"安全、正点、有序"合拢。15 点 30 分向世界庄严宣布："三峡工程大江截流成功！"随后，下游石渣堤也在 6 点 30 分合拢。

11.3 雅砻江锦屏一级水电站截流工程

锦屏一级水电站是国家实施西部大开发和"西电东送"的标志性工程。河床两岸山势陡峭，施工道路布置困难，只有右岸一条交通洞通往戗堤，截流只能采取单戗立堵单向进占，抛投强度受到限制，截流难度非常大。模型试验表明，在截流流量为 814m³/s（11 月下旬 10 年一遇）时，截流落差 5.23m，戗堤头部最大平均流速 8.44m/s，龙中最大垂线平均流速 5.92m/s。

葛洲坝集团在截流施工中科学组织，采用单戗堤立堵截流施工工法，从 2006 年 11 月 1 日开始戗堤预进占，在左岸导流洞 2006 年 11 月 22 日破堰过流后，龙口段开始进占。2006 年 12 月 4 日上午，龙口合龙成功。

锦屏大江截流总历时 34d，整个施工过程十分顺利，充分说明单戗立堵截流施工工法的先进性和成熟性，创造了中国水电开发史上"开工一年就实现截流"的新纪录。

碾压式沥青混凝土防渗心墙施工工法

YJGF280—2006

葛洲坝集团第六工程有限公司　中国水利水电第一工程局

中国水利水电第七工程局　中国水电建设第十五工程局有限公司

黄兴龙　高万才　胡贻涛　李伟　何勇　何小雄

1. 前　言

在土石坝修建过程中，防渗心墙施工是其重要组成部分。沥青混凝土防渗心墙具有很好的防渗和适应土石坝沉陷变形性能，已越来越多地应用于土石坝工程中，但以往的施工主要采用人工和半机械化施工方法，施工周期长、效率低、质量难以保证。随着越来越多的沥青混凝土防渗心墙应用于水工建筑物中，沥青混凝土防渗心墙大规模、高效率的机械施工成为一个技术难题急需得到解决。

工程施工承包单位联合业主、设计和监理单位通过数十次各类试验和研究创新，取得了大量的国内首创、国际领先的技术成果。经过研究和应用，总结了一整套成熟的碾压式沥青混凝土防渗心墙机械化施工工艺，并形成了施工工法。通过三峡茅坪溪防护土石坝第一、二标段和四川南桠河冶勒水电站堆石坝等工程沥青混凝土防渗心墙施工方案的实施和技术研究，施工过程中，严格按工法组织作业和进行全过程质量控制，解决了沥青混凝土心墙施工中一系列重要技术难题，不仅加快了工程进度，使工程工期大大提前；而且保证了施工质量，工程质量达到优良等级；同时，取得了较好的经济效益。

《碾压式沥青混凝土心墙堆石坝施工技术研究及应用》于 2005 年获得中国葛洲坝水利水电工程集团有限公司科技进步特等奖，《高寒多雨地区碾压沥青混凝土心墙施工技术研究与应用成果》于 2007年获得四川省科学技术奖二等奖。于 2006 年完成中华人民共和国电力行业标准《水工碾压式沥青混凝土施工规范》DL/T 5363—2006 编写并于 2007 年 5 月 1 日起实施。沥青混凝土心墙摊铺机，获国家专利，专利号：200610019401.7。由于其施工机械化程度高、施工效率高、技术先进、具有明显的社会效益和经济效益。

2. 工 法 特 点

2.1　利用公路成套沥青混凝土拌合设备，进行改造后满足水工沥青混凝土防渗心墙的施工需要，施工质量和生产效率大大提高。

2.2　利用专用摊铺机进行沥青混凝土防渗心墙的施工，沥青混凝土心墙专用摊铺机可同时摊铺过渡料和沥青混合料，且沥青混合料的摊铺宽度和厚度可根据设计要求在一定范围内调节。沥青混凝土心墙专用摊铺机的使用不仅降低了劳动强度，同时加快了施工进度、保证了施工质量。

2.3　利用现有沥青混凝土防渗心墙的碾压设备，根据不同的心墙设计宽度采用不同的碾压方式进行碾压，不仅解决了"宽碾碾窄墙"的施工技术难题，使施工质量得到保证、施工进度大大加快，新颖的工法技术促进了碾压式沥青混凝土心墙工程施工技术进步，其社会效益、环境效益和经济效益显著。

2.4　沥青混凝土为热法施工，对温度要求高，其施工受自然条件制约多，采取详细可行的冬、雨期施工技术措施，使施工质量和施工进度得到了保证。

2.5 将国内传统的人工作业和半机械化施工技术发展到全机械化施工，解决了以往工程施工中，效率低、劳动强度高、质量不稳定等一系列问题，在工程工期、质量、安全、造价等技术经济效能上均有较大提高。

3. 适 用 范 围

各类土石坝碾压式沥青混凝土防渗心墙的施工。

4. 工 艺 原 理

在土石坝中采用碾压式沥青混凝土心墙防渗，代替其他形式的防渗结构，其施工方法类似于碾压混凝土和公路沥青混凝土施工，主要环节：矿料加工、沥青混凝土拌合、运输、摊铺、碾压等，均采取全机械化作业。施工前进行室内、现场和生产性试验，取得各项施工工艺参数，以指导现场施工。施工中对全过程进行质量检测和控制，重点控制原材料质量；沥青混合料的拌合时间；沥青混合料的拌合、铺筑等过程的各种温度；沥青混合料的摊铺速度、碾压速度、碾压方式、碾压遍数等技术参数，确保沥青混凝土施工质量。施工后采用无损检测和钻孔取芯的方式进行沥青混凝土施工质量的检验。整个施工过程从原材料及施工的各个作业环节和施工后的检测等各方面进行严格控制，从而使沥青混凝土施工质量满足设计要求。

5. 施工工艺流程及操作要点

5.1 施工工艺流程
施工准备→矿料加工→沥青混合料制备→沥青混凝土心墙铺筑。
5.2 操作要点
5.2.1 矿料加工
1. 矿料加工流程如图5.2.1所示

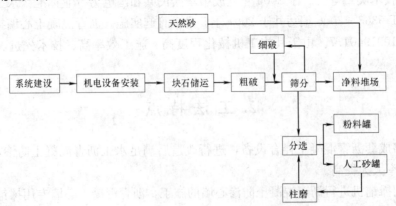

图5.2.1 矿料加工流程图

2. 施工工艺及要求

1）块石储运

① 块石运输

沥青混凝土骨料加工宜优先选用能与沥青粘结良好的碱性岩石加工。加工沥青混凝土各级骨料所用块石要求清洁、岩质坚硬、质量稳定，且块度小于20cm。块石采用自卸汽车运输。

② 块石储存

块石储存量以满足约5～10d的铺筑用量（加工厂离工地较远时，可适当增加储存量）。

块石储存设防雨棚、碎石或混凝土地坪，地坪高出周围地面30cm以上，以防雨水倒灌。

2) 块石加工

① 粗、细碎

粗、细碎分别用反击式破碎机制取粗骨料，立式冲击破碎机制取细骨料及填充料。

② 筛分

破碎的混合矿料经过一段筛分，分成＞20mm和＜20mm的矿料，＞20mm的矿料用胶带机输送到细碎破碎机循环破碎，＜20mm的矿料分级用胶带机输送到净料堆场堆存，最粗一级骨料亦可送入细碎循环破碎，经过二段筛分后，按设计要求分成粗骨料和细骨料，分级用胶带机输送到净料堆场，最细一级的矿料用链式输送机输送到分选机。

③ 分选

矿料用链式输送机送入分选机分选，将其分成＞0.074mm和＜0.074mm的两种矿料。并分别用链式输送机输送至储罐或净料堆场储存。

④ 柱磨

柱磨车间设柱磨机加工＜0.074mm矿粉。

⑤ 天然砂

为改善沥青混凝土的性能，可掺入一定比例的天然砂，掺量由试验确定。

3) 骨料及粉料储存

① 粗骨料

不同粒径的骨料堆存用隔墙分开，防止混杂和骨料分离。净料场上部设防雨棚，底部设廊道，用胶带机将各级骨料输送至骨料配料仓（或直接采用装载机转运矿料至配料仓）。

净料的堆存数量以满足5～10d的铺筑用量（加工厂距工地较远时，可适当增加储存量）。

② 细骨料及粉料

经过分选后大于0.074mm的细骨料和小于0.074mm的粉料用密封储罐储存。储罐的容量与其相应骨料的储存量匹配。

5.2.2 沥青混合料制备

1. 沥青混合料制备工艺流程如图5.2.2所示

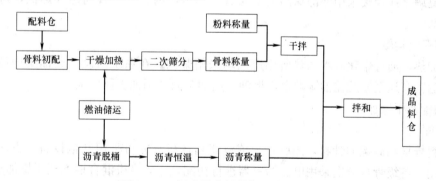

图5.2.2 沥青混合料制备工艺流程图

2. 施工工艺

1) 沥青混合料制备系统

沥青混合料生产设备采用连续烘干、间歇计量及拌合的综合式工艺流程。拌合厂的生产能力满足高峰铺筑强度的要求。拌合楼采用成套设备。

沥青混合料制备系统主要设施有沥青车间、柴油储罐、沥青混合料拌合系统设备及其他辅助生产设施。

① 沥青储存及脱桶脱水

沥青为桶装。桶装沥青储存在沥青储库，储存量满足沥青混凝土浇筑强度要求，根据料源距工地远近决定储存量的大小。桶装沥青堆存高度在 1.8m 以内，并有足够的通道供运输和消防急用。不同批号的沥青分别堆存防止混杂。

沥青储库保持干燥、通风良好。面积满足沥青储存量的要求。

桶装沥青采用连续式化油桶、间歇式化油间熔化。设备为沥青熔化，脱水，加热联合装置。

沥青脱桶、脱水加热处理能力与沥青混合料拌合楼匹配良好。

沥青的储存、熔化、脱水和加热保温场所均设有防雨、防火设施。

② 沥青混合料拌合系统

拌合楼配套设备应有配料仓，干燥筒、沥青恒温罐、热油加热器、除尘器、沥青混合料保温储罐及中心控制室等设施。

③ 其他生产及辅助生产设施

系统布置的其他生产及辅助生产设施有：污水处理池、设备仓库、机修车间、变电所、地衡站、现场试验室及办公室等。生产及辅助生产设施的面积以满足生产要求为标准，场内道路采用泥结石或混凝土路面。整个系统用围墙与外界隔开，实行封闭式管理。

2）水工沥青及其熔化、脱水、加热与恒温、输送

① 水工沥青

沥青混凝土所用沥青为正式工业产品，其质量符合水工沥青的技术要求。

② 沥青熔化、脱水、加热

沥青拆包后，通过液压自动翻转装置送进沥青熔化、脱水、加热联合装置，以导热油为介质来加热熔化，确保加热均匀，防止沥青老化。沥青脱水温度控制在 110～130℃，配有打泡和脱水装置，使水分气化溢出，防止热沥青溢沸。沥青熔化、脱水一定时间后，继续加热至 150～170℃，低温季节取较高温度值，加热时间控制在 6h 以内。

③ 沥青恒温

沥青恒温温度控制在 150～170℃，严格控制上限温度。沥青加热至规定温度后输送至恒温罐储存使用，恒温时间不超过 24h，以防沥青老化。

④ 沥青输送

沥青从恒温罐至拌合楼采用外部保温的双层管道输送，内管与外管间通导热油，避免沥青在输送过程中凝固堵塞管道。

3）燃油储存与运输

矿料干燥加热、沥青熔化脱水加热所用燃油均采用柴油。在系统内设置柴油集中储罐。柴油从中转油库用柴油运输车运至系统储油罐贮存，燃油采用油泵向各用油工段供油。

4）骨料初配及干燥加热

① 骨料初配

储存于净料堆场和储罐的骨料，用胶带机或链式输送机（亦可采用其他设备、方法）分别输送至各级配料仓备用。各级骨料分别采用电振给料器进行初配，用胶带机混合输送至干燥加热筒。

② 骨料干燥加热

冷骨料均匀连续地送入干燥加热筒加热，加热温度控制为 170～190℃。经过干燥加热的混合骨料，用热料提升机提升至拌合楼顶进行二次筛分。热料经过筛分分级，按粒径尺寸储存在热料斗内，供配料使用。

5）沥青混合料的拌制

① 配料

沥青混合料采用重量配合比，矿料以干燥状态为标准，矿料和沥青分别分级计量和单独计量，配料严格按照批准的沥青混凝土配料单进行配料。所有称量设备在使用前都进行校准、测试，并定期予

以校验，以保证称量精度。所有组成材料按级配配制，并且总量相符。配料与称量相互连锁，在配好的料未完全卸出且卸料阀门完全关闭之前下一次配料不能启动；在所有配料料斗未达到需用量前，任何称量料斗的卸料阀门不能开启，在配好的料斗中，料未完全卸出且称量设备没有恢复平衡以前卸料阀门不能关闭。

②沥青混合料拌合

沥青混合料拌合设备采用成套的沥青混凝土专用拌合楼。在沥青混合料正式生产前，操作人员对混合料拌合系统的各种装置进行检测，主要检测称量系统的精度、计时、测温设备及其他控制装置的运行情况。拌制沥青混合料时，先投骨料和矿粉干拌 15～25s，再喷洒沥青湿拌 45～60s，具体拌合时间通过试验确定。拌出的沥青混合料确保色泽均匀、稀稠一致、无花白料，黄烟及其他异常现象，卸料时不产生离析，出机口温度宜控制在 140～175℃，以满足沥青混凝土摊铺和碾压温度要求为准。拌合好的沥青混合料卸入受料斗，经卷扬机提升滑轨提升到拌合楼沥青混合料成品料仓（保温储罐）储存。

6）沥青混合料储存与保温

沥青混合料采用保温储罐储存。沥青混合料保温按 24h 内每 4h 温度降低不超过 1℃，沥青混合料储罐采用电加热方式加热，储罐保温采用矿棉层保温。

5.2.3 沥青混凝土防渗心墙铺筑

1. 沥青混凝土心墙铺筑工艺流程如图 5.2.3-1 所示

图 5.2.3-1 沥青混凝土心墙铺筑工艺流程图

1）人工铺筑工艺流程如图 5.2.3-2 所示。

2）机械铺筑工艺流程如图 5.2.3-3 所示。

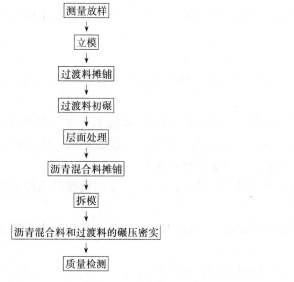

图 5.2.3-2 人工摊铺段铺筑工艺流程图

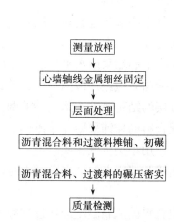

图 5.2.3-3 机械摊铺段铺筑工艺流程图

2. 沥青混凝土防渗心墙施工工艺

1）沥青混合料运输

水平运输设备采用沥青混合料专用保温汽车或沥青混合料保温罐运输车，垂直运输设备为吊车或经改装后的带有保温料斗的装载机。

所有沥青混合料的运输、施工机具在使用之前，均应涂刷一层防粘剂，防粘剂不得对沥青混合料有损害或起化学反应，其涂量的大小由现场试验确定。运送沥青混合料的设备不用时应立即清理干净。

沥青混合料运输设备要具有良好的保温效果，能保证沥青混合料运输过程中温度损失控制在允许范围。

沥青混合料运输设备及运输道路要能保证沥青混合料在运输过程中，不出现骨料分离和外漏，能保证沥青混合料连续、均匀、快速及时地从拌合楼运至铺筑部位。

运送沥青混合料的车辆或料罐的容量应与沥青混合料的拌合、摊铺机械的生产能力相适应。

2）沥青混合料摊铺

① 铺筑前的准备

a. 与沥青混凝土相接的水泥混凝土结构物表面，采用≥30MPa高压水冲毛，将其表面的浮浆、乳皮、废碴及粘附污物等全部清除干净，使其粗糙平坦，干净和干燥。

b. 按设计要求已完成水泥混凝土结构物表面的冷底子油和沥青玛琋脂的施工。

② 模板的架设和拆卸

沥青混合料机械摊铺施工前，调整摊铺机自带的钢模宽度以满足设计要求。

沥青混合料人工摊铺段主要采用钢模，并应保证心墙有效断面尺寸。

人工架设的钢模牢固、拼接严密、尺寸准确、拆卸方便。钢模定位后的中心线距心墙设计中心线的偏差小于±5mm。

沥青混合料填入钢模前，先进行过渡料预碾压。沥青混合料碾压之前，先将钢模拔出并及时将表面粘附物清除干净。

③ 过渡层填筑

当采用专用摊铺机施工时，过渡料的摊铺宽度和厚度由摊铺机自动调节。摊铺机无法摊铺的部位，采用人工配合其他施工机械补铺过渡料。

人工摊铺段过渡料填筑前，宜用防雨布等遮盖心墙表面。遮盖宽度应超出两侧模板30cm以上。

心墙两侧的过渡层同时铺填压实，防止钢模移动。距钢模边15～20cm的过渡料待钢模拆除后，与心墙骑缝碾压。

心墙两侧的过渡料应采用3.0t以下的小型振动碾进行碾压。碾压遍数按设计要求的密度通过试验确定。

④ 沥青混合料的铺筑

沥青混凝土心墙与过渡料、坝壳料填筑尽量同步上升，均衡施工，以保证压实质量。心墙和过渡层与坝壳料的高差不大于80cm。

沥青混凝土心墙采用水平分层，层厚度控制为20～30cm，采取全轴线不分段一次摊铺碾压的施工方法。机械摊铺时应经常检测和校正摊铺机的控制系统。人工摊铺，每次铺筑前，应根据沥青混凝土心墙和过渡层的结构要求及施工要求调校铺筑宽度、厚度等相关参数。

沥青混合料的摊铺采用专用摊铺机进行，摊铺速度以1～3m/min。专用机械难以铺筑的部位可采用人工摊铺，用小型机械压实。

连续铺筑2层以上的沥青混凝土时，下层沥青混凝土表面温度应降到90℃以下方可摊铺上层沥青混合料。

沥青混合料的入仓温度应通过试验确定，宜控制为140～170℃。

3）沥青混合料碾压

沥青混合料碾压采用小于1.5t的专用振动碾，按沥青混凝土心墙不同高程的设计宽度，分别采用不同型号的心墙专用振动碾和不同的碾压方式进行碾压。

沥青混合料与过渡料的碾压按先过渡料后沥青混合料的次序或按试验确定的次序进行。

沥青混合料的碾压应先无振碾压，再有振碾压；碾压速度宜控制在20～30m/min；碾压遍数通过试验确定，前后两段交接处重叠碾压30～50cm。碾压时振动碾不得急刹车或横跨心墙行车。

沥青混合料碾压时严格控制碾压温度，初碾温度不低于130℃，终碾温度不低于110℃，最佳碾压温度由试验确定。整个碾压过程应做到不粘碾、不陷碾、沥青混凝土表面不开裂。

当振动碾碾轮宽度小于沥青混凝土心墙宽度时宜采用贴缝碾压，当振动碾碾轮宽度大于沥青混凝土心墙宽度时宜采用单边骑缝碾压。

各种机械不得直接跨越心墙。在心墙两侧2m范围内，不得使用10t以上的大型机械作业。

4）接缝及层面处理

① 沥青混凝土与混凝土接缝面处理：

与沥青混凝土相接的水泥混凝土表面采用高压水冲毛机冲毛，将其表面的浮浆、乳皮、废渣及粘着污物等全部清理干净，保证混凝土表面干净和干燥。

沥青混凝土与混凝土接合面所用的玛瑞脂在施工现场拌制，配制时，严格按试验结果并报批准的配合比和温度进行控制。铺设沥青玛瑞脂前，在清理干净且干燥的混凝土表面均匀喷涂1～2遍冷底子油，待冷底子油干涸后，再铺设玛瑞脂，接缝施工程序如图5.2.3-4所示。

沥青玛瑞脂和沥青混合料铺设时，注意保护和校正止水铜片。

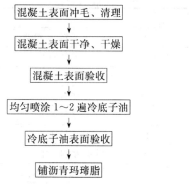

图5.2.3-4　沥青混凝土与混凝土接缝施工程序图

② 沥青混凝土心墙横向接缝处理

沥青混凝土心墙尽量保证全线均衡上升，保证同一高程施工，减少横缝。当必须出现横缝时，其结合坡度做成缓于1∶3的斜坡，上下层横缝错开2m以上。接缝施工时，使用人工剔除表面粗颗粒骨料，先用汽油夯夯实斜坡面至沥青混凝土表面返油，再用振动碾在横缝处碾压使沥青混合料密实。在下次沥青混合料摊铺前，用钢钎凿除斜坡尖角处的沥青混凝土，并且钢丝刷除去粘附在沥青混凝土表面的污物并用高压风吹净。摊铺时，按层面处理的办法先用红外加热器加热，使其层面温度达70℃以上，再进行沥青混合料摊铺、碾压。

③ 层面处理

在已压实的心墙上继续铺筑前，应将结合面清理干净。污染面采用压缩空气喷吹清除。如喷吹不能完全清除，应用红外线加热器烘烤污染面，使其软化后铲除。当沥青混凝土心墙层面温度低于70℃时，采用红外线加热器加热至70～100℃。加热时，要控制加热时间，以防沥青混凝土老化。

沥青混凝土表面停歇时间较长时，采取覆盖保护措施。铺筑前，将结合面清理干净，并干燥、加热至70℃以上时，方可铺筑沥青混凝土，必要时应另在层面上均匀喷涂一层稀释沥青，待稀释沥青干涸后再铺筑上层沥青混凝土。

沥青混凝土心墙钻孔取芯后留下的孔洞及时回填，回填时应先将钻孔吹洗干净，擦干孔内积水，用管式红外加热器将孔壁烘干并使沥青混凝土表面温度达到70℃以上，再用热沥青混合料按5cm一层分层回填，人工使用捣棒捣实。

5.3　劳动力组织

劳动力见表5.3所示。

劳动力组织情况表　　　　　　　　　　　　　　　　表5.3

序　号	单项工程	人　数	备　注
1	管理人员	8	
2	技术人员	10	
3	矿料加工及混合料拌合系统施工	60	
4	沥青混凝土现场施工	40	
5	辅助施工人员	20	
6	合　　计	140	

6. 材料与设备

6.1 沥青混凝土原材料

沥青混凝土原材料质量严格按《水工碾压式沥青混凝土施工规范》DL/T 5363—2006 控制。试验检测严格按《水工沥青混凝土试验规程》DL/T 5362—2006 进行。

6.2 沥青混凝土主要施工机械设备

沥青混凝土主要施工机械设备见表 6.2 所示。

沥青混凝土主要施工机械设备表

表 6.2

序号	名　称	型号规格	数　量	用　途
一、沥青混凝土矿料加工系统				
1	细骨料储罐	500t	2个	骨料、矿粉储存
2	反击式破碎机	80t/h	1台	矿料加工
3	立轴式破碎机	70t/h	1台	矿料加工
4	链式输送机	FU200D	7台	矿料输送
5	链式斗提机	D250	6台	矿料输送
6	分选机	CB1800B	2台	矿料加工
7	电振给料机	GZG40-90	16台	矿料加工
8	除尘器		1个	加工系统除尘
9	柱磨机	5t/h	1台	矿料加工
10	叶轮给料机	200×300	8台	矿料加工
11	螺旋配料器	300	1台	
二、沥青混合料拌合系统				
12	沥青混凝土拌合楼	40～80t/h	1套	拌制水工沥青混凝土
13	文丘里除尘器		1套	除尘
14	热油加热器		1套	燃油加热
15	沥青恒温罐		1个	恒温沥青
16	沥青脱水脱桶加热设备	5t/h	1套	沥青脱水脱桶
17	沥青泵	25t/h	3台	输送沥青
18	热油泵		3台	输送热油
19	柴油泵	2100L/h	3台	输送柴油
20	柴油储罐	30t	2个	储存柴油
21	燃油运输车	5t	2辆	运输燃油
22	型式卸料器		3个	
三、沥青混凝土现场铺筑设备				
23	摊铺机	50～100t/h	1套	沥青混合料摊铺
24	振动碾	2.7t	2台	过渡料碾压
25	振动碾	1.5t	2台	沥青混合料碾压
26	汽油夯	H8-60	1台	边角部位夯实
27	沥青混合料保温车	8t	3辆	沥青混合料运输
28	空压机	9m³	2台	心墙层面处理
29	反铲	1.5m³	1台	过渡料喂料、铺料
30	远红外加热器		2套	心墙层面加热
31	全站仪		1台	心墙测量
32	钢栈桥		2座	跨心墙运输通道
33	装载机（带保温料斗）	3.5m³	1台	沥青混合料垂直运输

7. 质 量 控 制

7.1 工程质量控制标准

碾压式沥青混凝土防渗心墙施工质量严格按《水工碾压式沥青混凝土施工规范》DL/T 5363—2006 控制，试验检测严格按《水工沥青混凝土试验规程》DL/T 5362—2006 进行。其控制过程主要有：原材料的检验与控制；沥青混合料制备质量的检验与控制；沥青混凝土施工质量的检验与控制。

主要指标有：

1. 原材料：沥青的针入度、软化点、延度三项指标；骨料的级配及超逊径、密度、坚固性、粘附性；填料的密度、含水量、亲水系数、级配。

2. 沥青混合料制备：沥青混合料制备质量检验与控制包括原材料质量控制、工艺控制、温度控制、施工配合比控制等方面。

3. 沥青混凝土施工质量的检验与控制：

1）沥青混合料在铺筑过程中应对温度、厚度、宽度、碾压及外观进行检查控制，在施工过程中设置质量控制点。

2）在沥青混凝土摊铺施工的每一个施工单元，采用无损检测的方法对沥青混凝土密度、渗透系数和孔隙率进行检测。

3）沥青混凝土摊铺、碾压施工完成并完全冷却与气温接近的条件下，钻孔取芯，进行沥青混凝土的物理力学性能试验。

4）不合格测点的处理

无损检测发现不合格的测点，应在该测点处钻取芯样进行复测：

（1）芯样测试值合格，则确定沥青混凝土质量满足要求；

（2）若芯样测试值仍不合格，应经过分析施工资料，扩大钻芯检测范围，确定处理方案。

7.2 质量保证措施

7.2.1 建立质量保证体系，并按照体系要求进行职能分配，做到职责明确，各司其责。制定和完善各项质量管理制度和约束机制的全过程，奖优罚劣。

7.2.2 及时编制质量计划，设置质量控制点。设施工专职质检员，做好各工序的质检工作，做到前道工序不合格，不允许下道工序施工。

7.2.3 统一施工管理，严格控制工序施工质量、工序衔接及分段流水作业，保证均衡上升，连续施工。

7.2.4 对所有参加沥青混凝土的施工人员，进行技术培训，合格后才能上岗。

7.2.5 沥青混凝土施工用矿料和心墙两侧过渡料必须经现场施工质检验收，符合设计要求才能使用。

7.2.6 质量满足要求的矿料，堆放在净料堆场内，并采取隔离防雨和排水措施，防止污染。

7.2.7 做好原材料的检测试验工作，确保各项指标满足设计要求。

7.2.8 做好沥青混合料拌合的质量控制，对拌制不合格的沥青混合料作废弃处理。

7.2.9 沥青混凝土运输道路，采用较缓的纵坡，并保证路面平整，路面派专人维护，保证运输机械在运沥青混合料过程中，减少沥青混合料温度损失，并保证不使沥青混合料在运输途中发生骨料分离。

7.2.10 严格控制沥青混凝土施工温度、铺筑厚度、铺筑宽度、压实参数，确保沥青混凝土施工质量。

7.2.11 做好机械设备保养和维护工作，确保机械完好率。

7.2.12 在沥青混凝土铺筑的全过程中，必须详细做好施工记录，其主要内容有：

1. 铺筑的高程、层号、起止桩号。

2. 每一铺筑层的沥青混凝土方量，沥青混凝土所用原材料的品种、质量以及沥青混凝土施工配合比。

3. 每一铺筑层的起止时间、施工期间所发生的意外事故、模板情况、生产安全情况。

4. 铺筑地点的气温、气象、每一铺筑层的各种原材料温度、沥青混合料出机温度、摊铺温度和碾压温度。

5. 仓面的铺筑方法（人工或摊铺机），铺筑长度、横缝条数、位置及结合坡度。

6. 每一铺筑层的摊铺厚度、压实厚度、碾压遍数（无振和有振）、表面平整情况、孔隙率的测试结果及沥青混凝土的容重。

7. 沥青混凝土试件的试验结果及分析。

8. 特殊情况下的处理措施及效果分析。

9. 施工监测仪器的埋设部位、埋设日期、埋设高程及其相应的观测依据。

8. 安 全 措 施

8.1 施工安全

沥青混凝土生产为高温作业，必须建立安全生产制度，有相应的安全组织，安全管理人员，对职工加强安全教育，定期进行安全检查，及时发现问题，采取措施防止事故发生。

8.1.1 建立的安全制度，所有工作人员培训合格方能上岗，并经常进行安全教育和检查。

8.1.2 沥青罐、油料罐及输送管路应经常检查，发现渗漏及时处理，以防着火。

8.1.3 沥青加热应注意控制温度，不得超过闪点，以防着火。

8.1.4 沥青罐加盖铁盖防护，以免雨水浸入发生溢沸伤人。

8.1.5 沥青罐开口及各阀门开口方向禁止站人，以防沥青突然喷出伤人。

8.1.6 为沥青混凝土施工安全所制订的各项安全操作规程，必须严格执行，并随时接受监理人的检查。

8.1.7 各种施工机械和电器设备，均按有关安全操作规程、规范操作养护和维修。

8.1.8 施工现场尤其是易燃易爆品仓库和储罐，配备消防设备。

8.2 劳动保护措施

8.2.1 定期给施工操作人员发放必需的劳动保护用品。

8.2.2 沥青操作人员穿束袖、束裤工作服，戴口罩、手套，用毛巾围颈。喷洒沥青工段工作人员戴鞋罩。对沥青有过敏反应的人员，不参加施工。

8.2.3 粉尘较重部位的工人配带目镜和防尘口罩。

8.2.4 施工现场配备柴油、纱头、肥皂（或洗衣粉）、毛巾和洗手用具，以便操作人员清洗。

8.2.5 施工工地应配备医务人员和保健药品，如有烫伤人员发生则立即处置并送医院。

8.3 消防

沥青混凝土骨料和沥青混合料拌制系统要除尘防污、防火、防爆并定期检查更换消防器材，保证消防设施完好。

9. 环 保 措 施

9.1 将施工场地和作业限制在工程建设允许的范围内，合理布置、规范围挡，做到标牌清楚、齐全，各种标识醒目，施工场地整洁文明。

9.2 定期清运沉淀泥砂，做好泥砂、弃渣及其他工程材料运输过程中的防散落与沿途污染措施，废水除按环境卫生指标进行处理达标外，并按当地环保要求的指定地点排放。弃渣及其他工程废弃物按工程建设指定的地点和方案进行合理堆放和处治。

9.3 优先选用先进的环保机械。采取设立隔声墙、隔声罩等消声措施降低施工噪声到允许值以下，同时尽可能避免夜间施工。

9.4 对施工场地道路进行硬化，并在晴天经常对施工通行道路进行洒水，防止尘土飞扬，污染周围环境。

9.5 沥青混凝土拌合系统应远离生活区及其他作业区，并宜设在施工区的下风处。

9.6 矿料加工及干燥加热工段应做好粉尘收集，使之达到卫生标准．

9.7 烟道有足够的高度，以利有毒气体的排放和扩散。

10. 效 益 分 析

10.1 本工法将沥青混凝土防渗心墙的施工转为全机械化施工，开创了国内沥青混凝土防渗心墙全机械化施工先例，其施工技术达到国际领先水平。推进了技术进步，为类似工程的施工提供了可靠的文字依据和技术指标。具有较高的技术价值和社会效益。在工法的基础上编写形成的中华人民共和国电力行业标准《水工碾压式沥青混凝土施工规范》DL/T 5363—2006 于 2007 年 5 月 1 日起实施，其社会效益显著。

10.2 采用骑缝碾压和一系列先进工艺，不仅解决了"宽碾碾窄墙"的沥青混凝土心墙的施工技术难题，使土石坝碾压式沥青混凝土心墙的施工既保证了施工质量，又使施工进度大大加快，同时为类似工程建设提供了可靠的决策依据和技术指标。

10.3 新颖的工法技术促进了碾压式沥青混凝土心墙工程施工技术进步，社会效益、环境效益和经济效益显著。如在三峡茅坪溪防护土石坝第一标段、第二标段沥青混凝土防渗心墙施工中，使工程提前工期 13 个月，增收节支 2302.81 万元；又如在四川南桠河冶勒水电站堆石坝碾压沥青混凝土防渗心墙工程施工中，使冶勒水电站提前发电 1.7 年，增收节支 32351.90 万元。

11. 应 用 实 例

11.1 三峡茅坪溪防护土石坝第一标段碾压式沥青混凝土防渗心墙工程

11.1.1 工程名称、地点及结构形式

茅坪溪防护土石坝是三峡水利枢纽的重要组成部分，属一等Ⅰ级水工建筑物。防护坝防渗结构形式采用碾压式沥青混凝土心墙，心墙设计轴线为 0+126.80～1+028.00，全长 901.20m，心墙顶高程 E.L.184.2m，墙底最低高程 E.L.91.0m，心墙最大高度 E.L.93.2m。心墙厚度一般由顶部高程 E.L.184.0m 处的 0.5m 渐变至高程 E.L.94.0m 处的 1.2m，心墙底部视不同地段通过 3m 高渐变扩大段分别与混凝土基座、混凝土垫座、混凝土防渗墙连接。心墙上、下游侧分别设置 2.0m 和 3.0m 厚的过渡层，过渡层施工与沥青混凝土同时上升。沥青混凝土设计总工程量约 5.0 万 m³。它是中国内地同类型首例大型高坝沥青混凝土心墙工程。

茅坪溪防护土石坝分二个标段施工，其中第一标段为 E.L.142.00m 以下部分，防渗沥青混凝土心墙施工轴线长度 668.42m。

11.1.2 开竣工日期

1997 年 12 月 11～12 日沥青混凝土心墙 E.L.91.25 高程人工摊铺生产性试验，标志着沥青混凝土施工正式开始。

2000 年 9 月 27 日沥青混凝土心墙浇筑到 E.L.142 高程，沥青混凝土心墙第一标段完工，比合同竣工日期 2000 年 9 月 28 日提前 1d 完工。

11.1.3 主要工程量

第一标段主要合同工程量见表11.1.3。

主要工程量表 表11.1.3

施 工 项 目	工 程 量	备 注
基座混凝土	3.14 万 m³	
沥青混凝土	2.1 万 m³	
沥青玛琦脂	118.1 m³	
过渡料	10.20 万 m³	

11.1.4 质量评定

茅坪溪防护坝沥青混凝土心墙工程，截止到 E.L.142.0m 高程，共施工 252 层，按仓次和上升层数划分沥青混凝土共完成 401 个单元工程（含玛琦脂 38 个单元，稀释沥青 38 个单元），过渡料 164 个单元工程。其中沥青混凝土优良单位工程 342 个，工程合格率为 100%，优良率为 85.3%，沥青混凝土心墙施工质量达到了优良等级标准。

11.2 三峡茅坪溪防护土石坝第二标段碾压式沥青混凝土防渗心墙工程

11.2.1 工程名称、地点及结构形式

茅坪溪防护土石坝第二标段为 E.L.142.00m 以上部分。

11.2.2 开竣工日期

本标段沥青混凝土于 2001 年 5 月 8 日开工，2003 年 5 月 25 日完工。比合同工期（2004.6.30）提前 13 个月。

11.2.3 主要工程量

第二标段主要合同工程量见表11.2.3。

主要工程量表 表11.2.3

项目名称	工程量（m³）	备 注
沥青混凝土	2.88 万	
沥青玛琦脂	35.9	
过渡料	19.2 万	

11.2.4 质量评定

沥青混凝土心墙工程分为沥青玛琦脂铺设、沥青混凝土心墙、过渡料填筑三个分项工程。经监理组织各项目的单元工程质量评定，沥青混凝土心墙分部工程共完成 499 个单元，合格率 100%，其中优良单元个数 455，分部工程优良率为 91.2%。依照有关部颁及三峡 TGPS 标准，本分部工程施工质量已达优良等级，施工进度、施工质量均满足合同要求，被评为优良工程。

各分项工程质量评定情况见表11.2.4。

各分项工程质量评定情况表 表11.2.4

工程名称	单元数	合格数	优良数	合格率（%）	优良率（%）	分项质量等级	分部质量等级
沥青混凝土	247	247	225	100	91.1	优	优
沥青玛琦脂	30	30	30	100	100	优	优
过渡料	222	222	200	100	90.1	优	优
小计	499	499	455	100	91.2	优	优

11.3 四川南桠河冶勒水电站堆石坝碾压式沥青混凝土防渗心墙工程

11.3.1 工程名称、地点及结构形式

南桠河冶勒水电站拦水坝位于四川省西部南桠河上游，为碾压沥青混凝土心墙堆石坝。坝顶宽度

14.0m，E. L. 2654.5m；最大坝高 125.5m，坝顶长 710.0m，碾压沥青混凝土防渗心墙位于坝轴线上游 3.7m、E. L. 2533.0～2653.0m 之间，墙体净高 120.0m，沥青混凝土 2.9 万 m³。沥青心墙与水泥混凝土基座相接的沥青混凝土大放脚高 1.8m，底部厚 2.28m、顶部 1.2m；大放脚以上的心墙厚由 1.2m 渐变到 0.6m，心墙顶长 411.0m。碾压式沥青混凝土心墙高度在国内目前在建或设计的同类型工程中为最高。

11.3.2　开竣工日期

2003 年 11 月 20 日沥青混凝土心墙施工正式开工。

2005 年 11 月 25 日沥青混凝土心墙达到坝顶设计高程，比合同竣工日期提前一年半完工。

11.3.3　主要工程量

冶勒水电站沥青混凝土心墙主要工程量如下：

沥青混凝土心墙：2.6 万 m³；

沥青混凝土大放脚：0.3 万 m³；

Ⅰ区过渡料：7 万 m³；

Ⅱ区过渡料：14 万 m³。

11.3.4　质量评定

冶勒水电站沥青混凝土心墙工程，工程合格率为 100%，优良率为 99.3%，根据分部分项单元工程质量评定标准，沥青混凝土心墙施工质量达到了优良等级标准。

大坝接缝灌浆采用球面键槽的施工工法

YJGF281—2006

葛洲坝集团第五工程有限公司

吕芝林　郭光文　冷向阳　彭元平　周山

1. 前　　言

为防止拱坝裂缝，常态混凝土拱坝都是采取分块浇筑，各个坝块之间留设横缝。各横缝是待相应高程的坝体混凝土达到龄期要求并冷却到设计封拱灌浆温度后再进行灌浆，从而将大坝连成一个整体。为增加坝块之间的抗剪能力，在缝面都设有键槽，传统的方式是采用梯形键槽。梯形键槽容易形成受压面，使缝面不畅，故常采用拔管技术在缝面布设灌浆槽，由于其工艺复杂浆槽往往容易堵塞，严重时会影响灌浆质量。同时该方法进浆系统也非常复杂，需要在各个面布设进浆盒。且梯形键槽模板和混凝土之间咬合力大，缝面立模、拆模不便，模板损耗大，进度慢。故国内一直在探讨大坝缝面键槽形式及灌浆系统的施工方法和不同的键槽形式对缝面应力传递影响。

球面键槽各个面都是均匀的，没有尖锐的棱角，不会产生受压面。键槽模板可与缝面模板焊接在一起，立模、拆模和普通模板一样方便。在洞坪工程中根据应力分析蓄水后坝体缝面的主应力为压应力，剪力不大，故尝试地采用了球面键槽技术。通过实践表明采用球面键槽坝体缝面畅通，浆液扩散性好，不再需要拔管形成浆槽，进浆和排气系统采用面进浆布置，非常简单。施工速度可以得到明显提高，经过两年来的工程运行，工程质量稳定可靠，该工法有巨大的社会效益和经济效益。后又在其他工程中陆续使用，经总结特形成本工法。

2. 工 法 特 点

2.1　缝面采用球面键槽的施工方法，缝面均匀、畅通，可以取消缝面拔管工艺，从而采用面进浆系统，简化了灌浆系统布置。可以提高和保证拱坝接缝灌浆质量。

2.2　球面键槽模没有尖锐的棱角，浇筑后与混凝土之间咬合力小，模板拆卸方便，损耗少。

2.3　球面键槽模板可以与缝面模板焊接在一起，实现大模板机械化作业，使用劳动力较少，提高了工效。缩短了模板施工的循环周期。

3. 适 用 范 围

本工法适用于拱坝横缝及主应力较小的坝体缝面接缝灌浆施工。

4. 工 艺 原 理

球面键槽各个面都是均匀的，没有尖锐的棱角，不会产生受压面，缝面畅通，浆液扩散性好，故不再需要拔管形成较多的灌浆槽，只需在先浇坝块灌区底部的横缝面安设水平通长的木印模和进浆管形成进浆系统，在灌区顶部安设水平通长木印模和排气管形成排气系统，采用 L 形镀锌薄钢板盖板将浆槽和气槽钉牢密封，形成面进浆和面排气。坝块之间横缝缝面随着坝体混凝土水化、干缩和冷却收缩会自然张开，同时带着浆槽盖板和气槽盖板拉开，形成一个畅通的灌浆系统。同时在浆槽和气槽之间布设球面键槽以满足坝体缝面的抗剪要求，并将灌区底部、顶部、下游和上游采用镀锌薄钢板止浆片或铜止水片骑缝安装焊接形成一个封闭的灌区。然后通过进浆管道对缝面进行冲洗、浸泡、注浆和闭浆把大坝横缝缝隙用水泥浆填充密实，从而使大坝形成一个均匀的整体。

5. 施工工艺流程及操作要点

5.1 施工工艺流程

施工准备→灌区底层先浇坝块施工→灌区中部带球面键槽的坝块施工→灌区底层后浇坝块施工→灌区分隔区先浇坝块施工→灌区分隔区后浇坝块施工→坝体通水冷却→灌区通水检查、洗缝→灌浆。

5.2 操作要点

5.2.1 灌区底层、灌区分隔区先浇坝块施工

本接缝灌浆采用面出浆型灌浆系统，由梯形浆槽、进回浆管、梯形排气槽、排气管、止浆（止水）片等组成。其中进回浆管及排气管采用双回路方案（其进浆槽、排气槽、水平止浆片布置见图 5.2.1-1）。坝体浇筑仓位尺寸一般是按设计要求划分，仓位高度对于靠近基岩面原则上不超过 2m，中部灌区分隔区仓位高度按标准层高施工。靠近基岩面仓位采用散装钢模板施工，坝体中部灌区分隔层横缝模板采用拼装大模施工，故其设计尺寸要满足标准升层的要求（其工艺流程参见图 5.2.1-2），施工中具体要求如下：

1. 横缝上下游止水（止浆）片与横缝对中偏差不能超过 5mm，由于拱坝横缝缝面是扭曲面，止水片安装前必须采用吊线等方式对其上下部均进行定位后方可焊接。

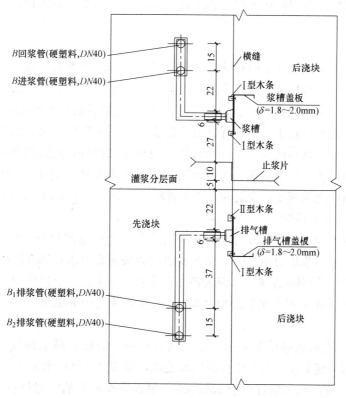

图 5.2.1-1 浆槽、气槽、水平止浆布置图

2. 横缝模板一般采用散装钢模拼装，面板厚度不宜超过 3mm，以方便用手电钻在面板上钻孔安装水平止水和木印模等木条。模板平整度误差不大于 5mm，以保证浆槽盖板装钉后不形成大的缝隙而漏浆。

3. 水平止浆片与横缝上下游垂直止水焊接应采用铜焊，以保证焊缝有一定的韧性而不易拉开。

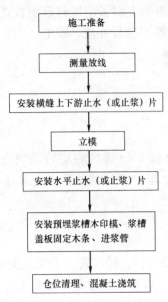

图 5.2.1-2　灌区底层先浇块
施工工艺流程图

（流程图内容：施工准备 → 测量放线 → 安装横缝上下游止水（或止浆）片 → 立模 → 安装水平止水（或止浆）片 → 安装预埋浆槽木印模、浆槽盖板固定木条、进浆管 → 仓位清理、混凝土浇筑）

4. 槽木印模采用内小外大的楔形结构，以方便拆除。固定浆槽盖板的预埋木条采用内大外小的楔形结构，以保证木条有足够的结合力。木条宜采用松木类的软木采用 12 号钢丝固定在模板上。

5. 进浆盒采用 φ20mm 的钢管外焊 50mm×50mm 钢板采用 2 英寸铁钉固定到木印模上，后接 φ25mm HDPE 高密聚乙烯塑料管编号排列引出仓外。

6. 浇筑混凝土时对有止水、预埋浆管、木盒等部位宜采用人工下料，遇有大颗粒骨料应人工检除，振捣时严禁振动棒触及止水和埋件。混凝土振捣应密实。

5.2.2　灌区中部带球面键槽的坝块施工

带球面键槽的坝体施工仓位一般都是标准仓位配置，其施工组织和配置按大坝总体安排施工。球面键槽模板采取在工厂冲压成形，大坝施工前采用电焊满焊固定到横缝模板上。横缝上下游侧靠近止水片部位采用平板模配单个活动键槽，以适应坝体变化。横缝模板采用拼装大模，模板尺寸与上下游模板相适应，外部设有 50cm 宽操作平台。模板采用钢筋内拉固定，在模板上口和底部各设一排。底部采用上一仓顶部拉条固定，初步固定时拉条不宜太紧，以方便模板校正。一般情况下上一仓球面键槽模板拆除后，马上进行下一仓的安装。同一块模板同一位置的垂直上升。模板加固好并做好内撑确认安全后，松开起吊钢丝绳。如此循环完成缝面的立模，进入下一道工序。为保证缝面畅通，要求上下仓接头处混凝土错台挂帘不能大于 5mm，否则需要凿平修补。

混凝土的球面键槽模板拆除应在混凝土强度达到 2.5MPa 以上，能保证其表面及棱角不因拆模而损坏时，才能拆除。

5.2.3　灌区底部、灌区分隔区后浇坝块施工

灌区底部灌区分隔区后浇块施工前必须要对先浇坝块预埋的进浆管、排气管进行通水检查看是否畅通，如发现堵塞必须在后浇坝块重新补设。浆槽盖板和气槽盖板采用 0.75mm 厚镀锌白铁皮用 50mm 长铁钉按间距 25cm 左右钉牢在预埋木条上。安装后盖板的缝隙不能大于 2mm，并用砂浆勾缝。

水平止浆片和上下游垂直止水片要确保完好不渗漏，在"十"字交叉处宜采用铜焊焊接。后浇块浇筑前必须要对缝面进行清理和修补，割除所有的过缝拉条和铁件，对缝面混凝土错台挂帘处进行凿除修补。浇筑时对浆槽盖板、气槽盖板、水平止浆片处采用人工从一端往另一端依次进料振捣，以保证止浆片底部排气顺畅，浇筑密实。浇筑的混凝土骨料粒径不宜大于 4cm，且坍落度不宜小于 5cm。

5.2.4　灌区通水检查、洗缝

坝体冷却到一定温度坝体接缝张开后即对各灌区要进行全面通水检查，检查管路、缝面及灌区的密闭性，通水压力为设计灌浆压力的 80％。通水检查时要按灌浆要求对邻缝进行通水平压。

1. 管路畅通性检查。分别从进浆管（或者备用进浆管）进水，开启回浆管（或备用回浆管），关闭其他管口，测出回浆管（或备用回浆管的出水量）。当此流量大于 30L/min 时，认为该套灌浆管路畅通，否则要进行处理。

2. 缝面通水检查。缝面通畅情况采用"单开通水检查"方法，两个排气管的单开出水量均大于 25L/min 合格。排气管与缝面不畅时先进行倒压水处理，即从排气管压水疏通。

3. 灌区密闭检查。缝面漏水量宜小于 15L/min。缝面完全冲水后，测量进水量与出水量，计算其差值，施工中结合缝面检查进行。要求进水后 5min 开始测量，每 2～3min 测量一次，测三次取其平均值。如灌区有外漏现象需进行嵌缝或堵漏处理。

5.2.5　坝体接缝灌浆

1. 灌浆时间。接缝灌浆时间宜安排在每年的 1～4 月份低温季节。

2. 灌区侧混凝土的龄期要求。灌区两侧坝块混凝土龄期应大于 6 个月，对少数特殊灌区小于 6 个月的采取补偿混凝土变形措施，即龄期少一个月，对灌区两侧坝块混凝土超冷 10C，但控制混凝土龄期不小于 4 个月。

3. 灌浆温度。接缝灌浆前灌区两侧及上部 9m 厚压重混凝土其温度应达到设计规定的接缝灌浆温度。

4. 灌区同时施工时，每一灌区配备一台灌浆泵。通水平压可以一泵多区。

5. 灌浆材料及浆液拌制。灌浆材料采用 P.O.42.5 级水泥掺减水剂。浆液拌制采用高速搅拌机拌制，水灰比为 3:1、1:1、0.5:1 三个级别。

6. 灌浆压力与浆液变换。灌浆压力一般为 0.35MPa，以排气口压力控制。若排气管的单开出水流量大于 30L/min 时直接采用 0.5:1 的最浓级浆液灌注。否则初始水灰比为 3:1 开始，当排气管浆液浓度达到进浆浓度或缝面容积时立即变浓。

7. 结束标准。排气管出浆浓度达到 0.5:1、压力达到设计值、缝面吸浆量小于 0.4L/min 时，持续灌浆 20min 后即逐步关闭排气管、回浆管闸阀，最后关闭进浆管闸阀进行闭浆，闭浆时间不少于 8h，并要求压力自然消散后方可拆除。

5.3 劳动力组织（表 5.3）

劳动力组织情况表 　　　　　　　　　　　　　　　　表 5.3

序　号	单项工程	所需人数	备　注
1	管理人员	5	
2	技术人员	6	
3	一组坝块立模	8	按三个坝块一组
4	一组坝块备仓	4	按三个坝块一组
5	一组坝块浇筑	30	按六个坝块一组
6	接缝灌浆	22	

6. 材料与设备

本工法没有特别需要说明的材料，本工法采用的主要机具设备见表 6。

机具设备表 　　　　　　　　　　　　　　　　表 6

序号	设备名称	设备型号	单位	数量	用　途	备　注
1	仓面吊	8t	台	2	模板的吊装	也可用其他起吊设备
2	电焊机	BX-300	台	2	焊接拉条	
3	键槽模		个		形成键槽	
4	角磨机		台	1	清理模板面	
5	高速制浆机	NJ-500	台	2	拌制水泥浆	
6	灌浆泵	3SNS		8	注浆	
		SGB6-10		4		
		BW100/100		6		
7	自动记录仪	GY-III	只	8	记录灌浆情况	

7. 质量控制

7.1 工程质量控制标准

施工总体质量执行《水利水电工程施工质量验收规范》的标准。为保证坝体横缝张开度满足灌浆要求和简化施工，坝体分块大小要适中。同时为保证各缝面张开比较均匀，相邻坝块浇筑高差不能大于12m。其缝面模板安装的允许偏差按表7.1执行。

模板安装的允许偏差　　　　　　　　　　　　　　　　　　　表7.1

序号	偏差的项目	允许偏差(mm)	检查的频率	检查的方法
1	相邻两模板错台	5	每一块模板	用2m直尺检查
2	表面局部不平	2	每一块模板	用2m直尺检查
3	结构物的边线与设计边线	15	每一块模板	直尺或全站仪

7.2 质量保证措施

7.2.1 模板的现场拆除、安装施工要求严格做到文明施工，严格按照作业指导书施工，禁止野蛮的模板拆除、安装行为。最大限度的保护缝面不被人为地损坏，模板平整度误差不大于5mm。

7.2.2 浆槽盖板和气槽盖板采用0.75mm厚镀锌白铁皮用50mm长铁钉按间距25cm左右钉牢在预埋木条上。安装后盖板的缝隙不能大于2mm，并用砂浆勾缝。以保证盖板不脱落，不向内漏浆。

7.2.3 各止水、制浆片应对中，焊接可靠，不渗漏。各种管道必须派专人管理，并编号登记引到设计部位。

7.2.4 浇筑混凝土时对有止水、预埋浆管、木盒等部位宜采用人工下料，遇有大颗粒骨料应人工检除，振捣时严禁振动棒触及止水和埋件，混凝土振捣应密实。

7.2.5 灌浆前管区侧混凝土达到4～6个月龄期，冷却温度应达到设计稳定温度，各管道和缝面通水检查畅通，缝面漏水量宜小于15L/min。

7.2.6 如存在上下层灌区窜漏，下层灌区排气管达到规定浓度后应对上层灌区通水平压和冲洗。

8. 安全措施

8.1 遵守国家发布的《安全生产法》，遵守建设部、中华全总、劳动人事部联合发布的《建筑安装工人安全技术操作规程》。

8.2 坚持"安全第一、预防为主"的方针。加强安全教育，坚持上岗前的安全培训和安全技术交底工作，建立健全各项安全规章制度，加强安全岗位责任制。严格按操作规程作业。

8.3 参加高空作业的施工人员。作业时必须佩带安全帽、系安全带或安全绳，穿放滑劳保鞋。

8.4 起重设备的操作人员必须持证上岗，定期检查各种限位开关、起重钢丝绳、卡环等部件，如有损坏及时更换。

8.5 起重作业要有专人指挥，起重机扒杆要规定转动范围、转动路线，禁止超负荷起吊。

8.6 遇到大风、暴雨及雷电天气必须停止施工作业，同时，要切断电源，保护好各种设备。

8.7 大模背部必须焊有立模的操作平台。

9. 环保措施

9.1 遵守国家和地方政府下发的有关环境保护的法律、法规和规章。

9.2 落实环保责任制，与责任人的经济利益挂钩，形成责、权、利相结合的制约奖惩机制。

9.3 按环保体系的要求来管理工地的工程材料、设备、施工废水、生活垃圾。并定期进行检查。

9.4 采取储液池等有效措施控制浆液排放，及时清理填埋。

9.5 浆液拌合现场实行全封闭式施工管理，防止施工过程中产生的粉尘向外弥散，造成大气污染。施工现场应有专人负责保洁工作，配备相应的洒水设备，及时清扫，减少扬尘。

10. 效 益 分 析

10.1 模板损耗降低 50%，节省了大量的材料消耗，社会效益显著。

10.2 模板拆卸方便，节省了劳动力，与梯形键槽相比，可以节省 50% 的劳动力。

10.3 与人工缝面立模相比，采用了仓面吊的施工手段，工效提高了 2~3 倍。作业工期可以缩短 50%。

10.4 洞坪工程由于采用此工法发电工期提前了约 90d，创造效益约 1500 万元。埃塞俄比亚 TEKEZE 拱坝由于采用了该工法提前工期约 5 个月，创造效益 2000 余万元。同时优化取消了导流底孔直接节省投资约 300 万元。

11. 应 用 实 例

11.1 **湖北宣恩洞坪电站对数螺旋线双曲拱坝成功的运用了采用球面键槽的大坝接缝灌浆施工工法，取得了很好效果。**

11.1.1 工程概况

洞坪水利水电枢纽工程主体建筑物有：混凝土双曲拱坝、坝身泄洪建筑物、左岸发电引水建筑物、左岸地下发电厂房及变电站。

混凝土双曲拱坝坝顶高程 495.0m，最低建基高程 360.0m，最大设计坝高 135.0m，坝轴线长 253.11m。从左到右分为 13 个坝段，大坝顶宽 5m，底宽 23.5m。其典型横缝如图 11.1.1。

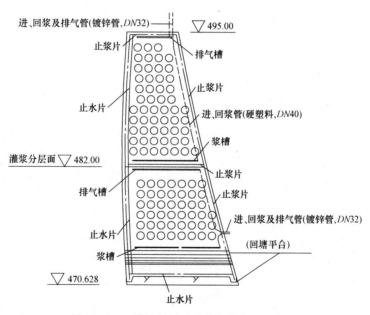

图 11.1.1　横缝键槽及灌浆管路布置示意图

11.1.2 施工情况

洞坪拱坝一共分为 12 条横缝，横缝均为全径向扭曲面缝。横缝缝面均布置了球面键槽。横缝从下到上按层高 10.0m 为一个灌区。灌区最大面积 262.5m²，各个灌区灌浆系统由浆槽、进回浆管、排气槽、排气管以及止水、止浆片组成整个大坝共计 87 个灌区。在现场场地狭窄、施工干扰多的情况下，大坝 12 条横缝施工过程中，没有出现施工质量问题和施工安全问题。安全、高效、优质完成了拱坝的施工。比合同工期提前了约 90d 发电，创造了发电效益约 1500 万元。

洞坪水利水电枢纽工程于 2003 年 3 月 15 日开工，于 2006 年 1 月 26 日完工。

11.1.3 结果评价

洞坪拱坝封拱灌浆施工质量达到设计要求，单元工程合格率100％，其中优良率达到91.3％。分部工程施工质量通过验收并评为优良。接缝灌浆共布置检查孔17个，经检测透水率全部在设计标准内，取芯芯样表明接缝处水泥结石胶结紧密，填充饱满密实，满足设计要求。大坝经过两年的蓄水运行，大坝变形、位移一切正常，坝体安全可靠。

11.2 埃塞俄比亚 TEKEZE 大坝

埃塞俄比亚 TEKEZE 电站由一个英国公司承担设计任务，中国水利水电总公司和葛洲坝集团公司组建的联营体承担其施工任务，其中大坝施工由葛洲坝五公司承建。大坝是一座180m高的双曲拱坝，共布置了21道横缝，2006年2月15日大坝开始浇筑。建设过程中英国公司接受了葛洲坝五公司的建议将大坝横缝采用球面键槽灌浆工法，并进行了系统配套的设计修改，成功的运用此项工法施工，施工作业安全方便，没有出现质量问题，单元工程合格率100％，其中优良率达到95.3％。已提前工期约5个月，创造了良好的效益。

钢筋混凝土箱形暗渠全断面钢模台车衬砌施工工法

YJGF282—2006

甘肃省水利水电工程局

杨贤远　张成明　李耀荣　程英

1. 前　　言

景电二期延伸向民勤调水工程，有 84.9km 的渠道穿过腾格里沙漠，施工区内昼夜温差大，夏季酷热，冬季严寒，常伴有沙尘暴等异常恶劣的天气，渠线处于活动沙丘和半活动沙丘区域，常年风沙弥漫，自然环境恶劣，施工条件艰苦，交通运输困难。

考虑到工程的布置情况、自然环境、施工特点、工期要求和施工效益，施工前进行了多方案的比选后，进行了箱形全断面钢筋混凝土衬砌钢模台车的研制与开发。经过实践应用，取得较好的效果。

2004 年 7 月，《跨流域长距离沙漠调水工程技术研究与应用》被甘肃省水利科学技术进步奖评审委员会评为"甘肃省水利科技进步一等奖"。我单位主要完成的是钢筋混凝土箱形暗渠的施工，获奖内容为"钢筋混凝土箱形暗渠全断面钢模台车衬砌施工方法"。同时，形成了钢筋混凝土箱形暗渠全断面钢模台车衬砌施工工法。此工法的形成具有一定的社会效益和经济效益。

2. 工 法 特 点

2.1　钢模台车的使用，实现了箱形暗渠钢筋混凝土浇筑全断面一次成形

2.2　钢模台车是集支撑和围令为一体的组合体

2.3　钢模台车的模板

每一节暗渠的顶板、底板、侧墙均只有一块模板组成，基本上消除了模板接缝对混凝土质量的影响，除能满足常规施工方法对支撑和围令的要求外，大大改善了混凝土表面的质量，浇筑成形的箱形暗渠混凝土表面平整度、光洁度比传统工艺有了大幅度的提高。

2.4　钢模台车的组装，均采用现场吊装调试的方法，一经吊装完成，在使用时只进行定期检校即可。

2.5　钢模台车的使用也大大降低了施工作业人员的作业强度，改善了作业的条件，使施工作业人员有更多的精力来提高工程质量，实现更好的效益。

2.6　钢模台车在施工战线长，渠身结构单一的箱形暗渠施工中，使混凝土养护、拆除支撑和板模等一系列工序的工作时间大大缩短，从常规的一循环要 5～7d，缩短到只用 1d 的时间，从而使渠道的施工速度有了质的飞跃。

3. 适 用 范 围

可在工业与民用建筑及水利工程中方形箱涵、矩形、梯形渠渠道等工程的混凝土施工中使用，整体滑移式钢模台车，对于长度或高度较大的等截面或截面变化不大的钢筋混凝土建筑物也尤为适用。

4. 工 艺 原 理

4.1　以暗渠设计分缝为准，台车模板的长度正好等于一节暗渠的长度，模板安装在支撑系统上，

支撑系统和行走系统组合在一起，模板的伸缩和支撑均为丝杠或螺旋千斤顶来完成。

4.2 在模板就位完成一节暗渠的混凝土浇筑后，根据混凝土凝结时间的要求，确定脱模的时间，全部模板脱离混凝土面后才将台车的外、内模分别拉出到新的浇筑位置就位进行下一位置的混凝土浇筑。

5. 施工工艺流程及操作要点

5.1 施工工艺流程

外模台车安装→绑扎钢筋→内模台车安装→安装止水带及堵头并连接固定内外模→浇筑混凝土→外台车脱模→内台车脱模→移至下一浇筑位置。

5.2 操作要点

5.2.1 施工准备

主要是台车的组装，台车组装前，选择较为宽阔的地段先用普通模板浇筑一段不短于 30m、厚度为 15cm 的混凝土垫层，垫层表面一定要平整光滑，在垫层混凝土面上弹出立模的中边线，准备好立模所用的所有工器具，然后按顺序进行组装，在内外模组装完成后，根据施工规范的要求调整好内外模的平整度，中边线的偏差等即可投入使用。

5.2.2 外模台车安装

在要浇筑混凝土的部位准确放出立模的中、边线，将外模台车移到所要到达的位置，将两侧外模调至要立模的位置，调整外模的微小偏差，待位置调准后坚固所有的丝杆。

外模台车组装顺序为：铺枕木→安钢轨→立外模（用简易支架支撑）→下部纵向桁架梁（带支腿）→上部纵向桁架梁→上部横向工字梁→调节丝杠→其他附属设施。

5.2.3 绑扎钢筋

在外模准确就位后，就开始绑扎钢筋，将双层钢筋全部绑扎完成后，绑好为保证钢筋保护层而需要的砂浆垫块，就可开始安装内模。

5.2.4 内模台车安装

在垫层混凝土或已浇渠道混凝土底板上铺设枕木（马凳）及轨道；将内模移至要到达的位置，然后调节，将侧模调至准确位置，紧固所有的丝杆。最后将剪刀撑丝杆安装并坚固好。

内模台车组装顺序：铺马凳→安钢轨→立内侧模（用简易支架支撑）→吊顶模（用简易支架支撑）→前后支腿（带行走轮）→顶部纵向桁架梁→调节丝杠→其他附属设施。

在内外模组装完成后，根据施工规范的要求调整好内外模的平整度、中边线的偏差等即可投入使用。

5.2.5 安装止水带及堵头并连接固定内外模

安装止水带时一定要将止水带安装牢固。在止水带安装完成后，在堵头处将内外模连接在一起，至此，所有的立模工作完成。

5.2.6 浇筑混凝土

1. 待内外台车就位后，就可以开始浇筑混凝土。浇筑的顺序为先底板再侧墙，最后浇筑顶板。

2. 浇筑底板时，混凝土由内模顶板预留孔内进料，待底板浇筑完成后，封堵进料孔。

3. 浇筑侧墙时，由上部两侧对称下料，分层要适当，两侧要均衡上升，避免两侧因为混凝土浇筑速度不均衡而造成台车整体发生倾斜。

4. 最后浇筑顶板混凝土。达到底板、侧墙、顶板混凝土浇筑不间断，全断面一次浇筑成形的目的。

值得注意的是，由于钢模台车拼装后，基本上无模板接缝，多余的水分不便排出，因此，使用钢模台车浇筑混凝土时，所用的混凝土要求比一般混凝土要干一些，要求坍落度在 5~10mm 之间为佳。另外要十分注意止水带不能出现卷曲。

5.2.7 外台车脱模

到混凝土能拆模时，首先取掉外模两侧的支撑木，再将内外模的连接块松开，同时调节顶部及侧面的水平丝杆，使外模与混凝土面脱开，然后用支腿内千斤顶将外模整体顶起离开地面一定高度后，将外模台车移至新的位置就位。

5.2.8 内台车脱模

待下一节暗渠外模立好，完成钢筋绑扎后开始脱内模，脱内模时先将剪刀撑丝杆松开取下，然后用下八字模上的竖向丝杆提起下八字模，调节内模下部水平丝杆使内侧模脱离混凝土表面，调节内支腿千斤顶使顶模脱离顶板混凝土面，最后，将内模台车移至新的浇筑位置就位。

5.2.9 台车的移动

台车移动里完全脱离混凝土面，在已铺设好的钢轨上行走，所以台车的移动相对比较容量，可以用橇杠由人力来橇移或在前方埋设简易地锚由绞车牵移。

6. 材料与设备

6.1 钢模台车是一种特定的施工方法。钢模台车既是混凝土的成形装置，也是施工作业的主要场所，因此钢模台车必须具有足够的整体稳定性和强度，以保证建筑物几何形状、尺寸的准确和施工安全。

6.2 钢模台车由内模台车和外模台车两部分组成，内外模台车均有独立的升降、伸缩和行走系统，并能有机的组合，使用时内外台车由联结件连接在一起成为一个整体。

6.3 钢模台车各组成部件的选定及要求

6.3.1 模板

钢模台车模板的总高度和总长度与暗渠设计的尺寸有关，其长度比暗渠长 0.5m 是为了架设止水的方便，其高度略高于暗渠是为了混凝土入仓的需要。其面板采用厚度为 5～6mm 的钢板，纵横主梁采用工字钢，纵横次梁采用槽钢，加劲肋采用厚度 8mm 的钢板。为便于在现场拼装，内外模均分为 2～3 节，拼装时用高强螺栓连接。面板允许的最大变形量为 3mm。

6.3.2 支撑

1. 台车外模的上部采用工字梁作横向支撑，工字梁全部固定在台车两侧的纵向桁架梁上；台车下部采用 $\Phi12$ 的内拉钢筋来平衡台车外模混凝土的侧压力；台车下部的纵向桁架梁主要起连接行走机构的作用，同时上下桁架梁上均固定有调整外模的调整丝杠；上下桁架梁由内置千斤的支腿连接在一起。

2. 台车内模由水平丝杠兼起调整和支撑的作用；为保证内模不发生扭曲变形，在两端和中部共设三道剪刀撑；为满足顶板的挠曲变形要求，在内模顶部加设一纵向桁架梁，以保证顶板的最大挠度不超过 5mm；整个内模通过内置千斤的支腿支撑在两端的行走机构上。

6.3.3 支撑调节、行走机构

1. 所有的调节装置均为丝杠，这些丝杠可以调整内外模的位置和角度，以保证内外模准确就位和脱模。

2. 内外模整体升降靠内外模支腿内的千斤顶来操作。

3. 支腿下部安装行走轮，行走轮可以使用轻型矿车上车轮，行走轮在下部铺设的轻型钢轨上移动，内模的钢轨铺设在特制的马凳上，每米安放一只马凳，外模的钢轨安放在枕木上，每米安装一要长约 1m 的枕木。

6.3.4 操作平台

台车上部在横向工字梁上铺设简易钢管架，沿台车长度方向上铺 5cm 厚的木板做工作平台，能满足混凝土运输、堆放，且施工人员有足够的工作空间即可。

6.3.5 台车的移动

台车移动时完全脱离混凝土面在已铺设好的钢轨上行走，可以用橇杠由人力来橇移可在前方埋设简易地锚由绞车牵移。

7. 质量控制

7.1 钢模台车的施工应符合《混凝土结构工程施工及验收规范》《建筑安装工程质量检验评定标准》中的有关规定。

7.2 应注意以下几点

7.2.1 混凝土脱模强度控制在 0.1～0.3MPa。

7.2.2 单块模板的设计均参照钢闸门设计规范，面板最大变形不超过 3mm，面板采用 5mm 厚钢板。

7.2.3 模板表面要求平整光滑，不平整度允许允许为 2mm。

7.2.4 支撑系统应保证顶板的最大挠度不超过 5mm。

8. 安 全 措 施

钢模台车必须具有足够的整体稳定性和强度，以保证建筑物几何形状、尺寸的准确和施工安全。在设计计算钢模台车各组成部件时，应根据其构造和工作荷载组合，分别验算其强度和刚度。

9. 环 保 措 施

9.1 防止扰民与污染

施工方案尽可能减少对环境产生不利影响；与施工区域附近的居民和团体建立良好的关系；对受噪声污染的，事前通知；采取合理的预防措施避免扰民；采取一切必要的手段防止运输的物料进入场区道路，并安排专人及时清理；由于施工活动引起的污染，采取有效的措施加以控制；对于固体废弃物采用分类收集、处理的方法进行控制。

9.2 生态及环境保护

尽量避免在工地内造成不必要的生态环境破坏；在工程完工后，按要求拆除施工临时设施，清除施工区和生活区及其附近的施工废弃物，并按合同要求完成原有地形、地貌及环境的恢复；施工活动中严格按合同要求采取设置截排水沟和完善排水系统等措施，防止破坏植被和其他环境资源；做好弃渣场的治理措施，有序地堆放和利用弃渣，防止任意倒放弃渣；对产生的废油料、漏油、废棉纱等进行统一收集及处理，以免造成环境污染。

9.3 空气质量保护及噪声防治

对机械车辆加强维修和保养，保证进气、排气系统畅通；运输车辆及施工机械，使用 0 号柴油和无铅汽油等优质燃料，减少有毒、有害气体的排放量；不在施工区内焚烧会产生有毒或恶臭气体的物质；场内施工道路保持路面平整，排水畅通，晴天洒水除尘，道路每天洒水不少于 4 次，施工现场不少于 2 次。

合理安排运输时间，避免车辆噪声污染对敏感区影响；合理布置混凝土及砂浆搅拌机等机械的位置，尽量远离居民区；晚间控制高噪声机械设备的运行、作业时间；为相应机械设备操作人员配发噪声防护用品；选用低噪声设备，加强机械设备的维护和保养，降低施工噪声。钢模台车的整体移动，有效降低了模板及支撑钢架的组装噪声。

9.4 施工及生活废水的处理

施工场地修建截排水沟、沉砂池，集中沉淀后统一处理。施工机械、车辆定时集中清洗，清洗水经集水池沉淀处理后排放；混凝土拌合站的废水集中至沉淀池，充分沉淀后处理；沉淀的浆液和废渣定期清理送走；生产、生活污水采取治理措施，对生产污水按要求设置水沟塞、挡板、沉砂池等净化设施,保证排水达标;生活污水先经化粪池发酵杀菌后,按规定集中处理。

10. 效 益 分 析

10.1 采用钢模台车一次浇筑成形混凝土暗渠与传统施工方法相比较具有以下优点

10.1.1 简化工序:钢模台车实现了整体安装,整体脱模,整体移动,浇筑混凝土一次成形,不留施工缝,施工工序大为简化,不仅有效地节约了工时和劳动力,而且极大地降低了劳动强度。

10.1.2 节约材料:使用钢模台车施工,实现完全意义上的以钢代木,几乎不用或很少用木材,不仅可以节省大量木材,而且可以节省止水镀锌薄钢板。

10.1.3 保证质量:钢模台车在实际应用后充分证明了它对改善混凝土总体质量的巨大优势。它的使用使施工循环周期短,混凝土表面光洁平整,线条平直,质量优良,经验收分部分项工程优良率达到90%以上。

10.1.4 提高了工效:采用常规的施工方法,浇筑一节(12m)暗渠(包括支模、绑扎钢筋、混凝土浇筑、拆模等一个循环)需要5~7d,而采用钢模台车一节只需要一天,提高工效5~7倍。

10.2 经济效益

景电二期向民勤调水工程施工中,一节暗渠可节约费用490元,共有暗渠近7000节,总计节约投资343万元。每节暗渠的施工时间从128h减少到28h,大大地加快了施工的速度,成倍地提高了工效,收到了极佳的效果。

10.3 社会效益

钢模台车的使用,使景电二期向民勤调水工程提前竣工,使得民勤地区的人民和生态提前受益,产生了良好的社会效益。

11. 应 用 实 例

11.1 景电二期延伸向民勤调水工程

11.1.1 位于甘肃省景泰县至民勤县境内,此调水工程全线总长99.04km,有84.9km的箱形暗渠穿越腾格里沙漠,其余部分为渡槽。该工程于1995年7月正式开工,2000年10月竣工。

11.1.2 我局承建的箱形暗渠(断面尺寸为2.25m×2.75m、2.35m×2.85m)总长20.6km,在此工程施工中,研制开发并实施应用了该钢模台车施工工法,运用效果良好,取得了一定的经济效益和社会效益。

11.1.3 运用过程中遇到的一些问题,均已在实践中得到了解决。

1. 模内绑扎钢筋占用了作业循环的直线时间,我们通过采取模外绑扎钢筋的方法解决了这一问题,有效益地缩短了作业循环时间,提高了效益。

2. 台车下八字脚容易出现蜂窝、麻面等质量问题,我们总结出了外堵混凝土、内部加强振捣的办法成功解决了这一问题。

11.2 金塔鼎新节水灌溉工程

11.2.1 位于甘肃省张掖地区金塔县,此调水工程总长30km,结构形式为箱形暗渠。

11.2.2 承建标段的暗渠总长12km,断面尺寸为2.2m×2.7m。此工程于2002年3月正式开工,于2003年7月竣工。该工程实施运用了此钢模台车施工工法,其效果良好。

11.3 镜铁山三级电站引水系统工程

11.3.1 位于甘肃省酒泉地区镜铁山县,该引水工程为箱形暗渠,总长56km,结构断面尺寸为2.35m×2.8m。于2004年3月正式开工,2005年11月竣工。

11.3.2 我局承建标段的暗渠总长16km。此工程实施运用了此钢模台车施工工法,其效果良好。

地铁盖挖逆作基础综合施工工法

YJGF283—2006

中铁三局集团有限公司　北京住总集团有限责任公司

李彪　田军令　邢学峰　陈英盈　蔡永立　杨开忠

1. 前　　言

随着我国经济建设的不断发展，各大城市在解决经济发展所带来的交通问题时，大多采用修建地下铁路的解决方法。地下工程大多修建在城市繁华地段，有时用传统的明挖法修建已经无法满足现有城市交通运行的要求，且不可避免地对周围建筑物、管线、交通等带来危害。因此，在遇到此类问题时不得不寻求更可行的施工工法。盖挖逆作基础综合施工工法经过实际检验为既有效又安全、经济的方法。

2. 工 法 特 点

盖挖逆作桩基综合施工与明挖法相比具有：围挡占道工期短、基坑及结构施工安全性大、对周边建筑物影响小、场地范围要求小等优点。很好地解决了在城市繁华地段施工中出现的施工占地、现有交通导改、施工安全等方面的难题。

3. 适 用 范 围

适用于城市地铁车站在繁华城市路段的工程施工。

4. 工 艺 原 理

利用大直径桩基为钢管柱的承重提供传力的基础。通过桩基上的混凝土护壁或钢护筒形成操作空间保证人员安全进入底部安装定位器，定位器保证了钢管柱的安装精度。在结构施工过程中，利用钢管柱和围护桩作为主要承重结构，在结构顶板的保护下逐层进行土方开挖及结构二衬施工。后期盖挖结构施做完成后，钢管柱及结构侧墙为主要承重结构，围护桩承受荷载相对要小。

5. 施工工艺流程

工艺流程见图5。

5.1　管线调查及交通导改

根据工程占地范围，结合业主方提供的管线图纸或设计图纸，邀请管线探测单位对地下各种管线进行探测。根据探测结果，请相关产权单位现场实际调查、确认，对施工有影响的管线现场协商解决办法。

根据周边交通及道路状况，编制交通导改方案，报请当地交通管理局审核批准。

5.2　施工围挡

根据审批的交通导改方案对道路交通实施导改（在此之前依据与各管线产权单位协商的有关管线

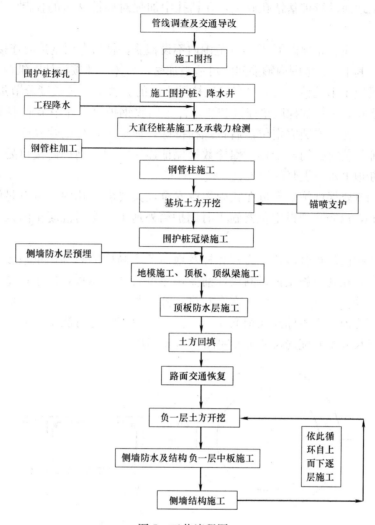

图 5　工艺流程图

改移或保护方案，对相关管线进行处理）。道路导改完成后实施工程占地围挡，并做好围挡安全防护。围挡过程中应做好导线点、水准点的引入工作。此外，还应做好风、水、电等管线的引埋至施工现场。

5.3　围护桩施工

为保证施工安全及土体稳定，钻孔灌注桩施工采用跳钻（即隔二钻一）的方式进行。开钻前，应进行桩位施工放样，根据施工放样点做好护桩后，方可进行人工探孔，直至探到原状土（彻底排除地下不明管线），人工探孔护壁采用钢筋混凝土护壁，探孔完成后开始机械钻孔。在钻孔桩施工完成后开始施工降水井，并及时埋设抽、排水管道及设施，确保工程施工在无水条件下进行。

5.4　桩基上部中柱施工

中柱下部基桩采用机械成孔，为便于桩机下钻、提钻，根据现场实际情况，桩基上部中柱可采用人工挖孔桩施工或钢护筒施工。

5.4.1　水位较低时可采用人工挖孔桩施工

人工成孔段采用钢筋混凝土护壁，护壁厚度 200mm，混凝土强度等级 C20，并且在混凝土中掺加适量高效早强减水剂。护壁钢筋主筋采用 12ϕ16（Ⅱ级），箍筋 ϕ8@150（Ⅰ级），主筋上下层之间采用孔内焊接，焊接长度不少于 10d（d 为钢筋直径），以使上下两节形成整体。护壁形式采用外齿式护壁，上下搭接 5cm，作为施工用的衬体，增加抗塌孔的能力。人工探孔深度必须位于定位器下部锚固部件深度以下 1.5m，确保人工下孔作业安全。

5.4.2　地下水位较高时可采用钢护筒施工

利用旋挖钻机从地面进行桩基钻孔施工，在钻孔中加强对旋挖钻机的控制，保证成孔的垂直度及质量。

桩基钢筋笼加工应注意笼顶以下2～5m范围内不设箍筋，将与专用钢护筒连接。但加劲筋要加密，保证钢筋笼不变形，其下2m范围内箍筋间距可适当加密，具体尺寸按设计图纸执行。

专用钢护筒直径应小于桩径，同时要有保证柱垂直度的调整量。按长度分节加工，便于吊装，上、下节护筒采用钢板定位，螺栓加橡胶垫连接和止水。为回收钢护筒，在中节底端1.5m处设置内法兰，并用螺栓连接，工人在孔内安装完定位器后将螺栓拆除，换销子，待钢管柱施工完毕用吊车拔出。钢护筒的壁厚要能保证吊装时护筒不变形，螺栓数量保证连接牢固，钢护筒接口处要结合紧密，具备良好的水密性，以阻断地下水及泥浆的渗入。

专用钢护筒结构既要保证施工人员在孔内作业安全，又要满足孔内人员有足够大的作业空间。其下端锚入桩基2～5m，以防止埋设定位器施工时钢护筒外地下水穿透混凝土灌入钢护筒内，钢护筒上端一直延续到地面。

钢筋笼和专用钢护筒的组合体长度为桩和柱及地面覆土高度的总和，重量较大，为了保证其安全准确下放、准确定位，在孔口施做锁口圈梁，铺2块厚度合适的钢板，用于调整标高，在钢板上放置工字钢，临时固定钢筋笼和钢护筒，便于在孔口进行连（焊）接施工，并最终固定组合体的位置。在下放钢护筒及钢筋笼之前，钢板标高在钢筋笼及钢护筒下放前要进行测定，以便于控制钢护筒最终的安装标高。锁口圈梁尺寸及其配筋尺寸可参照图5.4.2-1所示。

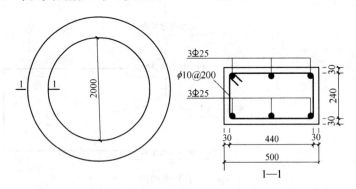

图5.4.2-1　锁口圈梁尺寸及其配筋尺寸图（单位：mm）

钢护筒和钢筋笼分节制做，下节钢护筒下端2～5m与钢筋笼上端焊接在一起焊接时每隔1根主筋焊接1根，焊接长度10d，单面焊。其余直筋在钢筋笼顶端和钢护筒下边沿处点焊固定。组合体吊放入孔并在孔口临时固定，上节钢护筒与下节钢护筒上端连接并固定，然后将连接好的钢护筒和钢筋笼整体吊放入孔，下放至设计标高，固定在锁口圈梁上，孔口通过两个方向的定位点拉十字线找出桩心位置。下至孔底后要及时检查护筒顶面中心与桩位中心的吻合精度偏差。桩钢护筒结构见图5.4.2-2钢筋笼、钢护筒与钢管柱位置关系图。

桩基混凝土浇筑采用水下混凝土灌注法灌注，混凝土灌注标高比设计桩顶高1.0m。导管直径要求为Φ300。

5.5　承载力试验及桩基施工

桩基施工前，根据《建筑桩基技术规范》应进行单桩竖向抗压静载试验，当试验桩桩基极限承载力和最大沉降位移满足设计承载力及位移要求后方可正式施工钢管柱下桩基，否则须申请设计院重新设计桩基深度。菜市口车站采用自平衡试试验法进行桩基的承载力试验。桩基上部人工探孔完成后，即可施工下部桩基施工，桩基采用旋挖钻机进行施工，桩基施工完成后应100％检测桩基结构完整性。

5.6　钢管柱施工（施工流程图见图5.6）

桩基施工完成后，应及时抽排上部泥浆，并清除定位器锚固面以上混凝土。钢管柱采用上下两端

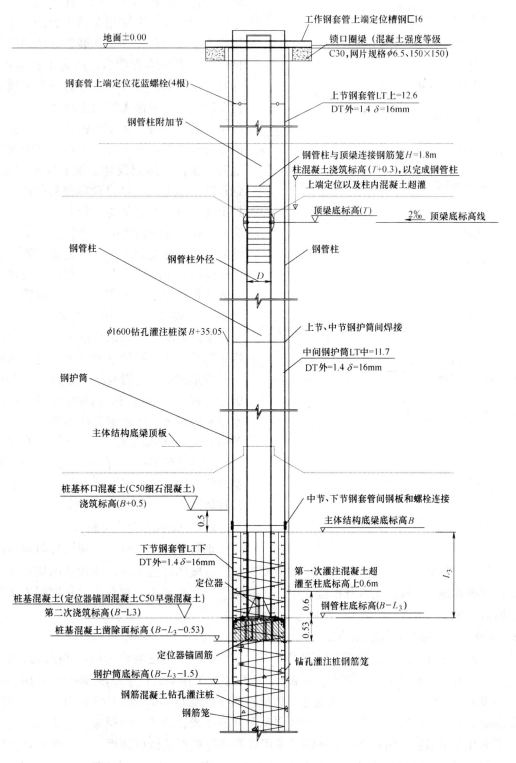

地面±0.00

工作钢套管上端定位槽钢匚16

锁口圈梁（混凝土强度等级 C30，网片规格φ6.5、150×150）

钢套管上端定位花蓝螺栓(4根)

上节钢套管LT上=12.6 DT外=1.4 δ=16mm

钢管柱附加节

钢管柱与顶梁连接钢筋笼H=1.8m 柱混凝土浇筑标高(T+0.3)，以完成钢管柱 上端定位以及柱内混凝土超灌

顶梁底标高(T)   2‰ 顶梁底标高线

钢管柱

钢管柱外径

钢管柱

钢管柱外径 D

φ1600钻孔灌注桩深B+35.05

上节、中节钢护筒间焊接

中间钢护筒LT中=11.7 DT外=1.4 δ=16mm

钢护筒

主体结构底梁顶板

桩基杯口混凝土(C50细石混凝土) 浇筑标高(B+0.5)

中节、下节钢套管间钢板和螺栓连接

主体结构底梁底标高B

0.5

下节钢套管LT下 DT外=1.4 δ=16mm

第一次灌注混凝土超 灌至柱底标高上0.6m

l_3

定位器

钢管柱底标高(B-L₃)

桩基混凝土(定位器锚固混凝土C50早强混凝土) 第二次浇筑标高(B-L₃)

0.6

桩基混凝土凿除面标高(B-L₃-0.53)

0.53

定位器锚固筋

钻孔灌注桩钢筋笼

钢护筒底标高(B-L₃-1.5)

钢筋混凝土钻孔灌注桩

钢筋笼

说明：

1. 本图尺寸以米计。

2. 本图标高以米计，为相对标高。以地面相对标高为±0.00，主体结构底 板或底梁底标高为B，顶梁底标高为T，推算标注其他位置标高。

3. L_3为钢管柱下端锚入钢筋混凝土钻孔灌注桩桩体深度。L_3=1.950m。

4. 钻孔灌注桩桩孔直径为1.6m。

图 5.4.2-2 钢筋笼、钢护筒与钢管柱位置关系图

同时定位法进行固定。钢管柱下端定位主要依赖于自动定位器，上端用花篮螺栓调节定位。自动定位器是一种预先加工的装置，精确校正其平面位置、高程和垂直度后，固定于桩基钢筋笼上，并对定位器加固处理。定位器安装完成后必须进行多次复核，确保无误后方可浇筑定位器锚固混凝土。为缩短施工周期，保证定位器被牢固地锚固于桩基顶部，施工可采用C40高强度等级早强混凝土锚固。达到设计强度后即可安装钢管柱，钢管柱下部定位通过自动定位器自动定位，钢管柱上部定位采用花篮螺栓调整位置后固定，定位完成后用花篮螺栓将中部及钢管柱接口处加固牢。然后利用高抛混凝土施工工艺进行灌筑钢管柱内C50微膨胀混凝土，在灌注至钢管柱顶部时，利用人工振捣并定位上部锚固筋。钢管柱内混凝土达到40%强度后，开始浇筑钢管柱外1.6m高的主体锚固混凝土，该部位混凝土浇筑至结构底板以下部分，防止回填砂和土方开挖后钢管柱下部出现变形或变位。当混凝土达到50%强度时，在钢管柱四周开始均匀的回填中粗砂，回填砂的含水率不能过大，防止钢管柱锈蚀严重（可采用彩条布包裹）。回填过程中，必须对称回填，防止钢管柱柱体受侧向挤压而变形，影响结构受力性能。钢管柱完成后，在结构顶板施工前，必须对钢管柱柱体及桩基进行承载力抽检。

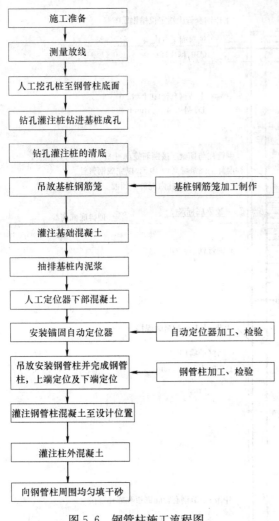

图5.6　钢管柱施工流程图

流程图节点：
施工准备 → 测量放线 → 人工挖孔桩至钢管柱底面 → 钻孔灌注桩钻进基桩成孔 → 钻孔灌注桩的清底 → 吊放基桩钢筋笼（← 基桩钢筋笼加工制作）→ 灌注基础混凝土 → 抽排基桩内泥浆 → 人工定位器下部混凝土 → 安装锚固自动定位器（← 自动定位器加工、检验）→ 吊放安装钢管柱并完成钢管柱，上端定位及下端定位（← 钢管柱加工、检验）→ 灌注钢管柱混凝土至设计位置 → 灌注柱外混凝土 → 向钢管柱周围均匀填干砂

5.7　基坑土方开挖施工

钢管柱施工完成后，即进行路面破除，开挖土方，边开挖边进行基坑四周边坡钢筋网放坡锚喷支护。边坡锚杆施工时，应注意四周有无管线，避免因打设锚杆破坏地下管线。土方开挖过程中，开挖面应预留排水沟，避免雨水长期浸泡土体，影响地模施工时间和施工质量。

5.8　顶板、顶纵梁二衬及防水施工

基坑土方开挖至设计标高及施工冠梁施工完成后，开始开挖盖挖侧墙边沟，并砌筑边沟砖墙，随即预埋防水毯。对于顶板以下土方如属于杂填土，应采用人工换填（换填厚度30cm）并用小型机具进行夯实。地模采用C15、10cm厚细石混凝土。地模达到50%强度后开始涂刷脱模剂，脱模剂涂刷要均匀，避免漏刷而影响脱模质量。涂刷脱模剂前应确保地模干燥、清洁。地模施工完成后，先绑扎顶纵梁钢筋，后绑扎顶板钢筋（侧墙及附壁柱钢筋采用接驳器连接提前做好预埋，并用塑料套筒保护好钢筋丝头）。混凝土浇筑过程中，应及时进行抹面收光处理。浇筑完成后，采用塑料薄膜覆盖，塑料薄膜上层采用草袋子覆盖，并及时进行洒水养护。等混凝土强度达到75%后，开始施工顶板防水层。防水层采用聚氨酯涂膜进行防水，涂膜前基面平整度、干燥度、清洁度必须满足相关规范要求。聚氨酯涂膜采用分层涂抹，每次涂抹厚度不大于0.5mm，前一次涂抹干燥后方可进行下次涂抹。

5.9　土方回填与交通恢复

结构顶板达到设计强度的100%以后并做好防水层及保护层后，分段分层回填。首层回填土厚度为50cm，采用人工回填黏土，避免破坏顶板防水层。回填土方经验收合格后，即可施做道路路面结构及

恢复改移管线,最后恢复路面交通。

5.10　其余地下结构施工

土方回填完成后,利用车站通风道进入车站主体内开挖负一层土方,边开挖边锚喷支护。开挖距结构负一层底部30cm处时,采用人工开挖,并控制开挖尺寸,防止超挖。当侧墙基面达到防水要求时,施工侧墙防水层,随后绑扎侧墙钢筋。其次施工负一层中板地模,并绑扎中板及中纵梁钢筋。在混凝土浇筑过程中,先浇筑中板及中纵梁,最后分段浇筑侧墙。底层土方开挖完成后,应及时组织四方进行基底验槽,合格后方可进行结构施工。

以上施工工序,自上而下逐层施工。

5.11　劳动力组织

劳动力组织见表5.11。

劳动力组织　　　　　　　　　　　　　　　表5.11

序　号	工　　种	人　数	工　作　内　容
1	队长	1	负责全面管理工作
2	技术负责人	1	负责全面技术工作
3	技术员	8	现场技术指导及施工测量
4	安质员	2	负责工地安全质量
5	试验	2	负责现场试验工作
6	防水工	12	现场防水施工
7	普工	40	负责现场土方开挖
8	木工	12	负责现场混凝土支模施工
9	电焊工	8	负责现场钢筋焊接
10	吊车司机	2	负责钢管柱的吊装
11	喷射混凝土工班	4	负责混凝土喷射
12	电工	2	负责现场用电管理

6. 主要施工机具

主要施工机具如表6所示。

主要施工机具表　　　　　　　　　　　　　　表6

序号	机　械　名　称	单位	数量	规格型号	用　　途
1	旋挖钻机	台	1	宝峨22G	成孔
2	汽车吊	台	2	25t	吊运钢筋笼
3	空压机	台	2	20m³	提供高压风
4	电焊机	台	12	BX-500	加工钢筋
5	搅拌机	台	1	JS500	拌制混凝土
6	履带挖掘机	台	1	PC-200	开挖土方
7	喷浆机	台	4	PZ-5B	喷射混凝土
8	电动葫芦	台	3	10t	土方提升
9	装载机	台	1	ZL-15	运输土方
10	切断机	台	1	GQ40	钢筋加工

7. 质 量 要 求

7.1 保证成孔垂直度、防止孔缩径措施

7.1.1 钻机选型：建议选用旋挖钻机，旋挖钻机可控性较好，成孔速度快，能够保证成孔垂直度。

7.1.2 开始钻进时，先轻压慢转，待钻头正常工作后，随地质情况调整转速。

7.1.3 桩孔上部孔段钻进时轻压慢转，尽量减小桩孔超径；在黏土层，适当增加扫孔次数，防止缩径；砂层中用中等压力、慢转速，注意孔内液面，如液面下降加快，立即适当增加泵量，保持液面高度（于地表下 1m）。

7.1.4 保证地面平整，能够承受钻机重量，不会在钻进发生位移，当发生位移时及时调整钻机位置，复核孔位。

7.2 定位器安装精度、钢管柱安装定位精度质量控制

钢管柱上下两端定位时，使用的测量仪器必须在检定周期内，同时执行测量复核制度。

定位精度必须保证设计图纸中垂直度 3/1000 和最大 15mm 的要求，柱的水平位移量定位必须满足规范允许偏差 8mm 的要求。

钢管柱吊装测量检查具体要求见钢管柱吊装允许偏差表（表 7.2）。

钢管柱吊装允许偏差　　　　　　　　　　表 7.2

序　号	项　　目	允许偏差(mm)
1	立柱中心线和基础中心线	±5
2	立柱顶面标高和设计标高	+0，−20
3	立柱顶面不平度	±5
4	各立柱不垂直度	长度的 1/1000，最大不大于 15mm
5	各柱之间的距离	间距的 1/1000
6	各立柱上下两平面相应对角线差	长度的 1/1000，但不大于 20mm

7.3 混凝土浇筑质量控制

为避免施工冷缝的出现，混凝土灌注必须连续进行，确保混凝土质量。灌注过程中用测绳控制混凝土面标高，可适当超灌，以保证混凝土质量。

8. 安 全 措 施

8.1 人工探孔桩及挖孔桩孔口，必须有安全防护措施，防止杂物坠落伤人，并加强孔内通风。

8.2 钢管柱制做必须满足设计要求，吊装必须有专人统一指挥。

8.3 用电设备及电路设置应符合要求，并配套有漏电保护装置。

8.4 孔内安设定位器，工作人员要从爬梯上下，同时系安全带和安全绳。

8.5 测量投点时，应系好安全带，防止坠落，井下人员应带好安全帽，防止高空坠物伤人。

8.6 使用起重机作业时，必须正确选择吊点位置，并合理穿挂索具，试吊，除指挥及挂钩人员外，严禁其他人员进入吊装作业区。

8.7 进行桩基钻孔时，钻机基础应平整坚实，必要时应铺垫枕木或钢板。

8.8 因为成桩完后，钢护筒或护壁内是空的，需及时加盖板，防止人员和大物体掉入其中。

9. 环 保 措 施

9.1 本工法实施严格遵照执行的国家和地方（行业）有关环境保护法规中所要求的环保指标，对

钻孔施工过程中产生的泥浆进行循环利用。

9.2 钻进施工时泥浆沿着泥浆沟流向泥浆沉淀池，泥浆经沉淀循环，形成钻孔施工的泥浆循环系统。施工时要有专人清除泥浆沟和沉淀池中的沉碴。

9.3 灌注桩身混凝土时，用泥浆泵把桩孔内排出的泥浆抽到泥浆池中进行净化处理。与此同时，使用罐车把废浆运走。

10. 社会和经济效益

地铁盖挖逆作基础综合施工工法比明挖法施工工法，在施工工期和施工安全性两方面都要好，很好地解决了繁华城市地铁建设与现有交通体系运行相干扰问题。相对工程造价方面，节省了大量明挖基坑型钢支撑、城市交通导改等费用，降低工程成本约10％，且降低了明挖深基坑施工的不安全性，保证了城市施工的环境安全。

11. 工程应用实例

11.1 北京地铁四号线 06 标段菜市口站

北京地铁四号线 06 标段菜市口车站位于宣武门外大街和两广大街的交叉路口下，车站全长为173.2m。南北两端采用盖挖逆作法施工，结构类型为三层两柱矩形框架结构，结构高 19.55m，宽21.02m，顶部覆土厚度 3.8～4.2m；盖挖段共有中柱 34 棵，中柱采用 ϕ800 钢管柱，钢管柱壁厚16mm，分三节加工，总长 19.55m，内灌 C50 微膨胀混凝土；中柱施工采用人工挖孔，孔径为 ϕ1800，孔深为 26m；下部桩基采用 ϕ1800 钻孔灌注桩，长度为 24m；本工程自 2004 年 9 月份开始，2006 年 4月结构完成。结构在开挖过程中经对钢管柱测量，垂直偏差 3mm，完全符合图纸要求 15mm，柱的水平位移量定位准确，最大 4mm，满足规范允许偏差 8mm 的要求；经过现场敲击及钻孔检查，钢管壁与混凝土密贴。

菜市口站采用盖挖逆作法交通占道时间 6 个月，基坑仅开挖顶板以上深度仅 4.4m。若采用照明挖法施工，占道施工时间 15 个月，基坑开挖深度 24m。通过盖挖逆作基础综合施工相比明挖法施工，在路面围挡施工工期、道路正中央施工安全、对现有交通导改影响等方面均有很大改进，取得了较好的社会效益。

11.2 北京地铁十号线 11 标段亮马河站

北京地铁十号线 11 标段亮马河站工程位于亮马河以北，沿东三环北路东侧南北向布置。主体沿纵向由三部分组成，其中南段受热力管线改移等环境限制为三层三跨的明盖挖结合施工的地下结构。顶板覆土为 4.5m，车站总长 208.9m，车站南段长 72.6m，正常段净宽 20.9m。

南段三分之一顶板的 16 根永久结构柱及其基础桩采用地铁基础施工工法，柱子为钢管柱，16 根。上部采用外径 ϕ650 钢管混凝土柱永久结构，钢管壁厚 22mm，长度分别为 19255mm 和 19795mm 两种类型，内灌 C50 混凝土，内掺 UEA 微膨胀剂；下部基础桩采用 ϕ1600 钢筋混凝土钻孔灌注桩，基础桩长 35m，混凝土强度为 C30。基础桩与钢管柱嵌固长度为 2950mm。于 2005 年 5 月开始实施，2006 年底车站南段盖挖施工的主体结构完成。基坑开挖后经对钢管柱测量，垂直偏差 2mm，为 4/1000，完全符合设计图纸中 3/1000 和最大 15mm 的要求，柱的水平位移量定位准确，最大 5mm，满足规范允许偏差 8mm 的要求。

掏挖法地连墙施工工法

YJGF284—2006

天津第六市政公路工程有限公司　中铁十八局集团有限公司

佟宝祥　薛长迁　王朝辉　刘宴斌　张连丰

1. 前　　言

在深基坑围护结构的施工过程中，由于各种地下管线不能切改或者切改滞后，不仅延误了施工工期花费了大量的切改费用，同时也影响了周围群众的正常生活。常规的地连墙施工方法一般采用液压抓斗成槽机施工，但这种方法在管线存在的情况下，不能满足地连墙成槽和钢筋笼吊装的需要。为了更好地解决这个问题，我们经过多个工程的探索，积累了丰富的经验，通过不断的总结，形成了掏挖法地连墙施工工法。该工法成功地解决了在管线不切改的情况下进行地连墙施工的难题，取得了良好的经济效益和社会效益。

2. 工法特点

2.1　本工法采用潜水钻机作为重要的成槽设备，潜水钻头安装了液压导向系统，钻盘与竖直方向最大可形成 60°夹角，成槽过程中可以在槽段平面内调整钻进方向。

2.2　本工法能在不切改管线的情况下进行成槽施工、钢筋笼安装及混凝土灌注，使管线部位地下连续墙施工能达到规范规定的质量标准，节省了因管线切改造成的工期损失及费用。

2.3　本工法施工过程中噪声较低、振动小，适合在城市市区或居民区施工。

2.4　本工法对起重吊装的技术要求高，配套的改制机具较多。

3. 适用范围

掏挖法地连续墙施工，适用于在管线不切改的情况下进行地下连续墙的施工。地下连续墙的宽度应不大于 1.2m、深度小于 80m，管线埋深小于 5m，管径小于 2m，各条管线之间的距离宜大于 1.5m。

4. 工艺原理

4.1　在地下连续墙槽段没有管线的部位，先用正循环钻机钻一直径 600mm 的单孔，深度等于地下连续墙的深度。成槽设备调换成潜水钻机并就位，并将直径 250mm、长度 35m 的喷导管放入钻孔中，在钻机台上设喷导管限位装置。在喷导管底端留有气压孔，与地面上一台 6m³ 空压机送气压管相连。

4.2　潜水钻头设有与喷导管相互咬合的限位装置，可以上下提升。将潜水钻头安装在喷导管上，开始钻孔；打开空压机将气压送到喷导管底部，可以使喷导管内的泥浆克服 3～5m 的水

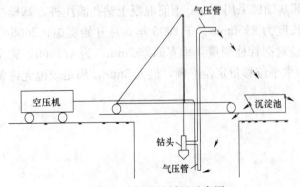

图 4.2　气举反循环示意图

头压举送到地面，从而将潜水钻钻进产生的掉入喷导管底部的泥土、泥浆喷送到地面泥浆沉淀池内，形成反循环（气举反循环示意图 见图4.2）。

4.3 潜水钻头安装了液压导向系统，在管线部位开通液压导向系统，根据管线管径及分布情况调整钻头钻进方向，钻头即可偏离竖直方向形成掏挖效果，从而达到管线部位成槽（潜水钻头工作原理示意图见图4.3）。

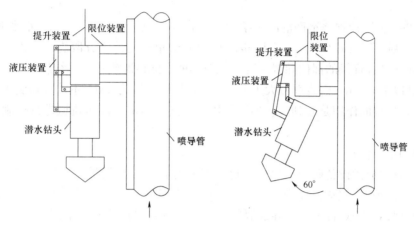

图4.3 潜水钻头工作原理示意图

4.4 地连墙的幅段及钢筋笼结构尺寸应根据管线的实际分布情况重新设计，以满足施工需要。管线部位的钢筋笼采用拖拉法使之就位，管线上部的钢筋采用栽补或植筋的方法补齐。

5. 施工工艺流程及操作要点

5.1 工艺流程（掏挖法地连墙工艺流程图见图5.1）。

5.2 地下连续墙施工操作要点

5.2.1 测量放线

1. 根据业主提供的轴线点及水准点，采用导线测量法，各级导线网的技术指标应符合规范要求。在现场设置三个以上水准点，点间距为50～100m。

2. 测量控制点要在地面埋设稳定牢固的标桩。在导墙沟两侧设可以恢复原导墙中线的标桩，以便施工过程控制导墙轴线的走向。

3. 由于有地下管线穿越，为便于地下管线的保护及钢筋笼下放的准确就位，导墙宽度比设计地连墙导墙应适当增宽，净宽为1000mm。导墙外边线根据施工工艺精度外放，基坑内侧边线往外放10cm为实际导墙内侧边线。实际轴线依次往外放，经符合准确无误后才能开始施工，轴线偏差不大于5mm。

5.2.2 导墙施工

1. 导墙开挖

1）根据施工图纸，首先由测量人员定位出地连墙的设计轴线，再放出边线控制点，用白灰放出导槽开挖线。

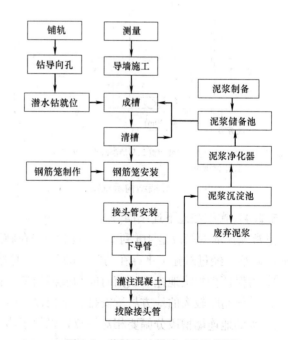

图5.1 掏挖法地连墙工艺流程图

2）按导槽开挖线开挖导槽，其宽度、槽深均应符合导墙结构的要求。导槽开挖到槽底时预留5cm土层进行人工清理，避免扰动导槽两侧的原状土体，确保两侧土体的密实性。

3）根据业主提出的管线物探图及管线切改施工图，在有管线的部位不得采用机械开挖，由人工铣土刨出管线，至管线底以下30cm。测量人员将导墙范围内刨出的管线的管径、规格、里程、标高逐一做好记录，并及时绘制成图。

2. 导墙施工

导墙设计为"┓┏"形现浇钢筋混凝土结构。无管线部位导墙深度1.5m，水平翼板宽1.5m，厚度200mm，混凝土强度等级C20，钢筋采用Φ12@150mm单层网片，分段浇筑。由于地下管线的埋置深浅不同，因此凡涉及有管线的部位导墙深度应视现场的实际情况确定。管线埋深小于3.5m时，导墙深度为管线底标高以下50cm，管线埋深大于3.5m时，导墙深度为2m（本法导墙宽度一般比地连墙的设计宽度宽20cm，导墙的作用是起到"护桶"作用，地连墙的定位依靠轨道进行控制。）（导墙结构示意图见图5.2.2）。

5.2.3 管线的槽口保护

为防止施工过程中成槽设备碰撞，损坏管道，需要对管线进行保护。导墙开挖时由人工挖至管线底30cm，用3mm厚钢板焊接成截面为（D+10cm）×（D+10cm）（D为管线直径）、长为1.2m的管道保护罩，两端与导墙内主筋焊接牢固。导墙混凝土浇筑完成后保护罩两端锚固在导墙内部。用Φ16mm钢筋作成U形吊环，从保护罩底部上托管线，辅以5分钢丝绳悬吊，用DN80的钢管横担在导墙上，钢丝绳上设紧张器，使钢丝绳受力，确保吊牢管线。根据管线大小及埋深设1～2个吊点（导墙处管线保护示意图见图5.2.3）。

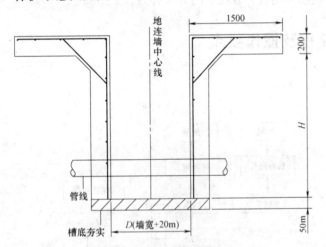

说明：1. 导墙深度根据土质做调整 2. 导墙混凝土采用C20。
3. 本图单位：mm

图5.2.2 导墙结构示意图

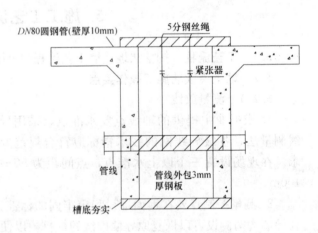

图5.2.3 导墙处管线保护示意图

5.2.4 掏挖法地下连续墙分幅

正常地连墙的槽段是4m到6m，但本工法在施工之前必须结合管线的分布情况对地连墙的幅宽进行重新调整。经过对施工中存在的问题的分析、总结，确定了掏挖法地连墙分幅原则如下：

1. 为保证掏挖法地连墙成槽时间和成槽质量，掏挖法地连墙槽段长度应控制在9m以内。

2. 管线间距较大的地方尽量安排正常幅段。

3. 两侧地连墙槽段分幅要相对一致，以便于施工和保证施工安全。

4. 为保证钻头的下放，以及锁口管拔出时不会对管线造成伤害，槽段分界点距管线要保留一定的安全距离，适宜距离为1.3～1.4m。

5. 为保证掏挖法地连墙与正常段地连墙接头的处理质量，掏挖法地连墙与正常段地连墙的接头处距管线控制在2.5～3.0m。

5.2.5 成槽施工

1. 轨道铺设

1）内外两根轨道垂直距离为3m，以地下连续墙的设计轴线为轨距中心线，由测量人员在导墙上定出轨道的位置。

2）铺设完的轨道标高相差应小于5mm，使成槽机械能在轨道上水平移动，施工时不影响地连墙的垂直度。

3）铺设完的轨道中心线与地下连续墙设计轴线距离偏差不大于5mm。

2. 成槽设备的安装及尺寸要求

1）用吊车把成槽架平吊于轨道上，连接好钻架、潜水钻机、钻头，钻架顶接上钢丝绳。

2）用经纬仪对成槽架进行检查。使钻机顶部的起吊滑轮、卡钻机的拢口中心和地下连续墙轴线三者位于同一垂线。

3）潜水钻头采用双钻，两钻头相交组合尺寸应满足地连墙的宽度，为保证钻孔成槽宽度满足设计要求，其钻翼设在两个不同高度，启动时不互相碰撞。

4）喷导管的长度和截面尺寸是根据地下连续墙的深度和宽度而确定，为了满足喷导管在施工中的刚度要求，采用Φ250mm的无缝钢管，长度应比地连墙的深度长2～3m。

3. 成槽施工

1）在单元槽段接头处，根据地下连续墙的宽度，用正循环的方法单钻一个导孔，作为插喷导管的先导孔。当钻机启动后，启动泥浆泵，使泥浆通过泥浆管压入孔底钻头处，携带钻渣，再从孔底经钻杆与孔壁之间的环行空间上流至孔口。

2）先导孔完成后，将成槽机就位，并将喷导管插入先导孔中，采用双钻抱管反循环法钻进成槽。成槽时在成槽架头放置一个泥渣斗，启动反循环系统和钻机，让钻机沿喷导管向下钻，钻进过程中钻头切削的泥块掉到槽底，利用气举反循环气柱，将渣土随泥浆排到渣斗里。渣土沉淀后，分流的泥浆可回流至槽内，泥浆可重复利用，但应随时检测重复泥浆的性能，保证质量标准。在成槽过程中，渣斗满后随时换空斗。当成槽架在施工过程中移动后，喷导管距离渣斗太远时，可在喷导管与渣斗之间搭流槽，使喷出的泥浆和渣土流入斗内。

3）当用钻机抱管成槽完成一孔时，应将钻机提升，使钻头高过未钻的土面。同时将喷导管提升至离槽底面3～6m，而后移动成槽架，钻另一孔。前后两孔位置一般重叠三分之一钻头直径，根据地层特点，每钻水平进尺控制在250～350mm内，从单元槽的一头往另一头移动钻进，直至整个单元槽段钻孔完毕。

4. 修槽

1）当单元槽段成槽完毕后拆下钻机，换上与地下连续墙等宽度的修槽器。启动反循环系统，修槽器上下往复运动切削槽壁上成槽过程中遗留的土体，使槽壁平整，切削掉的泥块掉入槽底后，从喷导管喷到渣斗内。

2）每次修槽到设计深度后，提升修槽器出槽，并提升喷导管离槽底3～6m，然后移动成槽架，继续修槽，前后两次修槽必须搭接10cm以上。

3）地下连续墙修理槽壁结束后，还应对已施工完的槽段接头混凝土面进行清刷，清刷工具选用刷壁器。

5. 泥浆配置

1）泥浆的主要配置原料：根据地层的特点，施工泥浆以原土自然造浆为主，并适量加入膨润土，增强泥浆护壁性能，防止槽壁局部塌方。

2）泥浆配合比应根据地质情况现场经过试配确定，泥浆性能好坏以能满足施工要求为准，新浆比重为1.15～1.20，施工过程中泥浆比重为1.2～1.3。

3）成槽过程中采用沉淀法对泥浆进行回收以便重复利用，从而尽量减少泥浆排放量及对环境的污染。

6. 清孔换浆

1）槽段修理完毕后，启动反循环系统，用喷导管对槽底沉渣进行处理。清槽从槽段的一头往另一头移动进行，每次移动300～400mm，然后停留2min，让槽底的沉渣从喷导管排出。

2）对槽底沉渣清理至少来回二遍，使沉渣厚度不大于200mm。

3）在对槽底清理的同时，根据槽里的泥浆情况，进行泥浆置换，置换后的泥浆比重控制在1.15～1.20。

4）清槽换浆完毕后，用侧绳对槽底深度进行测量其沉渣厚度不大于200mm。

7. 安放接头管

1）当清槽结束后，成槽质量符合要求，即可安放接头管。

2）安放接头管时，应对准地连墙的接头中心，缓缓垂直安放。接头管安放时，两翼各靠一面导墙，保持垂直状态。

3）当接头管需要接长时，接头必须牢固。接头管底部必须插入槽底，在接头管背后填入一定高度的素土，以防止灌注混凝土时，混凝土从底部及侧面绕进管内。

5.2.6 钢筋笼的加工及吊装

1. 钢筋笼的加工

由于管线分布的间距和高程各不相同，在施工过程中，对钢筋笼的宽度及长度要求相当严格，当钢筋笼的顶比管线底的高程高时，在管线下方的钢筋笼会对管线造成破坏，当钢筋笼的长度过短时，在管线下方会留有较多的素混凝土，结构的安全会留有隐患。如果钢筋笼的宽度太大，会在钢筋笼拖拉施工中存有相当大的难度。经分析总结，钢筋笼的顶部比管底应底30～50cm，两段钢筋笼之间的间隔应根据钢筋笼端部设计的形状确定，一般为10～20cm。

2. 钢筋笼的吊装

管线下钢筋笼吊放是采用成槽钻机配合两台吊车80t和50t履带吊车（视钢筋笼的重量）进行吊装，管线下方的钢筋笼首先从没有管线的位置下放，当钢筋笼下放到设计深度后，再利用成槽钻机进行钢筋笼的拖拉，使用成槽钻机配合两台吊车将管线下方的钢筋笼拖拉到指定的位置（钢筋笼拖拉示意图见图5.2.6）。

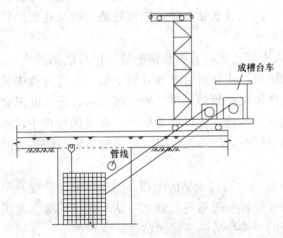

图5.2.6　钢筋笼拖拉示意图

5.2.7 混凝土灌注

掏挖法地连墙混凝土的灌注与普通地连墙相同。但对水下混凝土的灌注质量要求很高，否则会给地连墙的成品质量留下很多隐患。在管线上方的钢筋利用插筋的方法，地连墙的混凝土浇筑完成后，在混凝土初凝之前将钢筋按图纸的位置插入混凝土中。

其他工序如：安装导管、拔接头管等与普通地连墙施工方法相同。

6. 材料与设备

本工法使用的主要机械见表6-1、表6-2。

主要施工机具　　　　　　　　　　　　　　　　　　表6-1

序号	名　　称	规　格	单位	数量	备　　注
1	履带吊	50t	台	1	
2	履带吊	80t	台	1	根据地连墙设计和分幅情况确定
3	潜水钻（改制）	KQ-800	台	1	两种钻头
4	修槽器	半圆形			端头

续表

序号	名　　称	规　格	单位	数量	备　　注
5	修槽器	平壁			槽段中间
6	拔管机		台	2	
7	电动空压机	6m³	台	2	
8	泥浆泵	3PN	台	4	
9	混凝土导管	φ240		3	长34m
10	接头管	依导墙宽度而定		2	长35m
11	混凝土灌注架		台	3	

潜水钻头型号及参数表　　　　表 6-2

型　号	KQ-800(改装)			
钻孔直径	单个:400mm 两个组合:800mm	潜水电机转速	90r/min
主轴转速	200r/min	液压千斤顶能力	400kN
主机最大扭矩	1200N·m	钻头质量	600kg
潜水电机功率	22kW	钻孔深度	0～80m

7. 质量控制

7.1 掏挖法地下连续墙质量检验标准

施工质量标准满足《地下铁道工程施工及验收规范》[GB 50299—1999（2003 年版）]要求。

7.2 施工过程质量控制措施

7.2.1 钻进过程中如发现倾斜、塌孔时，应停钻并采取相应的措施后方能开钻，必要的时候回填黏土再钻。当单孔深度达到设计深度后，关掉钻机和泥浆泵，提升钻机。

7.2.2 由于有穿越管线的特点，需在导墙上用明显的标志标明管线的宽度、钻机移动范围的极限边界，并在钻杆上标明提钻、下钻、平移的高度位置，施工时由专人全程随机旁站监测。施工过程为先在管线两边成孔，然后向管线方向平移 10～20cm，让钻机钻头逐步进入管线下面，往下钻进，直至一个或两个钻机进入管线下，将地下连续墙连成一个整体。

7.2.3 成槽过程中，槽内泥浆面必须高出地下水位 50cm 以上，同时不得低于导墙顶面 50cm。泥浆比重控制在 1.1～1.3 左右。

7.2.4 成孔过程中，应随时用线捶对吊钻机的钢丝绳和喷导管进行测试检查，垂直度符合规范和有关文件的要求。如果不能保证时，应调整喷导管的垂直度，因为喷导管起着垂直导向的作用，直接控制着地连墙的垂直度。

7.2.5 钢筋笼在调运和入槽过程中，不应产生不可恢复的变形，决不可以强行冲击入槽。

8. 安全措施

8.1 施工所用的材料，构件等必须在有检验的依据方可应用，如钢丝绳、零部件的临时设施与构件要有足够的安全系数，施工过程中必须定期进行检验。

8.2 所有的操作人员必须定岗、定人、定位操作，严禁擅自动用各种机器设备及串岗操作。

8.3 加强对地表建筑物及管线的监测，确保临近建筑物及管线的安全。

8.4 本工法对起重吊装技术要求很高，需要两台吊车相互配合进行施工。在施工之前技术人员必须对吊车司机进行技术交底，让其了解施工过程和吊装程序。

8.5 起重人员必须持证上岗，在施工过程中吊车司机一定要听从指挥。

8.6 本工法涉及很多需要改制的设备，在改制完成后，需经专业技术人员检查验收，合格后方可施工。

9. 环保措施

9.1 施工期间噪声满足《建筑施工场界噪声限值》GB 12523—90 要求，对设备进行保养维修，降低设备自身的施工噪声，施工过程中各种设备轻拿轻放，避免噪声污染。

9.2 成槽施工时在周边用围挡或彩条布挡住外溅的泥浆，防止导喷管内的泥浆污染周边环境。施工过程中在导墙外侧用堆土做成临时挡墙，防止槽内泥浆外流，污染施工现场。

10. 效益分析

在改革开放以来，我国科学技术不断进步，地下工程的发展速度也是前所未有，但是对于不进行管线切改，在管线存在的情况下进行地下工程的施工的研究却很少。本工法在工程实践中的应用取得了良好的社会效益和经济效益。

10.1 社会方面：在地下工程的建设当中，涉及到很多的管线问题，如果对管线进行切改，将会在相当长的时间内给当地的居民及单位造成断水、断电及断气等问题。利用本法施工不仅节省了施工工期，同时也避免了因管线切改给周围居民带来的生活不便。

10.2 经济方面：在本工程的施工中如果对管线进行切改，在施工完成后还要将管线进行回迁。反复切改给工程本身带来了大量的切改费用。经与相关管线单位的结合，利用本法可节省 1/3 的切改费用。本工法可操作性强，应用范围广，推广前景广阔。

11. 应用实例

津滨轻轨中山门西段 SZp 标段工程位于天津市河东区七经路与九经路之间六纬路沿线上。该工程采用明挖顺做法施工，围护结构采用 800mm 厚地下连续墙，地连墙深 33m。由于工程位于市区，地下管线比较复杂，且管线较多，开工伊始影响本工程的顺线路方向的管线已基本切改完毕，但是还有九条横过路管线未切改，其中八条是地下管线，一条高架热力管线。利用本法确定的几项分幅原则，对原槽段重新进行了调整（管线及分幅情况见图 11），满足了本工法的施工需要。经基坑开挖证明，该段地连墙质量满足规范要求，基坑开挖过程中未出现大面积的渗水漏水情况，施工质量得到了一致的认可，本法在这个工程的应用充分证实了工法的实用性和可行性。

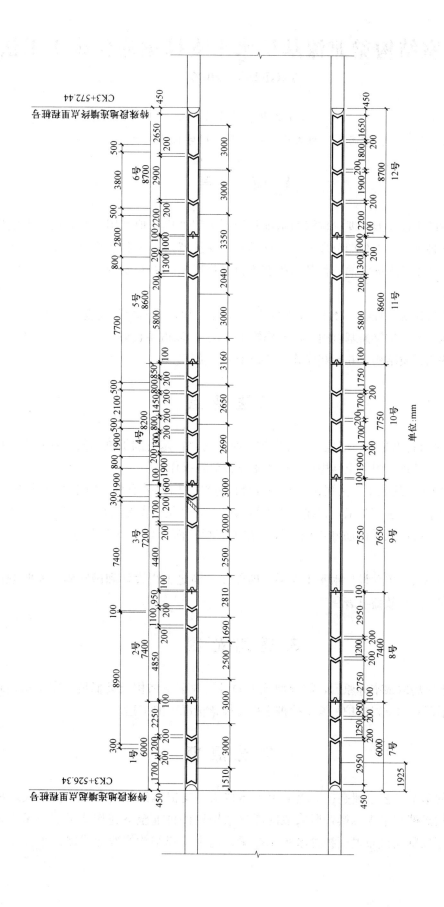

图 11　掘挖法地连墙分幅及钢筋分段示意图

地下室结构梁兼深基坑水平支撑梁逆作施工工法

YJGF285—2006

江苏江中集团有限公司

沈忠星　权大桥　陶金华　时学俊　吴辉强

1. 前　言

随着城市建设的飞快发展，埋置较深的基础和地下工程被广泛地利用，在多层地下室施工中，又因现场狭窄等不乏种种原因需分期分段施工。这样基坑支护就是一道非常重要的关键工序，而纵横繁多的基坑支撑除给施工带来极大的不便外，稍有不慎还将影响到工程质量，对于有些不便设置水平支撑的基坑将难于组织施工。

我公司在江苏省建设管理综合楼工程、徐州国土大厦工程、徐州朝阳大厦工程多层地下室施工中，成功运用"多层地下室结构梁兼基坑内支撑逆作施工工法"，取得了良好的经济和社会效益，其中徐州二项工程主体被评为优质结构，并荣获江苏省"扬子杯"奖。

2. 工 法 特 点

2.1　本工法主要特点是在多层地下室分期施工续建时，在基坑围护桩不便设置水平支撑梁的情况下，以工程主体永久性钢筋混凝土结构梁兼作水平支撑梁，操作简便。

2.2　本工法与传统的施工方法相比，不同点是部分结构构件采取从上向下的逆作施工方法进行。即从顶板梁开始由上至下进行施工，先施工各层结构梁（同时兼作支撑梁），在梁两侧留施工缝，并预插板筋，在梁顶面及底面预插柱筋和墙筋，最后施工底板；而后再由下至上进行，依次施工各层柱、板、墙。

整个施工过程不须再单独设计水平支撑梁，即能保证满足工程设计和国家施工验收规范要求，安全可靠，节省工期，经济效益显著。

3. 适 用 范 围

本工法适用于因场地狭窄等原因，需分期施工的多层地下室结构及类似地下室结构构筑物，在基坑围护系统中，不能对称设置支护桩及支护桩水平支撑梁情况下的工程。

4. 工 艺 原 理

本施工工法的基本工艺原理是：工程采用主体结构与支护体系相结合的结构形式，利用工程主体结构梁兼基坑围护桩水平支撑梁，所采取的部分结构构件自上至下逆作施工的技术和方法，从而使整个施工过程不须单独再布置围护桩水平支撑梁，均由工程结构梁取而代之。平面布置形式如图4示意。

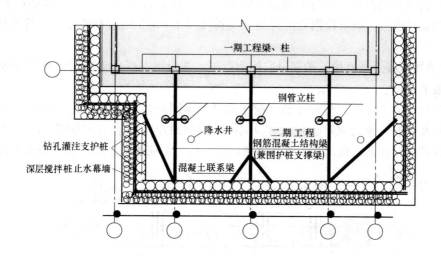

图 4　平面布置示意图

5. 施工工艺流程及操作要点

5.1　施工工艺流程（图 5.1）

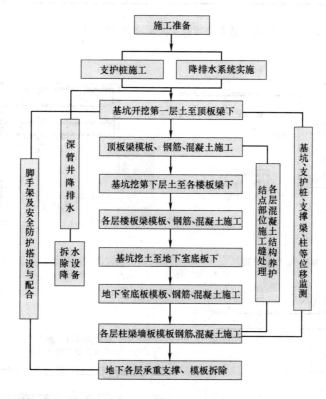

图 5.1　施工工艺流程图

5.2　操作要点

5.2.1　实施本工法前，必须具备施工准备中一切条件后才可开始挖土。每一结构层土方分二次开挖，先将第一层土挖至地下室顶板梁底下 1000mm 处（挖土深度系根据顶板梁与下部柱墙结点插筋长度而定）；而后接着施工顶板梁（兼支撑梁），设置支撑、支模、绑扎钢筋包括梁两侧预留短板及连接插筋工作等。

顶板梁外端支座为围护桩顶，与桩顶围梁同时浇筑，在顶板梁与结构柱、墙结点处预留插筋。顶板梁内端与前期梁柱连接，梁下设钢管灌混凝土支撑及 $\phi48\times3.5$ 钢管扣件支撑。详见图 5.2.1-1～图 5.2.1-5 所示。

5.2.2 为缩短混凝土强度增长龄期争取提前拆模，顶板梁混凝土提高二个强度等级，到达原设计强度后，拆除梁下支撑。

第二层土挖至楼面梁底下 1000mm 处（挖土深度要求同前），而后施工楼面梁（兼支撑梁），包括梁两侧预留短板及插筋，楼面梁外墙端支座为围护桩内侧的连续围梁中，与围梁同时浇筑，同时在结构柱、墙结点位置预留插筋。楼面梁（兼支撑梁）另一端与前期梁柱连接，梁下钢支撑设置方式同上。

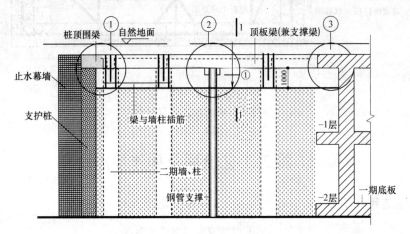

图 5.2.1-1 顶板梁兼支撑梁施工剖面示意（以二层地下结构为例）

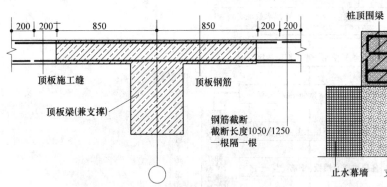

图 5.2.1-2 1-1（顶板施工缝留置）

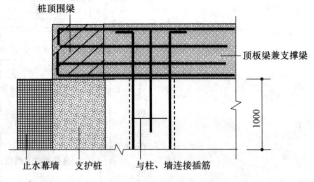

图 5.2.1-3 节点①（支撑梁与围梁同时浇筑）

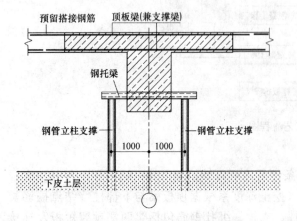

图 5.2.1-4 节点②（钢管立柱支撑示意）

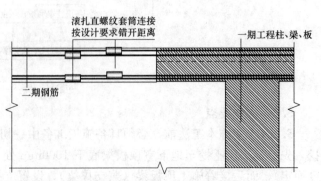

图 5.2.1-5 节点③（梁板钢筋滚扎直螺纹套筒连接）

以下各层楼面梁施工以此类推。

最后一层土挖至地下室底板下，而后按设计对各结点要求，自下而上按顺序施工各层柱、梁板、墙，均采用商品混凝土浇筑。

楼面梁（兼支撑梁）施工剖面如图 5.2.2-1～图 5.2.2-4 所示：

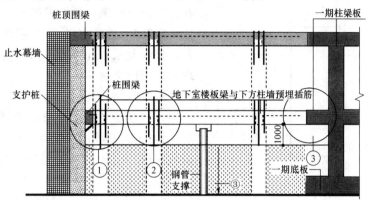

图 5.2.2-1　楼面板梁兼支撑梁施工剖面示意（以二层地下结构为例）

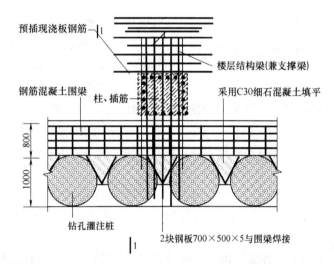

图 5.2.2-2　节点①楼面梁（兼支撑）与围梁结点及插筋示意

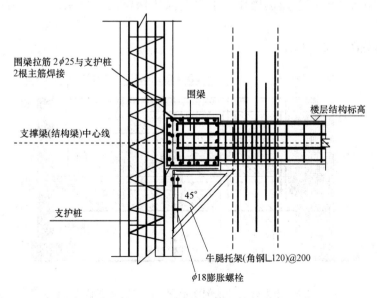

图 5.2.2-3　①1-1 楼层支撑梁与支护桩及牛腿托架结点大样

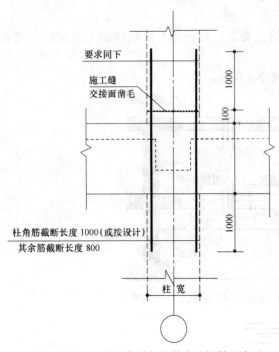

图 5.2.2-4 节点②梁与柱结点及插筋示意

楼层节点③同顶板③

5.2.3 采用本工法施工必须经设计部门同意并在其支持和配合下实施，施工单位应按设计图纸中提供的有关技术参数和要求，编制严密的施工方案，在征得设计批准后严格组织施工。

5.2.4 施工依据：国家现行相关施工验收规范、规程及采取本工法施工的设计图纸和业主、监理有关书面文件。

5.2.5 施工准备

1. 土方开挖前必须具备的现场条件

1）土方开挖前，二期工程围护桩工作完成并经验收合格，支护桩外侧采用双排深层搅拌桩作为止水幕墙。

2）根据设计，在梁轴线方向中部设置钢管混凝土垂直支撑柱，高度从顶板梁底直插到底板下桩顶，以桩顶作支承。

3）基坑内设置管井降水，确保地下水位降至地下室底板以下 0.5～1.0m。

2. 办理和完善各种施工手续，疏通好各方关系；制定好环保措施。

3. 熟悉现场，了解基坑周边情况及容易发生险情的位置，地下管线的分布，会同业主、监理等测定场地原始标高，校验基准点，并进行施工图纸、施工方案、施工要点、安全措施等技术交底。

4. 做好现场运土道路，准备厚钢板若干块，以用来铺垫车辆出口处，防止损坏路面及地下管线。

5.2.6 土方工程

1. 土方在地下水降至期望水位后开始，基坑应分多区段多层次机械挖土，每层挖土深度均至各结构层梁底下 1000mm 处（根据设计竖向插筋长度确定），尽量减少梁下第一层土厚度，以便减短结构梁（支撑梁）下的支撑长度。

最后一层挖至底板垫层下，各层结构梁（兼支撑梁）开始挖土时间必须控制在其抗压强度达到原设计强度的 100% 后进行。

各层机械挖土须在专人指挥下谨慎操作，不得碰撞所保留的支撑系统，采用小型挖机多机进行，自卸汽车及塔吊配合。

土方分层开挖详见图 5.2.6 所示。

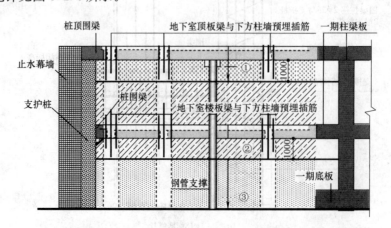

图 5.2.6 土方分层开挖剖面示意（以二层地下结构为例）

2. 土方开挖注意事项

1）严格控制标高

安排专职测量人员严格控制各层开挖标高，开挖前在基坑周边设置控制网点，开挖中跟踪测量，开挖后复测。

2）对工勘孔、管涌、流砂等的处理

在大型降排水措施效果不是很力的情况下，要认真注意观察处理以下几个方面的问题：

（1）如前期工程勘探后未堵钻挖孔，开挖中发现地下水自钻探孔上涌，应及时挖排水沟引流至集水坑内抽排，出水量较多的孔安放一节混凝土渗水管，内放水泵抽水。或采用注浆法快速封堵。

（2）如基坑底万一出现管涌、流砂，应先及时采用麻包装土镇压并增加管井等降水。

3）注意对止水幕墙的观察

开挖中派专人观察支护系统和止水幕墙，发现渗漏点要及时引流或修补，严重者要有关部门出具方案，采取其他有效措施弥补。

4）对基坑支护构件的保护

（1）对支护桩的保护

挖土机在沿基坑边开挖时须谨慎操作，严禁碰撞、扒挖支护桩体，支护桩边预留 30cm 土采用人工清理。

（2）对工程桩、降水管井等的保护

土方开挖工程桩头暴露后，破桩工作要及时跟进，挖机开挖从桩四面均匀开挖，以免单侧开挖土侧压力过大造成桩体受损。严禁挖机挖斗碰撞桩头，扒挖桩头，严禁利用挖机推倒尚未截断的桩头。

基坑内的降水井应插上明显的警戒标志，严禁挖机碰撞和挤压降水井和钢管立柱支撑，土方沿四周均匀开挖。

5.2.7 轴线标高精度控制

重视对轴线、标高的控制，精度要求：轴线允许偏差控制在 3mm 以内；标高控制在 ±3mm 以内。施工中要求对支护桩、钢管混凝土立柱、支撑梁作沉降和位移观测监控。

5.2.8 钢筋工程

1. 因梁与板、墙、柱混凝土分二次浇筑，在结构梁（支撑梁）施工中必须高度重视梁与各构件交接节点的钢筋预插工作，规格、下料长度、预插部位必须准确，间距均匀，纵横垂直，插筋长短预留要符合规范及设计要求，且相邻跨必须为长接短在同一控制直线上，在浇筑混凝土前要反复检查，不得漏插漏埋，特别注意人防要求的预埋件，如防暴钢板等。

2. 注意对预插钢筋预埋件的保护，所有预插外露钢筋均采用塑料管护套，护套两端采用防水材料封闭，以防雨水进入钢筋生锈和保护直螺纹，在土方分层开挖中要尤为注意防止机械碰撞。

3. 钢筋接头采用直螺纹套筒连接，连接钢筋的下料长度要准确，要统一编号，对号入座。直螺纹接头一头用正丝，另一头用反丝。柱钢筋连接先套入箍筋（根数必须满足）而后再连接立筋；现浇板钢筋连接从连接端开始，分层绑扎。

5.2.9 模板工程

1. 根据本工法中插筋较多的施工特点，须选用木模板支模，以便于预插钢筋打眼钻洞。木模板制作拼缝严密，便于组装及拆除，内墙柱采用 φ14 对销螺栓加固，外墙柱采用 φ14 对销螺栓（中间加钢止水片）加固，支模时直埋，不得预埋塑料套筒。

2. 后浇柱或墙模板与先浇结构梁（支撑梁）施工缝处，模板要包梁，支设高度超越梁底不少于 200mm，并在支撑梁下 500mm 处模板一侧支设成喇叭口状，（详见图 5.2.9）以便于浇筑混凝土，并在柱中部留置振捣口，以便于混凝土分节振捣，给下道工序做好准备。

5.2.10 混凝土工程

1. 建议全部采用商品混凝土浇筑，外加剂可掺加 JM-Ⅲ（高效抗裂防渗多功能型）及微膨纤维。

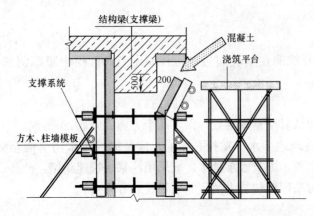

图 5.2.9　柱梁墙节点模板支设及混凝土浇筑方式（单位：mm）

2. 混凝土浇筑前凡施工缝处，必须按要求认真作打毛处理并刷洗，柱、墙与支撑梁结点处的混凝土浇筑高度，要保证超过支撑梁底不少于 150mm（振捣密实后的高度），混凝土到达预期强度后再派专人将多余部分凿平。

3. 在结构梁（支撑梁）施工时，为了提前达到原混凝土设计强度，缩短混凝土强度增长龄期，以便尽快挖下层土，经设计同意可采取提高混凝土强度等级的措施，有利于缩短整体工程工期。要预留与结构同条件养护试块，以提供拆除梁下支撑和拆模的依据。

如设计需要支护桩根部（底板部位）设置水平支撑梁，可采用型钢支撑，直接浇筑在底板混凝土中永久埋入。

5.2.11　防水处理

采用本工法施工除对柱、梁、板、墙混凝土之间刚性结点处理要求高外，外墙柱与结构梁（支撑梁）施工缝处要求预埋遇水膨胀橡胶止水条，做防水处理。详见图 5.2.11-1、图 5.2.11-2 所示：

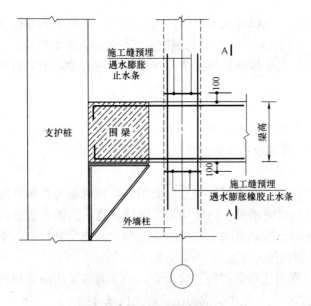

图 5.2.11-1　楼层外墙柱施工缝处防水处理示意

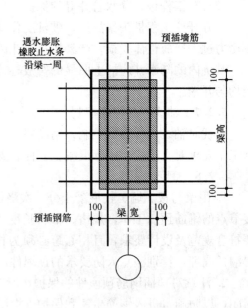

图 5.2.11-2　A—A 剖面

5.2.12　支撑系统

1. 在本工法中梁板下垂直承重支撑除采用通长的钢管灌混凝土立柱外，其余均采用 $\phi48\times3.5$ 钢管扣件支撑，其支撑纵横设置密度必须经计算确定。钢管灌混凝土垂直支撑在梁下设置根数由设计决定，下端以工程桩顶支承，钢管支撑随施工进度在各层梁底截断，标高必须准确无误。

2. 在各土层设置垂直支撑前必须夯实，立管下满铺不小于 50mm 厚木垫板或混凝土垫板，要采用水准仪跟踪监测，发现沉降及时处理。

6.　材料与设备

6.1　主要材料

6.1.1　本工法施工所采用的主要钢材为地下室常规施工中的Ⅱ级钢筋，箍筋采用Ⅲ级钢筋。主筋规格直径为 22mm、25mm，箍筋直径为 10mm 及 12mm 二种。

6.1.2 采用商品混凝土浇筑，其外墙、柱混凝土强度等级为 C45/P10，内墙、柱及梁板为 C50。混凝土外加剂为 JM-Ⅲ（高效抗裂防渗多功能型）及微膨纤维。

6.1.3 模板采用多层胶合木模板，主要便于插筋穿孔，制作和安装噪声小。

6.1.4 垂直支撑采用二种：$\phi 426 \times 8$ 钢管立柱灌 C35 混凝土；$\phi 48 \times 3.5mm$ 钢管扣件支撑。

6.1.5 结构梁（兼支撑梁）与外墙柱、外墙施工缝，采用 S 形遇水膨胀橡胶止水条，20mm 厚，其外观质量、物理性能必须符合国家标准《地下防水工程施工质量验收规范》GB 50208—2002 要求，现场必须抽检，合格后方可使用。

止水条在浇筑混凝土前要保持干燥，以防早膨，影响防水效果。

6.1.6 钢板止水带 450×4 用于底板及外墙留置施工缝的常规部位。

6.2 主要施工机械设备

主要施工机械设备见表 6.2。

主要施工机械设备 表 6.2

序 号	机械或设备名称	型号规格	数量	进场时间
1	反铲挖土机	卡特 1.25	根据需要配备	
2	反铲挖土机	日立 1.3	根据需要配备	
3	反铲挖土机	日立 0.3	根据需要配备	
4	推土机	140kW	根据需要配备	
5	自卸车	康明斯	根据需要配备	
6	空压机		根据需要配备	
7	凿岩机		根据需要配备	
8	工具车		根据需要配备	
9	加油车	三力	1	
10	钢筋加工机械		全套	
11	现场木工机械		全套	
12	滚扎直螺纹钢筋套丝机		2	
13	混凝土振捣机械		全套	
14	塔吊		现场主楼塔吊兼	
15	自动安平水准仪	DSZ2	2	
16	激光经纬仪	J2-JDE	2	
17	抽水机		2	

7. 质 量 控 制

7.1 所采用主要规范

1.《建筑工程施工质量验收统一标准》GB 50300—2001；

2.《建筑地基基础工程施工质量验收规范》GB 50202—2002；

3.《建筑地基处理技术规范》JGJ 79—2002；

4.《地下防水工程质量验收规范》GB 50208—2002；

5.《混凝土结构工程施工质量验收规范》GB 50204—2002；

6.《钢筋焊接接头试验方法标准》JGJ/T 27—2001，J 140—2001；

7.《钢筋机械连接通用技术规程》JGJ 107—2003；

8.《建筑工程安全生产管理条例》国务院 393 号令。

7.2 必须严格控制结构梁（即水平支撑梁）的轴线位置和标高，施工中要设专门测量人员进行监控，标高和轴线误差控制在±2mm 以内。

7.3 尽量降低支撑梁下垂直支撑高度，能满足梁下插筋长度即可。垂直支撑的设置必须稳固，要进行计算确定。

圆钢管立柱的管径、间距根据设计要求确定，立柱的下端插入作为工程桩使用的灌注桩内，插入深度不小于 2m，如钢管立柱对不准工程桩，立管下就要作专用的灌注桩基础。

7.4 各层支撑梁两端的支座处理，支撑梁与独立柱、连墙柱及墙、板的结点处处理是本工法的关键技术部分，必须认真谨慎施工。

7.5 预埋、预留钢筋、铁件位置必须相对准确，并保护好螺纹丝扣，采取防护和防锈措施。

7.6 对所有施工缝的处理达到不渗不漏，满足工程抗渗等级要求。

7.7 制定详细的混凝土浇筑方案，特别重视结点处的混凝土浇筑和振捣。

7.8 降排水措施必须得力，确保将地下水位降至底板下 500～1000mm。

7.9 要注重混凝土养护。结构梁（兼支撑梁）和柱采用塑料薄膜包裹，现浇板、墙外侧采用塑料薄膜覆盖，墙柱内侧采用喷雾器喷洒湿润。夏季在结构梁（兼支撑梁）施工阶段，不能采用自来水直接冲浇，以防引起支撑下沉。

8. 安 全 措 施

8.1 现场挖土和运土以及塔吊配合垂直运输要设专人指挥，特别要注意基坑上空；现场出入口处过往车辆和行人较多，要设有专门调度统一指挥和疏通。

8.2 在基坑四周设置隔离栏及醒目的警戒标志，进入基坑底的人员必须走安全通道或上下爬梯，严禁不经爬梯任意上下基坑。

8.3 破桩民工必须戴安全帽和必要的安全防护，当和挖机交叉施工时，要保持有效安全距离，保证人身安全。

8.4 严禁施工人员在支撑梁上行走。

8.5 要安全文明施工。自卸车装车后将车斗两侧的土铲平拍实，防止沿途抛洒污染街面，发现后要立即清扫干净。

8.6 除严格执行《建筑安装工程安全操作技术规程》及现场文明施工的有关规定，特别要注意观测基坑周围建筑物、道路及支撑梁、支护桩的稳定情况，一旦发现异常，要立即报告，并采取有效措施，不得存有侥幸心理。

8.7 因工程始终处于立体施工状态，混凝土浇筑要有专人负责指挥。

8.8 脚手架要稳定，不经验收不得使用，脚手板上要采取防滑措施，施工人员在脚手架上行走要注意周围及上下的插筋，以防绊人刺伤。

8.9 立体作业严禁上下抛掷工具和一切物品。

8.10 施工中注意安全用电，特别要注意安装好漏电保护装置，防止触电事故。

9. 环 保 措 施

9.1 防止对临近街道的污染措施

9.1.1 现场道路和材料堆放场地要进行硬化，其上不得存有泥土和污物，以免粘在车轮上外出污染街道。

9.1.2 现场大门处设立洗车处，对污染的车辆要进行清洗。要保证车辆清洁，不污染环境。对已污染的道路要及时组织专人清扫或刷洗。

9.2 防止水污染措施

9.2.1 施工现场排水畅通，严禁污水流至场外。

9.2.2 泥浆水必须经沉淀池沉淀后再排入市政排水管网。

9.3 防止噪声污染

9.3.1 尽量不安排夜间浇筑混凝土和施工噪声大的项目，影响居民休息。

9.3.2 白天采用风镐处理桩头时采用麻包遮盖作为消声措施。

9.3.3 施工噪声较大的设备加盖消声棚，全部采用木模板。

9.4 现场道路和场地

道路要坚实平坦，有排水措施，出入口内要铺设 15m 以上的水泥路面，大门外两侧要各超出 5m，明排水沟要有钢筋网覆盖，设沉淀池两个，接通城市排水管网。

10. 效 益 分 析

10.1 江苏省建设厅建设管理综合楼工程采用地下室结构梁兼作水平支撑梁的工法施工，取消了单独设计的支撑梁，且减少了最底层的一套钢支撑，节约了混凝土 95.14m³、钢筋 11.619t、钢支撑 65.345t，按照《江苏省建筑与装饰工程计价表》的规定，累计降低工程造价近 60 万元；扣除为提前拆模所提高混凝土强度等级的费用及设计构造要求增加的混凝土和钢材费用后，本工程共降低工程造价 56 万余元，并节约了总体工期。

10.2 采取本施工工法施工，不仅取得了一定的经济效益，更重要的是解决了地下室在二期施工中支撑梁一端无支座即无对应支撑点的施工难题。我公司通过对这一新技术的应用，大大提高了企业的社会信誉和知名度，同时也为企业积累和丰富了宝贵的施工经验。

11. 应 用 实 例

11.1 江苏省建设厅建设管理综合楼工程

该工程南立面紧沿南京草场门大街，北立面紧靠江苏省农林厅大厦，西立面紧临原有商业大楼及居民住宅区，施工现场十分狭窄。该工程地上 33 层，地下 2 层，框筒结构，建筑面积 42788m²，工程于 2005 年 5 月 28 日开工。

本工法在二期地下室工程中实施，地下室底板厚 0.6m，承台深 2.4m。混凝土强度等级分别为：底板 C40、外墙及外柱为 C45/P10、内墙内墙柱 C40、柱 C50、梁板 C40。

本工程因现场狭窄及分期拆迁问题，故地下工程分二期施工，(C) 轴线以北为前期工程，(C) 轴线以南两跨为二期工程（紧沿大街）。工程采用主体结构与支护体系相结合的结构形式，即采用地下室结构梁兼深基坑支护内支撑逆作施工工法克服了因水平支撑梁一端无支座无对应支撑点的实际困难，成功地实践了这一工法，工程被评为优质结构。比预定工期提前了 15d 完成。

11.2 江苏徐州国土资源大厦工程

该工程由徐州国土资源局投资兴建，建筑面积 22760m²，钢筋混凝土框筒结构，地下 2 层，地上 22 层，于 2001 年 3 月 12 日开工至 2003 年 8 月 18 日竣工，工程各项经济技术指标均符合国家施工验收规范要求，荣获"扬子杯"奖。

该工程位于市中心，东立面紧沿西安路，南立面沿建国路，西、北立面紧临商场、居民区，需分期拆迁，施工现场十分狭窄。施工方案要求地下室外延停车场部分（共三跨）作为二期工程施工。

我公司采取"地下室结构梁兼深基坑支护内支撑逆作施工工法"施工，克服了施工现场狭小等种种困难，取得了圆满成功，受到了业主的赞扬，取得了良好的社会效益和经济效益。

因不需单独设计钢筋混凝土水平支撑梁，该工程共节约了混凝土 128.36m³、钢筋 26.74t 等，按照 1997 年《江苏省建筑工程综合预算定额》及其费用定额的规定，累计降低工程造价 16 万元，并提前工期 13d。

11.3 徐州朝阳大厦工程

该工程由徐州朝阳集团投资兴建。建筑面积 52600m²，钢筋混凝土框架结构，地下 2 层，地上 6 层，局部 1 层，于 2002 年 12 月 12 日开工至 2004 年 9 月 16 日竣工，工程完全符合国家施工验收规范要求标准。

该工程位于徐州火车站北首，东立面紧靠长途中巴汽车场站，西立面紧沿朝阳路大街，因分期拆迁，施工现场十分狭窄。故设计分成南、北二段施工，南段作为二期工程。

我公司在二期地下室工程中采取"地下室结构梁兼深基坑支护内支撑逆作施工工法"施工，经时间和实践证明是可靠可行的。现该工程被评为优质结构，获江苏省"扬子杯"奖，取得了良好的社会效益和经济效益。

经核算，该工程共节约了混凝土 339.2m³、钢筋 85.55t，按照 2001 年《江苏省建筑工程综合预算定额》及其费用定额的规定，累计降低工程造价近 38 万元，并提前工期 9d。

基坑内塔吊基础逆作法施工工法

YJGF286—2006

浙江省长城建设集团股份有限公司　中达建设集团股份有限公司　浙江中成建工集团有限公司

李元武　韩葆和　庞堂喜　刘有才　张荣灿

1. 前　言

1.1　随着国民经济的高速发展，建筑规模的不断扩大，超大、超深地下室越来越多。塔式起重机作为工程施工的大型设备，工程要求需安装在地下室范围内而且必须在基坑开挖前安装完毕是施工企业经常面对的难题。经过多项工程的实践总结，采用基坑内塔吊基础逆作法施工塔吊，其施工方法已基本成熟，并在所应用的工程中获得了较好的经济和社会效益。

1.2　基坑内塔吊基础逆作法施工工法 2001～2006 年分别应用于杭州市商业银行商业办公用房工程、杭州福雷德广场 B 标段工程、方易城市花园工程、杭州市市民中心地下室工程、茂名公寓工程等十多项工程。

2. 工 法 特 点

2.1　本工法是采用钢格构柱和钻孔灌注桩相结合并在土方开挖前施工完毕，在不挖土做混凝土承台基础的情况下直接安装塔吊，以后随着基坑土方的开挖，对塔吊基础下部的钢格构柱同步进行连接加固，挖至基坑底部塔吊基础位置后，再施工塔吊连接构造承台基础。

2.2　采用逆作法施工塔吊基础和安装塔吊，可以在深基坑未开挖前，先行安装塔吊并验收使用，有效提高塔吊的利用率，提高地下室施工场地材料的运输效率，节省人工，加快施工进度。

3. 适 用 范 围

本工法适用于：

3.1　塔吊需安装在地下室基坑内，但在基坑土方开挖前就需要安装塔吊使用的情况；

3.2　塔吊需安装在地下室基坑内，但塔吊承台基础先行开挖施工较困难或者基坑土方开挖后塔吊安装较困难的情况。

4. 工 艺 原 理

4.1　大型地下室或多层地下室施工时，由于基坑工程具有平面尺寸大、开挖深度深、垂直运输矛盾突出、施工场地狭小等特点，塔吊常需放置在基坑内，塔吊基础承台亦需置于地下室底板下部或利用结构底板，当遇到基坑开挖后塔吊安装场地限制或者基坑较深、边坡支护需加固或者地下室施工期间必须使用塔吊进行运输等情况，并且在基坑开挖前安装塔吊使用时，采用塔吊基础逆作法施工技术为最佳选择。

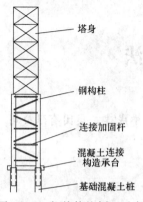

图 4.2-1 钢格构柱剖面示意图

4.2 塔吊基础逆作法方法是利用塔吊下的钢结构柱传递塔式起重机的各种荷载到桩基础，在开挖后通过对钢格构柱的加固来解决整体稳定性问题，使钢格构柱满足强度、刚度、整体稳定和局部稳定要求。钢格构柱剖面示意参见图 4.2-1，塔吊基础格构柱总体平面示意参见图 4.2-2，单根钢构柱平面示意参见图 4.2-3。

4.3 钻孔灌注桩成孔后，格构柱与桩钢筋笼焊接后放入，浇筑混凝土至地面，待混凝土强度达到设计要求，基坑土方开挖后，随土方开挖进度将钢格构柱凿出，按设计要求焊接内部水平剪刀撑和外部垂直剪刀撑，确保钢格构柱的整体稳定；最后在基坑底部浇筑钢筋混凝土构造承台。

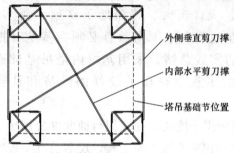

图 4.2-2 塔吊基础格构柱总体平面示意

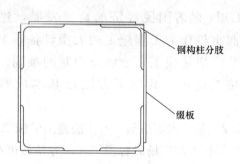

图 4.2-3 单根钢构柱平面示意

5. 施工工艺流程及操作要点

5.1 工艺流程

塔吊基础逆作法施工工法工艺流程：

选择塔吊型号、厂家→编制塔吊基础专项施工方案（包括塔吊基础桩、钢格构柱设计计算）→施工钻孔灌注桩，埋设钢格构柱→安装塔吊、验收→基坑土方分层开挖→凿桩混凝土，钢格构柱从上到下分节加固→施工塔吊混凝土构造承台

5.2 设计及施工要点

5.2.1 塔吊基础设计

1. 设计依据：《建筑结构荷载规范》GB 50009—2001、建筑桩基技术规范 JGJ 94—94、建筑地基基础设计规范 GB 50007—2002、混凝土结构设计规范 GB 50010—2002、钢结构设计规范 GB 50017—2003、《建筑施工安全检查标准》JGJ 59—99。

2. 塔吊基础设计前，认真研究建施、结施工程图纸，结合施工组织设计，准确选择塔吊合适位置；确保塔吊基础桩避开地下室梁、柱位置和基础承台位置，并控制好塔吊上部与建筑主体的水平距离，保证塔吊附墙体系的正确附着。

3. 设计要求：钢格构柱与塔吊基础埋件的连接、钢格构柱与其底部混凝土桩的连接均为焊接；钢格构柱的布置与塔身中心线成双轴对称，间距与塔身尺寸一致，保证垂直传力。钢格构柱基础计算模型如图 5.2.1-1 所示：

4. 钻孔灌注桩计算：

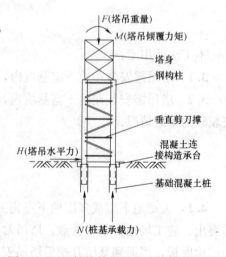

图 5.2.1-1 钢格构柱基础计算模型示意图

1) 桩基承载力计算：

塔机未采用附着装置前，该工况情况下基础所受的荷载最大，荷载值由塔吊生产厂家说明书提供，分为工作状态和非工作状态二种，选择非工作状态时的受力参数：水平力 H、弯矩 M、垂直力 F 进行验算。

单桩桩顶竖向力设计值 N_i 的计算：

$$N_i = \frac{F+G}{n} \pm \frac{M_x y_i}{\sum y_i^2} \pm \frac{M_y x_i}{\sum x_i^2} \tag{5.2.1-1}$$

式中　N_i——偏心竖向力作用下第 i 复合基桩或基桩的竖向力设计值；

　　　n——桩基中的单桩个数，$n=4$；

　　　F——作用于桩基承台顶面的竖向力设计值；

　　　G——桩基承台自重设计值（自重荷载分项系数当其效应对结构不利时取 1.2，有利时取 1.0）；

M_x，M_y——作用于承台底面通过桩群形心的 x、y 轴的弯矩设计值；

x_i，y_i——第 i 复合基桩或基桩至 x、y 轴的距离。

单桩竖向承载力特征值 R 计算：

$$R = \eta_s Q_{sk}/\gamma_s + \eta_p Q_{pk}/\gamma_p \tag{5.2.1-2}$$

式中　Q_{sk}——单桩总极限侧阻力：

$$Q_{sk} = u \sum q_{sik} l_i \tag{5.2.1-3}$$

　　　Q_{pk}——单桩总极限端阻力：

$$Q_{pk} = q_{pk} A_p \tag{5.2.1-4}$$

η_s，η_p——分别为桩侧阻群桩效应系数，桩端阻群桩效应系数（按《建筑桩基技术规范》JGJ 94—94 第 5.2.3 条确定）；

γ_s，γ_p——分别为桩侧阻抗力分项系数，桩端阻抗力分项系数（按《建筑桩基技术规范》JGJ 94—94 表 5.2.2 采用）；

　　　q_{sik}——桩侧第 i 层土的极限侧阻力标准值，按工程地质资料取值；

　　　q_{pk}——极限端阻力标准值，按工程地质资料取值；

　　　u——桩身的周长；

　　　l_i——桩穿越第 i 层土的厚度，按工程地质资料取值；

　　　A_p——桩端面积。

单桩竖向承载力特征值 R 大于桩顶竖向力设计值 N_i，则承载力满足要求，否则需增加桩长度或桩直径。

2) 桩身强度及配筋计算：

按照上述计算的桩顶竖向力设计值 N_i，取其中的最大值作为桩顶轴向压力设计值 N，按下列公式进行复核：

$$\gamma_0 N \leqslant f_c A \tag{5.2.1-5}$$

式中　γ_0——建筑桩基重要性系数，取 1.0；

　　　f_c——混凝土轴心抗压强度设计值；

　　　A——桩身截面面积。

如果不满足上面的公式，则调整桩身截面面积或者提高混凝土强度等级。

桩筋按最小配筋率构造配筋。

3) 桩身抗拔计算：

上述计算的桩顶竖向力设计值 N_i 若为负值，则须计算基桩的抗拔承载力，该负值作为桩的抗拔设计值 N，按下列公式进行复核：

$$\gamma_0 N \leqslant U_k/\gamma_s \tag{5.2.1-6}$$

式中　U_k——桩基的抗拔极限承载力标准值：

$$U_k = \sum \lambda_i q_{sik} \mu_i l_i \tag{5.2.1-7}$$

γ_0——建筑桩基重要性系数，取 1.0；

γ_s——桩侧阻抗力分项系数（按《建筑桩基技术规范》JGJ 94—94 表 5.2.2 采用）；

λ_i——抗拔系数，砂土取 0.50～0.70，黏性土、粉土取 0.70～0.80；

q_{sik}——桩侧表面第 i 层土的抗压极限侧阻力标准值，按工程地质资料取值；

μ_i——破坏表面周长；

l_i——第 i 层土层的厚度，取值按工程地质资料。

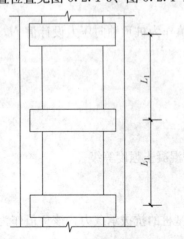

图 5.2.1-2 钢格构柱截面图

5. 格构柱计算

格构柱截面采用四肢组合形式，截面尺寸宜为 450mm×450mm，分肢采用角钢，以缀板将其连成整体，缀板按等距离垂直于构件轴线横放。钢格构柱截面参见图 5.2.1-2。

钢格构柱截面和构件选择后，须对钢格构柱进行整体稳定性和分肢稳定性的验算。

1）整体稳定性验算：

根据钢结构规范，整体稳定性按下式计算：

$$\frac{N}{\phi A} \leqslant [f] \tag{5.2.1-8}$$

式中 N——轴心压力的计算值（kN）；

A——格构柱横截面的毛截面面积；

ϕ——轴心受压构件弯矩作用平面内的稳定系数，根据换算长细比 λ_{0x}、λ_{0y}，查《钢结构设计规范》得到 ϕ_x、ϕ_y。

$$\lambda_{0x} = \sqrt{\lambda_x^2 + \lambda_1^2} \qquad \lambda_{0y} = \sqrt{\lambda_y^2 + \lambda_1^2} \tag{5.2.1-9}$$

式中 λ_x——整个构件对 x 轴的长细比；

λ_y——整个构件对 y 轴的长细比；

λ_1——分肢对最小刚度轴 1∶1 的长细比，其计算长度取为相邻两缀板的净距离。

2）分肢稳定性验算：

缀件采用缀板，λ_1 不大于 40，并不大于 λ_{max} 的 0.5 倍（当 $\lambda_{max} < 50$ 时，取 $\lambda_{max} = 50$）。

3）缀板计算

缀板设置位置见图 5.2.1-3、图 5.2.1-4。

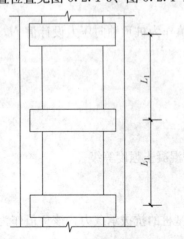

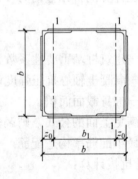

图 5.2.1-3 钢格构柱剖面示意   图 5.2.1-4 钢格构柱平面示意

按照规范规定，在同一截面处缀板的线刚度（缀板截面惯性矩和 b_1 之比值）之和不得小于分肢线刚度（分肢截面惯性矩和 L_1 之比值）的 6 倍。

取缀板宽度 $\geqslant 2b_1/3$，厚度 $\geqslant b_1/40$，可满足上述要求。

4）缀板与分肢连接的焊缝计算：

缀板与分肢连接处的内力为：

剪力：
$$V_j = VL_1/(2b_1) \tag{5.2.1-10}$$

弯矩：
$$M_j = VL_1/4 \tag{5.2.1-11}$$

式中

$$V = \frac{Af}{85}\sqrt{\frac{f_y}{235}} \tag{5.2.1-12}$$

L_1——相邻两缀板轴线间的距离；

b_1——分肢轴线间的距离；

A——格构柱横截面的毛截面面积；

f——钢材的抗弯强度设计值；

f_y——钢材的屈服强度。

缀板与分肢连接采用角焊缝，三面围焊，计算时偏安全地仅考虑竖直焊缝，焊缝计算公式为：

$$\sqrt{\left(\frac{\sigma_f}{\beta_f}\right)^2 + \tau_f^2} \leqslant f_f^w \tag{5.2.1-13}$$

式中　σ_f——按焊缝有效截面（$h_e L_w$）计算，垂直于焊缝长度方向的应力，

$$\sigma_f = M_j/W_f = M_j/(h_e L_w w^2/6) \tag{5.2.1-14}$$

τ_f——按焊缝有效截面计算，沿焊缝长度方向的剪应力，

$$\tau_f = V_j/A_f = V_j/(L_{ww} h_e) \tag{5.2.1-15}$$

h_e——角焊缝的计算厚度，对直角角焊缝等于$0.7h_f$，h_f为焊脚尺寸；

L_w——角焊缝的计算长度，对每条焊缝取其实际长度减去$2h_f$；

β_f——正面角焊缝强度设计值增大系数，对直接承受动力荷载的结构取1.0；

f_f^w——角焊缝强度设计值。

5）钢格构柱与塔身基础节连接的转换承重钢板验算：

钢格构柱与塔身基础节连接通过在转换承重钢板上根据基础节固定螺栓的位置钻孔，用塔吊厂家提供的基础螺栓固定塔吊基础节。计算模型参见图5.2.1-5。

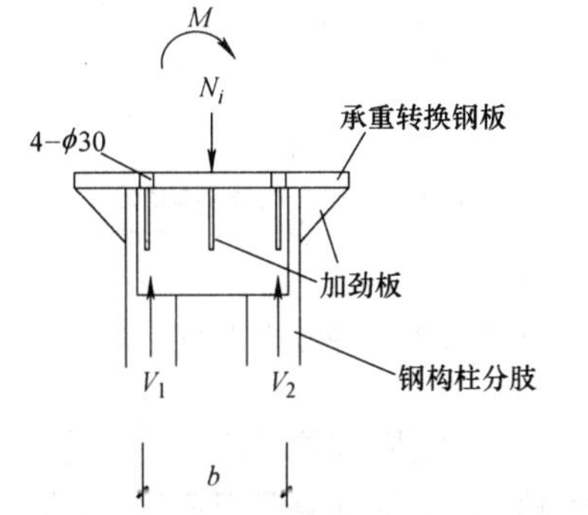

承重转换钢板的抗弯强度按下述公式复核验算：

$$M_x/(\gamma_x W_{nx}) + M_y/(\gamma_y W_{ny}) \leqslant f \tag{5.2.1-16}$$

式中　M_x、M_y——同一截面处绕x轴和y轴的弯距；

γ_x、γ_y——截面塑性发展系数，取1.05；

W_{nx}、W_{ny}——对x轴和y轴的净截面模量；

f——钢材的抗弯强度设计值。

抗剪强度按下述公式复核验算：

$$V_{max}S/(It_w) \leqslant f_v \tag{5.2.1-17}$$

式中　V_{max}——承重转换钢板截面沿腹板平面作用的最大剪力；

S——计算剪应力处以上毛截面对中和轴的面积矩；

I——毛截面惯性矩；

t_w——腹板厚度；

f_v——钢材的抗剪强度设计值。

图5.2.1-5　承重转换钢板计算模型图

6）转换承重钢板与分肢连接的焊缝计算：

转换承重钢板采用4根M30螺栓与格构柱的分肢焊接固定，按下述焊缝计算方法复核。格构柱分肢与三角加劲板、格构柱分肢与转换承重钢板、转换承重钢板与三角加劲板之间均满焊作为安全储备。

其焊缝计算方法为：

$$\sqrt{\left(\frac{\sigma_f}{\beta_f}\right)^2+\tau_f^2}\leqslant f_f^w \qquad (5.2.1\text{-}18)$$

式中　σ_f——按焊缝有效截面（$h_e L_w$）计算，垂直于焊缝长度方向的应力；

$$\sigma_f=M/W_f=M/(h_e L_w^2/6) \qquad (5.2.1\text{-}19)$$

τ_f——按焊缝有效截面计算，沿焊缝长度方向的剪应力；

$$\tau_f=V/A_f=V/(h_e L_w) \qquad (5.2.1\text{-}20)$$

h_e——角焊缝的计算厚度，对直角角焊缝等于 $0.7h_f$，h_f 为焊脚尺寸；

L_w——角焊缝的计算长度，对每条焊缝取其实际长度减去 $2h_f$；

β_f——正面角焊缝强度设计值增大系数，对直接承受动力荷载的结构取 1.0；

f_f^w——角焊缝强度设计值。

6. 构造要求：

1）塔吊基础桩采用 4 根 $\phi800\sim\phi1000$ 钻孔灌注桩，桩间距同塔身平面尺寸，桩身混凝土强度等级 $\geqslant$C25，桩配筋根数不少于 12 根，桩钢筋笼配制长度须达到桩有效长度的 2/3 以上。

2）钢格构柱截面尺寸一般取 $450\times450mm^2$，材料为 Q235，主肢采用 L12510，缀板截面尺寸 $200\times390mm^2$，厚 10mm，间距 450mm，缀板不宜采用厚度小于 5mm 的钢板。

3）钢格构柱直接埋设在混凝土桩内，与桩钢筋笼 8 根主筋帮条电焊焊接，钢筋笼与格构柱电焊搭接长度不小于 3m；搭接处桩钢筋笼增设增强箍筋，每 1m 增加 $\phi16$ 钢筋箍一道 $\phi8$ 螺旋箍@150 均布。钢格构柱钢筋笼剖面参见图 5.2.1-6。

4）随着挖土施工过程，对四根钢格构柱进行加固，在钢格构柱外侧每隔 2m 设置一道垂直剪刀撑和内部水平剪刀撑，杆件采用 L100×10，水平四周跟通，交叉加固杆"之"字形布置，与格构柱的连接采用电焊连接。钢格构柱加固撑杆平面示意参见图 5.2.1-7。

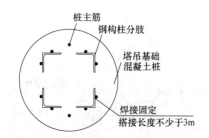

图 5.2.1-6　钢格构柱钢筋笼剖面图

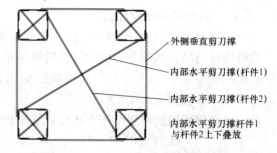

图 5.2.1-7　钢格构柱加固撑杆平面示意

5）钢格构柱与塔身基础节连接的转换承重钢板 40 厚，Q235 钢，截面尺寸 600mm×600mm；锚固螺栓 M30 与角钢电焊连接，连接焊缝为双面焊，长度 $\geqslant$250mm，焊缝高度 10mm。钢格构柱与塔机连接构造参见图 5.2.1-8。

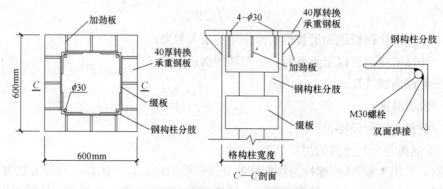

图 5.2.1-8　钢格构柱与塔机连接构造图

6）挖土完成后，为加强四根塔吊基础桩的整体稳定，在地下室底板下增加构造承台，厚度≥0.4m，配双层双向 φ16@150 钢筋网片，混凝土强度等级≥C35，混凝土承台与底板间设置加气混凝土砌块或粗砂隔离层，厚度≥0.2m。若利用结构底板，需经结构设计单位的认可，并作好钢格构柱穿底板的止水处理。钢格构柱底部承台构造参见图 5.2.1-9。

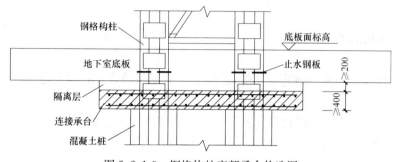

图 5.2.1-9　钢格构柱底部承台构造图

5.2.2　塔吊基础施工及安装塔吊

1. 在塔吊基础方案完成并审批后，放线定位埋设护筒，桩机钻孔、成孔并清孔，安放钢筋笼和钢格构柱，钢格构柱与柱主筋焊接，焊接长度不小于 3m，浇筑桩混凝土，混凝土浇至自然地面平。

2. 待桩混凝土强度达到设计要求后，制作安装钢格构柱转换承重钢板，转换承重钢板与塔吊基础节配套；转换承重钢板板厚 40mm，与钢格构柱采用 M30 螺栓连接。

3. 钢格构柱顶面用水准仪找平，气割割平，在每根主肢角钢上焊接 1 根 M30 螺栓，电焊焊接长度 250mm，四根钢格构柱共计 16 颗 M30 螺栓，焊接完成后，安放 40 厚转换承重钢板，每块板用 4 颗 M30 螺栓，双螺母紧固，然后用水准仪测量转换承重钢板水平度，确保水平度控制在规范要求的 $L/1000$ 以内；最后将转换承重钢板与钢格柱角钢电焊焊接，并增设三角板作加劲板，转换承重钢板、钢格柱角钢与缀板、加劲板之间均双面满焊。

4. 将塔吊基础节吊置力转换承重面板上，划线找孔，采用电磁吸力台钻打孔，固定塔吊基础节，用水准仪测量基础节安装水平度，确定达到塔吊安装要求后，即可安装塔吊。

5. 安装塔吊：先安装三节标准节，将两节标准节与顶升套架总成合成一个整体，将该整体吊入底盘上，对准连接孔，用特制螺栓与基础节连接好、拧紧；再将回转总成吊入顶升套架上，拧紧螺母及防松螺母；然后将塔帽吊到回转总成上部的回转塔身上，用特制的销轴将塔帽与回转总成上部的过渡节连接，并穿好开口销；将驾驶室吊到回转上支承右侧的挑当梁上，对准耳扳用螺栓联接，并在驾驶室上部拉 2 根斜杆用螺栓连接；最后安装平衡臂、起重臂、平衡重块、起重吊购。塔机安装完毕，检查塔身垂直度，试机，开动各个传动机构，检查钢丝绳是否处于正常工作状态。

6. 安装塔吊前需确定塔吊最有利的安装拆卸方位，便于后期拆卸，提高施工安全性。塔吊安装完毕，经集团公司、政府有关监督部门验收后方可挂牌使用。

7. 地下室开挖后，随着挖土深度对地下的钢格构柱进行分层加固，每下挖 2m，凿除桩身混凝土，对四根钢格构柱进行水平撑、斜撑的电焊连接，水平撑、斜撑采用 L100×100×10 角钢，连接板厚不小于 10mm。

8. 当土方开挖至底板底标高下 600mm 时，施工钢筋混凝土构造承台，固定 4 根混凝土桩，混凝土强度等级≥C35。

9. 塔机防雷接地采用专用的接地线，接地电阻不大于 4Ω，塔吊接地线与钢格构柱用 φ12 圆钢焊接，并通过钢格构柱同塔吊桩基钢筋的焊接形成一个接地网，确保塔吊防雷安全。

5.2.3　塔身与混凝土结构防水处理办法

因塔吊基础钢格构柱穿过地下室底板和顶板。因此在钢格构柱穿地下室底板和顶板处用 4mm 厚钢板作为止水片，焊接在钢格构柱身上，位置在底板、顶板的中间，焊接必须牢固、密封、位置正确

（底板和顶板的 1/2 处），混凝土浇捣密实。

6. 材料与设备

6.1 材料

6.1.1 塔吊：采用的塔吊有合格证、生产厂家的生产制造许可证、安全认证、营业执照、资质证书等资料。

6.1.2 钢材：角钢、钢板、钢筋等采用 Q235 钢，其质量符合现行国家标准《碳素结构钢》GB/T 700 的规定。

6.1.3 混凝土：混凝土强度满足设计要求，其质量符合《混凝土结构工程施工质量验收规范》GB 50204—2002)、《预拌混凝土》GB 14902—2004、《普通混凝土配合比设计规程》JGJ 55—2000) 的规定。

6.2 机具设备和劳动力

6.2.1 机具设备

1. 施工机具设备：钻孔灌注桩机、火焰切割机、多头直条气割机、冲剪机、剪板机、门型焊机、交流电焊机、扭矩扳手、12T 及 25T 汽车式起重机、混凝土搅拌机、商品混凝土运输车、吊斗、插入式振动棒、交流电焊机、调直机、弯曲机、平刨机等。

2. 检测仪器：扭力扳手、水准仪、经纬仪、钢卷尺、坍落度筒、混凝土试模等。

6.2.2 劳动力

所需操作人员主要有：钢结构加工及安装工、焊工、塔吊安装工、混凝土工、钢筋工、电工、机操工、普工。按照施工程序进行分工合作操作，其中钢结构加工及安装工、焊工、电工、机操工等特殊工种必须持证上岗。

7. 质量控制

7.1 质量控制标准

7.1.1 本工法必须符合《建筑桩基技术规范》JGJ 94—94、《钢结构设计规范》GB 50017—2003、《钢结构结构施工质量验收规范》GB 50205—2001、《混凝土结构工程施工质量验收规范》GB 50204—2002 有关规定；必须符合《企业技术标准》有关规定。

7.2 施工操作中的质量控制

7.2.1 严格控制钢格构柱的钢材质量及加工质量，钢材的品种、规格、性能等应符合现行国家产品标准和设计要求，采用的原材料及成品实行进场验收制度，各工序按施工规范、标准进行质量控制，每道工序完成后，进行检查，相关各专业工种之间，进行交接检验。

7.2.2 钢格构柱加工采用电焊成型，焊接材料的品种、规格、性能等均须符合现行国家产品标准和设计要求，钢材切割面、剪切面无裂纹、夹渣、分层和大于 1mm 的缺棱，钢格构柱成品构件连接处的截面几何尺寸允许偏差±3.0mm。

7.2.3 塔吊基础桩在吊放钢筋笼、钢格构柱时，注意控制钢格构柱的水平度、垂直度及平面位置，确保上部钢格构柱的中心距和边距位置准确，符合设计要求，垂直度偏差控制在 $L/1000$ 以内，且不大于 10mm，钢格构柱顶标高偏差控制在±3mm 以内。

7.2.4 钢筋笼与钢格构柱电焊搭接长度不小于 3m，搭接位置须确保 8 根主筋与钢格构柱连接，增强箍筋不得少于 6 只。

7.2.5 转换承重钢板打孔加工时，须用标准节实物试大，确保孔位准确，孔壁表面粗糙度不应大于 $25\mu m$，其允许偏差应符合表 7.2.5 规定。

转换承重钢板孔位允许偏差   表 7.2.5

项　　目	允许偏差	项　　目	允许偏差
直　　径	+1.0	垂直度	0.03t，且不应大于 2.0
圆　　度	2.0		

7.2.6 安装转换承重钢板时，钢格构柱柱顶确保水平，转换承重钢板安装允许偏差应符合表 7.2.6 的规定。

转换承重钢板安装允许偏差   表 7.2.6

项　　目	允许偏差	项　　目	允许偏差
转换承重钢板标高	±3.0	预留孔中心偏移	10.0
转换承重钢板水平度	L/1000		

7.2.7 开挖土方时，在塔吊基础部位，须分层开挖，钢柱之间的外部垂直剪刀撑、内部水平剪刀撑须跟随挖土进度每两米加固一次。

7.2.8 土方挖至基底标高后，立即做好塔吊基础底部混凝土构造承台，加强四根塔吊基础桩的整体稳定性。

7.2.9 对已完成安装的塔吊，在使用过程中，对钢格构柱焊接点，采用角向磨光机打磨平焊缝，用水砂皮打磨平光后，用 15 倍放大镜观察焊缝有无裂缝产生。

8. 安　全　措　施

8.1 在钢格构柱、塔吊基础桩施工和塔吊安装前，必须向各操作人员进行详细安全、技术交底，施工人员分工明确，任务明确，责任明确及工作位置明确。

8.2 作业人员必须经过上岗培训，持证上岗，进入现场必须戴安全帽，穿防滑鞋，高空作业必须系安全带。

8.3 对所有的施工机械，机具索具工作齐备到位，检查合格。

8.4 在塔身能够附着锚固时及时附着锚固，以减小塔吊倾覆力矩对底板结构的影响。

8.5 塔吊安拆由专业队伍负责施工，并编制相应的搭拆专项方案报分公司审批，在安拆塔吊前应提前通知分公司，并递交相关资料，由集团公司审察并签发安拆令后方可安装塔吊。

8.6 安装结束后，安装单位按照安全技术规范及说明书的有关要求进行检验和调试，自验达到安全使用标准后报集团公司及当地有关技术监督部门验收，验收合格后由安装、使用和租赁单位技术负责人签字，悬挂验收合格牌后方可使用。

8.7 桩钢筋笼和钢格构柱吊装和塔吊安装时，作业区派人警界，提醒行人注意空中落伤人。

8.8 塔吊安装时，对所有的起重工具如索具、夹具等进行全面检查并计算、验算后方可使用。

8.9 塔吊安装后必须经主管部门检查验收合格后，挂牌方可使用，塔吊司机须持有效操作证上岗，严格执行"十个不准吊"。

8.10 在使用中要经常观察、检查钢格构柱各连接部位的情况，发现问题立即暂停塔吊作业，并进行分析加固。

8.11 塔吊电箱必须上锁，专人保管，工作完毕切断电源、上锁。

8.12 经常对塔吊进行保养维修，特别是对五限位（超高、变幅、超重、力矩、升空室）上保险；吊钩、钢丝绳、滚筒要经常检查并准备配件，防止塔身标准节连接螺栓因多次重复使用而产生螺帽拧紧后松动、拧不紧等现象，导致连接螺栓疲老直至损坏塔身标准节等隐患。

9. 环　保　措　施

9.1 施工前必须组织作业人员认真学习环境保护法，执行当地环保部门的有关规定。

9.2 合理调节作息时间，尽量减少在夜间施工时间，不影响现场周围居民的正常休息。

9.3 土方开挖等工艺上要求连续作业、确需在夜间进行噪声大的作业须持有环境保护部门发放的《夜间作业许可证》。

9.4 严格控制人为噪声，进入施工现场不得高声喊叫，并尽量选用低噪声设备和工艺代替高噪声设备与工艺。

9.5 塔吊基础桩、构造承台混凝土尽量采用商品混凝土，避免现场混凝土搅拌对工地及周围环境的影响。

9.6 泥浆和土方运输车辆的车厢应确保牢固、密闭化，严禁在装运过程中沿途抛、撒、滴、漏；工地出入口设置通畅的排水设施，并派专人冲洗出场运输车辆轮胎，保持出入口通道的整洁。

9.7 建立健全工地保洁制度，设置清扫、洒水设备和各种防护设施；土堆、料堆要有遮盖或喷洒覆盖剂，防止和减少工地内尘土飞扬。

9.8 对进出场道路，不乱挖乱弃，旱季注重场内道路的洒水养护工作，降低粉尘对环境的污染。

10. 效 益 分 析

逆作法施工塔吊基础和安装塔吊，主要针对江浙地区地下水位高、土质情况差、深基坑开挖范围大、拼装塔吊所需汽车吊的吨位大等状况，经过 10 多个工程实践，取得了良好的社会效益和经济效益。

10.1 逆作法施工塔吊基础比传统施工塔吊基础有较多的优点，避免了塔吊基础承台需先开挖的施工环节和围护费用，加快了施工进度，解决了塔吊设置在基坑内，但基坑开挖后塔吊安装场地不足或者基坑较深、边坡支护需加固等情况下塔吊难于安装的问题。

10.2 深基坑未开挖前安装塔吊，作业场地宽畅，塔吊安装方便，并可节省基坑开挖后必须采用大吨位汽车吊的作业费用。

10.3 塔吊在土方开挖前安装使用，即可配合基坑土方作业施工，又对基坑围护、支撑梁及地下室等施工材料提供快速运输，有效提高塔吊的利用率，节省人工，施工效率高，是解决大型地下室施工进度的重要保证。

11. 应 用 实 例

基坑内塔吊基础逆作法施工工法 2001～2006 年分别应用于杭州市商业银行商业办公用房工程、杭州福雷德广场 B 标段工程、方易城市花园工程、杭州市市民中心地下室工程、杭州吴山商城工程等十多项工程。

11.1 杭州市商业银行商业办公用房工程

11.1.1 杭州市商业银行商业办公用房工程位于杭州庆春路，地下室三层，开挖深度 13.9m，地上 33 层，建筑总高度 129m，塔吊为浙江建筑机械厂生产的 QTZ63 型塔吊，塔吊安装高度 140m。塔吊设置于主楼正南面、地下室中部最深基坑处，地下室开挖后，根本无场地进行塔吊安装作业，因此须在地下室开挖前安装塔吊，施工中采用了塔吊基础逆作法施工技术。工程场布图参见图 11.1.1。

11.1.2 基础桩采用 $\phi800$ 钻孔灌注桩，桩的设计深度为 47.3m。进入 1～2 层土层（圆砾层），桩有效长度 35.8m，配 12 根 $\phi20$ 主筋，螺旋箍筋 $\phi6@200$。

11.1.3 钢格构柱长度 17m。钢格构柱截面尺寸 450mm×450mm，分肢采用 4 根 L125×125×10 角钢，缀板采用 250×380×10 钢板，角钢与缀板电焊焊制成格构式钢柱。

11.1.4 格构柱与桩搭接长度 3m，搭接处桩钢筋笼增设增强箍筋。每 1m 增加 $\phi16$ 钢筋箍一道，$\phi8$ 螺旋箍@150 均布；桩与格构柱搭接位置设在地下室底板下 600mm 处，格构柱与桩钢筋笼电焊连

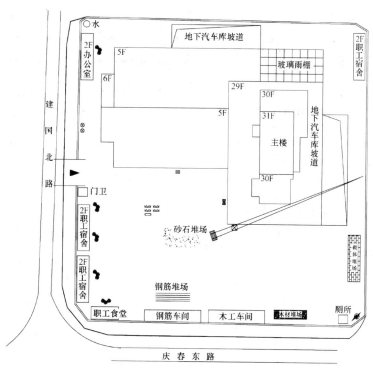

图 11.1.1　杭州市商业银行商业办公用房工程场布图

接，钢筋笼 8 根主筋与格构柱有 3m 的电焊搭接长度。

11.1.5　钢格构柱顶部力转换承重钢板板厚 40mm，面积为 600mm×600mm，在每根分肢角钢上焊接 1 根 M30 螺栓与力转换承重钢板连接固定，M30 螺栓电焊焊接长度 250mm，四根钢格构柱 16 颗 M30 螺栓焊接完成后，安放 600×600×400 力转换承重钢板，每板 4 颗 M30 螺栓，双螺母紧固，用水准仪测量力转换承重钢板水平度，控制水平度在 1/1000 以内。

11.1.6　塔吊安装完成后开始土工作业，随着挖土深度的进度，每下挖 1.8m，对钢格构柱进行水平撑，斜撑的电焊连接，水平撑、斜撑采用∟100×10 角钢，加固直至基坑底部。

11.1.7　土工作业挖至底板底标高下 600mm 时，制作 3500×3500×500 钢筋混凝土构造承台基础，固定 4 根桩。

11.1.8　在塔吊使用过程中，经现场沉降观测，塔吊总体沉降仅 2mm，且在钢格构柱焊接点位置，用 15 倍放大镜观察焊缝无裂缝产生。

11.2　杭州福雷德广场 B 标段工程

11.2.1　杭州福雷德广场 B 标段工程位于杭州下沙高校园区，总建筑面积 93779.9m²，由 4 层购物广场和 29 层酒店式公寓组成，建筑高度 96.6m，地下室 1 层，开挖深度 7.9m。工程场布图参见图 11.2.1。

11.2.2　本工程占地面积大，在主楼设置 1 台浙江省建设机械有限公司的 QTZ60 型塔吊为 1 号塔吊，搭设高度约 110m，在群楼部位分别设置 3 台浙江省建设机械有限公司的 QTZ60 型塔吊（分别为 2 号塔吊、3 号塔吊和 4 号塔吊），搭设高度为 35m。根据工程实际情况，1 号、2 号和 4 号塔吊采用基坑内塔吊基础逆作法施工，塔吊在基础土方开挖前先行安装使用，随着基坑开挖，对钢构进行水平支撑，斜撑的焊接加固。

11.2.3　1 号、2 号和 4 号塔吊基础桩采用 4 根 φ800 钻孔灌注桩，1 号塔吊有效桩长为 30.7m，桩端进入⑥3 含砾中砂层 2m，2 号塔吊有效桩长为 31.5m，桩端进入⑥3 含砾中砂层 2m，4 号塔吊有效桩长为 31.16m，桩端进入⑥3 含砾中砂层 2.5m，各塔吊基础桩心距 1.6m，混凝土强度 C25，配 10 根 φ20 主筋，螺旋箍筋 φ8@200，加强箍 φ12@2000，钢筋笼长度为桩长的 2/3 以上。

11.2.4　钢格构柱长度 6.3m，钢格构柱截面尺寸 450mm×450mm，分肢采用 4 根∟100×100×10

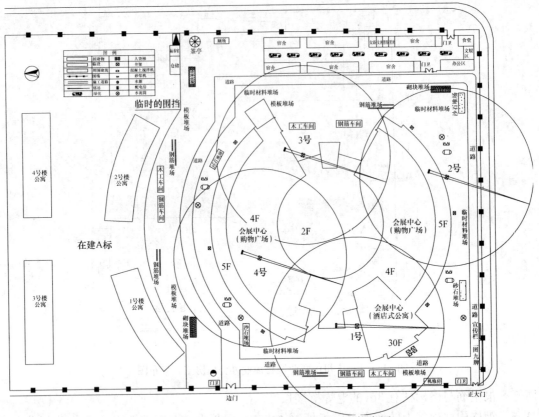

图 11.2.1　杭州福雷德广场 B 标段工程场布图

角钢，缀板采用 $200 \times 390 \times 10$ 钢板，角钢与缀板电焊焊制成格构式钢柱。

11.2.5　钢格构柱与桩钢筋笼电焊焊接，钢筋笼 8 根主筋与钢格构柱电焊搭接长度 3m，钢格构柱伸出自然地坪与塔机连接，钢筋混凝土构造承台混凝土采用 C35，尺寸 $4000\text{mm} \times 4000\text{mm} \times 500\text{mm}$。

11.2.6　钢格构柱顶部力转换承重钢板板厚 40mm，截面尺寸 $600\text{mm} \times 600\text{mm}$，在每根分肢角钢上焊接 1 根 M30 螺栓与力转换承重钢板连接固定，M30 螺栓电焊焊接长度 250mm，四根钢格构柱 16 颗 M30 螺栓焊接完成后，安放 $600 \times 600 \times 400$ 力转换承重钢板，每板 4 颗 M30 螺栓，双螺母紧固，用水准仪测量力转换承重钢板水平度，控制水平度在 1/1000 以内。

11.2.7　在土方开挖前，1 号、2 号和 4 号塔吊即安装完成，之后随着基坑挖土进度，每下挖 2m，对钢格构柱进行一次加固，加固水平撑，斜撑采用 $L100 \times 10$ 角钢，直至基底。在塔吊使用过程中，经现场沉降观测，塔吊总体沉降仅 3mm，在钢格构柱焊接点位置，用 15 倍放大镜观察焊缝无裂缝产生。

11.3　方易城市花园工程

11.3.1　方易城市花园工程位于杭州炮台小区东侧，天目山路北侧地块，其中 F 座公寓楼地上 11 层加 1 层，沿街商铺地上 2 层，建筑面积 12122.40m^2，建筑高度 36.75m，G 座公寓楼地上 8 层加 1 层，沿街商铺地上 2 层，建筑面积 10631.10m^2，建筑高度 28.05m。工程场布图参见图 11.3.1。

11.3.2　根据工程实际情况，采用 1 台自升塔式起重机，高度约为 75m，为浙江建设机械有限公司生产的 QTZ60 型自升塔式起重机，位于 E 号楼北侧。

11.3.3　塔吊基础采用基坑内塔吊基础逆作法施工，塔吊在基础土方开挖前先行安装投入使用，基础桩为 $4\phi800$ 钻孔灌注桩，桩中心距 1600mm，桩身混凝土强度等级为 C25，桩顶标高 -6.650m，四肢角钢格构柱直接埋设在桩内，与桩搭接 3m，格构柱与桩钢筋笼电焊焊接，格构柱伸出自然地坪与塔机连接，桩顶承台混凝土采用 C35，尺寸 $4000 \times 4000 \times 400$。

11.3.4　通过工程实践，塔吊基础逆作法施工顺利，即提高了塔吊使用效率，又加快了工程进度。

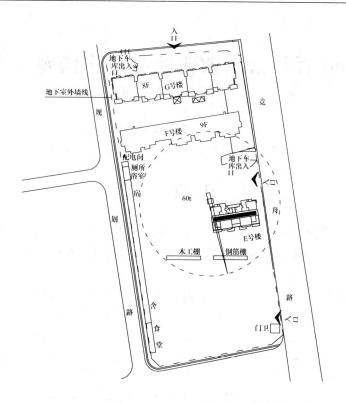

图 11.3.1　方易城市花园工程塔吊布置图

40m 直径雨水调蓄池半逆作法施工工法

YJGF287—2006

江苏江都建设工程有限公司

王健　赵顺定　杨金奎　仇育赋　童飞

1. 前　言

雨水调蓄池是从国外刚引进的环境保护新生事物，它的主要功能是收集马路初期雨水（因初期雨水中带有大量灰尘、油污垃圾等），临时储存后待天晴再调入雨污水截流总管，污水经过处理达标后再排放。

调蓄池大多坐落在闹市区和江河边，一般周边环境比较复杂，池顶盖覆土层 2～3m 厚，上部可以建造建筑物、构筑物或种植绿化。其工程结构形式为地下全埋式钢筋混凝土圆形水池结构，直径30～50m，水池深度 7～15m，池底板均呈锅底形，周边高中心低，并以一定的坡度坡向中心泵坑，水池底板埋深平均 10～20m，中心泵坑直径 4～8m，中心泵坑比池底深 2～3m，便于排除污水。池底工程桩采用钻孔灌注桩。

本公司采用半逆作法施工的上海市重大工程成都路调水池成为国内首个投入运行的雨水调蓄池，自运行以来取得较明显的环保效果。

2. 工法的特点

2.1　围护结构采用 SMW 工法桩，是逆作法施工的前提条件，该法施工速度快，止水效果好，费用低。

2.2　在基坑未开挖的情况下，先施工池体结构劲性混凝土柱中的钢格构柱，作为利用池体顶盖板代替水平内支撑的垂直支撑。

2.3　利用池体顶盖板结构，逆作法施工、代替基坑顶部的水平内支撑，节约了水平内支撑施工和拆除的费用。

2.4　逆作施工上段池壁、下段池壁和部分池底，进一步减少了围护桩的变形，确保池内中心土的安全开挖。

2.5　半逆作法施工确保了 SMW 工法围护墙变形位移小，即基坑支护结构最大变形位移≤15mm，并满足临近地铁和建筑物的保护要求。

3. 适用范围

3.1　全埋式地下钢筋混凝土池体结构，主体结构混凝土自防水。

3.2　邻近有河流或地下水丰富的软土地基。

3.3　一类深基坑，周边临近建筑物、构筑物、重要设施（如运行中的地铁等）和密集的各类地下管线及对沉降变形十分敏感的环境。

4. 工艺原理

调蓄池半逆作法施工是以 SMW 工法桩为基坑围护结构，利用了池顶盖环梁结构、灌注桩和钢格构柱作为基坑支撑系统,待池顶盖结构体系形成后,先半逆作法进行上段池壁施工,然后做钢结构中部支撑,最后进行底环梁支撑施工(下段池壁与部分池底板),确保基坑围护结构的稳定和安全。

5. 施工工艺流程及操作要点

5.1 施工工艺流程 (图5.1)

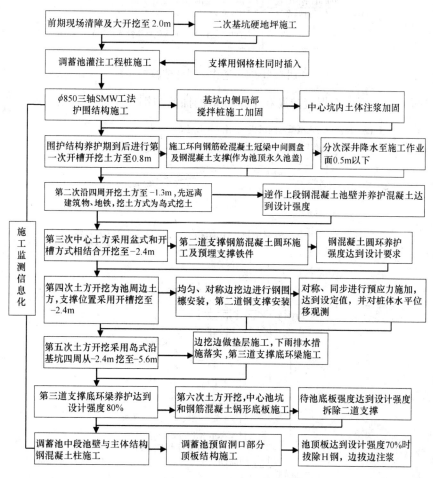

图5.1 施工工艺流程图

5.2 操作要点

5.2.1 池顶盖结构施工

1. 土方开挖至池顶盖结构底即支撑梁底,施工中采用砖砌挡墙和混凝土垫层地模。

2. 池盖结构仅先施工顶盖中心环形梁板与发射状支撑结构梁系以及部分池顶板作为施工作业用出土平台,其余池盖结构顶板作为预留施工洞口。

5.2.2 钢格构柱施工

钢格构柱定位均在池体结构承重柱位置上,下端在结构工程桩(灌注桩)施工时同时插入,上端固定在池盖结构梁内,且钢格柱不用拆除,全部浇入永久结构柱内替代部分钢筋。施工中要求钢格构柱定位准确、竖向垂直。

5.2.3 逆作上段池壁施工

1. 先沿基坑壁四周挖出3.5m宽环状地槽,在池壁底部原基坑土加碎石夯实,再浇混凝土基础并将基础受力钢筋与H型钢焊接,以防池壁结构变形下沉开裂,待基础拆除时割除H型钢上基础焊接钢筋,打磨平整光滑涂刷减摩剂,保证围护桩H型钢能顺利拔除。详见图5.2.3-1。

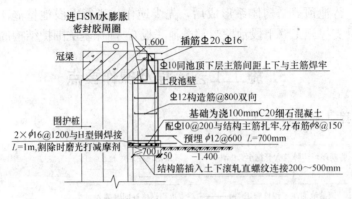

图 5.2.3-1　逆作上段池壁施工

2. 池壁的单面侧模利用下部焊接拉筋和上部预留的插筋与钢管相连接。见图 5.2.3-2。

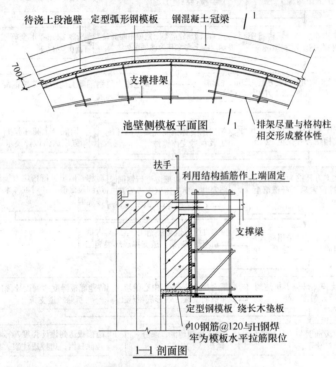

图 5.2.3-2　池壁的单侧面模图

5.2.4　钢结构围檩和钢管支撑施工

施工时将钢围檩和钢管支撑等分成偶数段，每段钢围檩内 2 根钢管支撑，再由对称的两段支撑（共 4 根支撑）形成一组，并利用围护结构 H 钢焊接三角形牛腿作为围檩搁置点，关键是以组为单元，挖好一组土方迅速完成一组支撑，同时对称施加轴向应力，做到对称、连续、快速施工。

5.2.5　底环梁施工

调蓄池底板呈锅底形，施工中保留中心土体不动，仅挖除基坑四周土方。调蓄池底锅口部 3.5m 宽底板和下段池壁一次性浇筑形成底环梁支撑。池壁单面模板支撑是利用钢结构围檩预埋的垂直支撑来固定的，防止模板变形位移。如图 5.2.5 所示。

5.2.6　土方开挖

1. 土方开挖应根据图 5.2.6 挖土流程图要求，分层分段确定土方开挖的方式方法，池顶采用一台加长臂挖机，基坑内采用 1 台挖机挖土，1 台挖机翻运传递。

2. 挖土流程：第一次采用开槽式开挖土方至支撑梁底→第二次沿基坑内四周采用岛式开挖土方至逆作池壁底→第三次基坑中心部分土方采用中心岛和盆式相结合开挖，便于中心支座施工→第四次土

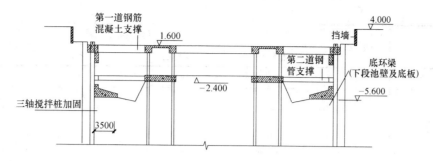

图 5.2.5　底环梁施工

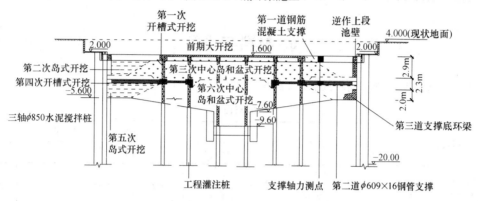

图 5.2.6　挖土方式及流程示意图

方开挖为池周边土体，采用开槽式挖土方式，按钢支撑施工工艺的要求，做到分段、对称开挖→第五次土方开挖再采用岛式沿基坑四周挖至池底板标高，要求分层、平衡、快速→第六次采用中心岛挖土和盆式方式挖除锅底中心和泵坑所有土方。

5.2.7　半逆作法施工缝的钢筋连接与防渗处理

竖向主筋连接采用了新型施工工艺 SA 级滚轧直螺纹连接器连接，达到等强度全截面使用。上段池壁逆作法施工产生的水平施工缝处理：施工中采用了喇叭口的进料方式，并要求施工缝口的混凝土浇筑面高出施工缝 200mm 以上，以保证施工缝混凝土接合面有一定的侧压力；同时采用了进口的 SM 遇水膨胀密封胶作为第一道止水防线，第二道防水措施是在池壁中部预埋注浆管，待混凝土达到一定强度后，先凿除凸出的混凝土喇叭口，冉米用高强度浆液进行注浆施工，从而使新旧混凝土之间施工缝由于收缩等原因产生的缝隙内得到填充，做到了无渗漏现象。见图 5.2.7。

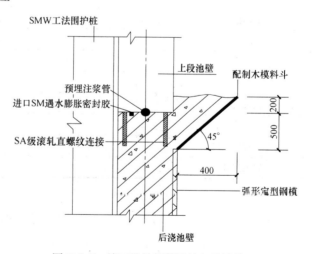

图 5.2.7　施工缝的钢筋连接与防渗处理

5.3　劳动组织

劳动组织见表 5.3。

劳　动　组　织　　　　　　　　　　　　　　　　　表5.3

工序或岗位	单位	不同阶段施工人数			
		支护结构	支撑结构	挖土工程	主体结构
围护 SMW 工法桩	人	30			
工程桩插格构柱	人		18		
土方开挖	人			28	

续表

工序或岗位	单位	不同阶段施工人数			
		支护结构	支撑结构	挖土工程	主体结构
第一道顶盖水平支撑	人		36		
逆作上段池壁	人				32
中间钢支撑结构	人		16		16
底环梁结构	人				28
施工监测	人	2	6	6	6

6. 材料与设备

本工法无特殊说明的材料，采用机械见表 6。

机械与设备　　　　　　　　　表 6

序号	机械或设备名称	规格型号	各阶段机械使用数量			
			支护结构	支撑结构	挖土工程	主体结构
1	SMW 工法钻机	ϕ850	1			
2	工程钻孔机	GPS-10	2			
3	注浆泵	SYB50/50	1			
4	挖掘机械	0.5～1m³	1		3	
5	空压机	6m³	1			1
6	起重机	10t	1	1		
7	运输车辆		1	2	10	
8	电焊机		1	4		4
9	切断机					1
10	弯曲机					1
11	切割机					1
12	泥浆泵		4			4
13	塔吊					1
14	平板振动机					1
15	降水深井				3	

7. 质 量 控 制

本工法施工中执行规范有《建筑基坑支护技术规程》JGJ 120—99、《给水排水构筑物施工及验收规定》GBJ 141—90、《钢筋等强度滚轧直螺纹连接技术规定》DBJ/CT 005—2002 等。

支护结构允许最大变形和水平位移≤15mm。

钢格构柱插入定位轴线允许偏差：5mm，垂直度允许偏差：$H/1000$。

8. 安 全 措 施

8.1 严格按照文明工地的标准和相关规定进行管理。

8.2 对逆作顶盖的预留孔洞口周边、顶盖边实行栏杆和安全密目网封闭，不得发生任何落物打击现象。

8.3 在每次工况形成前后，重新搭设上下扶梯保证作业人员上下通行。

8.4 严格按照挖土和支撑的工况流程施工，防止损坏支护结构体系。

8.5 施工监测信息化，为指导施工确保周边环境安全提供准确有力的依据，基坑围护结构体系主要监测内容如下：

8.5.1 围护桩墙体的水平位移监测（工法桩测斜管测斜）。

8.5.2 池体结构的水平和垂直位移监测。

8.5.3 混凝土支撑和钢结构支撑的轴力监测。

8.5.4 格构柱的沉降观测。

8.5.5 基坑隆起监测。

8.5.6 基坑内、外地下水位监测。见图8.5.6剖面图。

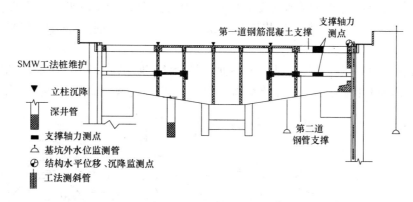

图8.5.6　调蓄池监测点剖面图

9. 环 保 措 施

9.1 成立环境保护管理领导小组，门前设立文明施工告示牌，接受群众监督。

9.2 对施工现场全部硬化，合理布置排水管网，雨水、废水经沉淀池处理后再排放。

9.3 施工泥浆经泥浆池沉淀后由专用泥浆车外运处理。

9.4 装运土方车辆顶盖封闭，出工地大门前经冲洗后出门。

9.5 夜间连续施工时，必须到环保部门办理夜间施工手续，并告知周边居民。

9.6 施工采用商品混凝土和预拌砂浆，防止扬尘。

9.7 夜间照明灯光避开居民区，以减少光污染。

9.8 施工现场封闭围栏施工，并设立卫生包干区有专人保洁。

10. 效 益 分 析

本工法是地下池体结构在特殊地域环境和不良地基的条件下经济实用可靠的施工工艺。主要包括以下几方面：

社会效益：随着国民经济的快速发展，调蓄池将越来越多地被推广应用，对保护环境将起到有利的作用。

经济效益：该工法成功地利用调蓄池的自身结构作为水平支撑体系，大大降低工程成本，节约了施工费用；采用半逆作法施工工艺，保证了SMW工法桩围护结构能在复杂的周边环境下变形位移得到控制，同时也节约了支护结构的费用。

11. 应 用 实 例

上海市重大工程苏州河综合治理二期成都路调蓄池工程，采用了该工法施工，该工程为：地下式钢筋混凝土结构水池，池顶盖覆土 2.20m，外径 41.4m，内径 40m，池壁厚度为 700mm，池边高 7.2m 总体积 8500m³，600mm 厚池底板呈锅底形坡向中心泵坑，中心泵坑直径 4m 深度 2m。混凝土强度 C30/P6，池底采用 φ900 桩长 29m 钻孔灌注桩为工程桩（抗拔桩）87 根，水池底板埋深 9.60～11.6m，中心泵坑埋深 13.6m。深基坑属一级基坑，基坑围护采用 SMW 工法桩，三轴 φ850 内插 H 型钢（700×300×13×24），桩长 20.6m，桩身采用连贯式整圆套打，外侧增加了一圈，相同工艺搅拌桩，形成了双层止水帷幕。

垂直支撑采用 44 根钢格构柱，均在抗拔桩施工时插入（见图 11-2）。坑内降水采用 3 口 φ300 深井，为了防止真空泵抽水对支护结构产生负面影响，故采用了潜水泵自流降水。

钢围檩和钢支撑安装：圆形钢围檩总长 130m，采用双拼 H300×700 型钢，中心标高 -2.8m，分 12 段拼接，每段长 10.85m，分 4 节，每节长 2.71m，每节重 1.6t，钢支撑采用 φ60916 钢管支撑，共计 24 根（见图 11-3）。

周边环境：北面是南苏州路步行街且距苏州河（吴淞江）防汛墙 19m，南面距离临近的地铁一号线 8.2m，东面紧靠 1933 年建造的保护建筑距离 6.5m，且周边有南北高架、马路及各类地下管线，施工环境非常复杂，见图 11-1。

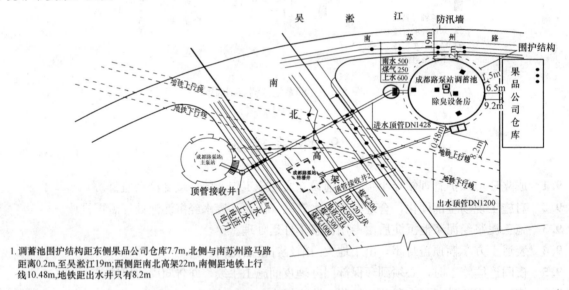

1. 调蓄池围护结构距东侧果品公司仓库 7.7m，北侧与南苏州路马路距离 0.2m，至吴淞江 19m；西侧距南北高架 22m，南侧距地铁上行线 10.48m，地铁距出水井只有 8.2m

图 11-1 调蓄池总平面布置图

支护结构要求：除相应施工规范外应地铁监护部门要求，地铁结构日沉降量和水平位移量均 ≤ 1mm，且结构总绝对沉降量及位移量 ≤ 2mm，截面环向结构相对变曲 ≤ 1/2500。由于邻近保护建筑物和密集的地下管线，支护结构允许最大变形和水平位移 ≤ 10mm。

本工程采用了该工法利用顶盖结构作为第一道支撑，利用部分池底和池壁形成底环梁结构作为底部水平支撑，中部水平支撑采用 H 型钢 700×300 双拼的钢结构围檩和 φ609×16 钢管支撑与中部混凝土环梁组合。为了保证支护结构最大变形和水平位移小于规定要求，先施工了上段 2.9m 池壁。经实践验证该工法非常成功，最终支护结构的最大变形和位移控制在 8.7mm，地铁日（终）沉降和位移控制在 1mm 之内，并节约了工程投资费用 246 万元，保证了工期内顺利完工。取得了明显的社会效益和经济效益，同时获得了上海市重大工程立功竞赛先进集体的光荣称号，上海市文明工地、市重大办文明工地称号，并入围上海市市政金奖的评选。

该项目是国内首个投入运行的雨水调蓄池，自 2006 年 8 月份试运行以来取得较明显成效，共有效

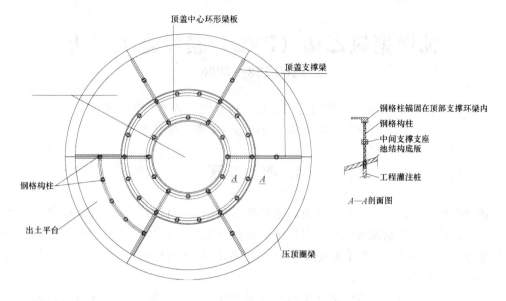

图 11-2 顶部支撑及钢格柱平面图

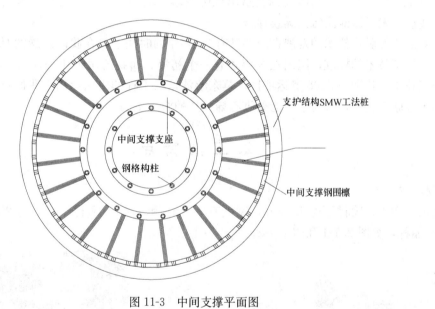

图 11-3 中间支撑平面图

蓄满水 12 次，削减排入苏州河化学需氧量 11.53t，悬浮物 4.76t，有效改善了水质。如果以一年为计算单位，实际减少污水放江量 158400m³。

泳池聚氯乙烯（PVC）膜片施工工法

YJGF288—2006

江苏省建工集团有限公司　通州建总集团有限公司

许平　王先华　陆建彬　丁峰　张晓冬

1. 前　言

聚氯乙烯（PVC）膜片是一种专为泳池防水装饰应用的新型材料，是以合成树脂为主要原料，加入专门的添加剂、稳定剂等制做而成的。它是铺设在游泳池壁上作为泳池内防水与泳池内表面装饰用的卷材。它适应各种气候条件，具有良好的延展性、易焊接、耐腐蚀、耐磨、抗 UV 紫外线、能有效抑制细菌和海藻的滋生及蔓延等特点。

近年来，由于我国的传统的游泳池防水材料容易开裂、渗漏，维修难、成本高且防水施工完后需进行面层装饰施工，而面层的贴砖装饰又易出现砖脱落、空鼓、砖缝中易积苔藏污等问题。为了解决这些问题，我们开发了泳池聚氯乙烯膜片施工技术。

泳池用聚氯乙烯膜片技术的发展在国外已有 30 多年的时间了，在我国发展的时间不长，对于泳池聚氯乙烯膜片施工技术的标准，国内在今年才有一个初稿。而我公司近年来对几个泳池工程采用聚氯乙烯膜片施工技术，特别在 2008 奥运项目"英东游泳馆"工程的成功运用，我们总结了更加完善的泳池聚氯乙烯膜片施工技术，编写了泳池聚氯乙烯膜片的施工工法。

2. 工 法 特 点

2.1　材料的特点

聚氯乙烯（PVC）膜材厚度 1.5mm，宽度有 1.65m 和 2.05m 两种，长度为 25m，有 7 种颜色的（各种花色）品种，如图 2.1-1 和图 2.1-2。

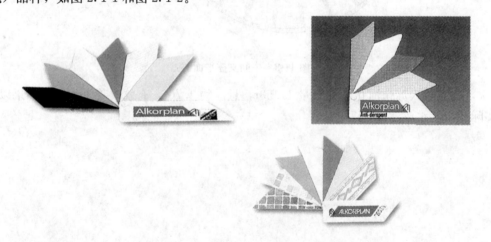

图 2.1-1　聚氯乙烯（PVC）膜片色卡

聚氯乙烯（PVC）膜材是一种兼装饰和防水于一体的泳池专用防水材料，采用该种材料作为游泳池的防水面层，不仅从外观上等同于或者超过马赛克、瓷砖面层的美观效果，而且防水效果好。除此以外，还具有以下几个特点：

2.1.1　该材料面层清漆能抵抗染色剂如防晒油、钙的沉积物、有机物和微生物，减少维护，防止

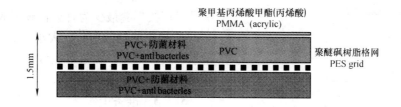

图 2.1-2　聚氯乙烯（PVC）膜材结构

水藻和细菌的滋生，确保泳池长期整体美观。

2.1.2 材料本身弹性好，在四季温度差异较大的地区不会因热胀冷缩而导致材料的损坏。

2.1.3 该材料抗腐蚀性好，可不必为材料腐蚀破坏而烦恼。

2.1.4 该材料抗老化性好，面层有丰富的 UV 吸收物质，能够有效地防御光、热。

2.1.5 该材料耐久性好，面层能防止微生物吸收增塑剂，延长使用寿命。

2.1.6 该材料有非常好的延展性，即使游泳池结构产生裂缝也不会影响其他的防水性能。

2.2　本工法的特点

2.2.1 使用本工法施工速度快、安全可靠、经济合理。

2.2.2 使用本工法技术先进，质量保证。

2.2.3 在泳池的细部节点处理上，能克服结构难度大，精度要求高的结构。

2.2.4 使用方便，操作简单。能根据基层的形状随意调整铺设，保证施工质量和施工进度。

3. 适 用 范 围

本工法可用于各类游泳池、水景池、水上乐园、嬉水池等具有防水与装饰一体化的施工面层。

4. 工 艺 原 理

聚氯乙烯（PVC）膜材施工工艺的原理是：采用热空气焊接技术将膜材连接起来以达到整体的防水和装饰效果。通过这种新材料、新工艺解决我国传统泳池防水和装饰的诸多问题。

5. 施工工艺流程及操作要点

5.1　工艺流程

工艺流程见图 5.1。

5.2　操作要点

5.2.1　基层验收

1. 聚氯乙烯膜片防水层的基层应牢固，池壁表面应顺直（顺直度控制在 3mm 以内）光滑、池底表面平整（平整度控制在 2mm 以内）。

2. 聚氯乙烯膜片防水层的基层应干净、干燥，不得有空鼓、松动现象；基层阴阳角处应符合设计要求。

3. 为了避免聚氯乙烯膜片防水层和游泳池之间生成微生物并繁衍，施工前应使用含杀真菌剂和杀菌剂的 Alkorplus81052 对旧游泳池的基层和墙壁进行预防性处理。

5.2.2　放线

1. 根据工程的设计要求、气候、地形地貌等环境条件下所选择的聚氯乙烯膜片类型与规格进行施工放线。

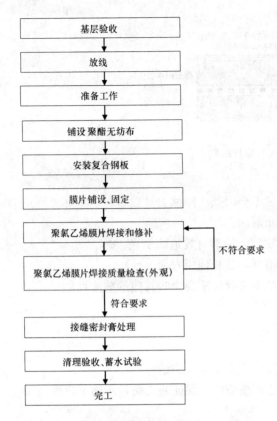

图 5.1 聚氯乙烯（PVC）膜材施工工艺流程

2. 在满足相应的要求下，按聚氯乙烯膜片施工的铺设以搭接焊缝最少为宜进行施工放线。

3. 根据泳池的形状、大小、深浅及泳池水处理的布水形式、位置、数量等放线选择聚氯乙烯膜片的宽度与长度。

5.2.3 准备工作

1. 在施工前应编制专项施工方案，按设计与现场实际情况选购聚氯乙烯膜片材料。

2. 聚氯乙烯膜片材料进场后及时进行各项检测，经检验合格后方可使用。

3. 泳池的排水系统、过滤系统、预埋管件、预留洞口等均按设计要求完成，并通过专项验收。

4. 聚氯乙烯膜片施工前应准备以下工具：剪刀、带钩状刀片的地毡刀、贮存聚氯乙烯密封胶的瓶子、水平仪、硅胶压轮、（长 5mm，直径 5mm 的）膨胀铆钉、冲击钻、划线铁、铜丝刷、铁锤、三角板、记号绳、铅笔、热风焊枪、5m 钢卷尺、50m 皮卷尺、墨斗等。

5. 池壁、池底表面应顺直、光滑、平整、干净、干燥，不得有破坏聚氯乙烯膜片的砂砾或其他粗糙（尖锐）物质，并通过专项验收。

6. 泳池聚氯乙烯膜片专业施工人员已经进行培训和技术交底。

7. 大气温度不宜低于 10℃，不宜高于 35℃，超出这个范围，容易影响膜片的舒展，在使用中容易出现焊接缝与大面膜片伸缩变形不均的问题。聚氯乙烯膜片铺装不可带水作业。

8. 室外施工时，雨、雪天不得施工；同时室外风力达到四级风以上时，由于聚氯乙烯膜片不易固定，也不宜进行施工。

5.2.4 铺设聚酯无纺布（新结构不需铺设）

对旧泳池改造、泳池基层表面粗糙不平、聚氯乙烯膜片下有排水设施以及抗震要求的泳池，在聚氯乙烯膜片下应铺设≥250g/m² 的聚酯无纺布进行衬垫。

5.2.5 安装复合钢板

1. 安装复合钢板时必须根据基层及现场情况来制定其加工的形状和裁剪方式。

2. 用不锈钢钉将复合钢板固定到游泳池的池沿周边，每米不少于 5 个固定点。

5.2.6 聚氯乙烯膜片铺设、固定

1. 聚氯乙烯膜片铺设施工步骤如下：铺设泳池池壁→铺设泳池池底→铺设泳池池角或弧形处→焊接泳池池壁和池底的交接相叠处。

2. 聚氯乙烯膜片铺设前作下料分析，根据设计和泳池的实际情况绘出铺设顺序和裁剪图。在铺设时，应拉紧，不可硬折和损伤。结点应为 T 字形，不宜出现十字形。

3. 池壁铺贴沿水平方向，由上至下铺装，池壁高 1.5m 以下时用 1.65m 宽度的膜片，池壁高 1.9m 以下时用 2.05m 宽度的膜片，池壁高度在 1.9m 以上时用 1.65m 宽度膜片多幅铺装，较宽的膜片铺装在池壁的上端，并顺着搭接压在较窄的膜片上面。

4. 池底平面铺设应横向进行，多层搭接缝应留在阴角处。池壁与池底的焊接缝应留在池底距池壁 150mm 处。

5. 在池壁的上口安装经定制加工的聚氯乙烯复合钢板，聚氯乙烯复合钢板与泳池结构连接应采用

机械或焊接固定，固定点间隔为 200mm。

6. 给排水管法兰片上的螺钉孔应为凹陷形，螺钉固定后，帽头不得突出平面。

5.2.7 泳池聚氯乙烯膜片节点做法

1. 聚氯乙烯膜片铺设搭接节点，见图 5.2.7-1。

2. 聚氯乙烯膜片铺设节点，见图 5.2.7-2。

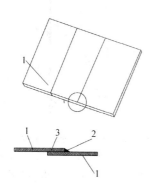

图 5.2.7-1 膜片搭接节点

1—聚氯乙烯膜片；2—聚氯乙
烯密封胶；3—搭接 50mm

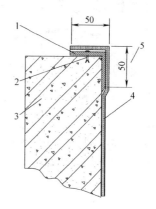

图 5.2.7-2 L 形复合钢板节点

1—复合钢板；2—螺钉；3—池体；
4—聚氯乙烯膜片；5—搭接尺寸

3. 聚氯乙烯膜片 U 形复合钢板节点，见图 5.2.7-3。

4. 聚氯乙烯膜片铺设搭接节点，见图 5.2.7-4。

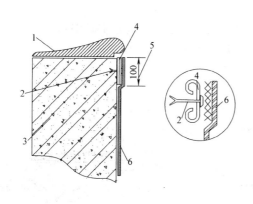

图 5.2.7-3 U 形复合钢板节点

1—池沿石；2—螺钉；3—池体；4—U 形复合
钢板；5—搭接尺寸；6—聚氯乙烯膜片

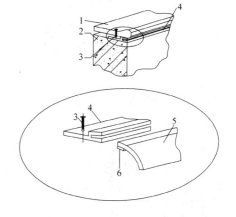

图 5.2.7-4 膜片平导轨节点

1—池沿石；2—池体；3—螺钉；4—导轨；
5—聚氯乙烯膜片；6—锁扣

5. 膜片立导轨节点，见图 5.2.7-5。

6. 池壁膜片连接节点，见图 5.2.7-6。

7. 平底泳池角部膜片连接节点，见图 5.2.7-7。

8. 斜底泳池角部膜片连接节点，见图 5.2.7-8。

9. 泳池阴角三角交接部位节点，见图 5.2.7-9。

10. 给水口节点，见图 5.2.7-10。

11. 排水口节点，见图 5.2.7-11。

5.2.8 膜片焊接

1. 施工前进行精确放样，尽量减少接头，弹出标准线进行试铺，试铺经监理或现场工程师认可合格后，方可正式施工；

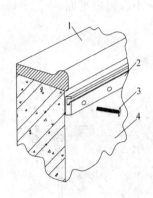

图 5.2.7-5　膜片立导轨节点

1—池沿石；2—导轨；3—螺钉；4—池体

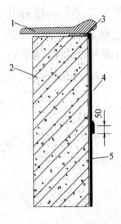

图 5.2.7-6　池壁膜片连接节点

1—池沿石；2—池体；3—导轨锁扣；4—上部聚氯乙烯膜片；5—下部聚氯乙烯膜片

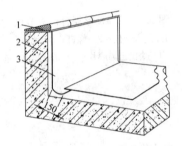

图 5.2.7-7　平底泳池角部膜片连接节点

1—池沿石；2—池体；3—聚氯乙烯膜片

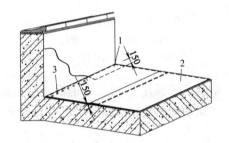

图 5.2.7-8　斜底泳池角部膜片连接节点

1—搭接部位；2—聚氯乙烯膜片；3—铆钉

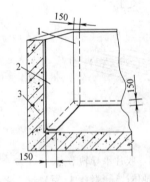

图 5.2.7-9　泳池阴角三角
交接部位节点

1—搭接部位；2—聚氯乙烯膜片；3—池体

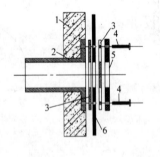

图 5.2.7-10　给水口节点

1—池体；2—管道；3—防水垫片；4—紧固螺钉；5—给水口；6—聚氯乙烯膜片

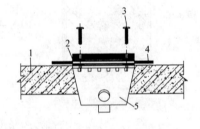

图 5.2.7-11　排水口节点

1—池底板；2—防水垫片；3—紧固螺钉；4—聚氯乙烯膜片；5—排水口

2. 聚氯乙烯膜片的安装采用热空气焊接技术，热空气焊接工具，配有 20mm 的焊接喷嘴、一个压力轮、一把毛刷和一块划线铁。为了防止对焊接工具的破坏，在关闭工具之前将先将恒温器设置在"0"，让其冷却几分钟。

3. 用手持焊枪将侧墙部位的聚氯乙烯膜片与聚氯乙烯膜片垫片焊接在一起，手持焊枪的温度一般设定在 450℃。根据室外温度可上下调节 6～7℃。积在喷嘴周围的炭化聚氯乙烯颗粒应用铜丝刷刷掉。

4. 聚氯乙烯膜片搭接边均采用单焊缝焊机进行焊接，焊缝表面应清洁、干燥和无尘。聚氯乙烯膜片应当被展开，不能拉得太紧，至少有 3.5cm 宽重叠的搭接。确定搭接或预留的宽度后，用热空气焊接工具把它们固定防止其在焊接过程中移位。

5. 焊机调试，焊机接 220V 电压，待电机运转稳定后，把焊机调整到试焊时的温度、速度和压力，一般为 450～550℃，调整速度 1.5～1.8m/min，压力调到 500N。

6. 焊接聚氯乙烯膜片时，将 20mm 的喷嘴插入两层聚氯乙烯膜片预留的幅宽之间进行焊接，焊嘴与焊接方向成 45°角，压辊与焊嘴平行并保持大约 5mm 的距离压辊。

5.2.9　膜片焊接质量验收

1. 检查焊缝处的搭接宽度是否一致，如不一致时，必须调整一致时才能进行焊接。检查焊缝处是否存在焊渣等杂污物体，并进行去除、修整。

2. 聚氯乙烯膜片焊接完成后，必须进行检查。用划线铁沿着焊缝用力迅速移动，用以检查焊接的质量。

5.2.10　接缝密封膏处理

1. 为了防止聚氯乙烯膜片焊缝表面裂缝的出现，也为了取得最佳效果，用聚氯乙烯密封胶对焊缝进行保护和填充。

2. 将聚氯乙烯密封胶涂在焊缝沿线上，使其凝固即可（凝固的时间视气候条件、温度和湿度而定）。并确保焊缝清洁和干燥。

3. 碰到聚氯乙烯膜片的垂直焊缝时，从焊缝底部约 20cm 处开始涂抹，这样聚氯乙烯密封胶就能自然地往下流淌而不会产生堆积。

5.2.11　清理验收、蓄水试验

1. 聚氯乙烯膜片施工完毕后，进行全面的清洁，将所有施工时残留的灰尘、污垢等进行清洗处理。

2. 清理验收完毕后，将游泳池注满水进行 48h 蓄水试验；检查各处是否有渗漏水情况，检查水位下降情况，并依据当时的温度、湿度、水汽蒸发量进行分析下降的水位是否合理，来判断是否有渗漏水的可能性。

6. 材料与设备

6.1　聚氯乙烯膜片施工材料

6.1.1　所采用的聚氯乙烯膜片及配套材料，应符合环境保护的要求，在泳池的使用过程中，不得对人身及环境产生不利的影响。应符合国家标准 GB 15193《食品安全性毒理学评价程序和方法》的标准规定。

6.1.2　聚氯乙烯膜片及配套材料的溶出物应符合现行国家标准《生活饮用水卫生标准》GB 5749的要求。

6.1.3　聚氯乙烯膜片密封胶应与膜片的材料相容，并应与聚氯乙烯膜片有良好的粘结性能。

6.1.4　聚氯乙烯膜片及配套材料的贮运与运输时应保持原包装，不同类型、规格的产品应分别堆放。应贮存在阴凉通风的室内，避免日晒雨淋。聚氯乙烯膜片平放贮存高度不得超过 5 层。禁止与酸、碱、油类及有机溶剂等有损聚氯乙烯膜片质量或影响聚氯乙烯膜片使用性能的物质接触，并远离热源。

6.1.5　不同品种、规格的密封胶在贮运与运输时，应分别密封包装 贮存在阴凉通风的室内，严禁接近火源、热源。

6.1.6　聚氯乙烯膜片的颜色主要有淡蓝色、水蓝色、水绿色、白沙色、黑色、灰色等颜色，其他颜色可根据工程需要进行生产。

6.1.7　聚氯乙烯膜片的外观应表面平整，无疤痕、裂纹、粘结和孔洞，边缘应整齐，增强型膜片的网布不得外露，上下膜片层不得脱开。

6.1.8　聚氯乙烯膜片主要材料名称、规格及主要技术指标见表 6.1.8。

聚氯乙烯膜片主要材料名称、规格及主要技术指标 　　　　表 6.1.8

产品	厚度 (mm)	宽 (m)	长 (m)	颜　色	包　装		重量 (kg/m²)
					卷数	(m²/托盘)	
35216	1.5	1.65	25	淡蓝/水蓝 水绿/白	8	330	1.8
35216	1.5	2.05	25	沙色/黑/灰	8	410	1.8
35217	1.5	1.65	25	马赛克/拜占庭 弗罗伦廷中楣	8	330	1.8
81116 防滑	1.5	1.65	20	淡蓝/水蓝 水绿/白 沙色/黑/灰	8	264	1.9

6.1.9 本工法施工配套材料名称、规格及主要技术指标见表 6.1.9。

施工配套材料名称、规格及主要技术指标 　　　　表 6.1.9

产　品	厚度 (mm)	宽 (m)	长 (m)	颜　色	包　装		重量 (kg/m²)
					卷数	(m²/托盘)	
81113 标带	1.2	0.25m	25	黑/透明	8	50	1.6
液体 PVC					8	50	1.6
81029 81032 81034 81035 81037 81039 81054 81055		1L		灰色 水蓝 水绿 白 透明 淡蓝 沙色 黑	6 瓶		
Alkorplus 81052 Sanitized®P8103		250ml/瓶	25		12 瓶		
Alkorplus 81059 耐污		1L/瓶			6 瓶		
Glue 81043		1L/罐					
液态 PVC 瓶装 81145＋81245					1 瓶＋1 喷嘴		
铆钉 810511		直径 4.8mm	26mm		3000 个		
金属薄板 81170	1.4	1.00	2.00		50	100	5.4

6.1.10 聚氯乙烯膜片的物理性能指标见表 6.1.10。

聚氯乙烯膜片的物理性能指标 　　　　表 6.1.10

项　目		性能要求（暂定值）	备　注
单位面积质量(kg/ m²)		1.9±10%	
密度（g/ cm³）		1.23±10%	
拉力(N/cm)	纵向	≥180	
	横向		
断裂伸长率（%）	纵向	≥120	
	横向		

续表

项 目		性能要求(暂定值)	备 注
撕裂强度(N)	纵向	≥75	
	横向		
硬度(邵尔 A)		75～80	
低温柔性		-25℃无裂纹	
尺寸变化率 6h,80℃ (%)	纵向	≤0.2	
	横向		
剪切状态下粘结性(N/cm)		≥800 或焊缝外断裂	
色泽稳定性	蓝色	7	
	灰色	4	
不透水性 0.3MPa ,3h		不渗水	
吸水率(%)		≤0.5	

6.2 工具设备

工具设备见表6.2。

工具设备 表 6.2

类 别	名 称	数 量	附 注
机具	单焊缝自动焊机	2台	使用一台,备用1台
	手持焊枪	3 台	
	手持冲击电钻	1台	
	射钉枪	3 把	
	稳压器	1台	
用具	剪刀、裁刀	各一把	
	斧子、锤子(铁)	各一把	
	橡皮锤	一把	
	皮尺、米尺	各一个	
	钢凿、钢钎	若干	
	刷子、铲子	若干	
	擦布	若干	
	充气检测仪	两台	
	水桶	一个	
	肥皂水或清洁剂	若干	

7. 质 量 控 制

7.1 本工法执行的标准

7.1.1 《泳池用聚氯乙烯膜片应用技术规程》CECS 208：2006；

7.1.2 《聚氯乙烯防水卷材》GB 12952—2003；

7.1.3 《塑料密度和相对密度实验方法》GB 1033；

7.1.4 《塑料直角撕裂性能试验方法》GB/T 1130；

7.1.5 《聚氯乙烯卷材地板》GB/T 11982.1—2005；

7.1.6 《建筑防水材料老化试验方法》GB/T 18244—2000；

7.1.7 《食品安全性毒理学评价程序和方法》GB/15193。

7.2 本工法质量检验办法

7.2.1 对连续生产的同批产品，以5t（暂定）为一批，不足5t按一批计，随机抽取3卷进行规格尺寸及外观质量检验，在外观检验合格的样品中随机抽取，进行物理性能试验。

7.2.2 规格尺寸、外观质量及物理性能各项指标全部符合技术要求，则为合格品，若物理性能仅有一项指标不符合技术要求，允许在同批材料中重新取样，对不合格指标项进行复检，若复检结果符合技术要求，则判定该批为合格品，若复检结果仍未达到技术要求，则判定该批为不合格品。

7.2.3 材料进场后，应按有关规程的规定抽样复验，并提出试验报告，不合格的材料，不得在工程中应用。

7.2.4 进场的聚氯乙烯膜片抽样复验应符合下列规定：

1. 同一牌号、规格的聚氯乙烯膜片，抽验数量为：大于1000卷，抽取5卷；500～1000卷，抽取4卷；100～499卷，抽取3卷；小于100卷，抽取2卷。

2. 将抽取的聚氯乙烯膜片开卷进行规格、外观质量检验，全部指标达到标准规定时，即为合格。其中如有一项达不到要求，即应在受检产品中加倍取样复检，全部达到规定为合格。复检时有一项指标不合格，则判定该批产品外观质量为不合格。

3. 聚氯乙烯膜片的物理力学性能应检验拉伸强度、断裂伸长率、低温弯折性、抗渗透性。

7.2.5 聚氯乙烯膜片的密封胶抽样复验应符合以下规定：

1. 同一厂家、同一品种的聚氯乙烯密封胶每1t为一批，不足1t按一批进行抽验。

2. 聚氯乙烯密封胶应进行相溶性检验。

7.2.6 检查包装，因为外部包装的磨损和撕开很可能造成聚氯乙烯膜片的损坏，所以必须对此进行检查，以采取措施。

7.2.7 检查表面应平整、边缘整齐，不能有裂纹、机械损伤、折痕、穿孔及异常粘结部分。

7.2.8 对运送到现场的材料进行确认（种类和进厚度），检查数量，确定材料符合要求。

7.2.9 存放于干燥荫凉处、避免碰撞、雨淋和灰尘，并以原始包装平放，尽量避免叠放。卷材的焊接质量取决于其干净度。

7.3 本工法关键部位和关键工序的质量要求

7.3.1 基层表面应平整光滑，应无起拱、脱皮、空鼓、裂缝等现象。

7.3.2 如基层表面铺设无纺布垫层，施工过程中应保证无纺布垫层不受破坏。

7.3.3 基层结构强度应符合国家现行有关标准的要求。

7.3.4 排水坡度、水位高度、节点密封、附加层的铺设应符合设计规定。

7.3.5 聚氯乙烯膜片铺设的方法应正确，搭接顺序应符合规定，搭接宽度应准确，接缝严密，不得有皱褶、鼓泡、翘边现象，收头固定牢固，密封严密。

7.3.6 膜片搭接应平展、舒缓、两层膜片间应无气泡或起鼓现象。

7.3.7 施工中应随时保护焊接合格的膜片不受损坏。

7.3.8 对于虚焊，漏焊的接缝应及时补焊。并应对补焊部位进行检测。

7.3.9 密封胶对焊缝进行加强。完成后，密封胶在焊缝处凝固后应均匀饱满无气泡无夹渣。

7.3.10 泳池注满水后泳池用聚氯乙烯膜片焊缝应完好、无渗漏水、无皱折、无起鼓。

7.3.11 对质检不合格处及时标记补焊。经再检合格后方可消号并记录在案。

7.3.12 材料运到现场时必须保持原包装。

7.3.13 材料的外观应无破损、麻点、孔眼等缺陷。

7.3.14 材料的物理性能应符合聚氯乙烯膜片物理性能指标要求。

7.3.15 聚氯乙烯膜片及配套材料应有产品合格证书和性能检测报告，其品种、规格、性能等应符合规程规定和设计要求。

7.4 本工法施工技术措施和管理办法

7.4.1 聚氯乙烯膜片安装过程应有施工小组自检、交接检、中间检查和验收检查环节。完工验收

泳池聚氯乙烯（PVC）膜片施工工法

检查应以上述检查为基础，并查验原始资料和施工记录。

7.4.2 与聚氯乙烯膜片相关的工程，由其他队伍施工时，应有交接检，包括找平层、保温层、泳池露台饰面层等分项。

7.4.3 聚氯乙烯膜片的节点处理、接缝等应进行外观检验。

7.4.4 聚氯乙烯膜片工程竣工后应将安装方案、材料检验记录及证明文件、安装记录、验评报告等作为交工资料统一存档。

7.4.5 采用目测手摸方法检查焊接膜片表面进行检查。

7.4.6 现场应随机抽检焊缝和结点质量，采用划线铁沿着焊缝用力迅速移动，划线铁的针尖有无划入焊缝内来判定焊缝质量。

7.4.7 采用目测方法检查密封胶在焊缝处凝固后的密封质量。

7.4.8 采用现场撕拉检验膜片搭接的质量，以焊缝不被撕拉破坏、母材被撕裂为合格。

7.4.9 施工完成后，检查膜片的外观质量，如发现机械操作和生产创伤、孔洞、折损等缺陷，应做修补。

7.4.10 膜片焊接后，应及时对下列部位的焊接质量进行检测：全部焊缝、焊缝结点、破损修补部位、漏焊虚焊的补焊部位、前次检验未合格再次补焊部位。

7.4.11 外观检验，对聚氯乙烯密封胶粘结的部位进行检查。

7.4.12 以上检查合格后，应对泳池进行蓄水试验，其蓄水时间不宜小于48h；当无渗漏、无变形、无皱褶、无起鼓，整个工程项目检验方为合格。

7.4.13 工程质量验收记录应包括以下内容：

1. 设计图纸、会审记录、设计变更文件；
2. 施工方案、施工方法、技术措施；
3. 技术文件、施工操作要求及注意事项；
4. 材料出厂合格证和进场检验报告；
5. 基层质量的检查记录；
6. 铺设膜片、膜片焊接的施工记录；
7. 工程检验记录：观察检查及抽样检查包括工程外观质量、焊缝质量；
8. 竣工图纸和竣工报告；
9. 施工单位的资质证明；
10. 其他技术资料：重大质量问题的处理方案验收记录。

7.4.14 不得穿钉鞋、高跟鞋及硬底鞋在聚氯乙烯膜片上踩踏。

7.4.15 车辆（包括手推车），不得碾压聚氯乙烯膜片。

7.4.16 建筑材料如钢筋、水泥、砂石等不得堆放在聚氯乙烯膜片上。

7.4.17 聚氯乙烯膜片的配件（如给水口、回水口、主排水口等）应包好，保持清洁。

8. 安全措施

8.1 建立安全生产组织机构，落实岗位安全责任制。

8.2 要求施工人员树立安全第一、预防为主的思想，加强安全生产的意识教育，认真执行班前安全交底制度。

8.3 安全员应进行监督检查，严禁违章指挥和违章作业，对发现的安全隐患应及时加以整改。

8.4 搞好场容、场貌和文明施工，现场构件、机具堆放整齐，施工材料、工具要及时清理，做到工完场清。

8.5 机具设备的安全使用

2765

施工用电实行"三相五线制"，使用标准配电箱，做到一机一闸一漏电保护器，机电设备使用前应经过检查，调试无误方可操作。

8.6 做好安全防火工作检查。进行膜材焊接时应注意不得有火种、电焊等明火及其他高温施工作业。

9. 环 保 措 施

9.1 施工现场及机械料具管理严格按总平面设计做到合理布置、方便施工、场容整洁；环境保护及环境卫生工作措施得力、管理严密，符合相关法规的要求，防止有损周围环境和人们身体健康现象的发生；在防止扰民等方面应制定具体的措施，加强内部保证和外部协调，妥善处理所出现的问题。

9.2 生产和使用"绿色产品"，做好废料回收资源的再利用及环保。

9.3 聚氯乙烯膜片生产、包装、运输、贮藏均使用环保材料，可回收使用。聚氯乙烯膜片的成品在施工过程中操作简便，无毒、无害、无味，基本无废弃物产生，整个从生产到应用的过程均 ISO14001 标准。

9.4 聚氯乙烯膜片具优异的实用性能，是节约资源的建筑材料

9.5 聚氯乙烯膜片低能量值的塑料，遇火时具有自熄特性。

10. 效 益 分 析

10.1 胶膜施工费用经济分析

10.1.1 聚氯乙烯膜片 35216 浅蓝色胶膜用量一览表见表 10.1.1。

聚氯乙烯膜片 35216 浅蓝色胶膜用量一览表　　　　　　　表 10.1.1

项　目	表　面　积	损耗率	实　际　用　量
主比赛池	1850m²	15%	2128m²
跳水池	1300m²	15%	1495m²
训练池	1149m²	15%	1321m²
放松池	224m²	15%	258m²
周边墙面	454m²	15%	522m²
柱子立面	180m²	15%	207m²
总计			5931m²

10.1.2 聚氯乙烯膜片 8113 黑色胶膜用量一览表见表 10.1.2。

聚氯乙烯膜片 8113 黑色胶膜用量一览表　　　　　　　表 10.1.2

项　目	表　面　积	损耗率	实　际　用　量
比赛池	430m²		430m²
跳水池	—		—
训练池	270m²		270m²
放松池	—		—
走道	150m²		150m²
总计			850m²

10.1.3 聚氯乙烯膜片 81126 防滑胶膜用量一览表见表 10.1.3。

聚氯乙烯膜片 81126 防滑胶膜用量一览表　　　　　　　表 10.1.3

项　目	表　面　积	损耗率	实　际　用　量
比赛池、跳水池区域	2318 m²	8%	2504
热身池、放松池区域	1368m²	8%	1478m²
总　计			3982m²

10.1.4 其他辅助材料用量一览表见表 10.1.4。

其他辅助材料用量一览表

表 10.1.4

项　　目	表　面　积	损　耗　率	实　际　用　量
300g 无纺布 81005	2300m²	5%	2415m²
复合钢板 81170	372m²	2%	380m²
液体 PVC			72 瓶

1. 所有胶膜施工费用，按 120/ m² 计价，施工面积为 9148m²，总计 1097760 元；

2. 胶膜材料按单价为 335.00 元/ m²；总量按 10763m² 计价 3605605 元（含关税、销售税）；

两项合计 4703365 元。

10.2　传统泳池做法经济分析

材料费按单价为 90.00 元/ m²（瓷砖水泥砂石料等），施工人工费按 30.00/ m² 计价 合计为 1291560 元。

10.3　泳池运行费用的经济分析

泳季按 5 个月计 150d，非泳季按 7 个月计 210d。

泳池运行费用的经济分析见表 10.3。

泳池运行费用的经济分析 100m³

表 10.3

项　　目	泳池聚氯乙烯(PVC)膜片	传　统　泳　池
电费	a. 泳季：0.44kW/h×10h×150d×0.83 元/kW=547.80 元。 b. 非泳季：0.44kW/h×6h×210d×0.83 元/kW=460.15 元	a. 泳季：3kW/h×10h×150d×0.83 元/kW=3735.00 元 b. 非泳季：3kW/h×6h×210d×0.83 元/kW=3137.40 元
水费	以 1 年换水一次为例： 100t×4 元/t×1 次/年=400.00 元	a. 泳季：以每月换水一次（含吸泥、反冲洗、部分换水等），每半年换水 1 次计算：100t×（1 次/5 月＋1 次/半年）×4 元/t×1 次/年=2400.00 元 b. 非泳季：以每月换水一次（含吸泥、反冲洗、部分换水等），每半年换水 1 次计算：100t×（1 次/7 月＋1 次/半年）×4 元/t×1 次/年=3200.00 元
药品运行费用	泳季：900.00 元；非泳季：631.00 元； 泳池采用固体投药方式，用量更少，含量更稳定，比传统的漂白水或漂白粉更安全。 （1）国产强氯精 a. 泳季：按 2g/m³，每 1d 投放 1 次计算：100m³×2g/m³×30 次/月×5 月×0.023 元/g=690.00 元。 b. 非泳季：按 1g/m³，每 1d 投放 1 次计算：100m³×1g/m³×30 次/月×7 月×0.023 元/g=483.00 元。 （2）酸碱 a. 泳季：按 7g/m³，单价 0.002 元/g 计算：100m³×7g/m³×0.002 元 g×150 日=210.00 元。 b. 非泳季：按 3.5g/m³，单价 0.002 元/g 计算：100m³×3.5g/m³×0.002 元 g×210 日=148.00 元	泳季：2122.50 元；非泳季：1485.75 元； 传统泳池除用用氯剂消毒（漂白水）以外，还需增加铝盐、硫酸铜等。 （1）消毒水 a. 泳季：按每日 30g/m³，单价 0.002 元/g 计算：100m³×30g/m³×0.002 元/g×150 日=900.00 元。 b. 非泳季：按每日 15g/m³，单价 0.002 元/g 计算：100m³×15g/m³×0.002 元/g×210 日=630.00 元。 （2）铝盐 a. 泳季：按每日 15g/m³，单价 0.0025 元/g 计算：100m³×15g/m³×0.0025 元/g×150 日=562.50 元。 b. 非泳季：按每日 7.5g/m³，单价 0.0025 元/g 计算：100m³×7.5g/m³×0.0025 元/g×210 日=393.75 元。 （3）酸碱 a. 泳季：按每日 7g/m³，单价 0.002 元/g 计算：100m³×7g/m³×0.002 元/g×150 日=210.00 元。 b. 非泳季：按每日 7g/m³，单价 0.002 元/g 计算：100m³×3.5g/m³×0.002 元/g×210 日=147.00 元。 （4）其他（硫酸铜、清洁剂等） a. 泳季：按每日 0.03 元/m³ 计算：100m³×0.03 元/m³×150 日=450.00 元。 b. 非泳季：按每日 0.015 元/m³ 计算：100m³×0.015 元/m³×210 日=315.00 元
小计	a. 泳季节费用：1847.80 元。 b. 非泳季节费用：1491.15 元	a. 游泳季节费用：8257.50 元。 b. 非游泳季节费用：7823.15 元
合计	3338.95 元	16080.15 元

传统泳池的运行费用比聚氯乙烯（PVC）膜片泳池运行费用每 $100m^3$ 多 12741.2 元。本工程泳池共约 $8300m^3$，则使用聚氯乙烯（PVC）膜片运行费用每年可节约 1057519.6 元。

综合前期投入与后期运行费用，根据聚氯乙烯（PVC）膜片使用年限 15 年，初步估算共节约 12450989 元（还没考虑传统泳池的维护费用）。

11. 工程应用实例

11.1 浙江天台溪林春天花园会所泳池，$1300m^2$，2003 年 4 月竣工，带有胶膜文字及图案；使用至今质量良好、无漏水、无褪色，仍保持亮丽清新的观感。

11.2 国家奥林匹克体育中心英东游泳馆改造工程，总建筑面积 $44635m^2$，泳池面积为 $9148m^2$，2006 年 3 月 30 日开工，至 2007 年 7 月 30 日完工。泳池施工完后，各项指标符合要求，达到了甲方、设计方的预期效果。

11.3 深圳东悦名轩会所泳池 $650m^2$，2003 年 8 月竣工，使用至今游客反映很好，浅蓝的水色，无缝的表面，让人感觉清澈干净。

11.4 江西·景德镇开门子酒店游泳馆，$960m^2$ 旧池改造，2005 年 10 月竣工，至今使用良好，比瓷砖要好得多，不会因瓷砖脱落伤人，又无漏水之忧；不长青苔水藻，比以前更易维护打理。

聚氯乙烯膜片的经济社会效益见前面所述。

聚氯乙烯膜片因其经济、方便、美观等特点在欧洲泳池行业市场上已普遍使用，且在 1992 年的西班牙巴塞罗那奥运会和 1996 年的美国亚特兰大奥运会都有过类似成功的经验。所以，其已逐步发展成泳池最主要的装饰材料，且市场份额呈高速增长，据国外有关媒体统计，在欧洲聚氯乙烯膜片的使用已超过瓷砖在泳池中的用量。

我国目前共有 1 万多个游泳池馆、嬉水乐园，但大部分游泳场馆都需要改建、更新、增加新的设备设施。特别是在本次英东游泳馆的改造过程中，成功运用了聚氯乙烯（PVC）膜片，彻底解决了泳池在改造之前一直存在结构漏水的老大难问题，为大型游泳场馆的泳池改造提供了很好的施工经验。也为其以后更好的在国内发展打下了坚实的基础。

国内游泳池行业起步比较晚，聚氯乙烯膜片对于国内来说还属于新材料、新产品。市场份额还不到 1%。随着人们对高品位的生活质量的追求，美观、方便、高技术含量的追求，必将紧跟欧洲的发展，市场空间巨大，聚氯乙烯膜片必将有着广阔的发展。

"逆作法"吊顶施工工法

YJGF289—2006

中铁六局集团有限公司

裴健　梁生武　李志　贾珍则　刘胜尧

1. 前　言

"逆作法"免搭脚手架吊顶施工，即在吊顶施工时不用搭设脚手架，工人直接在吊顶面的上面作业，一次完成吊顶施工的技术工艺。传统的吊顶施工都需要搭设不同类型的脚手架，在吊顶面下面搭设一个工作面平台，工人吊顶施工全部在吊顶面下面进行。由于脚手架施工工作量大，周转材料多，安全隐患多，往往成为制约吊顶施工的关键。脚手架搭设还往往与地面工程交叉影响，施工组织困难；脚手架搭设直接影响地面的正常使用。采用免搭脚手架吊顶施工技术，有效解决了上述问题，既保证了地面的正常使用或地面工程的组织施工，又大大降低了工程成本，经济效益和社会效益显著。

2. 工 法 特 点

2.1 减少了大量的劳力投入和周转料的运输及占地，简化了现场施工组织。免搭脚手架吊顶施工直接降低了工程成本。

2.2 吊顶施工时地面工程可同时施工或地面正常使用，互不影响。

2.3 操作简单，吊顶安装方便快捷，工人容易掌握，工作效率高，施工速度快。

2.4 吊顶安装工艺考虑了同时在吊顶面上面或下面的作业条件，因此便于维修。

3. 适 用 范 围

3.1 适用于地面有运输要求或其他工序的施工，因此不宜搭设脚手架或脚手架搭设高度大、空间大、难度大、费用高的吊顶作业。

3.2 适用于类似条件的设备安装、管道安装等施工。

3.3 吊顶面上部应有足够的工作空间。如工作空间太小则应考虑屋面安装工序安排在吊顶之后进行。

4. 工 艺 原 理

"逆作法"免搭脚手架吊顶施工工法把吊顶作业面从传统的在吊顶下面改到吊顶上面进行作业，并通过对吊顶节点的连接固定方式进行特殊处理，使之具备操作工人在上面安装的条件，实现不搭设脚手架完成吊顶施工。

5. 施工工艺流程及操作要点

5.1　施工工艺流程（在吊顶面上面施工）：

工作面搭设→测量放线→龙骨安装及校正→吊顶板垂直运输→ 吊顶板安装→吊顶板调整校正。

5.2 施工工艺

5.2.1 工作面搭设

利用屋架、檩条受力结构，在其上安装固定一定数量的木架板、可调铁栅、安全索等构成一个工作面，工作面的高度以操作人员能够蹲踩或骑跨在上面能够较方便地触及龙骨和吊顶板的固定卡件位置为宜。操作人员在工作上必须系安全带，安全带应挂在安全索上，既保证安全又便于移动。

在挂线定位和测量时，根据需要可以设挂式吊篮或升降车作为辅助工作平台。

5.2.2 测量放线坐标

根据吊顶设计制定测量方案，用经纬仪或全站仪将坐标控制点引设到吊顶工作面结构或龙骨上。横向划线，纵向挂线，确定每一条（块）吊顶板和龙骨的控制边线、倾角和标高。吊顶标高引设可用免棱镜全站仪、激光测距仪、水准仪等仪器。

5.2.3 龙骨安装及校正

龙骨与结构部分连接固定，连接方式可以是焊接、卡件、螺栓连接、膨胀螺栓等形式。龙骨逐根安装，也可以预先在地面上组装好龙骨网片，吊至结构上再拼装和固定。按设计标高和轴线对龙骨进行调整校正，为吊顶板的安装创造条件。

5.2.4 吊顶板垂直运输

利用绳索将吊顶系挂牢固顺向拉吊到工作面（龙骨下方）。

5.2.5 吊顶板固定安装

用卡件或螺栓将吊顶板与龙骨（或结构）连接固定牢固。

5.2.6 吊顶板调整校正

用调节螺栓将吊顶板的标高、倾角、轴线、偏移、板缝、平整度等进行调整校正，使之达到设计要求。

调整的原则是：纵向挂线，横向平推，保证每块板的位置和标高准确，大面纵向成线，板缝均匀，平整度符合规范要求。

5.3 维修工艺流程（当吊顶板上部无维修空间时，需要在吊顶面下面作业）

升降车（或局部独立脚手架）→调节吊顶板固定卡件→拆下吊顶板→检修→安装吊顶板恢复原位→调节固定卡件至板面平整。

北京西客站雨棚吊顶深化设计方案具备在上面或下面均能安拆条件，吊顶板、龙骨与钢檩条结构关系图详见图 5.3-1，其中节点大样分别见图 5.3-2～图 5.3-4 所示。

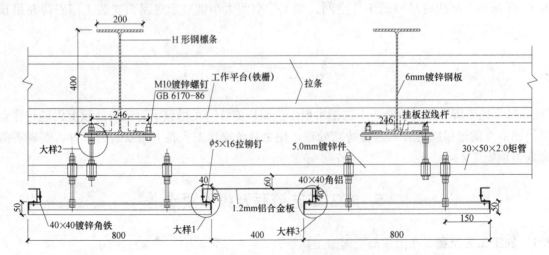

图 5.3-1 吊顶板、龙骨与钢檩条结构关系图

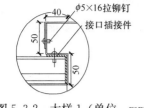

图 5.3-2 大样 1（单位：mm）

图 5.3-3 大样 2

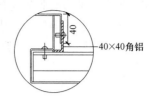

图 5.3-4 大样 3

6. 材料、机具及劳力组织

采用"逆作法"免搭脚手架施工工法对于一般吊顶装修施工不需大型机械，只需一般安装工人手头工具：铆钉枪、手枪钻、手锤、皮锤、板子、钳子等。

垂直运输一般只使用绳索，对于过重的材料或设备可采用手动滑轮、捯链等。

局部特殊部位可根据需要采用吊蓝或升降车。

以一个施工段班组劳力：放线工 2 人，作业面吊顶安装工 15～20 人，地面运输工人 4 人，安全防护员 1 人。

7. 质 量 控 制

7.1 本工法施工质量标准执行设计要求和国家标准《建筑装饰装修工程质量验收规范》GB 50210—2001。见表 7.1-1、表 7.1-2。

暗龙骨吊顶工程安装的允许偏差和检验方法　　　　　　　　　　表 7.1-1

项次	项　目	允许偏差(mm)				检 验 方 法
		纸面石膏板	金属板	矿棉板	木板、塑料板、格栅	
1	表面平整度	3	2	2	2	用 2m 靠尺和塞尺检查
2	接缝直线度	3	1.5	3	3	拉 5m 线,不足 5m 拉通线,用钢直尺检查
3	接缝高低差	1	1	1.5	1	用钢直尺和塞尺检查

明龙骨吊顶工程安装的允许偏差和检验方法　　　　　　　　　　表 7.1-2

项次	项　目	允许偏差(mm)				检 验 方 法
		石膏板	金属板	矿棉板	塑料板、玻璃板	
1	表面平整度	3	2	3	2	用 2m 靠尺和塞尺检查
2	接缝直线度	3	2	3	3	拉 5m 线,不足 5m 拉通线,用钢直尺检查
3	接缝高低差	1	1	2	1	用钢直尺和塞尺检查

7.2 技术措施

7.2.1 节点设计方案

节点设计方案是"逆作法"免搭脚手架吊顶施工工法的关键和前提，节点设计方案必须满足吊顶设计总体效果，还要操作简便，既能在吊顶面上面操作方便，易于安拆，又能在吊顶面下面安拆维修（适用于使用过程中吊顶上部无操作空间情况）。按此原则设计的连接固定节点方案很多，应结合具体的吊顶形式设计。

7.2.2 成品保护措施

1. 铝合金板成品出厂表面包装专用保护膜，在现场存放及地面安装时用彩条布和包装布铺垫，防止划伤铝板漆膜表面，待安装完毕后，再去掉保护膜。

2. 下道工序的电照配线和屋面板作业人员明确要求不得对吊顶龙骨和板踩压。

3. 吊顶及电照等施工完毕后及时安装屋面板，保证吊顶不受风雨雪的影响，如有不能立即安装上部屋面板并遇到雨雪天气，则要用彩条布临时覆盖并绑扎牢固。

8. 安 全 措 施

8.1 操作工人必须系安全带、穿防滑鞋。

8.2 高处作业人员随身携带工具袋，常用扳手等手头工具用小绳系于手腕，防止高处坠物。

8.3 安全措施包括在工作面铺木架板或活动铁栅等，局部可采用活动吊篮等。屋面上工作面木板铺设应专人检查，绑扎牢固可靠，严禁探头板。吊篮设计要求进行强度验算，吊钩要用圆钢，不能用螺纹钢。设专职安全员，对各种安全设施工前工后定期检查，确保施工安全。吊篮移动前操作人员必须离开吊篮，通过专用小梯进出吊篮，每个吊篮设二根保险绳。冬期施工在屋面上应采取防滑措施。

8.4 施工中保证与高压线、接触网的安全距离。采取必要的隔离措施，防止发生触电危险。

8.5 各施工段地面均设专人指挥协调上部施工，同时对地面行人进行疏导。在吊顶作业时，下方设专人防护，设必要的隔离标识、警示牌等。

8.6 大风、雨雪天气停工，不得上屋面、檩条、脚手架作业。

8.7 现场包装物设专人清理回收，统一处理，避免造成环境污染。

9. 环 保 措 施

9.1 采用本工法，减少了脚手架周转料的搭设、租赁、运输、存放、二次倒运，节省了资源投入，也避免了直接和间接的环境污染，节能和环保效益显著。

9.2 吊顶板和其他材料的包装纸、塑料布及时清理回收，统一集中运回原厂或专门收购单位，防止造成白色污染。

10. 技术经济效益

10.1 传统的吊顶工程中脚手架需要大量的劳力、周转材料，特别是对于超高、大面积吊顶需要满堂脚手架的工程，脚手架工程成本比重非常之大，采用免搭脚手架吊顶施工工法节省了脚手架工程成本，大大降低了工程造价，一般为 30～90 元/m²。

10.2 对于许多工程，吊顶工程往往与地面工程交叉施工，施工组织难度大，相互干扰，质量受影响，成品保护难以控制。对于一些特殊工程，如车站运营不能中断、电网安全距离限制等，在吊顶施工中不能影响下面的正常使用，因此不便搭设脚手架，采用免搭脚手架吊顶施工工法可以有效地解决这些问题，经济效益、社会效益显著。

11. 工 程 应 用

北京西客站站台无柱雨棚工程于 2003 年 7 月 1 日至 2004 年 4 月 18 日施工，其中站台雨棚吊顶面积约 60000m²，所有站台全部为运营旅客站台，电力机车牵引，27500V 接触网全部带电，吊顶最大高度 14m，工作量大，作业危险，工期紧，施工期间正值临近春运，列车到发密度大，客流量成倍增加，施工中旅客交通不能受到影响；吊顶工程工期压力巨大，还必须与前道工序钢结构屋架、檩条工序、以及部分地面正在同时进行的站台施工组织平行流水施工。如果采用传统的满堂脚手架施工，仅周转料就会堆满站台，不仅架子工种、周转料的组织困难，给车站的客运组织影响极大。我公司项目部工程技术人员通过优化设计，采用"逆作法"方法，发明了免搭设脚手架吊顶的工艺进行施工，通过实践并获得成功，实现了在一个施工段日吊顶上千 m² 的速度，60000m² 吊顶 20d 全部完成，确保了总工期的完成，工程质量验收全部合格，未发生一例安全事故，受到北京铁路局的通报嘉奖。项目部通过采用免搭脚手架吊顶施工工艺节省成本直接费用 300 多万元，对于保证了北京西客站正常运营产生的间接价值和社会效益具有更加重要的意义。"逆作法"免搭脚手架施工工法的核心技术已获得国家专利，该技术在以后的北京西站应急扩能、西黄线工程和北戴河 108 场改造工程中继续推广应用，工法更加成熟，为企业和社会作出了更大的贡献。

全液压静力桩机沉管式自动压扩器压扩桩施工工法

YJGF290—2006

山西省宏图建设工程有限公司

欧阳甘霖　孙永刚　徐延凯　李春晓　高翔

1. 前　言

全液压静力桩机沉管式自动压扩器压扩桩具有较高的抗拔性、抗振性、稳定性，桩长可以根据岩土层面起伏情况调整等优点，改善了桩身质量。施工中产生振动和噪声小，功效高。与原专用挤扩器（施工时两套设备交叉使用，成孔扩盘占用时间较长）相比，工作效率提高（自动压扩器专利号200620084549·4，专利权人，欧阳甘霖）。把全液压静力桩机的技术、环保优势与传统沉管灌注桩的经济优势最大化的组合，实现了桩端扩底及桩身多节扩盘沉管灌注桩的施工（图1）。使土体的竖向承载力及抗拔力都成倍提高，根据已建工程静载荷试验结果统计，同等条件下的肢盘桩承载力比直杆桩提高70%～100%。

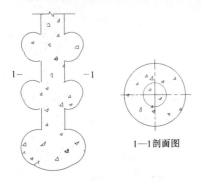

1—1剖面图

图1　桩身多节扩盘沉管灌注桩

由山西省宏图建设工程有限公司施工的安天国际公寓地基处理的300根桩，桩长20m，桩径700mm，使用了全液压静力桩机沉管式自动压扩器压扩桩技术，取得了显著的经济效益和社会效益，经总结形成本工法。

2. 工 法 特 点

2.1　桩端及盘体土层因挤压而提高了密度与强度。压扩桩的扩盘是经过沉管及自动压扩器把上部巨大的静压力传递给桩基相应盘体处现浇混凝土和持力土层中，并向持力土层四周与下部强制挤压成型，持力土层因受挤压密度与强度均产生大的变化。

2.2　扩大头（盘）成型理想。因自动压扩器为圆锥体，在静力作用下均匀挤入，形成的扩大头（盘）外形也相应均匀，扩大盘最大截面与桩身截面相比，一次压扩，一般就可增大截面积50%～100%（视相应土层性质、压扩参数不同而异）。

2.3　桩身质量有保障。在沉管式全液压静力压扩桩施工时沉管内置放了与桩长几乎相等的特制振动器，对桩身现浇混凝土实施深层振动，并随同沉管而逐步提升，成桩完毕后停止振动，这样，除避免了沉管灌注桩易产生的桩身缩颈、断裂、夹泥等弊病，提高了桩身质量外，还降低了拔管的难度。

2.4　省去桩尖，缩短施工周期。自动压扩器因施工压扩桩不用预制桩尖或干粉填充，所以节省了预制桩尖、铁垫圈等费用（每根桩平均节约60元左右），同时也避免了因预制桩尖破碎嵌入管内而造成的废桩，这样免去了较长的施工准备周期（预制桩尖的制作工期），使整个桩基施工总工期比同等条件的沉管灌注桩缩短至少20d以上。

2.5　作为抗拔桩。压扩桩不仅是一种主要的多支点承受竖向力的桩，也是一种理想的抗拔桩，地震时因桩的多节点支承稳定性好，有利于抗震。

2.6　适用范围更广泛。压扩桩属高承载力，低造价新型沉管灌注桩，而且采用全液压静力桩机作为动力源，桩直径可至φ800，在适合的工程地质条件下，根据上部结构传递荷载的需要，在桩身竖向相应较好持力层挤扩出大于桩直径许多并有一定厚度的一个或多个扩大盘体,将原普通摩擦桩或端承摩擦桩变为多支承点的摩擦端承桩,承载力将大幅度提高。用它代替传统沉管灌注桩、预制桩(包括管桩)及钻孔灌注桩,不仅比普通直杆桩缩短桩长,而且工程桩的总数和桩承台体积都将大大减少,经济效益比较明显。压扩桩除能适用传统沉管灌注桩施工土层外,在地下水丰富或饱和黏性土及干性砂土中,成桩效果更优于其他扩盘桩。

2.7 施工更环保。从微观方面讲,由于压扩桩设备采用了全液压静力桩机,消除了强振、噪声,并无泥浆排除,属于绿色施工。

2.8 施工不存在沉渣虚土,所以可以免除桩底注浆消除沉渣或专用设备清渣的工艺。

2.9 该工艺成孔、扩底、桩身扩盘、对土体挤密、浇筑混凝土均为同一设备,施工工艺紧密相连,一气呵成,比其他形式扩底或扩盘桩采用两套甚至三套设备交叉使用成型在工艺方面要优越、简便得多。

2.10 本自动压扩器对现已投入使用的各规格型号静压桩机(只要能压管桩)完全不必改动就可使用。

2.11 受目前静压桩机的功能限制,采用自动压扩器的施工桩径和桩长受到一定约束,桩径≤800mm,桩长≤20m。

3. 适 用 范 围

3.1 适用于各种地基承载力要求较高的建筑及地下水有潜压、容易缩径的地质地区。

3.2 适应土层

3.2.1 传统沉管灌注桩能适应的土层。

3.2.2 现有静力桩机施工预制方桩、管桩所适应的土层。

3.2.3 遇有深厚软弱土层中有相对较好和一定厚度的夹层时应优先考虑。

3.3 适应工程范围

3.3.1 多层及高层建构筑物基础。

3.3.2 大吨位及有振动荷载的建构筑物基础。

3.3.3 有抗振、抗拔、抗浮要求的建构筑物基础。

4. 工 艺 原 理

在建(构)筑物桩基的设计中,一般都依据岩土工程勘察数据,在工程地质剖面图上,选择一层性质相对好的、强度高的,且有一定厚度的低压缩性土做桩端持力层,以发挥桩承载力高、变形小的特点。

4.1 在《建筑桩基技术规范》(JGJ 94—94)中,计算单桩竖向极限承载力标准值 Q_{uK} 的公式为:

$$Q_{uK} = Q_{sK} + Q_{pK} = \sum q_{sik} L_i + q_{pk} A_p \tag{4.1}$$

式中　　Q_{uK}——单桩竖向极限承载力标准值,kN;

　　　　A_p——桩端面积,m^2;

　　　　q_{pk}——极限端阻力标准值,kPa;

　　　　q_{sik}——桩周第 i 层土的极限侧阻力标准值,kPa;

　　　　u——桩身周长,m;

　　　　L_i——桩周第 i 层土厚度,m;

从上述公式中可以看出,单桩竖向极限承载力标准值由桩侧阻和桩端阻组成,除桩的桩身、桩端几何尺寸外,土层的 q_{pk}、q_{sk} 值是桩的极限总阻力计算的两个重要参数,在《建筑桩基技术规范》中 q_{pk}、q_{sk} 表格(5.2.8.2)、(5.2.8.1)中可以看出,同一层土的单位面积桩端阻标准值 q_{pk} 比单位面积桩

侧阻标准值 q_{sk} 要大得多，一般在黏性土中，$q_{pk}/q_{sk}=25～60$；粉土中 $q_{pk}/q_{sk}=40～60$；粉砂、砂性土中 $q_{pk}/q_{sk}=40～56$；中密、密实、细、中、粗砂土中 $q_{pk}/q_{sk}=60～80$，砂砾卵石中 $q_{pk}/q_{sk}=65～90$。

所以，在工程实践中，除软弱土层太深厚的情况外，设计人员往往选择强度高、压缩性低、变形模量大的土层做桩端持力层，这样，桩的承载力提高明显。

反之，如果靠增加桩侧面积来提高承载力，那么桩径相应增大，桩身相应增长，致使桩的体积大幅度增加，由于 q_{sk} 值较小，得到的桩侧摩阻力 $q_{sK}=u\sum q_{sik}L_i$ 较小，而桩体积增大，即桩身混凝土用量大，桩的费用相应会提高。

在传统的压扩、夯扩桩中，单一采用了桩端扩底来提高桩承载力的途径。所以仅是桩端处增加较大的桩端面积 A_p，由于桩端阻 q_{pk} 较大，得到的桩端阻 $A_p\times q_{pk}$ 增加幅度较大，桩的承载力肯定有显著提高，而花费材料相对较少，但桩端扩底直径会受到多方面因素制约而存在一定局限性。采用自动压扩器，除桩端外，在桩身相应较好的土层再实施扩径即挤扩一节或多节扩大的盘体，以有效增加桩的端承面积，这样就可最大化的挖掘同性质土层端阻力的潜力，将摩擦桩或端承摩擦桩变成多节点支承的摩擦端承桩，用较少的材料换取承载力的成倍增加，其经济效益是相当明显的。

4.2　多节盘体桩承载机理

首先利用桩身中下部相对较好的土层，将桩顶承受荷载通过盘体传递到相应土层中，即分层承受荷载，通过荷载沿深度的扩散，不仅减少了桩端荷载，而且大幅度扩大了承力面积，从而达到大幅度提高承载力的目的。

4.3　多节盘体桩荷载传递性状

根据合肥工业大学土木工程学院钱德玲教授对采用专用挤扩器挤扩的多节肢盘桩工程静载荷试验实测数据和 FEM 模拟结果分析得出结论：

4.3.1　从受力特性上分析，盘体桩属多支点摩擦端承桩，桩的荷载主要靠盘体端承受力。盘体端承力是盘体桩的承力主体，盘体力大、摩阻力小是盘体桩的主要承力特点。

4.3.2　无论是从静载试验结果还是从三维有限元数值模拟结果上看，第一个盘体承受的荷载最大，盘体上斜面土体中的压应力以及土体中的竖向位移也为最大值，说明了第一个盘体的设置位置尤其重要，较好的土层性质以及较大的盘间距是为第一个盘体的承载力的发挥应提供的必要条件。

4.3.3　根据计算和三维数值模拟结果，得出了盘间最小净间距为 $\geqslant 2D$（D 为盘体直径）。在满足盘间临界净间距的条件下，根据土层力学性质可任意调整桩长、桩径及盘体数，以此来调整承载力的设计值。

4.3.4　三维有限元计算结果显示，压应力值在 X 方向上的扩散范围距桩的中心线大约为 $1D$。据此，考虑到群桩效应，群桩中基桩的最小中心距为 $2D$。

4.3.5　桩端阻力充分发挥时对应桩顶沉降约为 6.5% 的桩径，比 Vesic 认为的要小的多。盘体桩的端阻发挥比 Q_P/Q_U 类似于打入桩，当桩端阻力充分发挥时所需要的桩端沉降比 S_b/d 仅为 4.4%，比打入桩还要小，这是盘体桩的一个主要特性。

4.3.6　盘体的作用相当于在桩身设置了支承点，多个支承点的作用使盘体桩的稳定性提高，因而有利于抗震，可作为大吨位的具有振动荷载的建筑物基础。

4.4　自动压扩器构造及原理

自动压扩器外形为圆锥体，利用液体介质在密封管道及油腔中传递应力，使阀瓣能根据使用者的要求及时开启或关闭，以便沉管内混凝土相应流出或截止的装置见图 4.4-1。它的构造和原理：自动压扩器由 1 沉管、2 连接器、3 上压盖、4 上端盖、5 上油腔、6 活塞、7 下油腔、8 下端盖、9 下压盖、10 阀瓣座、10′柱形球铰座、11 连杆座、12 铰链轴、13 连杆、14 阀瓣、14′柱形球铰头、15 油缸、16 空心活塞杆、17、18 进出油管接头、19、20 进出油管、21 防护套、22 活塞环形键销、23 阀瓣双耳铰链孔、24 连杆座双耳铰链孔、25 密封圈等主要零部件组成。具体工作原理：当油缸上油腔充满液压油时，活塞及与之连接一体的活塞杆推动阀瓣连杆往下端移动并将阀瓣推开，这时沉管内混凝土可以浇

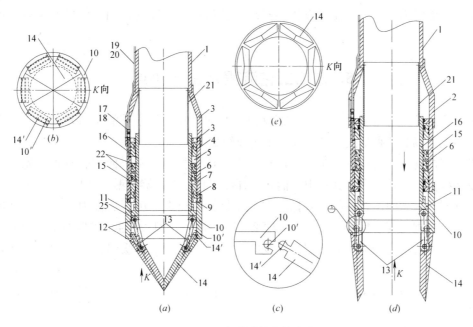

图 4.4-1　自动压扩器构造图

1—沉管；2—连接器；3—上压盖；4—上端盖；5—上油腔；6—活塞；7—下油腔；8—下端盖；9—下压盖；
10—阀瓣座；10′—柱形球铰座；11—连杆座；12—铰链轴；13—连杆；14—阀瓣；14′—柱形球铰头；
15—油缸；16—空心活塞杆；17、18—进出油管接头；19、20—进出油管；21—防护套；
22—活塞球形键销；23—阀瓣双耳铰链孔；24—连杆座双耳铰链孔；25—密封圈

筑压扩器端部，随着桩机将沉管提升到 h 高度时（根据具体地质条件而定），即压扩器下端处浇筑一定量的混凝土后，切断油缸上油腔进油，改向下油腔注油，活塞及与之连接一体的活塞杆拉动连杆也同步在沉管内上移，连杆相应拉动阀瓣迅速关闭，之后，沉管在全液压桩机静压力作用下再次将自动压扩器在关闭状态压至底标高处，圆锥形压扩器强行挤入已浇混凝土中，对混凝土进行强力挤压，迫使混凝土往外扩张而形成扩大头（盘）。为防止混凝土堵塞防护套外空间，而使活塞杆运动受阻或失灵，甚至导致液压机件的损坏，在沉管内壁安装了防护套，防护套下端用多层密封圈密封，以保证沉管内混凝土及杂物不堵塞防护套外空间而影响活塞杆正常工作。

根据承载力要求及相应土层条件，可反复上述作业程序 2~3 次，使扩大头（盘）有效直径成倍增大，承力土层强度显著提高，同时，在桩身中下部相应较好土层，按图 4.4-2 工艺重复即可在桩身挤扩出一个比桩身大得多的盘体，实现桩身多节扩盘，又称多节盘体，在上部为软弱土层或不均匀土层，中下部有多层性质相对较好的土层时，多节盘体桩的极限承载力推动桩身混凝土强度等级提高达 C40 以上。所以，全液压静力桩机沉管式自动压扩器压扩桩不但充分利用和挖掘了桩端、桩身相

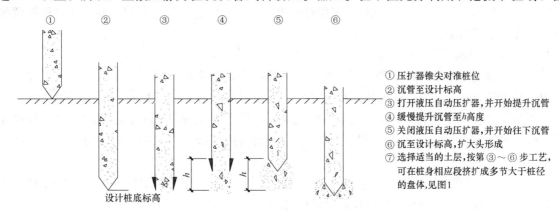

①压扩器锥尖对准桩位
②沉管至设计标高
③打开液压自动压扩器，并开始提升沉管
④缓慢提升沉管至 h 高度
⑤关闭液压自动压扩器，并开始往下沉管
⑥沉至设计标高，扩大头形成
⑦选择适当的土层，按第③~⑥步工艺，可在桩身相应段挤扩成多节大于桩径的盘体，见图1

图 4.4-2　施工工序示意图

应较好土层端阻力的潜力，而且也充分发挥和提高了桩身材料强度的作用。使桩的承载力产生一个质的飞跃。

5. 施工工艺流程及操作要点

压扩桩是沉管灌注桩与桩端扩底、桩身扩盘相结合的产物，根据桩的承载及抗拔、抗水平力要求分为有钢筋笼和无钢筋笼两种形式。现将施工工艺介绍如下：

移动桩机，将沉管下端的压扩器锥尖对准桩位点，调整桩机水平，使沉管垂直，先将灌满混凝土的沉管压入设计标高，接着操纵驾驶室中手柄，打开液压自动压扩器阀瓣，然后沉管上拔 h（沉管上拔时启动深层振动器）后关闭压扩器阀瓣及振动器。用桩机钳口夹住沉管后强力向下再次挤压至设计标高，形成扩大头，根据需要可反复③～⑥步工序 2～3 次即可，然后开启压扩器阀瓣，同时启动深层振动器，将沉管缓慢拔至桩身相应扩盘土层，反复③～⑥步工艺，最后缓慢拔管出地面停止振动，混凝土凝固成型后桩成。

在沉桩时，为阻止地下水和淤泥挤入沉管内，一方面要把压扩器阀瓣关紧，另一方面要预先将混凝土充满沉管内形成双层封闭。

如果需要设置钢筋笼，应先在沉管内注入桩端扩大头所需混凝土量 H，按图 4.4-2 施工工序将扩大头形成后，安放钢筋笼，然后放置深层振动器，再向沉管内灌足混凝土，缓慢提升沉管至地面，完成桩的成型。

6. 材料与设备

以安天国际实业有限公司的安天国际公寓为例。2006 年 3 月 20 日开工，工期 60d，300 根桩。桩长 20m，桩径 700mm。

6.1 静压挤扩桩机 1 台，电焊机 2 台。

6.2 水平仪 1 台，经纬仪 1 台，成孔检测机 1 台。

7. 质 量 控 制

7.1 静力桩机及附件的机械质量控制。

静力桩机重量应为沉管下沉阻力总和的 1.1 倍以上。沉管长度应满足设计桩长的施工原则，并留出足够长度供桩机钳口夹持。自动压扩器的外直径应是设计桩身直径。锥形阀瓣在压桩前应检查开、闭灵敏度及关闭的严密性。

7.2 复检桩位平面位置。桩机就位必须保持平整、稳定，沉管与地面垂直，并可通过桩机驾驶室内全方位水准仪予以纠正。

7.3 桩身混凝土质量控制。

第一要检查混凝土的原材料（砂、石、水泥）复检报告是否合格。第二要检查混凝土配比、水灰比、稠和度是否符合设计要求，并按规定留有试块。商品混凝土必须检查原材料复检报告、配合比试验报告、坍落度是否符合要求，并现场抽样预留试块。沉管内灌注的混凝土量必须满足设计桩身及充盈系数用量。沉管容积一次不能满足用量要求时，应在沉管内混凝土尚未用尽时及时添加，以保证桩身质量。

7.4 压扩时，应观察桩机驾驶室内压力表的读数，并通过计算掌握压扩时沉管总阻力值 P 是否达到设计要求。压力过低、过高均应会同设计商议后再施工。

7.5 压扩工序的质量控制。

压扩工序必须严格执行设计的压扩参数。压扩参数 H、h、h-c 的施工误差应控制在 0.1m 以内，并由现场专人负责测量记录。压扩时沉管总阻力 P 值应保持≥设计值的 90% 以上。

7.6 钢筋笼的制做安放质量控制。

7.6.1 检查钢筋材料、型号、数量是否符合设计要求，钢材复检报告是否合格，焊条、焊接质量是否经检测符合要求。

7.6.2 检查钢筋笼尺寸、箍筋间距是否符合设计要求，吊运时要防止钢筋笼的扭曲变形，安放应居中，保护层应符合设计或规范，各项误差均应在设计或规范围内，经确认后方可灌注混凝土。

7.7 桩身质量的控制。

钢筋笼安放合格，混凝土浇筑之后，应开启振动器缓慢拔管，拔管速度宜控制在 2m/min 内，沉管下端压扩器被拔至距桩顶设计标高约 1m 时，停留 3~5s，然后再拔管离开地面，停振，移动桩机。

7.8 压扩桩中压扩参数的有效控制。

压扩桩比沉管灌注桩具有更高承载力和更优的桩身质量，其关键是在形成桩端扩大头或桩身扩大盘体时，挤密了四周持力土层，增加了端承面积。因此，在施工中应严格掌握控制好压扩参数。H—即满足桩端扩大头所需的混凝土量在沉管内的高度（m）；h—是压扩器开启后沉管提升高度（m），也就是形成扩大头（盘）所需的混凝土量；h-c—压扩器关闭后强行挤入现浇混凝土中的高度（m）；P—压扩器挤入混凝土中的压应力，即沉管下沉的总阻力值（在桩机驾驶室仪表上可读出），这是压扩工序的关键。

成功的压扩桩，桩端压扩时 P 值应为 $(R_K - up \cdot \sum q_{si} \cdot l_i)$ 的 3.4~4 倍以上。桩身节盘处为该层 $q_p \cdot A_p \cdot 2$ 倍以上，如果压应力低于此值，说明压扩效果不理想，应重新调整压扩参数或采用第二次、第三次压扩工序。

R_K——单桩竖向承载力标准值，kPa；

up——桩身周长，m；

q_{si}——桩周第 i 层土的摩擦力标准值，kPa；

l_i——桩周第 i 层土厚度，m；

q_p——桩端土承载力标准值，kPa；

A_p——桩端面积，m^2。

7.9 拔管困难时应采取的措施。

压扩桩在拔管时，有时会产生拔管困难现象，这也是目前压扩桩桩长受到制约的主要因素。如果开启沉管内置放的振动器拔管仍困难时，应在沉管上端加置大功率振动锤协助拔管，沉管外壁受内外强烈振动，管外侧壁土及管内侧壁混凝土的摩擦阻力即会大为下降，使拔管顺利。

7.10 压扩桩成桩质量检测。

7.10.1 除严格按照《建筑桩基技术规范》JGJ 94 —94 相关规定和设计图要求进行成桩检测外，一定按规范要求进行一定数量的单桩竖向静载荷试验来确定压扩桩单桩容许承载力。

7.10.2 为检查承力土层的挤密和强度提高情况，应在试桩施工前、后分别采用静力触探等原位测试的方法进行曲线对比，以利压扩桩参数及工程桩的质量控制。

8. 安 全 措 施

除执行国家颁发的建筑安装工程安全技术规程外，还应采取以下措施：

8.1 组织相关施工人员学习安全操作规程，进行岗前培训。

8.2 编制安全技术方案和安全措施，并认真贯彻落实。

8.3 积极做好安全生产检查，发现事故隐患及时整改。

8.4 桩机施工时，加强统一指挥。

9. 环 保 措 施

9.1 由于压扩桩设备采用了全液压静力桩机，消除了强振、噪声，属于绿色施工。所以，比其他桩更适合市区、医疗、学校、精密仪器等需防振、防尘、防噪声地区的基础施工。

9.2 施工不存有沉渣虚土，所以可以免除桩底注浆消除沉渣的工艺。

10. 效 益 分 析

通过地基处理采用了全液压静力桩机沉管式自动压扩器压扩桩施工技术，比使用了专用挤扩器（施工时两套设备交叉使用，成孔扩盘占用时间较长）效率提高。根据已建工程静载荷试验结果统计，同等条件下的多节盘桩单方混凝土承载力是直杆桩2倍以上，经优化设计，可节约大量原材料及工作量，已有工程统计结果表明，采用多节盘体桩比普通灌注桩节约混凝土用量40%～60%，我们按平均50%考虑，中等发达地区正常情况下的一个地级市每年灌注桩混凝土用量估计大约在100000m³以上，假设尽量改用压扩桩，可节约混凝土50000m³，混凝土配比按1∶0.45∶1.2∶2（水泥∶水∶砂∶石子），以每m³混凝土水泥用量400kg计，则每年节约水泥20000t，石子40000t，砂24000t，水9000m³；节约桩基工程造价约40%；普通钻孔灌注桩按1m³土体＝3m³泥浆计算，减少泥浆排放及运输约30万m³。减少运输量总计约43.8万t，按平均运距40km计减少汽运1752万t/km。如果在全国范围内能广泛推广采用，按现有建设规模概估，每年节约水泥600万t以上，水290万t、石子、砂分别为1320万t、792万t以上；节约这些物资的汽运量约122760万t/km（物资平均运距按40km计），燃料节约又是相当大一笔数据，因此，压扩桩不仅施工环保效益明显，更重要的是对能源节约、青山绿水的保护（减少砂石开采）、水资源节约、减少大气温室效应所带来的社会可持续发展有不可估量的巨大价值！

11. 应 用 实 例

安天国际公寓是由安天国际实业有限公司开发，地基处理采用了全液压静力桩机沉管式自动压扩器压扩桩施工技术，有效地保证了工程质量、安全、环保。在工期紧迫的情况下，质量好，速度快，受到业主的好评和鼓励。

薄壁筒桩软基处理施工工法

YJGF291—2006

中铁十二局集团有限公司

曹钢龙　王建平　杜方元

1. 前　　言

软土地基采用预制类、沉管类桩加固处理，打入土层时会产生比较严重的挤土效应，导致已施工桩桩身发生变形、接口断裂、错位、甚至上浮，且单根桩加固范围小，软基处理工程数量大；采用钻孔灌注桩加固软基，产生的大量泥浆严重污染环境，混凝土材料浪费也很严重。

薄壁筒桩进行软基处理以弥补预制类桩、沉管类桩和钻孔灌注桩的缺陷为出发点，采用一种用于混凝土筒体施工的压入式一次成孔器，外径 100~150cm，壁厚 10~25cm，自动排土振动灌注混凝土工艺形成筒桩，由筒桩与桩间土形成刚性桩复合地基，具有良好的群桩基础承载力性能和有效地防止软土地基的侧向挤土变形，从而达到提高地基承载力，减小地基沉降量的目的；因为较密集的群桩之间存在"土塞"效应，故在高路堤填方路段具有良好的抗滑性能。薄壁筒桩已广泛应用于沿海地区路基和机场软土地基处理及防洪堤坝、围海工程方面，有着非常广阔的发展前景。中铁十二局集团在浙江07省道改建工程施工中，采用薄壁筒桩加固软土地基路桥过渡段，完成数量为 17444 延米/2118 根，成桩检测施工质量可靠，软基处理效果良好，经总结形成本工法，其关键技术经专家鉴定达到国内领先水平。该工法被评为山西省省级工法、中国铁道建筑总公司 2004-2005 年度优秀工法。

2. 工 法 特 点

2.1 施工质量容易保证。薄壁筒桩质量监控措施参照灌注桩标准执行，可有效防止偷工减料、沉桩不到位等质量弊病；对于检测不合格桩，可在筒桩土芯开挖后进行筒内灌注混凝土补强。

2.2 施工进度快，可快速提高地基承载力，无需堆载预压即可进行路基填筑，且填筑时不受沉降速率限制。

2.3 薄壁筒桩对地层适应能力强，不但能够处理多种地质情况不同的土层，也能通过现场施工时的贯入度，推断单桩承载力。

2.4 能够有效控制工后沉降量，可通过改变桩长、桩间距控制路基整体沉降量。路桥过渡段处理效果良好，能较好地改善桥头跳车问题。

3. 适 应 范 围

该工法适用于以下地段软土地基加固处理：桩端持力层为较厚的强风化或全风化岩层、坚硬黏性土层、密实碎石土、砂土、粉土层；软土层厚度一般 6~35m；施工区域交通方便，可以通行大型机械设备。

4. 工 艺 原 理

薄壁筒桩处理软土地基就是采用一种特殊的用于混凝土筒体施工的压入式一次成孔器，利用沉管桩架提升激振锤，把特制的桩尖套入成孔器下部外、内钢质套管之间的空腔中，然后通过激振锤带动成孔器自动排土振动下沉，在成圆筒形孔的同时亦同步自动排出土体；随后将激振锤与成孔器分离放入钢筋笼，一边灌注混凝土，一边振动拔出成孔器套管即成筒状管桩，桩尖则留在持力层中。待混凝土达到一定强度后凿除软弱桩头，浇筑钢筋混凝土桩帽板；然后在处理区域所有单体筒桩顶部铺筑土体和一层土工格栅，将整个处理区域连成一体。其受力机理就是通过铺设土工织物将上部路基荷载均匀传递给桩土复合地基，再由筒桩将路基的大部分荷载传递到持力层；当桩间土通过土工格栅与桩身发生紧密作用时，桩间土就开始依赖桩身负担外荷载，此时的桩间土沉降就基本逐步达到稳定。筒桩加固软基的另一项重要作用是群桩的侧向水平总体"土塞"效应，它明显地阻止路基软土的水平方向位移，因而大大增加路基的稳定性。

5. 施工工艺流程及操作要点

5.1 工艺流程

5.1.1 薄壁筒桩施工工序流程

薄壁筒桩施工工艺流程详见图 5.1.1-1 及图 5.1.1-2。

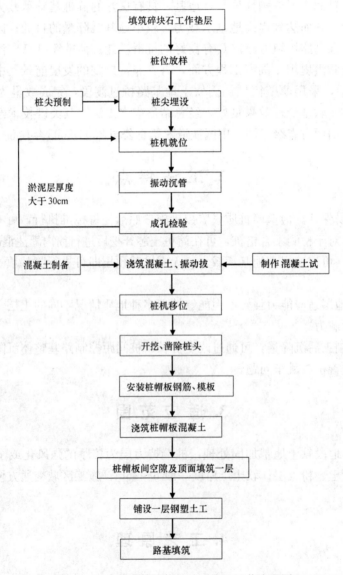

图 5.1.1-1 薄壁筒桩软基处理施工工艺流程图

现浇混凝土薄壁筒桩单体施工工艺流程：

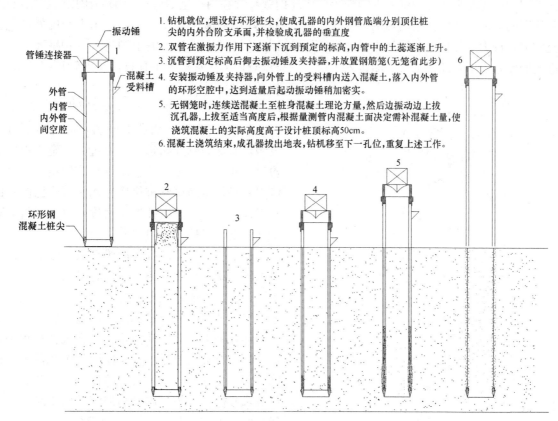

1. 钻机就位，埋设好环形桩尖，使成孔器的内外钢管底端分别顶住桩尖的内外台阶支承面，并检验成孔器的垂直度。
2. 双管在激振力作用下逐渐沉到预定的标高，内管中的土蕊逐渐上升。
3. 沉管到预定标高后御去振动锤及夹持器，并放置钢筋笼(无笼省此步)。
4. 安装振动锤及夹持器，向外管上的受料槽内送入混凝土，落入内外管的环形空腔中，达到适量后起动振动锤稍加密实。
5. 无钢笼时，连续送混凝土至桩身混凝土理论方量，然后边振动边上拔沉孔器，上拔至适当高度后，根据量测管内混凝土面决定需补混凝土量，使浇筑混凝土的实际高度高于设计桩顶标高50cm。
6. 混凝土浇筑结束，成孔器拔出地表，钻机移至下一孔位，重复上述工作。

图5.1.1-2　单体筒柱施工工艺流程图

5.1.2　筒桩施工顺序

由软基处理区域中心向四周推移，先长桩后短桩，减少挤土效应，具体施工走向根据实际挤土效应而定。

5.2　操作要点

5.2.1　桩位放样：根据设计桩位布置及处理区域，填筑50～80cm厚的碎块石工作垫层，用全站仪或经纬仪测设处理网格控制桩位，并以控制点位为基准测设各单体筒桩桩位，并插上钢筋或木桩做明显标示。

5.2.2　桩尖预制及埋设：桩尖形状及质量是筒桩施工工艺技术的关键，桩尖刃口形状决定筒桩施工排土量大小及沉管阻力，施工中必须按照现场工程地质条件、设计要求、筒桩排土量的具体情况来设计桩尖的刃口形状；一般桩尖采用C30钢筋混凝土预制。为减少施工中的挤土效应，桩尖采用如图5.2.2所示结构。

桩位放样后，先清除桩位上的1.5m×1.5m范围内的填碴，再埋设桩尖，以便成桩后立即浇筑盖板及垫层，桩尖定位采用拉十字线法检查，桩尖中心和桩位中心偏差不大于20mm。

5.2.3　桩机就位：桩机底座架坐在钢管上，钢管下垫枕木，桩机依靠卷扬机拉动钢丝绳在枕木上滚动钢管而前移，横向底座在钢管上滑移而横向移动。位置初步对中后，下放成孔器，使成孔器的内外钢管底端接近桩尖顶面，再调整纵横相对位置，使桩尖顶面凸台嵌入成孔器内外管壁间的空腔内，实现完全对中；对中时必须确保不扰动桩尖，对中后校正桩机底座水平和桅杆垂直度，垫实底座。为了防止地下水和淤泥从桩尖与内外管下端接角面挤入内外之间的空腔中，对中后在桩尖的内外台阶上铺纸袋或纤维性布料，作为密封材料。

5.2.4　振动沉管：将下端形成切削刃口的桩尖套入设在竖立的外护壁套管同内护壁套管之间的筒

孔中，并使外护壁套管和内护壁套管的下端面分别同桩尖上端的外支承面和内支承面接触，要求桩尖的内支承面的内径略大于内护壁套管的外径。该外护壁套管和内护壁套管的上端同激振锤连接器相接，内护壁套管的上端形成穿出振动器的同径出土孔。在振动锤的激振力作用下，作用力经内外护壁套管传递至桩尖，桩尖随外护壁套管和内护壁套管进入土层，被桩尖排挤的泥土则进入内护壁套管，并排挤先进入的原始土层，随着桩尖不断进入土层，内护壁管内的土逐渐向上顶移而从内管顶端排出。（见图 5.2.4）。

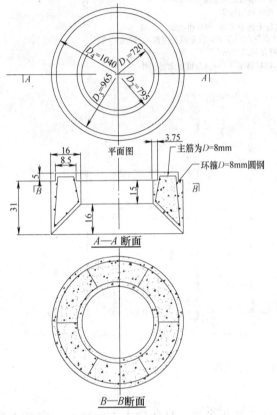

平面图

A—A 断面

B—B 断面

图 5.2.2　桩尖结构图

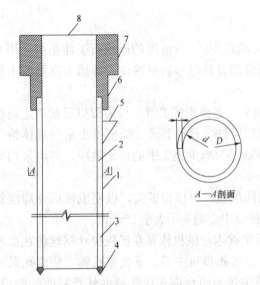

图 5.2.4　现浇混凝土单体薄壁筒桩
成孔器结构示意图

1—外钢管筒；2—内钢管筒；3—筒腔；4—桩尖；5—进料斗；6—法兰接头；7—振动器；8—排土排气内腔

D—外筒半径；d—内筒半径；t—腔壁厚度（筒桩壁厚）

沉孔前必须进行垂直度的测量，垂直度按 0.5% 控制。为防止成孔器倾斜，成孔器下沉速度放慢，激振力刚开始选择不宜过大。施工中应及时检查成孔器垂直度，防止出现严重倾斜。一旦出现倾斜，必须重新调整桩机底座水平，将已沉孔的沉管提起，重新调整沉孔器垂直度，再次沉管，减缓沉孔速度，激振力均匀加大。

施工中容易出现沉孔困难现象，分析原因主要有两种，第一种情况为沉管即将进入持力层而产生下沉困难，可能是地质条件发生变化，处理方法为通过现场地质勘察或根据最后的贯入度来判断选择是否终孔。第二种沉孔困难发生在沉孔过程中，离设计标高有较大差距。主要原因是沉孔器桩尖遇到障碍物，如遇漂石或木头等障碍物。处理方法是移位避开或冲击冲掉。筒桩如遇沉孔困难时，严禁强行激振，否则会振坏桩尖，严重时将沉孔器挤扁，发生变形，造成沉孔器损坏。

5.2.5　混凝土浇筑及拔管：桩尖下沉至设计深度浇筑混凝土前，必须进行成孔检查。如有钢筋笼，应先拆除激振锤和连接器安装钢筋笼，并再次用测绳检测孔底有无渗水和淤泥挤入，如淤泥厚度小于 30cm 时则不必处理；当淤泥层厚度大于 30cm 时，应拔出成孔器，重新下桩尖成孔。如渗水较多，宜用气举或微型潜水泵抽排，少量渗水采用投入水泥粉，再用空气吹混水泥成浆；工艺性试桩探明地质后，若遇桩端为渗透性较大非黏性土层，沉孔进入该地层前预灌 1m 高混凝土阻止渗水。

从设在外护壁套管的灌注口向筒孔中灌注混凝土，并根据套管埋入混凝土中深度不小于 1.0m 的要求，同时将外护壁套管和内护壁管向上逐渐拉出，此时，桩尖将离开内外管底端并同灌注形成的混凝土筒体连成一体埋设在软地基中。拔管时应注意振动时间的控制，严禁混凝土长时间振动，否则容易导致混凝土离析，根据施工经验，当沉管内灌满混凝土，振动时限控制在 10min 内较为合适，严禁振动时限超过 20min。振拔浇筑混凝土过程中为确保桩顶标高处混凝土的质量，按沉管桩质量控制要求，桩顶实际浇筑面高出设计要求 0.5m。

筒桩混凝土应一次连续浇筑完成。施工过程中加强混凝土坍落度控制，确保电力供应正常。一旦由于坍落度控制不力或突然出现断电引起混凝土卡孔现象，需将沉孔器连同混凝土一起拔出，然后空振或拆除内、外套管，然后安装桩尖重新成孔。

5.2.6 混凝土生产与运输

混凝土的生产与运输根据现场实际情况决定。由于路桥过渡段软基处理段落分散且每处工程数量不大，采用 JZ350 滚筒式搅拌机现场搅拌，手推车运送，以保护成桩质量并适应现场施工场地小，工点搬迁比较频繁的实际情况。随着成孔器的提升，混凝土由一个带活动插板的吊斗向灌注口喂料。

5.2.7 桩顶处理及质量检测

筒桩浇筑完成后，桩机移位，继续下一根筒桩施工。筒桩混凝土终凝后开挖、凿除软弱桩头至设计标高，挖出筒内碴料，露出均匀密实的混凝土面，将清理桩头的混凝土碴料作为垫层材料，铺筑垫层。

筒桩质量检测，采用低应变检测桩身完整性和混凝土质量，如发现筒桩桩身存在较严重的缺陷，就必须采取措施补救。具体方法为开挖筒桩内土柱，直至缺陷部位，并将缺陷部位凿除，重新灌注高标号混凝土补强；若缺陷严重时，可将整个筒桩内全部灌注混凝土，做成实心桩。筒桩单桩承载力可以通过套管下沉时的贯入度判断；成桩后必须将桩头 1.2m 做成混凝土实心桩后采用高应变或静载试验进行检测。

5.2.8 浇筑桩帽

凿除桩头并清理干净后，即可安装桩帽板钢侧模并绑扎钢筋，桩帽板的钢筋骨架可提前场外预制现场安装。桩帽板中心应与薄壁筒桩中心重合，边线应平行或垂直于线路中心线，同一片软基处理区域桩帽板顶面大致水平，相邻桩帽板顶板高差不得超过 15cm。施工中应加强对桩帽板混凝土的覆盖洒水养护，混凝土强度达到设计强度的 70% 后方可进行下一步填筑工作。

5.2.9 桩顶路基填筑

在已成片完成的单体薄壁筒桩顶面，铺筑一层填料将桩帽板间孔隙填满并高出桩帽板顶面至少 10cm，整平静压后铺设一层钢塑土工格栅，即可按照正常路基填筑作业程序施工。

5.3 劳动力组织

劳动力组织见表 5.3。

薄壁筒桩软土地基处理劳动力组织表   表 5.3

序　号	工作项目	作业内容	人　数	说　明
1	桩机司机	薄壁筒桩桩机操作	2	
2	钢筋工班	桩身、桩帽钢筋制作与安装	3	
3	混凝土工班	混凝土生产、运输、灌注、辅助振捣	7	
4	电焊钳工	钢筋焊接、机械维修	2	
5	技术员	测量放样、现场旁站监督	1	
6	材料员	物资材料供应	1	
	合计		16	

6. 材料与设备

薄壁筒桩所用材料为普通钢筋、混凝土材料，无需特殊说明。薄壁筒桩软基处理施工所需主要机具设备情况详见表 6。

主要机具设备表 表6

序　号	设备器具名称	型　号	功　率	数　量	备　注
1	沉管桩架	起重力80～100t		1台	
2	激振锤	DZ110	110kW	1台	
3	成孔器	φ1000		1套	
4	混凝土搅拌机	JZ350C	7.5kW	1台	
5	液压汽车吊	QY-16		1台	
6	型材切割机	J3G-400	2.2kW	1台	
7	振动棒	Zn-30		2台	
8	电焊机	BX-300-1	16kW	1台	
9	潜水泵	QX-6	0.75kW	1台	
10	磅秤	500kg		3台	
11	经纬仪	J2		2台	
12	水准仪	DS3		1台	

7. 质 量 控 制

7.1　薄壁筒桩桩位偏差及质量检验标准严格按照《公路路基工程质量验收标准》执行，主要检测项目及标准见表7.1。

薄壁筒桩质量检查表 表7.1

序号	检查项目	规定值或允许偏差	检查方法及频率
1	桩间距(mm)	±100	抽查成桩数的5%
2	竖直度(%)	≤1	抽查成桩数的5%
3	沉桩深度(m)	不小于设计	钢尺量测,抽查成桩数的20%
4	桩外径(cm)	不小于设计	钢尺量测,抽查成桩数的5%
5	筒壁厚度(mm)	不小于设计	钢尺量测,抽查成桩数的5%
6	混凝土抗压强度(MPa)	不小于设计	预留混凝土试件
7	单桩承载力	不小于设计	承载力试验,成桩数的0.2%
8	桩身完整性	无明显缺陷	低应变测试,抽查成桩数的10%筒内挖土检查,抽查成桩数的0.5%

7.2　成桩质量控制

筒桩作为新型桩基，由于壁薄，易出现质量事故。因此质量控制要求较严格。除严格执行筒桩施工要求外，成桩以后检测显得非常重要。成桩质量检测主要手段有：

7.2.1　低应变反射波法

要求按照一定比例进行抽检，主要目的是检测桩身完整性和成桩混凝土质量。由于筒桩桩形不同于实心桩，要求桩顶至少均匀对称测试四点，击发方式采用尼龙棒、铁锤两种方式，选择最佳击发与接收距离，采集测试波曲线。

7.2.2　高应变检测法

主要用于工程桩承载力测试，由于筒桩承载力以摩擦力为主，锤击时，易产生较大贯入度，因此，测试要求进行桩顶加固，挖除筒内1.2m土层，灌以1.2m的实心混凝土，方可进行高应变测试。

7.2.3　静压试验及要求

试验目的：通常用来确定试桩单桩极限承载力，对于重要地段、地质复杂地段，要求进行2～3根试桩静载试验，试验方法采用慢速维持荷载法。最大荷载采用设计荷载2.0倍。试桩前应进行下列准备工作，凿除桩顶有被损或强度不足处，挖空桩顶筒内土 1.2m，灌以实心混凝土，修补平整桩顶。

7.2.4 筒桩内壁直接观察法

现场开挖是检测筒桩质量最直观、最有效的方法，它不同于其他桩，因其中心为原土，故可以采用人工开挖，自上而下直接观察混凝土的桩身完整性。每个工地，可选择低应变检测有缺陷的或在施工过程出现异常的桩顶开挖。

7.2.5 桩身强度试验

筒桩不同于实心可以用钻机直接取芯获得抗压芯样。它要求在已开挖的筒桩内，用小型取芯钻机，钻取筒桩薄壁芯样。要求取芯芯样直径不小于 10cm。

7.2.6 外观鉴定

1. 筒桩桩头实心桩混凝土浇筑与桩顶盖板混凝土浇筑应符合设计要求。
2. 无破损检测桩的质量有缺陷时，需进行开挖验证；并采取适当措施补强。
3. 筒桩桩内壁光滑密实，桩身不得出现裂纹。

8. 安 全 措 施

8.1 建立安全组织机构，设立专职安全员，负责安全教育、检查和监督各项安全规程和制度的执行情况。

8.2 严格执行安全操作规程，机械操作手和特殊工种作业人员必须经过专门培训，考试合格取得上岗证才能进场作业。进入施工现场必须戴安全帽，高空作业系安全带。

8.3 机电设备基础必须稳固，转动部位要设防护装置；机电设备必须配漏电保护器，注意保护过路电缆；机电设备不准带故障运转或超负荷作业。检修设备时必须切断电源，并挂牌告示。

8.4 定期检查、维护保养钢丝绳等栓吊设备，发现问题及时处理。

8.5 夜间施工必须有足够的照明，临时照明电线和灯具应高出地表 2.5m。

8.6 操作升降机的人员必须与孔口操作人员密切配合，做到稳妥安全。

8.7 施工现场必须配备适量的消防器材，严禁明火取暖。

8.8 风力达到六级或六级以上应停止沉桩作业，并采取加固桩架和制动走行装置措施，确保桩架使用安全。

9. 环 保 措 施

薄壁筒桩施工时对周围结构物的保护、机械噪声控制、弃碴处理、污水排放应按照国家环保部门规定要求执行，具体措施为：

9.1 由于激振锤带动成孔器作业，引起对桩周土体的振动，当施工桩位与邻近结构物的距离在 30m 以内时，采取在桩机与结构物之间开挖隔离槽的方法进行减振处理，避免危及临近结构物的安全。

9.2 机械噪声控制，首先对噪声源采取有效措施降低噪声的产生，其次通过限定作业时间的方法来减少对当地群众生活的影响。

9.3 废料处理及污水排放，混凝土废料适当处理后尽量作为路基填料使用，混凝土搅拌设备清洗后的污水处理必须经二次沉淀达到环保要求后才能排放。

9.4 加强现场文明施工管理，材料堆放及机械设备停放有序，确保施工现场达到环保要求。

10. 效 益 分 析

10.1 效益分析

现浇混凝土薄壁筒桩因其独特的技术构想是基于弥补预制类桩、沉管类桩和钻孔灌注桩的缺陷为出发点，与上述桩相比具有如下的优势：

10.1.1 与预制类桩、沉管类桩相比

预制类桩、沉管类桩打入土层时产生严重的挤土效应，导致已施工桩桩身发生变形、断裂、错位、上浮，尤其是预制类桩的接头处更易破坏而导致严重的质量问题，且由于挤土严重，入土阻力大，预制桩、沉管的设计桩径受限于60cm以内；薄壁筒桩则有效克服了挤土效应，土体从筒中心挤出；又可以适当扩大桩径，同时在无水条件下连续灌注而成，桩身整体刚度比预制类桩好，且成桩可以在现场全部完成，施工方便速度快。与预应力管桩相比，薄壁筒桩采取现场直接浇筑成桩，无需运输大量预制管桩，单根筒桩承受面积是管桩的3倍以上，单位面积设计桩数少，工程造价低于管桩约20%～25%；本身单桩施工速度快，桩身连续且桩身刚度大，对路堤的抗滑移能力强。

10.1.2 与塑料排水板、水泥搅拌桩相比

薄壁筒桩处理软基早期投入稍高，总沉降量和工后沉降量很小，可以直接快速填方，不必有1年时间的超载预压期，这使高速公路施工期大大缩短0.5～1.0年，其经济效益及社会效益不言而喻。

10.1.3 与钻孔灌注桩相比

钻孔灌注桩采用水下浇筑大坍落度混凝土，设计强度高于容许强度一个等级。而目前摩擦类钻孔灌注桩竖向受力不需要全实心断面；从抗弯矩角度来考虑，断面中心部位混凝土所起作用几乎可以忽略不计。而钻孔灌注桩施工严重污染环境，泥浆处置对城市桩基施工又是一个大难题，每方泥浆处置费用高达60～70元。混凝土薄壁筒桩正是克服钻孔桩材料浪费严重问题，可节省混凝土至少40%，同时不必考虑泥浆处置问题，施工速度加快，工程造价明显降低。

10.2 社会效益

由于薄壁筒桩采用钢管护壁的特点，使许多地质、水文条件复杂的水利、海洋工程得以方便实施；而激振锤激振力使薄壁筒桩可应用于各种软土地基地质条件。而薄壁筒桩的改进型，连续咬合式排桩可充当地下连续墙，使深基坑维护的手段得以简化和降低成本。目前薄壁筒桩最适合于海洋、水利的防洪堤、护堤和围海工程、航运码头、公路和机场跑道的软土地基处理、工业与民用建筑工程的基础和围护等，具有非常广阔的开发前景。

11. 工程实例

浙江省嘉兴市07省道改建工程，地处杭嘉湖平原，沿线均为软土地基，为满足路基填筑和桥梁之间刚性和沉降的过渡，在路桥过渡段采用薄壁筒桩软基加固处理。薄壁筒桩外径100cm，内径76cm，壁厚12cm，桩长设计为8.0～12.5m。施工中根据贯入度估算地基承载力大小，及时调整桩长，确保桩体穿透软土层，进入设计桩端持力层，以更好地适应地层变化。经对施工段落按照成桩总数的10%进行低应变检测，桩身混凝土密实、完整性好，Ⅰ类桩占总数的98%以上；从软基处理区域沉降和水平位移观测结果看，筒桩处理后的软基变形小，而且工后沉降也小，完全满足设计要求。根据07省道改建工程项目的施工实践，薄壁筒桩软基处理施工工法，技术成熟，施工质量容易保证，软基处理效果良好，为解决桥头跳车技术难题提供了新的解决思路，具有较好的推广价值。

自钻式锚杆在砂卵石地层深基坑施工工法

YJGF292—2006

中国建筑一局（集团）有限公司　中国建筑第二工程局

黄常波　白建民　刘炎辉　刘欧丁　王强伟

1. 前　　言

随着城市地下空间的开发，地下变电站和地下商城等大量兴建，其建筑规模日益宏大，深基坑工程越来越多，传统的深基坑围护施工方法已不适应大型地下建筑物及边坡的稳定要求。特别在砂卵石地层，采用传统的锚固方法，成孔率非常低，给后期注浆锚固造成了很大压力，施工成本增加。

自钻式锚杆技术是从国外引进并消化吸收的应用于岩土工程的新型锚固技术，能适应各种复杂地质条件和施工环境，特别是在软土及砂卵石地层中效果明显，在国内铁路工程中已有成功应用的实例。

北京地铁四号线北京南站与国铁北京南站合建，地铁车站位于地下二层与地下三层，地下二层地铁四号线南站长 150.3m，宽 125m，高度约 10m；地下三层地铁十四号线南站长 150.3m，宽 30.9m，高度约 8m，车站总建筑面积 32202m²，基坑深度达 30m，车站地下二、三层属砂卵石地层。中国建筑一局（集团）有限公司联合设计单位并聘请国内知名专家开展创新科技，取得了"自钻式锚杆在砂卵石地层深基坑围护施工技术"这一国内领先的成果。同时形成了自钻式锚杆在砂卵石地层深基坑施工工法，并于 2007 年 4 月通过了北京市工法审定。本工程成功地应用了此项技术，具有良好的社会效益和经济效益。

2. 工法特点

2.1　自钻式锚杆采用无缝钢管制作，表面加工成螺纹状，实现了锚杆成孔、注浆、锚固等功能的统一。中空锚杆体既是钻杆，又是注浆管，同时也是土压力的承载体。可以根据工程需要截成任意长度和进行任意连接，施工速度快，使用方便。

2.2　自钻式锚杆所配套的特殊性能的各类专用钻头，可适用于各类地层。

2.3　采用机械切削工艺加工的高强度联结套，自钻式锚杆具有边钻进边加长的特性，使其可在狭小的施工空间内施工较长的锚杆。

2.4　由于采用锚杆杆体作为钻杆，成孔时不需套管护壁、预注浆等措施。

2.5　注浆方便、密实，锚固强度增大。

3. 适用范围

3.1　本工法适用于一般工业与民用建（构）筑物的基坑（槽）和管沟临时性支护工程。

3.2　在地下水位低的地区或能保持降水至基坑底面以下，有一定胶结能力和密实程度的地层，如黏土、粉土、砂土、圆砾与卵石地层均可应用，特别适用于普通锚杆或土钉无法成孔的砂卵石地层。

4. 工艺原理

自钻式锚杆是利用表面带螺纹状的空心锚杆杆体作为锚杆成孔时的钻杆，在杆体端部连接一次性钻头，利用钻机将杆体打入地层，再通过杆体的中孔向地层注浆，使锚杆杆体外裹水泥砂浆或水泥净浆体，沿杆体与周围土体接触，并形成一个结合体，以群体起作用。在土体发生变形的条件下通过与土体接触面上的粘结摩擦力，使锚杆被动受力，并主要通过受拉给土体以约束、加固或使其稳定。锚杆的设置方向与土体可能发生的主拉应变方向大体一致，接近水平并向下呈不大的倾角。

5. 施工工艺流程及操作要点

5.1 施工工艺流程

开挖工作面→初喷混凝土→锚杆定位→钻机就位→锚杆钻进→注浆→喷射混凝土面层→锚杆锁定→开挖下一层土方。

5.2 操作要点

5.2.1 土方开挖

1. 土方按设计竖向分层、水平跳段施工。在面层喷射混凝土未达到设计强度，锚杆未达到设计锚固力前，不得进行下一层土方开挖。

2. 当基坑面积较大时，允许在保证基坑边坡稳定的前提下，在距四周边坡8～10m的中部自由开挖，但要注意与分层作业区的开挖相协调。

3. 每层土方开挖深度取决于土体自稳能力及锚杆钻机施工的作业高度，在砂性土中每层高度为1.0～1.5m，在黏性土中可适当增加，在砂卵石地层中一般为上下两道锚杆的间距。

4. 机械挖土作业时，边坡严禁超挖或造成边坡土体松动，并及时进行人工修整边坡。

5. 根据边坡土体自稳高度和暴露时间等情况，可先初喷一层混凝土（40～60mm），再进行锚杆施工。

5.2.2 锚杆施工

锚杆施工主要由钻进、钻杆接长和注浆三部分组成，钻进时根据围岩状况可选择不同的洗孔液体，锚杆施工工艺流程参见图5.2.2，施工中具体要求有如下几点：

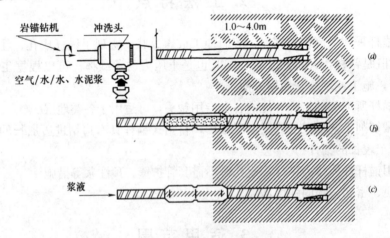

图5.2.2 锚杆施工工艺流程图

（a）钻进（空气、水或水/水泥浆冲洗）；（b）接长钻杆；（c）通过中空钻杆注浆

1. 按照设计的锚杆纵向、横向间距，进行锚杆定位。

2. 一般采用HD-120系列锚杆钻机钻进，钻进时直接利用锚杆杆体作为钻杆。成孔深度按照设计要求，第一节钻杆前安装带注浆孔的合金钻头，钻杆连接采用专用钻杆套筒连接。

3. 在砂及砂卵石地层钻进时，通过锚杆杆体中孔注入高压水，对钻杆与钻头起到润滑与降温作用。

4. 锚杆钻至设计深度后，通过杆体的中孔进行压力注浆。注浆采用一次注浆的方法，注浆材料一般选用净水泥浆或水泥砂浆，水灰比宜为0.5，注浆压力不小于0.6MPa，强度等级不宜低于M10。

5.2.3 钢筋网绑扎

1. 锚杆注浆完成后，锚杆端部焊接两根 $\phi 20$ 短钢筋，并与喷射混凝土面层内连接相邻锚杆端部的通长加强筋相互焊接。

2. 钢筋网片通常采用 $\phi 6 \sim \phi 8$ 热轧圆钢加工，钢筋交叉点采用绑扎或点焊连接，网格间距一般为 $150 \sim 200mm$。

3. 钢筋网片固定在初喷混凝土面层上，要求保护层厚度不小于 $20mm$，网片可采用插入土中的 U 形钢筋固定。

4. 钢筋网片间搭接长度不小于 $200mm$，钢筋网片与加强筋间要连接牢固，喷射混凝土时不得晃动。

5.2.4 锚杆锚定

锚杆待注浆体达到一定强度后，通过锚板、螺帽将锚杆锚定，使锚杆与喷射混凝土面板形成一个整体，共同受力，锚杆锁定节点示意图参见图 5.2.4。

5.2.5 喷射面层混凝土

1. 混凝土强度等级不宜低于 C20，配合比通过试验确定，水泥宜采用普通硅酸盐水泥，强度等级不小于 32.5，粗骨料粒径不宜大于 $12mm$，水泥与沙石重量比宜为 $1 : 4 \sim 1 : 0.45$，砂率 $45\% \sim 55\%$，水灰比不宜大于 0.45。宜掺入外加剂，并满足设计强度要求。

2. 混凝土材料要称量准确，拌和要均匀，随拌随用。

3. 喷射混凝土前，需清理受喷面，埋设控制喷射混凝土厚度的标志。喷射混凝土作业应分段进行，同一分段内喷射顺序应自下而上。

图 5.2.4　锚杆锁定节点图
1—锚杆杆体；2—螺帽；
3—锚板；4—加强筋

4. 喷射时，喷头要与受喷面垂直，宜保持 $0.6 \sim 1.0m$ 的距离。喷射手要控制好水灰比，使混凝土表面保持平整、湿润，无干斑或滑移、流淌现象。

5. 喷射混凝土终凝 2h 后，应喷水养护，一般应连续养护 $3 \sim 7d$。

5.2.6 施工监测

1. 支护位移的量测，包括坡顶水平位移及坡顶沉降。
2. 坡体土压力、锚杆应力。
3. 地表开裂状态的观察。
4. 附近建（构）筑物和重要管线等设施的变形观测和裂缝观察。
5. 基坑渗、漏水和基坑内外的地下水变化。

6. 材料与设备

6.1 材料

6.1.1 自钻式锚杆杆体

自钻式锚杆杆体与普通锚杆杆体在内外径、荷载及长度等上都有很大的区别，普通锚杆与自钻式锚杆杆体技术参数对比参见表 6.1.1。

普通锚杆与自钻式锚杆杆体技术参数对比　　　　　　　　　　　　　表 6.1.1

参数	普通锚杆				自钻式锚杆				
	R25	R32/15	R32/20	R38	R30/11	R30/16	R40/14	R73/53	R103/78
外径 (mm)	25	32	30	38	30	30	40	73	107
内径 (mm)	13	15	20	18	11	16	16	53	78

续表

参数	普通锚杆				自钻式锚杆				
	R25	R32/15	R32/20	R38	R30/11	R30/16	R40/14	R73/53	R103/78
屈服载荷(kN)	160	280	210	420	260	180	490	970	1570
极限载荷(kN)	190	340	260	500	320	220	660	1160	1950
标准长度(m)	2、3、4、6				1、1.5、3、4				
重量(kg/m)	2.5	3.5	4.5	6.6	3.5	3.0	6.9	12.8	24.7

6.1.2 配件

自钻式锚杆配件包括钻头、连接套筒、锚杆垫板、锚杆螺母等，自钻式锚杆配件参见图 6.1.2。

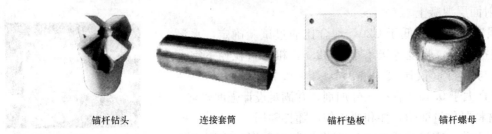

锚杆钻头　　　　　连接套筒　　　　　锚杆垫板　　　　　锚杆螺母

图 6.1.2　自钻式锚杆配件

配件技术参数参见表 6.1.2。

自钻式锚杆配件技术参数　　　　　　　　　　表 6.1.2

配件名称	规 格 型 号			
锚杆垫板	120×120×6(mm)		150×150×6(mm)	200×200×10(mm)
锚杆螺母	SW41×H35		SW46×H45	SW65×H55
连接套	D35×L150	D41×L160	D55×L170	D64×L120
锚杆钻头	根据岩层情况不同选择合金、全钢等各种十字形、球齿形钻头			

6.2　设备

钻机、喷射机、搅拌机、注浆泵、空压机、钢筋调直机、钢筋切割机、电焊机等。HD 系列钻机图及技术参数参见图 6.2-1、图 6.2-2 及表 6.2。

图 6.2-1　HD120S-A 多功能锚杆钻机　　　　图 6.2-2　HD90MKⅡ多功能锚杆钻机

HD 系列钻机技术参数表　　　　　　　　　　表 6.2

	给进力	起拔力	给进扭矩	给进速度	回收速度	爬坡能力	桅杆行程
HD120S-A	5.6t	8.0t	2000	0.73m/s	0.51m/s	31°	4100mm
HD90MKⅡ	2.7t	5.1t	1800	1.59m/s	0.79m/s	32°	4100mm

7. 质 量 要 求

7.1 原材料试验

锚杆、钢筋、水泥、砂、砾石的质量应符合有关产品质量标准和设计要求，材料进场应有产品合格证和检验报告；钢筋、水泥应按有关标准取样复试；质量不合格的产品、材料不得进入现场。

7.2 抗拔试验

施工前应进行抗拔试验，以确定锚杆的极限荷载及界面极限粘结强度。在每一典型土层中应安排不少于 3 根锚杆专门用于试验的非工作锚杆。测试锚杆的注浆粘结长度不小于工作锚杆的 1/2，且不短于 5m；在距孔口处应保留不小于 1m 长的非粘结段，在试验结束后非粘段再用浆体回填。

7.3 自钻式锚杆质量验收试验

7.3.1 锚杆：试验数量为锚杆总数的 1‰，且不宜小于 3 根。抗拔力平均值应大于设计抗拔力 1.25 倍，最小值应大于设计抗拔力的 0.9 倍。

7.3.2 喷射混凝土面层：混凝土面层厚度采用钻孔检查，钻孔数量每 100m² 一组，每组不应少于 3 点。厚度平均值应大于设计设计厚度，最小值不应小于设计厚度的 80%。

喷射混凝土面层强度试验以每次喷射不大于 100m² 为一组，每组试块不少于 3 个；少于 500m² 的工程取样不少于一组。混凝土试块强度应满足设计要求。

7.4 质量要求

自钻式锚杆施工质量应符合表 7.4 的规定。

自钻式锚杆施工质量标准

表 7.4

检查项目	允许偏差或允许值(mm)	检查项目	允许偏差或允许值(mm)
坡面平整度的允许偏差	±20	喷射混凝土面层厚度	±10
孔深允许偏差	±50	喷射混凝土面层强度	不小于设计值
孔距允许偏差	±100	锚杆抗拔力	不小于设计值
钻孔倾斜度	±1°		

8. 安 全 措 施

8.1 严格遵守施工操作规程和施工工艺要求，严禁违章施工。

8.2 更换杆件接长时应注意钻机停转安全；冲击钻进时锚杆两侧勿站人。

8.3 不得向基坑内投掷任何物品。

8.4 安全用电，注意防火，必须配备消防器材。

8.5 对将要较长时间停工的开挖作业面，不论地层好坏均应作网喷混凝土封闭。

8.6 建立完善的施工安全保证体系，加强施工作业中的安全检查，确保作业标准化、规范化。

9. 环 保 措 施

9.1 施工前，对基坑附近建筑物、构筑物进行调查，以便采取相应保护措施。

9.2 优先选用先进的环保机械，采取设立隔声墙、隔声罩等消声措施降低施工噪声到允许值以下，同时尽可能避免夜间施工。

9.3 施工废水、废浆应排入沉淀池中，不得随意排放，保持场地清洁。

9.4 对施工场地道路进行硬化，并在晴天经常对施工通行道路进行洒水，防止尘土飞扬，污染周边环境。

9.5 施工现场应制定洒水降尘措施，指定专人负责现场洒水降尘和清理浮土。

10. 效 益 分 析

10.1 施工效益分析

自钻式锚杆施工受环境影响小，能保持连续均衡施工，其机械化程度高，噪声低、粉尘少，减轻了施工人员的劳动强度，有利于施上人员的健康和安全，具有良好的环保、节能和社会效益。具体如下：

10.1.1 无须使用套管，钻管本身强度大，坚固物不易改变钻孔方向。

10.1.2 自钻式锚杆将钻孔、灌浆及安装锚杆体在一个过程中完成，简化了施工工序，施工速度快，节省约25％的工作量，减轻了操作人员的劳动强度。

10.1.3 有接头延长的特性，杆体较短，可用较小型钻机，能在狭窄场所施工。

10.1.4 特殊地层下可使用水泥浆来稳固孔壁，在非黏土地层中被吸收并确保孔壁的稳定，最终固结于整根岩栓周围。

10.1.5 通过高压注浆使球形桩头和桩身深入土层中，可增加灌浆体摩擦力及握持力，同时减少沉陷量。

10.1.6 同等荷载下，中空的自钻式锚杆比实心的锚杆有更大的剪阻力。

10.2 经济效益分析

通常情况下节省25％的工作量，能很大地降低工程成本。如在安装20支12m长的后拉型岩锚的小型工程，工人和机械的搬运约占工程成本的30％。

自钻式锚杆施工工法成功应用于本项目砂卵石地层超深（约30m）超大基坑支护工程，其快速施工的特点为奥运工程建设赢得了宝贵的建设时间，同时为企业创造了约175万元的经济效益。

11. 应 用 实 例

北京地铁四号线工程北京南站位于北京市丰台区东庄公园，于2005年11月30日开工。地铁南站与国铁北京南站合建，地铁车站位于地下二层与地下三层，地下二层地铁四号线南站长150.3m，宽125m，高度约10m；地下三层地铁十四号线南站长150.3m，宽30.9m，高度约8m。基坑总深度约30m，车站总建筑面积32202m²，自钻式锚杆施工面积达3200m²。在施工中，本工程大面积成功地应用了自钻式锚杆进行超大超深砂卵石地层的支护施工。

11.1 参数设计

本工程在地下二层大面积使用自钻式锚杆，其地下二层采用土钉、自钻式锚杆与网喷混凝土联合支护，地下二层自钻式锚杆设计参数及布置剖面图参见表11.1及图11.1。

地下二层自钻式锚杆施工设计参数　　　　　　　　　　表 11.1

排 数	支护形式	长度(m)	孔径(mm)	间距(mm)	主筋型号	坡比
第一排	土 钉	15	110	1500	φ28	
第二排	土 钉	15	110	1500	φ28	
第三排	ZB40/20 自钻式锚杆	13		1500	无缝钢管	0.30
第四排	ZB40/20 自钻式锚杆	12		1500	无缝钢管	
第五排	ZB40/20 自钻式锚杆	10		1500	无缝钢管	
第六排	ZB40/20 自钻式锚杆	8		1500	无缝钢管	

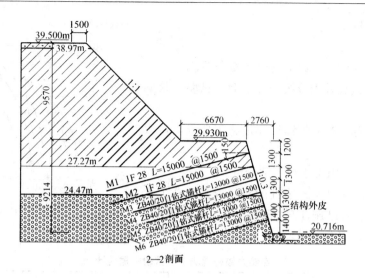

图 11.1　地下二层自钻式锚杆布置剖面图

11.2　生产组织

自钻式锚杆施工班组人员配置参见表11.2。

自钻式锚杆施工班组人员配置　　　　　　　　　　　　　　表 11.2

编　号	类　别	工　种	人数（每班次）
1	钻机操作	机修工	1
2	配件安装	普通工	2
3	混凝土搅拌	普通工	1
4	注浆	普通工	2
5	测量	测量工	1
6	机械维修	机修工	1
7	料具	普通工	1
8	当班负责	施工员	1
合计			10人/班

11.3　自钻式锚杆承载力学分析

11.3.1　自钻式锚杆设计承载力学分析

为了确定所采用的锚杆是否安全可靠，验证设计是否准确，施工工艺是否合理，并求得实际承载力的安全系数。可在正式施工前，对工程进行了极限抗拔力试验。通过锚杆抗拔试验时取得的（P-S）曲线，在土层锚杆正式施工时，作为测定每个锚杆张拉时应力-应变值的对照，按其符合程度确定土层锚杆是否符合要求以及作为验收的依据。自钻式锚杆设计承载力学分析见表11.3.1，其相应的 P-S 曲线图参见图11.3.1。

自钻式锚杆设计承载力学分析　　　　　　　　　　　　　　表 11.3.1

排数	规格	长度（m）	安全系数（临时支护）	设计承载力（kN）	抗拉强度（mm）	伸长率 %
3	ZB40/20	4.5	1.8	96	398.6	15
4	ZB40/20	4.0	1.8	203	440.8	17
5	ZB40/20	3.5	1.8	175	439.0	16
6	ZB40/20	3.0	1.8	147	423.0	16

P-S 曲线图如图 11.3.1。

实验结果分析：

    1. 锚杆抗拉强度达到 1.8 以上的设计安全系数；

    2. 锚杆极限抗拔试验采用分级循环加载，试验结果满足设计要求；

根据试验，现场用于施工的锚杆满足施工要求，可以进行施工。

11.3.2 自钻式锚杆施工承载力学分析

在施工阶段，为验证自钻式锚杆的实际效果，在覆土 7.5m 深的砂卵石地层对已施工的锚杆进行了拔力试验，试验数据及相应的 *P-S* 曲线参见表 11.3.2 及图 11.3.2-1。

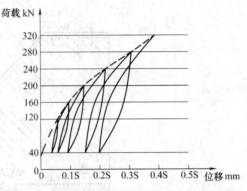

图 11.3.1 自钻式锚杆抗拔试验 *P-S* 曲线图

自钻式锚杆现场抗拔试验数据统计   表 **11.3.2**

荷载 位移 编号	50kN	100kN	150kN	200kN	250kN	300kN	350kN
ML_1	0.2mm	2.2mm	4.1mm	7.4mm	10.7mm	22.1mm	39.4mm
ML_2	0.5mm	2.4mm	4.3mm	7.5mm	9.8mm	20.2mm	33.6mm
ML_3	0.3mm	1.9mm	3.9mm	6.2mm	10.1mm	19.8mm	29.5mm
ML_4	0.2mm	2.3mm	4.2mm	6.9mm	8.6mm	19.5mm	28.9mm
ML_5	0.6mm	2.2mm	4.4mm	7.9mm	9.3mm	21.6mm	38.5mm
ML_6	0.9mm	2.4mm	4.6mm	6.4mm	9.9mm	22.4mm	36.7mm

P-S 曲线图如图 11.3.2-1。

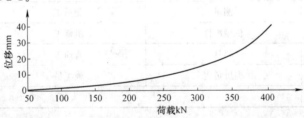

图 11.3.2-1 自钻式锚杆抗拔试验 *P-S* 曲线图

图 11.3.2-2 现场实验

通过现场观测，未发生异常。抗拔试验中平均抗拔力达 360kN，为设计值的 3 倍，在设计抗拔力范围内，位移变形值为 1～3mm，位移值满足设计要求。图 11.3.2-2 为现场实验图。

11.4 **深基坑砂卵石层自钻式锚杆施工及维护监控量测分析**

由于本基坑周围环境复杂，为保证临近管线、道路及建筑物的安全，对本工程的支护结构及周围管线、道路、已有建筑物等进行了必要的位移和沉降观测。观测点的布置如下：

11.4.1 支护结构的观测：沿基坑等间距设 8 个 16m 深的测斜管；

11.4.2 基坑地表周边观测：沿基坑设置，间距约 15m，共设 22 个观测点。

11.4.3 临近建筑物观测：在临近建筑物上设置沉降观测点，每栋建筑物设置 4～6 个。

11.4.4 其他观测：地下煤气管、路面等布置沉降、位移观测点若干个。

最后监测结果显示：发生最大位移或沉降的监测点均位于基坑地表周围，从 2006 年 4 月中旬基坑开始开挖到 6 月初开挖及支护全部完成，期间基坑及周边位移如图 11.4.4 所示，最大位移量为 24.8mm。其他观测点的沉降和位移均较小。监测结果表明，本基坑围护的最大位移和沉降都相对较小。

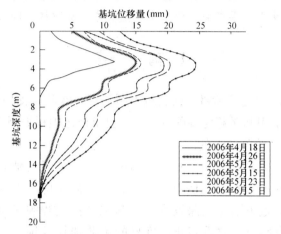

图 11.4.4　基坑位移随深度变化监测曲线图

通过实际应用，现场检测及监测数据说明，本次基坑围护方案是合理的，也说明自钻式锚杆在本工程中的应用是成功的。

桩锚基坑支护施工工法

YJGF293—2006

山东万鑫建设有限公司　珠海智顺岩土工程专利技术有限公司
山东鑫园基础工程有限公司　浙江环宇建设集团有限公司
王庆军　李宪奎　李永峰　童宏伟　陈绍炳　陶红雨

1. 前　言

随着城市建设的发展，高层建筑和超高层建筑不断涌现，深基坑支护也越来越多，支护形式多种多样，基坑事故也时有发生，基坑的稳定性除满足工程要求外还须根据周边建筑物满足基坑变形要求，选择何种支护形式是基坑施工的关键所在。

山东威海东方大厦开挖深度 11.5m，基坑边离南侧六层车间基础只有 2.00m，局部水平距离不足 1.70m，西侧有单层车间，东、北侧有管道、光缆、高压电缆及高压线杆，基坑开挖深度内为素填土、粉细砂、细砂，地下水位埋深较浅，且基坑开挖过程须经历夏季多雨季节。基坑的稳定性和变形控制是选择方案的重中之重，止水帷幕的工艺选择及锚杆施工防止孔口涌砂是面对的难点。

公司引进珠海智顺岩土工程专利技术有限公司的加筋水泥土桩锚支护施工技术，该技术获得了多项发明专利，在多项工程中应用形成了加筋水泥土桩锚支护工法，较常规桩锚支护节约造价 20％以上，工期缩短四分之一且无水泥浆排放，基坑开挖后位移、沉降量小，对周围建筑物、管线的保护效果好。故有明显的社会效益、经济效益。

2. 工 法 特 点

2.1　利用旋喷加搅拌构成强度较高、施工质量可靠的水泥土加强体。

2.2　多排加筋水泥土桩锚同墙身结构件预应力连接，可使较薄的挡土墙体形成一个很厚的重力式半刚柔性的主动支护挡土、止水结构体系，较钢筋混凝土桩锚支护降低造价，缩短工期，减少环境污染。

2.3　在土体中形成数量较多的大直径斜向桩锚，分担土体压力，与土体共同作用，形成稳定的支护体，并施加预应力减少基坑变形。

3. 适 用 范 围

适用于开挖深度在 6～18m、基础周边建筑物距离近，场地狭窄、对基坑变形要求严格、不能施工土钉墙的基坑支护，特别适合含砂、卵石、淤泥且富含地下水等复杂地质条件。

4. 工 艺 原 理

利用旋搅设备施工竖向水泥土桩锚，并插入型材或钢绞线，形成挡土、止水帷幕和锚拉承载体，分层开挖分层施工斜向水泥土桩锚，在竖向桩锚内侧放置腰梁，对斜向水泥土桩锚施加预应力，使较薄的挡土墙体形成一个很厚的重力式半刚性柔的主动支护挡土、止水结构体系（工艺原理参见图4）。

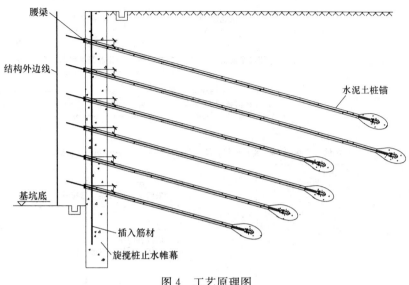

图4　工艺原理图

5. 施工工艺流程及操作要点

5.1　施工准备工作

5.1.1　了解施工区土层分布及土层的物理力学性能，以便实施水泥土桩锚的布置、选择钻孔方法；了解水文地质以确定排水、截水措施以及钢绞线的防腐措施。对有关施工人员进行技术交底。

5.1.2　查明施工区范围内地下埋设物的位置状况，预测水泥土桩锚施工对其影响的可能性与后果。

5.1.3　对所用的机械设备，提前进行维护、保养，确保在施工时正常运转。

5.1.4　根据现场实际情况进行科学合理的布置，提前做好"三通一平"工作。清理施工现场地下、地面及空中障碍物，确保顺利施工。

5.1.5　组织搬迁施工设备、机械进场，并组装调试，购置易损配件。

5.1.6　水泥土桩锚加筋材料宜优选钢绞线、Ⅱ级螺纹钢筋、工字钢、普通焊接钢管，水泥宜使用强度等级不小于32.5的普通硅酸盐水泥。

5.1.7　必要时水泥浆中可加入控制泌水或延缓凝结等外加剂，但必须符合产品标准，水泥浆中氯化物的总含量不得超过水泥重量的0.1%。

5.1.8　混合水中不得含有影响水泥正常凝结与硬化的有害物质，不得使用污水。

5.1.9　布设临建及生活设施，组织原材料进场，并送样试验，委托混凝土配合比试验。

5.2　施工工艺流程

施工工艺流程见图5.2。

5.3　操作要点

5.3.1　竖向旋喷搅拌水泥土桩墙施工

竖向旋喷搅拌水泥土桩墙施工直径、间距、埋置深度由基坑开挖深度、地质条件等确定。旋喷搅拌桩施工采用旋喷搅拌桩机钻孔，然后进行喷浆旋喷搅拌土体。施工工艺流程如下：

定位→浆液配制→送浆→钻进喷浆旋喷搅拌→提升旋喷搅拌喷浆→重复钻进喷浆旋喷搅拌→重复提升旋喷搅拌喷浆→移位。加筋水泥土桩墙施工示意图见图5.3-1。

1. 定位

启动旋喷搅拌机移到指定桩位，对中。当地面起伏不平时，应调整四只支腿的高低，使井架垂直度在桩的设计要求内。一般对中误差不宜超过20mm，搅拌轴垂直度偏差不超过1.0%，并不超

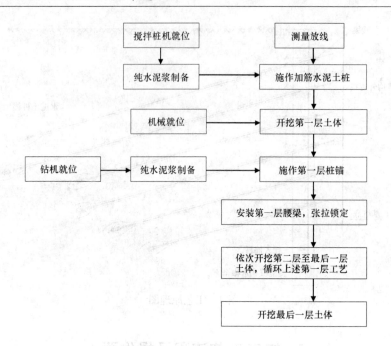

图 5.2　施工工艺流程图

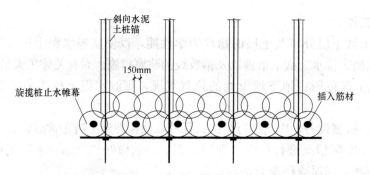

图 5.3.1　加筋水泥土桩墙施工示意图

过 100mm。

2. 浆液配制

1）严格控制水灰比，水灰比为 0.5～0.6。

2）水泥浆必须充分拌和均匀。

3）为改善水泥和易性，可加入适量的外加剂。

3. 送浆

将制备好的水泥浆经筛过滤后，倒入贮浆桶，开动灰浆泵，将浆液送至搅拌头。

4. 钻进旋喷搅拌

证实浆液从钻头喷出，启动桩机旋喷搅拌头向下旋转钻进旋喷搅拌，并连续喷入水泥浆液，以防堵塞钻头。

5. 提升搅拌喷浆

将搅拌头自桩端反转匀速提升旋喷搅拌，并继续喷入水泥浆液，直至地面。证实浆液从钻头喷出并具有一定压力（0.6～0.8MPa）后，启动桩机搅拌头向上提升旋喷搅拌，并连续喷入水泥浆液。

1）调整灰浆泵压力档次，使喷浆量满足设计要求。

2）在钻止设计桩长土层后，应原地喷浆搅拌 30s。

6. 重复上述 4、5 步骤。

7. 移位。

成桩完毕，清理旋喷搅拌叶片上包裹的土块及喷浆口，桩机移至另一桩位施工。

5.3.2 竖向筋材施工

竖向加筋水泥土桩墙插入筋材种类、间距、长度与基坑开挖深度、地质条件、变形控制要求确定，工艺流程：定位→泥浆制备→浆液循环，钻机成孔→吊放筋材→水泥浆补浆→移位。

1. 定位

启动钻机移到指定桩位，对中。当地面起伏不平时，应调整钻机底座的高低，使垂直度在桩的设计要求内。一般对中误差不宜超过 20mm，垂直度偏差不超过 1.0%，最大 100mm。

2. 浆液配制

拌制一定数量的水泥浆液，水灰比 0.6～0.8。

3. 送浆

将制备好的水泥浆经筛过滤后，倒入贮浆桶，开动灰浆泵，将浆液送至搅拌头。

4. 钻进成孔

证实浆液从钻头喷出，启动桩机搅拌头向下旋转钻进，并连续喷入水泥浆液，以防堵塞钻头。

5. 插入筋材或型钢

成孔至设计深度后立即利用钢丝绳吊起，人工置入，筋材置入最后时间不得大于水泥终凝时间。

6. 水泥浆补浆

用水灰比为 0.5～0.6 的水泥浆进行补浆。

7. 移位

成桩完毕，移至另一桩位施工。

5.3.3 土方开挖

竖向水泥土桩锚在 15℃以上施工后 7d 或强度达到规定要求，可进行土方开挖，土方开挖采用分层分段施工，严禁超挖，挖出土方严禁堆放于基坑顶部。

5.3.4 斜向加筋水泥土桩锚、腰梁施工

斜向加筋水泥土桩锚直径、间距、倾斜角、长度，由基坑开挖深度、地质条件、基坑变形要求等确定，工艺流程如下：

流程一：开孔（过旋喷搅拌桩）、钻进（旋喷、搅拌）至设计深度、钢绞线制作与安装、灌浆、工字钢腰梁制作、安装、张拉锁定。

流程二：开孔（过旋喷搅拌桩）、带钢绞线一次性钻进至设计深度、灌浆、工字钢腰梁制作、安装、张拉锁定。

1. 斜向加筋水泥土桩锚施工

斜向加筋水泥土桩锚钻孔施工工艺，直接影响水泥土桩锚的承载能力、施工效率和整个支护工程的成本。水泥土桩锚施工在填土层宜采用搅拌法施工，粉土层宜采用旋喷搅拌法，砂层宜采用一次性成孔下锚来防止涌砂，具体如下：

1）采用搅拌水泥土桩锚，其施工工艺采用三翼钻头，角度、长度以设计图纸为准，水泥浆液水灰比 0.5～0.6，成孔完毕用钻杆将钢绞线插入。

2）采用旋喷水泥土桩锚，其施工工艺是先钻机成孔，成孔直径 110mm，角度、长度以设计图纸为准，然后采用高压泵通过钻机钻杆和喷头，由孔底向外开始旋喷水泥浆液，水灰比 1.0，高压泵压力值、水泥用量根据设计旋喷直径调整，旋喷完毕用机械将钢绞线插入或采用一次性旋喷头带钢绞线旋进设计深度。

3）采用旋喷搅拌水泥土桩锚，其施工工艺在旋喷头上加搅拌叶片，叶片直径同设计直径，角度、长度以设计图纸为准，先用金刚石钻头开孔过旋喷搅拌桩，然后采用高压泵通过钻机钻杆和喷头，开始旋喷水泥浆液，水灰比 0.8～1.0，高压泵压力值不小于 12MPa，旋喷完毕用机械将钢绞线插入。

4）采用自带式锚筋结构，其施工工艺为采用三翼钻头，角度、下水赋存状况及其化学成分，长度

以设计图纸为准，先用金刚石钻头把旋喷搅拌桩穿过，再换一次性锚筋结构施工至桩底，最后退出钻杆，钻头结构留在土中，水泥浆液水灰比 0.5～0.6。

锚筋制安按设计要求，锚头用冷挤压法与锚盘进行固定。钢绞线离面墙出来 1.2m，以便水泥土桩锚张拉锁定。

2. 腰梁的安装与桩锚张拉

腰梁必须紧贴竖向旋喷搅拌水泥土桩，中间的空隙用 C15 以上的混凝土填实，腰梁可用型钢或钢筋混凝土梁（其型号、尺寸有设计确定）。

水泥土桩锚强度达到 15MPa 方可张拉，正式张拉之前应取 0.3～0.6 倍设计轴力，对桩锚预张拉 1～2 次，使其各部位的接触紧密，钢绞线完成平直。桩锚张拉荷载分级及观测时间应遵循有关规定，桩锚张拉与锁定工作应做好记录。

6. 材料与设备

本工法所需材料为水泥、型钢、钢绞线、锚具、外加剂等，材料无需特别说明，采用的机具设备见表 6。

主要机械设备需要量计划　　　　　　　　　　　　　　　表 6

序　　号	名　　称	规　　格	单　　位	用　　途
1	旋喷搅拌机	GPP-5B 型	台	旋喷搅拌桩施工
2	工程钻机	GY-2A 型	台	水泥土桩锚施工
3	灰浆泵	150 型	台	输送压力浆液
4	注浆泵	GPB 型	台	输送压力浆液
5	搅拌桶	5m³	个	调制水泥浆
6	搅拌桶	2m³	个	调制水泥浆
7	水泵	φ70	台	抽水
8	交流电焊机	30kW	台	焊接
9	千斤顶	60t	台	张拉
10	油泵	ZB4-500	台	张拉
11	测力设备	DY-2000	台	张拉
12	吊车		台	吊机械、钢材

7. 质 量 控 制

7.1 质量控制标准

7.1.1 加筋水泥土桩锚支护工程检验的主控项目应符合下列规定：

1. 锚体的拉拔力应符合设计要求。

2. 桩锚体的注浆量应不小于理论计算量。

3. 基坑支护结构桩锚体的顶部位移和最大位移应符合表 7.1.1-1 的要求。

检验方法：检查每个检测点的位移检测记录。

4. 基坑支护结构的表观效果应符合表 7.1.1-2 的要求。

7.1.2 加筋水泥土桩锚支护工程检验的一般项目应符合下列规定：

1. 水泥（不低于 32.5MPa 强度等级）、钢材等原材料的技术性能应符合国家现行有关标准的规定。

2. 钢筋、型钢、钢管连接接头的质量应符合国家现行有关标准的规定。

基坑支护结构位移允许值（mm）　　　　　　　　　表 7.1.1-1

基坑类别	控制值		
	桩顶锚体位移	桩锚体最大位移	地面最大沉降
一级基坑	0.004h 且不大于 20～35	0.004h 且不大于 50	30
二级基坑	0.006h 且不大于 45～65	0.008h 且不大于 80	60
三级基坑	0.015h 且不大于 80～100	0.015h 且不大于 100	100

注：h—基坑开挖深度。

基坑支护结构的表观效果要求　　　　　　　　　　表 7.1.1-2

序 号	项 目	表观效果要求	检测方法
1	侧壁渗漏	仅有局部渗漏，无泥沙	观察
2	坑底稳定	仅有局部渗漏，无塑性隆起	观察
3	环境影响	周围建筑物沉降量未造成建筑物表观明显变化和正常使用	观察

3. 桩锚体的几何尺寸和平面位置应符合表 7.1.2 的规定。

加筋水泥土桩锚质量检验标准　　　　　　　　　　表 7.1.2

序 号	项 目	允许偏差或允许值		检测方法
		单位	数值	
1	桩锚体直径、长度	mm	±50	用钢尺量间距、长度
2	加筋体长度	mm	±100	用钢尺量
3	加筋体倾斜度	(°)	±1	经纬仪
4	加筋体平面位置	mm	±50	用钢尺量
5	桩锚锁定力	按设计要求		现场实测
6	桩锚体倾斜角	(°)	±1	测钻机倾角
7	水泥泥浆配合比、水泥用量	按设计要求		现场抽查
8	锚体抗拉力	按设计要求		现场试验

4. 桩间咬合应达到设计要求；桩墙不得漏水、渗水；在已开挖深度范围内应有良好的自稳能力。

7.2　质量保证措施

7.2.1 严格控制桩位和桩身垂直度，以确保足够的搭接长度和整体性。施打桩前需复核建筑物轴线、水准基点、场地标高；桩位对中偏差不超过 20mm；

7.2.2 压浆过程中不得发生断浆情况。压浆速度与钻头的提升速度应该匹配，使得核定的浆量均匀分布在桩身全长范围内。

7.2.3 相邻桩体的施工间隔时间应小于水泥终凝时间，每一施工段应连续作业，布置成桩顺序。

7.2.4 严格按设计确定的数据，控制喷浆和搅拌提升速度，误差不得大于 ±100mm/min。

7.2.5 旋喷搅拌桩施工时，邻近不得进行抽水作业，对砂土、粉土、黏性土，应在水泥土墙施工完成 3d 后方可进行抽水作业，对淤泥或淤泥质土，应在水泥土墙施工完成 4d 后方可进行抽水作业。

7.2.6 水泥土桩锚施工前应根据设计要求、地质水文情况和施工机具条件，认真编制施工组织设计，选择合适的钻孔机具和方法，精心操作，确保顺利成孔和安装锚杆并顺利灌注。

7.2.7 水泥土桩锚钻进速度严格要求在 0.3～0.5m/min，回转速度 20～50 转/min，防止钻进速度过快引起旋喷搅拌不均匀，浆液过少。

7.2.8 在钻进过程中，应认真控制钻进参数，合理掌握钻进速度，防止埋钻、卡钻、塌孔、掉块、涌砂和缩颈等各种通病的出现，一旦发生孔内事故，应尽快进行处理，并配备必要的事故处理工具。

7.2.9 水泥土桩锚注浆用水、水泥及其添加剂应注意氯化物与硫酸盐的含量，以防对钢绞线的腐蚀。

7.2.10 锚杆灌浆应按设计要求，严格控制水泥浆配合比，做到搅拌均匀，并使注浆设备和管路处于良好的工作状态。

7.2.11 钢绞线应除油污、除锈，严格按设计尺寸下料，每股长度误差不大于50mm。钢绞线应该按一定规律平直排列。

7.2.12 桩锚张拉前，应对张拉设备进行标定。锚固体强度均大于15MPa时，方可进行张拉。桩锚张拉应按一定程序进行，桩锚张拉顺序，应考虑邻桩锚的相互影响。

8. 安全措施

8.1 针对本工程的特点，制定各项施工技术安全措施，并组织全体施工人员进行专项交底会议，并做书面交底。坚持做好工人入场三级安全教育并考试取证，做到安全上岗证持证率100％。

8.2 施工现场的临时用电严格按照《施工现场临时用电安全技术规范》的有关规定执行。

8.3 电缆线路应采用"三相五线"接线方式，电气设备和电气线路必须绝缘良好，场内架设的电力线路其悬挂高度和线间距除按安全规定要求进行外，将其布置在专用电杆上。

8.4 各种机械设备进场时必须经过验收，合格后方可使用。机械设备严格按操作规程进行操作，严禁非定岗司机动用机械设备。各种机械有专人负责维修、保养，并经常对机械的关键部位进行检查，预防机械故障及机械伤害的发生。

9. 环保措施

9.1 在建设施工的全过程中，根据客观存在的粉尘、污水、噪声和固体废物等环境因素，实施全过程污染预防控制，尽可能地减少或防止不利的环境影响，达到环保要求。采取预防为主，加强宣传，全面规划，合理布局，改进工艺，节约资源，为企业争取最佳经济效益和环境效益。严格遵守国家和地方政府部门颁发的环境管理条例、法规和有关规定。

9.2 排水设施的建设应当遵守国家和地方规定的技术标准，如区域内实行雨水、污水分流制的，雨水和污水管道不得混接。

9.3 排放含泥量较多的水流入布置在基坑、施工便道旁的沉淀池内，必须经过二次沉淀处理后排入市政污水管，严禁直接排入市政污水管。

10. 效益分析

10.1 本工法将止水帷幕加筋代替了钢筋混凝土灌注桩，施工时无泥浆排放、无振动、无噪声；大量节约了钢筋、砂石；减少了施工环节，缩短了工期；基坑开挖边线距建筑物1m即可施工，充分利用了土地资源；减少锚杆施工涌水涌砂现象，基坑开挖后变形小，对周边建筑物保护效果好。

10.2 威海东方大厦基坑支护如采用普通钢筋混凝土桩锚支护，灌注桩、止水帷幕工期55d，最低造价为385万（不包括泥浆外运、排放场地费用），采用加筋水泥土桩锚支护方案止水帷幕工期25d，造价260万，基坑开挖后32个检测点平均位移2.5mm。

11. 应用实例

11.1 山东威海东方大厦基坑支护，位于威海市高技术产业开发区火炬路南、沈阳路西，拟建大厦由主楼、附楼和地下停车场组成，主楼地上25层，附楼地上6层，地下2层，附楼基础埋深9.5m，主楼基础埋深 11.5m，基坑周长 286m，安全等级为一级。采用加筋水泥土桩锚支护，自 2005 年 3 月 3 日开工，2005 年 4 月 5 日止水帷幕竣工，斜向桩锚随土方开挖施工。基坑开挖至槽底，采用明沟排水只需二台 2.2kW 潜水泵，间隔抽水即可保证坑底施工，证明止水帷幕的施工是有效的。基坑开挖至坑底时正经历"麦莎"台风，经强暴雨的考验地下室施工完成后，32 个位移观测点平均位移 2.5mm，最大位移点位移 4mm，南侧六层车间基础沉降 2.0mm，内外墙面无裂纹，四周管线保护完好。采用加筋水泥土桩锚支护新技术后，比原总工期提前一个月，造价节省约 100 多万元。实践证明采用加筋水泥土桩锚支护是安全可靠，节省造价，保护环境。

11.2 鑫盛财富广场位于山东省淄博市中心路与共青团东路交叉路口东南角，北邻淄博市交通银行、淄博饭店，西临淄博市邮政局。工程占地面积约 3500m²，基坑呈长方形大小约为 77.0m×73.5m，基坑总长 295m，深度 12.8~14.4m。东侧距离基坑边线最近 2.5m 为淄博市体委 4 层宿舍楼，天然地基上浅基础，基础埋深 1.6m；东南角距离基坑边线最近 14.7m 为淄博市体校游泳池；西侧距离基坑边线 4.5m 为分布南北向市内主干线之一的中心路；南侧距离基坑边线 9.0m 为已建的 3 层住宅楼；北侧距离基坑边线 4.5m 为 6 层金丰商城，有一层地下室，深度 5m，天然地基；沿路分布各种管线及光缆。采用加筋水泥土桩锚支护经过雨季至施工完垫层后，除东侧平均位移 13mm，最大一个点为 17mm 外，其余三侧平均位移不到 10mm。沉降量 3mm。实践证明选用此方案是安全可行的，而且大大降低了工程造价，加快了工程进度，取得了良好的经济社会效益。

11.3 山东淄博华都名城位于共青团路，淄博饭店南侧，基坑开挖深度 9.0m，距基坑边有一栋建在 2.5m 杂填土上、基础宽度为 370mm 砖基、墙体为泥砌斗子墙的三层临舍，开挖后经观测临舍无裂缝，基坑位移量均小于 3mm。

硬塑性黏土层海中深水桩基成孔施工工法

YJGF294—2006

广东省长大公路工程有限公司

郭波　刘志峰　熊大胜　何韶东　温海强

1. 前　言

国内公路桥梁基础工程领域中，基础形式众多，近年来钻孔灌注桩基础占据了重要地位。随着工艺的改进，钻孔设备的更新和引进，我国的钻孔施工已经开始逐步满足深水、长大桩基础施工的要求。但随着沿海开放城市的经济不断增长，在浅海、出海口、海湾等区域开始大量的修建特大型桥梁，在这种新形势下，需要根据工程实践针对不同的地质水文等情况总结新的工艺和方法，以促进工效、保证安全和环保。

湛江海湾大桥位于粤西的湛江地区，其始于湛江市坡头区，于湛江市平乐渡口上游 1.3km 处跨越麻斜海湾，终于湛江市乐山大道，是湛江海湾大桥及连接线一期工程中的重点工程。该工程的建设对于加强粤西地区与珠江三角洲地区的经济联系，改善湛江市区的城市规划，促进周边经济发展具有重要的意义。

湛江海湾大桥主桥 47、48 号主墩桩基础各有 31 条（共 62 条）直径为 2.9m 至 2.5m 的变截面钻孔灌注桩，按摩擦桩设计，桩长分别达到 104m（经查询此桩为省内最长桩基）和 98m。水中引桥采用分离式基础，每个墩有 8 条直径 1.8m 的钻孔摩擦桩，桩长从 57m 到 75m 不等；东引桥与海滨立交的桩基直径为 1.5m、1.6m 不等，桩长 50～70m 之间。

桥址区为第四系地层所覆盖，基岩埋深达 250m。根据钻孔揭露，上部为全新统海积相（Q4m）地层；下部为下更新统湛江组河口三角洲相（Q4mc）地层：主要由灰、浅灰、灰白色黏土、粉质黏土夹中砂、粗砂层组成，本层以灰白色—浅灰色粉质黏土为主，局部夹黄色—砖红斑状，稍湿，以硬塑-坚硬为主，局部渐变为黏土，该层分布巨厚（地质勘探未能贯穿），大部分黏性较好，土质纯，硬塑-坚硬塑状。

广东省长大公路工程有限公司在 2002 年 12 月开始施工湛江海湾大桥的试桩工程，在施工中发现在湛江组硬塑黏土、粉质黏土层中进尺困难，糊钻现象非常严重，导致钻进效率非常低。为了保证工程在合同工期内完成和控制工程的施工成本和质量，探索一套适合在硬塑性黏土层海中深水桩基施工的工艺，广东省长大公路工程有限公司认为应该组织技术攻关，并向广东省科技厅申请年度科研项目立项，列入 2003 年度科技项目计划，同时开展研究。2006 年 6 月 16 日 "湛江海湾大桥硬塑性黏土层海中深水桩基成孔施工工艺技术研究" 通过广东省交通厅科技成果的鉴定。鉴定认为：该施工工艺填补了国内在第四系下更新统的粉质黏土层海中深水进行桩基成孔施工的空白，在国内处于领先地位，总体上达到国际先进水平。同时，形成了针对硬塑性黏土层海中深水桩基成孔的施工工法。本工法为我们未来在湛江地区或其他与湛江组地层相似的地质条件下进行桩基施工提供了可行的施工工艺参考，在三角洲沉积层硬塑性黏土、粉质黏土的地质条件下的桩基础施工中有着广阔的应用前景。目前本工法在湛江海湾大桥、杭州湾大桥北航道桥桩基础施工、金塘大桥东通航孔桥获得了成功的应用。

2. 工 法 特 点

2.1　科学合理的设置大吨位振动锤的各项参数将大直径桩基钢护筒施打入硬塑性黏土层中，同时采取管理、技术措施避免钢护筒变形。

2.2 采用新型、适合硬塑黏土层的钻头，将黏土切削成条状、小块状，利用改进的钻头水流循环和合理的出浆口设置，将条状、小块状的钻渣及时排出，避免传统工艺下黏土靠磨成浆体后排出的状况，从而减少钻头磨损，减少糊钻，提高钻进速度。

2.3 充分利用原地层黏性材料制造泥浆，以利于资源利用和环保，同时通过加入化学添加剂，动态控制泥浆指标，以制造优质的海水泥浆，同时达到减弱黏土的黏滞力、减少糊钻的目的。

3. 适 用 范 围

下更新统湛江组河口三角洲硬塑性黏土地层或相类似的地质条件下的桩基施工。

4. 工 艺 原 理

硬塑性黏土层海中深水桩基成孔施工工艺是在反循环回转法成孔、深水大直径桩基成孔等工艺的基础上通过针对更新统湛江组河口三角洲硬塑性黏土地层进行研究发展出来的新型、专题性的成孔工艺。

采用固定式水上平台作为桩基施工用，利用大吨位振动锤将钢护筒打入硬塑黏土层中，利用大扭矩的反循环回转钻机钻孔，钻孔时利用原地层粘性材料加入化学添加剂制造的优质海水泥浆护壁，采用新型三翼刮刀钻头将黏土切削成条状、小块状，利用气举反循环将混有钻渣的泥浆及时排出孔外进入泥浆循环系统，泥浆循环系统采用三级，分别为筛网去除大颗粒钻渣，沉淀池沉淀，除砂器去除粉细砂和微颗粒。

5. 施工工艺流程及操作要点

5.1 施工工艺流程

施工工艺流程见图5.1。

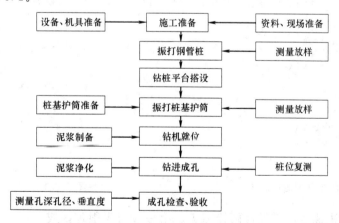

图5.1 施工工艺流程

5.2 操作要点

5.2.1 施工准备与钻桩平台搭设

1. 资料的准备

钻孔前要对桩基位置的水文、地质状况了解清楚，给出地质柱状图。编写钻孔施工工艺，并组织施工人员学习工艺和进行技术交底。

2. 钻头的准备

1）钻头形式

为了减轻泥包钻头的情况，钻头应该越简单、越光滑越好。在硬塑黏土层中应采用小剑尖、单腰带（同时尽量减小腰带宽度）、窄翼板（同时倾斜）的三翼钻头，见图5.2.1-1。为了保证倾斜率，在钻杆上加设一至两道导向圈。

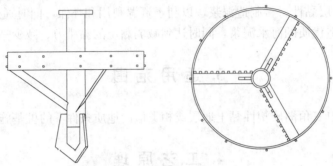

图5.2.1-1　钻头形式

2）剑尖、刀翼角度

刮刀钻头的角度包括剑尖中心角、刀翼中心角和刀齿的剑尖角，剑尖和刀翼中心角见图5.2.1-2。

剑尖部分首先破土，若中心角越大，则破土阻力也越大，不利于提高钻进速度，同时易磨损剑尖。同时剑尖在钻孔过程中起着定位和导向的作用，中心角太小则钻进易倾斜造成偏孔，在硬塑黏土层中的合理角度为110°。

刀翼部分则起到主要的钻进作用。当中心角小时，钻进速度快，但水平阻力大钻进不平稳，当中心角大时，钻进相对平稳，但竖向阻力大钻进速度减慢。在采用了钻杆上增加导向圈后钻进平稳性有了很大增强，刀翼中心角和剑尖一样采用110°，以便提高钻速。

3）刀齿的配置及角度

刀齿的角度分为刀尖角β、切削角α、后角γ、前角ψ，见图5.2.1-3。刀尖角就是镶嵌在刀翼上每把刀的楔角，刀尖角与后角组成了切削角α，切削角α对切削阻力影响很大，需要对不同的土层选择合适的切削角。后角γ是为了保证在一定钻压下刀尖能切入土层一定深度，以便于之后的旋转切削，一般不宜小于15°。针对硬塑黏土层切削角α采用50°，后角γ采用20°比较合适。

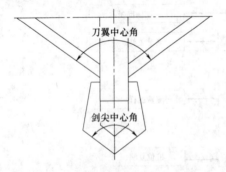

图5.2.1-2　剑尖和刀翼中心角

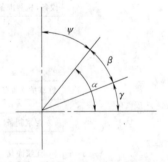

图5.2.1-3　刀齿的各个角度

为了进一步提高钻进速度，需设计两级刀尖。第一级刀尖很疏，成长耙形（长30～40cm），在刀翼板上每30～40cm一条，主要是首先切入扰动土层，以减少第二级刀尖切削的阻力；第二级刀尖为主切削刀，采用传统形式沿圆周交错布满半径，重叠系数为1.5。第一级刀尖后部裸露部分的局部容易被黏土磨损，时间长容易使刀尖断入土中，需加焊合金保护。

4）钻头出渣口及钻头处水流循环的设置

为了解决硬塑黏土层钻孔传统在底部设出渣口容易造成堵塞的问题，将出渣口改设在了侧面，距离刀翼板上的第二级刀尖20cm，同时封闭底部的出渣口。但是由于出渣口设在侧面不能及时排出剑尖部分的钻渣，因此钻头采用了小剑尖的形式。

为了保证水流循环以便冲洗刀翼板处切削的和剑尖处顶上来的钻渣，将刀翼板设计成60°倾斜角和刀尖统一倾斜方向，一是为了有利于钻渣的排除；二是为了在钻头旋转时将水流抬向上方，同时腰带和钻杆的连接也采用了翼板的形式，并且将腰带的翼板设在了刀翼板间隔的中间位置，采用了和刀翼板反方向的倾斜以便将钻渣和水流导向下方，如此钻渣和水流反复运动以便从侧面排出钻渣。

3. 其他主要设备、材料的准备

钻机（本工法以 KP3500 位代表机型）、空气压缩机、泥浆处理器、泥浆泵、电磁铁、相应打捞工具的准备等。

泥浆造浆材料的准备是重要一环，在根据地质具体情况、水质，确定出护壁泥浆的配合比后，做好造浆材料的储备，由试验室专人负责检测泥浆性能。

4. 钻桩平台搭设

海中深水施工桩基础需搭设固定桩基施工平台。采用 8～10mm 厚 A3 钢板卷制成直径 0.9～1.2m 的钢管桩打入受力土层作支承柱，将各钢管桩连接，上面铺设军用梁（或贝雷）桁架作支撑架，顶面铺设型钢纵横分布梁，连成整体。平台高度应考虑潮水位影响，同时平台应具有足够刚度、稳定性。

5.2.2 桩基护筒的制作与振打

1. 桩基护筒的制作

护筒的厚度为直径的 1/150，钢护筒加工时的焊缝均采用对接焊缝，要求开坡口，焊缝等级要求 Ⅱ级。为加强钢护筒的整体刚度，护筒在平台对接接头处外面加设钢带，并在护筒底部 50cm 范围内加刀脚。护筒在加工厂制作并接长至每段 10cm 左右，并保证长度方向顺直，椭圆度不大于 2cm。

2. 桩基护筒的下沉

安装护筒前，首先在平台上精确测量，安装足够刚度的护筒导向架，导向架的内空比护筒直径大 3～5cm。护筒安装时，用平台龙门吊或浮吊吊装就位，通过导向架内空下放着床，检验倾斜度小于 0.5％后，用大吨位振动锤振动下沉，下沉过程中需采取措施保证护筒垂直。护筒平面误差不得大于 5cm，倾斜度偏差不大于 0.5％。

针对硬塑黏土层振动锤需设置为最高的振动频率和激振力，同时需对钢护筒进行合理的节段分配，从而使运输、吊装、焊接和振动下沉均满足现有设备的能力要求，并尽量一次振动到位，振动过程中避免接长护筒。

5.2.3 海水泥浆的配置

在硬塑性黏土层中，泥浆性能有如下的变化特点，所以容易出现糊钻的现象：

① 当钻机在粉土、粉质黏土、黏土层钻进时，由于适合钻进时的泥浆溶液内的黏土颗粒未达到饱和，随着钻进的进行，泥浆内的黏土不断增加，导致黏土浓度不断增大，泥浆黏度不断增大；

② 由于所处地层含有大量的盐分，随着钻进的进行，各种离子不断进入泥浆溶液，使泥浆内的水解平衡和离子平衡不断移动，导致在黏土颗粒表面形成的扩散双电层也不断变化，当泥浆内的低价阳离子（Na^+）成为泥浆溶液中的阳离子的主要成分时，由于吸附层中被阳离子中和的电量少，电动电位高，扩散层中的阳离子数目多，扩散层以及水化膜变厚，黏土颗粒处于分散悬浮状态，黏土颗粒不易聚结；

③由于地层离子的渗入及水化反应的发生，导致泥浆溶液的 pH 值不断降低，当泥浆溶液变成中性或酸性时，黏土片端部的 Al—OH 和 Si—O 键的 OH^- 和 O^{2-}，因电离或断键而离去，于是黏土颗粒的端部便带正电荷，形成带正电荷的扩散双电层，导致多数处理剂失效，使得泥浆性能大幅下降。

针对以上问题，在成孔的过程中在泥浆内加入多种化学药剂，调制优质的低固相泥浆，其控制过程如下：

① 当泥浆中的黏度增大时，在稀释的同时在泥浆中加入适量的 $Ca(OH)_2$，其中 Ca^{2+} 解决由于低价阳离子浓度过高造成黏土表面扩散层以及水化膜变厚的问题，抑制黏土颗粒的进一步分散，OH^- 主要调整泥浆溶液的 pH 值，确保各种处理剂有效利用；

② 当泥浆含砂率偏高时，在泥浆溶液中加入适量的 Na_2SiO_3 溶液，加速夹杂在黏土内的细砂的沉降，有效降低泥浆含砂率；

③ 当泥浆中的黏度降低以及在二次清孔时，在泥浆中加入适量的 Na_2CO_3、$NaOH$ 溶液，其中 Na^+ 解决由于高价阳离子浓度过高造成黏土表面扩散层以及水化膜变薄的问题，确保黏土颗粒处于分散稳定状态，CO_3^{2-} 主要用来沉淀溶液中的 Ca^{2+}、Mg^{2+}，OH^- 调整泥浆溶液的 pH 值；

④ 当泥浆溶液比重过小或黏度偏低时，考虑置换泥浆或加入高效 CMC 造浆。

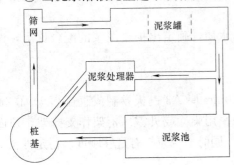

图 5.2.4-1　桩基施工泥浆处理示意图

通过以上各种措施，可以确保成孔泥浆性能具有低比重、低分散度、低含砂、低失水的特点，确保桩基成孔过程安全、快捷。

5.2.4　三级泥浆循环系统

根据硬塑黏土层成孔的特点，采用三级泥浆循环系统，如图 5.2.4-1。

本工艺钻进硬塑黏土层时土体均是被刮成条状或块状的，由此，第一级循环为先把从钻杆出来的泥浆导入筛网，利用筛网可以把泥浆中的 100% 的直径大于 2cm 的泥条、泥块筛除；遇到砂层时换用更小的筛网，同样可以达到筛除 80% 以上粗砂的效果。排出泥条、泥块或粗砂用储料斗运出施工场地，经过筛网处理后的泥浆流入泥浆罐进行第一次沉淀。

第二级循环为沉淀。泥浆罐分为三格，每格之间用钢板部分隔离，上面预留 1/3 的过浆口。泥浆从第一格的上部进入泥浆罐，流经第二格后在第三格的中上部流出，泥浆在泥浆罐中因为流速降低，经过筛网后的相对大颗粒泥砂会因为流速较慢而在泥浆罐中沉淀，流出的泥浆含泥砂率得到降低。泥浆罐中出来的泥浆进入泥浆池作二次沉淀，最后流回桩基护筒内。

第三级循环为机械除泥和砂。按照黏土层的特点采用过细筛网会很容易堵塞，故采用旋流除砂器除泥和砂。泥浆处理器共有 10 个圆锥旋流器组成。旋流器的工作原理为利用离心力把不同密度的砂粒和纯泥浆分离，沙粒依靠自重从旋流除砂器的底部流出，泥浆从上部流出。

具体的工作原理是：泥浆除砂器由一空心圆柱体 1 和一圆锥体 2 组合成，在圆柱体侧面沿切线方向连接着进浆管，泥浆在泵压作用下，进入器内产生旋流，泥浆的岩粉颗粒在离心力的作用下具有较重力加速度大几十至几百倍的离心加速度。泥浆高速旋转时，比重大的颗粒因离心力较比重小的颗粒离心力要大（因离心力远大于质量）因此就甩得远，这样，以旋流器中心向外圆呈分选作用——即离圆心越远比重越大。所以比重大的固体颗粒就沿着旋流器壁体通过喷砂嘴 3 喷出，而比重小的好泥浆就从中心通过溢流管 4 排出。见图 5.2.4-2。

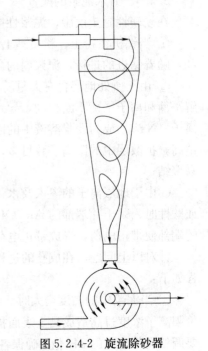

图 5.2.4-2　旋流除砂器

旋流器的大小选择，应根据泥浆泵的排量即旋流器的处理量和除砂粒度来衡量，处理量用式（5.2.4-1）求得：

$$Q = K \times d_H \times d_B \times (g \times H)1/2 \ (1/min) \qquad (5.2.4\text{-}1)$$

式中　Q——泥浆处理量（L/min）；

d_H——进浆口直径（cm），如方形口应用面积换算；

d_B——溢流管直径（cm）；

g——重力加速度（cm/s²）；

H——进浆口压力（kg/cm²）；

K——系数，当锥体的锥角等于 20°时，$K=5$。

除砂或泥粒径用式（5.2.4-2）求得：

$$d_P = \frac{d_B \sqrt{DT}}{0.9 \times d_S \sqrt[4]{H(\delta - \rho)}} \qquad (5.2.4\text{-}2)$$

式中　d_P——除砂粒径（μm）；

　　　T——泥浆中固体含量（%）；

　　　d_S——喷砂嘴直径（cm）；

　　　D——旋流器直径（cm）；

　　　δ——泥浆中钻渣的密度（g/cm³）；

　　　ρ——泥浆的密度（g/cm³）。

旋流器的各种尺寸关系如下：

进浆口直径＝（0.4～1.0）溢流管直径（一般为0.7～0.85）

溢流管直径＝（0.2～0.4）旋流器直径

喷砂嘴直径＝（0.2～0.7）溢流管直径

进浆压力一般为0.5～2.5大气压，大规格的旋流器取小值，小规格的旋流器取大值。

5.2.5　钻机成孔工艺

在完成钢护筒的下沉后，测量组应复核桩基的位置。

每个钻桩班和现场施工和技术员必须每人分发一份地质资料柱状图，钻桩过程中必须经常对照施工中的地质，在地质情况变化时根据钻机情况采用不同的档位。

较长的桩基用测绳难以量准，孔深要按钻杆长度计算，钻杆要每一条编号量尺以保证孔深计算的准确性。

1. 钻机的安装和调试

1）转运到平台上，然后用平台龙门吊或浮吊将底盘吊在预先安装的轨道上并就位好，并将钻机中心对准护筒中心。

2）将龙门架、机械手、油缸安装在底盘上，并使龙门架与底盘垂直，其偏差不大于1/2000，然后将其余部分安装在底盘，水龙头和提梁装在龙门架油缸上。

3）连接好各种油管、接头、电缆线、螺栓，安装橡胶软管时要避免急转弯，不得在接头根部弯曲。

4）转盘按油尺要求加足润滑油，在油箱中加入液压油时要注意油箱的清洗，保证液压油的清洁度，油面至小加至油标的中心位置，不能超过油标的最高限位或低于油标下限。

5）打开付回路系统，观察两油缸同步上升，如不同步可调整阀块上的调速手把使之同步。升降时水龙头提梁不得歪扭、颤动和跳动现象。刚使用时油缸可能有爬行现象，可短行程反复升降几次，空气排净后即可恢复正常。

6）利用起重机将钻头、配重块装成一体，装配时应将这些螺栓、螺母拧紧，并且不要忘记将密封圈、防褪销装上。

7）将钻具吊进空位，并使钻机就位，将钻具与水龙头连接，然后调整千斤顶，使转盘中心、水龙头中心和钻杆中心在同一垂线上，其偏差不大于5mm。钻机就位后接上供风管、供泥浆管、排浆管，通过泥浆管向护筒内注浆。与此同时，开动空压机直至吸出泥浆为止，再次检查钻机反循环系统各部位为开钻作准备。

8）钻头、钻杆、配重和气室钻杆及异径接头的实际长度用钢尺丈量，钻杆用油漆编号，并作记录。

2. 初钻的措施

气举式反循环钻进必须待下端钻头、钻杆埋入水（泥浆）中一定的深度，即在孔底泥浆的强度和钻杆底泥浆、空气混合体的强度基本相等的条件下，才能吸引浆渣上升。采用正循环钻进到钻头入水（泥浆）达8.5m后改用气举式反循环钻进。

3. 接长钻杆

当一节钻杆钻完时，将钻杆稍提升30cm左右，先停止钻头回转，在送风数分钟，将孔底钻渣吸尽，再放下钻头，进行接长钻杆工作，以免钻渣沉淀而发生埋钻事故；在接头法兰盘之间垫 3～5mm 厚的橡皮圈，并拧紧螺栓，以防漏气、漏水；然后如上述工序，一切正常后继续钻进。另外须随时注意护筒口泥浆（水）面标高，如果逐渐往下降落时，须立即用水泵补水入护筒，以免因水头不够而发生坍孔事故。

4. 控制钻速和泥浆

在钻进过程中不同的地层转盘采用不同的转速，在黏土层钻进为了克服泥包钻头现象，应采用高转速，在砾质黏性土层钻进应采用中等转速，钻岩及在砂砾层中钻进应采用低转速。

钻孔施工中泥浆工艺对桩基质量的影响很大，实验室每天都要对泥浆指标进行监控，工班一定要按照实验室的安排对泥浆进行调配；桩基的护筒脚是危险的位置，在过护筒脚之前一定要调配好泥浆之后才能钻进；同时对于不同的地层采用不同的泥浆比重，在黏土和淤泥层中为保证钻孔速度采用的泥浆指标为：相对密度 1.06～1.10，黏度 18～28S，含砂率不大于 4%，胶体率不小于 95%，失水率不大于 20ml/3min，泥皮厚不大于 3mm/30min，静切力 1～2.5Pa，酸碱度 8～10pH；在过护筒脚和砂、砾石层中要将上述的泥浆相对密度调整为 1.10～1.15。

5. 桩孔垂直度和孔径的控制

桩基的垂直度是桩基质量控制技术指标之一，为了保证桩基垂直度达到 0.5% 的要求，我们采用以下措施：

1）经常观测施工平台的沉降和施工平台钢护筒的垂直度，及时发现桩基护筒的垂直度变化，当桩基护筒的垂直度超过允许值（0.5%）时采取措施调整；

2）在桩基钻进过程中经常采用检查钻杆垂直度的方法检查孔径的垂直度，保证钻孔的垂直，同时沿钻杆长度加三个导向器防止偏孔；

3）当钻进到设计标高时，采用检孔器检测孔径的垂直度，如果垂直度不满足 0.5% 的要求，用钻机进行修孔直到满足要求；

4）为保证桩基孔径的尺寸不小于设计孔径，保证钢筋笼可以顺利下放，满足设计要求。在钻进时要求施工人员采用减压钻进，避免斜孔，除开孔时外不允许加压钻进；在下钢筋笼之前，用探孔器进行检查，及时发现缩孔等事故并进行处理，从而保证孔径不小于设计桩径。

6. 终孔

当达到设计终孔标高时，必须报监理工程师认可、签证，方可终孔。

5.2.6　钻机技术要求及注意事项

1. 钻机开动前，首先需检查转盘是否水平，钻机是否固定。其后先起动冷却系统，跟着逐个开动油泵电动机，检查润滑系统是否工作正常，开动泥浆泵供浆及开动空压机送风吸泥。然后开动转盘慢慢进尺。停钻时应先提起转头，其后停转盘，最后停止空压及泥浆泵。

2. 接杆时先用水洗净钻杆端，加上经检查完好的橡胶垫圈，最后对孔接杆，务必做到接头紧密，避免漏气、漏水和松脱。

3. 钻进过程采用减压钻进以保证钻孔杆垂直度，在钻头上方加以配重块，使钻杆在钻进过程中始终受拉而保持钻杆垂直，以免弯孔、斜孔及扩孔现象的发生。

4. 保证钻孔水头不小于最高潮水位 2m，使从泥浆池向孔口提供的泥浆量约等于从孔底通过钻杆排出的泥浆量，以避免孔内水位降低压力减少发生孔壁坍塌现象。钻桩班要注意观测孔内水位的变化，及时发现并处理。

5. 从钻杆排出的泥浆中，每小时捞取钻渣样与地质资料比较，及时判明土层，且根据土层性质、钻机特点采用适当的进尺速度和泥浆浓度，并做好钻孔记录，当记录与地质资料之间不符时，立即向监理工程师报告以便及时处理。当孔深达到设计标高时，请监理工程师确定桩孔深度和孔底标高。

6. 钻机钻进过程中，要严格控制泥浆指标。试验室每天均应对每条桩基的泥浆进行检测并记录，当发现泥浆指标不符合要求时及时通知施工员调整。

7. 钻头通过护筒脚时应慢速进尺，当护筒脚为软弱土层时尤其应注意孔壁的稳定，防止漏浆及塌孔等现象。

8. 钻孔作业需分班连续进行，及时、准确填写钻孔施工记录，交接班时应交待钻进情况及下一班应注意情况。

9. 钻头升降时必须平稳，避免撞击护筒和孔壁，拆装钻杆力求迅速。

10. 在钻进过程中要严禁工具、铁件等掉入孔内，因掉入铁件将是造成钻头损坏的主要原因，应引起施工操作人员的重视。

11. 要注意保持钻孔记录的清晰，避免涂改。

12. 在钻进通过护筒脚时要先确定出护筒脚的偏位，尽可能保证钻头居于护筒脚的中心以免提钻时钩挂护筒脚。

5.2.7 钻孔中的常见问题及预防与处理

当护筒底为软弱土层时易发生塌孔及漏浆等问题，解决方法有：1. 对护筒进行接长二次复振；2. 回转钻机则停止泥浆循环缓慢进尺，形成坚固孔壁后方可正常钻进；3. 若已发生，回填黄泥或片石至护筒脚 1m 以上，然后钻进至护筒脚 1m 以下，又再回填钻进，如此反复几次后再正常钻进。

当遇到孤石时易发生孔位偏移或孔身倾斜，可投入混凝土，将孔壁石头胶结后，重新开钻。钻机班在钻孔过程中发现异常情况应立即停钻，待判明处理后方可继续钻进。

当地层中有软塑土时，遇水膨胀后易造成缩孔，回转钻机需用轻型钻头上下来回扫孔。

一根桩的钻孔必须在桩的中距 5m 范围内的其他任何桩的混凝土浇筑完成 24h 以后才能开始，以免拢动正在凝固的邻桩混凝土。有可能的地方采用隔桩钻孔，减少对邻桩混凝土的扰动。

6. 材料与设备

本工法无需特别说明的材料，采用的机具设备见表6。

机具设备表 表6

序　号	名　　称	单　位	数　量	备　注
1	Kp3500 钻机	台	4	配 4 台 27m³ 的空压机
2	50t 龙门吊	台	1	安装在钻桩平台上
3	80t 浮吊	台	1	
4	交通船	艘	1	
5	水上工作船	艘	1	200t
6	泥浆罐	个	4	泥浆净化
7	试验仪器	套	1	泥浆检测
8	测量仪器	套	1	
9	泥浆处理器	台	4	泥浆净化
10	500kW 发电机	台	1	

7. 质量控制

7.1 工程质量控制指标

1. 护筒倾斜度每米不超过 1cm，椭圆度不大于 2cm，焊接采用坡口双面焊，所有焊缝连续；护筒中心偏差≤10cm，桩位中心偏差≤5cm。

2. 钻孔过程中泥浆性能要求：相对密度 1.06～1.15；黏度 18～28S；含砂率不大于 4%；胶体率不

小于 95%；失水率不大于 20mL/3min；泥皮厚不大于 3mm/30min；静切力 1～2.5Pa；酸碱度 8～10pH。

3. 终孔后清孔的孔底泥浆的指标：相对密度 1.03～1.10，黏度 17～20sec，含砂率小于 2%，胶体率大于 98% 时，若达不到时可将孔底以上 20m 泥浆换成优质泥浆以提高混凝土浇筑的质量。

4. 桩基施工质量执行《公路桥涵施工技术规范》、《公路工程质量检验评定标准》。

钻孔灌注桩实测项目   表 7.1

项　次	检查项目	规定值或允许偏差	检查方法和频率	备　注
1	混凝土强度（MPa）	在合格标准内	按有关标准检查	
2	群桩桩位（mm）	100	用经纬仪检查、纵横方向	
3	摩擦桩钻孔倾斜度	0.5%	查灌注前记录	
4	沉淀厚度（mm）	100	查灌注前记录	
5	钢筋骨架底面高程（mm）	±50	查灌注前记录	
6	清孔后泥浆性能	比重：1.06～1.10 黏度：18～28S 含砂率：≤3% pH 值：8～10	查灌注前记录	

7.2 质量保证措施

1. 钻机就位，调整钻机转盘呈水平，使转盘中心、吊架中心和桩位中心三者位于同一垂线上。

2. 钻孔灌注桩必须由有经验的施工人员主持，开工前应核对水文和地质情况，掌握钻孔区域实际地质情况，认真做好原始记录。

3. 测量室必须对桩位精确放样并经监理现场检查复核无误。

4. 桩基护筒必须准确定位，埋置深度须达到设计标高。

5. 钻进过程中应保持孔内泥浆面高度稳定，泥浆各项指标在规定允许范围内。在施工的任何时候，均应保持孔内有规定的水位和要求的泥浆相对密度及粘度，以防塌孔。在水位涨落较大时应采取稳定钻孔内水头的措施。

6. 在黏土层中钻进时，应调节泥浆的相对密度和黏度，适当增大泵量和向孔内投入适量砂石，以防止糊钻或埋钻发生。

7. 钻进时采用减压钻孔，以免钻头承受较大的压力产生偏孔或斜孔现象，必要时在适当的位置加腰带增加钻杆的刚度，保证桩孔的垂直度。

8. 为了保护环境，避免对海水的污染，对废浆、废渣均用泥浆船运走清除，严禁直接排入河道内。

9. 终孔时孔径、倾斜率、孔底标高；清孔后泥浆各项指标、孔底沉渣须符合设计图纸、《公路桥涵施工技术规范》的要求。

8. 安 全 措 施

8.1 贯彻"安全第一，预防为主"的方针，加强安全教育，严格执行安全生产制度和操作规程，做好安全技术措施交底。

8.2 移动钻机时，应由专人指挥作业。机架移动应平稳，支承工字钢铺设应平顺，垫固。不得挤压电缆线及泥浆管等。

8.3 钻机就位后，应对机械及配套设备进行全面检查工作。钻机安设必须平稳、牢固，并有防移动的止动装置；机架应加设斜撑或缆风绳固定。

8.4 仔细检查电动机的电源线，防止错接，对供浆供风系统等逐一检查，完善后，方可开钻。

8.5 钻机使用的电缆线要经常检查，接头必须绑扎牢固，确保不渗水，不漏电；对经常受水或泥浆浸泡的电缆线应架空搭设。

8.6 钻头提升接近护筒底缘时，应减速，平稳提升，不准碰撞护筒和钩挂护筒底缘。

8.7 因故停钻时应将钻头提离孔底 1～2m，以防泥砂沉淀后埋钻头，如需长时间中途停钻，须将钻头提出孔外。

9. 环 保 措 施

9.1 施工现场的平面位置应考虑消除或降低对环境的影响。如：搅拌站的位置、泥浆池的位置、生活垃圾的排放、施工污水的排放等。

9.2 设计劳动组织、施工工艺、施工方法、安全措施和设施等时应考虑粉尘、噪声、水土流失等环境的影响。

9.3 选择施工设备时应考虑安全性能、防护措施、能源的消耗、废气的排放等因素，进场后进行验证。

9.4 施工过程中应严格按照《噪声控制管理规定》、《粉尘排放控制管理规定》、《固体废弃物管理规定》、《消防管理规定》等进行控制。

10. 效 益 分 析

10.1 经济效益

湛江海湾大桥工程是湛江海湾大桥及连接线一期工程的控制工程，通过对硬塑性黏土层海中深水桩基施工工艺的研究，使大桥的主墩桩基施工缩短工期 63d，引桥桩基施工缩短 177d，节省直接施工成本 3948.6 万元。

通过对现有的对硬塑性黏土的施工方法进行改进，把平均钻进速度由开始的 2.2m/台班提高到 4.7m/台班，实现施工成本最小化、效益最大化。本工程有桩基 640 根，其中 φ1.8m 桩基 160 根，共 10088m 长；φ1.5m 桩基 418 根，共 25080m 长；φ2.9m 桩基 62 根，共 6262m 长。

10.2 社会效益

湛江海湾大桥硬塑性黏土层海中深水桩基成孔施工工艺的研究成功，保证了湛江海湾大桥的桩基施工的质量，缩短了大桥的施工工期，为湛江海湾大桥的早日通车提供了必要的保证，此工程的按时完工对湛江市区的东扩起着重要的连接意义，加强了坡头区与湛江市区的联系，改善了湛江市的交通和城市布局；同时对缩短粤西与珠江三角洲的联系有着重要的意义。同时，此全套施工工艺的研究为以后在江河出海口等处类似的地质条件下修建大桥积累宝贵的经验。

11. 应 用 实 例

11.1 湛江海湾大桥桩基础施工

湛江海湾大桥系广东省"十五"重点建设项目之一，是湛江海湾大桥及连接线一期工程中的重点工程。大桥设计等级为：一级公路兼顾城市快速车道，设计四车道，远景 6 车道划线，大桥全长 3981.17m，由广东省长大公路工程有限公司（以下简称长大公司）承建。主桥全长 840m，为双塔双索面斜拉桥，跨径组合 60+120+480+120+60m。主桥 47、48 号主墩基础各有 31 条（共 62 条）直径为 2.9m 至 2.5m 的变截面钻孔灌注桩，按摩擦桩设计，桩长分别达到 104m 和 98m，全桥共有桩基 640 根。

根据地质钻探显示桥址区为第四纪原地层所覆盖，基岩埋深达 250m。为下更新统湛江组河口三角州相（Q4mc）地层：主要由灰、浅灰、灰白色黏土、粉质黏土夹中砂、粗砂层组成，局部黏土、粉质黏土与中砂、粗砂呈不等厚互层状。

因为下更新统湛江组地层是一个比较特殊的地质层，国内没有完整、详细的地质承载力资料，为了取得实际可靠的地质资料和桩基承载力数据，业主公司决定进行试桩工程，由长大公司完成。在试桩工程中，因为没有对本地质有深入的了解，桩基施工采用常规的钻头和施工工艺，试桩工程桩基施工速度缓慢，糊钻严重，平均钻进速度为 2.2m/台班，由此计算大桥工程的工期将无法把握。针对以上情况，长大公司在主体工程开工前组织开展了桩基成孔工艺的研究及试钻，通过调整钻头结构和改进泥浆循环系统等等措施，在多方面取得了一定的成果，应用于大桥桩基的施工中。在后来的桩基施工过程中，长大公司并不断调整优化，使大桥主体工程的桩基平均成孔速度提高到 4.7m/台班，达到了非常好的效果，同时形成了相关的工法，从而保证了大桥的施工工期。

2003 年 7 月至 2004 年 8 月通过采用该研究成果和工法，也保证了全桥桩基的施工质量优良。最终经过广东省交通工程质量检测中心的检测：全桥采用此技术施工的桩基共 640 条，其中检测评定达到 I 类桩 506 条，占总数的 79.1%；II 类桩 134 条，占总数的 20.9%。

11.2 杭州湾大桥北航道桥桩基础施工

杭州湾大桥起自嘉兴海盐郑家埭，跨越杭州湾宽阔海面后止于宁波慈溪水路湾，是我国国道主干线——5200km 长的同三线（黑龙江同江至海南三亚）跨越杭州湾的便捷通道。大桥全长 36km，其中海上部分桥梁长 32km，桥宽 33m，双向 6 车道，设计时速 100km，设计使用寿命 100 年以上。大桥设南、北两个航道。其中北航道桥由广东省长大公路工程有限公司（以下简称长大公司）承建。北航道桥为双塔双索面斜拉桥，主桥全长 908m，跨径组合为 70m＋160m＋448m＋160m＋70m。北航道桥共计六个桥墩，其中两个主塔墩每墩 26 根摩擦群桩基础，桩径 ϕ280cm，平均桩长 125m，桩基钢护筒直径 ϕ310cm，壁厚 18mm。

北航道桥钻孔揭露为第四纪松散沉积物，地质复杂。桥位处海底地形平坦，覆盖层很厚，地层岩性分布比较均匀，受涨落潮水的影响，冲淤交互进行。主要以黏土、粉质黏土、亚砂土、粉细砂组成，其中黏土、粉质黏土在靠近桩底时为硬塑，分层交替出现，每层厚约 4～13m。本项目在桩基的钢护筒下沉、硬塑黏土层钻孔、泥浆制备等方面采用和参考了此工法。

该工法主要在本项目桩基施工上体现的优点有：1. 利用大吨位振动锤合理设置技术参数打入大直径桩基钢护筒；2. 对钻孔机具进行工艺的优化，使钻孔机具发挥最大功效，通过设置合理的钻头刮刀角度，提高钻头在硬塑黏土层中的削切效果；3. 通过改进泥浆循环系统，及时排出钻渣，加速泥浆沉淀，降低泥浆浓度，减少钻头磨损，提高钻速度；4. 配备优质的海水泥浆保证成孔安全，同时通过化学添加剂的作用分散黏土，减弱黏土的粘滞力，减少糊钻。

该工法于 2004 年 6 月至 2006 年 12 月在本项目得到成功应用，顺利完成全部桩基础，使得本项目能充分利用现有资源，大大节约了成本，同时解决了糊钻难题，大大缩短了成孔时间，保证了桩基施工质量。该工法安全可行，操作简易。

11.3 金塘大桥东通航孔桥桩基础施工

金塘大桥连接金塘岛与宁波市，是舟山大陆连岛工程中的第五座大桥，在舟山连岛工程中投资最大，技术最关键。该桥起于金塘岛上雄鹅嘴，接西堠门大桥，经化成寺水库、茅岭、沥港水道和灰鳖洋海域，止于宁波镇海，接宁波连接线，长 26.54km，其中跨海大桥长 18.415km。广东省长大公路工程有限公司（以下简称长大公司）中标项目为第 I 合同段施工。该合同段起讫桩号为 K28＋948～K30＋715，全长 1767m，工程内容包括：东通航孔桥、金塘侧引桥、东通航孔西侧非通航孔 6m×50m 连续梁桥施工。东通航孔桥共有桩基础 56 条，其中两个主墩桩基础每墩 18 根，采用 ϕ230～250cm 变直径钻孔灌注桩基础，桩长 43.5～71.5m 其余边墩采用 ϕ230cm 钻孔灌注桩基础，桩长 58.5～62.5m，桩基础均为嵌岩桩。

金塘大桥东通航孔桥桥位区内松散沉积层连续分布，自东向西、从陆域向海域，覆盖层厚度逐渐增加。硬塑黏土、粉质黏土层约占覆盖层一半左右。依据勘探结果，桥位区地层由上而下依次为：Ⅰ层、Ⅱ层和Ⅲ层以流塑状淤泥质粉质黏土为主；Ⅳ层以软塑状（亚）黏土为主；Ⅴ层软至硬塑状粉质黏土、中密状粉细砂、含砾中粗砂；Ⅵ层软至硬塑状（亚）黏土和中密至密实状中细砂（Q31a1-1），夹亚砂土透镜体；Ⅶ层、Ⅷ以硬塑状（亚）黏土为主；Ⅸ层全风化至弱风化英安岩。

本项目在桩基施工中很好的利用和参考了此工法，突出表现在：1. 科学利用大吨位振动锤振打大直径桩基钢护筒；2. 制备优质合理的海水泥浆，既能保证成孔安全又能减少在硬塑黏土层中钻头的糊钻；3. 采用特殊设计的刮刀钻头，通过设计合理的刮刀角度和钻头处液体旋流方式，减轻糊钻和钻头磨损，提高钻机进尺等。

2006 年 12 月至今，金塘大桥东通航孔桥应用本工法已施工完成全部主墩桩基础。桩基质量优异，成孔速度快，表明了该工法获得了成功的应用，同时该工法可操作性强，质量容易保证，安全可靠。

临海复杂地质条件旋喷桩止水帷幕工法

YJGF295—2006

青岛建设集团公司　青岛海川建设集团有限公司　青岛施运机械施工有限责任公司

张同波　刘海军　李华杰　魏国

1. 前　　言

青岛国际帆船中心陆域建筑包括：奥运村、运动员中心、媒体中心、后勤保障中心、陆域停船区地下车库等工程（图1），是第29届奥运会帆船比赛基地，建筑总面积为161806m²，其中地下建筑面积达66559m²。该工程位于青岛市东部的临海地段，原地貌形态为海滨平原，后经人工回填改造而形成陆域，现场地形较平坦，地面标高为2.39～4.08m。地层结构与地质构造简单，上部覆盖第四系土层1.5～14.0m，主要为人工填土（内含抛石、块石、碎石以及红砖块与混凝土碎块等建筑垃圾，土质不均匀）、粉细砂、粗砂、粉质黏土和碎石土等，其中有最大断面尺寸超过3m的抛石。其下为分布广泛且完整坚硬的花岗岩。

场区地下水主要补给来源为海水的侧渗补给和大气降水的垂直入渗补给，其排汇方式表现为时段性向海径流排泄，其中近海地段的地下水直接与海水相通。地下水位埋深为1.70～3.60m，海水潮汐高低差约4.5m。受潮汐影响，地下水位日变幅200～500mm，地下水动态年变幅为1.5m左右，一般地下水变化较海水变化滞后1～3h。

为了保证该工程深基坑和地下工程的施工，2004年7～12月，青建集团股份公司技术中心研究并应用了适合临海地下水特点的和抛石、碎石等复杂地质条件下的旋喷桩止水帷幕技术，本工法就是在此基础编写形成的。由青建集团股份公司、青岛海川建设集团有限公司、青岛施运机械施工有限责任公司共同完成的以高透水性抛石、碎石层旋喷桩止水帷幕技术为核心的"临海复杂地质条件下深基坑工程综合技术的研究与应用"于2007年1月通过了青岛市科技局组织的专家鉴定，该项技术整体水平达到国际先进，并获得了2007年度山东省科技进步二等奖、青岛市科技进步一等奖。

图1　青岛国际帆船中心陆域建筑

2. 工 法 特 点

2.1　本工法采用传统的旋喷桩，通过分段成孔、注浆再成孔等技术创新解决了在临海复杂地质条件下的成孔及成桩的质量，止水效果好，能够保证近海地段深基坑的正常施工。

2.2　本工法采用小型地质钻机成孔，施工机具简易，操作方便，占用的工作面较小，能够调集大量的设备，有利于加快工程进度。

2.3 深层搅拌桩和长螺旋灌注桩在碎石和抛石层中不能成孔，而旋喷桩可以在临海复杂地质条件下成孔，且造价低于长螺旋灌注桩。

3. 适 用 范 围

本工法适用于在含有碎石、抛石的填土，砂层、粉砂、粉土等地下水丰富的临海地段和具有类似土层的内陆地段深基坑工程的止水帷幕施工。基坑开挖深度不宜超过12m。

4. 工 艺 原 理

利用地质钻机穿透碎石、抛石层，并采用套管护壁、分段成孔、注浆再成孔等技术措施，再使用双管法和三重管法高压旋喷技术使水泥浆液与碎石、抛石等土层结合形成止水效果良好的两两相切的旋喷桩连续地下帷幕，来保证基坑及地下工程的正常施工。

5. 止水帷幕设计

5.1 内放坡结合止水帷幕
内放坡结合旋喷桩止水帷幕是本工法最适宜的边坡支护形式。在施工场区较为开阔时，均可以采用内放坡挂网喷浆的支护形式。对于回填土、砂土层等，可按1:1自然放坡；对于强风化岩，可采用1:0.5自然放坡，见图5.1。

5.2 双排旋喷桩
为了确保止水效果，在成桩困难的块石、碎石区域，可采用双排旋喷桩止水帷幕。对开挖深度为5～6m，又无法放坡的地段，也可采用双排旋喷桩的方案，其内排桩嵌入基底2～3m即可。此桩兼做止水帷幕和重力式挡土墙，见图5.2。

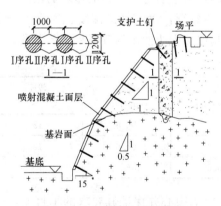

图5.1 内放坡结合止水帷幕

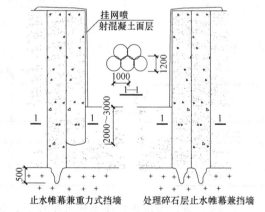

图5.2 双排旋喷桩（单位：mm）

5.3 旋喷桩止水结合锚杆支护
对开挖深度为7～12m，又无法放坡的地段，可采用单排或双旋喷桩结合锚杆、土钉支护的方案，见图5.3。为了防止锚杆或土钉施工时造成透水，该方案适宜于地下水与海水不直接贯通的地段，其锚杆应采用自进式锚杆。

5.4 旋喷桩结合桩锚支护
对开挖深度超过10m，且土质均匀，无碎石和抛石的土层，近海距离超过50m的基坑工程，采用了长螺旋压浆灌注桩、锚杆与旋喷桩结合的支护形式，见图5.4。

5.5 设计计算
桩径、桩距、桩的排数、桩的入土深度、锚杆与土钉支护结构的设计应结合工程的地质、边坡等条件，进行旋喷桩的渗透性试验并经相应的计算确定。

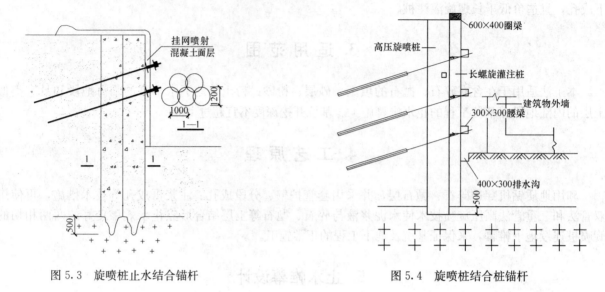

图 5.3　旋喷桩止水结合锚杆　　　　　　图 5.4　旋喷桩结合桩锚杆

6. 工艺流程及操作要点

6.1　工艺流程
平整场地→放线→钻 1 序孔→插管→喷射作业→钻 2 序孔→插管→喷射作业→帷幕结束。

6.2　操作要点

6.2.1　施工准备
1. 止水帷幕桩施工前应清除成孔范围内的障碍，防止施工受阻或成桩偏斜。当清除范围较大或较深时需将覆土压实、整平。不宜通过排水清除地下水位以下的障碍，防止引起大面积的边坡坍塌。

2. 在帷幕桩施工前做工艺试桩，通过试桩熟悉施工区域的土质状况，确定钻进深度、喷浆提升速度、喷浆速率、钻进状况等工艺参数。表 6.2.1 为奥运帆船比赛基地工程所使用的旋喷桩工艺参数。

二管法高压旋喷工艺参数　　　　　　　　　　　　　　　　　　表 6.2.1

土层	浆量 (L/min)	浆压 (MPa)	气量 (L/min)	气压 (MPa)	提速 (cm/min)	转速 (°/s)
抛石层	90	36～40	30	0.7	5～6	15
碎石层	90	36	30	0.7	6～8	15
砂层	90	34	30	0.6	10～12	15

3. 施工前先确定止水帷幕桩孔的位置，钻机的钻杆头对准孔位的中心并保证其要求的垂直度，确保桩身垂直度偏差不大于 1‰。

6.2.2　成孔及注浆
1. 由于土质条件差，钻机成孔时应采用膨润土配制的泥浆护壁。旋喷注浆管需插入地层预定深度，插管过程中为防止泥浆堵塞喷嘴，边射水、边插管，为防止压力过高将孔壁射塌，设计水压力不超过 1MPa。喷管插入预定深度后由下而上进行喷射作业。

2. 旋喷施工时严格控制喷杆的提升速度，根据进场的设备型号按工艺参数控制提升速度，保证成桩直径达到设计要求。旋喷钻杆的旋转和提升必须连续不中断，确保水泥浆沿桩长均匀分布。

3. 施工中发生意外中断注浆或提升过快现象应立即暂停施工，重新下钻至停浆面或少浆桩段以下 500mm 的位置再注浆提升，保证桩身完整，防止断桩。相邻桩施工的时间间隔一般不超过 24h，如时间间隔过长，可适当增加后序桩的水泥掺量。

6.2.3 碎石及抛石层的成桩施工

1. 近海地段，形成止水帷幕前不得排水超深开挖，以防止海水带走碎石、块石间的细粒土，造成边坡坍塌和旋喷桩成孔的困难。

2. 由于土层中有大量坚硬的花岗岩块，钻头消耗量大，成孔速度慢，会经常出现卡钻和掉钻头的现象，施工中可采用钢粒钻、金刚钻、合金钻和潜孔钻成孔。为避免钻孔未穿透抛石层，留下透水的隐患，应对比成孔深度与地质报告中岩面的深度，并鉴别抛石岩性和地层基岩的岩样。施工中在穿越抛石层时钻杆晃动厉害，进入基岩后，则钻杆进尺平稳。

3. 对于泥浆护壁难以成孔的部位，可采用钢套管跟进护壁成孔。随着钻进，随下入和孔径相配套的钢套管支撑孔壁，达到深度后，向套管内下设 PVC 护壁花管，拔出钢套管，将喷头下到设计位置进行高压喷浆。

4. 在不含细粒土的碎石、抛石间成孔及高压喷浆时，会出现塌孔和严重漏浆的情况，施工中可采用调整喷头的提升速度，适当延长喷射时间，并在喷浆的同时从孔口填充砂料等措施。在抛石层旋喷时，如出现水泥浆大量流失不能成桩的情况，施工中可先采用高压注浆填充碎石及块石间空隙，即：在抛石间注入了细石混凝土或水泥浆、砂和占水泥用量 5% 的水玻璃（速凝剂），然后再成孔、旋喷的方法。为了防止注浆料被海水冲走，应在低潮位时进行高压注浆。

5. 利用潮汐差分段成桩施工。在近海与海水贯通的抛石和碎石层中，如因漏浆、塌孔等原因而无法成桩时，可在涨潮前将最低潮位的 I 段桩完成，待涨潮水位达到旋喷位置时停止旋喷，防止水泥浆被海水带走。此时，将喷管调至上部透水性较差的土层，完成 II 段的旋喷。待潮位降至 I 段桩顶部以下时，立即成孔并在 I 段桩顶部下 300mm 开始旋喷，旋喷至涨潮的水位时再停止，往复几次直至完成 III 段桩的旋喷。

7. 材料与设备

7.1 材料

7.1.1 泥浆。 沿海地区土体的稳定性较差，而且与海水贯通，地下水中含有浓度较高的 Na^+、Ca^{++} 等阳离子。因此，钻孔过程中，为了防止塌孔及护壁泥浆中的黏土凝聚、沉淀分离，应采用膨润土配制优质的护壁泥浆，泥浆的性能指标见表 7.1.1。为了提高护壁泥浆的黏度，利于成孔，可掺加 3%～5% 的火碱取代膨润土。

			护壁泥浆性能指标		表 7.1.1
相对密度	黏度	含砂率	胶体率	稳定性	pH 值
1.55	26～28s	<4%	>95%	0.03g/cm²	8～10

7.1.2 旋喷桩固化剂及材料要求。 可采用 P.O32.5R 水泥，直径 1.2m 的帷幕桩每延米用量为 450～550kg；喷射用水泥浆的水灰比可取 0.8～1.5，常用 1:1.05～1:1.1。

7.2 设备

钻孔可采用普通地质钻机，注浆可采用双管法和三重管法的高压注浆设备，其中双管法是在三重管法基础上改进的，有别于双重管法高喷技术，其特点是：喷射半径长，节省材料，工效高，减少环境污染。

奥运帆船比赛基地的奥运村及运动员中心工程的止水帷幕施工共安排了 6 个机组，每个机组配备 GX-300 工程钻机 2 台，CYP 液压台车一台及 GNB-90B 高压泥浆泵一台。

8. 质量控制

8.1 标准及规范

使用本工法所涉及的规范、规程及标准如下：

《建筑基坑支护技术规程》JGJ 120—99；

《建筑地基基础工程施工质量验收规范》GB 50202—2002；

《建筑地基处理技术规范》JGJ 79—2002 J 220—2002。

8.2　质量控制要点及措施

8.2.1　施工前应检查水泥、外掺剂等的质量、桩位，压力表、流量表的精度和灵敏度，高压喷射设备的性能等。

8.2.2　施工中应检查施工参数（压力、水泥浆量、提升速度、旋转速度等）及施工程序，并严格按照工艺参数和材料用量施工，如实做好各项记录。

8.2.3　为保证桩位正确和桩身的垂直度，应严格控制钻机的定位和垂直度。钻孔入岩应不小于 500mm，以确保基岩面与帷幕的结合密实，保证止水效果。成孔后须由业主、监理、勘察单位验收合格后方可终孔，并做好记录，由各方签字认可。

8.2.4　旋喷注浆时，通过控制提升速度和相邻桩施工的时间间隔，保证桩身和帷幕墙体的完整性。

9. 安 全 措 施

9.1　止水帷幕施工所用的设备功率较大，用电量较高，施工时严格根据相关规定进行临电设置，对用电设备进行"三级"保护，电缆线必须架空或埋入地下 0.5m，并加强过程检查。施工用电动机具均应有保护接零。

9.2　由于设备较大且现场移动频繁，设备移位及就位时重点进行安全防控。

9.3　空压机的安全阀、压力表、调节器、温度表必须灵敏可靠，指示正常，各类施工机具自身的安全防护装置必须齐全有效。

9.4　完成止水帷幕前，不得进行强制性的排水开挖，以免引起边坡的坍塌。

9.5　执行本工法时，还应遵守相关的安全技术规范和操作规程。

10. 环 保 措 施

10.1　施工现场应控制泥浆污染、扬尘污染和噪声污染，其中噪声指标应控制在夜间≤55dB、白天≤75dB。

10.2　钻孔护壁泥浆应设泥浆池，以循环使用，节约材料，减少污染。注浆机注浆时溢出的水泥浆需提前挖坑引流，避免无序流淌，待溢出的水泥浆硬化后及时清理外运。

10.3　搅拌及喷射细石混凝土时控制扬尘及细石混凝土对周边环境的污染，搅拌机设置围护棚遮挡，喷射混凝土时操作面周边范围内应进行遮盖。

10.4　冲洗出场区的车辆，防止污染周边的市政道路，冲洗污水应流入现场的明沟及沉淀池中。

10.5　规范场区管理。按照标准化工地的要求规范场区管理，使进入场区的材料、设备、拆除的周转材料等按照要求有序堆放。

11. 效 益 分 析

以下是本工法在奥运帆船比赛基地的奥运村、运动员中心工程中应用的效益分析。

11.1　经济效益。奥运村和运动员中心采用的是以高压旋喷止水帷幕＋自然放坡为主的基坑围护方案。该方案虽然增加了部分土方开挖量，但支护费用大大降低，奥运村和运动员中心基坑开挖、止水帷幕的总造价为 1432 万元，综合费用较桩锚围护体系减少 239 万元。

较桩锚围护体系减少钢材用量约 300t。

较桩锚围护体系土方开挖增加 43000m³，占总量的 14.3%。

11.2 工期分析。由于旋喷桩可穿过碎石及抛石层，并与之结合形成渗透性很低的止水帷幕，其固结体的渗透系数可以达到 $10^{-7} \sim 10^{-8}$ cm/s。因此，采用旋喷桩止水帷幕，仅通过设置明沟、盲沟、集水井就解决基坑内的明水，保证了正常的施工和整个奥帆赛工程的工期。

陆域停船区地下工程为地下 1 层，挖深 7.5m，面积 15070m²，采用旋喷桩止水帷幕，基坑内共设集水井 8 个，排水用水泵 8 台，经计算整个基坑的排水量为 20m³/h。

奥运村及运动员中心工程，地下工程面积近 4.2 万 m²，基坑深度 11m，自 2004 年 8 月 26 日开始基坑开挖和止水帷幕施工，10 月 5 日插入地下室混凝土结构施工，至 2004 年 10 月 31 日基坑开挖全部结束，仅用了 2 个月。

11.3 节能和环保。采用本工法较桩锚围护可以减少钢材用量，有利于节能和环境保护。由于旋喷桩止水帷幕的渗透性较低，使基坑周边的水位降低很小，不能造成基坑周边土层的固结沉降，保证了周边环境的安全。

11.4 社会效益。采用本工法可以保证工期和基坑的安全，在临海复杂地质条件和其他类似地质条件的基坑施工中进一步推广应用将产生良好的社会效益。

12. 应 用 实 例

12.1 第 29 届奥运会青岛国际帆船中心奥运村、运动员中心

12.1.1 工程概况

本工程原地貌形态为海滨平原，后经人工回填改造而形成陆域，现场地形较平坦，地面标高为 2.59～3.78m，总的地势为东略高西略低。主要岩性为人工填土、粉细砂、粗砂、粉质黏土和碎石土等。其下为分布广泛且完整坚硬的花岗岩，属建筑抗震有利地段，场地的稳定性良好。场区内地下水类型为第四系孔隙潜水～弱承压水，主要赋存于砂层中，接受大气降水补给和海水侧渗补给，稳定水位埋深 2.20～3.30m，水位标高 0.44～1.45m。地下水与海水有密切的水力关系，在场区西南部地下水直接与海水相通，受潮汐影响，地下水位日变幅 5～10cm。地下水动态年变幅为 1.5m 左右。

根据青岛海洋地质工程勘察院勘查报告，基坑开挖深度范围内地层地质情况分述如下：

第①层：填土　　　　层厚 0.70～4.90m，层顶标高 2.59～3.78m。

第②层：粉细砂　　　层厚 0.40～4.70m，层顶标高−2.77～4.00m。

第③层：粗砂　　　　层厚 0.80～5.70m，层顶标高−4.89～3.44m。

第④层：粉质黏土　　层厚 0.50～3.60m，层顶标高−7.88～1.88m。

第⑤层：粗砂　　　　层厚 0.50～2.30m，层顶标高−8.68～1.30m。

第⑥层：砂质黏土　　层厚 0.40～0.80m，层顶标高−5.93～0.86m。

第⑦层：强风化花岗岩　层厚 0.3～13.20m，层顶标高−10.19～2.60m。

第⑧层：中风化花岗岩　层厚 0.2～6.6m，层顶标高−18.89～0.78m。

本工程设二层地下室，有地下连廊相通，地下室总建筑面积约为 41000m²，基坑开挖深度约为 11m，工程地下水位以下部分约为 8.5m。

12.1.2 施工情况

根据工程的地质情况及紧张的工期要求，本工程采用两两相交的高压旋喷桩作为止水帷幕，并采用高压旋喷止水帷幕＋自然放坡＋集水明排的方法作为本工程深基坑工程的围护技术。高压旋喷桩直径 1200mm，相邻两桩中心距 1000mm，本工程止水帷幕于 2004 年 8 月 26 日开始施工，至 2004 年 9 月 29 日上午最后一根桩施工完毕，完成整个止水帷幕的交圈封闭，共施工帷幕桩 983 根，总桩长为 9056m。其间根据工程平面布局开阔的特点实施了分层及分区流水作业施工，从 2004 年 8 月 26 日开始

到 2004 年 12 月底，在以上方法成功实施的前提下，本工程共完成土石方爆破挖运共计 296415m³，PVC 防水卷材施工面积 31000m²，钢筋制做加工安装量共计 9458t，混凝土浇筑量共计 53200m³，成功地完成了 41000m² 的地下室结构施工。

12.1.3　工程监测与结果评价

本工程围护体系采用本方法施工完毕后总共近 9000m² 的围护坡面上总共发现明水渗流点 11 处，坡面渗水用水泵顺利排出坑外。在土石方爆破开挖过程中及地下结构施工过程中委托专业单位采用全站仪对边坡稳定进行监测，共在具有代表性的不同部位设置观测点 20 个，从 2004 年 9 月 27 日开始至 2004 年 11 月 17 日共进行了 15 次位移监测，经对监测点位移图进行分析，最大位移 11mm，从第 11 次观测（2004 年 10 月 30 日）开始边坡位移开始稳定不再扩展，且坡顶无可见性裂缝出现。本工艺的实施为整个地下室施工创造了安全和相对干燥的施工环境。

12.2　青岛市石老人海水浴场地下停车场及更衣室工程

12.2.1　工程概况

本工程场区位于东海路以南，现石老人海水浴场内。基坑北侧为东海路，其他三侧为海水浴场沙滩；地下建筑物外墙距东海路人行道路芽石距离约为 7m，其他三侧地域开阔，有足够放坡空间。其中地下停车场建筑面积 3770m²，地下一层，层高 4.5m，框架结构，包括地下停车场及更衣室，相对标高±0.000 等于绝对标高值（黄海系）－0.400m；地下更衣室 A、B 建筑面积 2500m²，地下一层，层高 4.5m，框架结构，包括地下停车场及更衣室，相对标高±0.000 等于绝对标高值（黄海系）±0.000m。地下车库基坑开挖深度约为 4.5～6m，地下更衣室 A、B 基坑的开挖深度约为 6m。

场区地形较平坦，呈现南低北高阶梯状，地面标高 0.22～4.50m。地貌属滨海堆积平原～潮间带。场区第四系厚度较大，成分较简单，主要由第四系全新统人工填土，第四系全新统海湘沉积层，第四系上更新统洪冲积层组成，基岩为燕山晚期粗粒花岗岩。勘探揭露的场区地层情况简述如下：

第（1）层素填土，层厚 1.00～3.50m，层底标高－0.62～2.69m。

第（2）$_1$ 层中粗砂，层厚 0.70～4.30m，层底标高－1.81～0.97m。地基承载力特征值 $f_{ak}=200kPa$，变形模量 $E_0=15MPa$。

第（2）$_2$ 层卵石，层厚 0.60～5.20m，层底标高－1.81～2.86m。地基承载力特征值 $f_{ak}=250kPa$，变形模量 $E_0=15MPa$。

第（2）$_3$ 层中细砂，层厚 1.20～5.70m，层底标高－8.09～－2.14m。地基承载力特征值 $f_{ak}=200kPa$，变形模量 $E_0=15MPa$。

第（4）层淤泥质粉细砂，层厚 0.70～6.60m，层底标高－10.67～－5.50m。地基承载力特征值 $f_{ak}=100kPa$，变形模量 $E_0=6.0MPa$。

第（10）层粉质黏土，层厚 0.50～4.50m，层底标高－13.29～－5.95m。地基承载力特征值 $f_{ak}=180kPa$，压缩模量 $E_{S1-2}=5.0MPa$。

第（11）层粉质黏土，揭示层厚 0.50～5.50m。地基承载力特征值 $f_{ak}=200kPa$，压缩模量 $E_{S1-2}=8.0MPa$。

第（12）层砾砂，层厚 2.30～4.10m，层底标高－13.84～－13.16m。地基承载力特征值 $f_{ak}=250kPa$，变形模量 $E_0=20.0MPa$。

第（16）层花岗岩强风化带，仅场区东侧局部钻孔揭露。地基承载力特征值 $f_{ak}=800kPa$，变形模量 $E_0=35MPa$。

场区地下水主要为海相沉积层中孔隙潜水，透水性良好，主要赋存于第（2）、（4）层砂土中，第（10）、（11）层为相对隔水层。地下水自北向南径流。稳定水位埋深 0.50～3.00m。

12.2.2　施工情况

根据工程的地质情况及工期要求，本工程采用两两相交的高压旋喷桩作为止水帷幕，并采用高压旋喷止水帷幕＋自然放坡＋集水明排的方法作为本工程基坑工程的围护技术。高压旋喷桩直径

1200mm，桩中心距 1000mm，相互之间咬合 200mm，旋喷桩深度进入到隔水层第（10）层粉质黏土层 500mm，竖向将地下水隔断。本工程止水帷幕于 2005 年 3 月 26 日开始施工，至 2005 年 4 月 28 日下午最后一根桩施工完毕，完成整个工程止水帷幕的交圈封闭，共施工帷幕桩 950 根，总桩长为 10185.4m。

12.2.3 工程监测与结果评价

本工程围护体系采用本方法施工完毕后总共近 5000m² 的围护坡面上总共发现明水渗流点 6 处，坡面渗水用水泵顺利排出坑外。在土方开挖过程中及地下结构施工过程中委托专业单位采用全站仪对边坡稳定进行监测，共在具有代表性的不同部位设置观测点 12 个，从 2005 年 4 月 12 日开始至 2004 年 10 月 20 日共进行了 20 次位移监测，经对监测点位移图进行分析，最大位移 8mm，从第 12 次观测（2004 年 7 月 28 日）开始边坡位移开始稳定不再扩展，且坡顶无可见性裂缝出现。本工艺的实施为整个地下室施工创造了安全和相对干燥的施工环境。

12.3 第 29 届奥运会青岛国际帆船中心媒体中心

12.3.1 工程概况

第 29 届奥运会青岛国际帆船中心媒体中心工程位于青岛市市南区燕儿岛路 1 号，原青岛北海船厂内。本工程三面临海，其中西侧地下室外墙外边线距离媒体中心前护岸前沿线 16m，南侧地下室外墙外边线距离主防波堤外边线 14m，东侧地下室外墙外边线距离主防波堤外边线 6m。

根据钻探资料，本场区的岩土组合为：上部（最大 12.5m）为第四系松散土层，主要岩性为人工填土、粉细砂、中粗砂和碎石土等。第四系以下为中生代燕山晚期岩浆岩，主要岩性为中粗粒花岗岩（风化层），并穿插有中细粒花岗岩脉。

根据岩性、结构与物理力学性质的不同，可将本区勘探深度范围内的地层自上而下划分为 5 个工程地质层，依次描述如下：

第①层-填土层

该层在场区内分布广泛，层厚 1.00～6.70m，层顶标高 2.39～4.08m。

灰褐、黄褐色，稍湿～湿，松散状态。以素填土为主，部分为杂填土，主要成分为花岗岩风化砂混中粗砂，内含块石、碎石以及红砖块与混凝土碎块等建筑垃圾，土质不均匀。回填时间为 10 年左右。

第②层-粉细砂

该层在场区内分布局限，主要分布于场区的西侧临海部位，层厚 2.00～5.00m，层顶标高 −3.01～−0.88m，层顶埋深 4.30～6.50m。

褐黄～灰褐色，湿～饱和，松散状态，土质较均匀，分选良好，多见贝壳碎片，少含淤泥成分，见小砾石。

第③层-中粗砂

该层在场区内分布局限，层厚 3.30～3.40m，层顶标高 −5.66～0.07m，层顶埋深 3.60～9.20m。

黄褐色，湿～饱和，松散～稍密状态，分选性与磨圆度中等，含砾砂及黏土，局部含淤泥成分。

第④层-淤泥质粉质黏土

层厚 0.50～2.10m，层顶标高 −4.50～−1.98m，层顶埋深 5.20～6.10m。

灰黑色，很湿，软塑～流塑，多含淤泥质成分。

第⑤1层-碎石土

该层在场区内分布局限，层厚 0.60～2.80m，层顶标高 −5.88～−0.48m，层顶埋深 3.70～9.30m。

黄褐色，湿～饱和，中密～密实，土质极不均匀，以碎石混砂及黏性土为主，呈泥包砾状，分选极差，砾石呈次棱角状，局部为碎石层。

第⑥层-砂质黏性土，本地块缺失该层。

第⑦1层-强风化花岗岩

该层在场区内分布局限，只分布于场区的中部地段，层厚0.60～8.30m，层顶标高－8.96～－2.13m，层顶埋深5.50～12.50m。

黄褐色，粗粒结构，块状构造，岩石风化强烈，岩石呈碎粒状及碎块状，主要矿物成分为石英、长石，少含黑云母及角闪石。

第⑦2层-中风化花岗岩

该层在场区内分布广泛，层厚0.20～4.10m，层顶标高－15.11～2.54m，层顶埋深1.00～7.50m。

肉红色，中粗粒花岗结构，块状构造，风化中等，节理及裂隙发育，岩石呈碎块状及短柱状，主要矿物成分为石英、长石，少含黑云母与角闪石。

12.3.2 施工情况

根据工程的地质情况及工期要求，本工程采用两两相交的高压旋喷桩作为止水帷幕，并采用双排高压旋喷止水帷幕＋集水明排的方法作为本工程基坑工程的围护技术。高压旋喷桩直径1200mm，桩中心距1000mm，相互之间咬合200mm，旋喷桩深度进入到隔水层第⑦2层500mm，竖向将地下水隔断。本工程止水帷幕于2004年8月28日开始施工，至2004年9月24日下午最后一根桩施工完毕，共施工帷幕桩267根。

12.3.3 工程监测与结果评价

本工程围护体系采用本方法施工完毕后总共近4000m² 的围护坡面上总共发现明水渗流点2处，坡面渗水用水泵顺利排出坑外。在土方开挖过程中及地下结构施工过程中委托专业单位采用全站仪对边坡稳定进行监测，共在具有代表性的不同部位设置观测点8个，从2004年10月3日开始至2005年1月20日共进行了10次位移监测，经对监测点位移图进行分析，最大位移6mm，从第9次观测（2004年12月12日）开始边坡位移开始稳定不再扩展，且坡顶无可见性裂缝出现。本工艺的实施为整个地下室施工创造了安全和相对干燥的施工环境。

城市深孔爆破施工工法

YJGF296—2006

中国建筑工程（香港）有限公司

何军　曹炎　袁定超　刘大洪　邹定祥

1. 前　　言

　　近年来，随着中国经济不断发展和世界经济一体化步伐不断加快，人们对土地资源贫乏，尤其是在大中城市建设中，备感苦恼；为了拓展新的建设用地，不得不进行旧城改造和移山填海工程。旧城改造拆除爆破工程的施工技术研究在国内外得到广泛重视，其理论研究深度与工程应用实践日趋成熟。同时，拆除爆破由于无连续性施工要求，其对周边环境的影响与控制相对方便，安全与防护措施可以不考虑循环应用问题；但是，在人口密集的城市进行场地平整爆破工程，其爆破施工时间短则数月，长则数年，公众和政府的关注程度与承建商所承担的建设风险，迫切要求爆破行业能形成一整套城市深孔爆破工程施工技术规范（标准）与范例，以满足人们对工程施工安全、和谐和环保的社会要求。

　　中国建筑工程（香港）有限公司针对香港近几年来不断推出大型、超大型城市场地平整深孔爆破工程，组织科学技术攻关，经过不断总结和提高，根据城市特殊环境要求，就爆破造成的各种环境影响评估方案入手，对爆破震动、飞石控制理论与解决方案和爆破噪声产生机理及限制标准进行理论探讨。与此同时，从工程爆破的爆破设计、施工组织和相应的安全、环保与控制措施等环节入手，以得到施工的标准化和规范化，从而满足大规模爆破量的生产要求，形成一套完整的城市深孔爆破施工技术。同时，也对其他复杂环境条件下的爆破工程施工与管理具有较强的借鉴意义。

2. 工艺原理及特点

　　2.1　将当前国际上流行的岩土边坡爆破振动安全控制标准计算方法引入城市深孔爆破对周边环境影响的评估领域。

　　2.2　城市深孔爆破区域划分技术使整个爆破区域划分为非爆破区、按炮孔直径爆破划分区和按炮孔装药类型划分爆破区域，将爆破飞石和爆破振动对周边环境的影响降低到最小。

　　2.3　对于城市复杂环境条件下的爆破噪声控制标准，通过香港佐敦谷大型场地平整工程长期的数据监测，为今后修改我国《爆破安全规程》有关条款提供了依据。

　　2.4　城市深孔爆破振动对周边环境影响，更多表现为爆破近区影响，本工法采纳二次平方根比例距离计算。

　　2.5　工法推荐采用间隔装药方式，既满足了周边环境条件对深孔爆破的限制，又能解决地质软弱夹层对爆破效果的影响，很好地提高城市深孔爆破的经济效益。

3. 适 用 范 围

　　3.1　城市中心区大型场地平整爆破开挖。

　　3.2　城镇爆破工程，周边环境条件异常复杂的露天爆破开挖。

　　3.3　城市中心区大型钢筋混凝土地基爆破拆除。

　　3.4　其他对爆破安全和环保要求高的爆破开挖。

4. 施工工艺流程及操作要点

城市深孔爆破工程对周边环境的影响大，一般表现为爆破飞石、爆破粉尘、爆破噪声和爆破振动等，施工时，必须采取多种综合措施，对它们进行严格控制和监测。爆破测振与测声仪器应选用国家标准认可系列。

4.1 组织架构

城市深孔爆破工程施工组织最大的特点就是对负责工程的爆破工程师资历要求高，必须具有专业爆破经验10年以上的工作经历，并独立承担过大型爆破工程项目。所有负责炸药安装和实施爆破的作业人员，必须持有相应的爆破作业许可证方可允许进行爆破工程施工。施工组织架构如图4.1所示。项目经理负责整个工程的全面协调工作。工程代表负责与爆破工程有关的对外关系协调和相关技术支持。在项目经理的领导和工程代表的支持下，高级爆破工程师和施工总监就爆破工程生产计划安排、爆前岩土处理技术与管理以及爆破设计方案的技术可行性、经济性与施工合理性进行分析和协调，并将已获批准的爆破设计方案交由爆破施工组进行施工；高级爆破工程师是确定爆破设计方案是否可行的直接控制者，在工程代表的支持下，领导爆破设计师、地质师和助理工程师，根据每周生产计划和测量组提供的爆区工程信息，提前一天完成爆破设计方案，报政府有关部门批准。工程总监则根据高级爆破工程师提供的爆破设计方案，在施工管理人员的协助下，领导爆破施工组提前一天安排爆破施工准备（如钻孔、预置排栅、炮笼、砂包、铁丝网等安全措施），总爆破员（香港称之为总炮王）确认所订购的爆破器材数量确实无误，在独立爆破监督员监督下，领导爆破施工组完成爆破炸药安装与安全防护措施设置工作。施工总监确定准确的爆破时间，完成爆破清场工作。施工总监还有一项较大的任务就是要会同工程代表和高级工程师完成爆破施工计划的安排工作，确定爆区位置和范围；关于爆破监测点信息数据的处理和监测报告，则由爆破工程师在助理工程师的协助下完成，并报业主监理和政府有关部门备案。

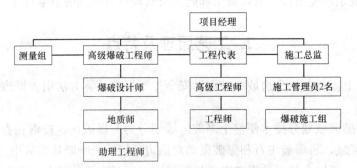

图4.1 城市深孔爆破工程典型施工组织架构

4.2 施工机具

爆破施工机械数量主要是由爆破工程日平均生产量要求决定的。采用移动灵活、场地适应性强和可钻多直径炮孔的履带式钻机是进行大规模爆破施工的基本保证，主要爆破施工用机械列于表4.2。

城市深孔爆破主要施工机械　　　　　　　　　　　　　　　　表 4.2

编号	名　称	规　格	基本性能	数　量
1	钻机	Atlas Copco, Roc D7 或同等效率的钻机	钻孔直径 ϕ50、76 和 89 钻孔效率：380m/d	6台
2	挖掘机	SK400 或同等效率机械	反铲，3m³	1台
3	液压镐	E300B 或同等效率机械	小松 E300	10台
4	推土机	D9N、D9L 和 D8L	最大功率：150～200 马力	各1台
5	移动吊机	7080 或同等效率机械	起吊最大重量达 80t	5台

续表

编号	名　称	规　格	基本性能	数　量
6	货车		5t	2台
7	空压机		9m³	3台
8	排栅		安全防护设备	63个
9	炮笼		安全防护设备	18个
10	无蝇拍		安全防护设备	21个
11	发电机		1000kW	2台
12	风镐			6把

4.3　施工工艺流程

对于城市深孔爆破，严密的爆破施工工艺流程是确保爆破安全的最根本保证，图4.3是典型的城

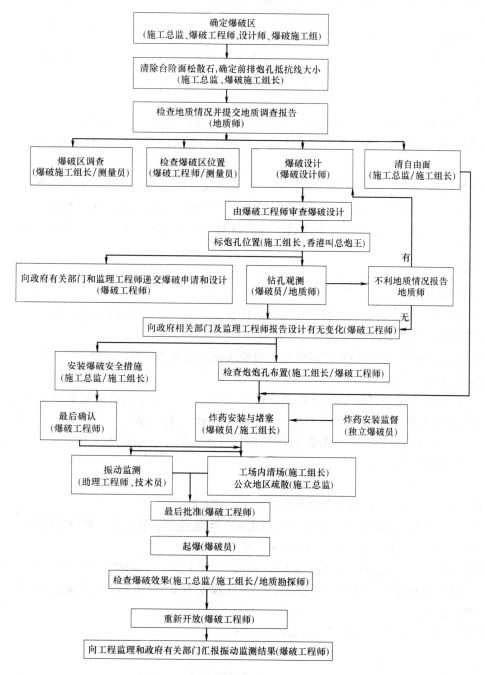

图4.3　城市深孔爆破施工工艺流程

市深孔爆破工程施工工艺流程。该爆破施工工艺流程具有作业各环节清晰、严密的特点，通过相互检查，明确各方责任。

4.4 关键技术

4.4.1 爆破安全判据的确定

城市深孔爆破工程所处的周边环境异常复杂，各种建（构）筑物的爆破振动安全判据的确定必须事先与有关各方达到一致。考虑城市深孔爆破施工持续时间长，环境影响范围广，工法的爆破振动控制标准采用当前全世界最严格标准，对于工程周边公用设施、居民住宅楼、学校、商场、煤气管线、马路、马路渠和地铁隧道均采用最为严格和保守的爆破质点振动速度限制标准，25mm/s；对于岩土边坡可以根据岩土测试力学性质、分为石质边坡和土边坡分别进行计算求得。石质边坡可以采用能量分析法（Energy Approach），土边坡则采用虚静态极限平衡分析法（Pseudo-Static Method）。

对于城市深孔爆破噪声的控制，本工法建议采用对结构物影响控制标准为 134dBL，对人则为120dB（A）。

4.4.2 爆破孔网参数设计

城市深孔爆破工程一般具有爆破岩土工程量和生产规模大的特征，本工法采用预裂爆破、孔内间隔装药和爆破分区技术，以达到生产、安全和环保的高标准要求。

1. 爆破分区技术。

爆破分区技术包括非爆区划分、炮孔直径区域划分和孔内安装炸药类型划分三项。

其中非爆区最小宽度可用公式表达为 $L_{\text{Nonblast}} = L_W + 3.5\text{m}$（公式中 L_W 为最后一排炮孔抵抗线厚度）；

而炮孔直径，工法建议采用 $\phi50$、76 和 89 系列。城市深孔爆破的一个主要特点就是针对不同的环境条件采取将炮孔直径系列（如 $\phi50$、$\phi76$ 和 $\phi89$）按区域进行划分，保证爆破振动和飞石等不利因素得到严格控制，从而达到爆破施工安全高效进行的目的。对于不同炮孔直径，其爆破区域具体划分要求如下：

（1）$\phi50$ 炮孔是城市深孔爆破工程之基本钻孔参数，其爆破区域主要包括沿岩土边坡 30m 范围内，一般台阶高度不得超过 10m；

（2）$\phi75$ 炮孔则是城市深爆破工程最常用的钻孔参数，其爆破区域可包括除 $\phi50$ 钻孔直径以外的其他所有可爆破区域，台阶高度控制在不大于 12m；

（3）$\phi89$ 炮孔必须在爆破区域距离最近岩土边坡或场内最近建（构）筑物 100m 以远区域方可采用，台阶高度必须控制在不大于 15m。

最后，炸药使用类型爆破区域划分，工法推荐使用的炸药主要包括条装炸药和散装炸药两种类型。条装炸药主要为条装乳化油炸药（Cartridge Emulsion），其产品规格分别有 $\phi50 \times 400$、$\phi32 \times 200$ 和 $\phi32 \times 300$ 三种；散装炸药则主要为散装铵油炸药（ANFO，干孔使用）和散装乳化油炸药（Bulk Emulsion，湿孔使用）两大类，散装炸药使用时由炸药车现场搅拌、混装入孔，其爆破区域具体划分要求如下：

（1）$\phi32 \times 200$ 和 $\phi32 \times 300$ 条装乳化油炸药，用于 $\phi50$ 炮孔；

（2）$\phi50 \times 400$ 条装乳化油炸药，用于 $\phi76$ 炮孔和作为炮孔安装散装炸药时的起爆药包，并且距离岩土边坡和其他建（构）筑距离不小于 30m 时方可使用；

（3）散装 ANFO 和乳化油炸药（Bulk Emulsion）的使用限制，则必须根据爆破质点振动速度预测公式以确定，其单响允许炸药使用量超过 25kg 且炮孔深度不小于 4m 时方可安装散装炸药。

2. 预裂爆破技术

预裂爆破孔网参数可按经验公式（4.4.2-1）进行计算。

$$L_s = (8 \sim 12)D$$
$$q_L = 8.5 \times 10^{-5} \times D^2 \tag{4.4.2-1}$$

式中 D——预裂炮孔直径，mm；

　　L_s——预裂孔间距，m；

　　q_L——线性装药密度。

工法建议采用另外一种基于岩体抵抗爆轰波与爆生气体压力的计算理论进行验证，其相应的计算公式为：

$$s \leqslant \frac{D \times (PB_e + RT)}{RT}$$

$$q_L = \rho_1 C_L + 100 \text{ 或 } 40（导爆索预裂时，取100；作连接药包用时，取40）\tag{4.4.2-2}$$

式中 s——预裂孔间距；

　　D——预裂孔直径；

　　RT——岩石的抗拉强度；

　$\rho_e、\rho_l$——分别为使用炸药密度和线性密度。

PB_e 为不偶合装药孔内爆轰波压力，可用公式（4.4.2-3）计算。

$$PB_e = PB \times \left[\sqrt{C_l} \frac{d}{D} \right] = 228 \times 10^{-6} \times \rho_e \times \frac{VD^2}{1 + 0.8\rho_e} \times \left[\sqrt{C_l} \frac{d}{D} \right]^{2.4} \tag{4.4.2-3}$$

式中 d——药包直径，mm；

　　C_l——药柱长度比，连续药柱时取 1.0；

　　VD——炸药的爆轰速度，m/s。

3. 爆破单响药量（Q_{max}）与单孔装药量 $Q_单$

城市深孔爆破单响药量的确定是以该爆破区对周边环境影响最为严重的建（构）物或岩土边坡安全质点振动速度（PPV）为依据，工法建议推广采用二次平方根公式（4.4.2-4）进行爆破质点振动速度预测

$$PPV = K \left(\frac{\sqrt{Q}}{R} \right)^{\alpha} \tag{4.4.2-4}$$

当爆破次数超过 40 次，爆破振动监测数据超过 100 组以上时，可根据现场测试数据，进行爆破振动速度预测公式回归分析，计算出最适合的爆破质点振动速度预测公式的 K，α 值。为了提高各个炮孔的炸药安装量，各炮孔单响药量必须单独计算，其计算原理如图 4.4.2 所示。通过逐个炮孔进行概算，即可确定相应最经济和合理的单孔炸药量 $Q_单$ 及其炸药安装结构，适时采用间隔装药技术，最大限度地提高炮孔每延米爆破量，充分利用所钻炮孔。

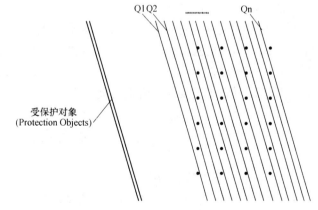

图 4.4.2 炮孔单响药量计算原理图

4. 深孔爆破台阶高度

城市深孔爆破在确定爆破台阶高度 H_{bench} 时，必须优先考虑爆破安全防护措施（如爆破排栅、炮笼和胶胎网）布置易于实现，爆破炮孔布置以方形为宜。单孔炸药量确定以后，根据松动爆破炸药单耗一般控制在 0.45kg/m³ 左右。由爆破振动预测得到的单响最大药量及可供选择的炮孔直径和炸药类型确定后，其单孔深度就能确定下来，最后兼顾到场地平整的设计要求，根据爆破区所有炮孔深度，确定一个较为合理的爆破台阶高度。

5. 爆破孔网参数设计

对于松动控制爆破设计来讲，最重要的就是根据工程地质和周边环境条件，选择合适的爆破器材，确定最佳的爆破台阶高度和最合理的爆破孔网参数。炸药单耗控制在 0.45kg/m³ 左右，它们可根据所爆破岩石类型，适当调低或调高。在城市爆破工程中，我们建议进行至少两次以上的试验爆破后，确

定工程的常规炸药单耗。另外，爆破炮孔孔距和排距的选择可根据大孔距、小排距的爆破炮孔布置方式来确定的，它必须与周边环境约束条件相互配合方能采纳。周边环境异常复杂时，为了防止任何爆破飞石意外，我们建议，使用散装炸药时，最好在孔深超过 4.0m 且单响药量不小于 25.0kg 时方可采用。

6. 地面单孔微差控爆网络连接技术

城市深孔爆破网络快速连接是实现大规模爆破的重要保证。有研究资料表明，当炮孔之间的微差时间达 8ms 时，爆破地震波将不会重叠，爆破单段最大允许药量可以单响药量进行计算。因此，起爆网络只要能保证孔间或孔内起爆时间相差 8ms 以上即能顺利实现控制单响药量不超过最大单段允许药量（Q_{max}）的安全振动速度控制要求。

在城市环境条件下，深孔爆破工程所用起爆器材建议采用抗静电和杂散电流性能较好的非电雷管。

所谓地面单孔微差控爆网络连接技术就是指孔底采用统一段数的非电雷管，将炮孔之间的起爆微差时间通过地面非电 ms 延时雷管实现的方法。城市深孔爆破一般爆破炮孔数目较多、爆破工作量和劳动强度高，通过采用统一的孔底非电雷管段数，可以大大加快爆破人员的炸药安装与堵塞速度，防止出现工作疏忽或失误，减少取出炮孔内爆破器材的烦琐。同时，如果爆破出现盲炮（Misfire）时，爆破人员可以很快查明原因，及时排除。

地面单孔微差控爆网络连接技术对非电雷管的段数要求不多，爆破炮孔孔底雷管（Down-the-hole Detonator）一般采用较长延时时间的非电雷管，如 450ms、475ms 和 500ms 的非电雷管；爆破台阶面上的地面微差雷管（Surface Detonator）也仅有以下个微差时间段的雷管：0ms，17ms，25ms，42ms，67m 和 109ms。一般比较常用的是 0ms，17ms，42ms 和 67ms 四种地面微差非电雷管。它极大地减轻了爆破作业人员的劳动强度，保证了爆破网络连接的安全和效率，为大规模城市深孔爆破施工提供了良好的途径。

4.4.3 爆破振动与噪声监测

城市深孔爆破的爆破振动与噪声监测是本工法的重要组成部分，是检验爆破设计与施工正确与否、控制爆破振动的有效手段。

工法推荐采用当前国际上先进的爆破测振仪，国内某些测振仪也能满足爆破监测要求。

测点的布置应根据周边环境条件要求确定重点监测对象，监测数据及时处理并向有关各方汇报。本工法建议，当爆破次数达到 40 次、测试数据 100 组以上时，应进行爆破质点振动速度和爆破噪声回归分析，振动速度采用平方根比例距离，爆破噪声则用立方根比例距离。得到的 K，α 报相关部门批准，作为下面爆破工程设计与施工的重要依据。

5. 爆破安全与环保措施

5.1 爆破安全与防护措施

5.1.1 炮孔炸药安装现场监督。尽管从爆破设计上要求做到炸药安装简单、方便和高效，但大多数情况下，由于前排爆破炮孔开挖后自由面变得厚薄不均，现场炸药安装与爆破设计无法做到完全一致，我们必须重新判断前排炮孔的炸药安装数量，采用富有爆破施工经验的独立爆破员对现场炸药安装情况进行监督，并对炸药整个安装过程详细记录在案，待炸药安装与炮孔堵塞完毕且基本安全防护措施已经完成，独立爆破员必须及时将炸药安装记录单送返到爆破工程师处，并向爆破工程师报告有无严重违规安装炸药的行为发生，让爆破工程师能实时掌握现场施工情况，以判断是否存在爆破安全隐患及采取相应的应对措施。

5.1.2 盲炮应急处理程序。采用炸药供应商推荐的盲炮处理程序。

5.1.3 安全防护措施设置。本城市深孔爆破工法采用爆破炮笼（Blasting Cages）、排栅（Vertical Screens）、无蝇拍（Top Screens）、胶胎网（Blasting Rubber Tire Mats）、铁丝网（Iron Wire Mesh）

和砂包等物理防飞石措施。

5.2 工程环境与保护措施

5.2.1 粉尘控制。爆破工程不可避免的环境问题就是其产生的爆破扬尘和炮烟污染。我们在香港佐敦谷场地平整爆破工程中采取两道措施进行防尘控制，如图 5.2.1 所示，分别包括在排栅、无蝇拍和炮笼上挂上帆布，将爆破区域完全遮挡和采用高压洒水车对就爆破区进行洒水工作，以进一步降低爆破扬尘污染。所有钻机均在机身部分设有钻孔岩粉收集装置，大大减少了粉尘对周边环境的影响。同时，在靠近周边住宅区、学校和道路的爆破区域，全部采用零氧平衡优良、抗水性好的条装和散装乳化油炸药，以减少孔内水对炸药性能的影响，从而起到减少爆破炮烟的作用。

图 5.2.1　爆破防尘控制措施

5.2.2 噪声控制。考虑城市深孔爆破存在长期施工的特点，首先要降低钻机和液压破碎镐等大型机械噪声对周边环境的影响。在紧邻周边学校或居民住宅区的公众区域施工边界搭设隔音屏，同时在钻机和液压破碎镐头用隔音棉进行包裹，同时在液压破碎镐朝公众的方向采用隔音屏阻隔，进一步加强隔音效果。

由于爆破空气冲击波对环境的影响不像其他工业活动那样存在连续性问题，正如国家《爆破安全规程》（GB 6722—2003）所指出的，它只是一个脉冲现象，爆破空气冲击波的限制标准，必须考虑爆破空气冲击波所影响的到底是公众还是结构物。对于爆破冲击波和噪声的控制必须严格、合理，本工法建议采用双重控制标准，对结构物影响控制标准为 134dB，对人则采用 120dB。

5.2.3 污水控制。大型深孔爆破工程，施工时，地下水和雨水会造成泥浆等流体污染物流出工地污染环境，在工地内分区设置多个隔砂池（Catch pit），将泥浆导入隔砂池，经沉淀后再将清水输入市政排水渠，以尽量减少工地对周边环境的影响。

5.3 实施效果

本课题研究成果在香港佐敦谷场地平整深孔爆破工程中得到广泛应用，爆破安全及生产规模得到有效保证，按期完成了高达 622 万 m³ 的岩石爆破开挖量。课题研究成果还为工程节约施工成本达 2217 多万元。

本课题关于城市深孔爆破技术的研究成果填补了一项国内在城市深孔爆破方面的技术空白，项目研究成果达到世界先进水平。

6. 爆破质量控制标准

6.1 爆破块度标准

爆石块度大小受岩体类型、爆破孔网参数、炸药选择与单耗和起爆顺序等影响因素的影响，爆石块度尺寸应根据相应的合同要求进行控制，以选择最优的爆破孔网参数。

6.2 爆破振动与噪声控制标准

本工法爆破振动控制标准除了严格执行相关国家或地区各项规定外，城市深孔爆破还必须就爆破区周边环境敏感对象确定其相应的爆破质点振动速度控制标准，如地铁隧道、岩土边坡等。本工法考虑城市深孔爆破施工的大规模特点，对永久结构物如隧道、学校、住宅区、工业厂房、马路渠等采用 25mm/s 的质点振动速度控制标准；岩土边坡的质点振动速度则分别根据能量法和极限平衡法进行分析确定。

关于爆破冲击波和噪声的控制标准，本工法建议采用针对结构物表面及门窗破坏的控制标准，

134dBL；对人则采用 120dB（A）。

6.3　边坡预裂爆破控制标准

对于爆破预裂岩石边坡的质量控制，采用边坡壁上残留半壁孔率达到 90％。

7. 经济与社会效益分析

本工法采用城市深孔爆破施工技术，同国家技术规范规定的城镇浅孔爆破技术相比较，本工法的生产效率是城镇浅孔爆破技术的 4～6 倍左右，极大地提高了城市岩土爆破生产效率。

本工法为城市深孔爆破施工行业提供了一整套爆破施工技术和管理的全面解决方案，填补了我国在城市深孔爆破施工方面的技术空白，为我国城市深孔爆破施工领域走向规范化施工和进一步向前发展起到了示范作用，必将提升整个行业的管理水平和核心竞争力。

8. 工 程 实 例

香港九龙佐敦谷场地平整工程，其爆破石方量高达 622 万 m^3，工程周边环境极其复杂，工地东边和北边紧邻新清水湾道和彩云住宅区，西边则有九龙区主要的交通枢纽——观塘道和多间学校，南边为彩霞道与彩云道且紧靠周边居民住宅楼，最近地方不超过 25.0m。地铁观塘线隧道贯穿工地西北区域，隧道顶距爆破开挖水平最近为 10.0m；另外，煤气、通讯、电力和马路渠等管线基础设施环绕工地周边。在城市中心区进行如此大规模的场地平整爆破工程，极其苛刻的环境条件为城市深孔爆破的典型工程范例，根据查新资料，全世界尚属首例。

本工法在香港佐敦谷场地平整工程得到了充分的应用，完全满足了在城市中心区进行大规模爆破工程施工的要求，我们在香港九龙佐敦谷场地平整工程中应用城市深孔爆破技术，平均爆破日产量达到 $6200m^3/d$，最高达 $18000m^3/d$，创造了城市控制爆破技术在城市中心区进行爆破施工的新领域。

与此同时，在 3 年多的深孔爆破工程施工中，香港佐敦谷场地平整工程的爆破振动严格控制在爆破安全振动速度控制范围内，爆破飞石达到了有效控制，爆破冲击波和噪声控制研究也取得了基本共识，我国的《爆破安全规程》GB 6722—2003 关于爆破噪声控制标准过于苛刻，它没有明确爆破噪声控制标准针对的是周边环境结构物还是公众本身，工法建议采用针对周边结构物的爆破冲击波和噪声控制标准为 134dB，对人则采用 120dB。

钻孔咬合桩施工工法

YJGF297—2006

浙江省长城建设集团股份有限公司

傅宏伟 金光炎 殷建 张文元 周明

1. 前　　言

1.1　大型地下空间的开发使深基坑的支护技术得到了蓬勃的发展，相继出现了灌注桩（排桩）、土钉及复合土钉支护、地下连续墙等深基坑支护结构。钻孔咬合桩采用全套管钻机和超缓凝混凝土技术，由中间一根钢筋混凝土桩及两侧各一根素混凝土桩相邻咬合组成为一组。先施工两侧的素混凝土桩（超缓凝混凝土），在初凝前施工完中间的钢筋混凝土桩，中间钢筋混凝土桩施工时用全套管桩机切割掉相邻素混凝土桩相交部分的混凝土，使排桩间相邻桩相互咬合（桩周相嵌），共同终凝，从而形成无缝、连续的"桩墙"，达到挡土、止水和保证施工安全的新型深基坑支护结构，为深基坑支护结构的发展开辟了新的途径。

1.2　钻孔咬合桩施工工法于2006年5～10月应用于钱江新城核心区波浪文化城（一期）工程地下二层基坑围护结构，基坑开挖深度13.50～15.575m，局部深坑位置达18.175m，钻孔咬合桩钢筋桩长为29.00m，素混凝土桩长为18.00m；2006年3～10月应用于中国纺织服装信息商务中心工程地下二层基坑围护结构，基坑开挖深度10.10～10.90m，局部电梯井位置达14.20m，钻孔咬合桩钢筋混凝土桩长为20.00m，素混凝土桩长为15.00m；2006年7～12月应用于尊宝大厦地下三层基坑围护结构，基坑开挖深度15.50～17.20m，局部电梯井位置达19.50m，钻孔咬合桩钢筋混凝土桩长为23.50m，素混凝土桩长为10.50m。通过上述三个工程的实践总结，其施工工艺已基本成熟，并在所应用的工程中获得了较好的经济效益和社会效益。

2. 工 法 特 点

2.1　钻孔咬合桩施工采用全套管钻机＋超缓凝型混凝土技术，使在平面布置的排桩间，相邻桩相互咬合（桩周相嵌）而形成无缝、连续的钢筋混凝土"桩墙"的施工工法。

2.2　成孔精度可以得到有效控制，由于钢套管压入地层是靠主机液压油缸行程进行完成的，每次压入深度约50cm，可以边压入边纠偏，进行全过程的垂直精度控制。

2.3　成孔精度检测在管内进行，更为方便、易控制且有直观感。

2.4　使用冲抓斗在管内取土，无须排放泥浆，近于干法施工，机械设备噪声低，振动小，大大减少工程施工时对环境的污染，有利于文明施工。

2.5　沉降及变形容易控制，能紧邻相近的建筑物和地下管线施工。

2.6　能有效地防止孔内流砂、涌泥，成桩质量高。

2.7　采用管内灌注混凝土，可有效地控制桩身质量。

2.8　全套管的护孔方式使第二序次施工的桩在已有的第一序次的两桩间实施切割咬合，能保证桩间紧密咬合，形成良好的整体连续结构，止水、挡土效果好。

3. 适 用 范 围

适用于黏土、淤泥质土、砂性土等土层，特别是砂性土层、地下水丰富易产生流砂、管涌等不良条件地质及城市建筑物密集区的深基坑围护结构。

4. 工 艺 原 理

4.1 钻孔咬合桩施工主要采用"全套管钻机＋超缓凝型混凝土"方案。钻孔咬合桩的排列方式采用：第一序素混凝土桩（A桩）和第二序钢筋混凝土桩（B桩）间隔布置，先施工A桩，后施工

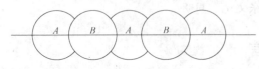

图 4.1-1　钻孔咬合桩平面示意图

A—素混凝土桩；B—钢筋混凝土桩

B桩，A桩混凝土采用超缓凝型混凝土，要求必须在A桩混凝土初凝之前完成B桩的施工，使其共同终凝，形成无缝、连续的"桩墙"。B桩施工时，利用套管钻机的切割能力切割掉相邻A桩的部分混凝土，实现咬合。钻孔咬合桩平面示意参见图4.1-1，施工工艺原理参见图4.1.2。

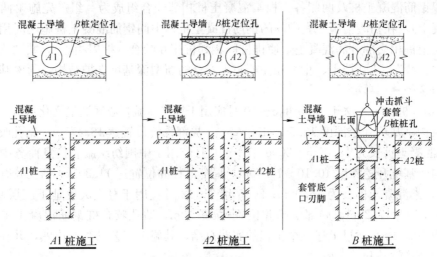

图 4.1-2　钻孔咬合桩施工工艺原理图

5. 施工工艺流程及操作要点

5.1　施工工艺流程

5.1.1 钻孔咬合桩单桩施工工艺流程

平整场地→测放桩位→施工混凝土导墙→套管钻机就位对中→吊装安放第一节套管→测控垂直度→压入第一节套管→校对垂直度→抓斗取土，套管钻进→测量孔深→清除虚土，检查孔底→B桩吊放钢筋笼→放入混凝土灌注导管→灌注混凝土逐次拔套管→测定混凝土面→桩机移位。

5.1.2 钻孔咬合桩排桩的施工工艺流程

A桩为超缓凝素混凝土桩，B桩为钢筋混凝土桩，总的施工原则是先施工A桩，后施工B桩，其施工顺序是：A1—A2—B1—A3—B2—A4—B3……An—Bn−1。排桩施工工艺流程参见图5.1.2。

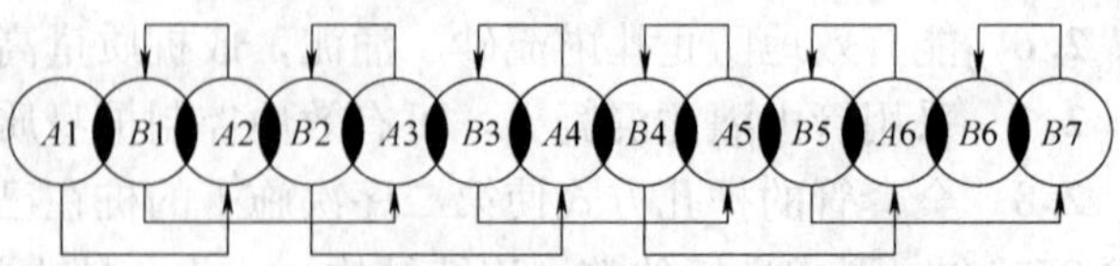

5.2　操作要点

5.2.1 导墙施工

1. 为提高钻孔咬合桩孔口的定位精度，提

图 5.1.2　钻孔咬合桩排桩施工工艺流程图

高就位效率，保证底部有足够的咬合量，在桩顶按照排桩桩位设置钢筋混凝土导墙，导墙宽1.50m＋孔径＋1.50m，厚0.40～0.50m，孔径比桩径大30mm。导墙平面图、剖面图参见图5.2.1-1。

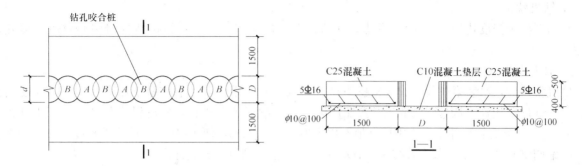

图 5.2.1-1　钻孔咬合桩导墙平面图、剖面图

d—钻孔咬合桩桩径；D—导墙预留孔直径（D＝d＋30）

2. 具体步骤：

1）平整场地：清除地表杂物，填平碾压。

2）测放桩位：采用全站仪根据地面导线控制点进行实地放样，并做好龙门桩，作为导墙施工的控制中线。

3）导墙沟槽开挖：在桩位放样验收符合要求后人工开挖沟槽，开挖结束后对基槽整平夯实，将中心线引入沟槽。

4）C10 混凝土垫层施工。

5）钢筋绑扎。

6）模板施工：模板采用自制整体木模，导墙预留定位孔模板直径取套管直径扩大 30mm。咬合桩模板及支模节点大样参见图 5.2.1-2～图 5.2.1-4。

图 5.2.1-2　钻孔咬合桩模板平面图（单位：mm）

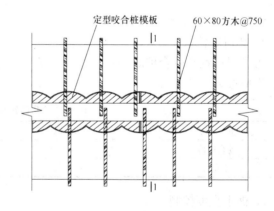

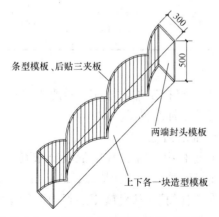

图 5.2.1-3　钻孔咬合桩模板立体图（单位：mm）

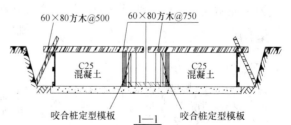

图 5.2.1-4　钻孔咬合桩支模平面图及剖面图

7）混凝土浇筑施工：模板检查符合要求后浇筑混凝土。混凝土强度等级 C25，浇筑时两边对称交替进行，振捣采用插入式振捣器，振捣间距为 600mm 左右；

8）桩位标注：导墙混凝土强度达到 75％后，拆除模板，在导墙上标明桩号，重新定位，将点位引侧到导墙顶面上，作为钻机定位控制点。

5.2.2　单桩施工工艺

1. 钻机就位

导墙混凝土强度达到 75％后，移动套管钻机至正确位置，使套管钻机抱管器中心对应导墙孔位中心。

2. 取土成孔

桩机就位后，吊装第一节管放入桩机钳口中，找正套管垂直度，磨桩机下压套管，压入深度约为 1.5～2.5m 后，用抓斗从套管内取土，按照压管→取土顺序依次进行，始终保持套管底口深于开挖面 ≥2.5m。第一节套管全部压入土中后（地面以上留 1.2～1.5m，便于接管），检测垂直度（如不合格则进行纠偏调整），安装第二节套管继续压管取土……直至达到设计孔底标高。

3. 制做及吊放钢筋笼（素混凝土桩无此工艺）

成孔检测合格后安放钢筋笼，钢筋笼制做、安放必须符合要求。

4. 灌注混凝土

钢筋笼吊装验收合格后，安装混凝土灌注导管，灌注混凝土。

5.2.3 钻孔咬合桩排桩的施工工艺

A 桩为超缓凝素混凝土桩，B 桩为钢筋混凝土桩，总的施工原则是先施工 A 桩，后施工 B 桩，其施工顺序是：$A1—A2—B1—A3—B2—A4—B3……An—Bn-1$。排桩的施工工艺参见图 5.2.3。

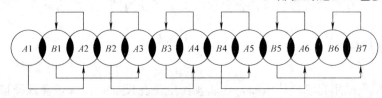

图 5.2.3 钻孔咬合桩排桩施工工艺流程图

5.2.4 关键技术

1. 孔口定位误差控制

为了保证钻孔咬合桩底部有足够咬合量，应对其孔口的定位误差进行严格的控制，孔口定位误差的允许值按表 5.2.4-1。

孔口定位误差允许值   表 5.2.4-1

桩　　长	10m 以下	10～15m	15～30m 以上
咬合厚度	100mm	150mm	200～300mm
误差允许值	±20	±15	±10

2. 桩垂直度控制

为保证钻孔咬合桩底部足够咬合量，除对其孔口定位误差严格控制外，还应对垂直度进行严格控制，桩的垂直度控制标准为≤3‰。

3. 克服"管涌"措施

在 B 桩成孔过程中，由于 A 桩混凝土未凝固，还处于流动状态，A 桩混凝土有可能从 A、B 桩相交处涌入 B 桩孔内，称之为"管涌"，B 桩施工过程中混凝土管涌示意参见图 5.2.4-1。

克服"管涌"措施为：

1）套管底口应始终保持低于开挖面深度≥2.50m 形成"瓶颈"，阻止混凝土的流动。

2）套管底口深度无法满足上述深度时，可向套管内注水，使其管内保持一定的压力来平衡 A 桩混凝土的压力，阻止"管涌"的发生。

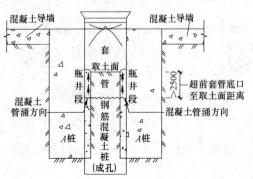

图 5.2.4-1 B 桩施工过程中混凝土管涌示意图

3）B 桩成孔过程中注意观察相邻两侧 A 桩混凝土顶面，如发现 A 桩混凝土下陷应立即停止 B 桩开挖，并一边将套管尽量下压，一边向 B 桩内填土或注水，直到完全制止住"管涌"为止。

4. 地下障碍物处理方法

1) 直接取出或开挖处理法

对一些比较小的障碍物（直径在 50cm 以内），如卵石层、体积较小的孤石等，用锤式冲抓取土器清除。

如障碍物位置正好部分在套管内部分在套管外，可以采用"十"字形冲锤将套管内的部分冲碎后用锤式冲抓取土器取出。

大于孔径 1/2 的条块石，埋深在 2.0~3.0m 以内，在导墙施工前开挖清理，然后回填素土或建筑垃圾碾压密实，再进行导墙制做。

长度在 2.0m 以内的木桩等用取土器取出，超过 2.0m，采用钢丝绳与桩机连接，吊车配合拔出。

边长或直径超过 1.0m 的大体积障碍物，采用人工风镐破碎处理。

2) 二次成孔法处理

第一次成孔：障碍物处理

障碍物深度≤8.0m 时：待导墙制做好后，用全套管钻机成孔至障碍物底部下≥1.0m，成孔过程中用冲抓或十字冲锤等进行处理，然后素土或砂回填夯实。

障碍物深度>8.0m 或水量较大且障碍物直径或边长≥1.0m 时：采用冲击钻冲击成孔，处理完障碍物后用 C10 素混凝土回填。

第二次成孔：按咬合桩工艺流程施工。

5. 分段施工处接头的处理方法

多台钻机分段施工接头处理采用砂桩法，前施工段的端头设置一个砂桩（成孔后用砂灌满），后施工段施工到此接头时挖出砂浇灌混凝土，接缝外侧增加二根旋喷桩作止水处理。分段施工接头预设砂桩示意参见图 5.2.4-2，砂桩接缝处止水处理参见图 5.2.4-3。

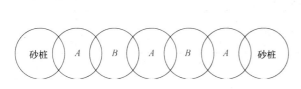

图 5.2.4-2　分段施工接头预设砂桩示意图

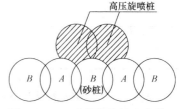

图 5.2.4-3　砂桩接缝处止水处理

6. 事故桩处理方法

在钻孔咬合桩施工过程中，A 桩因机械设备故障等原因，有可能造成桩身异常而形成事故桩，其处理方法如下：

1) 背桩补强法：

B1 桩成孔施工时，其两侧 A1、A2 桩的混凝土均已凝固，此种情况下，则放弃 B1 桩的施工，调整桩序继续后面咬合桩的施工，尔后在 B1 桩外侧增加三根咬合桩及两根旋喷桩作补强、止水处理，外侧另加钢筋网喷射混凝土补强。背桩补强示意参见图 5.2.4-4 所示。

2) 平移法：

B 桩在成孔施工时，其一侧 A1 桩的混凝土已经凝固，此种情况下，向 A2 桩方向平移 B 桩桩位，使套管钻机单侧切割 A2 桩施工 B 桩，并在 A1 桩和 B 桩外侧增加一根旋喷桩作止水处理。平移桩位示意参见图 5.2.4-5 所示。

3) 预留咬合企口法：

在 B1 桩成孔施工中发现 A1 桩混凝土已有早凝倾向但还未完全凝固时，为避免继续按正常顺序施工造成事故桩，及时在 A1 桩右侧施工一砂桩 B2 以预留出咬合企口，施工超缓凝素桩 A2，然后挖出 B2 桩中砂灌入混凝土，施工完毕在 B2 桩外侧增加二根旋喷桩作止水处理。预留咬合企口示意参见图 5.2.4-6 所示。

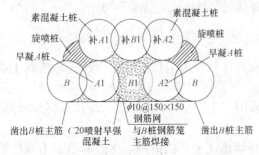

图 5.2.4-4　钻孔咬合桩背桩补强示意图

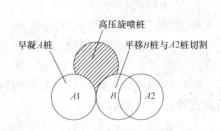

图 5.2.4-5　钻孔咬合桩平移桩位示意图

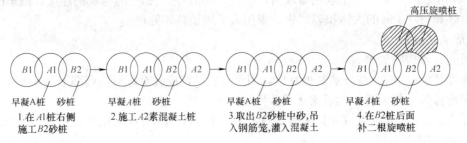

图 5.2.4-6　钻孔咬合桩预留咬合企口示意图

7. 超缓凝混凝土

1）混凝土超缓凝是钻孔咬合桩施工的关键技术，这种混凝土主要用于 A 桩，其作用是延长 A 桩混凝土的初凝时间，确保相邻 B 桩的成孔在 A 桩混凝土初凝之前完成，为套管钻机切割 A 桩混凝土创造条件，超缓凝混凝土技术参数见表 5.2.4-2。

超缓凝混凝土技术参数表　　　　　　　　　　　　　　表 5.2.4-2

强度等级	初凝时间	坍落度	3d 强度
按设计	≥60h	160±20mm	≤3MPa

2）A 桩混凝土的缓凝时间根据下式进行验算

$$T = 3t + K \qquad (5.2.4)$$

式中　T——A 桩混凝土的缓凝时间（初凝时间）；

　　　t——单桩成桩所需时间，一般 t 为 12～15h，取上限值 $t=15h$；

　　　K——储备时间，一般取 1.0t。

6. 材料与设备

6.1　主要机具设备

主要机具设备见表 6.1。

6.2　劳动安排

每台钻机每班劳动力安排见表 6.2。

主要机具设备　　　　　　　　　　　　　　　　　　　　表 6.1

序号	机械或设备名称	规格型号	数　量	额定功率	用　途
1	全套管液压钻机	国产	1	75kW	钻孔咬合桩成孔
2	履带吊车(带冲抓斗)	W1001A	1		取土、移动桩机、灌注混凝土
3	履带起重机	QU32	1	32t	钢筋笼转运、安装

序号	机械或设备名称	规格型号	数　量	额定功率	用　途
4	反铲挖掘机	PC200	1	0.8m³	清、翻运取出的土方
5	自卸车	HD325-6	2		土方外运
6	三重管高压旋喷桩机	CX-1	1	75kW	旋喷桩补强
7	空压机	VFY-12/7	1	75kW	清孔及障碍物破除
8	钢筋弯曲机	WJ40-1	1	2.8kW	钢筋笼加工
9	钢筋切断机	QJ40-1	1	5.5kW	钢筋笼加工
10	交流电焊机	LP-100	1	30kW	钢筋笼加工
11	混凝土运输车	JCQ8	2	8m³	运输混凝土
12	污水泵	JW25	1	2.5kW	抽排水
13	发电机组	GF200	1	200kVA	备用电源

每台钻机每班劳动力安排　　　　　　　　　　　　　　　表 6.2

序　号	工　种	人数	主要工作内容
1	技术人员	1 人	施工技术指导、质量记录
2	机长	1 人	指挥钻机运转、人员调度
3	吊车司机	2 人	1 名驾驶带冲抓斗履带吊车,另 1 名驾驶转运及安装钢筋笼的履带吊车
4	钻机操作员	2 人	钻机操作
5	垂直度观测员	4 人	通过正交方向的垂线时刻监测套管垂直度
6	普工	4 人	负责接拆套管、混凝土灌注作业及其他辅助工作等)

注:挖掘机等其他机械人员配套。

7. 质 量 控 制

7.1　咬合桩导墙的质量控制

7.1.1　根据地面控制点采用全站仪实地测放桩位,并做好龙门桩。

7.1.2　桩位验收合格后,人工开挖导墙沟槽并夯实,以防止钻机在上面行走时导墙下陷。

7.1.3　施工导墙混凝土垫层,严格控制其厚度、截面尺寸及表面平整度。

7.1.4　按照龙门桩上的点位在垫层上定出每组咬合桩的中心线(三根为一组,中间一根钢筋混凝土桩、两侧各一根素混凝土桩),将所有咬合桩的中心线相连形成排桩中心线。

7.1.5　按咬合桩中心线弹出两边的模板内边线(模板内边线距离 $L=D/2-300$,D 为孔径,300 为咬合桩模板宽度),根据模板内边线安装定型模板,并按图5.2.1-4固定。

7.1.6　按设计要求安放钢筋,所有钢筋绑扎必须满扎。

7.1.7　导墙混凝土采用商品混凝土,浇筑时两边对称交替浇捣,严防走模。并按规范要求预留试块,另外再做一组强度试块,以便确定 75% 强度时间。

7.1.8　导墙质量检验标准见表7.1.8。

7.2　导墙咬合桩钢筋笼的质量控制

7.2.1　成孔检测合格后安放钢筋笼,钢筋笼合格必须符合:

1. 制做要求

1)钢筋笼制做前清除钢筋表面污垢、锈蚀,准确控制下料长度;

2)钢筋笼采用环形、圆形模制做,制做场地保持平整;

3)钢筋笼焊接选用 E50 焊条,焊缝宽度 $\geqslant 0.70d$,高度 $\geqslant 0.30d$。钢筋笼焊接过程中,及时清渣;

导墙质量检验标准 表 7.1.8

项目	序号	检查项目	允许偏差或允许值	检查方法
主控项目	1	模板隔离剂	涂刷模板隔离剂时不得沾污钢筋和混凝土接槎处	观察
	2	轴线位置	5mm	用钢尺量
	3	截面内部尺寸	±10mm	用钢尺量
	4	钢筋材质检验	符合设计要求	抽样送检
	5	钢筋连接方式	符合设计要求	观察
	6	钢筋接头试件	符合设计要求	抽样送检
	7	混凝土强度	符合设计要求	试块强度报告
一般项目	1	模板安装	①模板的接缝不应漏浆，木模板应浇水湿润，但模板内不应有积水； ②模板与混凝土的接触面应清理干净并涂刷隔离剂； ③模板内的杂物应清理干净	观察
	2	相邻两板高低差	2mm	用钢尺量
	3	模板拆除	模板拆除时混凝土强度能保证其表面及棱角不受损伤	观察

4）钢筋笼主筋连接根据设计要求，采用闪光对焊，箍筋采用双面搭接焊，焊缝长度≥5d，且同一截面接头数≤50%；

5）成型的钢筋笼平卧堆放在平整干净地面上，堆放层数不应超过 2 层。

2. 安放要求

1）钢筋笼安放标高，由套管顶端处标高计算，安放时必须保证桩顶的设计标高，允许误差为±100mm；

2）钢筋笼下放时，应对准孔位中心，采用正、反旋转慢慢地逐步下放，放至设计标高后立即固定。

7.2.2 咬合桩钢筋笼质量检验标准见表 7.2.2。

咬合桩钢筋笼质量检验标准 表 7.2.2

项目	序号	检查项目	允许偏差或允许值	检查方法
主控项目	1	主筋间距	±10	用钢尺量
	2	长度	±100	用钢尺量
	3	钢筋连接方式	符合设计要求	观察
一般项目	1	钢筋材质检验	符合设计要求	抽样送检
	2	钢筋连接检验	符合设计要求	抽样送检
	3	箍筋间距	±20	用钢尺量
	4	直径	±10	用钢尺量
	5	保护层厚度 80mm	0，-10	用钢尺量

7.3 咬合桩混凝土浇筑的质量控制

7.3.1 钢筋笼吊装验收合格后，安装混凝土灌注导管。

7.3.2 安放混凝土漏斗与隔水橡皮球胆，导管提离孔底小于 0.50m。混凝土初灌量必须保证埋住导管 0.80～1.30m。

7.3.3 灌注过程中，导管埋入深度宜保持在 2.0～6.0m 之间，最小埋入深度不得小于 2.0m。浇筑混凝土时随浇随提，严禁将导管提出混凝土面或埋入过深，一次提拔不得超过 6.0m。

7.3.4 在混凝土面接近钢筋笼底端时灌注速度适当放慢，当混凝土进入钢筋笼底端 1.0～2.0m 后，导管提升要缓慢、平稳，避免出料冲击过大或钩带钢筋笼，以防钢筋笼上浮。

7.3.5 超缓凝混凝土的使用：每车混凝土在使用前，必须由现场施工人员检查其坍落度及观感质量是否符合要求，坍落度超标或观感质量太差的坚决退回，决不使用。每车混凝土均由现场施工人员取一组试件，监测其缓凝时间及坍落度损失情况，直至该桩两侧的 B 桩全部完成为止，如发现问题及时反馈信息，以便采取应急措施。

7.3.6 咬合桩混凝土浇筑的质量检验标准见表 7.3.6。

咬合桩混凝土浇筑的质量检验标准 表 7.3.6

项目	序号	检查项目	允许偏差或允许值	检查方法
主控项目	1	B 桩混凝土强度	符合设计要求	试块强度报告
	2	A 桩超缓凝混凝土	三天强度≤3MPa	试块强度报告
	3		28d 强度符合设计要求	试块强度报告
一般项目	1	混凝土坍落度 140～180mm	±20mm	坍落度筒
	2	B 形桩完成好性	符合设计要求	超声波

7.4 咬合桩垂直度及施工过程的质量控制

7.4.1 孔口定位误差控制

在钻孔咬合桩桩顶以上设置钢筋混凝土导墙，导墙上定位孔的直径宜比桩径大 30mm。钻机就位后，将第一节套管插入定位孔并检查调整，使套管周围与定位孔之间的空隙保持均匀。

7.4.2 套管自身的顺直度检查和校正

钻孔咬合桩施工前在平整地面上进行套管顺直度的检查和校正，首先检查和校正单节套管的顺直度，然后将按照桩长配置的全部套管连接，整根套管的顺直度偏差≤15mm。

7.4.3 成孔过程中桩的垂直度监测和控制

1. 地面监测：在地面选择两个相互垂直的方向，设置经纬仪监测地面以上部分的套管的垂直度，发现偏差随时纠正。地面监测示意图参见图 7.4.3-1。

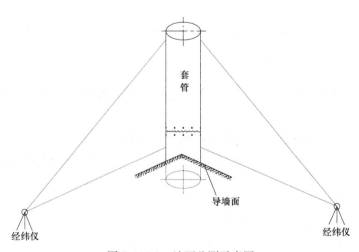

图 7.4.3-1 地面监测示意图

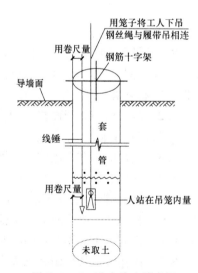

图 7.4.3-2 孔内检查示意图

2. 孔内检查：在每节套管压完后安装下一节套管之前，进行孔内垂直度检查。具体方法：先在套管顶部放一个钢筋十字架，放入线锤，吊入测量工人，沿十字钢筋两个方向，利用线锤上下分别量测，测出偏差值，做好记录。超偏差必须纠偏，合格后进行下一节套管施工。孔内检查示意参见图 7.4.3-2。

7.4.4 垂直度超差的纠偏

1. 利用钻机油缸进行纠偏：如果偏差不大或套管入土深度≤5.0m，可直接利用钻机的两个顶升油缸和两个推拉油缸调节套管的垂直度。

2. A桩纠偏：如果A桩偏差较大或套管入土深度＞5.0m，先利用钻机油缸直接纠偏，如达不到要求，向套管内灌砂或黏土，边灌边拔起套管，直至将套管提升到上一次检查合格的位置，然后调直套管，检查其垂直度再重新下压。

3. B桩的纠偏：如果B桩偏差较大或套管入土深度＞5.0m，先利用钻机油缸直接纠偏，如达不到要求，向套管内灌混凝土，边灌边拔起套管，直至将套管提升到上一次检查合格的位置，然后调直套管，检查其垂直度再重新下压。

7.4.5 咬合桩垂直度及施工过程质量检验标准见表7.4.5。

咬合桩垂直度及施工过程质量检验标准　　　　　　　　　　表7.4.5

项目	序号	检查项目		允许偏差或允许值		检查方法
				单位	数值	
主控项目	1	桩位	顺纵轴方向	mm	±10	全站仪
			垂直纵轴方向	mm	±10	全站仪
	2	孔深		mm	+300	用测绳测量
	3	桩体质量检验		按桩基检测技术规范		按基桩检测技术规范
	4	混凝土强度		设计要求		试件报告或钻芯取样送检
	5	垂直度		3‰		经纬仪、线锤
一般项目	1	桩径		mm	−10	
	2	钢筋笼安装深度		mm	±100	井径仪或超声波检测，用钢尺量
	3	混凝土充盈系数		＞1	检查每根桩的实际灌注量	用钢尺量
	4	桩顶标高		mm	+30，−50	水准仪测

8. 安 全 措 施

8.1 吊车司机在施工操作时，要精力集中，听从机长指挥，不得随意离开岗位。时刻注意机械的运转情况、钢丝绳的完好性，发现异常应立即处理，以防止吊车倾斜、倾倒或吊起的钢套管、钢筋笼、冲抓斗突然下落等事故发生。

8.2 压管前应先全面检查机械的各个部位及润滑情况，发现问题及时处理，检查后要进行试运转，严禁带病作业。

8.3 钻机应由专人操作，特别注意其液压装置，加强维护保养，以保证其正常运转。

8.4 钻机必须做好三级漏电保护，做到一机、一闸、一漏、一保、一箱，施工前对机械和电线进行检查，确保无误后主可开始操作。

8.5 相邻两钻机之间必须保证一定的安全距离。

8.6 夜间施工必须有足够的照明设施。

8.7 操作人员必须做好三级安全教育和班前安全技术交底。

8.8 现场操作人员要戴好安全帽，高空检修桩机须系好安全带，不得向下丢物件。

8.9 操作工人必须正确佩带使用劳动防护用品。

9. 环 保 措 施

9.1 钻孔咬合桩施工时桩身始终有超前钢套管保护，近干法施工，取出的土也几乎为干土，须适当浇水，配备挖掘机及运输车及时将土翻出外运，防止粉尘产生。

9.2 钻孔咬桩机采用全液压装置，耗油量大，须经常保养、检修，防止漏油对土体产生污染。

9.3 钻孔咬合桩须连续作业，夜间施工须取得政府部门发的夜间施工许可证。

9.4 多台钻机施工时须合理安排，防止群机施工时噪声超标。

10. 效 益 分 析

10.1 社会效益

钻孔咬合桩施工速度快、效率高、噪声低、振动小、无泥浆作业、成桩质量高、防渗性能好、施工安全有保障，文明施工程度高，能很好地满足环保要求，利于创造良好的外部形象。

10.2 经济效益

10.2.1 钻孔咬合桩垂直度高、外形标准、防渗能力强、无需泥浆护壁、扩孔（充盈）系数小、配筋率低、在穿过软弱、富水地层时无需增加其他辅助措施、施工速度快、造价相对较低、具有良好的经济效益。

10.2.2 钻孔咬合桩与人工挖孔桩、地下连续墙、钻孔密排桩等围护结构形式的经济效益比较见表10.2.2。

各种围护结构形式的经济效益比较表　　　　　　表 10.2.2

经济效益比较 \ 围护结构形式	人工挖孔桩	地下连续墙	钻孔密排桩	钻孔咬合桩
1　穿过含水砂层等不良地层是否需要增加注浆加固等到辅助措施	需要	无需	无需	无需
2　是否需要增加止水帷幕等其他辅助措施才能达到良好的防渗效果	需要	无需	需要	无需
3　是否需要泥浆	无需	需要	需要	无需
4　是否需要钢筋混凝土护壁	需要	无需	无需	无需
5　是否需要剥除桩墙泥皮或混凝土护壁	需要	需要	需要	无需
6　扩孔（充盈）系数	1.15	1.2	1.2	≤1.1

11. 应 用 实 例

钻孔咬合桩新型深基坑支护结构于2006年3～12月分别应用于钱江新城核心区波浪文化城（一期）工程、中国纺织服装信息商务中心工程二层地下空间及尊宝大厦三层地下空间的深基坑支护。

11.1 钱江新城核心区波浪文化城（一期）工程

11.1.1 工程概况及周边环境

钱江新城核心区波浪文化城（一期）工程地处杭州市钱江新城核心区块，位于钱塘江边，夹于杭州大剧院（已建）、之江路地下通道（地下通道已建，上部城市阳台在建）和国会中心（在建），基坑占地面积25000m²，总建筑面积52653m²，为全埋式地下二层建筑，基坑开挖深度13.50～15.575m，局部深坑位置达18.175m。围护平面及周边环境平面参见图11.1.1。

基坑东面紧贴杭州大剧院弧形露天广场，围护施工需破除2.00～3.00m大剧院弧形露天广场；南面与之江路地下通道相距4.50m；西面与国际会议中心外墙相距8.649m；北面场地比较开阔，为波浪文化城二期建设用地。

11.1.2 围护设计情况

考虑了开挖深度、周围环境及土层特性，围护设计在靠杭州大剧院、之江路地下通道相邻侧采用钻孔咬合桩加三、四道预应力锚索，两侧圆弧拱角位置为钻孔咬合桩加内支撑，其余为放坡开挖。施

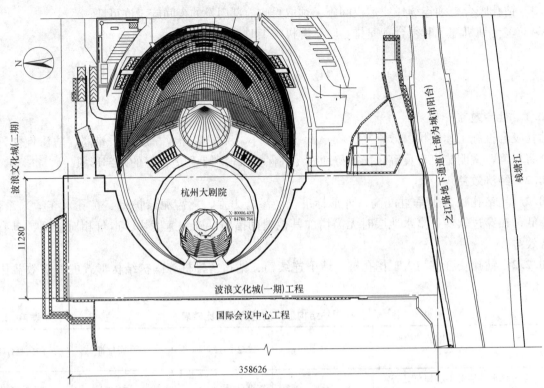

图 11.1.1　波浪文化城（一期）工程围护平面及周边环境平面图（单位：mm）

工共投入 8 台全套管液压钻机，采用砂桩法对分段接头进行处理，施工灵活性大，工期保证。

钻孔咬合桩钢筋桩长为 29.00m，素混凝土桩长为 18.00m，18.00m 深度以上除杂填土、塘泥以外主要是砂质粉土和粉砂夹粉土，18.00～29.00m 深度主要粘质粉土和淤泥质粉质黏土，并夹有粉砂粉土。地下水位埋深在 2.80m，潜水位主要受季节大气降水及钱塘江水位控制，变幅 1.50m 左右，单井出水量小于 50m³/d。

11.1.3　监测情况

围护设计警戒值：土体深层位移＜40mm，坑外土体沉降＜50mm，根据浙江省物探勘察院监测数据显示，土体最大位移在地面下 3.0～5.0m 处，最大位移为 31mm，坑外土体沉降为 15mm，均未超出警戒值，达到了挡土、止水、安全的设计要求和使用要求。

11.2　中国纺织服装信息商务中心工程

11.2.1　工程概况及周边环境

中国纺织服装信息商务中心工程位于杭州航海路与解放东路交叉口，地上 16 层，地下 2 层，裙房 8 层，总建筑面积 102915m²，其中地下建筑面积 20910m²，基坑开挖深度 10.10～10.90m，局部电梯井位置达 14.20m。围护平面及周边环境平面参见图 11.2.1。

基坑东面距离新开河 17.50～20.50m；南侧距离解放路上的电力电缆、给水管、煤气管、通信电缆分别为 4.40m、6.20m、7.00m、8.00m；西南面有杭海路穿越解放路的地下通道，通道最深处约−6.500m，距离基坑大于 16m；西北侧距离杭海路上的电力电缆、通信电缆、给水管、雨水管、污水管的最近距离分别为 8.45m、9.45m、11.95m、12.95m、14.95m；基坑北面现为空地。

11.2.2　围护设计情况

综合考虑了开挖深度、周围环境及土层特性，围护设计采用了钻孔咬合桩结合一道混凝土内支撑的支撑体系。施工共投入 8 台全套管液压钻机，采用砂桩法对分段接头进行处理，施工灵活性大，工期保证。

钻孔咬合桩钢筋混凝土桩长为 20.00m，素混凝土桩长为 15.00m，15.00m 深度以上除杂填土、素填土以外主要是黏质粉土和砂质粉土，15.00～20.00m 深度主要粉砂土和黏质粉土。地下水位埋深在

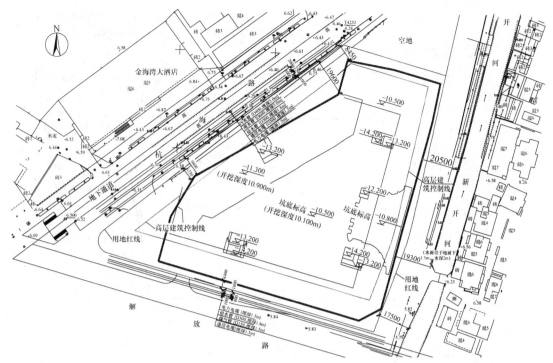

图 11.2.1　中国纺织服装信息商务中心工程围护平面及周边环境平面图

0.90～1.70m，粉砂土的含水量丰富，粉砂土的渗透系数为 10^{-4}～10^{-3} cm/s 数量级，易发生流砂、管涌等。

11.2.3　监测情况

围护设计警戒值：土体深层位移＜40mm，坑外土体沉降＜40mm，根据浙江大学岩土科技开发有限公司监测数据显示，最大位移为 29.77mm，坑外土体沉降为 22.60mm，均未超出警戒值，达到了挡土、止水、安全的设计要求和使用要求。

11.3　尊宝大厦工程

11.3.1　工程概况及周边环境

尊宝大厦工程位于钱江新城 4 号路、6 号路、城星路、新塘河交接地块，总用地面积约 34900m²，总建筑面积 164725m²，其中地上建筑面积约 114791 m²，地下建筑面积约 49934 m²，主要包括 A、B 两幢 45 层超高层办公楼，建筑高度 160m，裙房 5 层，建筑高度 23.10m，地下室 3 层，基坑开挖深度 15.50～17.20m，局部电梯井位置达 19.50m。围护平面及周边环境平面参见图 11.3.1。

场地周围均为道路和河流，东面为城星路，围护桩中心线距离城星路上的电力电缆、污水管、雨水管分别为 5.80m、7.80m、22.30m；南面为 6 号路，围护桩中心线距离 6 号路上的通信管线、煤气管、给水管、雨水管、污水管、电力电缆分别为 4.30m、10.80m、12.80m、16.30m、21.80m、28.30m；西面为 4 号路，围护桩中心线距离 4 号路上的通信管线、煤气管、给水管、雨水管、污水管、电力电缆分别为 10.00m、16.50m、18.50m、22.00m、27.50m、34.00m；北面距新塘河 19.50～24.50m。

11.3.2　围护设计情况

综合考虑了开挖深度、周围环境及土层特性，围护设计采用如下基坑围护方案：基坑 −9.00m 以上采用土钉支护，−9.00m 以下采用钻孔咬合桩结合一道混凝土内支撑的支撑体系。施工共投入 6 台全套管液压钻机，采用砂桩法对分段接头进行处理，施工灵活性大，工期保证。

钻孔咬合桩钢筋混凝土桩长为 23.50m（−32.50m），素混凝土桩为 10.50m（−19.50m），19.50m 深度以上除人工填土、砂质粉土以外主要是粉砂土，19.50～32.50m 深度主要粉砂土、淤泥质粉质黏土和粉质黏土。地下水位埋深在 1.50～2.00m，粉砂土的含水量丰富，粉砂土的渗透系数为 10^{-3} cm/s 数量级，易发生流砂、管涌等。

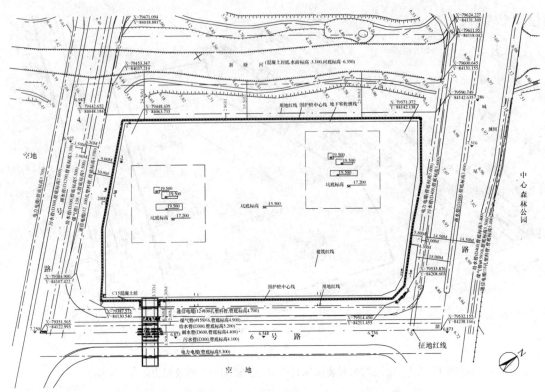

图 11.3.1　尊宝大厦工程围护平面及周边环境平面图

11.3.3　监测情况

围护设计警戒值：土体深层位移＜50mm，坑外土体沉降＜50mm，根据浙江大学岩土科技开发有限公司监测数据显示，最大位移为 43.53mm，坑外土体沉降为 45.60mm，均未超出警戒值，达到了挡土、止水、安全的设计要求和使用要求。

长螺旋钻机成孔压灌混凝土后插钢筋笼施工工法

YJGF298—2006

南通华新建工集团有限公司

史加庆　汤卫华　李亚娥　周玉荣　章季

1. 前　　言

　　随着城市建设空间的越来越窄以及建筑物向"高、大、难"方向发展，城市中可供建筑物施工的场地也越来越少，大多数建筑物均有地下室，以前那种土方开挖时直接放坡的现象已经不复存在，这就意味着必须采用新的基坑支护方法才能满足施工现场场地狭小和深基坑开挖的需要，在这种情况下逐步产生了新的基坑支护方法。而对于排桩或地下连续墙基坑深度不宜大于5m；对于水泥土墙基坑深度不宜大于6m；对于土钉墙、逆作拱墙基坑深度不宜大于12m；但是采用长螺旋钻机成孔压灌混凝土后插钢筋笼施工工法基坑深度能达到30m，况且水泥土墙、钻孔灌注桩、人工挖孔桩等均对施工现场环境影响较大、有泥浆污染，采用长螺旋钻机成孔压灌混凝土后插钢筋笼施工工法对于有卵砾石、流砂、地下水的复杂地层能达到正反循环、冲击钻、旋挖及人工挖孔等无法比拟的优越程度。

2. 工 法 特 点

　　常规的基坑支护方法采用自然放坡、排桩或地下连续墙、水泥土墙、土钉墙、逆作拱墙。正常情况下桩支护的施工方法为人工挖孔桩、钻孔灌注桩，这两种施工方法均是先下钢筋笼后浇筑混凝土，这不仅容易造成桩缩颈，而且钻孔灌注桩浪费水资源、污染环境。

2.1　在使用功能上的特点

　　桩支护既能满足深基坑的支护需要，又不影响基坑土方的开挖施工，同时通过施加预应力完全能够达到变形小的技术要求。

2.2　在施工方法上的特点

2.2.1　杜绝混凝土灌注桩需要大量水资源的缺陷，且对施工现场环境无泥浆污染，有利于现场文明施工。

2.2.2　先浇筑混凝土后插钢筋笼能确保成桩的质量，避免桩产生缩颈、夹渣等质量通病。

2.2.3　这种方法相对于内支撑方法，不影响结构施工，且施工简单、成本降低。

2.2.4　这种方法相对于人工挖孔桩而言，比较安全，且人工费用少，成本低，降低了造价。

2.2.5　采用专门的吊车起吊下笼装置，节省了成孔成桩时间，成桩效率比现有技术可提高1倍，同时机械化作业程度高，施工速度快，缩短了工期。

3. 适 用 范 围

　　3.1　适用于任何情况下的地质条件，尤其在含有地下水、流砂、卵砾石、甚至漂石的复杂地层，显示出了比旋挖、冲击钻、正反循环钻或人工挖孔均为优越的性能，拓宽了长螺旋钻机成孔压灌混凝土后插钢筋笼工艺的应用领域。

　　3.2　适用于对环境条件要求高如施工过程环境污染小和噪声低的项目。

　　3.3　除用于有局部配筋的基础桩施工外，还可广泛用于通长配筋的基础桩、基坑护坡桩、抗拔桩等的施工，特别适用于场地狭小、超深基坑护壁和水资源缺乏的项目。

3.4 本工法不适用于永久性支护工程。

4. 工 艺 原 理

长螺旋钻机成孔压灌混凝土后插钢筋笼法是采用长螺旋钻机成孔，钻至预定深度后在提钻过程中通过钻机螺旋钻杆中心孔泵送混凝土进行桩的浇筑，最后采用振动送入的方法把钢筋笼送入混凝土并达到预定位置的施工工艺。

本施工工艺的关键在于采用先压灌混凝土后插钢筋笼，使得桩的质量得以保证，成桩后的桩表面洁净、整体性好、避免了桩产生夹层、缩颈等质量缺陷。

5. 施工工艺流程及操作要点

5.1 工艺流程

桩孔定位→桩身成孔（同时制做钢筋笼）→压灌混凝土→清土→吊放钢筋笼→桩顶连梁施工→桩间土喷锚→预应力锚杆施工→桩顶位移观测。

5.2 操作要点

5.2.1 桩孔定位

根据测绘部门提供的建筑物定位点和已审批的桩位平面图，进行桩孔定位，现场每个定位点用 $\phi20$ 钢筋头砸入土中 500mm 深，拔出钢筋头在孔内灌入白灰，要求放样正确。钻进时孔位采用"十字拴桩法"做好标记。

5.2.2 桩身成孔

为保证施工中不出现两桩串联，施工护坡桩时采用间隔施工。采用长螺旋钻机成桩（图 5.2.2-1），开钻时要轻压慢进，防止开孔时钻具跑偏，同时通过钻机上的指示针来控制桩的垂直度（图 5.2.2-2）。为了控制桩的深度，施工中采用在钻机调整就位后将水平标高控制线标注在钻机平台上，利用钻杆的长度来控制桩的深度，成孔深度应大于设计深度 40～60cm，孔深允许偏差 ±50mm。

图 5.2.2-1 长螺旋桩机成孔施工

图 5.2.2-2 桩垂直度控制要求

5.2.3 制做钢筋笼

钢筋笼的规格应符合设计要求，主筋间距允许偏差 ±10mm，主筋长度允许偏差 ±100mm，螺旋箍筋间距允许偏差 ±20mm，钢筋笼直径允许偏差 ±10mm，钢筋保护层厚度不宜小于 35mm，为了确保钢筋笼顺利压入，钢筋笼底部要求缩颈，使底部形成圆锥形（如图 5.2.3），锥形底部直径小于振动导管，保证底部钢筋笼的振动力，底部收口焊接要牢固，防止下笼过程中被打穿。

5.2.4 压灌混凝土

钻至设计孔深后，采用混凝土输送泵通过导管以及钻机螺旋钻杆中心孔压灌混凝土，边压边提钻至桩顶连梁底部。采用压灌混凝土，第一保证护坡桩成孔不造成塌孔，第二保证护坡桩成桩的桩身强度连续均匀可靠。为保证钢筋笼的振入质量，混凝土灌注高度大于桩设计标高 30～50cm。本工艺宜采用豆石混凝土，混凝土强度等级不小于 C25，粗骨料粒径在 5～20mm 为宜，和易性好，坍落度在 180～220mm，以利于钢筋笼的送入。

图 5.2.3 钢筋笼制做

5.2.5 清土

在形成素混凝土桩后，先将长螺旋钻机迅速移离孔口，然后快速将孔口工作面清理干净。

5.2.6 吊放钢筋笼

钢筋笼在振动装置的连接组装要在混凝土泵送前完成，既缩短施工过程又防止混凝土失水过多；在钢筋笼的送入过程中，要求保持起吊适当，钢丝绳以能使装置保持正直而不紧绷为宜，为使钢筋笼保持竖直，笼顶外加绳索进行人工调整。

利用轮胎式汽车起吊偏心振动锤，连同大刚度芯管，将其连同钢筋笼一起置于初成的素混凝土桩孔内，利用自重下去后，开偏心振动锤，利用大刚度芯管的下端管口对钢筋笼下部钢筋钩的振动下拉力，将钢筋笼下入素混凝土桩内设计的任何深度，摘掉钢筋笼的钢丝绳，起吊提升振动锤和大刚度芯管，在起吊超过桩深度约 1/3 后，关闭振动锤，缓慢起吊，直到装置与钢筋笼脱离并完全从素混凝土桩中抽出。这样，在大刚度芯管的提升过程中也振动密实了所压灌的素混凝土，从而形成质量可靠的钢筋混凝土桩。钢筋笼吊放入孔时必须验证纵筋内外侧方向，并调正笼位（图 5.2.6）。

5.2.7 桩顶连梁施工

在吊放钢筋笼 24h 后，按照标高对桩头混凝土进行剔凿，进行桩顶连梁施工，混凝土强度等级同桩（图 5.2.7）。

图 5.2.6 吊桩下插钢筋笼

图 5.2.7 桩顶部连梁钢筋绑扎

5.2.8 桩间土喷锚

随着土方开挖，自上而下清理桩间土，清理桩间土时，要清至桩间土在两护坡桩中间平面呈弧形，并且不允许出现过大凹凸；清土完毕后，立即挂 2mm 规格的钢板网，外面用 ϕ16 钢筋在桩与桩之间对角线固定，并在垂直方向每隔 1.0m 砸入长度不小于 1.0m 的 ϕ22T 形筋（图 5.2.8-1）；然后喷射 3～5cm 厚 C20 的混凝土面层（粗骨料粒径在 5～10mm 为宜）。局部滞水丰富处，可采用插入导管引流后再进行面层锚喷。

图5.2.8-1 桩间土钢板网固定

图5.2.8-2 桩间土喷锚保温

如果在冬期施工阶段，桩间土面层必须采取保温措施（图5.2.8-2）。

5.2.9 预应力锚杆施工

当土方开挖至预应力锚杆施工位置时，必须施工完该标高位置的预应力锚杆才能进行下部土方的开挖。预应力锚杆采用长螺旋干钻方法成孔（图5.2.9-1）。

注浆管与锚杆杆体绑扎在一起，制做在现场进行，为了便于锚杆杆体的置入在锚杆杆体长度上每间隔2m绑一个塑料支架，钢绞线自由段涂黄油，并用塑料管包扎，拉杆采用人工置入（图5.2.9-2）。

图5.2.9-1 预应力锚杆钻机成孔

图5.2.9-2 钢绞线及注浆管埋置

图5.2.9-3 钢绞线穿过桩顶连梁

如当钢绞线与桩顶连梁相交时，必须将钢绞线穿过桩顶连梁，钢绞线穿过时必须外加套筒（图5.2.9-3）。

采用BW200泥浆泵搅拌水泥浆，从孔底开始压力注浆，注浆量应大于理论值，一次注浆管距孔底为100～200mm，二次注浆管的出浆孔应进行可灌密封处理。一次注浆宜选用水灰比为0.45～0.5的水泥浆，二次高压注浆宜选用水灰比为0.45～0.55的水泥浆，二次高压注浆压力宜控制在2.5～5.0MPa之间。

注浆时现场做同条件试块两组，张拉前做强度试验，当锚固段强度大于15MPa并达到设计强度等级的75%后方可进行张拉；张拉顺序应考虑对邻近锚杆的影响；锚杆宜张拉至设计荷载的0.9～1.0倍后再按设计要求锁定，锁定在工字钢腰梁上，端部应设置厚度不小于10mm的钢板作封头端板；锚杆张拉控制应力不应超过锚杆杆体强度标准值的 0.75 倍。张拉机选定为 ZB4-500 型（图 5.2.9-4、图 5.2.9-5）。

图 5.2.9-4　预应力锚杆张拉

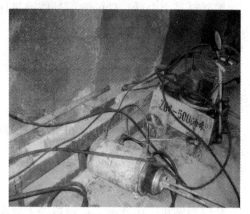

图 5.2.9-5　锚杆张拉端部固定

5.2.10　桩顶位移观测

深基坑支护的安全与稳定直接关系到基坑本身及邻近建筑物、基坑周边道路和邻近地下管线的安全。根据深基坑支护有关规范要求，结构施工阶段必须对基坑支护系统和周边环境进行监测。由于岩土工程的复杂性，深基坑支护系统受到许多难以确定因素的影响，因此，在施工过程中加强监测，及时掌握支护系统及周围环境动态变化，应用检测所得的信息指导施工，是施工过程科学化、信息化、确保支护系统和周围环境安全的重要措施。

施工现场必须实施以下两项监测：

（1）基坑支护体系的水平位移（在连梁顶设置标识，图 5.2.10-1；用经纬仪进行测量，图 5.2.10-2）；

图 5.2.10-1　桩顶水平位移控制点设置

图 5.2.10-2　桩面水平位移观测

（2）基坑周围邻近建筑物的沉降观测。

6. 材料与设备

6.1　水泥

采用强度等级不小于 42.5 的普通硅酸盐水泥或硅酸盐水泥，质量应符合《硅酸盐水泥、普通硅酸盐水泥》GB 175—1999 的规定要求，进场复试合格。

6.2　钢筋

宜采用Ⅱ级或Ⅲ级钢筋，使用前应进行物理力学性能试验，进场复试合格，焊接试件应做焊接质量检测。

6.3 细骨料

细骨料采用中砂，砂的含泥量按重量计不大于3％，质量应符合《普通混凝土用砂石质量及检验方法标准》JGJ 52—2006 标准。

6.4 粗骨料

粒径小于20mm的碎石或瓜子片，含泥量按重量计不大于3％，质量符合《普通混凝土用砂石质量及检验方法标准》JGJ 53—2006 标准。

6.5 外加剂

可根据工程施工时的气候和环境条件选用适合的外加剂。

6.6 钢筋笼制做

切割机、电焊机、调直机等。

6.7 钻孔机具

长螺旋钻机、电动振动桩锤器等。要求成孔机具的选择和工艺要适用现场土质特点的环境条件。

6.8 混凝土搅拌系统

6.8.1 搅拌机、磅秤、小推车、铁锹、泥浆泵等。

6.8.2 要求搅拌均匀、计量准确。

6.8.3 如采用商品混凝土，应与商品混凝土单位签订供货技术协议，协议中明确必须符合《预防混凝土结构工程碱集料反应规程》。

6.9 混凝土浇筑系统

混凝土输送泵、振动导管等。

6.10 下钢筋笼系统

偏心振动锤、吊车等。

6.11 测量仪器

水准仪、经纬仪、钢卷尺、塔尺、坍落度筒等。

6.12 注意事项

6.12.1 所进材料必须保证质量符合要求。

6.12.2 所进设备要运转正常、机械性能良好，必须遵守机械操作规程。

主要机具设备如表6.12.2。

主要机具设备配置表 表6.12.2

序号	名　　称	型号、规格	配置数量	备注
1	长螺旋钻机	ZKL-800	1～2台	
2	电动振动桩锤器	DZ20	1～2台	
3	偏心振动锤	10～60kW	1～2台	
4	轮胎式汽车吊	10t	1～2台	
5	振动导管	180/125	1～2个	
6	泥浆泵	BW200	1台	
7	电焊机	BX-300	2台	
8	调直机	ZB4-500	1台	
9	切割机	JG-400	2台	
10	搅拌机	J2-350	2台	
11	经纬仪	J2	1台	
12	水准仪	DSZ2	1～2台	
13	钢卷尺	50m	1把	
14	塔尺	5m	3把	
15	磅秤	1000kg	2台	
16	泵车	10m³	若干	

7. 质 量 控 制

7.1 本工法必须遵照执行表 7.1 中的标准、规范。

标准、规范 表 7.1

序　号	标准、规范名称	编　　号	备　　注
1	岩土工程勘察规范	GB 50021—2001	
2	建筑与市政降水工程技术规范	JGJ/T 111—98	
3	建筑基坑工程技术规范	YB 9258—97	
4	建筑基坑支护技术规程	JGJ 120—99	
5	锚杆喷射混凝土支护技术规范	GB 50086—2001	
6	土层锚杆设计与施工规范	CECS 22：89	
7	建筑地基基础工程施工质量验收规范	GB 50202—2002	
8	混凝土泵送施工技术规程	JGJ/T 10—95	
9	建筑工程施工质量验收统一标准	GBJ 50300—2001	
10	建筑施工安全检查标准	JGJ 59—99	
11	建筑工程资料管理规程	DBJ 01—51—2003	
12	建筑变形测量规范	JGJ/T 8—97	
13	混凝土结构工程施工质量验收规范	GB 50204—2002	
14	建筑工程施工测量规程	DBJ 01—21—95	
15	钢筋焊接及验收规程	JGJ 18—2003	
16	现场临时用电安全技术规范	JGJ 46—2005	
17	预防混凝土结构工程碱集料反应规程	DBJ 01—95—2005	

7.2 桩支护施工结束后，应能满足设计的要求。

7.3 桩支护质量控制方法如下：

7.3.1 桩预应力锚杆的锁定值应满足设计的要求。

7.3.2 桩间土喷射混凝土厚度应采用钻孔检测，钻孔数宜每 100m² 桩间土面积一组，每组不少于 3 点。

7.3.3 注浆、喷射混凝土过程中随机抽取砂浆、混凝土按相应规定及有关规范要求制做试块，进行强度试验。根据以上资料，进行综合分析，评价桩支护质量效果。

8. 安 全 措 施

8.1 从事施工的人员，都必须认真学习建筑施工安全检查标准，都必须遵守安全生产的规定，新工人必须接受三级安全教育和必要的考核，方能进入施工现场施工。

8.2 特殊工种人员，坚持持证上岗，严禁无证人员操作。

8.3 基坑应设安全防护栏杆，基坑上下设可靠的通道。

8.4 严禁酒后上班作业，进入施工现场必须穿戴合体的工作服和安全帽，不得赤脚和穿拖鞋上岗，在岗位上工作时，必须思想集中，认真操作，注意观察设备机具的运行情况，防止发生工伤和损坏机具的事故。

8.5 必须在施工前根据工作情况制定切实可行的安全措施，要保持场内清洁卫生，确保安全生产、文明施工。

8.6 非电工不得进行电气设备的检修和接线安装工作。

8.7 配电柜必须安装触电保安器，夜间施工必须有足够的照明设施，电缆、电线铺设必须有条理，不得乱拉乱设。

8.8 施工中必须设有专职安全员，各班组要设兼职安全员，成立项目安全领导小组。

8.9 四级以上大风长螺旋钻机严禁施工。

8.10 沿基坑开挖边缘设置防护栏杆，并挂防护网和安全警示灯。

8.11 基坑施工完成后进行场地地面硬化，清除地面杂物，并搭设上下基坑的人行步梯，供施工人员进出基坑专门使用。

9. 环 保 措 施

9.1 认真贯彻执行国家、地方（行业）有关环境保护法规中的环保指标。

9.2 现场加大管理力度，杜绝施工车辆遗撒及施工现场的扬尘，减少环境污染，施工车辆进出大门时必须将车辆上泥土等清理干净。

9.3 按国家、地方（行业）对机动车尾气排放的要求，对施工用车进行检修，并通过检测合格。

9.4 认真执行国家、地方（行业）对减少施工噪声的要求，将施工噪声控制在允许范围之内，并在施工现场采取有效措施防止施工噪声扰民事件发生，如对搅拌机周围搭设隔音棚、尽量将有噪声的放在白天施工。

9.5 杜绝一切野外用火，控制烟气对环境的污染。

9.6 施工中的污水经过沉淀池沉淀后排入城市管网，严禁未采取任何处理措施直接排入城市管网的做法。

9.7 施工中做到日日场清，每日产生的垃圾及时送入垃圾站。

10. 效 益 分 析

本工法的效益：

10.1 质量好

按本工法施工，和以前的灌注桩相比基本上可以保证桩不出现夹层、缩颈等质量缺陷，确保桩的质量。同时由于技术含量高，有利于创"江苏省建筑业新技术应用示范工程"。

10.2 工期短

角湾小区D区公建工程如果采用灌注桩支护土方开挖需要75d，由于采用本工法不影响土方开挖的进度，大大缩短了土方开挖工期，施工工期比计划提前15d，业主奖励20万元。

10.3 成本低

采用本工法能增大施工现场的使用面积，避免由于场地小而进行的不必要场外加工；同时节约水资源降低施工成本。角湾小区D区公建工程地基与基础分部共计钢筋1500t，由于没有采用场外加工，节约加工费约50万元；同时节约水资源300m³，节约费用2400元；地下室外墙施工时减少模板支撑，节约钢管约10t。

10.4 文明施工

钻孔灌注桩需要大量的水资源、且有泥浆污染；人工挖孔桩有大量的土堆放，采用本工法，无环境污染，有利于文明施工，正因为这样角湾小区D区公建工程被评为北京市安全文明工地。

11. 应 用 实 例

11.1 2005年11月施工的角湾小区D区公建工程，位于北京市崇文区白桥大街。该工程为地下3

层（局部四层）、地上 10 层的框架剪力墙结构，总建筑面积 38414m²。基坑支护采用桩锚，桩锚面积 6500m²，桩长 25m、桩径 600mm、桩根数 280 根，由于采用长螺旋钻机成孔压灌混凝土后插钢筋笼施工工艺，解决了施工场地狭小的问题，提前完成业主指定的节点目标，业主奖励 20 万元，同时地下室外墙施工时减少模板支撑，节约钢管约 10t。

11.2 2004 年 3 月～2004 年 4 月应用于北京市崇文区富贵园二期 6 号楼基坑支护工程。该工程位于北京市崇文区北花市大街与西花市大街交汇处，工程建筑面积 32000m²，地下 2 层、地上 16 层。基坑支护采用桩锚，桩锚面积 5000m²，桩长 16m、桩径 600mm、桩根数 304 根，由于采用长螺旋钻机成孔压灌混凝土后插钢筋笼施工工艺，解决了施工场地狭小的问题，提前完成业主指定的节点目标，得到了业主的满意，业主奖励 30 万元，同时地下室外墙施工时减少模板支撑，节约钢管 15t。

11.3 2003 年 4 月～2004 年 5 月应用于北京市通正大厦基坑支护工程。该工程位于北京市崇文区广渠门内大街 28 号，工程建筑面积 22000m²，地下 2 层、地上 12 层。基坑支护采用桩锚，桩锚面积 4500m²，桩长 15m、桩径 500mm、桩根数 168 根。由于采用长螺旋钻机成孔压灌混凝土后插钢筋笼施工工艺，解决了施工场地狭小的问题，提前完成业主指定的节点目标，得到了业主的满意，业主奖励 8 万元，同时地下室外墙施工时减少模板支撑，节约钢管约 9t。

地下连续墙液压铣槽机施工工法

YJGF299—2006

中铁一局集团有限公司

雒红卫　王恩华　陈军　吕国庆　杨志明

1. 前　言

1.1　随着我国各大城市及重要港口全面开始兴建城市快速轨道交通系统及港口防护工程，混凝土地下连续墙作为快速轨道交通系统、港池的支撑围护、防渗和本体利用设施，已被广泛应用。较以往在国内采用的钢绳冲击钻机、导板抓斗、水力成槽等施工方法，在施工效率、环境保护、板式墙体等方面性能优越。

1.2　槽孔掘进机（Trench Cutters，曾用名碾磨机、液压铣槽机、双轮铣等）是 1973 年由法国索列丹斯公司首先研制成功的，现在法国、德国、意大利和日本等国家都有生产。我国于 1996 年首次引进了一台槽孔掘进机用于长江三峡二期围堰防渗墙施工。这种地下连续墙成槽施工机械适用于地层范围较广，施工效率高，成孔规则，通过更换不同结构类型的铣轮，可满足黏土、砂土、砂卵石、岩层等多种地层的持续进给铣削成槽需要。

1.3　中铁一局集团市政环保工程总公司在河北省唐山市京唐港王滩电厂循环水系统工程的地下连续挡土防渗墙施工中，采用德国宝峨公司生产的 BC36 液压双轮铣槽机进行板式墙体成槽施工，消化吸收并完全掌握了地下连续墙铣槽法施工工艺，达到了铣槽法安全环保、节约成本、高效施工、保证质量的目的，取得了良好的经济效益和社会效益。

1.4　地下连续墙铣槽法施工综合技术研究于 2005 年 12 月通过中铁一局集团组织的成果鉴定，"提高双轮铣槽机施工地下连续墙工作效率"课题参加了中国铁路工程总公司第 25 次质量管理成果发布会，获得全国质量管理先进班组称号，进入国家级先进 QC 小组行列。

2. 工 法 特 点

2.1　采用铣槽法施工，成槽施工效率高，墙体孔型规则，质量可靠，持续稳定进给铣削大大降低了劳动强度。

2.2　泥浆输送及排渣采用密闭循环管路系统，大大提高了环境保护效果和泥浆利用效率。

3. 适 用 范 围

本工法适应于足够安放铣槽机及配套设备的各类均质地层和坚硬岩层的成槽作业，但在漂卵石地层和杂质、陡坡地层具有一定的局限性和不适应性，成槽深度一般可达到 40m，根据需要增加铣槽机相应的配置，最大深度可达 150m。

4. 工 艺 原 理

4.1　铣槽机工作部分（即掘进机头）是桅杆下钢索悬吊一个带有可通过主机控制的液压和电气系统的钢制铣槽刀架，底部安装 3 个液压马达，水平向排列，两边马达分别通过行星齿轮减速箱带动两个装有铣齿的滚筒（即铣轮），见图4.1。

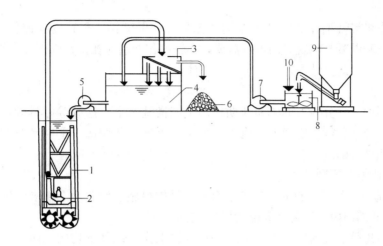

图 4.1 成槽工艺原理

1—双轮铣槽机；2—泥浆泵；3—除砂装置；4—泥浆罐；5—供浆泵；6—筛除的渣砾；7—补浆泵；
8—泥浆搅拌机；9—膨润土储料桶；10—水源

4.2 铣槽时，两个铣轮低速转动，方向相反，其铣齿将地层围岩铣削破碎，并通过地面注浆设备不断向铣削槽孔中加注泥浆，中间液压马达驱动自带泥浆泵，通过铣轮中间的吸砂口将钻掘出的岩渣与泥浆排到地面泥浆站进行筛分处理后返回槽段内，如此往复循环向下掘进，直至终孔成槽。

5. 工艺流程及操作要点

5.1 工艺流程图（见图5.1）

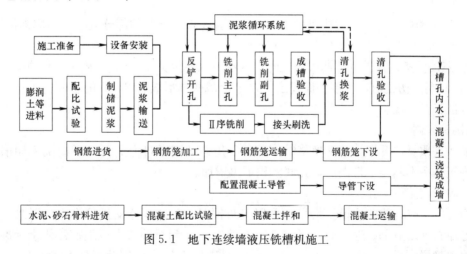

图 5.1 地下连续墙液压铣槽机施工

5.2 施工方法及操作要点

5.2.1 施工前调查

1. 了解总体施工方案、施工组织设计，获取现场地质资料、地形高程及平面空间布置资料，保证设备及配套设施有足够的作业范围。

2. 对当地气候和最大风力、雷电频次情况详细调查，科学合理的安排设备工作时间和采取有效安全保证措施。

5.2.2 地基承载

铣槽机体积较庞大，完全配置重量可达到150t以上，施工转场及行走便道必须具备足够的地基承载力。为防止地基渗水和往复行走造成翻泥冒浆，尽可能修建混凝土便道和施工作业平台，也可根据当地气候和地质情况，选择方便经济的承载方式。

5.2.3 导墙修筑

为防止铣槽工作机架铣槽作业时产生振动和偏移，确保槽孔的垂直度和偏斜误差得到有效控制，并满足槽孔下设钢筋和混凝土浇筑时的承重需要，在铣槽作业前应在待铣削槽孔上端修筑导墙。

导墙一般采用钢筋混凝土结构，具体可按照设计要求修筑。

5.2.4 施工顺序

地下连续墙铣削槽段划分为Ⅰ期槽和Ⅱ期槽。Ⅰ期槽基本呈不连续等距排列，Ⅱ期槽位于每两个Ⅰ期槽之间。施工应按序进行，原则上先施工Ⅰ期槽，再施工Ⅱ期槽。Ⅰ期槽段的长短根据地层的稳定性和施工的方便性进行确定。

5.2.5 铣削槽段划分原则

1. 铣接法施工地下连续墙，首先必须考虑有利于铣槽机施工作业，Ⅰ期槽段长度≥2.8m（铣槽刀架水平横向长度），Ⅱ期槽段长度为 2.8m（铣槽刀架水平长度）。

2. Ⅰ期槽段及转角段槽段划分，必须考虑左右铣轮工作负载基本均匀，防止铣刀轮受力不均导致铣刀架单向跑偏，Ⅰ期槽段长度划分也应充分考虑铣槽机工作效率和施工成本，在满足实际地质情况和槽壁稳定性、横向容许变形的允许范围内可适当加长。

5.2.6 反铲开槽

为便于液压铣槽机施工，在开孔时，首先利用反铲对所要施工的槽段，自孔口开挖至 3～4m 深度。开挖时要注意孔形，不能对导墙产生损坏。

5.2.7 液压铣槽

1. 按照施工顺序，先进行Ⅰ期槽段的铣削，并应根据Ⅰ期槽段的划分长度和刀架横向长度，决定铣削次数，遵循先进行主孔的铣削，再行完成副孔。

2. Ⅱ期槽段根据刀架横向长度，一次铣削成槽。铣削顺序详见图 5.2.7。

5.2.8 槽段连接

1. 在两个Ⅰ期槽中间进行Ⅱ期槽成槽施工时，铣掉Ⅰ期槽端头的部分混凝土形成锯齿形搭接，Ⅰ、Ⅱ期槽孔在地连墙轴线上的搭接长度应大于 15cm。

2. 为保证搭接质量，在进行Ⅰ期槽浇筑时，两端下入厚度为 25cm、长度为 5m 的接头板至混凝土面以下 2m，在混凝土初凝前，将接头板起出，在Ⅰ期槽两端形成各 25cm 的空间，为铣削头提供了良好的导向，保证了搭接质量。

5.2.9 接头洗刷

为了保证接头质量，Ⅱ期槽清孔换浆结束前，采用钢丝刷子自上而下分段刷洗Ⅰ期槽端头的混凝土壁。直至刷子钻头上基本不带泥屑，孔底淤积不再增加。

5.2.10 固壁泥浆

地连墙槽孔施工时，为防止槽壁坍塌，采用泥浆护壁，起到液体支护的作用。泥浆中的膨润土质量要求可参考原石油工业部、地质矿产部或 API 标准，应达到石油二类或地矿乙级土标准。制备的新浆应在储浆池内静置膨化 6～8h 后方可使用。新制泥浆配合比（1m³ 浆液）见表 5.2.10

新制泥浆配合比（1m³ 浆液）表 表 5.2.10

膨润土品名	材 料 用 量(kg)				
	水	膨润土	CMC	Na₂CO₃	其他外加剂
钙土（Ⅱ级）	1000	60～80	0～0.6	2.5～4	适量

5.2.11 泥浆的循环使用与回收处理

1. 成槽过程中，置于铣削架底部的泥浆泵抽吸槽底泥浆并经输浆管路送至地面的泥浆净化系统进行除砂处理，处理后的泥浆经管路返回槽孔中。

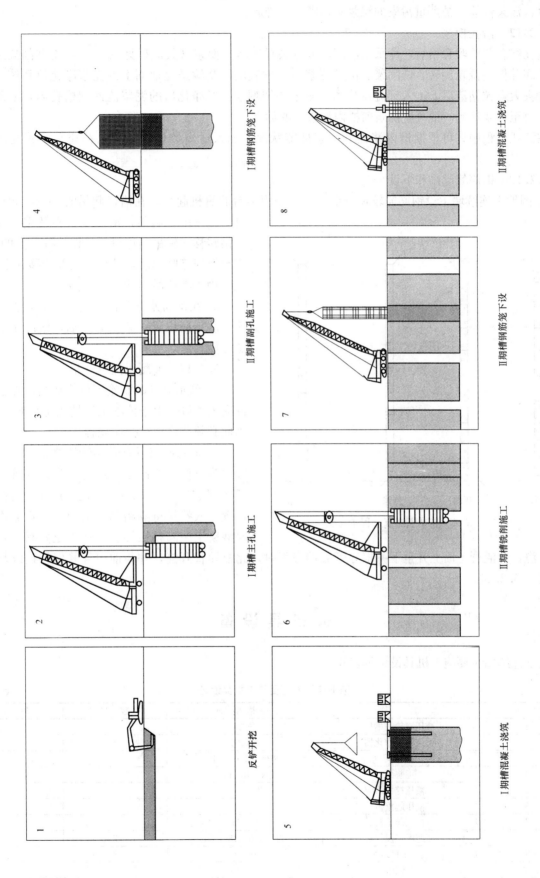

图 5.2.7　铣削顺序图

2. 经较长时间使用，如泥浆黏度指标降低，适当掺加新浆进行调整；如黏度指标升高，可加入分散剂改善泥浆性能，被严重污染的泥浆必须废弃并排放。

5.2.12　清孔换浆

槽孔终孔并验收合格后，即采用液压铣进行泵吸法清孔换浆（其流程见图5.1），将铣削架逐渐下沉至槽底并保持铣轮旋转，铣削架底部的泥浆泵将槽底的泥浆输送至地面上的泥浆净化机系统，由振动筛除去大颗粒钻渣后，进入旋流器分离泥浆中的细颗粒。经净化后的泥浆流回到槽孔内，如此循环往复，直至回浆达到"混凝土浇筑前槽内泥浆"的标准。

在清孔过程中，可根据槽内浆面和泥浆性能状况，加入适当数量的新浆以补充和改善孔内泥浆性能。

5.2.13　钢筋笼起吊和下设

1. 因地下连续墙下设钢筋笼较长较重，一般采用两台起重机起吊，在槽口起吊时，主吊钩缓慢提升，辅吊配合起吊，钢筋笼重心及重量逐步向主吊转移。辅吊通过滑轮组保持各吊点的平衡，直至钢筋笼竖起后，其重量全部转移到主吊上，此时用小吨位吊车配合拆下辅吊具。

2. 在钢筋笼下部接近槽孔口时，首先核对笼体的平面位置，调整对正后，缓缓下沉，避免碰撞孔壁。

5.2.14　混凝土浇筑

1. 单元槽段钢筋笼下设完成后，抓紧浇筑混凝土墙段。由于该项工作是在泥浆下进行的，因此必须严格执行操作规程。

2. 采用泥浆下直升导管法浇筑，导管开浇顺序为自低处至高处，逐管开浇。导管距孔底15cm左右。采用满管法开浇，即向导管内一次连续注入熟料将隔离球压至导管底口岩面，此时混凝土注满整根导管，在备足熟料后，提升

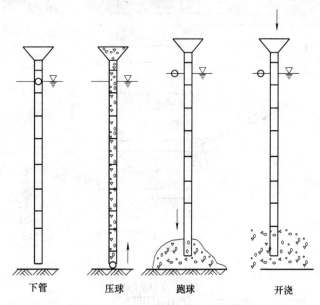

图5.2.14　混凝土浇筑过程示意图

（下管　压球　跑球　开浇）

导管开浇，待混凝土面上升至下一根导管底端高程时，此根导管开浇，并与前根导管保持连续均匀浇筑，见图5.2.14。

6. 机 具 设 备

地下连续墙主要施工机具设备见表6。

地下连续墙主要施工机具设备　　　　　　　　　　　　　　　　表6

序　号	名　　称	规 格 型 号	数　量	备　注
1	液压双轮铣槽机	BC36	1	
2	泥浆筛分净化器	BX500	1	
3	泥浆泵	8PN　450m³/h	1	
4	泥浆泵	3PN　108 m³/h	3	
5	液压挖掘机	220L$_C$-5	1	
6	液压起重机	QY16	1	
7	液压起重机	QY25	1	
8	高速泥浆搅拌机	ZL-1400　18m³/h	2	
9	混凝土输送车	6m³/车	3	
10	装载机	ZL30	1	
11	自卸汽车	5t	1	

7. 质 量 控 制

7.1 质量标准

槽口位置偏差≤5cm；成槽偏斜率≤3‰。

7.2 质量控制措施

7.2.1 施工前，做到对各槽孔准确测量放线，用红铅油在导墙上明确标出，开孔前必须进行再次检查校准。

7.2.2 施工平台基础稳定，保证机械平稳，符合安全要求，机械对位需准确。

7.2.3 施工中严格按技术要求执行，使用合理的技术参数。

7.2.4 利用液压铣铣削导架上的测斜仪，随时监测槽孔的偏斜情况，从而指导操作手调整施工，控制成槽偏斜率在设计允许的范围内。

7.2.5 成槽达到设计深度后，应进行终孔验收，验收项目包括深度、宽度和偏斜情况，只有在通过工序验收后，才能进行下一道工序的施工。

7.2.6 操作手必须经过专门的培训，经考核合格后方可上机操作。

8. 安 全 措 施

8.1 建立安全管理体系机构，明确分工职责。

8.2 严格按照《双轮铣槽机操作使用安全规程》执行，对铣槽施工区域设立安全警示标志并隔离，钢筋笼等重大吊装项目应制定详细的施工方案和安全技术措施，并在现场设立专人指挥管理。

9. 环 保 措 施

9.1 施工现场内设环形排水沟及沉淀池。

9.2 施工废水须经沉淀后方可排入废水管道，并定期对污水管道进行疏通，确保畅通，严禁堵塞。

9.3 经常在施工现场洒水，避免车辆经过时扬起灰尘。

10. 效 益 分 析

实践证明，采用双轮铣槽机施工地下连续墙，具有显著的技术经济和社会效益：

10.1 对地层适应范围广。通过更换不同形式的铣刀轮及铣齿可满足大多数地层的成槽铣削。

10.2 施工效率高。较之抓斗、冲击反循环钻机等传统的成槽施工设备效率高出近2倍以上，尤其在强度较大、地质均匀的硬岩地层优势更为突出。

10.3 成槽精度高，孔形规则。铣轮在持续向下铣削过程中，其切削轨迹通过操作系统的电脑显示屏跟踪显示，对产生的倾斜或偏移利用 X、Y 方向纠偏板随时进行纠正。

10.4 环境污染小。铣轮切削的渣料及泥浆通过安装在铣轮架上的泥浆泵及管路输送至泥浆筛分系统，筛分后的泥浆又重复返回至切削槽段内，形成较为密闭的循环系统，对环境污染极小。

10.5 铣削机构可稳定持续的进给工作，直至终孔成槽，全过程不会产生较大的冲击和振动，大大降低了操作劳动强度。

10.6 操作计算机人机界面友好。通过动画链接能直观的反映铣槽机各系统的工作参数及状况，软件还具备实时、历史趋势功能，并可将历史数据储存打印，具备环保节能特性的智能化控制设备。

11. 应 用 实 例

河北省唐山市京唐港大唐王滩电厂循环水泵房地下连续墙采用双轮铣槽机施工，墙体厚度分 0.8m 和 1.2m 两种规格，水平总长度 500m，平均深度 32m，地层自上而下分别为近代河流沉积或人工挖掘回填土，岩性主要为粉细砂、粉土及粉质黏土。

该工程于 2004 年 8 月开工，12 月完成全部施工任务，经实测槽孔垂直度均控制在 3‰以内，最大垂直偏离 5cm，孔形规则、成槽精度完全符合设计要求，且在持续进给铣削过程中无任何冲击和振动，大大改善了操作人员的工作环境和劳动强度，在该工程粉细砂、粉质黏土地层中铣削成槽效率可达 3～4h/孔，铣削进给速度 25～30cm/min。

喀斯特地质嵌岩泥浆护壁冲孔灌注桩基础施工工法

YJGF300—2006

云南省第四建筑工程公司

王自忠　孙培熙　杨庆

1. 前　　言

喀斯特是云贵高原特有的地质形态，高层建筑设计因考虑建筑物不均匀沉降及基础承载力因素，普遍采用嵌岩灌注桩基础。由于喀斯特地质的特殊性和复杂性，它给施工带来极大的困难和挑战；采用泥浆护壁冲孔灌注桩工艺，可有效解决地下水位高、岩溶节理裂隙极为发育，地下石芽、石笋林立、溶槽、溶沟、溶洞纵横，岩石风化破碎等喀斯特复杂地质条件下的灌注桩施工技术难题，在云贵高原内具有很好的推广价值。结合我司施工的国家经贸委昆明培训中心工程、贵州六盘水凉都大酒店工程、金泰大厦工程施工成功经验，通过不断地提高和完善，形成本工法。

2. 工 法 特 点

2.1 该工法设备构造简单，操作方便，所成孔壁较坚实、稳定，塌孔少，不受施工场地限制，无噪声和振动影响，适用范围广；

2.2 该工法采用"冲击成孔泥浆护壁＋导管法水下混凝土灌注"等施工工艺，可克服并解决了喀斯特地质中溶洞、裂隙、流泥、地下水及坍塌、偏孔、成孔不圆、坠锤和混凝土流失等施工技术难题；

2.3 该工法施工机械化程度高，劳动强度低，成孔直径可从 $\phi 600 \sim 1800$ mm，施工桩长最大可达 50m；

2.4 该工法中采用导管法灌注水下混凝土，具有能向水深处迅速灌注大量混凝土，不用排水，作业设备简单，操作安全性强，工程质量能较好控制。

3. 适 用 范 围

3.1 适用于喀斯特地貌地区施工，特别是地下水位高、岩溶节理裂隙极为发育、地下石芽石笋林立、溶槽溶洞纵横、岩石风化破碎、软硬变化大、持力层埋藏较深、桩身须穿越成串珠型的多层溶洞或须穿越暗置多变的大孤石、半边岩、悬臂岩及大溶沟槽等障碍后才能进入到下卧层岩石厚度满足设计规范的地基；

3.2 也适用于黄土、黏性土或粉质黏土和人工杂填土层，对有流砂地层亦可克服。

4. 工 艺 原 理

4.1　冲击成孔原理

冲击成孔原理相似于滴水穿石的原理，所不同点主要在于冲击力的大小不同，冲锤的重量一般在 $3 \sim 8$t 重，根据桩直径的大小不同来选择冲锤的重量，而冲锤的重量又随着冲锤的直径在变化。

4.1.1 冲锤重量与冲锤直径的对应选择关系如表 4.1.1：

冲锤重量与冲锤直径的对应选择关系表 表 4.1.1

冲锤直径(mm)	φ800	φ1000	φ1200	φ1500	φ1800
冲锤重量(t)	2.8	3.6	4.3	4.9(加重型为5.3)	6.8

4.1.2 冲锤的形状分为十字形、五角形、米字形等形状，锤底形状又随锤身形状在变化，冲锤的底部锤肋上每间隔 30～40mm 等距离焊上像斧头形状的冲头，冲击过程中主要冲击力集中在这些斧头形状的冲头上。它的工作原理是：冲锤通过钢丝绳被卷扬机提升到一定高度（1～4m）后突然放松，冲锤便靠自身的重力加速度下落，将势能转化为动能，使锤底的各个冲头分别作用在孔底岩石的表面作冲切做功，对岩石表面造成破坏。通过反复不断地对岩石面进行冲切便在岩石面冲击出一个比冲锤直径大（直径约大 100～200mm）的桩孔，即为冲击成孔。

4.1.3 冲孔必须保持孔洞呈圆形，为了防止冲锤底部的各条锤肋反复作用在相同部位而使桩孔孔底冲成梅花形断面，冲锤在竖向运动中必须不断旋转换位，这主要依靠冲锤锤把上的大直径高强弹簧制成的自转装置实现。由于冲锤的锤把与钢丝绳相连接，锤把可以在自转装置及钢丝绳受力回旋作用下在孔内作 360°旋转，保证了在锤直径内的岩石都受到冲击，从而确保所成桩孔呈圆柱状（图 4.1.3）。

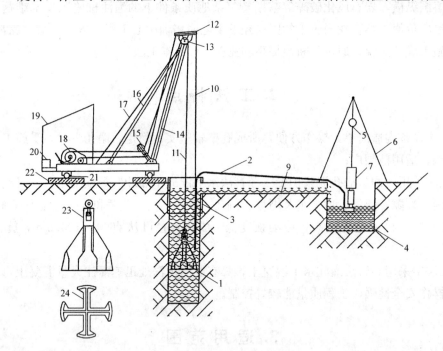

图 4.1.3　六盘水凉都花园大酒店（荷城花园酒店）冲孔灌注桩简易冲击钻机及工艺示意图

1—锤头；2—供浆管；3—锁口护壁；4—泥浆池；5—葫芦；6—三脚架；7—泥浆泵；8—地面；9—泥浆沟；10—副卷扬机钢绳；
11—主卷扬机钢绳；12—副滑轮；13—主滑轮；14—机架；15—导向滑轮；16—钢管斜撑；17—后拉索；18—双筒卷扬机；
19—操作棚；20—操作台；21—钢跑管；22—枕木；23—冲锤立面；24—冲锤底面

4.2　泥浆护壁原理

泥浆护壁靠的是泥浆本身的相对密度是大于 1 或大于桩孔内壁岩土的相对密度，并占据了桩孔中的全部空间，由于它具有一定的流动性，对孔壁而言能产生水平侧压力，桩孔底部被冲碎的岩土被高压力泥浆泵压浆冲底反循环置换出来，孔壁在孔内泥浆的压力平衡下得以稳定。这个稳定性的强弱又随着泥浆稠度的变化而变化，泥浆稠度越大护壁能力越强。泥浆在静态的条件下时间越长，泥浆中的悬浮颗粒下沉量越大，上部泥浆护壁能力也随之降低。

4.3　导管法混凝土水下浇筑原理

对泥浆护壁冲孔桩而言，水下浇筑混凝土是指在孔内充满泥浆的条件下完成桩身混凝土的浇筑。其工艺原理是混凝土的密度远远大于孔内泥浆的密度，当混凝土通过导管不停地输送到泥浆以下的孔底，并在导管四周由下往上翻涌时，孔内的泥浆也在混凝土的挤压下向孔口处上翻，慢慢从孔口溢出，最终完成水下混凝土的浇筑过程。泥浆向孔外溢出的速度及方量与导管输入到孔底混凝土的速度及方量相等。

5. 施工工艺流程及操作要点

5.1 工艺流程

场地平整→桩位放线、开挖浆池、浆沟→护筒埋设→桩机就位、孔位校正→冲击造孔、泥浆循环，清除废浆、泥渣，清孔换浆→终孔验收→钢筋笼吊装→混凝土导管安装→水下混凝土浇筑→成桩养护→桩身质量检测

5.2 施工技术要点

5.2.1 桩位测量

必须要复测，反复核对符合精度要求时，请建设、监理、设计、勘察等单位人员验线签证。

5.2.2 桩口护壁

可挖1～2m深且内径比桩径大200mm，浇筑20mm厚C20混凝土进行护壁，上口可翻边300～500mm。也可用钢护筒，在钢护筒的上口面下200mm的位置割开200mm×200mm的方孔作泥浆外溢用。护筒上口比自然地表高300～500mm左右。钢护筒用8～10mm的钢板由卷管机卷成，焊接成圆筒状，圆筒长度以1～2m为宜，在圆筒上、中、下外壁各加固一道宽150mm的钢板带箍以增加其刚度。不论采用哪一种方式做护壁，孔中心垂直度都必须满足设计及规范要求。

5.2.3 桩机就位

冲桩机在工作中振动大，容易发生水平位移，必须用200mm×200mm的枕木进行支垫水平，对土质特别软弱处枕木下还须用毛石垫厚300～500mm，防止机械下沉。孔位对中校正采用全站仪进行，以冲锤钢丝绳（必须将冲锤提起，使冲锤不摆动）在孔位正中为准，冲孔过程中必须不定时进行孔位复核。

5.2.4 冲击成孔

1. 冲孔控制要点

开孔时应低锤密击，若入土为淤泥和粉土等软弱土层时，应向孔内投石块、黏土反复冲击，并同时造浆供浆，确保孔壁稳定。在不同的岩层中冲孔时控制要点如表5.2.4-1。

不同的岩层中冲孔控制要点　　　　　　　　　　　　　表5.2.4-1

项次	项　目	冲程(m)	泥浆密度(t/m³)	备　注
1	在护筒中及护筒以下3m内	0.8～1.2	1.1～1.3	当土质为泥炭质土时，应提高泥浆稠度并加入石块
2	黏土	1～2	加清水	黏土为造浆的主要材料
3	砂土	1～2	1.3～1.5	投抛黏土，提高泥浆稠度，防止塌孔
4	砂卵石	2～3	1.3～1.5	加大冲击能力，使渣翻上来
5	风化岩	1～4	1.2～1.4	如岩石表面倾斜，应抛入300～500mm直径的石块，用低锤密击使孔底变平整，再转入正常冲击
6	塌孔回填重新冲孔	1	1.3～1.5	加黏土，加石块

1）在松软的土层中冲孔提锤不宜太高，太高冲程易陷入土中造成提锤困难。

2）进入基岩后，应低锤冲击，如发现偏孔应立即停止冲进，待向孔内抛投坚硬的块石及黏土至偏孔部位上方300～500mm后再冲进。

3）若遇到孤石时，用高低冲程交替冲击，将其击碎或挤入孔壁，也可用爆破方式处理。

4）冲击中应控制钢绳放松量，放得太多会减短冲程，太少会造成打空锤，应在钢丝绳上作上标记

以便目测冲程高度。

5）每次冲孔深度达到 2～3m 时，应排渣一次，约 30min 左右，冲孔应设置专人边冲边用漏网从溢出的泥浆中将浮出的沉渣滤出，使不含沉渣的泥浆反复循环到泥浆池再泵入孔底，将孔底沉渣不断循环出来。

2. 泥浆循环控制要点

1）泥浆制备的性能指标划分如表 5.2.4-2。

泥浆制备的性能指标   表 5.2.4-2

项次	项 目	性能指标	检测方法
1	相对密度	1.1～1.15	泥浆密度计
2	黏度	10～25s	50000/70000 漏斗法
3	含砂率	<6%	
4	胶体率	>95%	杯量法
5	失水率	<3mL/30min	失水量仪
6	泥皮厚度	1～3mm/30min	失水量仪
7	静切力	1min 20～30/30min/cm² 10min 50～100mg/cm²	静切力计
8	稳定性	<0.03g/cm²	
9	pH 值	7～9	pH 试纸

注：凡有黏性土的地方，都可以采用原土造浆，泥浆浓度控制应适中。

2）泥浆稠度控制经验公式如下：

a. 在入土便是水的流砂及淤泥质土或松软的回填土中冲孔时，泥浆密度宜控制在 1.3～1.5t/m³ 之间。

b. 在地下水位以下的土中及软弱破碎强风化岩层中冲孔时，泥浆密度宜控制在 1.2～1.4t/m³ 之间。

c. 在坚土及弱风化岩层中冲孔时，泥浆密度宜控制在 1.1～1.3t/m³ 之间。

5.2.5 清孔换浆

当冲孔深度满足设计要求时，并且满足嵌岩深度孔底，全部为坚石时，就不需再往下冲击，便转入清渣工序。规范规定孔底沉渣厚度必须小于 50mm。清渣的主要方法是将泥浆泵的出浆管用冲机附卷扬机吊住伸入到孔底，利用管内注入的高压泥浆冲击孔底，孔底沉渣被冲洗悬浮粘附在泥浆中，并随同泥浆的上涌循环出孔外，再由人工用滤网过滤干净，经过滤的泥浆又由泥浆泵压入孔底，如此反复循环直到将孔内沉渣清理达到要求。若孔壁土质较差易出现塌孔时，泥浆的密度可控制在 1.15～1.25t/m³ 之间。

凡是孔中循环出来的泥浆未经处理，不得排入城市地下管网，应采用专用罐车外运至指定地点处理。

5.2.6 终孔验收

清孔后孔底沉渣厚度满足规范要求，并且孔底必须满足嵌岩深度要求、孔底无软弱夹层的条件下及时请建设、监理、重点是地勘、设计、质监单位相关人员进行验孔。验孔的方法是用每节长 3m，φ25 镀锌钢管逐节采用直接丝扣连接伸至孔底进行仔细触探，孔底岩石越坚硬且沉渣越少，则测管反弹力越强，声音越清脆。若孔底存在裂隙或半边岩，测杆不但不会反弹，还会陷入孔底土层中，遇到此情况通常须再向下冲进或进行补充勘察。

沉渣厚度的检测方法是用两根专用测绳（绳内设有细钢丝）分别系上一个重约 2kg 的尖底铁锤和一个平底铁锤同时放入孔底，尖底锤尖通常会插入沉渣中到达岩石面，而平底锤底面则落在沉渣表面，当在两根测绳的上部相同高度上做好标记并将测绳拉出孔面后，测量两根测绳锤尖到标志点的长度差即为沉渣厚度，沉渣厚度测量通常应反复测量几次取平均值确定，一般情况下沉渣厚度多为 20～40mm。

5.2.7 钢筋笼制做吊装

是在验孔合格的前提下进行的，若无吊车和塔吊配合时，冲孔机竖杆只有 7m 高度，若桩的长度为 30～50m 时，钢筋笼只能分段吊装，在孔口处采用搭接焊接长，逐段处理的方法完成。

钢筋笼制做可在木制圆盘的圆周上留缺口，缺口与槽之间的间距为主筋间距，每 3m 左右一个圆盘，将主筋固定在缺口内再焊架立筋，最后转动圆盘再绑扎螺旋箍筋。也可用简易方法，用粗筋做圆环，在圆环外围焊上主筋，再在该圆环上绑扎钢筋笼。加劲箍设在主筋之外，主筋端部不设弯钩妨碍导管操作。为了增强钢筋笼在运输吊装中的牢固性、不变形、不散架、各连接点和吊点必须焊接牢固。

钢筋笼连接吊装就位后，主筋要与冲机底盘连接，目的为了避免浇第一斗混凝土时钢筋笼被冲击上浮造成废桩。钢筋笼制做、安装质量检查标准按《建筑地基基础工程施工质量验收规范》GB 50202—2002 标准执行。

5.2.8 水下混凝土施工技术

钢筋笼安装好并检查无误后，应立即浇筑混凝土，间隔时间不应超过 4h，以防桩孔内泥浆沉淀和塌孔。

1. 导管安装

导管用壁厚为 9～10mm 的无缝管制做，采用标准的阀兰盘 6ϕ12 螺栓连接，导管直径宜为 ϕ200～250mm，每根长度除底管长 4m 外其他管长均为 2m，阀兰盘之间的密封垫采用 6mm 厚胶皮垫。导管在吊入孔之前应作气密性、水密性试验，压力在 0.6～1.0MPa 之间不漏气、不漏水为合格。导管吊装必须在孔中心，避免提管拆管挂住钢筋笼。导管总长量应比最长的桩多 1/3 长度备用，每次组装导管时变形管不得投入使用。

2. 混凝土浇灌漏斗制做安装

漏斗可用 4～6mm 钢板制做，直径可为 ϕ1500～1800mm 左右，斗容量满足初浇量埋管 800mm 深考虑，按桩直径为 ϕ1800 考虑，管底空 300mm，埋管 800mm，斗容量＝混凝土初灌量＝1.1π0.9^2≈2.8m^3；如果管端距孔底 500mm，斗容量＝1.3π0.9^2≈3.3m^3；漏斗设置高度应适用操作的需要，并应在灌注到最后阶段，特别是灌注接近到桩顶部位时，能满足对导管内混凝土柱高度的需要，保证上部桩身的灌注质量。

3. 隔水栓制做安装

隔水栓一般采用强度等级为 C20 的混凝土制做，宜制成圆柱形，其直径宜比导管内径小 20mm，其高度宜比直径大 50mm；采用 4mm 厚的橡胶垫圈密封；使用的隔水栓应有良好的隔水性，保证顺利出水。

4. 浇筑水下混凝土

1）工艺流程

安设导管→使隔水栓与导管内水面紧贴→灌注首批混凝土→剪断钢丝，使隔水栓下落至孔底→连续灌注混凝土，提升导管→混凝土灌注完毕，拔出护筒。

2）混凝土的配制要求

水下混凝土必须具备良好的和易性，配合比应通过试验确定，混凝土坍落度宜控制在 18～22cm。

a. 水泥

水泥一般采用硅酸盐或普通硅酸盐水泥，水泥强度等级不低于 42.5 级，水泥用量不低于 360kg/m^3。

b. 细骨料

水下混凝土宜选用级配合理、质地坚硬、颗粒洁净的中粗砂，含泥量小于 5%。

c. 粗骨料

水下混凝土的粗骨料，宜选用坚硬卵砾石或碎石，最大粒径＜40mm，有条件时可采用二级级配，含泥量不大于 2%。

d. 外加剂

为改善和易性和缓凝，水下混凝土宜掺入外加剂，但必须经过试验，确定外加剂的种类，掺入量及掺入程序。

3）浇筑混凝土

混凝土可用塔吊或混凝土输送泵向漏斗内输送，当漏斗内混凝土容量满足初灌量时，进行首批混凝土浇筑。

a. 浇筑首批混凝土

开始浇筑混凝土时，为使隔水栓能顺利排出，导管底部至孔底的距离宜为 300～500mm，漏斗与储料斗应有足够的混凝土储备量，使导管一次埋入混凝土以下 0.8m 以上。

b. 导管埋深

导管埋入混凝土的深度越大，则混凝土扩散越均匀，密实性越好，其表面也较平坦；反之，混凝土扩散不均匀，表面坡度也大，易于分散离析，影响质量。埋入深度与混凝土浇筑速度有关。

为防止导管拔出混凝土面造成断桩事故，导管埋深宜为 2～4m，不宜大于 6m，同时应注意防止埋管太深会造成埋管事故。

c. 连续浇筑混凝土

首批水下混凝土浇筑正常后，必须连续施工，不得中断。否则先浇筑的混凝土达到初凝，将阻止后浇筑的混凝土从导管中流出，造成断桩。

d. 浇筑时间

每根桩的浇筑时间按初凝时间控制，必要时可适量掺入缓凝剂。

水下混凝土适当浇筑时间参考表 5.2.8。

水下混凝土浇筑时间参考表　　　　　　　　表 5.2.8

桩长	≤30		30～50			50～70			70～100		
浇筑量	≤40	40～80	≤40	48～80	80～120	≤50	50～100	100～160	≤60	60～120	120～200
适当浇筑时间(h)	2～3	4～5	3～4	5～6	6～7	3～5	6～8	7～9	4～6	8～10	10～12

e. 控制桩顶标高

当浇筑接近桩顶部位时，应控制最后一次浇筑量，使桩顶的浇筑标高比设计标高高出 0.5～0.8m，以使凿除桩顶部的泛浆层后达到设计标高的要求，且必须保证暴露的桩顶混凝土达到强度设计值。

4）浇筑混凝土施工注意事项

a. 浇筑水下混凝土施工时，严禁导管提出混凝土面，应有专人测量导管埋深及管内外混凝土面的高差，填写水下混凝土浇筑记录。

b. 在浇筑过程中，当导管内混凝土不满含有空气时，后续的混凝土宜通过溜槽慢慢地注入漏斗和导管，不得将混凝土整斗从上面倾入导管内，以免在导管内形成高压气囊，挤出管节间的橡胶垫而使导管漏水。

c. 对浇筑过程中的一切故障均应记录备案。

5.2.9 桩身抽芯检测

1. 用超声波检测桩身混凝土密实度：在钢筋笼未入孔之前用钢丝将 3φ50mm 的 PVC 管呈三角形绑扎固定在钢筋笼内侧，管两头用堵头堵严，作为后期超声波检测孔。为避免该 PVC 管在混凝土浇灌过程中承受不住孔内混凝土的侧压力而发生变形，可事先在管内注入清水。

2. 抽芯检验桩底沉渣厚度和桩端下卧层岩石（持力层）厚度，及桩身混凝土密实度（观察芯样表面进行判定）。

3. 抽芯的数量一般要求，桩径 φ800mm 内的抽一个孔，φ1000mm～1400mm 的抽两个孔，

≥1500mm的抽三个孔。

4. 强度检验，主要是对抽出的芯样进行抗压强度试验，每桩均需取一组以上试件。

6. 泥浆护壁冲孔灌注桩施工技术难题分析和处理

6.1 施工技术难题分析

6.1.1 漏浆

在喀斯特地貌地区施工，特别是在岩溶极为发育的地下，溶隙溶缝多、溶槽溶洞多，桩身穿越这些部位时都难以避免会漏浆。特别是遇到溶洞及溶槽内无填充物时，更增高了漏浆的可能性和严重性。

在不同的土中冲孔时，桩身穿越土洞时也是漏浆的多发部位（图6.1.1）。

说明：由于场地裂隙及溶洞特别发育，冲孔过程中，一旦将溶洞冲通，孔内护壁泥浆突然从溶洞内流走，造成孔壁塌陷（或者在浇灌混凝土过程中，混凝土从溶洞内漏走）（图6.1.1）。

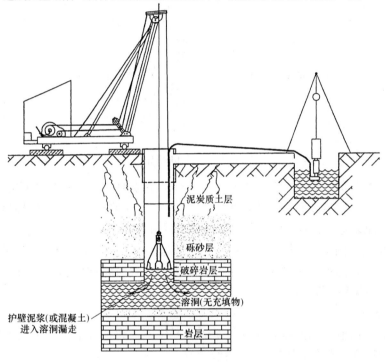

图6.1.1　漏浆的原因

6.1.2 塌孔

泥浆的稠度不够，泥浆产生的水平侧压力小于孔壁的水平侧压力，造成不平衡失稳坍塌。

漏浆后，桩身通过的土层，特别是流砂层、淤泥层的孔壁完全失去了维系其平衡条件造成坍塌。

塌孔将对冲孔造成一定的危害，轻者适当提高泥浆的浓度后，能保持孔壁的稳定，可以继续冲孔；重者是造成孔口混凝土定位护壁（或定位钢护筒）下落移位，或是将钢护筒挤压成漏斗形状，冲锤无法下落继续冲孔；再重者是造成冲桩机械设备跌落到所坍塌的深坑中，可能导致设备及人身的安全事故。更严重的是造成冲锤来不及提出便被埋入孔中提不出来，造成桩、锤及桩位报废。若是在浇筑桩身混凝土过程中出现塌孔，更容易压坏输送混凝土的导管，不得不中途中止混凝土浇筑，造成断桩（图6.1.2）。

6.1.3 偏孔

1. 冲孔中遇到地下暗藏的大孤石，特别是孤石表面线与冲锤的垂直线夹角小于45°时，容易造成偏孔。

说明：168 号孔在灌桩身混凝土过程中，孔内突然漏浆，造成突然塌陷，将混凝土导管挤断而无法继续混凝土浇灌，导致该孔报废（图 6.1.2）。

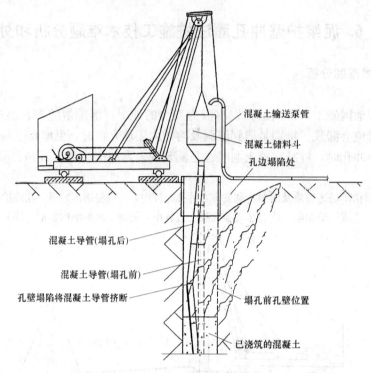

图 6.1.2　塌孔的原因

2. 遇到半边岩（桩身的一半是岩石一半是土层）容易造成偏孔，孔位将向土层一边偏移。

3. 遇到悬壁岩，若悬壁岩表面不平整，倾角大于 45°时容易偏孔，若悬壁岩厚度满足不了持力层厚度，下面有土层，当冲穿悬壁岩后孔位又会逐渐回到设计桩位，造成孔洞在该部位弯曲。

4. 遇到溶槽，特别是倾斜的溶槽时，冲锤向溶槽的倾斜方向滑移，造成孔位偏移。

5. 冲孔机本身倾斜，随着冲孔过程中产生的振动力，冲孔机将向倾斜的一方位移，钢绳偏离孔中心，造成整个孔位中心偏移（图 6.1.3）。

6.1.4　卡锤、落锤

1. 冲穿无填充物的溶洞时，落锤的方位和提锤的方位不一致造成卡锤，因为冲锤在竖向运行中是旋转着的，特别是十字锤比米字形的锤更易卡锤。

2. 冲锤遇到溶槽宽度与冲锤的直径稍小一点时，特别是倾斜的溶槽更易卡锤。

3. 孔壁垮塌孤石滑落等，当滑落的体量大于冲机的牵引力时，造成冲锤上提困难。

4. 钢护筒的上下口向内卷曲造成孔径缩小卡锤，钢护筒又被冲嵌卡死在岩石中，锤在钢护筒中或下部无法提出来。钢护筒上下口卷曲原因，多为冲锤底周边冲头焊齿超过锤底边沿所致（图 6.1.4）。

5. 落锤的主要原因是冲锤钢绳毛刺超过报废要求未更换被拉断造成落锤、冲锤被卡死在溶洞中强制拉断、钢丝卡本身质量问题或钢丝卡螺栓松动未及时检查紧固拉脱造成落锤。

6.1.5　钢筋笼无法吊装至孔底或浇筑混凝土过程中上浮

1. 钢筋笼无法吊装至孔底的主要原因是孔洞弯曲或不圆（如出现梅花孔等）造成、钢护筒被卡在溶洞中，且上口被锤冲击向内卷曲变形，孔口不规则造成。

2. 钢筋笼上浮的原因主要发生在桩身混凝土浇筑过程中，特别是初存灌量（混凝土方量约为孔径的 1.5～2 倍）通过导管迅速落入孔底的瞬间，由于混凝土是快速从孔底导管口冲击往上翻涌，对钢筋笼产生较大的冲击浮力，使其上浮。次要原因是提拔混凝土导管时，混凝土导管接头螺栓挂住钢筋笼使其上浮（图 6.1.5）。

说明：由于孔底基岩面起伏，倾斜度太大，软硬不均匀，冲孔过程中，当冲锤接触基岩面时，受其反作用力，冲锤向土层偏移，导致偏孔（图6.1.3）。

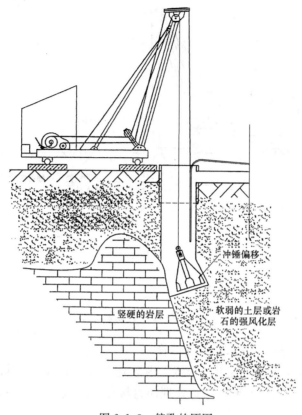

图 6.1.3　偏孔的原因

说明：在冲孔过程中，由于反复漏浆，造成孔壁局部土体滑移，导致护壁钢筒位移，当提升冲锤时挂住钢筒下口并将其拉变形，最终将冲锤卡住，无法提出（图6.1.4）。

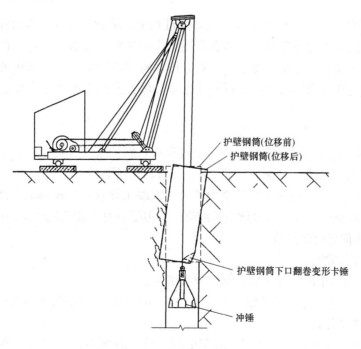

图 6.1.4　卡锤的原因

说明：在冲孔过程中，由于反复漏浆，造成孔壁局部土体滑移，导致护壁钢筒位移，当冲锤向下冲击时将钢筒上口冲击变形，将冲锤挡住无法下到孔内冲孔（图6.1.5）。

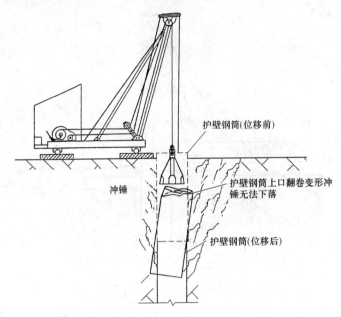

图 6.1.5　冲锤无法下落原因

6.1.6　水下混凝土灌注导管堵塞、漏浆或爆管

1. 导管堵塞是因为上次浇筑完混凝土后未将管内混凝土清洗干净，当其凝固后造成导管内径减小或变形造成；在本次浇筑混凝土之前未作润管处理便直接输送混凝土，或混凝土的和易性不满足要求所致；组装导管过程中未将管内异物清除干净所致。

2. 导管漏浆主要是橡胶密封圈破坏或厚度不够，不能起到密封作用；紧固螺栓存在缺陷；法兰盘变形，螺栓压不紧；导管不是无缝钢管制做，且焊缝裂口造成。

3. 爆管，主要原因是未用符合压力的无缝钢管或自制导管且钢板厚度不足或焊缝不合格，承压力达不到要求造成。

4. 在孔内充满泥浆的条件下进行水下混凝土灌注过程中，堵管、漏浆、爆管任何一项都是不允许发生的。堵管时间超过混凝土的终凝时间，埋在混凝土中的导管将无法拔出，上部的混凝土也无法下到孔底，即使能将导管拔出，但是由于泥浆进入导管内都将造成断桩。在泥浆中的导管永远要保持密封状态，不得让泥浆通过焊缝或接头部位进行混凝土中。爆管若是在泥浆中产生也就等于中断了混凝土浇筑，形成断桩。

6.1.7　断桩和缩径

1. 造成断桩的主要原因之一是，在浇筑混凝土过程中，测量或计算泥浆下，混凝土面的上升高度有误，导致拔管后管底离开混凝土上表面，泥浆涌入导管内造成断桩。

2. 浇筑混凝土过程中，孔壁坍塌压坏泥浆中的输送混凝土导管，中断混凝土浇筑造成断桩。若塌孔不十分严重，虽未挤坏导管，还可以继续浇筑混凝土，但是极有可能造成桩身缩径（图6.1.2）。

6.2　施工常遇技术问题处理措施

6.2.1　漏浆处理技术措施

1. 提高泥浆稠度解决不了时，可用袋装黏土便于堵塞。

2. 填低标号C15以内的混凝土高于漏浆混凝土500～1000mm，待混凝土达强度后重冲。

6.2.2　跨孔处理技术措施

1. 跨孔为漏浆引起，若因溶沟、溶槽、溶洞引起，只有阻塞溶沟、溶槽、溶洞后才能阻止漏浆跨孔。

2. 阻塞溶沟、溶槽、溶洞的方法用黏土、毛石、低强度等级混凝土填塞。

3. 若溶洞中充填满流汁但不流动、不漏浆时，为了阻止混凝土大量流入，可下钢护筒作护壁，在此部位相当于钢管桩。

4. 若跨孔引起地表大面积陷落时，为防止冲机落入，应采用塔吊或吊车吊钢护筒对中下入，钢护筒上口高于地表 300～500mm，钢护筒外用袋装土和毛石或用混凝土填实至地表，再将冲机就位，但在冲机下面的混凝土中应设置暗梁，保证冲机的安全。

6.2.3 偏孔处理技术措施

1. 偏孔在 1‰桩长范围内的纠偏措施是投入毛石，最好是坚硬的毛石高于偏孔点 300～500mm 再冲孔。再不行就浇混凝土达强度后再冲孔。

2. 投入毛石浇低强度等级混凝土还纠偏不了时，可打小钻使用爆破法，但炸药不能太多避免软土一方大塌方，炸药少了不起作用。

3. 爆破不行就加大孔径，增加冲锤重量，锤底重新焊上硬度高的冲头，以便击碎岩石，提高破岩能力。

4. 再不行就填孔重冲，但要向相反方向偏孔 1‰重新开孔冲。如果每道关都把得好，一般用 1～2 种方法就可以了。

6.2.4 钢护筒严重变形处理技术措施

在冲孔中用低锤突击的方法，将孔中变形嵌在岩石中的钢护筒冲碎落于孔底，用电磁铁将孔中碎钢板吸除。

6.2.5 卡锤、落锤处理技术措施

1. 若孔不圆，锤头向下有活动余地，可使锤头向下活动并转动至孔径较大方向提起；使锤头上下活动，脱离卡点；使锤头上、下活动，让石块落下，提起锤头。

2. 若孔径已变小，应严格控制锤头直径，并在孔径变小处反复冲刮孔壁，以增大孔径，用打捞钩或打捞活套助提；

3. 利用泥浆泵向孔内泵送性能优良的泥浆，清除塌落物，替换孔内黏度过高的泥浆；使用专门加工的工具将顶住孔壁的锤头拨正，将护筒吊起，割去卷口，再在筒底外围用 φ12 圆钢焊一圈包箍，重下护筒于原位；

4. 用打捞活套，打捞钩打捞锤头，也可用抓锥来抓取落锤。

6.2.6 遇流砂的处理措施

流砂严重时，可抛入碎砖石、黏土、用锤冲入流砂层，做成泥浆结块使之成坚厚孔壁，阻止流砂涌入保持孔内水头，并向孔内抛黏土块，冲击造浆护壁，然后用掏渣筒掏渣。

6.2.7 防止浇筑混凝土过程中钢筋笼上浮处理措施

在浇筑混凝土前应将钢筋笼固定在孔壁上或压住，也可将钢筋笼土筋与冲机底盘连接压住钢筋笼，混凝土浇筑过程中，混凝土导管应埋入钢筋笼底面以下 1.5m 以上。

7. 人员、设备、材料要求

冲孔灌注桩的施工要按特殊工序做好过程的连续监控。这就要求对分包方的资质、技能和业绩等进行评价鉴定、对冲孔设备的技术性能是否满足产品特性所需要的能力进行评价鉴定、所有进场原材料必须经检验合格后，方可使用。

7.1 冲孔机械的规格及型号选择

冲桩机械按不同技术性能分为轮胎式冲机、履带式冲机和走管移动式冲机。应根据卷扬机提升能力、冲锤重量、冲击行程、每分钟冲击次数、机身的重量、行走方式等进行选择；主要设备为 CZ-22、CZ-30 型冲击成孔机。

7.2 冲机数量及变压器选择

在确定设备的数量时，应依据冲桩的数量、直径、桩长、总长、工期日计划完成量、机械性能、型号来综合考虑冲孔机械配置数量。再根据选定的设备总功率来确定变压器的型号、台数及安装位置。

7.3 冲机质量选择

在选定设备中，应注意机械的新旧程度及完好率等。一般功率大，能冲大直径的冲孔机，只要更换相应直径的冲锤便能冲小直径的桩，但功率小的冲孔机却不能起吊大吨位的冲锤来冲大直径的桩。

7.4 冲孔机的配套设备的选择

每台冲孔机都必须配置一台泥浆泵，冲孔机一开始冲孔，泥浆泵便要开始供浆循环。常用泥浆泵型号有 3PN 型，流量为 $108m^3/h$，扬程为 $21m$，电机功率为 $22kW$，重量为 $450kg/台$，也可选择更大的型号。每台泥浆泵还要配置一套三脚架，一台手动葫芦。

7.5 材料要求

水泥采用合格的普通硅酸盐或矿渣硅酸盐水泥；用含泥量小于 5％ 的中砂或粗砂；卵石或碎石粒径 5～40mm，含泥量不大于 2％；钢筋的品种和规格均符合设计要求，并有出厂合格证及试验报告；外加剂、掺合料应根据施工需要通过试验确定，外加剂和掺合料应有产品出厂合格证。

8. 质 量 控 制

8.1 灌注桩用的原材料质量和混凝土强度必须符合施工规范的规定和设计要求。

8.2 桩位、成孔深度必须符合设计要求，沉渣厚度不得大于 100mm。

8.3 钢筋笼制做应对钢筋规格、焊条规格、品种、焊口规格、焊缝长度、焊缝外观及质量、主筋和箍筋的制做偏差等进行检查。

8.4 灌注桩实际浇筑混凝土量严禁小于计算用量。

8.5 浇混凝土后的桩顶标高、钢筋笼标高的浮浆的处理，必须符合设计和施工质量验收规范要求。

8.6 桩应取总数 1％，且不少于 3 根作静载试验，取桩总数的 10％～15％ 作动力测试，检验桩体竖向承载力；用应力反射法对桩体质量进行检验，不得有缩颈、夹层、混凝土不密实等缺陷。

8.7 施工质量控制一般项目应符合《建筑地基基础工程施工质量验收规范》GB 50202—2002 相关规定。

9. 安 全 措 施

9.1 制定防止坍塌、触电、坠锤、机械伤人、孔内窒息、中毒、水下爆破伤害等各类事故防治措施，以及从冲击成孔到桩身结构施工各阶段技术措施。

9.2 设立施工安全辨识、评价、控制领导小组，对施工中可能产生的危险源进行辨识、评价、确定重大危险源，并制定相应管理方案；对安全措施实际情况、现场存在问题情况进行监督检查，发现安全设施不符合要求、安全操作不符合规范以及技术措施可操作性差时立即纠正；

9.3 按建筑施工安全检查标准进行职能分解，建立安全体系、工长责任制及班组安全值班制，坚持安全教育、技术交底、持证上岗、现场十不准及检查制度。

9.4 加强冲孔桩施工安全防护。桩基成孔后不能及时灌注时，设安全警示标牌，防止人员、机具等落入孔内。

9.5 所有机械操作人员均应经培训持证上岗，严禁非专业操作人员操作。

9.6 对地上、地下的管线进行标识和安全保护，严禁施工过程中被破坏。

10. 环 保 措 施

10.1 在施工界限范围内设置围挡，施工办公区及生活区应相对分隔，并进行标识。

10.2 施工现场内应按规范设置排水沟、沉淀及过滤池洗车台，施工废水经沉淀过滤后，方可排至城市排水管网。

10.3 严禁随意弃渣，冲击成孔弃渣运至指定地点，保护生态环境。

10.4 施工产生的泥浆和废渣，应采取脱水和过滤的办法进行处理，避免污染环境。

10.5 施工噪声较大的工序，要选择合适的时间进行施工，并采取相适宜的隔声、降噪措施，降低施工噪声对环境的影响。

10.6 施工场地及道路应硬化，并经常洒水降尘，运输车辆要采取覆盖措施，确保市区环境不受污染。

11. 效 益 分 析

采用冲击成孔泥浆护壁施工，成功解决了国家经贸委昆明培训中心工程、六盘水凉都大酒店工程、金泰大厦工程桩基施工中遇有地下溶沟、溶槽、溶洞、偏孔、塌孔、水下浇筑混凝土等技术难题，为工程顺利施工奠定基础，施工质量得到了业主、监理、设计各方的好评，为公司开拓贵州六盘水建筑市场创造了很好的社会声誉；同时也取得较好的经济效益，其中六盘水凉都大酒店项目施工节约资金66万元；六盘水金泰大厦项目施工节约资金37万元；国家经贸委昆明培训中心工程施工节约资金23万元。

12. 工 程 实 例

贵州六盘水市凉都大酒店五星级宾馆，是六盘水市政府的标志性建筑，建筑面积5.3万 m^2，建筑高度107.8m，该工程场地为喀斯特地貌地区，地质的岩溶裂隙非常发育，地下溶洞、溶槽、溶沟、溶隙较多，且地下水相当丰富，水位高，水量大；工程设计共有冲孔桩207棵，桩径 $\phi1000\sim\phi1800$mm，桩长15~43.7m。

贵州六盘水市金泰大夏，建筑面积3.37万 m^2，建筑高度67m，该工程场地也为喀斯特地貌地区，地质的岩溶裂隙非常发育，地勘结果显示有两层溶洞，第一层在-17.3~25.0m之间，有充填物，第二层为溶隙，在-29.6~-31.0m之间，地下水较丰富；工程设计共有冲孔桩96棵，桩径为 $\phi800\sim\phi1800$mm，桩长10~31.3m。

国家经贸委昆明培训中心工程，位于昆明市青年路北段两侧紧邻圆通山，总建筑面积2.96万 m^2，场地为喀斯特地貌地区，设计工程桩要求穿过中等风化岩层上部的裂隙发育带和溶洞，其顶面起伏变化大，深度在4.9~32.5m间，裂隙中含承压水且与古暗河相通，地质情况异常复杂；桩径为 $\phi1000\sim\phi2000$mm，桩长6.2~32.6m。

以上三个工程，桩基施工结束后经检测成桩质量优良。

水冲法（内冲内排）辅助静压桩沉桩施工工法

YJGF301—2006

中国建筑第七工程局

焦安亮　钟荣昌　黄延铮　王耀

1. 前　言

在桩基工程施工中，静压法沉桩因其无污染、噪声小越来越受到人们的青睐。水冲法作为一种辅助沉桩方法能有效解决静压法施工穿透深厚砂层难的问题，针对水冲法辅助静压桩沉桩施工特点，制定此工法。

2. 工法特点

2.1 桩端可穿透深厚砂层。

2.2 对桩身质量影响较小，沉桩效率高、工期短，地基持力层层面起伏较大时能满足桩的设计标高要求。

3. 适用范围

本工法适用于水冲法（内冲内排）辅助静压桩施工的钢筋混凝土预制方桩基础工程，在淤泥、砂、砂砾土、砂黏土及黏土等土层中均可采用。

4. 工艺原理

水冲法的原理是：在静力压桩过程中，通过高压水冲刷桩端砂层，并利用高压水、气混合物将泥砂排出桩外，以消除桩端砂层对桩端的阻力。另一方面，高压水在渗入砂层后，亦可减小砂层对桩身的摩阻力，使桩身在较小的压桩力下顺利进入持力层。

5. 施工工艺流程及操作要点

施工工艺流程见图5。

5.1　一般要求：

5.1.1 桩位放样应二次核样。

5.1.2 预制桩强度必须达到设计强度的70%时方能起吊，达到设计强度的100%后才能运输及压桩。

5.1.3 接桩时焊缝要连续饱满，焊渣要清除干净；焊接自然冷却时间应不少于5min，地下水位较高的冷却时间应不少于8min，避免焊缝遇水淬火易脆裂；接桩时桩间隙要用厚度不超过5mm的钢片填充，保证压桩时桩不受偏心力。

5.1.4 冲水（气）管接管时，气管采用套管连接，在连接时应用生料带缠绕牢固（图5.1.4-1、图5.1.4-2）；水管采用法兰盘连接，法兰盘中间垫橡胶垫片，并将螺栓锁紧，以确保接头严密不漏水

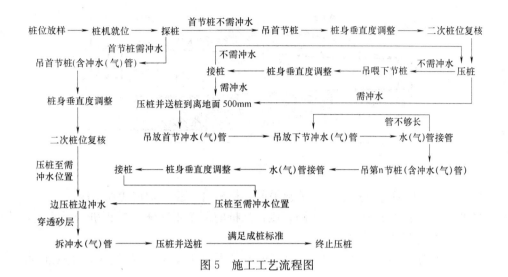

图 5　施工工艺流程图

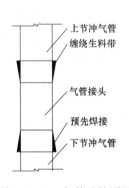

图 5.1.4-1　水管连接详图

图 5.1.4-2　气管连接详图

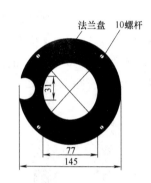

图 5.1.4-3　法兰盘平面图

（图 5.1.4-1、图 5.1.4-3）。

5.1.5　冲水与压桩过程应同时进行，且冲水（气）管应不停地上下小幅度运动，以防卡管。

5.1.6　冲水过程中，应按沉桩阻力的大小，及时调整水压和气压（一般控制在 0.8～1.2MPa 左右）。当桩下沉达设计标高以上 1～2m 时，应停止冲水，采用单独静压沉桩法将桩送至设计标高或达到设计压桩力。

5.2　预制桩制做

5.2.1　预制方桩的分节应根据工程地质条件（土层分布、持力层埋深）和起吊运输能力来确定，由于冲水过程必须连续进行，应避免桩尖处于厚砂层时接桩。

5.2.2　预制桩场地必须平整坚实，并有良好的排水条件。重叠法制桩时，重叠层数不超过 4 层。上层桩或邻桩的浇筑必须在下层桩或邻桩的混凝土达到设计强度的 30% 以后方可进行。

5.2.3　制做桩身的模板可用木模板或钢模板。桩身空腔采用塑胶管作为内模，塑胶管用扁铁和钢筋固定牢靠（图 5.2.3），确保空腔位于预制桩中心。

5.2.4　冲水桩桩尖制做：

桩靴制做时，在桩尖中间焊制 DN135 钢管，一端作成漏斗状与塑胶管空腔相连，另一端与护口钢板焊接牢固，护口钢板与桩身钢筋焊接牢固。在桩靴四周侧面设置四个回水管，回水管一端与桩尖预埋钢管焊接牢固，另一端与桩尖主筋焊接牢固（图 5.2.4）。回水管的作用是：当孔中心正面的高压水（气）冲出时，形成的砂水混合物由于高压作用从回水孔进入桩身空腔并通过空腔排出桩外。

5.3　冲水压桩施工

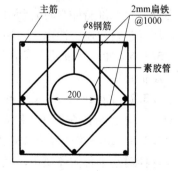

图 5.2.3　塑胶管安装详图

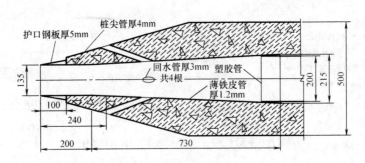

图 5.2.4 桩尖制做详图

5.3.1 静压桩机就位后进行吊喂桩，桩起吊前应将桩身空腔内杂物清除干净。

5.3.2 当桩压入土中 0.5～1.0m，暂停下压，从桩的两个正交侧面校正桩身垂直度，待桩身垂直度偏差小于 0.5％时才可正式压桩。

5.3.3 为防止高压水（气）从桩接头四周的水平缝喷出，焊接接桩时，钢帽间水平缝应焊满焊牢。

5.3.4 当砂层埋深较浅，第一节桩就须冲水时，可将冲水（气）管预先放入桩的预留孔中，一并起吊喂桩，压桩至须冲水位置，开启冲水（气）管辅助静压沉桩；当砂层埋深较深时，先将桩压至砂层面，再安放冲水（气）管和接桩，压桩至须冲水位置，开启冲水（气）管，边冲水边压桩。接管操作如图 5.3.4-1、图 5.3.4-2。

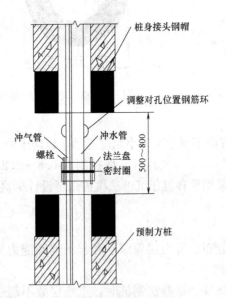

图 5.3.4-1 接管操作详图（单位：mm）

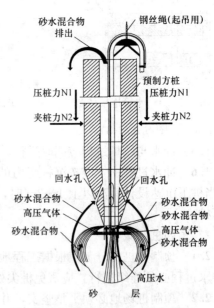

图 5.3.4-2 冲水压桩示意图

5.3.5 为减小摩擦力的损失，施工前应进行试桩，以确定开始冲水、冲水过程、冲水结束时的压桩力控制。在准备冲水时先开启空气压缩机，当有一定的气压时再开启离心清水泵。冲水时压桩力按试桩标准进行控制。冲水过程中用吊车吊住冲水（气）管并不断小幅上下运动，以防止卡管。

5.3.6 冲水结束后，停止压桩并将冲水（气）管分节拆除。送桩至设计持力层，达到终压条件后，压桩结束。

5.3.7 冲水所需的水由蓄水池提供，蓄水池大小由冲水时每根桩所需水量决定，一般不小于 30m³。蓄水池应放在不受压桩影响的地方，避免因挤土效应破坏蓄水池。

5.3.8 现场挖临时排水沟和集水坑，冲水时先将水排到集水坑，沉淀后再将水用水泵抽到蓄水池中，这样对水进行循环使用，既节约用水，又减少了污水的排放。

5.4 劳动力组织（表 5.4）

劳动力组织情况表
表 5.4

序　号	工　　种		人　　数
1	预制桩	木　工	4
		钢筋工	6
		混凝土工	12
2	静 压 桩 班 组		10
3	冲 水 班 组		5
合　　计			37

6. 材料与设备

本工法无需特别说明的材料，采用的机具设备见表6。

机具设备表
表 6

序号	设备名称	设备型号	单位	数量	用　途
1	搅拌机	JG500	台	1	制桩混凝土搅拌
2	振动棒	HE69-70A	台	2	制桩混凝土振捣
3	平板振动器	HP2-20	台	1	制桩混凝土振捣
4	磅秤	1000kg	台	1	配合比控制
5	静压桩机（抱压式）	ZJ750	台	1	压桩
6	起重机	50t	台	1	吊桩及冲水管
7	电焊机	ZXG-300	台	3	接桩
8	送桩器	—	个	1	送桩
9	空压机	V-6/7-1	台	1	制造高压空气
10	离心泵	125TSWA	台	1	冲水
11	储气罐	11m³	个	1	储存高压空气
12	经纬仪	J2	台	2	定位测量及垂直度控制
13	水准仪	DS3	台	1	标高控制
14	冲水（气）管	—	套	1	冲水及冲气

7. 质量控制

7.1　工程质量控制标准

7.1.1　钢筋混凝土预制桩制做执行《建筑桩基技术规范》、《建筑地基基础工程质量验收规范》。预制桩允许偏差见表7.1.1。

钢筋混凝土预制桩允许偏差表
表 7.1.1

序号	检查项目	允许偏差或允许值		检查方法
		单位	数值	
1	桩尖中心线	mm	<10	用钢尺量
2	桩身弯曲矢高	mm	$<l/1000l$	用钢尺量，l 为桩长
3	上下节端部错口	mm	$\leqslant 2$	用钢尺量
4	节点弯曲矢高	mm	$<l/1000l$	用钢尺量，l 为桩长

7.1.2 静压预制桩施工质量执行《建筑桩基技术规范》、《建筑地基基础工程质量验收规范》。允许偏差见表7.1.2。

静压预制桩允许偏差表 表 7.1.2

序号	检查项目	允许偏差或允许值		检查方法
		单位	数值	
1	成品桩质量:外观	表面平整,颜色均匀,掉角深度<10mm,蜂窝面积小于总面积0.5%		直观
	强度	满足设计要求		查产品合格证书或钻芯试压
2	压桩压力(设计有要求时)	%	±5	查压力表读数
3	上下节平面偏差	mm	<10	用钢尺量
	节点弯曲矢高		$<l/1000l$	用钢尺量,l 为桩长
4	桩顶标高	mm	±50	水准仪

7.2 质量保证措施

7.2.1 桩身制做中,塑胶管的安装位置应准确牢固,确保在桩身混凝土浇筑过程中不走位,不变形。

7.2.2 桩尖处预留管为异形钢管,在其四周对称焊接四根回水管,回水管应严格对称且不能造成堵管,以保证冲水过程桩尖四周进水均匀。施工中应精确下料,严格操作,确保桩尖的制做质量。

7.2.3 冲水开始时间的控制。在不考虑桩周摩阻力损失的情况下,冲水应尽量提前。

7.2.4 水、气压控制。在边冲水边压桩的过程中,冲水时的水压和气压均应保持在 0.8MPa 左右,同时可根据冲出的水量和高度随时对水压和气压进行调整,冲水设备应有足够的功率,应留有余量。

7.2.5 水、电供应。冲水过程中,蓄水池内的水量不能少于30m³且不能连续停水 2 个小时以上;不能停电,现场应配一台大功率发电机且停电后至启动发电机并进行使用的间隔时间不能超过 30min。

7.2.6 应尽量减小冲水(气)管接头处的直径,在条件允许的情况下,可适当增大桩中预留孔的直径。

8. 安 全 措 施

8.1 工人进入工地后应进行三级安全教育和职业健康安全教育。各工种结合培训进行安全操作规程教育后方能上岗,桩机及起重机机长、电焊工等特殊工种必须持证上岗,新工人应进行上岗教育。

8.2 桩机及起重机等机械及设备组装和使用前应根据《建筑机械使用安全技术规程》检查各部件工作是否正常,确认运转合格后方能投入使用。

8.3 施工现场的临时用电必须按照施工方案布置完成并根据《施工现场临时用电安装技术规范》JGJ 46—88 检查合格后才可以投入使用。

8.4 采用水冲法虽然能减少桩的排土量,从而降低沉桩对地基土体的挤土影响程度,但仍应对周边建筑物、管线进行监测。对沉桩施工顺序和施工进度应进行有效控制,以减小对邻近建筑物的危害影响。

9. 环 保 措 施

9.1 认真贯彻各级政府相关水土保护、环境保护的方针、政策和法令,结合设计图纸和工程特点,及时申报有关环保设计,切实按照批准文件组织实施。

9.2 进行环境保护、污染防护意识教育,动员全体施工人员自觉维护环境卫生,做好污染防护工作。

9.3 制定卫生管理制度条例，保持办公场所干净整洁，保持生活区域整洁卫生，创造文明卫生舒适的办公生活环境。

9.4 施工现场材料、机具按照施工总平面图整齐堆放，生活及工程污水不得污染水源，可用渗进或采取其他处理措施后进行排放，工地垃圾要及时运往指定地点集中深埋，保证现场卫生。

9.5 尽量减少施工机械噪声危害。为保护施工人员的健康，对于来自施工机械和运输车辆的施工噪声，遵守《中华人民共和国环境噪声污染防治法》，依据《工业企业噪声卫生标准》合理安排工作人员轮流操作施工机械，减少接触高噪声的时间或穿插安排高噪声的工作。对噪声较近的施工人员，除采取防护耳塞或头盔等措施，还应当缩短其劳动时间。同时，要注意对机械经常性保养，尽量使其噪声降到最低水平。为保护施工现场附近居民得夜间休息，对居民区150m以内的施工现场，施工时间加以控制。

9.6 在施工期间，对于工程施工中粉尘污染的主要污染源—机械拌合、施工车辆运输产生的扬尘，采取有效措施减少施工现场的粉尘，防止粉尘对环境的污染。浇筑混凝土采用现场混凝土搅拌集中供应，减少粉尘污染，现场设备污染物排放应符合《大气污染物综合排放标准》中的一级标准的规定，以保护人民健康。

10. 效 益 分 析

经济效益：采用水冲法辅助静压桩沉桩与冲（钻）孔桩相比效益显著，每立方可节约费用约369元。

社会效益：随着环保和文明施工要求的提高，静压预制桩施工将越来越多，对地质情况复杂、须穿透深厚夹层的桩基采用静压冲水桩效果好、成本低。本工法是根据水冲法辅助静压桩沉桩的施工特点总结而成的，为同类工程施工提供了参考。

11. 应 用 实 例

名城花园16号～18号楼和滨江北斗桩基均采用500×500预制方桩，名城花园总桩数756根，桩长41～53m，单桩承载力3500kN，持力层为强风化花岗岩，桩基必须穿过厚达10～12m的砂层。滨江北斗总桩数650根，桩长约47m，单桩承载力为3000kN，持力层为强风化花岗岩，桩基须穿透厚达15～20m的砂层。中城都市花园总桩数1500根，桩长30～40m，持力层为圆砾层，桩基必须穿过厚达9.8m的砂层。

以上三个工程均采用水冲法辅助静力压桩施工工艺成功地解决了静压法施工深厚砂层穿透难的问题。工程质量满足现行规范要求。

本静压冲水桩施工技术采用预制桩进行施工，效果与静压桩基本相同，因此具有节约工期，保证质量，较好经济效益的先进技术特征。它应用于水上、陆上、平台上的直桩施工中，在淤泥、砂、砂砾土、砂黏土及黏土中均可采用。本施工技术特别适用于地质情况复杂、须穿透深厚夹层的桩基以及地下水具有腐蚀性不适宜采用灌注桩的桩基。采用本技术施工应由设计单位、建设单位、施工单位三方共同研究具体方案。施工中应注意泥浆的收集和废水的再利用。

高压旋喷桩辅以高强土工格室软基处理施工工法

YJGF302—2006

中国建筑第七工程局

任刚　李玮东　林崇飞　孙龙涛　张会林

1. 前　　言

1.1　高压旋喷深层搅拌桩是软土地基处治中一种，它能提高地基的承载能力，并有效地减小工后沉降变形。但随着桩身强度的提高，桩与桩间土体强度差异增大，在上部荷载的情况下，地基会出现开裂和不均匀沉降现象。

1.2　采用高强土工格室对地基进行加固，可改善土体受力环境，减小软基路堤位移，对消除路堤不均匀沉降有着明显的效果。

1.3　在台州至金华高速公路东段 S3 合同段路基施工中，采用了高压旋喷桩辅以高强土工格室处理软土地基的施工技术，收到了良好的效果，该施工技术被评为中建总公司科技成果奖。为积累类似工程的施工经验，特编制本工法。

2. 工 法 特 点

2.1　施工设备机动性强，施工速度快，可有效地缩短工期

1. 高压旋喷桩施工设备结构紧凑，体积小、机动性强，施工简单易行，占地少、能在狭窄的现场施工；可以根据实际需要增加设备数量，加快施工进度。

2. 土工格室采用的高强度聚乙烯片为厂家机械生产，铺设工艺简单，不需要专用机械设备，可以根据工作面的大小增加作业人员，加快进度缩短工期。

2.2　适用土类广，地基处理效果好

高压旋喷注浆法对淤泥、淤泥质土、黏性土、粉土、砂土、碎石土和填土等都有良好的处治效果。

2.3　高压旋喷桩固结体强度大，耐久性能好，可靠性高

1. 高压旋喷法是利用高压喷射流的强大动压等作用，在覆盖层中一般不存在可灌性问题。

2. 高压旋喷射流被限制在一定的土体破碎范围内，浆液不易流失，可有效地控制桩体形状、桩体强度和稳定性，保证预期的加固范围。

3. 高压旋喷射流在终结区域能量减弱，虽不再能使土体颗粒剥落，但射流能使部分浆液进入土体颗粒之间的空隙内，使固结体与周边土体紧密相依，不产生脱离现象，结构可靠性高。

2.4　施工安全，环保无公害

1. 高压旋喷注浆施工，高压泥浆泵等设备均有安全阀和超压自停自泄装置，不会因堵孔升压造成爆破事故，即使高压胶管在使用中出现破裂，压力也会骤然下降。只要按照操作规程进行维护使用，施工安全就有保证。

2. 施工时，机具振动很小，噪声也很低，不会对周围建筑物带来振动影响及噪声公害。

3. 高压旋喷法通常采用水泥浆液，虽喷射注浆常有一定的冒浆，但可回收利用，不会造成环境和地下水的污染。

2.5　土工格室造价低，使用寿命长

土工格室具有材质轻，耐磨损，耐老化，耐化学腐蚀，适用温度范围宽，拉伸强度高，刚性、韧性好，抗冲击力强，尺寸相对稳定等特点，工程综合造价与常规土工合成材料处理的造价相当，但效果和使用寿命成倍提高。

3. 适 用 范 围

本施工工法适用于软基综合处治，可以广泛的应用于高速公路软土地基处理、路堤的稳定加固、桥涵台背填筑、桥涵过渡段的软基处理以及河堤加固等多方面。

4. 工 艺 原 理

4.1　高压旋喷桩加固地基

高压旋喷注浆法就是利用钻机钻孔至设计的深度后，用高压泵通过安装在钻杆（喷杆）杆端的特殊喷嘴，使浆液成 20MPa 左右的高压喷射流，冲击破坏土体，同时钻杆（喷杆）以一定的速度边旋转边提升。当高能量、快速度的喷射流动压超过土体结构强度时，土颗粒从土体上剥落下来，一部分土颗粒在喷射流的冲击力、离心力等作用下，按一定的浆土比例与浆液搅拌混合，凝结后便在土中形成一个圆柱状的固结体—旋喷桩。

4.2　高压旋喷桩的加固机理

1. 高压旋喷射流的性能和对土体的破坏作用

高压旋喷注浆的关键是通过高压设备，使浆液得到巨大的压力，用特定的流体运动方式，以高速从喷嘴中连续不断地喷射冲击切削土体，其喷射作用有喷射流动压、射流脉动负荷、水锤冲击力、空穴现象、挤压力及气流搅动等，以喷射流动压作用为主。这些作用力对土体同时产生作用，当这些外力超过土体结构的临界值后，土体由整体变为松散破坏，松散的土颗粒在喷射流的搅动作用下，形成浆土混合物，随着喷射流的连续冲击和移动，土体破坏的范围不断扩大，混合浆液的体积也不断增大，最后形成具有一定强度的圆柱固结体。

在横断面上，高压喷射流边旋转边缓慢提升，对周围土体直接冲击、切削破坏；切削下来的土体，一部分细小的颗粒被浆液置换，随冒浆流出地表；大部分的颗粒在喷射流动压、离心力等共同作用下，在横断面上按质量的大小重新排列分布，小颗粒在中部居多，大颗粒或土团分布在外侧或边缘。喷射流在终结区域未被切削下来的土体被挤密压缩，并被浆液渗入，形成了浆液主体、搅拌混合、压缩和渗入、硬壳等组成部分，见图 4.2 旋喷桩横断结构图。

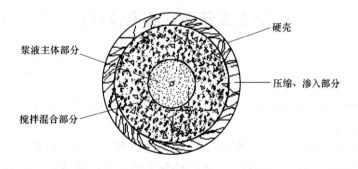

图 4.2　旋喷桩横断面结构图

2. 水泥土的固结原理

高压旋喷注浆所采用的硬化剂主要为水泥浆。用于软土地基处治时，水泥的掺入量有限，土颗粒的表面积很大且含有一定的活性物质，所以水泥土的固化原理比较复杂，硬化速度也比较缓慢。

当水泥的各种水化物生成以后，一部分继续硬化形成水泥石骨架，一部分与周围具有一定活性的土颗粒发生反应。土中含量最高的二氧化硅遇水后，形成硅酸胶体微粒，和水泥水化生成的氢氧化钙离子进行离子交换，使较小的土颗粒形成较大的团粒，而使土的强度提高。水泥水化物的凝胶粒子具有强烈的吸附活性，能使较大的土团粒进一步的结合起来，形成水泥土的团粒结构；并封闭各土团粒之间的空隙，形成坚固的连接，进一步的提高水泥土的强度。

随着水泥水化反应的深入，水泥浆液中析出大量的钙离子，能与组成土体矿物的氧化硅（铝）的大部分进行化学反应，逐渐生成不溶于水的、稳定的结晶化合物；这些新生成的化合物逐渐硬化，与水泥石、土颗粒相互搭接，形成空间网络结构，由于其结构致密，水分不易侵入；从而使土具有足够的稳定性。

3. 高压旋喷桩与桩间土一起形成复合地基，达到加固地基的目的。加固后的地基承载力、沉降变形、抗剪强度等与旋喷桩的强度、桩间土的性质以及面积置换率等因素相关。

在复合地基中，旋喷桩主要起到应力集中效应，使软土负担的荷载压力相对减少，从而提高地基承载能力、减少地基的沉降变形。同时，由于旋喷桩的存在，使得软弱土体在荷载作用下由原来的无侧限状态转变为有一定的边界条件的应力状态，提高了桩间土的强度；旋喷结束后，水泥土混合浆液的挤压力对四周土体有压密作用，并使得部分浆液进入到土体颗粒间的空隙中，形成"脉"状水泥土结石体，使固结体与周边土体紧密相依。而旋喷桩在自重作用下，其桩侧摩阻力对周围土体的挤密作用也使得复合地基整体承载力提高、工后沉降量减小、并提高土体的抗剪强度和抗滑移稳定性。

4.3　铺设高强土工格室提高路堤稳定性，减小路堤差异沉降

高强土工格室是以人工合成的聚合物为原料制成的一种新型的软基加固材料。在经过高压旋喷桩处理的地基铺设高强土工格室，对软基加固的机理是构成土工格室—填料的复合体。当载荷作用到复合体上时，土工格室中无数个独立的网格结构能够限制填充材料的侧向位移并使物料结构更趋紧密，由于物料的无规则形状，大部分垂直力被转化为向四周分散的侧向力，每个网眼的独立性使这些侧向力因受力方向相反而相互抵消，从而大大降低了路基的实际负荷。

由于土体的抗拉、抗剪性能差，路堤土体中的土工格室—填料复合体作为抗拉构件，与土体产生摩阻作用，限制其上、下土体的侧向变形，等效于给路堤土体施加了一个侧压力增量，从而增强了土体内部的强度和整体性，提高了土体的抗剪强度。

由于土工格室—填料复合体具有比软土地基相对较高的刚度。通过这一复合体将路堤荷载传到软土地基上，起到柔性筏基的作用，可使软土地基变形均匀，起到减少堤底差异沉降的作用。而这是土工网、土工格栅等平面结构材料所无法比拟的。

5. 施工工艺流程及操作要点

5.1　工艺流程

5.1.1　高压旋喷桩辅以高强土工格室加固路基施工工艺流程

高压旋喷桩辅以高强土工格室加固路基施工工艺流程框图如图5.1.3所示。

5.1.2　高压旋喷注浆方法

高压旋喷注浆方法分为单管法、二重管法、三重管法和多重管法。从施工过程看，单管法是以喷射高压水泥浆液一种介质冲击破坏土体的；二重管法分为喷射高压浆液和气流复合流或喷射高压水流和灌注水泥浆液两种介质；三重管法和多重管法为喷射高压水流和高压气流复合流，并灌注水泥浆液三种介质；三种喷射结构和喷射的介质不同，其对软基的有效处治深度也不同。

由于软弱土基含水量较大，如在旋喷施工中喷射较大水量，对软弱土基的物理力学性质会起到不良的软化或泥化作用；因此较为理想的施工方法是采用单管法或二重管法。

5.1.3　高压旋喷参数的确定

高压旋喷的技术参数主要包括旋喷机具参数的确定和旋喷注浆参数的确定。

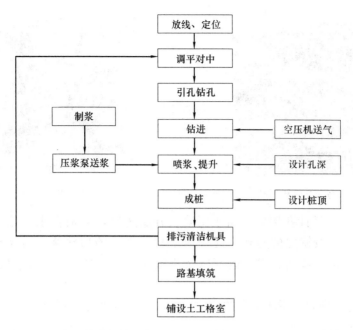

图 5.1.3　高压旋喷桩辅以高强土工格室加固路基施工工艺流程框图

1. 旋喷注浆参数是旋喷桩直径、布桩形式和桩距、桩体强度、复合地基承载力、复合地基变形量等。这些参数均应根据软弱地基处治的目的、要求，通过对软弱地基承载力、沉降的验算和稳定性分析等进行设计，并通过现场喷射试验以及沉降观测等来确定。

2. 旋喷注浆是靠高压液流的冲击力作用破坏土体并与土体颗粒混合生成新的固结体，要求浆液应具有良好的可喷性，有足够的稳定性，水泥浆液中气体的含量小，又适当并能准确控制的胶凝时间，有良好的物理力学性能、耐久性能、稳定性能，结石率高、固结体收缩值小；同时无毒、无臭、对环境无污染。

目前旋喷珠江使用的硬化剂主要以水泥浆为主剂，可添加少量的防止沉淀产生或加速硬凝反应的外加剂。浆液用量采用体积法或流量法计算，并通过现场喷射试验确定。

3. 旋喷机具参数包括注浆压力、旋转和提升速度、喷嘴直径和流量等。喷射流对土体的冲击破坏能力与喷射流速度的平方成正比，一般情况下采用加大泵压力来增加喷射流量和速度，进而提高喷射流的冲击破坏能力；一般载能介质泵均使用 20MPa 左右。

旋转和提升的速度与喷射流半径有关，而有效半径与喷嘴直径的大小及喷射角度又相互联系。喷嘴直径大小对喷射流速度影响很大，正确选择与否直接影响旋喷固结体的质量。

5.2　操作要点

5.2.1　高压旋喷桩施工操作要点：

1. 桩位布置：测量放线，按设计布置桩孔位置。

2. 引孔直径：在已填筑宕碴的路堤上用潜孔钻机引孔施工时，钻孔直径应比旋喷桩机钻头直径略大 50mm。

3. 钻机就位：钻机或旋喷桩机就位时机座要平稳，钻头与孔位对中，偏差不得大于 50mm；钻杆与地面垂直，倾角与设计误差不得大于 0.5°。

4. 引孔、钻孔：潜孔钻机在宕碴路堤面进行引孔，并下钢套管进行护孔；安放旋喷钻机，整平对中进行钻孔；钻孔的位置与设计孔位的偏差不得大于 50mm。引、钻孔钻机见图 5.2.1-1、图 5.2.1-2。

5. 钻进施工：启动钻机，空压机送气，使钻头沿导轨慢速钻进至设计深度，钻进过程注意进尺速度，判断土层软弱程度，供注浆提升速度参考。

6. 喷前检查：高压喷射注浆前要检查高压设备及配套系统是否完好，注浆压力和流量必须满足设计要求，管路系统密封良好，管路和喷嘴通畅。

图5.2.1-1　简易潜孔钻机引孔

图5.2.1-2　旋喷钻机钻孔

7. 喷浆提升：钻进至设计孔深后，高压压浆泵开始送浆，待估算水泥浆液的前锋已流出喷头后，才开始提升注浆管。按确定的旋转、提升速度自下而上喷射注浆，直至桩顶。施工人员随时注意检查珠江压力、流量、旋转和提升速度以及浆液初凝时间等参数是否符合设计，并做好施工记录。

8. 高压喷射注浆过程中要注意压力表的变化，出现压力骤然上升或下降时，要查明原因并采取措施。喷施时应注意以下几点：

1）灌浆深度大时，易造成上粗下细的固结体，影响固结体的承载能力，可采用提高喷射压力和流量或降低旋转和提升速度等措施；也可采用复喷工艺。

2）喷射注浆作业后，浆液有析水现象，可造成固结体顶部出现凹穴，对地基加固及防渗不利。为此，可采用水灰比0.6～1.0的水泥浆液进行补灌或浆液中添加膨胀材料等措施预防；要预防其他钻孔排出的泥土或杂物进入。

3）当发现喷浆量不足而影响工程质量时，可采用复喷工艺补救。

4）当浆液置放时间超过20h，应停止使用该浆液（正常水灰比为1:1的水泥浆的初凝时间为15h左右）。

9. 在旋喷注浆过程中，往往有一定数量的土颗粒随一部分浆液沿注浆管壁冒出地面。通过对冒浆的观察，可以及时了解旋喷效果和旋喷参数的合理性等。当冒浆量小于注浆量的20%时为正常，若完全不冒浆或冒浆量大于注浆量20%时，应查明原因并采取相应措施补救：

1）如系地层中有较大的空隙引起的不冒浆，可在浆液中掺入适量的速凝剂缩短固结时间，使浆液在一定土体范围内凝固；也可在空隙较大的土层增加注浆量，填充空隙后再继续正常旋喷施工。

2）冒浆量超大的原因一般是有效喷射范围与注浆量不符，注浆量超过旋喷固结需要的浆液量。可采取提高喷射压力、适当缩小喷嘴直径、加快旋转和提升的速度等措施。

3）冒浆处理，可沿路堤横方向，再相邻两孔之间开挖排浆沟，浆液固结形成桩与桩之间的"系梁"，即可处理、利用冒出的浆液，又可提高复合地基的整体性和承载力。

10. 复喷：一般表层50cm土层侧向约束力较弱，成桩不利，为保证桩顶完好，需再次将喷浆嘴下沉至一定深度补喷一次。

11. 高压喷射注浆完毕，要及时进行排污、清洁注浆设备。通常把水泥浆液更换成清水，在地面喷射，把泥浆泵、注浆管内的浆液完全排出。

5.2.2　土工格室铺设操作要点

1. 整平：铺设土工格室前，平整经过高压旋喷桩处理过的地基面层，清除杂物，严禁有尖锐石料、块石等尖硬突出物，以防破坏格室。

2. 铺设：土工格室铺设时应绷紧，不得有褶皱，用锚钉固定，并逐格填充压实。土工格室施工见图5.2.2-1、图5.2.2-2。

3. 保护：及时用填料填充格室内并压实，格室铺设面以上25cm范围内，路堤填料的最大粒径不大于10cm。

图 5.2.2-1 高强土工格室施工（一）

图 5.2.2-2 高强土工格室施工（二）

4. 检查记录：严格按照施工要求和材料用量施工，同时观测格室变形和检查密实度，并认真做好施工记录。

6. 材料与设备

6.1 施工材料

6.1.1 高压旋喷桩辅以高强土工格室加固路基施工所用材料名称、规格见表 6.1.1。

本工法所用材料、规格 表 6.1.1

序　号	材料名称	品　牌	规　格	备　注
1	普通水泥	浙江红狮	p.32.5	
2	土工格室	甘肃耐特	25×55×10	
3	自来水	—	—	
4	格室填料	—	级配碎石	

6.2 施工设备

6.2.1 高压旋喷桩辅以高强土工格室加固路基施工所用机械设备见表 6.2.1。

高压旋喷桩施工设备 表 6.2.1

序号	设备名称	型　号	功　率	用　途
1	潜孔钻机	KQJ90	15kW	宕碴路堤引孔
2	旋喷钻机	MGJ50	11kW	钻孔、喷浆
3	压浆泵	PP120	75kW	高压浆液能量发生装置
4	拌浆机	JG50	11kW	配制水泥浆
5	泥浆泵	BW150	7.5kW	抽取泥浆
6	排污泵	PB100	11kW	排除泥浆
7	空压机	P-6m³		潜孔钻配套设备
8	灌浆泵	HB80	5kW	旋喷桩机配套设备
9	发电机	12XV150	150kW	备用电源

7. 质 量 控 制

7.1 质量标准

7.1.1 高压喷射灌浆标准见表 7.1.1。

高压喷射灌浆标准 表 7.1.1

高压旋喷灌浆种类		单 管 法	二 管 法	三 管 法
适用土质		砂土、黏性土、黄土、杂填土、小粒径砂砾		
浆液材料及配方		以水泥为主材，加入不同的外加剂后具有速凝、早强、抗腐蚀、防冻等特性，常用水灰比为1：1，也可使用化学材料。		
高压旋喷灌浆参数	水 压力(MPa)	—	—	20
	流量(L/min)	—	—	80～120
	喷嘴孔径(mm)及个数	—	—	2～3(1～2)
	空气 压力(MPa)	—	0.7	0.7
	流量(m³/h)	—	1～2	1～2
	喷嘴间隙(mm)及个数	—	1～2(1～2)	1～2(1～2)
	浆液 压力(MPa)	20	20	0.2～3
	流量(L/min)	80～120	80～120	80～150
	喷嘴孔径(mm)及个数	2～3(2)	2～3(1～2)	10～2(1 或 2)
	灌浆管外径(mm)	$\phi42$ 或 $\phi45$	$\phi42,\phi50,\phi75$	$\phi75$ 或 $\phi90$
	提升速度(cm/min)	20～25	10～30	5～20
	旋转速度(r/min)	约 20	10～30	5～20

7.2 质量检验

7.2.1 旋喷桩质量检查内容

高压旋喷桩质量检查分为施工前检验和施工后检查。施工前，依据设计进行现场旋喷试验，通过检查，验证设计采用的旋喷注浆方法、旋喷参数、浆液配比、外加剂等是否合适，固结体质量能否达到设计要求。

施工后检查，是对旋喷注浆施工质量的鉴定。检查的数量为 2％～5％ 的固结体总数量，检查的对象选择地质条件较复杂的区域及旋喷施工时出现过异常的固结体。

由于旋喷桩的强度较低，强度增长速度较慢。检验时间应选择在旋喷施工结束 4 周后进行。

旋喷桩质量检查的内容主要包括：

1) 固结体的整体性和均匀性；

2) 固结体的有效直径；

3) 固结体的垂直度；

4) 固结体的强度特性（包括桩的轴向压力、水平推力、抗冻性和抗渗性）；

5) 固结体的溶蚀和耐久性。

7.2.2 旋喷桩质量检查方法：

1. 开挖检验：待浆液凝结具有一定的强度后，即可开挖检查固结体垂直度、形状和质量。

2. 钻孔检查：从固结体中钻取岩芯，观察判断固结体的整体性和固结体的长度。进行室内物理力学性能试验，检验其强度特性。在钻孔中做压水或抽水试验，测定其抗渗能力。

3. 标准贯入试验：在旋喷固结体的中部可进行标准贯入试验。

4. 载荷试验：静载荷试验分垂直和水平静载荷试验两种，是检验软基处理质量的良好方法。试验时，需在受力部位浇筑 0.2～0.3m 厚的混凝土层加强处理。

5. 无损检测：用反射波法检测桩身结构的完整性。常用小应变法检测桩身质量、桩径、桩长；大应变法检测桩身承载力。

7.2.3 土工格室质量检验

土工格室技术标准必须符合《土工格室产品技术标准》JT/T 516—2004。

8. 安全措施

8.1 引孔施工时注意人工安全,不得有杂物在钻头下面;

8.2 喷施浆液时禁止在正对着高压泵泵管接口方向站人;

8.3 施工现场应符合《安全检查评分标准》JGJ 59—99 的要求。

9. 环保措施

9.1 高压旋喷法利用高压喷射流强制性地破坏土体形成固结体,保证了随时可以灌筑,也就不存在废弃水泥浆液污染问题。

9.2 高压旋喷法通常采用水泥浆液,虽有冒浆,可沿路堤横向在桩与桩间开挖沟渠排出,排出的废液沿排沟形成一个"系梁",固结后能够起到传递和分布荷载的作用,提高复合地基整体承载力;同时解决废液的问题,不会造成环境和地下水的污染。

9.3 机具振动很小,噪声也很低,不会对周围建筑物带来振动影响及噪声公害。机具振动很小,噪声也很低,不会对周围建筑物带来振动影响及噪声公害。

10. 效益分析

10.1 地基承载力:高压旋喷桩施工完成后,在桩身强度满足试验条件时,并已在成桩 28d 后进行。检验数量为桩总数的 2%,共检查 10 点。检测结果:均符合设计及规范要求,合格率 100%。

10.2 加固后路堤稳定性增强

稳定计算方法采用有效固结应力法,稳定安全系数 $F > 1.2$(稳定安全系数容许值),说明此段路堤经高压旋喷桩加固后稳定性满足设计及规范要求。

10.3 加固后路堤沉降量减少

未加固前设计路基中心最大沉降量为 55cm,加固后实际最大沉降量为 23cm;经路堤施工期间沉降观测(深层标)结果:路堤沉降观测在路堤填筑施工期间,每填一层测定一次,沿路堤中线地面沉降速率每昼夜均小于 1.0cm,为缩短路基施工工期创造了条件。

10.4 经济效益和社会效益

粒料桩处治完成,路堤填筑中出现路堤开裂及失稳破坏路段,进行重新处治软基。挖除宕渣、外运,重新对软基处治,重新填筑路堤;其工程量大、工期延误、工程费用增加。采用高压旋喷桩辅以高强土工格室施工工艺进行软基加固。取得了良好的经济效益。

同时高压旋喷桩辅以高强土工格室加固软基施工工艺为相关高速公路建设中软基处理加固方案提供了参考依据。取得了一定的社会效益。

11. 应用实例

台州至金华高速公路东段 S3 合同段,起止桩号 K8+000~K11+361 全长 3.361Km,其中 K8+000~K9+165 的长 1.165km 路段为软弱土基。软弱土层地质结构主要分布为:上部厚度 1.1~3.8m 为海冲积软塑粉质黏土;下部为海积淤泥,厚度 9~12.5m。软土层含海水量高、压缩性大、承载力低、固结缓慢,工程地质条件差。

该路段软土地基原设计采用粒料桩加固处治。粒料桩设计桩径 60cm;桩距 1.2m 或 1.5m,呈三角形布置;桩深 6~12.5m,打穿淤泥层,以含黏性土圆砾为持力层。使用轧制碎石为材料,采用振动沉管（干法）施工成桩。

粒料桩处治完成填筑宕渣路堤，当路堤填筑高度达到 3m 左右时（设计填筑高度为 6m 左右），出现路堤开裂及失稳破坏。根据现场开挖检查发现：位于粒料桩上部 6m 范围内有粒料，而在下部取不到粒料，甚至在距桩身四周 50cm 的范围内的桩间土位置仍然取不到粒料；看来粒料桩干法施工在饱和、软-流塑状态的淤泥层中很难成桩，无法起到置换、排水、加筋、垫层的作用。所有少数成桩，也因受到后施工的桩施工时产生的侧向挤压力作用，桩身倾斜变形严重，不能形成复合地基。且 4m 以下淤泥层由于施工扰动，力学指标大幅度下降。这些因素是导致出现路堤开裂及失稳破坏的主要原因。

根据现场施工实际情况，结合全线高速公路软基处理工程量大、工期紧、路堤填土高及淤泥力学性能指标差的现状。挖除宕渣、外运、重新对软基处治、重新填筑路堤，其工程量大、工期延误、工程费用增加。经专家多次论证：为确保路基稳定和工后路基沉降满足规范要求，采用高压旋喷桩辅以高强土工格室施工工艺进行软基加固（图 11）。

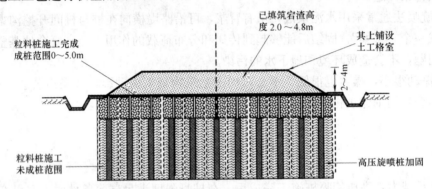

图 11　高压旋喷桩加固软基处理结构形式示意图

设计加固内容及要求：高压旋喷桩加固方案。设计桩径为 80cm，桩距 2.5m，呈正三角形布置；桩深 9～12m。要求在现有已填筑 3m 左右的路堤面上（不卸载）进行施工，打穿宕渣层、淤泥层，以含黏性土圆砾为持力层；加固对象是粒料桩施工后未成桩且被扰动的淤泥软土层。

土工格室技术参数：抗拉强度不小于 200MPa；断裂延伸率小于 1.5%；节点处结合力大于 2kN；网格尺寸：25×25；格室高度：10cm。共计 6000m² 施工面积。

HDPE 膜防渗施工工法

YJGF303—2006

中国水利水电第十二工程局　中国水利水电第十三工程局　上海市第一市政工程有限公司

李洪林　李秋生　杨涛　季嵘　张道玲　杨辉

1. 前　　言

水库库底 HDPE 膜防渗结构是整个水库的生命经济线，工程质量直接关系到工程的运行安全和经济效益。库底 HDPE 膜防渗系统一般由中央 HDPE 膜防渗结构和库盆周边锚固结构组成。工程施工中，怎样避免 HDPE 膜受到破坏、确保 HDPE 膜和周边结构施工质量是项重大的技术难题。

中国水利水电第十二工程局通过开展科技创新，取得了"蓄能电站水库库底 HDPE 膜防渗系统施工技术研究"这一国内首创的新成果，于 2006 年通过中国水利水电建设集团公司专家委员的鉴定，并荣获 2006 年度中国电力科学技术奖二等奖。同时，形成了水库库底 HDPE 膜施工工法。

通过该项目研究和应用，取得了厚 HDPE 土工膜的焊接、修补、检测施工工艺和施工经验。同时，HDPE 膜施工工法在蓄能电站的应用效果明显，技术先进，具有明显的社会和经济效益。

2. 工 法 特 点

2.1 确定低温气候条件下的 HDPE 膜焊接技术。

2.2 HDPE 膜采用快速施工方法，提高了施工强度、缩短了施工工期、降低了施工管理成本。

2.3 试验研究确定了新型的 HDPE 膜周边锚固形式及其施工工艺。

2.4 采用无损检测技术，并独创 HDPE 膜周边机械连接渗漏检测的技术方法，保证了 HDPE 膜的完好性。

2.5 创造性地解决了 T 形接头的连接技术。

2.6 采用封闭施工，确保了 HDPE 膜施工质量、避免 HDPE 膜施工期间受到破坏。

2.7 检测恶劣环境对 HDPE 膜母材及焊缝的影响效果，为类似工程设计、施工提供了重要的参考依据。

3. 适 用 范 围

利用 HDPE 膜进行防渗的水库工程施工。

4. 工 艺 原 理

HDPE 膜相互之间采用焊接连接。HDPE 膜焊接分热楔、热合熔、挤压和热熔等四种焊接方式。焊接的基本原理是对 HDPE 膜接触部位进行加热，使 HDPE 膜表面熔深范围内产生分子渗透和交换并融为一体。

HDPE 膜与周边结构通过螺栓机械锚固固定，并利用锚固分层结构中的柔性填料防渗。

5. 施工工艺流程及操作要点

5.1 施工工艺流程

5.1.1　HDPE 膜防渗结构层施工工艺流程

HDPE膜防渗结构层一般自下而上分别为：下支持垫层、土工席垫、下卧土工布、HDPE膜防渗层、上覆土工布保护层。施工工艺流程见图5.1.1。

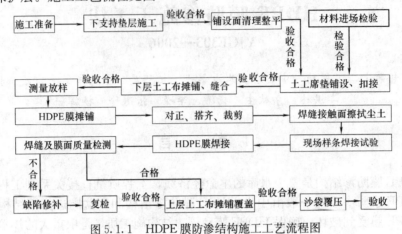

图5.1.1　HDPE膜防渗结构施工工艺流程图

5.1.2　周边结构施工工艺流程

HDPE膜周边结构由锚固结构与分层防渗结构组成。施工工艺流程见图5.1.2。

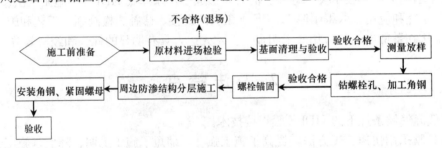

图5.1.2　HDPE膜周边锚固结构施工工艺流程图

5.2　操作要点

5.2.1　施工基面准备

1. 基体平整、基底密实均匀，确保基面平整无尖锐物，无渗水、淤泥、集水，周边锚固线范围基面光洁。

2. 清除铺设范围的树根、超径棱角块石、钢筋头、钢丝、玻璃屑等有可能损伤HDPE膜的杂物。

3. 经过验收合格的HDPE膜施工区域进行封闭围护，设立醒目的警示标志，严禁闲杂人员及机械设备通行。

4. 土工布尽量铺设平顺、无大的起伏和明显褶皱。

5. 铺设完成，全面检查隐匿在土工布中的断针头和其他尖锐物，并及时清除。

5.2.2　HDPE膜施工

1. 摊铺

1）土工膜铺设在气温5℃以上、膜温20℃以上、风力4级以下无雨、无雪的干燥暖和的天气中进行。

2）库盆周边形状不规则，HDPE膜按先中央、后周边的顺序进行铺设。中央区域HDPE膜铺设时，根据HDPE膜幅宽及HDPE膜受温度变化影响情况在周边预留施工道路，待中央区域铺设完成后再铺设预留部位HDPE膜，周边HDPE膜铺设与周边锚固施工同步进行。

图5.2.2-1　HDPE膜滚铺示意图

3）场内HDPE膜采用专用台车进行运输、人工滚铺（图5.2.2-1）。运输过程中尽量避免膜材受到挤压、划伤，滚铺时两侧用力均匀、摊铺平顺、舒缓，并按产品说明书要求和现场试验成果预留温度变化所引起的伸缩变形量。

4）HDPE 膜拼缝错缝不小于 5m。

5）周边不规则部位 HDPE 膜铺设程序为：

① 将周边与中央区域已铺设完成 HDPE 膜进行预拼接并预留搭接余幅；

② 根据周边不规则边形状对铺设区域 HDPE 膜进行裁剪、锚固；

③ 焊接周边与中央区域 HDPE 膜预留缝。

6）膜与膜之间、膜与基面之间压平、贴紧，不能有夹砂、夹水、夹尘等异物；

7）接缝处的 HDPE 膜下的土工织物必须压茬平整、无褶皱；

8）HDPE 膜铺设后，凡能对 HDPE 膜造成危害的物件均不应留在膜上或携带在膜上行走。

2. 焊接

HDPE 膜之间连接采用焊接，HDPE 膜采用平搭焊接方法进行连接，长直焊缝采用搭接宽度 10cm、焊缝宽度 1.4cm、缝间距 5cm 的双焊缝，短焊缝及缺陷修补采用单焊缝，三片 HDPE 膜之间采用"T"字形接头。

HDPE 膜双焊缝见图 5.2.2-2。焊接施工要点如下：

1）大面积土工膜施焊及每天焊接作业前，根据现场的气候条件，取小样条进行焊接试验，试焊结果作为正式焊接的参数。

2）HDPE 膜采用 LEISTER 型热楔式自动焊机、LEISTER 型手持挤出式焊机、Triac—drive 型手持式半自动爬行热合熔焊机和 DSH-C1 型热风枪等焊机焊接，不同部位应选择适宜的焊接工艺。各种焊接施工工艺流程见表 5.2.2。

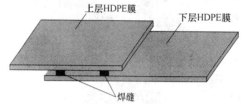

图 5.2.2-2　HDPE 膜连接示意图

HDPE 膜焊接工艺参数一览表　　　　　表 5.2.2

焊接工艺	工艺流程	施工参数	适用焊缝
热楔式焊接	膜面清理→压合→加热→熔合→辊压	最大搭焊宽度 125mm、焊接温度 0～420℃、焊接压力 0～1000N、焊接速度 0.8～3.2m/min	HDPE 膜长直焊缝
热合熔焊接	膜预热→干燥→吹净→接触面加热→熔合→辊压	焊条直径 φ3～φ4mm，焊条与 HDPE 膜材质相同，适用膜厚度 δ＝4～12mm	HDPE 膜短直焊缝 T 形接头和缺陷修补
挤压焊接	膜面清理→送风→送焊条→焊条熔融→挤出焊料→熔合→挤压焊料	焊接温度 20～650℃，焊接速度 0.5～3m/min	
热风枪焊接	送冷风→风加热→送热风→膜面熔化→辊压		检测针孔、气道封闭

3）HDPE 膜焊接过程中，应根据环境（气温、地面平整度、光照强度、风速等）适时调整焊接参数。外界环境不适宜 HDPE 膜焊接施工时，应立即停止焊接施工。

4）焊缝温度降至常温前，不得对焊缝进行张拉、剥离等扰动。

图 5.2.2-3　T 形接头示意图

5）低温时段焊接 HDPE 膜，应对刚完成的焊缝采用厚棉被覆盖保温，避免焊缝部位温度骤降导致焊缝脆断。

3. T 形接头施工

T 形接头参见图 5.2.2-3。

T 形接头相邻膜之间的纵向缝采用热楔式焊机焊接，外贴 HDPE 膜采用半自动热合熔焊机、挤压焊机将上下两层 HDPE 膜热熔黏结。并其施工要点如下：

1）外贴 HDPE 膜与下部 HDPE 膜环行接触部位须用角磨机将适度打毛，并保持洁净、干燥。

2）外贴 HDPE 膜必须覆盖相邻三条纵横向直焊缝预留部

位，其尺寸还须小于检测真空罩直径。

3）与 T 形接头相邻部位三个气道须热风枪进行封闭。

4）T 形接头施工完成须采用真空检测方法检测其渗透性。

4. 缺陷处理

HDPE 膜生产及运输、施工中所产生的孔洞、划痕、烫伤、折损、虚焊、漏焊和检测针孔等缺陷必须修补，修补一般采用外贴 HDPE 膜利用半自动热合熔焊机、挤压焊机将上下两层 HDPE 膜热熔粘结。其施工要点如下：

1）修补部位须适度打毛，打磨范围稍大于用于修补的 HDPE 膜，并保持表面干净、干燥。

图 5.2.3　HDPE 膜周边结构示意图

2）缺陷修补完成须 100％检测其渗透性。

3）检测针孔须采用热风枪热熔封闭。

5.2.3　锚固结构施工

HDPE 膜周边结构见图 5.2.3。

HDPE 膜周边结构施工，锚固孔采用 DDCE-1 型钻机造孔，螺栓采用 RE500 化学锚固剂固定，并采用螺母固定加固角钢和螺栓。其施工要点如下：

1）施工前，先对基础面进行清理，对凹凸不平部位进行修整。

2）锚固孔成孔后，用刷子、棉纱清孔，保持孔内洁净。

3）由于压固角钢与基面之间为柔性防渗材料，锚固剂完全固化后，要反复紧固螺母，直至紧固力满足设计要求。

4）周边土工膜焊接时应在适宜温度下进行，避免锚固线部位产生"裙边"现象形成渗水通道。

5.3　施工质量检测

HDPE 膜防渗结构施工主要检测 HDPE 膜母材及焊缝、周边结构质量，检测方法主要有目测、充气检测、真空罩无损检测和渗漏检测。检测要点如下：

5.3.1　目测

1. 全面检测；

2. 检测出的质量缺陷或有怀疑的部位均采用不同颜色的彩色笔进行标记，并进行详细记录。

5.3.2　充气检测

1. 检测标准为：充气压力 0.2MPa、保持 5min 后，压力无明显下降则焊缝合格。

2. 充气检测留下的针孔必须进行封闭，并进行真空测检。

5.3.3　真空检测

1. 检测合格标准为：负压 0.02MPa 以下保持 30s，压力表指针无明显下降，焊缝上无肥皂泡产生即为合格。

2. 检测范围必须小于真空罩直径。

3. 真空罩周边涂抹的密封液不能对 HDPE 膜腐蚀破坏。

5.3.4　周边渗漏检测

1. 检测合格标准：检测箱加水加压至膜上最大承压水头、稳压 8h，若水压未降低则表明锚固结构质量合格。

2. 采用密封的渗透检测箱进行检测。

3. 渗漏箱安装时，不得破坏邻近部位的 HDPE 膜和防渗结构。

4. 先期加水加压时，要求压力徐徐上升，且完全排除箱内空气。

5. 待箱内压力稳定后再倒计时检测记录。

6. 稳压检测过程中，一旦发现箱体周边渗水，应立即停止加压，检查渗水原因，并重新进行检测。

5.4 劳动力组织

HDPE 膜防渗结构施工劳动力组织见表 5.4。

HDPE 膜防渗结构施工劳动力组织情况表　　　　　表 5.4

序　号	工　种	单　位	数　量	备　注
1	管理人员	人	4	
2	技术员	人	4	
3	焊接工	人	8	含缺陷及检测针孔修补
4	缝纫工	人	2	
5	记录员	人	4	
6	材料倒运	人	8	
7	其他配合工	人	48	
合　计		人	78	

6. 设备与材料

6.1 材料

HDPE 膜防渗结构主要使用的材料为 HDPE 焊条，其技术指标见表 6.1。

HDPE 焊条技术指标一览表　　　　　表 6.1

产品名称	规格型号	材料成分	理化性能	产品密度
塑料焊条	GH-2/φ3.7	中密度聚乙烯、碳黑母料、抗氧剂、白油	与《土工合成材料聚乙烯土工膜》GB/T 17643—1998 标准 GH-2 型聚乙烯土工膜相一致	12.5g/m

6.2 设备

本工法所使用的主要设备见表 6.2。

机具设备表　　　　　表 6.2

序号	设备名称	设备型号	单位	数量	用途
1	胶轮运输台车	自制	台	4	土工席垫、土工布、HDPE 膜场内运输
2	吸尘器		台	2	膜面接触部位清理
3	包缝机		台		土工布缝接
4	气温计		只	6	环境温度测量
5	数字温度计		只	2	HDPE 膜表面温度测量
6	风速计		只	2	风速测量
7	角磨机		台	4	HDPE 膜与混凝土接触面打磨、HDPE 膜修补修边
8	电热楔式自动焊机	LEISTER Comet	台	2	HDPE 膜焊接
9	手持式半自动爬行式热合焊机	TRIAC—DRIVE	台	2	HDPE 膜 T 形接头及条形缺陷修补
10	手持挤出式塑料焊枪	SKR-A	台	2	HDPE 膜 T 形接头及条形缺陷修补
11	热风枪	DSH-C1	台	2	检测针孔等点状缺陷修补
12	钻石钻机	DDEC-1	台	2	地脚螺杆孔造孔
13	电锤		台	4	膨胀螺栓孔造孔

序号	设　备　名　称	设 备 型 号	单位	数量	用　　途
14	数字扭力扳手		把	2	螺帽紧固
15	拉力测试机	EXAMO-300F	台	1	HDPE膜母材剪切、拉伸及焊缝张拉、剥离强度测试
16	拉拔仪	ML-20	台	1	地脚螺杆锚固力检测
17	充气检测仪	充气式	台	3	焊缝间气道密封检测
18	焊缝测漏真空罩	H-300	台	3	充气检测针孔、HDPE膜表面缺陷修补点及T形接头部位检测
19	压力检测箱	自制	台	3	周边锚固结构渗透检测
20	电子全站仪	TCR402	台	1	放样及焊缝、缺陷点测量
21	水准仪	DS3型	台	2	基础面高程测量

7. 质量控制

7.1 工程质量控制标准

工程施工质量执行《水利水电工程土工合成材料应用技术规范》、《聚乙烯PE土工膜防渗工程技术规范》、《土工合成材料应用技术规范》及《土工膜及附属结构施工技术要求》。其中，《土工膜及附属结构施工技术要求》为泰安抽水蓄能电站上水库HDPE膜施工工艺试验成果。主要施工技术标准分别按表7.1-1、表7.1-2执行。

HDPE膜施工技术标准　　　　　　　　　　　　　　　　　　　　　　表7.1-1

序号	检测项目	技 术 标 准	检验方法
1	长直焊缝	焊缝空腔加压至0.15～0.2MPa，5min后若压力下降值小于0.02MPa	充气检测
2	T形接头及缺陷点	压力大于或等于0.05MPa，保持30s而压力不降低	真空检测

周边锚固结构施工技术标准　　　　　　　　　　　　　　　　　　　表7.1-2

序号	检测项目	技 术 标 准	检验方法
1	钻孔轴线偏差及孔位偏差	±1.5mm	全站仪、钢尺检测
2	防渗结构层	压力检测箱内加水加压0.4MPa，保持8h而压力不降低	渗透测试

7.2 质量保证措施

7.2.1　HDPE铺设安全范围内确保无放炮、开挖、电焊、燃烧、混凝土施工、排水等交叉作业，并实行封闭作业，施工区域禁止施工、检测以外的无关人员进入。

7.2.2　HDPE膜应在气温5℃以上、膜温20℃以上、风力4级以下无雨、无雪的干燥暖和的天气中进行。铺设时按设计要求留有适当的余幅，以便拼接和适应气温变化。

7.2.3　焊接操作人员、质量检测人员、修补人员必须经过培训合格，操作熟练后才允许持证上岗。

7.2.4　HDPE膜铺设前，应先全面清除下卧土工布面藏匿的断针等尖锐杂物等。禁止在冻结的HDPE膜上进行作业。

7.2.5　所有与HDPE膜接触面必须平整、无杂物、油污，HDPE膜搬运过程中不得撕裂外包装，避免受损破坏。HDPE膜焊缝接触部位必须干燥、洁净。

7.2.6　每班焊接作业前，均进行试焊以确定焊接工艺参数，试焊长度不小于1m。

7.2.7　电热楔双焊缝在焊接过程中，随时注意焊机的运行情况，根据现场实际情况对焊机行走速度和压力进行微调。当施工环境不满足技术要求或影响焊接质量时，停止 HDPE 膜焊接。

7.2.8 HDPE 膜不宜长时间暴露，施工中宜边铺、边焊接、边覆盖上层土工布，尽量减少在土工膜上行走。

7.2.9 HDPE 膜接缝边缘位置校正和剥离检测时，采用多人手钳拉拽，避免土工膜集中受力破坏。

7.2.10 HDPE 膜上作业工具严格要求轻拿轻放，小型工具采用专用工具箱存放，工具或工具箱与 HDPE 膜接触部位采用柔软的材料加以防护。施工电源采用护套线，并加装漏电保护器，避免电缆短路着火烫伤土工膜。

7.2.11 焊接机具禁止直接停放在土工膜上，要求加装防护装置并停放在干燥、安全地带。焊接完成，焊机风嘴、电加热楔等禁止直接对准土工膜，避免烫伤土工膜。

7.2.12 水库蓄水前，对膜面进行全面检查，并对表面褶皱及时处理。蓄水初期，保持水位缓慢上升，避免基础不均匀沉降导致 HDPE 膜受到破坏。

8. 安 全 措 施

8.1 认真贯彻"安全第一、预防为主"的方针，根据国家有关规定、条例，结合施工单位情况和工程的具体特点，组成专职安全员和班组兼职安全员以及工地安全用电、防汛抢险负责人参加的安全生产管理网络，执行安全生产责任制，明确各级人员的职责，抓好工程的安全生产。

8.2 施工现场实行定置管理，现场按符合防火、防风、防雷、防洪、防触电、防高空坠落等安全规定及安全施工要求进行布置，并完善布置各种安全标识。

8.3 各类房屋、库房、料场等的消防安全距离做到符合公安部门的规定，室内不堆放易燃品，严格做到不在材料仓库、油品库、机具库等仓库附近使用明火，随时清除现场的易燃物。

8.4 进入施工区域的所有人员严禁吸烟，禁止将火种带入现场。

8.5 施工现场的临时用电严格按照《施工现场临时用电安全技术规范》的有关规定执行。

8.6 焊接完成，焊机风嘴、电加热楔等禁止直接对准作业人员和土工材料，必须放回专用工具箱。

8.7 及时搞好防汛、度汛工作，避免施工场地、材料、设备、人员受到水淹。

8.8 建立完善的施工安全保证体系，加强施工作业中的安全检查，确保作业标准化、规范化。

9. 环 保 措 施

9.1 工程施工过程中严格遵守国家和地方政府下发的有关环境保护的法律、法规和规章，加强对施工燃油、工程材料、设备、废水、生产生活垃圾、弃渣的控制和治理，遵守有防火及废弃物处理的纪律制度，做好交通环境疏导，认真接受当地交通管理，随时接受相关单位的监督检查。

9.2 将工程施工场地和作业限制在工程建设允许的范围之内，合理布置、规范围挡，做到标牌清楚、齐全，各种标识醒目，施工场地整洁文明。

9.3 设立专用排水沟、挡渣坎、移动厕所等，认真做好无害化处理，从根本上防止施工、生活污水乱排。

9.4 经常对施工道路进行洒水保湿养护，防止尘土飞扬、污染周边环境。

9.5 废弃的建筑、生活垃圾集中堆放，运输到指定的位置按要求进行无害化处理。

10. 效 益 分 析

10.1 本工法与同类工程的工法相比，由于实行封闭施工、施工机具先进、组织管理到位、施工工艺合理、管理严格、质量保证措施到位，有利于文明施工，各种资源能较好地利用，节约了工期，形成了较好的经济效益。

10.2 本工法的应用，可以有效解决土石方挖填平衡、减少弃碴和水土流失，有利于环境保护。

10.3 本工法引进了先进的建筑材料、先进的施工工艺和设备，为我国类似工程设计、施工提供了可靠的决策依据和技术指标，新颖的工法技术将促使 HDPE 膜施工技术的进步，社会效益和环境效益明显。

11. 应用实例

泰安抽水蓄能电站上水库

11.1 工程概况

工程布置在泰山南麓的樱桃园沟内，由大坝、上水库、进/出水口、库盆及其防渗系统等组成。水库右岸横岭裂隙密集带发育，且顺沟发育一条 60～70m 宽的 F1 大断层。为解决库水可能通过裂隙密集带和 F1 断层的渗漏问题，设计采用钢筋混凝土面板、帷幕灌浆和 HDPE 膜综合防渗方案（图 11.1），即坝体上游面和右岸岸坡采用钢筋混凝土面板防渗，左岸及库尾采用帷幕灌浆防渗，库底采用 1.5mm 厚 HDPE 膜防渗。钢筋混凝土面板堆石坝坝顶高程 EL413.80m，采用库盆开挖的弱、强风化石料填筑而成，库底死库容由库盆开挖的全、强风化料填筑。上水库总库容约 1147 万 m³，有效库容 890 万 m³，死库容 237.25 万 m³，正常蓄水位 EL410.00m，死水位 EL386m，水库工作深度 24m。

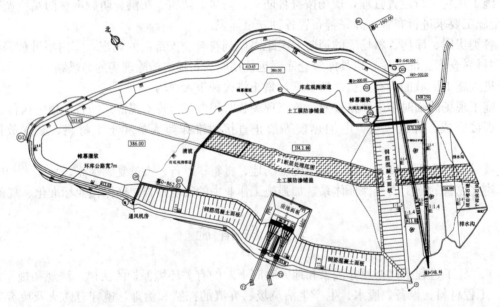

图 11.1 泰安抽水蓄能电站上水库防渗系统平面布置示意图

库区属东亚温带季风气候区，春季少雨多风，夏季高温多雨，秋季天高气爽，冬季寒冷干燥。库区多年平均降水量 708.0mm、最大年降水量 1475.4mm、最少年降水量 340.5mm，多年平均气温 12.8℃、极端最高气温 40.7℃、极端最低气温 −22.4℃，多年平均风速 2.6m/s、最大风速 24m/s，多年平均日照百分率为 59%、最高为 64%、最低为 51%，最大冻土深为 46cm，最大积雪深为 20cm，最大覆冰厚度 30mm。

工程库底水平 HDPE 膜与周边混凝土面板、趾板、连接板、库底廊道、帷幕灌浆形成封闭的防渗结构，周边连接结构长 1884m。库底防渗 HDPE 膜高程 EL374.2m，膜上设计承压水头 35.8m。库底 HDPE 防渗结构自下而上为：库底填渣区（最厚处约 40m）、120cm 下支持过渡层、65cm 厚下支持垫层、6mm 厚土工席垫、涤纶针刺无纺土工布 500g/m²、1.5mm 厚 HDPE 防渗单膜、涤纶针刺无纺土工布 500g/m²、30kg/只矩阵分布的土工砂袋。

11.2 施工情况

在本工程施工过程中，我们进行了大量的工艺试验，确定了 HDPE 膜焊接和修补工艺、检测方法。其中，HDPE 膜采用平搭焊接方，通长焊缝采用双焊缝、搭接宽度 10cm、焊缝宽度 1.4cm、缝间距 5cm，短焊缝及缺陷修补采用单焊缝，搭接宽度根据焊缝及缺陷特征确定。三片相邻的 HDPE 膜之间采用"T"字型接头。HDPE 防渗结构施工检测方法分别为：目测、充气检测、真空检测和渗漏检测。

HDPE 膜防渗工程于 2003 年 11 月 5 日开始进行试验工作，2005 年 4 月 30 日全部施工结束。其中，土工席垫以上结构施工开始于 2004 年 11 月 7 日，并于 2005 年 4 月 24 日施工结束。

11.3 工程检测与结果评价

工程库底采用 1.5mm 厚 HDPE 膜作为库底防渗，铺设面积 160797.8m²，周边锚固结构 1884m，HDPE 膜焊缝共计 812 条、缝长 34269.897m、T 形接头 900 处。

上水库于 2005 年 4 月先后通过安全鉴定和蓄水验收，并于 2005 年 5 月 31 日正式下闸蓄水，已经历设计正常蓄水位 EL410m 的考验，综合检测结果均表明 HDPE 膜防渗效果良好，工程运行正常，各项指标符合设计要求。

工程施工全过程处于安全、稳定、快速、有序的可控状态，HDPE 膜铺设最高强度达到 8200m²/d，达到高效、快速施工。工程质量优良率达到 96%，且无安全生产事故发生，也无环境投诉事件发生，得到了参建各方和社会各界的好评。

如图 11.3-1～图 11.3-4 所示。

图 11.3-1 泰安抽水蓄能电站上水库风光

图 11.3-2 泰安抽水蓄能电站上水库蓄水后面貌

图 11.3-3 HDPE 膜防渗结构完成后面貌

图 11.3-4 HDPE 膜焊接施工

房屋建筑工程防火风管施工工法

YJGF304—2006

上海市安装工程有限公司

陈晓文　张耀良

1. 前　　言

防火风管是采用不燃、耐火材料制成，能满足一定耐火极限的风管。它主要应用于建筑中的防排烟安全救生系统，当建筑物局部起火后，仍能维持一定时间正常的功能。

建筑中的排烟、避难层（间）送风、正压送风等系统的风管，在穿越防火分区的某些部位都要求具有一定的防火性能，其耐火极限应符合设计的要求，一般有 0.5h、1.0h、1.5h、2.0h、2.5h、3.0h 与 4.0h 等。

防火风管必须同时满足稳定性、完整性和绝热性的安全性能要求。

工业与民用房屋建筑中较常用的防火风管的结构形式一般有三类：A 类采用在镀锌钢板风管外包防火材料（防火板）的结构形式；B 类采用钢结构内框架外覆复合耐火材料板的结构形式；C 类为通过消防检测、认可的具有一定耐火极限的产品型复合材料风管。

我公司通过上海港客运中心、上海市轨道交通八号线一期工程等工程的施工实践，同时也为了更好地规范建筑通风与空调工程中防火风管的施工，提高安装质量，特编制本工法。

2. 工 法 特 点

本工法主要具有以下特点：

2.1　对常用的三类防火风管，提出相应的施工工艺及要求，针对性较强。

2.2　严格控制防火板材、成品防火风管的质量验收，提出具体检验标准及要求，可操作性好。

2.3　对常用的三类防火风管的工艺流程和工艺要点进行了详细的说明，补充和细化《通风空调施工质量验收规范》GB 50243—2002 有关防火风管的内容，对施工的指导作用好。

3. 适 用 范 围

本工法适用于工业与民用建筑通风、空调工程中防火风管的施工。

4. 工艺流程及操作要点

4.1　A 类防火风管工艺流程方框图（图 4.1）

4.2　B 类防火风管工艺流程方框图（图 4.2）

4.3　C 类防火风管工艺流程方框图（图 4.3）

4.4　施工准备

4.4.1　所使用的镀锌钢板、型钢（包括附属材料）、防火材料（板）、外购成品风管均应具有出厂检验合格证书或质量鉴定文件。防火材料（板）的抗燃烧性能，应符合国家现行相关防火产品规范的规定，并附有由国家质量监督中心出具的检测报告。

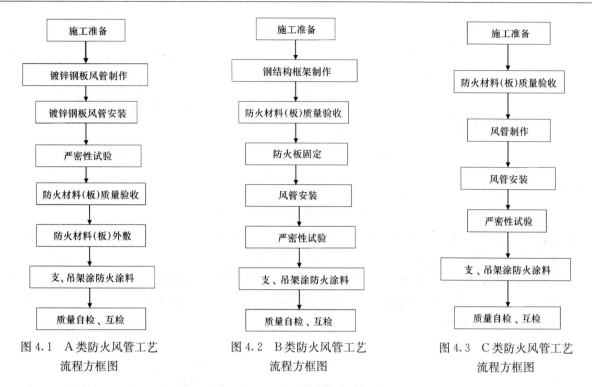

图 4.1　A 类防火风管工艺流程方框图　　图 4.2　B 类防火风管工艺流程方框图　　图 4.3　C 类防火风管工艺流程方框图

4.4.2　镀锌钢板及防火材料（板）采购时应签质量保证协议。到现场后，应对其进行质量抽检，合格后方可使用。对防火板应重点查验检测报告，并确认其耐火极限符合设计的规定。

4.5　施工要点

4.5.1　A 类防火风管

1. 镀锌风管的四角接缝应采用角咬口或联合角咬口，不得采用按扣式咬口形式，接缝处须保持密封。防火板在施工前，应按本工法 6.1.2 条的规定进行外观质量和外观尺寸的检查，合格后方可使用。

对于宽度大于 1250mm 的风管，或低压风管单边平面面积大于 1.2m²及中、高压风管单边平面面积大于 1.0m²，风管内部设置管内支撑件加固。

2. 支、吊架设置间距要求

支吊架应考虑支承风管及防火板材的全部重量。

水平安装的风管，当风管长边在 400mm 以下，间距不应大于 4m；400mm≤风管长边≤1500mm，间距不应大于 3m；1500mm≤风管长边≤1600mm，间距不应大于 2.5m；风管长边≥1600mm，间距不应大于 2m。吊杆用不小于 ϕ10mm 圆钢。

垂直安装的风管，支架间距不应大于 3m，且每根立管的固定件应不少于 2 个。

3. 防火板敷设

1）镀锌钢板风管制做成形保温层施工完成后，进行防火板的施工。

2）按设计尺寸，采用专用切割机对防火材料进行下料。下料要准确，切割面要平齐，角度应正确。

3）板材角连接

将下料的防火板覆于风管保温层外，可直接采用自攻螺钉进行角连接，或者在防火板四角处放角钢型镀锌钢板型材用自攻螺钉与防火板连接固定。具体做法：

方法一：直接采用角钢，或采用厚 1.2mm 的镀锌钢板压制而成的角钢型镀锌钢板型材，置于防火板内四角上，然后采用外加垫片的厚板专用自攻螺钉或自攻螺钉（规格按板材厚度调整），将防火板与角钢或角钢型镀锌钢板型材固定，间距在 200～300mm 之间（图 4.5.1-1）。

方法二：某些品牌防火板的角连接，风管四角的角钢或角钢型镀锌钢板型材可用防火板条代替，采用自攻螺钉固定，间距为 100mm，可提高工效。

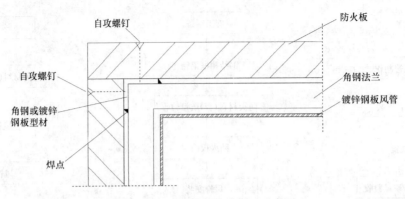

图 4.5.1-1　板材角连接剖面示意图

4）防火板与防火板之间的接缝连接

防火板材之间的接缝连接可直接采用自攻螺钉，见图 4.5.1-2。

防火板与防火板之间采用平连接。宜将 1.2mm 的镀锌钢板压制成槽钢c形，高度与角连接尺寸相一致。然后将c形镀锌钢板置于镀锌钢板风管外，采用自攻螺丝先将一块防火板与之固定，然后再覆上另一块防火板后用自攻螺钉与之固定，保证间距 200mm。

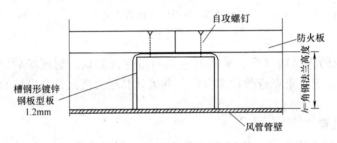

图 4.5.1-2　板缝连接示意图

4. 防火风管穿墙时，防火风管与墙体的缝隙应采用不燃材料填塞封堵。封堵后用自攻螺钉将角钢或角钢型镀锌钢板型材与外覆防火板条固定（图 4.5.1-3）。

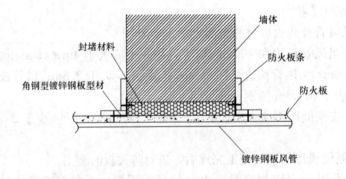

图 4.5.1-3　穿墙封堵详图

5. 防火风管与风机的连接应采用不燃柔性材料。

4.5.2　B 类防火风管

1. 该类防火风管是将防火板材固定在钢结构（型钢）框架上而制成的，且分为固定框架式与风管管段式两类。

钢结构框架一般采用L40 及以上的角钢制做，采用砂轮切割机下料，并按设计要求的风管尺寸下料、打孔、焊接。

钢结构框架焊接时，焊缝表面不得有裂纹、焊瘤、虚焊等缺陷。焊缝感观质量应达到：外形均匀，成型好，焊道与焊道、焊道与基本金属间的过渡平滑，焊渣和飞溅物应清除干净。

风管管段式防火风管钢框可采用法兰连接方式，相同规格法兰应可互换。

2. 防火板固定

1）按尺寸下料

板材的切割应采用大理石切割机和专用切割钢片。切割后的板材，堆放排列应整齐。

2）防火板固定的常用方法

（1）将防火板用不小于 M8 的镀锌螺栓直接紧固在钢结构框架上，紧固应牢固、可靠，外露丝扣不应少于 2 扣。

（2）采用变速手枪钻及专用厚板自攻螺钉，直接将防火板固定于角钢上，板及螺钉应紧固密贴，外观排列整齐。

3）防火风管四角角缝及法兰连接缝的密封处理

在防火板接缝处、防火板与角钢之间应垫不燃的密封垫料。

3. 风管安装

1）支、吊架设置

风管的支、吊架应按设计要求制做，如设计无要求，可按表 4.5.2 选用。防火板材如果是由二层穿孔钢板中间夹耐火水泥组成的，由于较重，其支、吊架设置的间距应根据实际情况进行调整，可适当减小。

B 类防火风管支、吊架设置 表 4.5.2

矩形风管长边尺寸（mm）	吊杆直径 ϕ（mm）	托架规格（mm）	膨胀螺栓规格（mm）
＜630	10	∟40×4	M10
630～1000	10	∟50×5	M10
1000～2000	12	∟50×5	M12
＞2000	12	∟60×5	M12

2）风管连接时应可靠、平直、不扭曲。风管及部件安装宜采用地面分段组装，然后分段整体吊装的方式。风管吊装时宜采用手拉葫芦等起重工具，以保证便捷、安全地安装。

3）B 类防火风管穿墙封堵参照本工法 4.2.1.4 条的规定执行。

4.5.3　C 类防火风管

1. 风管制做应严格按生产厂家的制造工艺要求进行。复合材料防火板材的切割可采用专用切割机。

风管长边大于 1600mm 时，上下板间应采用支撑件进行加强连接。

风管长边大于 3000mm 时，除设管内加强支撑件外，每隔 1.3m 在风管外壁设置加强筋。加强筋用 50mm×5mm 角钢制做，与支撑件的螺杆连接在一起。

2. 风管安装

1）复合材料防火风管支、吊架的设置

风管水平安装时，风管长边小于 400mm，吊杆间距不超过 4m；风管长边大于 400mm，小于等于 1250mm 时，吊杆间距不超过 3m；风管长边超过 1250mm，小于等于 1600mm 时，吊架间距不超过 2m；风管长边大于 1600mm，吊架间距不应超过 1.5m。

风管垂直安装，吊杆间距不应大于 3m，且单根直管至少应有 2 个固定点。

2）无机玻璃钢防火风管的安装应参照《玻璃纤维氯氧镁水泥通风管道》JC 646—1996 及《不燃型无机玻璃钢通风管道》JG/T 117—1999 的标准执行。

3）C 类防火风管穿墙封堵参照本工法 4.2.1.4 条的规定执行。

4.5.4　支、吊架涂防火涂料

防火风管安装完毕后，应按《钢结构防火涂料》GB 14907 和 CECS《钢结构防火涂料应用规程》的规定对支、吊架进行涂防火涂料的施工，防火涂料应按设计要求选用薄型（NB）或超薄型（NCB）的。

4.5.5 严密性试验

防火风管安装完毕后应根据《通风空调施工质量验收规范》GB 50243—2002 中的 6.2.8 条款按管内工作压力划分的等级进行漏光或漏风量检测，具体按《通风空调施工质量验收规范》GB 50243 中的附录 A 执行，漏风量检测应符合《通风空调施工质量验收规范》GB 50243 中的 4.2.5 条中相应的规定。

5. 主要施工设备

一般工程主要施工设备见表 5。

主要施工设备表 表 5

序　号	名　　称	型号及规格	数　　量
1	电动剪板机	2×2000	
2	咬口机	平咬缝、联合角咬缝	
3	板料折弯压力机	—	
4	开式可倾压力机	—	
5	砂轮切割机	φ400	
6	防火板材专用切割机		
7	电焊机	交流焊机	根据工程大小及施工人数决定
8	液压铆接钳		
9	手提电钻	36V	
10	白铁剪	长 500mm	
11	钢卷尺	3m	
12	钢直尺	1m，0.6m	
13	铁水平尺	300mm	
14	木方尺	硬木	

6. 质 量 控 制

6.1 镀锌钢板及防火材料（板）到现场后，应对其进行质量抽检，合格后方可使用。

6.1.1 对防火板应重点查验检测报告，并确认其耐火极限符合设计的规定。外购成品防火风管应查验检测机构提供的风管耐压强度、严密性检测等报告。

6.1.2 镀锌钢板表面应平整，镀锌层厚度不小于 $100g/m^2$，结晶花纹清晰，满布无漏底及表面白花等现象，其厚度应符合设计及规范的要求。

6.1.3 防火材料（板）的表面应平整、无孔洞、污痕、划伤和缺棱掉角。板材外观尺寸的允许偏差应符合表 6.1.3 的规定，对防火板材的抽检率为 10%。

防火板外观尺寸允许偏差（mm） 表 6.1.3

名　　称	允许偏差	名　　称	允许偏差
长度	±5	两对角线长度差	3
宽度	±5	翘曲度	4
厚度	±0.5		

6.1.4 不燃无机玻璃钢防火风管在养护期内很容易变形，因此对风管的外观质量要认真检查，从源头杜绝质量隐患。

6.2 风管安装的位置、标高、走向，应符合设计要求。

6.3 风管的连接应平直、不扭曲。明装风管应满足《通风空调施工质量验收规范》GB 50243—2002 的水平度、垂直度规定；暗装风管应注意其连接的严密性，质量不合格的应及时返工。

6.4 B 类防火风管所采用的钢结构材料应符合设计要求。固定螺栓的间距、边距应符合设计要求，允许偏差为 2mm。钢结构框架内边长尺寸允许偏差为 2mm，其平面度的允许偏差为 2mm，两对角线之差不应大于 3mm。

6.5 焊工应持相应资质的合格证上岗。焊缝表面不得有裂缝、焊瘤、烧穿、弧坑、气孔及夹渣等缺陷。焊缝处飞溅物应去除。焊接后角钢变形应纠正。

6.6 不燃无机玻璃钢防火风管质量控制要求

6.6.1 不燃无机玻璃钢防火风管及配件不得扭曲，内表面应平整光滑、外表面应整齐美观，厚度均匀，且边缘无毛刺，不得有泛卤、严重泛霜和气泡分层现象。

6.6.2 不燃无机玻璃钢防火风管的安装应参照生产厂家提供的加工管件图，对号组对安装。由于风管较脆，在运输、安装和安装以后的交叉施工过程中都有可能造成风管的损坏，故在搬运时轻拿轻放，严禁碰撞；一旦有损坏，即要求风管供应商到现场用原材料进行修复。

6.6.3 为了不损伤防火风管本体，吊装作业严禁使用钢丝绳捆绑，应使用棕绳或自制的专用托架吊装。

6.7 当 C 类防火风管采用专用胶粘接拼装和连接时，应做到敷胶均匀、密封完整。风管的外边应光洁、平整，对角线差不应大于 3mm。总、干风管与支风管连接口的平面偏差应小于 3mm。

6.8 防火风管的本体、框架与固定材料、密封垫料等必须为不燃材料。风管燃烧性能应符合《建筑材料及制品燃烧性能分级》GB 8624—2006 及《通风管道的耐火试验方法》GB/T 17428—1998 的规定。

7. 安 全 措 施

7.1 施工前应进行安全教育、安全上岗交底等工作，要求严格遵守安全生产六大纪律。

7.2 施工中必须戴好安全帽，高空作业时必须系好安全带并扣好安全扣。

7.3 高空作业时，应检查登高设施是否牢固可靠。登高竹梯、人字梯必须设有防滑装置。

7.4 防火风管立管在施工前，其上方应采取严格的覆盖保护，确保管笼井内施工安全。所有管井应搭设防护栏杆，防火风管立管施工的层面应挂牌，明显标示管井内有人施工。由于施工需要而拆除的安全防护栏杆，在施工告一段落时，恢复搭设围护栏杆。

7.5 风管在搬运和吊装时，应注意作业场地的安全，避免出现伤害事故。

7.6 使用砂轮切割机、角向砂轮时要做好安全保护措施，防止碎片伤人。

7.7 施工机械电气设备的使用必须符合安全使用规程，做到定期检查、定期维修保养。

7.8 严格遵守动火签证制度，遵守"十不烧"，焊工应持相应资质的合格证上岗。

8. 环 保 措 施

8.1 现场设立临时垃圾堆场，及时清理垃圾和施工废料。

8.2 夜间施工应经业主或现场监理单位许可，并严格限制噪声的发生，使噪声和环境污染限制在最小程度。

8.3 选用低噪声或备用消声降噪设备的施工机械。

8.4 对防火材料（板）采用专用切割机下料时，应在封闭的场地内进行集中加工，以减少因施工现场加工制做产生的噪声，且对下料时产生的粉尘进行有效控制。

8.5 防火风管安装完毕后，对支、吊架进行涂防火涂料的施工时应选用绿色环保型建筑防火涂料。

9. 效 益 分 析

由于防火风管的防火效益属于安全保障性效能，一般不计经济增值，它主要借助于在建筑发生灾难时，保障人身安全、避免伤亡来体现。因此，其主要效益从以下两个方面来反映。

9.1 社会效益

一旦火灾发生时，可有效防止火焰扩散和蔓延，保证人员新鲜空气的供给，降低火灾损失情况。其防火效果明显，应用效果好，能最大限度地保护生命和财产安全，在维护社会秩序稳定方面发挥重要作用。

9.2 经济效益

近年来我国对建筑防火安全性的要求越来越严格，防火风管在工程中的使用也越来越广泛。采用本工法指导防火风管施工，对施工起了规范作用，避免了现场因施工不当而造成的不必要的返工，节约了材料，并大大提高施工工效，安装速度一般可提高到原来的1.2倍。按我公司每年平均，安装防火风管10000～15000m² 左右，防火风管安装费每平方米按110元计，每平方米防火风管安装人工可节约22元，测算出每年可节约人工费22～33万元左右。

10. 工程实例

上海港客运中心工程是集办公、酒店、商场和公寓式酒店为一体的综合性建筑，基地总面积约189800平方米。该工程通风空调系统大量采用耐火极限1h和2h的C类防火风管不燃无机玻璃钢防火风管。我公司在施工过程中采用本工法，对不燃无机玻璃钢防火风管（外购成品）加强了风管的出厂检验合格证书及国家质量监督中心出具的检测报告的查验工作，风管到现场后加强质量抽检工作，严格确保工程施工质量，提高了工作效率。

上海市轨道交通八号线一期工程车站环控、给排水、动力照明安装工程第1标段市光路、嫩江路车站，市光路车站为地下一层侧式车站，嫩江路车站为地下一层半单柱双跨侧式车站。其中嫩江路公共区排烟风管穿越排风道、区间风机房；设备管理用房通风空调系统的排烟风管穿新风道、走道的吊顶等，采用耐火极限1h的防火风管。风管穿封闭楼梯间、消防泵房、钢瓶间采用耐火极限2h的防火风管。该工程采用镀锌钢板风管外包防火板的A类防火风管。采用本工法，经我公司精心施工，达到令人满意的效果。

附录A 规范性附录

镀锌钢板风管外防火包敷安装图，见图A-1。

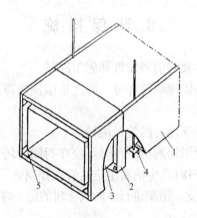

图 A-1 镀锌钢板风管外防火包敷安装图
1—防火板；2—匚形镀锌钢板；3—镀锌钢板风管；
4—吊架；5—角钢型镀锌钢板型材

附录 B 规范性附录

绝热风管外防火包敷安装图,见图 B-1。

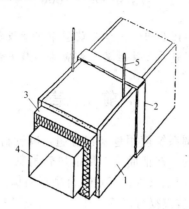

图 B-1 绝热风管外防火包敷安装图

1—防火板;2—防火板条;3—绝热材料;
4—镀锌钢板风管;5—吊架

玻镁复合风管施工工法

YJGF305—2006

温州建设集团公司　浙江省诸暨市工业设备安装公司

黄兆聘　刘晓霞　林胜义　郦寅希　戴关镇　周杨斌

1. 前　言

随着现代城市建筑中通风和空调系统使用越来越普遍，风管材料用量逐年递增，风管施工的各种新材料、新工艺、新技术也不断涌现。概括而言，目前风管材料一般可归纳为三大类：一是传统的镀锌薄钢板（或薄钢板），二是无机玻璃钢风管，三是复合型轻质保温风管（该类产品又分为酚醛、聚氨酯、聚苯乙烯、玻璃纤维等几类）。玻镁复合风管是第二、三类风管材料的综合改进和调整，其外层为高强度无机板材，中间层为难燃聚苯乙烯保温材料，板材最外层覆有保护膜。同其他材质风管相比，玻镁复合风管解决了镀锌薄钢板风管重量大及在潮湿环境下易腐烂、玻璃钢风管易老化、复合轻质保温风管表面易破损等弊病，可广泛适用于各种场合的消防排烟、通风及空调等工程，是传统风管的较好换代产品。

2. 工 法 特 点

玻镁复合风管与传统的风管相比较，集保温、防火、防腐蚀、吸声降噪和强度高等多种性能于一体，是新一代的环保节能型风管，具有施工工期短、质量可靠、使用安全、造价低、节能环保等特点，值得推广和应用。

2.1　施工方便，与传统的风管相比工期更短

玻镁复合风管直接复合了保温材料，不需要进行风管保温，因此在空调风管制做安装中大大缩短了工程施工工期；另外玻镁复合风管制做安装方便、辅助材料少、维护保养简单。

2.2　制做安装质量可靠、使用寿命比传统风管更长

玻镁复合风管采用胶结结构制做而成，无法兰错位插入连接，大大提高了风管的密闭性，减少了接口和法兰的漏风，经检测，玻镁复合风管的漏风率只有薄钢板风管的1/10左右；另外玻镁复合风管强度高、耐腐蚀，使用寿命较传统镀锌钢板风管约长5～10年。

2.3　使用安全

防火性能好，经检测达到建材燃烧性能等级不燃A级。

2.4　造价低，综合经济效益好

玻镁复合风管与传统的风管相比具有综合造价低的优势，在空调风管中由于直接复合了保温材料，优势更明显。

2.5　产品比传统的风管更环保、节能

一方面玻镁复合风管在生产、制做、安装及使用过程中不生锈、不发霉、不积尘、无粉尘及纤维、无臭味，还具备很强的吸声降噪能力；另一方面玻镁复合风管表面光滑，风阻小，导热系数小〔在平均温度30.4℃时的导热系数为0.0501W/(m·k)〕，保温性能极佳。所以是新一代的环保节能型风管。

3. 适 用 范 围

本工法适用于各类工业与民用建筑新建和改造中，采用玻镁复合风管的消防排烟、通风及空调安

装工程。

4. 工 艺 原 理

风管作为通风空调系统中空气（烟气）的运送通道，对于实现系统设计的风量、风压等技术参数，起着重要作用。玻镁复合风管是近年来对原玻璃钢风管在材料和结构上进行了改进和调整的新产品，广泛应用于通风、空调、人防、地铁、化工等工程中。玻镁复合风管制做可以在工厂预制，也可以在施工现场制做，不需要大型机械和设备。制做时，按照设计图纸上风管规格合理切割下料，采用胶结结构制做而成，各管段之间采用无法兰连接，与阀件及其他配套设备间采用专用法兰连接。

5. 施工工艺流程及操作要点

5.1 施工工艺流程

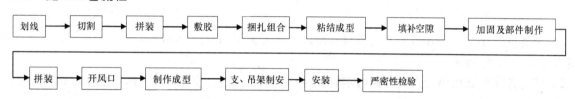

划线 → 切割 → 拼装 → 敷胶 → 捆扎组合 → 粘结成型 → 填补空隙 → 加固及部件制作

拼装 → 开风口 → 制作成型 → 支、吊架制安 → 安装 → 严密性检验

5.2 操作要点

5.2.1 风管制做

1. 制做原则

1）玻镁复合风管制做采用工厂预制或在施工现场制做。风管的规格按设计要求及标准按《通风与空调工程施工及验收规范》GB 50243—2002 确定，风管尺寸以其内边尺寸为准，以保证风管的有效截面积。

2）施工中必须先按照设计图纸上的风管规格进行合理的切割下料。由于玻镁复合风管板材的规格尺寸各生产厂家不同，而设计中风管的规格尺寸也各不相同，所以划线过程中应精确、合理，切割下料是降低板材损耗的关键。

2. 板材切割

1）切割线须保持平直，对角线长度误差应小于 5mm，切割线与板面成直角。对于通用厚度为 25mm 的玻镁复合风管板材，台阶板（侧面板）切割线深度为 20±1.5mm（图 5.2.1-1）。

2）三通、弯头、异径管等管件用板材，须先放样，后用手提切割机切割。切割角度必须正确，以保证拼接质量。

3. 矩形风管制做

1）风管拼装示意图（图 5.2.1-2）。

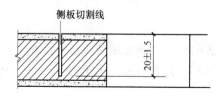

图 5.2.1-1　侧板切割

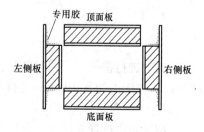

图 5.2.1-2　风管拼装示意图

注：风管拼装时，台阶板须作为左、右侧板，
不得与顶、底面板互换。

2）用刮刀沿侧面板切割线将多余部分去除，确保侧面板梯阶位置平整（图 5.2.1-3）。

3）在左右侧面板梯阶处适量均匀地敷上专用胶（图 5.2.1-4）。

4）首先将底面板放于组装架上，保持水平。其次将左、右侧面板梯阶处与底面板粘结，再将顶面板放入侧面板中间。为实现管段间的无法兰连接，侧面板与顶、底面板纵向须错位 100mm。最后用捆扎带将拼装好的风管捆紧，捆扎带间距 600mm，其与风管四角连接处设置 90°护角（图 5.2.1-5）。

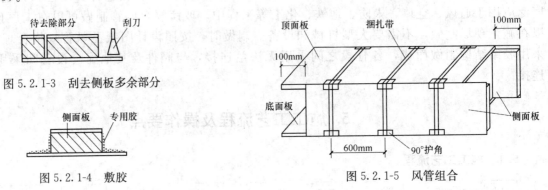

图 5.2.1-3　刮去侧板多余部分

图 5.2.1-4　敷胶

图 5.2.1-5　风管组合

5）风管周长小于 2000mm 时，对角线长度误差不得大于 3mm。风管周长大于 2000mm 时，对角线长度误差不得大于 5mm。

6）清除连接处挤压出得余胶，同时填补空隙。风管内外壁及侧面板与顶、底面板 100mm 错位梯阶处均不得留有残胶。

4. 异径风管制做

参见"3"矩形风管制做。

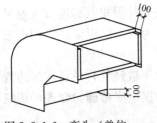

图 5.2.1-6　弯头（单位：mm）

5. 弯头制做

按图放样切割板材，将弯头侧壁分解为多块平板拼接而成（图 5.2.1-6）。

6. 三通、四通制做

参见"5"弯头制做。

7. 大型风管的加固

当风管长边长大于 1500mm 时，必须采取加固措施（图 5.2.1-7）。

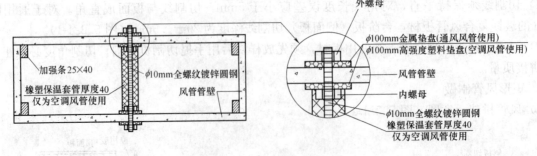

图 5.2.1-7　大型风管的加固

1）板材进行拼接。用钢丝刷刮去拼接处保温层 1.5mm，形成凹槽。填满专用胶拼接。固化后用砂纸将两面拼接缝两侧各 100mm 处打毛，两面均用专用胶粘贴 3 层宽度为 200mm、厚度为 0.2mm 的玻璃纤维布。

2）在风管中设置支撑杆。支撑杆为 ϕ10mm 全螺纹镀锌圆钢，两侧内外螺母固定，风管内外侧采用 ϕ100mm 金属垫盘（通风风管使用）或高强度塑料垫盘（空调风管使用）。当为空调风管时，圆钢及内螺母需外包橡塑保温套管（厚度 40mm）。支撑杆选用数量见表 5.2.1。

支撑杆选用数量				表 5.2.1
风管边长 mm	1500~2400	2400~3400	3400~4400	4400~5400
支撑杆数量	1	2	3	4

3）在风管四个内角处粘结加强条，加强条尺寸为 25mm×40mm，由板材切割而成。

4）当风管长边＞1500mm，且短边＞500mm 时，应在风管拼接处内壁用专用胶粘贴 2 层宽度为 50mm、厚度为 0.2mm 的玻璃纤维布。

5）当风管边长＞3000mm 时，除按上述要求进行加固外，还需在风管外壁每隔 1300mm 处设置 50×50 的角钢加固，并与支撑杆连接。

5.2.2 风管连接

1. 主风管与主风管连接（图 5.2.2-1）

1）用钢丝刷将两节风管顶、底面板拼接处保温层刮去 1.5mm，形成凹槽。然后在凹槽处填满专用胶，并在左右侧面板梯阶处适量均匀地敷上专用胶。

2）将两截风管紧密拼接。清除拼接处挤压出的余胶，同时填补空隙。

3）为确保风管拼接的质量，一节风管不宜两端同时进行拼接。

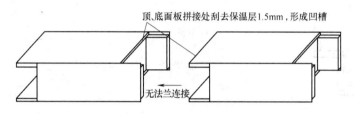

图 5.2.2-1　风管无法兰连接

2. 主风管与支风管连接

1）在主风管管壁上开口，开口尺寸为主风管内径尺寸加 6mm。

2）按照设计规格制做支风管，将其与主风管连接处切割成梯阶形。

3）在梯阶处适量均匀地敷上专用胶，紧密拼接。清除拼接处挤压出的余胶，同时填补空隙。

3. 风管与阀件连接

风管采用专用法兰与阀件连接。将专用法兰套入风管管壁，采用自攻螺钉固定。然后将法兰的另一面与阀件的法兰连接（图 5.2.2-2）。

4. 风管与圆形软接头连接

根据圆形软接头与所连接的风管尺寸制做一截异形管，将与软接头连接的一面切割一个圆口，与软接头法兰连接（图 5.2.2-3）。

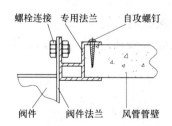

图 5.2.2-2　专用法兰连接示意图

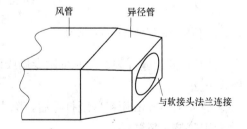

图 5.2.2-3　风管与圆形软接头连接

5. 风管与风口连接

1）平面风口的连接

按照设计风口的尺寸在风管管壁上开口，在开口处两边的保温层中插入由 0.5mm 厚镀锌钢板制做的"匚"形构件。将风口插入管壁开口处，用自攻螺钉将其固定于"匚"形构件上（图 5.2.2-4）。

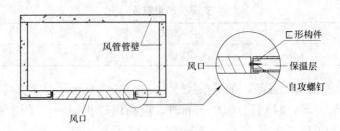

图 5.2.2-4　平面风口的连接

2）喉管风口的连接

当设计要求或风口带风阀（软接头）时，风口前需设置风管喉管。按照风口尺寸在风管管壁上开口，将喉管与主风管紧密连接（做法参见 5.2.2 主风管与支风管连接）。待粘结处固化后，将风口插入喉管，以自攻螺钉固定（图 5.2.2-5）。

当风管带软接头时，将软接头套在喉管外侧，四周紧压防锈薄金属板，自攻螺钉固定（图 5.2.2-6）。

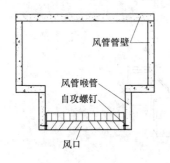

图 5.2.2-5　喉管风口的连接

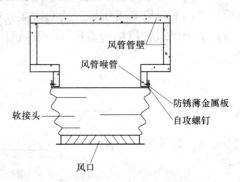

图 5.2.2-6　带软接头风口的连接

5.2.3　伸缩节的制做

1. 当风管直管长度大于 20m 小于 30m 时，管段中间设置 1 个伸缩节。当直管长度大于 40m 时，则每 30m 设置 1 个伸缩节。在伸缩节两端 500mm 处应设置防摆支架。

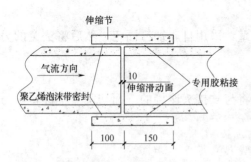

图 5.2.3　伸缩节的制做（单位：mm）

2. 伸缩节由板材制做。其内径尺寸为风管外径加 6mm，长度为 250mm。首先将两节相连的风管间留 10mm 的缝隙以便伸缩，将伸缩节粘结在气流下游的风管外壁（粘结面须用粗砂纸打毛），粘结长度为 150mm。在气流上游风管外壁粘贴厚度为 3mm 的聚乙烯泡沫带（起密封作用），粘贴长度为 100mm，将伸缩节套入，作为伸缩滑动面。最后用捆扎带将伸缩节捆紧，固化成型（图 5.2.3）。

5.2.4　风管连接处裂缝的修复

1. 如风管连接处缺胶或胶体过稠、未按规定正确设置伸缩节时，易导致连接缝开裂。此时可用专用胶修复。

2. 修复方法：

1）在裂缝周围 50mm 用粗砂纸打毛后，除去杂物；

2）将专用胶挤入裂缝；

3）在裂缝处贴上厚度为 0.2mm 的玻璃纤维布，用专用胶修复平整。

5.2.5　小板的拼接

1. 切割后产生的边料（小板）可用专用胶拼接，用于边长小于等于 500mm 的风管。

2. 用钢丝刷刷去拼接处泡沫板 1.5mm，涂上专用胶。

3. 将拼接面靠紧，确保拼接平整固化。

5.2.6 风管的安装

1. 制做支、吊架：

1）标高确定后，按照风管系统所在的空间位置，确定风管支、吊架形式及数量。

2）风管支、吊架的制做应注意的问题：

a. 支架的悬臂、吊架的吊铁采用角钢或槽钢制成；斜撑的材料为角钢；吊杆采用圆钢；扁铁用来制做抱箍。

b. 支、吊架在制做前，首先要对型钢进行矫正，矫正的方法分冷矫正和热矫正两种。小型钢材一般采用冷矫正。较大的型钢须加热到900℃左右后进行热矫正。矫正的顺序应该先矫正扭曲、后矫正弯曲。

c. 风管支、吊架制做完毕后，应进行除锈，刷防锈漆二遍、面漆一遍。

2. 设置吊点根据吊架形式设置，有预埋件法、膨胀螺栓法、射钉枪法等。当采用预埋件法设置时应参照下列工序：

1）前期预埋：一般由预留人员将预埋件按图纸坐标位置和支、吊架间距，牢固固定在土建结构钢筋上。

2）后期预埋：在楼板下埋设吊件时，先确定吊卡位置后用冲击钻在楼板上打一透眼，然后在地面剔出一个300mm长、深20mm的槽。将吊件嵌入槽中，用水泥砂浆将槽填平。

3. 安装支、吊架：

1）按风管的中心线找出吊杆敷设位置，可以按托盘的螺孔间距或风管的中心线对称安装。

2）吊杆根据吊件形式可以焊在吊件上，也可挂在吊件上。焊接后应涂防锈漆。

3）立管管卡安装时，应先把最上面的一个管件固定好，再用线锤在中心处吊线，下面的管卡即可按线进行固定。

4）当风管较长时，需要安装一排支架时，可先把两端的安好，然后以两端的支架为基准，用拉线法找出中间支架的标高进行安装。

5）支吊架的吊杆应平直、螺纹完整。吊杆需拼接时可采用螺纹连接或焊接。连接螺纹应长于吊杆直径3倍，焊接宜采用搭接，搭长度应大于吊杆直径的8倍，并两侧焊接。

4. 支、吊架安装应注意的问题：

1）风管安装，管路较长时，应在适当位置增设吊架防止摆动。

2）支、吊架的标高必须正确，对于有坡度要求的风管，托架的标高也应按风管的坡度要求。

3）风管支、吊架间距如无设计要求时，风管长边小于等于400mm时，吊杆间距不大于4m；风管长边大于400mm小于等于1250mm时，吊杆间距不大于3m；风管长边大于1250mm小于等于2500mm时，吊杆间距不大于2m；风管长边大于2500mm时，吊杆间距不大于1.5m。

4）垂直安装的风管支架间距不大于3m，支架应能负担3000mm风管的重量。并设置橡胶垫，单根直管至少应有2个固定点。

5）支吊架不宜设在风口、阀门、检查门及自控机构处，离风管或插接管的距离不宜小于200mm。

6）支、吊架的预埋件或膨胀螺栓埋入部分不得油漆，并应除去油污。

5. 风管安装就位：

1）在地面上将风管连接好，一般可接长至10～20m左右。

2）根据现场具体情况，在梁柱上选择两个可靠的吊点，然后挂好捯链或滑轮。

3）用麻绳将风管捆绑结实，绳索不得直接捆绑在风管上，应用长木板托住风管的底部，四周应有软性材料做垫层，方可起吊。

4）起吊时，当风管离地200～300mm时，应停止起吊，仔细检查捯链或滑轮受力点和捆绑风管的绳索，绳扣是否牢靠，风管的重心是否正确。没问题后，再继续起吊。

5）风管放在支、吊架后，将所有托铁和吊杆连接好，确认风管稳固好，才可以解开绳扣。

6）风管分节安装：对于不便悬挂滑轮或因受场地限制，不能进行吊装时，可将风管分节用绳索拉到脚手架上，然后抬到支架上对正逐节安装。

6. 部件安装：，

1）风管各类调节装置应安装在便于操作的部位。

2）防火阀安装，方向位置应正确，易熔件应迎气流方向。排烟阀手动装置（预埋导管）不得出现死弯及瘪管现象。

3）止回阀宜安装在风机压出端，开启方向必须与气流方向一致。

4）变风量末端装置安装，应设独立支吊架，与风管接前应做动作试验。

5）各类排气罩安装宜在设备就位后进行，风帽滴水盘或槽安装要牢固、不得渗漏，凝结水应引流到指定位置。

6）手动密闭阀安装时阀门上标志的箭头方向应与受冲击波方向一致。

5.2.7　严密性检验

风管系统安装后，必须进行严密性的检测，检验分为三个等级。

1. 低压系统为一般的通风、排气和舒适性空调系统。它们对系统的严密性要求相对较低，国家规范中建议采用抽检，在加工工艺得到保证的前提下，采用漏光法检测，检测不合格时，按规定的抽检率做漏风量测试。

漏光法检测应采用具有一定强度的安全光源，手持移动光源可用不低于 100W 带保护罩的低压照明灯，或其他低压光源。检测时光源可置于风管内侧或外侧，但其相对侧应为暗黑环境。检测光源应沿着被检测接口部位与接缝作缓慢移动，在另一侧进行观察，当发现有光线射出，则说明查到明显漏风处，应做好记录。低压系统风管以每 10m 接缝，漏光点不大于 2 处，且 100m 接缝平均不大于 16 处为合格。当发现条缝形漏光，应作密封处理。

2. 中压系统为低级别的净化空调系统、恒温恒湿与排烟系统等，对风量的质量有较高的要求，应进行系统漏风量的抽查检测。检测应在漏光法检测合格后，对系统漏风量测试进行抽检，抽检率为20%，且不得少于 1 个系统。

3. 高压系统风管的严密性检验，为全数进行漏风量测试。

漏风量测试应采用经检验合格的专用测量仪器（如风管漏风测试仪、倾斜微压计、U 形压力计等），或采用符合国家标准《流量测量节流装置》规定的计量元件搭设的测量装置。

5.2.8　其余注意事项

1. 低温送风状态，保温层应按设计要求加厚，可选用生产厂家的特殊型复合风管。

2. 当使用环境相对湿度长期大于 80% 时，风管内壁需进行防水处理。主风管应设置排水坡度，并在最低处设排液装置防止积水。

3. 可在洁净空调系统中使用本风管。在风管安装后，清除灰尘，在风管内壁涂刷专用涂料。

4. 安装在室外的风管应增加设置防雨隔湿措施。

6. 材料与设备

6.1　材料

6.1.1　主要材料

玻镁复合风管板材外层为高强度无机材料，中间层为难燃聚苯乙烯泡沫保温材料。板材最外层覆有高强度保护膜。

玻镁复合风管的抗弯强度大于 2.0MPa，在室温 24℃下导热系数小于 0.06W/(m·K)，产品吸水率小于 12%，风管表面绝对粗糙度 0.2mm，耐腐蚀（耐酸、耐碱）性能良好，风管承压可达 2500Pa。原材料无毒无污染，使用中不会挥发异味及有害物质，无粉尘及纤维。生产厂家的产品经国家防火建筑材料质量监督检验中心及国家建筑材料测试中心检测达到建材燃烧性能等级不燃 A 级。

6.1.2 辅材

1. 专用胶：专用胶组成成分即为板材外层之高强度无机材料。

2. 专用法兰：玻镁复合风管采用专用法兰，用于风管与阀件及其他配套设备的连接。其安装示意图见图 5.2.2-2。

3. 其他附件：保温型加强柱、非保温型加强柱、支吊架等。

6.2 主要施工机具、仪器、仪表

6.2.1 施工机具

平台切割机（切割不同规格的风管板材）、手提切割机（切割三通、弯头、异径管等管件用板材）、砂轮切割机（切割型材）、绞丝机（加工吊杆螺纹）、冲击电钻（膨胀螺栓安装用）。

6.2.2 仪器、仪表及量具

风速仪、低压照明灯、风管漏光测试仪、倾斜微压计、U 形压力计、温度计、噪声仪、钢板尺、钢卷尺、角尺、水平尺及线坠等。

7. 质 量 控 制

7.1 质量标准

7.1.1 一般规定

1. 对风管质量的验收，应按其材料、系统、类别和使用场所的不同分别进行，主要包括风管的材质、规格、强度、严密性与成品外观质量等项内容。

2. 风管系统安装后，必须进行严密性试验，合格后方能交付下道工序。风管系统严密性试验以主、干管为主。在加工工艺得到保证的前提下，低压风管系统可采用漏光法检测。

7.1.2 主控项目

1. 防火风管的本体、框架与固定材料、密封垫料必须为不燃材料，其耐火等级应符合设计的规定。

检查方法：查验材料质量合格证明文件、性能检测报告，观察检查与点燃试验。

2. 复合材料风管的覆面材料必须为不燃材料，内部的绝热材料应为不燃或难燃 B1 级，且对人体无害的材料。

检查方法：查验材料质量合格证明文件、性能检测报告，观察检查与点燃试验。

3. 风管必须通过工艺性的检测或验证，其强度和严密性要求应符合设计或下列规定：

1）风管的强度应能满足在 1.5 倍压力下接缝处无开裂。

2）矩形风管的允许漏风量应符合表 7.1.2 要求。

矩形风管的允许漏风量   表 7.1.2

低压系统风管	$Q_L \leqslant 0.1056 P^{0.65}$	高压系统风管	$Q_H \leqslant 0.0117 P^{0.65}$
中压系统风管	$Q_M \leqslant 0.0352 P^{0.65}$		

3）排烟、除尘、低温送风系统按中压系统风管的规定。

检查方法：检查产品合格证明文件和测试报告，或进行风管强度和漏风测试。

4. 矩形风管弯管的制做，一般应采用曲率半径为一个平面边长的内外同心弧形弯管。当采用其他形式的弯管，平面边长大于 500mm 时，必须设置弯管导流片。

检查方法：观察检查。

5. 在风管穿过需要封闭的防火、防爆的墙体或楼板时，应设预埋管或防护套管，其钢板厚度不应小于 1.6mm。风管与防护套管之间，应用不燃且对人体无危害的柔性材料封堵。

检查方法：尺量，观察检查。

6. 风管安装必须符合下列规定：

1）风管内严禁其他管线穿越；

2）输送含有易燃、易爆气体或安装在易燃、易爆环境的风管系统应有良好的接地，通过生活区或其他辅助生产房间时必须严密，并不得设置接口；

3）室外立管的固定拉索严禁拉在避雷针或避雷网上。

检查方法：手扳、尺量、观察检查。

7. 输送空气温度高于 80℃的风管，应按设计规定采取防护措施。

检查方法：观察检查。

7.1.3 一般项目

1. 风管的表面应光洁、无裂纹、无明显泛霜和分层现象。

检查方法：观察检查。

2. 风管的连接应平直、不扭曲。明装风管水平安装，水平度的允许偏差为 3/1000，总偏差不应大于 20mm。明装风管垂直安装，垂直度的允许偏差为 2/1000，总偏差不应大于 20mm。暗装风管的位置，应正确、无明显偏差。

检查方法：尺量、观察检查。

3. 复合材料风管的安装应符合下列规定：

1）复合材料风管的连接处，接缝应牢固，无孔洞和开裂。当采用插接连接时，接口应匹配、无松动，端口缝隙不应大于 5mm；

2）支、吊架的安装宜按产品标准的规定执行。

检查方法：尺量、观察检查。

7.2 质量保证措施

7.2.1 施工中质量检查严格按《通风与空调工程施工及验收规范》（GB 50243—2002）及专业施工图集的要求进行。

7.2.2 为了确保施工质量，坚持按照设计图纸及图纸会审的要求进行施工，并严格按图纸会审后的交底记录去做。如施工中发现图纸与现场发生矛盾难以施工时，必须征得设计单位或甲方有关人员同意，接到变改通知后方可修改施工。

7.2.3 严格控制产品质量，设备和材料应有合格证、质保书以及国家有关部门检测报告等相关文件资料，材料应在验收合格后方可使用。

7.2.4 坚持技术复核制度，搞好实测实查。隐蔽工程施工质量，要进行技术复核工作，各种数据由项目技术员进行实查实测，随时做好检查评定，达不到要求应进行返工直到符合为止，保证施工质量。

7.2.5 到场的材料和风管应放置在通风防潮地带并分类按规格分区域堆放，防止产生弯曲变形，且有明显的标识区分。

7.2.6 风管在安装运输过程中应轻拿轻放、严禁扔甩，避免碰撞，损坏风管，严禁用风管当作脚手架和吊设物件的支架，风管被污染后应及时清理干净，严禁踩踏风管。

7.2.7 风管下料要求准确，防止扭曲、变形；涂胶要均匀，胶水粘合达到使用的强度后方可进行下道工序操作，保证风管的漏风率达到要求。

7.2.8 合理确定支吊架的位置、间距、结构，确保风管的线性布置。

8. 安全技术措施

8.1 施工人员在进入施工现场时，必须严格遵守现场的各项规章制度，接受三级安全教育，安全责任人必须将安全技术措施以书面形式向施工人员交底，施工员和班组长要对施工人员进行工程特点介绍和现场安全教育。每日上岗前应进行班前安全交底并有记录。

8.2 施工现场临时用电要按《施工现场临时用电安全技术规范》JGJ 46—2005 要求执行，电动机具必须实行一机一闸一开关箱，配电线路必须按规定装设漏电保护器。所有电动机具必须接地良好，电源装拆应由电工进行；使用机具的人员必须了解机具的性能，遵守机具的操作规程。

8.3 使用砂轮切割锯切割板材、角钢、吊杆时，操作人员应站在砂轮片的侧面。在锯切过程中用力要平稳，砂轮机锯切时旋转切线方向3m内不许站人。

8.4 绞丝机套吊杆螺纹扣时，操作人员不得戴手套操作。

8.5 安装风管打支吊架胀管螺栓孔等高空作业时，必须要有稳妥的工作平台或脚手架。

8.6 风管在现场吊装时，要有专人指挥，要选择可靠的吊点，绑扎结实。吊装时，风管下严禁站人。

8.7 安装风管时，不得上下抛掷工具或材料。高处作业中使用的物料应堆放平稳，工具应随手放入工具袋，作业场所有坠落可能的物件应先行撤除或加以固定。

8.8 通风管道复合板材运到施工现场应堆放平整，底部应垫高。材料堆放处和材料加工点应设灭火器。

8.9 如在复合风管附近施焊，应采取措施，防止焊渣溅到复合风管上。安装就位的风管应及时固定。

8.10 使用梯子登高作业时，梯子应完好，无缺档，梯脚底部应坚实、防滑。立梯工作角度以75°±5°为宜；人字折梯使用时上部夹角以35°～45°为宜，铰链必须牢固，并有可靠的拉撑措施。

9. 环 境 措 施

9.1 环境管理措施

9.1.1 因玻镁复合风管的芯材为聚苯乙烯材料，该材料质轻，易飘散，所以现场制做风管时，应采取防止其飞扬的覆盖、收集措施。

9.1.2 每道工序施工完毕应及时清理废料，施工中的废料应装袋，不可散落在施工现场。做到工完场清。

9.1.3 搬运大板材应多人合作，不得在地上拖拉板材。

9.2 职业健康安全管理措施

9.2.1 进入施工现场的作业人员，必须首先参加安全教育培训，考试合格方可上岗作业，未经培训或考试不合格者，不得上岗作业。现场注意防火，不许吸烟、喝酒。

9.2.2 正确使用个人防护用品和安全防护措施。进入施工现场，必须正确戴好安全帽，系好下颏带。高处作业的人员衣着要灵便，禁止穿拖鞋、硬底和带钉或易滑的鞋子。在没有防护设施的高处（2m及以上）施工，必须系好安全带。

9.2.3 胶水搅拌及粘结过程中，应采取局部排风等方式，保证人员的操作区域空气洁净。操作人员还应佩戴相应的口罩、手套等劳动防护用具。

9.2.4 使用砂轮切割机等手持电动工具时，必须装有漏电保护器，作业前应试机检查；作业时应戴绝缘手套和防护镜。

10. 效 益 分 析

10.1 经过多个工程项目的使用和安装实践，将玻镁复合风管与大致同期进行施工的采用不同材料风管的工程进行各方面性能效益分析比较，结果如表10.1所示。

三种风管性能效益比较表 表 10.1

序号	风管材料 比较项目	玻镁复合风管（诺特 NT-Ⅰ）	聚氨酯铝箔风管	镀锌薄钢板风管（保温）
1	防火性能	不燃 A 级	不燃 A 级	不燃 A 级
2	漏风率	<2%	<2%	<10%
3	空气品质	无尘	无尘	易生锈、滋生细菌
4	制做安装	板材工厂机械制做，现场拼装，人工用量少，机械耗用量少，速度快、调整方便	板材工厂制做，现场拼装，人工用量少，机械耗用量少，速度快	工厂制做或现场制做，人工用量大，机械用量多，防腐保温复杂，速度慢
5	辅材消耗	无法兰粘结，辅材少	需专用连接件，加固辅件多	法兰、加固等辅材多
6	主材价格	比聚氨酯铝箔风管低和镀锌薄钢板风管（加保温）低，比镀锌薄钢板风管（不保温）高	主材价格相对较高	风管主材价格较低，但加上保温材料价格相对较高
7	单位面积工程造价	比聚氨酯铝箔风管约低 10%～15%，比镀锌薄钢板风管（加保温）约低 10%～20%	与镀锌薄钢板风管（加保温）相当，比镀锌薄钢板风管（不保温）约高 25%～35%	造价相对较高
8	维护保养	不需要	铝箔易遭破坏	注意防锈
9	使用寿命	15～20 年	15～20 年	8～10 年

10.2 从表 10.1 的比较分析可以看出

10.2.1 玻镁复合风管与镀锌薄钢板风管相比。对于不需保温的镀锌薄钢板风管来讲，是玻镁复合风管工程造价相对高些，但如果综合了使用寿命玻镁复合风管还是有一定综合经济优势；而对于保温镀锌薄钢板风管，则玻镁复合风管工程经济效益明显。

10.2.2 玻镁复合风管与聚氨酯轻质复合型风管进行比较，玻镁复合风管直接经济优势较明显。

10.2.3 玻镁复合风管采用无法兰连接漏风率小，风管内表面光滑风阻小，导热系数小保温性能佳，能有效地达到节能效果，社会效益明显。

10.2.4 玻镁复合风管本身就是一个很好的管式消声器，能有效地吸收噪声达到降噪效果；同时玻镁复合风管在生产、制做、安装及使用过程中不生锈、不发霉、不积尘、无粉尘及纤维、无臭味，具有明显的环境效益。

10.2.5 玻镁复合风管的制做安装的人工用量比传统镀锌薄钢板风管少，且风管不用保温，因此其安装工期比传统镀锌薄钢板风管要短很多，可以使得工程早日投入使用，早日获得收益。

11. 应 用 实 例

11.1 温州大世界购物中心工程

温州大世界购物中心位于温州市西城路，是一家综合性购物超市，其通风、空调工程采用玻镁复合风管，风管制做、安装工程量约 6900m²，工程从 2003 年 3 月开工，2004 年 1 月竣工。胶粘成型的复合风管外观光滑、顺直美观；通风空调工程自运行投入使用以来，消声效果良好，风管表面无泛霜、起层、开裂等现象，内层及风口处无附着凝结水产生，无漏风现象发生，最不利点的空调效果理想，性能达到设计要求。与传统的镀锌薄钢板＋外保温风管相比较，直接经济优势明显。

11.2 温州雪山路 5-2 号地块工程

温州雪山路 5-2 号地块位于温州市雪山路，是一个集住宅和商业于一体的综合性住宅区。其地下室功能为机动车停车库，防排烟和通风系统工程采用玻镁复合风管，风管总面积约 5200m²；风管制做安装于 2004 年 10 月开工，2005 年 1 月竣工。自竣工投入使用 2 年多时间以来，在日常的通风换气中噪声小，严密性好，各项设计和使用参数全部达到要求，且表面平整没有任何破损和腐蚀现象，获得了很高的用户满意度，一致认为玻镁风管的性价比高与镀锌薄钢板风管。

11.3　温州瑞安康欣花园工程

温州瑞安康欣花园位于温州市瑞安塘下，该工程在 2006 年 5 月竣工。工程的通风分部工程采用玻镁复合风管，风管总面积约 6100m²。风管自投入使用以来，整体顺直平整、不变形、强度可靠，风管表面未发现泛霜、起层、开裂等现象，风管消声效果良好且无漏风现象发生，通风系统各项技术参数均达到了设计要求。玻镁复合风管施工工艺成熟，施工质量可靠，综合性价比好于传统风管，用户反映良好。

管道沟槽式卡箍连接施工工法

YJGF306—2006

浙江省开元安装集团有限公司
宁波建工集团工程建设有限公司
浙江省诸暨市工业设备安装公司
上海市第一建筑有限公司
冯喜春 盛方伟 童新华 蒋兆忠 吴凯民 张华

1. 前 言

随着安装技术的迅猛发展，沟槽式卡箍连接作为管道连接的一种新工艺，已越来越广泛地应用于工程各类管道的连接中，这是管道连接的一次革命，它改变了传统管道焊接、法兰连接与螺纹连接的模式，是一种快速、可靠、简易、环保、经济实用的连接方式。

为能更好地推广和应用这一新技术，对施工技术和施工工艺进行了重点分析与关键突破，结合施工现场的实践，编制了该工法，用来指导这一技术的应用。本工法解决了管道安装运输、支架设置、卡箍伸长量等难题。

2. 工 法 特 点

2.1 施工场地简单、占地少，施工不受气候影响和限制。改变了传统工艺需要很大的加工场地，适宜工厂化预制。

2.2 便于水平及垂直运输，特别是改造工程可不受原建筑环境的限制，大大提高了管道的运输效率。如在长管道运输不便的条件下，可按楼层高度定制管长分段运输。

2.3 与管道采用焊接连接方式相比，免除了先焊接后再送去镀锌的工序，可先镀锌后预制；并且管道只需通过长度定位即可预制成型，减少了相关工作的制约，有利于施工工期的合理安排。

2.4 改变了传统施工技术型工人的需求，无需特种作业上岗证，一般工人就可操作，操作简单、方便、快捷。

2.5 施工质量可靠，在规定工作压力下，压力越大密封性能越好。管道安装可根据需要任意调整角度和方向，避免了传统法兰连接因预制偏差而产生不可弥补的缺陷。

2.6 对施工环境要求不高，特别是在相对狭小的工作空间及场所施工，更是发挥了其优势。便于用户的使用维护，便于使用中管路的改造和延伸工作。

2.7 对大管径管道安装更能体现其简易、方便和实用的特点。

2.8 与传统法兰连接形式相比，其工作量小、辅材用料少、用工少，可大大节约施工费用和用户的投资成本。

2.9 解决了传统施工环保状态差的现状。管端连接处的间隙及橡胶密封圈，可有效地阻断振动传递从而防止噪声；因该连接方式不需要焊接，大大减少了明火作业，无焊接污染，不破坏镀锌层，不污染环境，有利于防火安全。

3. 适 用 范 围

沟槽式卡箍连接适用于新建、改建、扩建的建筑管道系统，工作压力不大于2.5MPa，管径在

$DN20\sim DN600$ 的范围，介质温度不超过 80℃ 的生活和生产冷、热水及消防给水等钢管连接工程。

4. 工艺原理

4.1 关键技术

4.1.1 通过对卡箍连接管道承压能力的计算、卡箍构造的研究和拉伸程度的分析、试验，确定沟槽加工的宽度，保证卡箍有效安装在沟槽内，消除因沟槽过宽导致卡箍连接处管道伸长量过大，提高管道运行的稳定性。

4.1.2 采用"分段式、多层次"施工，即每层设两只卡箍接头，层层设固定支架的方式，解决了高层建筑中长距离立管自身的膨胀问题，解决了高层建筑在场地、运输受限环境下的管道运输、安装及施工安全问题。

4.2 工程实例概况

以杭州第二长途通信枢纽施工实况为例加以说明。

杭州第二长途通信枢纽改造工程的特点是工程量大、工期紧、楼层高、在原建设已完工的基础上施工、有诸多工艺及施工环境的限制、新增加恒温恒湿冷却水系统、立管直线段长达 100.6m、管径大，利用原通信电缆预留孔（2000mm×490mm）安装 4 根 ϕ426 镀锌无缝钢管。如果使用传统的法兰连接方式施工，一是管道无法穿入原预留孔洞，二是即使勉强穿入孔洞，也存在着吊装时的安全隐患。为此，决定该系统采用沟槽式卡箍连接方式，可减小管道安装的间距。采用沟槽式连接工艺，特别是 ϕ426 大管径立管安装，是对传统施工工艺的挑战，更是对新工艺施工技术的良好实践。

4.2.1 卡箍连接管道承压能力、对卡箍构造的认识和拉伸程度进行分析

1. 先对管道进行滚压开槽，滚槽制做完成后，我们取一根 2.3m 和一根 2.2m 的 ϕ426 无缝钢管用卡箍连接，两端用卡箍连接封头封闭，取间距 5000mm 测量段，划线做好标记后进行水压试验，标记线内含有 3 个卡箍接头（图 4.2.1）。

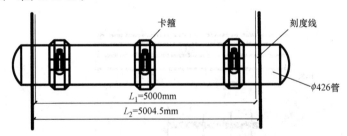

图 4.2.1 ϕ426 管道卡箍连接压力试验示意图

注：ϕ426 管子卡箍连接后如图 4.2.1 所示，先在管子上画上刻度线，刻度线间距 L_1＝5000mm，然后进行罐水试压，压力达到 2.5MPa，此时刻度线间距 L_2＝5004.5mm，得出卡箍伸长量（5004.5－5000）/3＝1.5mm/只，管子连接处无渗漏，压力试验合格，再降至 2.1MPa 持续 24h，做严密性试验检查，无渗漏。

结论：卡箍承压满足工程需要，并得出卡箍伸长量数据。

2. 当压力升高至试验压力 2.5MPa（设计工作压力：1.25MPa×1.5 倍＝1.875MPa，取卡箍厂家规定的最高试验压力进行强度试验，这样可以检验厂家产品使用的安全性），由于水压力作用，此时测量标记线间距为 5004.5mm，试验压力保持 15min 无渗漏无压降，然后降压至 2.1MPa 进行 24h 严密性试验无渗漏。通过此项试验，可确定该卡箍连接可以保证系统实际工作压力的需要。

4.2.2 卡箍伸长问题

从卡箍构造中分析发现，卡箍伸长与沟槽宽度有关（图 4.2.2）。

沟槽开槽时，要对卡箍沟槽宽度进行控制。卡箍凸边安装时嵌入沟槽内，沟槽起定位作用，沟槽开槽宽度越大，可拉伸的距离也越大；沟槽距管端侧一边离管端距离越近，可拉伸的距离则越大。沟槽宽度不能小于卡箍凸边宽度，间隙应控制在 1.5mm 内，偏差不超过±0.75mm。这样，既保证了卡箍有效安装在沟槽内，又不至于因为沟槽过宽使卡箍连接处导致管道伸长量过大及稳定性降低。

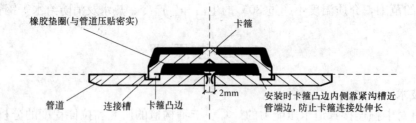

图 4.2.2　卡箍剖面示意图

4.2.3　由于预留孔小且预留孔四边底部均为结构梁，预留孔已无法加大。预留孔宽度只有 490mm，管道为 φ426，两边缝隙平均只有 32mm，这么小的距离，使用吊机吊装易产生吊装安全隐患；如果用葫芦吊装，因吊距问题经常要倒换葫芦，速度慢、达不到工期要求。为此，我们根据该系统为一套系统两个单元，单元之间互为备用的特点，决定采取分段安装的方法，即按照楼层高度 4.5m，每层分为两根管道，一根长 2.3m、另一根长 2.2m，利用已安装完成的运货电梯分部运输安装。考虑管道排布间距限制，相邻两根管道卡箍接头错开 150mm，保证了每层每根立管均有一根管道可拆除维护，这样既解决安装时的运输及吊装问题，又便于投入运行过程中的维修和卡箍橡胶垫圈的更换，特设计图示方法成功地进行了管道预制和安装（图 4.2.3），获得建设单位与设计单位的好评。

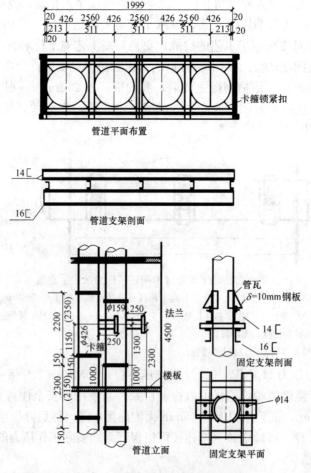

图 4.2.3　管道、卡箍及支架平剖面图（单位：mm）

注：① 立管上的所有支管均为 DN150、每层离楼面高度 2.3m，同层标高要求一致。

② 由于管道间距限制，相邻两根立管卡箍应上下错位 150mm，卡箍锁紧扣按图示 45°设置，以便于安装维护操作。

③ 每层须设固定支架。层高大于 5m，增加一个支架，增加的支架固定在两根立柱上。

④ 立管最低处管底设置管道固定支撑支架。

4.2.4 卡箍拉伸影响和确定管道支架的设置、安装方式

1. 计算钢管自重力及该管段水重力，立管直线段总长 $L=100.6m$，管径 $\phi426mm$，管壁厚 $\delta=12mm$。

$$W_{管}=0.02466\delta(D-\delta)L \tag{4.2.4-1}$$
$$=0.02466\times12\times(426-12)\times100.6$$
$$\approx12.3(t)$$
$$W_{水}=0.25\times10^{-6}\pi(D-2\delta)^2\times\rho L \tag{4.2.4-2}$$
$$=0.25\times10^{-6}\pi(426-212)^2\times1\times100.6$$
$$\approx12.8(t)$$

式中　$W_{管}$——钢管自重力 t；

　　　$W_{水}$——管段水重力 t；

　　　D——管道外径 mm；

　　　L——管道长度 m；

　　　δ——管道壁厚 mm；

　　　ρ——介质密度 t/m³。

2. 得出满水时管道重量 $G_{总}$：

$$G_{总}=(W_{水}+W_{管})\times4根 \tag{4.2.4-3}$$
$$=(12.8+12.3)\times4=100.4(t)$$

3. 得出每个楼层承重力 $G_{层}$：

$$G_{层}=G/22层 \tag{4.2.4-4}$$
$$=4.56(t/层)$$

从上述算式中得知，该段立管负荷运行总重达 100t，如果全部由管底承重或是隔几层承重，使楼层承重力过于集中，易引起楼板结构破坏；而采用分层承重，平均每层承重仅 4.56t。因此选择了每层设置固定支架的方式，以分散管道与水的自重力，且可以控制卡箍连接产生的管道伸长量问题。

4.2.5 从管道热胀冷缩角度考虑管道自身的伸长量

1. 根据设计要求，夏季冷却水温度为 32~37℃，室内环境温度最低为 24℃；冬季冷却水温度最高为 32℃，室内环境温度最低为 18℃，安装时环境温度为 24℃，我们取安装时环境温度及使用时最高介质温度为最大温差点，取一个楼层高度 4.5m 为计算单元，则每个楼层管道最大热膨胀量：

$$\Delta x=0.012(t_2-t_1)L \tag{4.2.5}$$
$$=0.012\times(37-24)\times4.5$$
$$=0.702(mm)$$

式中　Δx——管道热膨胀量，mm；

　　　L——管段长度，m；

　　　t_1——安装时环境温度，℃；

　　　t_2——运行时最高介质温度，℃。

2. 每层设有两个卡箍接头，每个卡箍接头承担最大管道热膨胀量为 0.351mm。考虑管道安装时管道接口处预留 2mm 的空隙，主要有三方面的作用：一是为今后使用维修时留有一定的缝隙，以便于管道拆装；二是考虑管道热膨胀伸长影响；三是可以固定卡箍接头拉伸空间，让每层的伸长量消耗在当层中，解决了长距离管道安装时管道热膨胀及卡箍接头拉伸造成系统总伸长量过大的问题。

5. 施工工艺流程及操作要点

5.1 卡箍连接工艺流程（图 5.1）

5.2 操作要点

5.2.1 管端切口应平整，切口处毛刺应用砂轮打磨平整。

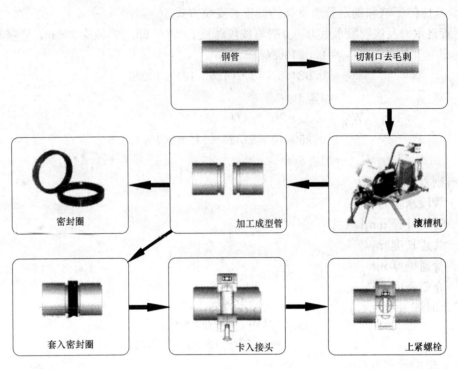

图 5.1　卡箍连接工艺流程

5.2.2　检查管端：管道从末端至开槽的外部，必须无刻痕、凸起或滚轮印记，保证其防漏密封。

5.2.3　滚槽前应根据管子大小及压制的沟槽深浅调整限位装置，使压制的沟槽深度在规定的范围之内；如果压制的管子规格变化时，需重新调整。

5.2.4　滚槽时，管子加工端应紧贴滚槽机滚轮上面，用水平仪测量钢管水平度，调整钢管使之保持水平。

5.2.5　用游标卡尺及专用管外径测量尺检查沟槽的宽度、深度及沟槽外径，加工后的数据应符合卡箍生产厂家的技术参数要求。

5.3　安装要点

5.3.1　应遵循先装大口径、总管、立管，后装小口径、分支管的原则，有序安装。

5.3.2　检查垫圈标色，是否符合设计规定的温度、介质和使用年限要求。然后用润滑剂将垫圈的凸缘与垫圈的外侧表面进行润滑；安装时把密封圈套入管子的一端，然后将另一管子与该端管口对齐，把密封圈移到两管子密封处，密封圈两侧不应伸入两管子的沟槽。

5.3.3　对接管口两端处应留有 2mm 左右间隙，校直两管中轴线。

5.3.4　检查确认卡箍凸边全圆周卡进沟槽内，将螺栓稍加紧固；然后稍许提升上根管道，使卡箍凸边内侧与沟槽靠管端侧贴紧后将螺栓紧固，紧固螺栓时用力要均匀；紧固后，卡箍两片之间不允许产生错位。

5.3.5　在安装卡箍件过程中，必须目测检查橡胶密封圈放置平顺、到位，防止起皱。

5.3.6　管道支架、吊架、防晃支架的设置应安装固定牢固，固定支架要起到固定管道不产生位移的作用，其形式、加工尺寸及焊接质量应符合设计要求和现行有关标准的规定。

5.3.7　管道转弯处、有阀门的位置及立管底部应增设固定支架，固定支架设置位置建筑结构应有足够的承载能力。

5.3.8　管道安装完毕进行系统试压，试压前全面检查各部件、支架等是否安装到位。

5.3.9　管道试压可分段、分片进行。

5.3.10　当管道承压时，不得转动卡箍、螺母等部件。

5.3.11　管道压力试验介质采用清水，管道试验压力、持续时间、试压合格标准应符合设计和国家有关验收规范要求。

5.3.12 管道压力试验合格后打开底部排水阀放水，同时将管内污物排出。

5.3.13 系统安装完成，应进行系统冲洗。

6. 材料与设备

6.1 管材

6.1.1 沟槽式连接管道采用钢管，也可采用镀锌焊接钢管和焊接钢管、镀锌无缝钢管和无缝钢管、衬塑钢管等。

6.1.2 镀锌钢管内外表面的镀锌层不得脱落和有锈蚀等现象。

6.1.3 管材应进行现场外观检查，表面应无裂纹、缩孔、夹渣、折叠和重皮。

6.1.4 管材应符合设计要求和国家现行有关标准的规定，并应具有出厂合格证。

6.1.5 沟槽式管接头采用的平口端环形沟槽采用专门的滚槽机加工成型，可在施工现场按配管长度进行沟槽加工，标准滚压开槽尺寸应符合表6.1.5。

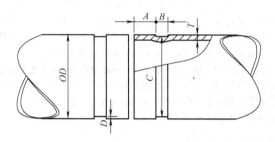

滚制沟槽数据参照表　　　　　　　　　　　　　　　　　　　　表 6.1.5

标准规格 in	管道标准外径 OD 及尺寸公差			密封圈尺寸	沟槽宽	槽底直径 C		沟槽深	最小壁厚	最大管张口
	标准外径	尺寸公差		A	B	标准	公差	D (参考)	T	
	mm	+mm	-mm	±0.76 mm	±0.76 mm	mm	mm	mm	mm	mm
1-1/4	42.4	0.50	0.60	15.88	8.74	38.99	-0.38	1.60	1.65	45.0
1-1/2	48.3	0.44	0.52	15.88	8.74	45.09	-0.38	1.60	1.65	51.1
57.0	57.0	0.61	0.61	15.88	8.74	53.85	-0.38	1.60	1.65	59.7
2	60.3	0.61	0.61	15.88	8.74	57.15	-0.38	1.60	1.65	63.0
76.1	76.1	0.76	0.76	15.88	8.74	72.26	-0.46	1.98	2.11	78.7
3	88.9	0.89	0.79	15.88	8.74	84.94	-0.46	1.98	2.11	91.4
108.0	108.0	1.07	0.79	15.88	8.74	103.73	-0.51	2.11	2.11	110.5
4	114.3	1.14	0.79	15.88	8.74	110.08	-0.51	2.11	2.11	116.8
133.0	133.0	1.32	0.79	15.88	8.74	129.13	-0.51	2.11	2.77	135.9
5	141.3	1.42	0.79	15.88	8.74	137.03	-0.56	2.13	2.77	143.8
159.0	159.0	1.60	0.79	15.88	8.74	154.50	-0.56	2.16	2.77	161.3
165.1	165.1	1.60	0.79	15.88	8.74	160.90	-0.56	2.16	2.77	167.6
6	168.3	1.60	0.79	15.88	8.74	163.96	-0.56	2.16	2.77	170.9
8	219.1	1.60	0.79	19.05	11.91	214.40	-0.64	2.34	2.77	223.5
10	273.0	1.60	0.79	19.05	11.91	268.28	-0.69	2.39	3.4	277.4

续表

标准规格 in	管道标准外径 OD 及尺寸公差			密封圈尺寸	沟槽宽	槽底直径 C		沟槽深	最小壁厚
	标准外径	尺寸公差		A	B	标准	公差	D (参考)	T
									最大管张口
	mm	＋mm	－mm	±0.76 mm	±0.76 mm	mm	mm	mm	mm	mm
12	323.9	1.60	0.79	19.05	11.91	318.29	－0.76	2.77	3.96	328.2
377.0	377.0	1.60	0.79	23.83	11.91	371.44	－0.76	2.77	3.96	381.1
426.0	426.0	1.60	0.79	23.83	11.91	420.44	－0.76	2.77	4.19	430.1
480.0	480.0	1.60	0.79	25.40	11.91	474.44	－0.76	2.77	4.19	484.1
530.0	530.0	1.60	0.79	25.40	11.91	524.44	－0.76	2.77	4.78	535.1
630.0	630.0	1.60	0.79	25.40	12.70	620.86	－0.76	4.37	5.54	635.1

注：1. 管道标准外径及尺寸公差 OD：在滚制沟槽前确认管道外径是否符合参照表要求，如不符合则管道不适合滚制沟槽。

2. 密封面尺寸 A：确认密封面尺寸符合表 6.1.5 要求，如果偏大则影响接头安装，偏小则影响接头密封性能；管子表面不应有凹痕、滚压印记，从管端至沟槽无凸出物，所有污物、碎屑都必须予以清除，以保证垫圈密封结构的密实性。

3. 槽底直径 C 与沟槽深 D：主要是控制槽底直径，沟槽深仅作参考。槽底直径关系到接头的承压能力，如果槽底直径偏大则会出现接头脱扣的可能；槽深度应均匀一致，槽底部不得有可能会影响管接头连接质量的污物和杂质。

4. 最小壁厚 T：控制滚制沟槽后管道的质量，如果偏小则会出现管道开裂或降低管道承压能力。

5. 最大管端张口：管道滚制沟槽后一般都会产生管端张口，如果管道的张口大或压制过快均有可能超出上表要求，这将会导致接头的安装质量及密封圈外露影响接头密封性能。

6.2 卡箍接头、沟槽式管件和附件

6.2.1 提供沟槽式产品的生产厂家或代理商应向施工单位提供该产品的有关技术数据和专用加工工具，并进行技术交底。

6.2.2 沟槽式卡箍接头应符合其生产厂家的企业标准。

6.2.3 组成刚性接头、挠性接头和支管的接头的卡箍件、橡胶密封圈和紧固件（螺栓、螺母）应由生产厂家配套供应。

6.2.4 沟槽式卡箍接头部件（金属壳体、橡胶密封圈、螺栓和螺母）应根据管道内介质、压力、温度参数进行选用。

6.2.5 橡胶垫圈应质地柔韧、无老化变质或分层现象，表面应无折损、皱纹等缺陷。对输送生活饮用水的管道可采用天然橡胶、合成橡胶或硅橡胶；对输送含油和化学品等介质的管道应采用合成橡胶。

6.2.6 沟槽式管件接头采用的平口管件和附件，其端部的沟槽应在管件加工厂成型，不得在施工现场切割开槽。

6.2.7 卡箍件、转换接头、沟槽式管件的材料应采用球墨铸铁、铸钢（碳钢或不锈钢）或锻钢。在同一管道系统上，转换接头的材质应与管件的材质一致。

6.3 机具设备

6.3.1 主要机械设备器具表 6.3.1。

主要机械设备器具一览 表 6.3.1

序号	机械或设备名称	型号规格	数量	额定功率（kW）	备注
1	开孔机	VHCT	1	1.5	卡箍生产厂家提供
2	电动滚槽机	VE416 FSD	1	1.5	卡箍生产厂家提供
3	钢管切割机		2	0.75	

序号	机械或设备名称	型号规格	数 量	额定功率（kW）	备 注
4	电动试压泵	4DY-25/40	1	3	
5	工具车	NHR54E-1.25t	1		
6	液压升降台	9M-300kg	2	2.2	
7	台钻		1	0.75	
8	砂轮磨光机		4		
9	卷扬机	JJM-3t	1	5.5	
10	卷扬机	JJW-5t	1	11	
11	电焊机	BX3-300	2	30	
12	电焊机	JBX-60	1	3	
13	气焊机具		4		
14	冲击电钻	$\varphi14$	3	0.23	
15	手电钻	$\varphi6$	3	0.15	
16	千斤顶	5t	3		
17	手拉葫芦	1～10t	4		
18	压力表	1000～2.5	2		
19	水平仪		2		
20	游标卡尺		2		
21	管外径测量尺		若干		
22	钢卷尺		若干		

6.3.2 滚压开槽机及其使用方法

1. 滚压开槽机构造见图 6.3.2。

2. 滚压开槽机机构原理

将滚轮插入管道内壁，通过滚轮带动管道旋转，跟踪轮下压，开槽深度由一个可调节的止动销控制，根据卡箍构造尺寸确定沟槽开槽宽度"B"、管端至轧槽的边缘距离"A"进行滚槽，槽深根据滚制沟槽数据参照表或厂家产品说明要求确定。

3. 滚槽机操作步骤

1）检查工件，所要加工的钢管口应平整、无毛刺，焊管内的焊缝应磨平，其长度不小于 60mm。

2）将需要加工沟槽的钢管架设在滚槽机下压轮和托架上，托架位置宜设置在钢管中部略向外的位置。

3）调整钢管使其处于水平或在托架处略高一点，钢管端面与滚槽机主轴的固定位置应贴紧。

4）启动滚槽机电机，徐徐扳动轴泵手柄使上压轮滚压钢管至要求的沟槽深度。

5）用管外径测量尺和钢卷尺或游标卡尺检查沟槽的深度和宽度，确认符合要求。

6）卸荷，取出钢管。

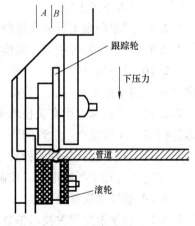

图 6.3.2 滚压开槽机构造示意图

7. 质 量 控 制

宗旨：加强质量管理制度；对施工作业人员质量意识教育和管理。加强材料、设备管理；加强过程控制；提高和保证工程质量，为创优夺杯打下基础。

7.1 本工法使用的施工规范及技术标准（根据管道工程性质选用）

《通风与空调工程施工质量验收规范》GB 50243；

《建筑给水排水及采暖工程施工质量验收规范》GB 50242；

《自动喷水及灭火系统施工及验收规范》GB 50261；

《工业金属管道工程施工及验收规范》GB 50235；

《沟槽式连接管道工程技术规程》CECS 151：2003；

《建筑工程施工质量验收统一标准》GB 50300。

7.2 质量管理

7.2.1 严格按质量管理体系、环境管理体系、职业健康安全管理体系三个标准要求和企业管理制度规定，落实质量目标管理责任、编制和落实质量目标计划、明确工序停止监检点。有序的进行工程建设的管理，从管理制度上为工程质量、安全生产提供有力的保证。

7.2.2 严格按施工验收规范、企业工艺标准和浙江省建筑设备安装工程《提高质量的若干意见》安装300条进行质量交底控制。

7.2.3 认真编制施工方案，根据规范和工程实际情况进行技术交底，新工艺、关键工序、特殊工序编制专项作业指导书或编制专项施工方案，质量保证资料与工程进度同步。

7.2.4 加强各工种间的协调与配合，加强与其他相关单位的工序协调工作，确保工程有条不紊的进行，以保证工程质量和工程进度。

7.2.5 材料由公司统一采购，所有材料均由公司物质合格供货方供应，并提供产品合格证，确保工程材料的质量符合国家标准和工程质量要求。

7.2.6 严格进场材料的自检和报验制度，所有材料必须标识挂牌，建立材料、设备入库、出库台账。

7.2.7 建立检测、检验制度，做好成品、半成品、待检品、合格品、不合格品标识。杜绝不合格品、待检品进入下道工序。

7.2.8 严格隐蔽工程的质量验收和控制，隐蔽前及时报监理单位验收。

7.2.9 认真做好各项工序的检验、试验工作，确保工程质量符合验收规范要求。

7.2.10 加强过程控制，工序之间进行三检制度，不合格工序不得移至下一道工序。关键过程在工序自检合格基础上，专职质检员实行全面跟踪检验。

7.2.11 项目部组织有关技术人员定期进行专业质量检查，专职质检员、专业施工员定期和不定期地进行专业质量检查，发现问题及时整改。

7.2.12 对可能存在的工程质量隐患、安全隐患，采取事前预防措施，并进行专项质量、安全交底，并在施工过程中严格把关、控制。

7.3 关键技术质量要求

7.3.1 必须根据相关技术参数表，对管道外径尺寸严格把关，防止管外径尺寸超出正常公差。

7.3.2 沟槽深度与沟槽宽度等数据必须严格控制，应符合表6.1.5的要求。

7.3.3 橡胶垫圈要认准颜色标识，复核垫圈适用范围是否符合本工程介质、温度、使用年限的要求，检查是否存在质量问题。

7.3.4 根据工程管道系统性质、介质温度，进行管道伸长量的计算，按本工法前述计算公式，确定支架形式和设置位置。

7.3.5 根据设计图纸要求，做好管道测绘工作。测绘必须准确，并绘制加工图，计划好各管段长度及支架位置。

7.3.6 管段预制必须满足运输、吊装、现场安装条件及运行维修的需要。加强下料时管段测量控制，确保预制精度符合设计、规范要求。

7.3.7 相关管件焊接应尽量减少分支管长线段焊接；固定支架保护管瓦与主管焊接为一体时，应注意避免管道表层的破坏。

7.3.8 在现场设备、关键连接点部位安装偏差未定的情况下，预留安装调节段或调节余量，安装时现场实地组对，精确下料。

7.4 施工质量检验方法

7.4.1 关键工序与检验方法见表7.4.1。

关键工序与检验方法表　　　　　　　　表7.4.1

工　序	检验方法	工　序	检验方法
1. 材料进场	抽样送检；核查合格证明	5. 系统通水	到场监督
2. 隐蔽工程	隐蔽前进行全部检验	6. 系统调试	到场监督
3. 管道系统试压、灌水试验	到场监督	7. 工程交工验收	检查全部施工记录和交工文件
4. 管道系统的吹洗	到场监督		

7.4.2 分部、分项工程质量检验方法见表7.4.2。

分部、分项工程质量检验方法表　　　　　　　　表7.4.2

检验项目	检验方法
1. 管道安装	
1）隐蔽管道及系统试压、吹洗	检查隐蔽、试压、吹洗记录
2）管道沟槽接口	观察、解体检查或检测尺检查
3）管道安装的允许偏差	用水平尺、直尺、拉线、吊线和尺量检查
4）管道支架和管座的安装	观察或用手扳检查
5）阀门安装	手扳检查和检查出厂合格证，试验等
2. 管道附件安装	
管道附件安装	观察、启闭检查和尺量检查

7.4.3 主要检验工具见表7.4.3。

主要检验工具表　　　　　　　　表7.4.3

序号	名　称	规格型号	序号	名　称	规格型号
1	水平仪	0.02/200	12	塞尺	
2	经纬仪	J2精度1	13	角尺	
3	平尺	2级/1m、2m	14	钢卷尺	30m
4	外径千分尺	0～250	15	管外径测量尺	
5	内径百分表	35～160	16	小手锤	
6	游标卡尺	0.02mm/0～300	17	活扳手	
7	深度游标卡尺	0.02mm～0～300	18	线锤	
8	百分表	0.01	19	磁性线锤	
9	照相机		20	压力表	Y100-2.501.5级
10	弹簧秤	50～100N	21	温度计	
11	水平靠尺	（自制）			

8. 安全措施

宗旨：强化工程施工安全的监督管理，消除安全隐患，最大限度控制安全事故的发生，保障生命和财产安全。

8.1 本工法使用的施工安全规范及标准

《施工现场临时用电安全技术规范》JGJ 46；

《建筑施工现场环境与卫生标准》JGJ 146；

《建筑施工安全检查评分标准》JGJ 59；

《建筑机械使用安全技术规程》JGJ 33；

《安装工人安全技术操作规程》。

8.2 安全措施

8.2.1 建立健全安全生产管理组织网络；建立安全生产管理责任制。

8.2.2 项目部配备专职安全员、安全管理人员。专职安全员必须持有通过政府级安全部门培训的安全员上岗证。

8.2.3 班组设兼职安全员，协助做好班组安全生产工作。

8.2.4 在进行高风险特种作业时，临时指定旁站监护员，协助专（兼）职安全员工作。

8.2.5 建立健全分公司、项目部、班组三级安全教育制度；建立健全安全管理台账；施工人员必须经安全考试合格后方可进场作业。

8.2.6 根据项目施工特点进行安全生产知识、现场管理制度和安全规章制度、现场安全用电、劳动纪律、文明施工等教育。

8.2.7 安全教育内容：安全技术操作规程（机具设备、工具性能、个人防护用品安全知识教育）；岗位安全教育；采用新技术、新工艺、新设备、新产品施工专项安全教育；特殊气候、夏季、长假日前后、扫尾工程必须及时进行针对性安全教育。

8.2.8 根据本专业施工作业内容进行针对性的书面安全交底，施工员对班组每周至少进行一次书面安全交底，班组长必须每天向组员进行班前书面安全交底。被交底人须在交底记录上签字确认，未接受安全交底的人员不得上岗作业。

8.2.9 正确的操作使用各类电动工具，对于大型或专用机械必须专人操作，并经过培训掌握机械设备的操作性能后方可进行作业。

8.2.10 吊装及特殊、高风险操作必须编制专项安全技术方案、制定安全预防措施，并通过分公司安全主管审查后进行落实实施。

8.2.11 特种作业人员必须持证上岗，严禁无证操作。

8.2.12 项目部必须定期进行安全生产、文明施工检查；根据建设部《施工现场临时用电安全技术规范》JGJ 46—2005 标准检查施工用电是否符合要求；根据《安装工人安全技术操作规程》检查施工安全操作是否符合要求，杜绝安全隐患；根据建设部《建筑施工安全检查评分标准》JGJ 59—99 标准实行安全自查评分，及时整改纠偏。

8.2.13 施工人员进入施工现场，必须严格执行"六大纪律"和"十项措施"；正确使用个人防护用品，严禁未戴安全帽进入施工现场；高空作业必须佩戴安全带。

8.2.14 不得穿凉鞋、高跟鞋、拖鞋或光脚进入施工现场；夜间施工必须有足够的照明，沟、槽、坑、洞及危险处应设红灯示警，防止人员坠落伤亡和物体坠落伤人；保证所有工具和设备的安全运行状态，只有在安全措施到位条件下，才能操作。

8.2.15 不得使用损坏的工具或设备，发现损坏必须及时向安全员报告，并由专业维修工进行修理。

8.3 安全预警措施

施工现场必须做好危险源安全警示工作：孔洞周围用护栏或彩旗围护警示；悬空场所悬挂高空坠落危险警示牌；交叉作业处悬挂防止高空坠物警示牌；危险源处张贴安全标语或悬挂安全预警警示牌；施工现场悬挂禁烟牌；加工场地悬挂设备机械设备安全操作规程和安全生产警示牌。

8.4 安全应急措施

8.4.1 目的：规定施工现场生产活动过程中可能发生各类紧急事故后的应急援救方案、方法；以各类事故发生后，所应急采取的对策及措施，控制和缓减事故可能产生的影响。

8.4.2 工程开工前应针对工程实际情况，根据国家安全生产法规、标准、规范，制定防火应急预案、防台应急预案、触电急救应急预案、食物中毒应急预案及临时用电安全管理、高处作业安全管理方案、防止物体打击安全管理方案、施工现场防火管理方案，保证文明施工，安全生产，确保生命和财产安全。

8.4.3 应急预案适用范围：适合所在施工现场任何时候可能发生的事故。

8.5 应急救援预案与措施

8.5.1 应急小组成员

领导小组组长：项目经理；

副组长：安全员；

组员：施工班组成员；

办公场所：项目现场办公室。

8.5.2 应急响应

1. 一旦发生事故，现场人员要进行紧急抢救，做好现场保护，并立即口头或书面通知项目负责人，由项目负责人上报上级有关主管部门。

2. 现场设一医务急救站，配备相应通过培训的急救员及常用急救药品，负责一般轻伤的处理。遇有重伤人员由现场目击者或急救员根据伤员的不同伤势分别采用人工呼吸、心脏按摩、外伤急救、止血、包扎直至护送医院等急救措施。

3. 立即拨打"120"进行紧急呼救，同时迅速弄清事故和现场情况，采取相应措施，防止伤害进一步扩大。

4. 当现场危险或伤害将进一步扩大时，要及时稳妥地安排伤员脱离危险区，并请急救员立即检查伤情进行救护。

5. 事故发生后，必须严格按国家建设部颁发的有关文件规定进行程序报告。

6. 成立现场事故调查领导小组，查清事故原因及事故责任。

7. 对事故责任者和其他施工人员进行教育，召开各种形式的事故分析会，组织有关人员参观事故现场，了解事故经过及原因，使大家受到教育。

8.5.3 应急训练

1. 根据施工现场的实际情况可定期、不定期地进行演习，定期检查施工场地的环境情况与器具。

2. 演习后要及时总结经验并做好记录，并对效果进行评价。

9. 环 保 措 施

宗旨：确保社会经济和环境的协调发展，改善环境质量，减轻或补偿由项目建设带来的负面影响，实现最小的环境影响。

9.1 本工法使用的环境保护法规及环保指标

9.1.1 环境保护法律、法规

1.《中华人民共和国环境保护法》；

2. 国务院第 253 号令《建设项目环境保护管理条例》；

3.《中华人民共和国水土保持法》；

4.《中华人民共和国水土保持法实施条例》；

5.《建筑施工现场环境与卫生标准》JGJ 146。

9.1.2 环境质量标准

1. 环境空气质量标准

执行《环境空气质量标准》GB 3095—1996 中的二级标准，详见表 9.1.2。

环境空气质量标准（mg/m³）　　　　　　　　　　　　　　　　表 9.1.2

序号	项目	取样时间	二级标准值	序号	项目	取样时间	二级标准值
1	TSP	日平均	0.30	4	CO	1 小时平均	10.0
2	PM10	日平均	0.15	5	NO2	年平均	0.08
3	SO2	小时平均	0.50			日平均	0.12
		年平均	0.15			1 小时平均	0.24
4	CO	日平均	4.0				

2. 环境噪声标准

执行《城市区域环境噪声标准》GB 3096—93 2 类标准，昼间 60dB，夜间 50dB。

9.1.3 排放标准

1. 噪声控制标准

厂界噪声：执行《工业企业厂界噪声标准》GB 12348 中 II 类标准昼间 60dB，夜间 50dB。

2. 废气排放标准

施工期废气排放执行国家《大气污染物综合排放标准》GB 16297 二级标准（新污染源）标准，其中 TSP≤150mg/m³。

3. 废水排放标准

截流污水排入城市管网，排放标准执行《污水综合排放标准》GB 8978 中三级标准，标准值见表 9.1.3。

废水排放标准（mg/L）　　　　　　　　　　　　　　　　表 9.1.3

序号	项目名称	最高允许浓度	序号	项目名称	最高允许浓度
1	BOD5	300	3	氨氮	35
2	CODCr	500	4	SS	400

9.1.4 施工期必要的监测计划（表 9.1.4）

监测计划　　　　　　　　　　　　　　　　表 9.1.4

环境要素	检测位置	检测项目	频次	执行标准	监测部门
大气		TSP	随机抽样	《环境空气质量标准》GB 3095—1996	公司安监部
噪声		LAeq	4 次/年	《城市区域环境噪声标准》GB 3096—93	公司安监部

9.2 环保措施

为了保护和改善生活环境与生态环境，防止由于建筑施工造成的作业污染和噪声扰民，保障建筑工地附近居民和施工人员的身体健康，应努力做好环境保护工作。

9.2.1 组织措施

1. 根据公司管理标推、国家省市规定、业主要求，结合工程的具体情况制定本工程《环境保护实施细则》，以细则的各项具体规定作为统一和规范全体施工人员的行为准则。同时，委派专门的环境保护工作人员，全面负责本项目的环境保护工作。

2. 加强环保教育和激励措施，把环保作为全体施工人员的上岗教育内容之一，提高环保意识。对违反环保的班组和个人进行处罚。

9.2.2 防止大气污染措施

1. 清理施工垃圾时使用容器吊运，严禁随意凌空抛撒造成扬尘。施工垃圾及时清运，清运时，适量洒水减少扬尘。

2. 工地上使用的各类机械执行相关污染物排放标准，不使用气体排放超标的机械。

3. 施工粉尘要及时处理，对易产生粉尘的施工部位采取加湿等措施，并采取措施限制粉尘流动的范围。

4. 所有施工车辆必须按指定的路径行驶，严禁在现场乱停、乱放、乱行驶，运输和卸运时小心轻放，防止灰尘飞扬。

5. 严禁在施工区禁火焚烧垃圾及有毒、有恶臭物体。

9.2.3 防止光污染措施

1. 电弧焊和射线探伤除操作者自身防护外，防止对他人造成伤害。控制施工现场的光污染，对产生光污染部位采用屏障隔离，做到施工不扰民。

2. 大功率照明必须限制照射范围，不得直射场内外道路和非施工区。

9.2.4 防止水污染措施

1. 办公区、施工区、生活区合理布置排水明沟、排水管，做到污水不外流，场内无积水，排水排污严格按业主统一规定的排出路径和出口排放，严禁自行随意排放。及时清理排水、排污管路和沟渠，保持排放畅通。

2. 临时食堂附近设置简易有效的隔油池，产生的污水先经过隔油池，平时加强管理，定期掏油，防止污染。

3. 在厕所附近设置砖砌化粪池，污水均排入化粪池，当化粪池满后，及时通知环卫部门清运。

4. 禁止将有毒有害废弃物用作土方回填，以免污染地下水和环境。

9.2.5 防止施工噪声污染措施

1. 作业时尽量控制噪声影响，对噪声过大的设备尽可能不用或少用。在施工中采取防护等措施，把噪声降低到最低限度。

2. 对强噪声机械（如砂轮切割机、台式电钻等）设置封闭的操作棚，以减少噪声的扩散。

3. 在施工现场倡导文明施工，尽量减少人为的大声喧哗，增强全体施工人员防噪声扰民的自觉意识。

4. 尽量避免夜间施工，确有必要时及时向环保部门办理夜间施工许可证，采用低噪声机具，并向周边居民告示。

9.2.6 建筑物室内环境污染控制措施

1. 预防和控制建筑工程中建筑材料产生的室内环境污染，保障公众健康，对所有进场材料严格按国家标准进行检查，确保无放射性指标超标的材料进入工程使用。

2. 不在室内使用有机溶剂洗涤施工用具。

3. 油漆、油脂、稀释剂、溶剂和胶粘剂等使用后，及时封闭存放，废料及时清出室内。塑料制品不准随手乱丢，必须集中处理。所有废弃的化学物品和塑料制品必须集中运到当地政府指定的垃圾消纳场。

9.2.7 其他污染防治措施

1. 施工现场环境卫生落实分工包干。制定卫生管理制度。建筑垃圾做到集中堆放，生活垃圾设专门垃圾箱，并加盖，每日清运，装卸时严禁凌空抛散，垃圾需密闭化运输，减少扬尘。垃圾清运做到专人管理及时清运，确保生活区、作业区保持整洁环境。

2. 合理修建临时厕所，不准随地大小便，厕所内设冲水设施，专人维护冲洗，制定保洁制度。

3. 在现场办公、生活、作业区空余地方，合理布置绿化设施，做到美化环境。

4. 保护好施工周围的树木、绿化，防止损坏。

5. 因施工需要，在清除障碍物、开沟、停电、停水时，必须办理申请批准手续，工程完工后要及时恢复原貌。

6. 施工现场要做到场地平整，道路畅通，材料设备堆放整齐。

7. 单位工程完工后，场地范围内的临设工程和施工机具要及时拆除和回收。

9.3 文明施工措施

9.3.1 建立以项目经理为第一责任人文明施工管理体系。由项目部领导层、专管人员、专业施工兼管人员和作业人员组成体系网络。管理体系包括劳动安全、消防（动火）、用电、现场保卫、综合治理、文明施工、卫生健康、环境保护等方面。

9.3.2 做好施工总图的设计与管理，安装单位要根据所承包工程的特点提出具体方案，并报业主同意后实行。

9.3.3 精心编制和审查施工进度网络计划，使细化后的网络计划工序衔接科学、合理，保证作业中的施工文明。

9.3.4 搞好现场形象设计，并与土建协调一致。明示管理人员名单及监督电话牌、安全生产记录牌、文明施工牌、消防保卫牌及施工平面图等五版一图。做到完整规范、美观醒目，集中张挂在施工设施围界大门内侧。

9.3.5 必要的昭示牌、岗位责任、管理制度、操作规程、宣传标语张挂有序，布置得体，营造现代企业的管理氛围。

9.3.6 现场采用封闭围挡，高度不小于1.8m，围挡材料可采用彩色、定型国内钢板等制成。

9.3.7 发挥党、团员及骨干作用，发扬正气，抵制歪风和社会不良影响。加强教育、疏导，防范和杜绝现场和生活设施中的赌博、涉黄、酗酒、打架斗殴等违法违纪活动。

9.3.8 场容整洁，道路畅通、排水设置通畅，材料堆放整齐、易燃、易爆和有毒有害物品分类存放。消防器材配置合理，符合消防要求，施工垃圾合理、及时处理。

9.3.9 加强对所有计划进场的施工人员和管理人员进行进场前的文明施工教育，使施工人员了解文明工地的标准和实施内容，增强职工对创建和保持文明工地的自觉性。

9.3.10 高处作业面的垃圾必须通过提升机、人力装袋搬运或手推车等方式运出，不得高空抛物。

9.3.11 根据业主方指定地点和布置要求，设计和搭设施工临时设施。努力维护现场施工平面布置，服从业主方的管理调度，不乱占地面和道路，按规定路线进行场内运输。设备材料进场卸车、临时存放、吊装作业位置合理，减少重复搬运。确保供电、供水、道路畅通。

9.3.12 自建的施工临时设施，按文明施工要求进行管理。内部整齐有序，清洁卫生，做好防火防盗。

9.3.13 搞好产品保护，已完的建筑工程也属保护范围，不乱开孔打眼，不污染地坪和墙壁。

9.3.14 施工作业面由施工班组随时清扫，施工垃圾装袋集中，投放临时垃圾站，当夜由项目部安排外运，临时垃圾站设在大门外和施工临设围界内。施工余料、废料集中到临时堆场，由项目部安排外运。

9.3.15 设备包装箱及时清理，项目部设立专门的现场清扫组。

9.3.16 执行业主方建立的现场出入证制度。施工人员佩带有照片的胸牌，按指定的厂门出入和按规定的厂内路线通行。

10. 效 益 分 析

沟槽式卡箍连接技术在质量、成本、工期、环境保护等方面都取得了良好的经济效益和社会效益，主要表现在以下几个方面：

10.1 快速

沟槽式卡箍接头和管件只需配套供应的标准件，无需焊接后再镀锌等后续工作，因而安装速度比法兰连接快 3 倍以上，大幅度的缩短管道安装的工期。

10.2 可靠

10.2.1 目前生产厂家提供的专用滚槽机械设备及配套供应的各种规格管件，可确保管端沟槽加工深度，做到卡箍件与沟槽全圆周啮合良好。接头处的公称压力可达 2.5MPa、工作温度为 −30～145℃、工作真空度为 0.08MPa。

10.2.2 采用的 C 形橡胶密封垫圈，其中心空腔在内水压力作用下能压紧橡胶与管壁的接触面，达到密封，且在管内压力越大密封效果越佳。

10.3 简易

10.3.1 沟槽式接头所需紧固的螺栓数量少，操作方便。

10.3.2 拆装时只需一把扳手，单侧操作即可，无需特种作业技术，一般工人即可操作。局部拆装简便易行，易于系统和设备的安装和更换。

10.3.3 比螺纹连接和法兰连接更加简便和安全可靠。

10.4 经济

10.4.1 沟槽式卡箍接头配管系统比传统的焊接法兰工程量少，辅材少，劳动用工少，可大大节约工程施工费用，降低了安装成本，并减少了用户的投资成本，降低维修费用。

10.4.2 相对于管道采用焊接预安装再镀锌的二次安装方式，管道采用机械配管沟槽连接为建设单位节省了投资资金和时间。

10.4.3 以杭州第二长途通信枢纽楼安装工程中的冷却水系统为例，如管道采用焊接连接后镀锌二次安装，约需安装人工费约 8.8 万元，人工 5360 工，机械费约 5.8 万元；而采用机械配管沟槽连接只需安装人工费约 3.5 万元，人工 2100 工，机械费约 2 万元。又如浙江大学医学院附属第二医院脑科中心大楼消防、空调管道安装工程中，若采用焊接连接后镀锌二次安装，约需安装人工费约 20.6 万元，人工 12500 工，机械费约 40 万元；而采用机械配管沟槽连接只需安装人工费 9.9 万元，人工 6000 工，机械费约 17.8 万元。可见，管道采用机械配管沟槽连接可以节约人工费约占管道分项总人工成本的 40％～50％左右，机械费成本的 45％～55％左右，同时可缩短管道施工工期 40％左右。

10.5 环保

10.5.1 管端连接处的间隙及橡胶密封圈，系统运行中可阻断噪声防止振动传递。

10.5.2 沟槽式卡箍接头的配管和安装无须焊接，无明火作业，无焊渣污染，不破坏管内镀锌层，有利于工地防火安全，不污染工地与周围环境。

10.6 节能

10.6.1 压槽机和开孔机的电机功率仅有 1.5kW 左右，相对于功率达 20～30kW 的电焊机，在相同的施工时间内，其所耗用的电量只有电焊机的 1/10～1/15。

10.6.2 管道采用焊接作业要比管道压槽的施工时间长 2～3 倍左右，即每安装一个管道法兰，沟槽连接所耗用的电量仅为焊接连接的 1/20 以内。由此可见，机械配管沟槽连接可在管道施工中节省大量的电力资源。故机械配管沟槽连接的施工方式特别适合于电力紧张的地区，可以有效减缓闹"电荒"现象。

10.7 劳动保护

机械配管沟槽连接能有效改善施工现场一线工人的工作环境，减少职业病的发生。如果管道连接采用焊接连接，焊工在焊接作业时会产生锰烟尘。由于工地简易工棚通风不良，如使用含锰量较高的焊条，锰烟尘的浓度可达 4.43mg/m^3，超出正常标准 221 倍（施工现场空气中锰的最高允许浓度为 0.02mg/m^3），极易引起焊工急性锰中毒和慢性锰中毒。锰中毒会危害人的神经系统，导致人引起神经衰弱、植物性神经功能紊乱和麻痹性综合症等症状。

10.8 不受安装场地限制，维护方便

10.8.1 沟槽式卡箍接头可先行预组装，螺栓锁定前可任意调整方向、角度至所定位置，然后再锁定。配管顺序无方向性，可在相对狭小的工作空间及场所操作，不受安装场地限制。

10.8.2 沟槽式卡箍接头的配管系统，只需拆下 2 个接头即可拆出管端进行清洗或维修。

10.8.3 便于管路改造和延伸工作。

11. 应 用 实 例

11.1 实例一

杭州第二长途通信枢纽楼改造工程位于杭州滨江开发区清江路 257 号，工程占地面积 35204m^2，主楼为筒中筒结构，地上 41 层，地下 2 层，球顶高度 209m，景观高度 245m，建筑面积 59201.9m^2。新增水冷式恒温恒湿管道工程 2006 年 4 月开工，2006 年 8 月竣工，工程造价为 548 万元，其中沟槽式卡箍连接管道工程量为 221 万元，共装有 $\varphi159\sim\varphi426$ 的卡箍连接件 427 个，管道 2100m 左右，节约人工 3250 余工，降低造价 33% 左右。

新增水冷式冷却水系统，采用沟槽式卡箍连接工艺。目前该系统已投入使用，使用中我们对系统管道伸长进行综合测定，管道伸长量按预控目标消耗在各楼层中，总立管没有发现伸长，无漏水、渗水现象，管道运行效果良好，得到建设单位、监理单位等的认同和赞许。工程获浙江"省安装质量优秀奖"，实际安装效果见图 11.1-1、图 11.1-2。

图 11.1-1 安装效果图（一）

图 11.1-2 安装效果图（二）

11.2 实例二与实例三（表 11.2）

实例　　　　　　　　　　　　　　　　　　　　　　　　　　　　　表 11.2

工程名称	浙江省黄龙体育中心动力中心安装工程	浙江大学医学院附属第二医院脑科中心大楼安装工程
地址	杭州市黄龙体育中心外环道	杭州解放路 88 号
设计标准	一次性验收合格	
开竣工日期	开工 2000 年 7 月 15 日，竣工 2000 年 10 月 30 日	开工 2003 年 5 月 20 日，竣工 2004 年 8 月 30 日

实物工作量	空调供回水管道全部采用沟槽式机械配管安装,共计654个沟槽件,2958m管道,工程量220万元	空调、消火栓、喷淋管道安装工程采用沟槽式机械配管,3538个沟槽件,13800m管道,工程量398万元
采用工法效果	节约人工1950余工,降低造价25%左右	节约人工6450余工,降低造价30%左右。工程获"钱江杯"

11.3 前景

沟槽式卡箍连接工艺通过浙江省黄龙体育中心动力中心管道安装工程、浙江大学医学院附属第二医院脑科中心大楼安装等工程的初步实践,在杭州第二长途通信枢纽楼新增水冷式冷却水系统工程得到了完美的应用,从工期、质量、经济效益、环保上都取得了良好的效果,工法成熟、优势明显、推广应用前景良好,现已推广至杭州西湖文化广场工程使用本工法。

共板法兰金属板风管自控加工安装工法
YJGF307—2006

北京住总集团有限责任公司　中铁建设集团有限公司　潍坊昌大建设集团有限公司

吕莉　徐显辉　张宝龙　汪诗超　贾学斌　申友勇　王维奇　贾德祥　刘志伟

1. 前　言

随着社会经济的不断发展，各种建筑物对空气环境提出更高的要求。通风空调系统在现代建筑物中对改善空气环境起到关键作用，通风空调系统管道的制做和安装在建筑工程中占有重要地位。

通风管道按所使用的材料不同可分为砖、混凝土管道、玻璃钢管道、硬聚氯乙烯管道、复合材料风管、金属管道。金属管道（下简称风管）主要有镀锌钢板、普通钢板、不锈钢板和铝板等材质，风管按外形可分为圆形和矩形两种。由于镀锌钢板制做的风管具有重量轻、强度高、坚固耐用、清洁无污染、防锈防腐、造价低等优点，与其他种类材质的通风管道相比，具有综合优势，因此镀锌钢板风管在各种材料的通风管道中应用范围最广，在各类建筑中大量使用。

为了加大风管制做的能力，改进传统的手工操作工艺，满足承接工程项目的需求，住总集团从1998年开始研究风管共板法兰连接的自动生产线制做技术，于1999年从美国 ENGEL 公司引进了共板法兰连接风管加工设备，包括一条风管加工自动生产线、一台数控等离子切割机、一台 TDF/TDC 专用咬口机。引进设备的同时，对共板法兰风管的生产工艺及相关技术进行了研究，编制了共板法兰风管制做与安装工艺标准，设计制做法兰角的两套工装器具，同时对板厚度为 1.2mm 的风管在上料端进行改进，增加了上料配套设备，以满足大断面风管的加工要求。经过多年的应用研究和技术调整，共板法兰风管制做 7 年时间，已生产板厚 0.6~1.2mm 的共板法兰风管 40 余万 m²，并且具备了年产共板法兰风管 15~20 万 m² 的综合生产能力。

2. 工 法 特 点

在共板法兰连接工艺之前，镀锌钢板风管一般都采用角钢法兰连接方式。角钢法兰风管制做工艺可分成两部分，一部分是风管制做，即用镀锌钢板通过人工划线、剪板、咬口、折弯、合口等工序加工出风管半成品；另一部分是法兰制做，即使用角钢型材通过下料、冲孔、焊接等工序加工出矩形法兰框，然后在风管两端各铆接上一只法兰框，一节风管加工完毕。

共板法兰风管自动生产线制做工艺，采用机械化风管自动生产线生产和等离子切割技术，标准矩形风管的加工采用风管自动生产线，自动加工成 L 形（或□型）半成品风管，L 形（或□型）风管自成法兰，为 TDF 型法兰连接。非标准风管采用等离子切割机自动裁剪下料，使用专用法兰机械制做镀锌钢板材质法兰，为 TDC 型法兰连接。共板法兰风管安装时使用弹簧夹和少量螺栓对风管进行连接，从而完成通风系统作业。

2.1 共板法兰风管制做采用机械化自动生产线和等离子切割机技术，管道制做自动化程度高，管道加工周期大大缩短，工期保证可靠。采用机械方法施工，风管加工能力大幅度提高，可达到手工操作的 3~4 倍，每日单班 20 名工人，风管半成品产量最高可达 1000m²。

2.2 共板法兰风管产品质量稳定可靠，观感质量好。连接风管加工的主要工序采用机械完成，加工精度高，质量稳定可靠，在一定程度上避免了因人为因素造成的产品质量的波动。共板法兰风管会达到良好的外观效果，尤其对于明装风管更显示出其优势。

2.3 共板法兰风管严密性好，风管漏风量大大降低，系统冷量损失小，降低能量消耗。共板法兰连接风管的法兰边与风管壁使用的是同一体钢板，没有连接缝隙，也没有铆钉孔，从而使漏风量大大减少，系统密封性良好，与法兰风管相比较漏风量减少。

2.4 共板法兰风管安装方便，安装速度加快。与角钢法兰风管相比，无法兰风管只需把风管四角在涂好胶后用螺栓固定，再安装几只弹簧夹，就可以把两节风管连接完毕，加快了安装速度，减轻劳动强度，同等数量风管安装节约了 1/3 时间。

2.5 共板法兰风管降低制做安装成本。风管加工原材料为镀锌卷板，计算机操作切割，边角余量尽可能得到有效利用，比镀锌钢板手工划线切割节约材料，使用卷板制做风管，可以根据风管边长下料，风管制做过程中损耗量仅为 0.5%，与传统工艺相比可节约材料 7.5%，同时共板法兰连接风管，每平方米风管中法兰边所耗用的镀锌钢板重量平均为 0.7kg，占每平方米风管重量的 8.5%，在制做风管中节约的损耗量基本可以补充用于共板法兰的镀锌钢板用量，风管制做无需增加投入镀锌钢板用量；共板法兰风管采用镀锌钢板自成法兰，不用角铁为法兰，节约了每平方米需用的 4kg 角钢量；管道制做人工数量降低 70% 左右，在制做阶段减少大量人工成本；管道安装使用法兰卡固定，使用螺栓数量减少，安装速度加快，管道安装成本降低 20% 左右人工成本。

2.6 风管中由于均为镀锌件，比角钢法兰耐腐蚀性更强。在生产制造厂减少了场地面积和风管制做的噪声，更有利于环保。

2.7 采用共板法兰风管，风管系统整体重量减轻，有利于减少楼板承重。风管法兰为镀锌钢板，取代传统角钢，使风管重量减轻，从建筑物总体承重考虑有利。

3. 适 用 范 围

适用于工业与民用建筑的通风空调工程，厚度在 0.5～1.2mm 镀锌钢板的矩形风管制做。

4. 工 艺 原 理

4.1 共板法兰风管的分类形式

共板法兰连接按法兰与风管是否自成一体又分为 TDF 型和 TDC 型两种法兰形式。TDF 型法兰风管是标准矩形风管采用自动生产线自动成型的方法，法兰与管道通过风管自动生产线自动加工成型的，与风管连为一体（见 TDF 法兰连接图 4.1-1）。TDC 型法兰风管是管道尺寸大，需要在管道中间进行拼接的风管制做所采用的方法，管道加工采用等离子切割机剪切下料，机械咬口进行制做风管，通过专用的 FDC 法兰制做机制做与风管材质相一致的法兰，法兰与风管分体，利用铆钉连接而成（见 TDC 法兰连接图 4.1-2）。

4.2 标准矩形 TDF 型共板法兰风管自动生产线制做原理

共板法兰标准矩形通风管道由自动生产线制做加工而成，只需操作人员用计算机输入管道的尺寸，按动机械启动按钮，镀锌钢板卷板从上料端自动进料，通过矫正、压平、压筋、切口、剪板、咬口、压法兰、折边等流程，形成 L 形（或口形）风管，风管通过自动生产线自动完成法兰的制做，风管与法兰为一体。由操作人员从机械另一端取出，两段 L 形（或口形）风管通过电动合缝机械，由操作工人完成（见风管自动生产线图 4.2-1）。

共板法兰的形成是通过自动生产线设备加工，改变了钢板的几何形状，在风管管壁上形成可以稳固连接两节风管的法兰边，同时对风管的四角和其他相关部位进行加固处理，使之具有良好的密封性和强度。

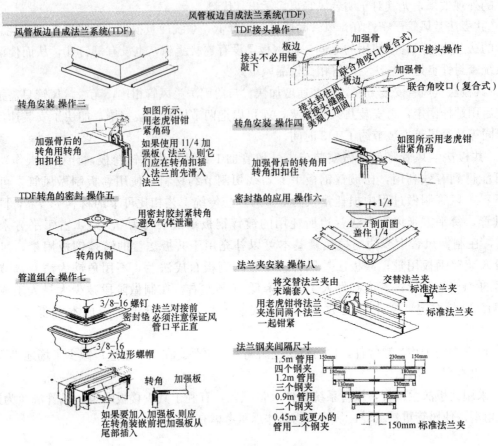

图 4.1-1 TDF 法兰连接

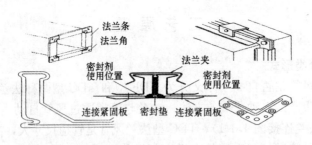

图 4.1-2 TDC 法兰连接

图 4.2-1 风管自动生产线

共板法兰自动生产线,可生产金属板风管板厚为 0.5mm (0.6mm)、0.75mm (0.8mm)、1.0mm,根据《通风空调施工质量验收规范》GB 50243—2002 中规定风管直径 D 或边长尺寸 b 在 1250～2000mm 镀锌钢板厚度为 1.2mm,因原引进生产设备最大板厚为 1.0mm,原装置只设计了三种板厚的上料卷,按照《通风管道技术规程》JGJ 141—2004 共板法兰风管最大可为 2500mm,为解决上述问题,对风管制做自动生产线的上料端的机械进行了改进,自行设计制做增加了一个上料卷,改进了板材地线的自动保护装置,与原机械设备有机结合,同时对自动生产线各工序进行经常性调整和维护,保证风管制做尺寸符合规范要求(见上料卷增加装置图 4.2-2 和板材地线自动保护装置图 4.2-3)。

图 4.2-2 上料卷增加装置

图 4.2-3 板材地线自动保护装置

4.3 非标准共板法兰风管制做原理

共板法兰非标准风管不能采用风管自动生产线进行加工,管道的下料通过计算机输入,等离子切割机进行自动裁剪下料,通过专用进行机械咬口,压筋,制做风管。风管两端的法兰采用专用的 TDC/TDF 法兰机制做而成,TDC/TDF 法兰机制做与通风管道材质相同的法兰,其中 TDC 型法兰与风管分体,由操作人员利用铆钉将风管与法兰连接而成(见等离子切割机图 4.3)。

图 4.3 等离子切割机

4.4 法兰角制做

法兰角制做，采用冲床，我们为此组织设计制做了两套法兰角加工模具，包括法兰角平面切割模具（图 4.4-1）和压轧成型模具（图 4.4-2），利用风管制做的边角余料加工法兰角。

图 4.4-1 法兰角平面切割模具　　　　图 4.4-2 法兰角压轧成型模具

4.5 管道连接

共板法兰风管制做完成，分为 TDF 和 TDC 型，连接方式见示意图 4.5。

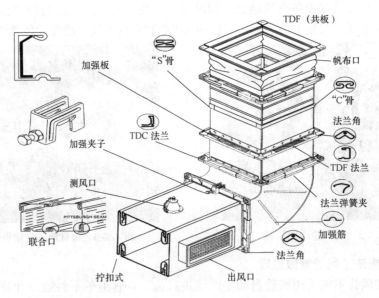

图 4.5 共板法兰连接示意

4.6 管道安装

共板法兰风管运输至施工现场，采用分段吊装形式安装风管时，将风管一侧法兰面使用密封胶密封，两段风管紧压密封胶连接，风管四角用螺栓连接法兰角，两边风管法兰间用法兰卡固定，法兰卡距风管外边间距小于 100mm，法兰卡间距小于 150mm，从而完成共板法兰风管的连接。

风管支吊架规格形式符合设计、规范和施工图集的各项要求。

5. 施工工艺流程及操作要点

5.1 施工工艺

5.1.1 标准矩形风管制作工艺流程（图 5.1.1）

5.1.2 非标风管制作工艺流程（图 5.1.2）

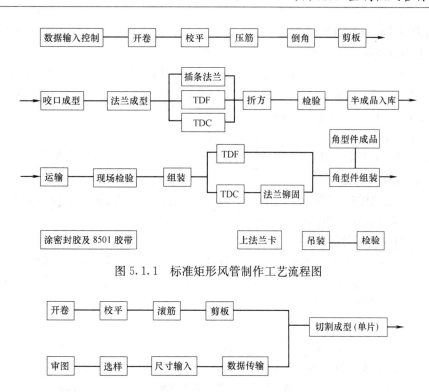

图 5.1.1 标准矩形风管制作工艺流程图

图 5.1.2 非标风管制作工艺流程图

5.2 操作要点

5.2.1 技术要点

1. 风管及配件加工应按表 5.2.1-1 的规定选用。

法兰成型应用表（单位：mm）

表 5.2.1-1

风管规格	法兰名称	法兰厚度	法兰宽度	风管规格	法兰名称	法兰厚度	法兰宽度
≤450	C形插条或TDF法兰	≥0.8	28	2001-3000	TDC法兰	≥0.8	35
451-2000	TDF法兰	同风管	35	>3000	角钢法兰	L50×5	

2. 共板法兰接风管的接口采用机械加工，尺寸应正确，形状应规则，接口处应严密，四角应有固定措施。

3. 风管系统按其系统的工作压力（总风管静压）划分为三个类别，其要求见风管系统分类划分表 5.2.1-2。

风管系统分类划分

表 5.2.1-2

系统类别	系统工作压力	强度要求	密封要求	使用范围
低压系统	≤500	一般	咬口缝及连接处无孔洞及缝隙	一般空调、排烟等系统
中压系统	>500 且≤1500	局部增强	按面及四角咬缝处增加密封措施	1000级及以下空气净化、排烟、除尘等系统
高压系统	>1500	特殊加固，不得使用按扣式咬口	所有咬缝连接面及固定四周采取密封措施	1000及以上空气净化、气力输送、生物工程等系统

4. 锌钢板厚度应根据风管的最大尺寸和压力级别来确定，符合设计及规范的要求。

5.2.2 生产车间应符合下列作业条件

1. 生产车间内应保证照明和环境的宽敞、洁净、干燥、地面平整，现场组装厂地应地面平实、干净，搬移半成品时不许拖拉。

2. 作业地点要有相应加工工艺的基础机具、设施及电源和可靠安全的防护装置，并配有消防器材。

3. 成品及附件产品的库房应具有能放雨雪，大风及结构牢固的设施，并有充足装运道路。

5.2.3　使用等离子机进行切割，其使用条件如下

1. 切割系统须配备排气量为 1416L/s 的排气系统。

2. 配备提供可产生 4.5bar 气压 1.9L/min 流量、99.99％干燥压缩空气压缩机，为确保空气干燥清洁，宜配备空气过滤器/干燥器。

3. 按要求提供带过载保护器的电源。提供 DNC 光纤电缆用于连接等离子切割机和办公室电脑。

4. 等离子机切割机运行时环境温度 0～50℃。

5.2.4　法兰角即连接扣件的制做

法兰角采用专用磨具冲压而成，其角部有 ϕ10mm 长槽型螺栓孔，用于风管安装四角螺栓连接使用。

共板法兰风管连接使用弹簧夹，宽度 56～57mm，厚度为 δ1.0mm 钢板通过过专用组合机械制做，切割为长度为 150mm 的弹簧夹，切割时不应有毛刺。

5.2.5　工艺操作要点

1. 风管配件制做应有批准的图纸，经审查的大样图及委托加工清单，并有施工员书面的技术质量交底。操作人员根据施工任务单将数据输入电脑，然后对应选卷材开卷至穿板台。

2. 风管自动生产线风管咬口可采用联合式咬口和按扣式咬口。风管大边均为单口，小边均为双口。

3. TDF 自成法兰风管连接

风管自动生产线加工成型自成法兰的 L 形（或 □ 形）风管，现场操作人员将半成品件通过咬口组装成矩形管道。在风管的四个角装上法兰角，然后应在两个法兰四周均匀的填充封胶。将装好法兰角的两端风管用法兰卡扣接起来。法兰卡长度为 150mm，并不应有明显的毛刺。法兰卡间距≤150mm，用手虎钳或自制工具将法兰卡连同两个法兰一起钳紧。法兰卡设置数量和间距参照表 5.2.5，TDF 法兰连接见图 5.2.5-1。

TDF 自成法兰风管法兰卡数量及间距表 　　　　表 5.2.5

风管边长(mm)	法兰卡个数	法兰卡间距(mm)		风管边长(mm)	法兰卡个数	法兰卡间距(mm)	
		距风管两边	两法兰卡之间			距风管两边	两法兰卡之间
500	1	175	—	1600	5	150	150,125
630	2	150	130	2000	6	150	200,150,100
800	2	150	200	2500	7	150	200,175
1000	3	150	125	3000	11	150	150
1250	4	150	150,100				

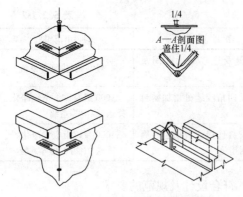

图 5.2.5-1　TDF 法兰及法兰角图

4. TDC 法兰连接

根据风管四边的长度，分别配置四根法兰条，长度为边长去掉两边法兰角露出部分（其尺寸为 30mm）。插入风管的四边用拉铆钉铆固或采用专用工具将自攻螺丝嵌入。法兰条与风管组装使用实心拉铆钉或自攻螺丝。旋紧螺钉时要均匀受力，自两边向中间的程序操作，螺钉及拉铆钉间距应小于等于 150mm。TDC 法兰连接见图 5.2.5-2。

风管的四角插入四个 TDC 法兰角。操作步骤如下：

（1）先将四条法兰条与四个法兰角组合成一个方框；

（2）再将 L 式风管组合成矩形风管；

（3）将法兰条方框与矩形风管四边配套插接，应保证与风管端面平齐，并填充密封胶；

（4）法兰条与风管组合好以后，再用法兰卡将两端风管扣接起来。

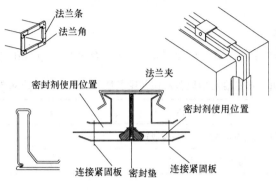

图 5.2.5-2　TDC 法兰连接

6. 材料与设备

6.1　材料要求

6.1.1　所使用板材，型钢材料应具有出厂合格证书或质量鉴定文件。

6.1.2　风管自动生产线采用卷材上料，卷材宽度为 1200～1524mm，卷材厚度为 0.5～1.2mm。

6.1.3　镀锌薄钢板材质符合《连续热镀锌钢板和钢带》GB 2518 的要求，钢板镀锌层为 100 号以上的材料。

6.1.4　锌薄钢板表面不得有裂纹、结疤或水印等缺陷，应有镀锌层结晶花纹。

6.1.5　风管自动生产线设备材料加工能力如没有特殊要求，应达到以下机械性能，最大抗张强度为 $47kg/mm^2$，最大屈服和剪切强度为 $35kg/mm^2$。

6.1.6　制做风管及配件的钢板厚度应符合设计及《通风与空调工程施工质量验收规范》（GB 50243—2002）的要求。

6.1.7　离子切割系统所接受板材最大尺寸为 1524mm×3048mm，割台承受最大重量为 455kg。

6.2　设备

共板法兰风管制做主要设备见共板法兰风管生产设备配置表 6.2。其中风管自动生产线采用 CNC 数字控制和模块化设计，由 9 个工作单元组成。包括①上料架及板料输送设备；②矫平、压筋设备；③切口机；④剪板机；⑤双口联合角咬口机；⑥单口联合角咬口机；⑦C 型插条机；⑧TDF 法兰组合机；⑨折边机。

法兰角的制做通过冲床利用两套专用模具压制而成。

共板法兰风管生产设备配置表　　　　　　　　　　　　　　　　　表 6.2

序号	设 备 名 称	类别	承 担 工 序
1	风管自动生产线	进口	L 形（或□形）风管成型
2	等离子切割机	进口	非标准管下料
3	TDC/TDF 法兰机	进口	非标准管 TDC 法兰成型
4	剪板机	国产	非标准管剪板
5	咬口机	国产	非标准管咬口（单口）
6	咬口机	国产	非标准管咬口（双口）
7	折方机	国产	非标准管折边
8	电动合缝机	进口	德国
9	砂轮切割机	国产	法兰弹簧夹切割
10	冲床（配套专用模具）	国产	专用法兰角制做
11	天车	国产	镀锌钢板卷板吊装

7. 质 量 控 制

7.1 质量控制执行标准

共板法兰金属板风管制做与安装质量控制执行的主要国家与地方标准见表7.1。

共板法兰金属板风管制做与安装质量控制应执行的标准 表7.1

序号	执行标准名称	标准号
1	通风与空调工程施工质量验收规范	GB 50243—2002
2	通风管道技术规程	JGJ 141—2004

7.2 风管制做

7.2.1 金属风管的规格尺寸、使用材料的规格种类和质量必须符合设计要求和规范标准。

7.2.2 风管与配件的表面应平整，无划痕，无凹凸现象。弯管圆弧应均匀，平、立面不得由十字交叉拼接缝。

7.2.3 采用TDF和TDC下料时，风管组合成型后，风管尺寸应准确，形状应规则。风管接口处的四角应装法兰角，法兰角要牢固可靠，不变形，不脱落。法兰四边必须平整，其平面必须垂直于风管侧立面，法兰不得断开或有缺损。

7.2.4 风管和配件的制做，当其边长小于或等于300mm时其允许误差为－1～0mm，当大于300mm时为－2～0mm，矩形风管两对角线之差不应大于3mm。

7.2.5 TDC型法兰与风管组装成型时管口应平齐，风管与法兰插接应密实，严禁形成端面裂缝，铆钉为实心拉铆钉或自攻螺钉，其规格及间距依照本工艺要求，铆接应牢固，不得存在漏铆或脱铆现象。

7.2.6 现场操作人员将半成品通过咬口组装成矩形管道，咬口密合应均匀密实。

7.2.7 在风管四角安装法兰角，法兰角四周涂抹填充密封胶，密封胶应均匀，填充到位。法兰角插接共板法兰，应保证与风管端面齐平。

7.2.8 风管的加固要求和加固方式依照设计或规范要求。

7.2.9 空气净化系统提出如下特殊要求

1. 净化空调系统不得采用滚筋方法加固，加固框或加固筋不得放在风管内。

2. 净化空调系统板材应减少拼接。矩形风管底边宽度小于或等于900mm时，不应有拼接缝；大于900mm时，应减少纵向接缝，且不得有横向接缝。

3. 净化空调系统不得使用按扣式咬口。在咬口缝、铆接缝以及法兰边等缝隙处采取涂密封胶或其他密封措施。

4. 净化空调系统风管应采用镀锌的螺钉、螺母、垫圈和铆钉，不得使用抽芯铆钉。

7.3 风管安装

7.3.1 风管及部件安装前应清除内外杂物及污物，保持清洁。

7.3.2 风管支、吊架的形式、规格及固定方式，按设计或规范执行。管支吊托架的间距如设计无要求，应符合以下规定：风管水平安装时，大边长小于400mm，间距应小于3.5m；大于等于400mm，间距应为2.5m。风管垂直安装，间距不应大于3.5m，每根立管固定件不应少于2个。

7.3.3 连接垫料宜粘贴在法兰中间、四角沿角粘贴压紧，避免出现脱落。

7.3.4 风管四角连接时用螺丝连接，应紧牢，丝头朝向应与风向一致。

7.3.5 管四角固定角件应牢固，每道接口处（弹簧夹）距角的距离不宜超过100mm，卡子间距≤150mm，然后用自制工具夹牢，同规格的风管弹簧夹间距应一致。

8. 安 全 措 施

8.1 施工机械的接电符合要求，各种机械安全装置齐备有效，机械使用做到一机一闸一保护，使用手持电动工具必须安装漏电保护装置，厂内设置醒目安全提示标识。

8.2 制定各种机械的安全操作规程和安全管理制度，班组长定期进行岗前安全交底，正确操作各种加工机械设备，防止人身伤害。

8.3 加工厂内设专职的机械设备管理人员，定期对机械设备进行维护保养，发现隐患及时排除，禁止机械带病运转和操作人员违章操作。

8.4 专用起重设备的操作人员必须持证上岗，司机严格按照操作规程进行操作。

8.5 加工场地应及时清理下角料及各种障碍物，防止扎伤、磕碰等工伤事故。施工中所使用的油漆、稀料剩余部分不得随意倾倒。

8.6 风管现场安装时防止坠落砸伤，高处风管安装时防止身体高空坠落，应系好安全带。

9. 环 保 措 施

9.1 施工中机械润滑油、油漆、稀料剩余部分不得随意倾倒，由专人负责的废弃油料的收集，并排放到指定地点。

9.2 操作地点周围要做到整洁，加工中应活完料尽，下脚料、废料应放至指定地点，集中清运。

9.3 等离子切割机设置单独的排泄弃渣的通道进行排放。

9.4 现场照明尽量选择满足照度要求又不刺眼的新型节能灯具。

9.5 要制定用水用电的节约措施，减少浪费，节约能源。

10. 效 益 分 析

10.1　经济效益

10.1.1 采用共板法兰，节省了大量型钢，降低了工程造价；以 1 万 m² 风管的工程为例：采用共板法兰风管可节省型钢 20～30t，降低钢材成本 10 余万元。

10.1.2 共板法兰风管基本采用机械化制做，加工车间大批量生产无需太多的人员，加工厂内操作人员数量大幅度降低，减少 70％人工数额。另一方面，由于安装简便，易于操作，使安装效率得到提高，管道安装成本降低 20％左右人工成本。总体核算减少了人工开支，降低了加工及安装成本。

10.1.3 等离子切割机代替传统的手工下料，计算精准，下角料进行二次利用，冲压法兰角，最大限度地节约了材料，经测算，比传统手工下料可节约材料 10％左右。

10.2　质量效益

由于风管加工采用机械化生产，减少了手工操作的产品质量不稳定性，产品质量稳定可靠，观感质量好，在工程质量的保证和工程创优方面收效很大。近年来有一批获奖得北京市或国家奖项的工程应用共板法兰风管，包括航华科贸中心工程获 2001 年北京市市优和 2005 年度国家优质工程；华北电力院工程获得 2001 年北京市优质工程和 2003 年度国家优质工程；丹耀大厦获 2001 年市优质工程；北京国际投资大厦工程获得 2006 年国家优质工程，以上各项工程我们均获得了机电项目的参建奖。共板法兰风管的应用得到了专家和同行业的认同。

10.3　工期效益

由于产品的机械化生产，产品的生产效率大幅度提高，通过共板法兰自动生产线加工风管，每日单班加工能力最高可达 1000m²，在工程风管加工量大和工期要求紧的情况下，显示出机械化生产的明显优势。

10.4 社会综合效益

在社会效益方面，在工程项目招投标阶段，共板法兰风管的加工工艺得到了许多开发商、业主、监理等单位的认同，在进行项目考察的过程中，我们也把风管加工采用共板法兰自动生产线的方法作为企业的一个亮点之一来进行介绍，住总集团安装公司的共板法兰自动生产线迎接过数十次参观，在同行业中取得了相当的认知。

共板法兰风管严密性好，风管漏风量大大降低，与法兰风管相比较漏风量可减少 1/3，从而减少了能量的损失，节能效益明显。

2003 年我们参加中国安装协会主编的国家行业标准《通风管道技术规程》的编制，是该标准中关于共板法兰薄金属风管制做安装章节的主要编制单位。标准已发布实施，标准号为 JGJ 141—2004。

11. 应 用 实 例

共板法兰风管主要应用工程统计见表 11。

共板法兰风管主要应用工程统计表　　　　　　　　　　　表 11

工 程 名 称	建筑面积（m²）	工 作 内 容	开竣工时间	通风管道面积（m²）
航华科贸中心	140000	机电总包	1999 年至 2001 年	18000
丹耀大厦	40000	空调、通风	2000 年至 2001 年	15000
北辰汇欣大厦	98000	空调、通风	2000 年至 2002 年	25000
北京星城国际大厦	146000	电气、通风空调	2001 年至 2004 年	50000
北京国际投资大厦	147000	空调、通风	2003 年至 2004 年	50000
国家工程院办公楼	28000	空调、通风	2006 年	15000
国家军委 9051 医院	37000	空调、通风	2006 年至今	20000
北京嘉铭园	55000	空调、通风	2006 年至今	15000

城市燃气管道不停输封堵施工工法

YJGF308—2006

上海煤气第二管线工程有限公司

陶志钧　王敬凡　董东　傅明华　孙凌晔

1. 前　　言

在对城市燃气管网实施改造和管道急抢修时，往往需要大面积停止燃气供应才能实施作业，由此导致客户用气受阻，给居民生活带来不便；对工业用户，将会产生一定的经济损失。怎样有效解决此项问题是本工法研究的主要对象。

上海煤气第二管线工程有限公司在最近几年，多次运用不停输封堵技术，在上海的中、高压燃气管道施工中，对管道实施抢修及改造，确保了管线的正常输送，有效解决了因大面积停气施工而给广大用户带来重大影响的问题。

该技术成果作为《高压、超高压天然气管道抢修技术及其装备研究》的重要组成部分，于 2005 年12 月 15 日通过专家鉴定，成果达到国内领先水平。《高压、超高压天然气管道抢修技术及其装备研究》获得了 2006 年上海市科技进步三等奖。

2. 工 法 特 点

2.1 在保证管线正常输送的情况下，对管道进行封堵作业，用户使用燃气不受影响，管道抢修和改造正常实施；

2.2 能满足高、中压燃气管网管道抢修和日常维护的技术需求；

2.3 能承受较高的管道运行压力，在中、高压燃气不降低输送压力的情况下进行各种管道作业；

2.4 施工机具和设备简单，作业人员少，作业效率高，施工方便、周期短。

3. 适 用 范 围

3.1 本工法主要适用于城市煤气、天然气管道。

3.2 本工法还适用于带压的、易燃易爆的、有毒有害等液态或气态介质的钢管输送管线，如原油输送和供水供热等钢管管线上的施工作业。

3.3 本工法适用于运行介质工作压力≤2.5MPa，且工作温度在−20～200℃范围内的管道。

3.4 本工法适用于管道的直埋段，作业母管的坡度不得大于 5°。

4. 工 艺 原 理

燃气管道不停输封堵工法是利用膨胀筒原理，对燃气管道进行不停输封堵作业。在待隔离的燃气管道上焊接一个特制的剖分式四通管件，并在上面安装对应的夹板阀，利用相配的开孔机装上筒形刀具和开孔连箱，不停输地在管道上开出封堵孔。卸下开孔机后装上封堵器，在开好的封堵孔内置入封堵筒，用机械方式张开膨胀筒，使封堵筒膨胀与管道封堵孔紧密结合，实现对燃气气源的堵截。当作

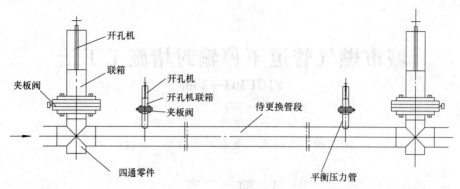

图 4　双头气源封堵作业原理图

业点供气气源为两个方向来气时，可以用双头气源封堵方法（图 4）；当作业点供气气源为单一方向来气时，可以根据施工情况，参照图 4 使用单个封堵方法。

5. 施工工艺流程及操作要点

施工工艺流程如图 5 所示。

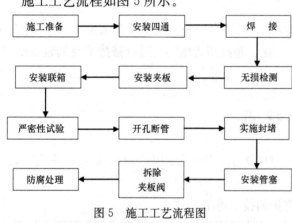

图 5　施工工艺流程图

5.1　施工准备：确定施工作业点，根据管位和现场情况开挖工作坑。设备进场前，检查各类设备、零件、备件的完好情况，确保液压站油位高于安全液位，保证发电机、空压机等设备工况良好。四通零件出厂编号上下瓦要一一对应，夹板阀、联箱、四通零件吻合处无外伤，检查密封件，有无老化和破损现象，确保刀具、中心钻切削刀刃锋利。

5.2　安装四通：清除母管外防腐，打磨焊缝，四通零件安装定位。四通零件安装时，先装上瓦，后装下瓦。上瓦覆盖母管表面部分的焊缝必须磨平，以确保四通零件法兰端面水平且与管道中心线平行。

5.3　焊接：对打磨处理后的母管及四通零件进行焊接作业。因封堵用四通零件结构采用机制管件，现场不得做任何修改。燃气管线材质一般为碳素钢及低合金钢，所选用的焊接材料相对简单固定，通常不需采用预热及其他辅助措施。四通零件与原管的焊接主要是两道对接焊缝及两对角接缝，焊接可以采用手工电弧焊或半自动 CO_2 气体保护焊。

5.4　焊缝无损检测：

5.4.1　对工件表面进行处理，工件表面不得有油脂、铁锈、氧化皮或其他粘附磁粉的物质。

5.4.2　磁化方法：

1. 采用磁轭法磁化工件，磁化电流根据标准试片实验结果来选择。

2. 在磁化时磁轭要交叉磁化同一部位，以免漏检。

3. 因两管径不同磁化时磁极由于两端有高低，接触不良，需填钢板改善磁化条件（图 5.4.2）。

5.4.3　退磁：采用将磁轭磁化工件渐渐离开工

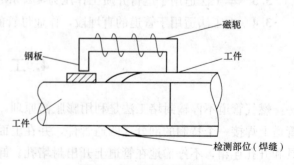

图 5.4.2　无损检测示意图

件 1m 以上再关机即可。

5.4.4 检测结果：按 JB/T 4730.4—2005《承压设备无损检测磁粉检测》中磁粉检测质量分级进行评定级别，出具评定报告。

5.5 安装夹板阀：清除四通零件法兰盘上杂质，置入垫片。放置清洁、干燥的定位环，安装正确到位。清除四通零件与夹板阀两个法兰面表面异物，保持端面干燥清洁，安装夹板阀，均紧连接螺母（安装时夹板阀应处于关闭状态，以便吊装平衡，有利密封性）。

5.6 安装联箱：安装联箱、刀具、中心钻和开孔机，连接开孔机与液压站的油路，连接液压站电源。在夹板阀上端面安置定位环，清除各连接处杂质，安装已连成一体的联箱、刀具、中心钻和开孔机，均匀拧紧螺母。

5.7 严密性试验：以管道设计压力的 1.15 倍的气压注入压缩空气进行严密性试验，记录泵表读数，检查四通零件、夹板阀、联箱、开孔机、焊缝等处是否有泄漏，60min 后对照读数，读数无下降为合格，如有泄漏，采取相应措施排除，再进行严密性试验，合格后方可进入下一道工序。

5.8 开孔断管：

5.8.1 试验合格后，中心钻手动进刀至接触母管，计数器归零，大刀盘接触母管后，计数器再次归零，中心钻手动进刀至接触母管，然后后退 5mm，启动发电机。开启液压站，打开开孔机，对管体进行开孔作业（开孔机转动时，严禁刀具与母管直接接触），逐渐增加液压站输出压力，控制流量缓慢进刀，避免刀具受损，发生异响应立即停机检查；

5.8.2 当切削行程数据表达到额定值，液压站输出压力为空载压力，刀具切削声音停止时，作为判断开孔是否到位的主要依据，确认后关闭液压站；

5.8.3 机器运转时必须有人监测仪表数据，作业人员不得离开作业现场。

5.9 实施封堵：

5.9.1 开孔工序完毕后，关闭液压站退刀至零位，关闭液压站电源，关闭夹板阀后进行放散，确认夹板阀有效关闭后拆除断管联箱，安装膨胀筒和联箱，对管道实施封堵；

5.9.2 膨胀筒的开口要正对气源，开启膨胀筒下降开关，记录膨胀筒下降行程，对照设备调试时的行程参数，确保膨胀筒下降至工作区域内；

5.9.3 通过对作业区域管道放散检查确认封堵效果，在未确认无泄漏情况下，严禁下道工序的操作。如有泄漏，检查原因直至完全封住气源，然后方可对已隔断气源部分的母管进行施工作业。

5.10 安装管塞：

5.10.1 管道作业结束后部分松开膨胀筒，通过膨胀筒联箱放散阀检查气源是否恢复，作业点处是否有泄漏，确保无漏点的情况下进行下，将膨胀筒退至膨胀联箱内，关闭夹板阀，通过膨胀筒联箱放散阀检查夹板阀关闭是否牢固，确认后进行下道工序的操作；

5.10.2 检查管塞与四通零件是否匹配，然后将管塞安装在下堵器联箱内，安装下堵器联箱并打开夹板阀，将管塞安装在四通零件法兰面内，拧紧定位销并检查管塞、定位销的密封状况。确认密封后断开连杆与管塞的连接，拆除下堵器及联箱，检查定位销和管塞密封无泄漏。

5.11 拆除夹板阀：打开夹板阀放散检查管塞封堵情况，再次拧紧管塞定位销，确认良好后拆除夹板阀，并检查管塞、定位销的密封状况。

5.12 防腐处理：在定位销处安装盖帽，涂抹黄油，在管塞上盖上盲板。按防腐工艺对四通零件及母管进行外防腐处理，直至验收合格。

5.13 劳动力组织：现场负责人员兼质量员 1 名；安全员 1 名；封堵设备操作人员 2 名；起重机操作工 1 名；焊工 2 名；探伤员 1 员；挖掘机操作工 1 人；移动式发电机操作工 1 名；移动式空压机操作工 1 名；货车驾驶员 1 名，主要完成焊接、钻孔封堵、试验、吊装等工序及现场指挥。具体人员配备见表 5.13。

劳动力组织情况表 表 5.13

工作项目	工 种	人 数	备 注
施工准备	封堵设备操作人员	1名	
	起重机操作工	1名	
	挖掘机操作工	1名	
	货车驾驶员	1名	
安装四通	封堵设备操作人员	2名	
	起重机操作工	1名	
焊接	焊工	2名	
	发电机操作工	1名	
无损检测	探伤员	1名	
安装夹板阀	封堵设备操作人员	2名	
	起重机操作工	1名	
安装联箱	封堵设备操作人员	2名	
严密性试验	空压机操作工	1名	质量员1名
开孔断管	封堵设备操作人员	2名	
	发电机操作工	1名	
实施封堵	封堵设备操作人员	2名	
	发电机操作工	1名	
安装管塞	封堵设备操作人员	2名	
	起重机操作工	1名	
拆除夹板阀	起重机操作工	1名	
防腐处理	空压机操作工	1名	

6. 材料与设备

本工法无需特别说明的材料，采用的机具设备见表6。

机具设备表 表6

工作项目	设 备	数 量
施工准备	QY12起重机、货车、挖掘机	各1台
安装四通	QY12起重机	1台
焊接	YD-400SS3HJE 半自动焊机	2台
	30kW 发电机	1台
无损检测	CYD3000 移动式磁粉探伤仪	1台
安装夹板阀	QY12起重机	1台
安装联箱	QY12起重机	1台
严密性试验	空气压缩机、压力表	1台
开孔断管	液压站、开孔机、刀具、中心钻	1套
	30kW 发电机	1台
实施封堵	液压站、膨胀筒、联箱、封堵器	1套
	30kW 发电机	1台
安装管塞	下堵器、管塞	1套
拆除夹板阀	QY12起重机	1台
防腐处理	空气压缩机	1辆

7. 质量控制

7.1 四通零件安装标准: 四通零件上下瓦安装,要确保其上端法兰面轴心与母管轴心保持垂直。用塞尺检查四通零件端面处与母管的间隙,保证四通零件下端与母管轴心同轴。用水平尺矫正四通零件上瓦法兰平面,确保平面保持水平。

7.2 四通零件焊接操作注意事项

7.2.1 待焊四通零件对称分布原管,角接处四周间隙均匀,两对接缝组对间隙一般为 1~2.5mm,待焊区域两边各 10mm 范围内应处理清洁干燥。

7.2.2 点焊固定:每 200mm 左右布置一个焊点,点焊缝长度一般为 10~20mm,焊接材料与正式焊接一致。

7.2.3 焊接规范:

1. 手工电弧焊

焊接材料:E5015   规格:$\phi 3.2 \sim \phi 4.0$

焊接电流:80~150A   焊接电压:22~26V

电源极性:直流反接

2. 半自动 CO_2 气体保护焊

焊接材料:H08Mn2SiA   规格:$\phi 1.2$

焊接电流:150~220A   焊接电压:18~22V

电源极性:直流反接

7.2.4 焊接注意事项:由于不停输封堵施工是带气作业,存在一定程度的安全隐患。因此,要求焊接作业前,除加强人工监护外,首先要认真检测动火区域可燃气体含量,确保其在安全动火的允许范围内。打底焊接时,焊接电流取下限;操作手法上,应尽量快速、断续跳焊,以减小焊接线能量,提高散热速度。

7.2.5 焊接时应保证必要的焊接条件,焊接前焊条必须经过 350~400℃,2h 干燥,焊丝必须干燥清洁,焊材、CO_2 气体必须有质量保证书。出现以下任何一种情况的都必须采取相应的焊接质量保证措施:

1. 环境温度低于 0℃;

2. 相对湿度大于 85%;

3. 雨雪环境;

4. 手工电弧焊风速大于 8m/s;

5. 半自动 CO_2 气体保护焊风速大于 2.5m/s。

7.3 磁粉探伤标准: 采用磁粉探伤对四通零件的角焊缝进行无损检测,按 JB/T4 730.4—2005《承压设备无损检测磁粉检测》中磁粉检测质量分级进行级别评定,中压管道 II 级以上合格,高压管道 I 级以上合格,出具检测报告。

7.4 严密性试验标准: 以管道设计压力 1.15 倍的气压注入压缩空气进行严密性试验,保持压力 60min 后对照读数,压力下降值为零即为合格。

7.5 管道防腐标准:

7.5.1 采用环氧煤沥青防腐层,参照 SY/T 0447—96《埋地钢管管道环氧煤沥青防腐层技术标准》,验收要求特加强级。

1. 防腐层外观检验标准

防腐层外观要求表面平整、无空鼓和褶皱,压边和搭边粘接紧密,玻璃布网眼应灌满面漆。对防腐层的空鼓和褶皱应铲除,并按相应防腐层结构的要求,补涂面漆和缠玻璃布至符合要求。

2. 防腐层厚度检查标准

根据防腐等级为特加强级的要求，用"电脑涂层测量仪"对防腐层进行厚度检测，以最薄点的干膜厚度≥0.8mm为合格。对厚度不合格的部分，应对其进行修补，固化后进行检测直至合格。

3. 防腐层绝缘检查标准

采用电火花检测仪进行漏点检查，以无漏点为合格。检漏电压为5000V（特加强级）。检查时，探头应接触防腐层表面，以约0.2m/s的速度移动。对漏点补涂时，应将漏点周围约50mm范围内的防腐层用砂轮或砂纸打毛，然后涂刷面漆，固化后再次进行漏点检查直至合格。

7.5.2 采用环氧粉末外涂层，参照SY/T 0315—97《钢质管道熔结环氧粉末外涂层技术技术标准》，验收要求加强级。

1. 防腐层表观检验标准

防腐层外观要求平整、色泽均匀、无气泡、开裂及缩孔，允许有轻度橘皮状花纹。

2. 防腐层厚度检查标准

用"涂层测厚仪"对防腐层进行厚度检测，以最薄点最大厚度在$400\sim500\mu m$为合格。对厚度不合格的防腐管，应对涂层进行修补、复涂及重涂直至合格。

3. 防腐层绝缘检查标准

采用电火花检测仪进行漏点检查，以无漏点为合格。检漏电压为：$5V/\mu m$。当钢管外径小于325mm时，平均每米管长漏点数不超过1.0个；当钢管外径等于或大于325mm时，平均每平方米外表面积漏点数不超过0.7个。不合格时，应对涂层进行修补、复涂及重涂直至合格。

8. 安 全 措 施

8.1 认真贯彻执行国家和行业颁发的各项安全技术规程、技术操作规程、安全制度和环境保护制度，明确各级人员的职责，抓好工程的安全生产。

8.2 封堵作业的操作空间狭小，必须确保作业人员的安全和健康，遵循安全第一的原则。

8.3 施工前，将相关方案和安全要求向全体施工人员详细交底。

8.4 施工现场按符合防火、防风、防雷、防触电等安全规定及安全施工要求进行布置，并完善布置各种安全标识。

8.5 作业人员必须戴安全帽等劳动防护用品，集中思想操作，避免碰伤及不必要的安全事故。根据不同的作业环境应配备相应的保护用品。

8.6 采取相应的有效措施防止如坠物、塌落、缺氧、有毒气体中毒等事故，避免因这些而产生的不可估量的损失。

8.7 保证机械设备的维修保养，严禁机器带故障运行，严禁各类违规操作。

8.8 燃气管道进行作业前，应该针对施工特点，对风险因素的影响制定有效的防范对策和应急预案，施工时一旦出现意外情况，立即启动应急预案给予应对。

9. 环 保 措 施

9.1 将施工场地和作业限制在工程建设允许的范围内，合理布置、规范围挡，做到标牌清楚、齐全，各种标识醒目，施工场地整洁文明。

9.2 对施工中可能影响到的各种公共设施制定可靠的防止损坏措施，加强实施中的监测、应对和验证。

9.3 对废浆、污水进行集中无害化处理，从根本上防止施工废浆乱流。

9.4 确保照明、通风等设备的完好，消除影响工作人员健康的不利因素。

10. 效 益 分 析

在对管网进行改造和抢修过程中，相比于传统的停气作业施工方法，本工法有效地避免了大面积停气而造成的损失，将对客户的影响降至最低。另外，本工法明显缩短了施工周期，降低了施工成本，减少气源资源浪费，较好地保护了环境，取得了良好的经济效益和社会效益。具体如下：

10.1 如果采用停气方式，则施工区域涉及的管道中的燃气就要放散，造成几百上千立方燃气的损失，也造成了大气污染。

10.2 如果采用停气方式，那么在停气的十几小时内，这部分管道本来可以供应的燃气停止供应了。这个时间段给燃气运营商造成无法售气的损失。

10.3 如果采用停气方式，除了造成居民生活不便，工业、商业用户生产经营受损失外，也影响了燃气运营商的信誉。将来居民、单位用户有可能改用其他能源。一旦燃气运营商的稳定用户数量下降，将打破原有的燃气供应峰谷稳定性，在未达到新的平衡时，这期间的损失将很大。

10.4 为了配合停气，还要组织做好大量的宣传解释工作。按照人力成本计算，数量相当巨大。

综上所述，对于城市燃气管道，采用不停输封堵施工工法，可以有效避免上述负面影响，其深远意义不言而喻。

11. 应 用 实 例

11.1 上海市七莘路与莘龙路扩建工程：在 DN300 燃气管道上不停输开一个 DN300 旁通。

2004 年 9 月 14 日，七莘路在靠近莘龙路的一根 DN300 燃气管道上，开一个 DN300 旁通，本工程如采用停气施工，将影响 30 万居民用户和几十家工业用户停产。

本工程是本公司采用不停输封堵设备，实现的燃气管道双封堵作业工程（图 11.1）。在原 DN300 钢管管道运行压力不变（0.4MPa）的情况下，利用封堵联箱的法兰接口，完成临时管道的敷设，确保母管燃气不停输，并完成钢制 DN300 三通、阀门等零件的安装施工，取得了圆满成功，得到了行业人士的一致肯定，获得了良好的社会效益。

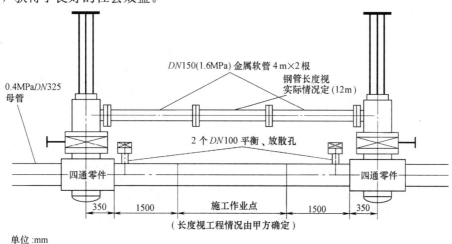

图 11.1 七莘路双封堵工程施工示意图

11.2 长江西路工程：DN500 双封堵，压力 0.8MPa

2006 年 3 月 25 日，上钢一厂出厂管道 DN500 钢管嵌 DN200 三通 1 只。因上钢一厂系用煤气作炼钢加热，须 24h 不停输气，一旦停气会造成重大损失。为此，本公司运用不停输双封堵工艺，配置 DN200 不锈钢金属软管做旁通，施工过程中保证了上钢一厂炼钢加热用气。该工程的顺利实施，避免了上钢一厂因停气造成炼钢炉停产而引起的巨大损失，是上海地区首次成功完成的燃气管道口径最大、运行压力最高的不停输工程。见图11.2。

长江西（上钢一厂大门口）φ529 封堵打眼平面示意图

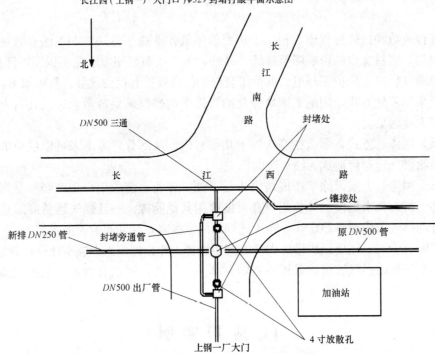

图11.2 长江西路工程示意图

11.3 沪南公路、芳草路口，DN500 不停输封堵

2006年3月，上海煤气第二管线工程有限公司接上海燃气浦东销售有限公司工程，在沪南公路、芳草路口，实施 DN500 不停输封堵。工程背景：考虑将来发展新用户的需要，在沪南公路、芳草路口的一根 DN500 管道上延伸加设阀门和补偿器。如果按照传统的施工工艺，需要停气施工，将造成周围几十万居民和大量单位的停气。而现在采用了这种工法，实现了不停气施工。

非开挖燃气旧管道改造—PE管内插法施工工法

YJGF309—2006

上海煤气第一管线工程有限公司

顾军　王敏敏　张煦　钟红光　许文浩

1. 前　言

随着"西气东输"等工程的建设，上海正经历着人工煤气向天然气转换的过程。由于天然气和人工煤气具有不同的物理化学特性，如不对原有管网进行改造，将不可避免地产生管道接口漏气等问题，因此必须对地下燃气旧管线进行更新改造。

目前地下燃气管道更新改造施工中，有开挖施工与非开挖施工方法。传统的开挖施工需要开挖路面，同时造成尘土飞扬、环境污染，特别是在繁华路段，由于车流量较大，开挖路面会严重影响交通。所以只要条件和环境许可，就应尽量采用非开挖施工方法。而在燃气管道改造更新的方法中，采用燃气PE管内插入原来旧管道内的施工技术是近年新兴的燃气管道非开挖改造技术。

PE管内插敷设是国际上应用最早的燃气管道非开挖内衬法修复技术之一。将PE管插入旧管道后，形成一种新的管道结构，使PE管的防腐性能和原管线的机械性能合而为一，从而大大提高了管道的整体性能，使管道寿命可以延长几十年，且改造后管道运行压力大大提高。同时，由于城市地区地下管线错综复杂，如蛛网密布，在旧管道内实施管道改造，利用了旧管道的材料和占用空间，将管道改造工程对其他管线的影响减到最小，又大大节约了地下管道的敷设空间，对节约原材料、合理利用城市地下空间起到了有效的推动作用。

该项穿管技术具有操作简便、实用性强、环保节能等特点，且一次穿插长度可达100～300m，大大减少了路面开挖工程，其工程造价低于开挖排管，从综合经济效益和社会效益考虑，此工法是旧燃气管网改造、维修的上佳选择，具有很好的应用前景。

2. 工 法 特 点

2.1　在旧燃气管道改造更新施工中，本工法强调采用定向钻机等动力设备，在不开挖路面的情况下实现旧燃气管道的改造。

2.2　在非开挖管道更新施工中，如采用定向钻机可在PE管牵引过程中对回拖力进行监视和控制，确保回拖力在PE芯管允许的强度范围内。

2.3　本工法要求在完成穿管后，对内外管道间隙的注浆施工工艺，确保内插PE芯性管的稳定性、安全性和可靠性，以有效延长管线的使用寿命，满足管线的运行性能。

2.4　采用新型的专用燃气管PE材料敷设在原有管道内，不但具有优越的防腐性能和优良弯曲性能，而且通过外层旧管道的保护，具有抗击多重破坏应力的影响，能保证燃气管道安全运行，同时能使燃气管道的运行压力和输送能力都得到有效提高。

2.5　采用本工法进行施工，能有效减低施工现场的噪声、扬尘和污水的排放，与传统管道改造技术相比，大大减轻了对施工周围环境的影响。

2.6　本工法能将施工对道路的破坏程度降低到最小，减轻对周围道路交通的影响，基本保证道路的通畅能力，省去了由于大量开挖道路所花费的时间和费用，大大缩短了施工周期，节约了施工成本，特别适合在繁华的闹市中心进行管道改造更新。

3. 适用范围

本工法适用于城镇燃气旧管道的更新和改造。

4. 工艺原理

从图4-1和图4-2的施工原理图中可知，燃气PE管的内插入工法是基于不破坏地面结构的非开挖穿管技术、燃气管道输配技术、聚乙烯燃气管的施工技术、PE材料的应用技术及地下管线探测技术为一体的综合性施工工艺。

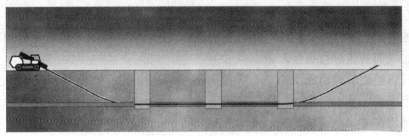

图4-1　非开挖燃气旧管道内插管改造示意图1

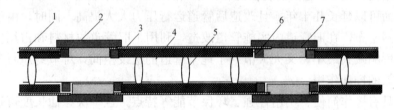

图4-2　非开挖燃气旧管道内插管改造示意图2
1—旧管；2—盖板；3—浆液；4—PE管；5—PE保护环；6—柔性封堵；7—黄沙

通过对燃气PE管材料的屈服强度和允许的最小曲率半径，管材的口径、长度和自重，弯管处的受力分布，穿管时产生的摩擦阻力等物理参数，结合地下管线位置图和对管线位置走向的探测，明确管线垂直落差大小，进行综合分析比较，确定所采用的定向钻机的规格型号，同时完成燃气管道弯管、集水器等零件的定位，开挖并取出弯管集水器等配件，根据PE管允许的曲率半径开挖中间作业过渡坑。清除旧管道内的杂物，旧管口界面的处理，在完成焊接后的PE管道上使用保护环/套，以防燃气PE管在穿过旧管道时与旧管壁产生摩擦而损伤。根据施工现场的交通和场地的影响，确定每段PE管材的长度并进行焊接和强度试验，在回拖两端开挖入出土坑实施穿管作业，完成拖管后在两层管壁间灌注浆液以固定内管，提高管道的稳定性和运行的安全性。

5. 施工工艺流程及操作要点

5.1　施工工艺流程
根据工程施工需求及特点和穿越条件，本工艺可分为包含注浆和不注浆方式，一般分为如下步骤：
施工准备→工作坑开挖→旧管道处理→管道清洗→PE芯管回拖牵引→管内注浆→管道试验。
具体的施工流程详见图5.1。

5.2　操作要点
5.2.1　工作坑开挖：

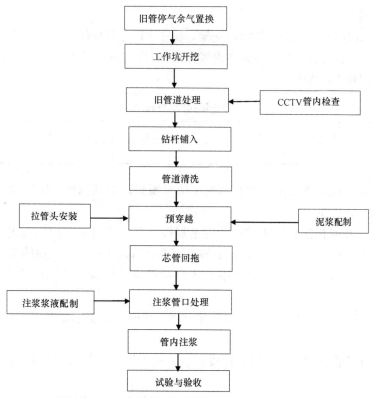

图 5.1　旧管内插 PE 管改造施工流程图

根据 PE 管的允许弯曲半径和旧管道埋设深度，计算设定穿管工作坑和中间过渡工作坑的长度，确保穿管操作在大于 PE 管的允许弯曲半径条件下进行，避免芯管过度弯曲。工作坑计算长度见表 5.2.1。

各种口径 PE 管工作坑长度表　　　　　　　　　　　　　　　　　　　　表 5.2.1

序号	芯管外径(mm)	工作坑长度(m)	序号	芯管外径(mm)	工作坑长度(m)
1	160	4.5	3	250	7.0
2	200	6.0	4	315	11

注：当沟槽深度为 1.0m 时参照以上数据，当沟槽深度增加时，工作坑长度相应增加。

5.2.2 旧管道处理：

5.2.2.1 切断气源，排除旧管内燃气，并进行吹扫，取样合格。

5.2.2.2 根据旧管道附属设备和零件情况，将旧管道上的集水器、阀门、弯管、三通等割除，割除长度以使 PE 芯管能顺利通过此割除点为宜。

5.2.2.3 利用管道爬行器（CCTV）对管线内的杂质及零件进行检查，并根据穿管要求进行清理。

5.2.3 旧管道清洗：

1. 方法一：利用管道爬行器，在爬行器尾部带入一根有长度标记的尼龙绳，尼龙绳从另一端穿出后将清管球固定在尼龙绳后端，将尼龙绳回拖，对旧管道内的固体杂物进行清扫。若爬行器遇堵不能前进，可确定堵塞位置，开挖后进行处理。

2. 方法二：在利用定向钻机作为动力设备时，在钻杆端部安装专用清管器，利用钻杆旋转对旧管道进行清管。清洗过程中应密切注意钻杆的晃动情况和返出冲洗液中携带物的情况，判断清洗情况。以冲洗液量的大小决定管内清洗后的沉渣是否能被水流冲出，清洗过程中转速应尽量放慢，控制在每分钟 10 转左右。

管道清洗二次，至管内无垃圾清出为止，最后一次清管采用皮碗式橡胶清管器进行。

3. 旧管道清洗结束后，采用管道爬行器（CCTV）对内壁情况进行检查，合格后进入下一工序。

5.2.4 芯管保护：

1. PE 芯管安装和回拖时，采用专用滚轮支架，防止 PE 芯管划伤。

2. PE 芯管回拖时，在芯管上隔一段距离设置保护环/套（间距见表 5.2.4），防止芯管在回拖时与旧管内壁过度摩擦而损伤 PE 芯管。

保护环/套间距表　　　　　　　　　　　　　　　　表 5.2.4

PE 管口径(mm)	90	110	160	200	250	315	400	450
保护环/套间距(m)	0.8	0.8	1.0	1.7	1.9	3.5	3.9	4.2

3. 在旧管的插入端口安装内衬耐磨橡胶的漏斗形导滑口。在插入的 PE 管端部焊上拉管头，并在拉管头上安装用于牵引的套环。

4. 为确保 PE 芯管在回拖过程中不被旧管内壁划伤，在各管段正式回拖前先进行一段 3～4m 的、与芯管同口径的 PE 管的预穿越，预穿越后仔细检查原金属管对 PE 管外表面的损伤情况，若发现有严重的划伤应重新对原管道内壁进行清理，用组合式原油管道清蜡器去清除那些突出的毛刺、焊渣等，直至预穿越合格。

5. 芯管回拖后，对工作坑内的 PE 管采取两侧砌砖墙灌砂并加盖水泥盖板的措施进行保护。

5.2.5 芯管回拖：

1. 把准备插入的 PE 管按设计要求进行强度试验。在芯管的一端设置拖管头后与定向钻机或其他动力设备连接牢固。

2. 将拉管头插入导滑口内，通过动力设备的缓慢牵引将芯管插入旧管道中。根据定向钻机上的拉力显示，对牵引力的大小进行控制。拉力不能超出表 5.2.5 列出的数值。

PE 管最大允许拖曳力数值表　　　　　　　　　　表 5.2.5

口径 mm	最大允许拖曳力 kg	换算为 kg/cm²	口径 mm	最大允许拖曳力 kg	换算为 kg/cm²
315	13197	96	160	3440	98.9
250	8312	96	110	1609	97.6
200	5320	98	90	1077	97.6

3. 在牵引 PE 管时，沟上 PE 管段应间隔放置专用滚轮支架，其他机械设备也可辅助推插 PE 管。

5.2.6 管内注浆：

1. 注浆工作坑几何尺寸按管道的埋设深度和口径大小确定。管口两端密封采用充气密封，即在内管上紧固一只挡板及挡板外圈安装充气气带的组合装置，将组合装置放至管口以内 30cm 处，进行充气膨胀密封。每个注浆段的铸铁管管口位于其顶部放置一根 $\Phi 50$ 的注浆钢管，两端各设一根。一根用来检测管内的注浆量，另一根用来向管内注浆。

2. 注浆浆液主要为混合水泥浆液，浆液初凝时间为 4～5h，要求流动性好，并且保证总压浆时间短于初凝时间。

3. 将各种配浆材料按照设计要求的配比进行配制，严格控制配比。注浆时将注浆泵的注浆压力控制在 0.4MPa 以内。当管内浆液溢出管顶内插的钢管时，即可停止注浆。

5.2.7 验收：

1. 各施工段施工后，进行管段间电熔焊接。并在插入管与原管道的端口采用"O"形橡胶圈、塑料密封套或其他柔性填缝材料密封。

2. 按照设计要求对内插芯管进行强度试验和严密性试验。

5.2.8 劳动力组织

根据工法要求，劳动力配置见表 5.2.8。

劳动力组织情况表   表 5.2.8

序 号	岗 位	人 数	备 注
1	项目经理	1	
2	PE管焊工	2	
3	定向钻机操作员	2	
4	管工	5	
5	泥浆工	2	
6	辅工	10	
7	注浆人员	8	
8	质量安全人员	2	
9	合计	32人	

6. 材料与设备

6.1 芯管材料：聚乙烯燃气专用管（PE管）。

6.2 注浆材料：注浆液为混合浆液，浆体材料为425号普通硅酸盐水泥、膨润土、老粉、P·H·P、CMC添加剂。浆液的pH值为8～9之间。

6.3 工法采用的机具设备详见表6.3。

机具设备表   表 6.3

序号	设 备 名 称	规 格	单位	数量	备注
1	定向钻机		台	1	
2	地下管线探测仪	SUBSITE-950	套	1	
3	汽车吊	8t	辆	1	
4	爬行式割管机		套	2	
5	低噪音发电机		台	2	
6	全自动PE管热融焊接机		台	2	
7	全自动PE管电融焊接机		台	2	
8	泥浆测试仪		套	2	
9	泥浆车	5t	台	2	
10	潜水泵		台	4	
11	滚轮支架		套	若干	
12	封闭式钻孔机	DN50	台	1	
13	双皮碗清通器		套	2	
14	注浆泵	SGB6-10	台	2	

7. 质 量 要 求

7.1 工程质量控制标准

7.1.1 本施工工艺必须满足以下国家、行业和企业制定各项规范和标准：

1.《城市煤气、天然气管道工程技术规程》DGJ 08—10—2004

2.《聚乙烯埋地燃气管道工程技术规程》DGJ 08—80—1999

3.《城镇燃气输配工程施工及验收规范》CJJ 33

4.《城镇燃气管道工程施工质量验收标准》SZ-34—2004

5.《施工现场安全生产保证体系》DBJ 08—903—98

6. 本公司 ISO 9001 质量体系文件及标准化现场施工管理的有关文件、记录、过程等相关的控制细则。

7.2 质量保证措施

7.2.1 严格按照设计要求进行工作坑开挖，确保芯管回拖时的弯曲程度在 PE 管允许曲率范围内，严禁过度弯曲。

7.2.2 应根据工法要求，切实做好旧管道清理和各项芯管保护措施，防止芯管损伤，确保回拖后芯管的强度。

7.2.3 按照 PE 管全自动热融和电融焊机的操作程序进行 PE 管焊接，杜绝违规操作，并按照标准要求对焊缝进行外观检测和一定比例的焊缝刨边检测，保证接口焊接质量。

7.2.4 在 PE 芯管拖管牵引的过程中，根据定向钻机或其他动力设备上的拉力显示器，对牵引力的大小进行监视和控制，保证在 PE 管允许的拖动力范围内。

7.2.5 按照混合水泥浆液的配比要求进行浆液配置，水灰比 0.60。施工前浆液需先做好配方试验，若达不到施工要求应进行调整，必要时添掺加剂以改善水泥浆性能，试配合格方后可进行注浆。

7.2.6 回拖完毕整体试验合格后，对工作坑内暴露 PE 管按照防护要求做好保护措施。

8. 安 全 措 施

8.1 安全管理基本原则

以安全生产作为标准化管理重点，严格执行《现场标准化管理规定》及有关各项措施，施工现场必须严格执行安全生产六大纪律及《建筑机械使用安全技术规范》、《施工现场临时用电安全技术规范》、《施工现场防火规定》、《施工现场机械设备安全管理规定》、《施工现场电气安全管理规定》。

8.2 安全管理目标

按照施工文件要求，结合工程自身特点，根据多处的施工实践经验，确定工程的安全目标，并制定相应一套安全控制、安全检查、安全保证、安全责任制等制度和措施，并采用有效的组织方式和监控手段，确保工程的安全目标。

8.3 施工安全管理网络体系

建立公司——分公司——项目部三级安全管理网络，落实安全生产责任制，明确各级安全管理职责，指导广大施工人员进行工程的全过程安全管理、全部工作的安全管理、全员参与的安全管理，使得每个施工人员在施工中真正做到"不伤害他人、不被他人伤害及不伤害自己"的三不伤害原则。

8.4 公用管线保护措施

8.4.1 严格按照地下管线保护条例的要求建立管线保护网络、落实保护措施。

8.4.2 施工开工前，及时与有关管线单位联系办理监护交底卡并现场交底。对图纸上未标明管线，应在施工现场详细测查，将资料分发到管线保护领导小组所有成员，并向现场施工员和作业班组长进行详细交底。对于地下管线情况不明的地段，应当人工先进行试挖，严禁盲目使用机械开挖，造成野蛮施工，破坏地下管线。

8.5 工作坑施工安全要求

8.5.1 挖土中发现管道、电缆及其他埋设物立即报告，不得擅自处理。

8.5.2 基坑四周设安全护栏，安全护栏的安全性经常检查，做好车辆交通指挥，做好夜间照明。

8.6 PE 管道焊接安全要求

8.6.1 焊接机械放置在防雨和通风良好的地方，焊接现场不准堆放易燃、易爆品。

8.6.2 使用焊接机械必须按规定穿戴防护用品，并应经常检查和验收。

8.6.3 焊接机械专用线路采用 YHS35×3＋10＋10 线，做到"一机一闸"焊接机械接地电阻不大于 4Ω。

8.7 注浆安全事项

8.7.1 设备传动的各类离合器、制动器必须安全可靠，凡转动部分必须有防护罩。

8.7.2 注浆人员必须戴口罩和防护眼镜。

8.7.3 注浆时，压浆区域设立警示牌，非工作人员严格禁进入，工作人员应注意站位，严格按规程操作，防止受到压力液体伤害。

8.7.4 注水后释放压力时，如管内仍存在压力时，不能打开闸阀，以防水射出伤人。

8.7.5 注浆泵的安全阀必须完好，安全压力设定为注浆时的最大压力。

8.8 文明施工措施

8.8.1 施工现场布置设施，设备根据现场环境进行安装，并随施工的不同阶段及时合理的调整现场临时布置。

8.8.2 保持场地整洁、不积水、无散落的"五头"、散物。

8.8.3 采用先进的低噪声环保设备，降低噪声污染。

8.8.4 对施工排放的水采用过滤或者外运等措施，不随意排放。

8.8.5 夜间施工结束后，进行施工现场的清理，对开挖面铺设铁板并采取措施降低过路噪声，并保证行车安全。

9. 环 保 措 施

9.1 工程施工过程中严格遵守国家和地方政府的有关环境保护的法律、法规和规章，加强对施工燃油、废水、泥浆、生产生活垃圾、弃渣、扬尘、噪声的控制和治理，遵守废弃物处理的规章制度。

9.2 控制施工范围，合理布置、规范围挡，做到施工场地整洁。

9.3 对旧管道清理过程的废水和注浆过程中滴洒的浆液用槽车清运，并按照当地环保部门要求的指定地点排放。弃渣及其他工程废弃物按照工程建设指定的地点和方案进行合理堆放和处置。

9.4 优先选用环保机械，采取设立隔声墙、隔声罩等消声措施降低施工噪声。

10. 效 益 分 析

该工法由于采用了 PE 管内插改造技术，是对旧管道进行合理利用的非开挖技术，对城市地下空间的综合利用具有积极的意义。该技术大量减少了传统工艺所需开挖的路面，既大大节约了修路的费用和原材料的消耗，又对其他地下管线交通、绿化等公共设施的影响大量减少，同时加快了施工进度和效率，缩短了施工周期，即节约了劳动力的成本，又减少了对附近商业，居民的影响。同时由于 PE 管的焊接无噪声，无粉尘，无电弧辐射，是一种无污染的焊接技术，因此对环境保护也起到了良好的作用。

11. 应 用 实 例

11.1 西藏路（南京路—新闸路）燃气旧管道抢修改造工程

上海黄浦区西藏路（南京路—新闸路段）旧燃气管道已多次发生煤气泄漏现象，但由于地处繁华地段，施工区域位于机动车道上，施工区两侧为繁华的商业网点，在施工时必须保证道路的清洁和施工时产生的噪声不扰民，而且不能妨碍道路车辆的正常通行，因此也限制了马路上的反复开挖抢修工作。期间虽经多次抢修，但也不能从根本上修复泄漏管道，某些地点还不断发生漏气现象。通过使用PE管内插法施工方法，在原有铸铁管内部穿入PE管，将原有0.1MPa的ϕ450铸铁管燃气中压管道改换成0.4MPa的ϕ300PE中压管道。整个施工过程全部采用非开挖水平定向钻施工，全线施工长度总计400多米。工程分为南京路至凤阳路、凤阳路西面斜跨西藏路至凤阳路西藏路东面、凤阳路至西藏路北京路口及西藏路北京路至西藏路新闸路以北多个分段面，全部地处交通要道，地下管线分布不明，管件和集水器位置不确切，有时垂直落差接近2m。通过按照本施工方法，采用管线探测技术、非开挖定向钻机设备穿入旧管道技术等方法，在很短的时间内，全部实现该地段燃气PE管的贯通，本工程的实施已大大改进黄浦区市中心燃气供应安全系数，解决了老龄"超期服役"铸铁管的严重泄漏问题，大大延长了管道使用寿命，又确保了周边地下管线的安全运行，同时确保了道路的正常通行，显示了良好的社会效益和经济效益。

11.2 浦东新区西营路燃气管改造工程（耀华路～德州路）

本工程是在完成旧燃气管道穿管作业后，实施新旧燃气管道间的注浆工艺。工程是沿西营路施工，北起耀华路，经成山路后南止于德州路。施工区域位于西营路东侧机动车道上，施工区两侧为居民区和街道，在施工时必须保证交通的畅通、道路的清洁和控制施工时产生的噪声，尽量不扰民。为减少开挖，主要采用VermeerD33×44水平钻机将PE管拖入原铸铁管内的非开挖穿管施工工艺。为保障原有用户用气，工程需要先排390m临时管，后对原铸铁管进行穿管改造，穿管结束后进行支管施工、管道复接和设备安装并拆除临时管。工程施工的基本流程是：施工准备→临时管施工→工作坑开挖→DN500管道清通→PE管焊接→穿管前强度试验→回拖→支管施工和管道设备安装、阀井制做→管内注浆→整体管道强度、气密性试验→验收及通气→出场。

西营路穿管分为耀华路～农贸市场、农贸市场～德州四村、农贸市场～德州四村3段进行，并对原方案进行优化，使穿管时对交通的影响下降到最小。第一段德州路～德州四村穿管共计177m，穿管完成后，进行第二段德州四村～农贸市场300m穿管。随后在第三段210m穿管完成后，进行相应的跳浜和开T接支管、ϕ250PE管镶接，完成相应的11处阀井的浇捣施工及燃气管道间注浆，然后分段进行强度和气密性试验，至此成山路～耀华路通气。工程全部完成。

11.3 浦东新区崮山路燃气管改造工程（浦东大道～张杨路）

本工程沿崮山路进行施工，北起浦东大道，南至张杨路，总的管道改造长度为410m，为ϕ500的旧铸铁管内穿ϕ250的PE管。本工程共分四段进行PE芯管的牵引穿管，最长穿管距离为约220m。本工程所选用的设备和注浆技术与浦东新区西营路燃气管改造工程相同，故不再赘述。

制药车间洁净系统管道安装工法

YJGF310—2006

中冶成工建设有限公司

杨汉林　廖兴国　赵桃

1. 前　　言

制药厂洁净车间是制药厂生产的核心区域，它主要承担药品的洁净生产与检验，而洁净系统管道的安装是洁净车间安装工程中的关键之一。制药工业中车间洁净系统管道，是为洁净车间内各种输送介质及洁净生产级别提供优良输送环境的重要保证。因此，在进行洁净车间工艺管道安装时，必须保证其具备合格的内部输送环境，同时还必须满足工艺管道外部环境的需要，否则会对洁净生产车间的洁净级别及产品质量造成影响。作为制药安装工程中的关键环节，为保证工程质量、满足实际生产及认证需要，为用户提供合格满意的产品，应当根据行业的特殊性，结合工程实际，采取合理有效的施工工法和施工工艺对现场作业人员进行规范、有效的指导，以保证工程预期目标值的实现。

结合工程和行业特点，对制药工程洁净系统管道安装技术进行了研究开发，并先后在"中牧股份郑州生物灭活疫苗车间安装工程"、"四川科伦大药厂大输液车间 GMP 改造工程"、"成都生物制品研究所细菌性疫苗生产车间安装工程"、"西藏藏药股份有限公司 GMP 改造工程"、"世纪华洋冻干粉针车间 GMP 改造工程"、"华西医科大学制药厂异地技术改造机电安装工程"等进行了实际应用，在提高工程质量，满足工艺生产和 GMP 认证等方面都取得了实质性成效，并经过总结提升形成了制药车间洁净系统管道安装工法。本工法技术先进新颖、工艺科学合理，应用的工程都已顺利通过 GMP 认证，并得到业主的认可和业内人士的好评，并取得明显的经济和社会效益。

2. 工 法 特 点

2.1 针对洁净室的特殊要求和所采用的材质特征，采用单面焊接双面成型的氩弧焊接工艺对洁净系统不锈钢管道进行焊接，这种工艺能有效提高工程质量，保证管道介质良好的输送洁净环境。

2.2 根据高洁净要求的不锈钢管道，采用全自动氩弧焊接工艺对管道进行全位置焊接，在全面提高和保证可靠的焊接质量的同时也能有效降低作业难度、提高工作效率等。

2.3 酸洗钝化时采用管路封闭酸洗钝化液循环流动的方式，不需将管路系统中的设备解体清洗，只需通过检测酸洗钝化液化学成分即可判断和控制酸洗钝化过程是否达到要求。

2.4 遵循污染控制原则进行管道安装，使其在工艺上满足 GMP 认证和生产要求。

2.5 经应用本工法完成的车间洁净系统管道安装工程，能为洁净车间各种输送介质提供优良的输送环境，并能满足 GMP 认证相关部分的要求。

2.6 本工法能有效保证工程安装质量，同时降低施工成本和施工难度，具有良好的可操作性和推广应用价值。

3. 适 用 范 围

本工法适用于制药车间洁净系统各种工艺管道的安装，同时还可作为食品、精细化工、电子等行业洁净系统管路安装的参考。

4. 工 艺 原 理

4.1　通过合理规范管道工艺布置，避免管道中的死角、盲点，从工艺布置上满足 GMP 认证和生产工艺上的需要。

4.2　洁净车间不锈钢管道接头焊接，采用在氩气保护下利用钨极电极与工件间产生的电弧热熔化焊件和填充焊丝进行施焊。焊接时，氩气连续地从焊枪的喷嘴中和管道一端端头中喷出，使整个焊接过程始终保持在这种惰性气体的保护下进行完成，从而获得单面焊双面成型的高质量焊缝。

4.3　对纯化水、注射水、纯蒸汽等高要求洁净不锈钢管道采用全位置氩弧焊进行焊接，对其余要求相对较低的不锈钢管道则采用手工钨极氩弧焊进行焊接。

4.4　洁净车间管道支、吊架安装和保温防腐等工序，在满足相关规定的前提下，从工艺布置和安装方法上保证无脱落、不产尘、无污染，保障良好的洁净车间内部生产环境。

4.5　在不锈钢管道钝化工艺中根据油酸与碱起皂化反应生成可溶性皂而将油脂除去。皂化反应终点判定主要根据清洗液中的 OH^- 离子浓度确定。主要反应式为：

$$C_{17}H_{33}COOH + OH^- \rightleftharpoons C_{17}H_{33}{}^+ + H_2O + CO_2$$

4.6　洁净不锈钢管内壁碱洗脱脂后，当不锈钢管内壁表面处于活性状态时，及时用 8％稀硝酸溶液进行循环酸洗，使不锈钢管内壁形成一种致密且光滑的保护膜，这样既可以保护洁净不锈钢管内壁不被腐蚀又可以减少微生物在管壁上的附着，满足规范及 GMP 要求。

5. 施工工艺流程及操作要点

5.1　工艺流程

制药车间洁净系统管道施工工艺流程如图 5.1。

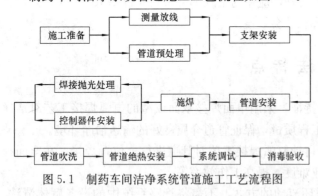

图 5.1　制药车间洁净系统管道施工工艺流程图

5.2　操作要点

5.2.1　施工准备

1. 施工图细化设计

1）进场后应按照图纸对现场进行勘测，在现场确定出管路的方位，并检查现场实际与图纸是否有冲突的地方，如遇风管等与设计管路通道发生矛盾应进行设计变更。

2）根据工程设计图纸和现场勘测的实际情况，坚持对注射水、纯化水等高洁净级别管道尽量使用整管段为原则进行二次施工图细化设计。

2. 人员准备

1）除工程需要的普工外，其余相应的焊工、管工、电工等都必须具备经培训合格后并取得相应的上岗资格证书，同时对他们进行洁净工程相关知识的培训。

2）根据该工程项目特点，技术人员需做好技术交底工作。操作相关人员必须掌握相关技术标准、施工要求及工程质量控制点。

3. 硬件准备

1）根据工程项目大小和工程进度计划等情况准备与工程实际相匹配规模的机具。包括电焊机、氩弧焊机、全自动氩弧焊机、不锈钢管材切割机、手砂轮及仪器仪表等设备、器具。

2）仔细检查所用机具、仪器仪表各部位的完整性和使用性能的可靠性等，并进行试用检查其是否能满足现场施工需要，若要定期送检的还应当经检验合格后方能投入使用。

3）根据工程需要准备好相应的辅材。其中应当注意焊接材料与其焊接件材质的匹配。

4）洁净车间工艺管道中，物料、注射水（蒸馏水）、纯化水、洁净气体等介质输送管道应当采用内外壁电抛光的 316L 不锈钢管道；自来水等介质输送管道可选用薄壁 304 不锈钢管、钢衬不锈钢双层金属管等；蒸汽、排污、凝结水等其余介质输送管道应根据业主、设计等要求一般选用碳钢管道材料。

5）根据工程进度计划及实际做好主材的采购及进场工作，并准备好供货合同、国家或行业标准以及供方提供的发货单、计量单、装箱单、产品合格证、化验单和其他相关凭证做好材料进场验收准备。

6）根据准备文件依据在做好数量验收的同时要做好质量验收。各材料进行外观检验合格后，对车间洁净系统高要求管道还应组织进行理化复验。

4. 资料准备

1）根据工程实际，准备好现场所需各种技术资料。包括施工图纸、相关国家行业标准及业主要求的技术指标等。

2）根据工程情况确定工程项目质量控制点，并制定工程现场质量控制计划；同时还应制定好相关安全环境控制方案等。

3）准备好洁净车间管道安装确认记录相关文件资料及现场施工控制评价资料等。

5.2.2 测量放线

1. 根据最后细化设计的施工图和现场勘测好的路线用墨线进行放线做好标记，确定管路现场的走向及标高位置，并确定出现场支吊、架位置。

2. 对于洁净室内从吊顶等顶部下穿工艺管道，应当根据现场设备及其他设施布置情况进行放线，在洁净室顶部做好穿孔标记。

5.2.3 管道预处理

1. 制药车间洁净系统管道除少量材质为碳钢管道按照相关规范规定进行处理即可外，对采用的不锈钢管道用磨光机或其他机具消除下料切口或焊接坡口的毛刺后，再用细纱布等进行打磨至 $Ra \leqslant 0.8\mu m$，必要时还应对高洁净管道进行化学或电化学抛光至 $Ra \leqslant 0.05\mu m$，保证焊接接头周边外表与经过高度抛光处理的母材外表一致。

2. 在安装前进行管道脱脂的，在脱脂完成后必须用封头将管材两端封好。对下料开好坡口的洁净系统管道焊接接头应进行清理干净，清理范围 20～30mm，并用封头进行保护，所用封头保护长度不应小于清理范围值。脱脂后的弯头、焊接卡盘等管件，应当用洁净塑料布进行包裹好，避免外界环境对其造成二次污染。

5.2.4 支架安装

1. 洁净室内管道支、吊架选用材料应与相应管道材料材质相匹配，并按规范进行制做。

2. 安装时不得直接安装在洁净车间设备主体上，但可与净化彩钢隔断或设备基础连接。

3. 洁净室内在彩板等建筑物、构筑物上安装的管道支、吊架所产生的间隙，应用无污染、不产尘、无脱落的密封胶密封好。

4. 对于导向或滑动支架其滑动面应洁净并与管道坡度平行，不得歪斜、卡涉。安装位置应从支撑中心向位移反方向偏移，偏移量为位移值的 1/2 或符合设计规定，其绝热层不得妨碍其位移。

5. 对于管道中安装的大口径、重量大的阀门或其他控制部件，不得用管道支撑其重量，必须设置专用支架进行支撑，以免影响管道坡度。

6. 管道支、吊架安装时，所用材料应与管道材料相匹配，使用的非金属垫片其氯离子含量不得超过 50×10^{-6}（50ppm）。同时，管路定位安装中使用的临时支、吊架应与其正式支、吊架区分开来。并在管道安装完成后拆除临时支、吊架。洁净室内的临时支、吊架不得与洁净管道点焊或划伤，应对洁净管道电抛光的外表面做好保护。

7. 支、吊架位置应准确、安装平稳牢固，与管道之间接触应紧密，同时不能影响管道的坡度和洁净管道接头之间连接的同轴度。

5.2.5 管道安装

1. 洁净系统管道采用的不锈钢管等应采用机械或等离子方法切割，不锈钢管及钛管用砂轮切割或修磨时，应使用专用砂轮片，不得使用切割炭素钢管的砂轮，以免受污染而影响不锈钢管与钛管的质量。

2. 根据切割后的管道再进行预组装或试安装，并依次按顺序做好标记。

3. 洁净系统管道安装中，首先根据管道介质要求和工艺设计确定出管路采用的连接方式，其中注射水（蒸馏水）、纯化水等液体输送管道采取循环布置，回水流入贮罐，可采用并联或串联的连接方法，以串联的方法较好，见图5.2.5-1、图5.2.5-2；其余介质管道一般都采用通常的总支线管路形式。

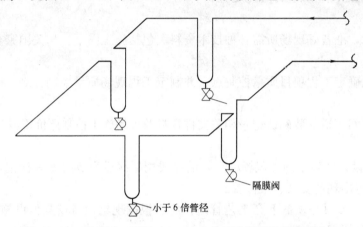

图 5.2.5-1　注射水（蒸馏水）、纯化水系统循环管路串联连接图

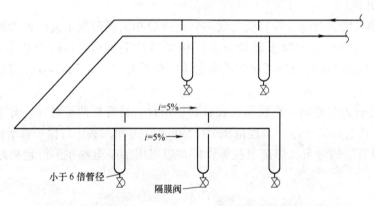

图 5.2.5-2　注射水（蒸馏水）、纯化水系统循环管路并联连接图

4. 安装中对管道进行定位时，应按照现行相关标准规范不影响现场焊接作业的情况下及时固定和调整支、吊架。

5. 车间洁净系统管路安装时，穿墙、楼套管除按规定制做安装外，其材质应与管道材质相匹配，套管与管道之间的空隙应采用不燃材料填塞，当洁净室内所需用到穿墙、楼套管时，应使套管与管道之间的间隙的填充物应做到不燃、不产尘、无污染、可阻断外界介质流通。对洁净室之间洁净级别等同的管道安装的穿墙套管可不堵塞，但套管与墙体之间应当密闭，如物料管道等。

6. 管道标高应以设计图纸设定的基准标高按照管道坡度进行布置，当设计无说明时应根据用水点标高为初始标高进行排列设置。

7. 洁净室吊顶下穿管道应按照现场放线位置采用反开孔方式进行，确保下穿管道安装水平坐标位置的正确性。

8. 安装定位中的管道应当按管道预组装时的系统号和顺序号进行安装放置，并应检查其封头是否保持完好，不得有影响洁净管道内部清洁的情况出现。

9. 在对洁净系统不锈钢管道进行定位安装中，临时采用的手工氩弧焊焊接作业时，也必须对焊缝进行内外充氩焊接保护作业。

10. 管道进行定位安装时如需安装临时支撑或支架的，应当及时安装。对于不锈钢管道，不得使临时支撑或支架与其焊接，同时对不锈钢管道表面做好保护，并保证管道上环焊口距支吊架净距离不小于100mm。

11. 管道在定位时，其注射水、纯化水、物料等液体介质输送管道支流处应按小于6倍管径进行设置，对于洁净系统工艺管道中的冷却水系统应按小于4倍管径进行设置，以减少支管处死角距离。不需要焊接连接的注射水、纯化水等洁净系统不锈钢管道应采用卫生夹头分段连接。

5.2.6 焊接

1. 管道安装放置后，碳钢管道及要求较低的排水等管道应当及时焊接，其中洁净系统中的不锈钢管道材质的应当采用热熔式手工氩弧焊进行焊接，焊接标准及方法按照相关标准执行。

2. 对注射水、纯化水、物料、纯蒸汽等高要求洁净级别的洁净系统不锈钢管道必须采用自动氩弧焊进行焊接，其连接口处应当及时封闭，避免二次污染。

3. 对洁净系统不锈钢管道在进行手工或自动的氩弧焊过程中都必须做好管道焊缝的内外充氩保护（图5.2.6）。

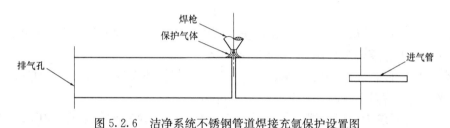

图5.2.6 洁净系统不锈钢管道焊接充氩保护设置图

4. 管道点焊定位前，其接头处可用靠模等工具保证管道间的同轴度，使整个管路在一条直线上。其测量平直度应在距接口中心200mm处进行测量。

5. 洁净系统不锈钢管道点焊应当采用氩弧焊，点焊点应均值对称布置，根据管径大小选择点焊数一般在3~12点之间。

6. 对洁净系统不锈钢管道进行氩弧焊作业时，首先应对管内冲氩装置和焊缝接头固定情况进行检查确认，以保证在进行焊接作业时使焊缝内外都始终保持在惰性气体中完成整个焊接过程，从而获得优良的焊缝质量。

7. 焊接中，所选用钨极应当选择铈钨极。

8. 选择工程中各类规格、壁厚不等的不锈钢管试件用作自动氩弧焊焊接试验，进行焊接工艺评定，从而确定送气、电流、旋转以及送丝值（用自熔式焊接时不用确定送丝参数），以作为自动焊焊接程序输入参数，并进行模拟试焊。

9. 按照工艺评定进行全位置焊接时，其氩气纯度不得低于99.8%。同时，全位置焊接的自动焊机头控制线长度不宜超过15m，避免因线路太长而影响作业电流、电压等，从而影响焊接接头质量。

10. 焊接过程中，自动焊应按照设置好的原程序进行一次性完成整个焊接作业过程，不得对焊接作业过程进行干涉。

11. 对管道进行焊接作业时，还应进行焊接接头质量进行检查，一般采用X光进行拍片。对吊顶、夹层中不便进行拍片检查的，应当根据事先经拍片检查合格所设定的同种规格型号的不锈钢管自动焊接编程程序进行焊接作业。

5.2.7 焊接抛光处理

1. 对车间洁净系统不锈钢管道进行焊接作业完成后，需要对焊缝进行抛光处理的，应当对管道焊缝用羊毛轮等抛光工具进行机械抛光至$Ra \leqslant 0.8\mu m$。

2. 在机械抛光完成后再进行化学抛光处理，尽可能使焊缝光洁度与母材管道一致。

5.2.8 控制器件安装

1. 控制器件安装前，首先对各控制器件逐个进行外观检查，对隔膜阀需要抽取10％进行拆卸后进行内部表面检查。

2. 外观检查合格后，按照相关要求对阀门等控件做耐压强度试验。试验应以每批（同牌号、同规格、同型号）数量中抽查10％。如有漏裂不合格的，应再抽查20％，如仍有不合格的则须逐个试验。强度和严密性试验压力应为阀门出厂规定之压力，并做好阀门试验记录。

3. 车间洁净系统管道安装中，注射水（蒸馏水）、纯化水、物料管道等都应采用不锈钢聚四氟乙烯隔膜阀，或采用卫生夹头连接，并检查其填料是否符合GMP和工艺生产要求。

4. 控件安装时，应仔细核对阀件的型号与规格是否符合设计要求。控件上标示箭头，应与介质流动方向一致。

5. 测量仪表控件安装与受控管道之间管道距离应不大于6倍管径或冷却水不大于4倍关径为宜，减少运行中的死角。

6. 阀门使用上除应按相关规定执行外，对注射水、物料等洁净管道上的阀门等控制器件与管道之间的连接方式上应采用卫生夹头、法兰连接，不得采用丝接进行，其位置应符合设计要求，便于操作。

5.2.9 管道吹洗

1. 管道试压

1）在对管道进行安装确认后即进行通水冲洗，其中对物料、注射水、纯化水等管道一般采用纯化水进行冲洗。冲洗后的管道要及时封堵，防止污物进入。

2）待具备试压条件后，应采用洁净水、洁净空气或氮气按照设计要求和相关规范进行，试压过程中采用的水所含氯离子含量不得超过25×10^{-6}（25ppm）。

3）通水后，管路系统中的调节阀，过滤器的滤网及有关仪表和控件要在试压吹洗前进行保护性拆除。

4）试压过程中对注射水、纯化水等高洁净级别管道一般采用纯化水进行试压，并稳压30min，同时划定试压禁区。试压完成后应排尽积液。

5）管道试压按系统分段进行，既要满足规范要求，又要考虑管材和阀件因高程静压增加的承受能力。水压强度试验的测试点设在管网的最低点。对管网注水时，应先将管网内的空气排净，并缓缓升压，达到试验压力后，稳压30min，目测管网，应无泄漏和无变形，且压力降不应大于0.05MPa。

2. 酸洗、钝化

1）试压合格后建立酸洗钝化清洗站（钝化清洗站建立参见图5.2.9），需要采用湿法钝化对洁净系

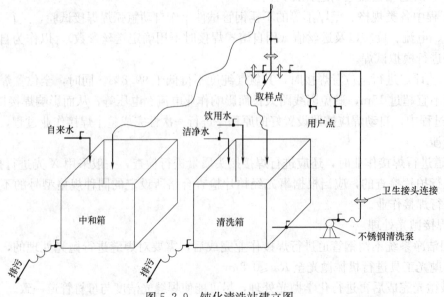

图5.2.9 钝化清洗站建立图

统不锈钢管道进行钝化处理。

2）清洗站的动力泵应选耐酸泵，用卫生级接头与洁净系统管路进行连接，所连接的整个管路系统应呈一闭合回路形式以便进行循环酸洗钝化处理。

3）0.1mol/L HCL 溶液通过 $N_1V_1 = N_2V_2$（式中 $N_1 = 0.1mol/L$，$N_2 = 12mol/l$，$V_1 = 1l$，V_2 为所需浓盐酸的体积数）计算出配制 1000 毫升 0.1mol/L HCL 溶液所需浓盐酸（比重 1.19，约 12mol/L）的毫升数。然后用小量筒量取此毫升数的浓盐酸，加入纯化水中，并稀释成 1000mL 溶液，贮于玻塞细口瓶中，充分摇匀，并贴上标签，注明试剂的名称、配制日期，待用。

4）1.0mol/L NaOH 溶液通过 $NV = W/M \times 1000$ [式中 $N = 1.0mol/L$，$V = 1000mL$，$M = 40g$（NaOH 的摩尔质量），W 为配制 1000mL 10mol/L 的 NaOH 溶液所需的 NaOH 克数]，计算出配制 1000mL1.0mol/L NaOH 溶液所需的 NaOH 的克数，将所需的粒状 NaOH 并在天平秤上称出，然后置于 1000mL 纯化水中进行溶解，配制成溶液，贮于具有橡皮塞的细口瓶中，充分摇匀，并贴上标签，注明试剂名称、配制日期，待用。

5）根据整个管路长度、管径和清洗相计算出总容积，并根据容积配制出相应的溶液进行钝化作业。在分别完成碱洗和酸洗后，对整个回路都应采用纯化水进行 30min 以上的冲洗。

6）本道工序中分别用 0.1mol/L HCL 和 1.0mol/L NaOH 标准溶液来滴定清洗时的碱洗溶液的 OH^- 变化情况、酸洗溶液的 H^+ 变化情况来判定终点。循环碱洗时，每隔 5in 用 0.1mol/L HCL 标准溶液（从取样点取样）进行测定一次。当连续 3 次 0.1mol/L HCL 用量无变化时，则表明碱洗达到终点。酸洗进行 30min 后，每隔 5in 需测定管路中的酸浓度，当最后三次酸浓度基本保持一致时，循环酸洗即达到终点。

7）当碱洗达到终点时，将管路回液管移至中和箱内，并向清洗箱内注入纯化水或注射水。在中和箱内碱液液位降至 1/3 时，开始缓慢地向中和箱内加入少量浓盐酸，并用 pH 试纸检测，取样溶液呈中性时，打开排污阀进行排放。当管路中液体呈中性后，再把所有用户点的阀门打开，将用户点盲管中所有的碱液排尽，然后将阀门关闭。

8）当酸洗、钝化达到终点后，便向清洗箱内注入纯化水或注射水，并将管路中回液管转换到中和箱内，同时向中和箱内缓慢加入 NaOH 颗粒中和清洗液，并用 pH 试纸测定中和箱内的 pH 值，当达到中性时即可排放。同时用 pH 试纸测定清洗箱内液体 pH 值，当达到中性，便可停止排放清洗液，同时让管内液体继续循环半个小时以上，然后将管内液体排放完毕。

3. 管道吹扫

1）用水冲洗的洁净系统管道应采用洁净水进行，对注射水（蒸馏水）、纯化水、物料或其他需要用水冲洗的奥氏体不锈钢洁净管道应当采用经化验合格，氯离子含量不得超过 25×10^{-6}（25ppm）的注射水或纯化水进行。

2）冲洗时应采用较大动力的泵进行，保证最大流量，流速不低于 1.5m/s，并将整个管路系统连接成一个开环系统进行冲洗。冲洗时排放口不得接入注射水或纯化水贮罐，应当排放在排水井、沟或指定位置，排放管道不得小于被冲洗管道截面积的 60%。

3）冲洗中各支管及排放口都应当进行冲洗，同时冲洗应当连续进行，一般冲洗时间不应少于 15in。管道冲洗完成后还应将水排尽并经吹干后方能投入使用。

4）用气体进行吹扫的洁净系统管道需要选用洁净空气吹扫或清洁蒸汽进行，禁止采用污染的介质进行吹扫。吹扫压力不得超过设计压力，其流速不得低于 20m/s。吹扫时应在排气口设置一贴好洁净白布的靶板检验，10min 内靶板无杂物即可。

5）纯蒸汽吹扫应以大流量，流速不低于 30m/s 的速度进行，并应单根轮流进行吹扫，其结果应符合设计文件及其相关规定。

5.2.10 管道绝热安装

1. 金属支吊架、明装碳钢管等除锈后一般刷防锈漆二道，再刷调合漆一道、然后刷面漆一道。做好防腐后的管道要进行成品保护，防止防腐层的破坏。

2. 管道的保温应在防腐和水压试验合格后进行，保温层的厚度按照规范要求进行。

3. 对于医药洁净室内管道绝热还必须进行防护处理，以防止绝热层对洁净车间造成脱落、污染等。因而在洁净室内应对绝热层外表面采用镜面不锈钢皮进行保护处理，满足不产尘、无污染、不脱落的洁净环境要求。

4. 镜面不锈钢皮应保护好外部光洁度，在弯角等需褶皱处应做成圆弧过渡的弧形保温外壳。保温的镜面不锈钢皮在相互衔接处纵缝搭接长度应为30～50mm，横缝处为环形咬口式连接，以防止遇热管壳膨胀因素的影响，见图5.2.10-1～图5.2.10-3。

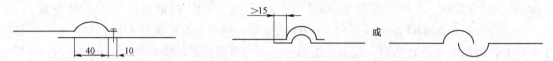

图 5.2.10-1 镜面不锈钢皮直接段接缝形式（单位 mm）　　图 5.2.10-2 镜面不锈钢皮弯头形式（单位 mm）

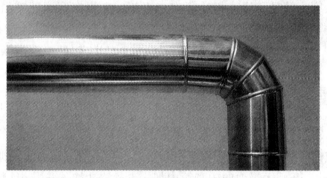

图 5.2.10-3 绝热层外部镜面不锈钢皮保护壳

5. 不锈钢皮应做成封闭式保温外壳。不锈钢皮用密封胶密封处必须采用无污染、不产尘、无脱落的密封胶密封，并做成圆弧过渡形状。

6. 管道防腐绝热施工应当在试压合格、钝化工作完成和需要蒸汽吹扫的管道吹扫完成后进行。对于管道绝热除需伴热管道外都应单路进行，其相应外表颜色应当符合国家或设计相关规定，对管道上进行介质流向标识处，其标识颜色应能按相关规定体现其内部所流何种介质。

5.2.11　系统调试

1. 管道系统调试应在设备调试合格后进行单系统管路调试。先手动启动控制设备，检查该系统在手动情况下是否正常。在手动正常情况下按照系统设计启动控制系统检查管路运行情况。同时对热负荷介质输送管道在调试阶段或试运行阶段应当对支、吊架逐个进行检查并及时调整。单系统调试确认合格后，按照系统设计联动试车，对整体安装情况进行检查。

2. 系统调试正常运行后，模拟生产，并每隔1h进行取样，测其电导率并与工艺及GMP要求进行对比，看其是否达到标准。若未达到标准，则重复上述清洗过程进行再清洗，直至达到要求为止。

5.2.12　消毒验收

1. 对物料、纯蒸汽、纯化水、注射水等介质输送的洁净管道都需进行消毒。消毒方法可采用巴氏消毒、臭氧消毒、紫外线水中杀菌、清洁蒸汽消毒，其中以选择清洁蒸汽消毒为主，消毒温度为121℃，每个用点至少15min。

2. 纯蒸汽消毒前应将整个管路系统连接成开环系统，使最终出口有利于蒸汽的顺利排放，不会产生剩余蒸汽凝结水排放不尽的情况发生。

3. 当车间纯蒸汽发生器经调试达到正常使用要求合格后，可就地使用，直接用设计的消毒系统对整个管路进行消毒。当需采用外部纯蒸汽对本系统进行消毒时，其被消毒的管道系统与清洁蒸汽之间的连接距离尽可能短，连接管道采用不锈钢管道或无污染、耐高温的工程塑料管道进行连接。

4. 当消毒完成后，应当用注射水对所消毒液体介质输送管道进行清洗，清洗时间不应短于20min，同时开启各用水点 5min 以上。

5. 工程实体完成并完成试车后，经消毒检验合格即可准备齐全相应的工程验收资料通知监理组织验收工作。

5.3 劳动力组织

根据工程规模大小可按照表 5.3 的工种分配方式进行组织施工，并根据工程量及进度动态调整。

劳动力组织情况表　　　　　　　　　　　　　　　表 5.3

序　号	工　　种	参考人数
1	专业技术员	1
2	管工	2
3	电焊、气割工	1
4	自动氩弧焊工	1
5	手工氩弧焊工	1
6	普工	4
7	电工(含维护电工1人)	2
8	测量工	1
9	清洗操作工	3
10	化验工	1
11	管工	1
12	氩弧焊工	1
13	探伤工	1
合　　计		20 人

6. 材料与设备

本工法材料无需特别说明的材料，机具规格型号应根据工程实际进行选用，一般使用的主要工机具如表 6 所示，数量以工程量大小而定。

机具设备表　　　　　　　　　　　　　　　表 6

序号	名　　称	规　　格	备　　注
1	手工氩弧焊机	TIG-200A	洁净不锈钢管道定位、焊接
2	电焊机	BX-300	碳钢管及支架等用
3	角向磨光机	ϕ100	去毛刺、打磨用
4	全自动氩弧焊机	AUTOMATIG256	不锈钢全位置焊用
5	手拉葫芦	2t	起吊物品用
6	手钻	0～25	支架安装
7	台钻	0～25	支架等钻孔
8	不锈钢管材切割机	ϕ400	洁净系统不锈钢下料
9	型材切割机	ϕ400	支架下料切割等
10	酸洗泵	2.2kW	钝化作业
11	液化池	1000×500×600	钝化、试压蓄水用
12	中和箱	1300×800×600	中和钝化工艺中液体用
13	X射线探伤仪	XXQ—2505	焊接工艺评定、焊缝检查

7. 质 量 控 制

7.1 工程质量控制标准

7.1.1 严格执行《洁净室施工及验收规范》JGJ 71—90、《药品生产质量管理规范》（GMP）（1998 年修订）、《洁净厂房设计规范》GB 50073—2001 等洁净室和制药相关规范和设计规定。

7.1.2 参照《脱脂工程施工及验收规范》HG 20202—2000、《工业金属管道工程施工及验收规范》GB 50235—97、《工业设备及管道绝热工程质量检验评定标准》GB 50185—93、《现场设备、工业管道焊接工程施工及验收规范》GB 50236—98 等执行。

7.2 质量保证措施

7.2.1 建立有效的质量控制体系，根据质量控制项目按照随作业、随记录、随验收要求做好质量过程控制。

7.2.2 加强材料采购验收，所用材料必须保证合格证、材质证明书等资料齐全，对高洁净级别使用 316L、304 材质等不锈钢还应当送检复验，保证洁净系统管道材质、控制器部件（阀门、检测仪器和仪表等）的质量。

7.2.3 对洁净车间不锈钢管道焊接时确保施工环境必须符合现场焊接作业条件。检查是否具备足够的照明度；现场应具备避风条件，保证氩弧焊在无风环境下作业等条件。做好焊接接头拍片检查，对吊顶、夹层无法或不利于拍片场地时应采用先试焊拍片检查，然后按拍片检查合格焊缝所设定的参数对同等洁净管道进行施焊，以保证焊接接头质量。

7.2.4 在安装过程中，做到随安装、随检查、随记录，以控制安装过程中管道坡度、立管垂直度、支盲管段距离、控制器部件安装质量。

7.2.5 做好工序交接工作，坚持上道工序合格再进行下道工序作业。

8. 安 全 措 施

8.1 坚持认真贯彻落实"安全第一，预防为主，综合治理"的方针，根据国家有关规定、条例，结合施工单位实际情况和工程特点。组成项目经理负责下的专职安全员和班组兼职安全员以及工地安全用电负责人的直线型安全文明施工监督实施控制体系，执行安全生产责任制，为现场安全文明施工提供操作性强的管理保障。

8.2 对现场人员做好日常性的安全教育，要做到"班前讲安全、班后评安全"；开展安全日、安全月活动；新工人和参加安装的普工进行安全应知应会和安全操作规程的教育。

8.3 施工现场内危险的深坑、施工预留孔、洞等处，应有防护设施，或挂危险标志。

8.4 材料、构件、设备、现场机具和作业环境等按照相关防火、防风、防雷、防触电等安全规定及安全施工要求进行布置，拆除的控制阀门等部件的装箱箱板和废料等应及时清理，防止钉伤，随时清理地面上的油污，以免使人滑倒跌伤。

8.5 正确使用防护用品和防护设施，对刚焊接完毕的管道接头，应避免手或身体与其直接接触，以免烫伤。

8.6 在吊顶作业或检查时，应打开吊顶照明灯，如遇施工期间不具备吊顶照明条件的，要用安全行灯或手电筒等进行照明。避免因光线不明而引发管道安装质量、碰伤等事故的发生。

8.7 管道清洗、脱脂、钝化作业的场地，要通风良好，有防护措施并制定安全应急预案，同时应将排放液体经处理达到排放要求后排放到指定地点。

8.8 洁净车间内作业人员应做到随走随清理现场施工垃圾，用具堆放整齐，做到有序施工、文明施工。

8.9 在洁净室环氧地坪施工完成后，安装工程作业人员必须保护好现场地坪。在作业区域的地面上敷设软性材料既不划伤地坪，又不会对室内造成污染，还能避免作业工具等划伤地坪的保护层，并方便现场作业垃圾的堆放和清理，使作业的施工用具或管材等有序堆放在上面。

8.10 现场施工作业用的氧、乙炔等易燃、易爆等物品放置位置应当符合规范要求，氧、乙炔等压力容器安装安全阀和压力表，避免暴晒、碰撞，氧气瓶要严防沾油脂，乙炔发生器应具有防回火的安全装置。

8.11 与电焊、气焊、氩弧焊工在一起操作施工时，应注意防止电焊或气焊弧光伤眼睛。

8.12 在吊装管材等物品时所采用吊装的钢丝绳、卸扣和捯链等，应符合起吊重量的要求，所吊物品不得有松动或脱、滑落现象，对现场作业所使用的起重工具应当6个月进行一次荷重试验；各种起吊机械和工具在使用前，应试吊检查。

8.13 现场有危险作业区域的，应当设置警戒线和挂上警示牌，不许外人进入。

8.14 管道系统调试期间，检查各排放口或进行排放口试排水，特别是在系统循环钝化期间各排放口所排出的液体应当排放到专用耐腐蚀桶中，避免给洁净车间内部造成污染。

9. 环保措施

9.1 固体物污染控制

无污染建渣等固体废弃物应堆放至业主指定位置进行；对于可回收利用的固体废弃物应当进行集中回收再利用；对于有污染、有毒等固体废弃物也必须集中统一回收，并按照相关规定在指定地点填埋、回收处理等。

9.2 气体污染控制

9.2.1 施工中所用气体介质应当随时对其包装情况进行检查并妥善保管，避免因包装损坏发生气体泄漏造成经济损失、环境污染甚至发生安全事故。

9.2.2 对作业过程中所产生的气体污染应当采取稀释、屏蔽等措施以降低甚至消除其对环境造成的污染。

9.3 液体污染控制

9.3.1 当酸洗完成后，应采用氢氧化钠溶液中和废酸液，直至酸液呈中性后才能排放到污水沟或污水井中。

9.3.2 当碱洗完成后，废碱液不能直接排放，应用稀硝酸或稀盐酸中和废碱液，直至溶液呈中性后才能排放。

9.3.3 工程施工作业过程中的废四氯化碳溶液不能直接排放，应用密闭桶封装，并在阴凉处保存回收处理。

9.3.4 施工作业中达到排放要求的废水应当在规定渠道中进行排放。

9.4 噪声污染控制

9.4.1 施工过程中对作业时会产生噪声的施工环节应当在隔声篷或房间等环境中进行施工，当现场无条件单独设置隔声加工房时应当采取增设临时隔声壁、板等措施进行控声，以减少对周围环境造成影响。

9.4.2 对需要在产生噪声环节中进行施工的作业人员应当做好劳动保护。

9.5 对施工中产生的辐射性、强光刺激等，应当采取屏蔽措施将影响区域缩小在尽可能小的空间内，以减小或避免对周围环境造成污染，同时操作人员应当按要求规范作业做好劳动保护。

10. 效益分析

10.1 社会效益分析

运用本工法对洁净系统管道安装作业，弥补了现有国家相关规范文本对制药工程中的不足，最大限度地控制了按照现有规范进行管道安装对制药工艺生产所造成不必要的污染，要求达到优良的高级别洁净管道焊接接头难度也得到降低，从而提高整个工程安装质量，满足药品生产和GMP认证的需要。工程施工中产生的焊接弧光、噪声等公害也得到最大的降低，取得明显的社会效益。

10.2 经济效益分析

本工法由于采用合理的管道工艺设置、自动焊接技术和合理优异的酸洗钝化技术，提高了工程质量，降低了施工难度，有效预防了不合格品的出现和解决了工艺生产中污染控制问题，能顺利实现GMP认证和生产工艺要求，降低作业成本，形成良好的经济效益。在"成都生物制品研究所细菌性疫苗生产车间安装工程"中，洁净系统管道安装部分工程造价为4148896元，通过施工工艺改进、科学组织管理，实际应用成本为3415329元，节约成本733567元。

11. 应 用 实 例

制药车间洁净系统管道安装工法在"成都生物制品研究所细菌性疫苗生产车间安装工程"中得到了成功应用。该工程是成都生物制品研究所投资12000多万元（安装单项工程合同额达3106万元），按国际标准设计建成目前国内最先进、生产规模最大的细菌性疫苗生产车间，生产设施和设备自动化程度高，具备现代化水平的制药工程。工程实施要求严格参照国际相关标准执行，并要在很短的工期内完成11.68t的车间洁净系统不锈钢管道安装任务。而通过该工法的实际应用，使该工程最后达到了生产工艺要求，顺利通过验收，并于2004年1月一次性通过GMP认证，经过一年的生产运行，业主给予了高度的认可和评价。

在单项安装合同额近600万的"四川科伦大药厂大输液车间GMP改造工程"和单项安装工程合同额达365万的"华西医科大学制药厂异地技术改造机电安装工程"以及"中牧股份郑州生物灭活疫苗车间安装工程"和"世纪华洋冻干粉针车间GMP改造工程"等项目中，该工法也得到成功应用，使业主在进行GMP认证过程中一次性通过。工法的实际应用效果也得到业主的认可和好评，证明了该工法具有良好的实际应用价值和推广性。

箱形结构（BOX）柱加工制作工法

YJGF311—2006

上海宝冶建设有限公司　大连金广建设集团有限公司

刘春波　孙海亮　赵瑞杰　杨振林　刘国强

1. 前　言

由于箱形结构刚性大、自重轻、强度高，同时可以在箱形结构中空内浇筑混凝土以组成混合结构的特点，箱形柱（即 BOX 柱）在电厂锅炉框架、体育场馆、高层、超高层建筑中应用日益广泛。宝冶建设钢构分公司通过对海南中海石油二期化肥工程、苏州博览中心工程及上海一钢不锈钢厂房工程等多项涉及箱形柱项目的加工制做，积累了大量的宝贵经验，制订出一套完整的加工制做工艺，在此基础上形成了本工法。

2. 工法特点

2.1　箱形柱的结构特点是主干为箱形，内侧在对应于外侧牛腿上下翼板位置设置内隔板且一般要求与四面主板熔透焊接；

2.2　高层结构的箱形柱制做和安装通常分若干段进行，下节柱的柱顶四边向内 50～100mm 范围要端铣，端面铣垂直于柱身，以保证箱形柱整体的垂直度；

2.3　箱形柱容易因焊接不当产生扭曲变形，而造成上下节柱对接缝出现错口等问题；

2.4　内隔板与主板间留有足够间隙并用垫板围成焊道，电渣焊填充焊道，实现内隔板与主板的焊接。从而解决操作人员无法进入内部焊接的较小截面箱形柱的内隔板与四面主板熔透焊接问题。

3. 适用范围

本工法适用于工业与民用建筑及一般构筑物建筑等涉及箱形柱钢结构的制做。

4. 工艺原理

4.1　箱形柱生产线及电渣焊的工艺原理

箱形柱生产线及电渣焊的工艺大致为下料、腹板开电渣焊通道口、组立 U 形、焊隔板两侧焊缝、组□形、主焊缝打底、电渣焊、埋弧焊主焊缝焊接、端铣、装焊牛腿等几个流程环节。制做过程中必须控制好每一环节，以保证箱形柱整体的垂直度和扭曲度等外形尺寸要求。

4.2　增加工艺隔板控制变形

为了控制箱形柱因电渣焊焊接和主焊缝焊接过程出现腹板中心部位向外曲张，产生严重的波浪变形，在箱形内隔板稀疏的部位增加等距的工艺隔板来防止变形。通常工艺隔板间隔为 1500～2000mm。工艺隔板的厚度根据箱形柱腹板和翼板的厚度和主焊缝焊接量的大小而定，一般采用 6～20mm。

4.3　防止箱形柱的扭曲变形，主焊缝应采用同步焊接。箱形柱四条主焊缝在施焊过程中，必须保

证同一侧的两条焊缝同步进行施焊。同时箱形柱主焊缝的坡口形式和角度尽量保证通长相近，以避免局部因焊接量过大受热不均而变形。

5. 工艺流程及操作要点

5.1 工艺流程

工艺流程见图5.1。

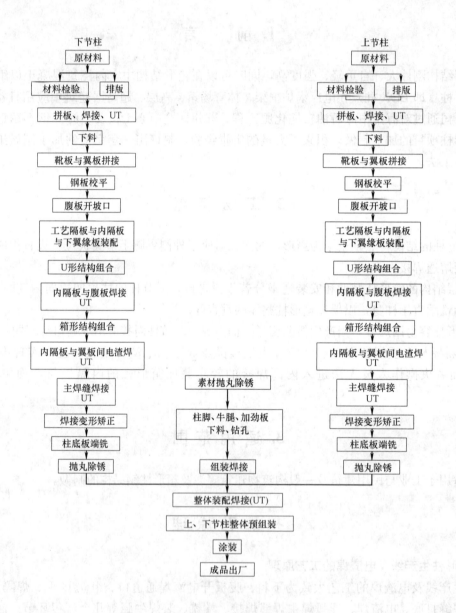

图5.1 箱形柱的加工工艺流程图

5.2 操作要点

5.2.1 放样、号料

1. 号料前，号料人员应熟悉工艺要求，然后根据生产科编制的排版图、下料加工单、零件草图和电脑实样图进行号料。下料加工单每个零件必须标识清楚该零件所在的图号、构件号，材质及外形尺寸。零件图按照构件号加零件号标识，可以缩写，但必须注明缩写原则。

2. 放样和样板的允许偏差见表5.2.1。

表 5.2.1

放样和样板的允许偏差

项　目	允许偏差（mm）	项　目	允许偏差（mm）
平行线距离和分段尺寸	±0.5	孔距	±0.5
对角线	1	组孔中心线距离	±0.5
长度、宽度	长度 0～+0.5　宽度 0～−0.5	加工样板的角度	±20′

3. 放样时，如发现施工图有遗漏和错误以及其他原因需要更改施工图时，必须取得原设计单位的同意，不得擅自修改。

4. 号料时，凡发现材料规格或材质外观不符合要求的，须及时报材料、质量、技术部门处理。

5. 划线后应标明基准线、中心线和检验控制点，作记号时不得使用凿子一类的工具，少量的样冲标记其深度应不超过 0.5mm，钢板上不得有任何永久性的划线痕迹。

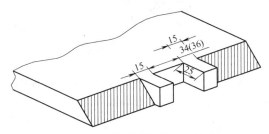

图 5.2.2　腹板预留的电渣焊孔

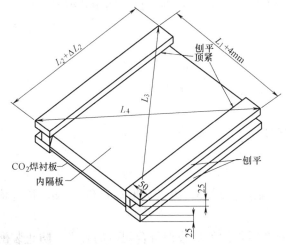

图 5.2.3-1　内隔板和电渣焊衬板的组装（单位：mm）

注：1. 隔板与衬板或垫板必须组装密贴，间隙小于 0.5mm，并通长加焊一道，防止电渣焊漏渣。

2. 隔板与衬板或垫板组装时，宽度方向应在截面尺寸 L_1 的基础上加 4mm 余量。

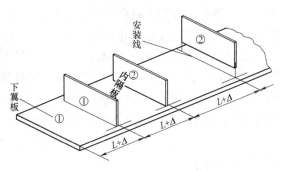

图 5.2.3-2　内隔板的组装

5.2.2　下料和切割

1. 母材须平整无损伤及其他缺陷，否则应矫正或剔除。若发现钢板平面度超差，下料前必须用七辊矫平机或火焰法矫正。火焰矫正的温度应控制在 900℃ 以下；未降至室温，不得锤击钢板。

2. 翼板，腹板用数控或多头切割下料，翼板宽度加余量 2mm，腹板宽度加余量 5mm，长度均加 50mm 余量。

3. 切割前应清除母材表面的油污、铁锈和潮气，切割后表面应光滑无裂纹，熔渣和飞溅物应清除干净。所有零件切割应用自动或半自动切割机或剪板机进行，严禁随意手工切割。

4. 腹板开剖口，腹板预留电渣焊孔，见图 5.2.2。

5.2.3　组装

1. 组装前先检查组装用零件的编号、材质、尺寸、数量和加工精度等是否符合图纸和工艺要求，确认后才能进行装配。

2. 内隔板和电渣焊衬板的组装（图 5.2.3-1）。

3. 下翼板与内隔板的组装如图 5.2.3-2，隔板和翼缘板、腹板组装间隙小于 0.5mm。组装内隔板时以下翼缘板下端（靴板下端预留 5mm 端铣余量）为基准定位线，依次往柱顶方向画线定位。

4. 腹板的装配（图 5.2.3-3）

腹板组装见图 5.2.3-3，腹板组装时与翼缘板下端（靴板下端）对齐。为确保主焊缝焊接质量，腹板组装时应确保根部垫板 8mm 宽度，并确保构件截面尺寸沿腹板高度方向有 4mm 焊接收缩余量。

5. 为保证腹板与隔板紧密贴合，应采用相应的工装夹具组装。

6. 组 "U" 后，用 CO_2 气体保护焊焊接内隔板与腹板的焊缝，焊后 100％UT 探伤，合格后方可装上翼板，焊接过程及组装见图 5.2.3-4。

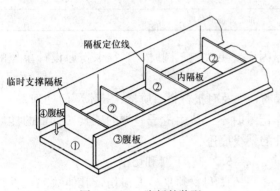

图 5.2.3-3　腹板的装配

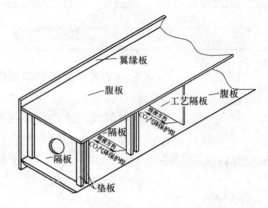

图 5.2.3-4　箱形内部的装配焊接

7. 组 U 后，进行第二块翼缘板的组装。组装时保证两翼缘板的平行度及翼缘板和腹板的定位尺寸。主焊缝部位应采用气体保护焊通长打底焊接，以防止吊运及电渣焊过程中构件变形。

8. 根据加工图尺寸进行切头，长度方向预留 3～5mm 余量。

9. 构件组装完毕后应进行自检和互检，准确无误后再提交专检人员验收，若在检验中发现问题，应及时进行修理和矫正。构件的相邻两腹板和翼板，距两端头 1m 处，均应打上钢印并编号，钢印处要预打磨，钢印必须清晰。

10. 拼装后按焊接工艺要领进行焊接和矫正。

11. 采用局部加热、加压的方法进行矫正。

12. 采用端面铣床进行端面铣削，并保证柱身与端面（铣平面）的垂直度。

5.2.4　焊接

1. 焊接顺序的选择应考虑焊接变形，尽量采用对称焊接，对收缩量大的部位先焊接，焊接过程中应平衡加热量，使焊接收缩量小。

2. 焊接变形控制措施

1）下料、装配时，预留焊接收缩余量，翼板宽度加余量 2mm，腹板宽度加余量 5mm，长度均加 50mm 余量。预留焊接反变形；

2）装配前，矫正每一零件的变形，保证装配前每个零件的外形公差符合规范的要求。防止装配中发生过多的积累偏差；

3）使用必要的装配胎架，工装夹具，隔板和撑杆；

4）同一构件上尽量采用热量分散，对称分布的方式施焊。

3. 对接焊缝或有探伤要求的焊缝必须经探伤合格后，方可进入下道工序。

4. 切除电渣焊后的熄弧物，并清理主焊缝的坡口，以准备主焊缝的埋弧焊焊接，如图 5.2.4-1。

5. 引弧和熄弧：引弧时由于电弧对母材加热不足，应在操作上注意防止产生熔合不良、弧坑裂纹、气孔和夹渣等缺陷的发生；另外，不得在非焊接区域的母材上引弧和防止电弧击痕。当电弧因故中断或焊缝终端收弧时，应防止产生弧坑裂纹（特别是采用 CO_2 气保焊时），一旦出现裂纹，必须彻底清除后方可继续施焊。焊后引弧和熄弧板应保留 2～3mm 气割切除，然后修磨平整；引弧板和熄弧板不得用锤击落。如图 5.2.4-2（引熄弧铜块的外形尺寸及中间药剂槽尺寸根据电渣焊孔的大小而定，熄弧块为对称两块，下视图为一块视图。）

6. 箱形柱腹板与翼缘板的组装及主焊缝坡口形式如图 5.2.4-3。

7. 腹板拼接焊缝与翼缘板拼接焊缝应相互错开 300mm 以上。

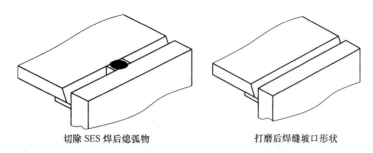

切除 SES 焊后熄弧物　　　　　打磨后焊缝坡口形状

图 5.2.4-1　切除电渣焊熄弧物

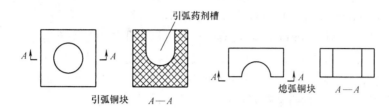

引弧药剂槽

引弧铜块　　　A—A　　　　　熄弧铜块　　　A—A

图 5.2.4-2　引熄弧铜块示意图

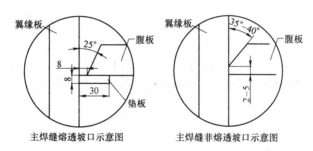

主焊缝熔透坡口示意图　　　　主焊缝非熔透坡口示意图

图 5.2.4-3　主焊缝坡口形式（单位：mm）

8. 箱形柱因形状简单，焊接工作量比较集中，因而在大批生产中宜采用高效的自动化焊接方法：

1）CO_2 气体保护焊——用于内隔板、箱形柱两端封板、牛腿连接件等的焊接。

2）多丝埋弧焊——箱形柱四条主焊缝的焊接。

3）电渣焊——箱形柱合拢后，箱内隔板的焊接。

9. 电渣焊施工

1）不得使用潮湿的或混有异物的焊剂和生锈的焊丝。

2）除去坡口面及其附近的红锈、水分、油及其他被认为有害的异物。

3）调整焊接嘴头使其不松弛也不歪扭。

4）焊接条件参照表 5.2.4 的规定。

电渣焊工艺参数　　　　　　　　　　　　　　　　　　　表 5.2.4

板厚(mm)	材质	电压(V)	电流(A)	焊接速度(cm/min)
60	Q345B	46～50	380	7～9
60	Q235B	44～48	380	7～9
40	Q345B	44～48	380	7～9
40	Q235B	44～48	380	7～9
20	Q345B	44～48	380	7～9
20	Q235B	44～48	380	7～9

10. 焊缝返修

1) 焊缝返修应由经验丰富的优秀焊工承担。

2) 焊缝返修采用碳弧气刨清除缺陷。确认彻底清除缺陷后，用砂轮机或直线磨光机清除渗碳层，然后进行补焊。返修焊缝的焊接工艺同正常焊接。

5.2.5 预组装

为了检验构件制做的整体性，对重要构件在出场前进行工厂拼装。

1. 预拼装均在工厂支撑凳或平台进行，所用的支撑凳和平台应测量找平。预拼装时，不得使用大锤击落，检查时应拆除全部临时固定和拉紧装置。

2. 分段构件或构件与构件的总体预拼装，如为螺栓连接，在预拼装时，所有节点连接板均应装上，除检查各部尺寸外，还应采用试孔器检查板叠孔的通过率，应符合以下规定：

1) 当采用比孔公称直径小 1.0mm 的试孔器检查时，每组孔的通过率不应小于 85%；

2) 当采用比螺栓公称直径大 0.3mm 的试孔器检查时，通过率应为 100%。

3) 除了壳体结构为立体预拼装，并可设卡、夹具外，其他结构均为平面预拼装，预拼装的构件应处于自由状态，不得强行固定；预拼装数量可按设计或合同要求执行。

5.2.6 除锈、涂装和编号

1. 除锈

1) 钢材表面的锈蚀度和清洁度可按 GB 8923《涂装前钢材表面锈蚀等级和除锈等级》标准，目测外观或做样板、照片对比。

2) 构件表面除锈方法与除锈等级应与设计采用的涂料相适应。

3) 摩擦型高强度螺栓连接面的清洁度，除达到规定级别要求外，同时必须满足设计的抗滑移系数要求的粗糙度。

4) 与混凝土直接接触或埋入其中的构件可不进行处理。

2. 涂装

1) 涂装方法一般采用无气喷涂法。

2) 涂装前，必须由检查员检查表面除锈情况，达到设计要求后方可涂装。经处理好的摩擦面，不能有毛刺（钻孔后周边即应磨光）、焊疤飞溅、油漆或污损等，并不允许再行打磨、锤击或碰撞。

3. 涂装环境

1) 施工环境温度由于涂料的物性不同，要求的施工温度也不同。施工时应根据产品说明书或涂装施工规程的规定进行控制，一般应控制在 5～35℃之间。

2) 施工环境湿度：施工环境，一般控制相对湿度不大于 85%，也可以控制钢材表面的温度，即钢材表面温度应高于露点温度 3℃以上，方允许施工。

3) 施工温度和相对湿度要在底材附近测量。在狭窄部位施工时应保持良好通风。

4. 禁止涂装的部位

1) 密封的内表面。

2) 待焊接的部位焊缝两侧 50～80mm 不得涂装，设计要求时应进行不影响焊接的防锈处理。

3) 设计上注明不涂漆的部位。

5. 涂装的注意事项

1) 除锈后，油漆的调制和喷涂应按使用说明书进行。

2) 涂装下一道油漆前应彻底清除构件表面的油、泥、灰尘等污物，要保证构件清洁、干燥，底漆未经损坏。

3) 涂装后，油漆膜如发现有龟裂、凹陷孔洞、剥离生锈或孔锈等现象时，应将油漆膜刮除并经表面处理后，再按规定涂装时间间隔和层次予以补漆。涂装应全面均匀，不得有起泡、流淌。

6. 编号

1）所有构件编号须同时用钢印和油漆标出，钢印深度≤0.5mm。钢印处应预打磨，钢印必须清楚；编号应在涂装完毕后进行，油漆标记颜色必须不同于构件底色，且字迹应清楚整齐。

2）大型构件应标明重量、重心位置和定位标记。

3）成品管理员要对交工的构件的规格、数量、编号进行严格复查，确定附件是否齐备。

6. 材料与设备

本工法无需特别说明的材料，采用的机具设备见表6。

主要机具及设备表

表6

名　　称	规格型号	数　量	用　　途
多头直条切割机	CG5000	1	箱形柱主板四大片下料
数控直条切割机	GS/Z-600	2	箱形柱主板四大片及零件板下料
刨边机	B81120A	1	开坡口
B-H组立机	ZUBH1200	1	箱形柱的U型组立
数控平面钻床	DRWC-3	1	箱形柱连接板钻孔
CNCX三维数控钻孔机	DNT1000	1	H形钢钻孔
抛丸机	压送式	2	构件抛丸除锈
电渣焊机	FABARC ESW-2	4	箱形柱隔板电渣焊缝焊接
门形埋弧电焊机	FABARC	2	箱形柱主焊缝焊接

7. 质量控制

7.1　质量控制标准

7.1.1　《钢结构工程施工质量验收规范》GB 50205；

7.1.2　《建筑钢结构焊接技术规程》JGJ 81。

7.2　质量控制措施

7.2.1　质量管理要坚持管理层和作业层相结合，部门与基层相结合，技术人员与操作人员相结合，防治结合，以防为主的方针。严格执行班组自检和质量部门专检相结合的原则。

7.2.2　严格箱形柱电渣焊前的隔板装配质量，以保证电渣焊的焊接过程顺利进行和焊接质量符合设计要求。

7.2.3　严格进行焊缝（包括电渣焊和主焊缝）的无损检测，保证焊缝质量。

7.2.4　焊接过程严格按照焊接工艺执行，控制焊接变形，保证构件外形尺寸。

7.2.5　提高端铣精度要求，保证构件端面垂直度和现场安装要求。

7.2.6　做好除锈涂装，保证构件外观质量。

8. 安全措施

必须坚决落实"安全第一，预防为主"的方针，杜绝和减少伤亡事故的发生。

8.1　在生产前必须逐级进行安全技术交底，其交底内容针对性要强，并做好记录，并明确安全责任制。严格按规定做好开工前、班前安全交底。

8.2　箱形柱的电渣焊和埋弧焊焊接应注意用电安全，严防漏电、触电。

8.3　在进行箱形柱箱形内的焊接作业时，应注意焊工的防护和通风。

8.4 对于大型箱形柱构件的翻身和倒运，应使用专用吊具，并选择合适吊点，确保安全。

9. 环 保 措 施

9.1 相比于其他常规加工方法，本工法通过电渣焊解决了箱形柱内部隔板的熔透焊缝问题，且焊缝一次合格率极高，大大减少了车间内碳弧气刨的工作量，由于碳弧气刨是钢结构加工的主要噪声来源，所以可以大大降低车间内噪声排放。

9.2 机械设备必须按相关规定进行保养维修，确保机械设备的消声设备完好。

9.3 要做好对机械操作人员的教育培训，正确使用各类机具，避免因不正确使用发出刺耳的噪声。

9.4 施工场地应做硬化处理，可以绿化的部位采取绿化措施。

9.5 成品车间除锈设备等产尘较大的作业必须封闭作业。

9.6 加强对作业人员的教育，有尘产生的作业动作要轻、速度要慢。

9.7 做好现场扬尘的监测工作，发现超标立即采取降尘措施。

10. 效 益 分 析

10.1 本工法将箱形柱加工制做过程进行了规范统一，特别是将箱形柱内部隔板采用电渣焊的方法，有效地解决了箱形柱牛腿处内部隔板部位四面全熔透焊接问题，即保证了箱形柱钢结构加工质量，又大大提高了加工制做效率。

10.2 与常规方法进行箱形柱制做相比，本工法采用电渣焊方法进行的加工制做工艺，从加工工艺流程上改变了传统手工组立、装配、焊接的钢结构制做方法，分别对箱形柱钢结构的装配、焊接等质量方面和整体加工进度上都有显著提高。

10.3 采用本工法共计获得了上千万直接经济效益，取得了良好的社会效益，获得了业主的认可。

11. 应 用 实 例

11.1 石油二期化肥工程

中海油二期化肥项目为中海石油化学有限公司 2002 年在海南省东方市投建的国内最大化肥基地，其钢结构量约 5000t，其中尿素装置主框架约 800t 采用箱形柱结构，是箱形结构在化工行业建设中的初步应用，通过本工法箱形柱生产线和加工工艺的实际应用，构件质量良好，得到业主好评。

11.2 苏州国际博览中心工程

苏州国际博览中心（一期）工程是由箱形结构柱、平台梁及管桁架屋面组成的大型场馆工程，主体工程从 2003 年 12 月开工至 2004 年 10 月北区达到完全使用条件，工期要求十分紧张。其钢结构制做安装总量 4 万余吨，其中各展厅的主体钢柱均采用箱形柱形式，通过本工法的实施，使得所有构件得以顺利加工出厂，为现场安装和本工程项目的总体工期提供了可靠的保障。

11.3 上钢一厂不锈钢厂房工程

上海一钢不锈钢厂房工程共有箱形柱 2400 余吨，加工时间为 2004 年 5 月～9 月。该工程的箱形柱截面为翼缘板超出腹板 100mm，其焊接变形工艺是控制的一大难题。箱形柱牛腿结构复杂需进行多次分层装配，柱子本身标高较高要分段制做以及出厂柱子的整体尺寸控制要求严格。通过合理的编制工艺使制做更为简单化，质量控制更为严格，效益显著。

11.4 华能玉环电厂工程

华能玉环电厂为 4×1000MW 的超超临界燃煤机组，位于浙江省台州市玉环半岛的西南侧，北、南、东三面环山，西面为乐清湾海域。该工程 4 套机组的主厂房钢结构总量约 36000t，其中箱形结构（BOX）柱约 6000t。作为 1000MW 的超超临界燃煤机组的电厂建设，在国内尚属首例。框架主体截面较大，构件主体所有钢材均为厚板。焊接量极大，尤其是对箱形构件焊接控制难度大。在钢结构制做过程中，利用 BOX 柱生产技术使得本工程顺利竣工。其箱形结构柱制做质量良好。

11.5　江苏昆山龙腾广电厂房钢结构工程

昆山龙腾广电厂房是非常典型的电子厂房，分为 1A，1B 两个厂房，总面积 23 万 m²。钢结构总制做量 35000t，具有工期短，构件形式复杂，焊接量大，质量要求高等特点，从开始全面启动到完全结束不到两个月的时间。通过箱形结构柱制做工法的应用，高质量高速度地完成了加工任务。

11.6　泰州电厂一期主厂房钢结构工程

泰州电厂一期工程共有 1 号、2 号两个机组，每台机组钢结构量约 11000t，其中主框架中 BOX 柱重约 2500t。通过箱形结构柱制做工法的应用，顺利且高质量地完成了加工任务。

现浇钢筋混凝土输水管水压试验工法

YJGF312—2006

中国建筑第二工程局　中国建筑一局（集团）有限公司

吴荣　程惠敏　李政　刘虎　杨均英

1. 前　　言

国内经济在过去十几年里取得了高速增长，至今依然增速迅猛，高经济增长必然要带来能源的高需求和高消耗。近年来，国际能源价格急剧飙升，在世界能源形势不容乐观的情况下，发展核电成为必然选择。国家发展改革委在《核电中长期发展规划》提出，计划在 2020 年前将核电站的总发电容量提高至 4000 万 kW，届时将占总发电量的 4%。积极推进核电建设，是国家重要的能源战略，对于满足经济和社会发展不断增长的能源需求，实现能源、经济和生态环境协调发展，提升中国综合经济实力和工业技术水平，具有重要意义。积极推进核电建设，要统一发展技术路线，坚持安全第一、质量第一，坚持自主设计和创新，注重借鉴吸收国际经验和先进技术，努力形成批量化建设先进核电站的综合能力。同时全面建立起与国际先进水平接轨的建设和运营管理模式，形成比较完整的自主化核电工业体系和核电法规与标准体系。

中国建筑第二工程局作为国内首批进入核电建设市场的施工单位，先后承接了广东大亚湾核电站和岭澳核电站一期工程，目前在施的岭澳核电站二期工程装机容量为 2×1000MW，其汽轮发电机组采用由现浇钢筋混凝土输水管输送来的海水循环冷却。为最终检验现浇钢筋混凝土输水管的工程质量和防水性能，根据设计要求，对钢筋混凝土输水管的每道伸缩缝都要进行一次水压试验。本工法的关键是采用一套简便易行的试验装置来检验现浇钢筋混凝土输水管伸缩缝的不透水性能。

2. 工 艺 特 点

2.1　现浇钢筋混凝土输水管水压试验装置设计采用整体式方胶带，利用胶带的弹性，通过可调丝杆的机械顶撑形成一个密封面。

2.2　水压试验装置方胶带为"凹"形，两侧连有梯形密封反边，"凹"形方胶带的外径比输水管的内径小 4cm，以适应顶撑过程中产生的变形。

2.3　水压试验装置的骨架由 φ48 钢管、槽钢、可调丝杆组成，通用性强，钢管之间可以用扣件相连。由可调丝杆提供反力，通过对称调节支撑螺栓，达到密封效果。

2.4　在方胶带与管壁之间涂抹硅酮结构胶，利用胶体的流动性、可塑性填充方胶带与管壁之间的空隙，保证密封的效果。

2.5　水压试验装置为分段拼装的连接形式，重量轻、便于安拆。

3. 适 用 范 围

本工法适用于各种形状和大小的现浇钢筋混凝土输水管的伸缩缝的水压试验。

4. 工 艺 原 理

现浇钢筋混凝土输水管伸缩缝试验压力大、密闭要求高。根据水压试验压力要求，结合输水管的具体情况，经计算确定试压装置的型钢规格、支撑大小、间距。

施工钢筋混凝土输水管，混凝土强度达到要求后，在钢筋混凝土输水管的伸缩缝上安装水压试验装置，将胶带压在伸缩缝上，在橡胶带与管壁之间用硅酮结构胶密封，将整个试压装置撑紧，使橡胶带将密封胶压在管壁上，利用胶体的流动性让其填充细小的缝隙，对称调节骨架的可调丝杆顶紧胶带，保证其密封面压紧、压实，待硅酮结构胶达到强度后，再用 100mm×100mm 方木和顶托撑在槽钢背面，打开排气阀门，采用管网自来水向现浇钢筋混凝土输水管试压装置内注水，待试压装置内的空气排除后，调节排气阀门，控制出水流量，同时观察压力表读数，直至达到试验标准要求的压力、在规定的试验时间内检查钢筋混凝土输水管外侧无渗漏即试验合格。将试验装置拆除，并移到下一段伸缩缝上安装，试验分段以相邻伸缩缝为一段，直至所有伸缩缝试验完毕。

图 4 为水压试验原理图。

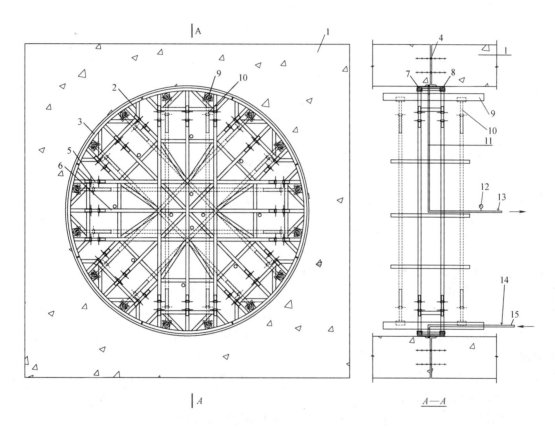

图 4　水压试验原理图（以圆形输水管为例）

1—现浇钢筋混凝土输水管；2—试压装置；3—槽钢；4—伸缩缝止水带；5—可调丝杆；

6—钢管；7—方胶带；8—硅酮结构胶；9—木方；10—顶托；11—排气管；

12—压力表；13—排气阀门；14—进水阀门；15—进水管

5. 施工工艺流程及操作要点

5.1　施工工艺流程如图 5.1 所示。

5.2　**操作要点**

5.2.1　根据水压试验压力要求，确定试压装置的型钢规格、支撑大小、间距。

5.2.2　管内壁清理干净后，要对钢筋混凝土内壁的平整度进行检查、修补，要求平整度偏差小于 2mm 且不得有空鼓、起壳，以满足试压装置的密封要求。

5.2.3　根据试压装置的位置安放方胶带，在橡胶带与管壁之间涂抹硅酮结构胶。再将整个试压装

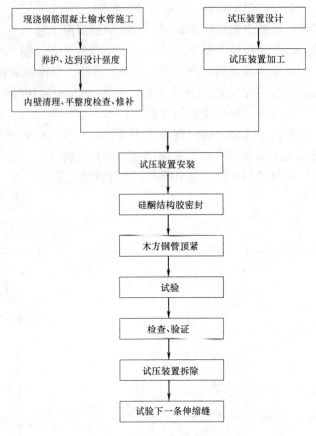

图 5.1　施工工艺流程

置撑紧，使橡胶带将密封胶压在管壁上，对称调节支撑螺栓，保证其密封面压紧、压实。

5.2.4　待硅酮结构胶达到强度后（一般 3d），再用 100mm×100mm 木方和顶托撑在槽钢背面。

5.2.5　试验时，先打开排气阀门，采用管网自来水（压力一般为 0.5MPa）向试压装置内注水，待试压装置内的空气完全排除后，调节排气阀门，控制出水流量，同时观察压力表读数，直至达到试验标准要求的压力。

5.2.6　试验压力达到试验标准要求的压力后，检查输水管道外侧有无渗漏现象，若无渗漏，则试验合格。若有渗漏现象，需堵漏后重新试验，直至试验合格。

5.2.7　试验装置拆除，进行下一段伸缩缝的试验，试验分段以相邻伸缩缝为一段，重复上述步骤 6.2～6.7。

5.2.8　通过对输水管所有伸缩缝逐段进行水压试验，证明钢筋混凝土输水管水压试验符合要求，整个水压试验完成。

6. 材料与设备

试压装置 1 套

压力表 1 只：1～10kg（计量检测合格后使用）

DN25 阀门：

DN25：1 只

DN20：1 只

按实际距离配 DN25UPVC 标准水管、接头及软管。

硅酮结构胶若干

7. 劳动力配置

水压试验由专门小组完成，包括试验负责人、工长、记录员及工人，见表7。

劳动力配置　　　　　　　　　　　　　　　　　　　　　　表7

序号	职　务	职　称	人数（人）	备　注
1	试验负责人	工程师	1	
2	工长	工程师	1	整理数据、资料
3	安装负责人	技师	1	
4	安全员	助理工程师	1	
5	QC人员	助理工程师	1	
6	记录员	工人	1	
7	操作员	工人	1	
8	配合人员	工人	6	含管工、电工、杂工

8. 质 量 控 制

因本工法水压试验装置密闭要求极高，必须确保制做和安装质量，才能保证水压试验成功进行。

8.1 根据试验管内径设计方胶带外径尺寸，方胶带外围半径偏差范围为−5mm～+2mm。

8.2 "凹"形方胶带应有足够弹性，与管壁接触一侧平整度偏差要求小于1mm，以便能与混凝土管壁能紧密相贴。

8.3 管内壁应干净，要求平整度偏差小于2mm且不得有空鼓、起壳，以满足试压装置的密封要求。

8.4 试验顶压装置焊接质量按设计要求检验，确保焊接质量。

8.5 压力计须经有计量资质单位鉴定合格，并在有效期范围内。

9. 环 保 措 施

因本工法水压试验压力大，在钢筋混凝土输水管道内作业，因此，在施工中除严格执行国家及地方有关安全操作规程外，还应认真贯彻执行下列特殊的安全保证措施：

9.1 水压试验过程中要做好安全防护工作，试验负责人、工长、安全员要密切注意试压情况，发现不正常情况要立即停止试压。

9.2 在钢筋混凝土输水管试压过程中，施工人员进入管内时，必须采取通风措施、穿戴劳动保护用品。

9.3 输水管内照明电压不宜高于36V。

9.4 试压过程中保持设备完好，电气设备必须有接地保护，阀门能正常启用。

9.5 制定并落实排水措施。

9.6 试压装置及其支撑体系安装时，必须严格执行起重操作规程。

9.7 水压试验时，管道周围临边处均需搭设防护栏杆、防止坠落。

9.8 严禁长时间超压作业。

10. 应用实例及效益分析

  岭澳核电站二期共有10条现浇钢筋混凝土输水管，每台机组5条，呈上下排列，共设伸缩缝51道。进水管截面为外方内圆形，内径为3.6m。出水管为多边形截面，外轮廓尺寸为5.3m，内孔边长为3.5m，均属于自防水结构，主要依靠混凝土的自身质量来确保其抗渗性和不透水性。根据设计要求，须对钢筋混凝土输水管的伸缩缝进行水压试验，从而达到证明钢筋混凝土输水管是否满足其不透水性的设计要求的目的，进水管的试验压力为管中心处300kPa，排水管的试验压力为管中心处200kPa。每道伸缩缝分别注水，恒压5min，检查伸缩缝处无渗漏为合格。

  本工法提供了一种现浇钢筋混凝土输水管分段水压试验的方法，克服现浇钢筋混凝土输水管整段水压试验中结构施工工期紧张、封堵板吊装困难、封堵作业条件差、影响后续工程施工等难题。

  常规的现浇钢筋混凝土输水管水压试验方法是整段试验，即在钢筋混凝土输水管端头增加钢筋混凝土凸缘，再在凸缘上钻孔采用膨胀螺栓来紧固封堵钢板，从钢筋混凝土输水管内部进行封堵。采用空压机向具有水位刻度并与钢筋混凝土输水管连通的贮水罐中输入压缩空气，逐渐提高贮水罐和钢筋混凝土输水管内的水压，以达到试验标准要求的压力；同时，通过读取贮水罐上的水位刻度，根据水位刻度的变化计算水的渗漏损失率。此法需要待整条钢筋混凝土输水管结构施工完、混凝土达到设计强度后才能试验；试验前要加工封堵钢板，由于现浇钢筋混凝土输水管的直径大、试验压力较高，封堵板承受的压力很大，因此，每块封堵板的重量都很大（一般在4t左右），钢筋混凝土输水管周围有其他建筑，吊装需要大型起重设备，并且在钢筋混凝土输水管内部的安装就位无法使用机械设备，只能采用手拉葫芦安装，施工难度较大，封堵作业条件差、费工费时；由于是整段试压，还需要空压机、贮水罐等设施，试验成本较大，贮水罐等设备属压力容器，设计、检测手续也很严格。

  本工法与现有传统技术相比具有的有益效果：本工法采用分段进行水压试验方法，即对所有伸缩缝分别进行水压试验，解决了整段水压试验封堵困难、作业条件差、周期长等难题，摆脱了土建工期的束缚和常规试验方法困难的影响，施工简单，操作方便，节约了施工成本，优点如下：

10.1 不需要专门的大型安装设备，移动试压装置时，只需人工搬移即可。

10.2 水压试验可以紧随土建施工展开，不占用结构施工工期，不影响后续工程施工。

10.3 工艺简单、可靠、易行。试压装置的制做和安装过程中，安全和质量更易保障。在试压装置安装时，只需用木方钢管顶撑，工序简明、易于操作，不需要特殊的技术措施。

10.4 试验周期较短。一条伸缩缝平均7d完成试压，包括平整度检查、试压装置安装、胶带密封、顶撑、加压试验等主要工序。

10.5 试压装置拆装方便，可重复利用。

10.6 成本较低。除胶带向厂家定制外，试压装置全部采用焊接结构。所用钢材均可重复使用，用毕悉数收回，亦可完整用于今后类似工程中。而试压装置的安装所需投入极小，只是硅酮结构胶的费用和人工费。不需要大型起重机械、空压机、贮水罐，省却大型起重设备、空压机的租赁费用及封堵板、贮水罐的设计、加工检测的费用等。

大直径单层焊接球面网壳经线定位分条
安装施工工法

YJGF313—2006

江西省建工集团公司

李向阳　覃坚　兰哲民　丁涛

1. 前　言

单层球面网壳是一种空间受力整体性好、空间刚度大、抗震性能好、自重轻的空间结构形式，可节约大量钢材、外形美观、适应性强的特点；用小规格的杆件可建成大跨度的结构，满足人们对大建筑空间的需求；它不同于一般的梁、柱和桁架为主的平面结构，而是结构本身以三维空间为主，使建筑结构能够做到高效、经济和美观。

江西省科技馆网壳工程为 30m 直径球幕影院，24 点支承在 6.518m 标高混凝土斜梁上，是集视、听为一体的建筑物，该工程需保证网壳的安装精度和控制结构的变形，为下道工序安装调试球形屏幕提供一个准确的结构体系，这是一项重大的技术难题。

江西省建工集团公司组织江西省机械施工公司积极开展科技创新，取得了"大直径单层焊接球面网壳经线定位分条安装技术"这一国内首创的新成果，"大直径单层焊接球面网壳经线定位分条安装技术"在工程中的应用，加快了施工进度、降低了工程成本、提高了安装精度，具有明显的社会效益和经济效益。该项技术于 2004 年度获得了江西省科学技术进步二等奖。

2. 工 法 特 点

2.1 采用地面经线单条拼装再吊装工艺，具有组织严密，技术先进；利用地面平台工装可以很好地解决焊接变形及网壳曲率半径准确问题，使每个球节点在空间定位较准确。

2.2 地面经线单条拼装再吊装可大量减少高空焊接作业，有利于确保施工安全，提高工程质量和加快施工进度。

2.3 经线单条吊装后，如球节点在空间有位置误差，与其他施工方法相比容易对其校正和调整。

3. 适 用 范 围

本工法适用于施威德勒型，大直径单层焊接球面网壳，其他经纬线结构分明的形式（如三向网格型球面网壳、凯威特型球面网壳）可参照应用。

4. 工 艺 原 理

球面网壳空间定位的主要工序是焊接球节点在空间的定位，把球节点的三维空间坐标转变为平面坐标加以解决是该工法的主要特点，这种方法的主要原理是：在地面拼装工装上分段焊接每条经线上的球和杆件，形成分段经线，再把每条经线吊装到设计位置的平面内，然后测量球节点到球壳中心点的半径，以确定每个球节点在空间的准确位置。经线就位焊接成型后，再安装焊接横杆和斜杆，最终形成球节点准确就位的整体球面网壳。

5. 施工工艺流程及操作要点

5.1 施工工艺流程

大直径单层球面网壳空间定位的主要工艺流程：施工准备→地面分段焊接拼装每条经线的球和杆件及支座上纬线的球和杆件→吊装支座上纬线→吊装每段经线→测量调整、固定和连接→安装横杆和斜杆→检测和验收（施工工艺流程图见5.1）。

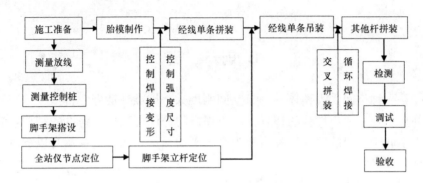

图 5.1 施工工艺流程图

5.2 操作要点

本工法主导的施工工艺为地面分段经线单条焊接拼装和吊装。该工艺所需的技术性较强、专业性水平较高，其主要工序的操作要点如下：

5.2.1 网架制做工艺

1. 单条拼装工作平台

根据网壳结构特点，为便于吊装，减少单条吊装的变形，将经线分成有规律的单条块；制做四个工作平台，即可把所有的经线单条制做完成，减少了工作平台多而引起的节点位置的偏差（图5.2.1）。

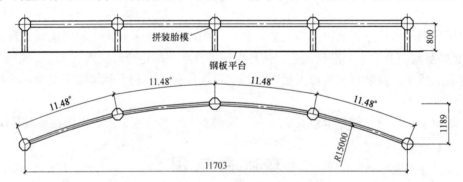

图 5.2.1 胎模平台图

2. 经线单条拼装杆件

单条拼装时，将加工好的杆件、衬管、球按编号利用平台上的夹紧装置将球一杆固定在工作平台上，制做平台时须先放好焊缝收缩量及焊接变形所需的曲率半径。先进行点焊，一般为3～5点，焊缝长度为10mm，然后进行根部打底、中间层焊接和加强面焊接，焊接工艺严格按照施工组织设计的要求进行；每条单条焊完后，在圆弧外侧杆一球中心位置作好定位标记线，方便吊装就位时经线位置的测量和对位，并在焊缝冷却后，放松夹紧装置，检查焊接变形，做好记录，以便焊接变形的矫正，最后将拼装好的单条运到施工场地进行焊缝的无损检测和防腐防火处理。

5.2.2 施工方法

1. 测量放线定位

本工法的测量放线定位是确保质量的关键所在，对球节点的三维空间坐标转变为平面坐标加以解决，这样简化了测量定位和空间定位的复杂性，提高了准确度。

首先，根据设计施工图尺寸，对各支座球的位置进行定位放线，利用经纬仪放出网架经线控制桩做好保护，同时在圈梁边缘处弹出控制线，标高采用水平仪和钢圈尺进行测量。

其次，网壳各球节点的位置确定：在各经线位置控制桩处架设经纬仪，测量出经线位置所在，利用脚手架操作台在其上增设钢管小立柱，小立柱设在各节点位置，并架设牢固，以防单条吊装碰撞而松动，然后利用全钻仪和钢圈尺根据各球节点的标高和半径在小立柱上做好标记线，再利用自制的网架定位系统确定节点的位置。

最后，网壳顶点球节点的确定，利用全站仪可直接定出顶点的三维坐标，标高为设计标高＋17mm。然后架设定位平台球节点。

2. 网壳脚手架的搭设

先在网壳所在位置的建筑平台上，用水平投影法将网壳各节点位置实样放好，根据脚手架施工图，分为内脚手架和外脚手架。脚手架材料均采用 $\Phi48\times3.5$ 钢管，材料为 A_3 钢。网壳呈球形，每根立杆的长度不一样，为了使架设的小立柱在测量节点位置时有一定范围的调节余地，每根立柱上部可搭接一根短管，松开管卡螺栓就可实现标高及节点方位的调整。

3. 定位调节系统

为了使各节点在吊装时，安装质量达到标准，位置准确，除定位放线测量外，还须有定位调节系统，可调节球节点的高度。

4. 单条吊装法（图 5.2.2）

单条吊装法就是将拼装成型的单条用吊装机械吊至网壳所处的空间位置。根据网壳的特点，采用 20~40t 汽车吊进行吊装。为了减少单条吊装时的变形，经过计算，确定吊点在控制桩位置架设经纬仪观测吊装条块垂直度，同时根据标高和半径控制，每一球节点的位置。先吊装东、南、西、北四条块十字交叉，在顶点标高处合拢，再用两台经纬仪从垂直方向观测四条经线是否垂直且合拢于顶部球节点。

在东南西北四条经线吊完后，经检测各节点位置准确后，再对各单条间进行点固焊和成型焊，焊缝必须符合设计要求。

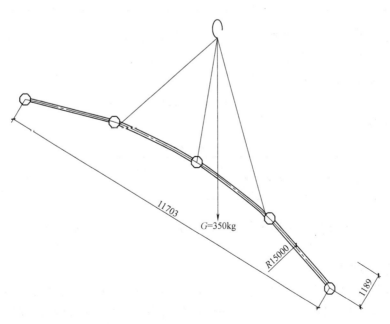

图 5.2.2 单条吊装图

5. 横杆、斜杆的安装

横杆、斜杆的安装采用高空散装法施工。单条经线全部就位并焊接成型后，进行对横杆和斜杆的安装，顺序为从下往上施工，即一圈顺时针方向，上一圈逆时针方向，循序前进，待二圈或三圈横杆和斜杆点固焊完成后，方可对最底一圈的横杆和斜杆进行焊接，以免变形而引起的误差。

5.2.3 焊接工艺及操作方法

1. 点固焊定位。钢管 Φ76～140，焊 3～4 点，Φ159 焊 5～6 点，点固焊长度一般为 15～30mm，焊缝高 3～5mm。如果高度太大，焊缝易开裂，也还会给底层焊接带来困难。

2. 底层焊接

为了保证焊缝根部焊透和充分熔合，都应采用多层施焊，但底层焊接最为重要，焊条采用 Φ3.2，一般球壁厚大于管壁厚，故球的温度低，所以起弧点是从球壁开始，从管底部向管顶部运弧，前半部焊完接着焊后半部。搭接长度为 5～10mm，接口处不得有夹渣或焊瘤，采用直线运行焊条法，也可稍加摆动或用灭弧控制其温度。运行焊条动作非常重要，用一个电流值一次焊完。

3. 中间层焊接

网架结构管壁厚度一般 4～16mm，壁厚 5mm 以下无中间层，壁厚 6～10mm 焊一道中间层，12mm 以上焊两道中间层。实践证明，中间层缺陷较少，但若工艺不当，焊工责任心不强，同样也会出现缺陷。

4. 加强面焊接

球-管焊接是对接焊缝和贴角焊缝相组合的焊缝形式，而加强面的焊接是贴角焊缝的一部分，焊缝高度定为 5mm，目的是为了减少焊接热影响区，通过计算使组合焊缝要满足与母材等强度。焊缝要注意表面不存在咬肉缺陷并保证球上焊缝的高度等。

5. 焊接参数

焊接参数的选择正确与否，直接影响产品的质量和生产效率。

（1）焊条直径（表 5.2.3-1）

焊条直径 表 5.2.3-1

钢管厚度(mm)	2	3	4～5	6～12
焊条直径(mm)	2	3.2	3.2～4.0	4～5

焊接层数：进行多层焊时，为使焊缝焊透，第一层焊道以采用直径 3.2mm 的焊条为最佳，其后各层可以根据焊件厚度，选用较大直径的焊条。

（2）焊接电流（见表 5.2.3-2）。

$$I = Kd \ (A) \tag{5.2.3}$$

式中　K——经验系数。

焊接电流 表 5.2.3-2

焊条直径 d	2～2.5	2.5～4.0	4.0～6.0
经验系数 K	25～30	30～40	40～60

焊接电流与焊缝位置关系：立焊和横焊所选用的电流比平焊时减少 10%～15%，仰焊减少 15%～20%。

5.3 施工中的几点要求

5.3.1 制做地面工装时，应对每个点球节点标高用水准仪测量，并应考虑不同球径和大小。

5.3.2 每个球节点的位置，必须严格按照设计和曲率半径用经纬仪和钢圈尺来定位，并应考虑气温及焊接温度对焊后收缩量的影响，以及单条焊接拼装起模后因自重引起的曲率的微小变形的影响。

5.3.3 每单条焊完后，应在圆弧外侧管壁和球壁的中心位置作好标线，方便吊装就位时经线位置的测量和放线。

5.3.4 安装支座球节点时，考虑到支座面为斜面，要认真调整好支座高度和位置，确保支座球在准确的设计位置。

5.3.5 起吊前，以基础中心点为基准点，利用经纬仪放出网壳经线位置、做好保护，并利用全站仪测好顶点球位置加以固定。

5.3.6 单条吊装时，由专人负责指挥，不得随意起吊，就位后，必须经过测量及调整后方可进行固定和焊接连接。

5.3.7 在全部安装完毕后，才能安装斜杆和纬杆，而且必须由下向上一层层安装。

5.3.8 不管是地面还是空间焊接，为保证焊缝根部焊透和充分熔合，都应采用多层施焊，以保证焊接质量。

5.4 劳动力组织

以每台汽车吊作为一个作业组，主要工程组人数如表5.4。

劳动力组织　　　　表5.4

序号	工　程	人数	职　责
1	施工负责人	2	指挥吊装
2	测量工	2	测量定位
3	安装工	12	安装、调整
4	起重工	4	负责绑扎吊点
5	电焊工	8	焊装球和杆件

6. 施工装置和设备

单层焊接球面网壳空间定位施工装置和设备主要有：空间定位、工作平台、高度调节装置、起重设备、测量仪器以及配套的设备等。

主要设备见表6。

主要设备　　　　表6

序　号	名　称	规　格	数　量	备　注
1	空间定位工作平台		1	自制
2	高度调节装置	自制	40套	自制
3	汽车吊	20t、40t	各一台	
4	全站仪		一套	
5	经线仪	J6	2台	
6	水准仪	DS1	2台	
7	电焊机		4台	

7. 质量控制措施

7.1 工程质量控制标准

7.1.1 网壳结构施工质量执行《网壳结构技术规程》JGJ 61—2003、J 258—2003。
网壳安装允许偏差按表7.1.1-1执行。

网壳安装允许偏差 表 7.1.1-1

序号	项　目	允许偏差（mm）	检查频率	检验方法
1	小拼单元节点中心偏移	2.0	20%	钢尺及辅助量具检查
2	小拼单元杆件轴线的弯曲矢高	$L_1/1000$ 且≤5.0	20%	
3	锥体型小单元弦杆长度	±2.0	20%	
4	锥体型小拼单元锥体高度	±2.0	20%	
5	锥体型上弦杆对角线长度	±3.0	20%	
6	纵向横向长度	$±L/2000$ 且≤±30.0	100%	
7	支座中心偏移	$L/3000$ 且≤30.0	100%	经纬仪检查
8	支座最大高差	30.0	100%	水平仪检查
9	相邻支座高差	$L_1/800$ 且≤30.0	100%	
10	杆件轴线平直度	$L/1000$ 且≤5.0	每种杆件 5%	直线及尺量测检查
11	挠度值	不大于设计值 1.15	20%	全站仪

支座支承面顶板、支座锚栓允许偏差按表 7.1.1-2 执行。

支座支承面顶板、支座锚栓允许偏差 表 7.1.1-2

序号	项　目		允许偏差（mm）	检查频率	检验方法
1	支承面顶板	位置	15.0	全数抽查，网架安装前完成	用经纬仪、水平仪、水平尺和钢尺检查
2		顶面标高	0～−0.3		
		顶面水平度	1/1000		
	支座锚栓	中心偏移	±5.0		

焊接球加工允许偏差按表 7.1.1-3 执行。

焊接球加工允许偏差 表 7.1.1-3

序号	项　目	允许偏差（mm）	检查频率	检验方法
1	直径	±0.005d　±2.5	每种规格抽查10%，进场安装前完成	用卡尺和游标卡尺检查
2	圆度	2.5		
3	壁厚减薄量	0.13t，且≤1.5		用卡尺和测厚仪检查
4	两半球对口错边	1.0		用套模和游标卡尺检查

杆件加工允许偏差按表 7.1.1-4 执行。

杆件加工允许偏差 表 7.1.1-4

序号	项　目	允许偏差（mm）	检查频率	检验方法
1	长　度	±1.0	每种规格抽查10%，进场安装前完成	用钢尺和游百分表检查
2	端面对管轴的垂直度	0.005r		用百分表 V 形块检查
3	管口曲线	1.0		用套模游标卡尺检查

7.1.2 网壳结构焊缝质量执行《焊接球节点钢网架焊缝超声波探伤及质量分级法》JG/T 3034.1，一级要求，100%探伤。

7.2　质量保证措施

在施工的整个过程中严格贯彻执行 ISO 9001—2000 质量保证体系，从各分项工程、各工序入手，严格按规范操作进行质量把关，对产品的质量进行严格控制。

7.2.1 为保证该工程的顺利进行，组成一个强有力的项目经理部。项目经理为该工程的总指挥。

7.2.2 组织所有施工人员，特别是施工员学习图纸、规范、规程和施工组织设计，领会设计意图、质量要求、操作工艺要求等，并进行层层交底，发现问题，及时与有关单位协商解决。

7.2.3 焊工必须持有合格有效的，并注明焊接内容的焊工资格证书或岗位证书。并在开工前进行技术交底与现场培训。

7.2.4 对建设单位或土建施工单位移交的测量控制点和高程点，要认真复核，并办妥交接手续，重要的测点要用混凝土保护起来。

7.2.5 严格进行各种材料、成品、半成品检查验收，要求网架制做时严格控制产品质量，没达到精度要求的产品严禁出厂。

7.2.6 脚手架应采取有力措施防止错位、移动。地面脚手架防止下沉，并及时调整活动支点。

7.2.7 零件应分类堆放，并做好防雨、防潮措施，特别是杆件须堆放平整，防止杆件变形。

7.2.8 所有计量仪器、测量仪器须按规定检验，超过使用期限的须经法定计量检测单位检测后方可使用。

7.2.9 活动支点松下时应分区分段按比例进和支防网架局部受力变形。

7.2.10 在现场认真开展"三制"，即三级检查制、认证制、值班制。三级检查制指班组施工队自检，项目部二检，业主和管理部门复检，层层把关。上一检查不合格的不得报下一检查。

7.2.11 在现场开展 QC 活动，提高施工人员的质量意识，制定质量奖罚措施。

8. 安 全 措 施

8.1 建立健全安全保证体系，使安全工作条理化、规范化、系统化。

8.2 工程施工人员必须树立安全第一的思想，努力搞好文明施工，严格遵守有关安全施工的各项规章制度。

8.3 抓住高空施工中伤害较多的"物体打击"、"高空坠落"、"触电"、"机械、构件伤害"等易出安全事故的部位，以强制使用"三宝"抓好"四面"临边的设防，防止触电、防止机械伤害等内容作出具体防护。

8.4 执行安全管理制度，做好三级安全教育和分部分项安全技术交底工作。本工程上岗人员应持上岗证，普工应办理规定手续。严禁无证人员操作机械设备。

8.5 进入施工现场必须戴安全帽，上高空必须系安全带，穿安全鞋。施工现场必须做好安全标志，脚手架平台边缘应做好防护栏和安全网，脚手架要经常检查，绑扎牢固。

8.6 严禁非工作人员进入施工现场，严禁脚手架及扒杆和吊装构件下站人，严禁从高空随便向下抛掷物件。

8.7 提前做好安全设施和起重机制系统的检查工作和施工中自检和互检工作。

8.8 根据气候，对机械设备和施工现场采取一定的防风、防雨措施，遇六级大风应停止作业。

8.9 制订脚手架的搭设方案，搭设安装必须验收合格后方可使用。

8.10 所有电器设备开关箱必须有漏电保护装置，有门有锁。

8.11 钢丝绳应经常检查，出现断丝严重的须及时更换。

8.12 氧气、乙炔气、油料和油漆应离火源有一定的安全距离。

8.13 临时设施应符合防火和劳动卫生要求，并配备足够的消防器材。

8.14 每星期定期安全检查一次，随查随收。每次检查有内容、有评分、有口述讲评，有整改通知，并持之以恒，一抓到底。

9. 环保措施

9.1 成立相应的施工环境卫生管理机构，在工程施工过程中严格遵守国家和地方政府下发的有关环境保护的法律、法规和规章，加强对工程材料、设备、弃渣、废气的控制和治理，遵守有关废弃物处理的规章制度，随时接受相关单位的监督检查。

9.2 将施工场地和作业限制在工程建设平面图规定的范围内，合理布置、规范围挡、做到标牌清楚、齐全，各种标识醒目，施工场地整洁文明。

9.3 对施工中可能影响到的各种公共设施制定可靠的防止损坏和移位的实施措施，加强实施中的监测、应对和验证。同时，将有关方案和要求向全体施工人员详细交底。

9.4 优先选用先进的环保设备。采用降噪措施降低施工噪声到允许值以下，同时尽可能避免夜间施工。

9.5 对施工场地进行硬化，并在晴天经常对施工道路进行洒水，防止尘土飞扬，污染周围环境。

10. 效益分析

10.1 提高质量：该工法采用单条吊装法施工，尤其是地面、工面、工作平台采用科学的变形控制和空间位置的高度准确，使其各节点位置得到有效控制，加之大部分工作在地面完成，故椭圆度、准确度、球面曲率都达到了规范要求，取得了良好的社会效益。

10.2 降低成本，采用所述施工技术，可减轻工人劳动强度，充分利用单位的吊装优势，大部分工作在地面实施，工作效率提高 2 倍，同时有利安全施工，总计降低成本 15%。

10.3 缩短工期：与其他施工方法相比，可使工期缩短 20%。

10.4 效益分析对比见表 10.4。

效益分析对比　　　　　　　　　　　　　　　　　　表 10.4

项目	网壳经线定位分条安装施工	块体或高空散装法施工
脚手架操作平台	168t×280元/t=47040元	226t×320元/t=72320元
工期	62d	78d
人工费	50751.74元	68251.56元
施工设备费材料费	26268.54元	48662.78元
检测费用	8000元	12000元

共计节约费用：69174.06元

11. 应用实例

江西省科技馆宇宙剧场网壳工程

11.1　工程概况

江西省科技馆宇宙剧场网壳，是一个直径为 30m，高度为 23.7m 的单层焊接球节点网壳结构。网壳总重为 45t，投影面积为 706.5m²，展开面积 2232.5m²，共有 241 个焊接球节点；该工程于 2001 年 11 月 26 日开工，2002 年 2 月 6 日完工；是江西省历史上第一座大型球形建筑，安装一次成功，各项技术指标均达到设计和规范要求。

11.2　施工概况

施工方法的选择对加快工程进度、降低成本、提高工程质量具有非常重要的意义。目前国内此类型网壳的施工方法有逆作法和五种普通的方法（高空散装法、分条分块安装法、整体提升法、整体吊装法、整体顶升法）。为保证施工质量，降低成本，缩短施工周期，结合本工程的建筑特点（网壳包容着多功能放影厅，有阶梯式看台）及网壳的结构特点（网壳有24条经线、14条纬线、13圈斜杆），综合高空散装法、整体吊装法、分条条块安装法的施工特点，确定了采用分条吊装法施工。本方案具有劳动强度小，空中三维定位准确，安装质量易保证等特点。

施工程序安排上，首先考虑对网壳顶点标高30m的准确定位及支座节点标高6.518m的确定，再对网壳每个节点坐标的测量放线定位，然后将东南西北四条十字架经线单条吊装就位，以此为基础进行其他单条的吊装就位。

11.3 工程检测与结果评价

本施工技术的开发与研制，施工进度快，降低劳动力，节省成本，提高施工中的安全度，定位准确。测量数据结果表明：节点最大偏差为27mm，由于球节点定位准确，在工厂下料的纬杆和斜杆，在现场安装时没有产生二次下料修改的情况。

江西省科技馆宇宙剧场网壳采用经线定位分条安装施工技术，保证了安装精度和工期要求，在球形屏幕安装调试过程中，给外国厂商提供了准确的节点位置和曲率半经，因此为球形屏幕的安装提供了极其便利的条件。

大型球形储罐 γ 源三源组合全景曝光技术施工工法

YJGF314—2006

陕西化建工程有限责任公司

胡锡宁 龚固 袁黎明 张来民 李丽红

1. 前 言

1.1 工法形成

1.1.1 随着天然气的开发和利用，市场上人容积（5000～10000m³）的球形储罐数量在不断增加。根据特种设备管理要求，球罐在制造和在役期定检控制质量时，必不可少的一项工作就是无损检测，那么采取何种拍片方法将直接影响到球罐的制造成本和定检维护成本。当今，国内无损检测公司在进行球罐探伤时一般采用的有 X 射线、普通工业铱源单源以及特殊工业铱源单源（源强≥250Ci）三种方法。对于全景曝光工艺，大家普遍使用 Ir192 单源中心透照，由于受储源设备表面泄漏量的限制，一般最高限量仅制做 100Ci。随时间的延长，到使用时源强衰减往往不足 100Ci。因此在单源最大活度不可增加的情况下，随着罐径的增加或罐壁的增厚，惟一可改变的参数是曝光时间。但实践证明，当拍片时间大于 18h 时，底片的灰雾度明显增加，灵敏度严重下降，曝光效果将不能满足评定要求。另外长时间曝光，放射源对周围环境的影响增加，相应的安全成本将大幅度增加。同时随曝光时间的延长，操作在受刮风、下雨、高温暴晒等自然条件的制约下，保护胶片、实现工期的难度也在不断增加。

1.1.2 针对上述现状，我公司无损检测人员在查阅相关文献资料的基础上，经过认真分析，仔细研究，设想在现有的源装置条件下，充分利用小活度源，采用多源组合增加源强提高曝光量，以减少时间延长带来的不利影响。但是，由于固体源的物理特性，三个强度不等的 γ 源组合曝光，源强是否可以简单相加；源与源之间的遮挡是否会影响全景辐射场的均匀；焦点尺寸增加底片灵敏度、底片几何不清晰度是否满足标准；源强加大后散射线的增加程度等问题随即出现，而这些疑问则需要通过试验来分析验证。

1.1.3 鉴于此，我公司无损检测人员组成了专业技术攻关小组，从理论上进行了详细的核实计算。假设三源在一起曝光源强是简单的数学相加，考虑辐射场的均匀性，考虑盲区死角的大小，散射线以及灰雾度的影响程度等因素，设计三源组合方式，计算出曝光时间，进行曝光试验，测定不同组合方式、曝光时间下胶片的曝光的均匀度及底片的灰雾度、灵敏度等质量指标。通过试验，验证理论上的假设是成立的，多源正确的组合方式能够克服源与源之间的遮挡影响，排除最小盲区死角，获得各项质量指标满足标准要求的底片。

1.1.4 通过多次反复试验后，本工艺在 2004 年 5 月咸阳天然气公司 2 台 5000m³ 球罐定期检测工程项目中，以及 2005 年 6 月与 2006 年 4 月西安市天然气公司天然气储备站 10000m³ 天然气球罐定期检测工程中得以应用，并取得了非常满意的质量效果。根据理论计算、试验数据设计的不同规格球罐拍片的工艺参数，在工程实例上得到了验证，完全符合现场条件。三源捆绑组合透照，能够取得基本均匀的全景辐射场，底片灰雾度、灵敏度完全满足标准要求，曝光时间可以大大缩短。

1.2 工法技术审定

本工艺在咸阳市天然气公司球罐定期检测项目中应用成功后，我公司向陕西省机械工程学会无损检测专业委员会提交了技术鉴定申请，各位评审专家经过认真细致的评审，一致认为本施工工艺新颖、简单、方便、安全可靠、环保且可以提高无损检测质量，是一项值得推广的先进工艺。今年，本工艺有幸获得了中国化工施工企业协会举办的 2005～2006 年度部级工法，其关键技术通过了由中国化工施工协会组织的建设工程技术专家委员会的审定。

1.3 工法应用

本工法在以后的延安炼油厂球罐安装、榆林炼油厂、咸阳助剂厂在用球罐定检等项目中用 2～3 颗活度小于 $50C_i$ 铱 192 透照 1000～2000m³ 球罐，达到了与首次验证过程中同样的效果。底片质量、工效、环境安全防护效果均受到了建设单位和政府职能监督部门的一致好评。

2. 工 法 特 点

2.1 目前，国内无损检测行业在进行球罐的探伤检测中，普遍采用的是 X 射线、普通工业铱源单源以及特殊工业铱源单源（源强≥$250C_i$）三种方法。在工程实践中经过分析比较，各种方法的优缺点见表 2.1。

几种透照方法比较 表 2.1

透照方法	底片质量	工作周期	施工成本	安全防护
X 射线	优	月计	高	好
普通工业铱源单源	一般	20h 以上	低	较差
特殊工业铱源单源（源强≥$250C_i$）	较好	短，10h 左右	高	差

通过比较可以看出，普通工业铱源是首选方法，但其在满足底片质量的同时，需要长达 20h 以上的曝光时间。这种施工方法工期时间长、也容易受自然条件如：高温、风雨的影响。在安全环保方面，对环境是一重大环境因素，对职工也是一个重大危险源。而我公司采用的三源组合全景曝光技术方法简单，在操作过程中提高了 γ 源 Ir192 的利用率，降低了 γ 源的使用成本，减少了长时间曝光对工期、环境、拍片质量等诸多方面的影响，在降低施工成本方面取得了良好的效果。

3. 适 用 范 围

随着燃油燃气工业的迅速发展，球形储罐由于有其占地面积小，储装量大，应力分布均匀，实用价值高等特点，国内的大型球罐数量在不断增加。本工法适用于大型球罐的制造及定期检验时的无损检测工作。

4. 工 艺 原 理

4.1 工艺分析

球罐应用 γ 射线全景曝光是将射源置于球罐中心，对等径位置的焊缝进行 360°一次曝光成像，一次摄片可达全球焊缝的 70%以上。一般情况下，二次曝光可完成全球焊缝的 100%拍片，且可以连续运行，不受设备连续开机能力的影响，体积小、重量轻、不用电、不用水，大大降低了人力、物力、时间、成本，是一种效率很高，经济效益显著的方法。但是，γ 源都有一定的半衰期。随着时间的延长，它的源强逐渐降低，使曝光时间受到制约。能量固定无法调节，所以会存在清晰度及灵敏度比 X 射线低的情景。为了解决以上问题，我公司无损检测人员经过认真分析研究，探讨采用三源组合全景曝光工艺。本工艺在实施中存在如下难点：

4.1.1 源强：普通工业铱源单源透照厚度大、直径大的球形储罐显源强不足，曝光时间过长，三源组合后源强是否会按三颗单源现有源强数值增加。

4.1.2 不同源强三源组合后，由于固体源的物理特性，源间自身遮挡，全景辐射场均匀状况如何。

4.1.3 三源组合增加总源体积焦点尺寸增加，底片成像几何不清晰度、灵敏度能否满足规范要求。

4.1.4 源强增加缩短曝光时间，底片灵敏度能否满足要求。

4.2 工艺试验

以透照一台 5000m³ 球罐为例，球罐直径 $\phi=21.2m$，球壳壁厚 $\delta=38mm$，使用三颗源强分别为 100Ci 一颗、80Ci 两颗进行透照。

4.2.1 焦点计算：

按照标准《压力容器无损检测》JB 4730、GB 3323—87 AB 级质量要求，必须满足：

1. $L_1 \geq 10dL_2^{2/3}$

2. $U_g \leq 1/10L_2^{1/3}$

现 5000m³ 球罐：$L_1=$（球罐内半径）10.6m；$L_2=$（球罐壁厚）38mm

$$d=焦点尺寸\ mm$$

由 1 式得，$d \leq 93.8mm$

由 2 式得，$U_g \leq 0.34mm$

三源紧并时，实际取 $d=13$ 时：

$$U_g=d \times L_2/L_1=13 \times \frac{38}{10600}=0.05$$

三源成三角状，$\phi 80$ 时，实际取 $d=80$ 时：

$$U_g=d \times L_2/L_1=80 \times \frac{38}{10600}=0.29$$

由计算得出三源组合后，当点源直径 $<80mm$ 时，焦点尺寸和几何不清晰度满足标准要求。

4.2.2 曝光时间计算：

假设三源组合源强为数学加法，曝光时间可用式（4.2.2）计算：

$$t=\frac{XR^2 2^{\delta/T_h}}{AK_R(1+n)} \tag{4.2.2}$$

式中　t——曝光时间（h）；

X——照射量（C/kg），按黑度 2.5，T7 胶片查表得：5.16×10^{-4}C/kg；

R——球罐半径：10.6m；

δ——透照厚度：取 38mm；

T_h——半值层（cm），查表：取 11mm；

h——散射比，查表：取 1.124；

A——源活度（B_q）：取 260Ci，得 $260 \times 3.7 \times 10^{10}\ B_q$；

K_R——Ir¹⁹² 常数 $32.9 \times 10^{-12} \dfrac{C \cdot cm^2}{h \cdot kg \cdot B_q}$。

将上述值代入式（4.2.2）得 $t=7.76h$。

4.2.3 实际透照试验

取得焦点理论值、曝光时间理论值后，分别采用三源三角状 $\varPhi 80$ 捆扎一起全景曝光和三源紧并捆扎一起全景曝光方式进行试验。通过两种方式结果比较欲取得以下几个方面的经验数据。

1. 三源组合后焦点扩大对几何不清晰度和底片对比度的影响；

2. 辐射场均匀状况，两种方式源间遮挡的影响效果；

3. 三源组合源强增加，曝光时间减少，底片灰雾度的比较；

4. 两种布源方式，透照死角范围比较；

5. 修正源强理论计算值，取得经验值；

6. 获取其他施工参数。

4.2.4 试验技术条件

1. 参考标准：《压力容器无损检测》JB 4730。

2. 合同技术参数要求。

3. 设备器材：

源类型：Ir^{192}；

源强：$100C_i$ 一颗，$80C_i$ 两颗；

试件规格：300×100；

试件数量：$\delta=36mm$ 一块，$\delta=38mm$（正反两面均焊 2mm 高焊缝）三块；

胶片类型：T7 阿可发；

增感屏：前屏 0.1，后屏 0.2；

透度计型号：GB5618-Ⅱ；

冲片药液类型：利维那专用套药《双星》；温度，常温待测。

4. 试件布置方式

采用 4 块试件按 13.5m 如图 4.2.4 均匀摆开。考虑源自身阻挡及源管阻挡，在源前端、侧端各放一块；考虑辐射场的均匀程度，在源指向的 45°放一块；考虑死角，在靠近源管处放一块。

5. 胶片布片方式

每试件贴三张胶片（80×100）；背面用铅皮防止背散射；每片工件正面加贴Ⅱ号透度计；试块编号如图 4.2.4，底片编号分别为 1-1；1-2；1-3；2-1；2-2 等。

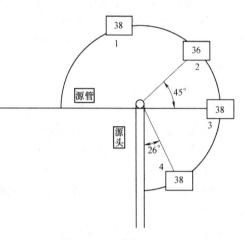

图 4.2.4　试件布置

4.2.5 试验数据比较

1. 三源紧捆透照（表 4.2.5-1）

三源紧捆透照试验数据比较　　　　　　　　　　　表 4.2.5-1

工件厚度(mm)	38	36	38	38	38	36	38	38	38	36	38	38
底片编号	1-1	2-1	3-1	4-1	1-2	2-2	3-2	4-2	1-3	2-3	3-3	4-3
曝光时间(h)	4	4	4	4	6	6	6	6	8	8	8	8
底片黑度	白	白	白	白	1.8	1.8	1.3	1.0	2.5	2.3	2.1	2.0
冲片温度时间(min)	10	10	10	10	10	10	10	10	8	8	8	8
透度计可见根数					8	8	8	8	9	9	9	8

2. 三源成三角 $\Phi80$ 置放（表 4.2.5-2）

三源成三角 $\phi80$ 置放试验数据比较　　　　　　　表 4.2.5-2

工件厚度(mm)	38	36	38	38	38	36	38	38	38	36	38	38
底片编号	1-1	2-1	3-1	4-1	1-2	2-2	3-2	4-2	1-3	2-3	3-3	4-3
曝光时间(h)	4	4	4	4	6	6	6	6	8	8	8	8
底片黑度	白	白	白	白	1.6	2.0	1.6	1.6	2.5	2.5	2.5	2.4
冲片温度时间(min)					8	8	8	8	8	8	8	8
透度计可见根数					8	8	8	8	9	9	9	9

4.3 结果分析

4.3.1 通过黑度、像质指数、胶片冲洗时间等测试数据可看出两种布源方式，在源强表现上是一致的，随曝光时间延长，底片质量下降，在最佳曝光时间内，成像几何不清晰度即灵敏度完全能够满足标准《压力容器无损检测》JB 4730 对底片质量的要求。

4.3.2 两种布源方式的全景辐射场基本均匀，说明三源组合后单源源强的尺寸小时，辐射场的影响已因相互叠加而消除，小源叠加增加源强的现象是存在的。但是三源组合后，铱金属的交密度往往造成了三源之间的相互遮挡通过试验得到证实，三源紧捆方式透照在源头横向及反向方向，底片黑度明显降低，在同样曝光时间内，相比纵向及反向方向底片黑度不能满足要求，而三源以 $\Phi80$ 直径捆扎透照时上述现象可以得到消除，有满意的透照效果。

4.3.3 利用试验取得的参数，在咸阳天然气公司 2 个 5000m³ 球罐采用 100Ci、80Ci、70Ci 三颗源组合全景曝光 8h，底片质量、施工工期均取得了最佳效果，底片质量优良，完全符合《JB4730》规范要求，底片灵敏度达到 X 射线底片的要求，透照时间比单源透照缩短 10h，有效地降低了长时间曝光对周围环境的影响和不利自然条件对底片的损害风险，施工成本因此而下降。

4.4 结论

通过试验和工程应用证明三源组合全景透照法是一个简便、经济、适用、安全的透照工艺，较之前面所列举的三种方法表现出以下几个优点：

4.4.1 方法简便。在工艺实施过程仅需对装置稍加改造后，就可与单源透照方式一样安全使用分布方式，源强计算仍可用单源方式进行。

4.4.2 经济、适用。利用三源组合后源强自然增加特点，可以充分的利用小居里铱源的价值，合并成大源透照大型设备，分开当小源透照小型设备，拓展了铱源的使用范围，大大降低了施工成本。

4.4.3 安全。采用三颗普通工业铱源组合代替源强 250Ci 特殊超大单源进行透照，有效地解决了超大源放射源安全管理上的难度，使得放射源的运输、保管更加符合国家的安全要求。

5. 施工工艺流程及操作要点

5.1 工艺流程简图（图 5.1）

5.2 工艺流程简介（以 5000m³ 球罐探伤为例）

5.2.1 工艺参数的验证

大型球罐在采用三源组合全景曝光施工时，首先要进行焦点、曝光时间等一系列参数的验证。验证的方法在前一章 4.1 条款"工艺试验"中已经做了详细的叙述，在此不再赘述。

5.2.2 透照条件测试

根据前面工艺原理所介绍的方法，由技术负责人与质量负责人及专业责任师，依据标准灵敏度要求确定透照条件，确定曝光时间和显影时间、温度。

5.2.3 绘制布片图

由技术负责人依据标准中容器排版的要求以及检测技术要求在布片图上画出布片位置，确定每条焊缝贴片张数、字码所放位置及中心标记指向。

5.2.4 设备及环境验收

由现场负责人对球罐具备检测条件进行确认，同时出示挂牌或其他明显标志。确认的重点部位有：脚手架是否稳定牢固、焊缝外观有无妨碍检测和底片评定的因素、检测现场是否符合文明生产的要求、球罐的方位、一号缝的位置等，确认完毕后办理交接签收手续。

5.2.5 焊缝标号

由专业责任师，依据布片图将每条焊缝以其明显的方式标注清楚。

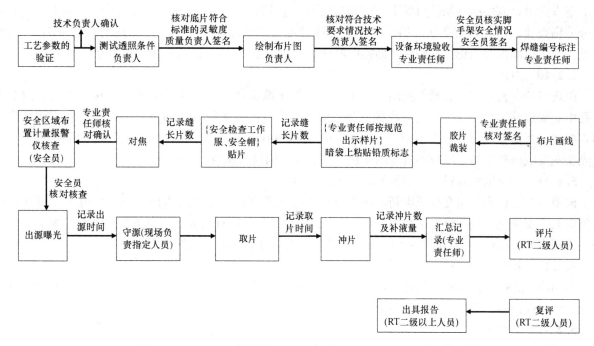

图5.1 工艺流程图

5.2.6 画线布片

由现场负责人以焊缝条为单位，依据布片图，画出每张底片的中心标记及底片编号。竖缝中心标记置于右侧向下指向大号；横缝中心标记置于上侧向右指向大号，最下端横缝中心标记置于下侧向左背向大号。

5.2.7 载片装袋

组织相关人员严格按照暗室操作规程载片装袋。

5.2.8 暗袋上粘贴字码

字码包括：识别标记和定位标记。定位标记有中心标记和搭接标记。可采用相邻底片重叠部分的边缘影像作为搭接标记。识别标记有球罐编号、焊缝编号和底片编号。标记应注意：上大环中心标记指向左；每条缝每十张必有日期；每条缝至少一张必有透度计。为防淋雨，暗袋要用胶带封口。粘贴完字码标记的胶片，按缝号，先后有序摆放于转运箱。字码位置如图5.2.8。

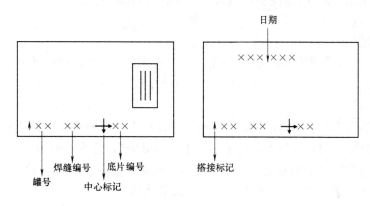

图5.2.8 字码位置

5.2.9 贴片

首先选择贴片时间，避免夏季太阳暴晒、雨水浇淋。然后由现场负责人组织人员分配贴片任务。每人对应自己所分焊缝的编号，找准底片编号，对应中心标记位置方向，用胶带将胶片贴于罐壁，胶片上下方向时，应使暗盒帽盖口朝下，相邻搭接不少于15mm。为减少死角出现白片，采取上下半球两部分分别布片，二次曝光全方位拍片。到罐内选择对比透度计摆放位置，对比透度计数量不少三处，每处一个，以圆周方向选择试验片（即提前取选片）不少于10张，以进一步调整曝光时间。

5.2.10 对焦

由现场负责人组织人员测量找出球罐中心点，将γ源头捆扎于尼龙带上置于球罐中心处，由上下入孔中心固定并用紧绳器将尼龙带收紧，防止摆动。然后连接源箱与驱动装置，输源管及驱动软管应顺直摆放，弯曲半径最小不小于Φ500。三根输源管捆绑在一起，在保证几何不清晰度的前提下，三个曝光头花瓣状向外弯转，以减小自身的互相影响、增大辐射面积减小盲区。

5.2.11 安全区域布置，计量报警装置核查

向甲方施工负责人递交放源申请，由甲方负责通知所有届时可能进入施工现场的有关人员。由现场负责人、安全员，按计算得半径100m方圆布置安全警界，拉挂警界旗，设置警戒灯，检查个人计量与报警器完好。提前1h通知警界范围以内人员，并通知有关单位安全负责人及有关领导。

5.2.12 曝光

一切准备好后，同步将源摇出，曝光时间以试验参数为准记录出源时间。观察报警器上放射指数情况。记录控制器摇动圈数，确认出源到位。

5.2.13 守源

现场留至少2人留守现场，留守人员应录找屏蔽物在计量仪显示为零及报警器间隙报警声和报警器红灯不时闪烁情况下，确认γ源一直在正常曝光。同时要严格看护操作现场，严禁有人盲目进入放源区。当现场环境复杂时，甲方应当配合人员把守所有可能进入的通道。

5.2.14 收源

收源时，三人各带上报警器，同步收源。两报警器计量仪同时分别都证明收源情况，确认源已睡入源箱，方可通知警界处，人可进入现场。

5.2.15 取片

按试验提供曝光时间，提前1h取试验片，先期冲洗，用以进一步确认曝光时间，确认无误后取片。取片时轻拿轻放，严禁乱扔乱甩，并按缝号顺序摆放于转运箱内，防止折压。现场负责人负责按焊缝逐一清点，无误后转运暗室。

5.2.16 汇总原始记录

原始记录包括：γ源测试方案结果、结论、布片图、设备环境交验单、画线布片人员分配记录、暗袋贴字码、数量编号记录、贴片、缝号及人选记录、曝光出源时间记录、守源人名单记录、取片后清点情况记录、记录人和负责人签字。

5.2.17 胶片冲洗

严格按暗室操作规程，按焊缝编号有序冲洗，严格记录冲片数量，并每显影50张片，增加300mL补充液。严格控制温度（常温）与试验条件相同，严格按试验结论提供冲洗时间。

5.2.18 评片、复评

评片、复评必须执有RT Ⅱ级证以上人员进行。评片应在光线较暗淡的评片室进行。撼光板完好，防止泻漏反射光影响评定。观片灯最大亮度不小于10万Cd/m^2，且观察的漫射光亮度可调。评片记录除有罐号、缝号、片号和缺陷识别及级别，尚需有底片质量评定，指黑度、象质指数、识别标记及清洁划伤程度，不合格者不予评定，且有评片人签名，复评人签名。

5.2.19 出具报告

由二级以上人员出具报告。报告至少包括：工程项目名称、产品名称、材质、规格、检测方法、部位、比例、执行标准、合格级别、检测设备仪器和器材的规格型号、与检测有关的环境条件、检测数据汇总、检测部位示意图、检测结论、报告人、审核人、审批签字及日期。

5.3 此技术的关键点：在满足标准的前提下，为实现最大的照射面积、最大的照射能量、最小的互相影响，关键在于三棵 γ 源的捆扎方式和摆放位置及曝光时间的选择。

6. 材料与设备

材料与设备见表 6。

材料与设备表 表 6

序号	名 称	规 格 型 号	数 量	备 注
1	r 源	Ir^{192}	颗	源强和数量根据 s 所需而定
2	试件	300×100 δ=36mm	1 块	
3		300×100 δ=38mm	3 块	正反两面均焊 2mm 高焊缝
4	胶片	T7 阿可发		
5	增感屏	前屏 0.1 后屏 0.2		
6	透度计	GB 5618-Ⅱ		
7	铅字码	阿拉伯数字和英文字母		
8	自动洗片机	宏达 766	1 台	
9	冲片药液	高温快速套药		
10	观片灯	大连通海 TH-100	2 台	

7. 质 量 控 制

7.1 质量控制点策划

按 JB/T 4730.1—6—2005《承压设备无损检测》标准 AB 级的要求，质量控制点主要有：底片黑度必须满足 2.0～4.0；像质计灵敏度金属丝至少要求看到第 9 根；几何不清晰度满足 $U_g \leqslant 1/10 b^{1/3}$ 焦距必须满足 $f \geqslant 10d \cdot b^{2/3}$。其中：$f$—源至工件表面距离；$d$—焦点尺寸，即三棵源三个曝光头花瓣状向外弯转后的最大距离；b—工件壁厚；底片外观质量不应存在干扰缺陷影像识别的水迹、划痕、斑纹等伪缺陷。

7.2 控制措施

7.2.1 底片黑度控制

1. 黑度可以用黑度计测量。影响底片黑度的因素有曝光时间、冲洗胶片的药液配方老化程度和显影温度和显影时间。

2. 曝光时间是根据源的类型、源的强度、工件厚度以及胶片类型用公式计算或计算尺拉取并通过工艺参数验证来加以控制，显影时间和显影温度是根据药液使用说明书索取并通过工艺参数验证来加以控制。并在胶片冲洗过程中，随着胶片冲洗数量的增加逐渐增加药液补充量和显影温度。

7.2.2 像质计灵敏度控制

像质计灵敏度金属丝是通过在观片灯上观察加以证实，是对底片综合灵敏度控制。除对黑度、几何不清晰度控制，还依据标准对增感屏的使用厚度选择控制、胶片类型选择控制、散射线的防护措施控制、观片灯的亮度要求控制。

7.2.3 几何不清晰度控制

几何不清晰度是通过调节三个曝光头花瓣状向外弯转后的最大距离即焦点尺寸后分别用标准要求公式 $U_g \leqslant 1/10 b^{1/3}$ 和实际产生的几何不清晰度公式 $U_g = db/f$ 计算，控制实际几何不清晰度 < 标准要求几何不清晰度。

7.2.4 其他

1. 底片外观质量主要是通过严格控制暗室操作过程，暗室中保持清洁，干湿作业区严格分开，触摸胶片必须洗手。

2. 评片人员带保洁手套。

8. 安全措施

8.1 危险因素分析：射线检测作业中除用电、登高、进罐、交叉作业等危险因素外，最主要的是射线辐射这一重大的危险源。在探伤操作中，现场安全控制的重点就是在施工各个阶段对探伤源进行有效的管理与使用。

8.2 控制总则：根据国家的有关法规及相关标准的规定，为保证 γ 源在运输、储存以及使用过程中的安全，确保检测工作的顺利进行，保证现场工人的人身安全，努力实现 γ 源使用的正当化和最优化。

8.3 控制要点

8.3.1 建立安全组织机构，设立专职安全员，执行安全责任制，明确各级人员的职责。

8.3.2 进入现场的检测人员通过学习和考核合格后上岗。

8.3.3 检测人员严格遵守各项操作规程，穿戴好防护用品。高空作业时，必须在脚手架检查合格后、系好安全带、带好安全帽后方可作业。

8.3.4 罐内用电必须符合《安全电压》GB 3865 的规定，既≤36V。

8.3.5 严格遵守交叉作业的时间安排。

8.3.6 现场按规定要求设立防火、防电、防辐射标志。

8.4 γ 源施工安全防护措施

8.4.1 运输

1. γ 源的运输采用厢式货车，车厢可以上锁，车厢内放置带锁铁箱。且铁箱内衬以厚铅皮，将 γ 源铅盒放置在铁箱内，并经仪器检测，证实 γ 源完好射线无外泄后方可运输。

2. 运输过程中采用专人专车保管，并派专人押运。

3. 运输车在行驶过程中尽量采用低速行驶，最高时速不超过 40km。行经各大中城市，从绕城路经过，不得进入闹市区。

4. 在中途停车住宿过程中，应注意防盗，将运源车车厢及装源的铁箱锁好，并且每隔 1h 巡逻一次。

5. 司机及押运人员出发前经过安全培训及专业培训。

8.4.2 储存

1. 鉴于施工现场的条件局限以及施工周期的关系，要特别制做一个铁箱，铁箱安装两把锁，钥匙分别由两人保管，铁箱内衬 3mm 铅皮，将 γ 源放入铁箱后，还要用报警器测试确认，γ 源存在且辐射剂量，符合国家标准的安全要求。

2. γ 源需由两位保管人员同时到场才可以打开铁箱，保存源的现场 24h 都有人看护。

3. 备有《γ 源探伤机的交接记录》，交接时双方检查无误后签字确认。表格格式如表 8.4.2。

γ 源探伤机的交接记录 表 8.4.2

日期	取源时间	取源人	还源时间	保管员	备注

4. 探伤人员取源时需填写用源申请表，经项目负责人签字批准后保管人员方可让探伤人员填写《γ源探伤机的交接记录》取源。

5. 向当地环保卫生部门汇报注册 γ 源的储存及防护措施。

8.4.3　现场施工

1. 探伤前 1d 向建设单位的相关部门提出书面申请，经批准后方可实施。

2. 在批准放源后，业主应及时将放源的时间及地点通知相关单位，提前安排人员撤离工作。

3. 根据相关标准规定，计算出控制区及管理区范围。对正在控制区的人员（包括其他单位探伤人员），探伤人员有权要求其立即撤离控制区。对不听劝阻者和无理取闹者，探伤人员应及时报告业主的相关部门。

4. 探伤人员在放源前 1h 将警戒绳及警戒灯设置好。

5. 在放源前 20min，探伤人员应在警戒线内对每一个封闭空间进行检查，以确定警戒区内无其他作业人员。

6. 探伤人员在放源前应仔细检查，γ 源探伤机的完好性，源管的连接是否紧固，确定无误方可摇源。

7. 摇源时由两人操作，一人摇源，一人带报警器监护，当确认 γ 源摇到预定位置后，迅速撤离到安全位置。

8. 在放源的过程中，应派专人带报警器在警戒线外巡查，防止不知情的人员误入。

9. 曝光结束后，由两人操作收源，一人收源，一人带报警器监护。最后由两台报警器确认收回后立即将 γ 源送交保管人员。

10. 向周围相关施工单位及生产单位发放作业通知书。

8.4.4　作业人员安全防护

1. 放射源工作应尽可能地安排在夜间进行，放射前一天通知放射源周围所有相关单位和人员，并协助做好撤离工作。

2. 放射当天下午，在控制区范围内拉好警戒绳，设立警戒牌，并在醒目的地方设置警戒灯。在管理区设立警戒标志。

3. 放射前半小时应对现场进行彻底检查清场，确认放射现场无其他闲杂人员，并派专人在四周巡逻，严防他人误入现场。

4. 作业人员在现场操作时应佩戴个人剂量仪，并穿戴好劳动保护用品及铅防护衣，无个人防护不得进入控制区。

5. 作业人员在现场操作时，应严格遵守操作规程，不得违章操作。

6. 作业人员应由经省（地）、市卫生部门专门培训，并取得《射线工作人员证》的人员担任。

7. 作业人员应建立个人健康档案，每年体检一次。

8.4.5　应急措施：如果在操作过程中，探伤人员发现 γ 源出现故障，应立即通知项目负责人。项目负责人应到现场确认，确实无法处理时，应立即逐级上报，并将现场封闭，等专业人员来处理。故障排除前施工现场停止施工，任何人不得进入封闭区，同时启动应急预案。

8.4.6　应急预案

1. 根据前面分析的重大危险源，组建应急管理小组，确认联系畅通。

指挥：　　　姓名＿＿＿＿＿＿＿　　　联系电话＿＿＿＿＿＿＿

副指挥：　　姓名＿＿＿＿＿＿＿　　　联系电话＿＿＿＿＿＿＿

疏散组：　　姓名＿＿＿＿＿＿＿　　　联系电话＿＿＿＿＿＿＿

通信联络组：姓名＿＿＿＿＿＿＿　　　联系电话＿＿＿＿＿＿＿

事故处理组：姓名＿＿＿＿＿＿＿　　　联系电话＿＿＿＿＿＿＿

警戒组：　　姓名＿＿＿＿＿＿＿　　　联系电话＿＿＿＿＿＿＿

应急车辆：车牌号_____　　司机姓名_____　　联系电话_____

2. 任务分工：

指挥：负责全面应急工作。

总指挥：负责现场作业检查监督，遇有事故及时向总指挥汇报。

疏散组：组织现场的人员的疏散撤离，车辆调度。

通信联络组：用技术手段处理现场可能发生的事故。

警戒组：设立警戒区，疏导交通。

3. 设立应急装备储备箱

1）应急储备箱要随γ源一起进出。即随源一起储藏、运输、带入使用现场。

2）储备箱内至少包括能够存放γ源的铅容器、10mm厚300×300的铅板、头盔、铅围裙、铅手套、火钳、手钳、螺丝刀、高音话筒以及禁止入内的隔离条幅。

4. 现场急救原则

1）避免死亡，保护人员不受伤害；

2）避免或降低环境污染；

3）保护装置、设备、设施，降低其他财产损失。

5. 事故状态下紧急处理程序

当发生γ射线泄漏事故时，应立即发出警报（哨暗或喊话）使现场人员迅速撤离，立即确定安全防护区范围并设置警戒标志，防止其他人员进入辐射区，立即向应急指挥部汇报，并逐级报告相关部门。事故发生后，应急指挥部及时赶到现场参与拟定事故处理最佳方案，并尽快实施，努力减少对环境和人员的影响。技术人员应立即调出储备箱及铅容器代用。技术人员应按时间顺序，详细记录事故发生的全过程，写出书面报告。

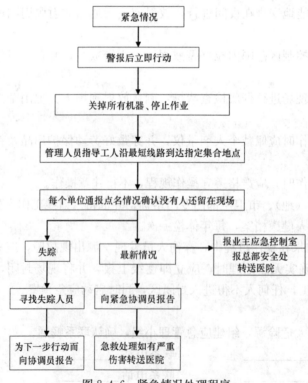

图 8.4.6　紧急情况处理程序

6. 设计应急预案撤离路线图及集合地点图。

7. 急救电话

当地公安部门电话：_____

当地卫生部门电话：_____

当地环保部门电话：_____

8. 紧急情况处理程序图（图 8.4.6）。

9. 环 保 措 施

9.1 启动环保运行机制，对现场的废料及时清理，施工场地整洁文明，严格设立辐射控制区 ≤ 40μsV/h 和管理区 ≤ 4μsV/h，按照辐射检测规程严格进行辐射环境监测。

9.2 辐射作业时间尽量安排在夜间，减少环境辐射影响。

9.3 优先使用环保的设备。

9.4 对生活垃圾进行控制管理，保持生活环境卫生。

9.5 将检测作业限制在允许的范围内，合理布置，规范围挡，做到标识清楚、醒目。

9.6 与各有关生产单位保持畅通的沟通渠道，及时准确向与各有关生产单位通知辐射作业时间。

9.7 坚持向厂方安全和生产申请辐射作业时间得到批准。

10. 效 益 分 析

10.1 充分利用小活度放射源的价值，节约了每次透照购置特种源的直接购置费用及间接的安全管理成本，两项合计约 50000 元左右，与采用 γ 源或 X 射线局部定向透照工艺相比较，工效提高 10 倍以上，一次人工费下降 10000 元左右，机械费节约 20000 元左右，以上两项合并计算，RT 检测一台 10000m³ 球罐可降低成本 80000 元左右。

10.2 由于采用了三颗 γ 源合并透照，射线强度提高了能量却并未提高。所以，保持了吸收系数即保持了底片对比度，减少了散射线的影响因素，有利于选择出最佳的曝光时间和调节出最小的盲区死角，提高了底片质量，更加便于识别细小裂纹类缺陷。

10.3 由于曝光时间可以控制在 10h 以内，可以实现曝光时间安排在夜间实施，降低了辐射环境控制成本和难度。在球罐的组装和在役期开罐检验的施工过程中大大地缩短了施工工期和检修周期。

11. 应 用 实 例

在 2004 年 5 月咸阳天然气储配站 5000m³ 天然气球罐定验工程和 2005 年 6 月及 2006 年 4 月在西安市天然气公司天然气储备站 10000 m³ 天然气球罐定检工程无损检测施工中，采用本施工工艺底片质量、施工工期均取得了最佳效果，完全符合《压力容器无损检测》JB 4730 规范要求，底片灵敏度达到 X 射线底片的要求，透照时间比单源透照曝光时间缩短 50%～30%，有效地降低了长时间曝光对周围环境的影响和不利自然条件对底片的损害风险，施工成本因此而下降。特别是在 2005 年 6 月，我公司焊接中心配合西安特检院承接了西安市天然气公司天然气储备站 10000m³ 天然气球罐定期检验的射线检测任务。为解决在有限的检测工期内完成合理拍片工期需要 15～20d 的工作量，焊检中心采用三源组合中心透照全景曝光工艺仅用 5d 时间完成了两台罐的拍片检测任务，采用现有的 90Ci、80Ci、80 Ci 三棵 Ir192γ 源捆绑罐中心置源曝光，每个球罐的曝光时间仅为 12h，比采用 100Ci（国内可装的最大放射源）单源理论透照时间 24h 缩短一倍，更比传统 γ 源或 X 射线定向局部透照工艺提高工效 10 倍以上，用此工艺完成的底片质量明显优于上面两种方法，底片的灰雾度、几何不清晰度、灵敏度、黑度等指标均达到标准，受到验收单位甲方和西安特检院一致肯定的评价，是值得在同类施工中进行推广的工艺。

立轴多喷嘴冲击式水轮机配水环管安装工法

YJGF315—2006

中国水利水电第七工程局　河海大学

赵显忠　程云山　覃国茂　陈宇　张德虎

1. 前　言

立轴多喷嘴冲击式水轮机配水环管安装工法主要应用于立轴冲击式机组配水环管安装。中国水利水电第七工程局机电安装分局在冶勒电站冲击式机组安装中实施安装工法，成功解决了当今亚洲容量最大、喷嘴数最多的高水头大容量冲击式水轮发电机组配水环管的安装难题。该安装技术已于2006年通过集团公司、四川省科技厅组织的科技成果鉴定，荣获集团公司、工程局科技进步一等奖，中国电力科学技术三等奖。

2. 工法特点

2.1　配水环管安装调整采用喷嘴法兰的高程、中心及垂直度、喷嘴法兰间距、喷嘴法兰和配水环管进水口法兰至机组中心的距离以及配水环管间环缝错牙等多参数的联合控制方法，使各喷嘴的法兰中心线在同一个切圆上，安装精度高；各参数的调整顺序、预留量的设定、焊接变形控制；脉动打压和配水环管排气都是国内最新采用的新方法。

2.2　申请了配水环管排气装置国家实用新型专利，拥有自主知识产权。

3. 适用范围

本工法适用于立轴冲击式水轮机分段运输工地组焊式配水环管的安装。

4. 工艺原理

4.1　通过机组 X、Y 轴线及中心线高程点控制配水环管各法兰面的中心位置；通过铅垂线，水平方位线控制配水环管各法兰面的方位角度。

4.2　通过焊接定位板及预留间隙控制和合理的焊接工艺方法控制配水环管的节间环缝焊接变形。

4.3　通过脉动式水压试验，有效地消除配水环管的焊接应力并检验其强度。

5. 施工工艺流程及工艺要点

5.1　**工艺流程**（图 5.1）

5.2　**工艺要点**

5.2.1　配水环管安装

配水环管的安装调整是埋件安装过程中的一个重点，其安装质量直接关系到机组最后的安装质量。配水环管在制造厂家焊接预装完成，分节运至工地组焊安装。下面以六喷嘴分四节运至工地拼焊组装的配水环管的安装为例进行叙述。

1. 六喷嘴配水环管的安装调整

配水环管安装调整的重点为喷嘴法兰的高程、中心及垂直度、喷嘴法兰间距、喷嘴法兰和配水环管进水口法兰至机组中心的距离以及配水环管间环缝错牙等多参数的联合控制，以及各参数的调整顺序、预留量的设定和焊接变形的控制。

第一节含进水口法兰和 1 号喷嘴法兰，第二节为 2 号喷嘴段，第三节为 3 号、4 号喷嘴段，第四节为 5 号、6 号喷嘴段。在中部转轮室安装完成后进行四节配水环管的吊装、调整、焊接、探伤以及压力试验，并进行保压浇筑混凝土。

1) 测量放线：在配水环管吊入机坑以前要先对测量调整的基准线进行布置。测量基准线包括：

① 进水口法兰调整基准线：一条进水法兰的横轴线，一条进水法兰的纵轴线；

② 机组的 X、Y 轴线；

③ 各法兰的垂直度检查线；

④ 机组中心线：于平水栅正中间制作塔形支撑架，用求心器挂出机组的中心线，用以测量喷嘴法兰到机组中心的距离；

⑤ 喷嘴法兰平面的中心点：作为调整测量配水环管法兰的基准点，如图 5.2.1-1 所示。

2) 安装调整程序：先调第 1 节、同时调第 2、3 节，两条合缝焊接，最后进行第 4 节的调整和焊接。调整顺序为先法兰高程、再调法兰至机组的中心距离、然后调各法兰相互的间距，最后调整法兰的垂直度。

3) 安装误差及预留量

① 配水环管安装调整时，各喷嘴支撑法兰及进水法兰到机组中心线的距离、两相邻法兰中心点的距离应考虑焊接收缩量，法兰高程及法兰垂直度应考虑试压闷头安装及环管充水后的下沉量，具体数值由制造厂及安装单位商定后报监理人批准。

② 配水环管焊接后对于每一个法兰应检查高程、相对机组坐标线的水平距离、每个法兰相互之间的距离、垂直度、孔的角度位置，使其偏差符合设计要求。

整体布置如图 5.2.1-2 所示：

图 5.1　工艺流程图

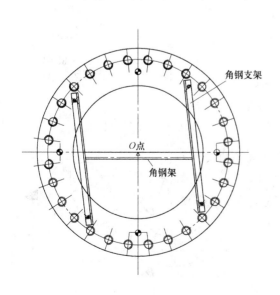

图 5.2.1-1　喷嘴法兰平面的中心点

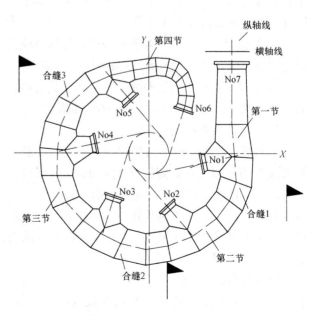

图 5.2.1-2　配水环管整体布置图

4）安装调整操作要点

① 第1节调整

粗调进口法兰7的高程、到X轴线的距离、纵轴线的中心，喷嘴法兰1的高程、到机组中心线的距离；再调进口法兰7和横轴线的平行度。主要调整工具为葫芦、千斤顶、拉紧器。然后精确调整高程、垂直度、距离、平行度等，各项指标需同时满足要求，进口法兰到X线的距离考虑+1~+2mm的焊接收缩量。法兰角度，通过计算出的法兰左右两点的坐标值来确定。调整结束后，用角钢等将第1节进行固定。水轮机配水环管第一节调整图见图5.2.1-3。

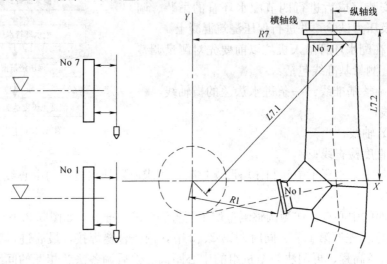

图5.2.1-3　水轮机配水环管第一节调整图

② 第2、3节同时调整

调整各法兰的高程、垂直度，各法兰中心点到机组中心线的距离，然后调整1、2号喷嘴法兰的间距，2、3号喷嘴法兰的间距，合缝之间留出2~3mm的焊接缝隙。角度调整：第3节的3、4号喷嘴法兰在上述距离调整合格后，其角度则已固定；在第3节调整好之后，第2节法兰的角度通过调整与第1节和第3节的合缝错牙来保证；最后通过计算出的法兰左右两点的坐标值，进行校核。法兰垂直度，通过各支腿的调整螺栓进行调整。最后进行各参数的精调校核，调整合格后，用角钢等将配水环管固定；各焊缝用4块300×200×24的钢板焊接定位，该钢板材质应与配水环管类似，焊接工作结束后刨除并打磨。水轮机配水环管第二、三节调整图见图5.2.1-4。

③ 复查第1、2、3节各数据合格，加固措施符合要求后进行合缝1、合缝2两条环缝的焊接。

④ 第四节的调整方法与前三节一样，其最后精调定位在第一、二条合缝的正缝焊接结束后进行。

2. 配水环管焊接及变形监控

配水环管材质一般为高强钢，焊条应按制造厂要求或有关规范选用，焊缝两侧300mm区域内按制造厂要求预热和后热。焊缝为1级，在保证焊缝质量的同时，须控制好变形量，保证各法兰的最终尺寸。先焊合缝1/2（第1节和第2节之间的合缝），再2/3，最后焊3/4。

焊接变形监控：调整完成后先采用定位板对配水环管进行定位焊，选用较小的焊接线能量施焊，并尽量降低层间温度（≤250℃），由4名焊工进行

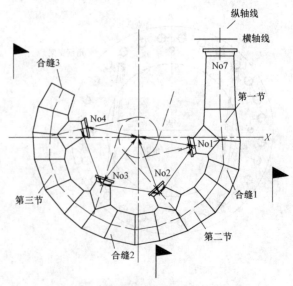

图5.2.1-4　水轮机配水环管第二、三节调整图

对称等速焊接，采用分段退步与多层多道（4～5）焊的方式。对局部大缝，先进行堆焊再作封底，严禁左右摆动拉弧封底，以免产生较大的收缩应力。焊接时焊条摆弧小于 4 倍焊条直径，每一段焊接高度达到板厚的 1/3 时换下一段。焊接过程中架设百分表监测，并根据监测结果调整焊接顺序和焊接电流。当焊完上一条合缝后，检查各法兰尺寸，必要时对后一节再作微调。

5.2.2　配水环管压力试验及保压浇筑混凝土

1. 配水环管压力试验（图 5.2.2）

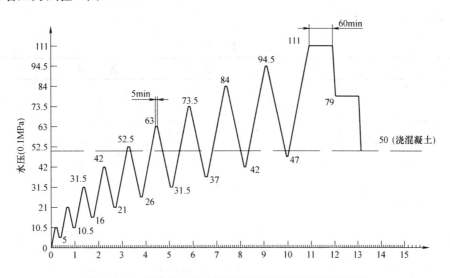

图 5.2.2　冶勒水电站水轮机配水环管水压试验程序图

配水环管安装焊接完成并对所有焊缝进行 100%超声波探伤检查后，安装所有喷嘴法兰与进水口法兰闷头，开始对配水环管进行脉动水压试验。

试验按制造厂技术要求进行，一般分 21 个步骤进行升压、保压、降压，最高压力时保持 1h；试验过程做好详细记录：压力值、时间、配水环管的变形值等。

变形监测：脉动水压试验时，需用百分表对配水环管进行监测，每个法兰的垂直方向架 1 块表，配水环管外围圆周均布 4 块表，顶部架 3 块百分表，6 号喷嘴法兰的水平方向架 1 块表。

在进行配水环管脉动式水压试验时，由于喷嘴的叉管的最高处位置高于配水环管进水口后上方的排气口位置，使得空气在叉管处的最高处大量聚集，而空气的可压缩性很大，因此水压试验时叉管的最高处无法充满水，这就势必会增加水压试验的难度，延长升压时间，使保压情况不真实，难以观察微小渗漏。为了解决配水环管排气的问题，专门设计了配水环管排气装置，并申请了新型实用型专利，专利号为 200620069460.0。排气装置由置于配水环管中的一根排气软管和串接在排气软管上且与各喷嘴叉管最高处对应的三通管组成，所述的排气软管一端与配水环管的排气口连接，另一端为盲管，所述的三通管的支端与对应叉管最高处通过点焊固定连接。行配水环管水压试验时，当水充到叉管最高处时，残余空气被压缩进入三通管的支端，并通过排气软管经配水环管的排气口排出，当配水环管的排气口向外溢水时，关闭排气口球阀，此时，残余空气基本被排出，配水环管中充满水，保证水压试验能够顺利进行。

试验后排水使压力降到 0MPa，检查各法兰有无永久变形，复查各法兰的参数都符合要求，（若有必要应进行微调），然后加固定位。

2. 保压浇筑混凝土

混凝土浇筑过程前需使配水环管产生适量的预膨胀。该压力值制造厂或设计单位提供，在浇筑前将配水环管升压到所需压力值。

变形监测：混凝土浇筑过程中，需用百分表对配水环管进行监测，每个法兰的垂直方向架 1 块表，顶部架 3 块百分表，6 号喷嘴法兰的平行方向架 1 块表。

混凝土浇筑对称进行，随着混凝土浇筑和凝固，温度也会发生变化，压力相应变化。在混凝土浇筑过程中，通过减压和升压使配水环管内水压始终保持在 5 ± 0.5 MPa 范围内，并注意监视各法兰的变形情况以便调整和控制浇筑速度和方位。混凝土强度达 70% 后，排除水压。

6. 材料与设备

主要设备见表 6。

主要设备　　　　　　　　　　　　　　　　　　　　表 6

设 备 名 称	规 格 型 号	单　位	数　量	备　注
全站仪	C402	台	1	
水准仪	N2	台	1	
外径千分尺	0～25	套	1	
内径千分尺	50～250	套	1	
游标卡尺	300	把	2	
方型水平仪	L200	个	1	
百分表		个	4	
电动试压泵		台	1	按试验压力选取
试压水箱	$3m^3$	个	1	
刀口平尺	400mm			
水表		支	1	
红外线烘烤箱		台	1	
红外线加热片		块	10	

7. 质量控制

施工前，根据工程实际条件，组织工程技术人员反复认真讨论研究，确立一套适合的技术措施和工艺流程，细到每一个环节，都制定相应的技术质量控制和检查验收标准，采用"三三制"的控制措施，即"三阶段"控制、"三检制"控制，从技术上对工程施工质量作出保证。

"三阶段"控制是指"预控"、"程控"和"终控"。"预控"为事前控制，即在每项大的工程子项目开始前，组织对施工进度计划和施工技术措施进行审批，检查质量保证体系、技术措施是否真正落实，并组织对施工人员进行技术交底，对于重点部位还要求设计和监理单位参加技术交底。"程控"即施工过程中的质量监控，是"三阶段"控制中的重点和核心内容，主要通过采用巡视、平行检验和盯点等方式对施工质量进行监控。巡视检查重在及时发现问题并进行处理，坚决不把质量隐患带入下一道施工程序。对于重点部位和时段，则以日报形式及时通报各方，对关键工序，均采用现场盯点的监控方式，以确保施工质量。"终控"即为事后总结控制，通过对施工工艺、施工方法以及施工过程中存在问题的检查和总结，及时改进施工方法以利后续施工。

"三检制"控制完善自身的质量检验制度，对单元工程首先进行内部"自检"，实行"三检制"即施工人员初检、技术人员复检、质量安全部终检。检查合格后，由质量安全部门组织监理单位验收。

7.1 施工遵照执行的技术标准

对于国外进口设备，应按照国外厂商要求的技术规范、标准和 IEC 标准等进行安装、调试及验收。

对于国内设备，遵照国家和部颁布的所有现行的技术规范、规程、标准进行安装、调试及验收。当国家或部颁的标准及规范作出修改补充时，则以修改后的新标准及规范为准。若标准之间出现矛盾时，以高标准为准。

7.2 关键工序质量要求

引水管路法兰的高程、中心、垂直度以及引水管法兰与机组横轴线平行度符合设计、厂家、国家标准要求；

分流管的法兰焊接时，应控制和检查法兰的变形情况，不应产生有害变形；

分流管焊接后，对于每一个法兰应检查高程、相对机组坐标线的水平距离、每个法兰相互之间的距离、垂直度、孔的角度位置，使其偏差符合设计要求；

配水环管进行水压试验应符合制造厂、设计要求。

8. 安 全 措 施

从安全体系、安全措施、安全管理制度上实现工程的安全生产管理，首先从思想上认识安全生产的重要性和紧迫性，制定了安全工作目标，制定安全考核和奖惩办法，与主要施工负责人员签订安全考核指标；从安全技术上、措施上、制度上、人员上严把安全关，加大人力、物力、财力的投入，牢牢把握住重点、高危作业部位的安全防护；每月进行一次安全检查，对施工环节存在的安全问题，提出整改意见并要求限期落实；提高了工程参建人员安全意识，增强了安全责任。

9. 环 保 措 施

在施工过程中，严格遵守国家和地方的有关环境保护的法规和规章以及合同的有关规定，并对违反环境保护的法规和规章以及合同的有关规定所造成的环境及人员和财产损失负全部责任。

在施工前，对施工人员进行保护环境的教育，并在施工中坚持做到保护环境，保持生产、生活区域内整洁、卫生。

在施工过程中采取有效措施，注意保护饮用水源不因施工活动造成其污染。

为了保持施工区的环境卫生，在工地现场设置足够的临时卫生设备，及时清理垃圾，并运至监理单位或业主指定的地点进行堆放或处理。

采用先进的设备和技术，努力降低噪声，控制粉尘和废气浓度以及做好废水的治理和排放。

在工程施工过程中，合理地保持施工场地不出现不必要的障碍，合理布置存放设备及多余材料，及时从现场清除所有垃圾及不再需要的临时设施。防止任意堆放器材、杂物阻塞工作场地周围的通道和破坏环境。

10. 经 济 效 益

10.1 配水环管的安装坚持用科学的方法指导生产，通过优化施工，配水环管安装的成本得到了有效的控制，效果显著。

10.2 根据冶勒水电站配水环管安装的现场跟踪、检测、验收、运行证明了配水环管安装质量满足规程规范和厂家有关技术标准，部分项目安装质量标准还高于国标和厂家标准要求，实现了配水环管的设计性能，为机组长期、安全运行，延长机组使用寿命和检修周期打下了坚实的基础，收益明显。

11. 应 用 实 例

冶勒电站位于四川省南桠河上游，是南桠河梯级开发的龙头电站，其大坝位于冕宁县冶勒乡。电站总装机 2×120MW，机组为法国 ALSTOM 公司设计制造。

冶勒电站为 6 喷嘴立轴冲击式机组，其水轮机单机最大出力 136MW，设计最大水头 644.8m，额定转速 375r/min，额定流量 23.62m³/s，转轮最大直径 3.346m，射流切圆直径 2.6m，20 个水斗，是当今亚洲容量最大、喷嘴数最多的高水头大容量冲击式水轮发电机组，发电机结构形式为立轴悬吊式机组，上机架为承重机架，推力轴承与上导轴承共用一个油槽，推力轴承采用无支柱螺栓的刚性支承结构。发电机额定容量为 133.33MVA，额定转速 375r/min，发电机冷却方式为密闭径向循环空气冷却，励磁方式为自并励可控硅静止，制动方式为机械和电气联合制动。

发电机出口电压 13.8kV，发电机出口设断路器经槽形铝母线引至洞外变电站，通过 SFP9-H-150000/220 变压器 2 回出线向系统送电。冲击式机组，尾水为无压流，布置相对较简单，厂房尾水由二条尾水支洞经 2 扇闸门后汇流成尾水主洞，主洞长 287.15m，主洞出口后接尾水明渠。工程施工时间为 2003 年 4 月至 2005 年 12 月。

冶勒水电站 1 号机组于 2005 年 9 月 15 日首次启动试运转，11 月 16 日 15 点 35 分进入 72h 试运行，11 月 19 日 15 点 35 分结束，然后正式投入商业运行。

研究制定的水轮机配水环管安装调整和焊接变形监控技术、脉动水压试验、配水环管防变形设施和保压浇筑混凝土等一整套先进的施工措施及发明的配水环管排气装置，成功地保证了配水环管的安装精度；申请了配水环管排气装置国家实用新型专利，拥有自主知识产权。

法兰到机组中心线的距离偏差厂家要求为 ±3mm，实际控制为 +2mm，法兰相互间距按 +2～+4mm 调整；法兰高程厂家要求为 +2mm，实际控制为 +1mm，法兰垂直度厂家要求为 ±2mm，实际控制为下口上仰 +0.5mm，还控制了进口段法兰的垂直度，不大于 0.30mm/m。

事实证明：中国水利水电第七工程局机电安装分局安装的冶勒水电站 120MW 机组质量优良，运行指标均符合或优于设计及规范要求，实现了机组运行稳定、安全、可靠的预期目标，表明了立轴多喷嘴冲击式水轮机配水环管安装工法是成熟、可靠的。

30 万 m³POC 型煤气柜制作安装工法

YJGF316—2006

云南建工安装股份有限公司

华志宇　王晓方　张小青　李映光　龙宝昆

1. 前　　言

30 万 m³POC 型高炉煤气柜系由中冶赛迪技术股份公司在国内自主开发设计的一种新型干式煤气柜，主要技术参数为：公称容积：$30 \times 10^4 m^3$，公称压力：$10000 \pm 200 Pa$，柜体内径：$\phi 64600 mm$，柜体全高 121.283m，柜体钢结构工程量 3740t。该气柜具有：结构合理，运行稳定，密封性能好、寿命长、安全可靠，节约二次能源等优点，是干式煤气柜领域中的全新产品。

本公司近年先后承担的水钢 15 万 m³ 新型柜、武钢 1 号、2 号 15 万 m³ 新型柜，在鞍钢 30 万 m³ 新型柜施工过程中，首次采用双侧板制作安装、钢索导轨吊装、可翻转式脚手架、柜内带气保压安装焊接侧板，CO_2 气体保护焊焊接侧板与立柱等较多的新工艺、新技术及施工安全技术措施，减小了焊接收缩变形，缩短了浮升工期（浮升工期在同类型煤气柜中最短，仅 56d），避免了跨越冬期施工的难题，提高了安装质量，确保调试工作全部达到或超过煤气柜设计运行指标：活塞倾斜度 3/10000，活塞快降速度 2m/min，油泵站昼夜启动次数 3 次，总工期较其他施工企业的同类型柜体少 160d；是国内曼型、POC 型干式煤气柜运行指标最好的一座。

鞍钢 30 万 m³ 新型柜在已建相同气柜中，工期最短，质量最好，得到业主、监理单位、总承包单位的高度赞扬。其中，鞍钢 30 万 m³ 新型柜中国施工企业管理协会颁布的 2005 年中国施工企业"国内储气容积最大、压力最高、最先投产、周期最短"的新纪录、获 2006 年"鞍钢优质工程"、2006 年中国"安装之星"、中国安装协会"科技进步"一等奖等奖项。

2. 工 法 特 点

2.1　双侧板安装柜体侧板
双侧板制安浮升，周期短，效率高，质量效果较单板法安装为佳。

（1）通过双侧板安装工艺，焊接及打磨由横焊变为平焊，提高焊接、打磨质量与速度，减少焊缝泄漏点；

（2）地面组装双侧板，分班连续作业，将接近 50% 的侧板高空安装焊接作业工作量变为地面组装焊接作业工作量；

（3）将高空侧板环焊缝数量减少一半，减小焊接收缩变形，降低活塞压力波动，确保活塞运行水平度在 20mm 以内；

（4）通过导轨法吊装双侧板，提高了吊装效率。

2.2　立柱、侧板的二次设计
立柱、侧板的设计，设计单位已在施工图中作出，但为了与安装中的工装件（如鸟形钩止动板）匹配，有必要在征得设计同意的前提下，对原设计中立柱的分段长度和孔位作必要的调整和修改，以满足安装浮升和落顶的要求。

2.3　CO_2 气体保护焊焊接侧板与立柱工艺
高空 CO_2 气体保护焊空中防风措施。

3. 适 用 范 围

本工法适用于 30 万 m³ POC 新型煤气柜及同类型（POC 型）煤气柜的制作安装。

4. 工 艺 原 理

4.1 在安装现场侧板制作时，在单板的基础上，考虑焊接收缩余量，利用胎模进行二次组对焊接，将 50% 以上的横焊改为平焊，50% 的高空横焊缝的组对变为胎模组对。

4.2 使用了浮升充气法双侧板制安柜体工艺，在原有的单板法浮升安装侧板的工艺基础上进行改装浮升用工装。

4.3 在吊装过程中，加设吊装导轨，克服风力的影响。

4.4 焊接过程中，在高空采取空中防风设施。

4.5 通过可靠设施，确保顶升风机、水泵运行安全。

4.6 可翻转式脚手架。

5. 施工工艺流程及操作要点

5.1 新型干式柜的构造特征

柜主体为全钢结构，柜体由 32 根 H 形钢的立柱、薄壁圆筒形柜体侧板、平面底板、活塞系统、柜

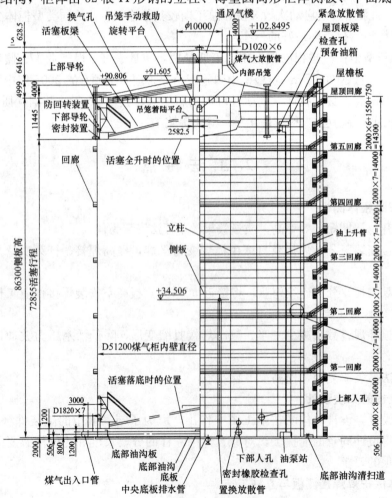

图 5.1　POC 新型干式煤气柜结构简图（单位：mm）

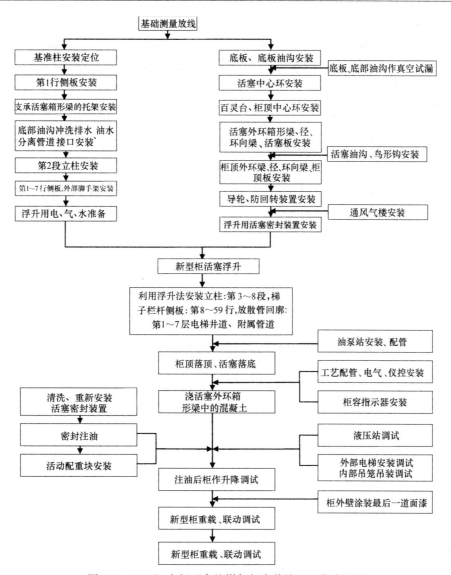

图 5.2 30万 m³ 新型高炉煤气柜安装施工工艺流程图

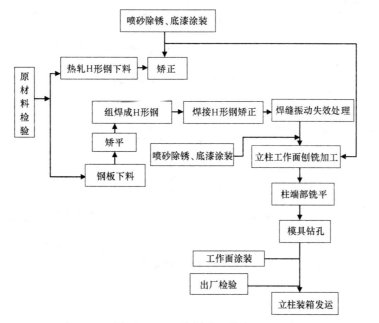

图 5.2.1 立柱制造工艺流程

顶系统、活塞密封装置、8层外部回廊、柜内回转平台、梯子、栏杆、电梯井道等组成。附属装置包括弹簧式和固定式导轮、防回转装置、内部吊笼、外部电梯、预备油箱、油泵站、鼓风机、工艺管道、紧急救护装置、柜容指示计等组成。POC新型干式煤气柜结构简图见图5.1。

5.2 施工工艺流程图（图5.2）

5.2.1 立柱的加工制造

立柱制造工艺流程见图5.2.1。

5.2.2 侧板的加工制造

侧板加工制造工艺流程见图5.2.2。

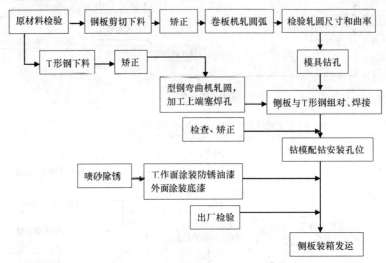

图5.2.2 侧板加工制造工艺流程图

5.2.3 活塞梁、活塞支架的加工制造

活塞环形箱梁、穹形环、径向梁、活塞支架等加工制造工艺见图5.2.3。

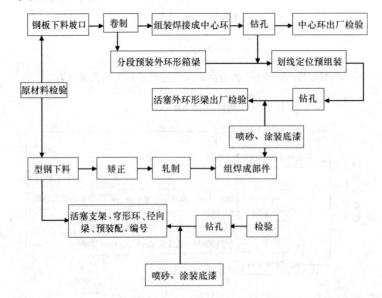

图5.2.3 活塞环形箱梁、穹形环、径向梁、活塞支架等加工制造工艺图

6. 材料与设备

30万m³POC煤气柜主要材料见表6-1。

30万m³POC新型煤气柜在制作安装过程中使用的设备见表6-2、表6-3。

30 万 m³ POC 煤气柜主要材料供料计划表（仅供参考）　　表 6-1

序号	材 料 名 称	型 号 规 格	材　质	单　位	数　量
1	钢板	$\delta=3.5$	Q235B	t	97.2
2	钢板	$\delta=4$	Q235B	t	90.76
3	钢板	$\delta=6$	Q235B	t	53.09
4	钢板	$\delta=6$	Q235C	t	93.96
5	钢板	$\delta=7$	Q235B	t	286.2
6	钢板	$\delta=7$	Q235C	t	62.64
7	钢板	$\delta=7$	Q235D	t	1279.8
8	钢板	$\delta=8$	Q235B	t	7.64
9	钢板	$\delta=10$	Q235B	t	23.96
10	钢板	$\delta=12$	Q235B	t	188.52
11	钢板	$\delta=14$	Q235B	t	20.65
12	钢板	$\delta=16$	Q235B	t	19.04
13	钢板	$\delta=18$	Q235B	t	123.12
14	钢板	$\delta=20$	Q235B	t	11.8
15	钢板	$\delta=22$	Q235B	t	0.28
16	钢板	$\delta=25$	Q235B	t	12.73
17	钢板	$\delta=30$	Q235B	t	36.46
18	钢板	$\delta=35$	Q235B	t	1.78
19	钢板	$\delta=38$	Q235B	t	2.83
20	钢板	$\delta=30$	Q345B	t	7.984
21	花纹钢板	$\delta=3、4.5、5、6、8$	Q235B	t	115.35
22	等边角钢	L20×4～L125×8	Q235B	t	120.72
23	不等边角钢	L90×56×5～L200×125×16	Q235B	t	31.23
24	槽钢	[10～[40b	Q235C	t	381.49
25	工字钢	Ⅰ10～Ⅰ22b	Q235B	t	14.22
26	H 形钢	$H488×300×11×18$	Q235B	t	228.11
27	H 形钢（钢板组焊）	$H525×300×12×20(30)$	Q235B	t	119.09
28	H 形钢	$H125×125×6.5×9$	Q235B	t	6.87
29	H 形钢	$H488×300×11×18$	Q345B	t	120.1
30	H 形钢（钢板组焊）	$H525×300×12×20(30)$	Q345B	t	61.9
31	T 形钢	$T220×300×11×18$	Q235B	t	1.43
32	T 形钢	$T122×175×7×11$	Q235B	t	216.06
33	HW 形钢	$HM150×150×7×10$	Q235B	t	8.47
34	钢管	$\phi32×2.5～\phi2620×8$	Q235B	t	241.94
35	圆钢	$\phi20$	Q235B	t	6.73
36	不锈钢网	GF3W6.3/1.0	Cr18Ni9Ti	m²	250
37	钢化玻璃			m²	125
	合计			t	4092.85

注：表中只列出主要材料的用量，零星材料未列入。表中材料用量仅供参考。

30万m³POC煤气柜施工用机械及工装设备表 表 6-2

序号	设备及工装名称	型号规格	单位	数量	用途
1	刨边机	B81120A $L=12m$	台	1	立柱制作
2	侧板折弯机	$Q=1500t$ $L=7.5m$	台	1	侧板加工
3	主柱刨铣磨床	BMX18	台	1	立柱加工
4	连续剪床	MVCS-31/16	台	1	板材加工
5	剪板机	Q11×2500	台	1	板材加工
6	四辊卷板机	W12-35×2500A	台	1	板材加工
7	H形钢翼缘矫正机	40×1800 18m/min	台	1	立柱加工
8	19辊钢板矫正机	6×2000	台	1	立柱矫正
9	端面铣床	X3810 1000×3000	台	1	立柱加工
10	万向摇臂钻床	Z3080×25	台	2	侧板、立柱、活塞钻孔
11	龙门式起重机	$Q=5t$ $L=17m$	台	1	构件制作
12	龙门式起重机	$Q=16t$ $L=17m$	台	1	构件制作
13	履带式起重机	QUY-50	台	2	构件安装
14	汽车起重机	NK-500E	台	1	构件安装
15	汽车起重机	QY-25	台	1	构件安装
16	逆变弧焊机	ZX400H	台	30	构件焊接
17	二氧化碳气体保护焊	YM-500KR1	台	36	柜体焊接
18	直条多头火焰切割机	CG-3000A	台	2	立柱下料
19	半自动切割机	CG-30	台	6	一般钢材下料
20	离心式鼓风机	NO9-19-14	台	1	柜体浮升
21	电动空压机	2V-6/8(风冷式)	台	1	防腐涂装
22	离心水泵	IS125-150-315	台	2	柜体浮升
23	油压机	$Q=500t$	台	4	构件矫正
24	喷砂装置	干法半封闭式	套	2	防腐涂装
25	高压无气喷涂装置		套	4	防腐涂装
26	COREX煤气柜施工工装	30万m³(自制)	套	1	柜体安装

30万m³POC新型柜施工用主要试验、测量、质检仪器设备表 表 6-3

序号	仪器设备名称	型号规格	单位	数量	用途
1	真空度试验设备		套	4	底板检验
2	全站仪	DTM-352	台	1	测量放线
3	经纬仪	T_2	台	1	测量放线
4	水准仪	N_3	台	1	测量放线
5	垂准仪	DZJ_3	台	1	测量放线
6	X射线探伤仪	3005GT	台	1	焊缝检测
7	超声波探伤仪	PXUT-27	台	2	焊缝检测
8	磁粉探伤仪	FH-450	台	2	焊缝检测
9	万能试验机	WE-60	台	1	焊接试验
10	显微硬度计	71型	台	1	焊接试验
11	大工件金相检测仪	601-E	台	1	焊接试验
12	扩散氢测定仪		台	1	焊接试验
13	冲击试验机	JB-30B	台	1	焊接试验

7. 质 量 控 制

7.1 严格按照ISO 9002"质量体系生产、安装和服务的质量保证模式"的标准运行和管理（图7.1）。

7.2 严格执行制安项目中的首件样板制，即每批工件第一件产品必须是合格产品，以后产品均按此标准进行。

7.3 分析气柜工程的施工质量检测特点，编制施工质量控制环节、停置检测点，制定相应的检测措施。

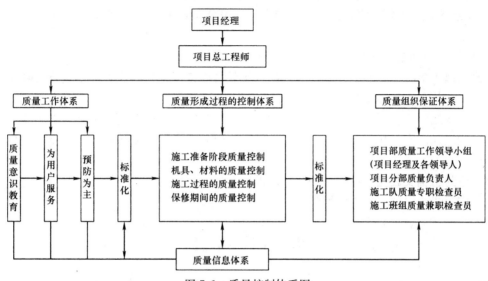

图7.1 质量控制体系图

7.4 质量控制的重点是过程控制，每一项产品未经检验或检验不合格决不允许出厂。同时，上下工序之间、工种之间必须实行检验认可制度，凡工序不合格的产品不能进入下一道工序。

过程控制的检验应以施工单位为主，但也采用邀请设计、建设、监理单位同施工单位会检的方式进行。

7.5 施工记录应完善，填写应真实

目前国内尚无POC煤气柜的施工规程规范，应参照国内外现行的技术标准，自行编制施工记录表格，用于30万m³POC煤气柜的施工记录及质量控制。

施工记录是施工过程文件，要求填写认真，数据真实可信，并由监理或建设单位技术人员见证。施工记录与施工进度保持同步。

7.6 针对不同的构件，编制特殊的质检措施。

8. 安 全 措 施

8.1 建立安全管理保证体系，设置现场专职安全管理员及责任人。项目经理每日要做质量安全生产总结汇报工作。

8.2 严格执行施工现场安全管理"一标三规范"搞好现场安全防护，对安全重点部位和特殊操作环节要有专项防护措施。

8.3 施工用电必须采用三项五线制，各施工点需增设漏电开关。

8.4 进入施工现场需戴安全帽，高空作业要系好安全带。

8.5 所有参加工地施工人员进入工地前，必须由项目经理、有关工程技术人员、工地安全员进行

上岗前的安全教育，并登记存档。

8.6 为加强吊装、浮升、落顶等通信联络，应根据情况配备多用对讲机等有效通信工具。

8.7 吊装柜顶穹形拱架，活塞支架等，应先拟订方案，经审核后方可实施。

8.8 防止高空坠落

8.8.1 外部脚手架、井架、过桥扶梯等作业地点，应及时搭设安全网。

8.8.2 高空作业人员应妥善保管好各自使用的工具、部件、并放在专用工具袋里，防止坠落伤人。

8.8.3 高空作业人员在作业前将外部脚手架上的垃圾、铁屑打扫干净，防止滑坠。

8.8.4 安装鸟形钩、止动块、活塞底板等作业时，严禁上下层同时立体作业。

8.8.5 安装接长柱头，应当使用专用工装夹具，由公司技术部设计制造，经强度检验合格，方可正式使用。

8.9 鸟形沟、止动板的安装检查

每次浮升活塞下落时，要巡回仔细检查，确认每只鸟形钩都承受载荷后，才能关闭风机。

8.10 切实加强防火防爆工作

8.10.1 氧炔焰切割装置按规定摆放，各种安全装置必须完好正常，使用时应遵守操作规程。

8.10.2 调漆间、密封机构帆布等属于一级易燃场所，安排专人负责管理，并符合防水、防潮、防火要求。

8.10.3 密封机构安装完毕后在浮升前，应设置石棉布防护。

8.10.4 密封机构注油后，柜内严禁动火。

9. 环 保 措 施

9.1 设置该工地现场专管员，对现场材料、设备的堆放及保护进行全面管理，做到材料、设备堆放有序，并有明显标志。废料、施工垃圾等拖运至指定地点堆放，创造一个干净、整洁的施工环境。

9.2 职工统一着装，并配戴安全帽。安全帽以管理人员为白色、操作人员为红色、安全管理人员为黄色为准。

9.3 施工现场以施工红线为边缘，使用天蓝色彩板与外界隔离，即下部为 300mm 的砖墙，上部为 1800mm 高的天蓝色彩涂压型板。

9.4 施工所用的临时设施如现场办公室、库房等均采用天蓝色的彩板活动房，并标识我司及总承包单位的标识、标志、名称。

9.5 现场施工人员同一办理并佩戴出入证，车辆办理文明行车证件及出入证。

9.6 施工现场的防水排洪设施根据现场设置齐全。

9.7 喷砂除锈场地设置收尘除尘装置，避免喷砂灰尘飞散。

10. 效 益 分 析

通过采用本工法，提高了工作效率，施工工期较其他同类型煤气柜的工期缩短 100 余天，节省机具人工费用节省约 50 万元。同时亦解决了因侧板安装焊接产生的柜体收缩难题。

11. 应 用 实 例

鞍钢 1 号 30 万 m³ 新型煤气柜制作安装

11.1 工程概况

柜主体为全钢结构，柜体由 32 根 H 形钢的立柱、薄壁圆筒形柜体侧板、平面底板、活塞系统、柜顶系统、活塞密封装置、8 层外部回廊、柜内回转平台、梯子、栏杆、电梯井道等组成。附属装置包括弹簧式和固定式导轮、防回转装置、内部吊笼、外部电梯、预备油箱、油泵站、鼓风机、工艺管道、紧急救护装置、柜容指示计等组成。

柜体技术参数为：公称容积：$30 \times 10^4 \text{m}^3$，公称压力：$10000 \pm 200 \text{Pa}$，柜体内径：$\phi 64600 \text{mm}$，柜体全高 121.283 m，活塞最大行程：91600mm，侧板带数 59 带，基本带宽 1800mm，柜体吞吐能力：$0 \sim 30000 \text{m}^3/\text{h}$，柜体钢结构约 3700t。

11.2 施工情况

使用本工法施工，鞍钢 1 号 30 万 m³ 柜调试结果：活塞压力波动为 $\pm 100 \text{Pa}$、单台油泵站昼夜启动平均次数 $\leqslant 3$ 次、回廊位置活塞倾斜度 $\leqslant 25 \text{mm}$ 深受业主及各方人员的好评。

11.3 结果评价

采用本工法施工，较大幅度缩短了工期、提高了施工质量、降低施工成本，为国内施工企业提高干式煤气柜施工质量、加快施工建设速度提供了一个全新的思路。整个项目施工工期较其他施工企业的同类型、同容积的新型煤气柜少 150d 以上。鞍钢 30 万 m³ 新型柜在已建相同气柜中，工期最短，质量最好，得到业主、监理单位、总承包单位的高度赞扬。鞍钢 30 万 m³ 新型柜获中国施工企业管理协会颁布的 2005 年中国施工企业"国内储气容积最大、压力最高、最先投产、周期最短"的新纪录、获 2006 年"鞍钢优质工程"、2006 年中国"安装之星"、中国安装协会"科技进步"一等奖等奖项。

无衬砌气垫式调压室施工工法

YJGF317—2006

中国水利水电第十工程局

陈茂　郑道明　赵启强　苏小明　王福科

1. 前　言

随着我国水电在自然保护区和高山峡谷区内的开发，修建高水头引水式水电站不断增加，在引水式电站中如采取常规的调压井，需修建难度较大的上山施工公路，由于修建公路要形成高边坡的处理、调压井平台和场内交通道路，也使沿线植被遭到破坏，施工环保问题得不到解决。而高水头引水式水电站无衬砌气垫式调压室，是采用布置在远离地表的山体中，施工过程属全封闭状态，施工产生的噪声、爆破振动、对地表破坏得到有效的控制，对生态环境起到了很好的保护。特别在山势陡峭地区及自然保护区内建设高效、优质环保型水电站有着广阔的应用前景。同时，高水头引水式水电站在调压室的结构设计上的改进，使施工技术上一个新台阶，对推动水电施工的发展具有重要意义。

中国水电十局通过自一里水电站、小天都水电站无衬砌气垫式调压室的成功修建，对开挖方案的确定、不同类别围岩的爆破参数的修正、高压无盖重固结灌浆技术、开挖技术要求等，进行了总结归纳。自一里水电站无衬砌气垫式调压室施工技术于2005年2月28日由水电建设集团公司组织专家进行了鉴定，并于当年获得集团公司科技进步二等奖。

2. 工法特点

2.1　使用功能特点

无衬砌气垫式调压室是作为替代衰减电站负荷变化时引水隧洞水流瞬变过程的开敞式调压室，是在岩石体内由岩壁和水涌形成封闭气室，并利用气室内高压空气形成"气垫"，达到抵制室内水位高度和水位波动幅值的变化。无衬砌气垫式调压室是性能优越的水锤和涌波控制设备。

2.2　施工方法特点

2.2.1　开工前应确定科学合理的开挖方案。

2.2.2　在开挖方案确定后选择离气室较近的交通洞内做爆破试验，选择合理的爆破参数，并在施工中由于围岩的变化而进行爆破参数的调整。

2.2.3　首先进行灌浆试验，得出数据，然后进行浅孔无盖重固结灌浆，随后进行深孔无盖重高压固结灌浆。

2.2.4　无衬砌气垫式调压室分层开挖的安全管理。

2.2.5　无衬砌气垫式调压室的施工对生态环境的保护。

3. 适应范围

3.1　流量不大，地质条件较好的高水头引水式水电站，采用无衬砌气垫式调压室可缩短引水隧洞长度，减少运行水头损失。

3.2　对自然环境保护要求特别高的自然保护区内的水电站，采用无衬砌气垫式调压室减少了征地，不需修建盘山公路，能减少对自然景观的破坏，有利于环境保护。

3.3 在高水头引水式水电站中采用无衬砌气垫式调压室，可取消现引水式水电站中调压竖井这部分工程。

4. 工 艺 原 理

4.1 无衬砌气垫式调压室是作为替代衰减水电站负荷变化时引水隧洞水流瞬变过程的开敞式调压室，是在岩石体内由岩壁和水涌形成封闭气室，并利用气室内高压空气形成"气垫"，达到抵制室内水位高度水位波动幅值的变化。无衬砌气垫式调压系统三维立体图如图4.1所示。

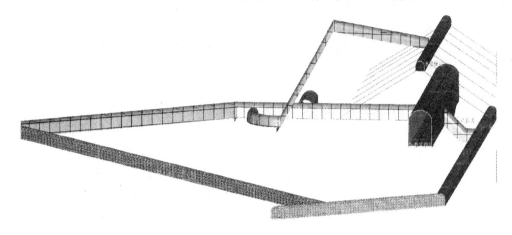

图 4.1 无衬砌气垫式调压系统三维立体图

4.2 在无衬砌气垫式调压室顶部相隔 14m 左右，打一条轴线于调压室一致的水幕廊道，廊道两边各打一排下倾斜 30°夹角、孔径 70mm 的水幕孔，在气室上方形成水幕伞，这是用来防止漏气的一种方式。

4.3 水幕廊道的水幕压力应大于无衬砌气垫室调压室内的压力，运行时先是水幕廊道升压，随后才是气垫室升压，水幕廊道的水幕压力高于气室压力 0.3MPa。

4.4 当无衬砌气垫式调压室压力不够时，采用高压空压机输气补压，使气垫式调压室的压力稳定在规定的压力值内。

4.5 无衬砌气垫式调压室开挖采用先打中导洞领进，中导洞开挖按交通洞断面进行施工。中导洞垂直调压室方向开挖一定距离后，再进行扩挖，扩挖时先顶拱后边墙，同时，顶拱、边墙预留 2m 保护层。

4.6 中导洞开挖完成后，扩挖自上游往下游进行，将中导洞底板开挖至调压室底板高程，再进行调压室周边直墙的开挖，直墙开挖自上而下进行；爆破按"松动爆破"的原则实施，周边实施光面爆破。

4.7 无衬砌气垫式调压室开挖后，对围岩的封闭是采用无盖重高压固结灌浆。灌浆采用浅孔固结与深孔固结灌浆的方式进行，灌浆前应对围岩裂隙进行嵌缝处理。

4.8 无衬砌气垫式调压室灌浆施工顺序为：在同一地段内，先进行裂隙灌浆，后进行系统固结灌浆；先进行水泥灌浆，后进行化学灌浆；在有帷幕灌浆的地段，先进行固结灌浆，后进行帷幕灌浆。

4.9 调压室无盖重高压固结灌浆，第一段采用常规卡塞法灌注，以下各灌浆段宜采用"孔口封闭、孔内循环、自上而下分段钻灌"工艺。灌浆采用高压注浆泵灌注，灌浆过程中，采用灌浆自动记录仪进行全程监控并记录。

4.10 浅孔无盖重高压固结灌浆分两段进行施工，孔口段 2～3m 钻孔完成并作完洗孔和压水试验后，采用卡塞进行低压固结灌浆；第一段灌浆结束后不待凝接着进行第二段钻孔，终孔后埋设孔口管，埋深 2m，待凝 72h 后，安装特制孔口封闭器，采用孔口封闭，孔内循环法进行第二段灌浆施工。

4.11 深孔无盖重高压固结灌浆自孔口向孔底分段钻灌施工，第一段灌浆段长 2m，以下各段灌浆段长 3～5m，孔口段钻孔的孔径 φ90～120mm，低压灌浆后埋设 φ76～108mm 地质管作为孔口管，埋深为 2m。剩余段次采用稍小的钻头进行钻进，孔内安装封闭器进行自上而下孔内循环灌浆。灌浆分为孔口低压灌浆段，中间高压灌浆段以下是更高压力灌浆段（设计最高灌浆压力）进行施工。

4.12 无衬砌气垫式调压室固结灌浆不单是对围岩进行加固，同时也有防渗、闭气的作用，故灌浆结束标准仍按《水工建筑物水泥灌浆施工技术规范》DL/T 5148—2001 规范执行。

4.13 灌浆孔灌浆结束后，排除钻孔内的积水和污物，采用"全孔灌浆封孔法"封孔。终孔段灌注浆液水灰比为 0.5∶1 的浓浆，直接用纯压式灌浆封孔；封孔纯压力采用最大灌浆压力，封孔压时间少于 1h。

5. 施工工艺流程及操作要点

5.1 施工工艺流程

利用调压室交通洞剩余段的开挖进行相关的爆破试验，然后调压室采用先开挖中导洞领进，再进行边顶拱扩挖，周边开挖严格实施光面爆破，其施工工艺流程见图 5.1。

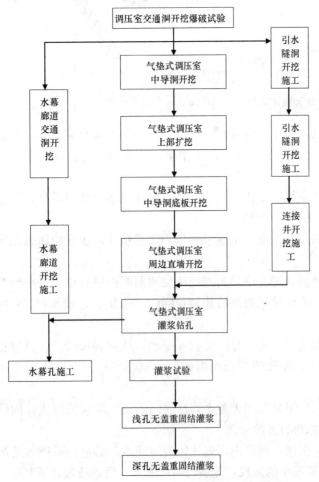

图 5.1 施工工艺流程图

5.2 施工操作要点

5.2.1 开工前的必备条件无衬砌气垫式调压室开挖前必须建立严密的统一施工指挥系统，制定岗位责任制、安全操作、质量检查等各项规章制度。

1. 现场技术人员及测量人员必须熟悉施工图纸、测量人员复核控制点基本数据，无误再进行准确的施工放线，施工人员应严格按图纸要求进行施工。

2. 无衬砌气垫式调压室进入主室开挖施工前，应在调交洞相距调压室 30m 段内进行爆破试验，为下一步调压室施工提供爆破参考数据。

3. 为保证施工质量，调压室开挖前还应制定:《调压室系统开挖施工措施》、《调压室开挖专题措施》、《气垫式调压室锚喷支护措施》、《高压固结灌浆施工措施》。对制定出的措施要对全体施工人员进行交底和技术培训，培训合格方可上岗操作。

4. 在满足工程结构要求的基础上，根据已揭示的地质情况，针对不同地质条件制定相应的安全支护措施。

5. 供电、供水系统及输、排风辅助设备布置完毕，检查合格。在此基础上进行施工机具和材料的准备。

在施工方案及施工措施制定时，充分考虑各种可能影响施工质量的因素，以保证开挖施工质量。

5.2.2 无衬砌气垫式调压室开挖

1. 爆破材料试验

对爆破所用非电雷管、导爆索、导火索、炸药的各项性能分别进行试验。爆破材料的基本性能测定须符合规范要求。

炸药的性能试验：选用的炸药需检测内容主要包括爆力、猛度等性能指标，选择适当爆力、猛度的炸药更能控制爆破对周边围岩扰动范围。

2. 现场爆破试验

1）试验目的

气室的周边采用光面爆破，控制开挖轮廓体的成型及减少对周边围岩的振动破坏，为获得良好的爆破效果，对爆破参数通过试验来确定，并在施工中根据地质条件的变化进行调整。

2）试验内容

模拟气室内周边光面爆破设计，初步确定爆破参数的基础后，针对掏槽孔的布置形式、光爆设计（不偶合系数、炮孔间距、装药量、最小抵抗线）、开挖断面的炮孔数、装药密度、装药形式、炮孔堵塞长度等进行试验及调整，最大限度地控制洞室围岩松动范围。

3）试验地点

考虑到调压室交通洞距离气室较近，且岩性有一定的连续性，选在交通洞剩余 30m 作为试验洞段，在气室开挖过程中，分别在气室中导洞中进一步进行。

4）试验操作程序

先按爆破设计在交通洞进行初步试验，根据初试的爆破效果，修改爆破参数，寻找最佳的参数值范围。

a. 线装药密度

第一次循环试验，先保持其他参数不变，按照设计的线装药密度及结构，分别实施爆破作业，根据壁面爆破效果，初步选定装药结构，然后进行第二次循环试验，从中选取最优或近于最优值。

① 半孔率高，但孔间存在挂鼻现象，壁面不平整，应改变打孔方式；

② 半孔率较低，应减少线装药密度；

③ 半孔壁面有较大破损或爆破裂纹，应进一步减少线装药密度；

④ 壁面质量正常、孔底破坏严重，应降低孔底药量；

⑤ 由于地质条件的变化造成裂缝在壁面质量的改变，需针对具体情况进行具体分析，然后调整参数。

b. 孔距及不偶合系数试验

在保持其他参数不变（装药量选取最优值或近最优值），改变孔间距与钻孔直径（即调整不偶合系数），对两种工况进行对比试验，通过爆破的壁面破坏情况及平整度加以判别，确定使用参数。

5）爆破效果的检查

a. 爆破后的掌子面由技术人员进行现场检查爆破效果；

b. 每次施爆后，首先从半孔率上分析爆破效果；

c. 每一循环开挖后，根据掌子面围岩地质情况及爆破效果，对各爆破参数进行适当调整；

d. 在除渣后，对该循环隧洞进行检查，观察周边有无因爆破而引起的不同程度的裂缝，确定调整周边孔的线装药密度；

e. 检查并分析地质构造对爆破效果的影响和爆破振动对软弱结构面的影响。

6）爆破控制标准

根据气室运行时要求，对爆破质量要求如下：

残留炮孔痕迹应在开挖轮廓面上均匀分布，炮痕迹保存率：完整岩石（Ⅰ、Ⅱ类围岩）在 90% 以上，较完整和完整性较差（Ⅲ类围岩）不小于 65%，较破碎和破碎岩石（Ⅳ、Ⅴ类围岩）不小于 30%。相临两孔间的岩面平整，孔壁不应有明显的爆破振裂隙，相临两茬炮之间的台阶或预裂爆破的最大外斜值应小于 15cm。

7）爆破要求

爆破的关键在于施工质量和爆破技术水平，邻孔间壁面的不平整度是由爆破参数决定的，壁面超欠挖的最主要的影响因素是钻孔精度，因此，须保证施工质量。

a. 根据现有钻孔设备，其炮孔直径选为ϕ42，孔位偏差不超过5cm，孔向偏差控制在30″以内。

b. 炸药选用乳化炸药，采用ϕ25mm药卷，通过调整周边孔间距，控制线装药密度，以达到设计要求。

c. 线装药密度硬岩控制在300～350g/m，中硬岩石控制在200～300g/m，软岩石控制在70～120g/m。

单耗药量硬岩控制在0.45kg/m³以内，中硬岩石控制在0.3～0.4kg/m³，软岩石控制在0.2～0.34kg/m³。

d. 为控制爆破对岩壁的影响，装药时用定位方法将药条固定在孔的中央。

e. 堵塞时，炮孔的堵塞长度，是根据围岩破碎和完整坚硬来确定，当围岩松软破碎时，容易产生爆破气体外漏，故堵塞段长一些，当围岩坚硬不产生气体外漏情况下，其堵塞段短一些。

f. 在爆破作业过程中，应及时做好记录，主要包括地质情况素描、具体实施的爆破参数及爆破效果，便于及时总结与调整。

8）开挖要求

为减少爆破振动的影响，更好地控制开挖尺寸，施工要求如下：

a. 在每一槽炮造孔前，由当班技术负责人组织现场技术人员、管理人员、钻工、爆破工等施工人员进行质量控制标准、施工方法、技术措施的交底。

b. 孔间距离坚硬围岩控制在55～65cm，中等硬度围岩控制在45～50cm，软弱围岩控制在35～45cm。

c. 严格控制造孔质量，造孔质量是影响光面爆破效果的关键因素。因此，造孔必须由熟练的风钻工来进行。造孔前必须由专业技术人员检查核实孔位、方向及角度是否正确。

d. 为减少爆破对周边围岩的振动，严格控制周边孔的线装药密度，线装药密度及装药结构应根据岩石变化做相应调整。当围岩为薄层结构，裂隙发育时，宜采用较小的线装药密度；或者分段采用不同的线装药密度。

e. 根据地质变化情况，在施工中选择合理的爆破参数作为技术保障。其次，加强现场的施工管理，加大施工过程控制，制定切实可行的施工措施，主要控制造孔和爆破质量与精度。

f. 在施工工艺上，采用不偶合装药，药包放在光爆孔临空面一侧，空气间隔装药，分多段装药等方式，尽量减小装药集中度，确保光爆后孔壁不产生较大裂纹。

g. 围岩破碎段，施工时应缩短循环进尺，或采用同一断面分多次爆破的方法。同时，将周边孔调整为45cm，减小爆破对围岩的破坏，这对气垫调压室岩壁控制有较好的效果。

h. 无衬砌气垫式调压室爆破施工中的振动控制，施工中采用毫秒延时起爆技术，严格控制单响最大药量，采取合理的起爆时差，实现调压室爆破时最大限度的减振效果。同时，注意起爆顺序和方式。

i. 在无衬砌气垫式调压室施工中，强化管理制度，从而建立起"实施→反馈→制定措施→再实施"的有效机制，使因操作人员因素对开挖产生的影响得到有效控制。

j. 重视测量工作，做到每茬炮后进行一次测量复核，保证开挖的精度。

每循环爆破完成后，造孔、爆破、测量、技术等人员到掌子面共同观察爆破效果，如发现爆破效果不理想，现场讨论找出原因，并决定下一循环的造孔深度与布孔形式、爆破参数。

3. 开挖方案

1）气室开挖方案

气室开挖时采用先打中导洞领进（图5.2.2-1），并按一定的坡比爬坡，然后再进行扩挖，扩挖时先顶拱后边墙，周边预留2～2.5m的保护层。

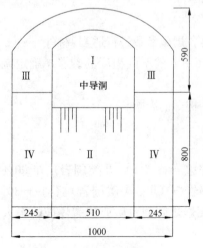

图5.2.2-1 气室开挖程序图

2）洞口交叉部位锁口支护

由于调压室交通洞与气室相交部位围岩节理、裂隙较发育，且交通洞顶拱岩石产状平缓，附近开挖高度较大，为防止在施工过程中出现垮塌及围岩产生形变，在气室扩挖之前，先对调压室交通洞与气室相交部位进行锁口支护。

3）其余洞室开挖

气室连接井的开挖从引水隧洞开口处往上调压室开口方向进行，在引水隧洞开挖完成后即进行，先进行气室连接井导井开挖，以改善气室开挖过程中通风问题，在气室边墙开挖完成后再进行其扩挖。

水幕廊道交通洞下平段架管搭设操作平台钻孔爆破，斜井段自下而上进行开挖爆破，根据围岩情况及其实际的施工条件，先打 1.5m×1.5m 中导洞，然后再自上而下进行扩挖。

4）无衬砌气垫式调压室施工

a. 调压室中导洞

中导洞按调压室交通洞断面进行开挖，中导洞按垂直调压室方向开挖 7.55m 时，再平行调压室进行开挖，同时，顶部及端墙预留 2.0m 的保护层。

中导洞开挖时钻孔深度控制在 2～2.5m 以内，周边孔间距 45～50cm，线装药密度控制在 200g/m 左右，爆破单耗药量控制在 1.3kg/m³ 左右，并根据爆破实验及实际的地质情况作相应的调整。

b. 调压室扩挖

中导洞开挖完成后，扩挖自上游往下游进行，将中导洞底板开挖至调压室底板高程，再进行调压室周边直墙的开挖，直墙开挖自上而下进行；爆破时按"松动爆破"的原则进行，周边实施光面爆破。

每次开挖高度控制在 2～2.5m 范围内，周边孔间距 40cm 以内，线装密度为 80～120g/m，单耗药量为 0.3～0.5kg/m³。

气室炮孔布置及爆破参数如图 5.2.2-2、图 5.2.2-3、表 5.2.2 所示。

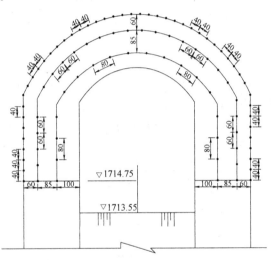

图 5.2.2-2　气室顶拱扩挖炮孔布置图

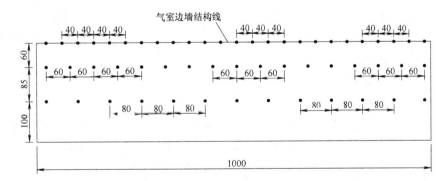

图 5.2.2-3　气室边墙扩挖炮孔布置图

气室爆破参数表　　　　　　　　　　　　　　　　　　　　表 5.2.2

序号	名称	孔深	线装药密度 (g/m)	炸药类型	孔间距（cm）	孔排距（cm）	装药结构	备注
1	周边孔	2.5	70～120	φ25 硝胺	25～45	60	间隔装药	20～30g/段
2	二层崩落孔	2.5	240	φ32 硝胺	55～70	85	间隔装药	
3	一层崩落孔	2.5	360	φ32 硝胺	80	100	间隔装药	

5.2.3 灌浆工程施工

1. 钻孔

1) 所有钻孔应统一编号，并注明施工次序。由测量人员按设计要求进行间、排距布置钻孔。

2) 钻孔必须按分序加密的原则进行，环间分两个次序，环内分二或三个次序。

3) 临近裂隙的固结灌浆孔，应与裂隙成大角度相交。

4) 钻孔时应对孔内各种情况如漏水、返水及岩层等情况进行详细记录。

5) 钻孔结束待灌或灌浆结束待加深时，孔口均应妥善保护，以免被堵塞。

2. 现场生产性试验

1) 现场灌浆生产性试验的目的与任务：

a. 确定适宜的灌浆孔钻孔工艺和方法；

b. 选择使用适宜的无盖重高压固结灌浆方法及其施工工艺、灌浆材料和浆液配合比；

c. 揭示围岩的可灌性；测试灌浆效果；

d. 提供有关孔距、孔深、灌浆压力等合理的技术经济指标；

e. 基本形成编制详细灌浆设计和施工技术要求等文件的条件。

2) 根据工程的建筑物布置和地质条件，选择地质条件与实际灌浆区相似的地段作为灌浆试验区，进行现场灌浆生产性试验。

3) 根据灌浆工程施工图纸的要求或按监理工程师指示选定试验孔布置方式、孔深、灌浆分段、灌浆压力等试验参数。

4) 在灌浆试验区内，按批准的灌浆施工程序和方法进行灌浆试验，检查灌浆的效果，整理施工资料，并提交监理工程师。

3. 钻孔、裂隙冲洗及压水试验

1) 灌浆孔（段）在钻进结束后，必须进行钻孔冲洗，孔底沉积厚度不得超过 20cm。

2) 灌浆孔（段）在灌浆前采用压力水进行裂隙冲洗。裂隙冲洗直至回水清净为止，冲洗水压采用 80％的灌浆压力，并不大于 1MPa。

3) 当邻近有正在灌浆的孔或邻近灌浆孔结束不足 24h 时，不得进行裂隙冲洗。

4) 灌浆孔（段）裂隙冲洗后，该孔（段）应立即连续进行灌浆作业，因故中断时间间隔超过 24h，则在灌浆前重新进行裂隙冲洗。

5) 压水试验在岩石裂隙冲洗结束后进行。固结灌浆压水试验孔不少于总孔数的 10％，压水试验压力采用 100％灌浆压力。压水试验采用单点法或五点法，并按《水工建筑物水泥灌浆施工技术规范》DL/T 5148—2001 附录 A 执行。

4. 无盖重高压固结灌浆

1) 裂隙嵌缝

a. 洞室开挖成形并清除危岩后，采用高压水将岩面冲洗干净，以便于寻找围岩裂隙。

b. 钻孔灌浆施工前先大面积地查找裂隙，根据外露裂隙的发育走向，采用人工对其进行凿槽（槽深 5～10cm），清洗干净并烘干后，采用环氧砂浆进行嵌缝，等达到一定强度后，再进行固结灌浆钻灌施工。

c. 在进行灌浆孔（段）裂隙冲洗和压水试验时，如出现岩石表面仍有漏水裂缝，则先补嵌缝后再继续灌浆，以防止灌浆时漏浆，影响灌浆质量。

2) 灌浆材料

气垫式调压室固结灌浆根据分段采用不同的材料，孔口段可采用普通水泥浆液或超细水泥浆液，以下各灌浆段宜采用超细水泥浆液。水泥必须符合质量标准，受潮结块的水泥不得使用，对超细水泥应严格防潮并缩短存放时间。

根据工程的需要，在水泥浆液中可加入适量的外加剂或掺合料，所加入外加剂和掺合料的种类及其掺量应通过室内浆材试验和现场灌浆试验确定。

3）施工方法

调压室无盖重高压固结灌浆，第一段采用常规卡塞法灌注，以下各灌浆段宜采用"孔口封闭、孔内循环、自上而下分段钻灌"工艺。灌浆采用高压注浆泵灌注，灌浆过程中，采用灌浆自动记录仪进行全监控并记录，并根据需要进行抬动监测。

a. 浅孔无盖重高压固结灌浆

这里的浅孔指的是孔深＜8m的灌浆孔。浅孔灌浆分两段进行施工，即孔口2～3m段的低压固结灌浆和第二段的高压固结灌浆。孔口段2～3m钻孔完成并作完洗孔和压水试验后，采用栓塞进行低压固结灌浆；第一段灌浆结束后不待凝接着进行第二段的钻孔，终孔后埋设孔口管，埋深为2m，待凝72h后，安装特制孔口封闭器，采用孔口封闭、孔内循环法进行第二段的灌浆施工，第二段采用高压固结灌浆，灌浆压力采用设计最高压力灌注；也可采用在孔口段灌浆完成后，先埋设孔口管，待凝后再进行第二段的钻灌施工。

浅孔无盖重高压固结灌浆施工工艺流程：高压水冲洗岩面并查找外露裂隙→环氧砂浆嵌缝→测量定孔位→孔口段钻孔→孔口段卡塞洗孔、压水试验→如岩面漏水则环氧砂浆补缝（对细微裂缝用快速堵漏剂补缝）→孔口段灌浆→第二段钻孔并洗孔→埋设孔口管并待凝→第二段洗孔、压水试验→第二段灌浆→采用0.5∶1的浓浆灌浆封孔。

b. 深孔无盖重高压固结灌浆

该处的深孔指孔深≥8m的固结灌浆孔。采取自孔口向孔底分段钻灌施工，第一段灌浆段长2m，以下各段灌浆段长为3～5m。孔口段钻孔的孔径ϕ90～120mm，低压灌浆后埋设ϕ76～108mm地质管作为孔口管，埋深为2m。剩余的段次采用稍小的钻头进行钻进，钻头的大小以能穿过孔口管且钻孔时不易损坏孔口管为宜，安装封闭器进行自上而下孔内循环灌浆。灌浆分为孔口低压灌浆段，中间高压灌浆段，以下为更高压力灌浆段（设计最高灌浆压力）进行施工。

深孔无盖重高压固结灌浆施工工艺流程为：高压水冲洗岩面并查找外露裂隙→环氧砂浆嵌缝→测量定孔位→孔口段钻孔→孔口段卡塞洗孔、压水试验→如岩面漏水则环氧砂浆补缝（对细微裂缝用快速堵漏剂补缝）→孔口段灌浆→埋设孔口管并待凝→换用稍小的钻头进行第二段钻孔→第二段洗孔、压水试验→第二段灌浆→如此循环至终孔→采用0.5∶1的浓浆灌浆封孔。

4）灌浆施工

a. 无盖重固结灌浆，根据灌前洗孔和压水试验，对岩石表面裂隙发育的部位进行嵌缝处理或喷一层5cm素混凝土，然后先按工序采用低压、浓浆、间歇灌浆的方法灌注孔口段，并可根据具体情况采取浅孔加密，形成灌浆盖重后，按工序钻灌以下各段，直至终孔。

b. 灌浆压力

孔口段采用低压灌浆，其灌浆压力根据现场灌浆试验并结合围岩情况确定，一般Ⅱ序孔的孔口段压力比Ⅰ序孔可稍高，灌浆采用逐级升压的方法，从起始压力逐步升至目标压力，每级增加0.3～0.5MPa。

孔口段的以下各段次灌浆应尽快达到设计压力，但对于注入率较大或岩石易于被抬动的部位应采用分级升压。

c. 灌注浆液配合比采用5∶1、3∶1、2∶1、1∶1、0.8∶1、0.6∶1、0.5∶1等七个比级，开灌水灰比采用5∶1或根据现场灌浆试验确定。

d. 浆液浓度应由稀到浓逐级变换，浆液变换原则为：

当灌浆压力保持不变，注入率持续减少时，或当注入率不变而压力持续升高时不得改变水灰比。

当某一级别浆液的注入量已达300L以上或注入时间已达30min，而灌浆压力和注入率均无改变或改变不明显时，应改浓一级。

当注入率大于30L/min时，可根据具体情况越级变浓。

e. 灌浆结束标准

调压室固结灌浆不单是对围岩进行加固，同时也有防渗、闭气的作用，故灌浆结束标准仍严格按《水工建筑物水泥灌浆施工技术规范》SL 62—94 规范执行。即在该灌浆段最大设计压力下，注入率不大于 0.4L/min，延续灌注 30min，即可结束灌浆。

f. 封孔

灌浆孔灌浆结束后，排除钻孔内的积水和污物，采用"全孔灌浆封孔法"封孔。如终孔段灌注浆液水灰比为 0.5（或 0.6）∶1 的浓浆，直接采用纯压式灌浆封孔；如终孔段灌注浆液水灰比稀于 0.5（或 0.6）∶1 时，先用 0.5∶1 的浓浆置换后再进行纯压式灌浆封孔。封孔压力采用最大灌浆压力，封孔纯压时间不少于 1h。

5）特殊情况处理

a. 无盖重高压固结灌浆因表层无盖重，易发生表面冒浆或漏浆现象，在该部位除采用常规的处理措施外，还可以考虑用下面方法进行处理：

① 判断冒浆情况：在灌浆前结合洗孔和压水试验，通过压力水在表面的渗漏情况进行判断，最为有效；

② 堵漏方法：在大面积的冒浆部位，可采用喷素混凝土的施工方法，厚度 5cm 左右，待凝 72h 后再灌；在渗流较小且在一个部位较为分散的，可以考虑在该部位补孔进行表面低压灌浆封堵；若某一条裂缝渗流较大，可对该裂缝采用环氧砂浆作嵌缝处理。

b. 对围岩裂隙发育及表层岩体破碎的部位，在进行无盖重高压固结灌浆时，先按序施工第一段灌段，并可根据具体情况采取浅孔加密，待区域内固结灌浆孔的表层围岩全部完成形成盖重后，再分序进行第二段灌浆。

c. 灌浆过程中，发现冒浆、漏浆，应根据具体情况采用嵌缝、表面封堵、低压、浓浆、限量、间歇灌浆等方法进行处理。

d. 灌浆施工中发生串浆时，如串浆孔具备灌浆条件，可以同时进行灌浆，应一泵灌一孔。否则应立即将串浆孔用灌浆塞塞住，待灌浆孔灌浆结束后，串浆孔再继续钻进和灌浆。

e. 大量耗浆孔段的处理

① 遇有大量耗浆孔段时，首先应降低灌浆压力，采用浓浆，减少并限制其注入率，并视耗浆量情况，采用水泥砂浆，待该段耗灰量超过 3t/m，仍不见压力回升，地面又无漏浆的迹象，则应停止灌浆，待凝 24h 后复灌；

② 复灌时注入率逐渐减少，则应灌至正常结束；

③ 复灌时注入率仍很大，灌浆难于结束时，则采用掺中、细砂、水玻璃、水泥浆液和水玻璃双液法等方法，待耗灰量超过 0.5～1t/m 后，再待凝后复灌至正常结束；

④ 复灌时注入率较待凝前相差悬殊，且耗灰量很小，则应对该段扫孔后再灌浆，如扫孔后注入率仍很小，此孔即告结束。

6. 材料与设备

6.1 在交通洞剩余 20 余米处进行调压室相关的爆破试验，在试验中应达到选择炸药和获得较佳的装药量。

6.2 在交通洞进行试验时，对周边光面爆破线药量的确定、装药结构的确定、堵塞方式和长度的确定。

6.3 根据无衬砌气垫式调压室的地质条件，试验中应针对掏槽孔的布置形式、最小抵抗线、炮孔间距、每循环钻孔深度进行试验和调整。

6.4 经过试验所取得的爆破参数和确定的材料，在气室开挖中应严格执行，当围岩发生变化时又应及时进行调整。

6.5 所有经试验落实的材料、支护材料见表 6.5-1～表 6.5-5。

乳化炸药技术性能

表 6.5-1

炸药系列和型号		WL-2 岩石乳化炸药	炸药系列和型号		WL-2 岩石乳化炸药
性能	爆速(m/s)	4500	性能	爆速(m/s)	4500
	猛度(mm)	14		猛度(mm)	14
	殉爆距离(cm)	6		殉爆距离(cm)	6
	药卷重量(g)	100		药卷重量(g)	150
	密度(g/cm³)	0.95～1.25		密度(g/cm³)	0.95～1.25
	抗水性能	极好		抗水性能	极好
	储存期(月)	6		储存期(月)	6
	药卷规格(mm)	ϕ25		药卷规格(mm)	ϕ32

非电毫秒雷管各段延期时间

表 6.5-2

段别	1	3	5	7	9	11
延期时间(ms)	0	50	110	200	310	460

导爆索技术性能

表 6.5-3

5 号塑料导爆索		技 术 性 能
项目	外观	表面呈红色,塑料层厚度均匀,无气泡、裂纹及严重折伤和油污
	尺寸	直径不大于 6mm,每卷长度为 50±0.5m
	装药量	不少于 10.5g/m
	爆速	不低于 6000m/s
	传爆性能	索段间按规定方法连接,用 8 号雷管起爆,应爆轰完全
	抗水性能	导爆索在水压为 50MPa,水温 10°～25°静水中浸 5h 后,按规定方法连接,应爆轰完全

双马牌水泥技术要求

表 6.5-4

项 目		执行标准(GB 175—1999)	实 际 值
水泥品种		普通硅酸盐水泥	
强度等级		42.5	
细度		0.08mm 筛余	≤10%	0.7
凝结时间	初凝	≥45min	2:14
	终凝	≤小时	3:05
安定性		沸煮	合格	合格
抗压强度		3d 抗压 MPa	≥16	26.8

速凝剂技术性能

表 6.5-5

产品名称	细度	水分	检测水泥	水灰比	速凝剂掺量(%)	凝结时间	
						初凝	终凝
速凝剂	<10%	<1.0%	普硅 42.5	0.4	3～4	<3'00"	<6'00"

根据气垫式调压室工期安排与开挖强度,在施工中配置了必要施工机械,配置情况见表 6.5-6。

主要设备配置表   表 6.5-6

序号	设备名称	规格型号	单 位	数 量	备 注
1	两臂台钻	BW-352	台	1	
2	手风钻	YT-28	台	8	
3	自卸汽车	8t	台	5	
4	装载机	ZLC50C	台	2	
5	鼓风机	110kW	台	1	
6	潜水泵	11kW	台	3	
7	爆破振动仪	IDTS3850	套	1	
8	高速搅拌机	ZL400	台	2	
9	高压灌浆机	SGB6-10	台	2	
10	灌浆自动记录仪	GY-IV	套	2	
11	圆盘站	ϕ65H12m	台	2	

7. 质 量 控 制

7.1 无衬砌气垫式调压室施工时，必须遵照以下规范严格执行：

7.1.1 《水工建筑物地下开挖工程施工技术规范》DL/T 5099—1999；

7.1.2 《水电水利工程施工测量规范》DL/T 5173—2003；

7.1.3 《水电水利工程爆破施工技术规范》DL/T 5135—2001；

7.1.4 《水工建筑物水泥灌浆施工技术规范》DL/T 5148—2001；

7.1.5 《锚杆喷射混凝土支护技术规范》GB 50086—2001；

7.1.6 《爆破安全规程》GB 6722—2003；

7.1.7 《水电站基本建设工程单元工程质量等级评定标准》DL/T 5113.1—2005；

7.1.8 《水利水电建筑安装安全技术工作规程》SD 267—1988；

7.2 根据工地施工的实际情况，编制现场质量控制措施。

7.2.1 爆破参数的合理选择是开挖质量控制的重要环节，因此开挖前必须认真做好爆破方案设计，做好预裂爆破和光面爆破的参数设计，使每个爆破循环的炸药单耗控制在最优工况范围内。

7.2.2 装药是控制开挖质量的最后环节，要确保装药质量达到措施要求的标准，装药前须对各钻孔进行认真清理，以确保设计孔深。

7.2.3 对于洞室的开挖爆破质量控制，针对围岩类型、地质条件编制合理的施工方案，并根据现场施工情况及实施效果不断进行调整和优化。采用红外线激光定位技术精确放样，准确标出周边光爆孔的孔位及方向。所有的周边孔均在设计轮廓线上开孔，钻孔略向外倾斜 2°～3°，各钻孔之间保持平行，孔底落在同一高程上。

7.2.4 对地质破碎带，采用密孔、浅孔、短循环掘进，减小钻孔偏差，将光爆岩面超挖控制在允许范围内。

7.2.5 喷锚支护施工前先对围岩进行检查，以确定所支护的类型或支护参数。Ⅳ～Ⅴ类和不良地质段喷锚支护应紧跟开挖进行，以确保围岩的稳定。

7.2.6 喷混凝土施工前，必须对所喷部位进行冲洗，预埋规定长度的检验钢筋以量测厚度，在喷混凝土结束后，进行喷混凝土厚度检验后割除露出表面的钢筋。

7.2.7 灌浆是一项技术含量较高的隐蔽性工程，在灌浆的整个施工过程中，严格按照设计要求及有关规程规范要求施工。施工前按照规程规范和有关技术文件制定施工质量保证措施；施工中，严格执行"三级检查、验收"制度，所有施工人员都具有多年的实践经验，安排质检人员对施工过程中的钻孔、冲洗、压水、灌浆的全过程进行 24h 跟踪检查，以确保施工作业的规范性和灌浆质量的可靠性；通过加强过程控制，不断完善施工措施，使其满足技术要求和有关文件规定，确保灌浆质量。

7.2.8 所有材料都进行验收抽检，不合格的材料不准用在工程上。所有施工仪器仪表都必须符合规范和设计要求。

7.2.9 灌浆时，如果遇到大漏量，首先采用限压、限流进行处理，或者灌注稳定浆液或水泥砂浆，必要时采用间歇灌浆；如果遇到大溶洞，采用预填料灌浆法或灌注水泥砂浆进行处理。

7.2.10 如果发生孔段串浆，在条件许可时将其并联灌浆；如不具备条件，则可将串浆孔用阻塞器封闭，再进行灌浆。

7.2.11 如果发生孔段涌水，则首先测定漏水压力，然后加大压力进行灌浆，灌浆结束后，闭浆 24～48h。

7.2.12 严格按操作规程和技术要求进行作业，认真控制所有灌浆项目的灌浆压力、浆液比重、变浆标准和结束标准，保证满足各种设计指标。

7.2.13 所有灌浆均采用自动记录仪进行监控记录，建立规范的资料档案系统和质量、安全信息系统，确保各种记录真实、准确、齐全。

7.2.14 灌浆工作是隐蔽性工程，对施工情况记录必须如实、准确、详细，不得涂改，对原始资料及时进行整理分析，并为验收作准备，其验收要求按规范执行。

7.2.15 灌浆效果采取钻孔取芯、压水试验、岩体声波测试及灌浆资料等方法进行综合评定。

7.2.16 灌浆质量检查孔位置根据施工质量、地质情况及现场的工作条件等因素确定。

7.2.17 固结灌浆质量检查采用压水试验的方法。检查孔的钻进在灌浆施工完成 3～7d 后进行，检查孔的数量不宜少于灌浆孔总数的 5%。

8. 安 全 措 施

8.1 项目开工前，由安全环保部编制实施性安全施工措施，对爆破、开挖、运输、支护、灌浆等作业编制和实施专项安全施工措施，从措施上确保施工安全。

8.2 实行逐级安全技术交底制，由项目部组织有关人员进行详细的安全技术交底，凡参加安全技术交底的人员要履行签字手续，并保存资料，安全环保部专职安全员对安全技术措施的执行情况进行监督检查，并做好记录。

8.3 特殊工种的操作人员需进行安全教育、考核及复检，严格按照《特种作业人员安全技术考核管理规定》且考核合格获取操作证后方能持证上岗。对已取得上岗证的特种作业人员要进行登记，按期复审，并设专人管理。

8.4 确保必需的安全投入。购置必备的劳动保护用品，安全设备应齐备，完全满足安全生产的需要。所有现场施工人员佩戴安全帽，特种作业人员佩戴专门的防护用具。对于被允许的参观者或检查人员进入施工现场时，佩戴安全帽，非施工人员不得进入施工现场。

8.5 在工程现场周围配备、设立必要的安全标志和标识牌，以便为施工人员和公众提供安全和方便。标志牌包括警告与危险标志、安全与控制标识、指路标志。

8.6 用电施工措施由专业人员负责编制，内容包括配电装置及其电容量、供电线路的走向和现场照明的设置，生活、生产设施用电负荷情况，编制有针对性的电器安全技术规定。

8.7 专业电工持证上岗。电工有权拒绝执行违反电器安全规程的工作指令，安全员有权制止违反用电安全的行为，严禁违章指挥和违章作业。

8.8 爆破作业必须加强指挥，严格按爆破设计施工，爆破时做好周围的警戒工作，起爆后 20min 内严禁进入工地，距离爆破点较近的临时设施要采取防护措施。

8.9 装炮前认真检查炮孔位置、角度、方向、深度是否符合要求，炮区内的其他人员是否撤离炮区。装药和堵塞使用木、竹制做的炮杆，严禁使用金属制做的炮杆。爆破后，炮工检查所装药孔是否全部起爆，发现瞎炮，及时按照瞎炮处理的规定妥善处理，未处理前其他人员不准进入现场。

8.10 洞内爆破作业统一指挥信号，专人指挥警戒，人员设备撤到安全距离。每次放炮时间及次数根据施工条件明确规定，装药后应尽快放炮。

8.11 爆破后立即进行排烟通风，相距 15min 以上时间，检查人员才能进入工作面，在经过下列检查并处理后，其他工作人员才准进入工作面：a. 有无瞎炮及可疑情况；b. 有无残余炸药和雷管；c. 有无松动岩块；d. 支护有无损坏和变形。

9. 环保措施

9.1 项目在施工时，应严格遵守国家的各项有关环境保护的法律、法规及合同的有关规定，搞好施工中的环境保护工作，以防止由于工程施工造成附近地区的环境污染。

9.2 工程施工期间，对噪声、扬尘、振动、废水和固体废弃物进行全面有效的控制，最大限度地减少施工活动给周围环境造成的不利影响。施工废水按要求处理达到一级排放标准后才排放。

9.3 为使施工期间对环境影响达到最低限度，及时掌握并控制现场施工情况，拟建完善的工地环保管理机构，对全体施工人员进行系统的环保教育，养成良好的环保意识，做到规范作业文明施工。

9.4 尽量减少对施工区域内的环境造成不必要的损失，严禁员工在工地内外砍伐树木。施工期间，采用合理可行措施疏通施工区内的积水，设置排水系统，并保持畅通，使施工区域及工程设施不会导致侵蚀和污染。

9.5 在施工过程中，对汽车及开挖设备产生的废气进行控制，对尾气排放量不达标准的车辆不得进入施工现场。施工过程中，因爆破开挖、装碴、运碴及卸碴所产生的粉尘、采用喷水雾进行防护和控制。

9.6 对施工开挖的边坡应及时进行支护，并在边坡顶部适当位置设置排水沟，以防雨水冲刷边坡，坡脚及施工周边做排水沟，保护好边坡坡脚稳定，防止水土流失。

9.7 对弃渣场进行规划与设计，根据渣场需要修建浆砌石拦碴墙，截水沟和淤泥收集设施以防含淤泥水和弃渣冲入河床淤积河道，危及下游的安全。

9.8 工程完工后，及时拆除施工临时设施，清除施工区和生活区及其附近的施工废弃物及建筑垃圾等，并按环境保护措施计划完成环境恢复。

10. 效益分析

10.1 社会效益
无衬砌气垫式调压室的施工技术在国内均无成熟的施工经验，施工工法的编写将填补这一空白，为无衬砌气垫式调压室在国内类似的引水式电站中推广具有重要的意义。它将有利于加快在山势陡峭地区及自然保护区建设高效优质环保型水电站，其环保效益无法估量。

10.2 工期效益
采用无衬砌气垫式调压室技术，从临时工程中它减少一条场内公路和施工支洞的修建，这将节约 6 个月工期。

10.3 主体工程效益
以自一里水电站无衬砌气垫式调压室为例：与常规调压系统相比，减少高斜（竖）井工程（300m 高）和调压室的衬砌工程，主体工程量：石方洞挖约 6000m³，混凝土量约 4000m³，钢筋制安约 350t。节约主体工程投资约 300 万元。

10.4 减少征地
因采用无衬砌气垫式调压室而使结构简化，减少修建上山公路和施工支洞。以自一里水电站无衬砌气垫式调压室为例：减少征地面积约 34000m²，从而减少了工程的直接投入（约 100 万元），并对生态环境的保护产生巨大效益。

11. 应 用 实 例

目前我国无衬砌气垫式调压室施工技术正处于试验应用阶段，国内第一座采用无衬砌气垫式调压室的电站是：四川平武县华能自一里水电站，由中国水电十局承建，此后承建了小天都水电站无衬砌气垫式调压室工程。

11.1 自一里水电站

该电站位于国家级自然保护区内，于 2002 年 5 月开工，2004 年 12 月竣工投入运行。电站装机容量 130MW，引用流量 34m³/s，设计水头 445m。调压室开挖断面为 112m×10m×13.9m（长×宽×高）的城门形，体积为 11927m³，设计气体体积 10000m³，水床深 3m，设计气压 3.25MPa，最大工作压力 3.8MPa。水幕洞布置于气室正上方 14.1m 处，长 112m，开挖断面为 4m×4m 的城门洞形。水幕廊道内打 74 个向下倾斜 30°夹角、深 35m，孔径 70mm 间距为 3m 的水幕孔，在气室上方形成水幕伞，水幕超压为 0.3MPa，即水幕压力达到 4.1MPa。

气室边顶拱扩挖施工见图 11.1。

11.2 小天都水电站

该电站位于四川省甘孜州康定县，于 2003 年 5 月开工，2005 年 11 月第一台机组发电。电站装机 240MW，设计水头 400m。调压室采用气垫式调压室，气室开挖断面为 94m×16m×20.17m（长×宽×高）的城门形，气体体积 14458m³，水体体积 5955m³，工作压力 4.8MPa。水幕室布置在气室上部，轴线与气室相同，长 94m，宽 4.5m，高 5.85m。水幕室内设置水幕孔，水幕压力为 5.76MPa。

气室上部开挖见图 11.2。

图 11.1 气室边顶拱扩挖施工图　　　　　　　图 11.2 气室上部开挖图

通过两座无衬砌气垫式调压室的成功修建，使我们积累了较为丰富的施工经验，并对施工方法进行总结和归纳，这对国内无衬砌气垫式调压室的施工将起到指导作用。

液压、润滑管道气液混合冲洗工法

YJGF318—2006

中国二十冶建设有限公司

王英俊　樊金田　王亚第　曹国良

1. 前　言

液压、润滑管道气液混合冲洗方法的基本原理是利用压缩空气推动不同密度、不同材质的海绵球体在管路内高速旋转前进，摩擦、吸收、吹扫管道内壁的污物，达到洁净管道内壁的目的。再利用特制的油冲洗装置，对管道进行高压力、高流速、大流量的冲洗，最终保证管道系统的清洁度要求。应用过程中由于没有酸、碱等化学药品的使用，施工区域干净整洁，表现出了机动灵活、效率高、效果好的特点。

2. 工艺特点

2.1　突破了传统的施工工艺，变管道内部清洗由大量化学物质介入的化学过程为物理过程，实现了清洗过程中盐酸等化学物质的零使用零排放，最大限度减少对环境的污染，提高施工过程中的安全性。

2.2　形成高效耐磨、具备吸附功能、可重复利用的管道清洁球系列产品，实现了能源的重复利用。

2.3　简化了临时管道环路的设置，节省了人工及材料的消耗，效益显著。

2.4　采用在线取样检测技术，便于系统清洁度的动态控制，大大提高了冲洗效率。

2.5　该技术在实施过程中机动灵活，基本可与管道敷设同步进行，适合流水作业，施工效率高，工期短。

3. 适用范围

该工法适用于各行业的液压、润滑系统。

4. 施工程序

液压、润滑管道气液混合冲洗施工程序见图4。

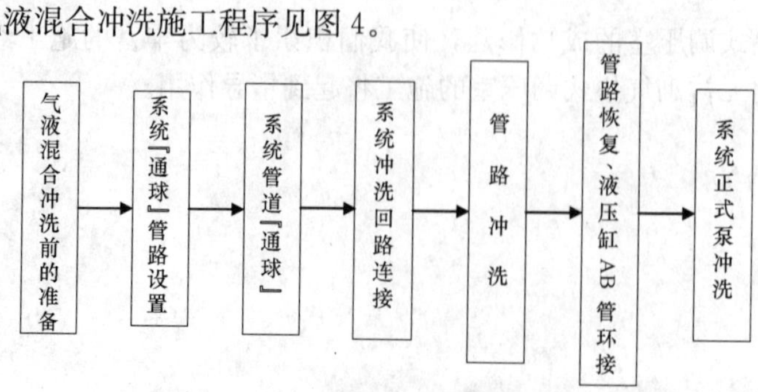

气液混合冲洗前的准备 → 系统「通球」管路设置 → 系统管道「通球」 → 系统冲洗回路连接 → 管路冲洗 → 管路恢复、液压缸AB管环接 → 系统正式泵冲洗

图4　液压、润滑管道气液混合冲洗施工程序图

5. 操 作 要 点

5.1 液压、润滑管道在按常规方法部分或全部施工完毕后即具备了"通球"条件，在管路施工过程中，为保证取得良好的清洁效果，需要注意以下两点：

1. 在管路布置时如有三通或变径，应在其最近的位置安装法兰或接头，对于公称直径小于 DN32 的管道，变径前后管道公称直径相差不大时（一个公称等级）可不用接头或法兰，见图 5.1-1。

2. 管道公称直径在 DN32 以下的管道，宜采用承插式焊接，对接焊接的管道应尽量减少焊缝的内部凸瘤，见图 5.1-2。

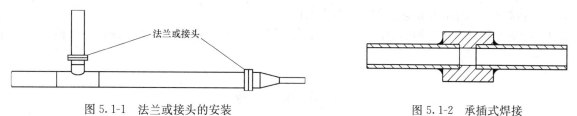

图 5.1-1 法兰或接头的安装　　　　　　　　图 5.1-2 承插式焊接

5.2 压缩空气源：可以利用生产车间内的压缩空气管道气源（0.6～0.8MPa），也可以用空压机代替车间气源。

5.3 选择海绵清洁球：不同规格的管道选择的海绵球的直径不同，清洗软管或管道在选用海绵球时，应选用比软管或管道内径大约 20％直径的海绵球。

5.4 根据管道通径选择通球气枪，并将海绵清洁球塞入枪内。

5.5 待清洗的管道：将要清洗的管道从与设备及阀台相连的法兰处断开，形成"通球"回路。如果有三通的支管，要用临时的盲板将不通球的支管堵住。

5.6 准备一只尼龙网罩用于收集射出的海绵球体，尼龙网罩能对海绵球体起到缓冲作用和保护好海绵球体。

5.7 通球过程（图 5.7）

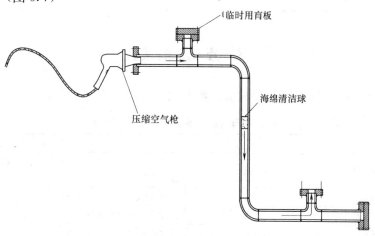

图 5.7 通球过程

根据海绵柱球的选用对照表，选择好一定数量的相应规格两种海绵柱球，一种是不带磨砂的海绵柱球接合型，另一种是一头带磨砂头的磨粒型。然后将通球气枪接上气源，再慢慢将气源的阀门打开，调整压力到 0.6～0.8MPa，气体压力太小会影响清洗的效果。

以上工作做好后就可以进行"通球"工作。首先在枪内塞入带磨砂头的海绵柱球，进行"通球"准备。扳动通球气枪的扳机，海绵球从管道的一头开始高速摩擦管道内壁后从另一头飞出，弹射到收集尼龙网罩内。然后再往枪内加入另一个带磨砂头的海绵柱球再一次通球，这样重复几次后对小桶内的海棉球进行检查，当磨砂面没有大颗粒杂质时可以换用不带磨砂的海绵柱球进行"通球"，否则再重复用磨砂头柱球继续通球。用不带磨砂的海绵柱球"通球"过程中，不断检查海绵球表面的洁净情况，直至海绵球表面基本上看不出脏物时。在"通球"过程中海绵球可以重复利用几次，管道"通球"结束后就可以进行在线油冲洗。然后用同样的程序再进行下一环路管道的"通球"清洗即可。管道的"通球"和冲洗可以穿插同时进行，与传统的在线循环酸洗、油冲洗的方法相比施工周期可以缩短许多。

6. 质 量 标 准

6.1　冲洗质量检查标准参照《冶金机械设备安装工程施工及验收规范液压、气动和润滑系统》GB 50387—2006。

6.2　冲洗时的油温应在正常工作油温范围之内。

6.3　冲洗开始后半小时用油清洁度在线检测装置检测油样，后每隔半小时进行一次检测，达到标准、规范或图纸要求的等级为合格。

7. 机 具 设 备

液压、润滑管道气液混合冲洗主要机具和辅助设备见表7。

液压、润滑管道气液混合冲洗主要机具和辅助设备　　　　　　　　　　　　　表7

序号	名　　称	规格型号	单位	数量	备　　注
1	冲洗装置	$Q=300L/min$ $P=4.0MPa$ 不锈钢	套	1	按设计压力配备压力表
2	通球气枪	$DN10\sim DN100$	套	1	
3	尼龙网罩		只	1	
4	组合工具		套	2	
5	无线电对讲机		只	4	
6	防护眼镜		付	4	
7	手提泡沫灭火器		只	8	

8. 劳 动 组 织

本工法的劳动组织按中等液压系统的试验人数考虑，具体人员安排见表8。

液压、润滑管道气液混合冲洗需用人数　　　　　　　　　　　　　　　　　　表8

序号	名　　称	需用人员	工　作　内　容
1	工程技术人员	2	冲洗作业设计编制、安全防护措施制定、冲洗资料的收集整理、冲洗指导
2	检查人员	1	冲洗的过程及质量检查和确认
3	钳工	1	冲洗时对设备进行检查
4	配管工	4	冲洗时对管道进行检查

9. 环 境 保 护

液压、润滑管道气液混合冲洗方法不会对环境造成污染，为保证现场文明施工，应作好以下几点：

（1）气液混合冲洗装置应放在合适的位置，回垫置平稳。

（2）海绵柱体打出后及时回收和保管。

（3）冲洗回路设置合理顺畅，各连头连接紧密，冲洗前认真检查，防止漏油现象的发生。

10. 安 全 措 施

10.1 冲洗时对冲洗系统的区域范围进行清理，保证冲洗区域道路的畅通。对冲洗检查的区域和道路设置必要的照明。

10.2 检查冲洗系统设备和管道连接的正确性，保证冲洗的安全进行。

10.3 冲洗按程序要求进行，冲洗时要配备对讲机做好联络工作，遇到情况及时通知停泵。

10.4 对管道冲洗过程中的泄漏情况进行检查时，检查人员要配带防护眼镜和对讲机，对检查出的问题要及时通知停泵，不要带压进行处理。要进行处理时，必须在停泵卸压后方可进行。

10.5 在处理一些带压管道的故障时，要尽可能的避开泄漏源的正面，操作时配戴防护眼镜，避免液压油喷出时对眼睛造成伤害。

10.6 对液压设备和管道处理后的液压油要及时清理，保证场地的清洁，并采取防火措施。

11. 技术经济效益分析

液压、润滑管道气液混合冲洗工法的成套设备价格是传统的循环酸洗、油冲洗设备的一半左右。与传统的循环酸洗、油冲洗技术相比较，液压、润滑管道气液混合冲洗工法在以下三个方面的投入有较大的节约：1. 化学药品的购置费；2. 循环酸洗、油冲洗回路连接的材料及人工费；3. 工期。

以我公司承建的宝钢 1880mm 热轧工程为例，机组液压、润滑管道估算近 2.6 万 m，按传统的液压、润滑管道酸洗、冲洗施工工艺计算，本工程需消耗盐酸（HCl）28t，氢氧化钠（NaOH）3.3t，亚硝酸钠（$NaNO_2$）、氨水（NH_3H_2O）等 11.1t。盐酸（HCl）28×970 元＝27160 元，氢氧化钠（NaOH）3.3×3200 元＝10560 元，购置化学药品的费用约 37720，其中还不包括药品购置中发生的人工及材料倒运费用。不仅要花费大量的资金，也给项目的施工安全带来很大的隐患，同时对环境保护也是一个很大的威胁。

宝钢 1880mm 热轧工程液压、润滑管道酸洗、冲洗回路连接的材料约 120t，以目前的市场价 5000 元/吨计算，120×5000 元＝600000 元，使用的人工费 950×100 元＝95000 元。

液压、润滑管道气液混合冲洗工法一个突出的优点是可以对每一路管道进行单独的清洁和试压，不必等液压系统所有的回路都连接完成后再循环酸洗及试压。这样管道安装和管道清洁试压基本可以同时进行，大大缩短了施工工期。按传统的液压、润滑管道酸洗、冲洗施工工艺，要在管道系统全部完成后才可实施，管道系统全部完成到单体调试的时间约为 1 个月，采用"液压、润滑管道气液混合冲洗新技术"，在系统成形后 10d 的时间即可达到单体调试的条件，总体上将工期提前了 20d。在追求工作效率追求工程工期的今天，利用这一项技术确实能节省劳动力资源，缩短工期。

12. 工 程 实 例

液压、润滑管道气液混合冲洗方法应用：

12.1 2005 年 8 月在苏州工业园区博思格中国镀层（MCL、CPL）工程项目上首次应用，投入了相应的技术及设备，提前完成了该项目获得了外方专家的肯定。

12.2 2006 年 3 月在太钢 2250mm 热轧工程应用取得非常好的效果，管道冲洗质量得到了提高，获得了监理及项目组的好评。

12.3 2006 年 12 底在宝钢 1880mm 热轧上应用，快速高效地完成管道冲洗任务，高质量地完成了该项目，取得了非常理想的效果，获得宝钢三热轧项目组的肯定。

液压、润滑管道气液混合冲洗工法，变传统的化学过程为物理过程，实现管道在线清洗过程中盐酸等化学物质的零使用零排放，最大限度减少对环境的污染，提高施工过程的安全性，实现了能源的重复利用。

微小防护区安全射线（M-RT）检测工法

YJGF319—2006

中油吉林化建工程股份有限公司　吉林亚新工程检测有限责任公司

关一卓　王斌　王建玲　王生利　迟振军

1. 前　言

在石油化工装置的施工中，RT 是最重要的一种无损检测方法，为了防止射线辐射污染，现场作业时，需划定的安全控制区半径约为 30m，监督区半径约为 50m，并通常在夜间操作。在装置施工工期较紧，高空作业多，或者运行的装置中，经常因为无损检测的使用造成装置的停产和现场施工的停工。因此，传统方法的无损检测成为运行装置的检测和保证项目工期的瓶颈问题。

为此，中油吉林化建股份责任公司和吉林亚新工程检测有限责任公司开展了科技创新，取得了"微小防护区安全射线（M-RT）检测技术"这一国内领先、国际先进的新成果，并形成工法，陆续在惠州南海石化 80 万 t/年乙烯工程、茂名石化 100 万 t/年乙烯改扩建工程和大连西太平洋柴油加氢项目中推广使用。由于该技术采用了能大幅度吸收射线的物质对通过胶片后的射线及散射线进行防护，从而将辐射控制在很小的一个空间内，对人员和环境的辐射大大降低，故有明显的社会效益和经济效益。

该项检测技术被业内人士称为是我国无损检测历史上的一项技术革命，第一次真正意义上实现了全日制射线检测。

该工法获 2005～2006 年度全国化工施工（部级）工法，并于 2007 年 5 月 28 日通过了化工施工技术鉴定委员会组织鉴定。

2. 工 法 特 点

M-RT 是一种微小区域内安全射线检测技术，自主研发的高屏蔽准直器保证了射线源的定向辐射，带凹槽的塑性铅板保证了对定向射线的再阻隔，柔性铅橡胶的使用防止了散乱射线的溢出，以上三种方法的同时使用，将射线控制在 0.5～2m 的空间内，该区域内的辐射水平明显低于国家标准的要求。达到安全地在小区域内进行射线检测的目的。

与常规的射线技术相比，该技术大大缩小了安全控制区和监督区，解决了现场安装施工与射线探伤不能交叉作业的难题，既安全可靠、满足环保要求又缩短了工期，降低了施工成本。

3. 适 用 范 围

3.1　高空射线检测

在高空检测作业时，微小区域内安全射线检测技术的应用可以避免常规射线检测带来的施工缺陷。避免检测人员为躲避射线而反复地在高空和地面之间上下，而且可在白天进行检测，节约了人力，保证了安全。

3.2　运行装置管道的检验

减少了由于装置控制操作人员离待检管道过近，射线安全操作半径过大而带来的装置停产、停车，为生产单位减小了经济损失，又为管道的正常运行提供了质量保障。

3.3 紧急情况下的检测施工

在建设施工现场，紧急情况下的检测施工常有发生。M-RT技术的使用既可使检测作业的正常进行，同时又可保证其他工种的正常施工。

3.4 狭小区域管道定期检验

有些管道可能穿越居民区或者其他人口密集的区域，这会给管道定期检验带来困难，甚至不能进行检验。M-RT技术的使用就会克服这些缺点。它可以在人口密集的区域内正常地进行射线检测，保证了定期检验的进行。

4. 工 艺 原 理

根据射线在穿过一定厚度的屏蔽物后强度会减小的基本原理，采用特殊制造的高屏蔽准直器及其他的能大幅度吸收射线的物质对通过胶片后的射线及散射线进行防护，从而将射线控制在很小的一个空间内，达到安全地在小区域内进行射线检测的目的。M-RT射线机示意图具体见图4。

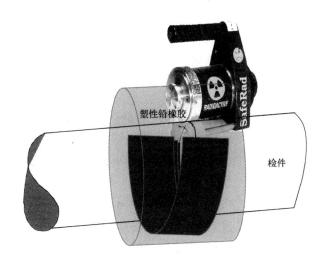

图4 M-RT射线机示意图

5. 检测工艺流程及操作要点

5.1 警戒区的设立

在进行射线检测之前，以被工件为中心设立警戒区域。警戒区半径为2m（86Ci）。

5.2 连接射线探伤机、高屏蔽定向准直器。

5.3 按规定的透照张数做出分段标记，放置铅字定位标记。

5.4 放置像质计。

5.5 布置底片标识

5.5.1 放置铅字识别标记。如焊口号、底片编号、管线号。但由于微小区域安全射线探伤时射线束被约束很小的范围内，所以其他的标识不能以透照的方式记录在底片上，只能以其他方式提供。

5.5.2 根据分段透照次数进行布片，根据像质计与标识的位置放置胶片，在布片前放置胶片的编号。然后用橡管固定被检工件上。

5.6 放置铅屏蔽布片后，在胶片侧后面先附上与管弧度相应的带有凹槽弧形铅板，凹槽的长、宽

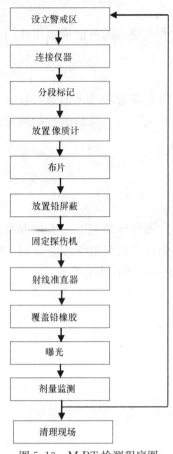

图 5.13　M-RT 检测程序图

略大于胶片尺寸，使胶片恰好在铅板的凹槽内，防止在对铅板紧固时，由于用力过大使胶片感光。然后在凹槽弧形铅板后紧紧附上塑性铅板，并用捆绑带固定。

5.7　固定探伤机

用捆绑带将射线探伤机固定在被检工件上，探伤机上的安全带锚系在另一个位置，以防止探伤机坠落。

5.8　调节射线透照方向根据检件的厚度、管径采用不同的定向准直器，更换窗口。例如管径 6 英寸至 8 英寸是同一型号准直器，8 英寸以上为另一规格的准直器。转动探伤机上的高屏蔽定向准直器，使射线束准确地对准被区域。

5.9　覆盖铅橡胶用柔性铅橡胶将工件与探伤机整体包裹，屏蔽散乱射线。

5.10　曝光计算曝光时间，送源曝光。

5.11　剂量监测在整个检测过程中，射线剂量仪保持开启状态。确保警戒线处的射线剂量始终处于安全剂量范围内。

在检测完毕后，收回放射源，并用报警仪确认源的位置。

5.12　清理检测现场。检测完毕后对检测现场进行清理，复位。

5.13　M-RT 检测程序见图 5.13。

6. 材料与设备

本工法需要的材料机具设备见表 6 和图 6。

材料机具设备表　　　　　　　　　　　　　　　　　　表 6

序　号	名　　称	型　号	单　位	数　量
1	硒 75 射线探伤机	DL-VA	台	1
2	高屏蔽定向准直器		个	4
3	捆绑带		m	50
4	射线罩		套	5
5	铅箔		m²	100
6	铅橡胶		m²	30
7	射线数字剂量仪	FJ-347A	台	5
8	源辫子		套	1

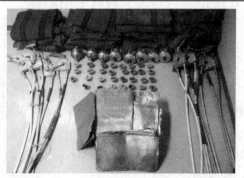

图 6　M-RT 机所用机具图

7. 质 量 控 制

7.1 检测质量控制标准

7.1.1 检测标准执行《承压设备无损检测　第 2 部分：射线检测》。

7.1.2 焊缝照相质量按《金属熔化焊对接接头射线照相》或《承压设备无损检测　第 2 部分：射线检测》标准进行评定。

7.2 质量保证措施

7.2.1 从事射线检测的人员必须持有与其工作相适应的国家质检总局颁发的 RT 操作人员证书，并通过相应的身体检查，例如视力检查等。

7.2.2 从事微小区域安全射线检测人员必须经过专门的培训，了解微小区域安全射线探伤机的性能和特点。

7.2.3 检测前须对仪器进行校准。

7.2.4 检测时严格按照《无损检测作业指导书》和《射线检测工艺卡》要求操作。

7.2.5 检测过程中技术监督人员实施监督，及时对检测操作人员指导，并填写质量监督记录。

8. 安 全 措 施

8.1 从事射线检测的人员应接受过安全和防护知识教育培训，考核成绩合格。

8.2 在现场作业时，按照《工业 γ 射线探伤卫生防护要求》，划定控制区和监督区、设置警告标志，警戒灯、警戒绳、并设专人防护。检测作业时，应围绕控制区边界测定辐射水平，控制区边界外空气比释动能率应低于 $40\mu Gy \cdot h^{-1}$，监督区外空气比释动能率应低于 $2.5\mu Gy \cdot h^{-1}$，要符合国家标准《工业 γ 射线探伤卫生防护标准》要求。检测工作人员应佩戴个人剂量计，并携带剂量报警仪。

8.3 按照国家关于个人剂量监测和健康管理的规定，定期进行个人剂量监测和职业健康检查，建立个人剂量档案和职业健康监护档案。

8.4 硒-75 射线机应放置在专门的源库中。

8.5 贮存、领取、使用、归还硒-75 射线机时，应当进行登记、检查，做到账物相符。

8.6 对硒-75 射线机贮存场所应当采取防火、防水、防盗、防丢失、防破坏、防射线泄漏的安全措施。

8.7 制定辐射应急预案，以应对突发事故的发生。

9. 环 保 措 施

9.1 该工法在现场使用须取得当地环境保护部门的批准。

9.2 成立对应的环境卫生管理小组，在工程施工过程中严格遵守国家和地方政府下发的有关环境保护的法律、法规和规章，加强对材料、设备、废水、生产生活垃圾、弃渣的控制和治理，遵守有关的规章制度。

9.3 对控制区边界不定时进行检测保证控制区外辐射水平达到国家标准要求，避免对环境造成辐射污染。

9.4 将相关 HSE 方案向全体施工人员详细交底。

9.5 施工场地应合理布置、规范，做到标牌清楚、齐全，各种标识醒目，整洁文明。

10. 效 益 分 析

10.1 直接经济效益

10.1.1 微小区域内安全射线检测技术投入见表 10.1.1。

M-RT 检测技术投入一览表 表 10.1.1

序　号	名　称	单　位	数　量	合　价
1	射线罩	套	5	20 万
2	铅箔	m²	100	5 万
3	铅橡胶	m²	30	15 万
4	射线数字剂量仪	台	5	10 万

装置总费用为 500000 元。

10.1.2 微小区域内安全射线检测技术应用产出：

10.1.2.1 此技术应用于惠州 80 万吨/年乙烯项目，共透出 40530 张片子，每张 99 元，计 4012470 元，实现利润 65 万元；

10.1.2.2 此技术应用于茂名 100 万吨/年乙烯改扩建项目，共透出 6737 张片子，每张 145 元，计 976865 元，实现利润 18 万元；

10.1.2.3 此技术应用于大连西太平洋柴油加氢项目，创产值 50240 万元，实现利润 0.8 万元。

此设备今后可长期使用其他项目施工中，可创造更多的经济效益。

10.2　社会效益

鉴于石化装置建设工程工期短、检测任务量大且大部分为改扩建工程的检验，射线防护难度十分大，费时、费工、费料，极大地增加了施工成本。而 M-RT 技术只对被检物体进行小区域防护，既省工、省料又节约了时间。作为射线检测的一种特殊技术，M-RT 必将会受到各个建设单位和有识之士的青睐与瞩目，将成为扩展外部市场的一张王牌。

10.3　环保效益

由于该技术对采用了能大幅度吸收射线的物质对通过胶片后的射线及散射线进行防护，将射线控制在很小的一个空间内，从而对环境的辐射也大大地降低。

10.4　其他效益

10.4.1　缩短工期

与常规射线检测方法相比，实现了施工和检测可同步进行，与以往的检测方法（只有现场安装工人撤离现场后，无损检测人员才可以进入现场检测）相比，因为不影响现场施工的正常运行，可大大地缩短了施工工期。

如惠州乙烯项目：通过采用 M-RT 检测方法，因为施工和检测的同步进行，使绝对工期提前了 107d。

10.4.2　节省人力

由于该技术所需划定的安全控制区和监督区特别小，无须再设其他人在监督区外监督公众的误入，从而节约了人力。与传统的检测方法节省人力（人工费）约 30%，如惠州乙烯工程承揽的工程量（40530 张片子），按照传统的 RT 检验方法，预计需要 31000 人工时，实际发生 21650 人工时。

10.4.3　节约材料

由于该技术只对被检物体进行小区域防护，无须大量的防护材料，从而大大节约了材料。

以惠州乙烯为例（40530 张片子），节约防护材料 8 万元。

10.4.4　节约设备

因为可以做到全日制探伤，设备采购的高峰数明显减少，采用 M-RT 技术的设备采购量是采用传统无损检测方法式设备采购量的一半。

11. 应用实例

2004 年开始，我公司陆续在惠州南海石化 80 万吨/年乙烯工程（工期为 2003 年 8 月～2006 年 8

月）、茂名石化100万吨/年乙烯改扩建工程（工期为2004年12月15日～2006年9月16日）和大连西太平洋柴油加氢项目（工期为2005年7月～2007年5月）中推广本检测技术，并得到包括业主、总承包商和施工单位的各方面的认可，为工程质量在材料的应用方面提供了有效的保证。

11.1 M-RT技术在惠州和茂名乙烯施工中已得到当地环保部门的认可，惠州市和茂名市环境保护局的批准文件及现场监测合格报告见图11.1-1惠州市环境保护局出具的批复文件、图11.1-2惠州市环保监测站出具的合格报告、图11.1-3茂名市环境保护局出具的批复文件和图11.1-4茂名市环保监测站出具的合格报告。

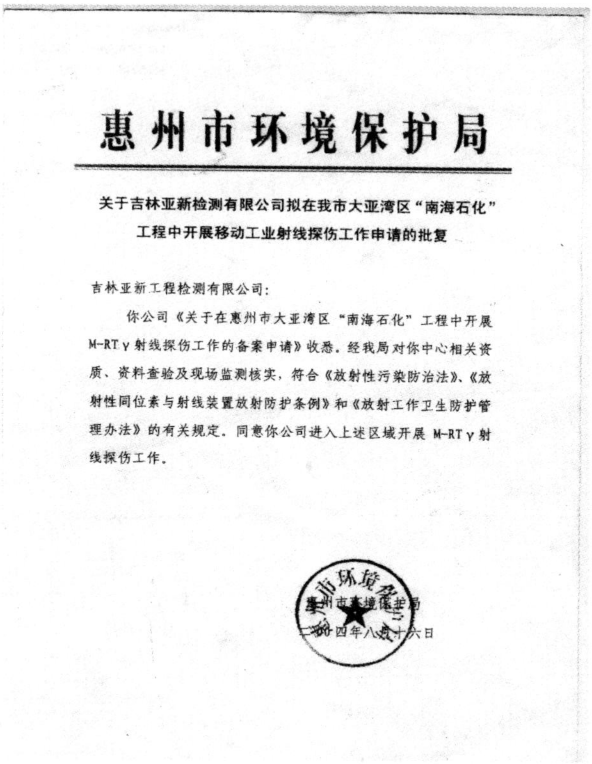

惠州市环境保护局

关于吉林亚新检测有限公司拟在我市大亚湾区“南海石化”工程中开展移动工业射线探伤工作申请的批复

吉林亚新工程检测有限公司：

你公司《关于在惠州市大亚湾区“南海石化”工程中开展M-RTγ射线探伤工作的备案申请》收悉。经我局对你中心相关资质、资料查验及现场监测核实，符合《放射性污染防治法》、《放射性同位素与射线装置放射防护条例》和《放射工作卫生防护管理办法》的有关规定。同意你公司进入上述区域开展M-RTγ射线探伤工作。

惠州市环境保护局

二〇〇四年八月十六日

图11.1-1　惠州市环境保护局出具的批复文件

11.2 M-RT检测技术现场操作实例见图11.2现场检测图片。

11.3 该检测技术在现场应用时得到业主、总承包商和施工单位的各方面的认可，为工程质量在材料的应用方面提供了有效的保证。

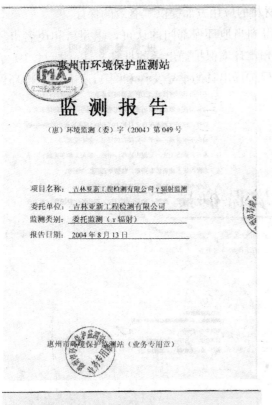

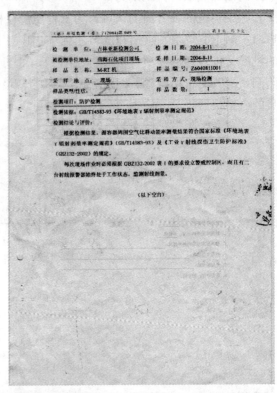

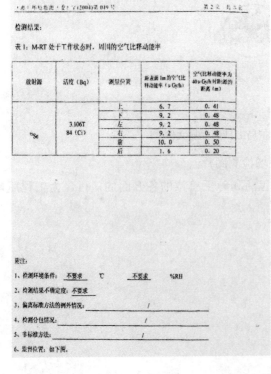

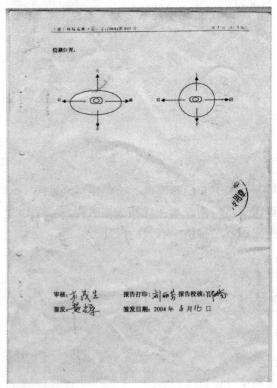

图 11.1-2 惠州市环保监测站出具的合格报告

茂名市环境保护局文件

茂环[2006]5 号

关于吉林亚新工程检测有限责任公司拟在茂名石化工业园区
"茂名乙烯改扩建工程"中开展 M-RT γ 射线探伤工作申请的批复

吉林亚新工程检测有限责任公司：

你公司《关于在茂名石化工业园区"茂名乙烯改扩建工程"中开展 M-RT γ 射线探伤工作的备案申请》收悉。经对你公司相关资质、M-RT 检测资料的审核和茂名市环境保护监测站对你公司 M-RT 现场检测的监测结论，符合《中华人民共和国放射性污染防治法》和《放射性同位素与射线装置安全与防护条例》的有关规定。现批复如下：

1. 同意你公司在茂名石化工业园区"茂名乙烯改扩建工程"

中开展 M-RT γ 射线探伤检测工作。

2. 你公司在开展 M-RT γ 射线探伤检测工作时，要设立明显的辐射标志和警示语牌，设立安全警戒线，护栏，配备声光警示器。使用 Se-75 活度为 44Ci 密封放射源配专用 M-RT 检测装备的警戒范围半径不得小于 2.5 米。

3. 要配备 γ 射线检测仪全程监控检测作业，同时做好各种安全防护措施，确保检测工作的安全。

4. 要严格按照操作规程进行检测工作。

5. 要制订辐射应急预案。

6. M-RT γ 射线探伤工作未经批准不得扩大工作范围。

图 11.1-3　茂名市环境保护局出具的批复文件

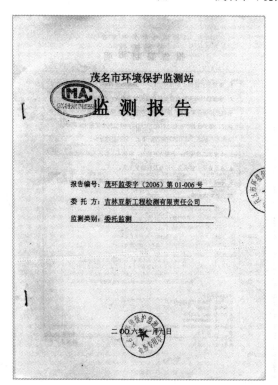

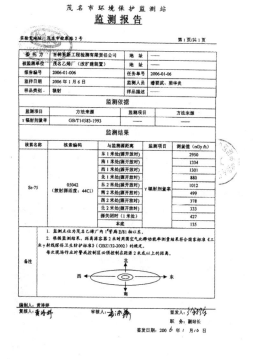

图 11.1-4　茂名市环保监测站出具的合格报告

图 11.2　现场检测图片

双金属复合管焊接工法

YJGF320—2006

四川石油天然气建设工程有限责任公司

杨胜金　王学军　杨旭

1. 前　　言

　　双金属复合管（图 1）是在碳钢或低合金管（基层管）的内表面镶嵌一层较薄的耐热、耐腐蚀或其他特殊性能的金属（覆层管），以提高管道相应的耐热或耐腐蚀等性能，通常应用于高温或强腐蚀介质的输送中。双金属复合管焊接技术目前在我国尚不成熟，没有相关经验可借鉴。在充分地分析了异种金属焊接过程中带来的强度、塑性和韧性的变化、主要合金元素的烧损和稀释等问题后，我公司经过大量的科研试验和技术攻关，科学地设计出了接头的坡口形式和尺寸，制定了焊道的焊接顺序和操作技术要求，成功地解决了双金属复合管的焊接问题，使焊接接头通过了相关检验标准的检验，并满足了模拟油气田环境条件下的腐蚀试验检验要求，达到了与覆层相同的防腐蚀性能。

图 1　双金属复合管

2. 工 法 特 点

　　双金属复合管的对接焊在焊接顺序上有别于传统的不锈复合钢板或压力容器的焊接顺序。传统的不锈复合钢板或压力容器是首先进行基层碳钢或低合金钢的对接焊，接着进行过渡层的焊接，最后进行覆层的焊接，如图 2-1 示。图中 1、2……$n-1$、n、$n+1$、$n+2$ 表示焊接顺序。

　　由于受钢管直径的影响，不锈复合钢管不能开内坡口，而且只能先进行覆层管的焊接，再焊过渡层，最后焊基层管，加大了焊接质量的控制难度。因此焊接此类钢管就必须处理好三个方面的问题：第一，覆层金属的抗腐蚀问题；第二，过渡层的塑性、韧性以及合金稀释化的问题；第三，基层金属的强度、塑性等性能。图 2-2 为国内一般在焊接双金属复合管时使用的坡口形式和焊接顺序。这种坡口

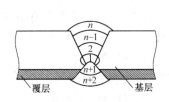

图 2-1　复合板的焊接顺序

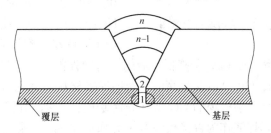

图 2-2　国内某施工单位设计的坡口形式

形式在焊接第 2 层时容易使碳钢里的碳渗到不锈钢里去，造成渗碳，形成没有抗腐蚀能力的 $Cr_{23}C_6$ 碳化物，降低了覆层金属的抗腐蚀性能。

针对上述问题，本工法对坡口形式和焊接顺序进行了改进。坡口形式如图 2-3 所示。这种坡口形式加长了覆层金属在坡口上的长度，并使用手工钨极氩弧焊和选定的焊丝对复合管管端进行封焊（如图 2-3 示，顺序 1）。可避免基层金属管的碳渗透到接头焊缝中去，降低抗腐蚀的能力，并可保证覆层金属管的强度。然后两根钢管进行组对焊接。在进行根焊前，须在钢管内部充入保护气体，其纯度达到要求后，再进行根焊（图 2-3，顺序 2）。采用符合进行过渡层焊接要求的焊条焊接过渡层（图 2-3，顺序 3），保证在下一层采用与基层金属同等性质的焊条焊接时，根焊焊缝的主要合金元素未被稀释，同时避免形成脆硬的马氏体组织，保证过渡层的塑性和韧性。

保护气体的引入和保护装置示意图如图 2-4 所示。这种装置比传统在钢管的两个端口进行密封，充保护气体的方法节约了近 99％的气体用量。

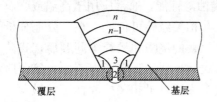

图 2-3　设计的坡口形式及焊接顺序

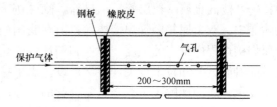

图 2-4　保护气体引入和保护装置示意图

采用本工法不仅保证了钢管的强度，过渡层金属的塑性和韧性，还确保了覆层金属的防腐蚀性能，比传统的接头设计形式和焊接顺序得到了很大的改进。

3. 适 用 范 围

本工法适用于双金属复合管对接焊，以及双金属复合管与不锈钢对接焊时的接头设计、操作技术和施工工序。

4. 工 艺 原 理

本工法主要的目的是保护复合管覆层不锈钢金属的防腐蚀性能，保证过渡层金属的塑性、韧性和基层金属的强度要求。其中覆层的焊接和过渡层的焊接为重点研究对象。

覆层金属在坡口加工时形成的一段突出部分，如图 4 所示，主要是便于进行封焊。封焊的作用第一是为了加固突出部分，防止焊接时覆层导热率小而过热，造成突出部分局部凹陷，至使根焊进行困难，进行封焊后，可加强突出部分的强度；第二由于这种复合管基层和覆层间有间隙，且两种金属管的导热率不同，在焊接加热和冷却过程中，两管极易发生相对位移，导致预留组对间隙完全封闭，焊接无法进行，封焊后可避免这个问题的发生；第三作为异种钢焊接时过渡层的焊接，防止主要合金元素 Cr、Ni、Mo 的稀释，使覆层抗腐蚀的能力降低，同时防止碳钢或低合金钢里的碳渗透到焊缝中心去，形成晶间腐蚀，即形成没有抗腐蚀能力

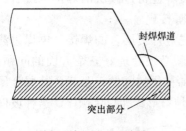

图 4　单边坡口示意图

的碳化物 $Cr_{23}C_6$，会降低焊缝的抗腐蚀性能，甚至导致焊接结构的破坏。进行封焊时使用的焊接材料须是 Cr、Ni、Mo 含量高的不锈钢焊接材料，避免封焊焊缝形成大量马氏体等脆硬组织，以及补充由于被氧化而损失掉的 Cr、Mo 等合金元素，提高焊接接头的塑性、韧性和抗腐蚀性能。

根焊焊缝作为直接接触腐蚀介质的金属，其防腐蚀性能应与覆层金属性能相同或优于覆层金属。选用焊接质量最容易控制的手工钨极氩弧焊作为根焊的焊接方法，焊接质量易于得到保证。但缺点是

焊缝背面需要充保护气体。

过渡层金属的作用与封焊焊缝的相似，主要是防止根焊焊缝的主要合金 Cr、Ni、Mo 等被稀释，以及防止产生大量马氏体组织，降低塑、韧性。

5. 施工工艺流程及操作要点

5.1 工艺流程

本工法的简要工艺流程为：

钢管坡口加工→管端封焊→放置保护气体引入装置→组对→点焊定位块→密封接头→充入保护气体→检测保护区氧气含量→进行根焊→进行过渡层焊接→进行第一层填充焊→关闭保护气体→撤除保护气体引入装置→填充焊→盖面焊。

5.2 操作要点

5.2.1 坡口可采用机床或坡口机加工，其质量应达到焊接工艺规程的要求。

5.2.2 封焊前，应使用专用的不锈钢砂轮片清除有可能影响焊接质量的杂质；封焊时为避免覆层金属过多的受热而被氧化，应将电弧中心指向基层管体。见图 5.2.2。

5.2.3 组对前先将保护气体引入装置装入管内，正对坡口处，并稳定牢固。保护气体引入装置一端用钢丝拴牢以便焊接后牵出管外。

5.2.4 管道组对完毕后，用定位块在接头上进行点焊固定。定位块材质应和基层材质相同。在接头上定位 3 至 6 个点，定位点位置须均匀分布于接头上。见图 5.2.4。

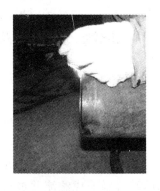
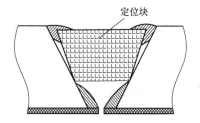

图 5.2.2　封焊　　　　　　　　　　　　　　　图 5.2.4　定位示意图

5.2.5 接头采用胶带密封，只在接头顶部留一个排气孔。

5.2.6 充入保护气进行并置换空气。

5.2.7 用测氧仪检测管内保护气体区域的纯度。当氧含量在满足焊接工艺规程要求后，方可施焊。

5.2.8 为了确保根焊质量，建议采用钨极氩弧焊进行焊接。焊接顺序由下到上，对称焊接。在焊完一段焊缝后，应及时观察焊缝背面成型和颜色，若发现焊缝成型和颜色未达到要求，应检查保护腔内的密封性能和腔内的氧含量，及时调整，直到符合焊接工艺规程的要求。

5.2.9 焊接时，应经常检测环境风速，必要时还应采取防风防沙措施，确保根焊焊缝金属的质量。

5.2.10 过渡层是复合管焊接熔敷金属合金成分最为复杂的焊道层。除了保证不影响根焊焊缝金属防腐性能外，还应保证其本身有足够的塑性和韧性，分解来自两种材料不同热膨胀和冷收缩带来的内应力。本层建议采用熔敷金属塑性和韧性较好的碱性药皮不锈钢焊条焊接。

5.2.11 完成过渡层焊接后，使用与基层钢管性能相近的焊条，并采用线能量较小的焊接工艺参数进行填充焊道的焊接。

5.2.12 在第一层填充焊道完成后，从管内壁至此焊道表面，焊缝厚度至少已有 6mm 以上，下一层的焊接热量对根焊焊缝以及热影响区的主要合金元素影响已经很小，为节约施工成本，此时即可关闭保护气体，并撤除气体保护装置。

5.2.13 以后填充焊道和盖面层的焊接，按基层金属所要求的焊接材料和操作技术进行，这里不再叙述。

6. 材料与设备

本工法在施工过程中，使用到的材料、设备和仪器主要有：双金属复合管；用于焊接覆层金属、过渡金属、基层金属相匹配的各种焊接材料；手工钨极氩弧焊和焊条电弧焊的电焊机，如 WS-400 型电焊机；测量精度达到 10ppm 以下的氧测量仪，如型号为 DFY-VC 的氧测量仪；红外测温仪，如型号为 T1213EL 的红外测温仪；气体纯度达到 99.99％以上的氩气和氩气流量减压器，如型号为 195A-25L 氩气流量减压器；保护气体引入装置。

7. 质 量 控 制

7.1 施工前，进行焊接工艺评定使用到的检验标准及规范有：(1)《钢质管道内腐蚀控制标准》SY/T 0078—1993；(2)《金属材料实验室均匀腐蚀全浸试验方法》JB/T 7901—1999；(3)《不锈钢硫酸-硫酸铜腐蚀试验方法》GB/T 4334.5—2000；(4)《石油天然气金属管道焊接工艺评定》SY/T 0452—2002。

7.2 本工法使用到的施工质量控制和检验标准及规范有：(1)《工业金属管道工程施工及验收规范》GB 50235—1997；(2)《输油输气管道线路工程施工及验收规范》SY 0401—1998 与《油气长输管道工程施工及验收规范》GB 50369—2006；(3)《石油天然气钢制管道无损检测》SY/T 4109—2005。

7.3 封焊作为固定覆层突起端和起到过渡层的作用，由于封焊时无法进行充氩气保护，所以应采用细焊丝，小线能量的焊接参数进行焊接。

7.4 接头坡口两侧 20mm 内的管道内、外表面不允许有水、铁锈、油污等杂质。焊前应使用砂轮机清除，覆层金属使用丙酮溶液清除。

7.5 钢管组对时，覆层金属的错边量须小于等于覆层金属厚度的 10％。这是为了减少焊接后在管道内表面形成的环形凸起，通常环形凸起容易对流体物质形成阻力，凸起前端容易形成湍流并被流体物质冲刷，加剧腐蚀速率。

7.6 焊接过程应及时观察焊缝背面颜色和成型情况，若未满足焊接工艺规程要求，说明根部保护效果不佳，应检查保护腔内的密封效果是否良好，氧含量是否满足规程要求。

7.7 焊接过程应注意环境风速的变化，若风速大于要求范围，须采取防风防沙措施。

7.8 焊接过程严格控制层间（道间）温度。因为层间温度较高易增强碳原子的活性，促使碳原子迁移，和铬原子形成没有抗腐蚀性能的 $Cr_{23}C_6$ 化合物，并造成铬原子局部偏析，降低焊缝的整体抗腐蚀能力。

8. 安 全 措 施

施工过程中，采取的安全措施有：

8.1 认真执行国家有关健康、安全、环境的法律、法规和企业的 HSE 规章制度。

8.2 对参与施工的人员进行 HSE 培训教育，保证施工作业的正常进行。

8.3 焊接人员必须穿戴好防护服，防止热金属飞溅；戴好护目镜，避免电弧灼伤眼睛。

8.4 劳动保护用品、保护装置和设施，必须保证齐全、完好、灵敏、有效。

8.5 必须保障电气设备无漏电、短路等故障发生；高压气瓶、压力表、流量减压器必须保证安全、可靠、灵敏、有效。

8.6 危险地带须设立隔离带或安全警戒线，以及警示标志。

8.7 施工过程注意安全，严禁机械伤亡。

9. 环 保 措 施

施工过程采取的环保措施有：

9.1 施工过程严禁随处丢弃垃圾，并设立垃圾回收装置。

9.2 射线探伤须设立警示标志，以及安全隔离带。

10. 效 益 分 析

如果在油气田开发时大量的使用全不锈钢管材作为抵抗腐蚀和提供强度的载体，这将大大地增加工程投资成本。双金属复合管通常覆层（不锈钢层）金属厚度在 1～3mm 之间，基层（碳钢或低合金钢）金属厚度视承受压力强度而定，通常在 6mm 以上。双金属复合管覆层负责抵抗腐蚀介质的腐蚀，基层承担需要的强度。在满足防腐和强度的情况下，双金属复合管在成本上只相当于全不锈钢的三分之一。这种双金属复合管比 20G、16Mn 等金属作为原料油气的输送载体时，降低发生安全事故的几率，消除了安全隐患，获得良好的社会效益。

11. 应 用 实 例

本工法 2005 年 7 月 12 日～2005 年 8 月 15 日在新疆塔里木油田牙哈集中处理站改造工程上应用，近 6km 的 316L＋20G 双金属复合管工程安装用量。自工程投入使用一年多以来，未发生过任何由于焊接安装质量而引发的安全事故。

加热炉炉管焊缝无损检测工法

YJGF321—2006

中建八局工业设备安装有限责任公司

胡斌定　梁刚　王开红　刘金平

1. 前　言

　　石化企业化工装置中，加热炉由于工况环境极差，外部受火焰直接加热，内部还要承受易燃危险物的压力影响，因此炉管焊接缺陷的无损检测是为保证加热炉质量安全的重要保障。特别是当炉管的材质为高强耐热钢，且有集合管的插入式或管座式焊接的角焊缝时，由于严格的焊接工艺要求和恶劣的焊工操作环境，经常造成炉管焊缝存在延迟裂纹等危害性焊接缺陷。另外由于焊缝结构的特殊性，需要检测的角焊缝是大厚度差焊缝，使检测时厚薄难兼，而且表面缺陷和内部缺陷的检出不可能同时完成，还有狭窄的空间与标准灵敏度要求的矛盾等，所以为了对焊接缺陷进行精确的无损检测，必须采用多种无损检测方法结合使用的检测技术。为此，我们研究提出了传统 X 射线源与最新研究应用的硒 75（Se^{75}）源相结合进行射线检测，同时灵活应用磁粉检测和渗透检测对加热炉炉管焊缝进行无损检测的标准化施工技术，确保炉管焊接缺陷的检出率。

2. 工法特点

　　加热炉炉膛设计多样，结构复杂，其炉管排列的主要形式如图2所示，从图2中可看出：加热炉内炉管由于工艺需要，其排列比较紧凑，炉管间距 d 较小。焊口无损检测时，周围可操作空间很小。X 射线检测设备体积庞大，现场检测难度大，不能保证每个焊口的检测比例达到 100%，对集合管—炉管角焊缝的检测时，由于 X 射线机在集合管内部的对焦难度相当大，很难解决照相时透照厚度差的问题，容易造成缺陷漏检，因此 X 射线机只能用于部分预制的炉管焊口的射线检测。

　　由于大多数加热炉处于高温低压工况下，因此壁厚不大，一般在 6~25mm 之间，显然使用铱 192 不能满足灵敏度要求，因此本工法选用 X 射线与硒 75（Se^{75}）源结合使用的检测技术，既能克服透照位置障碍的难题又能达到标准灵敏度要求。

　　另外由于射线检测对表面较小裂纹的检出率较低，故本工法灵活增加渗透检测和磁粉检测，以确保对焊接缺陷的检出率。

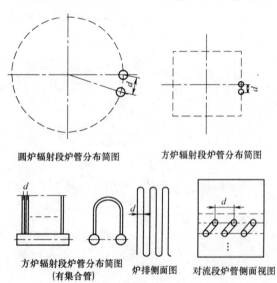

圆炉辐射段炉管分布简图　　方炉辐射段炉管分布简图

方炉辐射段炉管分布简图
（有集合管）　　炉排侧面图　　对流段炉管侧面视图

图 2　加热炉炉管排列的主要形式

3. 适用范围

　　本工法适用于化工装置中加热炉炉管对接焊缝、集合管内径大于 600mm 的炉管—集合管角焊缝的射线检测、磁粉检测和渗透检测（含辐射段、对流段及连接配管焊口）。

4. 工艺原理

射线检测的原理是利用射线能穿透物质并在物质中被衰减吸收，物质中有缺陷时，缺陷部位对射线衰减不一样，测量其变化，就可以探测物体内有无缺陷存在，由于胶片对射线具有感光作用，利用胶片这一特性就可以记录缺陷的变化。

X 射线和硒 75（Se^{75}）源 γ 射线都是电磁波，本质没有区别，只是能量不同而已。

目前，国内工业 X 射线的能量为 $0.1\sim0.35\text{MeV}$，且能量可调，而硒 75（Se^{75}）具有 9 根主要能谱线，能量为 0.265 MeV 时的光子数最多，且能量不可调。由于硒 75（Se^{75}）源和 X 射线的能量比较接近，因此，当透照厚度为 $10\sim40\text{mm}$ 时，硒 75（Se^{75}）源 γ 射线照相质量不低于 X 射线。

磁粉检测是通过磁化炉管焊缝区，当存在表面或近表面缺陷时将产生漏磁场，漏磁场吸附磁粉，形成与缺陷形貌、方向一致且放大的磁痕显示；渗透检测是通过表面开口缺陷和显像剂的毛细现象，可发现表面开口性缺陷。

选择优化的磁粉检测和渗透检测工艺，可有效检测炉管对接焊缝外表面、炉管—集合管角焊缝内外表面的缺陷即近表面缺陷。

5. 施工工艺流程及操作要点

5.1 施工工艺流程

5.1.1 加热炉炉管焊缝无损检测工艺流程见图 5.1.1。

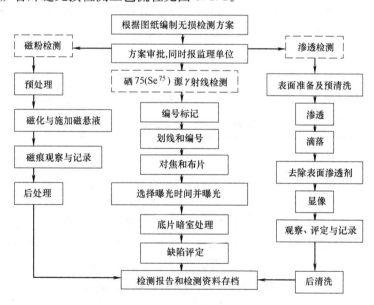

图 5.1.1 加热炉炉管焊缝无损检测工艺流程

5.1.2 由于高合金炉管焊接容易产生延迟裂纹，一般焊后要立即进行热处理，因此射线检测要安排在热处理后进行，磁粉检测与渗透检测又要安排在射线检测之后进行。炉管对接焊缝适合采用磁粉检测，集合管内外表面的检测适合采用渗透检测。

5.2 硒 75（Se^{75}）源 γ 射线检测操作要点

本工法中，X 射线机只能用于部分预制的炉管焊口的射线检测，方法成熟，在此不再详述。

5.2.1 γ 射线曝光操作要点

1. 计算曝光时间。

2. 固定曝光头，将曝光焦点调节到工艺要求的部位。

3. 将输源机构、送源刚性软轴、送源导管、输源导管与 γ 射线探伤机连接可靠，并保持顺畅，不得有死角，如图 5.2.1 所示。

4. 打开 γ 射线探伤机上的安全锁，选择"工作"状态。

5. 摇动送源机构手柄，通过刚性软轴将 γ 源送到曝光焦点位置。

6. 曝光时间到后，立即将硒 75 源回收到 γ 射线探伤机内，关闭安全锁。

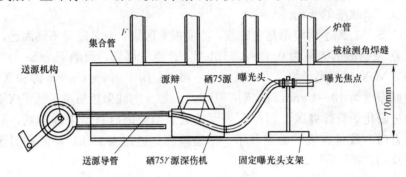

图 5.2.1　集合管角焊缝探伤硒 75 源到达透照部位示意图

5.2.2　像质计及放置位置

所用像质计的材质必须与被检工件的材质相同或相近。外径大于 100mm 的环向焊缝，采用 JB/T 4730.2—2005 中规定的通用线性像质计。外径小于或等于 100mm 的小径管焊缝，除了选用通用线性像质计外，也可选用 JB/T 4730.2—2005 附录 F 规定的专用像质计。

像质计可放置在胶片一侧的工件表面上，应附加"F"标记，以示区别，像质计灵敏度值的选择要符合 JB/T 4730.2—2005 的规定。双壁双影透照时，如选用专用像质计，金属丝垂直横跨焊缝表面正中；如选用通用线性像质计，则将显示的线编号对准定位中心标记处。

5.2.3　射线检测方法及条件

1. 外径大于 100mm 的炉管对接环缝，采用双壁单影法透照，每道焊口的最少拍片数量 N 及相应的一次透照长度按表 5.2.3 执行，管径大于 406mm 的管口焊缝，拍片数量根据胶片尺寸决定。

透照张数和一次透照长度　　　　　　　　　　　　　　　　表 5.2.3

管外径(mm)	108	114	133	159	168	219
透照张数	6	6	6	6	6	6
一次透照长度(mm)	49	52	70	84	88	115

2. 外径小于或等于 100mm 的炉管对接环缝，采用双壁双影透照法，透照焦距一般为 600～800mm。射线束的方向应能满足上、下焊缝的影像在底片上呈椭圆显示，每道管口的透照次数应不少于 2 次，即至少应在互相垂直的两个方向透照一次。椭圆显示射线偏离如图 5.2.3-1，射线源焦点偏离焊缝边缘的距离 S 由式 (5.2.3) 给出：

$$S=(b+g)L_1/L_2 \tag{5.2.3}$$

式中　b——焊缝宽度；

　　　g——焊缝影像椭圆开口间距；

　　　L_1——焦点至管口上表面的距离；

　　　L_2——管口上表面至胶片的距离。

3. 炉管—集合管角焊缝的射线检测最为复杂，它分插入式和管座式两种角焊缝，当集合管内径大于 600mm 时，此工法优先采用单壁单影透照技术。

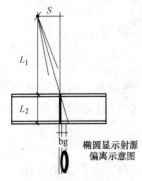

图 5.2.3-1　椭圆显示射线偏离示意图

注意：焊缝影像椭圆开口间距应大于焊缝宽度

4. 插入式角焊缝采用硒 75（Se^{75}）源内置式单壁单影周向透照技术，如图 5.2.3-2。

设集合管壁厚为 T，炉管外经为 D，则半径 $r=D/2$，炉管壁厚为 t，硒 75（Se^{75}）源焦点直径为 d，为了获得较佳的照相质量，主射线束要避开炉管内表面与集合管内表面的交点 B 直接到达角焊缝外表面炉管侧熔合线 A 上，则焦距最小值可由公式 $f_1 \geqslant (r/t-1)T$ 求得。同时，焦距要满足几何不清晰度要求，AB 级检测技术要求时 $f_2 \geqslant 10dT^{2/3}$，在实际检测时，焦距选择 f_1 和 f_2 中较大值即可。

将硒 75（Se^{75}）源放置在炉管中心轴线上，可实现一次曝光。胶片不宜过长，否则影响布片效果。

插入式角焊缝也可以采用硒 75（Se^{75}）源外置式单壁单影透照技术，该方法与我们过去所采用的 X 射线检测方法一致，但该方法一次透照长度有限，胶片两头的透照厚度变化较快，照相质量不高，检测效率太低，本工法不适用。

5. 管座式角焊缝采用硒 75（Se^{75}）源内置式单壁单影周向透照技术，该方法的焦距 f 为炉管外半径，焦点 F 在焊缝平面内，一次完成曝光（图 5.2.3-3）。

管座式角焊缝也可以采用硒 75（Se^{75}）源外置式单壁单影透照技术，该方法与我们过去所采用的 X 射线检测方法一致，但该方法一次透照长度有限，炉管内部散射线很大，严重影响底片清晰度，因此照相时内表面散射线的屏蔽措施十分严格，检测效率极低，本工法不适用。

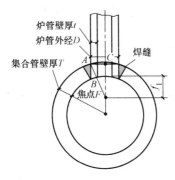

图 5.2.3-2　插入式角焊缝

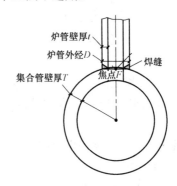

图 5.2.3-3　管座式角焊缝

5.2.4　曝光参数

硒 75（Se^{75}）源 γ 射线检测透照时，使用 γ 射线检测透照计算尺确定曝光时间，也可使用胶片厂提供的硒 75（Se^{75}）源曝光量与厚度关系曲线进行选择。

5.2.5　探伤操作

1. 暗室装片：根据所用胶片规格在暗室切片，装入暗袋，操作前要检查暗室、安全灯、片袋是否安全可靠，应保持暗袋及增感屏清洁，不得用手触及胶片及增感屏的铅箔部位。

2. 划线：根据每次透照的有效（底片）长度，在工件上画出透照中心线及搭接标记位置线。

3. 布片：工件上应放置下列标记：

1）定位标记：中心标记、搭接标记，也可以使用探伤部位编号兼作搭接标记。

2）识别标记：工件编号、焊缝编号、部位编号、焊工代号、透照日期，返修片还应有返修标记："R_1，R_2……"（1、2……代表返修次数）；扩探片应有扩探标记"K"。

上述标记应放置在工件的适当位置，距离焊缝边缘的距离不小于 5mm，搭接标记中心透照时，放置于胶片侧。

4. 底片固定：用磁铁或胶带将暗袋固定在透照部位。

5. 对焦：根据确定的几何条件，将硒 75（Se^{75}）源 γ 射线探伤机的曝光头固定在焦点位置，检测输源管是否完好，检测探伤机各连接部位的可靠性。

6. 散射线的屏蔽：为防止散射线的影响，应用厚度不小于 2mm 的铅板屏蔽背散射；为检查背散射防护是否合格，应在暗袋背面贴附一个"B"字标记。当底片上较黑背景上出现"B"字较淡影像时，说明背散射防护不够，应予重新透照。

7. 曝光：根据现场空间和确定的曝光参数及选择的曝光源和探伤设备的操作规程进行曝光操作，曝光时应注意操作人员和其他人员的安全防护。

8. 探伤标记：探伤部位应打印永久性探伤标记，其内容包括：定位标记、焊缝编号、部位编号。不适宜打钢印的工件，可用油漆、记号笔等进行标注。并在检测部位图上标注探伤位置。

9. 暗室处理：显影—停显—定影—水洗—干燥。

10. 底片评定：底片应由具有 RTⅡ级资格的人员评定，另由其他Ⅱ级或Ⅲ级资格人员进行复评。初评和复评人员均应在评片记录上签字。

5.3 磁粉检测操作要点

本工法中，磁粉检测只检测炉管对接焊缝，优先采用连续法、非荧光磁粉、磁轭法，操作要点如下：

5.3.1 预处理

打磨焊缝及热影响区的表面飞溅物，适当修理表面不规则形状，但焊缝高度不得低于母材，为了提高对比度，焊缝及热影响区表面需涂敷一层薄而均匀的白色反差增强剂，干燥后进行下一步工序。

5.3.2 磁化及施加磁悬液

先用磁悬液润湿焊缝表面，在通电磁化的同时浇磁悬液，停止浇磁悬液后再通电数次，通电时间为 1～3s，停止施加磁悬液至少 1s 后，待磁痕形成并滞留下来后方可停止通电，再进行磁痕观察和记录。

5.3.3 观察和记录

观察应在磁痕形成后立即进行，磁痕的评定应在可见光下进行，焊缝表面可见光照度不小于 1000lx。

缺陷磁痕的显示记录采用照相方法，同时应用草图标示。

5.3.4 后处理

用溶剂清除表面反差剂即可。

5.4 渗透检测操作要点

集合管角焊缝外表面不太平整，内表面溶剂清洗时空气污染太重，对操作者的健康不利，且延迟裂纹比较大，因此，本工法适合采用水洗型着色检测方法。

5.4.1 表面准备

用砂轮机打磨焊缝表面至露出金属光泽，注意熔合线与热影响区的打磨，要圆滑过渡。

5.4.2 预清洗

外表面可以用喷灌清洗剂直接清洗，内表面只能用干净不脱毛的抹布醮上溶剂进行清洗（控制大量挥发对人的影响），去除表面油污。

5.4.3 渗透

在焊缝内外表面刷涂水洗型着色渗透剂（内表面不得喷涂），保证焊缝及热影响区完全被渗透剂覆盖，并在整个渗透时间内保持润湿状态，渗透温度为 10～50℃，渗透时间不少于 10min。

5.4.4 去除

外表面可用喷壶装水直接清洗，喷壶压力不大，但要考虑喷水方向与检测面的夹角以 30°为宜，水温为 10～40℃，内表面只能用干净不脱毛的抹布醮上水依次擦洗。

5.4.5 干燥

自然干燥，有条件时可采用热风干燥，但干燥温度不得大于 50℃，干燥时间为 5～10min。

5.4.6 显像

采用溶剂悬浮式显像剂，外表面直接将显像剂喷涂到焊缝表面，内表面要将显像剂刷涂到焊缝表面，显像剂在使用前要充分搅拌均匀，显像剂施加要薄而均匀，不可在同一地点反复多次施加。显像时间不少于 7min。

5.4.7 观察与评定

观察应在显像后 7~60min 内进行，焊缝外表面白光照度不得小于 1000lx，内表面由于条件所限，但白光照度不得小于 500lx，辨认细小缺陷可用 5~10 倍放大镜进行观察。

5.4.8 记录

缺陷的显示记录采用照相方法，同时应用草图进行标示。

6. 材料与设备

6.1 材料

6.1.1 胶片

应使用锅炉压力容器安全监察机关监制认可的胶片，如天津Ⅲ型、利维那胶片，或性能符合要求的其他胶片。

6.1.2 增感屏

增感屏的选用应符合表 6.1.2 的要求。

增感屏的选用

表 6.1.2

射线种类	增感屏材料	前屏厚度	后屏厚度
Se^{75}	铅箔	0.1~0.2mm	0.1~0.2 mm

6.1.3 磁粉：选用非荧光黑色磁膏。

6.1.4 渗透剂：选用水洗型着色渗透剂。

6.1.5 显像剂：选用溶剂悬浮式显像剂。

6.2 设备

6.2.1 探伤仪器：便携式 X 射线机、Se^{75}源 r 探伤机、磁粉探伤机。

6.2.2 观片灯：观片灯的亮度应不小于 $100000cd/m^2$，且观察的漫射光亮度应可调。底片评定范围内的黑度 $D \leq 2.5$ 时透过底片亮度不小于 $30cd/m^2$，当 $D>2.5$ 时，透过底片亮度不小于 $10cd/m^2$。

6.2.3 密度计和标准密度计：采用数字式黑白密度计，密度计读数误差不大于 0.05；并且至少每 6 个月校验一次，使用经国家标准计量局鉴定合格的标准密度片，标准密度片的鉴定周期为 2 年。

7. 质量控制

7.1 探伤方法与探伤时机

无损检测方法的选择应根据图纸或检测委托单的要求进行，并符合有关标准、规范和施工技术文件的要求。

热处理以后进行无损检测操作。

7.2 人员控制

无损检测人员应按《特种设备无损检测人员考核与监督管理规则》考核合格，并取得相应检测方法和技术等级的检测人员担任。Ⅰ级人员应在Ⅱ级或Ⅲ级人员的指导下进行相应检测方法的探伤操作和记录。Ⅱ级或Ⅲ级人员有权对检测结果进行评定，并经技术负责人授权后签发检测报告。探伤人员的视力应每年检查一次，校正视力不小于 1.0。从事表面探伤的人员不得有色盲，评片人员还应能判别出距离为 400mm 处的高为 0.5mm，间距为 0.5mm 的一组印刷字母。

7.3 焊缝表面质量

射线探伤时，焊缝及热影响区内应清除飞溅、焊疤、焊渣，焊缝表面的不规则状态不应影响焊缝质量的评定，否则应进行修整。

表面检测时，焊缝表面的焊纹应打磨圆滑，热影响区和熔合线处必须打磨见金属光泽。

被检工件的表面质量应由委托单位的质量检查人员检验合格并在检测委托单上签字认可。探伤人员操作前应对工件的表面质量进行核查，当表面质量不符合探伤要求时，应在委托单上注明原因，退回委托单位进行表面修整，直至符合探伤要求。

7.4 底片质量：射线检测质量等级为 AB 级。小径管底片的黑度可以为 1.5～4.0，大口径底片的黑度为 2.0～4.0。像质计摆放要正确，显示的像质计最小线径应符合探伤验收标准的规定。标记齐全且不覆盖焊缝，在有效评定区范围内不得有影响底片评定的划伤、水迹、脱膜、污斑等，否则应重新拍片。

7.5 射线检测执行《承压设备无损检测》JB/T 4730—2005 或《金属熔化焊焊接接头的线照相》GB/T 3323—2005；表面检测执行《承压设备无损检测》JB/T 4730—2005。

8. 安 全 措 施

8.1 进入施工现场的检测人员必须经过安全教育，并遵守建设单位有关安全管理规定。

8.2 进入施工现场必须正确佩戴安全帽，高空作业应系好安全带，并应检查脚手架及跳板是否牢固，防止高空坠落事故。

8.3 进入炉膛内部作业时必须使用安全电压照明，配备通风设备，保证良好通风，内表面渗透检测时采用刷涂的方法以减少挥发量，同时要戴防毒面具，并有专人监护。

8.4 甲方必须承诺：给乙方提供检测工作时间、地点以及控制区域具体的范围。

8.5 在工作之前控制区域应设置足够的路障或警戒绳索，同时在这些设置标有警告标志，严禁未经允许的人员进入。

8.6 根据工作需求并通过安全检测，来确定管理区安全距离。

8.7 在开始工作之前和在工作过程中，检查并保证控制区域内无任何人员。

8.8 只有持证许可的工作人员才能操作射线装置。

8.9 在射线工作时，必须配备射线报警器或辐射计量的仪器进行检测。

8.10 检测工作可由安全监督员和操作人员共同进行。

8.11 辐射量检测仪，必须按规定进行周期校准，并将出据报告存档。

9. 环 保 措 施

9.1 射线探伤时，应划定安全警戒区并设置醒目的警示标志，夜间应设置红灯作为警戒标志。检测时通知透照现场的无关人员撤离现场，γ 射线检测探伤时应设专人在警戒线外巡视，防止无关人员进入透照现场。探伤人员应按规定配备个人剂量仪，以检测个人的累计吸收剂量，并利用现场条件做好个人安全卫生工作。

9.2 在检测工作中，控制区和管理区域的边缘地带的辐射量必须检测记录。

9.3 暗室中的废显影液和废定影液必须指定有回收资质的单位进行回收，并做好回收记录。

9.4 渗透检测现场要及时清理，固体废弃物要放入现场指定的回收桶内。

10. 效 益 分 析

10.1 经济效益：2002～2003 年江苏金桐 7.2 万 t/年表面活性剂工程 F—101、F—301、F—501 等加热炉炉管对接焊缝无损检测，我单位采用该工法直接创造经济效益 18 万元。

2004 年东营海科常压炉、减压炉炉管对接焊缝无损检测，我单位采用该工法直接创造经济效益 10

万元。

10.2 社会效益：采用此工法对加热炉进行检测，可以确保对炉管对接焊缝和支管连续角焊缝进行 100％射线检测和 100％着色检测。避免因漏检给加热炉的正常运行带来隐患，确保国家财产和人民生命健康不受到侵害。

11. 应 用 实 例

11.1 2002～2003 年江苏金桐 7.2 万 t/年表面活性剂工程 F—101、F—301、F—501 等加热炉采用此工法对炉管对接焊缝进行射线检测和着色检测。

11.2 2004 年东营海科常压炉、减压炉采用此工法对炉管对接焊缝进行射线检测和着色检测。

11.3 南京烷基苯 F—501 炉采用此工法对炉管对接焊缝进行射线检测和着色检测。

大型球罐半自动 CO_2 气体保护焊焊接工法

YJGF322—2006

中国化学工程第十一建设公司

杜敏　汤志强　王志刚　张建华　翟东清

1. 前　　言

半自动 CO_2 气体保护焊是熔化极气体保护焊的一种，是由送丝机自动送丝，焊工手持焊枪横向摆动和向前运动进行焊接，它与手工焊条电弧焊相比其优点是：生产效率高，劳动强度低，焊接质量高，焊接施工成本低，且明弧操作易于观察，焊接技术易于掌握。半自动 CO_2 气体保护焊与自动 CO_2 气体保护焊相比其优点是：设备投入成本低，可以焊接任何位置的焊缝（自动 CO_2 气体保护焊设备投入成本高，且焊接位置限制，以球罐焊接为例不能焊接仰位焊缝、柱腿夹角处焊缝以及温带与极板的环缝）。

CO_2 气体保护焊广泛的应用于汽车、机车、造船、机械、石油化工等行业，尤其对薄壁结构、大型钢结构、管道预制安装及梯子平台等的焊接具有极大的优势，目前我国正在压力容器的焊接中推广应用，但在大型球罐焊接中应用很少，其主要原因是，焊接防风困难焊缝易产生气孔；焊缝焊接时送丝机的移动频繁，焊工劳动强度大；同时焊接时飞溅大；仰焊位置易堵塞焊枪喷嘴等。中国化学工程第十一建设公司有效地解决了以上难题，并广泛地应用通过在新疆塔河稠油液化石油气工程、新疆库车液化石油气工程、铜陵铜化集团磷铵技改工程中5台球罐的现场焊接，证明采用半自动 CO_2 气体保护焊，焊接速度快，焊接质量好，焊接成本低，同时大大缩短了施工工期，取得了明显的经济效益。于 2005 年 3 月通过化工施工技术协会的鉴定，获得中国化学工程第十一化建公司科技进步一等奖，并开发形成了 4000m³ 液氨球罐半自动 CO_2 保护焊焊接工法，该工法荣获 2005～2006 年度全国化工施工工法，为今后球罐施工中采用半自动 CO_2 气体保护焊提供了可靠借鉴。

2. 工 法 特 点

本工法是采用半自动 CO_2 气体保护焊焊接大型球罐焊接施工工艺，其特点是：

2.1 严密防护棚技术克服了半自动 CO_2 气体保护焊焊接大型球罐，防风难的问题。

2.2 合理的组织焊工，制定了较佳的焊接工艺参数。

2.3 合理布置焊接纵焊缝位置及焊接顺序大大地降低送丝机和焊工的移动频率，提高了作业效率。设置了环向吊架，使环焊缝焊接时送丝机的移动便利轻松。

2.4 科学的配备焊接机具装备，经过实验比对，选用了新型半自动 CO_2 气体保护焊机，有效地降低了焊接时飞溅产生，减少了仰焊位置易堵塞焊枪喷嘴的问题。

2.5 成功地解决了球罐"Y"形焊缝的焊接难点。

3. 适 用 范 围

本工法适用 1000～10000m³ 球罐现场焊接半自动 CO_2 气体保护焊，材质不同时，施工时只需按工艺评定选用与母材相匹配的焊材及预热、热处理工艺即可。同时对其他压力容器、设备采用半自动 CO_2 气体保护焊焊接也具有参考价值。

4. 工 艺 原 理

4.1 工程简介

铜陵铜化集团磷铵厂技改项目有 1 台 4000m³ 液氨球罐，结构形式为混合式 5 带球，材质 16MnR，直径 19700mm，壁厚 22mm/24mm/26 mm，重 290810kg，球壳板分 74 块到现场。主要技术参数见表 4.1。

球罐主要技术参数表 表 4.1

名　称	技术参数	名　称	技术参数
公称容量	4000m³	焊缝系数	1
直径	19700mm	射线探伤	100％
主体材质	16MnR	表面检测	100％
设计压力	0.55MPa	容器类别	Ⅲ类
设计温度	10℃	水压试验	0.69MPa
介质	液氨、气氨	气密性试验	0.58MPa
腐蚀裕度	3	坡口形式	X
壁厚	22mm/24mm/26mm		
单台重量	290810kg	支柱形式/数量	$\phi820\times12\times12$ 根

结构形式	混合式				
	赤道带	上温带	下温带	上极板	下极板
形状	桔瓣($\delta=24$)	桔瓣($\delta=22$)	桔瓣($\delta=26$)	桔瓣($\delta=22$)	桔瓣($\delta=26$)
数量	24 块	18 块	18 块	7 块	7 块
焊缝总长	660m				

4.2 工艺原理

半自动 CO_2 气体保护焊焊接是利用焊接电弧产生的热量熔化焊丝和母材，焊丝端部的熔滴以短路的形式向熔池过渡，同时用 CO_2 气体保护熔化金属不受空气的侵入，从而形成合格的焊接接头。

本工法依据球罐图纸设计和以下规范标准：

• 《钢制球形储罐》GB 12337
• 《球形储罐施工及验收规范》GB 50094
• 《钢制压力容器》GB 150
• 1999 年版《压力容器安全技术监察规程》
• 《钢制压力容器焊接工艺评定》JB 4708—2000
• 《压力容器无损检测》JB 4730

首先进行了 16MnR 半自动 CO_2 气体保护焊焊接评定，根据合格的焊接评定报告和相关规范标准，编制了焊接施工工艺，优化组织人员机具，合理的安排焊接顺序，提前、优质地完成了液氨球罐焊接工程。

5. 施工工艺流程及操作要点

5.1 球罐焊接工艺流程图（不包括组对）

球罐焊接工艺流程见图 5.1。

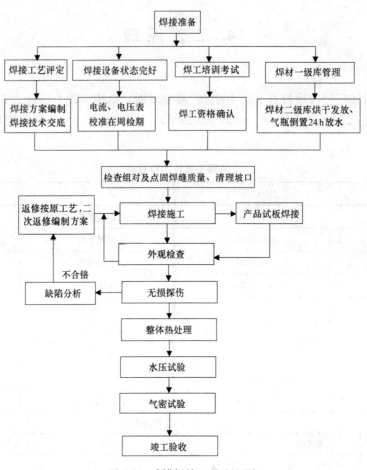

图 5.1 球罐焊接工艺流程图

5.2 焊前准备

5.2.1 选择低飞溅型焊机：经过考察我们筛选了 5 个厂家半自动 CO_2 气体保护焊机进行了焊接实验，通过焊接飞溅率比对，我们选择了飞溅最少的某高校研制生产的自动 CO_2 气体保护焊机。

5.2.2 根据《钢制压力容器焊接工艺评定》JB 4708—2000，对球罐材质 16MnR 半自动 CO_2 气体保护焊进行了焊接评定，评定位置 2G、3G。

1. 球罐 16MnR 钢板化学成分及机械性能见表 5.2.2-1：

16MnR 钢板化学成分及机械性能表　　　　　　　　　　表 5.2.2-1

化学成分（%）					机 械 性 能			
C	Mn	Si	S	P	σ_s	σ_b	δ%	α_k（℃20）
≤0.20	1.2～1.6	0.20～0.60	≤0.035	≤0.035	325	490～630	20	＞27

2. 焊材：球罐本体焊缝使用台湾广泰生产的 KFX-712C，KFX-712C 是以纯 CO_2 作为保护气的焊丝，化学成分及机械性能见表 5.2.2-2：

焊材化学成分及机械性能表　　　　　　　　　　表 5.2.2-2

型号	熔敷金属化学成分（%）					机 械 性 能			
	C	Mn	Si	S	P	σ_s/MPa	σ_b/MPa	δ/%	α_k-20℃J
KFX-712C	0.05	1.52	0.48	0.016	0.013	525	597	28	106

3. 焊材应按批号进行扩散氢复验，试验方法按熔敷金属中扩散氢测定方法 GB/T 3965—1995 进行，扩散氢含量应小于 6mL/100g。

5.2.3 焊工的培训与考试

1. 从事球罐焊接的焊工，应经相应位置及材料的操作技能的培训，按《锅炉压力容器压力管道焊工考试与管理规则》考试合格，并取得质量监督部门颁发的有效的合格证书方可上岗施焊。

2. 采用手电弧焊焊接球罐，一般情况下焊工没有 3 年以上工龄，很难胜任焊接工作。采用半自动 CO_2 气体保护焊，我们组织了 1 年多工龄的焊工，培训 1 个月便掌握了半自动 CO_2 气体保护焊的操作技术，并取得板状试件横位、立位、仰位项目的合格证。

5.2.4 焊接环境（当施焊环境出现下列情况之一时，必须采取有效措施，方可进行焊接施工）

1. 雪环境；

2. 相对湿度在 90％以上；

3. 风速：手弧焊时大于 8m/s，气体保护焊时大于 2m/s；

4. 焊接环境温度在－5℃及以下；

5. 焊接环境的温度和相对湿度应在距球罐 0.5～1m 处测量；

6. 球罐焊接时应搭设严密形防风棚。

以前球罐焊接搭设防风棚为了防风均采用薄钢板，这样薄钢板接缝处贴合不严，到处漏风，采用焊条电弧焊还可以，而半自动 CO_2 气体保护焊的对风特别敏感所以不能使用。

严密形防风棚搭设的方法：

1）防风棚采用阻燃布搭设，阻燃布每块尺寸应与脚手架的搭设相符，球罐脚手架的搭设应按标准进行，立杆间隔 2m，上下环杆间隔 1.7m，横杆外部尽量与立杆平齐，严禁横杆伸出破坏棚布。同时球罐脚手架应距球壳板 0.2m。

2）为了使篷布能在所有架杆上捆绑；大块加工成 8.5m×6m，四周边沿每隔 0.4m 加工上捆绑用的带子，横向再加工 4 行，每行间隔 1.7m，每个带子隔 0.4m。纵向加工上捆绑用的带子 2 行，每行间隔 2m，每个带子隔 0.4m，另外每块布距边缘 0.1m 处加工上铁旋扣，小块 8.5m×0.3m 和 6m×0.3m，用于搭接在两块大篷布的接缝上，四周距边缘 0.05m 处加工上铁旋扣鼻。

3）每块篷布搭设应将所有捆绑用的带子牢固捆绑在架杆上，以防刮风将篷布鼓起影响焊接。同时在大篷布的接缝处将小块篷布覆盖上，并将铁旋扣扣牢，以防接缝处进风。

5.2.5 球罐组对点固焊

1. 球壳板坡口及组对间隙、错边量和棱角度应符合设计图和有关标准规范的规定（图 5.2.5），具体要求如下：组对间隙为：4～0mm；钝边 1～2mm；错边量≤3mm；棱角度≤7mm。球罐组对点固焊完成后，应对所有焊缝每 500mm 测量一处，并进行记录。

2. 点固焊：

1）球罐点固焊（包括定位块夹具焊接）时由于焊缝比较分散，半自动 CO_2 气体保护焊操作时送丝机构需频繁移动，十分不便，因此点固焊（包括定位块夹具焊接）采用手工电弧焊，焊条采用 E 5017 ϕ3.2mm，并由合格的焊工，按正式焊接工艺规程进行；

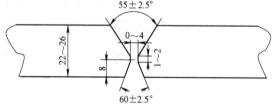

图 5.2.5 球壳板坡口形式

2）点固焊应在小坡口侧（后焊侧）进行，点焊时应焊接两层，并注意尽量不破坏球壳坡口钝边，且引弧、熄弧均应在坡口内进行，收弧时弧坑要填满，严禁划伤球壳表面，在正式焊接清根时将点焊层完全刨削去除；

3）点焊缝尺寸见表 5.2.5。

点焊缝尺寸一览表 表 5.2.5

点固焊缝长度(mm)	点固焊缝厚度(mm)	点固焊层数	点固焊间隔长度(mm)
80～100	6～7	2	300

5.3 焊接工艺

5.3.1 焊接层次

1. 纵焊缝、平加仰焊缝：厚度22mm焊缝，内外各3层，厚度24～26mm焊缝，大坡口侧4层，小坡口侧3层。如图5.3.1-1。

2. 环焊缝：厚度22mm焊缝，内3层（焊6道），外3层（焊6道），厚度24～26mm焊缝，大坡口侧4层（焊10道），小坡口侧3层（焊6道）。如图5.3.1-2。

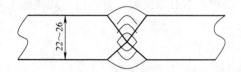
图5.3.1-1　纵焊缝、平加仰焊缝示意图

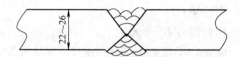
图5.3.1-2　环焊缝焊缝示意图

5.3.2 焊接工艺参数（表5.3.2）

球罐本体焊缝焊接工艺参数　　　　　　　　　　　表5.3.2

焊接位置／焊接条件	焊材型号及规格	电流（A）	电压（V）	焊接速度（cm/min）	气体流量（L/min）	CO_2气体纯度
平焊	KF×712C,ϕ1.2	170～260	22～27	15～35	10～15	＞99.96%
立焊	KF×712C,ϕ1.2	160～230	22～27	12～30	10～15	＞99.96%
横焊	KF×712C,ϕ1.2	180～260	22～27	15～45	10～15	＞99.96%
仰焊	KF×712C,ϕ1.2	160～230	22～27	12～30	10～15	＞99.96%

5.3.3 焊接顺序

1. 球罐本体对接焊缝焊接原则：球罐本体对接焊缝的焊接采用对称等速，同步施焊的方法进行，球罐应由8名（双数）焊工对称均布施焊，先焊纵缝，再焊环缝；先焊大坡口侧，气刨清根，砂轮打磨并经检验确认无缺陷后方可进行另一侧（小坡口侧）。

2. 球罐总体焊接顺序流程如图5.3.3-1：

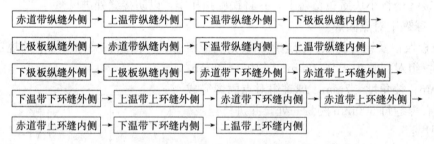
图5.3.3-1　球罐总体焊接顺序流程图

3. 纵焊缝焊接顺序：

1）纵缝焊接采用对称焊法，8～6名焊工对称均布同时施焊。如图5.3.3-2。

赤道带纵缝焊接由8名焊工（焊机）对称分布；温带纵缝焊接由6名焊工（焊机）对称分布；每人相隔2道焊缝。纵焊缝长度约10～11m，每道纵焊缝单侧1d不能完成，同时纵焊缝焊接时送丝机上下频繁移动，焊工劳动强度大，因此将每道纵焊缝分为Ⅰ、Ⅱ两部分，一名焊工先焊完Ⅰ段再焊Ⅱ段，向邻的焊工则先焊完Ⅱ段再焊段Ⅰ，每段焊缝初层焊接应采用逐步退焊方法，如图5.3.3-3，每段焊缝单侧必须一次焊完，除不可抗力因素外，中间不得停止施焊，焊接时应注意层间接头错开至少30mm。

2）极板侧板纵缝焊接应由2名焊工对称均布同时施焊。极板纵缝的焊接顺序，从中心位置分开，按图5.3.3-4所示顺序焊接。

3）球罐焊工一共8人，为了合理利用，上、下温带纵缝焊接时（只用6名焊工）余下2名先焊接极板纵缝焊。

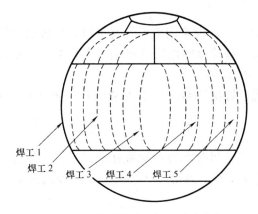

图 5.3.3-2 赤道带纵缝焊工对称分布图

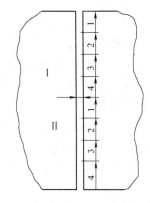

图 5.3.3-3 每道纵焊缝分段逐步退焊方法图

4. 环焊缝焊接顺序：

1）环缝焊接应在纵缝焊接完成后进行。环缝应有 8～6 名（双数）焊工对称均布、同向等速追尾的方法施焊，焊接过程中应注意使层间接头错开，尤其是两焊工相邻部位，尤应注意互相配合，错开接头，防止漏焊。环缝焊接时，设置了环向吊架，将送丝机悬挂在吊架上，使环焊缝焊接时送丝机的移动便利快捷，减轻了焊工的劳动强度

2）环焊缝焊接环行吊架的设置

采用 10 号工字钢，工字钢内翼板上设置滚轮，滚轮上悬吊送丝机，利用滚轮在工字钢内翼板上滚动达到送丝机移动的目的。如图 5.3.3-5，利用了环缝上部球罐架子的钢跳板孔洞固定卡套螺栓。在卡套和工字钢间隙处打上楔子固定工字钢。环缝焊接应有 8 名焊工对称均布，焊接长度约 8m，每人只需设置了 2 个卡套的 5m 工字钢吊架，再加上焊把长度就可满足环缝焊接。

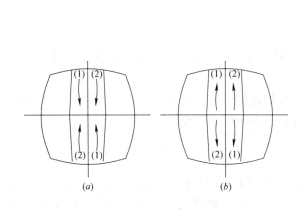

图 5.3.3-4 极板纵缝焊接顺序
（a）上极板；（b）下极板

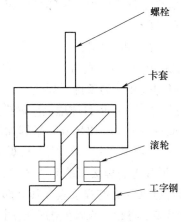

图 5.3.3-5 吊架图

5.3.4 焊接工艺要求

1. 焊接应采用短弧及多层或多道焊，多层焊时应使层间接头错开；

2. 焊接过程中应始终注意起弧和熄弧的质量，起弧时应采用后退引弧法，使起弧部位在焊接过程中重熔，以减少引弧缺陷。熄弧时应将弧坑填满，起、熄弧均应在焊道坡口内进行，严禁在坡口外起、熄弧，严禁划伤球罐及焊件表面；

3. 开始焊接前，应认真清理坡口及两侧 20mm 范围内水、油、锈等污物，焊接过程中应注意进行层间清理，焊渣及飞溅应用砂轮机打磨清除。并目视检查无缺陷时方可进行下层焊接。

4. 施焊中无特殊情况不得中断焊接施工。如遇不可抗力因素必须停止焊接时，应采取保温缓冷措施（如用保温棉覆盖），防止裂纹产生。再焊时必须对原焊道进行认真清理、检查，确认无缺陷后，方

可按原工艺继续施焊；

5. CO_2 半自动焊单侧焊缝焊完后，应进行背面清根处理。清根采用碳弧气刨进行，应将定位焊缝完全清除，气刨清根后，用砂轮机修整刨槽，磨去渗碳层。修整后刨槽的形状应平直光滑，其形状如U形，清根完成后，应经目视或着色检查无缺陷后，方可开始焊接；

6. 焊接开始前，应检查焊机系统是否完好，气路畅通，焊接用 CO_2 气体是否经过倒置 24h，放水的处理，气体加热流量计工作是否正常；

7. 焊接过程中应严格按焊接工艺文件的规定执行；

8. 焊工焊接过程中，焊接记录人员，应认真做好焊接工艺规范参数的测量和记录工作，并负责在参数变化时提醒焊工和监督焊工，严格执行焊接工艺规范的责任，在焊工不听劝告时，及时向有关人员反映；

9. 在整个球罐的焊接施工过程中，应有专人做好焊接环境的监测工作，并做好记录；

10. 焊缝表面应圆滑过渡至母材，由于采用多层多道焊，尤其注意各道焊缝之间的过渡应力求平滑，避免过深的夹沟，原则上后道焊缝与前道焊缝搭接 1/3 为宜，如图 5.3.4：

图 5.3.4 多道焊搭接示意图

11. 焊缝焊接完成后，焊工应首先按要求进行自检，自检合格后及时请专业检查员对焊缝外观质量进行检查，并及时按规定对外观缺陷进行返修，打磨处理；

12. 焊缝焊接完成后，焊工应在焊缝附近打上焊工钢印标识，标识部位为：立焊在焊缝右侧中部，距焊缝 100mm 处；环缝在焊缝上方分段中部，距焊缝 100mm 处，并用记号笔做长标记。焊接记录员应在球罐排版图上认真做焊工钢印号标识。

5.4 操作要点

5.4.1 产品试板的焊接

1. 产品试板的钢号、批号、规格、焊接及热处理工艺均应与球壳板相同，试板应由施焊球罐的焊工，在与球罐焊接相同的条件下焊接；

2. 根据施焊位置，每台球罐上应做横焊、立焊、平焊加仰焊位置的试板各一块；试板的规格横焊、立焊为 600mm×300mm×24mm，平焊加仰焊位置 600mm×300mm×26mm。

5.4.2 特型焊缝"T"及"Y"形焊缝的焊接：

1. "T"形焊缝的焊接（图 5.4.2-1）：

"T"形焊缝处纵缝的焊接应在其下部的环缝处起弧，在其上部的环缝处收弧（图 5.4.2-1）。并应在环缝开始焊接前将起、收弧处的焊缝用气刨（砂轮）去除，修磨坡口。并经检查确认无缺陷后方可进行环缝的焊接施工。

2. "Y"形焊缝的焊接（图 5.4.2-2）：

本球为混合五带式结构，每球罐共有 8 条"Y"形焊缝接头，上、下极板处各有 4 条。由于结构特

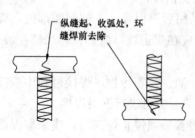

图 5.4.2-1 "T"形焊缝的焊接

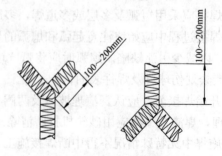

图 5.4.2-2 "Y"形焊缝的焊接

点 "Y" 形焊缝处清理修磨较困难。因此，为保证 "Y" 形接头处的焊缝质量，应绝对避免在三缝交接处引弧和熄弧。推荐按图 5.4.2-2 所示的方式，按最方便操作方向连续进入下一道焊缝 100～200mm。

5.4.3 夹具的焊接与拆除

1. 所有焊接到球罐上的夹具、垫板（包括临时工装）材质均应为 16MnR；
2. 夹具与球板接触的坡口如图 5.4.3-1；
3. 夹具焊接前球板安装部位应用砂轮除锈；
4. 夹具焊缝应与母材圆滑过渡，并在焊接后及时清理焊渣、飞溅等。焊缝表面不得有裂纹、气孔、夹渣、咬边等焊接缺陷。

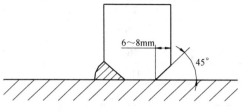

图 5.4.3-1 夹具的焊接

5. 夹具的拆除不得使用锤子等强力去除夹具；
6. 夹具的拆除应采用气刨或砂轮磨削的方法进行，但拆除时应注意严禁损伤球板表面。拆除的顺序如图 5.4.3-2：

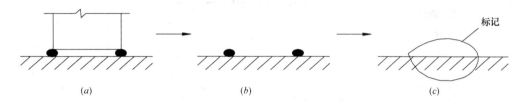

图 5.4.3-2 夹具的拆除

(a) 气刨或砂轮拆除；(b) 去除夹具，砂轮打磨；(c) 磨平做作好标记

7. 夹具拆除后用砂轮将焊痕磨平，但母材的厚度最少不得少于最小设计壁厚；
8. 夹具拆除后该部位表面不得有裂纹、气孔、咬边、夹渣、凹坑等缺陷，并用记号笔标记清楚，以方便无损检测工作的进行。

5.4.4 焊后整体热处理：

1. 根据设计图纸及有关规范的要求，该球罐焊接完成后应进行焊后整体热处理，热处理方法采用燃油法整体热处理；
2. 球罐整体热处理前应具备下列条件：
1) 与球罐受压元件连接的焊接工作全部完成，热处理前由各项无损检测工作全部完成并合格；
2) 产品焊接试板焊接，外观及无损检测完成并已放置在热处理过程中高温区的外侧；
3) 加热系统已调试合格，保温工作完成；
4) 与热处理无关的接管已用盲板封堵，球罐与梯子、平台等部件连接的螺栓松开；拉杆、地脚螺栓松开。柱脚移动装置与移动测量装置设置完善；
5) 防风、防雨、防火及防停电措施完备。
3. 热处理工艺、升降温控制、测温点设置、保温要求、热处理检验详见 "球罐热处理施工方案"。

6. 材料与设备

6.1 球罐组对用材料、机具（表 6.1）

球罐组对用材料、机具一览表　　　　　　　　　　　　　　　　表 6.1

序号	名　　称	规　　格	单　　位	数　　量
1	夹具		个	900
2	定位块	55×55×25	块	2100
3	圆楔子	(35～40)×220	个	3200

续表

序号	名　称	规　格	单　位	数　量
4	扁楔子	50×20×220	个	200
5	（阻燃）棚布		m²	2000
6	架子杆	φ60×3	m	9500
7	扣件		个	5900
8	钢跳板	3000×300	块	1200
9	气割工具		套	1
10	电焊机	ZX7-400	台	2
11	手拉葫芦	5t	个	3
12	手拉葫芦	2t	个	6
13	砂轮磨光机	φ150	台	2
14	索具螺旋扣		个	20
15	大锤	10b	个	2
16	活扳手	12″	把	2
17	千斤顶	8t	个	2
18	组对吊车	25～20t	台班	32
19	超声波检测仪	CT-26	台	1
20	测厚仪		台	1

6.2　球罐焊接用机具、材料（表6.2）

低压液氨球罐焊接主要机具、材料一览表　　　　　表6.2

序号	名　称	规　格	单位	数量	备　注
1	焊接电源	NBA-500	台	9	配套送丝机/焊枪/流量计
2	焊接电源	ZX7-600	台	2	配套气刨把/气带
3	焊接电缆线	φ70mm²	m	800	
4	空气压缩机	V0.67/7	台	2	配套电缆线/空气开关
5	电源插线盒		个	10	配套电线/60m
6	照明灯	2000W	个	6	
7	电线	φ8mm²	m	300	
8	行灯变压器	3000W	台	1	
9	行灯	60W	个	10	
10	排风机		台	1	
11	焊条烘烤箱	HD-100	台	1	
12	砂轮磨光机	φ125	台	10	
13	焊条保温筒	L450	只	2	
14	克丝钳	8″	把	2	
15	尖嘴钳	6″	把	10	
16	活动扳手	10″	把	8	
17	十字螺丝刀	6″	把	5	
18	一字螺丝刀	6″	把	5	
19	喷嘴	φ25	只	20	
20	导电嘴	φ1.2	只	200	

续表

序号	名　称	规　格	单位	数量	备　注
21	瓷嘴	ϕ	只	40	
22	流量计玻璃管		只	9	
23	电焊条	J507 ϕ3.2	kg	100	
24	焊丝	KF712C	kg	2600	
25	CO_2 气		瓶	200	
26	碳棒	ϕ8	根	1700	
27	砂轮片	ϕ125	片	2500	
28	护目镜片	8～9 号	片	20	
29	玻璃片		片	1000	
30	防风镜		只	40	
31	绝缘胶布		盘	30	
32	电流表	DM6056A	只	1	
33	温湿度表	JWS-A4	只	1	
34	秒表		个	1	
35	射线探伤机	RX3005	台	3	
36	超声波检测仪	CT-26	台	1	
37	磁粉检测仪		台	1	

6.3　大型球罐整体热处理主要机具、材料（表6.3）

大型球罐整体热处理主要机具、材料　　　　　　　表6.3

序号	名　称	规　格	单位	数量	备注
1	喷嘴	1 号	件	1	
2	转子流量计	TZB-251000t/min 600L/h	只	2	
3	温度记录仪	12 点、K 型、XWC-300 型	台	4	
4	油泵		台	2	
5	空压机		台	2	
6	千斤顶	20t	个	6	
7	储油罐	5m³	台	2	现场制做
8	空气缓冲罐	2m³	台	1	现场制做
9	压缩空气分配器	ϕ219×800	台	1	现场制做
10	柴油分配器	ϕ156×800	台	1	现场制做
11	烟囱	ϕ500×2000	个	1	现场制做
12	油过滤装置		个	1	现场制做
13	反射板		个	1	现场制做
14	油雾化燃烧装置		套	1	现场制做
15	石油液化气混合气		个	1	
16	压力表	10kg/cm³	个	4	

7. 质 量 控 制

7.1　焊缝合格标准：

球罐图纸设计和以下规范、标准要求：《球形储罐施工及验收规范》GB 50094—98；《钢制压力容器》GB 150—98；1999 年版《压力容器安全技术监察规程》；《压力容器无损检测》JB 4730—94。

7.2　焊缝的外观检验：

7.2.1　焊工每条（段）焊缝焊完后，均应立即将熔渣、飞溅等清理干净，并按要求进行自检，自检合格后及时请专职检查员进行检查，并按要求进行焊补或修磨处理。

7.2.2　焊缝表面质量应符合下列要求：焊缝和热影响区不得有裂纹、气孔、咬边、夹渣、凹坑、未焊满、焊瘤等缺陷；焊缝应有圆滑的过渡至母材的几何形状，角焊缝的焊脚尺寸应符合设计及焊接工艺的要求。

7.2.3　对接焊缝尺寸要求如表 7.2.3。

球罐对接焊缝尺寸表　　　　　　　　　　　　　　　　表 7.2.3

	大坡口侧	小坡口侧		大坡口侧	小坡口侧
余高 mm	0～3	0～1.5	宽度 mm	坡口每侧增宽 1～2mm	坡口每侧增宽 1～2mm

7.2.4　夹具去除后的表面，不得有裂纹、气孔、咬边、夹渣、凹坑、未焊满、等缺陷。

7.2.5　焊缝棱角度 ≤7mm。

7.3　焊缝的无损探伤检验

7.3.1　无损探伤检验工作的人员，必须取得国家有关部门颁发技术资质证书，球罐焊缝无损探伤工作按"球罐焊缝无损探伤工艺"进行。

7.3.2　无损探伤检查应在焊接完成 24h 后进行，且焊缝必须经外观检查合格。

7.3.3　球罐焊缝无损探伤检验的部位、比例、种类和时间见表 7.3.3：

球罐焊缝无损探伤检验的部位、比例、种类和时间表　　　　　　表 7.3.3

序号	焊缝种类	检验方法	检查比例	合格等级	检查时间
1	所有对接焊缝	射线	100%	Ⅱ	焊后 24h
2		超声波	20%	Ⅰ	水压后
3		渗透探伤	100%	Ⅰ	热处理前
4		渗透探伤	100%	Ⅰ	水压后
5	所有角焊缝	渗透探伤	100%	Ⅰ	热处理前
6		渗透探伤	20%	Ⅰ	水压后
7	球壳板缺陷	渗透探伤	100%	Ⅰ	热处理前
8	工卡具焊迹	渗透探伤	20%	Ⅰ	水压后

7.4　缺陷的修补

7.4.1　表面缺陷的修补应符合如下要求（图 7.4.1）：

1. 球壳表面缺陷如锤痕、划痕及夹具焊迹应采用砂轮清除，修磨后的实际厚度应不小于设计厚度，磨除深度应小于球壳板名义厚度的 5%，且不超过 2mm，并圆滑过渡，超过时应进行焊接修补；

2. 球壳表面缺陷进行焊接修补时，每处焊补面积应在 50cm^2 以内，当有两处或两处以上修补时，任何两处的边缘距离应大于 50mm，且每块球壳板修补面积总和应小于该球壳板面积的 5%；

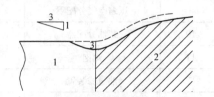

图 7.4.1　焊缝两侧焊接缺陷砂轮修磨
1—母材；2—焊缝金属；3—修整后的表面

3. 当表面缺陷的形状比较平缓时，可直接进行焊接修补。当直接堆焊可能导致裂纹产生时，应采用砂轮将缺陷清除后再进行焊补，表面缺陷焊接修补后焊缝表面应打磨平缓或加工成具有 1：3 及以下坡度的平缓凸面，且高度应小于 1.5mm；

4. 焊缝表面缺陷应采用砂轮磨除，磨除后的焊缝表面若低于母材，则应进行焊接修补，焊缝表面缺陷只需打磨时，应打磨平滑或加工成具有 1：3 及以下坡度的斜坡；

5. 焊缝两侧的咬边和焊趾裂纹必须用砂轮打磨平滑或加工成具有 1：3 及以下坡度的斜坡，咬边深度和焊趾裂纹的磨除深度不得大于 0.5mm，且磨除后球壳的实际板厚不得小于设计厚度，否则应进行焊接修补；

6. 焊缝咬边和焊趾裂纹等表面缺陷进行焊接修补时，应采用砂轮将缺陷磨除，并修整成便于焊接的凹槽，再进行焊接。补焊长度不得小于 50mm；

7. 焊缝表面缺陷的修补应在焊缝完成后，后热处理前及时组织表面检查，并及时进行焊接修补。

7.4.2 焊缝内部缺陷的修补：

1. 经射线或超声波检查的焊缝，发现超标缺陷时，应按检测结果分析缺陷性质、产生原因，并确定位缺陷所在部位（必要时可用超声测定），确定修补侧，修补焊接采用手工焊方法进行；

2. 内部缺陷的清除采用砂轮磨削或碳弧气刨的方法进行，当采用气刨清除时应用砂轮磨去渗碳层，修整刨槽至便于焊接形状，并经渗透探伤，确认缺陷完全清除后再进行焊补，应注意气刨清除缺陷的深度不得超过球板厚度的 2/3。如达到 2/3 缺陷仍未完全清除时，应停止清除并进行焊补，然后从另一侧再次清除和焊补；

3. 修补焊缝的长度不得小于 50mm，且返修后应按原探伤方法、要求检验合格；

4. 同一部位（焊缝内、外侧各作为一个部位）的修补不宜超过两次，对经过两次修补仍不合格的焊缝，应编制返修工艺，采取可靠的技术措施，经单位技术负责人批准后方可实施修补；

5. 焊接修补的部位、次数和检测结果应做好记录。

7.5 产品试板检验

7.5.1 试板焊缝应经外观检查和 100％ 射线检测，并与球罐一起进行热处理。

7.5.2 试样的尺寸、截取、试验方法及合格指标应符合《钢制压力容器焊接试板的力学性能检验》JB 4744—2000 的有关规定执行，试样数量为：拉力试样一件，测试样弯 2 件，冲击试样焊缝金属热影响区各一组。

7.6 球罐焊接交工技术文件

7.6.1 焊接材料质量证明书及复验报告；

7.6.2 焊缝及焊工布置图；

7.6.3 球罐焊接过程记录；

7.6.4 产品试板试验报告；

7.6.5 焊缝无损检测报告；

7.6.6 焊缝返修记录；

7.6.7 焊后整体热处理报告。

8. 安 全 措 施

8.1 用电安全措施

8.1.1 焊机及其他设备外壳必须接地和安装漏电保护装置。所有电器包括照明、砂轮线盒等，应接漏电保护器；

8.1.2 罐内必须用安全电压的照明；

8.1.3 焊工施工需穿绝缘鞋，戴皮手套。

8.2 高空作业安全措施

8.2.1 球罐脚手架应按规定要求搭设，且牢固可靠，走道或作业处至少铺设3块以上钢跳板，并设防护围栏。

8.2.2 球罐脚手架应按规定挂设防护网。

8.2.3 高空作业应带安全带，并应使用工具袋，以防工具坠落。

8.3 防火措施

8.3.1 焊接区域10m以内严禁堆放易燃易爆物。

8.3.2 球罐每层作业区应配灭火器材和消防水源。

8.3.3 球罐作业设专职防火看护员；收工时应及时关闭电源，并仔细观察作业区有无火灾隐患。

8.3.4 如球罐作业距老装置较近，还应按规定办理动火手续。

8.4 其他安全注意事项

8.4.1 焊工作业时应正确穿戴劳动防护用品。

8.4.2 焊工磨砂轮时必须戴风镜或防护罩。

8.4.3 球罐内施工时必须启开罐顶排风扇。

9. 环 保 措 施

环境因素识别及控制措施见表9。

环境因素识别及控制措施表 表9

序号	作业活动	环境因素	控 制 措 施
1	砂轮、气刨	噪 声	周边有民用住区时要进行噪声测定，不在夜间施工
2	焊 接	弧光辐射	焊接时应搭设防护棚，其他施工人员要对弧光进行遮挡，防止电焊弧光打眼
3	焊接、气刨	烟尘	作业区及时排风通风，作业人员应戴防尘口罩
4	焊接施工	垃圾	现场焊接废弃物，焊条包装塑料袋、塑料筒、纸箱、焊条头、砂轮残核，应及时收集分类堆放。避免造成环境污染

10. 效 益 分 析

10.1 缩短了焊工周期，弥补公司焊工力量不足，采用手电弧焊焊接球罐，一般情况下焊工没有3～5年以上工龄，很年难胜任焊接工作。采用半自动CO_2气体保护焊，我们组织了1年工龄的焊工，培训1个月便掌握半自动CO_2气体保护焊的操作技术，并取得板状试件横位、立位、仰位项目的合格证。

10.2 提高了焊接速度，减少了焊材用量。

10.2.1 焊接条件：焊缝长度1m，厚度24mm，位置3G。手工电弧焊（电流130～150A 电压30V），半自动CO_2气体保护焊（电流180～190A 电压23V）。

10.2.2 焊材用量（实测）：手工电弧焊焊1m焊缝用焊条4.4kg。半自动CO_2气体保护焊1m焊缝用焊丝3.4kg。

10.2.3 焊接时间（实测）：手工电弧焊1m焊缝用时间125min（包括层间清理），半自动CO_2气体保护焊1m焊缝用时间77min（包括层间清理）125÷77＝1.6，半自动CO_2气体保护焊比手工电弧焊约快0.6倍。

10.3 缩短了球罐焊接工期21d，半自动CO_2气体保护焊焊接铜陵液氨球罐实际用时间35d。按半自动CO_2气体保护焊焊接比手工电弧焊约快0.6倍计算，手工电弧需用时间56d，提前焊接工期21d。

10.4 提高了焊接质量，在铜陵铜化集团磷铵厂液氨球罐施工中，共探伤片子2750张，一次合格

2712 张，一次合格率达 98.62%。

11. 应用实例

2004 年至 2005 年先后在新疆库车、新疆塔河稠油技改工程、安徽铜陵铜化集团磷铵厂，安装焊接球罐 5 台，我们均采用本技术，使用半自动 CO_2 气体保护焊焊接，焊接效率大大提高，每台球罐平均缩短工期 1/3 以上。且焊接质量优良，焊缝外观成型好，探伤一次合格率达 98.62% 以上。同时由于半自动 CO_2 气体保护焊是明弧操作，易于观察，操作技术容易掌握，我们组织了有 1 年工龄的焊工，培训 1 个月便掌握半自动 CO_2 气体保护焊的操作技术，并取得焊接项目的合格证。优质地完成了 5 台球罐的焊接施工任务，弥补了公司焊工力量的不足，提高了焊接效率得到业主的好评。

大型储罐倒装自动焊焊接施工工法

YJGF323—2006

新疆石油工程建设有限责任公司

张平　黄军平　杨建强　李卫国　宗涛

1. 前　　言

储罐施工一般分为正装和倒装两种施工工艺。倒装工艺应用于大型储罐施工已在新疆石油工程建设有限责任公司（简称新疆油建）试验成功。但是，国内外均没有与倒装施工相配套的自动焊接设备及工艺，影响了倒装法施工的焊接速度。新疆油建对此开展了研究，自行研制了适用于倒装法施工的内外埋弧自动横焊机和气电立焊机及配套焊接工艺，2006 年形成工法并成功应用于多项工程，取得满意的效果，弥补了倒装施工自动焊程度低的缺陷，提高了大型储罐施工的焊接质量、焊接效率、技术水平。

2006 年，《大型储罐倒装自动焊焊接设备及工艺》申请了三项国家专利，其中两项实用新型专利已获得专利授权，还有一项发明专利也通过了初审。

2. 工 法 特 点

2.1　增设内外轨道后，焊机能够内外两用，实现了罐体焊接全自动化。

2.2　焊接效率提高，焊工需求量降低。

2.3　焊接质量易于保证，焊接合格率提高。

3. 适 用 范 围

大型钢制储罐罐体的全自动焊接施工。

4. 工 艺 原 理

4.1　倒装法施工的立缝自动焊接设备及焊接工艺

目前，国内外的正装气电立焊机都是采用"Ⅱ"形结构骑在罐壁板上焊接操作。由于采用组装方式的不同，国内、外的正装气电立焊机无法在倒装上使用。在倒装施工中，采用的是先围板焊接再提升罐体，如果要采用水冷焊缝保护铜块，立焊缝背面就无法贴内保护铜块，施工时就必须把罐壁提升后再围板焊接，这样不仅提升高度增加、工效下降、交叉施工作业量减少，而且提升的罐体稳定性也降低，产生较大安全隐患。

储罐倒装施工立缝气电立焊机是考虑焊缝背后无法贴内保护铜块后，将焊机结构进行改变，并通过 CO_2 气体保护焊实现打底，进而正面进行气电立焊焊接，同时由于焊机结构改为单面放置操作，在板厚较大时，也可转移到罐内操作，实现两面气电立焊焊接（图 4.1-1～图 4.1-3）。

立缝焊接的实施：对焊机、焊件进行常规检查，并进行环境维护和设备调试；设置焊接参数；坡口加工、清洁；检查焊接轨道和装载焊接小车；按照工艺焊接参数进行焊接。

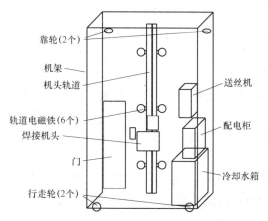

图 4.1-1 储罐倒装施工用气电立焊焊机结构示意图

图 4.1-2 储罐倒装法施工立缝气电立焊焊接示意图

4.2 倒装法施工的横缝自动焊接设备

目前，国内外有成熟的储罐正装法施工埋弧自动横缝焊接设备和储罐倒装法施工埋弧自动横缝焊接设备，但国内外的倒装法施工埋弧自动横焊机只能完成倒装储罐横缝外侧的焊接，因为在储罐倒装施工过程中，由于罐壁内侧均布着数十个用于提升罐体的液压缸，现有的埋弧自动横焊机无法通过，因此现有的埋弧自动横焊机无法在液压提升倒装储罐施工中来完成内侧横缝焊接。

该工法所提出的内外两用埋弧自动横焊机即根据该现状，通过对焊机结构重新进行设计，改造为能够在罐壁内外都能使用的横焊机，实现原有焊机无法实现的内环缝自动焊。内外横缝埋弧自动焊机内侧焊接示意图见图 4.2-1 和图 4.2-2：

图 4.1-3 现场施焊示意图

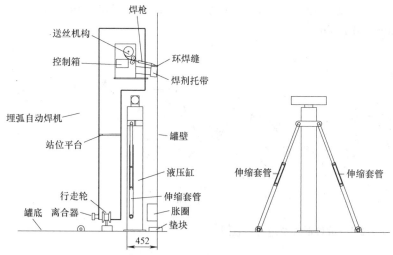

图 4.2-1 储罐倒装法施工横缝自动焊机示意图

图 4.2-2 现场实物图

5. 施工工艺流程及操作要点

5.1 倒装法施工气电立焊焊接工艺流程及操作要点

5.1.1 工艺流程

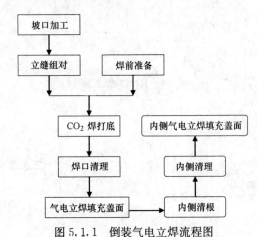

图 5.1.1　倒装气电立焊流程图

该工艺为二氧化碳气体保护焊打底、气电立焊填充盖面。流程如图 5.1.1：

5.1.2　操作要点

1. 坡口加工

针对板厚不同，选用 V 形或 X 形坡口，考虑储罐施工现状，气焊小爬车切割。应控制坡口宽度小于滑块成型槽宽度 3～4mm，如图 5.1.2-1，a ＝滑块成型槽宽度减 3～4mm。

一般滑块成型槽宽度为 24mm 左右，则 a 应为 20mm 左右，再结合对口间隙及板厚，可确定坡口角度。

2. 组对

在组对前，坡口及两侧 25mm 范围内应用钢丝刷清理至显现出金属光泽为宜。组对间隙控制在 4～5mm，保证打底层焊透及厚度；组对错边量小于 0.5mm，从而保证滑块与壁板贴合紧密，确保成型美观。

3. 焊前检查

焊接设备和器具：①焊接采用 NBC-500 型 CO_2 气体保护焊机进行打底焊，DC600 电源＋VEGA 气电立焊机填充盖面。②气瓶，检查线路是否接好，调试设备，保证焊接电路正常。设置焊接工艺参数。检查焊接轨道，确保小车行走通畅。检查气瓶压力和保证其路畅通。

4. 焊材

CO_2 气体保护焊专用焊丝，$\phi 1.2mm$，CO_2 气体，纯度＞99.5％。

5. CO_2 气体保护焊焊接参数

焊接电压 17～22V，焊接电流 90～120A，焊接速度 8～12cm/min，焊丝伸出长度 10～30mm，气体流量 18～25L/min。根焊为半自动焊，焊前操作人员调整好参数，达到焊接工艺规定要求，即可开始作业。焊接中，应保证焊接厚度不低于 7mm，并尽量焊透，减少背面工作量。

6. 气电立焊填充盖面参数：（X 坡口两侧焊接参数基本相同）

焊丝规格：$\phi 1.6mm$；保护气体 CO_2，纯度＞99.5％；焊接电流 300～420A，焊接电压 30～44V，焊丝伸出长度 35～45mm，气体流量 20～30L/min。

图 5.1.2-2 所示为焊缝层次示意图。

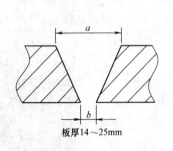

板厚14～25mm

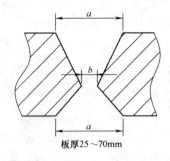

板厚25～70mm

图 5.1.2-1　坡口形式及组对示意图

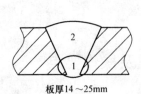

板厚14～25mm

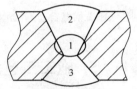

板厚25～70mm

图 5.1.2-2　焊缝层次示意图

1—CO_2 气体保护焊打底层；2、3—气电立焊填充盖面层

5.1.3 工艺特点

储罐倒装法施工立缝气电立焊焊接工艺适用板厚范围广，可用于板厚 14～70mm 的罐壁立缝焊接作业，其技术上的优点包括：

1. 整套工艺自动化程度提高（半自动打底、全自动填充盖面），且气电立焊一遍完成填充盖面，焊接层数减少，焊接速度提高，在同样工况下，比原有手工或半自动减少将近 2/3 的焊接时间，大大提高了工作效率，显著降低了作业成本。

2. 采用 CO_2 气体保护焊打底，解决了倒装施工焊缝背面无法安装铜块的问题，也无须先提罐后围板，保证气电立焊的应用可行性。

3. 提高了焊接质量，采用本工艺减少焊接层数，从而降低缺陷出现机率，保证焊接质量稳定可靠；同时，铜滑块强制成型，外观良好。

5.2 倒装法施工的横缝自动焊接设备焊接工艺流程及特点

该焊接工艺与正装法的环缝自动焊接相似，环缝采用 K 形坡口，先外侧埋弧自动焊打底、填充、盖面，内侧砂轮机清根，然后内侧埋弧横焊填充、盖面。

5.2.1 工艺流程如图 5.2.1：

5.2.2 工艺特点

工艺成熟、质量容易保证，内外环缝全部实现自动焊接，焊接效率比其他焊接方式有很大程度提高。其环缝坡口形式根据壁厚设计如图 5.2.2：

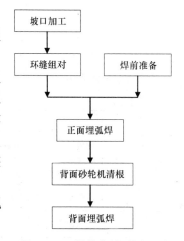

图 5.2.1 倒装内外两用埋弧横焊机焊接工艺流程图

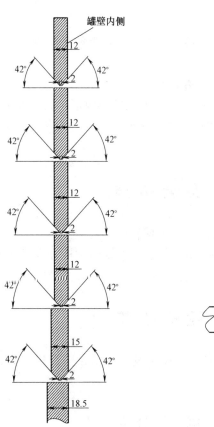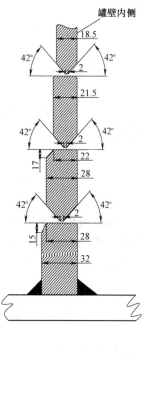

图 5.2.2 环缝坡口形式

6. 材料与设备

机具设备见表6。

机具设备表 表6

序号	名　称	规格型号	单位	数量	备注
1	内外两用埋弧自动横焊机				
2	自动焊轨道	100×10扁铁、50×5角铁	条	2	内、外
3	内外两用气电立焊机				
4	液压缸斜支撑	钢管φ57、φ48	套	40	可伸缩

7. 质量控制

7.1　施工技术标准及验收规范

《立式圆筒形钢制焊接油罐施工及验收规范》　　　　GB 50128—2005

《立式圆筒形钢制焊接油罐设计规范》　　　　　　　GB 50341—2003

《钢制压力容器焊接工艺评定》　　　　　　　　　　JB 4708—2000

《钢制压力容器产品焊接试板的力学性能检验》　　　JB 4744—2000

《承压设备无损检测》　　　　　　　　　　　　　　JB 4730—2005

7.2　焊接质量控制

7.2.1　焊接设备经过严格检验、试焊，焊接工艺参数经过严格的优选。焊接试板的机械性能等均能够达到要求，满足施工条件需求。

7.2.2　焊工持证上岗并经上岗前考核，合格后方能上岗。

7.2.3　当合格率低于90%时，停止作业查原因，找到原因纠正后方能继续进行焊接作业。

7.2.4　通过该套设备及工艺的应用，实现了罐体立缝和环缝的全自动焊接，焊接质量得到保证，焊缝探伤一次合格率达到98%。

8. 安全措施

8.1　所有进入施工现场人员都必须按规定穿戴劳保用品。

8.2　由于设备立足于与罐基础或罐底相连接的轨道上，要经常检查焊机轨道的牢固性。

8.3　设备吊装时要专职吊装人员指挥，无关人员不得进入旋转半径内。

9. 环保措施

该套设备使用时，能及时回收焊剂、药皮等工业垃圾；使用完毕焊机轨道拆除回收，基本不产生环境污染。

10. 效益分析

罐壁的立焊缝和内环缝焊接在地面进行埋弧焊和气体保护半自动焊，高空作业大为减少，焊接效率有效提高，吊装设备减少，人员的需求量约是原来的4/5，则整体效率提高5%。

11. 应 用 实 例

独山子千万吨炼油百万吨乙烯 100000m³ 外浮顶储罐工程

11.1 工程概况

设计容量 100000m³，储存介质为原油，罐壁内径 φ80000mm，罐壁高度 21800mm，罐壁板共 9 圈，厚度依次为 12mm、12mm、12mm、12mm、15mm、18.5mm、21.5mm、28mm、32mm。最顶层两圈罐壁材质是 Q235-B，一圈罐壁材质是 16MnR，其他壁板的材质是 12MnNiVR，壁板单圈宽度有 2380mm 和 2420mm，罐壁板质量 780.357t，罐底质量 516.655t，浮顶质量 493.371t。罐体有两道抗风圈（质量为 94.408t）、三道加强圈（质量为 35.640t）。

11.2 施工情况

焊接广泛采用埋弧自动焊（平焊、横焊、角焊），气电立焊，结合 CO_2 半自动焊和手工焊进行施工，焊接施工中严格执行《立式圆筒形钢制焊接油罐施工及验收规范》GBJ 128—90 中的要求，成立由专人组成的焊接检验小组，并在施工卡具布置与组对精度方面给予详细考虑，最大限度地减少焊接变形与焊接残余应力，保证焊接质量和焊接速度。

11.3 工程效果

主体焊接时间从 2006 年 6 月 11 日至 2006 年 8 月 3 日。与同时施工的另外两座 10 万 m³ 储罐相比，焊接质量好，焊接速度快，返修率低。

Q460 高强钢厚板焊接工法

YJGF324—2006

北京城建集团有限责任公司　北京城建精工钢结构工程有限公司

江苏沪宁钢机股份有限公司　浙江精工钢结构有限公司

李久林　邱德隆　高树栋　黄明鑫　芦广平　俞荣华

1. 前　言

　　Q460 级低合金高强度结构钢在国内为首次试制、首次应用于建筑钢结构工程，目前尚无成熟的焊接工艺可借鉴，焊接不确定性因素多、施工难度特别大。探索总结 Q460 钢厚板焊接施工技术对于推动 Q460 钢在建筑钢结构的广泛应用具有积极的创新意义，同时从节约资源的角度上符合我国的可持续发展国策。

　　本工法是北京城建集团有限责任公司、北京城建精工钢结构工程有限公司和江苏沪宁钢机股份有限公司根据国产 Q460 级钢材特点，结合国家体育场钢结构工程 Q460 钢厚板热加工及焊接性试验、焊接工艺评定及工程实践等研究成果，自行研制的兼具首创性和先进性的焊接工法。

　　该工法的关键技术是国家科技攻关项目《国家体育场结构设计与施工的安全关键技术研究》（课题任务书编号 2004BA904B01）之子课题《国家体育场钢结构工程 Q460E-Z35 厚板焊接技术及应用研究》的研究成果，该研究成果于 2006 年 1 月 23 日通过北京市科委组织的科技成果鉴定，鉴定结论是该项技术填补国内空白、达到国际先进水平；并获北京市 2006 年度科技进步二等奖。

　　该工法成功应用于国家体育场钢结构工程约 700t 100/110mm 厚 Q460E-Z35 钢厚板焊接施工，对保证国家体育场钢结构工程的工程进度和施工质量具有重要意义。目前，该工程荣获北京市结构长城杯金杯、中国建筑钢结构金奖（国家优质工程）等殊荣。

　　另外，北京城建集团有限责任公司等单位于 2007 年 5 月 11 日就该工法的关键技术向国家专利局提出"一种厚钢板热加工及焊接方法"的发明专利申请，目前该专利已经通过初审并进入实审阶段，专利申请号为 2007102006089。

2. 工 法 特 点

　　与传统 Q345 钢焊接工艺相比较，本工法具有以下特点：

　　2.1　从焊接设备和焊接材料的选择入手保证焊缝性能各项指标。要求焊接电弧有足够的穿透力，因此焊接设备选择上着重考虑电弧稳定和电弧推力强劲；焊接材料要有一定的合金化程度，在合理的焊接规范下形成针状铁素体和微细贝氏体组织，从而使焊缝达到合理的强韧性指标。

　　2.2　突出了焊工的操作手法，改良了传统焊工操作手法。在高强钢的焊接过程，焊工操作手法为多层多道、窄摆幅薄焊层，对电弧摆幅、倾角、焊层厚度、杆伸长等进行了详细的规定。通过上述焊接手法实现焊缝金属的均质，从而获得合格的冲击韧性指标。

　　2.3　本工法采用远红外加热设备对焊缝进行预热、后热处理，通过对加热板布置和功率的控制实现了母材预热温度的均匀和后热温度、时间的及时实现，从而有效地保证了残余氢的逸出，降低了冷裂纹的敏感性。

3. 适 用 范 围

本工法适用于板厚在 80～165mm 范围内 Q460 高强钢与同种钢、异种钢的工厂焊接及现场焊接施工，焊接位置涉及平、横、立及仰焊位，焊接方法涉及手工电弧焊、CO_2 气体保护焊及埋弧焊。

4. 工 艺 原 理

本工法针对国产 Q460 钢碳当量高、淬硬倾向大的特点，根据焊接性应用技术理论，控制 $t_{8/5}$，突出焊接设备选用和焊接材料选配，重点强调焊工操作手法、预热、后热实施、焊接规范、焊接线能量控制，实现大线能量输入以克服 Q460 钢的淬硬倾向并保证焊缝冲击韧性不下降，最终保证 Q460 高强度特厚钢板与同种钢、异种钢厚板焊接质量。

5. 施工工艺流程及操作要点

5.1 工艺流程

Q460 钢厚板焊接工艺流程如图 5.1。

5.2 操作要点

5.2.1 原材复验：焊接前，应对 Q460 钢板逐张进行超声波检查，并按炉号进行化学成分和力学性能试验；对焊材按生产批号进行化学成分和力学性能试验。母材及焊材复验合格后方可进行焊接工作。

5.2.2 焊前清理：焊接前，对 Q460 钢的热切割面用角向磨光机进行打磨处理，打磨厚度不小于 0.5mm，至露出原始金属光泽。母材的焊接坡口及两侧 30～50mm 范围内，在焊前必须彻底清除气割氧化皮、熔渣、锈、油、涂料、灰尘、水分等影响焊接质量的杂质。

5.2.3 坡口形状控制：设计文件有明确要求的按设计要求进行，没有明确要求时按坡口角度 35°、间隙 8mm 处理。焊前坡口尺寸检查，检查项目为间隙、错边、焊缝原始宽度三项，并做好原始记录。

5.2.4 预热、层间温度及后热温度控制：通过焊缝热影响区最高硬度试验、斜 Y 坡口焊接裂纹试验和焊接冷裂纹插销试验等试验确定了最低预热温度，焊接返修处的预热温度应高于正常预热温度 50℃左右；层间温度控

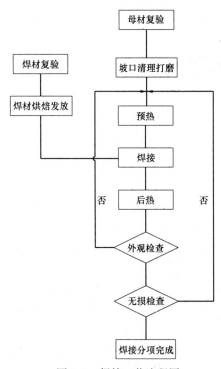

图 5.1 焊接工艺流程图

制同预热温度要求但不得高于 200℃；焊接完毕后，立即进行后热处理，后热时间 2h；后热完成，立即用岩棉被保温缓冷至环境温度。

5.2.5 加热：采用远红外加热设备进行加热。加热时，加热板设置在焊缝正反两面；当预热温度达到设定值后，将焊缝正面的加热板拆除，焊缝背面的加热板作为伴随加热；焊接完成后，立即将正面加热板重新布置，并用岩棉被包裹严密。

5.2.6 预热范围：应在焊缝两侧，加热宽度应各为焊件待焊处厚度的 1.5 倍以上，且不小于 100mm；返修焊缝预热区域应适当加宽，以防止发生焊接裂纹。

5.2.7 测温：测温采用红外测温仪和接触式测温仪两种，测温点设置在焊缝原始边缘两侧各75mm处。使用红外测温仪时，需注意测温仪需垂直于测温表面，距离不得大于200mm。层间温度测温点应在焊道起点，距离焊道熄弧端300mm以上。后热温度测温点应在焊道表面。

5.2.8 焊接环境：Q460钢焊接要求在正温焊接，当环境温度在负温时，需搭设保温棚，确保焊接环境温度达到0℃以上方可施焊；焊接作业区风速当手工电弧焊超过8m/s、CO_2气体保护焊超过2m/s时应设防风棚等防风措施。

5.2.9 焊接过程严格执行多层多道、窄焊道薄焊层的焊接方法，平、横、仰焊位禁止摆动焊接，单道焊缝厚度要求控制在≤4mm，以保证焊缝和热影响区的冷弯和冲击性能；立焊位时应严格控制焊枪摆动幅度，CO_2焊控制在20mm范围内，手工电弧焊控制在3d（d为焊条直径）范围内，焊枪的倾角的限制为±30°；层间清理采用风动打渣机清除焊渣及飞溅物。

5.2.10 同一焊缝应连续施焊一次完成，特殊情况下不能一次完成时应进行焊后的缓冷，再次焊接前必须重新进行预热。

5.2.11 焊接完成48h后进行无损检测。

6. 材料与设备

本工法涉及的材料主要是焊接材料，焊接材料的型号应由焊接工艺评定确定。本工法需要的主要机具如表6。

主要设备　　　　　　　　　　　　　　表6

序号	设备名称	型号/规格	数量	用途	备注
1	交直流焊机	ZX_7-400/ZX_7-500	4台	焊接	1. 本工法所列设备机具数量系按"一个作业面、三班倒"原则配备； 2. 主要机具型号、数量，使用时应结合施工单位设备情况及工程量灵活采用； 3. 在使用电加热器对钢构件进行整体或局部热处理时，需要有专门的温度控制箱来实现热处理工艺中的升温、降温、恒温等温度和时间的控制
2	CO_2气体保护焊机	CL-500	4台	焊接	
3	碳弧气刨	W-0917	1台	清根、清理坡口	
4	焊条烘箱	ZYH-0-60	1台	焊条烘烤	
5	温控箱	DWK-A2	1台	预热，热处理	
6	电加热器	600mm×300mm	1套	构件预热、后热	
7	风动打渣机	—	4台	层间清渣	
8	角向磨光机	ϕ100～200mm	4台	层间清渣	
9	接触式/远红外测温仪	SAMO/RAYNGER	1台	测温检查	
10	超声波探伤仪	EPOCA4	1台	焊缝内部质量检查	
11	放大镜	5倍	1台	焊缝表面裂纹检查	

7. 质量控制

7.1 应执行的标准规范

本工法应执行的主要标准规范有《钢结构施工质量验收标准》GB 50205—2001、《建筑钢结构焊接技术规程》JGJ 81—2002、《低合金高强度结构钢》GB/T 1591—1994、《高层建筑结构用钢板》YB 4104—2000和《国家体育场钢结构施工质量验收标准》JQB—046—2005等。

7.2 质量要求

本工法施工时，当设计文件无明确要求时按照下述要求进行质量控制：

焊缝坡口间隙：8^{+3}_{-2}mm；

焊缝接口错边：$t/10$，且≤3mm；

焊缝质量等级：一级，进行 100％ UT 检查；

焊缝金属冲击韧性要求：－40℃时，$A_{kv} \geqslant 34J$；

焊缝熔合线冲击韧性要求：－40℃时，$A_{kv} \geqslant 27J$。

7.3　质量控制

在进行焊接质量控制时，应坚持 TQC 的基本思想，进行全员、全面、全过程质量控制，从"人、机、料、法、环"五方面切实保证焊接工艺的成功实施，确保焊接工作有序进行。

有针对性的组建焊接质量保证体系，从组织上确保焊接质量。形成专家顾问、焊接工程师、焊接技师及相关专业人员相结合的技术组织形态，以焊工培训、焊材、焊机的选择为基础，以控制焊接裂纹为主导的焊接技术路线，从方案编制、无损检测、预热后热等质量控制环节上形成了一套科学、严密的质量保证体系。

7.4　质量检查要点

焊接时应按照表 7.4 规定的检查要点进行质量检查工作。

质量检查要点

表 7.4

检验阶段	控制要点	检验内容	检验方式	记录资料	责任人
焊前检验	组装	坡口形状，间隙，衬板材质及贴紧情况，焊接区域的清理，引入、引出板安装	VT、焊缝规、直尺及相关资料查阅	组装检查表	质检员
	定位焊	预热温度，焊条规格牌号及烘干记录	测温仪及相关资料查阅	焊接质量检查记录	质检员
焊接过程检验	预热	预热方式，预热温度，检验方法	VT、测温仪	焊接质量检查记录	质检员
	打底焊	焊接材料，焊接顺序，焊接方式，焊接规范	VT、卡表	焊接质量检查记录	质检员
	填充焊	焊接材料，焊接方式，焊接规范，层间温度	VT、卡表、测温仪	焊接质量检查记录	质检员
	盖面焊	余高控制，表面成形	VT、焊缝量规	焊接质量检查记录	质检员
	后热	后热温度，后热方式，持续时间	VT	焊接质量检查记录	质检员
焊后检验	外观	焊缝尺寸、角变形、咬边、表面气孔、表面裂纹、表面凹坑、引熄弧部位的处理、未熔合、引熄弧板处理	VT、焊缝量规、直尺、缺口尺、MT 等	焊接质量检查记录MT 检验记录	质检员 NDT 人员
	内部	气孔、未焊透、夹渣、裂纹等	UT	UT 检验记录	NDT 检查员

8. 安 全 措 施

8.1　管理制度

8.1.1　加强安全教育，使焊接操作人员牢固树立"安全第一、预防为主"的思想，认识到安全生产、文明施工的重要性，严格执行安全生产三级教育。

8.1.2　严格执行现场安全生产有关管理制度，建立奖罚措施，并定期检查考核。

8.1.3　根据工程特点编制焊接操作规程和作业人员岗位职责，确保分工明确、责任到人。

8.2　技术安全措施

8.2.1　电焊机必须有独立的专用电源开关，确保一机一闸；电焊机裸露接线柱必须设有防护罩；室外使用的电焊机必须有防雨雪设施。

8.2.2 电焊机必须良好接地，电动工具必须安装漏电保护器，用电设备及其电缆的拆除、现场维修均由专业电工完成，保证用电安全。

8.2.3 电缆线应使用整根导线，中间不应有连接接头；电缆线外皮必须完整、绝缘良好、柔软，外皮破损时应及时修补完好；现场电缆必须布置有序，不得互相交错缠绕。

8.2.4 焊枪、电焊钳必须有良好的绝缘性和隔热性，手柄要有良好的绝缘层；电焊钳与焊接电缆连接应简便牢靠、接触良好；电焊钳应保证焊条在任意位置都应处于夹紧状态，且更换焊条安全方便。

8.2.5 焊工必须持证上岗，操作过程中严格执行国家有关标准关于安全帽、安全带及绝缘鞋等的规定。

8.2.6 严禁在明火附近焊接作业，焊接作业现场严禁吸烟。氧气、乙炔、油漆等易燃易爆物料与焊接作业点火源距离不应小于10m。氧气、乙炔、二氧化碳气使用时相互间距离要大于10m，并要放在安全处按规定正确使用。

8.2.7 焊接平台上应做好防火措施，防止火花飞溅引燃起火；电焊、气割时，先观察周围环境有无易燃物后才进行工作，并用火花接取器接取火花，防止火灾发生；焊接、切割完毕，应及时清理现场、彻底消除火种，经专人检查确认完全消除危险后，方可离开现场。

9. 环 保 措 施

环保措施主要从污染源的控制、传播途径治理、个人防护和环保教育等四方面进行。

9.1 污染源控制

9.1.1 焊接方法选择时，焊接条件允许的前提下优先选用自动化程度高的焊接方法进行焊接。

9.1.2 通过选择合理的焊接坡口形式、焊接顺序，避免或减少封闭区域焊接，改善焊工的作业条件，减少电焊烟尘污染。

9.1.3 选用低尘低毒性焊接材料，以降低电焊烟尘的浓度和毒性。

9.2 传播途径治理

9.2.1 改善作业场所的通风条件，当封闭或半封闭结构施工时必须有机械通风措施。

9.2.2 车间焊接时，通过在墙体表面采用吸声、吸收材料进行装饰等措施，降低焊接场所的焊接噪声，减少焊接弧光的反射，加强对操作者的保护。

9.2.3 焊接时保证工件接地良好，控制作业场的温、湿度，控制焊接时电磁辐射对操作者的伤害。

9.3 个人防护

焊接作业人员必须使用相应的防护眼镜、面罩、口罩、手套、防护服、绝缘鞋等，若在封闭或半封闭机构内工作时，还需佩戴使用送风面罩。

9.4 强化职业卫生宣传教育及现场跟踪监测工作

对电焊作业人员应进行必要的职业安全卫生知识教育，提高其职业卫生意识，降低职业病发病率。同时，还应对焊接作业场所的尘毒危害进行定期监测，对作业人员定期进行体检，以便及时发现问题，预防和控制职业病。

10. 效 益 分 析

本工法经济效益是巨大的，环保节能和社会效益是明显的。

10.1 经济效益分析

为了测算本工法的经济效益，以截面为1200mm×1200mm×600mm的两段箱形构件现场焊缝对接焊接为例进行测算。焊接相关参数如下：

焊接方法：手工电弧焊

焊缝长度：4.8m

坡口形式：V35°＋8mm

表 10.1 是单吨 Q460 和 Q345GJ 级钢材料及焊接直接费用计算结果。

经济效益对照表　　　　　　　　　　　　　　　　　表 10.1

项　　目		Q345GJE	Q460E
钢材费	钢材重量	5.76t	4.52t
	钢材单价	11000 元/t	13500 元/t
	钢材费用	63360 元	61020 元
焊材费	焊材牌号	CHE507	CHE557
	填充量	204.5kg	231.4kg
	熔敷效率	65%	65%
	焊材消耗	484kg	356kg
	焊材单价	5.8 元/kg	10.4 元/kg
	焊材费用	2807.2 元	3702.4 元
附加费	电加热耗电量	34680kW·h	25344kW·h
	电焊机耗电量	9600kW·h	7040kW·h
	烘干箱耗电量	150kW·h	100kW·h
	电力单价	1.0 元/kW·h	1.0 元/kW·h
	电力费用	44430 元	32484 元
人工费	工作时间	60 工日	44 工日
	劳力单价	120 元/工日	120 元/工日
	劳力费用	7200 元	5280 元
合计		117797.2 元	102486.4 元
单吨直接费		20450.1 元/t	22673.9 元/t

以国家体育场钢结构工程为例，其 Q460 级钢总用量约 700t，则该工程由于采用本工法其工程直接费节约为：

20450.1 元/t×933t－22673.9 元/t×700t＝321.6 万元；

节约工日：2809 个工日。

以中央电视台钢结构工程为例，其 Q460 级钢总用量约 2700t，则该工程由于采用本工法预计该工程节约：

直接费节约：20450.1 元/kg×3600t－22673.9×2700t＝1240 万元；

工日节约：11217 个工日。

10.2　环保节能效益分析

本工法的环保节能效益是十分明显的。

以国家体育场钢结构工程为例，其 Q460 级钢总用量约 700t，如采用 Q345 钢材替代，则该工程由于采用 Q460 级钢及本工法导致用钢量节约：

$$(400÷250－1)×700t＝420t$$

以中央电视台钢结构工程为例，其 Q460 级钢总用量约 2700t，如采用 Q345 钢材替代，则该工程由于采用 Q460 级钢本工法导致用钢量节约：

$$(400 \div 250 - 1) \times 2700t = 1620t$$

10.3 社会效益分析

本工法的社会效益是十分明显的，主要表现为：开创了建筑钢结构工程采用 Q460 级钢材工程施工焊接应用的先河，保证了国家体育场钢结构工程的顺利进行，为今后国家有关规范标准相关内容的修订奠定了基础。

目前，本工法的关键技术已被《建筑钢结构焊接技术规程》（JGJ 81）修订时采用。

另外，本工法内容从节约资源角度符合我国的可持续发展战略，有利于推进能源与建筑结合配套技术研发、集成和规模化应用。

11. 应 用 实 例

由于 Q460 钢是应国家体育场钢结构需要首次试制、首次批量生产的建筑结构钢，目前建筑钢结构工程推广应用于中央电视台新台址主楼钢结构工程，因此本工法目前有两个工程实例。

随着 2006 年 9 月国内钢厂的 Q460 级新钢种的产品鉴定的完成，目前国内钢厂已经能够向市场批量供应 Q460 级钢材，为 Q460 级高强结构钢的广泛应用进一步创造了条件，也使本工法具有广阔的推广应用前景。

11.1 国家体育场钢结构工程应用

国家体育场工程为北京"2008"奥运会主会场，其钢结构工程由于其结构跨度大、节点受力复杂，在六个桁架柱下柱顶节点和四个柱脚部位采用了 100/110mm 厚的 Q460E-Z35 厚板，总用钢量约 700t。具体应用部位及节点放大图如图 11.1。

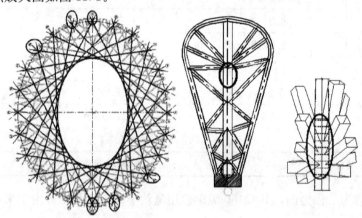

图 11.1　国家体育场 Q460 钢应用部位及节点放大图

在进行 Q460E-Z35 钢厚板焊接施工时，按照本工法规定的焊接工艺、焊接操作及质量控制要点等进行焊接施工，实现全部焊缝自检及第三方检查合格率 100％的佳绩，对保证国家体育场钢结构工程总体进度和工程质量具有重要意义。

11.2 中央电视台新台址工程应用

中央电视台新台址工程 CCTV 主楼由两座塔楼、裙房、悬臂及基座组成，地上 52 层/44 层，地下三层。两座塔楼双向倾斜 6°，顶部通过 14 层高的悬臂结构连成一体，最大高度 234m。裙房为 9 层，与塔楼连为一体。其结构体系为钢巨型框架-支撑体系，造型新颖独特、结构复杂。设计时目字形柱、蝶形牛腿等复杂节点部位因受力复杂等原因采用了 Q460 级钢材，总用钢量约 2700t。图 11.2-1 为中央电视台新台址工程效果图，图 11.2-2 为 Q460 钢应用部位的实物图片。

在进行 Q460 钢厚板焊接施工时，按照本工法规定的焊接工艺、焊接操作及质量控制要点等进行焊接施工，实现全部焊缝自检及第三方检查合格率 100％的佳绩，对保证中央电视台新台址钢结构工程总体进度和工程质量具有重要意义。

图 11.2-1　中央电视台新台址效果图

图 11.2-2　典型应用部位实物图片

国产厚钢板 CO_2 气体保护焊施工工法

YJGF325—2006

中铁建设集团有限公司

钱增志　张淑莉

1. 前　　言

随着建筑行业技术的不断进步，以及我国钢结构施工技术的逐步成熟，钢结构建筑在我国的工业及民用建筑中所占的比例越来越大。在钢材选用上，一直以来，国内的钢结构工程中，有抗层状撕裂要求的高层钢结构用厚钢板只用在超高层钢结构中的特殊部位，且全部由国外进口。中铁建设集团有限公司在工程实际中对国内生产的 Q345GJC-Z15 钢材的焊接性能进行研究、试验，为我国厚板技术的研制、发展及在超高层建筑中的应用提供了有力的数据。CO_2 气体保护焊是 20 世纪 50 年代发展起来的一种焊接技术，根据自动化程度分为自动焊接和半自动焊接两种，近年来在我国开始推广应用。在建筑钢结构中 CO_2 气体保护焊主要使用半自动气体保护焊技术。中铁建设集团有限公司总结的国产厚板 CO_2 气体保护焊施工技术通过了中国铁道建筑总公司组织的技术评审，评审组认为该技术达到国内领先、国际先进水平。公司完成的《国产厚板 CO_2 气体保护焊施工工法》获得了铁道部级工法。

2. 工 法 特 点

2.1　采用半自动 CO_2 气体保护焊，降低焊接成本 40%，焊接速度为传统手工电弧焊的 1～4 倍。主要优点如下：

2.1.1　焊接成本低。半自动 CO_2 气体保护焊其成本只为手工电弧焊和埋弧焊的 40%～50%。

2.1.2　生产效率高。半自动 CO_2 气体保护焊的穿透能力强，熔深比手工电弧焊大，熔敷速度快，可减少焊接层数，生产效率是手工焊的 1～4 倍。

2.1.3　抗锈蚀能力强、抗裂性好。CO_2 气体保护焊熔渣少，电弧气氛中的含氢量较易控制，可减少发生冷裂纹倾向。

2.1.4　明弧焊。CO_2 气体保护焊电弧可见，能观察到焊接的全过程，容易操作，可进行全位置焊接。

2.1.5　焊后变形量小。CO_2 气体保护焊的电弧热量较集中，焊接速度快，熔池小，气体对焊缝区有冷却作用，热影响区窄，使构件焊后变形小。

2.2　通过试验确定了国产厚钢板的焊接方法、焊接材料、焊接速度、电流大小、一层焊接厚度等参数。

3. 适 用 范 围

高层钢结构建筑中国产厚钢板（40～100mm，Q345GJC、Q345C）的焊接。

4. 工 艺 原 理

CO_2 气体保护焊是熔化极气体保护焊的一种，也是熔化极电弧焊的一种，其电弧产生及焊接过程原理与手工电弧焊、埋弧焊相似，其区别在于没有手工焊条药皮及埋弧焊剂所产生的大量熔渣；所使用的熔化电极为实心焊丝或药芯焊丝；由保护气罩导入的CO_2气体或与其他惰性气体混合的混合气体围绕导丝嘴及焊丝端头隔离空气，对电弧区及熔池起保护作用。

5. 施工工艺流程及操作要点

5.1 焊接工艺流程（图5.1）

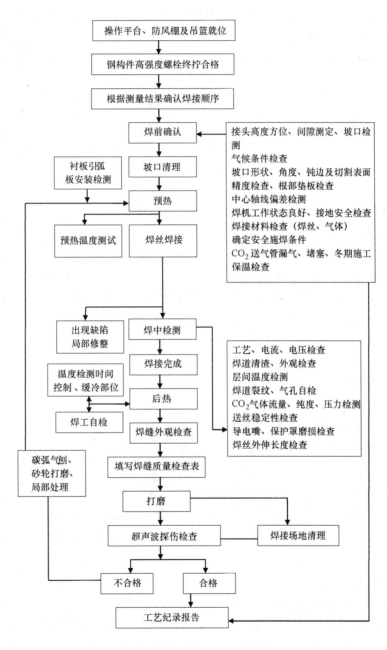

图5.1 焊接工艺流程图

5.2 施工准备

5.2.1 焊接材料检验

（1）焊接材料的合格证、检验报告等材质证明齐全。焊接材料的品种、规格、性能等应符合现行国家产品标准和设计要求。

（2）现场焊接用的焊接材料（焊丝、CO_2 气）进行抽样复验、复验结果应符合现行国家产品标准和设计要求。

（3）焊丝包装应完好，如有破损而导致焊丝污染或弯折、紊乱时应部分弃之。

（4）CO_2 气体纯度应不低于 99.9％（体积比），含水量应低于 0.005％（重量比），瓶内高压低于 1MPa 时应停止使用。

（5）焊丝等焊接材料与母材的匹配应符合设计要求及国家现行行业标准《建筑钢结构焊接技术规程》的规定。

（6）实心焊丝及熔嘴导管应无油污、锈蚀、镀铜层应完好无损。

5.2.2　焊接工艺评定、焊工考试

1. 根据《建筑钢结构焊接技术规程》JGJ 81—2002 规程的要求进行焊接工艺评定，并根据评定报告确定焊接工艺。

2. 焊工必须经考试合格并取得合格证书。持证焊工必须在其考试合格项目及其认可范围内施焊。

5.2.3　焊缝剖口检查

（1）焊缝的坡口形式、位置、间隙等符合设计和规范要求；缺棱为 1～3mm 时，必须修磨平整；缺棱超过 3mm 时，用直径不超过 3.2mm 的低氢型焊条补焊，并修磨平整。坡口的表面不得有台阶。

（2）严禁在接头间隙中填塞焊条头、铁块等杂物，焊缝内清理干净，并隐检合格。

5.3　现场焊接工艺

5.3.1　焊接顺序

（1）平面内焊接顺序：按照结构对称、节点对称和全方位对称焊接的原则。焊接时应根据结构体形特点选择若干基准柱或基准节间，由此开始焊接主梁与柱之间的焊缝，然后向四周扩展施焊，以避免收缩变形向一个方向积累。

（2）竖向上的焊接顺序：一节柱之各层梁安装好后应先焊上层梁后焊下层梁，以使框架稳固，便于施工。

（3）柱—梁节点上对称的两根梁应同时施焊，而一根梁的两端不得同时施焊作业，须焊接完一端并冷却后，方可焊接另一端。

（4）全焊接节点：焊下翼缘→焊上翼缘→焊接腹板。

（5）栓、焊混合节点：先高强螺栓连接→焊下翼缘→后上翼缘。

5.3.2　焊接一般规定

（1）焊接作业区风速超过 2m/s 时，采取防风措施。

（2）焊接作业区的相对湿度超过 90％ 时，应停止焊接。当焊接表面潮湿或有冰雪覆盖时，应用特制烤枪加热去湿除潮。遇雨、雪天时应停焊，环境温度低于零度时，应按规定采取预热和后热措施施工。

（3）引弧板、引出板、垫板要求：

1）不应在焊缝以外的母材上打火、引弧；

2）T 形接头、十字接头、角接接头和对接接头主焊缝两端，必须设置引弧板和引出板，其材质应和被焊母材相同，坡口形式与被焊焊缝相同，禁止使用其他材质的材料充当引弧板和引出板；

3）焊缝引出长度应大于 25mm。其引弧板和引出板宽度应大于 50mm，长度宜为板厚的 1.5 倍且不小于 30mm，厚度应不小于 6mm；

4）焊接完后，用火焰切割去除引弧板和引出板，并修磨平整。不得用锤击落引弧板和引出板；

5）装焊垫板及引弧板，其表面清洁程度要求与坡口表面相同，垫板与母材应贴紧，引弧板与母材焊接应牢固。

（4）多层焊的施焊规定：厚板多层焊接应连续施焊，第一层的焊道应封住坡口内母材与垫板的连接处，然后逐道逐层累焊至填满坡口，每一道焊道焊接完成后应及时清理焊渣和表面飞溅物，发现影响焊接质量的缺陷时，应清除后方可再焊。在连续焊接过程中应控制焊接区母材温度，使层间温度的上下限符合焊接工艺文件的要求。遇有中断施焊的情况，应采取适当的后热、保温措施，再次焊接时重新预热温度应高于初始预热温度。

（5）预热规定：焊前用气焊或特制烤枪对坡口及其两侧各 100mm 且大于板厚的 1.5 倍范围内的母材均匀加热，并用表面测温计测量温度，防止温度不符合要求或表面局部氧化，预热温度符合焊接工艺评定和《建筑钢结构焊接技术规程》JGJ 81—2002 的规定。实际施工时尚应满足以下规定（表5.3.2）：

常用结构钢材焊前最低预热温度要求（规范要求）　　表 5.3.2

钢材牌号	接头最厚部件的板厚 t(mm)				
	$t<25$	$25\leqslant t\leqslant40$	$40\leqslant t<60$	$60<t\leqslant80$	$t>80$
Q235	—	—	60～90℃	80～100℃	100℃
Q295、Q345	—	60～80℃	80～100℃	100～120℃	140℃

注：1. 本表的施工作业环境温度条件为常温。

　　2. 0℃以下焊接时，按实验的温度预热。

（6）后热：板厚超过 30mm，且有淬硬倾向和约束度较大的低合金结构钢的焊接，必要时可进行后热处理，后热温度 200～300℃，后热时间：1h/每 25mm 板厚，后热处理应于焊后立即进行。

5.3.3 典型节点的焊接顺序和工艺参数（表5.3.3-1、表5.3.3-2 及表5.3.3-3）

（1）箱形柱-柱节点形式和焊接顺序（图5.3.3-1、图5.3.3-2 和图5.3.3-3）

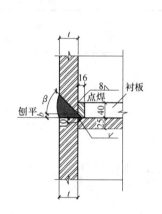 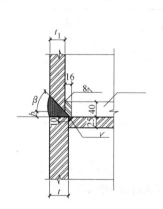 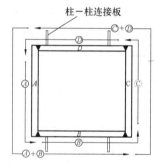

(A)、(C) 焊至 1/3 板厚→割耳板→(B)、
(D) 焊至 1/3 板厚→(A)、(B)、(C)、
(D) 或 (A) + (B)、(C) + (D)

图 5.3.3-1　箱形柱的焊接形式一　　图 5.3.3-2　箱形柱的焊接形式二　　图 5.3.3-3　箱形柱—柱节点焊接顺序

先在上下柱无耳板侧由两名焊工在两侧对称焊至板厚的 1/3 处时，切去耳板。然后在切去耳板侧由两名焊工在两侧对称焊至板厚的 1/3 处。再由两名焊工分别承担相邻两面的焊接。每两层之间焊道的接头应相互错开，两名焊工焊接的焊道接头也要注意每层错开，焊接过程中要注意检测层间温度。每道焊缝的宽度、厚度为 4～5mm。

焊接工艺参数（根据焊接工艺评定所定）　　表 5.3.3-1

预热温度（℃）	道次	焊接设备型号	焊丝牌号、规格	气流量（L/min）	电流（MA）	电压（V）	焊接速度（mm/min）	层间温度（℃）
80～100	打底 1-2	NBC-500A	JM-56 $\phi1.2$	40～50	290～310	36～38	350～450	120～150
	中间			40～50	300～320	36～40	350～450	
	盖面			40～50	270～290	36～38	350～450	

（2）柱-梁、梁-梁节点（图5.3.3-4 和图5.3.3-5）

先焊梁的下翼缘，梁腹板两侧的翼缘焊道要保持对称焊接。待下翼缘焊完，然后焊接上翼缘。如翼缘板厚大于 30mm 时，宜上下翼缘轮换施焊（图5.3.3-6）。

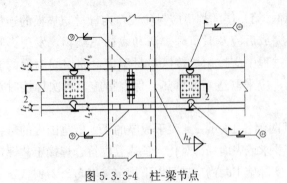

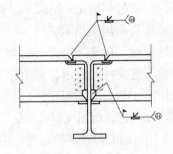

图 5.3.3-4　柱-梁节点

图 5.3.3-5　梁-梁节点

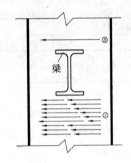

注：下翼（A）左→左→左→右→右→右

上翼（B）分层多道焊完

此顺序也适用于 H 形肩梁（梁）-梁翼缘焊接

图 5.3.3-6　梁翼缘焊接顺序

焊接工艺参数（根据现场焊接工艺评定报告确定）　　　　表 5.3.3-2

道　　次	焊接设备型号	焊丝牌号、规格	气流量 （L/min）	电流 （MA）	电压 （V）	焊接速度 （mm/min）
1-2	NBC-500A	JM-56 $\phi 1.2$	40～50	290～310	36～38	350～450
中间			40～50	300～320	36～40	350～450
盖面			40～50	270～290	36～38	350～450

（3）斜支撑连接

先焊斜支撑的下翼缘，再焊上翼缘，最后焊接腹板。斜支撑上下翼缘焊接同梁上下翼缘焊接。腹板焊接为立焊，节点形式、焊接顺序如图 5.3.3-7：

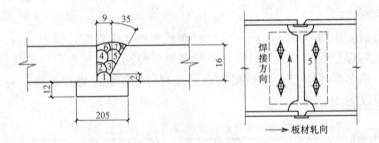

图 5.3.3-7　斜支撑腹板焊接顺序（单位：mm）

焊接工艺参数（CO_2 气体保护焊）　　　　表 5.3.3-3

道　　次	焊接设备型号	焊丝牌号、规格	气流量 （L/min）	电流 （MA）	电压 （V）	焊接速度 （mm/min）
1	NBC-500A	JM-56 $\phi 1.2$	40～50	290～310	36～38	350～450
中间			40～50	300～320	36～40	350～450
盖面			40～50	270～290	36～38	350～450

6. 材料与设备

主要焊接材料及设备见表6-1、表6-2。

主要焊接及辅助设备表　　　　表6-1

序号	名　称	型号	容量	数量	用　途
1	CO_2气体保护半自动焊机	NBC-500	500A	12	钢柱钢梁焊接
2	碳弧气刨	—	630A	2	返修清根
3	特制氧-乙炔烤枪			10	预热、后热
4	空压机	0.6	7.5kW	1	碳弧气刨风源
5	电动角向磨光机	YZH2-40		10	修磨清渣
6	电热烘干箱		7.6kW	1	烘干焊接材料
7	测温仪	500～600℃		10	
8	硅整流焊机	ZX-500A	500A	1	

焊接材料表　　　　表6-2

序　号	名　称	规　格	用　途
1	CO_2气保焊丝	JM-56(锦泰)	CO_2气体保护焊丝
2	CO_2气体	气体纯度不低于99.9%	保护作用

7. 质 量 控 制

7.1 焊缝外观质量检验标准

7.1.1 所有焊缝应冷却到环境温度后进行外观检验；

7.1.2 外观检查一般用目测，裂纹的检查应辅以5倍放大镜在合适的光照条件下进行，必要时可采用磁粉探伤，尺寸的测量采用量具、卡规。

7.1.3 焊缝外观检测标准：

（1）一级焊缝不得存在未焊满、根部收缩、咬边和接头不良等缺陷，一级焊缝和二级焊缝不得存在表面气孔、加渣、裂纹和电弧擦伤等缺陷；焊缝的焊脚尺寸的规定见表7.1.3-1。

焊缝的焊脚尺寸允许偏差　　　　表7.1.3-1

序　号	项　目	示　意　图	允许偏差(mm)
1	一般全焊透的角接与对接组合焊缝		$h_f \geqslant (t/4)^{+4}_{0}$ 且$\leqslant 10$
2	需疲劳验算的全焊透角接与对接组合焊缝		$h_f \geqslant (t/2)^{+4}_{0}$ 且$\leqslant 10$
3	角焊缝及部分焊透的角接组合焊缝		$h_f \leqslant 6$时：$0\sim1.5$ $h_f > 6$时：$0\sim3.0$

注：1. $h_f > 8.0$mm的角焊缝其局部焊角尺寸允许低于设计要求值1.0mm，但总长度不得超过焊缝长度10%；
　　2. 焊接H形梁腹板与翼缘板的焊缝两端在其两倍翼缘板宽度范围内，焊缝的焊脚尺寸不得低于设计值。

（2）焊缝的余高及错边的规定（表7.1.3-2）

焊缝余高和错边允许偏差 　　　　　　表7.1.3-2

序号	项目	示　意　图	允许偏差（mm）	
			一、二级	三级
1	对接焊缝余高（C）		$B<20$：$0\sim3.0$ $B\geqslant20$：$0\sim4.0$	$B<20$：$0\sim4.0$ $B\geqslant20$：$0\sim5.0$
2	对接焊缝错边（d）		$d<0.1t$，且$\leqslant2.0$	$d<0.1t$，且$\leqslant3.0$
3	角焊缝余高（C）		$h_f\leqslant6$时：C为$0\sim1.5$ $h_f>6$时：C为$0\sim3.0$	

7.2　焊缝内部缺陷的检验：（采用无损探伤方法）

7.2.1　一级焊缝应进行100％的检验，其合格等级应为现行国家标准《钢焊缝手工超声波探伤方法及质量分级法》GB 11345 B级检验的Ⅱ级及Ⅱ级以上；

7.2.2　二级焊缝应进行抽检，抽检比例应不小于20％，其合格等级应为现行国家标准《钢焊缝手工超声波探伤方法及质量分级法》GB 11345 B级检验的Ⅲ级及Ⅲ级以上；

7.2.3　全焊透的三级焊缝可不进行无损检验。

8. 安 全 措 施

8.1　防止触电

8.1.1　焊接设备外壳，必须有效地接地或接零。

8.1.2　焊接电缆，焊钳及连接部分，应有良好的接触和可靠的绝缘。

8.1.3　焊接机械应放置在防雨和通风良好的地方，交流弧焊机变压器的一侧电源线长度应不大于5m，进线必须设置防护罩。

8.1.4　装拆焊接设备与电力网连接部分时，必须切断电源。

8.1.5　焊工工作时，必须穿戴防护用品，如工作服、手套、胶鞋并应保证干燥和完整。

8.1.6　焊机前应设漏电保护开头，即"一机一闸"制。

8.2　设备与工具安全注意事项

8.2.1　焊接设备和用具应装在专门铁箱内提升到所在楼层上，搁置要稳固，摆放要整齐。分配电箱应设置在焊接设备的附近，便于操作，保证安全。

8.2.2　气瓶应装在专门的铁笼中提升，笼顶用铁板封闭，以防坠落的物件砸坏仪表。

8.2.3　手持电动工具的负荷线，必须采用耐气候的橡皮护套铜芯软电缆并不得有接头。

8.2.4　手持电动工具的外壳，手柄负荷线、插头、开头等必须完好无损，使用前必须作空载检查，运转正常后方可使用。

9. 环 保 措 施

9.1 焊工必须戴防护面罩（内镶滤光玻璃）。

9.2 在公众场所焊接，须装置活动挡光屏。

9.3 焊接工作场所应该有良好的通风、排气装置，有良好的照明。

9.4 焊接工作场所周围 5m 以内不得存在有易燃、易爆物品。

9.5 焊工高空作业时要载安全带，随身工具及焊条均应放在专门容器或布袋中。

10. 效 益 分 析

中关村金融中心工程为世界上独一无二的双曲面结构，首次采用了国产高层钢结构用厚钢板（Q345GJC Z15）。为我国超高层钢结构施工提供了成功的实例和宝贵的经验。取得了显著的经济效益。

10.1 主要社会效益

中关村金融中心工程首次采用国产超高层钢结构用钢材（Q345GJC），除了良好的经济效益外，对我国国产钢材的生产发展起到了很大的推动作用；

全钢结构与钢筋混凝土、钢骨混凝土等结构相比较，从施工到使用均更加环保，从长远的角度来说，便于回收利用，对社会和后代具有财富储备的效果。

10.2 主要经济效益

10.2.1 采用国产钢材，比采用国外进口钢材节约资金 560 万元。

10.2.2 采用钢结构先进的焊接方法节约资金约 30 万。

11. 应 用 实 例

我公司承建的中关村金融中心工程总占地面积 1.3 万 m^2，总建筑面积 11.18 万 m^2，由塔楼、配楼、连廊三部分组成。其中塔楼地下 4 层，地上 35 层，总高 150m，地下室为钢筋混凝土结构，地上为钢框架-支撑结构体系。其中地下一层到地上三层为钢骨混凝土结构，三层以上为全钢结构。

中关村金融中心工程总用钢量 15000t，钢构件总数量达 12702 件，其中钢柱最重达到 19.8t，钢梁最大跨度 14.5m。钢柱首次采用国产 Q345GJC 钢材，其中厚度 40mm 以上钢板为 Q345GJC—Z15。钢梁为焊接及轧制 H 形钢，材质为 Q345C。在该工程中运用此工法，共施焊 16215 条焊缝，其中Ⅰ级焊缝 13212 条，焊缝一次检验合格率达 99% 以上，该工程获得了全国优秀焊接工程一等奖。采用此工法焊接速度比传统的手工电弧焊快 4 倍，节约了施工工期，平均每月完成 6 层，最快每月 9 层。

液压顶升吊装系统大型设备施工工法

YJGF326—2006

中国石油天然气第六建设公司

程立允　关则新　张仕经　毛善荣　黄建华

1. 前　言

把液压技术应用于吊装的过程中，这在国内早已有先例，如大跨度建筑结构、路桥工程、特种结构（如电视塔的发射天线）等的吊装，都早已把液压技术溶入吊装过程，并且已经应用成熟。但国内在石油化工设备（这里所说的石油化工设备是指立式圆筒形的反应器及塔类设备）吊装的方面应用液压技术这还是从 2003 年才开始的，而国外从 70 年代初就已经有这方面的应用，特别是在采用了微电脑控制液压同步提升技术之后，吊装系统的自动化程度高，操作方便灵活，安全性好，可靠性高，适应面广，通用性强，至今早已是成熟的技术了。微电脑控制液压同步提升技术是一项新颖提升安装施工技术，它采用液压油缸集群、微电脑控制、液压同步提升新原理，结合现代化施工工艺，将大型设备整体提升到预定位置安装就位，可以实现超大型设备及大吨位、大跨度、大面积的构件整体同步提升。本工法关键技术"液压顶升吊装系统吊装大型设备施工技术"，于 2007 年 4 月 29 日通过了中国石油和化学工业协会的科技鉴定。

目前国内用于石油化工设备吊装的液压吊装系统主要有两种，一种是采用钢缆式千斤顶的液压提升式吊装系统，这种钢缆式千斤顶的适用面较广，但在现场的使用和操作不方便，钢缆的储存和保管困难。图 1-1 是钢缆式千斤顶的液压提升式吊装系统。

另一种是图 1-2 所示的爬升式千斤顶的液压顶升式吊装系统，这种爬升式千斤顶的液压顶升式吊装系统，主要是通过千斤顶沿着方钢向上爬升来吊装设备。这种千斤顶不论是使用安装、还是吊装操作都非常方便，而且对维护保养的要求也不高，这种吊装系统非常适合对石油化工设备的吊装。针对我公司主要是从事石油化工装置的施工安装这种具体情况，经过长时间的调查、分析、比较和技术论证，我公司引进了爬升式千斤顶液压顶升吊装系统，以满足中国石油和化工领域近期和长期发展的需要。

图 1-1　钢缆式千斤顶的液压提升式吊装系统

图 1-2　爬升式千斤顶的液压顶升式吊装系统

2. 工 法 特 点

液压顶升式吊装系统采用的液压千斤顶的工作方式为爬升式，通过千斤顶沿着方钢向上爬升来吊装设备。方钢通过滑行夹被固定在塔架上，塔架的作用是保持方钢的垂直度，塔架本身并不承受设备吊装载荷。塔架通过每隔3m设置的滑行连接保持方钢的稳定，将方钢固定在滑行夹上，这样可以解决方钢的垂直运动但制约了横向运动。塔架的结构形式为销连接的可拆装的片式桁架结构，利于塔架的拆、装、保管和运输。

本工法的门式液压顶升吊装系统根据设备吊装的需要，可以有单门形（图2-1）、表2-1和双门形（图2-2）表2-2不同的组合方式。

图 2-1　单门形组合

图 2-2　双门形组合

单门形组合的吊装能力			表 2-1
每根桅杆的方钢数量	1	2	3
每根桅杆千斤顶的数量	1	2	3
最大起重量	800	1600	2400
最大高度	160	120	84

双门形组合的吊装能力			表 2-2
每根桅杆的方钢数量	1	2	3
每根桅杆千斤顶的数量	1	2	3
最大起重量	1600	3200	4800
最大高度	160	120	84

每根桅杆根据需要可以安装1根、2根或是3根方钢，方钢的规格为200mm×200mm，每根方钢承载能力为400t，供1台400t的爬升式液压千斤顶工作。

门式液压顶升吊装系统可以通过不同的组合方式，可以达到不同的吊装能力，从而满足不同重量的设备吊装要求；本系统桅杆的最大高度为160m，最大起重量为4800t，可以满足超高、高基础的重型设备吊装要求，特别适合于石油化工设备中的大型、重型设备吊装；门式液压顶升吊装系统采用微电脑控制，可以全自动完成同步升降、实现力和位移控制、操作闭锁、过程显示和故障报警等多种功能，是集机、电、液、传感器、微电脑和控制技术于一体的现代化先进设备。本工法具有如下特点：

• 起重能力大，吊装的高度高，设备体积小，自重轻，特别适宜于在狭小空间或室内进行大吨位设备提升；

• 超强的安全性能，提升油缸锚座、锚爪具有逆向运动自锁性，使提升过程十分安全，并且构件可在提升过程中的任意位置长期可靠锁定；

• 低廉的进退场费和使用费用；

• 简单快捷的安装；

- 简便精确的操作，提升系统具有毫米级的微调功能，能实现空中垂直精确定位；
- 独特的结构和工作方式；
- 对地基的要求低。

3. 适 用 范 围

3.1 石油化工装置中的超大型、超重型的塔设备及反应器等设备的吊装，这类设备采用传统起重桅杆及吊车无法吊起；

3.2 桥梁工程的吊装及大型钢结构的吊装；

3.3 在施工安装的过程中，需要将设备或构件在一定高度停留超长时间的吊装；

3.4 在没有重型起重机械的情况下，比如偏远的工地；

3.5 在场地受限制地方进行的设备吊装，如在厂房内的发电机转子、定子等大型设备的吊装，以及有特殊要求的吊装，如在石化装置扩建中的大型设备吊装；

4. 工 艺 原 理

爬升式液压千斤顶主要是通过千斤顶沿着方钢向上爬升来吊装设备（图 4-1），方钢被固定在桅杆的滑行夹上（图 4-2）。

图 4-1 液压千斤顶　　　　　　　　　　　　　　　图 4-2 滑行夹

桅杆的作用是保持方钢的垂直，其本身并不承受设备吊装的负荷，桅杆通过每 3m 的滑行连接保持方钢的稳定，这样可以解决方钢的垂直运动但制约了横向运动。所吊装设备的重量通过吊装梁作用到爬升式千斤顶上，然后再通过方钢传递到桅杆的底座和地基上。

爬升式液压千斤顶主要由两个主液压缸、上下两个锚座、4 块锚爪块组成。锚爪块上有许多细齿，而且锚爪块的硬度要比方钢高一些，因此锚爪块在夹紧方钢的时候，其齿面可以咬入方钢的表面。锚爪块与锚座的接触面为斜面，使得吊装的设备重量越重、作用在锚爪块上的负荷越大时，锚爪块与方钢之间就夹得越紧，图 4-3。

爬升式液压千斤顶的工作原理见组图图 4-4～图 4-13，下面是爬升式液压千斤顶一个行程工作过程的示意图，经过多次的重复、多个行程后，爬升式液压千斤顶将设备顶升到达就位的位置。

液压爬升吊装系统主要由三部分组成，一是由吊装梁、爬升式千斤顶、方钢、底座及地基组成的承重系统，负责承受吊装设备的全部负荷；二是由桅杆、拖拉绳及地锚组成的扶正系统，负责保证方钢在吊装过程中保持垂直；三是由动力撬、传感器、微电脑及远程监视等组成的动力和控制系统，负责控制液压千斤顶的同步爬升。在采用了微电脑控制液压比例同步爬升技术之后，吊装系统的安全性、可靠性、自动化程度和操作的方便灵活性得到了极大地提高，这样可以有效地提高整个系统的同步调节性能。

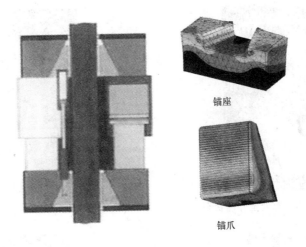

图 4-3　锚爪块与锚座

图 4-4　爬升式千斤顶的正面图

图 4-5　爬升式千斤顶的背面图，4 块锚爪块的开启与闭合则通过 4 个小的液压缸来控制

图 4-6　第一步，上下锚爪都处于开启状态

图 4-7　第二步，将千斤顶安装到方钢上

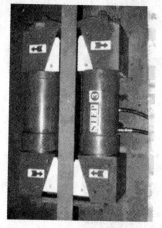

图 4-8　第三步，闭合锁紧下锚爪

图 4-9　第四步，主液压缸向上顶升一个行程

图 4-10　第五步，闭合锁紧上描爪

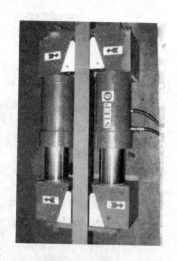

图 4-11　第六步，开启下锚爪

　　微电脑通过行程编码器和比例阀来对千斤顶的同步爬升进行控制，行程编码器可以反映主油缸的位置情况；通过小液压缸和接近传感器来对上下锚爪的开和闭进行控制，接近传感器可以反映上下锚具的松紧情况；通过压力传感器来对千斤顶的负荷进行控制，通过现场实时网络监测每个吊点的载荷变化情况，如果吊点的载荷有异常的突变，则微电脑会自动停机，并报警示意。上述的这些传感检测元件提供了爬升千斤顶的位置信息、载荷信息和整个被提升构件空中姿态信息，这些信息通过现场实时网络传输给主控微电脑，主控微电脑可以获取所有提升油缸的当前状态。根据提升油缸的当前状态，主控微电脑综合用户的控制要求（例如手动、自动、升降等）可以决定提升油缸的下一步动作。

图 4-12　第七步，主液压缸向上缩回

图 4-13　第八步，闭和锁紧下锚爪

5. 施工工艺流程及操作要点

5.1　施工工艺流程

施工工艺流程见图 5.1。

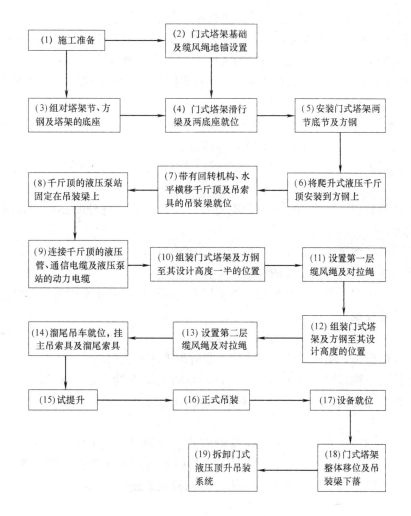

图 5.1　施工工艺流程图

5.2 操作要点

5.2.1 施工准备

1. 技术准备

编制吊装方案，对缆风绳、塔架、地基、地锚、设备的本体及吊耳、吊具和索具等所有的受力部件进行核算。

2. 机具准备

包括吊装系统的配置、吊索具的准备，以及专用吊具的设计和制造。

3. 人员的准备

对参与吊装作业的人员进行培训，使作业人员对吊装方案都有清楚地理解。

4. 场地的准备

包括设备摆放的场地、吊车的吊装站位以及行走的道路等。

5.2.2 缆风绳锚点的位置，一般情况下是布置在门式塔架的正前方、正后方及左侧、右侧，但根据现场的具体情况可以作适当地调整；门式塔架基础及地锚的结构形式按设计的要求进行设置。

5.2.3 组对塔架节时，要注意连接销的方向不要装反，方钢压板的螺栓不能上紧。

5.2.4 门式塔架滑行梁及两底座就位时，需控制滑行梁的水平度及平行度；两底座方钢承插座的距离必须与吊装梁两端方钢孔的距离相符。另外如果不用回转机构吊装双吊耳的设备时，需要特别注意的是，两底座中心的连线必须与设备就位时两吊耳之间的轴线同在一个垂直面上，以利于设备的准确就位。

5.2.5 塔架的两节底节及方钢安装，需要注意控制方钢的垂直度。

5.2.6 在将爬升式液压千斤顶安装到方钢上之前，必须对液压千斤顶作全面地检查及维护保养，各运动的部位都要有润滑，锚爪的齿缝应清洁干净，齿形应符合要求。

5.2.7 回转机构及水平横移千斤顶同样要作全面地检查及维护保养之后才能安装使用；吊索具的规格及绳扣的长度要经过确认复核后才能装配。

5.2.8 液压泵站固定的方式及固定的位置应视吊装现场的具体情况而定，在安全可靠，不影响设备吊装的前提下，应尽可能地便于液压泵站操作和检查。

5.2.9 千斤顶与液压泵站之间的液压管连接，需要注意的是不要将上、下锚爪的液压管接口搞错。

5.2.10 方钢在组装前，需要用电动钢丝刷对其 4 个面进行彻底地除锈，门式塔架及方钢在组对时，注意控制垂直度。

5.2.11 塔架中部的缆风绳及对拉绳应按设计的要求设置，每根缆风绳上都应装有拉力计监测缆风绳的受力，缆风绳的预紧力应与设计的要求相符合。

5.2.12 与 5.2.8 相同，方钢在组装前，需要用电动钢丝刷对其 4 个面进行彻底地除锈，门式塔架及方钢在组对时，注意控制垂直度。

5.2.13 与 5.2.9 相同，塔架顶部的缆风绳及对拉绳应按设计的要求设置，每根缆风绳上都应装有拉力计监测缆风绳的受力，缆风绳的预紧力应与设计的要求相符合。

5.2.14 一般情况下选择履带吊作溜尾吊车，吊车的工况按设计的要求选用，溜尾吊车的行走道路必须坚实平整，地面需要经过压实处理，履带的接地压强要进行核算，必要时需要垫上路基板或厚钢板。

5.2.15 解除设备与地面的所有连接，主吊的门式液压顶升吊装系统与溜尾的履带吊共同将设备吊起离开支座约 200mm 后停止提升，在此状态下认真检查门式液压顶升吊装系统的工作情况（缆风绳、地锚、千斤顶、液压泵站、微电脑控制系统、传感检测系统等）；检查所有受力的部位有无变化，地基有无下陷。

5.2.16 正式吊装的过程中要密切地监测方钢的垂直度及缆风绳的受力有无变化；在提升的过程

中，要注意让主吊索具与溜尾索具尽量保持垂直。

5.2.17 可以利用回转机构以及设备在吊装梁上横移等方式来便于设备就位。

5.2.18 调整缆风绳，先松一侧，再紧另一侧，使门式塔架的垂直度变成向前倾100mm；然后启动固定在底座滑行梁上的两台100t千斤顶，将门式塔架向前移动200mm，使门式塔架的垂直度由原来的前倾100mm变成向后仰100mm；再重新调整缆风绳和向前移动门式塔架；经过反复多次重复和循环后，将吊装梁移出设备的顶部，然后将吊装梁降落至地面。

5.2.19 先拆除顶层的缆风绳及对拉绳，然后从上往下逐节拆除塔节。一般来说塔架高度在80m以下的需要一台150t履带吊配合拆除，塔架高度在100m以下的需要一台250t履带吊配合拆除，塔架高度超过100m的需要一台400t履带吊配合拆除。

5.3 劳动力组织（表5.3）

劳动力组织情况表 　　　　　　　　　　　　　　　　　　　　　　表5.3

序号	岗　位	人数	职　责
1	项目经理	1	全面负责吊装施工
2	项目副经理	1	负责现场的施工生产工作
3	起重吊装工程师	1	编制吊装方案，现场进行技术指导
4	液压提升操作员	2	负责液压吊装系统的操作
5	测量员	3	监测方钢的垂直度及吊装梁的水平度
6	专职安全员	1	负责施工现场的安全管理工作
7	起重工	12	负责系统的装与拆以及设备的吊装工作
8	铆工	2	负责设备就位找正，辅助起重工工作
9	电工	1	负责现场的施工用电
10	钳工	1	负责千斤顶的维护保养
11	仪表工	1	负责仪表及控制系统的维护
12	力工	6	辅助各工种的工作
	合计	32	

6. 材料与设备

以吊装1台重量为1200t，高度为108m，直径为ϕ6m的塔设备为例，需用的主要材料及机具设备（表6）：

主要设备材料表 　　　　　　　　　　　　　　　　　　　　　　表6

序号	名　称	规格型号	单位	数量	备　注
1	塔节	2.2m×3m×12m	节	20	
2	主吊横梁	800t/18m	根	2	
3	爬升式千斤顶	400t	台	4	每台千斤顶均带1套液压泵站
4	底座	1200t	个	2	
5	底座滑行梁	长度15m	根	2	
6	回转机构	1600t	台	1	
7	方钢	200mm×200mm×6000mm	根	40	
8	方钢	100mm×100mm×6000mm	根	2	
9	水平移动千斤顶	100t	台	2	每台千斤顶均带1套液压泵站

续表

序号	名　　称	规格型号	单位	数量	备　　注
10	控制系统		套	1	
11	缆风绳系统		套	1	
12	卸扣	800t	个	2	
13	卸扣	300t	个	2	
14	无接头绳圈	许用载荷660t	对	1	
15	无接头绳圈	许用载荷300t	对	1	
16	履带吊车	750t	台	1	溜尾吊车

液压吊装系统以上的配置可以达到1600t的吊装能力，提升的高度可以达到110m以上。

7. 质 量 控 制

工程质量控制标准

《大型设备吊装工程施工工艺标准》SH/T 3515—2003

《石油化工工程起重施工规范》SH/T 3536—2002

《工程建设安装工程起重施工规范》HG 20201—2000

《起重机械安全规范》GB 6067

《起重机械试验验收规范和程序》GB 5905

《通用门式起重机》GB/T 14406

液压顶升吊装系统制造厂家的操作及维护手册

8. 安 全 措 施

8.1　在职工中牢牢树立安全生产第一的思想，认识到安全生产、文明施工的重要性，做到每天班前教育、班前检查、班后总结，所有施工人员，必须严格遵守有关作业安全规章制度。

8.2　所有施工人员要严格培训，合格后方可持证上岗，进入施工现场要遵守起重作业安全操作规程。

8.3　所有的起重吊索要具有安全检验合格证，使用前须作检查，按要求和规定使用，绝对不能超负荷使用。

8.4　在施工区域拉好警示带。专人看管，严禁非施工人员进入。吊装时，施工人员不得在构件，起重臂下或受力索具附近停留。

8.5　严禁在风速五级以上进行安装工作。

8.6　在起吊前及在吊装的过程中，要严密监测方钢的垂直度、缆风绳拉力的读数、塔架基础下沉的程度。

8.7　指挥人员要口令清晰，指挥正确，操作人员要集中精力认真操作，听从指挥。

8.8　任何人不得随构件升降，构件起升要平稳，速度要慢，避免振动和摆动。

8.9　施工前所有施工人员要对施工方案及工艺进行了解，熟悉操作过程和具体步骤。在施工过程中，任何人不得随意改变施工方案的作业要求，如有特殊情况进行调整，必须通过一定的程序以保证整个施工过程安全。

8.10　在正式提升时应划出安全区，未经许可不得擅自进入施工现场；提升空间内不得有障碍物；

在提升过程中，应指定专人观察地锚、千斤顶、缆风绳的工作情况，若有异常，直接能通知控制中心。

8.11 施工前对所有的倒链、钢丝绳、滑车、卸扣、卷扬机等工器具要仔细检查记录，合格后方可使用。

8.12 卷扬机的第一个滑轮中心应与卷扬筒中心线垂直，并与卷筒间距大于卷筒宽度的20倍。卷扬机操作派专人，并定期检查。卷机固定采用和埋件焊接方法，如采用坑锚等方式，要经过计算。

8.13 非电气人员不得私自动电，现场要配备标准配电箱、盘。现场用电要设专职电工，电缆的敷设要符合有关标准规定。

8.14 指挥吊机使用时，信号要做到统一清楚。吊机工作时，除操作人员外，其他无关人员不得进入操作室。吊机行走区域道路，要采取加固措施。

8.15 现场指挥系统必须统一，高空、地面、操作室等必须配置统一的通信工具。

9. 环 保 措 施

9.1 加强环保教育，把环保作为全体施工人员的上岗教育内容之一，提高环保意识。严格遵守国家环境保护法律、法令，在施工区外的生态环境绿色植物、树木等，尽量维护原状，尽力保护施工区内林木、植被，同时注意保护地下文物。

9.2 现场布置：根据场地实际情况合理地进行布置，设施及设备按现场布置图规定进行放，最大限度地减少占地面积。

9.3 道路和场地：施工区域内的道路保持通畅、平坦、整洁，做好交通疏导，充分满足便民要求；不乱堆乱放，保持场地平整，施工的材料要集中分类堆放，堆放整齐；施工的废料及时处理。

9.4 制定防漏的应急措施，为防止液压系统的液压油向外泄漏而造成的污染，需要在工具房内准备小容器做接漏用，同时要备好沙土和铁铲，当有泄漏发生时，及时用沙土覆盖，防止污染扩散。

9.5 对施工中可能影响到的各种设施，要有具体和可靠的保护措施，并在实施的过程中加强监测，防止这些设施发生损坏。

10. 效 益 分 析

对于重量超过千吨且高度较高的塔类设备及反应器，采用传统的起重桅杆加卷扬机已不能解决问题，需要采用新的方法和新的吊装工艺，而本工法正是能解决超重、超高、超大型设备整体吊装这一难题的方法之一，除此之外，还可以选用的方法就是分段吊装、空中组对的方法，以及采用两台千吨级吊车进行双车抬吊的方法。

10.1 液压爬升吊装系统主吊与大吨位吊车分段吊装、空中组对的方法相比较

与通常采用大吨位吊车分段吊装、空中组对焊接超重、超高、超大型设备的方法相比较，本工法整体吊装的优势无疑是非常明显的：

10.1.1 可以最大限度地保证设备组对和焊接的质量

设备在地面上组焊可以使用滚胎、自动焊等机具，其组焊条件与制造厂内的条件差不多，与在空中组对和焊接相比，设备在地面上组对的尺寸容易控制，焊接的质量也有保证。

10.1.2 可以最大限度地缩短安装工期

设备如果分段吊装，在空中组对和焊接，则只有一个工作面，并且只能在白天作业，因为在夜间不允许进行高空作业。

而设备如果在地面上组对、焊接，就可以有很多个工作面，可以根据工程进度的需要增加组焊机

具或人力，可以三班倒，每天24h连续作业，这样可以大大地缩短设备组对和焊接的时间，缩短设备安装的工期。

10.1.3 有利于施工的安全

设备如果分段吊装，除了需要在空中组对焊接塔本体之外，还有附塔管线、梯子、平台、防腐保温、电气仪表等大量的工作需要在高空作业，这不利于施工的安全。

如果在地面上将设备组成整体，并将附塔管线、梯子、平台、防腐保温、电气仪表等工作尽可能在地面上完成，然后再将设备整体吊装就位，这样就可以大量地减少高空作业，保证了设备吊装的安全。

10.1.4 整体吊装超大型设备能展现项目施工水平和管理水平

在地面上将设备组成整体，并将附塔管线、梯子、平台、防腐保温、电气仪表等工作全部在地面上完成，然后将设备整体安全、顺利吊装就位，做到"塔起灯亮"，这是我们追求的工作目标，它可以体现施工单位的实力，也展现了项目的施工水平和管理水平，纵观国外著名吊装公司和国内近几年的大型石油化工项目施工，大多数都是采用整体吊装的方法。

10.1.5 可以节省费用，降低施工成本

在地面上将设备组成整体，并将附塔管线、梯子、平台、防腐保温、电气仪表等尽可能在地面上完成，这些工作只需要普通的小吨位吊车配合就可以了。

而分段吊装在空中组对和焊接塔体，以及后面的安装附塔管线、梯子、平台等工作都离不开大吨位吊车，而且还要为进行高空作业搭设脚手架，设置必要的劳动保护，在HSE方面需要花费大笔费用。

以吊装1台重量为1200t，高度为108m，直径为$\phi6m$的塔设备为例，采用分段吊装需要使用1250t履带吊车1台，与液压爬升吊装系统相比差别见表10.1.5。

液压爬升吊装系统整体吊装与1250t履带吊车分段吊装系统相差比较表　　　表 10.1.5

比较项目 ＼ 吊装方法	液压爬升吊装系统整体吊装	1250t 履带吊车分段吊装
设备组对和焊接质量	容易控制	不容易控制
组对和安装的工期	20d	60d
安全性	基本上都在地面作业,非常安全	全部都是高空作业,安全性差
经济性比较		
每千公里运输费	40 万元	190 万元
设备及附塔管线、梯子、平台、防腐保温、电气仪表等安装的机具台班费、人工费和辅助材料费	300 万元	600 万元
合计(按 1000km 的进退场运输费计算)	2×40＋300＝380 万元	2×190＋600＝980 万元

10.2 液压爬升吊装系统主吊与采用两台千吨级吊车进行双车抬吊的方法相比较，可以节省的费用更为可观，表10.2。

液压爬升吊装系统主吊与采用两台千吨级吊车进行双车抬吊经济性能比较表　　　表 10.2

经济性能 ＼ 吊装方法	液压爬升吊装系统整体吊装	双车抬吊整体吊装	
		吊车 1	吊车 2
每千公里运输费	40 万元	190 万元	190 万元
机具使用台班费	300 万元	300 万元	300 万元
合计(按 1000km 的进退场运输费计算)	2×40＋300＝380 万元	2×(2×190＋300)＝1360 万元	

11. 应 用 实 例

11.1 实例一

我公司在惠州中海壳牌南海石化项目中，采用单门形组合成功吊装了高密度聚乙烯装置的气相反应器。气相反应器的外形尺寸为 $\phi7600/\phi5000\times32765$mm，重量为360t，设备立式安放在距地面为 $\nabla+23.25$m 的钢结构框架上。安装就位后设备的顶部标高为 $\nabla+45$m，在吊装的过程中，设备的顶部最大标高约为 $\nabla+57$m，并在此高度上将气相反应器在吊装梁上水平移动10m，从钢结构框架的外面移至框架内的基础上就位。主吊耳设在设备顶部的法兰口上，主吊耳及溜尾吊耳均为单吊点的板式吊耳。气相反应器的吊装采用门式液压顶升吊装系统主吊，用1台250t履带吊车配合溜尾的吊装方案。

反应器的吊装操作过程见下面的图11.1-1～图11.1-7。

图 11.1-1　开始起吊

图 11.1-2　起吊过程中

图 11.1-3　到达垂直状态

图 11.1-4　向上提升

图 11.1-5　开始水平移动

图 11.1-6　到达就位位置

图 11.1-7　下落就位

11.2　实例二

　　2006 年 7 月 31 日，在广州广船国际公司成功吊装就位一台 400t 龙门式起重机，这台龙门式起重机长 85m、宽 28m、高 71m，最大吊装重量 1420t。按照龙门式起重机安装要求，从起吊横梁开始，要分六个阶段进行各种部件的安装，载荷逐步增加到 1420t。先将 645t 的横梁平行滑移穿过 54m 宽的船坞；然后安装上、下吊装小车，重量达到 985t，并试提升到 2.5m，停留 24h；第一次正式提升到 6m，安装柔性腿 A 字接头及操作室；第二次提升到 9.5m，安装 165t 重的刚性腿；第三次提升到 45m，刚性腿竖直、对位焊接，第四次提升到 48m，安装行走机构和柔性腿，吊装重量达到 1420t。整个过程历时 5d。

大型立式活塞迷宫密封压缩机安装工法

YJGF327—2006

中国化学工程第十四建设公司

陈岗麒　支武银　孙兴泽　陈彧

1. 前　言

　　压缩机一般可分为活塞式和离心式两大类，而活塞式压缩机又可划分为卧式、立式、其他（V形、T形、W形及扇形）三类，本工法所述为一种立式活塞式压缩机，由于其活塞与气缸之间采用迷宫密封形式而通常简称为迷宫式压缩机。目前国内企业尚只能生产供气量 $0.55 \sim 18 m^3/min$ 的小型迷宫式压缩机，本工法主述之供气量为 $10100 m^3/min$ 的 J6D375-4A 型迷宫式压缩机，是一种具有多项专利技术的大型精密传动设备，目前世界上只有两家外国公司能生产；其气缸和活塞采用激光刻蚀技术加工有深度约 0.5mm 左右的精密螺旋沟槽（图 1-1 和图 1-2），工作时气体充盈于这些迷宫沟槽中，形成"微气囊密封"，使得活塞与气缸不直接接触，从而能生产几乎不含任何杂质的高洁净度气体产品，因具备这些显著特点而广泛应用于石油化工、化工、电子、制药行业。

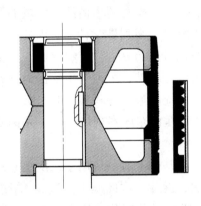

图 1-1　活塞之迷宫密封形式示意图

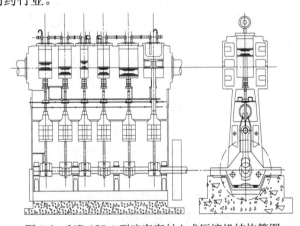

图 1-2　J6D 375-4 型迷宫密封立式压缩机结构简图

　　这种结构独特的精密设备，质量优良价格昂贵（2003 年 J6D 375-4 型单台价格为 350 万美元），且需要一套独特的安装技术，而外商对技术严格保密。因而当这种机器在国内越来越多地被采用时，市场迫切需要中国企业能掌握这一技术，从而帮助用户摆脱因外商在安装、检、维修上的技术垄断而必须支付的高额售后服务费。

　　自 1996 年安装国内首台开始，经过长达 10 年的潜心研发，中国化学工程第十四建设公司通过借鉴国外技术，进行消化吸收式创新，形成了一整套关于大型立式迷宫密封型压缩机的新型施工技术。这一技术国际先进、国内领先，且填补了国内排气量为 $100 m^3/min$ 以上的大型立式压缩机之安装技术的空白点。

　　2005 年，技术论文《大型立式迷宫密封型压缩机安装技术现状调研》获中国化学工程（集团）公司 2005 年度高层技术论坛二等奖；2006 年，以此技术成果为核心内容编制的《无油润滑压缩机安装施工工艺标准》被鉴定为中国化学（集团）公司施工工艺标准；2007 年本工法评为中国化学工程（集团）公司部（集团）级工法；2007 年 5 月本工法关键技术通过了化工施工技术鉴定委员会的鉴定。

　　本工法经山东国泰醋酸项目、山东盛隆焦化项目、大连化学工业集团公司甲醇项目的应用，充分证明本工法技术先进、成熟可靠、经济及社会效益好，具有可推广价值。

2. 工 法 特 点

本工法关键技术包括以下五个组成部分：

1. 特殊的电机及气缸找正工艺——这是本工法之核心技术，也是外商的保密点。与国内传统工艺有两处不同：其一，电机与压缩机轴系的对中找正，由于该压缩机的联轴节与重约 2t 的飞轮盘合为一体，飞轮盘的重力引起压缩机轴系挠度的改变，加上联轴节为刚性承插，因此电机的安装及找正与一般压缩机不同，需制作安装特制托辊顶起飞轮盘、需 3 次移动电机及 4 次找正电机、且联轴节同心度的最终找正基准是压缩机主轴的曲颈挠度值；其二，由于该压缩机气缸被加工成两部分（共 6 个缸，每 3 个缸为一个组块），需在现场组装，因此其气缸、活塞、中体找正方法与传统工艺之拉钢丝、走表或激光找正不同，是以平移气缸及刮削十字头上的活塞杆承台面等操作来完成的。这一技术填补了国内对于排气量大于 $100m^3/min$ 的立式压缩机安装技术的空白点。

2. 逐步加载单机试车技术——对于大型精密传动设备，必须采用缓慢增加试车负荷的试车方案。针对这种压缩机组的技术特点和要求，我们制定了一套比传统方法更细致完善的逐步加载的开车程序与方法，确保了单机试车的顺利进行。

3. 压缩机管系二步减振法——立式压缩机因振源位置高，因而其附属设备、级间管道和支架所组成的管系之振动要比卧式压缩机更严重。虽然管系的设计均经过减振计算，但振体（压缩机进出口管道与辅属设备）具有分支、拐弯、中间支撑等复杂结构，求解振体的固有频率谱涉及大量的管系元件的物理参数与边界条件，并伴随着建立力学模型、组矩阵、求解等一系列数学计算。因此，用理论计算的方法来进行现场减振处理较为困难，须采用一套简单易行的处理方法。"二步减振法"基本原理是：详细进行振动值测量；划分出片区；以大量的现场实测数据为基础、按第一步依据力学原理分析出各个片区引起超振的主要原因及找出减振对策、解决各独立系统超振点并积累经验与数据；第二步则解决各独立系统之间的共振等遗留问题。此方法简单实用，曾在山东国泰现场解决了外国专家都无法解决的振动问题，赢得了业主和外国专家的高度赞扬。

4. 精准吊装技术——由于本机器的特殊构造，机身底板下的基础上有一块用于二次灌浆的专用模板，国外公司处理不好这块专用模板，只好采用机身吊装二次、拆除一次的施工方法。"精准吊装技术"是指在吊装前展开充分的准备工作，以保证机器的快速、准确吊装就位，从而实现了这种压缩机机身只需一次吊装。

5. 独特的基础与垫铁组合处理工艺——采用"以临时垫铁找正；二次灌浆前以正式垫铁予以更换；以 EG100 环氧树脂灰浆和 CGM 高强快速无收缩灌浆料展开一次及二次灌浆"之组合施工工艺，它比常规方法更加合理有效地降低了这种压缩机主机振动，并且能比传统的细石混凝土灌浆法节约 20d 以上的工期。

3. 适 用 范 围

适用于排气量在 $100m^3/min$ 以上的大型立式活塞迷宫密封压缩机的安装及检维修工作，对其他类型的大型传动设备的安装亦具有借鉴指导作用。

4. 工 艺 原 理

利用精准吊装技术来改进外商的机身三次吊装法以节约吊车台班和工期；通过"基础——垫铁组

合处理工艺"来消除基础、垫铁、机器底板三者之间的缝隙从而改善大型机组的振动状况和节约工期；以针对性的特殊安装找正工艺来保证机组安装质量；用多步骤缓慢加载的试车方法来应对大型精密机器的单机试车问题；以及通过简单实用的现场二步减振技术解决易发的往复式压缩机管系振动问题——从而形成了一套完整的关于大型活塞迷宫密封压缩机之先进可靠的安装技术体系。

5. 施工工艺流程及操作要点

5.1 施工工艺流程

施工准备→基础验收及处理→开箱验收→机身找正找平灌浆→气缸吊装→飞轮盘安装→主电机就位→电机联轴器与飞轮盘找正连接→压缩机与电机对中找正、电机灌浆→活塞安装找正→油站及随机管道安装→机组最终找平找正复验→机组封闭、充氮防潮保护→附属设备安装找正灌浆→工艺配管→电气、仪表安装调试→开车准备→电机单试及复位→机组水油系统试车→机组空负荷试车→机组级间管道吹扫→机组升温及加压→压缩机组负荷连续运行→机组干燥、充氮保护→机组商业运行、考核。

5.2 操作要点

5.2.1 主机机身精准吊装

在本类型压缩机机身就位时，由于常规的吊装方法无法解决机组的二次灌浆模板的定位与吊装挤压变形问题，因此连国外公司只好采用三次吊装法——"先吊装机身就位，进行初步找正及地脚螺栓灌浆，然后吊开机身、安装并固定二次灌浆模板，最后再吊装机身就位"。

"精准吊装"是一种以吊装前展开充分的准备工作来保证设备吊装时的快速、准确就位的新颖吊装方法。我们开发的这一技术解决了上述的灌浆模板问题，使得机身只需一次吊装就位。其施工程序为：

施工准备→定位模板制作安装→地脚螺栓及临时垫铁安装、找正→专用二次灌浆模板安装、找正、固定→限位装置安装、找正、固定→定位模板拆除→机身吊装、精准就位。

5.2.2 "基础——垫铁"组合处理

大型往复式压缩机在生产运行时振动较大，因此安装时除做好找正外，处理好基础、垫铁、机器底板三者的接合问题是机组减震的关键。本工法的"基础与垫铁"组合处理工艺，追求达到基础、垫铁、机座三者之间所有配合面的零间隙状态，是降低机组振动值的最佳处理工艺。组合处理工艺施工流程见表5.2.2。

基础——垫铁组合处理工艺内容表 表5.2.2

机器部位	"基础——垫铁"组合处理工艺	
	标题、领域	工 艺 内 容
主机机身	施工工艺流程	机身初步找正→一次灌浆→安装垫铁下的顶丝，撤去临时垫铁→机身最终找正→点焊顶丝，基础二次灌浆→养护→地脚螺栓终拧
	一次灌浆剂	高强度无收缩快速灌浆剂
	二次灌浆剂	环氧树脂灌浆料
主电机	施工工艺流程	利用临时垫铁找正电机→完成电机联轴节与飞轮盘的装配→地脚螺栓孔一次灌浆→压浆法安装正式垫铁→正式垫铁受力、撤出临时垫铁→基础二次灌浆养护→利用电机公用底板上的垫片最终找正电机、地脚螺栓终拧
	灌浆剂	压浆、一次及二次灌浆均采用高强快速灌浆剂

5.2.3 主电机安装及找正

由于这种压缩机之飞轮盘联轴器构造特殊，使得主电机之安装找正工艺与其他类型的压缩机安装不同。电机安装找正程序及施工要点见表5.2.3。

主电机安装找正程序 表 5.2.3

序号	工序名称	工序内容及操作要点
1	飞轮盘安装	采用可微调高度的导链提升装置,吊装飞轮盘安装于压缩机主轴轴端;用铰刀螺栓定位;拧紧铰刀螺栓后,紧固 2 颗定位的内六角螺栓,然后再拆除铰刀螺栓。注意铰刀螺栓与螺孔按编号一一对应
2	电机就位与第一次初找	吊车吊装主电机就位;初步找正电机主轴水平度在 0.25mm/m 内,轴向间隙在 10mm 左右
3	安装飞轮盘托辊装置	设计制作并安装专用顶升飞轮盘的托辊装置,用膨胀螺栓紧固
4	曲轴找正	利用托辊装置顶起飞轮盘,从而使距飞轮盘最近的第一个曲轴的挠度值达到设计值,此时的飞轮盘与轴的状态即为电机找正基准
5	电机第二次初找与电机平移	利用临时垫铁与水平顶紧装置,找正电机轴对中度为径向跳动 0.1m、轴向跳动 0.3m;然后平移电机,使轴端间隙由 10mm 移至 0.10mm;此时轴仍未插入轮毂中
6	电机精找与电机再次平移	精确找正电机轴对中度为径向跳动 0.04mm、轴向跳动 0.05mm;然后安装联轴器的铰刀螺栓,拧紧铰刀螺栓,使电机自动完成第二次平移,此时轴上的凸台正插入飞轮盘上的凹缘中,直到它们之间完全贴合(轴向间隙为零)
7	联轴器连接	安装并拧紧全部铰刀螺栓,使电机轴轮毂与飞轮盘及压缩机轮毂完全刚性地连接在一起
8	托辊装置拆除,曲轴挠度复验	拆除托辊,复测第一个曲轴的挠度应在设计值内
9	地脚螺栓灌浆	点焊临时垫铁,完成地螺孔的灌浆;同时,压浆法安装正式垫铁
10	临时垫铁拆除及二次灌浆	撤去临时垫铁,启用正式垫铁,地脚螺栓紧固,复测曲轴挠度在允差值内后点焊正式垫铁,进行电机的二次灌浆并养护
11	地脚螺栓终拧	以额定紧固力矩值紧固地脚螺栓
12	最终找正	利用电机公用底板与电机支座间的平垫片的调整,来找正曲轴挠度,使前三根曲轴挠度在 −0.02～−0.05mm 之间。至此,电机找正工作结束

5.2.4 气缸与活塞组件安装及找正

气缸与活塞组件的安装程序为:气缸组件 1、2 顺序吊装就位→气缸初找与临时固定→气缸盖拆除→填料函安装在机身上→机身上的导向轴承清理检查→机身上的油气管道清理检查→挡油环准备→活塞组件检查并安装保护头套→活塞吊起并穿入气缸→活塞穿过填料函→安装挡油环→活塞穿过导向轴承→撤去保护头套→活塞杆紧固在十字头上。主要注意事项:保证整个过程的洁净度工作:隔离十字头以下的机仓部位、压缩空气吹扫以上部位、无杂物进入机内;气缸 2 个组件有先后安装顺序;活塞下插时,采用可微调的捌链为吊具,不可硬性插入碰伤填料函与导向轴承,注意填料函与导向轴承的上下封板会突然落入机仓内砸伤机器;应使用专用工具(活塞头部的吊耳、活塞杆头部的保护头套、紧固活塞杆大螺母的专用卡具)。

5.2.5 单机试车

对于大型精密机器而言,应考虑机器单机试车期是机器跑合期这个因素,加载操作不宜猛而快,合理的方法应该是逐步加载、充分改善运动部件的预磨合质量从而保护机器和延长使用寿命。本工法制定了一套比传统方法更细致完善的逐步加载的开车程序与方法。机组单机试车工艺流程为:

试车前准备工作→机仓检查、气阀拆除、防潮剂取出→飞轮盘专用顶升装置安装→电机联轴器拆除→电机平移、联轴器脱开→电机单机试车→电机平移、恢复→飞轮盘专用顶升托辊装置撤除→机组对中及各部间隙复核、最终调整→冷却水系统试运行→润滑油系统试运行及油冲洗→辅属工艺管道拆除→机组空负荷试车→级间管道吹扫试车→机组升温及加压操作→机组减振处理→机组连续运行→机组干燥、充氮保护→机组商业运行、考核。

5.2.6 压缩机减振处理

立式压缩机因振源位置高,因而其附属设备、级间管道和支架所组成的管系之振动要比卧式压缩机更严重。虽然管系的设计均经过减振计算,但振体(压缩机进出口管道与附属设备)具有分支、拐弯、中间支撑等复杂结构，求解振体的固有频率谱涉及大量的管系元件的物理参数与边界条件，并伴随着建立力学模型、组矩阵、求解等一系列数学计算。因此，用理论计算的方法来进行现场减振处理较为困难，须采用一套简单易行的处理方法。"二步减振法"基本原理是：详细进行振动值测量；划分出片区；以大量的现场实测数据为基础、按第一步依据力学原理分析出各个片区引起超振的主要原因及找出减振对措、解决各独立系统超振点并积累经验与数据，第二步解决各独立系统之间的共振等遗留问题。此方法简单实用，曾在山东国泰现场解决了外国专家都无法解决的振动问题，赢得了业主和外国专家的高度赞扬。现场减振处理的实施流程为：振动测量→第一轮分析与举措→第一轮举措实施→第一轮实施效果测量→第二轮分析与举措→第二轮举措施实施→实施效果测量→减振工作结束。

5.3 工期控制与劳动力组织（图 5.3 和表 5.3）

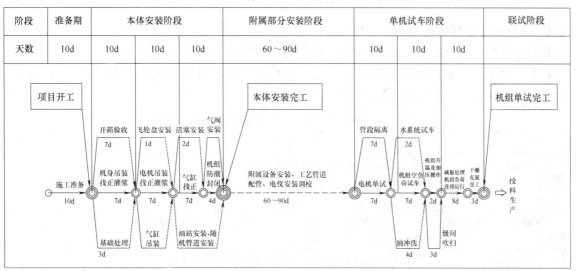

图 5.3 单台大型迷宫密封型压缩机组安装工程网络计划图（以 J6D375-4 型为例）

单台大型迷宫密封型压缩机组安装工程劳动力组织表（以 J6D375-4 型为例）　　表 5.3

工种	机械工程师	管道工程师	电仪工程师	钳工	起重工	焊工	管工	铆工	电仪工	普工	小计
人数	2	1	1	8	4	6	6	4	4	4	42

6. 材料与设备

本工法所需的主要材料与机具设备见表 6。

主要材料与机具设备表（单台机组安装）　　表 6

类别	序号	名　称	型号规格生产厂家·主要指标·使用要求	单位	数量	用　途
材料	1	CGM 或 UGM 高强无收缩灌浆料	CGM-1 型（北京纽维逊建筑工程技术有限公司）48h 抗压强度 40MPa，灌前制作模块试压，保质期 3 个月	m³	5	机身与电机地脚螺栓灌浆及电机二次灌浆
	2	环氧树脂灌浆料	EG100 型，南京创高建筑工程技术有限公司，36h 脱模，抗压强度 7d 值为≥85MPa，灌前进行模块试压	m³	0.3	机身二次灌浆
机具设备	1	吊车	50～100t 汽车吊	台	1	吊装运输
	2	千斤顶	50t、20t、10t，螺旋式	台	8	找正设备用
	3	捯链	10t、5t、3t、1t	台	8	吊装、找正用
	4	钳工水平仪	0.02～150；0.01～250；0.01～200	台	3	找正机身用
	5	千分表	φ60	套	8	找正

续表

类别	序号	名　称	型号规格生产厂家·主要指标·使用要求	单位	数量	用　途
机具设备	6	专用曲轴挠度测量仪	随机物品	套	1	曲轴挠度测量
	7	电子测振仪	Riovoibro Vm-63 型（周期，振幅，加速度）	个	1	试车用
	8	电子测温仪	带金属杆式探头，有屏显	个	1	试车用
	9	力矩扳手	800N·m；2100N·m	个	2	紧、固螺栓用

7. 质 量 控 制

7.1　工程质量控制标准

7.1.1　"精准吊装"施工各工序质量要求符合标准规范及设计要求。

7.1.2　"基础——垫铁组合处理工艺"施工除执行《化工机器安装工程施工及验收规范》HG 20203—2000 外，尚应满足下述质量指标，见表7.1.2。

基础处理、垫铁安装、灌浆施工质量要求　　　　　　　　　　表 7.1.2

序号	项　目	质量要求	检查频率	检验方法
1	正式垫铁加工精度	采用精铣加工，配合面不平面度为11～13级	全部	
2	正式垫铁配合面接触面积	配对垫铁研磨后接触面积≥75%；0.03mm 塞尺插入深度不超过20mm	全部	红丹着色法
3	基础垫铁窝（压浆垫铁用）	外形尺寸要保证垫铁每侧有 30mm 以上的间隙，深度要保证垫铁安装后压浆层厚度≥30mm	全部	用卷尺测量
4	环氧灰浆灌浆之基础外表质量	全部灌浆混凝土表面均铲至露出新鲜混凝土层；用压缩空气吹掉表面浮尘、无油污，灌浆前 24h 以清水湿润混凝土表面，但灌浆前不允许混凝土表面有水印	全部	人工检查
5	EG100 环氧树脂灌浆料	产品手续齐全，在质保期内，灌前制作标块，送质检部门检验其抗压强度≥80MPa(7d)，合格后方可采用；灌浆后按每批一组一组三块制作标块送检	每批一组每组三块	抗压强度测定
6	CGM-1 型高强无收缩灌浆料	同上条，但抗压强度 为≥40MPa(3d)	每批一组每组三块	抗压强度测定
7	正式垫铁之压浆法施工	确保基础、垫铁、设备底板三者之间接触面零间隙（用0.03mm 塞尺，沿垫铁周长可插入的范围小于周长的10%，且插入深度不超过20mm）	全部	0.03mm 塞尺检查

7.1.3　机组找正质量要求应以制造厂技术文件为准，举例说明 J6D375-4 型机组主要找正项目与要求见表7.1.3。

机组找正质量要求（以 J6D375-4 型压缩机为例）　　　　　　表 7.1.3

序号	项　目	质量要求	检查方式
1	机身安装	①机身中心线允差±1mm，标高允差±0.5mm	在机身专用加工面（共 16 个）上用钳工水平测量
		② 机身水平度允差：纵向 ±0.05mm/m；横向 ±0.15mm/m	
2	主电机安装	①电机轴插入飞轮盘轮毂之前的同心度要求为：径向与轴向跳动值均为 0.05mm	打表找正
		②电机最终找正要求：压缩机曲轴挠度值允差为 -0.02～-0.05mm	用专用挠度计在前 3 个曲轴（按照由电机侧开始的顺序）处测量
3	气缸与活塞组件	①气缸余隙：上止点处 3±0.5mm，下止点处 2±0.5mm	压铅法
		②活塞在气缸中的径向间隙：最小间隙不小于最大间隙的 70%	用塞尺在 0°、90°、180°、270°处测量

序号	项　　目	质　量　要　求	检查方式
3	气缸与活塞组件	③气缸与滑道同心度:上下行程止点处的活塞径向间隙值不超过 0.05mm	用塞尺测量
		④活塞杆与导向轴承的接触点应位于曲轴运动的同一方向(0°~180°方向见5.2.4)	红彤着色检查
4	机组其余各部间隙	①十字头与滑道间隙:按气缸缸径有不同要求,间隙在 0.145~0.248mm 之间	塞尺测量
		②大头瓦间隙:按气缸不同,在 0.08~0.12mm 之间	塞尺测量
		③小头瓦间隙:按气缸不同,在 0.04~0.073 之间	塞尺测量
		④ 主轴瓦间隙:径向为 0.08~0.12mm;轴向为 0.24~0.466mm	塞尺测量
5	附属设备安装与配管	①设备安装:中心线±3mm,标高±3mm	常规测量
		②管道安装:与设备连接的法兰,偏心度不超过 2mm,倾斜度不超过 1/100	直尺与塞尺在紧固前自由状态下测量

7.1.4 机组试车主要质量指标以制造厂技术文件为准,举例说明 J6D375-4 型机组见表 7.1.4。

J6D375-4 型机组开车质量指标值表　　　　表 7.1.4

序号	标题、领域	项目及质量要求	测量部位与测量方式
1	润滑油系统	①滤油器压差:0~0.08MPa	油系统差压计读表
		②滤油器出口油压:0.35~0.45MPa	油压计读表
		③油温:≤60℃	在油泵出口与油气器出口计表
2	冷却水系统	①冷却水压力:0.2~0.6MPa	在总入口读表
		②冷却水温度:≤40℃	在各级冷却器、气缸、机身、油冷器、导向轴承出口读表
3	主轴承	4个主轴承温度:≤65℃	读表
4	主电机	①电流:≤171A	读表
		②转速:≥370r/min,标准值 375r/min	光电转速计在轴颈处测量
		③轴承温度:≤90℃	读表
		④线圈温度:≤130℃	读表
5	振动值	①气缸振动值:≤400μm	在各气缸上用振动仪测量
		②基础振动值:≤20μm	在主机基础与电机基础上(10个点)测量
		③电机轴承振动值:≤50μm	在电机轴承上测量
		④辅助设备振动值:≤350μm	在所有辅助设备上测量

7.2 质量保证措施

7.2.1 建立现场安装质量保证体系,严格按照制订的工艺流程施工,坚持"上一道工序质量不合格决不进入下一道工序"的原则。

7.2.2 吊装作业时必须采用软绳或带保护套的钢丝绳具,保护好机器加工面;机箱严禁随意打开,以保护好机器内部的洁净度;对于随机带来的油系统管道必须保证其原来的封闭状态;当一个操作完成之后,必须用干净的塑料布遮盖机器;在找正、垫铁更换等需要发生顶升机器之操作时,严禁采用油压千斤顶,并且顶升机器的高度不能使主轴发生弯曲或导致轴承受损。

7.2.3 由于整个机器的施工过程中,会出现工艺配管、辅助设备安装、单机试车之后等待联动试车等停顿等待期,在此期间必须做好机器的防潮及防护工作,以免导致发生活塞与气缸及机内重要运动部件生锈、机器在交叉作业时受损等事故,所以在安装完工后的配管期、单试完毕后的等待联试期,应做好在气缸内放置吸潮剂（生石灰、硅胶）、定期盘车、机内充氮、管系干燥充氮、防尘防雨遮覆等设备保护工作。

8. 安全措施

8.1 认真贯彻落实"安全第一，预防为主"的方针，在施工中组建安全保证体系，执行国家、业主、施工企业的各项安全条例，施工方案中应编制安全措施，做好各项安全预防工作，落实安全生产责任制，抓好安全生产工作。

8.2 现场布置应符合防火、防雨、防风、防雷、防触电等安全要求，并布置完善各种安全标识，施工现场临时用电严格执行国家规范《施工现场临时用电安全技术规范》；利用厂房内部的行车设备时，行车设备必须是经过验收的安全设备，必须由专业行车司机操作。

8.3 机身与电机、汽缸等大件设备吊装必须要有吊装施工方案，并经监理批准之后方可展开施工；必须搭设平台之后才能进行气缸与活塞组件的找正工作；单机试车前应编制详细的试车方案，必须建立试车工作的指挥系统，必须编制紧急事故预案并执行。

9. 环保措施

9.1 建立施工现场 HSE 管理体系，严格遵守国家、地方政府和业主制订的有关环境保护、文明施工的法律、法规和规章制度，加强对施工燃油、工程材料、设备、废水、生产生活垃圾、弃渣的控制和治理，遵守有关防火和废弃物处理的规章制度。

9.2 本种类型的机组一般安装在工业厂房内，正式安装前应使厂房具备地坪、门窗、照明、临时用水用电接口、行车可以安全使用等前提条件，设置垃圾箱、作业牌、安全牌、进出门制度、每日安排专人清理现场地面卫生工作，对灌浆废料、开箱后的废弃包装物及时清理，对零星工作垃圾、基础处理废渣收集在垃圾箱内定期外运。生活设施布置于工作现场之外，以保证施工现场整洁文明。

9.3 试车期间，设立厂房警戒区，严格执行准入制度；由于往复机组噪声大，现场人员须佩戴耳塞、采用无线通讯；对于泄漏在地面上的油品用木屑吸收后外运，对于油循环之后的润油应收集并进行再生过滤处理后降级使用而不可遗弃；对水系统试车发生的泄漏应立即清理排放至地下管道内、保持现场干燥；防潮剂应全部收集移交业主以备再用。

10. 效益分析

10.1 可为业主节约向国外厂商支付的售后服务费用 75～90 万元/台：由于国外厂商掌握着这种机器的专有安装检修技术，因而每次业主必须向厂商支付安装工程师、开车工程师、检修工程师的入场费，每次入场费为 25～30 万元/人，合计费用 75～90 万元/台。

10.2 本工法与国内同类工程相比安装工期节约 45d，与国外同类工程相比节约 15d，并节约较多的大型吊车台班使用费，可为施工企业创造综合效益 20 万元/台。

10.3 本工法丰富了大型传动设备的安装技术，填补了国内施工技术中有关排气量超过 $100m^3/mim$ 大型立式往复式压缩机施工的空白点，推动了施工技术进步，社会效益明显。

11. 应用实例

11.1 山东国泰化工醋酸工程

11.1.1 工程概况：山东兖矿国泰化工有限公司 20 万 t/年醋酸装置之造气分厂压缩车间有 2 台

J6D375-4 型迷宫密封型立式压缩机组，由日本制钢公司（JSW）生产制造。机组为六缸、四级压缩、排气量 10110m³/h、排气压力 4.3MPa；电机功率 2100kW，生产高纯度的 CO 气体；单机全重 121t、有 10 台附属设备、2000m 工艺管道；主机拆分为机身、汽缸、活塞、飞轮盘等供货，最大件重 32t。

11.1.2 施工情况：2 台机组安装工作自 2004 年 3 月 20 日到 4 月 30 日，历时 40d，总工期比国外厂家预计的 56d 提前 15d，其中机身精准吊装从起吊至摘钩仅耗时 28min；机组单机试车工作自 2005 年 4 月 1 日至 5 月 20 日单机试车顺利完成，并解决了因外商管系设计质量而引起的、外商无法消除的管系振动超标问题（图 11.1.2），赢得了业主与外商的好评。该两台机组投运 2 年来一直运行正常。

图 11.1.2　国泰化工 J6D375-4 型机组管系减振施工场景

11.2　山东盛隆焦化工程

山东盛隆焦化有限公司 80 万 t/年焦化工程冷鼓电辅车间有二台离心式煤气压缩机，在安装时，我们采用了本工法中的"基础垫铁组合处理工艺"、"逐步加载单机试车技术"，节约工期 25d、一次单机试车成功。

11.3　大化集团 30 万 t/年甲醇工程

大连化学工业集团公司 30 万 t/年甲醇工程有九台大型压缩机，安装时，我们采用了本工法中的"基础垫铁组合处理工艺"，累计节约工期 45d；目前工程正采用"逐步加载单机试车技术"进行单机试车。

大中型船闸人字门安装工法

YJGF328—2006

葛洲坝集团机电建设有限公司

曹毅　赵传明　李浩武　黄羽平　魏艳

1. 前　　言

人字闸门是船闸中普遍采用的一种闸门型式。人字闸门由两扇各自围绕其底部蘑菇头旋转的闸门组成。当闸门开启时，门扇各自旋到两侧闸墙的门龛内；关闭时，两扇门旋转到航道中心线，端部互相支承顶紧，在平面上形成"人"字形，与闸墙枕座组成三铰拱受力结构。人字闸门的侧向止水国内传统的方式是采用橡皮止水，对于大型船闸和高水头的船闸目前采用在门轴柱和斜接柱三条止水工作线上布置连续支枕垫块的方式，传递水压力并兼做刚性止水。从各种资料上看，目前国内外还没有这样超大型的闸门施工过。

葛洲坝机电建设有限公司通过研究人字门门叶大件吊装、门叶的装配调整，门叶径向跳动调整、环氧浇筑等难题；人字门大厚板结构的焊接后局部消除应力热处理等工艺，并应用于人字闸门门体安装，通过本项目研究总结出了一套大型人字门安装工艺的完整的成果，并形成了该工法。由于在人字门吊装和装配调整及门叶焊接变形控制、顶枢锚杆高精度安装及预应力张拉等关键施工过程中效果明显，技术先进，显著提高了安装质量及进度，故有明显的社会效益和经济效益。

2. 工 法 特 点

(1) 超大型人字闸门安装基点测量控制技术：制定了在多控制点，长距离、大垂直高度的条件下，确保高精度要求的测量方法，满足了安装与运行的精度要求。

(2) 门体大件吊装和装配调整：在确保首节安装精度的前提下，采用逐节吊装、调整、焊接、加固、严格控制形体尺寸的安装方法，从而保证了门体整体安装精度。

(3) 大面积超厚板的焊接及局部应力消除：制订了有效控制焊接变形及消除焊接残余应力的措施，确定了预留反变形量、合理的焊接工艺及变形监测方法，保证门体焊接质量符合技术要求。

(4) 背拉杆张拉：在国内首次采用了液压张拉法，解决了传统的螺母扭转摩阻力矩大难以张拉的技术难题，加快了安装施工的进度，为今后人字门的设计、施工、检修维护提供了成熟的工艺。

(5) 门体顶底枢轴线垂直度调整：人字门门体顶底枢轴线垂直度要求高（≤2.0mm），通过对顶枢中心的控制和门体跳动量的检测，从中找出变化规律，加快了调整的速度，保证了人字门的平稳运转和止水效果。

(6) 顶枢锚杆高精度安装及预应力张拉：设计制作了整套张拉工装，找出了张拉的规律，并应用于实际施工，高效优质地完成了各闸首顶枢锚杆预应力张拉。

(7) 首次在船闸人字门支、枕垫块背衬应用了抗压强度大于127MPa的高强低塑型的环氧填料。

3. 适 用 范 围

适用于各类大、中型人字门安装。

4. 工 艺 原 理

施工中按吊装、调节、焊接、加固的顺序逐节安装上升，底节安装使用320t液压千斤顶接引，确保门体平稳准确对位，有效保护了人字门底枢轴承。门体节间焊接工艺按理论与实践相结合的办法，首先经过理论计算，提出反变形法和焊缝收缩值，确定焊接顺序，实际施工中进行监测。门体调节是人字门安装中的最大技术难点，背拉杆调节时摒弃了传统的扭转法，自制专用设备采用液压顶升张拉法，再以螺栓转角控制张拉量，用应变仪精确调节，对张拉现象进行分析。确保了人字门的安装质量。

5. 施工工艺流程及操作特点

5.1 施工工艺流程

施工准备→拼装支承搭设→门叶吊装、调整加固→顶枢安装、工地镗孔→门体附件安装→门体调整、背拉杆应力调试→门体顶、底中心调节→支、枕垫块安装间隙调整→环氧灌注。

对于大中型船闸人字门主要采用立拼的方式，其安装程序见图5.1。

5.2 人字闸门安装前应具备的条件

1）根据门叶尺寸、重量和吊装方案配备相应的起重设备。

2）根据门叶尺寸和安装位置在闸室内清理出必需的作业场地。

3）根据闸门尺寸大小门叶拼装可采用平地拼装或竖立拼装。平地拼装时，应在闸室用型钢搭设拼装平台。竖立拼装时，应在闸门全开位置10°～12°处设置竖拼闸门的支点2～3个：底枢蘑菇头为一个，在斜接柱附近用型钢或混凝土支墩再设立1～2个，如安装大型船闸人字门应在闸门中间承重梁处增加支承点。支承点根据需要可用千斤顶辅助调门体。

4）竖立拼装时，应按门叶分块高度，在闸墙一期混凝土中相应预埋 ϕ30mm～50mm 的插筋，每排3～6个或者预埋 400mm×400mm 埋板，板厚 δ 可根据具体情况选择，每排3个，用加固构件将已装人字门门体与插筋或埋板焊牢加固，同时门叶和闸墙间搭设固定脚手架，以便拼焊人员施工。

5）在人字门上、下游闸室内及闸墙顶部，应预埋锚钩作为卷扬机、滑轮组进行门轴线调整时临时启闭人字门之用的锚栓。

6）搭建作业室、电焊机室等。

5.3 操作特点

5.3.1 施工准备

将门龛内杂物清理干净，测量人员以旋转中心放出与闸室中心线呈10.5°的安装样线，以支承中心向闸室内放出22.5°门体全关轴线，作出醒目标记。门体吊装前15d，在门体悬臂端安装组合钢支撑并浇筑混凝土保养，沿墙边由闸室底板向上搭设脚手架，用作施工平台。

5.3.2 门叶吊装、调整加固

5.3.2.1 蘑菇头吊装

将底枢底座垫板清理干净后，将蘑菇头按编号吊装就位。将蘑菇头表面用酒精清洗干净后均匀涂抹一层由制造厂供给的润滑脂，并注意以干净薄膜保护。将底垫梁吊装到位，沿10.5°安装线的垂线方向摆放，钢梁底面应置于一期埋板上，并用薄铁皮等垫实，而后将320t液压千斤顶、楔垫块置放于钢梁上。

5.3.2.2 底节门叶吊装

底节门叶吊装前详细检查顶盖与底梁把合情况，将顶盖封板拆除后，将球瓦清理干净，涂上制造厂供应的润滑脂。按照技术要求装入油封。底节门叶吊起后，按10.5°线方向就位，顶盖球瓦与蘑菇头之间保持一定距离。门叶缓慢下降，在到位前30mm左右时，测量球瓦与蘑菇头周边间隙，确保对位

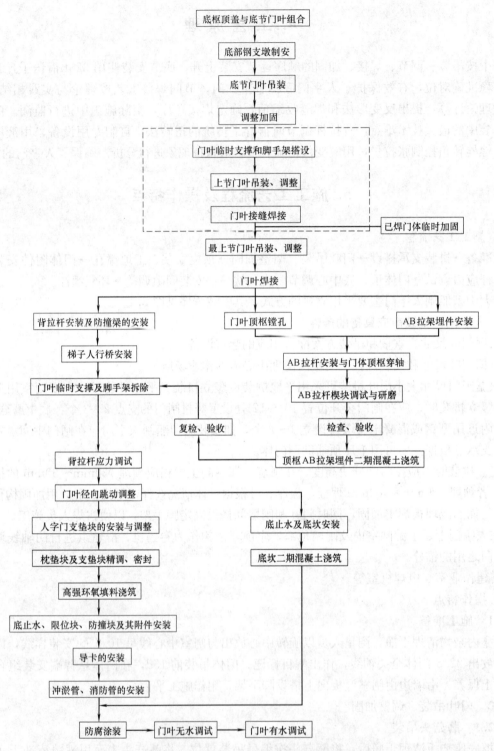

图 5.1　人字门竖立拼装程序（虚线部分根据门体节数重复进行）

准确，再将四台液压千斤顶升起，顶住门体后缓缓降下门体就位，以避免球瓦与蘑菇头碰撞，损坏油封。这样门体到位后形成五点支承。门体就位后，用钢琴线垂球检查端板、门叶中部正面样冲线垂直度。使用下部四台千斤顶分别调节，同时使用水平仪检查底梁腹板是否水平，检查点选取制造厂所标样冲线。门体调整合格后，将底部两块楔板相对打紧，同时将门体与门龛内闸墙上埋板以撑杆焊接相连，撑杆以 $\phi152$ 钢管制成。焊接时为防止变形，门体一侧采用搭焊方式，撑杆一定要焊接牢固，门体定位加固后应重新检查底梁水平差及端板中心两个方向的垂直度。

5.3.2.3 中间节门叶安装

中间节门叶指第二节至第十一节门叶，其安装按编号依次吊装，装前要检查结合面是否变形，能否自然吊到位。就位时应徐徐降落，将定位板对正，由定位板来确定上节门叶位置，同时检查端板中心样冲线以及节间焊缝边安装样冲间距。为确保人字门安装质量，保证门体外形尺寸，安装时采取吊装调整一节后，即进行节间焊接。焊后检查焊缝收缩、门叶倾斜及对角线尺寸，用以确定下节门叶吊装时的相应预留量。同时在门体节间焊接过程中，由专业技术人员进行焊接变形监测，发现问题则及时组织研究对策，调整焊接工艺。由于门叶节间焊接时，其迎水面和背水面焊缝分布不均，焊后两面收缩不一致，则会造成门叶向焊缝偏多的迎水面倾斜，因而我们拟采用反变形工艺来控制变形。根据以往经验及计算结果，确定门叶调整时将其向背水面倾斜，每米按 0.8mm 计算。这个数值根据门叶焊后情况进行了逐步修正。门叶吊装前，闸墙一侧脚手架搭设到与门体同高，并将加固撑杆放于排架上，外侧排架在门体就位后上升，门体调节采用节间 50t 压机、导链等。门叶调整时垂直度为相对于底节门叶情况，此外还要修正本节门叶反变形值，对角线要检查到顶底梁腹板位置。节间压缝使用压码施工，定位焊要求与正式焊接工艺相同。在门叶安装中，若底节门叶发生变化，则启动千斤顶，重新将其调平、打紧组合楔板。

5.3.2.4 顶节门叶安装

顶节门叶由于其结构特点，门叶调整时除检查垂直度、对角线外，还应注意检查顶梁水平，顶枢耳板及启闭机油缸联结耳板的水平度。

5.3.3 顶枢镗孔、安装

人字门门体安装焊接后，整体尺寸检查，调节底部千斤顶进行精确调节，使门体状态符合规范要求，而后由测量人员以交汇法测放出顶枢轴中心点，测量基准为底枢浇筑后蘑菇头顶投所确定的 AB 拉架汇交中心线。配合制造厂施工人员，搭好施工平台后进行镗孔，按图中设计检查孔径和轴孔垂直度。镗孔完成后，用水平仪检查顶枢耳板中心，调节拉架安装高度，使其高差小于 3mm。而后将楔块吊放于座架上，AB 拉杆吊装就位，穿轴连接，用楔块顶紧拉杆，按要求检查合格后，浇筑拉架二期混凝土。顶枢正式使用时，二期混凝土的强度应达到设计值的 80% 以上。当顶枢正式受力后，其中心偏差超过设计要求时，应查明原因后再作处理，重新调整。顶枢穿轴时，一定要小心仔细，严格按技术规范要求进行。

5.3.4 门体附件安装

背拉杆、防护梁及爬梯安装：背拉杆分为上、下两层，按下层正背拉杆、下层负背拉杆、上层正背拉杆、上层负背拉杆的顺序吊装。安装前在门体背拉杆安装位置放出安装线，将影响背拉杆安装的焊缝等磨平，背拉杆在闸室底板上连成整体后吊装就位。钢板一端采用螺栓、厚钢板夹紧，吊装时采用多点吊，以导链等调节倾角。背拉杆吊入就位后，钢板端以螺栓定位，逐步调节拉杆倾角，到与样线一致后点焊固定。并将焊缝压严实，按图纸要求施焊。

背拉杆装完后，进行了 L13（第 13 根主梁）以下门体中部竖梯安装。门轴柱、斜接柱及 L12（第 12 根主梁）以上门体中部竖梯则在门叶分节安装中装入，节间以连接板相连，以方便施工。现场防护梁安装仅指 E、F、G 形防护梁，安装时，防护梁长度按实际尺寸截取，防护梁的焊接由合格焊工施焊，焊后以一类焊缝进行外观检查。底止水装置、限位装置安装底止水装置安装包括门轴柱和斜接柱端异型橡皮安装，活动止水座架安装和 P 形水封安装，异型橡皮与压板等组装成整体后，当门体处于门龛内，门轴柱支垫块离开枕垫块时装入，活动止水座架两端及与底梁腹板间均按图要求加垫橡皮，将螺栓把紧，检查活动止水座架与固定座架之间的高差是否合乎要求。P 形橡皮安装时，先将压板与座板以螺栓把合，将结合处焊好，卸下压板，橡皮垫板及 P 形橡皮在压板上套孔，以 φ19 橡皮钻头钻孔。橡皮接头以及异型橡皮与支垫块用经监理批准的胶粘剂冷粘合。锁锭装置、防撞装置安装：锁锭装置位于启闭机室内，其安装在闸门各项指标均调整合格后进行，门叶处于全开位置时，调节锁锭座架，使卡锁结构正好锁住门叶顶梁上的锁锭轴，然后浇筑锁锭二期混凝土。防撞装置分别布置于不同高程上，在内侧脚手架拆除之前，即将防撞座架粗装，门叶全开时，精调垫板，使橡皮顶端与门叶面板间距保持2mm间隙。人行桥及栏杆安装：人字门人行桥在门叶焊完，支垫块吊入后进行安装，安装时为便于施工，门叶处于门龛位置，根据到货情况，从下到上，先装竖杆框架，再将栏杆与平台组合节一次吊装就位，安装时用经纬仪等检查，保证人行桥面中心线与人字门平行，桥面花纹板旋转中心与顶、底枢中心重合。导卡安装：导卡在门叶处于全关状态（22.5°）时，两门叶相对拉紧，斜接柱、门轴柱支、枕垫块安装调整完成后进行，安装时，首先定出导卡位置线，配钻出螺栓孔，然后安装导轮卡钳，调节钳唇、导轮与卡钳上下唇之间间隙控制为1mm，再将剪力板与其脚跟处顶紧焊在门体上。卡钳环氧灌注方法与支垫块相同。冲淤管和润滑管路安装：人字门冲淤管和润滑管路位于门体内，安装时与门体安装同步进行，润滑管路按照规定进行了清洗、冷弯和装配，安装时密封保护。

5.3.5 门体调整

人字门门体调整包括背拉杆应力调整和门叶径向跳动调整两项。背拉杆应力调整在门体拆除了撑杆等施工加固件后进行，门叶径向跳动在脚手架全部拆除后进行，具体调节方法：拆除所有约束（包括底垫梁、支撑钢管等）。拆除所有影响门叶全开、全关的排架。门龛内以及顶底枢周围的杂物清理干净。将门叶置于全开位置。由测量人员以旋转中心放出与闸室中心线呈0°的全开样线，以支承中心向闸室内放出与闸室横轴线呈22.5°的门叶全关轴线。并作醒目标记。在底坎位置设置限位挡块。在全关轴线交点上浇筑一支承墩。在斜接柱端背水面贴一张坐标纸。根据实际情况，将水准仪架设在另一门叶的门轴柱端。由水准仪在坐标纸上作出一点，明显标识，记为 O 点，并记录其高程值且测量出 O 点至旋转中心的水平距离 L。推动门叶从全开向全关旋转。分别在 $\alpha=10°$、$30°$、$50°$、$67.5°$ 定位，分别记下 O 点的高程值，与初始高程值相比，得出上、下跳动量 Δl。以横坐标为 α，纵坐标为 Δl 作曲线图，由 Δl 和其对应的角度 α，利用三角形相似原理，可得到 A、B 拉杆的调节量 τ，再用平行四边形原则分配到 A、B 各杆的调整量（图5.3.5）。

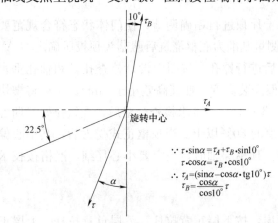

$$\because \tau \cdot \sin\alpha = \tau_A + \tau_B \cdot \sin 10°$$
$$\tau \cdot \cos\alpha = \tau_B \cdot \cos 10°$$
$$\therefore \tau_A = (\sin\alpha - \cos\alpha \cdot tg10°)\tau$$
$$\tau_B = \frac{\cos\alpha}{\cos 10°}\tau$$

图5.3.5 门轴线调整时，A、B 拉杆调整量推荐值

由于门叶太重，光靠扳手旋螺母非常困难，旋不动，故将门叶重新推回至 $10.5°$ 安装线上，用安装时布置的液压千斤顶将门叶斜接柱端抬起。根据近似计算所得的 τ_A、τ_B，作为 A、B 杆的调节量。同时布置磁座千分表监控，各表读数均到调节量数值时，将千斤顶去除，调整直至 Δl 小于1.0mm为止。

式中 $0°\leqslant\alpha\leqslant67.5°$

    τ——门体 A、B 拉杆调整量；

    τ_A——A 杆调整量；

    τ_B——B 杆调整量；

    α——门体距全开位置旋转角度；

    $10°$——人字闸门门轴调整时，距闸墙边线初始位置。

$$\tau = \frac{177.540 - 139.172}{L} \cdot \Delta l$$

左门叶：

    式中：177.540为左门叶顶枢中心线实际高程，139.172为蘑菇头高程。

$$\tau = \frac{177.5394 - 139.172}{L} \cdot \Delta l$$

右门叶：

式中：177.5394 为右门叶顶枢中心线实际高程。

故得：$\tau_A = (\sin\alpha - \cos\alpha \cdot \mathrm{tg}10°)\tau$

$$\tau_B = \frac{\cos\alpha}{\cos10°}\tau$$

5.3.6 支垫块安装

支垫块安装包括门轴柱凸形支垫块，斜接柱两条支垫块，每条支垫块均由 11 根单件组成。支垫块安装前，先检查门体端板上螺孔位置，检查方法为在端板中心线上挂垂线，做出垂线标记。检查端板上各螺孔距门体底部相对高程值，垂直距离和与中垂线水平距离，做好记录。然后依支垫块编号及件长，在垫块背面作出钻孔中心点，进行钻孔攻丝加工，加工中将支垫块倒置于平台上，背面调平顶紧后加工，保证钻孔垂直，同时加工要注意保护支垫块正面，不得受损。支垫块安装分为初装和精调两个阶段，初装在门体焊接后即进行，端板、支垫块清理干净后将支垫块按编号装入，将其位置初步调节，其中沿门轴方向尺寸略为偏小一点，装完后将支垫块表面保护，垫块与端板以橡皮条、胶带、彩条布保护。精调在门叶调整合格后进行，去掉支、枕垫块上的正面保护，先将门旋转到全关位置，在闸顶平台上以经纬仪检查门轴线到位情况。底梁则以闸室底板上的地样线检查，然后将两扇门以 I20 工字钢相对固定，斜接柱支垫块调节时，以经纬仪沿闸室中心线检查，先调节右侧凹形支垫块，到位后将左侧支垫块与其顶紧，检查结合间隙。门轴柱支垫块精调则直接调节螺栓，将支、枕垫块顶紧。

5.3.7 环氧灌注

环氧灌注在门叶处于全关位，支、枕垫块、门轴柱支垫块安装调节合格后进行。环氧灌注方法为：将各条支枕垫块每隔 10m 高取掉一块垫块，取掉之前设好定位标记。使用速凝环氧填料将支枕垫块与端板、枕座埋件的底部和两侧间隙密封后进行灌注。灌注时采用低气压有压浇注，将细管通到底部，随着环氧垫层的浇注高度，细管不断提高。

速凝环氧填料也要事先进行生产性试验，要求抗压强度和支枕垫块填层的抗压强度相同，密封后检查。详见图 5.3.7。

垫层浇高到 10m 左右时，将第一块取掉的垫块按做好的定位标记恢复原位，再在 20、30、38m 高取掉的垫块位置按上述方法灌浇填料。依次恢复取掉的第二块第三块垫块、检查、密封，后从门顶部垫块位置浇注。

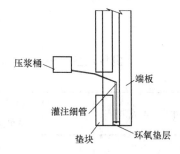

图 5.3.7　环氧垫层灌注示意图

5.4 劳动力配备（表 5.4）

人字门门叶卧拼安装劳动力配备（单位：人）　　　　　　　　　　表 5.4

单扇门叶宽度（m）	铆工	电焊工		起重工	探伤工
		普通	合格		
<9	8	3	4	6	2
9~15	10	4	6	8	2
15~20	12	5	8	10	3
>20	14	6	10	12	3

注：1. 普通电焊工指从事切割、点焊人员，不包括碳弧气刨人员；

　　2. 表中劳动力按一个工作面考虑，如两侧同时安装，则根据实际情况适当增加劳动力。

5.5 安装工期（表 5.5）

人字门门叶竖立安装工期 单位：班   表 5.5

安装项目		单扇门叶宽度(m)						说明
		<9		9～15		15～20		>20
		单扇门叶高度(m)						
		<15	≥15	<15	≥15	<15	≥15	
拼装一节	A	1.5	2.0	2.0	2.5	2.5	3.0	3.0
焊接一节门叶焊缝	B	2.0	2.5	2.5	3.0	3.0	3.5	3.5
背拉杆安装调整	C	2	2	3	3	4	4	5
顶枢拉杆安装和门体轴线调整	D	2	2	4	4	6	5	7
支、枕垫块安装调整	E	3	4	5	5	6	6	7
填层浇筑	F	3	4	5	5	6	6	7
侧、底止水安装	G	3	4	5	5	6	6	7
其他附件安装	H	1.0	2.0	2.0	2.5	2.5	3.0	3.0

说明：
1. 预应力背拉杆乘 1.5
2. 支垫块系分块

注：1 人字门门叶竖立安装总工期可按公式估算

$$M = n_A + (n-1)B + C + D + E + F + G + H + T_1 + T_2$$

式中 M——人字门门叶竖立安装总工期，班；

n——门叶节数；

T_1——测量控制点设置、门体临时加固及拆除、脚手架搭设和拆除、油漆涂装工期，班；

T_2——二期混凝土浇筑和养护工期，班。

2. 人字门门叶平地安装总工期为 0.8M/班。

6. 材料与设备

6.1 机具配置（表 6.1）

人字门门叶竖立安装机具配置（单位：台）   表 6.1

单扇门叶宽度(m)	电焊机	焊条烘焙箱	焊条保温筒	千斤顶	卷扬机	角向磨光机	超场波探伤仪	磁粉探伤仪	温控加热器	应力测试仪
<9	6	1	6	4	2	2	1	1	1	1
9～15	9	1	9	8	2	4	1	1	1	1
15～20	11	1	11	10	2	6	1	1	2	1
>20	13	1	13	12	2	8	1	1	2	1

注：1. 空气压缩机现场至少配置 1 台（容量不小于 6m³）；
2. 起吊设备根据吊装方案不同可选用门座式起重机、轮胎式起重机，以及履带式起重机，也可利用现场已有其他设备。

6.2 施工主要消耗材料如下

钢管	φ100	8t
钢板	Q235	20t
型钢		30t
钢管	φ40	12t
木材		40m³
圆钢		3.5t
钢管	φ820	23t

高强度环氧垫料

7. 质量控制

7.1 工程质量控制标准

人字门安装质量执行《水利水电工程钢闸门制造安装及验收规范》DL/T 5018—2004 标准。

7.2 人字门安装技术要求

7.2.1 顶枢安装允许偏差为：

顶枢安装允许偏差 表 7.2.1

拉架耳板中心面高程与门叶顶枢耳板中心面高程偏差	≤3.0mm
顶枢拉架工作面水平度	≤1/2000
A、B 拉架中心线的交点与顶枢中心应重合，其偏差	≤2.0mm
A 杆两端允许高差	<1.0mm
B 杆两端允许高差	<1.0mm

顶枢调整楔块与顶枢 A、B 拉杆或拉架之间的接触面，以红丹粉检查，应大于接触面理论值的 70% 以上，否则，现场进行配研。顶枢拉架的安装高程根据门叶安装后的实际高度来确定，且应充分考虑预应力锚杆张拉前后拉架的变化。

7.2.2 支枕垫块安装允许偏差为（表 7.2.2）：

支枕垫块安装允许偏差 表 7.2.2

支枕垫块接触面	≤0.15mm，局部≤0.3mm，用累计长度小于 200mm
支垫块弧面支承中心线铅垂度	≤1.0
门叶全关时，凹凸支垫块弧面支承中心线为同一铅垂线，相互偏离值	≤3.0mm
相邻支垫块端部间隙	≤0.1mm
相邻支垫块端部错位	≤0.1mm

凹凸支枕垫块弧面支承中心线相对于人字门合力线及旋转中心线的位置度不大于 0.3mm，在现场浇注环氧填料前，支枕垫块与端板间的油垢、污物及铁锈等应清除干净。

7.2.3 门体安装允许偏差（表 7.2.3）

门体安装允许偏差 表 7.2.3

门叶高度	±20mm	
门叶半宽	±5.0mm	
对角线相对差	≤12mm	
端板正向直线度	≤4.0mm	
端板侧向直线度	≤4.0mm	
门叶横向直线度	凸向迎水面	≤4.0mm
	凸向迎水面	≤3.0mm
门叶竖向直线度	凸向迎水面	≤6.0mm
	凸向迎水面	≤3.0mm
面板局部平面度	每米范围≤3.0mm	
面板与梁组合面的局部间隔	≤1.0mm	
节间错位	≤2.0mm	
顶、底枢中心的同轴度	≤2.0mm	
门叶从全开到全关过程中，斜接柱上任一点的上、下跳动量	≤1.0mm	
底横梁在斜接柱一端的下垂度	≤5.0mm	≤3.0mm
背拉杆的预应力调节后斜接柱的端板垂直度	≤2.0mm	

8. 安 全 措 施

8.1　进入施工现场人员，必须按规定穿戴好防护用品和必要的安全防护用具，安全帽、安全带、安全绳、安全网要定期检查，不符合要求的，严禁使用。严禁穿拖鞋、高跟鞋或赤脚工作（特殊规定者除外）。

8.2　特种作业人员必须持证上岗，非特种人员不得从事特种岗位作业。

8.3　施工现场存放的设备、材料，应做到场地安全可靠，存放整齐、通道完整，必要时设专人进行守护。

8.4　用于施工现场的各种施工设施、电源线路等，均应符合防火、防砸、防风、防洪以及工业卫生等安全要求。

8.5　施工人员应严格遵守安全操作规程，严禁酒后工作，并按要求做好当班记录。

8.6　施工现场危险地段，要悬挂"危险"或"禁止通行"标志牌，并设置防护栏杆设施。

8.7　起重机在使用前要经过试车，试车前应注意挂钩、钢丝绳、齿轮和电气部分等，使用时应设专人指挥，禁止斜吊，禁止任何人站在吊运物品上或者在下面停留和行走，物件悬空时，驾驶人员不能离开操作岗位。

8.8　搬运物品和使用工具时，必须时刻注意自身和四周人员的安全。上、下传送物件或工器具时，不可投掷抛接。

8.9　上下班要按规定的道路行走，听从交通安全人员指挥。当乘坐车、船等交通工具时，必须遵守有关安全规定。严禁跳车、扒车或强行乘坐。

8.10　施工现场及作业地点，应有足够的照明，主要通道应装设路灯。在潮湿地点，行灯电压不得超过 36V。电源线路不得破损，裸露线芯、接触潮湿地面，以及接近热源和直线绑挂在金属构件上。

8.11　在脚手架上安装临时电源线路时，竹木脚手架上应加设绝缘子、绝缘配电盘、金属脚手架上应设木横担。严禁私拉乱接电源，非电工不得从事电气作业。严禁将电源线芯弯成裸钩挂在电源线路或电源开关上通电使用。

8.12　照明、设备拆除后，不得留有带电的部分，如必要保留时，则应切断电源，线头包以绝缘，固定于距地面 2.5m 以上的适当处。

8.13　施工现场电气设备和线路（包括照明、手持电动工具等）应配装触电保护器，以防止因潮湿漏电和绝缘损坏引起触电及设备事故。

8.14　脚手架、临时工装平台、安装用挂架和吊篮以及其他临时设施拆除应分别遵守各自规程的有关规定进行有序的拆除，拆除工作周围，应划定安全区，对附近道路或拆除下方，应设专人警戒，并设置安全警示标志牌和防护围栏。

8.15　施工安全员应定期巡视现场，发现违规行为应及时制止和处理。

8.16　施工设备、工器具等应定期检查和维护、保养。

8.17　施工作业前应做好安全技术交底工作，并按要求做好记录。

8.18　做好"三工"活动和班前"危险预知"活动并做好记录。

9. 环 保 措 施

9.1　成立对应的施工环境卫生环境卫生管理机构，在工程施工过程中严格遵守国家和地方政府下发的有关环境保护的法律、法规和规章，加强对施工燃油、工程材料、设备、废水、生产生活垃圾、弃渣的控制和治理，遵守有防火及废弃物处理的规章制度，做好交通环境疏导，充分满足便民要求，认真接受城市交通管理，随时接受相关单位的监督检查。

9.2 将施工场地和作业限制在工程建设允许的范围内，合理布置、规范围挡，做到标牌清楚、齐全，各种标识醒目，施工场地整洁文明。

9.3 对施工中可能影响到的各种公共设施制定可靠的防止损坏和移位的实施措施，加强实施中的监测、应对和验证，同时，将有关方案和要求向全体施工人员详细交底。

9.4 做好无害化处理。

9.5 优先选用先进的环保机械。

10. 效 益 分 析

10.1 本工法采用理论分析和实际施工相结合的方式，对工程中存在的技术关键和难点逐项予以具体研究解决，实践证明，三峡船闸人字门安装采用该工法进行施工，其安装调试的工期每扇闸门约提前2个月，同时，由于采用了有效控制焊接变形的工艺，减少了返工和调整的时间，节约了焊接及热处理成本。取得了良好的经济效益。

10.2 该工法与同类人字门的安装工法相比，具有技术先进、综合经济效益显著的特点，三峡人字门的安装工程量达4.5万t，安装施工时段仅23个月，平均月安装强度为1950t以上，通过采用本工法，选择了正确的工艺和技术方案，确保了系统调试和三峡船闸按期通航，取得了良好的社会效益。

11. 应 用 实 例

11.1 三峡临时船闸人字门安装

三峡临时船闸上、下闸首各布置一套人字门，每套人字门由两扇1.6m×14.298m×16.2m（厚×宽×高）的闸门组成，每扇门重量约为128t。安装时采用"人字门安装工法"施工，其安装质量满足要求，施工全过程处于安全、稳定、快速、优质的可控状态。施工质量、安全生产、文明施工等得到业主、设计单位及业主单位的高度赞扬。

11.2 三峡永久船闸北线船闸人字门安装

三峡永久船闸北线船闸包括五个闸室、六个闸首，每个闸首设置一套人字闸门，1～4闸首每套人字闸门由两扇20.2m×3.0m×38.5m闸门组成，5～6闸首由两扇20.2m×3.0m×37.5m闸门组成。单扇门重约850t。采用"人字门安装工法"施工，为保证人字门的安装质量，通过，对施工方案的不断优化及改进，严格执行施工工艺，永久船闸人字闸门安装施工进展顺利，达到了三峡标准的各项高指标，使施工全过程处于安全、稳定、快速、优质的可控状态，施工质量、安全生产、文明施工等得到业主、设计单位及业主单位的高度赞扬。北线安装工期比原计划提前了2个月，工程质量优良率达到92％以上，无安全生产事故发生。

11.3 三峡永久船闸南线人字门安装

三峡永久船闸南线人字闸门包括五个闸室、六个闸首，每个闸首设置一套人字闸门，1～4闸首每套人字闸门由两扇20.2m×3.0m×38.5m闸门组成，5～6闸首由两扇20.2m×3.0m×37.5m闸门组成。施工采用"人字门安装工法"，通过对施工方案的不断优化及改进，严格执行施工工艺，永久船闸人字闸门安装施工进展顺利，达到了三峡标准的各项高指标，使施工全过程处于安全、稳定、快速、优质的可控状态，施工质量、安全生产、文明施工等得到业主、设计单位及业主单位的高度赞扬。南线安装工期比原计划提前了2个月，工程质量优良率达到92％以上，无安全生产事故发生。

火电厂超高大直径烟囱钛钢内筒
气顶倒装施工工法

YJGF329—2006

中国建筑第七工程局

焦海亮　靳卫东　王五奇　卢春亭　黄延铮

1. 前　　言

1.1　近年来，随着国家新的能源产业政策的出台和国家节能减排工作力度的加大，随着火电建设项目向大型、高效、环保方向的发展，随着湿法烟气脱硫净化工艺在火电建设中的应用日益广泛，超高、大直径、钛钢内筒烟囱因其具有突出的抗腐蚀、耐高温及耐磨性能而在电厂项目中越来越多地得到推广、应用，同时对钢内筒的加工制做、焊接、安装工艺也提出了更高的要求。

1.2　2006年9月中国建筑第七工程局安装工程公司承建了南阳天益发电有限公司2×600MW超临界燃煤火电机组项目210m/8m烟囱钛钢内筒工程，针对该工程工期紧、质量要求高、技术难度大等特点及首次承接该型工程的不利因素，我单位成立课题小组研究开发了"火电厂超高大直径烟囱钛钢内筒气顶倒装施工技术"，成功解决了施工中诸多难题，取得了良好的经济和社会效益，2007年6月该技术经河南省科技厅鉴定、审核被确认为河南省科学技术成果。为了使超高大直径烟囱钛钢内筒的施工工艺更趋规范化、标准化，我单位在工程实践的基础上经过不断研究、探索，编制了本工法。

2. 工 法 特 点

本工法先进行内筒顶端段组装将其转化为顶升工具的一部分与封头、密封装置等组成类似活塞的密闭容器，以压缩空气为顶升动力通过控制输入密闭容器的气体参数实现内筒顶升，顺序为先顶后底，组拼、顶升、保温平台设置在约12m标高处相对固定的工作平台。工艺流程合理且程序化、工效高、工程质量和施工安全容易控制、施工成本较低、适用范围广。

3. 适 用 范 围

本工法适用于各类新建、扩建、改建100m以上烟囱钛钢内筒的施工。

4. 工 艺 原 理

本工法工艺原理是先进行支撑梁、升降平台等措施性装置的设计及制做安装，再安装止晃平台和钢爬梯，然后采用气顶倒装法进行钢内筒施工。气顶倒装法原理是先在基础工作平台上用常规吊装工具把内筒顶端段组装到一定高度，装上专用的上封盖、内密封底座等施工附件，使该顶端段转化为顶升工具的一部分，这样钢筒顶端段和内密封底座就构成了一组相对密闭、可伸缩的活塞气缸筒。然后输入一定参数的压缩空气其作用在上封盖的压强产生向上的顶升力，克服筒段等自重和摩擦力，筒段上移，当筒段底口超过后续筒节的高度后，控制进气量，使筒段稳定，把已准备好的后续筒片合围成整圈筒节，焊固此筒节的纵缝，再适量放气使上筒段徐徐下降与它对接，焊固横缝，这样上筒段被接长了一节，然后再进气顶升，不断重复，直至筒体达到设计高度，最后拆除上封头和密封内底座等施工附件，钢筒体便组装完成，可以交给后续工序施工（图4.1）。

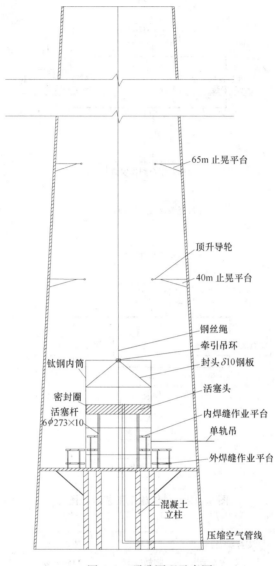

图 4.1　顶升原理示意图

5. 施工工艺流程及操作要点

5.1　施工工艺流程

5.1.1　总体施工工艺流程（图 5.1.1）

5.1.2　措施性装置制做安装工艺流程（图 5.1.2）

5.1.3　钛钢内筒加工制做工艺流程（图 5.1.3）

5.1.4　钛钢内筒焊接工艺流程（图 5.1.4）

5.1.5　顶升工艺流程（图 5.1.5）

5.1.6　防腐绝热施工工艺流程（图 5.1.6）

5.2　操作要点

5.2.1　施工准备

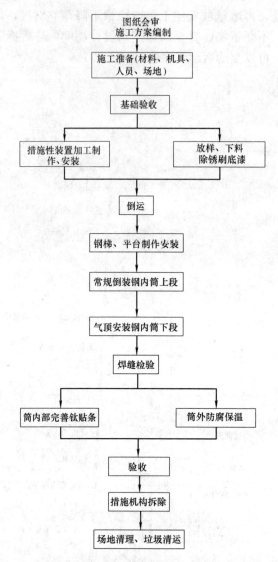

图 5.1.1　总体施工工艺流程图

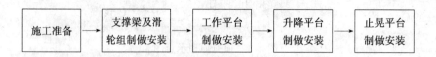

图 5.1.2　措施性装置制做安装工艺流程图

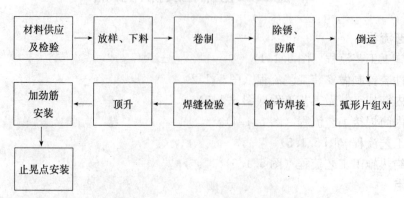

图 5.1.3　钛钢内筒加工制做工艺流程图

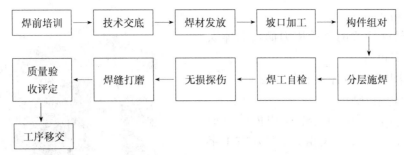

图 5.1.4　钛钢内筒焊接工艺流程图

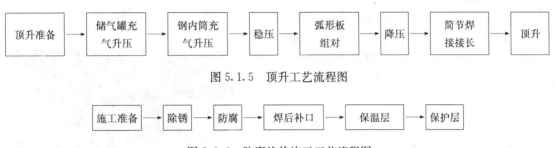

图 5.1.5　顶升工艺流程图

施工准备 → 除锈 → 防腐 → 焊后补口 → 保温层 → 保护层

图 5.1.6　防腐绝热施工工艺流程图

1. 由专业责任工程师会同设计、监理、业主及其他专业工程师进行图纸审查，先行确认图纸的准确性。

2. 根据进场钢板的尺寸绘制筒体钢板的排版图，确定各节的高度和顶升重量。

3. 计算气顶所需压强，列出表格，根据所需最高压强按压力容器设计标准《钢制焊接容器》GB 150—98 进行计算，确定上封头的厚度、形式和固定的位置。

4. 编制施工组织设计和有关技术文件，并履行审核、批准程序。

5. 组织有关人员进行焊接工艺评定，确定焊材的型号、规格和焊接方法、工艺。

6. 根据现场坐标、高程利用经纬仪等测量仪器确定烟囱顶部东—西和南—北轴线。

7. 根据设计文件对基础进行验收，确保混凝土烟囱的垂直度、偏心度、椭圆度应符合设计要求。同时要测量底座基础的标高、地脚螺栓孔的深度、垂直度和位置应符合设计规范要求。

5.2.2　气顶压力计算及校核

1. 气顶压力须满足下列公式：

$$F_1 = Q_1 \qquad\qquad (5.2.2\text{-}1)$$

式中　$F_1 = A \times P_1$，

　　A——钢内筒截面积（m^2），$A = 3.14 \times R^2$；

　　P_1——气顶压力（MPa）；

　　R——内筒半径（m）；

　　Q_1＝筒体本体重量＋上封头重量（T）。

则：气顶压力 $P_1 = Q_1/A$（MPa）。

2. 按照钢制压力容器国家标准《钢制焊接容器》GB 150—98，筒体材料许用应力应满足下列公式：

$$\sigma = P(D_1 + \delta)/2\delta \leqslant [\delta]\phi \qquad\qquad (5.2.2\text{-}2)$$

式中　σ——设计温度下的计算应力（MPa）；

　　P——设计压力（MPa）；

　　D_1——钢内筒直径（mm）；

　　δ——钢内筒壁有效厚度（取最小厚度，mm）；

　　$[\delta]$——设计温度下材料的许用应力（MPa）；

　　ϕ——焊缝系数，一般取 $\phi = 0.9$；

计算并比较 σ 和 $[\sigma]\phi$；

若 $\sigma < [\sigma]\phi$，最薄筒段的所受应力满足筒体安全要求，则证明方案可行。

5.2.3 措施性装置的设计和制做安装

1. 支撑梁及滑轮组安装

1) 支撑梁主要用于升降平台、牵引内筒时滑轮组的起吊支撑点，一般支撑梁由 32c 号左右工字钢做成，跨度约 6m，必须根据其承重量及 1.5 的安全系数进行校验强度。

2) 利用建翻模施工平台和起吊机具将支撑梁及滑轮组先吊放在顶层工作平台上，再以烟囱翻模平台为安装平台进行组装。焊固在混凝土烟囱筒首的预埋件上，而后再安装滑轮组、钢丝绳。

2. 顶升工作平台制做安装

1) 由于烟囱内筒标高 12m 以下为钢筋混凝土结构，在 12m 标高处混凝土内筒顶搭设 5 层作业平台图 5.2.3-1、图 5.2.3-2)，分别进行材料转运及组对、点焊、焊接、焊保温钉、保温作业，每层间距 2.2m。

2) 先搭脚手架，用卷扬机把材料吊上平台，用 16 号工字钢在内筒高 12m 处的外径焊接 24 根作为主梁，用 $\phi108$ 钢管打 45 度打斜撑，用角钢 L50×5 作为辅梁焊 2 圈，并焊加强筋。上铺厚度为 6mm 的花纹钢板，四周用钢管 $\phi32$ 焊成保护栏，并加围安全网。

3) 平台制做完成后，另在组对平台上安装 1 台约 2t 的卷扬机，以备后用。

3. 升降平台制做安装和使用（图 5.2.3-3）

1) 升降平台主要用于平台扶梯的安装，一般为网式反撑活动钢平台，分为两层，上层安放机具及待装工件。

2) 用卷扬机把材料吊上 12m 平台，用 2 根角钢 L125×10 对焊成截面为"T"形作为主梁，拼焊成井字架，分上下两层（距离 900mm）中间用直撑、斜撑连接。四角焊上厚度为 6mm 的花纹钢板，再在上层铺上木板，周边焊保护栏。由于混凝土筒上小下大，故平台应在适合的空间范围内作径向变幅。平台最大自重限制在 3～4t 为宜，以增加其平衡稳定。

3) 其通过滑轮组、支承梁、钢丝绳、卷扬机能从 12～205m 上、下垂直升降移动。升降过程中还有四根带有自锁机构的钢丝绳起保险和导向作用，当升降平台上升到设计标高后，还有四台 3t 的

图 5.2.3-1　12m 标高处混凝土内筒顶

图 5.2.3-2　流水作业平台

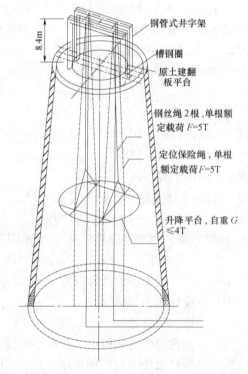

图 5.2.3-3　升降平台示意

捯链悬挂钢丝绳用以定位和微调。单台卷扬机及钢丝绳应确保 5 倍以上的安全系数，同时升降平台底部及周围都是全封闭式安全网围护。

4）在制做升降平台期间，利用 12m 平台上的卷扬机起吊、定位安装钢爬梯立柱，并组焊钢爬梯。

4. 压缩空气系统（图 5.2.3-4 和图 5.2.3-5）：气源装置由空压机、储气罐、空气管线及控制阀门组成。空压机要求一用一备共二台，一般工作压力 0.7MPa，流量 6m³/min，储气罐为 10m³ 即能满足要求，保证为顶升提供稳定可靠的气源。供气管路排放观察都是一用一备双套。

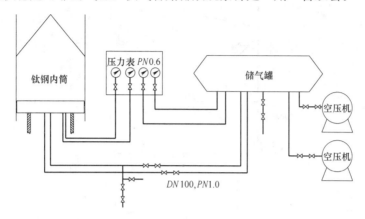

图 5.2.3-4　气顶压缩空气系统图

图 5.2.3-5　压缩空气系统

5. 导向装置安装（图 5.2.3-6）：导向装置主要解决内筒在顶升过程中因重心不稳、产生偏差进而出现歪斜的现象。主要由导轮和导轮架组成，一般导轮由 ϕ300 橡胶轮胎做成，位置略大于钢内筒外径（约 5mm）。导轮径向位置通过丝杆调节。分别设置在活塞头和 40m 止晃平台层，每层四个均布，方向和止晃点一致。考虑到烟囱加劲肋施工方便，在 40m 止晃平台上组焊烟囱加强肋、加强圈。

图 5.2.3-6　导向装置

6. 活塞装置的设计及安装（图 5.2.3-7）

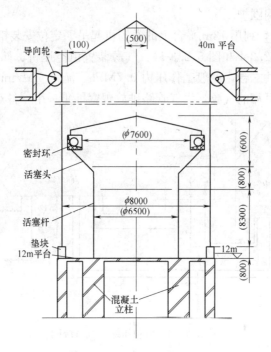

图 5.2.3-7　活塞装置示意

1）本技术顶升内筒的活塞装置安装固定在 12m 工作平台上，主要由活塞头、活塞杆、密封装置和支撑机构等组成。

2）活塞头：外径略小于内筒内径，高度约 14m，主要为钢圆筒式结构，经设计计算其强度能够满足内筒压力而不致变形。活塞头总承重能力约 580t。

3）密封装置（图 5.2.3-8）：是保证气顶成功的关键设备，其同活塞头实际为一整体结构，即迷宫式密封加上耐磨橡胶圈。所用材料与结构耐磨性和密封性必须符合要求，由我单位与专业厂商共同研制，其密封环头部制做椭圆度控制在 5mm 内，周长误差控制在 3mm 内，密封圈安装平台（即活塞头）应垂直，其偏差不应大于 3mm，密封圈外边波纹度不大于 2mm。

4）活塞杆及其支承结构：活塞杆实质是支撑活塞头，并提供足够的空间满足在活塞头以下进行内筒组对、调整和内外焊接的要求。活塞杆坐落在 12m 平台的两个立柱上。经验算其强度满足承载要求。一般钢圆筒活塞杆详细设计应由设计认可。

5）封头（图 5.2.3-9）：一般做成圆锥状，并在锥头内部加焊 $\phi500$ 密封板，锥头外部焊接吊环，

图 5.2.3-8　密封装置

图 5.2.3-9　封头

用于卷扬机导向及牵引提升。封头与钢内筒上下节对接处通过法兰环过渡焊接连接，改善受力性能，同时便于拆卸。封头的受力及强度需设计及校核。

6）制做安装：活塞制做安装在止晃平台制做安装完毕后进行，用卷扬机把材料通过烟道口垂直吊至工作平台（12m）上，再用单轨吊将材料水平移至钢内筒组焊施工处，采用倒装法将活塞头和活塞杆焊好，把封头散片吊至活塞头上部，用吊装法组装钢内筒，使之高度超过活塞头，焊工通过梯子爬上活塞头组焊封头。

5.2.4 止晃平台制做安装（图5.2.4）

1. 钢内筒施工前先进行止晃平台制做安装（止晃点在内筒完成后安装）。

2. 按照由上而下顺序利用升降平台进行安装，安装前可根据安装特点在地面组对成小拼单元，以减少空中作业量。

3. 先把升降平台与两只吊笼连接牢固，利用2台卷扬机通过井字架上的4根1.5m 16号槽钢作起吊点，将设备和操作工随升降平台吊至预装高度，再用四台3t的捯链悬挂钢丝绳将平台对称固定，将升降平台与烟囱混凝土筒壁连接牢固以免晃动。

4. 松下吊笼，将地面预拼装好的止晃平台单元吊放到固定的升降操作平台上层，然后进行止晃平台安装组焊。同时将同层的烟囱内直爬钢梯安装好，并将每层止晃平台的止晃构件安放在同层平台上，待钢内筒安装完成后安装。

5. 平台定位要准确，测量校核无误后进行导向位置的安装。

图5.2.4 止晃平台

5.2.5 升降平台的拆除

在止晃平台安装完毕后，将升降平台降至12m平台上，解体拆除。

5.2.6 地脚螺栓及底板安装

1. 地脚螺栓安装：清理好栓孔，将加工好的地脚螺栓临时固定，复测标高、垂直度均合格后用设计的高强度无收缩浆料进行灌浆到一定高度。

2. 钢内筒底板安装：地脚螺栓首次灌浆后，将制做好的法兰底座进行临时安装完全定位，支模进行二次灌浆。待浆干后，将法兰底座按地脚螺栓定位，并拧紧螺帽，转入钢内筒的组对焊接。

5.2.7 钛钢板放样、下料

1. 材料验收

材料进场后应由材料部门进行验收合格后方能使用。主要材料必须附有合格证和材质证明文件并与材料上的标记相一致。

2. 样板制做

样板由具有一定刚度的材料制做，但不能太重。一般用δ1~1.5白铁皮制做。样板应经过检验符合规范要求后才能使用。

3. 放样下料

内筒的下料必须在施工前绘制排版图，排版图应综合考虑焊缝的位置、焊缝之间的距离、焊缝同加劲肋之间的距离等因素，尽量全部满足设计文件的要求。

内筒材料即钛钢复合板一般允许偏差见表 5.2.7。

内筒材料即钛钢复合板一般允许偏差 　　　　　　　表 5.2.7

测量项目	允许偏差(mm)	测量项目	允许偏差(mm)
板宽	±1	直线度	≤2
板长	±1.5	坡　口	45°±5°
对角线	≤2		

下料后必须有班组检查员复核并做下料记录表，在钢板的角端用钢印和油漆作出位号标号。

连接板必须按照实物进行 1∶1 放样下料。

5.2.8　钛钢板卷制

1. 机具准备

1）内筒卷制使用三辊轴压式卷板机，卷板机规格应满足需要（一般 2200×20），为了制做方便，卷板机布置在操作坑内，坑四壁用机砖砌成，水泥砂浆抹面，坑底设置集水坑，放置 φ50 污水泵，防止坑内集水。

2）构件的吊装采用 5t 龙门吊，在吊装倒位过程中应采取措施保护材料表面免受伤害。

2. 胎具制做：由于三辊卷板机不能对板头进行有效的卷压从而形成所需的弧度，必须使用胎具对板头进行压头。胎具采用 δ22 钢板按照所需弧度在卷板机上压制而成。

3. 压头卷圆

1）利用三棍卷板机进行压头和卷圆，卷制成弦长 1.5 的内卡样板检查曲率，其间隙应为 ≤3mm。

2）钛板必须防止污染，卷制时应采用有效措施以防损坏，比如采用牛皮纸或橡胶板进行隔离。

3）卷制后应按位号依次立式安放，便于除锈刷漆及以后安装吊运。

5.2.9　钛钢板转运、组对

1. 将气顶用的措施材料运进钢内筒基础上，依次安装活塞杆、活塞头并将拼好的封头放在活塞上，安装好进、排气管线及控制阀门。

2. 运输及组对：防腐好的内筒单片钛钢板通过 5t 行车吊运至烟囱门口处预设轨道下，再用 2t 单轨吊通过轨道运进烟囱内预定位置，进行拼节组对。

5.2.10　钢筒体顶端常规吊装

钢筒体顶端段的吊装，是利用前述的支撑梁及 40t 滑轮组，从上而下逐节拼装组对焊接至 14m，检查 14m 段的钢内筒的垂直度、定位尺寸、偏心度并调整到合格尺寸后，再准确定位安装活塞在设计位置，最后在设计位置安装封头。将活塞筒内无用的物件全部经底板的临时入孔清除打扫干净，并将吊装用的滑轮组拆移到封头顶部，做牵引气顶用。

5.2.11　钢内筒气顶顶升

1. 把后续节的弧形筒片运入，以四片为一节，将它们合围在初始顶端段的外圈，把相邻筒片间的四条纵缝中的三条施焊完毕，留下最后一条纵缝，在此间距的两侧适当位置上分别焊上两对钢板制的素具眼板，用两只 5t 的手拉葫芦把相邻的二板收紧。

2. 开动空压机，使贮气罐内充气并达到该罐所许可达到的气压。

3. 检查筒体的周围，清除可能影响其顶升的障碍物。

4. 打开通向筒体的进气阀，在严密的监视与控制下，使顶端段徐徐上升。

5. 当顶端段顶升到高度已超过合围在外圈的后续筒片上约 50～200mm 时，关上进气阀，稳定住顶端段的位置。

6. 把两只手拉葫芦同步收紧，使后续筒节的最后一长纵缝靠拢，并组对焊固，拆除手拉葫芦，割去索具眼板，打磨光滑。

7. 徐徐打开排气阀，使顶端段缓缓下降，使它与后续节相靠拢，最后组焊二者的对接环缝。

8. 根据设计要求对焊缝进行检验。

9. 重复1~8的过程，使第2个后续节接上。由于已组装筒段的接长而使筒体自重增加，气顶所需气体压强也逐步提高，当储气罐压力无法满足此压强时，再用空压机增压，通常只开动一台空压机，第二台为备用。

10. 当后续筒节逐节组焊上升到设计的筒体高度时，气顶结束。

5.2.12　钢内筒焊接

1. 焊接施工条件

1）焊接工艺评定已制订。

2）施工前由技术人员依照本作业指导书向全体焊接人员进行技术交底，明确本项目的焊接技术要求和验收标准。

3）焊接材料合格证件齐全，已报审。

4）焊接机具完好，检查计量仪器具的标定，并在有效期内，检查安全设施符合施工要求。

5）钛材焊接为独立区域，搭设一独立钛材施工棚，确保施焊环境洁净、无烟尘。

2. 焊前准备

1）焊前仔细清理焊口，基板坡口表面及坡口内外每侧10~15mm范围的油、漆、锈、水渍等污物必须清理干净，并打磨至露出金属光泽；钛材焊接前，焊接坡口及两侧25mm内用机械方法除去表面氧化膜，施焊前用丙酮或乙醇清洗脱脂。

2）基板对接坡口应内壁齐平，错口值不应超过壁厚的10%且不大于1mm。

3）为了避免先后施焊的影响，焊缝间相互关系尺寸应符合图5.2.12-2的要求。

4）焊接组装的待焊工件应垫制牢固，以防止在焊接过程中产生变形或附加应力。

3. 焊接注意事项

1）钛钢复合板焊接基板时，在碳钢板面焊接须在背面加衬垫，在钛板面焊接时在焊道两侧约5cm用可防火耐高温的材料铺设，防止焊接飞溅碰到钛板面，根部焊道完成后反面清根。

2）环焊缝必须在该焊缝上下两侧的纵焊缝全部完成后进行。焊接环焊缝时2名焊工保持位置对称，采取分段跳焊法每段长度为400mm，各焊工要求步调一致，方向一致。各层焊缝的接头应相互错开。

3）复合钢板纵、环缝焊接及吊点环梁施工焊接时应控制层间温度不超过400℃。钛焊接采用钨极氩弧焊。

4）钛材定位焊接，应清除表面氧化色（只允许银白色和金黄色）。在钛板层不得焊接临时固定件。一条焊缝应一次焊完。

5）钛贴条组对时严格控制间隙。钛板与钛贴条焊缝两侧清理干净。钛贴条点焊时焊点尽量小，焊接环境应做到无尘、防风（图5.2.12-1）。焊接温度控制在5℃以上。

4. 焊接质量要求及检验

1）碳钢焊缝的检验及返修：碳钢焊缝外观检验，按《钢结构工程施工及验收规范》GB 50205中二级焊缝检验，焊缝成型良好，焊缝过渡圆滑，焊波均匀，焊缝宽度匀直；焊缝表面不允许有裂纹、气孔、夹渣、未融合等缺陷，咬边深度小于0.5mm，连续长度≤100mm，且不大于焊缝全长的10%；焊角高度应满足图纸设计要求，对接缝要求全熔

图5.2.12-1　钛贴条焊接图

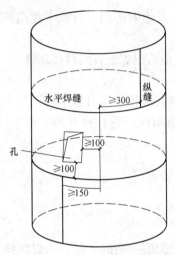

图5.2.12-2 钢内筒纵横缝错边要求

透，焊缝余高允许偏差 1.5±1.0mm，焊缝凹面值≤0.5mm，焊缝错边不超过1mm；

2）钛焊缝的检验：钛材焊缝表面咬边不应超过板厚8%，连续长度不大于100mm，焊缝两侧咬边的总长不应大于焊缝长度的10%；钛焊缝和热影响区在焊接完工后颜色应为银白色或金黄色（致密）；焊缝同一部位返修不宜超过两次，如超过两次返修前应经制造单位技术部门批准，返修次数部位和返修情况应记入质量记录中。

3）不锈钢焊缝的检验：焊缝成型良好过渡圆滑，焊波均匀，焊宽匀直，焊缝表面不允许有裂纹、未熔合、气孔、夹渣等缺陷。

5.2.13　加劲肋、止晃点安装

1. 加劲肋安装

1）在40m平台以下，由于导向装置的限位，暂时不能安装加劲肋。当内筒顶升超过40m平台后，即可安装焊接加劲肋。构件的运输由活动平台完成。

2）加劲肋的制做用三辊卷板机完成。槽钢和工字钢压头后可直接卷制，角钢则需要成对焊接在一起然后卷制。

2. 止晃点安装：内筒就位调正后，拆除导向装置，在每层平台上进行止晃点的安装。止晃点的各项数据应严格按照设计文件调整。

5.2.14　气顶装置、支撑梁拆除

1. 气顶装置拆除：钢内筒组对焊接完工后，焊工通过烟道口将圆筒状活塞杆割一个洞，由活塞杆内壁爬梯爬至活塞头上部，将活塞头、活塞杆割成碎片用葫芦吊至活塞杆底部的木板上。钢内筒筒首封头拆除，则由操作工利用爬梯爬至筒首，将封头割成碎片用地面卷扬机及筒顶的横梁为吊点吊放到活塞底部。全部碎片由单轨吊卷扬机输送至地面。

2. 支撑梁可以利用搭设扒杆拆除。

5.2.15　导流板安装

根据设计下料、放样，吊运至工作平台经烟道进口进入内筒焊接、组拼。

5.2.16　防腐保温（图5.2.16）

1. 卷制完的圆弧板存放场地按照设计要求进行外防腐处理，一般刷耐高温涂料，总厚度80μm左右，待油漆层干透后，运进烟囱内组装、焊接、顶升。钢内筒内侧导流板以下筒壁部分的油漆同钢内筒外侧面。

图5.2.16　保温

2. 外保温一般采用超细玻璃棉保温隔热层，与筒身制做安装同步进行，以降低施工难度，确保施工质量，应注意采取措施以免碰损。

5.2.17　工作平台拆除

利用40m平台作为起吊支点，制做移动平台，割断保护栏，再依次卸下底板、辅梁、斜撑和主梁。用卷扬机吊下钢材。

5.2.18　施工过程监测

1. 烟囱基础沉降观测：烟囱基础设有沉降观测点，在烟囱内、外筒施工阶段，按规定要进行多次沉降观测，发现异常应分析原因。

2. 提升支承平台变形观测及节点检查：在顶升过程中，对支撑梁设置了变形观测点，用水平仪定期进行观测，验证钢梁挠度弹性恢复情况。

3. 导向装置和内筒中心度检查

在顶升过程中应对导向装置和内筒中心度进行严密监控，尤其通过各层平台时，都必须进行检查，重量增加达到一定的重量以后，也必须增加检查频次，发现异常情况应立即采取临时安全措施，分析原因，确认排除故障后方可继续提升。

4. 压缩空气系统运行监测：运行操作人员负责压缩空气系统运行的日常监测。

5. 卷板弧度控制措施

使用三辊卷板机，由于不能有效对板头进行卷压，有可能使构件卷制后在接头处弧度达不到设计要求。因此在卷制前，必须制做相应弧度的胎具。制做胎具用的钢板应大于2倍被卷钢板，使用胎具预先将每块钢板两端压头，然后进行卷制，即可保证整圆弧度一致，达到设计要求。

6. 内筒顶升垂直度的控制

1）保证每圈内筒在组对时间隙一致，不会出现两面不平行的情况。

2）14m以上40m以下的内筒顶升，其垂直度主要依靠卷扬机牵引封头，同时在筒体密封头部与第一层平台之间按对角方向斜拉布置四个捯链，一旦顶升过程发生倾斜可以通过收拉对应方向的捯链从而将筒体垂直度校正过来。

3）筒体超过40m，其垂直度主要依靠导向装置进行导引和纠正，同时在筒体底部与12m平台之间也按对角方向斜拉布置四个捯链，对筒体的倾斜及偏移进行校正。

4）筒体超过65m，由于两层导向装置的限位，内筒基本上不会再倾斜，同时，仍可以通过底部的四个捯链进行限位和纠偏。

7. 超顶事故的预防和控制：由于存在摩擦，筒内气压可能超过自重所需压力太多而上升过快而失去控制。对此的控制办法即是采用底部布置的四个捯链来进行限位，并且在每层组对焊接完毕后，均要在内侧焊接3～4个限位钢板，使内筒不致上升太快失去控制而脱离密封底座。

8. 焊接质量的控制

1）合理组织焊接顺序，施焊时按照先焊纵缝，后焊环缝；先焊外缝，后焊内缝的顺序施工。

2）保证正面焊接质量，控制线能量在要求范围之内，反面清根深度适中以及环缝用卡具防止角变形。

6. 材料与设备

材料与设备（表6）。

主要材料与设备表

表6

序号	材料名称	参考规格	参考数量	用途	备注
1	空缩系统	6m³, 0.7MPa	1套	顶升内筒	空压机一备一用
2	氩弧焊机	200～400型	3台	焊钛膜用	
3	交直流焊机	400型	10台	焊接碳钢板	
4	气割工具		6套		
5	单轨吊	2t	2台	水平运输	
6	龙门吊	5t	1台	现场配置	
7	配电柜		5个		
8	钢丝绳	φ14～φ18	4500m	吊装用	
9	钢丝绳	φ40	300m	吊装捆扎用	

序号	材料名称	参考规格	参考数量	用　途	备　注
10	汽车吊	20t	1辆	制做场用	
11	五芯电缆	16～50mm²	600m	总控制电源	
12	卷扬机单筒	2t	2台	吊装、保温用	
13	卷扬机单筒	10t	1台	吊装用	
14	卷扬机双筒	5t	2台	吊装用	
15	滑轮	2×10t	4台	吊装用	
16	滑轮	1×5t	30个	吊装转向用	
17	导轮	φ200	40个		
18	卸扣	5～30t	50只		
19	捯链	2～5t	15只		
20	平板车	5t	1台		
21	磁力钻	φ22	1台		
22	磨光机	φ100～φ150	8台		
23	三辊卷板机	20×2200	1台	内筒卷制	
24	压力机	YT-500T	1台	加劲肋的顶弯	
25	等离子切割机	KLG-60	1台	不锈钢材料下料坡口	
26	碳弧气刨		1台	焊缝清根	
27	轴流风机		1台	通风	
28	工作平台		1项		措施性装置
29	升降平台		1项		措施性装置
30	顶升活塞装置		1项		措施性装置
31	轧制钛—钢复合板		610t		
32	Q235B钢材		160t		平台等
33	保温		5100m²		

7. 质 量 控 制

7.1　标准、规范

本工法主要遵照执行以下国家标准、规范：

《烟囱工程施工及验收规范》GBJ 78—85

《烟囱设计规范》GB 50051—2002

《钛-钢复合板》GB 8547—87

《钛和钛合金牌号和化学成分》GB/T 3620.1

《钛和钛合金板材》GB/T 3621—1994

《普通碳素结构钢技术条件》GB 700—88

《钛制焊接容器》JG/T 4745—2002

《钢制焊接容器》GB 150—1998

《钢结构工程施工验收规范》GB 50205—2001

《火电施工质量检验及评定标准》焊接工程篇

《电力建设安全工作规程》建筑工程篇　DL 5009.1—2002

《氩弧焊手工电弧及气体保护焊焊缝坡口的基本形式》GB 985—88

相关国家标准电力部标准及地方法规法定。

7.2 质量要求

钢内筒分段安装质量标准：

1. 对口错边量≤1mm；

2. 相邻两段的纵焊缝错开≥150mm；

3. 筒体中心偏差≤$H/2000$ 且≤30mm；

4. 筒体直线度≤1mm；

5. 表面平整度≤1.5mm。

7.3 控制措施

7.3.1 卷板弧度控制措施

使用三辊卷板机，由于不能有效对板头进行卷压，有可能使构件卷制后在接头处弧度达不到设计要求。因此在卷制前，必须制做相应弧度的胎具。制做胎具用的钢板应大于 2 倍被卷钢板，使用胎具预先将每块钢板两端压头，然后进行卷制，即可保证整圆弧度一致，达到设计要求。

7.3.2 内筒顶升垂直度的控制

1. 保证每圈内筒在组对时间隙一致，不会出现两面不平行的情况。

2. 14m 以上 40m 以下的内筒顶升，其垂直度主要依靠卷扬机牵引封头，同时在筒体密封头部与第一层平台之间按对角方向斜拉布置四个捯链，一旦顶升过程发生倾斜可以通过收拉对应方向的捯链从而将筒体垂直度校正过来。

3. 筒体超过 40m，其垂直度主要依靠导向装置进行导引和纠正，同时在筒体底部与 12m 平台之间也按对角方向斜拉布置四个捯链，对筒体的倾斜及偏移进行校正。

4. 筒体超过 65m，由于两层导向装置的限位，内筒基本上不会再倾斜，同时，仍可以通过底部的 4 个捯链进行限位和纠偏。

7.3.3 超顶事故的预防和控制

由于存在摩擦，筒内气压可能超过自重所需压力太多而上升过快而失去控制。对此的控制办法即是采用底部布置的 4 个捯链来进行限位，并且在每层组对焊接完毕后均要在内侧焊接 3～4 个限位钢板，使内筒不致上升太快失去控制而脱离密封底座。

7.3.4 焊接质量的控制

1. 合理组织焊接顺序，施焊时按照先焊纵缝，后焊环缝；先焊外缝，后焊内缝的顺序施工。

2. 保证正面焊接质量，控制线能量在要求范围之内，反面清根深度适中以及环缝用卡具防止角变形。

8. 安 全 措 施

8.1 组织管理措施

8.1.1 建立健全有系统、分层次的安全生产保证体系和安全监督体系，成立由项目项目经理为首的"安全生产管理委员会"，组织领导施工现场的安全生产管理工作。

8.1.2 项目部设专职安全员，各作业队和班组设兼职安全员，根据作业人员情况成立 2～3 人的现场安全纠察队，开展日常安全生产检查工作。

8.1.3 项目部、各施工单位、作业班组逐级签订安全生产责任状，使安全生产工作责任到人，层层负责。

8.2 技术管理措施

8.2.1 各分部、分项工程施工前，逐级对作业队、班组有针对性进行全面、详细的安全技术交底，双方保存签字确认的安全技术交底记录。

8.2.2 全体职工必须熟悉本工种安全技术操作规程，掌握本工种操作技能，对变换工种的工人实施新工种的安全技术教育，并及时做好记录。

8.2.3 对操作人员的安全要求是：没有安全技术措施，不经安全交底不准作业；没有有效的安全措施不准作业；发现事故隐患未及时排除不准作业；不按规定使用安全劳动保护用品的不准作业；非特殊作业人员不准从事特种作业；机械、电器设备安全防护装置不齐全不准作业；对机械、设备、工具的性能不熟悉不准作业；新工人不经培训，或培训考试不合格不准上岗作业。

8.2.4 建立机械设备、临电设施和各类脚手架工程设置完成后的验收制度。未经过验收和验收不合格的严禁使用。

8.2.5 成立以专业监控单位为主的监控部门，编制完善的监控方案，对焊接、拼装、拖运等实施全程监控，及时发现安全隐患，及时采取措施消除。

8.3 行为控制措施

8.3.1 进入施工现场的人员必须按规定正确佩戴安全帽，并系下颌带。

8.3.2 凡从事 2m 以上无法采用可靠防护设施的高处作业人员必须系安全带。

8.3.3 现场所有焊工、电工、起重工、吊车司机须是自有职工或长期合同工，所有特殊工种人员必须持证上岗。

8.3.4 施工人员上岗前由安全部门负责组织安全生产教育。

8.4 安全防护措施

8.4.1 各类施工脚手架严格按照脚手架安全技术防护标准和支搭规范搭设，统一采用绿色密目网防护。脚手架钢管应符合要求。

8.4.2 脚手架必须按结构拉接牢固，拉接点垂直距离不得超过 4m，水平距离不得超过 6m。

8.4.3 操作面必须满铺脚手板。操作面外侧应设两道护身栏杆和一道挡脚板或设一道护身栏杆，立挂安全网。

8.4.4 夜间施工必须有足够的照明，并应有专职电工值班。

8.4.5 立体交叉作业时，层间搭设严密牢固的隔离层，要注意高空落物伤人。

8.4.6 定期检查机具的运行情况，责任到人，对限位、卷扬机、钢丝绳、保险绳等重要部位要尤为重视，经常检查。

8.4.7 顶部钢梁上安装临时避雷针且和和烟囱永久避雷针连接。

8.4.8 施工现场设置足够和适用的灭火器及其他消防设施。

8.4.9 钢内筒顶升时，烟道口必须派专人监护，禁止非施工人员进入。

8.5 临时用电管理措施

8.5.1 建立现场临时用电检查制度。

8.5.2 临时配电线路必须按规范架设，架空线必须采用绝缘导线，不得采用塑胶软线，不得成束架空敷设，也不得沿地面明敷设。

8.5.3 施工现场临时用电工程必须采用 TN-S 系统，设置专用的保护零线，使用五芯电缆配电系统，采用"三级配电，两级保护"，同时开关箱必须装设漏电保护器，实行"一机，一闸，一漏电保护"。

8.5.4 总配电箱、分电箱、现场照明、线路敷设等必须符合国家标准的规定。

8.5.5 各类施工机械、电动机具必须要有良好的接地保护装置，皮线无破损，操作应按规定进行。

8.5.6 集体宿舍严禁乱拉电线，乱用电炉和取暖设备。

8.5.7 电焊机应单独设开关。电焊机外壳应做接零或接地保护。

8.6 施工机械管理措施

8.6.1 制定机械操作规程，严格按章操作，特别是起重、卷制机械设备。

8.6.2 氧气瓶不得暴晒、倒置、平放使用，瓶口处禁止沾油。氧气瓶和乙炔瓶工作间距符合要求。

8.6.3 及时对机械设备进行保养，确保状态良好。

8.6.4 卷扬机上的钢丝绳应排列整齐，如发现重叠或斜绕时，应停机重新排列。严禁在转动中用手、脚去拉踩钢丝绳。作业中任何人不得跨越正在作业的卷扬机钢丝绳。绳道两侧设安全围栏。

8.7 防火管理措施

8.7.1 加强施工的防火管理，杜绝火灾事故的发生是干好该工程的关键环节。在施工前必须制定切时可行的防火管理措施。

8.7.2 严格执行《消防防火管理条例》的规定，建立健全防火责任制，职责明确，防火安全制度、安全器材齐全。

8.7.3 建立动用明火审批制度，按规定划分级别，审批手续完善，并有监护措施。

8.7.4 重点防范部位明确、防火奖惩、火灾事故、消防器材管理记录齐全。

8.7.5 施工平面布置、施工方法和施工技术必须符合消防安全要求。

8.7.6 保温施工时，保温材料应规范堆放，并避免保持与焊接作业场地安全距离。

8.7.7 油漆间以及宿舍、办公室等按规定设灭火器、配砂箱。

8.7.8 建立安全检查、考评制度，实行安全一票否决制。

8.8 通风排烟安全措施

为了排除钢内筒与底座之间焊接过程中产生的烟气，防止焊接人员发生中毒，在标高12m的落灰平台边缘预留2个600mm×800mm的洞口，1个洞口安装1台轴流风机将密闭空间内产生的焊接烟气抽排出去，使新鲜空气补充进来；另一个洞口作为施工人员的进出通道。

8.9 纠偏止晃冒顶安全措施

顶升过程中，筒体因重心偏上，头重脚轻，会发生竖向垂直度偏斜，筒体的安全稳定性出现问题，解决措施是：一、在筒体底部设置倾斜标尺；二、在筒体底部设置对称的4个捯链，控制倾斜和提升速度，防止冒顶。

9. 环 保 措 施

9.1 编制环境保护实施计划

9.2 对现场施工人员进行环境保护教育

9.3 正确处理垃圾

9.3.1 尽量减少施工垃圾的产生。

9.3.2 产生的垃圾在施工区内集中存放，并及时运往指定垃圾场。

9.3.3 设置废弃物、可回收废弃物箱，分类存放。

9.3.4 集中回收处置办公活动废弃物。

9.3.5 现场生活垃圾堆放在垃圾箱内，不得随意乱放。

9.4 减少污水、污油排放

9.4.1 在生产、生活区域内设置排水沟，将生活污水、场地雨水排至指定排水沟，不随意排放。

9.4.2 机械设备运行时应防止油污泄露污染环境。

9.4.3 工地临时厕所指定专人清理，在夏季，定期喷洒防蝇、灭蝇药，避免其污染环境，传播疾病。

9.5 降低噪声

9.5.1 合理安排施工活动，或采用降噪措施、新工艺、新方法等方式，减少噪声发生对环境的影响。夜间尽量不进行影响居民休息的有噪作业。

9.5.2 施工机械操作人员负责按要求对机械进行维护和保养，确保其性能良好，严禁使用国家已明令禁止使用或已报废的施工机械。

9.5.3 尽量减少重物抛掷，重锤敲打，采取合理的防变形措施，减少因矫正变形采取的机械作业。

9.6 减少粉尘污染

9.6.1 在推、装、运输颗粒、粉状材料时，轻拿轻放，以减少扬尘，并采取遮盖措施，防止沿途遗洒、扬尘，必要时进行洒水湿润。

9.6.2 车辆不带泥砂出施工现场，以减少对周围环境污染。施工区域道路上定期洒水降尘。

9.6.3 除锈作业宜封闭进行，作业人员应配备防护措施。

9.7 减少有害气体排放

9.7.1 禁止在施工现场焚烧油毡、橡胶、塑料、垃圾等，防止产生有害、有毒气体。

9.7.2 施工用危险品坚决贯彻集中管理和专人管理原则，防止失控。

9.7.3 选择工况好的施工机械进场施工，确保其尾气排放满足当地环保部门要求。

9.8 控制有毒、有害废弃物

9.8.1 加强现场油漆、涂料等化学物品采购、运输、贮存及使用各环节的管理，不得随意丢弃、抛洒。

9.8.2 对用于探伤、计量、培训等工作中用的放射源加强管理，制订专门的措施确保环境不被污染。

10. 效 益 分 析

10.1 经济效益

南阳天益发电有限责任公司 2×600MW 超临界燃煤火电机组项目烟囱、卸煤沟和汽车衡等建筑工程烟囱钛钢内筒由我单位负责具体实施，总造价约 3450 万元（其中甲供主材约 2600 万元），钛钢内筒施工采用了该技术，优质、高效、低耗地完成了钢内筒的施工。直接经济效益为：节约成本 1082530 元，其中节约人工费 99953 元、材料费 94237 元、机械费 276955 元，技术措施费 358385 元，工期费用 187000 元，其他 66000 元，总成本降低率约 3.14%，实现利润 1581450 元，产值利润率约 18.61%，取得了较好的经济效益。

10.2 社会效益

通过该技术在上述工程中的成功实践，树立了良好的企业形象，为总体项目的早日投产见效、促进当地经济发展做出了积极贡献，受到了当地政府和建设单位的高度赞扬，赢得了较大的社会信誉，社会效益显著。

10.3 节能与环保

由于本工法采用在气顶施工，流水作业，效率高，缩短了工期，相对其他施工方案减少机械投入总功率约 4.6%，节能环保效果明显。

10.4 本工法符合国家关于节能工程的有关要求，有利于推进可再生能源与建筑结合配套技术研发、集成和规模化应用。

11. 应 用 实 例

11.1 我单位承建的南阳天益发电有限公司 2×600MW 超临界燃煤火电机组项目烟囱钛钢内筒，总高 210m，分为钢筋混凝土结构外筒体和钢结构内筒体两层，内外筒体之间设置钢梯平台及止晃平台等。内筒体 12m 以下为钢筋混凝土筒体结构，承受整个烟囱内筒重量，12m 以上为钛钢复合板结构，

内直径 $\phi8000$mm，由 $\delta15$（12）＋1.2mm 钛钢复合板（BR2）经手工电弧焊和钨极气体保护焊焊接而成，整个钢结构总重约 800t。钢内筒保温采用超细玻璃棉毡，钢丝网保护，筒首外露部分采用不锈钢板保护。

11.2 该工程 2006 年 11 月开工，采用本工法成功解决了诸多施工难题，圆满实现了各项工程建设目标，整体质量优良，经总结形成了一套成熟的施工工艺，锻炼培养了一批技术人才和作业队伍，为以后同类工程施工积累成功的经验。取得了良好的经济、社会效益，环保节能，具有良好的推广价值和发展前景。

11.3 通过工程实践发现该技术在顶升作业的自动化集中控制方面还有进一步改进、提高的余地。

平桥塔架、升降机、泵车在冷却塔施工中的组合应用施工工法

YJGF330—2006

浙江省建工集团有限责任公司

饶益民　焦挺　张霞军　潘红英

1. 前　言

冷却塔筒壁施工方法已经历了如下阶段：脚手架施工（内外满堂脚手架）——金属竖井架施工（多排孔脚手架与钢管竖井架的结合）——竖井架、吊桥组合施工（装配式悬挂吊桥与扣件式钢管竖井架的结合）——塔式起重机施工（以塔式起重机为主体辅以传统施工电梯的结合）——多功能施工升降机施工（以多功能施工升降机为主体辅以传统脚手架的结合）——塔式起重机、传统电梯组合施工（以塔式起重机为主体辅以传统施工电梯的结合）——曲线电梯和折臂塔机的结合施工。尽管已经出现过以塔式起重机、施工升降机等先进设备为主体的机械化施工方法，提高了建筑机械化水平，但以上方法仍需搭设一定数量的辅助脚手架，超高脚手架搭拆和大量高处作业，安全风险依然很高。在以上方法中取长补短，采用更为安全可靠、高效实用的一体化整体解决方案，已经成为冷却塔施工技术创新的发展方向。随着电力市场的不断扩大、建构筑物规模也随之扩大、机电一体化技术的不断发展，平桥塔架、升降机、泵车多种施工机械有机组合形成系统，延伸其功能从而获得技术经济效益和社会效益。

2. 工 法 特 点

2.1　系统刚度好、可兼顾冷却塔半径的变化保持体系的平衡、升降安全可靠、使用方便。

2.2　可随构筑物的施工进程，调整平桥塔架的前桥工作幅度。

2.3　顶部安装有小型下回转塔机，方便钢筋和小型建筑物料的提升。

图2.6　混凝土汽车泵进行筒壁施工

2.4　各部位安装有灵敏可靠力矩限制器和报警装置，确保使用安全可靠。

2.5　可随冷却塔施工部位和施工进度调整系统高度，保证工作面与施工面相平。

2.6　混凝土汽车泵能够及范围采用混凝土汽车泵施工，解决了垂直运输系统形成所必需的工期和下部混凝土量大、浇捣周期长的困难，有效缩短工期（图2.6）。

2.7　混凝土汽车泵不能够及范围采用混凝土固定泵施工，充分利用机械，减少升降机工作压力，提高劳动效力，有效缩短工序周期。

2.8　平桥塔架在塔内布置，缆风绳拉在筒壁上，性能比较稳定，受天气因素影响很小。

平桥塔架、升降机、泵车一体化施工方法，使投资大幅度减少，提高了施工安全度，缩短了工期。吸收了以前各方法的优点，效率高，安全，安装拆卸简便易行。

3. 适用范围

该工法适用 2000m² 淋水面积以上的所有冷却塔施工，且该技术可移植性强，并不仅限于冷却塔施工，还可以方便地用于其他异型建、构筑物的机械化施工。

4. 工艺原理

冷却塔是一个变径构筑物，施工的主要困难是垂直运输机械与施工工作面平面连接。以往的施工方法不能适应现在的规模和高度要求以及安全要求，采用现有的机械不能很好的解决与构筑物工作面的连接，本工法利用了现有塔机、升降机、泵车等机械，仅改造了塔机的吊臂为平桥，改变了塔机的硬附着为软附着。利用塔机的刚度解决升降机的附着。平桥塔架的平桥既解决了高空与施工工作面的连接，同时扩大了冷却塔专用模具在高空固定工作面。

4.1 利用混凝土汽车泵等机械完成冷却塔中环梁至泵车能够及范围的施工，解决了垂直运输机械安装所必需工期，同时解决了冷却塔中环梁部位直径大、壁厚大、混凝土方量多、浇捣周期长的问题。

4.2 混凝土汽车泵不能够及范围采用混凝土固定泵施工，充分利用机械，减少升降机工作压力，提高劳动效力，有效缩短工序周期。

4.3 混凝土固定泵不能够及范围采用升降机下挂料斗施工（图 4.3），由于此时已施工到一定高度，半径和壁厚已大大减少，升降机下挂料斗能够满足施工要求。

4.4 利用平桥塔架系统上端设有的回旋吊装机构解决一般材料垂直运输（图 4.4），利用附着于液压顶升平桥塔架上的 SC200/200 型多功能升降机作为人员上下和上部混凝土的垂直运输，利用平桥塔架的前桥解决与高空施工作业面水平连接，同时兼作卸料平台。

4.5 平桥前桥可随冷却塔筒壁的升高而自行调节长度，调整工作幅度（图 4.5），为施工水平运输提供平台。

| 图 4.3　升降机下挂料斗卸料 | 图 4.4　回旋吊机吊钢筋 | 图 4.5　平桥塔架系统全景 |

5. 施工工艺流程及操作要点

5.1　工艺流程

塔机和升降机的工艺流程：塔机和升降机布置和定位→塔机和升降机基础→中环梁部位施工的同

时安装塔机和升降机→调试和验收→使用。

塔机和升降机的使用流程：木工拆模和内模安装，钢筋工同时吊运钢筋→钢筋绑扎→外模安装→三脚架和走道板安装→升平桥塔架和升降机（此时上下联络中断）→升吊架（下层操作架）→混凝土浇捣。

5.2 **混凝土汽车泵使用流程**：这一时期由于人字柱支撑架和塔内平桥塔架及升降机的安装，从中环梁至混凝土汽车泵能够及范围采用混凝土汽车泵施工（图 5.2）。不能在塔内停泵车进行混凝土浇捣时，可利用人字柱吊装时使用的塔外环形道路。

5.3 **混凝土固定泵使用流程**：混凝土汽车泵不能够及范围采用混凝土固定泵施工（图 5.3）。

5.4 混凝土固定泵也不能够及范围采用升降机下挂料斗进行混凝土施工（图 5.4）。

5.5 **塔机和升降机基础**：塔机地基必须能承受 0.2MPa 的荷载，升降机地基必须能承受 0.04MPa 的荷载，当地基不能满足要求时，应采取处理措施达到上述要求。

5.6 **塔机和升降机平面布置**：塔机和升降机的布置应满足其承载力的要求，尽可能的设置在主水槽基础上，同时满足平桥塔架与喉部的最大和最小距离。

5.7 **塔机的附着**：由于冷却塔筒体结构为双曲线薄壳结构，硬附着不可能实现（变距和薄壳），因而采用水平对角十字缆风绳软附着。

5.8 **平桥塔架安装要点**：平桥塔架的吊装顺序为：标准节→套架→回转平台→回转塔身→塔机臂架→塔机配重→后桥→移动平衡重→前桥→前桥拉杆→固定平衡重。平桥塔架的安装同塔式起重机。首次安装需注意控制好塔机配重和前桥重量的平衡，严格按塔式起重机操作规程进行顶升。液压顶升平桥塔架独立高度为 35m（前桥施工通道平面距地面距离），施工平面高于 35m 时，必须安装附着装置，第一道附着高度为 31m，第二道及以上附着间距为 25m，可适用最大高度 150m。

5.9 **筒体附着点的施工**

5.9.1 筒体附着点采用预埋件预埋于筒体内，预埋件的设置按要求间隔 1.5m 设置一点。每一附着点设置 3 个预埋件（图 5.9.1），以分散对薄壳筒壁的拉应力。

5.9.2 筒体埋件的设置标高要求与塔吊的连接点标高基本位于同一水平面。筒体待预埋件所在节筒体模板拆除后即进行连接板的安装，连接板与筒体埋件的连接采用高强螺杆进行连接，单杆螺杆的连接要求扭矩不小于 600N·m（力矩扳手检查）。

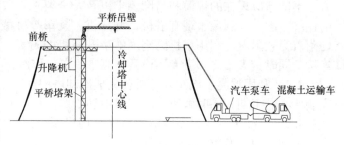

图 5.2　混凝土汽车泵能够及阶段组合示意图

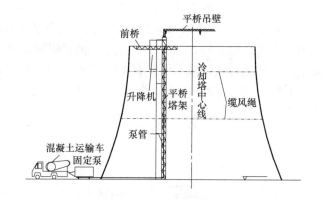

图 5.3　混凝土固定泵能够及阶段组合示意图

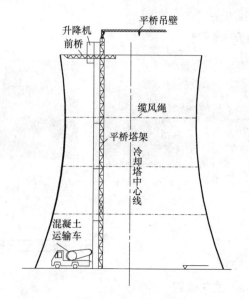

图 5.4　下挂料斗混凝土施工阶段组合示意图

5.9.3　缆风绳的穿引

平桥塔架系统缆风穿引为筒体缆风系统最为复杂的一项工作（图 5.9.3）。根据施工图的要求单向缆风要求穿引时，首先将筒体固定点的钢丝绳先套上，并按规定紧固钢丝绳扣件，根据计算长度截下一段钢丝绳，将另一头穿入井架的定滑轮处，预紧后采用钢丝绳扣件临时固定，进行筒体处另两固定点定滑轮钢丝绳的穿引，该部位固定点的钢丝穿引采用定滑轮平绕。实际穿引时，根据设备的要求，每根缆风的受力为 1.6kN。

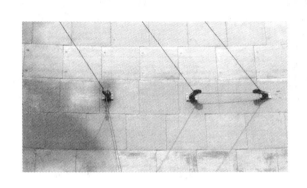

图 5.9.1　筒壁三点附着

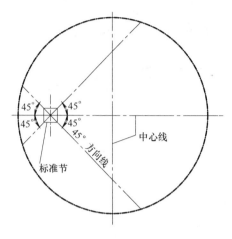

图 5.9.3　平桥塔架及缆风平面布置图

操作程序：筒体连接板可在三脚架吊笼内进行作业操作，每块连接板采用 9 颗高强螺杆进行连接（连接板与筒体埋件间的每根螺杆连接不小于 600N·m 的扭矩）。单根钢丝绳通过计算进行下料，下料时应考虑施工长度，避免钢丝绳长度不够。

施工方法：第一，将下料后的钢丝绳用麻绳牵引至筒体连接板的滑轮处，并采用钢丝绳扣件进行固定，而后将钢丝绳牵引至地面处，连接上塔体连接点处的定滑轮，并将另一头穿上起重千斤，和调节螺杆，并在起重千斤上套上 5kN 捯链葫芦；第二，待筒体各连接点的固滑轮固定好后，采用塔吊上的起重钩起吊将设有起重千斤和调节螺杆的一头牵引至井架半框架进行连接安装，起吊后，将捯链葫芦的链条放至最长，牵引至半框架后，将捯链葫芦与连接框架进行连接；第三，将设有与半框架定滑轮的另一根钢丝绳采用塔吊进行起吊安装，为方便安装可将钢丝绳上设置绳扣，采用千斤起吊后进行该定滑轮的安装；第四，按上述方案将对称角的钢丝绳安装后，再安装另两个角的钢丝绳，安装完成后即进行筒绳丝绳的收紧，如果因筒体三脚架与缆风安装的高度脱离，则等该节筒体三脚架翻上后，进行缆风的收紧；第五，筒体缆风收紧时，应采用双向经纬仪进行垂直度的观测和纠偏，同时应对人货二用梯的垂直度进行测量和纠偏；第六，施工作业时应考虑筒体混凝土的强度，如强度低于设计值 70%，则不可进行受力张拉。每角位的张拉强度为 4.8kN，每根张拉应力为 1.6kN。

5.10　升降机安装要点（图 5.10）

安装顺序：基础部分安装→试车→吊杆的安装→料斗的安装→正常接高→电缆滑车系统的安装→各部分的调整→调试→验收使用。

升降机的基础必须严格按要求进行施工，预埋好地脚螺栓，并保护好地脚螺栓。在安装前应待平桥塔架系统安装完毕，并固定后方可开始安装。升降机导轨架附着于液压顶升平桥的塔架上，当升降机的导轨架安装高度超过 9m 时，应当安装第一套附着装置，该附着架距地面高度为 6m，以后每隔 6m 安装一

图 5.10　升降机导轨架
附着于平桥塔架

道附着架，最上面一道附着架（含临时附着）以上的导轨架悬出高度不得超过 9m。安装前做好安全技术交底，并严格按操作工艺规程施工。

6. 材料与设备

6.1 使用质保资料齐全，经现场抽检合格的材料，并且能够满足设计要求。

6.2 平桥塔架系统使用的钢丝绳、各种连接件采用符合设计要求，经查验合格的材料。

6.3 主要设备清单（表 6.3）

主要设备清单 表 6.3

序号	材料名称	规格型号	数 量	备 注
1	平桥塔架	YDQ26×25-7	1 套	
2	附着装置	DQ2520.20.4	2 块	连接塔体
3	预埋件	DQ2520.20.1	12 块	预埋于筒体
4	连接耳架	DQ2520.20.3	4 套	与埋件连接
5	连接装置（带绳轮）	DQ2520.20-4、5	16 套	与耳架相连
6	钢丝绳	FC1670ZZ178.6		
7	调节杆	DQ2520.20.1	4 套	绳凤调紧用
8	捯链葫芦	5kN	2 只	用于收紧钢丝
9	卷扬机	0.5kN	1 只	张拉钢丝
10	施工升降机	SC200/200	1 套	
11	混凝土固定泵	S80	1 台	
12	混凝土汽车泵	三一重工 SY5420THB 型泵车	1 台	

平桥塔架主要技术性能参数：1. 前桥长度变换范围：4.9～26.5m；2. 前桥通道宽度 2.5m；3. 前桥局部允许均布外载荷 200kg/m^2；4. 前桥允许最大总外载荷 7000kg，且重心位置不超过 $R=13.5m$（即总外载力矩不大于 95t·m）；5. 后桥尺寸 11m×3.4m（长×宽），固定配重 8t，移动配重 3t；6. 混凝土贮料斗容量 2×1m^3；7. 最大使用高度 150m；8. 工作环境温度 −20～40℃；9. 最大工作风力级别 6 级；10. 塔吊性能参数：①公称起重力矩 100kN·m；②工作幅度 2～20m；③额定起重量 500～1000kg；④起升速度 7.5/32m/min；⑤变幅速度 14.5m/min；⑥回转速度 0.296r/min。

7. 质 量 控 制

7.1 执行质量标准

冷却塔施工应遵照执行现行的《混凝土结构工程施工质量验收规范》GB 50204—2002，《钢结构工程施工质量验收规范》GB 50205—2002，《建筑工程施工质量验收统一标准》GB 50300—2001，同时遵照《电力建设施工质量检验及评定标准第一部分：土建工程》DL/T 5210.1—2005，《电力建设施工质量检验及评定标准》中有关冷却塔的部分以及现行的《水工混凝土施工规范》、《水利水电工程模板施工规范》等有关规范和标准。

平桥塔架应遵照执行现行的《起重机械安全规程》GB 6067—85、《塔式起重机安全规程》GB 5144—94，升降机应遵照执行现行的《施工升降机安全规则》GB 10055—88，整个一体化系统还应遵照执行《建筑机械使用安全技术规程》JGJ 33—2001，《建筑安装工人安全技术操作规程》等有关规范和标准。

7.2 质量要求

7.2.1 主控项目

7.2.1.1 平桥塔架安装垂直度偏差≤3‰，升降机导轨架垂直度：搭设高度＜70m 时，≤$H/1000$，搭设高度＞70～100m 时，不超过 70mm，搭设高度＞100～150m 时，不超过 90mm，搭设高度＞150m 时，不超过 110mm。

检验方法：经纬仪、卷尺、测量工具进行现场观测检查。

7.2.1.2 平桥塔架、升降机设备性能完好。

检验方法：检查产品出厂合格证和设备维修检查记录。

7.2.2 一般项目

7.2.2.1 安装后螺帽、销轴、高强度螺栓等零部件配置齐全，无松动，缺损，无严重锈蚀。

检验方法：现场观测检查。

7.2.2.2 各种限位保险装置配置齐全，牢固、灵敏、可靠。吊钩保险、卷筒保险等安全保护装置灵敏、可靠、正常、有效。附着杆安装正确、牢固，无开焊、变形、裂纹。各处螺栓、轴销齐全牢固，间距、数量、安装固定符合说明书要求，架体不得擅自改动。

检验方法：现场观测检查。

7.2.2.3 电气系统、接地保护装置完好。

检验方法：现场观测检查。

7.3 质量管理措施

7.3.1 施工前组织作业人员进行技术交底，熟悉机械设备的性能，了解机械设备的安装操作规程。

7.3.2 严格实行工序操作验收制度，机械设备安装上道工序完工后，应对照验收标准认真检查，符合安装要求后方能进行下道工序安装，杜绝盲目安装。

7.3.3 平桥塔架、升降机进场安装前，应做好设备的性能检查，及时消除设备缺陷，并进行设备的维修与保养，杜绝设备"带病"运转。

7.3.4 平桥塔架顶升、升降机升高操作，平桥塔架与冷却塔筒壁的连接，升降机与平桥塔架的附着连接，严格按操作规程进行安装与连接。

7.3.5 泵车在施工前应提前与商品混凝土公司联系，泵车提前适应场地，保证运输道路畅通。

7.3.6 雨雪、大雾、大风恶劣天气不得进行顶升操作。

8. 安 全 措 施

8.1 安全生产目标、管理措施

不发生重伤以上人身事故，轻伤率控制在 2‰以下，不发生有人员责任的安全事故，不发生重大火灾事故。坚持"安全第一、预防为主、综合治理"的安全生产方针，成立安全生产领导小组，项目经理为安全生产第一责任者，并设专职安全员一名，各施工班组长为兼职安全员，加强日常的安全检查。

8.2 安全措施

8.2.1 冷却塔施工属于高处作业，所以各工序作业指导书中必须制定有效的安全技术措施和严格的安全作业制度，经批准后严格执行，做到开工有措施、施工有检查。

8.2.2 凡参加冷却塔施工的人员，必须经"三级"安全教育培训，熟悉高处作业的施工安全规程，经安全考试和身体检查合格后，方可上岗施工。

8.2.3 冷却塔周围安全警戒区，设围栏或明显警告牌，无关人员不得入内。凡在安全警戒区内的临建设施，均应搭设安全防护棚，并应满足防火要求。

8.2.4 施工用卷扬机、电源等各种机械设施须挂牌明示，专人专机，保证良好的二次接地。

8.2.5 施工现场要有良好的夜间照明设施，所有设施必须要有防雨措施并可靠接地和绝缘保护。

8.2.6 严禁高处抛落物件，防止坠落伤人，高空与地面交叉作业必须制定切实可行的安全措施，经批准后方可进行。

8.2.7 脚手架及操作平台、吊桥须经常进行清扫、检查各部位螺栓连接件及缆风绳，并做记录备案。

8.2.8 乙炔、氧气瓶等易燃物应分别放置，且应离临时建筑物25m以上，周围应设栏杆，并挂警示牌。

8.2.9 施工操作平台栏杆上铺设立网，平台下方铺设平网，高处作业人员必须正确佩戴使用安全帽和安全带，安全网设置满足规定要求。

8.2.10 升降机及平台系统必须经检验合格后方可使用，平台系统顶设避雷装置。

9. 环保措施

9.1 全部施工过程中，严格控制噪声、粉尘等对周围环境的污染，该项工作由专人负责，统一管理。防止建筑垃圾、污水、油污对周围环境的污染。

9.2 在认真搞好文明施工的同时，注意对道路、人行便道的清洁卫生，各种车辆运送材料及土方、垃圾时不许超载，落地物及时清扫。

9.3 为保护水源，严格控制污水排放，污水经二次沉淀后排入市政管网。

9.4 建筑施工垃圾要从上运输而下，严禁凌空抛撒，并及时外运，禁止随意抛弃垃圾，所有垃圾装袋运到指定地点倾倒。建立垃圾分类制度，按不同的处理方法进行处理。

9.5 散装水泥罐使用时做好封闭，防止水泥飞扬。

9.6 施工现场要做到工完场清，保持整洁卫生、文明施工。

10. 效益分析

平桥塔架、升降机、泵车组合机械方案实施后大大缩短了工程建设周期，提高了施工安全度，充分利用机械化施工，减少人员投入，充分调动了施工人员的积极性，杜绝了窝工现象的发生，增强了企业的生产能力，提高了企业市场的竞争力，使企业更容易在竞争日益激烈的环境里生存。方案实施后筒壁施工速度提高35％，综合节省工期35d，与曲线电梯和折臂塔机的结合方法比较节省人工及租赁费用100多万元，产生的施工综合效益达到15％，施工完成的冷却塔筒壁外观质量较好，该组合工法具有较好推广运用前景。

11. 应 用 实 例

图 11.1 半山天然气发电工程冷却塔

11.1 浙江半山天然气发电工程冷却塔（图11.1）

浙江半山天然气发电工程是国家"西气东输"工程配套项目，该期工程建设3套39万千瓦燃气-蒸汽联合循环机组，位于杭州市北部康桥镇，采用本工法建设两只淋水面积为5500m² 冷却塔，塔高115m，进风口高度为7.625m，喉部高度92.0m，喉部直径52m，零米直径89.472m，设计淋水密度7.00m³/m²h。该工程获得浙江省优质工程"钱江杯"、中国电力优质工程奖，获国家优质工程银质奖。

11.2 浙江巨宏热电冷却塔（图 11.2）

浙江巨化巨宏热电工程由浙江巨宏热电有限公司投资建设，该工程在浙江衢州巨化集团公司热电厂内，在拆除巨化热电厂原 1 号～3 号机、4 号～5 号炉的原有土地上建设，该机组有 440t/h 超高压锅炉、1×135MW 超高压高温双抽供热机组配烟气脱硫装置，采用本工法新建一座 3500m² 逆流式双曲线冷却塔，塔高 90m、零米直径 72m，冷却塔塔高 90m，喉部高度 72m，喉部直径 38.80m，进风口高度 5.626m，0.2m 标高直径 72.144m。

11.3 浙江萧山天然气发电工程冷却塔（图 11.3）

浙江萧山天然气发电工程是中国东海天然气的配套下游项目工程，该工程建设二套 350MW 的高效单轴循环发电机组。每套联合循环机组包括一台 250MW 级燃气轮机、一台 100MW 蒸汽轮机、一台 350MW 级发电机和一台无补燃三压再热型余热锅炉及辅助设备。采用本工法建设两只淋水面积为 3500m² 双曲线自然通风冷却塔 2 座，塔高 90m，零米直径约 71.89m，喉部直径约为 38.8m。

图 11.2 巨宏热电冷却塔

图 11.3 萧山天然气发电工程冷却塔

超高输电塔组立施工工法

YJGF331—2006

江苏省送变电公司

熊织明

1. 前　言

随着国民经济的迅猛发展，电力需求日益增加，电力基础设施建设明显加快，超高压输电通道的建设也进入了高速发展阶段。然而能源分布的不平衡必然造成电源分布不均，由能源产地向经济发达地区输送电能成为一条重要的能源输送途径；加之我国是一个河流众多的国家，输电通道的建设必然会有越来越多的跨越工程。而如何解决跨越工程中跨越塔组立这个严峻的问题就摆在了电力建设者的面前。

我公司从 20 世纪 50 年代就开始施工大跨越工程，跨越塔的高度由原来的 80 余米，到现在近 350m，铁塔的重量也由原来的几十吨，到现在 4000 多吨，塔形主要为钢结构，个别为钢筋混凝土烟囱塔身＋钢结构横担。

我公司自 2000 年开始超高铁塔组立施工的技术研究，经过近三年的技术准备和多次的专家评审，制定合理的施工方法。2003 年首次在 500kV 江阴长江大跨越工程应用（图 1），2004 年工程建成投运，江阴长江大跨越是目前世界上最大的输电线路大跨越工程，两基双回路跨越塔均高 346.5m，重 4192t，塔高塔重均为世界铁塔之最；2006 年 10 月工法被再次应用于 500kV 大胜关长江大跨越，安全、高效、优质完成了两基跨越钢管塔的组立施工。标志着我国超高输电塔组立施工技术达到世界领先水平，树立了全国工程建设的丰碑。

图 1　500kV 江阴长江大跨越工程全景

2. 工法特点

2.1　方便易行、可操作性强、易于掌握、安全性高；

2.2　立塔主要设备—落地抱杆系统，集成度高，控制精密，系统结构合理、操作简便、性能优越、技术先进、安全可靠、实用性强，拆除方便，快捷；设备可重复利用，推广应用前景广阔；

2.3　落地抱杆系统中创造并实现了动力集中控制、数字显示、超载限位、360°旋转、全方位监控、

3164

计算机数据采集、变频无级调速等先进技术，其中提升系统、钢丝绳回收装置等多项技术处于国际领先水平。

2.4 施工费用低。

3. 应 用 范 围

适用于所有钢塔桅结构的组立，特别适用于钢结构输电高塔、微波塔、电视塔的组立。

4. 工 艺 原 理

4.1 落地抱杆采用上旋转、座地方式，上部有能实现 360°旋转的回转支座，在支座上安装有两个成 180°布置可以上下转动的摇臂，吊件在起吊过程中保持垂直姿态。抱杆随着铁塔组立的高度的增加而倒装加高，直至吊装完成。

4.2 落地抱杆系统中采用调幅卷扬机置于抱杆上部的设计解决摇臂反扑难题；设计大轮径滑车配合不扭转钢丝绳解决长滑车组的扭绞问题；采用公母接头横销方式作为抱杆身的连接部件，方便装卸，并使得抱杆提升、拆卸过程中腰箍能顺利通过；设计钢丝绳回收装置解决大直径的超长钢丝绳的回收难题；设计超大提升能力的提升架，解决超高、超重抱杆的提升和拆卸，同时变高空升抱杆为重复简单的地面作业，提高安全性和易操作；采用先进、科学、简便的集中控制台，实现抱杆所有操作的一人完成，减少出错率；采用监控系统，实现在全方位的监控，并对施工过程进行电子化保存。

4.3 抱杆系统介绍

4.3.1 系统组成：由结构部分、起吊系统、调幅系统、回转系统、提升系统、动力集中控制系统、集中监控七个部分组成。

4.3.2 抱杆结构（图 4.3.2 和附图 1），抱杆结构部分主要由桅杆、摇臂、标准节三个部件组成。

图 4.3.2　抱杆结构

图 4.3.6　提升系统

4.3.3 起吊系统主要由两个滑车组、动力钢丝绳、拉力传感器和卷扬机组成。

4.3.4 调幅系统主要由两个滑车组、调幅钢丝绳和卷扬机组成。

4.3.5 回转系统主要由能承受较大不平衡力矩的回转支承、减速机、电机、上下支座组成。

4.3.6 提升系统（图 4.3.6 和附图 2）主要由提升架、四套提升滑车组、拉力传感器和动力钢丝绳组成。为确保四套提升滑车组受力平衡，保证抱杆平稳提升，在每个提升滑车组串接拉力传感器，根据传感器的数据变化，通过链条葫芦进行实时调整。

4.3.7 动力集中控制系统，主要包括抱杆操作控制台和各部位拉力数据显示屏。

4.3.8 监控系统主要由监控摄像头、控制电缆、监控电视和控制电脑组成。

5. 工 艺 流 程

技术准备→工器具准备→工器具运输→定位→布场→组立铁塔下部段（用大吨位吊车）→安装提升系统（用小吨位吊车）→安装抱杆系统（用小吨位吊车＋提升系统）→抱杆系统调试→抱杆升到相应位置（倒装提升）→布置安全网→吊装铁塔→再次提升抱杆（倒装提升）→吊装铁塔→提升抱杆……→吊装铁塔直至组立完成整个铁塔→拆除抱杆（与倒装提升相反的过程）→拆除抱杆系统→拆除提升架→清场。

6. 操 作 要 点

6.1 前期准备

6.1.1 现场勘查，确定场地布置方案。

6.1.2 根据组立铁塔的实际情况编制详尽的作业指导书，确定每次吊装的铁塔部件或组件、吊装重量、吊点位置。

6.1.3 根据铁塔的实际情况，确定吊装时需求的抱杆高度。

6.1.4 对场地进行布置，平整场地、修筑道路、布置电源、设置各种地锚等。

6.2 铁塔下部段组立

根据铁塔情况，选用合适的大吨位吊车进行铁塔下部段的组立。先分段或整根吊装好 4 个塔腿柱，打上外侧临时拉线，再吊装侧面的水平材、斜材，一个面吊装完成后吊装另一面，再吊装隔面，直至吊装完成。若采用履带式吊机，因其起重臂不能自行伸缩，为此在站位于塔内进行吊装时，应预留一面，待吊机移到塔外后，再进行最后一个侧面的吊装。

6.3 抱杆系统就位

6.3.1 采用小吨位吊车将提升架和抱杆上部进行地面组装后，分解组立。

6.3.2 安装摇臂及起吊、调幅、集中控制、集中监控等各系统。

6.3.3 采用"四变一"的倒装提升方式，将抱杆倒装提升到能进行铁塔吊装的高度。

6.3.4 对各系统进行调试。

6.3.5 进行试吊，以检验各系统的运行情况，同时对操作人员进行相应的培训。

6.4 塔身组立

6.4.1 按照施工措施制定的吊装顺序进行铁塔各部件的吊装。

6.4.2 塔材在塔外组装，塔腿部分在横线路侧组装起吊。

6.4.3 铁塔组立步骤：升抱杆→固定抱杆（打好拉线、腰箍等）→吊装塔腿（单件、分片、整件）→吊装水平材→吊装斜材→吊装隔面材→升抱杆。

6.4.4 根据需要，每次抱杆提升 10~20m 不等。

6.5 横担顶架吊装

6.5.1 根据抱杆荷载，决定顶架和横担分段与否。若分段吊装，应在合理进行分析、计算后确定。

6.5.2 吊件在横线路侧顺线路组装起吊，就位前进行旋转。

6.5.3 应事先计算吊件的重心位置，确定吊索长度，吊件离地时进行相应调整，保持吊件水平上升，方便就位。

6.5.4 就位时利用抱杆的调幅系统与起吊系统进行配合，同时配以 3t 链条葫芦等小型工具，让吊件就位。

6.6 抱杆拆除

6.6.1 将摇臂进行合拢、固定。

6.6.2 利用倒装提升方式从底部将抱杆一段一段地拆除（与抱杆提升相反），同时从上向下逐次拆除相应高度的拉线或腰箍。

6.6.3 抱杆拆降到一定高度后，拆除抱杆的各系统，并将抱杆上部段拆除，最后利用小吨位吊车进行拆除。

6.6.4 利用小吨位吊车将提升架分解拆除。

6.6.5 将拆下来的工器具及时运走。

7. 材料与设备

材料与设备见表7。

材料与设备　　　　　　　　　　　　　　　　　　　　表7

序号	名　称	规　格	单位	数　量	备　注
1	汽车吊	50t	辆	1	或履带吊
2	履带吊	大吨位80～250t	辆	1	或汽车吊
3	落地抱杆	双摇臂自动旋转自动调幅	套	1	塔高＋30m,含各道腰箍、拉线等
4	提升架	6000m×6000m×30m	套	1	
5	提升滑车组		套	4	
6	卷扬机	8t变频或档位	套	2	吊装
7	卷扬机	5t	套	1	提升
8	起吊滑车组		套	2	配相应钢丝绳
9	调幅滑车组		套	2	配相应钢丝绳
10	集控系统	控制台	套	1	
11	监控系统	多只摄像头及监视器	套	1	
12	拉力传感器	8t		2	吊装
13	拉力传感器	5t		5	提升
14	施工吊笼	载人6人或600kg	套	2	
15	电动卷扬机	2t慢速	台	4	配钢丝绳
16	机动绞磨	5t	台	4	
17	松根器	30kN	台	4	
18	卸扣	50～400kN	只	若干	高强
19	钢丝绳	大规格φ24～φ48	根	4	塔腿拉线
20	滑车组	大吨位200～400kN	只	各4	塔腿拉线、配相应钢丝绳
21	链条葫芦	50～150kN	只	各12	3m长
22	千斤顶	50kN	台	8	就位用
23	起道器	50kN	台	4	组装用
24	混凝土基础	塔腿拉线及控制绳基础	只	12	横顺线路、45度方向
25	吊索	100kN吊带(8m长)	根	2	吊点绳
26	钢丝绳	φ24～48	根	若干	吊点绳
27	木道木	200m×150m×6000m	根	100	组装、堆料

续表

序号	名 称	规 格	单 位	数 量	备 注
28	台钻		台	1	
29	电动扳手	各种规格	台	6	
30	扳手	各种规格	只	50	
31	力矩扳手	各种规格	只	10	
32	经纬仪	J2	台	2	
33	风速仪		台	3	
34	警航灯	供电式	只	4	
35	安全设施		套	1	

8. 质 量 控 制

8.1 严格执行《110～500kV 架空送电线路施工及验收规范》GBJ 233—90 标准。

8.2 加强对塔材的验收及保护，以确保塔质量及防止镀锌破坏。

8.3 对于长而细且比较大的构件，应观察吊件在组装过程中受力情况，防止吊件在吊装过程中变形。

8.4 高塔连接螺栓较多、规格较大，应事先制定螺栓紧固方案，尽可能在地面将螺栓一次紧固到位，高空每一段完成后应认真进行复紧。

8.5 铁塔组立应每组立一段就进行检查、测量，做到"组立一段、完好一段、优良一段"。

9. 劳动组织及安全

9.1 劳动组织

劳动组织见表 9.1。

劳动组织　　　　　　　　　　　　　　　　　　　表 9.1

序号	岗 位	技工	普工	小计	备 注
1	总指挥	1		1	
2	总指挥助理	1		1	
3	安全监护	1		1	
4	现场技术员	1		1	
5	现场质检员	1		1	
6	电视监控	1		1	
7	塔上安全监护	1		1	
8	塔上作业	25		25	其中 1 名塔上指挥
9	控制绳	2	6	8	机动绞磨操作工
10	组装	2	16	18	
11	测工	3		3	
12	电气、机械维护	4		4	小吨位卷扬机操作
13	吊车司机	2		2	含组装地的吊车
14	汽车司机	2		2	平板及半挂

序号	岗 位	技工	普工	小计	备 注
15	塔材短驳	1	4	5	起重工
16	现场仓库	3	6	9	
	合计	51	32	83	

9.2 安全注意事项

跨越高塔高度大、结构复杂、吊件重、吊装难度大、高空就位困难、作业人多、机械设备多、场面大，安全风险大。一是要保证人身安全，重点防范高空坠落及高空落物，另一是要保证机械设备安全，重点防范违章操作，野蛮操作。为此应重点注意以下几点：

9.2.1 高空作业人员应进行全面体检，并培训考试，全部合格后方准参加高空作业。

9.2.2 施工人员思想应高度集中，要十分明确岗位职责。忠于职守，服从指挥。保持各处通讯畅通。

9.2.3 加强安全检查、巡查力度，纠正违章，严格按措施施工。

9.2.4 施工人员配备齐全安全用具和个人防护用品。高塔施工塔上人员任何时候严禁失去保护，施工人员配备全方位安全绳、速差自锁器、防坠装置。塔上应设置多层大、小安全网，设置水平移动安全绳、垂直移动安全绳，以防人员"高空坠落"。

9.2.5 塔上传递物品用绳索，所有小工器具均有尾绳，就位点下方设置密目小安全网，以防"高空落物"。

9.2.6 在施工过程中必须严格遵循抱杆使用要求。抱杆不得带负荷过夜，非工作状态摇臂要放平，两侧吊装时力求两侧受力一致，即要吊重一样，同步提升，同步就位。

9.2.7 平时要加强设备检查、维护，保持设备处于良好运行状态。保持抱杆上的警航灯正常开关。做好抱杆的防雷接地。

10. 效 益 分 析

因工程情况不同，其经济效益也存在较大差异，但带摇臂的落地上旋转抱杆系统，能很好地解决摇臂反扑、超长滑车组扭绞、两侧吊装不平衡、提升架提升不平衡和360°旋转等难题。同时，采用座地方式，提高了抱杆系统的作业能力，大大地减少了高空作业，变危险的高空作业为简单的地面重复劳动，提高了安全性。采用集中控制减少了操作人员，提高了操作效率，降低了出错的几率。采用监控系统，克服了作业范围广管理和监控困难，便于及时发现问题，并能把施工信息进行电子化保存，便于以后的查阅。

所以，带摇臂的落地上旋转抱杆系统在组立特高特重型铁塔上，较传统的悬浮抱杆、座地四摇臂抱杆等有更强的适应性，更大的吊装能力、操作更方便、作业范围更广、安全性更高等优点，且能在很多工程中再应用，其经济性也是其他抱杆所无法比拟的。

11. 应 用 实 例

在500kV江阴长江大跨越工程中，我们应用此工法，在长江南北两岸各组立一基全高346.5m，重4192t的跨越塔，取得成功。从2003年1月开始铁塔的抱杆组立，到2004年4月13日吊装全部完成（期间由于塔材供应原因停工），两基跨越塔施工平均有效工作天数124.5d，吊装吨位约4192t，每套抱杆功效约为33.67t/d。与其他方案相比，为最佳方案，特殊施工费用可节省536万元，人工费用可节省467万元。

2006年10月在500kV大胜关大跨越工程中再次应用，到2007年3月完成铁塔组立施工，单基吊装吨位约3780t，铁塔顺利通过中间验收。

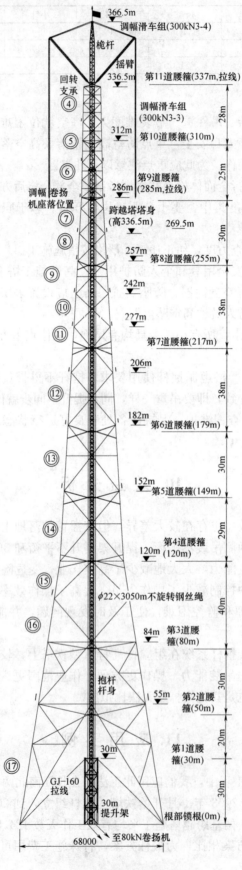

附图1　366m落地抱杆系统原理图

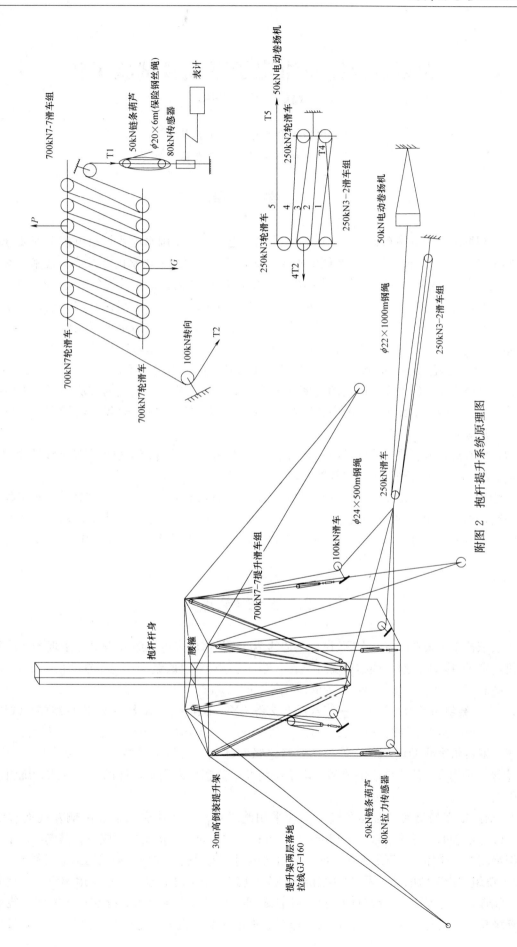

附图 2　抱杆提升系统原理图

大型水内冷机组定子下线及试验工法

YJGF332—2006

中国水利水电第八工程局

徐宗林　周光荣　刘新松

1. 前　　言

三峡水利枢纽左岸电站布置 14 台 700MW 水轮发电机组，中国水电八局机电制造安装分局承担其中 6 台 VGS 设计、制造机组的安装及调试任务。发电机定子绕组采用水内冷的冷却技术，水内冷冷却技术在单机容量 700MW 的机组上应用在国内是首次，近 20 年内在世界其他各国也没有出现。

为此，必须深入研究三峡电站 700MW 机组水内冷定子绕组现场下线试验的工艺、工序、质量标准、方法及特点，在此基础上，确定现场下线主要工艺流程、设计合适定子下线施工工装、制订有效的机坑环境控制方法、研究子绕组"指"状结构电接头焊接工艺及水接头焊接装配工艺、研究绕组采用线棒"U"形包绕涂低阻导电胶的槽衬纸嵌线新工艺及端部采用层压环氧板材质绝缘支持环结构的施工工艺、研究绕组密闭纯水冷却回路的气密性试验、水压试验及流量试验的方法、研究水内冷定子绕组的试验方法、研究确定纯水装置的调试步骤、方法、研究"MICALASTIC"绝缘结构等新型绝缘材料的应用方法等。

中国水电八局机电制造安装分局在三峡电站 700MW 机组水内冷定子绕组现场下线试验的工艺、工序、质量标准、方法进行深入研究的基础上，形成该工法。

该工法经三峡左岸电站 6 台 VGS 机组的应用实践，VGS 机组定子下线工装曾获三峡工程青年科技创新二等奖，作为《700MW 水轮发电机组安装技术》的一部分，先后获得水电八局科学技术进步特等奖、2005 年度中国水利水电建设集团公司科学技术进步奖特等奖和 2005 年度中国电力科技进步奖二等奖。

2. 工 法 特 点

本工法依托于三峡左岸电站 VGS 设计制造的 700MW 水轮发电机组发电机定子现场下线施工的实践。该机组定子主要由机座、铁芯和绕组组成，定子为浮动式机座结构，定子铁芯由 0.5mm 厚的硅钢片在现场叠装而成。定子机座外径 21450mm，高 4265.5mm。

2.1　定子绕组为条形波绕组，三相双层五支路"Y"形连接。510 槽共 1020 根线棒，线棒由 24 股 12.2mm×2.4mm 实心铜导线及 6 股 12.2mm×5.1mm×9.5mm×2.4mm 空心股线（材料：Se-Cu 58 F 20）组成，罗贝尔线棒槽内 360°全换位。线棒绝缘为环氧粉云母带主绝缘加半导体复合物防晕层的"F"级绝缘，采用真空压力浸渍法成型。定子绕组及汇流铜环采用水内冷的冷却方式，绕组水、电接头分开引出。

2.2　槽内填充的槽底、层间及楔下垫片采用绝缘垫片，线棒嵌入前在两侧及底面包绕一层涂 KIT884.43 导电胶的半导体衬垫（0.12mm×157mm×3140mm）。槽楔采用成对斜槽楔，楔下为波纹弹簧垫。绕组端部支撑环上、下端部各一圈。绕组斜边间隔垫块及支撑环衬垫采用适形材料工艺。

2.3　绕组"指"状电接头采用炭阻加热银铜焊连接。绕组之间水接头在工地调整尺寸后采用铜管硬钎焊（氧焊）工艺焊接。线棒与供、排水环管之间的水接头采用软管和螺纹连接方式。绕组端部绝缘采用绝缘盒但不填充环氧的新工艺，极间连线、引出线及汇流铜环绝缘采用"MICALASTIC"绝缘结构。

2.4 该工法与传统的施工方法相比较，在使用功能或施工方法上、在工期、质量、安全、造价等技术经济效能方面，具有以下特点：

1）封闭的施工区域，可靠的防尘、防潮、保温措施，严格的环境温度、湿度要求。环境温度控制在 15～25℃，环境湿度要≤70%。

2）采用线棒"U"形包绕涂 KIT884.43 导电胶的槽衬纸新工艺。

3）采用楔下波纹弹簧垫条结构的槽楔。

4）线棒电接头采用"指"状结构的焊接工艺。

5）绕组端部支撑采用环氧绝缘端箍结构的安装工艺。

6）采用铜管连接结构的线棒水接头现场制做及安装工艺。

7）机组绝缘采用"MICALASTIC"绝缘结构。

8）线棒端部水、电接头绝缘采用绝缘盒但不填注环氧的新结构。

9）定子线棒冷却密闭纯水回路供排水环管及连接软管安装工艺。

10）水内冷结构定子绕组的现场试验技术：包括导电胶的检验和绕组的检查性试验、定子绕组纯水冷却回路的试验、定子绕组整体试验等。

3. 适 用 范 围

本工法适用于大型水轮发电机组采用水内冷冷却技术的定子绕组现场安装、调试及试验，采用空冷技术的大型水轮发电机定子现场下线也可参照本工法的相应内容进行。

4. 工 艺 原 理

4.1 随着机组容量的不断增加，发电机定子绕组采用水内冷技术开始应用，机组额定电压也不断地升高，对现场施工的环境控制、质量控制、工艺方法、试验技术等不断地提出更高的要求。

4.2 在定子机座上布置整圈的环形轨道，进行线棒嵌装中的起吊、就位，及铜焊机焊把的起吊定位。并利用环形轨道的支架封闭定子下线区域，以控制环境温度和湿度满足厂家的要求。

4.3 因为定子绕组为水冷却结构，增加了纯水冷却回路的安装及试验工序。在定子绕组"指"状电接头焊接及绕组端部固定完成后，开始用专用测量工具测量每个水接头的尺寸，再配制水接头。

4.4 一般的，支持环采用非磁性不锈钢材料加工制做，并且在开始嵌线前即安装完成，在嵌线过程中同时进行线棒的绑扎。但 VGS 机组线棒支持环采用绝缘的环氧材料加工制做，层间支持环采用玻璃丝布包环氧腻子现场卷制。线棒端部固定及支撑在线棒"指"状电接头焊接完成后才进行安装，先绑扎线棒斜边垫块，再开始组装、绑扎下层线棒端部绝缘支持环，再现场制做组装层间支持环。

4.5 因定子绕组"指"状结构的特殊性，在上层线棒嵌完后分相进行上、下层线棒的交流耐压试验将非常困难、危险。因此，取消上层线棒嵌完并打完永久槽楔后上、下层线棒 43kV/1min 的交流耐压试验，以 75kV 整体直流耐压试验替代。

4.6 汇流铜环采用空心铜管加工而成，其安装需要现场配管、切割、加工，因此增加了配管、切割、加工、酸洗、气密性检查试验等工序，同时也包括绝缘包扎、焊接、绑扎固定等常规工序。另外，汇流铜环的安装要以引出线棒、主引出线、中性点引出线、各部位连接水管等的位置为基准进行，因此在汇流铜环安装前必须先安装好主引出线。

4.7 绕组纯水回路要由纯水处理装置供水配合试验。绕组整体交流耐压试验时，要在绕组中通流动的纯水，这样，必须在试验前完成纯水处理装置及连接管路的安装、调试。

5. 施工工艺流程及操作要点

5.1 施工工艺流程

本工法的定子下线工艺流程与国内传统工艺流程相比，有显著的区别。一是支持环（端箍）的安装和线棒端部的绑扎均在绕组电接头焊接完成之后进行，并且应先绑扎端部，再安装支持环；二是因为"指"状结构电接头的特殊性，打完槽楔后不进行上、下层线棒 51kV/1min 工频耐压试验，而是以 75kV 直流耐压试验替代；三是水接头的配制工序繁杂；四是密闭纯水回路试验与国内以往的常规方法不同；五是绕组带水耐压试验时，要在绕组中通入工作压力下流动的纯水。具体施工工艺流程见图 5.1。

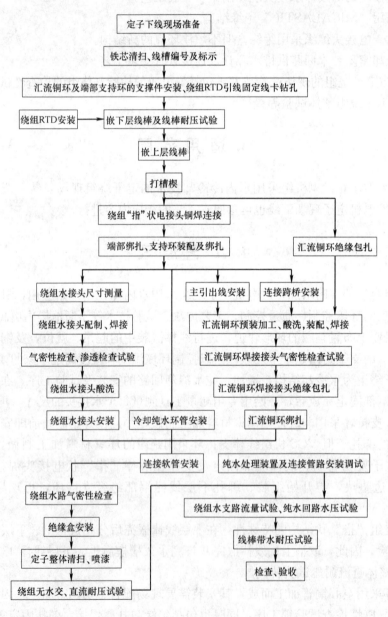

图 5.1　施工工艺流程图

5.2　工艺操作要点

5.2.1　施工区域的防尘、防潮、保温措施及施工平台

一般的，大型机组定子现场下线时，采用旋臂吊嵌装线棒，但施工中旋臂吊需要频繁移动，费时费力极不方便。在三峡 VGS 机组定子下线时，利用定子机座上上机架的支撑螺栓孔，设计了一套环形轨道，轨道中心对准铁芯线槽深度的中间位置，轨道上布置两台电动葫芦替代下线旋臂吊，同时在轨道横梁工字钢上设置 16 榀铁框架，用以布置下线区域封闭的防火篷布，使下线机坑形成一个良好的封闭环境。封闭机坑内布置适当数量的除湿机、空调器、冬天施工时另布置适当数量的加热器以提高环境温度，很好地满足了下线机坑内环境温度、湿度的要求。

机坑封闭方案见图 5.2.1-1。

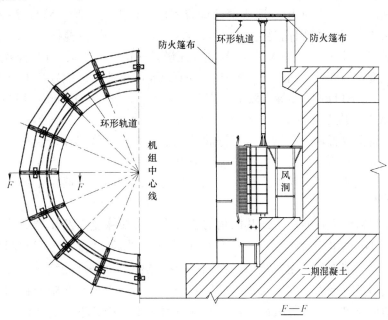

图 5.2.1-1　下线机坑封闭示意图

利用环形轨道吊起线棒嵌线见图 5.2.1-2。

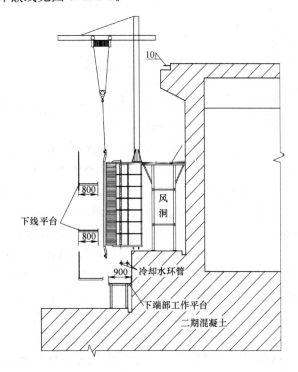

图 5.2.1-2　机坑封闭后环形轨道吊嵌线棒示意图

5.2.2 线棒"U"形包绕涂 KIT884.43 导电胶的槽衬纸工艺

线棒采用了一种新的槽内填充结构，线棒"U"形包绕涂 KIT884.43 导电胶的槽衬纸后再适形挤嵌入线槽，挤入时在线棒两宽面表面的导电胶会在铁芯通风沟处自动形成一个凸坎，导电胶固化后，可以防止线棒的上、下窜动；并且这种结构使线棒侧面与铁芯槽接触良好，不必检查线棒侧面与铁芯线槽间隙及测量槽电阻或槽电位。

嵌线前约 1h，配制 KIT884.43 导电胶。该导电胶由 4 种成分组成，每公斤 KIT884.43 导电胶配比为：混合树脂：H1006 固化剂：H1001 催化剂：F778 炭黑＝436：406：2.5：156（重量比）。F778 炭黑使用前要干燥处理。混合容器采用金属或聚乙烯容器。拌合温度：20±5℃。最大允许拌合量 5kg。拌合方法为：混合树脂与 H1006 固化剂混合，机械方法 100～150 转/分搅拌 5min；再加入 H1001 催化剂，以同样的方法搅拌 5min；最后加入 F778 炭黑，先慢速（100～150 转/分）搅拌至炭黑与液态成分完全溶合，再提高速度至 600～700 转/分，搅拌 10～15min 即可使用。配好的 KIT884.43 导电胶有效使用时间不得超过 24h。KIT884.43 导电胶电阻率允许范围是 20～500Ω·cm，每当用新批次的材料配制 KIT884.43 导电胶时，应取样测量其电阻率，合格后方可使用。

在机坑内风洞平台上放置用来在槽衬纸上涂胶的腻子工作台。将线棒外包的槽衬纸放置在腻子工作台上，一次一张，铺平并压紧四角。用专用腻子刮刀涂一层 KIT884.43 导电胶于槽衬纸上，在刚开始下线时，先要估算每根线棒所需胶的用量，以免涂的过少或过多，当确定了每根线棒胶的大致用量后，就可按估算值涂胶。

将线棒抬起置于槽衬纸上，然后松开其四角的压紧物，将线棒宽面及靠槽底的窄面包绕，使 KIT884.43 导电胶与线棒两个宽面接触。之后，在线棒上端槽口"R"弯处装上线棒起吊夹具。用旋臂吊将线棒吊起至垂直，另一端人工托起使线棒慢慢倾斜，将线棒吊至靠近嵌线槽口处。调整线棒的高度对准槽口，然后将线棒平行推入线槽。线棒一旦导入槽口，不得再将其在轴向移动。线棒先人工推入槽内，再用一根木制垫板垫在线棒外表面，用橡胶锤在线棒上、中、下三处均匀敲击，使线棒均匀进入槽内，与线槽底完全接触。在下端部，用木楔将线棒支撑在线棒临时支撑平台上，支撑点在线棒下端部电接头处，以防线棒轴向移动。

用铲刀和干净白布清理干净线槽中挤出的多余导电胶。清理干净后，撕去线棒整个长度上外包槽衬纸长出部分。在嵌下层线棒时，同时安装层间垫条或 RTD 垫条作为保护垫条，然后临用时压紧木槽楔在线棒的上、中、下三点楔紧线棒。

下层线棒嵌完后，510 槽下层线棒分两次进行交流耐压试验。上层线棒嵌入等待 3～4d 后即可开始安装永久槽楔。

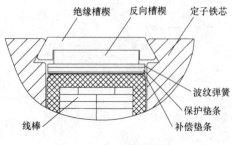

图 5.2.3 槽楔结构图

绝缘槽楔　反向槽楔　定子铁芯
波纹弹簧
保护垫条
线棒　　　　补偿垫条

5.2.3 采用楔下波纹弹簧垫条结构的槽楔

槽楔采用双层楔形结构，线棒的这种槽内固定结构使用的材料从外往内依次有：绝缘槽楔、反向内楔、波纹弹簧垫条、保护垫条、调整垫条，见图 5.2.3。

槽楔打紧时，波纹弹簧的压缩量要求为 70%～100%。厂家应提供检查普通槽楔压缩量的专用槽楔，该槽楔中间钻有检查孔，从孔中用深度游标卡尺检查波纹弹簧的压缩量。打槽楔时，先试打专用槽楔以检查波纹弹簧压缩量从而确定楔下调整垫条的厚度。试打确定加垫厚度后，即参考此标准加垫打入永久槽楔，同时用小铜锤轻轻敲打绝缘槽楔听听是否有空哑声，如果有则说明槽楔未打紧。为了便于比较，沿定子圆周每隔一段距离可打入一个专用检查槽楔。每打入一个槽楔即按上述方法检查一个，检查合格后再打入下一个。当槽楔没有打紧时，可采取两种方法增加紧量：一是加调整垫条，二是将楔形反向内楔打入更深一些。

打槽楔时，按专用槽楔试打确定的加垫厚度，紧靠线棒放好调整垫条，调整垫条表面放一层保护垫条，保护垫条应尽可能长些，其长度不得短于 300mm，使其在槽内的接头最少。沿线槽全长每隔

250mm左右，用EM849环氧粘胶将调整垫条和保护垫条粘在一起。每槽打入的第一块槽楔用专用定位压机压住保护垫条固定在铁芯槽口定位。再在铁芯槽内插入绝缘槽楔，线槽内上、下两端的一块绝缘槽楔在插入前要在两侧面及内表面涂EM849环氧粘胶使其打紧后与铁芯槽、反向内楔紧紧粘结在一起，以防止机组运行中振动造成槽楔松脱。在绝缘槽楔内插入波纹弹簧垫条，波纹弹簧间的接头要与保护垫条的接头相互错开，然后插入反向内楔并打紧槽楔。

从下端第二块槽楔打起，从下往上逐个打紧槽楔，上、下端部的第一块槽楔最后打入，最后铲除上、下端槽口长出槽楔的保护垫条和波纹弹簧。每打入一块槽楔，都要检查槽楔上的通风沟与铁芯通风沟的方向应一致、中心对齐，中心偏差不大于3mm。

5.2.4 线棒"指"状结构电接头的焊接工艺

线棒电接头连接片中间开槽分开成5根，因此称为"指"状结构。每根"指"长宽尺寸为43mm×13.6mm，"指"缝宽度3mm，整个"指"状接头高度80mm（5×13.6＋4×3.0），接头铜板厚度9mm。线棒之间的连接电接头、线棒与汇流铜环连接的电接头、连接跨桥与线棒之间连接的电接头均属于"指"状搭接硬钎焊结构的电接头。这种结构具有以下优点：焊接时添加焊料渗透效果好，使接触面的熔合更好；焊接时加热时间短，不会引起热量集中而烧伤接头附近绝缘，施工中经测量加热接头附近绝缘温度一般不超过100℃；能在更小尺寸范围内对焊缝熔合质量进行外观检查，可提高焊接质量。不足是每个接头至少要往返焊接5次，加热次数多，总的焊接工期较长，为了缩短工期需要制造厂提供多台焊机；而且焊接过程中会引起水接头距离的收缩。因此，为了保证水接头的安装尺寸，在"指"状电接头焊接前要测量全部水接头尺寸并对尺寸偏大或偏小的接头进行调整，焊后还要重测。

焊接母材为ECu或SECu。焊材为LAg15P银焊片及ϕ2.0mm的LAg5P银焊丝。焊接设备为LBM-EB75C型焊机，石墨电极电阻焊加热，50％出力时设备功率为75kVA，焊接功率一般为40％～50％，焊机还需要冷却水源及工作气源。

焊前，需要进行焊接形式试验及焊接工艺评定，试验项目包括焊接试件的拉伸试验、脱开试验。

焊接时，将每个电接头分5次加热焊接，同一个接头5指"手指"的焊接顺序见图5.2.4。

来回焊接相邻的15～30个接头，每次焊完这15～30个接头后，再焊下一根手指，直到这些接头全部焊完。焊接过程中从指缝处不断用焊丝向"手指"焊缝填补焊料，直至焊缝处填满无气隙时停止通电焊接。焊接质量检查用5～10倍放大镜肉眼目视。

"指"状接头焊接收缩问题。在以往定子绕组空冷结构的机组安装中，对电接头焊接收缩问题是不考虑的。

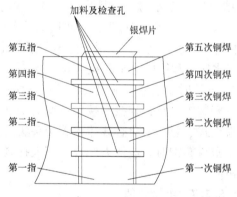

图5.2.4 "指"状电接头焊接次序

但VGS机组这种结构的水内冷绕组"指"状电接头焊后，上端部线棒水接头焊前和焊后距离相比收缩1～3mm，绝大部分收缩在1.5～2.5mm之内，下端部线棒水接头焊前和焊后距离相比变化不大。引起收缩的原因是：因为"指"状结构电接头分为5根"手指"，上端部先焊最下一根，依次往上焊接，在焊接过程中每焊完1根"手指"冷却后测量接头距离，每焊接1根"手指"的收缩量一般在0.5mm以内，呈逐渐缩小趋势，因此导致水接头距离的总收缩达到1～3mm。而下端电接头最先焊下面1根"手指"，所以上面其他4根"手指"焊接收缩对端部接头距离的影响已不大，仅仅1根手指的焊接收缩量一般在0.5mm以内，因此下端部水接头焊前和焊后距离相比变化不大。由于线棒端部电接头焊接时引起水接头距离收缩，考虑到水接头配制时尺寸配合的要求，因此要调整线棒端部水接头焊接前的距离≥108mm。

5.2.5 定子绕组端部支撑的结构特点及固定工艺

定子绕组上、下端部各设置一层环氧板支持环，环氧板支持环段间采用两两对称交错布置销钉连接，支持环组装后不需包扎绝缘。上、下层线棒层间设置一圈层间加强环，层间加强环采用玻璃丝布包 EM849.1 环氧腻子卷制后现场对接而成。上、下端部线棒之间各有两道绑绳绑扎，线棒斜边之间间隙塞入斜边垫块和玻璃布板适形垫片，然后用绑绳两两绑扎成整圆。

定子绕组支持环、层间加强环及斜边绑扎均在线棒电接头焊接完成后进行，这样大大减少了施工中粉尘对端部的污染，提高了绕组端部清洁度，使上、下层线棒与层间支撑的结合更紧密，有利于改善绕组的端部电晕，而且还可降低线棒端部焊后收缩对端部绝缘层的不利影响。

5.2.6 线棒水接头装配

绕组连接水接头为工地装配的铜管焊接螺纹连接结构，结构如图 5.2.6。

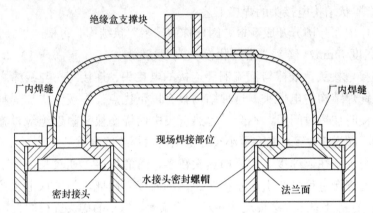

图 5.2.6 绕组水接头结构

焊接时利用专用水接头焊接调整定位装置调整水接头，小号氧焊枪加热焊接。辅助材料工具包括：100% N_2、三氯甲烷、酒精、水、荧光渗透液、紫外线灯、H_2CrO_4、H_2SO_4 等。

水接头装配工艺过程为：测量记录水接头连接尺寸→配割水接头连接铜管→水接头焊接→焊缝气密性检查试验→焊缝荧光渗透检查试验→酸洗→在线棒上装配水接头，拧紧密封螺帽。

水接头和线棒上水腔接头均为不锈钢材质，安装前必须将接头清扫干净，以防再次拆除时"咬丝"。安装时要按照配制记录，将一一对应的水接头螺帽拧入线棒水腔接头，并用 100N·m 力矩拧紧。安装中注意：连接水接头的密封面止口应完全套进线棒水腔接头，否则要对止口进行处理；水接头正式安装前要检查线棒水腔接头法兰面，应平整、高度适当，否则要处理线棒水腔接头法兰面；拧紧密封螺帽时，应两人配合，一人拧紧密封螺帽，另一人用专用扳手卡住线棒上的水腔接头防止其扭曲。

5.2.7 绝缘处理

机组绝缘采用湿的"MICALASTIC"绝缘，一种由混合树脂（IsL898.1）、薄云母带（Gli：RoGs289.1）、聚酯薄膜（H：Hf376）和玻璃纤维带（Gs：GsBd550）组成的绝缘结构。"MICALASTIC"绝缘的耐压等级、包扎层数及其厚度见表 5.2.7。

耐压等级、绝缘包扎层数及绝缘厚度 表 5.2.7

耐压等级	绝缘层数 1/2 重叠	包缠顺序	绝缘厚度（mm）	
			夹紧后	夹紧前
20kV	10	Gli+H+Gli+H+Gli+H+Gli+H+Gli+Gs	4.1	5.0

绝缘包扎要在隔离的封闭区域内进行，并控制室内温度为 15～25℃、相对湿度≤70%。最后一层玻璃纤维带表面涂 ISL805 绝缘漆，其作用是进一步减少固化过程中因环境湿度对绝缘的不利影响。

5.2.8 定子绕组端部支撑结构特点及固定工艺

定子绕组上、下端部各设置一圈绝缘支持环，每圈支持环分为若干小切，每节均钻有数个销钉孔，双层环氧板支持环段间采用两两对称交错布置销钉连接。支持环、销钉、支持环绝缘支撑块都采用绝缘的 HM694.5 层压环氧板加工，支持环组装后不需包扎绝缘。支持环与其绝缘支撑块之间采用适形玻璃布板浸 EM849 环氧粘胶粘结连接，再用绑绳绑扎加固。上、下层线棒层间设置二圈层间加强环（上、下端各一圈），层间加强环采用玻璃丝布包 EM849.1 环氧腻子卷制后现场对接而成。上、下端部线棒之间各有两道绑绳绑扎，线棒斜边之间间隙塞入斜边垫块和玻璃布板适形垫片，然后用绑绳两两绑扎成整圆。

线棒端部固定绑扎的顺序为：先安装、绑扎线棒斜边垫块，再组装、绑扎端部绝缘支持环，然后制做、安装、绑扎线棒层间加强环。

线棒端部固定绑扎及部件粘连用的环氧胶分别为：EG882、EM849、EM849.1。EG882 环氧胶用于适形玻璃布板衬垫浸胶及涂刷，绑绳涂胶；EM849 用于分段支持环部件粘接；EM849.1 环氧腻子用于中间加强环的制做。

1. 端部斜边垫块安装、绑扎

线棒之间的端部绑扎共四圈，上、下端各两圈。绑扎前，标示出端部垫块的安装高度位置。

线棒之间的每个斜边垫块由 2 片浸透 EG882 环氧胶的 HM693.3 适形玻璃布板衬垫（大小 3mm×30mm×54mm）和一块斜边垫块（长×宽＝30mm×54mm，厚度分三种）组成。上层线棒的斜边垫块从内侧塞入，下层线棒的斜边垫块从外侧（线棒背后）塞入。夹层斜边垫块的厚度应与线棒斜边间隙一致，当间隙小于垫块时，可以把垫块多于厚度削去；同样地，当间隙大于垫块时，可以加适当厚度的垫片。斜边垫块的安装时，从线棒斜边间隙最小处开始，最后放入间隙最大处的斜边垫块。插入时，用木棒将线棒之间斜边间隙小心地撑开一点点，再轻轻地插入夹层斜边垫块。

当夹层斜边垫块的浸胶未干时，其表面较粘，绑扎会比较困难，因此，同一排斜边垫块全部插入并等 24h 之后，才开始用 φ7.5mm 玻璃纤维绳半叠绕绑扎。绑扎应连续进行，绑绳之间不得有断开点。斜边垫块的绑绳先沿垂直于线棒的方向包绕，包绕整个垫块段长度，然后沿与线棒斜边平行的方向包绕垫块的另外两面；绑扎之间的接头要用 EG882 粘接连接，不得打结以防连接处形成鼓包。

绑扎后，绑绳表面刷 EG882 树脂胶，擦干净线棒端部表面上多余的树脂胶。绑扎应整齐、牢固，绑绳整理光滑、无毛刺及尖锐棱角。

2. 支持环装配及绑扎

将支持环绝缘支撑块紧靠基础角铁摆放好。在支持环段间的接触面上均匀涂抹 EM849 粘胶；调整使支持环段间沿圆周方向错位 3 排销钉孔距。

用涂 EM849 粘胶的销钉将安装的首节支持环段粘结，刮干净表面多余的 EM849 粘胶，每隔一排销钉孔用一个"C"形夹或大力钳夹紧，使其紧密地连接在一起，然后抬起置于绝缘支架上。调整支持环与线棒和绝缘支架的间隙，要求其与线棒和绝缘支撑块之间的间隙在 3mm 左右。若间隙偏小，确定切削尺寸后可以适当削薄绝缘支撑块；若间隙偏大，可给绝缘支撑块加垫以增加其径向厚度。

绑扎用 φ7.5mm 玻璃纤维带，线棒与支持环之间的适形衬垫（HM693.3，尺寸 3mm×50mm×920mm）、及支持环与绝缘支架间的适形衬垫（HM693.3，尺寸 3mm×40mm×80mm）浸 EG882 环氧胶。浸胶在浸胶池内进行，必须浸透；绑绳、衬垫浸透后从浸胶池内取出，并挤至不滴胶。

将适形衬垫在湿态下塞入线棒与支持环之间、支持环与绝缘支撑块之间的间隙。使端部"三靠"：线棒紧靠线槽底、线棒靠紧支持环、支持环靠紧绝缘支架。

EM849 粘胶固化后，拆除支持环的夹紧工具。用绑绳将下层线棒与支持环、支持环与绝缘支撑块、支撑块与基础角铁连续绑扎，每根线棒与支持环半叠绕 3 道。绑后，将绑绳整理光滑，表面刷 EG882 环氧胶，清理干净绑绳表面毛刺。

3. 中间加强环安装

EM849.1环氧腻子的配制。EM849.1环氧腻子的成分为：EM849：石英粉＝1：1，混合均匀。石英粉在使用前，100℃高温干燥24h。

在开始中间加强环安装时，首先要反复试几次，确定每节中Gs520玻璃丝毛毡的层数和每层Gs520玻璃丝毛毡上EM849.1的用量，以确保中间加强环的厚度适当。

中间加强环的制做：在干净工作台上铺一张塑料薄膜；薄膜上铺一片Gs520玻璃丝毛毡（500mm×500mm），在毛毡上均匀涂EM849.1。再铺一层Gs520玻璃丝毛毡，并重复涂EM849.1。经试验确定每节大约3～3.5层玻璃丝毛毡，每层毛毡250g环氧腻子。涂好后卷起毛毡成"蛋卷"状；再将卷好的毛毡放在一片500mm×600mm的玻璃丝布上卷在一起，并用GsBd550玻璃丝带轻轻绑扎，保持形状。

每节"蛋卷"制做好后，应在4h之内使用。将"蛋卷"状的分节中间加强环适当挤压入上、下层线棒之间适当位置，使其与上、下层线棒之间接触紧密，并在固化前与下层线棒和支持环一起绑扎，与下层线棒及支持环的绑扎为1匝，连续包绕。

端部绑扎和支持环安装在定子绕组电接头焊接完成后进行，大大减少了施工中粉尘对端部的污染，提高了绕组端部清洁度，又可以使上、下层线棒与层间支撑的结合更紧密，对提高绕组的起晕电压非常有利；而且，在接头焊接之后绑扎还降低了线棒端部焊后收缩对端部绝缘层的损伤。

5.2.9 汇流铜环的调整装配及铜环之间连接接头的焊接

汇流铜环之间对接的水、电接头属于套管对接硬钎焊结构，见图5.2.9。

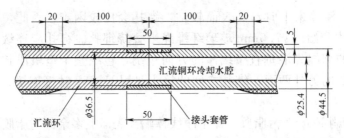

图5.2.9 套管对接硬钎焊接头的结构（单位：mm）

母材为ECu或SECu。焊接设备为Eldec-MFG50型中频感应焊机。焊接时要在铜管内通入3～6Pa压力的保护气体（100％ N_2 或92％ N_2＋8％ H_2 混合气体），防止高温下母材的氧化。

5.2.10 线棒端部水、电接头绝缘结构

线棒端部水、电接头绝缘采用绝缘盒但不填注环氧的新结构。绝缘盒在绕组冷却纯水回路气密性试验合格后安装。绝缘盒要预装以便于配制、安装绕组电接头上的绝缘盒定位块，定位块与绝缘盒两侧的间隙为＋0.1～＋0.3mm，作用是防止绝缘盒的切向和径向晃动，间隙超过时加工定位块，间隙不够时用0.5mm和0.25mm厚的调整垫调整。绝缘盒预装后按对应位置标记。

绑绳涂胶固化后，按标记安装绝缘盒。绝缘盒套入水、电接头调整好位置；绝缘托块涂KL825粘胶后导入绝缘盒内定位卡槽，并用KL825粘胶与绝缘盒粘接；尼龙螺栓（M12×35）螺纹涂"LOC-TITE"胶，穿过绝缘托块后拧入水接头上的绝缘盒支撑块（支撑块的作用是固定绝缘盒，防止其垂直方向的移动）螺孔，将绝缘盒固定在水接头上。

5.2.11 定子线棒冷却纯水环管及连接软管安装

绕组冷却供、排水环管布置在绕组下端部机坑侧墙上，管径114.3mm，进、出水环管分为15节制做，现场连接。环管与支撑间用绝缘板隔离，环管与"U"形管夹之间螺栓用橡胶绝缘子隔离，环管与至纯水装置的连接管路之间用绝缘法兰隔离，以保证环管对地绝缘。

聚四氟乙烯连接软管安装中拧紧密封螺帽时必须3人配合，1人拧力矩扳手、1人用呆扳手把紧软管密封法兰面不让其随螺帽旋转以免造成软管扭曲损伤、1人用吊扳手卡住线棒端水接头不让水接头扭曲变形而造成线棒损坏，并用100N·m力矩拧紧密封螺帽。

5.2.12　现场试验

由于定子绕组为水内冷结构，其现场试验与空冷机组定子绕组有显著的区别，除空冷机组定子绕组需要进行的绝缘电阻测量及绝缘判断、直流电阻测量、耐压试验外，还需要进行纯水回路的试验及定子绕组带水整体交流耐压试验。

1. 导电胶的检验和绕组的检查性试验

KIT884.43导电胶使用前要取样测量其电阻率。取样试件尺寸为120mm×15mm×10mm，固化后常温下测量电阻率，允许范围是20～500（Ω·cm）。

嵌线前，单根线棒应抽样进行耐压试验。打完永久槽楔后，不进行交流耐压试验，以75kV的整体直流耐压试验替代。

2. 定子绕组纯水冷却回路的试验

气密性试验：介质为纯氮气，试验压力0.5MPa，持续时间24h，试验最大允许泄漏量0.245立方英尺/天，相当于校正环境温度影响后的允许压降0.001MPa/12h。

水压试验：用定子绕组纯水装置对绕组纯水回路充水后，用氮气升压对绕组和环管进行1.5MPa/30min的水压试验。

流量试验在水压试验合格后进行，测量绕组各纯水支路及汇流铜环水支路的流量。测量方法是用时差式超声波流量计测量，试验时纯水装置水泵循环运行，在绕组支路中产生较稳定压力的水流，进、出水环管压差约为0.62MPa。

3. 定子绕组整体试验

定子绕组整体试验主要包括：分支路直流电阻测量、绝缘电阻测量及判断、不带水交/直流耐压试验及线棒带水交流耐压试验。绕组绝缘电阻测量及绝缘判断，制造厂提供的判断标准与国标GB 8564相比更准确。绕组耐压试验前绝缘电阻要满足R40℃≥2UN＋1（MΩ），判断能否进行耐压时不仅绝缘电阻要满足，更重要的是吸收比和极化指数要满足。

绕组干燥的判断标准见表5.2.12。

绕组干燥的判断标准

表5.2.12

	吸收比（R_{60s}/R_{30s}）	极化脂数（R_{10min}/R_{1min}）	是否需要干燥
危险	—	＜1	需要
微弱	＜1.1	1～1.5	需要
可疑	1.1～1.25	1.5～2	建议
满意	1.25～1.4	2～3	不要
良好	1.4～1.6	3～4	不要
优秀	＞1.6	＞4	不要

在绕组整体交、直流耐压试验通过后，对于水内冷定子绕组还要进行带水41kV/1min的交流耐压试验，试验时利用纯水处理装置给绕组纯水回路内通入流动的纯水。

6. 材料与设备

6.1　绝缘胶、漆的使用

绝缘胶、漆的使用见表6.1。

表 6.1

绝缘胶、漆的使用方法

名称	适用范围	组成	储存条件及有效期	配比	混合方法	混合物使用时间	固化时间	安全注意事项
EG882 浸渍胶	衬块/垫浸渍胶玻璃丝绑毡/带刷胶铁芯表面刷胶	EG882 COPM I	密封容器内储存：在相对湿度≤60%及环境温度≤25℃的环境条件下，存放时间>1 年	21	混合容器内，最大允许拌合量：1000g；拌合温度：20±5℃；混合时间：100～150 转/分，5～10min	3h	20℃时，3d 后固化，表面轻微粘性；10d 后固化，表面无粘性	使用安全手套；使用防护眼镜；避免皮肤接触
		EG882 COPM II		4				
KIT84.43 半导体胶	线棒直线段槽内部分表面防电晕涂胶	成分 1 混合树脂	相对湿度≤60%，温度≤25℃的密封罐中，存放时间>1 年	436g/1kg	混合容器：金属或聚乙烯容器内；最大允许拌合量：20±5℃；混合方法：先成分 1 与成分 2 混合，机械方法，100～150 转/分搅拌 5min；再加入成分 3，以同样的方法搅拌 5min；最后加入成分 4 炭黑与液态成分完全融合，再提高速度至 600～700 转/分，搅拌 10～15min	≤24h	20℃时，大于 7d	使用安全手套；使用防护眼镜和眼睛接触，避免皮肤接触；如果发生，用肥皂清洗
		成分 2 固化剂：H1006		406g/1kg				
		成分 3 催化剂：H1001	未规定	2.5g/1kg			70℃时，大于 24h	
		成分 4 炭黑：F778		156/1kg				
EM849 粘接胶	支持环粘结绝缘盒定位块绑扎用胶	成分 1: 混合树脂	密封容器内储存：在相对湿度≤60%及环境温度≤25℃的环境条件下，存放时间>1 年	21	混合容器：金属或聚乙烯容器内，最大允许拌和量：600g；拌和温度：20±5℃；混合时间：100～150 转/分，5～10min	3h	20℃：1d 后表面无粘性，14d 后完全固化；70℃条件下，15h	使用安全手套和防护眼睛，避免皮肤接触，如果接触用清水清洗即可
		成分 2: 固化剂		4				

续表

名称	适用范围	组成	储存条件及有效期	配比	混合方法	混合物使用时间	固化时间	安全注意事项
EM849.1 腻子	线棒层间加强环(层间支持环)制作	成分1:混合树脂 EM849 成分1	密封容器内储存:在相对湿度≤60%及环境温度≤25℃的环境条件下,存放时间>1年	100	混合容器:金属或聚乙烯容器内;最大允许拌合量:600g;拌合温度:20±5℃;混合方法:先将成分1与成分2混合,以100~150转/分混合5~10min;再马上加入成分3,同时不停搅拌,直至完全混合均匀	约4h	20℃时1~2d固化,14d后完全固化;70℃条件下:15h	使用安全手套和防护眼镜;避免皮肤接触,如果接触用清水清洗即可
		成分2:固化剂 EM849 成分2		19				
		成分3:石英粉	不定	20				
Is1898.1 绝缘漆	绝缘包扎层间涂胶	成分1:合成物	未规定	606g/1kg	混合容器:金属或聚乙烯容器内;最大允许拌合量:5000g;拌和温度:最小为15℃;混合时间:100~150转/分,3h	在密封容器内,温度小于25℃时,储存时间无限制	预干燥,20℃时,约24h最后干燥,20℃约72h,80℃时约6h	
		成分2:环氧树脂 E1025		394g/1kg				
Is1805 绝缘漆	整体喷漆及汇流铜环绝缘表面刷漆	单组分	密封容器保存,温度25±5℃,有效期6个月					
KL825 粘接胶	粘接绝缘盒定位块与调整垫片	成分1						
		成分2						

6.2 主要施工机具、仪器及仪表

主要施工机具、仪器及仪表见表6.2。

主要施工机具   表6.2

序 号	名 称	型 号 规 格	单位	数量	备 注
1	铜焊机	MFG50，50kW	台	1	汇流铜环焊接
2	铜焊机	EB75-C，200kVA	台	2	绕组电接头焊接
3	定子下线工具		套	1	
4	临时木槽楔		对	2500	在槽内临时固定线棒
5	腻子涂料工作台		套	2	涂 KIT884.43 腻子
6	腻子涂料刮铲		套	4	涂 KIT884.43 腻子
7	敲打线棒用(垫)板		套	10	将线棒打入槽内
8	树脂调和配比装置		个	1	加药器
9	交流耐压试验变压器		台	1	
10	直流耐压试验设备		套	1	
11	橡皮锤	4P	把	5	
12	大号(氧)焊枪		套	2	
13	放大镜	5～10倍	只	2	
14	电子台秤	25kg	台	1	
15	兆欧表	250V/1000V/2500V	只	各1	
16	湿度计		只	2	
17	烘箱		台	1	
18	数字微欧计		台	1	试验
19	大力钳		把	20	
20	吸尘器		台	2	

7. 质 量 控 制

本工法应遵照执行国家标准《水轮发电机组安装技术规范》GB/T 8564—2003。

8. 安 全 措 施

8.1 定子下线现场实行全封闭管理，设置现场值班室，建立现场全天候值班及门卫制度。有关工作人员凭定子下线专用通行证进入下线作业区。

8.2 进入下线作业区的人员必须换穿干净的软底工作鞋、帽、着统一的工作服，着装整洁；进入下线作业区内的人员，必须接受安全检查，不得携带钥匙、硬币或其他与工作无关的金属小物件，不得穿钉鞋。

8.3 下线作业区内必须每天用吸尘器吸尘，清扫干净，在整个下线期间必须确保下线作业区的环境清洁、卫生；严禁用高压风吹扫地面，以免扬尘污染；严禁用水冲洗地面，以防潮气影响线棒绝缘水平。

8.4 严防火灾。在作业区内配备足够的消防灭火设施；易燃物品如酒精、汽油、甲苯、丙酮、环氧树脂、破布，必须放置在安全地点，每班用后的零星易燃品必须在下班时收回放到安全地点，禁止放在定子机坑内；下线作业区内及作业区周围10m范围内，严禁吸烟，使用明火；下线作业区内禁止

放置氧气瓶或乙炔瓶等易爆物品。

8.5 定子内外所搭设的施工平台、脚手架、栏杆、走道、梯子、安全网必须牢固，木板及钢板不得有浮搁的现象。

8.6 施工中引至机坑内的风、水软管，必须是高强度的橡胶皮软管。

8.7 施工中引至机坑内的电源电缆，必须是中型或重型橡套软电缆，禁止在下线工作区域内使用铠装电缆；电源线不得裸露，防止触电；定子下端部照明采用36V安全行灯；所有电线、电缆不得跨越定子铁芯。

8.8 线棒人工搬运时，必须三人同抬一根线棒的直线部分；临时摆放线棒时，线棒直线段要平稳地放置在并列放置的三条橡胶面铁板凳上，均匀受力，防止弯曲变形；用线棒旋臂吊吊装线棒时，必须用尼龙绳在线棒上端槽口"R"弯处绑牢，吊车操作稳、准，同时线棒的另一端及中部各一人托起慢慢倾斜直至竖立。

8.9 多人同抬、运汇流环时，要相互配合好，防止跌倒。

8.10 禁止用导电类笔（如铅笔）或尖锐笔尖的笔（如金属笔尖的钢笔等）在铁芯和线棒表面标记。

8.11 打槽楔时用尼龙锤或铜锤，不允许用铁锤打槽楔，以防打坏铁芯；不得在同一垂直面的上、下端同时打槽楔；严禁用扁铲、螺丝刀、电工刀等对着线棒绝缘铲去多余的保护垫条、波纹弹簧。

8.12 下线及打槽楔时，各类工具要用力适当，严禁用力敲击线棒，以防损伤线棒绝缘。

8.13 用于绕组端部绑扎和支持环绑扎的所有绑绳、绑带上的毛刺必须清理干净、整理光滑绑绳、绑带，以防毛刺的尖端放电现象。

8.14 严禁在线棒、汇流环、引线上坐、踩踏、放置重物。

8.15 铜焊时，工作人员必须戴有色眼镜、防护口罩和手套；适形毡、绑绳、绑带等浸胶及绑扎时，操作者应戴口罩和专用橡胶手套，注意保护皮肤。

8.16 应使用专用整形工具对线棒端部接头整形，用力适中，严防用力过猛而损伤线棒绝缘，整形后接头股线间不得开裂、分叉。

8.17 接头铜焊时，严格遵守铜焊机的操作规程；焊前必须用石棉布、石棉板对线棒端部绝缘、间隙及铁芯进行可靠的保护，检查接头装卡符合要求，焊接接头冷却装置准备就绪；焊接中要多检查，防止铜焊机和冷却装置断水，防止液态焊料的流淌；焊后的灼热焊把等要放置在安全部位，以防烧伤绝缘。

8.18 各种树脂胶的配制和浸渍，安排专人负责，认真做好记录，严格按规范要求操作，确保正确无误；半导体漆的器皿要与绝缘胶、漆的器皿严格区分，半导体漆不得污染绕组端部绝缘。

8.19 定子下线完毕，在转子吊入之前，用干净编织布遮盖好定子铁芯和绕组，并继续坚持现场的保卫值班制度。

9. 环 保 措 施

定子下线施工中产生的所有废弃物（包括胶、漆、酸洗液、云母制品绝缘材料、用过的酒精及三氯乙烯等），必须集中到指定地点掩埋，不得随意随地抛弃。

10. 效 益 分 析

该工法对水内冷机组定子绕组现场安装及试验技术进行了深入的探讨和实践，创造性地使用定子下线及机坑封闭用环形轨道防尘保温保湿篷，经过三峡左岸电站VGS 6台机组的运用，在质量保证和加快进度方面均取得良好效果，单台VGS机组定子下线施工工期只有80d左右，并在三峡电站推广应用到 ALSTOM 集团供货的机组现场安装，取得巨大的经济和社会效益，使我国水轮发电机定子现场下线技术水平获得了显著的提高。

该工法也将为我国在建的溪洛渡、向家坝、构皮滩等特大型水电工程提供宝贵的经验，有力地促进这些工程的装机进度，同时也对机组设计制造水平的提高起到有力的推动作用。

11. 应 用 实 例

利用该工法已成功完成了三峡电站 6 台 VGS 机组定子的现场下线，加快了施工工期，满足了设计及有关标准、规程规范的质量要求，确保了机组运行安全、稳定。

本工法已成功应用于三峡电站 6 台 VGS 机组定子现场下线与试验，各项技术质量指标均达到设计要求。本工法在三峡左岸电站 ALSTOM 机组定子现场下线中也得到推广应用，并为《水轮发电机组安装技术规范》GB/T 8564—2003 的修订提供了指导。

大型通用桥式起重机安装施工工法

YJGF333—2006

中国机械工业第一安装工程公司

罗宾 尹波 李晓琼 毛鸿燕 辛森

1. 前　　言

桥式起重机是许多工厂生产中必备的起重机械设备，其安装质量的优劣，直接影响到工厂安全生产和效率，所以国家质量技术监督局早已把它纳入了特种设备的范畴，对其设计、制造、安装、使用全过程进行监督管理。

通过多年安装通用桥式起重机所积累的施工经验，总结完成了《大型通用桥式起重机安装施工工法》，并在许多大型的桥式起重机安装工程中得到广泛的应用，如：东方电机厂 550t/250t×33m 桥式起重机、乐山大件码头 550t/50t/10t×39m 桥式起重机、东方锅炉厂 350t/80t×34m 桥式起重机等安装工程，均采用了该施工方法。由于该工法的科学性、先进性和实用性，尤其是该工法中的大车桥架吊装的假端梁制造安装、大小车吊装的自制专用托梁托架的使用等关键技术的创新，有效解决了吊装过程中的许多难点，便于实际操作，使起重机安装顺利进行。

2. 工 法 特 点

2.1 可一次性整体提升较大吨位的桥式起重机，减少高空作业。

2.2 可以很方便地在已建成的车间里面吊装，解决吊车因为受到空间尺寸及环境因素的限制而无法进行吊装的问题。

2.3 比采用大吨位吊车成本低、更经济合理。

2.4 吊装工艺成熟，安全可靠性较好。

2.5 不足的是，辅助工作多，准备时间较长。

3. 适 用 范 围

本工法适用于车间厂房内或露天的重型（大型）桥式起重机的吊装就位。尤其适用于前者和其他无法采用吊车作业的施工环境。

4. 工 艺 原 理

桥式起重机的安装施工主要包含两个方面，一是起重机的吊装，这是起重机施工的关键；二是起重机零部件及构件的装配、调整。

4.1 吊装

4.1.1 全部整体提升

将桥式起重机桥架的两片主梁、行走端梁、小车、驾驶室等部件在地面组装完成，单桅杆置于两主梁之间，一次性整体提升吊装就位。这种方法适用于中、小型桥式起重机吊装作业。

4.1.2 部分整体提升

将桥式起重机桥架的两片主梁在地面组装成整体，单桅杆置于两主梁之间，先将桥架提升吊装到位，然后再吊装小车、驾驶室及其他部件。

4.1.3 分片吊装

斜立桅杆，将桥式起重机的主梁、小车、驾驶室及其他部件分别提升，吊装就位。重型桥式起重机由于设备重量重、外形尺寸大，多采用后两种方法进行吊装。

4.2 关键技术

4.2.1 采用自制假端梁

为减小桥架宽度方向外形尺寸，便于减小吊装胎架几何尺寸以及空中转位，桥架吊装时两主梁临时用假端梁刚性连接（原端梁为柔性连接）。

4.2.2 夺吊大车行走机构

为减轻最重件桥架的起吊重量，将大车行走机构和桥架分别进行吊装。利用厂房钢结构，在两相对钢柱上端焊设吊耳，采用夺吊法预先将4组大车行走机构吊装到行车轨道上。

4.2.3 采用专用托架

桥架吊装时利用自制专用托架代替传统的钢丝绳捆绑主梁的方法，这种新工艺简化了繁重的捆绑工作，消除了捆绑对主梁的水平分力，避免主梁侧弯变形，有效地降低了捆绑点的高度，增大了吊装操作空间。另一方面，采用专用托架后，捆绳夹角减小，钢丝绳的受力亦相应减小。

4.2.4 设置小车专用托架

为了有效降低小车吊点高度，在小车底部设置托架，同时在托架两端各设置一对吊耳，避免了滑车组与小车两侧的挤靠，减小夺吊角度，使小车能顺利提升。

5. 施工工艺流程及操作要点

5.1 工艺流程（图5.1）

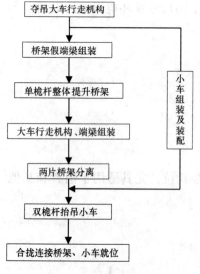

图 5.1 桥式起重机安装
施工工艺流程图

5.2 操作要点

5.2.1 大车行走机构吊装

行走机构包含大车驱动装置、传动装置、平衡梁、行走轮，其中大车驱动装置和传动装置已经装配在大车梁的两端内部，由于平衡梁和行走轮重量较大，为了减轻大车桥架整体重量及吊装高度，在桥架吊装前先用夺吊的方法（图5.2.1），把已经在地面装配好的平衡梁和行走轮分别吊装就位到大车轨道上，并用临时支架支撑以防止倾倒，在大车桥架吊装到位后，再推移行走轮机构并与大车桥架装配。

5.2.2 大车桥架吊装

采用200t桅杆，利用自制专用托架，进行大车桥架整体起吊，空中旋转就位（图5.2.2）。

大车桥架吊离地面2.4m时，组装司机室和检修室。

大车桥架吊装时，总重量为172.677t，包括用于桥架吊装的专用托架重量。专用托架尽可能不与桥架焊接，用钢丝绳、手拉葫芦与桥架卡住、固定。

大车桥架吊装到安装高度后，和桅杆一起旋转到安装位置，落到离行车梁轨道一定的高度时，将原先吊上去的行走机构移动过来与大车桥架连接。落实后，在吊装小车前，拆开其中一根大梁与端梁的接头，将两片大梁拉开一段距离，为吊装小车留出足够的空间。

在两片大梁之间，顺着大梁方向且相对200t桅杆，再立一根100t桅杆，两根桅杆之间便是小车吊装的空间。

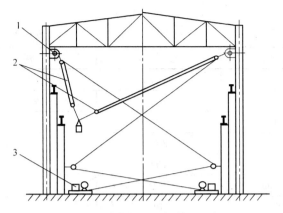

图 5.2.1　大车行走机构夺吊示意图

1—吊耳；2—夺吊滑车组；3—5t 卷扬机

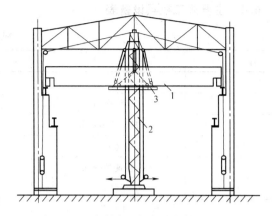

图 5.2.2　自制专用托架吊装桥架示意图

1—起重机桥架；2—桅杆；3—自制专用托架

5.2.3　小车吊装

起重机只设置有一台小车，吊装采用斜立双桅杆抬吊，桅杆为一根 100t、一根 200t。

小车吊装前，两片大梁分开，吊装到位后，将两片大梁拼合组装，落下小车就位（图 5.2.3）。

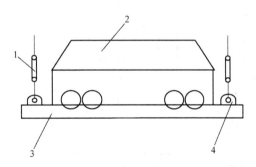

图 5.2.3　自制专用托架吊装小车示意图

1—起重滑车组；2—小车；3—自制托架；4—吊耳

6. 材料与设备

6.1　主要材料（表 6.1）

主要材料表　　　　　　　　　　　表 6.1

序号	名　称	规格、型号	数　量	备　注
1	钢丝绳	$\Phi12、\Phi36.5(6\times37)$	若干	用于捆绳
2	钢丝绳	$\Phi26、\Phi32.5(6\times37)$	若干	用于缆风绳
3	钢丝绳	$\Phi26(6\times37)$	若干	用于跑绳
4	枕木	2500mm×200mm×160mm	200 根	
5	桥架托架	7000kg	1 套	见制作图
6	小车托架	5500kg	1 套	见制作图
7	钢板	$\delta=20mm$	10m²	拼装托座用
8	角钢	L120×120×10	40m	拼装托座用
9	角钢	L90×90×8	50m	拼装托座用
10	氧气		30 瓶	
11	乙炔		15 瓶	
12	麻绳	15mm、30mm	各 50kg	
13	电焊条	E5017,$\Phi4mm$、3.2mm	各 15kg	
14	电焊条	E4422,$\Phi4mm$、3.2mm	各 50kg	

6.2 主要施工机具设备表（表6.2）

机具设备表　　　　　　　　　　　　　表6.2

序　号	名　　称	规格、型号	数　量	备　注
1	汽车吊	150t	1台	3个台班
2	汽车吊	25t	1台	自备
3	硅整流电焊机	ZX400	4台	
4	慢速卷扬机	5t	2台	
5	慢速卷扬机	8t	4台	
6	手拉葫芦	10t×12m	10台	
7	手拉葫芦	5t×6m	10	
8	桅杆	100t	1根	34m
9	桅杆	200t	1根	35m
10	滑车组	H50-6D	4套	
11	滑车组	H16-2D	20个	
12	单滑车	H10-1K	25个	
13	单滑车	H5-1K	16个	
14	卸扣	50t	10个	
15	卸扣	20t、16t	30个	
16	液压千斤顶	YQ100	4台	
17	液压千斤顶	YQ50	8台	
18	螺旋千斤顶	32t	10台	
19	数字万用表	500V	6台	
20	钳型交流电流表	T-302	2台	
21	相序表	XE-1	1台	
22	兆欧表	500V	2台	
23	数字电秒表	415型　0.2	1台	
24	标准转速表		1台	
25	红外线数字测温仪		2台	

7. 质 量 控 制

7.1　工程质量控制标准

　　桥式起重机安装除了桥架及小车吊装具有其独特的特性，其他还包括关键设备的安装，如：小车上的主、副提升机构，大小车运行机构，这些也属于通用设备安装的范畴，必须遵循以下规范及标准进行施工。

　　7.1.1　《起重设备安装施工及验收规范》GB 50278—98

　　7.1.2　《机械设备安装工程施工及验收通用规范》GB 50231—98

　　7.1.3　《钢结构高强度螺栓连接的设计、施工及验收规程》JGJ 82—91

　　7.1.4　《电气装置安装工程旋转电机施工及验收规范》GB 50170—92

　　7.1.5　《电气装置安装工程盘、柜及二次回路结线施工及验收规范》GB 50171—92

　　7.1.6　《工程测量规范》GB 50026—93

　　7.1.7　《工程建设安装工程起重施工规范》HG 20201—2000

7.1.8 《电气装置安装工程电缆线路施工及验收规范》GB 50168—92

7.1.9 起重机安装车间现场测量的相关数据

7.2 质量保证措施

7.2.1 桥式起重机安装必须组织精兵强将，建立一个技术全面、作风顽强的项目班子和施工队伍。建立健全质量保证体系，并遵照执行质量体系文件，对各质量体系要素进行控制。

7.2.2 密切与各方的配合，接受建设单位、设计单位、监理单位以及当地监督部门对我方施工质量的监督和检查。对关键、主要工序坚持会检制度，共同把好质量关。

7.2.3 对内做到：

1. 实行全过程、全部门和全员管理，树立以预防为主，为下道工序服务的质量观念，在施工人员中树立质量第一，确保工程质量的责任和服务的观念。

2. 严格按图施工，执行设备说明书、规范、标准，确保质量目标。

3. 认真执行四检制度：自检、互检、专检、会检。

4. 运用新技术、新工艺编制切实可行的施工方案并向施工人员做好技术交底，明确质量要求。

5. 建立质量保证可追溯性，谁安装谁负责，执行公司相关经济奖惩制度。

6. 及时整理施工记录，质检记录，保证交工时资料完整，并达到当地档案局归档要求。

7. 特殊工种施工人员必须持证上岗。

8. 安 全 措 施

8.1 进入施工现场的施工人员应严格遵守《安全技术操作规程》，遵守厂规厂纪。

8.2 进入现场必须戴安全帽，高空作业必须带安全带。

8.3 坚持每周安全工作例会，有专职或兼职安全员来主持，时时提醒施工安全。

8.4 施工前对所有起重工具进行彻底检查，并进行维修、保养。

8.5 注意安全用电，电焊机工作时应注意周围环境，严禁伤害钢丝绳、焊把线、零线应保证绝缘，零线必须牵引到焊接件位置。穿钢丝绳和起吊重物时，现场严禁使用电焊机。

8.6 吊装时，利用厂房结构的受力点应经过力学计算，并取得厂方同意后再利用。

8.7 吊装前应明确分工，统一指挥，做好技术交底和吊装前的检查工作。

8.8 正式吊装前必须进行试吊，吊装现场划分隔离带和警戒线。

8.9 卷扬机的固定、捆绑用 $\phi21.5$ 或 $\phi26$ 钢丝绳，绕四周 8 股受力绳，下面支垫四根道木。

8.10 200t 桅杆底部用道木，轨道厚钢板支垫保证承力 300t。100t 桅杆底部用道木，厚钢板支垫，保证承力 100t。

8.11 起重吊车必须由专门机构鉴定合格的，所有起重人员必须持证上岗。

8.12 吊车起吊时其起重臂下严禁站人，在作业范围内必须拉设警戒线，设置警示标牌并由专人统一指挥。

8.13 整个施工过程，严格按照操作规程进行，统一安排，服从指挥。

9. 环 保 措 施

9.1 对本工程环境影响最大的因素打磨除锈和涂料喷涂工序，制定作业指导书，作业指导书包括对施工区的隔离措施、减少空气中粉尘的措施、减少油漆挥发的措施、排尘（气）措施、施工人员的防护措施等。

9.2 产生的废料及垃圾，按作业区不同，划分不同废料存放区，并分类存放，每月对废料进行处理一次。

9.3 生活区生活垃圾由专人分类清理，定点存放，每天清理。

9.4 夜间施工的照明在满足使用的情况下，尽可能减少光的散射，并应避免夜间施工喧哗。

9.5 对施工人员进行文明施工教育，加强其文明施工意识。遵守厂内有关环卫、场容管理、环保措施的有关规定，接受有关部门的监督检查，争创一流的文明工地。

9.6 严格执行《标准化施工现场管理规定》，现场项目管理部门应定期组织检查文明施工情况。

9.7 加强现场文明施工管理，严格按批准的施工总平面规划搭设各种临时设施，做到外观整洁、色调一致。保持道路畅通、无积水，工业垃圾和生活垃圾分别存放，且及时外运。为避免施工现场的混乱现象，现场划分区域分别包干落实到责任人。

9.8 现场布置应合理，临时电源和管线布设应安全。地沟和洞口应有围栏和标志。阴暗场所应有照明，低洼地面应有排水沟，夜间应有足够的照明。作业棚不得设在电线下。

9.9 工地出入口设置现场分片包干标志牌，明确各区域责任人的负责范围，不定时对其进行检查和督促。

9.10 大宗材料、成品、半成品、机具设备等按指定位置存放，并挂牌明确标识。

9.11 生活设施的卫生、通风、照明符合要求。办公室、卫生间、浴室、食堂、厕所等保持清洁整齐，物品堆放规范，并有管理制度，专人管理，定期清理。工地内设置醒目的环境卫生宣传牌和责任包干区。食堂须保持整洁卫生，坚持餐具清洗消毒制度，炊事员按照规定上岗。

9.12 现场施工人员应当严格执行操作规程和安全技术规程；进入施工现场，一律穿工作服，戴安全帽，不得嬉闹喧哗，影响他人作业；在施工中，应当听从安排和指挥，相互配合，分工协作，不得违章作业。

10. 效 益 分 析

该工法通过现场施工应用，工程都得到了高效、安全、圆满地完成并多次受到业主及相关部门的高度评价，获得了良好的社会效益。其关键技术——大车行走机构夺吊、大小车自制专用托架的应用大大地提高了施工效率，降低了人工费，缩短了周期，通过对工程的成本的分析，使用了该工法和没有使用的工程相比较成本节约近1/3，而且投入的专用托架可以回收并重复使用到类似的工程中。

11. 应 用 实 例

该施工方法通过技术论证并在工程中得到成功应用后，我公司对其进行了推广并广泛的应用到各类似的工程中，如：东方电机厂550t/250t×33m 桥式起重机、乐山大件码头 550t/50t/10t×39m 桥式起重机、东方汽轮机厂 250/50t×33m 桥式起重机、东方锅炉厂 350t/80t×34m 桥式起重机、东方电气（广州）重型机器有限公司 160/50t×34m、（250/32t＋250/32t）×34m、（350/75t＋350/32t）×34m 桥式起重机等工程的安装，并得到了业主及相关部门的高度评价和肯定。

塔式起重机空中组合拆除施工工法

YJGF334—2006

湖南省第六工程公司

朱森林　蔡德顺　伍灿良　龚赐立

1. 前　　言

在高层、超高层建筑施工中，由于大量应用的能自升、上部旋转、水平吊臂、小车变幅中、大型塔机的臂展太长，在工程完工拆除时，经常会出现因已建或附近建筑物的阻碍，不能按常规拆除方法从空中降下，而且，在几十米以上的高空中，也不能采用一般的汽车起重机拆除。

湖南省第六工程公司通过近 10 年的探索、研究、改进和创新之后，总结开发出了一整套完整的、安全可靠的高空中拆散塔机并降下的组合型拆塔方法。其技术研究成果于 2007 年通过湖南省建设厅科研成果鉴定，其成套工艺技术处于国内领先水平。同时，形成了塔式起重机空中组合拆除施工工法，由于应用实例多，技术成熟且效果明显，具有明显的社会效益和经济效益。

2. 工 法 特 点

2.1　与以前采用扒杆或搭架等较原始的高空拆除方法相比，本工法工艺新颖、全面，操作简便，安全可靠。

2.2　组合拆除方法是根据施工现场的实际情况，灵活的选择基本方法组合而成。

3. 适 用 范 围

本工法适用于各类型水平臂架类塔式起重机因受场地限制等原因在高空中无法按常规方法降下时的拆除工作。对动臂式塔机及内爬式塔机，有与其对应的相关部分，也可参照执行。

4. 工 艺 原 理

基本只利用塔机自身的卷扬机构，再配上另外设计制作的专门机件，对塔机（主要指上部）的各部分结构件，进行空中散拆并降下。

5. 施工工艺流程及操作要点

本工法分为基本方法与组合方法。基本方法按拆除的部位不同又分为三种方法：塔机配重块的高空拆除方法；塔机起重臂高空拆除方法（它又含整体倒拆法、屋顶搁置法和空中散节降下法）；塔机从高空中自降塔身方法（它又含恢复法、强顶法和桅吊杆法）。

在空中下降塔机时受阻，有时只需采用一二项基本方法就能解决，但有时情况较为复杂，需要将基本方法进行适当组合，形成一套行之有效的组合拆除方法才能解决实际问题。

5.1　塔机高空拆除的三个基本方法

5.1.1　塔机配重块的高空拆除方法

1. 工艺流程：

设制并安装配重块自放门架（散材组焊）→穿绕主卷扬钢丝绳→直接下放配重块。

2. 操作要点：

1）设制并安装配重块自放门架。图5.1.1-1为常用的QT80型塔机结构放配重门架，其结构尺寸相对别的型号塔机可供参考（一般上是下部开挡尺寸不同）。全部构件均先制成散件，运至空中后再进行组拼焊，将其支脚临时焊在塔机的配重臂主梁上，工作完毕后再割除。

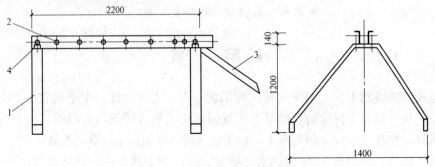

图 5.1.1-1 QT80 型塔机结构放配重架（单位：mm）

1—支架；2—挑梁；3—斜撑；4—连接螺栓

2）穿绕主卷扬钢丝绳。通过塔尖滑轮，再绕至门架滑轮上（图5.1.1-2）。

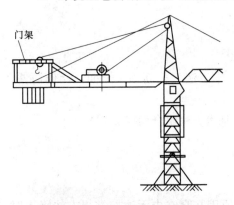

图 5.1.1-2 配重块自放门架

塔尖及与臂架上铰销连接。

2）穿绕主卷扬钢丝绳。将塔机主卷扬钢丝绳穿绕过滑轮组，系连起重臂前端，开动卷扬机构，收紧钢绳，稍稍拉紧起重臂。

3）塔尖挂手动葫芦。在塔尖挂手动葫芦，敲出拉杆连接销后，将拉杆降放至起重臂脊梁上，用钢丝绑扎稳。

4）倒折起重臂。再慢慢放松卷扬钢丝绳，使起重臂慢慢整体倒折垂下，（图5.1.2-1）。

5）直接下放地面。倒折后再重穿卷扬绳，直接下放至地面。

2. 将塔机起重臂整体搁置在屋顶的方法

如果已建成的建筑物楼顶面较宽阔、平整，可以将塔机的起重臂转到屋顶相适应位置再下降塔机，将架臂搁置在屋顶拆散（图5.1.2-2）。

（1）工艺流程：

在屋顶面搭建承接平台→下降塔机→塔尖挂手动葫芦放塔机拉杆→散拆臂架→降放至地面。

3）下放配重块。穿绕主卷扬钢丝绳后，对准需要放下的一块配重块，先将此配重块稍提升上一段距离，取出该配重块两边的挂销，再开动卷扬机慢慢将此配重块直接从空中降落到地面。

5.1.2 塔机起重臂的高空拆除方法

塔机起重臂的空中拆除有如下三种方法：

1. 塔机起重臂整体倒折后吊下的方法

（1）工艺流程：

绑扎滑轮组→穿绕主卷扬钢丝绳→塔尖挂手动葫芦降放拉杆→倒折起重臂→直接下放地面。

（2）操作要点：

1）绑扎滑轮组。设置两套多轮（4轮左右）滑轮组，置于

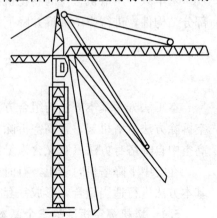

图 5.1.2-1 塔机起重臂倒折方法

（2）操作要点：

1）在屋顶面搭建承接平台。在楼顶面的相适宜的位置用脚手架钢管及竹架板搭设好能够支撑该起重臂的承接平台，平台不必太高，但要求平整、牢固。

2）下降塔机。将塔机的起重臂转到屋顶承接平台上方，再按正常情况下降塔机（图 5.1.2-2）。

3）塔尖挂手动葫芦降放塔机拉杆。降放拉杆时，可直接在起重臂前端平台上布置好支撑点，用千斤顶或起重机等工具将起重臂顶起一段距离，使拉杆放松后，在塔尖挂手动葫芦，或直接利用塔机卷扬钢丝绳将拉杆牵连后放至平台架上。

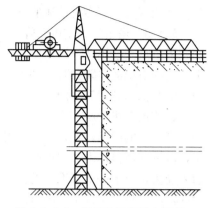

图 5.1.2-2　将起重臂搁置在屋顶

4）散拆吊臂。下一步可将整个起重臂拆卸成散件，放置在平台上，可用塔机卷扬钢丝绳将各散节臂拖曳至近处。做该工作时应注意配重臂的平衡问题：即在卸起重臂前应先拆去几块配重块。

5）降放至地面。散拆在屋顶的臂架可采用设制桅吊杆等方法将其吊放至地面。

3. 塔机起重臂直接在高空中散节降下的方法

此方法的理论依据是：塔机起重大臂是由多节组成，且各节臂之间均采用销轴连接，将每节臂分别倒折后再吊下，与整个臂架倒折情况相比，倒折力矩大大减小，且倒折时产生的冲击动荷在高空中也容易控制。

（1）工艺流程：

设制支（桩）点→穿绕主卷扬钢丝绳牵连前端节臂→倒折→分离开后直接降下。

（2）操作要点：

1）支（桩）点的设制。它实际上是一个引导滚轮组，应根据实际需拆卸的不同型号塔机起重臂的不同形式的上弦结构（有方形或圆形），设计制作符合其安装结构的支座。采用瓦形抱箍螺栓装卡在前端节臂的靠后一节臂的端部。将其设计为上、下两个滚轮，使在其中通过钢丝绳后，既能随钢丝绳的移动发生滚动，又不致使钢丝绳脱出来。其结构形式大致如图 5.1.2-3 所示。

2）穿绕主卷扬钢丝绳。将塔机主卷扬钢丝绳从塔尖引下，从两滚轮中间穿过，向前绑在拆卸节臂靠后约 1m 处。

3）倒折。稍拉紧卷扬钢丝绳后将脊梁连接销敲出，缓慢放松卷扬钢丝绳使需拆卸的前端节臂在自己的重力下慢慢倒折呈 90°（图 5.1.2-4）。绑系的钢丝绳即成为吊索。

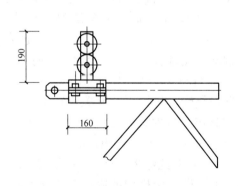

图 5.1.2-3　瓦形抱箍支（桩）点

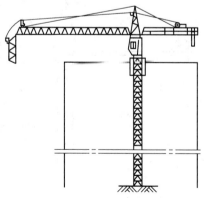

图 5.1.2-4　绑系钢丝绳

4）分离开后直接降落至地面。下一步则绑一个 1t 的葫芦，在拉紧已倒折节臂的下弦杆后，敲出两边的下弦连接销子，松去手动葫芦，在重力和敲击下，使需拆节臂与起重臂分离，此时注意用柔绳牵引慢慢松开，使其不产生过大的冲击与摆动。待已分离的节臂在高空中不摆动后，再开动塔机卷扬机构将该节臂徐徐降落至地面（可按需要回转起重臂）。照此类推，直至拆卸完全部起重臂（注：中间遇到拉杆的拆除，可参见前述的挂葫芦的方法）。

5.1.3 塔机从高空中自降塔身的方法

塔机从高空中降下，主要是一个自降塔身的过程，也就是自行减降塔身标准节。正常情况下，水平吊臂的塔机的自降过程，基本上按照说明书中所示的顶升过程的相反程序。而现在由于塔机从高空中下降时遭遇到建筑物的障碍，采用前述的5.1.1和5.1.2两种方法后，已经在空中卸去了配重块及起重臂，使该塔机的小车变幅机构及主卷扬机构基本已不能工作，但在自降塔身标准节的工作过程中，遇到了这样的问题：在顶升油缸将塔机上部顶起时，需要去平衡现存有的配重臂在塔机上部产生的弯矩，以及在塔机标准节在拆卸后从引进轨道推出来后，需要将其吊起、移出，并将其降落至地面，然后才能去进行下一节标准节的拆卸，这些都在塔机起重臂拆除后，由于该塔机的功能残缺而成了难题。对此，本工法采用以下三种方法可以解决。

1. 恢复法

如果塔机所处场地的空间有一定范围，即只是该塔机的起重臂太长而被阻挡，只需截去部分或大部分起重臂就能在下降中不再受阻挡。同时，通过考察塔机结构，一般塔机的小车变幅机构在第二节臂上（偶尔有在第一节臂上），并且吊臂的短拉杆的吊点也在第二节臂上。这时就可以采用恢复该塔机起重臂功能的办法。

（1）工艺流程：

保留二节吊臂→绑扎横管挂钩→穿绕土卷扬钢丝绳。

（2）操作要点：

1）保留二节吊臂。利用塔机起重臂直接在高空中散节降下的方法时保留二节。

2）绑扎横管挂钩。在第二节臂端的下弦用钢丝绑扎一短横钢管，并在横钢管中间绑扎一挂钩。

3）穿绕主卷扬钢丝绳。然后就可重新穿绕拉紧变幅小车钢丝绳，就基本恢复了该塔机的小车能运行变幅功能，再将小车吊钩的主卷扬钢丝绳穿好，就基本恢复了塔机能起吊与小车变幅的使用功能。

塔机从高空自降方法中，此方法是最理想、最合用的。但在场地太小，不允许保留两节起重臂情况下（因为两节臂有约10m长），占有一定距离，这时就不能采用此方法了。

2. 强顶法

（1）工艺流程：

尽可能减小偏心力矩→横向绑扎手动葫芦拉紧后强顶。

（2）操作要点：

1）尽可能减小偏心力矩。塔机现存情况分析，在采用了前述的一、二种高空拆除方法，即塔机在空中已拆卸掉配重块及起重臂之后，塔机上部构件对塔椀产生弯矩的情况如图5.1.3-1，主要有二个：一个是配重臂，按江麓QTZ80型塔机，其重量 $Q_1 = 1.8t$，a_1 约7m；二是起升机构，$Q_2 = 2t$，a_2 约10m。因此，此时塔机存在一个向后方向的弯矩 M。

$$M = M_1 + M_2 = 1.8 \times 7 + 2 \times 10 = 32.6t \cdot m \qquad (5.1.3)$$

该弯矩暂时由塔身来承受。从计算及有关资料可知，该类型的塔机在垂直塔身正常悬出高度时能承受 $80 \sim 100t \cdot m$ 的弯矩，选其下限值，在减去上述的 $32.6t \cdot m$ 弯矩，应还有约 $47.4t \cdot m$ 的余量。在顶升套架装合后，对此弯矩塔身刚度能承受。

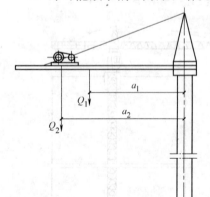

图5.1.3-1 塔机上部构件对塔椀的弯矩

为减少偏心力矩，将塔机卷扬机构的固定螺栓松开，卷扬机向前移近，偏心力矩可减小 $10t \cdot m$。

同时，如果建筑物结构比较接近，在配重臂尾部竖直向上的建筑物处挂钢丝绳，用手动葫芦挂吊来控制伸缩量，可消除偏心力矩。

2）横向绑扎手动葫芦拉紧后强顶。在顶升套架与塔身间横向绑两个（分在两边）5t的手动葫芦，用千斤绳拉紧使顶升套架上的导块（或轮）不脱离，拉紧后进行强行顶升。

3. 桅杆吊方法

该方法的理论依据是：在塔机的起重臂摘除后，参照俯仰动臂式塔机原理，另外设计一个起重用桅吊杆，临时装在原吊臂铰销处，解决了其俯仰变幅功能后，在该吊杆前穿过主卷扬钢丝绳，就恢复了塔机吊臂的起吊功能。

（1）工艺流程：

设制桅吊杆→绑扎变幅手动葫芦→穿绕主卷扬钢丝绳。

（2）操作要点

1）设制桅吊杆。设置的起重吊杆一般应低于塔尖高度，其底部呈人字形，开档尺寸应符合需拆卸的塔机原起重臂销铰处的连接尺寸。图5.1.3-2为常用QT80型塔机采用的桅吊杆，其结构尺寸供参考。同时在设制时应注意：吊杆底部设计为弯角，约长250mm，是为避免穿绕主卷扬钢丝绳时，不至于与该吊杆产生刮擦。

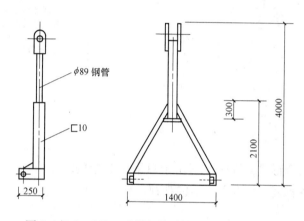

图 5.1.3-2 QT80 型塔机临时桅吊杆（单位：mm）

2）绑扎变幅手动葫芦。在端部绑扎钢丝绳后横拉进塔尖格构内，连接手动葫芦，拉此钢丝绳使该吊杆能俯仰变幅，如图5.1.3-3。

3）穿绕主卷扬钢丝绳。在该吊杆端部支一滑轮，使主卷扬钢丝绳绕过滚动，这样就恢复了塔机的起吊功能，其结构呈一个系缆式桅杆吊（图5.1.3-3、图5.1.3-4）。

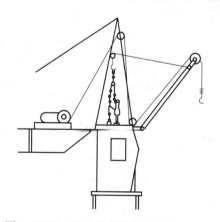

图 5.1.3-3 设置后的塔机结构形式（一）

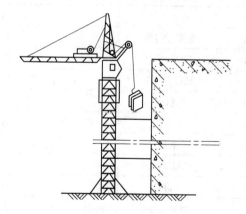

图 5.1.3-4 设置后的塔机结构形式（二）

5.2 塔机高空拆除组合方法

在高空中下降塔机时，根据现场实际情况，有的只需采用前述的一、二项基本方法则解决了问题，有的情况较复杂，需要将上述的基本方法分解组合，并交叉排列组成一套行之有效的组合形式才能解决实际问题。

5.2.1 组合方法工艺流程（图5.2.1）。

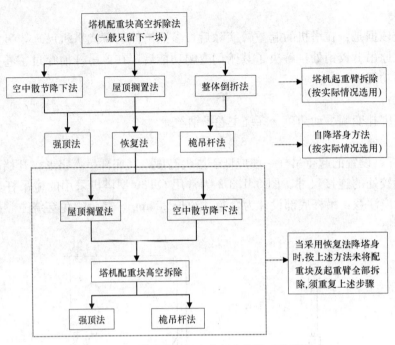

图 5.2.1　塔式起重机空中组合拆除工艺流程

5.2.2　操作要点

本工法是基本方法的组合形式，同时又适用于只采用其中的基本方法。只有根据实际情况，应用不同的组合形式才能解决各种复杂情况下拆塔的难题。

6. 材料与设备

本工法采用的主要施工机具及施工材料见表6。

主要施工机具及材料表　　　　　　　　　　　　　表6

序号	名称规格	设备型号	单位	数量	备　注
1	1t 卷扬机		台	1	拖拽构件
2	放配重门架		件	1	据不同型塔机，参阅图 5.1.1-1 自行设制
3	引导滚轮组		件	1	据不同型塔机，参阅图 5.1.2-3 自行设制
4	起重桅吊杆		件	1	据不同型塔机，参见图 5.1.3-2 自行设制
5	手动葫芦		件	3	5t、3t、1t 各一，视情况需要
6	电焊机	BX-300	台	1	300kVA
7	索具				绳卡、卸卡、滑轮若干，视情况需要
8	工具				手锤、扳手若干，视情况用
9	对讲机		件	3	联系通话
10	氧炔设备		套	1	
11	其他				铁丝、钢丝绳、尼龙绳、棕绳视情况用

7. 质 量 控 制

7.1　本工法必须遵守《塔式起重机拆除管理暂行规定》（1997）、《建筑施工高处作业安全技术规范》JGJ 80—1991。

7.2 本工法关键部位、关键工序质量控制要点应采取的技术措施如下：

7.2.1 采用放配重门架吊起配重块时

作业时的塔机主卷扬钢丝绳的拉力 F 的受力模型如图 7.2.1 所示，以 QT80 型塔机为例，其质量大的配重块为 23kN，由几何关系实测得 $\alpha \approx 20°$，则钢丝绳受到的拉力 F 为：

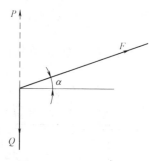

图 7.2.1 受力模型

$$F = Q/\sin\alpha = 23/\sin20° \approx 67kN \qquad (7.2.1)$$

该拉力在塔机的卷扬钢绳所能承受的范围，若遇到塔机配重块的重量较大，如 QTZ160 型塔机的配重块约为 26kN，加上角度变化，计算其工作拉力约是 85kN，此拉力过大，超过塔机卷扬钢丝绳能承受的拉力范围，应在吊起配重块处加一个动滑轮（钢丝绳数走 2）来解决此问题。

7.2.2 塔机起重臂整体倒折时

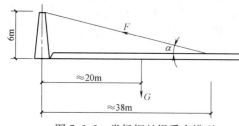

图 7.2.2 卷扬钢丝绳受力模型

该起重臂整体倒折方法的危险情况出现在拉紧起重臂后，然后倒下的一段时间内，此时倾倒力矩为最大，随着吊臂的折下，倾倒力矩会随着变小。待倒折下后，只有臂架的重量，没有力矩了。在进行该项工作时，事先应进行受力计算，还要注意先在配重臂上拆去几块配重块，不至配重臂的后倾力矩太大。

塔机起重臂倒折时的卷扬钢丝绳受力（图 7.2.2）。按普通的 QT80 型塔机为例，塔机的起重臂长度为 45m，在前拉杆吊点距约 38m，若计起重臂的质量 G 约为 60kN，重心距离约为 20m，则卷扬钢丝绳的提升力 F 应计算为：

$$\arctan\alpha = \frac{6}{38} \qquad \alpha = 9° \qquad (7.2.2-1)$$

$$F = \frac{60 \times 20}{38} \times \frac{1}{\sin\alpha} = 202kN \qquad (7.2.2-2)$$

实际工作中，若塔机的规格不大，在卷扬钢丝绳数走 6 的情况下，能承受该项拉力。遇到前述的改型塔机，其臂长已达 56m，或级别大的塔机如 QT125 型塔机，按上述的 3 轮滑轮组可使钢丝绳穿绕走 7 能承受此项拉力，否则增加滑轮组数。

7.2.3 散拆大臂时

散拆大臂时，中途会遇到起重臂的拉杆需拆卸，应采取如下控制措施：

（1）一般塔机的起重臂均采用两根拉杆，如 QT80、QT125 型塔机。当拆去长拉杆后，从短拉杆吊点向前悬出的距离约 20m 长，通过计算及多次实践经验证实：在不承受负荷情况下，由起重臂自身呈三角形的格构框架所具有的刚度，能够保证其稳定性（即不会因悬出太长而产生折损）。但作业时必须注意：不让其在悬出太长的情况下停留太久，应尽快继续拆除一节。

（2）一般塔机的短拉杆吊点在起重臂倒数第二节上，当拆短拉杆时，应利用临时挂在塔尖上的手动葫芦加钢丝绳将后一节臂吊起，才能去拆卸短拉杆。

（3）有的塔机起重臂只采用一根拉杆，在拆拉杆前，应按前述方法且用一粗钢索拉紧后部臂梁呈一短拉杆形势后，方能去拆起重臂拉杆。

（4）散拆起重臂时，将散节臂倒翻时是最不利受力状态，其受力计算如图 7.2.3 所示。以 QT80 型塔机为例，其散节臂重量 G_1 约 12kN，l 长约 16m，则：

$$\arctan\alpha = \frac{190 - 160}{1300} \qquad \alpha = 6° \qquad (7.2.3-1)$$

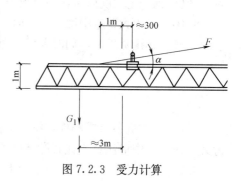

图 7.2.3 受力计算

$$F=\frac{12\times3}{l\times\cos\alpha}=36\text{kN} \tag{7.2.3-2}$$

此拉力完全处在塔机主卷扬钢丝绳能承受的拉力范围内。如拆卸大型塔机，为减轻主卷扬钢丝绳的拉力，在绑扎牵连卷扬钢丝绳时，应考虑钢丝绳走2。

7.2.4 采用强顶法时

在该情况下，松去塔身标准节与上部的连接强行顶升，在顶起后，各构件的受力情况如图7.2.4所示。此时弯矩 M：

$$M=M_1+M_2-M_3=Q_1a_1'+Q_2a_2'-Gb' \tag{7.2.4-1}$$

按QT80塔机的相关资料代入后：

$$M=1.8\times6+2\times9-1.1\times11\approx16\text{t}\cdot\text{m} \tag{7.2.4-2}$$

该力矩应与顶升套架的上、下导块（或轮）形成的力偶相平衡，则有 $M=F\times l'$，查该塔机资料 l' 约为2.6m，则 $F\approx6$t。该力为套架导块（或轮）对塔身的压力。该压力（较小）不会对塔身主弦产生损坏。

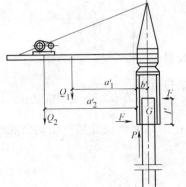

图7.2.4 顶起后各构件受力

此时塔机上部的重量，包括配重臂、卷扬机构、塔尖、中间节、驾驶室、旋转总成及顶升套架，共约重15t，加上导块（或轮）摩擦阻力，顶升油缸需施加的顶力 P 约需16t。而 16t<50t（油缸出力），故轻巧，不至顶坏。

8. 安 全 措 施

8.1 拆卸塔机时，应根据塔机的不同型号及其遇到的实际情况，周密编制《塔机高空拆除施工方案》，采用何种组合拆除方法，应落实到每一工序、工艺。

8.2 认真落实好各项准备工作，应有专门的现场指挥人员。每步工作开始前应对操作人员进行安全技术交底。拆除过程中如有异常，应立即停下商讨对应措施，每完成一道工序后，要经过检查后才能进行下一道工序。

8.3 合理选择起重机具、索具、绳索，并事先进行验算，应具备有足够的保险系数（＞6）。

8.4 现场工作人员要穿好紧身工作服，穿胶底鞋，戴安全帽、安全带等，在大臂上行走，应系双绳安全带。

8.5 工作中要注意保护建筑物的女儿墙、外檐，防止破坏或擦损。

8.6 大雨、大雾、6级以上大风时应停止高空作业。

8.7 塔机的高空拆除必须制定安全作业措施，由有资质的专业队伍进行，并要求有技术及安全人员在现场监护。

8.8 在采用配重块的高空拆除方法中，若设置开放式门架应考虑其支撑的强度，必要时应多加焊斜撑。

8.9 在采用大臂整体倒折法时，滑轮组的走绳倍率与拉绳的受力一定要事先计算周密，必须有一定的安全系数，并尽可能将起重臂转到建筑物上向，同时在下方采用一定的托接措施（如放置旧轮胎），倒折到一定程度后再转向空场地。

8.10 采用大臂空中散节方法时，由于工作人员在大臂上行走，故开始时，可将大臂转到建筑物上面，减少其视觉恐惧，同时采用双绳安全带。

9. 环 保 措 施

9.1 在散拆各组成部件，特别是传动机构中的减速箱，应注意其润滑油的泄露、撒落造成的环境污染，在工作中应注意不让其翻转倒置。

9.2 拆除过程中，空中及地面上的散落件应堆放整齐、及时运走，使工作程序流畅。

10. 效益分析

本工法是为塔机在高空禁区作业开辟了一条可行之路，具有一定的经济效益和社会效益。

10.1 经济效益分析

10.1.1 可确保安全：本工法每种基本拆除方法均有理论依据、均经受力计算和若干次实践证明是相当安全的。在国家还无相关规范可参照的情况下能够保证安全，这是无法比拟的绩效，其隐含的经济效益是相当大的。

10.1.2 直接经济效益：本工法可以在没有大吨位的汽车吊时，不按常规拆除塔机而采用本方法，能省下大吨位汽车吊的台班费，每台次有数千元。

10.2 社会效益分析

塔机是建筑工地所使用的大型机械，应用相当广泛，在工程完工之后必须拆除，越来越多工地因受施工场地的限制，在正常情况下，在地面采用辅机（汽车吊）来拆卸塔机无法进行时，采用本工法对塔机进行散拆能够解决此难题。

我们用该工法处理过很多采用其他方法无法处理的难题，不但节约费用，更能产生很大的社会影响。

10.3 预期效益分析

现在，在国内主要使用的水平吊臂式塔机，其技术含量达到国际同类先进水平，但标准与规范还较为滞后，许多标准的条文还是针对旧式塔机或对生产的产品，对于塔机的使用操作，特别在空中作业，还属空白，我们的工法源于实际之中，对实际工作探索了一条可行之路，其技术含量高、技术难度大是相当明显的。

它将在今后工程建设中，随着城市建筑施工场地越来越狭窄，高空拆除塔吊的方法将能起到解决关键难题的作用。

11. 应 用 实 例

本工法应用实例（表11）。

本工法应用实例表　　　　　　　　　　　　　　　　表11

序号	时 间	工 程 名 称	塔机型号	备 注
1	1998 年 6 月	湖南省南航宿舍楼工程	QTZ63	详见 11.1
2	2000 年 9 月	湖南电力设计院科研楼工程	波坦 FO/23B	详见 11.2
3	2001 年 10 月	湖南省人民医院病房楼工程	QTZ125	
4	2002 年 6 月	长沙亚大数码港工程	QTZ63	详见 11.3
5	2004 年 9 月	长沙贺龙体育场工程	QT80EA	
6	2005 年 8 月	株洲汇亚商贸广场工程	QTZ80	4 台

11.1 实例一：湖南省南航宿舍楼工程

11.1.1 采用的组合形式：高空中自放配重块→在建筑物顶面上将起重臂整体搁置→设制桅吊杆自降塔身。

11.1.2 现场情况

1998 年在湖南省南航宿舍楼工地，有一台 QTZ63 型塔机，在地下工程时，为考虑塔机的起重力臂的问题，将塔机设置在图 11.1.2 所示的部位，待建筑物主体完成之后，无论塔机的起重臂旋转到任何方位，其起重臂或配重臂，在下降时均与建筑物产生干涉，即该塔机由于其臂架等被阻挡，不能自行降落，以前按塔机使用说明书中介绍的采用辅机将塔机降落到离地最低高度后的正常拆塔方法无法进行了。通过应用本工法中 11.1.2 的组合形式解决了问题。

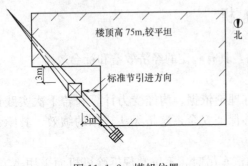

图 11.1.2　塔机位置

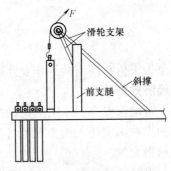

图 11.1.3-1　制作开式门架

11.1.3　拆除方法

1. 卸放配重块

（1）该塔机的配重块有 7 块，体积一致，为全铁质，其挂销与块体铸成一整体，整个配重块的高度及重量均不太大，故在设制配重块自放门架时，要专门处理。我们将其分为二步。在按图 5.1.1-2 示的门架散件制作完后，运至空中塔机配重臂后面。先按图 11.1.3-1，只将前支脚及斜撑焊合，制作一个滑轮支架焊合上，将滑轮焊置好，形成了一个开式门架形式。利用从塔尖绕来的主卷扬钢丝绳将近处的配重块吊起，放置在配重臂上。按需要继续吊起一至二块配重块。

（2）然后可按图 5.1.1-2 将门架全焊合，吊起配重块后，按图 11.1.3-2 的情况，将吊起的配重块转一定的角度，利用矩形对角线长的原因，使挂销不受阻后，开动卷扬机构，将配重块从空中直接降放至地面，以此类推，直至全部需放配重块卸放为止。

（3）由于该建筑物顶面较平坦，在塔机还具有起吊功能时，考虑到用门架下放的时间较长，可先将配重臂转到屋顶面上，先将配重块降放置屋顶面上。待下一步穿好主卷扬钢丝绳后，将其一一吊至地面。

2. 拆卸起重臂

（1）由于该建筑物的屋顶平面较平坦，空间较大，能容下全部臂架，故可以采用将起重臂整体搁置在楼面的方法（图 5.1.2-2）。应注意工作平台尽可能低矮平整。

（2）在塔机降落至使臂架稳放在承接平台上后，塔机的顶升油缸还在顶升位置，由于配重块已大部卸去（只剩一块），在拆卸起重臂拉杆前，采用千斤绳加手动葫芦将塔身绑固等对应措施之后才散拆起重臂。

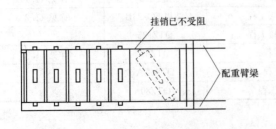

图 11.1.3-2　卸放配重块（俯视）

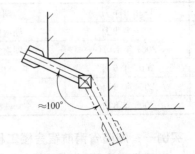

图 11.1.3-3　塔机旋转角

（3）拆散起重臂可在平台前端用起重机或千斤顶将臂架顶起一段距离，使吊臂拉杆放松后，用卷扬机牵连或用手动葫芦将拉杆降下，再将全部起重臂散拆在平台上。

3. 恢复塔机起吊功能后降塔身

（1）设置起重槐吊杆，该起重吊杆按图 5.1.3-4，但下部开档尺寸应按该塔机起重臂的销铰尺寸。利用塔机主卷扬钢丝绳从塔尖绕过，降下后绑在吊杆端部，吊起该吊杆，使其下部与中间节上原销铰处相联后，用销连接，再将主卷扬钢丝绳穿绕过，最后得图 5.1.3-3 的结构。

（2）利用该吊杆吊起两块配重块来变幅，使配重臂产生的弯矩得以平衡，拆出标准节，在将塔身落稳妥并紧固后，利用该吊杆将屋顶面上各已拆散的起重臂等构件一一吊下。在下降塔身的过程中，按此方法拆除并吊下标准节等构件，慢慢下降塔身，中间遇到附着架时，由于塔机还能旋转约100°，如图11.1.3-3，其工作不会有难度。

11.1.4 应用情况总结

1. 在随后的工作中按上述过程，很安全的将该塔机降拆至地面，最后只需一台8t的汽车起重机在地面将剩余机件吊拆完毕，全部过程相当平稳，安全，未损坏一样机件及碰坏建筑物。

2. 从图11.1.2可知，该塔机所处的位置特点是：

（1）其塔身标准节所引进（推出）的方向离墙只有约3m，故不能保留起重机节臂，只能采用设制桅吊杆方法；

（2）由于屋面较空旷，故采用起重臂整体搁置的方法较为安全；

（3）由于配重块的挂销是不能拆卸形式，故程序中引入开式门架的方法。

所有以上方法均是针对实际情况而采用的组合形式。

11.2 实例二：湖南电力设计院科研楼工程

11.2.1 组合方式：高空中放配重→折降减少起重臂→降至受阻位置后拆去全部起重臂→利用配重臂作吊臂→降至最低位置。

11.2.2 工程概况

1. 现场情况

2000年9月，我单位在湖南电力设计院科研综合楼的施工中，使用了一台法国波坦FO/23B型塔机，该塔机属100t·m类型。工程位于长沙市东塘广场的劳动路边。系繁华的商业闹市区，其平面位置如图11.2.2（b）所示，在建筑物的北面及西面均为没有道路的棚户区，东面小巷只有4m宽，并紧临已建好的大厦，只有南面是主马路较宽阔，但临主马路边即为路人熙攘的公共汽车站，且沿主道路边围墙上有架空约20m高的高压输电线路。故在施工初考虑到进场钢筋停放、吊运等原因，将该塔机的基础置于建筑物内裙楼底边靠主楼边的位置。当初安装时，由于东面已建成的大厦的阻碍，该塔机的起重臂有45m长，只能朝向西面安装，故在拆卸该塔机在下降塔身推出标准节时，也只能向西面推出。在进场去拆除该塔机时，大致如图11.2.2（a）所示。

2. 难点分析

从图11.2.2（a）情况可知，塔机在此方向只能下降到45m高的附楼顶面上，在臂架受阻时，就不能再降了，若按常规方法采用辅机来拆除该塔机，即使采用现省内最大的130t的汽车起重机也只能勉强达到50m的举升高度，同时由于吊臂尖指向棚户区，没有停车的地方，而南面通道只有10m宽，使汽车吊的摆放较难合适（支脚不能全伸）；另外在汽车吊的吊臂全部伸出，准备倾斜时，由于附楼及裙楼顶边缘的阻碍，将使挂钩吊点很难到位，加上沿主道路围墙上有高压输电线等其他不安全隐患。即使采用最好的辅机，按常规方法来拆除该塔机也行不通。

11.2.3 拆塔方法

1. 塔机初始位置如图11.2.2（a），塔机高度110m，由于屋顶面设备拥挤，不适合留存拆散的塔机构件。此时的塔机还能回转及有起升功能。故先采用高空中塔机配重块的拆除方法，具体做法是：在屋顶面利用一小块空地，将配重臂转至该处上面，支焊好门架，穿好卷扬钢丝绳后，先将配重块降放在楼顶空隙处（保留一块），然后穿好卷扬钢丝绳，利用起重臂将卸放的配重块一一吊放至地面。

2. 利用起重臂直接在高空中散节降下的方法。具体做法是：将起重臂转到屋顶面上的适宜位置，按前述的方法，装卡专用引导滚轮组，穿过卷扬钢丝绳后，先在屋面上倒折节臂，待其完全分开后，再转动吊臂到南面将倒折的节臂从高空中直接降放至地面。逐一进行折放，剩下后二节臂及短拉杆，再按前述将小车恢复，然后再将剩下的一块配重块降放完。

此时的塔机上部没有了配重块，只有约20m长的起重臂，计算一下，该塔机上部已减少了重量约

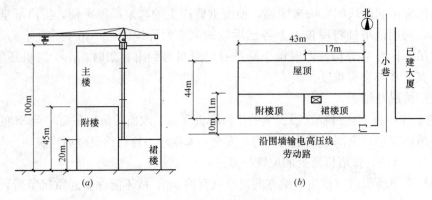

图 11.2.2　施工现场
(a) 塔机位置；(b) 施工平面图

23t，并存在对中心轴的不平衡弯矩约不大于 15t·m，故对塔桅的倾覆力矩相当小。

3. 下一步按图 11.2.2 (a) 所示方向摆放该塔机起重臂，再下降塔身，按常规拆降标准节的方法进行。由于主楼的阻碍，此下降时该塔机已不能旋转，故暂时将拆出的标准节搁置在 45m 高的西边附楼顶面上。从屋顶降至此高度后，约拆出了 18 节标准节。

在降至附楼顶面后，可按前叙述的将塔机起重臂搁置的方法，在附楼顶面搭设支承平台，将塔机剩余的 20m 长的两节起重臂搁置后再散拆在附楼顶面上。

此时该塔机已没有起重臂，只剩没有配重块的平衡臂，从图可看出，这时的平衡臂能从东向南到西面共旋转约 180°，如利用配重臂作吊臂用，在配重臂尾端支一滑轮，从塔尖滑轮穿过卷扬钢丝绳，就能起吊重物，按前述可吊约 3t 的重量，这时虽不能变幅，但能回转。下面可利用该功能将留置在附楼顶面上的 18 个标准节及两节起重臂节与短拉杆等塔机构件，逐一吊降下放至南面场地上。

4. 下一步可考虑按前述的制作桅吊杆的方法，但考虑到该塔机主桅离墙面较近，故不采用。我们在裙楼顶面的东南角上布置了一台 5t 慢速卷扬机和一台 1t 卷扬机，在主楼相应的梁柱上，用千斤钢绳绑扎一个 5t 滑车滚轮支点的方式布置了两个吊点，一个在塔尖上部，一个在配重臂转向东面后的尾部上部。利用此两个吊点，一个去提起平衡臂的尾端，消除其产生的不平衡弯矩，使顶升油缸容易将该塔机上部顶起，使自拆塔身标准节的工作平稳进行。塔尖上的吊点则帮助起吊拆卸推出来的标准节。

从附楼降至裙楼顶面的距离有 30m，大约需拆出 10 节标准节。由于裙楼楼面狭窄，加上吊点不能变幅，在降下几节标准节后，就应及时利用该平衡臂还能作吊臂用的功能（现能从东至南旋转约 90°），将裙楼楼面上留置的构件及时吊降到地面。在降至裙楼楼面时，可利用裙楼面布置的卷扬机及两吊点，将配重臂散拆在裙楼楼面上。

5. 此时塔机只剩塔尖以下的塔身主桅，由于裙楼顶面只有 20m 高，如果采用 40t 的汽车起重机作辅机来完成余下的工作是可以的。但考虑到剩余的工作量已不多，从经济方面考虑，决定利用已设置的吊点，自己散拆下去，省下租辅机的费用。

利用主楼及附楼的转角墙及梁，将塔桅上部的吊点尽可能布置在塔尖的中心位置，用 5t 的慢速卷扬机，分别将该塔机的塔尖、驾驶室、中间节、旋转支承、顶升套架等吊起后，围着放置在楼面井洞四周；下一步是吊拆剩下的标准节，此裙楼下面较空阔，可将吊起的标准节不吊出洞口，而直接下放至一楼大厅，另在地面场地外布置一台 1t 卷扬机，将大厅内构件拖曳出来。楼面留置的构件也逐一吊下，拖曳出来。然后在地上场地上安排一台 8t 的汽车吊，将散拆的塔机构件装车运出，至此，该塔机的拆卸工作基本完成。

11.2.4　应用总结

1. 在作业的初始阶段，即在 110m 高空中采用"高空拆塔法"的空中降放配重块基本方法时，这时的塔机上部受力情况应如图 11.2.4-1，塔机前部由吊臂重量 Q_4 及吊臂形心矩组成向前的弯矩是 Q_4b_1，通过查阅该塔机说明书得知其值约有 150t·m；由配重臂、卷扬机构、配重块形成的三个向后的

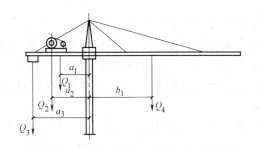

图 11.2.4-1　作业初始阶段塔机上部受力

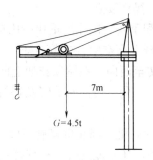

图 11.2.4-2　作业中期塔机剩余构件受力

弯矩，查资料后得知其值约为 230t・m。两项求和有约 80t・m 的不平衡向后的弯矩，应由塔椻来承受。从计算及有关资料可知，该类塔机在垂直塔身正常悬出高度时，大约能承担 90～120t・m 的弯矩，故其自由非工作状态是安全的。此工序重点是保留一块配重块，一定要严格遵照进行。

2. 在工作中期，当塔机降至附楼楼面，在附楼楼面搭设平台，将剩余的两节起重臂搁置后拆除，然后利用塔机还剩下的配重臂作吊臂用，此时该塔机所剩下的构件及受力情况应如图 11.2.4-2，由图 11.2.4-2 可知，配重臂加卷扬机构的重量能产生约 35t・m 的弯矩，按前述，该塔机的塔椻能承受 90～120t・m 的弯矩，只取下限，计算在配重臂尾部还能吊起 4t 多的重量，故前面叙述的不大于 3t，应包含有一定的保险系数。所以采用配重臂作吊臂从理论到实际上均属于可行的，该塔机在没有起重臂阻拦下，在此位置还能作 180° 的旋转，利用此吊臂不仅能将留置在附楼上的构件吊下，还能将南面场地上的已拆塔机构件逐一装车运走，清空场地。

3. 综合拆除全过程，基本上可分为三部分：即在初始位置时在 110m 高的主楼楼面上，采用高空自放配重块及起重臂直接从高空中散节降下的方法，拆除了一部分构件，减去的重量约 25t；在降至附楼顶面高度时，采用起重臂搁置的方法，又散拆了一部分构件，重约 20t，并用起重臂作吊臂将它们吊下运走；待降至裙楼楼面后，再将该塔机全部拆散完，其后面采用的是传统简单的吊点方法。由此可知，所有高空拆除方法的组合，均是针对该塔机遇到的实际上情况而采用的。

11.3　实例三：长沙亚大数码港工程

11.3.1　组合方式：高空卸放配重块→高空折减起重臂→将配重臂搁置后截去一节→从高空中自降。

11.3.2　现场情况

1. 工程概况

2002 年 6 月，在长沙亚大数码港项目工地，使用了一台 QTZ63 型塔机，工地处闹市中心，由于场地等原因，待工程基本完工时塔机所处的位置，已成图 11.3.2 所示的情形。

由于屋顶面的标志性钢屋冠架阻挡了塔机的回转，按图 11.3.2 所示的虚线位置，该塔机的起重臂只能从西向北转动约 100°。将起重臂按图中实线位置摆放，则配重臂尾与墙角也会产生阻挡，使其不能下降，故只得采用"高空拆塔"的组合方法。

2. 方案拟订

如果采用实例一所叙述的方法：将起重臂全摘除，另外设制专门起重椻吊杆，将配重臂摆放在东面，下降塔身时应不会受阻。但考虑到该塔机的塔身框格，已形成有一偏斜的角度，加上自制的椻吊杆的变幅，是要靠人工拉手动葫芦来完成，劳动强度大。依据图 11.3.2，按图中实线位置的起重臂摆放，在空中将起重臂拆除缩短后可将配重臂在空中也截去一节，即就不会受阻了。

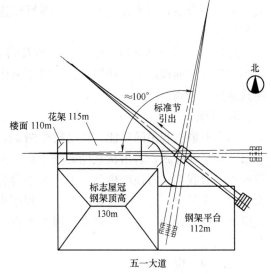

图 11.3.2　工程完工时塔机所处位置

11.3.3 操作要点

1. 卸放配重块。制作配重块专用提升门架，按前述基本方法中卸放配重块。

2. 起重臂在高空中直接散节降下。按前述的高空中散节降下的方法进行，但应注意在倒折节臂前应将起重臂转至西向，在屋顶花架上面进行，能减少其视觉危险，待臂架节分离后再转至空旷处降下。逐一折放进行，剩下后面两节臂及短拉杆后，再按前述的方法将小车恢复，然后再将剩下的一块配重块卸放完。

3. 此时的塔机上部起重臂剩下后二节约有 12m 长，配重块的配重臂长约 14m，由于屋面标志性屋冠钢架的阻挡，还不能旋转。根据楼顶面的情况，我们利用南向屋面 112m 高的钢平架，将塔机臂架呈南北向摆放，将塔身下降，使配重臂落在钢平架上，图 11.3.3-1 所示。

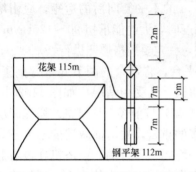

图 11.3.3-1 配重臂落在钢平架上

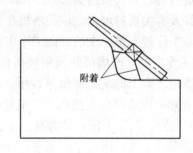

图 11.3.3-2 恢复塔机起吊功能后的摆设方位

此时应注意两点：

(1) 在臂架向北面摆放后，由于原塔身框格的偏斜，使油缸顶升点与轴线有一定的偏斜，在已往规范及塔机使用说明书中均没有在臂架偏斜套架情况下去顶的规定。但此时由于上部重量已减去近一半的重量，在小车吊物调好平衡之后，对实际的顶升并不造成困难。

(2) 在配重臂完全落稳在钢平架上后，有可能使顶升的油缸还未能完全松开，即塔身标准节与上部不能连接，使顶升套架的导轮受力，由于上部已减去一半的重量，及向外弯矩不大的原因，也不构成问题。

4. 在钢平台上进行拆短配重臂

(1) 先将卷扬机构总前移，将卷扬机的连接螺栓拆去，用千斤绳绑扎，在塔尖上绑扎一根较长的千斤绳，串接手动葫芦，人工慢慢将卷扬机拉向前移到适宜的位置后，焊止定块将卷扬机构重新布置。

(2) 该配重臂由两节组成，敲出其连接销，将后面一节移开，另外，该配重臂拉杆原是由三节组成，减去一节后，可直接与所剩的配重臂销连（其销径可通用），由于其长度尺寸稍短，使剩下的配重臂稍翘高约 5°。

现塔机上部只剩下约 20m 的起重臂及约 7m 长的配重臂，在按图 11.3.3-2 摆放位置来顶升时，后面的配重臂比前面起重臂稍轻，我们将原制作的配重块卸放门架（已割成散件），作为砝码来堆压，可使其达到了平衡。

5. 其他

当恢复塔机起吊的功能，将塔机按图 11.3.3-2 方位摆放应能下降无阻，但考虑该塔机还有 5 道附着架，均呈四杆式，若塔机从屋面降下后，由于墙壁的阻碍，就不能再转动了，当拆后面的附着杆时较困难。故我们又将该塔机升高了 2 个塔身标准节，至不被屋面花架等所阻碍能旋转后，先将屋面留置的构件等吊下。再将吊臂转向南面，利用小车变幅的性能优势，将附着架选拆三道，剩下的两道也只保留外杆，减少以后工作难度。因为现在吊臂很短，吊荷轻，产生的倾覆力矩不大，从计算及实际上均无问题。

11.3.4 应用总结

1. 在后来下降塔身工作中，完全可以按正常下降方式下降，由于起吊功能齐全，按图 11.3.3-2 所示的位置摆放后下降，不再被建筑物阻拦，故工作相当轻巧，百多米的高度，不到两天就降落到地面最低高度，只需用一台8t汽车吊就散拆完了余下的工作。

2. 拆除该塔机的工作特点：大量复杂的工作均在高空中进行，完全合理的利用屋顶面的地形地物，细致的安排采用各种高空中拆塔方法的组合，使工作相当顺畅平稳、安全。也说明了高空拆塔法的组合，是应根据实际情况而制定，并力求其最大效能。

3. 在高空中拆该塔机的技术有独到之处：

（1）在高空中将配重臂搁置，将卷扬机构前移后，再将配重臂截去一节，使其下降时不再受阻。

（2）在臂架南北向摆放后，这时油缸顶升位置（臂架与套架间）有一角度差，在这以前顶升中是不允许的，但现在在高空中已缩短吊臂后，在倾覆力矩大大减小的情况下，实际也可行。这既是前面高空拆塔技术的补充，也使高空拆塔方法的组合方法更加符合实际情况的需要。

井字形钢架正倒混合吊装法安装超高钢桅杆工法

YJGF335—2006

武汉建工股份有限公司　武汉建工安装工程有限公司

王爱勋　李文祥　王当强　刘庆瑞　匡世明

1. 前　言

随着建筑业施工技术水平不断地提高，超高钢桅杆安装方法相应的不断创新和发展，其常见安装方法有液压顶升法、塔吊顺装法、双机抬吊顺装法、扳装法、附着爬升式安装法等。但是，由于受钢桅杆自身多样性、成本、安全、技术力量、现场施工条件等方面的限制和影响，需要技术人员综合考虑上述因素，制定切实可行的施工方法，在确保施工安全和施工质量的前提下，能提高工作效率，降低成本，简便易行的施工方法是最佳的选择。

武汉广播电视中心工程楼顶上长 74.2m、重 57.31t 的钢桅杆垂直坐落在标高 124.8m 外挑混凝土结构平台上，三面悬空，一面紧临混凝土筒体（标高 154.8m），现场仅有的高 164m 塔吊无法完全对其进行吊装；施工位置特别狭窄，各种机具布置困难；钢桅杆为一渐变径圆筒形全焊钢结构，高空组装垂直度校核、调整难度相当大。针对上述施工难点，武汉建工股份有限公司和武汉建工安装工程有限公司技术人员共同攻关，研制出井字形钢架正倒混合吊装法安装超高钢桅杆工法，不但增加了技术积累，保证了施工安全和施工质量，而且还取得良好的经济效益。

井字形钢架正倒混合吊装施工工艺论文获《第二届全国工程建设行业大型吊装技术交流会》二等奖。同时吊装桅杆施工中，积极开展 QC 小组活动，在 2005 年 7 月全国工程建设优秀质量小组活动成果交流会上，获 2005 年度全国工程建设优秀 QC 小组称号。

2. 工 法 特 点

2.1　与附着爬升式安装法相比，桅杆的垂直度校核和调整、组焊、涂装等作业均可在井字形钢架内进行施工，避免了超高悬空作业，提高了工效，安全可得到充分的保障。

2.2　工艺可靠，井架结构简单，均可自行设计制作，投入少，成本低；材料、机具通用性强；充分利用塔吊起重能力完成桅杆顺装部分，缩短工期。

2.3　通过井字形钢架内垂直度调整装置校核和调整桅杆的垂直度，提高工作效率，确保桅杆垂直度满足规范要求。

2.4　倒装过程中，起吊机具由于采用人工操作，因此要求施工人员的操作技术水平高，吊装同步配合必须统一。

3. 适 用 范 围

本工法适用于无法完全利用塔吊正向组装的超高桅塔结构的安装。

4. 工 艺 原 理

井字形钢架正倒混合吊装法安装超高钢桅杆工法是先用塔吊将分成若干节桅杆上段按"由低向高"

的原则正向组装，再通过井字形钢架和起重机具（起重机具采用手动起重葫芦或滑轮组＋卷扬机）吊起已组装好的桅杆上段，将分成若干节桅杆下段依次按"由高向低"原则倒装。每倒装组焊一节，再吊起组装好的桅杆，如此反复进行"倒装"，直至完成所有分节桅杆组装。安装过程中，桅杆垂直度校核和调整通过井字形钢架内上下两处垂直度调整装置完成。

因桅杆起升过程中因无法设置任何防倾覆作用的缆风绳，因此在倒装任何阶段，通过适当加配重以保持重心始终位于吊点之下。另外保证各吊点的动作平稳，起升一致，使桅杆垂直平稳上升。

5. 施工工艺流程及操作要点

5.1　施工工艺流程（图 5.1）

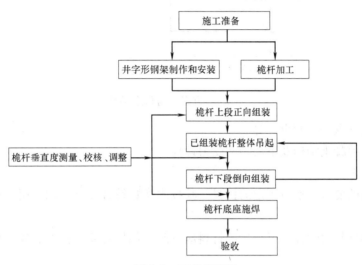

图 5.1　工艺流程图

5.2　操作要点

5.2.1　施工准备

1. 技术准备

熟悉和了解塔吊的起吊高度、起重能力、运距等技术参数和桅杆设计情况；详细勘查施工现场，测量桅杆与周边关系。查阅钢桅杆各种吊装方法资料，对其适用条件、成本、实施难度等进行综合分析并讨论和比较，初步制定吊装方案。

2. 方案编制和论证（图 5.2.1）

1）方案编制前确定桅杆分节节数，桅杆分节（节数、每节的高度）要根据钢板的规格、工厂加工难度、塔吊的起重能力和起吊高度、井架高度、混凝土结构层高等因素综合考虑。

2）方案基本内容应包括桅杆分节节数及正、倒装节数、加工质量标准、预拼装质量标准；井字形钢架强度、稳定性、抗倾覆验算，吊耳强度验算；桅杆底座位置的混凝土结构受力计算；倒装过程中重心、配重计算；安全措施；作业人员协调操作具体要求等。

3）方案论证重点审查工艺是否可行，计算模式是否正确，计算子项是否全面，计算结果是否满足规范、标准要求；安全措施是否全方位覆盖到吊装每个环节等。

3. 方案所涉及的力学计算

1）井字形吊装钢架强度、抗倾覆及稳定性验算；

2）吊耳强度计算；

3）水平风荷载作用下的钢架附着支撑验算；

计算依据：《钢结构设计规范》GB 50017—2003；《建筑结构荷载规范》GB 50009—2001；《建筑施工手册》第三版第四册"附着式塔式起重机的附着计算和基础计算"。

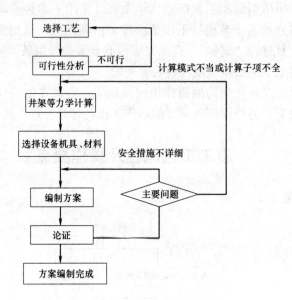

图 5.2.1　方案编制和论证图

4）倒装过程中桅杆重心及配重计算。

5）桅杆底座钢筋混凝土结构及下层结构受力计算。

4. 机具、材料准备

1）根据施工方案的要求，准备规定的机具，其技术参数符合设计要求。机具在安装前，应进行检查、保养、维修。

2）制作井架的钢材与力学计算书选择的材料应一致，如果需要替换，必须经设计人员同意，方可使用。

5. 井架、桅杆定位放线

井架底座预埋铁板水平度≤1/1000mm，桅杆底座水平度≤1/1000mm。轴线偏差≤1mm。桅杆和井架底座十字交叉轴线，标识应醒目。

6. 作业面施工准备

清理吊装区域的所有障碍物，对周边安全防护进行检查和整改，并设置吊装警戒区。

7. 技术和安全交底

对涉及钢桅杆作业各工种施工人员进行技术和安全交底，交底的内容要全面并贯彻落实。

5.2.2　井字形钢架制作和安装

井字形钢架制作平台采用水准仪找平，满足主支撑杆加工的直线度。主支撑采用无缝钢管制作，焊缝质量达到三级或以上。

井字形钢架底部混凝土结构设置支撑钢管进行加固，拖铰钢滑道安装等。

手动葫芦、滑轮组等施工吊装机具按方案设计位置安装固定，检查确认安装合格后，进行负荷吊装试验。

5.2.3　桅杆加工

根据施工方案的要求，将钢桅杆分成若干节，分别编号 $1\cdots n\cdots m$ 节。为保证桅杆加工质量，出厂前，桅杆应进行预拼装，确保桅杆筒体几何尺寸、筒体圆度、端面平直度、焊缝坡口等满足设计要求。将桅杆分2～4次按编号顺序吊入胎模内（每次预拼装时还应相互重复2～3节），检查各相邻筒节对接处的对口情况。旋转筒节，调整上下筒节错边、间隙，确保筒节对接处的圆滑过渡，如不能满足要求，采取火焰、千斤顶进行校正。筒节对口情况初检合格后，用水准仪检测各筒节的同心度，不满足要求的采用千斤顶微调，确保各筒节中心线一致。预拼装合格后，在桅杆长度方向进行定位标记，并焊接定位调节板。圆度方向节与节之间同样定位标记和并记录相互间距离。

5.2.4 桅杆上段正向组装

钢桅杆第1节～第n节正向组装。钢桅杆正装按"由低向高"的原则依次将第n节～第1节利用塔吊直接吊至井字形钢架内竖直组装。先将第n节用塔吊直接吊至桅杆底座上，并按定位轴线就位和调平。第n节落位后吊装第n-1节进行组装。组装时必须保证按预拼装定位标记进行组装，标记对位正确后，紧固连接定位板，确保组装间隙、平直度和垂直度。利用角尺检查其对接处平滑度，必要时利用规冲、花篮螺栓进行调整，从而保证接口平滑过渡。经检查合格后进行焊接。焊接完毕后进行无损探伤和涂装。按此法依次安装第n-2节～第1节桅杆。

5.2.5 桅杆下段倒向组装

第n+1节～第m节倒组装。正装的第n节～第1节钢桅杆完成以后，按"由高向低"的原则依次将第n+1节～第m节利用塔吊、卷扬机、井字形钢架、手动葫芦倒向组装。先利用安装在井字形钢架内的4台手动起重葫芦将组焊为一体的第1节～第n节吊起离底座平面约高于第n+1节分节高度，再通过卷扬机将第n+1节桅杆竖直拖入第n节的下面，再反向拉动4台手动起重葫芦的拉链，将已焊为一体的第1节～第n节徐徐下落，与竖立在底座上的第n+1节对位校正后进行定位焊，检查调整后正式焊接，焊接完毕后进行无损探伤。合格后再用4台手动起重葫芦将组件吊起。将第n+2节桅杆分节推入其下面进行对位、组焊和无损探伤。如此循环进行第n+3节～第m节桅杆的倒装法施工，直至桅杆顶达到设计标高。

5.2.6 桅杆垂直度测量、调校

在井字形钢架内上下两处各设一组垂直度调整装置。每处垂直度调整装置设有在同一水平面对称安装的4～8个可调挡轮，并与井字钢架固定，能随桅杆直径的变化作相应的调整。每个可调挡轮由一只千斤顶和安装在千斤顶顶头上的滚轮组成。在桅杆安装过程中，通过不断调整可调挡轮上千斤顶顶头的滚轮与桅杆筒体间距一致，既可防止桅杆整体晃动，又能调整桅杆的垂直度。

由于桅杆三面悬空，一面紧临剪力墙，只能在一个方向架设激光经纬仪测量垂直度。线坠测量垂直度时，因高空风大，线坠摆动难以稳定。在施工过程中，要综合运用采用激光经纬仪、激光准直仪、5kg线坠等测量工具。垂直度测量校正时，还应考虑风力、温差、日照等外界环境和焊接变形等因素的影响。

5.2.7 桅杆底座施焊

桅杆垂直度满足规范要求后进行底座焊接。

5.2.8 验收

桅杆每一节组装过程中，对桅杆的施工质量均需进行内部自检和报监理验收。桅杆全部组装后，按《钢结构工程施工质量验收程范》GB 50205—2001进行整体验收。

5.3 劳动力组织（表5.3）

劳动力组织见表5.3。

劳动力组织情况表   表5.3

序 号	岗 位	所需人数	序 号	岗 位	所需人数
1	现场指挥	1	6	电焊工	4
2	钢结构安装工	10	7	熟悉技术配合人员	3
3	机具维修人员	1	8	电工	1
4	测量工	1	9	起重工	12
5	起重指挥	1	10	安全、技术监督员	各1人

6. 材料与设备

6.1 材料（表 6.1）

材料用表   表 6.1

序　号	材料名称	规　格	用　途
1	无缝钢管	$\phi219\times8$	吊装钢架
2	角钢	L100×10	钢架
3	无缝钢管	$\phi159\times6$	支撑杆

6.2 设备（表 6.2）

机具设备选用表（注：机具按实际需要调整）   表 6.2

序号	名　称	规　格	数　量	单　位	备　注
1	手动起重葫芦	20t，$H=8$m	4	个	吊装用
2	垂直度调节器	20t	2	套	垂直度调节
3	手动葫芦	10t、5t、2t；$H=6$m	各 2	个	
4	卷扬机	3t	2	台	拖铰用
5	单门开口滑轮	5t	4	个	导向轮
6	千斤顶	20t	16	个	
7	导向胶轮	$\phi80$	16	16	
8	卸扣	20t、10t	各 10	个	
9	钢丝绳	$6\times37+1-19.5-160$	3	350m	3t 卷扬机走绳
10	钢丝绳	$6\times37+1-19.5-160$	1000	m	调整、稳固缆绳
11	钢丝绳	$6\times37+1-15.5-160$	1400	m	
12	钢丝绳	$6\times37+1-26.-160$	200	m	绑扎、吊索
13	标准枕木		10	m³	
14	滚杠	2.5m；$\phi108\times10$	20	根	
15	钢板	24mm	100	m²	
16	脚手架		1000	m²	
17	逆变焊机	ZX7-400S	4	台	
18	逆变焊机	ZX7-500S	1	台	
19	自控烘箱	YZH₂-40	1	个	
20	焊条保温桶	W-3	4	只	
21	碳弧气刨	W-500	1	只	
22	空压机	0.6～1.0m³	1	台	
23	角向磨光机		1	台	
24	经纬仪、水准仪		2	台	
25	钢卷尺	50m，100m	1	把	

7. 质 量 控 制

7.1 钢结构工程依据的标准和规范

《钢结构工程施工质量验收程范》GB 50205—2001

《钢焊缝手工超声波探伤方法和探伤结果等级》GB 11345—89

《高层民用建筑钢结构技术规程》JGJ 99—98

《建筑钢结构焊接技术规程》JGJ 81—2002

《钢结构高强度螺栓连接的设计施工及验收规程》GJ 82—91

7.2 起重工程施工依据的标准和规范

《石油化工吊装工作手册》

《大型设备吊装工程施工工艺标准》SHJ 515—90

《钢结构设计规范》GB 50017—2003

《化工工程建设起重施工规范》HGJ 201—83

7.3 质量保证技术措施和管理措施

7.3.1 建立健全质量保证体系。

7.3.2 钢桅杆的预拼装质量是影响工程质量的前提,对预拼装质量要进行详细技术交底,检查过程要严格,标识醒目。

7.3.3 对影响工程质量的关键因素进行重点控制。其中钢结构焊接作为重点控制。对所有持证焊工再进行岗前培训;做好焊接工艺评定工作;施焊过程中,严格执行焊接工艺对环境的要求,采取防风、防雨措施。

7.3.4 垂直度控制是影响工程质量的关键工序,测量设备在使用前必须经有质资的单位进行校核,垂直度按 1/2500＋10,且不得大于 50mm 控制。

7.3.5 桅杆倒装过程中,已组装好的桅杆的重心计算应精确,适应增加配重,确保重心在吊点以下。

7.3.6 吊装指挥应由经验丰富、技术水平高、组织能力强、熟悉吊装方案的人员担任。

8. 安 全 措 施

8.1 建筑安全生产相关标准及规范

《建筑施工安全检查标准》JGJ 59—99

《建筑施工高处作业安全技术规范》JGJ 80—91

《焊接与切割安全》GB 9448—88

《建筑卷扬机》GB/T 1955—2002

8.2 为确保桅杆吊装安全,万无一失,建立健全的安全保证体系,明确各岗位人员职责,建立统一指挥系统。

8.3 严格执行各项安全管理制度和安全操作规程、标准、规范,并做好各项安全防护措施,严格"三宝、四口"防护。严格现场安全用电,严格执行安全用电的规定。高空作业搭设可靠脚手架、安全护栏和安全网进行防护,作业人员必须戴安全帽、安全带,穿防滑鞋。

8.4 吊装作业区设警戒线,做明显标志,并设专人负责。吊装工作区严禁非施工人员进入或通过吊装区域。

8.5 倒装前进行试吊，检查吊装机具、绳索、锚点的工作情况。确认无误后，方可正式吊装。吊装动作要平衡，多台手动起重葫芦共同工作时，启停动作要协同一致，避免工作振动和摆动。就位后及时找平，工作固定前不得解开吊装索具。吊装过程中如因故暂停，必须及时采取安全措施，并加强现场警戒，尽快排除故障，不得使工件长时间处于悬吊状态。停工休息期间应将桅杆落位于平台上，做好防护，不得使其长时间处于悬吊状态。

8.6 参加吊装的人员必须坚守岗位，服从命令，听从指挥，对不明确的信号应立即询问，严禁凭猜测进行操作。现场岗位人员必须具备必要的起重知识，并熟悉有关规程、规范。

8.7 主要构件吊装应尽量在上午进行，其他吊装工作应尽量在白天进行，避免在夜间作业。严禁在风力三级或以上时吊装，雨雪天不得进行吊装。

8.8 吊装时，施工人员不得在工件下面、受力索具附近及其他有危险的地方停留。吊装时任何人不得随工件或吊装机具升降，特殊情况必须随同升降时，必须采取可靠的安全措施并经有关负责人批准。

8.9 构件吊装应有专人负责维护，吊装机具设备停止工作时应可靠切断电源。

9. 环 保 措 施

9.1 本工法实施过程中，执行《建筑施工现场环境与卫生标准》JGJ 146—2004、J 735—2004。建立健全各项管理制度，明确各岗位人员职责，技术、安全交底落实到每个施工人员。

9.2 各种材料堆放有序，废弃物及时归堆，并委托有资质的单位清运，防止高空坠物。

9.3 配备必要的劳动防护用品，作业人员进入现场戴好安全帽，焊接时戴专用口罩、手套和防护面罩。防护面罩重量不应超过560g，并根据电流大小，选用不同的镜片。

9.4 焊接场所设置防止有毒气体和粉尘的通风设备。

9.5 确保工人饮用水供应，根据气候条件和劳动强度，调整工人休息时间。

9.6 吊装区域配置适当有效的灭火器，灭火器放置在醒目处。施工时产生易燃垃圾及时清理出场。配置一座简易厕所，每天安排转运和清洗。

10. 效 益 分 析

本工法与其他吊装方法相比，无需投入大量设备，成本低。焊接、涂装、调整垂直度等作业人员均在井架内进行施工，避免了超高悬空作业，安全可得到充分的保障，但倒装技术操作难度大。

11. 应 用 实 例

武汉广播电视中心西区工程标高124.8m钢筋混凝土悬挑结构平台处安装一渐缩变径圆筒形全焊结构的钢桅杆（图11），顶端截面为$\phi600mm×24mm$，底端截面尺寸为$\phi1800mm×24mm$，桅杆顶标高199.0m，桅杆全长74.2m，重57.13t。桅杆共分17节，1～8节正装，9～17节倒装，井字形钢架选用四根$\phi219×8$钢管作为主支撑；缀条选用角钢$L100×10$，吊耳采用20mm厚钢板两侧加贴12mm厚钢板环制成；与混凝土筒体支撑杆选用$\phi159×6$，共四层，12根；标高163m、133m处，即井字架提升点上下两端设置桅杆防晃及垂直调节装置。

2004年7月至11月期间，将钢桅杆顺利吊装到位，吊装过程中未出任何安全事故，施工质量得到各方好评。此吊装工艺为超高层建筑桅塔结构吊装开辟了新的思路，为武汉市西北湖、金融一条街竖立了一处标志性的装饰物，得到了业主的好评。

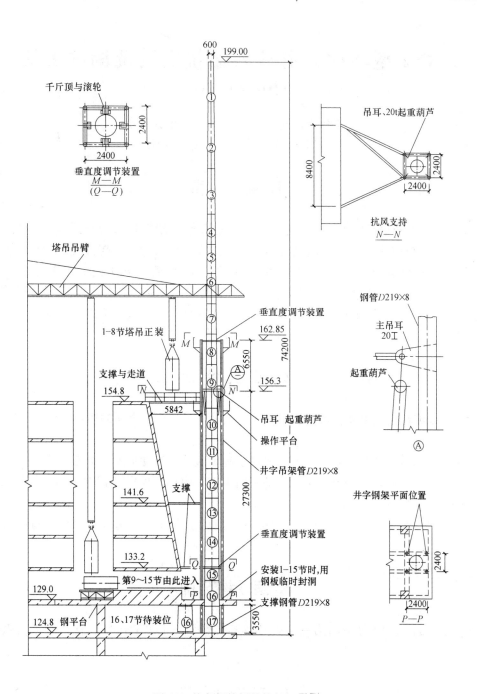

图 11 井字钢架倒装桅杆示意图

CTS2 型轨枕式电动转辙机安装及调试工法

YJGF336—2006

中铁十二局集团电气化工程有限公司

罗世昌　王充希　成登高　屈海滨

1. 前　言

青藏线是世界上海拔最高的铁路，引进了由通用电气运输系统（中国）有限公司（GE 公司）生产 CTS2 型轨枕式电动转辙机。CTS2 型转辙机属国内铁路线上首次使用，与传统的国产转辙机在结构及电气原理上有很大的区别，其安装工艺方法没有可借鉴的经验。我公司承担了青藏线 X4 标段（那曲至唐古拉段）信号工程施工，通过组织人员培训及现场安装试验，参考建设、设计、监理单位及 GE 公司技术专家的建议，结合青藏线现场条件和具体要求，对多种安装调试方法进行了比选，总结出青藏线 CTS2 型轨枕式电动转辙机安装施工技术，在此基础上形成了本工法。

2. 工 法 特 点

2.1　对 CTS2 型轨枕式电动转辙机的安装和调试进行了系统和全面的描述，使施工实现了规范化、标准化作业。

2.2　采用机械吊装，加快了施工进度，减轻了施工人员的劳动强度，节省了劳动力。

2.3　模块化设计、模块化安装，保证设备使用可靠、耐用，使电动转辙机达到长寿命、免维护的目标，为运输安全提供了可靠保障。

2.4　使用先进仪表进行转辙机的测试和调试，提高了设备安装精度，保证设备的各种技术指标准确。

3. 适 用 范 围

本工法适用于 9 号、12 号道岔第一牵引点及第二牵引点的 CTS2 型轨枕式电动转辙机的安装及调试。

4. 工 艺 原 理

CTS2 型轨枕式电动转辙机为轨枕式模块化设计，主要包括轨枕单元、电机单元、道岔锁闭和检测单元、机械指示器、安全滑杆及杆件外部加热器等部件。设备安装关键技术包括转辙机设备的固定轨枕单元、连接转辙机与尖轨、转辙机送电检测、加热器电缆连接、负载限制装置调节及道岔动作试验等操作过程。本工法详细介绍了其施工安装的操作流程、操作方法及要求。

5. 施工工艺流程及操作要点

5.1　CTS2 型轨枕式电动转辙机安装工艺流程

CTS2 型轨枕式转辙机安装施工工艺流程见图 5.1。

5.2 操作要点

在转辙机安装到轨道上之前，电机单元及锁闭与检测单元已经在工厂完整地安装到轨枕单元上。CTS2 型轨枕式电动转辙机结构示意见图 5.2。

5.2.1 施工准备及设备运输

施工前准备运输车辆、施工工器具、安装材料、安全防护用具等。

对现场道岔位置进行核对，验证工务道岔是否符合转辙机的安装要求，必要时，请工务对道岔进行一次全面的施工调整，包括轨距、尖轨开程、有关钢轨、轨枕位置、道岔方正、尖轨与基本轨密贴情况。

根据道岔位置选择不同的型号的电动转辙机（包括 9 号道岔和 12 号道岔第一牵引点用用 12 号道岔第二牵引点用）。

使用皮带、钢丝绳或叉车吊装转辙机，使用货车将电动转辙机运送至安装地点，转辙机地地面水平放置，打包装后，拆除安装附件，以便于转辙机插入轨下。

5.2.2 清理的轨下石渣

根据轨枕单元安装位置清理枕下的石渣（距轨底 550～600mm），拆除原位置的混凝土轨枕，并将轨枕拉到道床外安全位置，以保证轨下能插入转辙机。

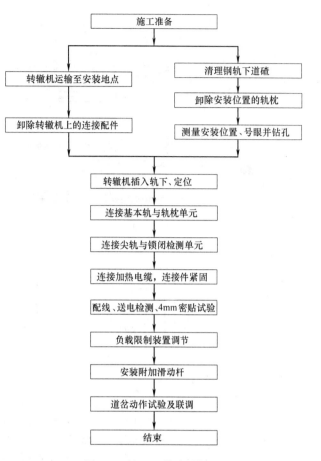

图 5.1 施工工艺流程图

5.2.3 钢轨号眼和钻孔

根据安装手册提供的 9 号、12 号道岔第一牵引点和 12 号道岔第二牵引点的安装参数，从基本轨的直轨侧开始测量出固定转辙机连接件及轨撑安装螺栓的安装位置，做出标记，再用直角尺在轨道对侧基本轨上复制标记。

由于尖轨的长度易随温度的变化而改变，温度低时会缩短；温度高时尖轨的长度向轨尖方向伸长，为使尖轨连接件能随尖轨伸缩自由移动而不被工作杆上的接头卡阻，尖轨上测量和钻孔时应根据环境温度，对钻孔位置进行调整。

根据我公司的施工经验，CTS2 型电动转辙机在青藏线格拉段安装时使用表 5.2.3（以 −5℃ 为基准温度）找出相应的 D 值，按要求钻孔。其他线路上安装时，需要进一步试验。

D 值表						表 5.2.3
	−45℃	−40℃	−35℃	−30℃	−25℃	−20℃
D(mm)	−24	−21	−18	−15	−12	−9
	−15℃	−10℃	−5℃	0℃	5℃	10℃
D(mm)	−6	−3	0	3	6	9
	15℃	20℃	25℃	30℃	35℃	
D(mm)	12	15	18	21	24	

5.2.4 钢轨钻孔

根据基本轨上的标记，使用专用钢轨钻孔机和 23mm 直柄麻花钻头钻孔，孔钻好后用圆锉除去孔外的飞边。

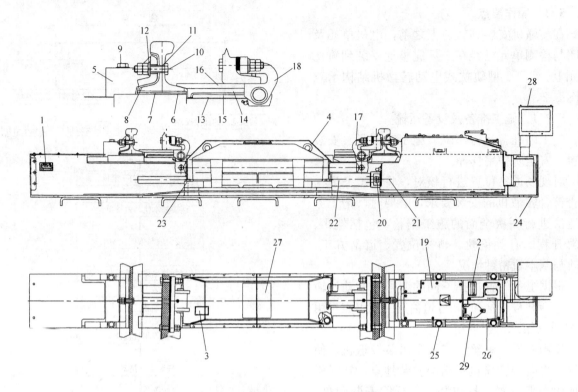

图 5.2　CTS2 型轨枕式电动转辙机结构示意图

1—轨枕单元；2—电机单元；3—锁闭和检测单元；4—锁闭和检测单元吊孔；5—轨撑；6—金属垫板；7—绝缘垫板；8—轨撑绝缘件；9—轨撑垂直螺栓；10—轨撑中心螺钉及绝缘套管；11、12—绝缘垫圈及金属垫圈；13、14—内板；15—轨道绝缘；16—尖轨滑板；17—尖轨连接器；18—尖轨连接器；19—电机检测单元盖板；20—联轴器；21—电机检测单元；22—检测单元较低杆（动作杆）；23—安装锁闭和检测单元的螺栓；24—侧面板；25—电机单元固定螺栓；26—螺栓孔突出部位（用于吊起电机单元）；27—轨枕单元上盖；28—道岔机械指示器；29—手摇曲柄插孔

5.2.5　固定轨枕单元

使用吊车或移支吊架将电动转辙机放置到钢轨下面的道砟上，调整轨枕单元与其他轨枕对齐平行。对咽喉区内不便于吊车施工的转辙机安装，采用自制活动吊装支架，提高作业效率，加快施工进度。

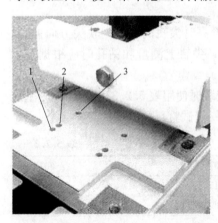

图 5.2.5-1　金属垫板安装插孔分布图

轨枕单元固定在基本轨下面，道岔不同，基本轨与轨枕单元的连接孔位不同（图 5.2.5-1）。在电机单元的对侧，位置 1 用于装配 12 号道岔第一牵引点，位置 2 用于装配 9 号道岔，位置 3 用于装配 12 号道岔第二牵引点。

根据道岔型号，对应于图 5.2.5-1 的 1、2、3 号销孔位置，安装金属垫板，将绝缘垫板放在金属垫板上面。

提升轨枕单元至基本轨底面，并保持在两条基本轨之间居中，使轨枕单元与基本轨的轨底密贴。

根据基本轨的钻孔位置，安装轨撑。轨撑与基本轨采用 M20 螺栓连接。

轨撑与金属轨枕单元采用 M18×120 螺栓连接。

水平连接螺栓及垂直连接螺栓插入轨撑后，暂时不要拧紧；检查轨撑正确地附着于基本轨侧后，再拧紧螺栓，并将螺钉的所有垫圈折弯。

在轨道内侧尖轨安装滑板，滑板各部件安装顺序如图 5.2.5-2，契形面的滚花齿与轨枕单元上的齿完全良好地啮合，抬高尖轨安装滑板，以便道岔转换时，转换尖轨在滑板上滑动。

5.2.6　安装尖轨连接器

用螺栓将尖轨连接件安装到尖轨上，保持尖轨与尖轨底座的接触。再将尖轨连接件与锁闭和检测单元的尖轨推动杆采用插销连接，对尖轨连接件的水平销涂润滑油，使用之可以滑动。

5.2.7 调节安装杆距

使用专用调距量板调节安装杆距（动作杆伸出的距离）。CTS2 使用两种专用调距量板，9 号、12 号道岔第 1 牵引点的安装杆距为 170mm，12 号道岔第 2 牵引点的安装杆距为 1483mm。

先用手摇曲柄手动操作电动转辙机，使动作杆从转辙机伸出，当伸出的距离正好将调距量板插入时，停止动作杆的移动。

操作完毕，通过电机单元上的锁闭指针箭头来验证动作杆的位置是否正确。

5.2.8 连接外部加热器的电缆

根据现场位置，计算并截取外部加热器的专用接口电缆长度，电缆插入波纹保护管中，将电缆加热器连接盒连接，使用专用线箍将其固定在电机单元的电缆上。

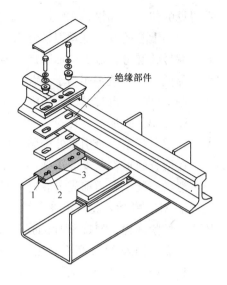

图 5.2.5-2 尖轨滑板安装示意图

5.2.9 测量供电电压

电动转辙机的机械部分安装完毕后，连接转辙机电缆接头，使转辙机电路与室内相连，检查电路连接无误后对转辙机送电，测量转辙机的供电电压。

测量供电电压时，将专用插头插到适配器中，再插入检测电缆，连接测量仪表，在接线端子板上测量电压。若动作杆从内部向外伸出的操作时，将 WAGO 适配器插到 6 号端子和 9 号端子间测量；若动作杆从伸出到缩回内部的操作时，将 WAGO 适配器插到 6 号端子和 8 号端子间测量。

5.2.10 调整供电电压

CTS2 电动转辙机动作电压为 DC110V，转辙机内装有一个已设定为 0Ω 的压降调准电阻，当供电电压大于 DC110V 时，需要调整压降调准电阻。压降调准电阻安装在转辙机的接线端子板内，WAGO 端子排列序号为 1～14，接线端子号排列顺序为 M1～M14。

WAGO 接线板上的端子 2 至端子 5 为压降调整电阻，使用 M2 线和 M5 线，接入不同的端子来调节电压，其接线位置及电阻标准值见表 5.2.10。

接线位置及电阻标准值　　　　　　　　　　　　　　表 5.2.10

标记 M2 的电线位置	标记 M5 的电线位置	标准电阻值（Ω）
端子 2	端子 2	0
端子 2	端子 3	1.5
端子 3	端子 4	2.5
端子 4	端子 5	3
端子 2	端子 4	4
端子 3	端子 5	5.5
端子 2	端子 5	7

5.2.11 尖轨密贴检查

取下手摇曲柄，使用电机操作尖轨运动，在基本轨和尖轨之间插入一个 2mm 的垫片，可以得到道岔表示，再插入 4mm 垫片，道岔无表示，则表明转辙机安装正确，否则适当调整安装杆距。

5.2.12 调节负载限制装置

调节限制装置的负载以改变最大牵引负载。

拆下电机盖，插入手摇曲柄，摇动曲柄找出带数字的环形螺母，并用手柄将它定位在可以进入和看得见的位置。如果是 12 号道岔第二牵引点，摇动手柄时，直到离合器解脱。

使用配套的专用螺丝刀松开内六角螺丝（只需要拧紧最容易下手的那一个），再用专用扳手调节带数字编号的螺母。数字增加则离合器被拧紧，最大牵引负载增加；数字减少，离合器松开，最大牵引负载降低（每个数字相当于 90kg），注意不要超过最大牵引力 5500±10％N。

调节好后，再拧紧内六角螺丝（只需要拧紧最容易下手的那一个）。

5.2.13 附加滑动杆安装

在道岔的第一牵引点处安装附加滑动杆。

在检查轨道设备安装正确后，在尖轨上做好安装标记，并钻孔，以安装连接杆件。

滑动杆装上轨道前先组装好，将滑动杆的两个球形接头和连接杆的球形接头连接起来，从滑动杆上拆下 M12 螺丝，将带绝缘套管的 M20 螺栓插入到尖轨中，加入绝缘垫板再装入滑动杆，插入足量的垫片，拧紧螺栓。M12 螺栓的孔保持与滑动杆的防护管的开槽部分的每距离为 2mm，调节垫片，直到固定牢靠，插入 M12 螺栓并在不插入开口销的条件下将其拧紧。

5.2.14 道岔动作试验

CTS2 型道岔转辙机安装完毕后，由室内再次送电进行定、反转换操作，通过电机单元外部的机械指示器，检查道岔的锁闭位置和状态。

6. 材料与设备

材料与设备见表 6。

材料与设备表   表 6

序号	机械设备名称	规格及型号	单 位	数 量	备 注
1	吊车	QY-16	台	1	
2	工具车	1.5t	台	1	
3	发电机	5kW	台	1	
4	砂轮机		台	1	
5	锹镐		套	2	
6	电缆支架		套	1	
7	安装支架		套	1	自制
8	钢轨钻孔机 φ23	1100W	台	1	
9	万用表		块	2	
10	电工工具		套	1	
11	WAGO 适配器	N°2	套	1	CTS2 专用工具
12	适配器插销	RS 型组件	套	1	CTS2 专用工具
13	检测电缆	带 4mm 销	套	1	CTS2 专用工具
14	专用扳手		套	1	CTS2 专用工具
15	调距量板		块	1	CTS2 专用工具
16	直角尺		个	1	
17	卷尺		人	1	
18	尖嘴钳		把	1	
19	斜口钳		把	1	
20	修边刀		把	1	
21	喷灯		个	1	
22	绳索		套	1	
23	橡胶手套、胶鞋等		套	2	
24	对讲机		部	3	运营线安全防护
25	防护用具		套	1	运营线安全防护

7. 质 量 控 制

7.1 质量控制标准

7.1.1 《铁路信号施工规范》TB 10206—99

7.1.2 《铁路信号工程施工质量验收标准》TB 10419—2003

7.1.3 《CTS2 道岔转辙机操作和维护手册》（通用电气运输系统（中国）有限公司）。

7.1.4 牵引电机的额定电压 DC200（1±10％）V，动作电压 DC110（1±10％）V，额定工作电流 2～5.5A（实际≤2A），额定转换时间≤10s（实际≤6s）。

7.1.5 单机或第 1 牵引点动作杆转换开程≥155mm，双机第 2 牵引点动作杆开程≥75mm。

7.1.6 最大牵引力为 5.5（1±10％）kN，额定转换力单机或第 1 牵引点为 3（1±10％）kN，双机第 2 牵引点为 5（1±10％）kN，道岔挤切力为 10kN。

7.2 质量保证措施

7.2.1 严格安装说明书的要求进行各阶段安装和调试，保证电气及机械技术指标符合产品要求。

7.2.2 安装轨枕单元时，道碴捣固必须达到最佳标准。

7.2.3 为安装固定转辙机及轨撑，在尖轨及基本上的钻孔位置必须准确。

7.2.4 安装固定轨枕单元时，检查轨撑能完全正确地附着于基本轨，才能拧紧水平及垂直方向的螺栓。

7.2.5 保证道岔尖轨与尖轨滑板的接触部分润滑（不用润滑油）。

7.2.6 保持尖轨密贴力 2.5kN 左右，锁定力 89kN 以上。

7.2.7 电机单元及锁闭和检测单元的金属盖用配备止动弹簧垫圈的螺栓进行固定，铸铁盖用螺栓固定后，用螺纹胶（泰乐 243）密封。

7.2.8 各部位螺栓用螺纹胶（泰乐 243）密封后，再拧紧。

7.2.9 在进行所有操作时，避免进水或任何污垢、灰尘或碎屑堆积在电机单元上。

8. 安 全 措 施

8.1 安装人员必须经过培训，必须严格按设备说明书进行搬动、安装、操作、清洁和维护操作，电气连接严格按设计图纸进行。

8.2 转辙机搬动及安装时，加强防护，避免发生碰撞，防止损坏电机单元及锁闭和检测单元。

8.3 机械指示器用来指示道岔位置，不可用作拖拽、推动、提升机器的把手。

8.4 锁闭与检测单元上的吊眼专用于该单元的拆卸，不能用于提升整台 CT 转辙机。机械指示器是用来指示道岔位置的，禁止用来拖曳、推动、提升机器的把手。

8.5 手摇曲柄的使用必须严格限制，在使用手摇曲柄手动操作时，防止电机单元进水，手柄使用完毕后，确保弹簧盖盖好并被密封。

8.6 调节牵引负载的工作必须在专业技术服务人员的监督下进行，超过最大牵引力（5500±10％N）可能会导致系统故障或损坏。

8.7 电机插入电缆接头前，操作人员应插入手摇曲柄，插入电缆接头后，注意防止触电，并不得靠近动作杆。

8.8 电动转辙机送电试验前，先将工作电压调节到标称值。

8.9 保证密封单元的紧固件齐全，并没有损坏。

8.10 电动转辙机每次操作前，必须清理尖轨部位，防止尖轨密贴时，夹入杂物或伤人。

8.11 运营线路设置防护人员及防护标志，加强防护。

9. 环保措施

9.1 认真执行国家及地方政府和环保部门颁布的一系列法规、规定及办法，严格控制施工污染，合理处置废弃物，保护生态环境，切实做好施工期间的环境保护工作。

9.2 运输车辆及发电机的废气排放，符合国家规定的标准。

9.3 转辙机的各种包装及配线的余料、弃料等，施工完后全部回收，统一处理。

9.4 清理轨枕单元位置石渣时，先将彩条布覆盖在两侧道基上，干净的石渣覆盖在两侧的道床上，将带有沙土的石渣放到彩条布上，转辙机安装完毕，将干净的石碴回填，保持道床和转辙机稳固。基坑回填完毕后，将对带有沙土的道砟进行分筛清理后回填，以保持道床洁净。

10. 效益分析

10.1 在青藏高原腹地的高海拔、高寒、缺氧的条件下施工吊装轨枕式电动转辙机时，机械设备便于进驻的地点尽量使用机械设备，不便于进驻的地点采用了活动支架和滑轮组，减少了机械设备的损耗，节省施工人员，减轻了人员的劳动强度。

10.2 规范化、程序化操作，提高了作业效率，减少人工费用。除轨辙机搬动及吊装工作外，包括调试试验在内的其他工作由 2 人配合即可完成（运营线路需增加防护人员）。

10.3 从青藏线 X4 标段的整体施工情况来看，本工法与通用公司提供的参考施工方法比较，在人力、机械使用方面都有所下降，成本低于概算定额，节约成本约 20％。

10.4 采用本工法有效保证了设备安装质量，使设备的机械性能及电气性能完全达到通用公司的技术指标。实现了设备的安全可靠、耐用、长寿命、免维护的使用目标。

11. 应用实例

由我公司承建的青藏线 X4 标段包括那曲、岗秀、底吾玛、联通河、措那湖、安多、托居、扎加藏布、唐古拉南、唐古拉等共 10 个车站，共安装 CTS2 型轨枕式电动转辙机 123 台。安装工作从 2005 年 11 月 26 日开始至 2006 年 4 月 16 日结束，在青藏高原腹地、海拔最高、天气最寒冷的条件下施工，取得了良好效果；尤其是在铁路道组织的两次青藏铁路全线站后工程信誉评比中，我单位信号工程施工取得了一个第一名，一个第二名的好成绩。

目前，青藏铁路已全线通车，电动转辙安装已经过建设单位、接收单位及质量监督站的检查和验收，实现了一次验收合格率达到 100％ 的目标，经过几个月的运行，维修率为零，取得十分明显的社会效益和经济效益。

建筑电气暗配箱（盒）一次到位施工工法

YJGF337—2006

陕西省第三建筑工程公司

陈家荣　邵延宁　马建国　赵丕毅　李军伟

1. 前　言

为了适应建筑业的快速发展，确保工程质量的提高，不断应用建筑业新技术、新工艺。在建筑电气施工过程中，经长期探索和完善，总结形成了《建筑电气暗配箱（盒）一次到位的施工工法》。通过实际运用，降低了工程成本，提高了工程观感质量。该工法由陕西省第三建筑工程公司研究开发，2001年推广应用，2003年荣获了陕西省优秀质量管理小组。2007年5月11日批准为陕西省省级施工工法。

2. 工法特点

建筑电气暗配箱（盒）一次到位的施工工法与传统的施工方法相比较：减少了施工中预留孔洞、二次箱（盒）安装、配管及箱（盒）周边的修补，缩短了工期；避免了修补部位产生裂缝，提高了工程质量；节约了材料，降低了工程成本。具有先进性、适用性、经济性，适宜在建筑安装工程施工中广泛应用。

3. 适用范围

本工法适用于工业与民用建筑电气安装工程施工中，建筑电气暗配箱（盒）的安装。

4. 工艺原理

在钢筋混凝土结构施工时，利用土建绑扎钢筋时，按照图纸设计箱（盒）的位置，提前将箱（盒）焊接固定在钢筋网片上，随着浇筑混凝土一次性进行预埋，保证箱（盒）位置的正确性。对于砖墙、轻质隔墙，将电管、箱（盒）提前配置到位，随着土建进度进行预埋，这种方法与传统预留孔洞方法相比较，简单快捷，减少了工序，降低了工程成本。

5. 施工工艺流程及操作要点

5.1　施工工艺流程：

熟悉图纸→技术交底→材料进场验收检验→箱（盒）开孔→箱（盒）固定→进入箱（盒）管线敷设→箱（盒）填充聚苯乙烯泡沫板→箱盒周边密封→拆除模板后箱（盒）清理→箱（盒）质量检验后形成质量标识→箱（盒）成品保护。

5.2　操作要点

5.2.1　箱（盒）位置的确定

5.2.1.1　剪力墙上箱（盒）位置的确定：

根据图纸设计以及该层钢筋网片上标注的标高控制线（红线）[图5.2.1.1（a）]，用水准仪、钢卷尺、水平尺等工具将箱（盒）的安装标高坐标，抄测到剪力墙竖向钢筋上，做好标记。[图5.2.1.1（b）]

（a）　　　　　　　　　　　　　　　　　（b）

图 5.2.1.1　剪力墙上箱（盒）位置确定示意图

5.2.1.2　砖墙和轻质隔墙上箱（盒）位置的确定：根据图纸设计以及该层建筑标高控制线（50线），确定其位置。

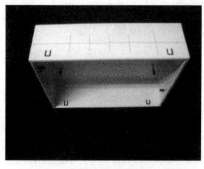

5.2.2　箱（盒）的开孔

根据配电箱的尺寸，结合管线实际敷设情况，先确定好箱内管线的位置，划线做好标记（一般配电箱内进线电源电管布置在箱子的顶部，总电源管线的布置在箱子的左上方，电源出线在箱子的下方）（图 5.2.2）。然后用开孔器开孔，确保进箱管线一管一孔，排列整齐，布局合理。

5.2.3　箱（盒）的固定

1. 剪力墙结构上箱（盒）的固定：

图 5.2.2　箱（盒）开孔示意图

用钢筋［图 5.2.3-1（a）］对箱（盒）进行"井"字形焊接固定，将"井"字形钢筋焊接在钢筋网片上，确保焊接牢固、位置准确。箱（盒）外表面与模板控制线平齐、接触紧密、平整，同时做好配电箱的跨接接地连接。

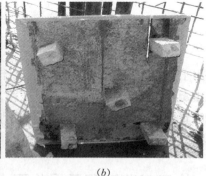

（a）　　　　　　　　　　　（b）　　　　　　　　　　　（c）

图 5.2.3-1　剪力墙结构上箱（盒）固定示意图

当箱体大边长度大于 50mm 时，箱体内应用木撑进行加固［图 5.2.3-1（b）和 5.2.3-1（c）］，防止箱体变形，此处模板应做加强肋。

2. 砖墙和轻质隔墙上箱（盒）的固定：

在砌体前，应将配好的管线校正整齐，根据箱（盒）的位置，将箱（盒）用专用配件与管线紧密连接［图 5.2.3-2（a）、图 5.2.3-2（b）］，确保箱体表面出墙 20mm 以保证出墙的厚度为抹灰粉刷层的厚度，并做好接地跨接。墙体砌筑时箱（盒）上方应加装过梁，防止箱体变形。轻质隔墙施工时，应派专人配合线盒开孔，确保位置准确。

5.2.4　进入箱（盒）管线的敷设

进入箱（盒）的管线排列整齐、一管一孔，钢管丝扣连接，内外用锁母锁紧。管线之间应采用

图 5.2.3-2　砖墙和轻质隔墙上箱（盒）固定示意图

"U"形钢筋做跨接接地连接［图 5.2.4（a）］，使用的圆钢直径不小于 ϕ6mm。KBG 薄壁管和 PVC-U 塑料管采用专用接头连接紧密［图 5.2.4（b）］。

图 5.2.4　进入箱（盒）管线敷设示意图

5.2.5　箱盒的填充及密封

在箱（盒）内对于 G50 以内的管口应使用专用塑料管帽进行封堵，对于 G50 以上的管口使用专用盲板进行封堵。箱（盒）内用裁好的聚苯乙烯泡沫板进行填充，填充紧密平整［图 5.2.5（a）］。聚苯乙烯泡沫板应凸出箱体表面 5mm，表面及箱体周边用胶带密封［图 5.2.5（b）］。

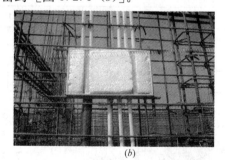

图 5.2.5　箱盒填充及密封示意图

6. 材料与设备

6.1　箱（盒）应符合国家或建设部颁发的现行技术标准和设计要求，并有产品出厂合格证、生产许可证、检测报告、"CCC"认证标识。箱体应有铭牌，附件齐全，无机械损伤、变形、油漆脱落等现象。

6.2 所用管材、配件（包括锁母和钠子）、线盒规格型号应符合设计要求及规范规定，并应有出厂质量证明书、检测报告及合格证书。

6.3 型钢应无明显锈蚀，并有材料质量证明书。

6.4 螺栓、接地扁钢等均采用镀锌件。

6.5 机械设备见表6.5。

机具设备表 表 6.5

序号	设备名称	规格型号	单位	数量	用途
1	套丝机	Z13T-R2	台	1	钢管加工
2	电焊机	BX1-250	台	1	钢筋焊接
3	切割机	CB65350V	台	1	配管使用
4	液压开孔器	SH-8B	台	1	箱体开孔
5	电钻	MGF-30AH	台	1	箱体开孔
6	水准仪	DS3	台	1	测量位置
7	钢卷尺	5m	把	2	测量位置
8	水平尺	50cm	把	2	测量位置

7. 质 量 控 制

7.1 箱（盒）的安装和管线的敷设应符合《建筑工程电气安装施工质量规范》GB 50303—2002 的规定以及图纸设计要求。

7.2 主控项目

7.2.1 暗插座、暗开关盒应与墙表面相平齐，盖板紧贴墙面，四周无缝隙，表面清洁干净。

7.2.2 配电箱（盒）安装位置正确，部件齐全，箱（盒）开孔准确，一管一孔，排列整齐，配电箱盖紧贴墙面。

7.2.3 配电箱安装允许偏差和检验方法应符合规定，表 7.2.3。

配电箱安装允许偏差和检验方法 表 7.2.3

项次	项 目			允许偏差（mm）	检验方法
1	箱（盘/板）垂直度	箱（盘、板）体高 500mm 以下		1.5	吊线、尺量检查
		箱（盘、板）体高 500mm 以其以上		3	
2	照明器具	成排灯具中心线		5	拉线、尺量检查
3		开关/插座的底板及面板	并列安装高度	1	尺量检查
			同一场所高度	5	
4			面板垂直度	0.5	吊线、尺量检查

7.3 一般项目

7.3.1 箱（盒）及焊接钢管防锈漆应刷均匀、完整。

7.3.2 管子与箱（盒）应用专用锁紧螺母连接，并加护口。

7.3.3 箱（盒）无变形，箱内干净，无杂物入内。

7.4 技术管理措施

7.4.1 箱盒就位固定后，专业质量员应及时对箱盒进行检验（图 7.4.1-1）。主要内容包括箱（盒）固定的平整度、标高、相邻箱盒的间距，以及管线的敷设等，发现有不合格的项目应及时修改。

图 7.4.1-1

7.4.2 拆模后，工长应安排专业人员对箱（盒）内的填充物进行清理，同时做好线盒的防腐处理（图 7.4.1-2），暗装箱（盒）表面宜用盖板封堵。做好成品保护，并将检查结果形成质量标识（图 7.4.1-3）。

图 7.4.1-2

图 7.4.1-3

8. 安 全 措 施

8.1 建立完善的施工安全保证体系，落实安全生产责任制。

8.2 认真执行各项安全生产规章制度，做好安全教育培训、安全技术交底，加强施工作业的安全监督检查。确保作业标准化、规范化。

8.3 施工现场的临时用电严格按照《施工现场临时用电安全技术规范》的有关规范规定执行。

8.4 施工用电严格执行 TN-S 保护接零系统，电气设备和电气线路必须绝缘良好，场内架设的电力线路其悬挂高度和线间距除按安全规定要求进行外，将其布置在专用电杆上。

8.5 施工现场各种电动设备做好一机一箱一闸一漏，并完善布置各种安全标识。

8.6 对现场使用的电动工具，要坚持日常保养维护，定期做安全检查，不用时立即切断电源。

8.7 电气焊作业人员持证上岗，佩带劳动保护用品。

8.8 氧气瓶与乙炔瓶隔离存放，严格保证氧气瓶不沾油脂、乙炔发生器有回火的安全装置。

9. 环 保 措 施

9.1 施工现场包括作业面所用管材、箱盒按不同规格型号堆放整齐、悬挂标识牌。

9.2 剪裁苯板应用壁纸刀切割，以防苯板沫残留施工现场，施工完后，应及时清理，做到工完场清。

9.3 模板拆摸后，及时清理箱盒内的苯板，并随手将苯板装入袋内，倒入指定位置，确保施工现场清洁。

9.4 建筑垃圾由有资质的清运公司进行处理。

10. 效 益 分 析

10.1 直接经济效益
通过对建筑电气暗配箱（盒）一次到位施工工法的应用，我公司施工的西北电力设计院 A 栋高层住宅楼节约资金 1.36 万元，西安政治学院经济适用住宅 B 座节约资金 1.81 万元。体育局高层住宅楼节约资金 0.84 万元，陕西省卫生防疫站卫生广厦节约资金 1.37 万元。四项工程累计节约：5.38 万元。

10.2 社会效益
建筑电气暗配箱盒一次到位的施工工法，施工简便、易于操作、节约了人工和材料，降低了工程成本，同时减少了土建单位二次对箱（盒）周边修补，提高了工程的质量观感，具有先进性、经济性和适用性。得到了监理和建设单位的赞扬，受到有关专家的好评。并且为精品工程的建设打下了良好的基础。

11. 应用实例

通过对建筑电气暗配箱（盒）一次到位与传统的施工方法经济分析比较，箱盒一次到位做法是减少支模、减少二次管线、箱（盒）的安装及箱（盒）周边的修补，仅发生对已安装到位的箱（盒）的成品保护费用。而传统的做法是箱（盒）预留洞口需要模板、支模及二次的箱（盒）配管、安装，二次箱（盒）安装后的周边修补，浪费了人工及材料。

11.1 西北电力设计院 A 栋高层住宅楼，剪力墙结构地上 18 层地下 1 层，建筑面积为 31056m²，电气设计为焊接钢管暗配，共有暗埋箱（盒）268 个（包括照明配电箱、用户箱、电话箱、电视箱）。节约资金 1.36 万元（表 11.1）。

电气暗配箱盒一次到位经济效益分析表 表 11.1

项目名称：西北电力设计院 A 栋高层住宅楼 单位：元

工序	做法	传统预留孔洞做法成本费用	箱盒一次到位做法成本费用	节约成本	备 注
预留孔支模费用	人工费	2721.54	0	2721.54	1. 平均每个箱体预留洞尺寸按500mm×600mm×200mm 预留，需木材:0.022m³/个; 2. 人工单价:20.31 元/工日; 3. 木材价:950 元/m³; 4. 氧气,乙炔:90 元/套; 5. 水泥砂浆:350 元/m³
	材料费	5605	0	5605	
二次安装费用	人工费	5443.08	0	5443.08	
	材料费	6030	0	6030	
修补洞口费用	人工费	544.31	0	544.31	
	材料费	482.4	0	482.4	
箱盒一次到位做法	苯板费	0	1447.2	−1447.2	苯板:150 元/m³ 胶带:4 元/卷
	胶带费	0	321.6	−321.6	
	人工费	0	5443.08	−5443.08	
合计费用		20826.33	7211.88	13614.45	共有暗装箱(盒)268 个
共节约成本费用			13614.45		

11.2 西安政治学院经济适用住宅 B 座，剪力墙结构 24 层地下 1 层，建筑面积为 22936m²，开工日期为：2003 年 9 月 1 日，竣工日期为 2006 年 8 月 28 日。电气设计弱电为焊钢，强电为镀锌 KBG 管暗配，共有箱盒 320 个（包括照明配电箱、用户箱、电话箱、电视箱）。节约资金 1.81 万元（表 11.2）。

电气暗配箱盒一次到位经济效益分析表 表 11.2

项目名称：西安政治学院经济适用住宅 B 座 单位：元

工序	做法	传统预留孔洞做法成本费用	箱盒一次到位做法成本费用	节约成本	备 注
预留孔支模费用	人工费	3249.6	0	3249.6	1. 平均每个箱体预留洞尺寸按500mm×600mm×200mm 预留，需木材:0.022m³/个; 2. 人工单价:20.31 元/工日; 3. 木材价:1200 元/m³; 4. 氧气,乙炔:100 元/套; 5. 水泥砂浆:350 元/m³
	材料费	8448	0	8448	
二次安装费用	人工费	6499.2	0	6499.2	
	材料费	8000	0	8000	
修补洞口费用	人工费	649.92	0	649.92	
	材料费	672	0	672	

续表

做法 工序		传统预留孔洞做法 成本费用	箱盒一次到位做法 成本费用	节约成本	备 注
箱盒一次到位做法	苯板费	0	2304	−2304	苯板：200 元/m³
	胶带费	0	576	−576	胶带：6 元/卷
	人工费	0	6499.2	−6499.2	
合计费用		27518.72	9379.2	18139.52	共有暗装箱(盒)320 个
共节约成本费用			18139.52		

11.3 体育局高层住宅楼，剪力墙结构 20 层地下 1 层，建筑面积为 21065m²，开工日期为：2002 年 12 月 1 日，竣工日期为 2004 年 10 月 28 日。电气设计为焊接钢管暗配，共有箱盒 165 个（包括照明配电箱、用户箱、电话箱、电视箱）。节约资金 0.87 万元（表 11.3）。

电气暗配箱盒一次到位经济效益分析表　　　　　　　　　　　　　　　表 11.3

项目名称：体育局高层住宅楼　　　　　　　　　　　　　　　　　　　　　　　　　单位：元

做法 工序		传统预留孔洞做法 成本费用	箱盒一次到位做法 成本费用	节约成本	备 注
预留孔支模费用	人工费	1675.58	0	1675.58	1. 平均每个箱体预留洞尺寸按 500mm×600mm×200mm 预留，需木材 0.022m³/个;
	材料费	3630	0	3630	
二次安装费用	人工费	3351.15	0	3351.15	2. 人工单价：20.31 元/工日;
	材料费	3918.75	0	3918.75	3. 木材价：1000 元/m³;
修补洞口费用	人工费	335.12	0	335.12	4. 氧气、乙炔：95 元/套;
	材料费	316.8	0	316.8	5. 水泥砂浆：320 元/m³
箱盒一次到位做法	苯板费	0	1188	−1188	苯板：200 元/m³
	胶带费	0	247.5	−247.5	胶带：5 元/卷
	人工费	0	3351.15	−3351.15	
合计费用		13227.4	4786.65	8440.75	共有暗装箱(盒)165 个
共节约成本费用			8440.75		

11.4 陕西省卫生防疫站卫生广厦，剪力墙结构 28 层地下 1 层，建筑面积为 22383m²，开工日期为：2001 年 6 月 18 日，竣工日期为 2005 年 9 月 16 日。电气设计为焊接钢管暗配，共有箱盒 242 个（包括照明配电箱、用户箱、电话箱、电视箱）。节约资金 1.37 万元（表 11.4）。

电气暗配箱盒一次到位经济效益分析表　　　　　　　　　　　　　　　表 11.4

项目名称：陕西省卫生防疫站卫生广厦　　　　　　　　　　　　　　　　　　　　　单位：元

做法 工序		传统预留孔洞做法 成本费用	箱盒一次到位做法 成本费用	节约成本	备 注
预留孔支模费用	人工费	2457.51	0	2457.51	1. 平均每个箱体预留洞尺寸按 500mm×600mm×200mm 预留，需木材 0.022m³/个;
	材料费	6388.8	0	6388.8	
二次安装费用	人工费	4915.02	0	4915.02	2. 人工单价：20.31 元/工日;
	材料费	6050	0	6050	3. 木材价：1200 元/m³;
修补洞口费用	人工费	491.5	0	491.5	4. 氧气、乙炔：100 元/套;
	材料费	508.2	0	508.2	5. 水泥砂浆：350 元/m³
箱盒一次到位做法	苯板费	0	1742.4	−1742.4	苯板：200 元/m³
	胶带费	0	435.6	−435.6	胶带：6 元/卷
	人工费	0	4915.02	−4915.02	
合计费用		20811.03	7093.02	13718.01	共有暗装箱(盒)242 个
共节约成本费用			13718.01		

通过对传统做法和《建筑电气暗配箱盒一次到位做法》的经济分析，箱盒一次到位的经济效益相当可观。

双曲线冷却塔塔机软附着施工工法

YJGF338—2006

重庆中建机械制造厂　　中国建筑二局第三建筑公司　　中国建筑第二工程局第二建筑公司

黄泽森　吴殿昌　姜宏　唐兴林　张巧芬

1. 前　　言

作为火电厂的重要配套设施——双曲线冷却塔在火电厂的施工建设中处于关键环节。由于冷却塔是薄壁结构，且形状不规则，因而给现场起重设备的使用及拆卸工作带来了困难。另一方面，为了适应更大发电机组的要求，冷却塔的高度越来越高（100m以上），直径越来越大，因而更增加了起重设备的使用、维护及拆卸工作难度。从目前工程实践的情况来看，为了节约建设成本，一般都采用在冷却塔中部安装塔机的布置方案。当塔机高度超过独立高度需要安装附着装置时，对塔机附着方式的选取以及制定相应的附着方案是目前施工实践中的一个技术难点。目前，塔机的附着形式一般为刚性附着，附着装置的制做采用普通碳素结构钢。但这种刚性附着方式在附着撑杆超长的特殊情况下，难以满足施工要求：一是制做、运输成本高，使用单位难以承受；二是安装难度较大，危险系数高。因此，对于安装在结构物内部（如：火力发电厂的大直径双曲线冷却塔）的内置式塔机，当附着撑杆超长时，必须选择更加合理的附着方式。在大直径、超高双曲线冷却塔施工中，能有效控制塔机扭转力矩的软附着方案与刚性硬附着方案相比，其在撑杆允许长度、制做成本、安装及拆卸简便等方面的优势十分明显，是今后发展的方向。

2. 工 艺 特 点

2.1 塔机内置于建筑物内部，增加了塔机的有效覆盖范围，仅用一台塔机就能旋转覆盖冷却塔每个施工点，减少了塔机的使用数量，节约了施工成本。

2.2 生产制做工艺简单，生产周期短，运输方便，使用成本低廉。

2.3 与刚性附着比较，软附着装置适用的跨度大，距离远，也便于选择和布置附着点。

2.4 软附着利用钢丝绳将塔机固定于冷却塔筒壁上，具有安装及拆卸过程快捷、操作简便、安全可靠等特点。

2.5 所用材料为附着框架、钢丝绳、绳夹、绳扣等，具有选用材料及标准件广泛等特点。

2.6 软附着装置能保证塔机的正常使用和安全。

3. 适 用 范 围

本工法配合超过独立设计高度的塔机使用，具有杆式刚性附着塔机的功能，适用于双曲线冷却塔等大型筒体结构及高大多边形框架建筑的施工。

4. 工 艺 原 理

借助于塔机软附着设置的抗倾翻钢丝绳、抗正向和逆向扭矩钢丝绳传递的拉力，通过各个方向的力平衡达到固定塔身、抵抗塔机水平冲击力和双向扭转力矩的作用；预埋墙板分为4组，对称分布在塔身对角线方向的冷却塔内壁上，每组预埋墙板又按一定的间距设置 4 个预埋点，分散了薄壁冷却塔的集中受力。同时利用钢丝绳柔软的特点，起到保护薄壁建筑物的作用。

5. 施工工艺流程及操作要点

施工工艺流程及操作要点见图 5。

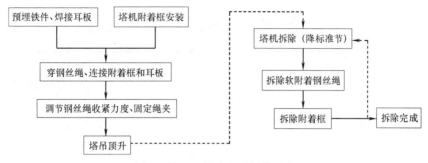

图 5　施工工艺流程及操作要点

5.1　选择适用于本工程施工的塔机，塔机的独立高度、最大附着高度、最大吊重量、起重臂长度应适用于本工程施工需要。

5.2　选择适合的塔机安装位置。塔机起重臂应旋转覆盖建筑物每个施工点。

5.3　在塔机软附着框架的标准节下方 1m 和冷却塔四处预埋墙板下方 1m 处分别搭建操作平台及安全栏杆，保证操作人员施工安全。

5.4　塔机软附着框架的总体结构尺寸与刚性附着情形不变，但连接耳板由原来的每方双耳变为四角单耳，以适应索具卸扣的安装要求。与塔身相连的卸扣型号、与预埋墙板相连的卸扣型号、连接钢丝绳应有足够的安全系数。

5.5　预埋铁件是主要受力点，其高度、位置等必须准确无误；耳板与预埋铁件的焊接必须牢固。

5.6　在每套软附着装置中，根据受力特点不同，分设多组连接钢丝绳。

5.6.1　抗倾翻钢丝绳：以塔身为回转中心，径向布置，均布于塔身四角，每角以四倍率方式穿绕 1 条钢丝绳，总共 4 条径向绳。

5.6.2　抗正向和逆向扭矩钢丝绳：以塔身为回转中心，切向布置，均布于塔身四角，每角以二倍率方式对称穿绕 2 条钢丝绳，分别抵抗正向扭矩和逆向扭矩，总共 8 条切向绳。

5.7　预埋墙板分为四组，对称分布在塔身对角线方向的冷却塔内壁上。每组预埋墙板又按 1.5m×1.5m 的间距设置 4 个预埋点，通过索具卸扣与径向、切向绳相连接。预埋墙板必须与冷却塔筒壁钢筋网联网，确保焊接牢固，高度、位置必须准确。

5.8　严格按照《软附着装置施工现场作业指导书》来安装和拆卸每套软附着装置，保证软附着上方标准节数量不大于 8 节。

5.8.1　安装前、后都必须校正塔身垂直度，使之不大于 4/1000。

5.8.2　按规定的顺序分别穿绕每条钢丝绳。

5.8.3　收紧钢丝绳必须采用 180° 对称收紧的方法。用塔机起升吊钩或 2t 手动葫芦收紧每根钢丝绳，使之达到规定的设计预紧张力，并保证每条钢丝绳的受力均匀。

5.8.4　固定每条钢丝绳的绳夹数量应不少于 4 颗。

6. 材料与设备

塔机一台；焊机一台；2t 手动葫芦一个；软附着框架、钢丝绳、绳夹、绳扣、扳手等若干。

7. 质 量 控 制

根据塔机软附着安装或拆卸时工作量大小，人员配置应当合理。特别注意安全监控人员必须到位，负责全过程安全监督；技术负责人负责全过程的施工技术指导和保证施工质量。

塔机软附着安装或拆卸人员配置见表7：

塔机软附着安装或拆卸人员配置　　　　　　　表7

序　号	工　种	人　数	工作内容
1	技术负责人	1人	技术交底、技术指导、施工质量
2	安全员	1人	施工全过程安全监控
3	工长	1人	负责安全、施工质量、工作安排、指挥协调
4	操作人员	6人	负责附着架及钢丝绳安装及拆除
5	焊工	1人	负责预埋件安装焊接及耳板焊接
6	电工	1人	施工用电管理
7	塔机司机	1人	操作塔吊配合钢丝绳及附着架安装
8	塔机指挥	2人	负责地面和高空作业指挥

8. 安 全 措 施

本工法属高空特种作业，施工过程中除严格遵守国家和地方有关安全规范外，还应当严格贯彻以下安全保证措施：

8.1 冷却塔内部施工现场必须有技术、安全人员监护，并用绳拉出安全警戒区，安排专人值守，严禁非作业人员进入作业警戒区域内。

8.2 当风力超过4级时严禁升（降）塔作业；若遇雷电、暴雨、浓雾、沙尘暴等天气应立即停止全部作业。

8.3 操作前，必须在安装附着框架处的塔机标准节位置搭设操作平台，按规范要求设置跳板及栏杆，保证操作人员施工安全。

8.4 操作人员必须选用通过安全考核的专业人员进行，并持证上岗。高空作业人员必须配置速差保护器及专用工具包。

8.5 软附着安装完成后，必须保证塔机四角钢丝绳受力均匀，塔身侧向垂直度不大于4/1000，塔身标准节无扭转现象发生。

8.6 每一道软附着安装或拆除完成后，最上面一道附着上方标准节总数不得大于8节。

8.7 拆除时必须自上而下拆除每道附着，且与塔机标准节拆卸同时进行。

9. 效 益 分 析

9.1 国电小龙潭发电厂淋水面积4500m² 的冷却塔高度均为105m，冷却塔均采用了软附着塔机进行吊装施工，现工程已顺利完成，塔机及软附着均顺利拆除。由于采用了软附着塔机，本工程在经济效益、节约工期、提高技术水平等方面均取得了明显效果。

9.2 软附着安装及拆除工艺简单，操作时间短，穿插于正常施工过程中，不影响塔机使用时间。

9.3 软附着工艺用料简单、操作简便，与传统的刚性附着相比，成本上可大大节约。同时降低了高空作业风险，更有效地确保了安全生产。

9.4 采用软附着塔机与传统硬附着塔机可节约资金 177.73 万元。对比分析如表 9.4（以施工 105m 高度冷却塔所需 120m 高 50m 臂长的 QTZ63 塔机为例）：

资金对比分析表

表 9.4

比较项目	软　附　着	硬　附　着	节约资金
塔机数量	1 台（安装在塔中心）56.6 万元	3 台（冷却塔外侧呈 120°分布各一台）169.8 万元	113.2 万元
附着	主要需钢丝绳 1 万 m，附着框 6 个，价值和约 8.5 万元	主要需附着 6×3 道（型钢 72t），附着框 18 个，价值和约 54 万元	45.5 万元
安装	需高空作业人员 6 名，作业点位于塔机标准节设计高度上面所搭设平台处和冷却塔筒体施工作业面包括穿绕钢丝绳和调节收紧。 安装时间为每道附着半天，6 道附着共计工时费 0.18 万元	需高空作业人员 8 名和焊工 1 名，作业点位于塔吊标准节设计高度上面所搭设平台处和冷却塔筒体施工作业面，无法调节塔身垂直度（必须事前测量计算好长度） 安装时间为每道附着 2.5d，18 道附着共计工时费 4.05 万元	3.87 万元
拆除	作业点位于标准节设计高度上平面所搭设平台上，解开钢丝绳卡即可 拆除时间为每道附着 2h，6 道附着共计工时费 0.09 万元	每道附着均需要气割拆除，由于在外筒壁上作业，无操作面，拆卸非常困难，安全隐患极大。 拆除时间为每道附着 2.5d，18 道附着共计工时费 4.05 万元	3.96 万元
塔机使用	塔吊司机 2 名，指挥 4 名；仅对一台塔机进行维修和保养。工程按 8 个月计算，工人工资共计 5.6 万元	塔吊司机 6 名，指挥 12 名；须对 3 台塔机进行维修和保养。工程按 8 个月计算，工人工资共计 16.8 万元	11.2 万元
合计节约资金			177.73 万元

薄壁不锈钢管卡压式连接施工工法

YJGF339—2006

浙江宝业建设集团有限公司

杨晓华　陈均夫　李锋　孙国勋　周小香

1. 前　　言

　　薄壁不锈钢管是我国近年来发展的高档次的环保型管材，主要用于建筑给水、热水和饮用净水工程，具有重量轻、力学性能好、使用寿命长、摩擦系数小、不会产生二次污染等优点，且综合成本合理。目前，随着我国分质供水等绿色环保工程的迅速发展，建筑给水工程对薄壁不锈钢管的需求量日益增加，发展潜力越来越大。薄壁不锈钢管卡压式连接，取代传统的螺纹连接、焊接和法兰连接等管道连接方式，保障了给水管道系统安装的可靠性、快捷性和环保性。我公司在苏州现代大厦、台州体育中心游泳馆、苏州工业园区商业街 F 城二期工程等项目上均采用卡压连接方式安装管道，取得十分理想的使用效果。在此基础上，我公司经过对该施工工艺和施工程序的总结提炼，形成本施工工法。该项关键技术已通过浙江省安装行业协会鉴定，鉴定结论为：技术先进、质量可靠、使用环保、应用前景广阔。

2. 工　法　特　点

　　2.1　操作简单、快捷，安装进度快，安装费用低。管子插入管件后，用专用的卡压工具卡压，瞬间即可完成连接作业。卡压连接与螺纹连接、焊接相比，施工工序少、安装速度快，尤其适用于工期短、质量要求高的管道施工。

　　2.2　卡压连接施工技术先进、质量可靠。薄壁不锈钢管卡压式连接只需按照操作要领施工，就可保证管道连接一次性安装不渗漏。卡压连接管道安装施工质量主要通过作业人员操作液压分离式卡压机（器）控制，不受施工条件和操作人员技术水平的影响，而焊接和螺纹连接施工质量由操作人员手工作业控制，难以保证工序质量一次性合格。

　　2.3　卡压连接的薄壁不锈钢管环保、使用寿命长。卡压连接在施工过程中管道内壁没有损伤，使用过程中水质不会被污染。通过焊接的不锈钢管，在施工过程中管材、管件经加热处理，焊缝区金相组织发生改变，耐腐蚀性达不到 304 材质的标准，易生锈，对水质和使用寿命均有一定的影响。

　　2.4　节能。与焊接不锈钢管相比较，卡压连接的不锈钢管管壁较薄，资源消耗相应较少。卡压连接采用手动液压分离式卡压器和电动液压分离式卡压机，不损耗或极少损耗电能。

　　2.5　施工人员不需要经过长时间的专业技术培训和操作实践，操作要领易懂且便于掌握，通过作业指导，掌握操作要领及步骤，即可进行施工，而且能保证质量均一。

　　2.6　现场施工清洁、文明、安全。薄壁不锈钢管卡压式连接没有螺纹加工时的油污和切割废料，也没有焊接时产生的焊渣及烟雾，施工现场清洁，操作环境良好。

　　2.7　施工操作人员劳动强度小。因薄壁不锈钢管管壁薄，重量较轻，施工现场材料搬运、安装的劳动强度明显减小。

3. 适　用　范　围

　　主要适用于公称直径小于等于 100mm、壁厚为 0.6～2.0mm 的薄壁不锈钢管道连接，可用于新建、扩建和改建的工业和民用建筑给水（冷水、热水、饮用净水）管道工程施工。

4. 工 艺 原 理

将薄壁不锈钢管道插入带有O形密封圈的管件中，用能够保证卡压统一性的带有限位锁压、自动卸压的专用液压分离式卡压机（器）对管道、管件连接口进行卡压连接，同时卡压密封圈左、右两侧，双压紧管道、管件连接口，利用薄壁不锈钢管的局部变形，使管件和O形密封圈紧贴管道表面，达到管道和管件连接口的密封和紧固。

薄壁不锈钢管道与管件卡压连接原理图见图4-1、效果图见图4-2：

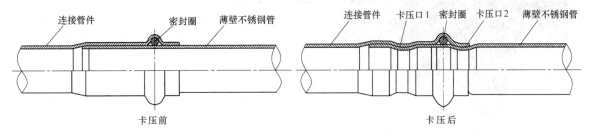

图4-1 薄壁不锈钢管道与管件卡压连接原理图

图4-2 薄壁不锈钢管道与管件卡压连接效果图

5. 施工工艺流程及操作要点

5.1 施工工艺流程（图5）

确定管道长度 → 断管 → 划线 → 插入管件 → 卡压连接 → 卡压检查 → 管道试压 → 消毒冲洗

图5 施工工艺流程

5.2 施工操作要点

5.2.1 确定管道长度，根据现场实测尺寸和管道插入管件的深度确定管道的切割长度。不同规格管道插入管件的深度见表5.2.1：

管道插入管件的深度 　　　　　　　　　　　　　　　　表5.2.1

公称直称(mm)	15	20	25	32	40	50	65	80	100
插入长度(mm)	21	24	24	39	47	52	53	60	75

5.2.2 断管：采用电动切管机或手动切割器，垂直于管的中心线切断管道。公称直径小于等于50mm的管道用专用手动不锈钢切管器，公称直径大于50mm的管道用电动切管器。然后用除毛刺器清除管端的毛刺和切屑，并用棉丝或纱布将粘附在管道内外的垃圾、异物和油污等去除干净。

5.2.3 划线：根据管子插入长度，用专用划线器在管子端部画标记线一周。

5.2.4 插入管子：将管子垂直插入卡压式管件中，插入后，应确认管子上所划标记线距管件端面距离在2mm以内。注意管子插入时，不要损伤密封圈，如插入时过紧可在管子上沾点水，不得使用油脂润滑，以免使密封圈变质失效。

图5.2.5-1　电动液压分离式卡压机卡压钳口安装

图5.2.5-2　管件凸出部位安装在钳口的凹槽处

薄壁不锈钢管道与管件卡压连接效果见图5.2.5-3和图5.2.5-4：

5.2.5　卡压连接：

1. 将卡压头（枪）、油管和压力泵连接成一体，检查并确认电动液压分离式卡压机（或手动液压分离式卡压器）性能完好，可进行卡压施工。

2. 选择与管件相对应的钳口，并擦干净钳口。

3. 安装卡压钳。将管件端部装有橡胶O形密封圈的圆弧凸出部位安装在卡压钳口凹槽处，使钳口与管道中心线垂直。

电动液压分离式卡压机卡压钳安装见图5.2.5-1和图5.2.5-2：

4. 卡压连接：

1）管径$DN15～25mm$的不锈钢管卡压连接：采用手动液压分离式卡压器进行压接。摇动手动液压分离式卡压器的液压杆进行加压，当钳口上下片封合、压力表读数达到30MPa时，液压自动控制阀自动断压，卡压施工结束。

2）管径$DN30～50mm$的不锈钢管卡压连接：采用手动液压分离式卡压器进行压接。摇动手动液压分离式卡压器的液压杆进行加压，当钳口上下片封合、压力表读数达到42MPa时，液压自动控制阀自动断压，卡压施工结束。

3）管径$DN60～100mm$的不锈钢管卡压连接：采用电动液压分离式卡压机进行压接。接通电源，打开电动加压泵上的电动开关进行加压，当钳口上下片封合、压力表读数达到48MPa时，液压自动控制阀自动断压，卡压施工结束。

5. 卸下卡压钳口，并将钳口放置在干净的地方。

图5.2.5-3　管道与管件卡压连接效果

6. 卡压检查：用专用量规检查卡压后尺寸是否符合要求，如量规不能放入卡压处时，应再次卡压或切断后重新安装。

7. 管道试压：按系统或楼层进行分区试压。

1）在管道最高处安装排气阀，最下端连接手动试压泵，其余各管口均用管堵堵塞。

2）将管道内注满水，并排出管内气体；

3）用手动试压泵缓慢进行加压，当压力升至工作压力的 1.5 倍时（最低不得低于 0.6MPa），停止加压，观察 10min，压力降不得超过 0.02MPa；然后将试验压力降至工作压力，对管道进行外观检查，以不渗不漏为合格。

图 5.2.5-4　薄壁不锈钢管卡压连接安装效果

4）管道系统加压后发现有渗漏水或压力下降超过规定值时，应检查管道，在排除渗漏水原因后，再按以上规定重新试压，直到符合要求。

在温度低于 5℃ 的环境下进行水压试验时，应采取可靠的防冻措施，试验结束后，应将存水放尽。

8. 消毒、冲洗

饮用水管道在试压合格后采用 0.03％ 高锰酸钾消毒液灌满管道，消毒液在管道中静置 24h 排空，然后用饮用水冲洗，直到饮用水的水质达到现行国家标准《生活饮用水卫生标准》GB 5749 的要求。

6. 材料与设备

6.1 材料

建筑给水薄壁不锈钢管所选用的管材和管件，应具有国家认可的产品检测机构的产品检测报告和产品出厂质量保证书；生活饮用水用的管材和管件，还应具有卫生部门的认可文件。薄壁不锈钢管卡压式连接用材料必须符合以下标准：

CECS 153：2003　《建筑给水薄壁不锈钢管管道工程技术规程》

GB/T 19228.1—2003　《不锈钢卡压式管件》

GB/T 19228.2—2003　《不锈钢卡压式管件连接用薄壁不锈钢管》

GB/T 19228.3—2003　《不锈钢卡压式管件用橡胶 O 形密封圈》

薄壁不锈钢管道、管件等经验收合格后应妥善保管，不得与碳素钢管接触，以防产生电化学腐蚀。

在安装管道的过程中，应注意保护好不锈钢制品表面的氧化膜，在搬运和装卸时应小心轻放，避免碰撞。

6.1.1　薄壁不锈钢管材、管件

（1）管材、管件牌号和化学成分见表 6.1.1-1 。

管材牌号和化学成分（％）　　　　　　　　　　　　　　表 6.1.1-1

牌　号	C	Si	Mn	P	S	Ni	Cr	Mo
OCr19Ni9	≤0.07	≤1.00	≤2.00	≤0.035	≤0.030	8.0～10.0	17.～19.0	
OCr17Ni12Mo2	≤0.08	≤1.00	≤2.00	≤0.035	≤0.030	10.～14.0	16.～18.0	2.0～3.0
OOCr17Ni14Mo2	≤0.03	≤1.00	≤2.00	≤0.035	≤0.030	12.～15.0	16.～18.0	2.0～3.0

（2）管材和管件的力学性能和适用范围见表 6.1.1-2 。

管材牌号、力学性能和适用范围　　　　　　　　　　　　表 6.1.1-2

牌　号	抗拉强度（MPa）	延伸率％		适用范围
		纵向	横向	
OCr19Ni9	≥520	≥35	≥25	冷水、热水、饮用净水等管道
OCr17Ni12Mo2	≥520	≥35	≥25	耐腐蚀要求高的管道
OOCr17Ni14Mo2	≥480	≥35	≥25	海水管道

（3）管材直径、公差和壁厚及管件壁厚见表 6.1.1-3 。

系列管材直径、公差和壁厚及管件壁厚   表 6.1.1-3

公称直径 DN(mm)	外径 D(mm)	外径公差(mm)	壁厚(mm)
15	15.88	±0.10	0.6～0.8
20	22.22	±0.11	0.8～1.0
25	28.68	±0.14	
32	34.00	±0.18	1.0～1.2
40	42.70	±0.21	
50	48.60	±0.27	
60	63.50	±0.33	1.5～2.0
70	76.10	±0.38	1.5～2.0
80	88.90	±0.44	2.0
100	108.0	±0.54	

（4）外观：钢管焊缝表面应无裂缝、气孔、咬边、夹渣，内外表面必须光滑，不应有超出钢管表壁厚负公差的划伤、凹坑和矫直痕迹等缺陷，断口应无毛刺。

6.1.2 覆塑薄壁不锈钢水管不同规格的管材、管件的壁厚见表 6.1.2。

覆塑薄壁不锈钢水管管材、管件的壁厚   表 6.1.2

公称直径(mm)	外径(mm)	壁厚(mm)	包覆层 PE 壁厚(mm)
15	15.88	0.6～0.8	≥0.8
20	22.22	0.8～1.0	≥0.8
25	28.58	0.8～1.0	≥0.8
32	34.00	1.0～1.5	≥1.0
40	42.70	1.0～1.5	≥1.0
50	48.60	1.0～1.5	≥1.0
60	63.50	1.5～2.0	≥1.2
70	76.1	1.5～2.0	≥1.2
80	88.90	2.0	≥1.2
100	108.00	2.0	≥1.2

注：主要用于室内墙面、地面直埋敷设安装，卡压连接与薄壁不锈钢管相同，接头部位应在卡压连接后采用聚乙烯(PE)防腐胶带缠绕包覆。

6.1.3 密封材料：主要为 CIIR 氯化丁基橡胶、TPM 氟橡胶和硅胶，在低于 110℃介质时选用氯化丁基橡胶，在超过 110℃介质使用时，选用氟橡胶。输送不同介质密封圈品种选用见表 6.1.3-1。密封圈的形状见图 6.1.3、规格和尺寸见表 6.1.3-2。

密封圈品种选用   表 6.1.3-1

序 号	密封材料名称	温 度 范 围	最大工作压(MPa)	产品适用范围
1	氯化丁基橡胶 硅胶	−20～110℃	1.6	直饮水、自来水、热水
2	氟橡胶 硅胶	−30～170℃	1.6	蒸汽、高温热水
3	丁腈橡胶	−20～110℃	1.6	燃气、燃油、石油

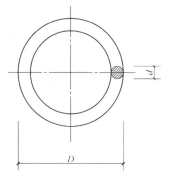

图 6.1.3 密封圈形状

密封圈规格和尺寸   表 6.1.3-2

公称直径 DN	密封圈外径 D	允许公差 ΔD	密封圈线直径 d	允许偏差 Δd
15	21.85		3.25	
20	29.42		3.70	±0.1
25	33.35	±0.30	4.36	
30	43.74		5.03	
40	54.50		5.60	±0.12
50	63.85		6.20	
60	81.70		7.90	
70	93.00	±1.0	7.90	±0.15
80	107.00		8.70	
100	121.00		8.80	

6.2 施工机具

6.2.1 施工机械：电动液压分离式卡压机（图 6.2.1-1）、手动液压分离式卡压器（图 6.2.1-2）、电动切管机、手动切管器。液压分离式卡压器（机）的型号、规格见表 6.2.1。其中：手动液压分离式卡压器由卡压钳（六个规格）、卡压枪、液压油管和手动压力泵组成，卡压直径为 DN15～50mm 薄壁不锈钢管；电动液压分离式卡压机由卡压钳（四个规格）、卡压头、液压油管和电动压力泵组成，卡压直径为 DN65～100mm 薄壁不锈钢管。

液压分离式卡压器（机）的型号、规格   表 6.2.1

名 称	型 号	规 格	功 率
手动液压分离式卡压器	NU-1 型	DN15 DN20 DN25	手动
手动液压分离式卡压器	NU-2 型	DN30 DN40 DN50	手动
电动液压分离式卡压机	NU-3 型	DN60 DN70 DN80 DN100	0.75kW

图 6.2.1-1 电动液压分离式卡压机

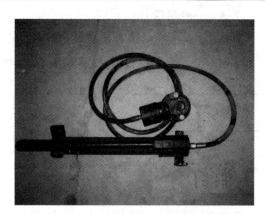

图 6.2.1-2 手动液压分离式卡压器

注意：使用的压力表要在校验有效期内。

6.2.2 施工工具：除毛刺器、画线器、量规、卡尺、千分尺、钢板尺、卷尺。

7. 质 量 控 制

7.1 一般规定

7.1.1 按该工法操作安装的管道工程施工质量必须符合《建筑给水排水及采暖工程施工质量验收规范》GB 50242—2002 有关管道安装的规范。

7.1.2 管道安装工程施工应具备以下条件：

施工设计图纸和其他技术文件齐全，图纸已经会审；施工方案已进行技术交底；材料、施工人员、施工机具等能保证正常施工；施工用水、用电和材料储放场地等条件能满足施工需要。

7.1.3 施工前应了解建筑物的结构，并根据设计图纸和施工方案制订与土建、装饰和其他专业安装工程施工的配合措施。安装人员应熟悉薄壁不锈钢管和管件的性能，掌握操作要点。

7.1.4 对管材和管件的外观和接头应进行认真检查，管材、管件上的污物和杂质应及时清除。

7.2 主控项目

7.2.1 给水管道必须采用与管材相适应的管件。生活给水系统所涉及的材料必须达到饮用水卫生标准。

检验方法：检查材料合格证及相关证件。

7.2.2 暗敷的管道应在封闭前做好水压试验和隐蔽工程验收记录。

检验方法：检查隐蔽工程验收记录和管道强度试验记录。

7.2.3 室内给水管道的水压试验必须符合设计要求。当设计未注明时，薄壁不锈钢管道系统试验压力均为工作压力的 1.5 倍，但不得小于 0.6MPa。

检验方法：给水管道系统在试验压力下观察 10min，压力降不应大于 0.02MPa，然后降到工作压力进行检查，应不渗不漏。薄壁不锈钢管道用水做压力试验时，水的氯离子含量不得超过 200ppm。

7.2.4 给水系统交付使用前必须进行通水试验并做好记录。

检验方法：观察和开启阀门、水嘴等放水。

7.2.5 生产给水系统管道在交付使用前必须冲洗和消毒，并经有关部门取样检验，符合国家《生活饮用水标准》方可使用。

检验方法：检查有关部门的检测报告。

7.2.6 室内直埋给水管道应采用覆塑薄壁不锈钢管或外包聚乙烯（PE）防腐胶带，埋地管道防腐层材质和结构应符合设计要求。

检验方法：观察或局部解剖检查。

7.3 一般项目

7.3.1 薄壁不锈钢水平管道纵横方向的弯曲和立管的垂直度允许偏差应符合表 7.3.1 的规定。

钢管水平管道纵、横方向的弯曲和立管的垂直度允许偏差　　　　　　　表 7.3.1

项 次	项 目		允许偏差(mm)		检 验 方 法
1	水平管道纵横方向弯曲	钢管	每1m 全长25m以上	1 ≥25	用水平尺、直尺拉线和尺量检查
2	立管直度	钢管	每1m 全长5m以上	3 ≥8	吊线和尺量检查

检验方法：拉线、吊线和尺量检查。

7.3.2 薄壁不锈钢管道插入管件时，要保证接头清洁，插入深度要达到规定要求。卡压连接时，上、下钳口要封合，液压压力要达到规定值。

检验方法：尺量和观察检查。

7.3.3 薄壁不锈钢管道采用碳素钢材料做支架时，应在管道和支架之间垫入不锈钢钢片或不含氯离子的塑料（或橡胶）垫片。

检验方法：观察检查。

7.3.4 薄壁不锈钢管道穿过墙壁或楼板时，均应加装套管，套管与管道之间的间隙不应小于10mm，并在空隙里填充绝缘物，绝缘物内不得含有铁屑、铁锈等杂物，绝缘物可采用石棉绳。

检验方法：观察检查。

7.3.5 给水水平管道应有2%～5%的坡度坡向泄水装置。

检验方法：水平尺和尺量检查。

8. 安 全 措 施

8.1 管道工程施工之前，操作人员必须接受安全技术教育，学习国家有关安全生产的各项规定和安全技术规程，经考试合格后，才可以上岗作业。

8.2 高空作业人员不许站在梯子的最上二级施工，更不允许两人以上同时在一个梯子上工作。使用"人字梯"时，必须将两梯间的安全挂钩拴牢。

8.3 高空作业使用的工具应放在随身携带的工具袋中，不便入袋的工具应放在稳当的地方，严禁上下抛扔。

8.4 液压分离式卡压机（器）的液压管道各螺纹快速接头应拧紧，需确认连接无误后方可操作。不准超过机具的最高允许压力工作，不得随意调动调压阀。工作时应允速摇动手柄，不得使油路有脉冲现象，以确保各阀门能持久工作。油量不够时不能在有压力的情况下注油，以免回油时贮油管内有油压存在。

8.5 高压胶管每年作一次打压试验，防止胶管老化发生意外。

8.6 施工用电实行三相五线制，一机一闸一漏保，电动机具的电源插头应接在带有漏电保护器的插座上。

8.7 采用支（托）架安装管道时，应先将管子固定好后再进行卡压连接，以防管子滑落砸伤人员。

8.8 安装立管时，先把楼板空洞清理干净，在盖好上层井口的防护板后，再在管井内施工，以免物件掉下砸伤人。

9. 环 保 措 施

9.1 材料应放置在干净的室内，并用塑料薄膜等覆盖保护，管子、管件粘到油污时要擦拭干净，尤其是管端及管件安装橡胶密封圈的部位。

9.2 施工作业面保持整洁，严禁将建筑物垃圾随意抛弃，做到文明施工，工完场清，垃圾定点堆放。

9.3 管道试压、消毒和冲洗用水不得随意排放，要将水有组织地排放到排水井或排水沟里。

10. 效 益 分 析

随着现代化社会日新月异的发展，高强度、抗腐蚀性能强、韧性好的薄壁不锈钢管被广泛应用。目前，在管道安装工程施工中，不锈钢管施工普遍采用传统的焊接连接方法，它与卡压式连接相比，在社会效益和经济效益方面均显逊色。不锈钢管卡压式连接和焊接连接比较分析如下：

10.1 社会效益分析

薄壁不锈钢管卡压式连接和不锈钢管焊接连接社会效益比较见表10.1。

薄壁不锈钢管卡压式连接和不锈钢管焊接连接社会效益比较　　　　　表 10.1

序号	项　目	薄壁不锈钢管卡压式连接	不锈钢管焊接连接
1	环保安全使用寿命	(1) 施工过程中管材、管件材质内壁没有损伤，可保证使用过程中水质不会被污染，使用寿命长 (2) 卡压连接施工过程中清洁、环保、安全，不会污染环境，无火灾隐患 (3) 施工过程中没有噪声产生，不会扰人们的生活	(1) 在焊接施工过程中管材、管件经加热处理，焊缝区金相组织发生改变，耐腐蚀性达不到 304 材质的标准，易生锈，使用寿命相对缩短 (2) 焊接时有烟雾、明火，对人体健康有一定的影响，并有火灾危险 (3) 焊接过程中一直有噪声产生
2	节能	(1) 卡压连接时，瞬间即可完成，不消耗电能或电能消耗较少 (2) 卡压式连接采用薄壁不锈钢管材、管件，资源消耗相应较少	(1) 在焊接施工过程中需不断地消耗电能和其他辅助材料 (2) 焊接连接采用的管材管壁较厚，资源消耗相应较多
3	质量	操作简单、便利，施工质量主要由液压分离式卡压机(器)控制，不受施工条件和操作人员技术水平的影响，可保证施工质量一次性合格	施工质量主要由操作人员技术水平和手工作业控制，易产生质量隐患，不能保证一次性焊接质量合格

10.2 经济效益分析

10.2.1 薄壁不锈钢管卡压式连接和不锈钢管焊接连接材料消耗比较。

卡压式连接的不锈钢管道其壁厚要比焊接式连接的不锈钢管道薄，相同的管径，材料消耗相应要少。按公称直径 DN100、长度 10m（即 100dm）的不锈钢管（0Cr19Ni9）为例，根据公式（10.2.1）计算卡压连接和焊接连接的材料消耗差。

$$W = \pi(R^2 - r^2)h\rho \tag{10.2.1}$$

式中　W——不锈钢管重量（kg）；

R——钢管外圈半径（dm）；

r——钢管内圈半径（dm）；

h——管道长度（dm）；

ρ——0Cr19Ni9 不锈钢管密度（7.93 kg/dm）。

卡压连接的不锈钢管，DN100 的规格为：钢管外圈半径 0.54dm、钢管内圈半径 0.52dm，壁厚为 2mm，长度 100dm 需消耗的材料重量 W1 为：

$$W1 = \pi(R^2 - r^2)h\rho = 3.14 \times (0.54^2 - 0.52^2) \times 100 \times 7.93 = 52.79\text{kg}$$

焊接连接的不锈钢管，DN100 的规格为：钢管外圈半径 0.54 dm、钢管内圈半径 0.50dm，壁厚为 4mm，长度 100dm 需消耗的材料重量 W2 为：

$$W2 = \pi(R^2 - r^2)h\rho = 3.14 \times (0.54^2 - 0.50^2) \times 100 \times 7.93 = 103.58\text{kg}$$

卡压连接与焊接连接所用的不锈钢管其重量差为：

$$W = W1 - W2 = 103.58 - 52.79 = 50.79\text{kg}$$

按以上计算结果可知，每安装 DN100 不锈钢管 10m，采用卡压式连接比焊接连接可节约不锈钢材 50.9kg。

由此可见，如供水量、输送长度相同，供水管网采用卡压式连接消耗的不锈钢材料（以重量计）比焊接式连接要低得多，可以节约大量的不锈钢资源。

10.2.2 薄壁不锈钢管卡压连接和不锈钢管焊接连接安装费用对比见表 10.2.2。

薄壁不锈钢管卡压连接和焊接连接安装费用对比　　　　　　　　　　　　表 10.2.2

	基　价	人工费	材料费	机械费
薄壁不锈钢管焊接连接	202.19	75.81	40.28	86.10
不锈钢管卡压连接	104.18	85.07	3.04	16.07

注：1. 表内数据按公称直径 DN100 计算；
　　2. 薄壁不锈钢管的焊接连接按氩弧焊接计算；
　　3. 薄壁不锈钢管的卡压连接套用沟槽式连接定额；
　　4. 计量单位：10m。

由以上数据可以得出：DN100 的薄壁不锈钢管，在统一不计算主材费的情况下，每安装 10m 管道，可节约安装费 101.99 元。

11. 应 用 实 例

苏州现代大厦工程，位于苏州市工业园区，结构为框剪 21 层，地下 2 层，总建筑面积 98220m²，2003 年 6 月开工，2005 年 9 月完工，该工程造价为 47895 万元，2006 年已通过省级杯评审。该项目生活用水管采用薄壁不锈钢管卡压式连接，环保、节能、质量可靠。薄壁不锈钢管卡压连接施工过程中既没有污染，也没有噪声，且电能消耗极少，最主要的可保证施工质量一次到位。通过业主一年多时间的使用，未发现有水管渗漏现象，使用效果良好。

苏州工业园区商业街 F 城二期工程，位于苏州市工业园区，结构为框剪 18 层，总建筑面积 37175m²，2005 年 11 月开工，工程进度已进入装饰阶段，工程造价为 6200 万元。该项目生活给水管采用薄壁不锈钢管卡压式连接，卫生间隐蔽水管采用覆塑薄壁不锈钢管，目前管道已大部分安装到位，已敷设的管道按系统或楼层面分批试压，均一次性合格，薄壁不锈钢管卡压式连接部分的工程造价 100 万元。

台州体育中心游泳馆工程，位于台州市高教园区，结构为框架 3 层，总建筑面积 17210m²，2004 年 3 月开工，2006 年 9 月完工，该工程造价为 2274 万元。该项目热水管采用薄壁不锈钢管卡压式连接，通过业主半年多时间的使用，未发现有水管渗漏情况，使用效果良好。

计算机区域联锁施工调试工法

YJGF340—2006

中铁八局集团有限公司

蒲元明　谢邦　朱永丽

1. 前　　言

计算机区域联锁是建立在计算机连锁的基础上，利用计算机联锁与网络、安全传输等技术于一体的新型计算机联锁技术，实现一个中心站（场）管理若干个站（场）的需求，实现信号控制系统的网络化、智能化、集成化和区域化，扩大计算机联锁系统的控制范围，是车站联锁的发展方向。

贵阳南站西北场信号工程是继全路湖东、合肥东、新丰镇站后，第 4 个采用计算机区域联锁制式的车站。该设备目前在我国车站联锁方面处于领先水平，在西南地区乃首次使用，其施工及调试技术须经实践积淀，经过对贵阳南站信号工程的总结、提高，形成本工法。

2. 工 法 特 点

2.1　针对联锁机和执表机的设置，采取近距离联调方法。将中心楼的监控机移至设备楼，对各设备楼信号设备实行现场独立的信息调试，提高了调试效率和准确性。

2.2　采用 DL-30A 电流变送器，实现中心站对邻站道岔动作电流的远程监控。

2.3　通过完善施工工艺，提高场间光缆的备用信息通道利用率。

2.4　提出了既有道岔提前换装方案。采取局部封锁的方式将有道岔的安装装置、转辙机及配线进行提前更换，同时完成相应的机械、电气特性测试。缩短了转辙设备倒替时的换装时间。

2.5　提出了轨道电路模拟调试方案，缩短了轨道电路倒替时的调试时间。

3. 适 应 范 围

本工法适应于计算机区域联锁制式的编组站、区段站信号工程。

4. 工 艺 原 理

4.1　TYJL-II 型联锁系统的联锁机和执表机的硬件结构、基本原理和基本结构是相同的。针对联锁机与执表机的设置，采用近距离联调方法，将中心信号楼的监控机移至设备楼，对各设备楼信号设备实行现场近距离、独立的信息调试，以保证采集、驱动信息的准确无误，提高了调试效率和准确性。

4.2　采用 DL-30A 电流变送器，当输入 0～30A 直流电流，则输出 0～100mA 的稳流直流电流。道岔动作电源经过本站（场）的电流变送器，直接送至室外道岔，从而达到不降低道岔动作电压，而变压器输出的稳流直流电流送至中心楼的电流表，实现中心站对邻站（场）道岔动作电流的远程监控。

4.3　提出既有道岔提前换装施工技术，充分利用每天的天窗修点局部封锁的方式将安装装置、转辙机及配线进行更换，并同时完成相应的机械、电气特性测试，从而对道岔转辙设备的倒替工作量在时间和空间上实现分解，使其化整为零，缩短道岔转辙设备的换装倒替时间。

4.4　提出轨道电路提前调试施工工艺，交验前将轨道电路的送端扼流与受端扼流通过模拟导线连接，对该区段进行提前调试，达到室内轨道继电器吸起、电压基本正常、极性交叉正确。信号倒替时，将扼流连接线订上钢轨就可以达到室内轨道继电器吸起，轨道调试只需细调一下就可以了。缩短轨道电路倒替时的调试时间。

5. 施工工艺流程及操作要点

以贵阳南站西北场信号工程为例，该工程包括纵向 2 场（纵向为西场、北场），分咽喉区受控于 3 个楼（西设备楼、北设备楼、中心楼），全站共 125 组道岔、138 架信号机、141 个轨道区段。中心楼负责全站联锁关系，通过光缆控制西楼、北楼的执表机，各楼具备独立执行功能，控制相应的道岔、轨道电路、信号机等设备（图 5-1）：

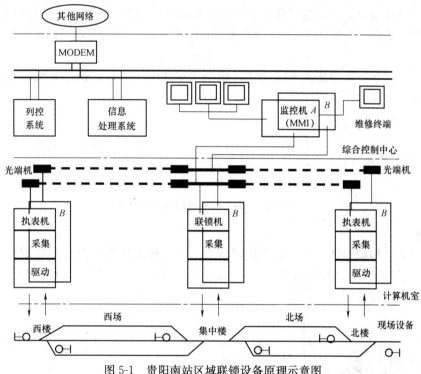

图 5-1 贵阳南站区域联锁设备原理示意图

车站联锁部分由计算机完成，联锁软件由厂家开发、安装，室外信号机、道岔转辙设备和轨道电路安装及调试与常规车站安装调试基本相同，本工法不再进行叙述，本工法主要对联锁机与执表机调试、中心楼与设备楼的信息核对、道岔电流远程监控、提高光缆信息通道备用率、道岔提前换装、轨道电路提前预调、场联等关键施工方法和工艺进行总结。

其总体施工工艺流程为图 5-2：

电源屏调度 → 模拟条件制做 → 采集、驱动信息校翻 → 联锁试验 → 场联等特殊电路试验 →
室外设备单项试验 → 既有道岔提前换装 → 轨道电路提前预调 → 信号设备倒替交付使用

图 5-2 总体施工工艺流程

5.1 区域连锁试验调试

5.1.1 电源屏的调试

1. 工艺流程（图 5.1.1）

调压屏 → 计算机连联锁 A 屏 → 计算机联锁 B 屏 → 25Hz 轨道屏 → 区间屏 → 室内各用电设备

图 5.1.1 工艺流程

2. 施工方法

计算机联锁信号工程采用专门的计算机电源屏，调试时按照电源屏的送电顺序依次调试。调试顺序见工艺流程，对每台电源屏调试时，按照说明书的电源输入到输出，测试开关与电源输出是否一一对应。

电源屏输出到其他设备也必须遵循依次逐级调试，保证单一设备故障不得导致系统故障。

电源屏的输出到各设备后，直到工程交接，必须定期监测各种电源的对地绝缘、电源间绝缘、电源漏流等电气技术指标。

5.1.2 模拟条件制做

1. 工艺流程（图 5.1.2-1）

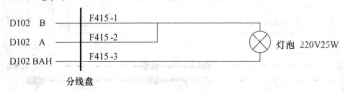

信号机 → 轨道电路 → 道岔 → 场间联系条件

图 5.1.2-1 工艺流程

2. 施工方法

1) 信号机

当信号机的室外配线完成后，通过分线盘单独送电试验，比如调车 D102 信号机，F415-1（B）和 3（BAH）送 AC220V 点亮白灯，F415-2（A）和 3（BAH）送电点亮兰灯，则该架信号机的室外调试已基本完成。

如果室外信号机由于岔改等原因不能安装，则断开室外电缆芯线，通过分线盘连接 220V 25W 灯泡模拟信号机（图 5.1.2-2）便可。

D102 B   F415-1

D102 A   F415-2

D102 BAH   F415-3   ⊗ 灯泡 220V25W

分线盘

图 5.1.2-2 调车信号机的模拟示意图

2) 轨道电路

轨道电路全部采取模拟条件，集中引到模拟盘上（中心楼的模拟盘设置在控制台，设备楼的设置在分线盘），其轨道模拟条件原理见图 5.1.2-3，通过模拟盘轨道开关控制，核对开关名称、分线盘轨道区段位置、轨道继电器状态一一对应。

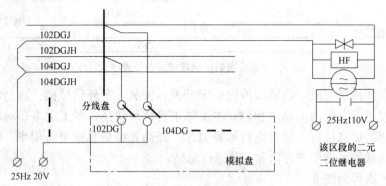

图 5.1.2-3 轨道电路模拟示意图

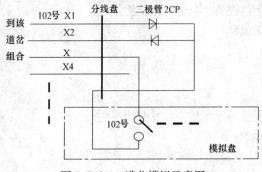

图 5.1.2-4 道岔模拟示意图

3) 道岔

分线盘断开道岔的室外电缆芯线，道岔断表示的条件引到模拟盘，采用二极管模拟而成，以一组道岔为例见图 5.1.2-4。以减少实际道岔的动作时间，避免室外故障造成调试进度受阻，达到加快施工调试进度，减少施工调试配合人员，节约能源等重要作用。通过模拟盘的道岔试验开关，校核模拟开关、道岔在分线盘位置、继电器状态等一一对应。

5.1.3 采集、驱动信息的校核

1. 工艺流程（图 5.1.3-1）

集中楼信息校核 → 西楼信息校核 → 北楼信息校核 → 中心楼对中心楼、西楼、北楼复核

图 5.1.3-1　工艺流程

2. 施工方法

计算机联锁施工调试的最基本最繁琐工作量是计算机联锁采集/驱动信息的校核，工作量非常大，它是后续工作是否顺利、正确的基本保证，信息校核必须做到准确无误。

信息校核的常规方式是在中心楼进行操作命令输出，同时观察中心楼、西楼或北楼驱动信息输出及相应采集信息的回采。此种方式在实际调试中，操作非常困难，中心楼与西楼、北楼之间实时地不断通信，尤其在处理故障时，不仅需要人员较多，而且由于通信联络干扰影响，调试进度会非常缓慢，而且准确率较低。

根据计算机区域联锁的特点，在进行西楼、北楼信息调试校核中，断开设备楼与中心楼局域网总线的联系，把监控机由中心楼搬移到该楼，直接与该楼的执表机连接见图 5.1.3-2。在本楼通过监控机操作来发出驱动指令进行信息校核，对驱动信息进行一一驱动。实现近距离、点对点的信息校核试验。

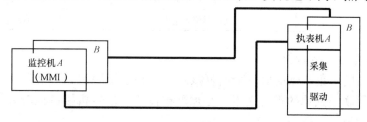

图 5.1.3-2　设备楼信息校核调试原理图

采集、驱动信息的校核采取"分楼校核，集中复核"原则。所谓"分楼校核"是指各设备楼单独、近距离、单点校核驱动信息和采集信息；"集中复核"是指通过中心楼的控制台操作，同时对该信息在显示器、联锁机和执表机的信息表示灯进行复核。分楼校核时，参照铁科院的驱动、采集信息马尾表顺序进行逐一校核，而集中复核时，采取按照轨道电路、道岔、信号机等设备各种状态进行复核。通过顺向、逆向核对，确保试验彻底、准确，保证设计院和铁科院两家在继电与计算机设备在接口上的一致性。

1）驱动信息的校核

各设备楼采取"单个驱动信息、单独驱动、单独调试"的方法，实现点对点的故障处理。避免当某一驱动信息发生错误后，计算机自动关闭该信息输出，造成该故障处理困难。驱动信息查找故障一般方法的顺序为：执表机驱动板的相应指示灯是否闪光 → 动态单元 DTB 的表示灯是否亮灯 → 偏极继电器是否吸起。一般常见故障及处理方法见表 5.1.3-1：

驱动常见故障及处理方法　　　　　　　　　　　　　　表 5.1.3-1

故障现象	故障原因	排除方法
所有驱动板没有驱动信号输出	事故继电器没有吸起	查 SGJ 驱动配线和 SGJ 性能
	电源配线错误	查找配线错误
	驱动板电源坏	更换驱动板电源
对应驱动单元的灯不亮	没有驱动信号输入	查到接口架的配线及配线电缆
	没有驱动工作电源 WKZ/WKF	查计算机稳压电源及配线
部分驱动的继电器偶尔不吸起	稳压电源的电压偏低	调高稳压电源的输出电压 30~32V
对应偏极继电器吸不起	继电器线圈无电压	线圈到驱动单元的配线有错
	继电器线圈上电压极性错	线圈到驱动单元的配线有交叉

当该驱动的偏极继电器吸起后，同时核对采集信息与该继电器的状态是否一致，若不一致，按照采集信息校核的故障处理方式办理。

2）采集信息的校核

轨道区段的占用和空闲、道岔断表示通过模拟盘试验，信号机是通过组合侧面断电源，核对采集板指示灯与继电器状态是否一致，若不一致，按照以下顺序查找故障：模拟盘配线→分线盘电压→继电器状态→接口架采集电压

计算机采集的常见故障及处理方法见表5.1.3-2：

采集常见故障及处理方法   表5.1.3-2

故障现象	故障原因	排除方法
采集不到所有信息	连锁机与上位机通信不正常	查通信卡等有关通信故障
	采集电源坏或采集回路坏	测量采集电压送到各设备没有
某点的采集信息B机采不到，而A机有采集信息	配线错误，对应点无信息输入	查找接口架跨线是否正确
	采集板发生损坏	更换采集板
A、B机采不到某点信息	配线错误（接口架，配线电缆）	根据采集电路查找采集电压
	继电器接点接触不良	更换继电器
	继电器位置错误	查组合内部配线图

3）联机驱动、采集信息的校核

联机校核是对全站的采集、驱动信息全面复核及接口检查试验记录，确保所有信息的采集、驱动正确无误，是顺利进行联锁试验的重要因素。必须严格按照"信号机接口检查表"和"轨道、道岔接口检查表"进行试验和填写记录。

通过模拟盘对各轨道区段进行占用、空闲试验；通过控制台对道岔进行定操、反操、断表示试验；根据对信号机显示设计图，依次对每架信号机开放各种信号显示试验，同步复核控制台显示、采集板表示灯与模拟盘操作意图一致。

5.1.4 计算机区域联锁关系试验

1. 工艺流程：

应急盘调试→按联锁表逐条试验→特殊电路试验→场间联系试验

2. 施工方法

1）应急盘的调试

应急台是计算机联锁系统的应急手段，当联锁失效或故障时，为不影响行车，保证铁路通畅，才启用应急台扳动道岔，替代人摇道岔，但应急台没有联锁条件，行车安全只能由人为保证。

为保证计算机联锁系统的安全性、可靠性，控制台与应急台的相互制约关系，是不能同时操纵道岔。使用控制台时，则断开应急台的工作电源，没有显示，也不能进行操作。当启动应急台时，则控制台不能进行操作。按照"应急台试验检查表"进行试验和记录填写，确保试验彻底。

2）按联锁表逐条试验

根据计算机区域联锁的特点，以及信号、道岔、进路的联锁技术条件等，需按照联锁表进行逐条试验，确保试验的完整性、严谨性。同步按照信号联锁试验表、道岔和敌对信号检查表、列车特殊联锁检查表、调车特殊联锁检查表等表格逐项试验和记录。

3）特殊电路试验

特殊电路试验包括坡道延续进路和中岔电路联锁试验，是特殊电路设计，需试验检查的项目较多，试验时很容易遗漏检查点，按照"坡道延续进路试验表""中岔电路试验表"进行试验。

4）场间联系试验

场间联系电路主要有双控道岔、机务联系、场联调车、驼峰联系等。试验这些场联电路时，试验人员要懂得场间联系电路的具体技术要求，清楚该电路的设计规范技术条件，按照"双控道岔和机务联系试验表""场联调车电路试验表""驼峰联系电路试验表"逐项试验。

5.2 信息传输改进技术施工

传输通道配置：在贵阳南站西北场信号工程中，集中楼与西楼、北楼之间都采用单模光纤（A、B机各2根，波长1.3um，型号GYTA33 4B1，传输速率可达到125Mb/s）连接，采取双缆双电缆沟的模式，避免电缆径路破坏而造成通信中断，实现信息的多通道备用，提高设备的安全可靠性，从而保证了信息传输通道的冗余备用。

其联锁机（集中楼）与执表机（西楼、北楼）之间的信息传输结构图见图5.2，本图只画出集中楼的联锁机A与副楼的执表机A机之间的光缆联系配线，联锁B机与执表B机之间的配线与此完全一样。

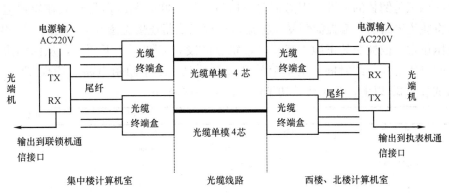

图5.2 信息传输结构图

根据设计要求，每根单模4芯光缆经光缆终端盒接出4根尾纤，其中1根作为与光端机TX/RX（发送或接收）连接，其余3根作为备用。也就是说该系统的通信通道备用为3种。

为了提高设备的安全可靠性，通信通道备用越多越好。根据现有的光缆通道（中心楼与西楼、中心楼与北楼），充分发挥现有设备功能，每个楼间通道2根光缆共有8芯，设备使用只需2芯（1芯用于发送，1芯接受）。其任意2芯的组合有$C_8^2 = 28$种，把尾纤编号为1—8便可达到28种使用方式，而不是直接定义为4种，因此提高了信息传输备用通道利用率，系统的安全可靠性得到提高。

5.3 道岔电流远程监控施工

计算机区域联锁由几个设备楼组成，各自设置1套独立的电源屏，中心楼只能观察到本楼管辖的道岔动作电流，对于其他楼所属道岔动作电流的监控就无能为力。这对于电务维修、车务使用都非常不便，在处理道岔故障时就不能根据该道岔电流直观判断故障。且容易在设备楼道岔转不到底时，该电机一直由动作电源供电，造成电机长时间转动而烧坏电机。

如图5.3所示，采用北京安润通技术开发公司生产的电流变送器，其型号为DL-30A，当输入0～30A直流电流，则输出0～100mA的稳流直流电流。道岔动作电源直接经过本楼的电流变送器，直接送到室外道岔，而变压器输出的稳流直流电流送至中心楼的电流表，从而实现不降低道岔的动作电压，中心楼又能远程监控到道岔动作电流。

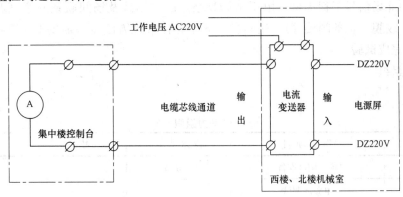

图5.3 道岔电流远程监控的原理图

5.4 既有道岔提前换装施工

充分利用每天的天窗修点局部封锁的方式将安装装置、转辙机及配线进行更换，同步完成道岔的机械、电气特性测试验收，这样开通当天只需进行道岔外部线更换，对工作量在时间和空间上实现分解，使其化整为零，大大地缩短道岔转辙设备换装倒替时间。以贵阳南站为例，联锁道岔125组，其中既有道岔102组，交验前完成既有道岔的安装装置、转辙机的更换，若在开通当天进行换装，就此一项工作，车务、工务、电务各单位配合人员均需100人以上，全站需要封锁施工10h以上。

5.5 轨道电路提前调试施工

轨道电路的调试是倒替的关键，因为道岔、信号机、场联等调试都是建立在轨道电路调试好的基础上。交验前将轨道电路的送端扼流与受端扼流通过模拟线路连接见图5.5，把该区段粗调到室内继电器能吸起、电压正常、极性交叉正确。交验时，轨道区段只需细调一下便可，从而缩短轨道电路调试时间，为工程的整体交验节约时间。贵阳南站开通倒替时141个轨道电路区段仅2h就到达控制台消红，比常规调试节约2h以上，其主要归功于倒替前成功预调。

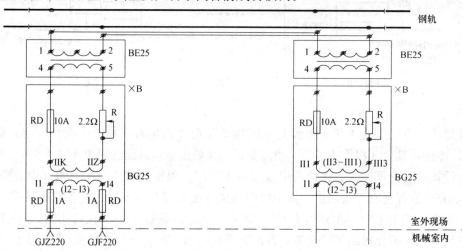

图5.5 轨道电路预调原理图

5.6 场联电路在倒替开通时的试验

场间联系电路原理试验在倒替前严格按照技术条件和设计图纸进行彻底试验。确保场间联系电路联锁关系正确，场间电路结合准确，电缆通道无误。

为节约倒替试验时间，试验人员必须对该场间联系电路充分理解，熟悉试验步骤。换句话说，也就是试验人员对试验内容做到心中有数，调试时不能花费时间到查阅图纸上，直接按约定的试验步骤进行。针对每个场联电路具体情况，制定仔细的试验步骤表，同时绘制场间联系部分站场示意图，标明场间联系的条件电源送电方向，这样就可以提供简单明了的场联调试内容。

以贵阳南站西北场信号工程为例，由于站场复杂，西北场涉及场间联系6个（北尾、南尾、东到发场、南驼峰场、改貌、机务闸楼等），站间联系3个。按常规方法试验需要6.25h，交验中按照优化的试验方法3h就完成试验。

5.7 劳动力组织

劳动力组织见表5.7。

劳动力组织			表5.7
序　号	作 业 项 目	技 术 人 员	技 工	普 工
1	施工调试准备	3	6	6
2	电源屏调试	3	6	6
3	驱动、采集信息调试	2	2	1

续表

序 号	作业项目	技术人员	技 工	普 工
4	计算机区域联系关系试验	3	6	6
5	光缆传输通道试验	2	6	3
6	道岔提前预装	3	6	12
7	轨道电路提前预调	4	6	6
8	信号新旧设备倒替	20	20	40

6. 材料与设备

计算机区域联锁施工调试工法所需机具设备见表6。

计算机区域联锁施工调试工法所需机具设备　　　　　表6

序 号	机具设备名称	单 位	数 量	用 途
1	笔记本电脑	台	2	用于质量记录及制定各类措施
2	数字万用表	列	5	连锁试验调试处理故障
3	对号机	台	3	配线校核
4	对讲电话机	台	10	主楼、副楼、室外设备之间通信联系
5	无线对讲机	台	10	调试通信联系
6	发电机	台	2	施工用
7	光纤测试仪 ODTR	台	1	光缆施工及测试
8	卷尺	台	5	测量
9	配线小工具	台	6	用于配线
10	电烙铁	台	6	用于焊线

7. 质量控制

本工法除应执行《铁路信号施工规范》TB 10206—99 和《铁路信号工程质量评定验收标准》TB 10419—2000外，在调试过程中还应执行《铁路通信施工规范》TB 10209—99、《铁路信号站内联锁设计规范》TB 10071—2000，以及信号机、轨道箱盒设备安装符合部颁电号9050要求。保证工程联锁关系正确、设备性能良好、外形美观，工程质量达到优良。

8. 安全措施

严格执行部颁标准《铁路信号施工安全技术规则》TBJ 406—87 和《铁路行车线上施工技术安全规则》TBJ 412—87 的有关规定，结合计算机区域联锁调试的工程特点补充以下几点措施：

8.1 保持微机室、信号机械室内卫生。微机机房的温度、湿度等满足计算机机房条件，落实消防措施，并专人负责。

8.2 在区域联锁系统调试前，要特别注意对电源电压、各种熔丝规格检查，防止电压过高或电源短路对设备产生破坏。

8.3 需要更换插件板时，应严格按照相关操作维护手册的要求，切断电源后才能拔插件板。

8.4 室内开通试验的各种临时跨线，开通前必须拆除。必须增加时需经设计和使用单位确认，要焊接牢固并在图纸上做出标记和说明。

8.5 动用使用中设备必须登记要点，给点后进行工作，工作完毕及时消点手续，如果要点时间内没有完成，应及时续点，切不可蛮干危及行车安全。

9. 环 保 措 施

9.1 为在管内各工程项目施工中保护生态环境，做好水土保持工作，成立环境保护、水土保持、施工环境卫生管理机构。以绿色、环保的理念编制施工组织设计，遵守相关法律法规和有关标准。

9.2 优先选用低噪声设备，减少对附近居民的干扰，噪声必须符合不同施工阶段作业噪声限值。

9.3 施工调试中使用的电池等废弃物分类管理，妥善处理，杜绝污染事故的发生。

9.4 控制能源使用，降低消耗，制定合理的节能降耗措施。

9.5 室内施工调试期间，制定切实有效的信号楼成品保证措施，营造文明、卫生良好的施工环境。

10. 效 益 分 析

计算机区域联锁是通过中心站同时控制和管理相邻车站、站场或线路所，实用于大站和枢纽站。对于减少信号投资、提高枢纽运输效率、对铁路的高速和信息联网发展都起到了非常重要的作用。

10.1 经济效益分析（以贵阳南编组站为例）

10.1.1 采用计算机区域联锁施工调试工法，我司施工的贵阳南站西北场计算机区域联锁信号工程，产值 2600 万元以上，创利润达 100 万以上，交纳税金 86 万元。

10.1.2 通过采用信息采集、驱动调试改进施工技术，调试人员减少 5 人，调试进度提前 3d（原方案 10 人，6d），节约人工费50元/人·天×(10×6－5×3)天·人＝2250元，节约电费 1500 元。

10.1.3 在施工调试中道岔条件采用二极管模拟，不仅加快了调试速度，而且节约供电能源和人工费用约 0.2 万元。

10.1.4 西北场计算机联锁信号工程安全、顺利、优质、提前开通交付使用，与铁路局电报要求的 14h 提前 4h 20min，把信号倒替对运输影响降到最低程度，大大地提高了运输效益，并确保旅客列车正点到发、货物列车正常编组。而且节约施工倒替开通费用约 2 万元。

10.2 社会效益分析

在贵阳南编组站西北场信号工程区域计算机联锁调试施工过程中，根据计算机区域连锁的特点制定出科学、完整、实用性强的施工调试作业模式，及计算机区域联锁试验检查表，对区域连锁调试中的光缆信息传输、采集和驱动信息的校核、设备楼道岔动作电流的监测等问题实施了改进施工技术。确保该工程的连锁关系正确、完整、严谨、可靠。该工法对此类区域联锁车站的调试起指导和规范作用。

11. 应 用 实 例

2004 年，贵阳南站西北场信号工程通过运用计算机区域联锁施工调试工法，工程质量得到很大的提高，保证了工程的安全、顺利、优质、提前开通交付使用，比铁路局电报计划 14h 提前 4h 20min，是全路同类大站信号工程迅速安全倒接的奇迹。该工程先后获得成都铁路局"安全标准工地"、四川省"用户满意建筑工程"、株六线"优质样板工程"以及四川省"天府杯"金奖。

　　成都北编组站采用 CIPS 综合集成自动化系统，以计算机区域连锁为基础，以编组站综合管理系统为核心，将编组站作业的各个环节作为一个不可分割的有机整体。该站为纵列式 3 级 6 场，共 512 组道岔，上、下行编组场各 32 股道，目前是亚洲技术上最先进的编组站。该工法在成都北编组站 2005 年开工以来，一直起到施工指导作用，确保工程有序进行，保证该工程今年 3 月 31 日顺利开通投入试运行阶段，为 4.18 全路实行第六次大提速而正式投入使用。

橡胶轮胎成套设备安装工法

YJGF341—2006

中国建筑第四工程局

虢明跃　刘虹　左波　李方波　蒋华雄

1. 前　言

橡胶轮胎随着我国汽车工业的高速发展而具有广阔的市场，目前，橡胶轮胎生产企业在我国增长迅速，而橡胶轮胎生产的核心设备大多数是国外的进口设备，其设备安装是橡胶生产线的核心。我公司通过在厦门正新橡胶轮胎厂的一期、二期、三期工程，厦门正新海燕轮胎厂、厦门正新实业轮胎厂、昆山建达轮胎厂、天津大丰轮胎厂、贵州橡胶轮胎厂等工程的成套设备安装，积累了非常实用、经济、且先进的施工经验，多个工程获得了省、部级优质工程奖，同时，形成了采用多种吊装形式，设备精确的调整手段等工艺的成套设备安装工法，由于该方法在使用过程中能有效地节约成本、提高生产效率、且技术先进，深得业主的信赖，取得了良好的社会和经济效益。

2. 工 法 特 点

本工法包括整套橡胶轮胎生产线成套设备安装施工技术。其中主要有密炼机安装、压延机安装、成型机安装、硫化机等设备的安装工艺。

本工法主要有以下特点：

2.1　操作性强

本工法详细叙述了橡胶生产设备的施工方法及要点，可操作性强，对施工有极大的指导作用。

2.2　确保质量

采用本工法施工，提高施工质量。特别是详细的解析了成套设备的精度测量方法，进一步确保了安装质量。

2.3　节约成本

根据橡胶厂房的现场条件，采用多种吊装方法，大大节约了大型吊装设备费用。

2.4　安全性高

本工法的组装吊装方法，简单易行，方便操作，安全性高。

3. 适 用 范 围

本工法适用于橡胶轮胎生产线成套设备安装。对今后的同类工程具有很好的参考价值。

4. 工 艺 原 理

橡胶轮胎生产线设备的安装工艺复杂，主要有生胶、碳黑系统、电子秤、密炼系统、开炼系统、冷却系统、压延系统、成型系统、硫化系统、检测系统等，其设备安装的工艺原理主要是吊装和设备安装的精平调整。

设备吊装：橡胶轮胎厂设备安装时其厂房结构及所有共用设施（通风、空调、电气、管道）均已完成后，才能安装设备，因受厂房高度等条件的限制和影响，吊装作业既无法采用与设备相匹配的大型吊车一次就位，也不可能采用桅杆进行吊装。在实际中我们采用叉车配合小型吊车及地老虎车、千斤顶等多种吊装方法，结合实际情况进行吊装及运输，开发了一套低空间厂房设备吊装及运输的施工技术，既能安全有效地将设备吊装就位，又能大大的节约大型吊车费用。

设备精平：橡胶轮胎厂设备中密炼机、开炼机、压延机、成型机及硫化机体积大、重量重、安装精度要求高，采用高精度水准仪、百分表等检测仪器仪表进行检测调整。调整中依照顺序进行流水调校，直至达到规定要求为止。

5. 施工工艺流程及操作要点

5.1 施工工艺流程

5.1.1 设备安装施工工艺流程图（图 5.1.1）

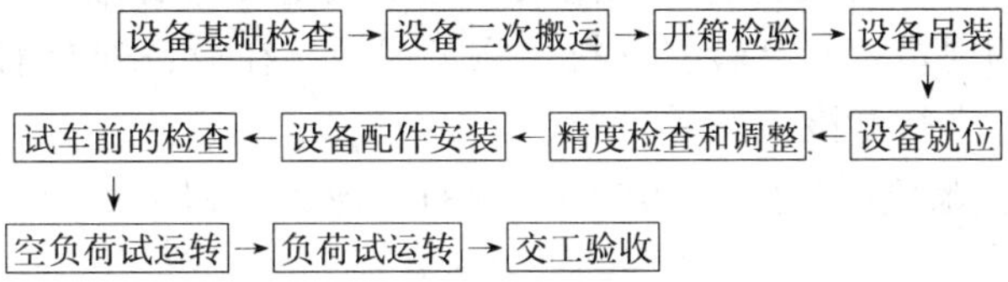

设备基础检查 → 设备二次搬运 → 开箱检验 → 设备吊装

试车前的检查 ← 设备配件安装 ← 精度检查和调整 ← 设备就位

空负荷试运转 → 负荷试运转 → 交工验收

图 5.1.1 设备安装施工工艺流程

5.1.2 密炼机安装施工工艺流程图（图 5.1.2）

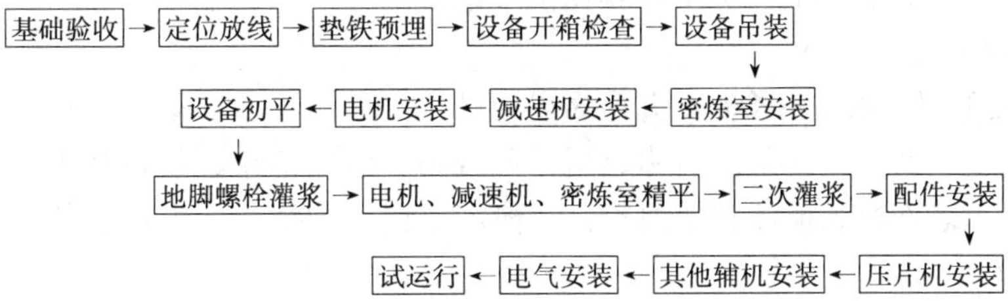

基础验收 → 定位放线 → 垫铁预埋 → 设备开箱检查 → 设备吊装

设备初平 ← 电机安装 ← 减速机安装 ← 密炼室安装

地脚螺栓灌浆 → 电机、减速机、密炼室精平 → 二次灌浆 → 配件安装

试运行 ← 电气安装 ← 其他辅机安装 ← 压片机安装

图 5.1.2 密炼机安装施工工艺流程

5.1.3 开炼机安装施工工艺流程图（图 5.1.3）

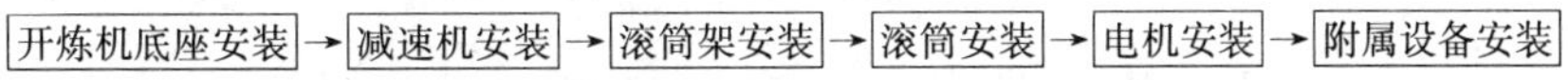

开炼机底座安装 → 减速机安装 → 滚筒架安装 → 滚筒安装 → 电机安装 → 附属设备安装

图 5.1.3 开炼机安装施工工艺流程

5.1.4 双螺杆挤出压片机安装施工工艺流程图（图 5.1.4）

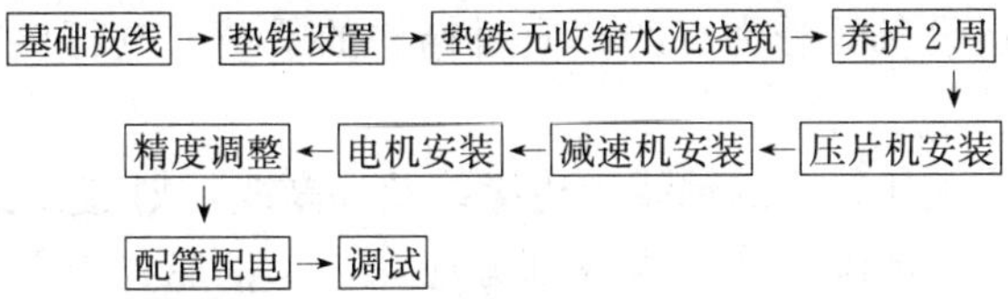

基础放线 → 垫铁设置 → 垫铁无收缩水泥浇筑 → 养护 2 周

精度调整 ← 电机安装 ← 减速机安装 ← 压片机安装

配管配电 → 调试

图 5.1.4 双螺杆挤出压片机安装施工工艺流程

5.1.5 压延机安装施工工艺流程图（图 5.1.5）

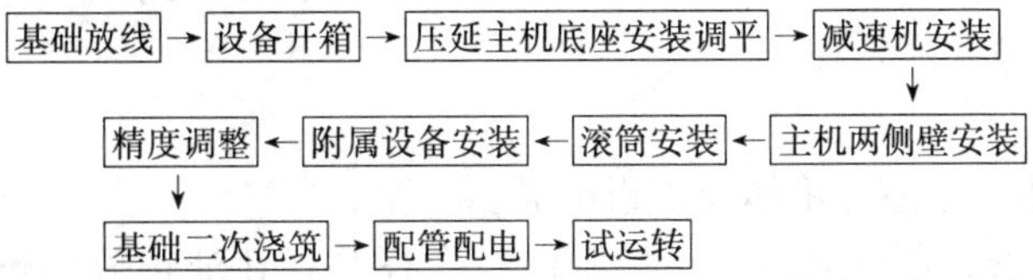

基础放线 → 设备开箱 → 压延主机底座安装调平 → 减速机安装

精度调整 ← 附属设备安装 ← 滚筒安装 ← 主机两侧壁安装

基础二次浇筑 → 配管配电 → 试运转

图 5.1.5 压延机安装施工工艺流程

5.1.6 成型机安装施工工艺流程图（图 5.1.6）

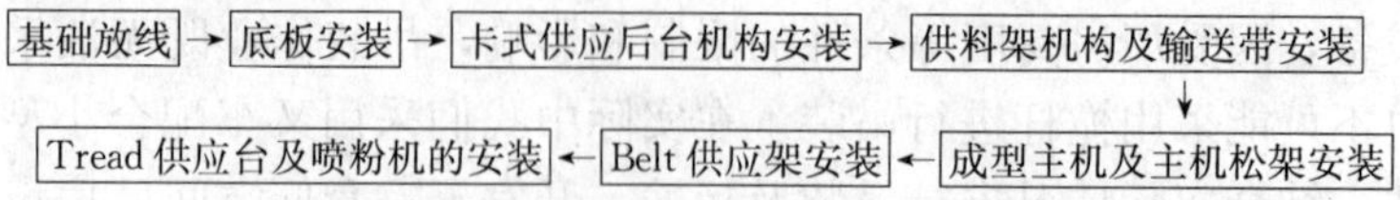

基础放线 → 底板安装 → 卡式供应后台机构安装 → 供料架机构及输送带安装 ↓

Tread供应台及喷粉机的安装 ← Belt供应架安装 ← 成型主机及主机松架安装

图 5.1.6　成型机安装施工工艺流程

5.1.7　硫化机安装施工工艺流程图（图 5.1.7）

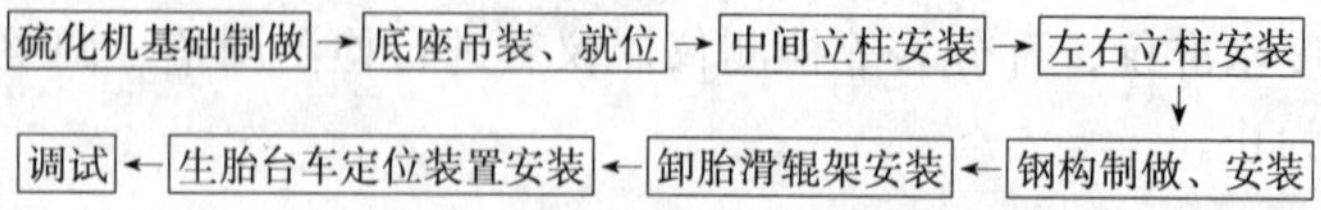

硫化机基础制做 → 底座吊装、就位 → 中间立柱安装 → 左右立柱安装 ↓

调试 ← 生胎台车定位装置安装 ← 卸胎滑辊架安装 ← 钢构制做、安装

图 5.1.7　硫化机安装施工工艺流程

5.2　操作要点

5.2.1　设备安装前的准备工作

设备基础验收

1. 设备基础的位置、几何尺寸要符合施工图纸；施工质量要求要符合现行国家标准《混凝土结构工程施工质量验收规范》的规定；要有验收资料和施工记录。在设备安装前，应按规范中的允许偏差对设备基础位置和几何尺寸进行复检。

2. 设备基础表面和地脚螺栓预留孔中的油污、碎石、泥土、积水等均应清除干净；放置垫铁部位的表面应平整。

3. 地脚螺栓在预留孔中应垂直，无偏斜；地脚螺栓任一部分离孔壁的距离应大于 15mm，地脚螺栓底端不应碰孔底。

4. 需要预压的基础，应预压合格并应有预压沉降记录。

5.2.2　设备开箱验收

1. 设备开箱应按下列要求进行检查，并应做出记录：

箱号、箱数以及包装情况；设备的名称、型号和规格；装箱清单、设备技术文件、资料及专用工具；设备有无缺损件，表面有无损坏和锈蚀等；其他需要记录的情况；进口设备开箱前必须进行商检（一般由购货方进行）。

2. 设备及其零、部件和专用工具，均应妥善保管，不得变形、损坏、锈蚀、遗失。

5.2.3　设备安装前应具备的条件

1. 对临时建筑、运输道路、水源、电源、主要材料和机具及劳动力等，应有充分准备，并做出合理安排。

2. 其厂房屋面、外墙、门窗和内部粉刷等工程应基本完工，混凝土强度不应低于设计强度的 75%；安装施工地点及附近的建筑材料、泥土、杂物等应清除干净。

3. 利用建筑结构作为起吊、搬运设备的受力点时，应对结构的承载力进行核算，必要时应经设计院同意后才方可利用。

4. 设备就位前，应按施工图和有关建筑物的轴线或边缘线及标高线，划定安装基础线。

5. 地脚螺栓上的油污和氧化皮等应清除干净，螺纹部分应涂少量油脂；螺母与垫圈、垫圈与设备底座间的接触均应紧密；拧紧螺母，露出的长度宜为螺栓直径的 1/3～2/3。

5.2.4　密炼流程安装操作要点

密炼流程从上而下主要由碳烟罐、电子药秤、密炼机、双螺杆挤出机（开炼机）、胶片晾干流程、温控、油控装置及润滑装置。

1. 碳烟罐制做

1）碳烟罐主要由筒体、裙座、锥体及盖板组成。

锥体：由不锈钢板制做，制做之前用油毡制做一个样品，在油毡放出锥体尺寸，把下好尺寸的不锈钢板附在锥体样品上，用葫芦收紧，边收紧边用木榔头敲打，直至全部合拢，用氩弧焊焊好，打磨，用钝化膏清洗焊缝，形成成品，加以保护。

筒体：用碳钢板卷制而成，碳烟罐直径 $\phi1800mm$，高 4000mm，其展开面积约 $23m^2$，采用拼接且不多于 3 段，拼接时焊缝要错开。

裙座：用碳钢板卷制而成，做法与筒体一样，周围设加强筋板。

盖板：按尺寸制做。

其他附属零、部件制做如：吊耳、敲击器、碳烟检测孔等。

筒体、裙座、盖板三部分加工后，内外面喷砂除锈，达到 Sa2.5 级，经验收合格后喷涂无机锌粉底漆及银灰面漆。形成成品，加以保护。

2）碳烟罐安装：先将裙座安装在设计位置上，不锈钢锥体通过法兰用螺栓与裙座连接起来，使用现场行吊或制做门字架将碳烟罐吊放到裙座上，法兰螺栓连接。就位后，用吊线锤法，校正垂直度，其设计误差为 6mm，而实际测得误差为 2mm，验收合格后，用无收缩水泥对裙座与地面缝隙进行二次浇筑。

2. 电子药秤

此流程采用英国 Chronos 电子药秤，按设计图先加工电子药秤支架并固定，将电子药秤安放在支架上调平，其配套的八根溜管分别与八个碳烟罐底部连接。溜管与碳烟罐底部不得强制性连接。

3. 密炼机主要由密炼室、减速机、电机组成

基础放线：根据施工图用经纬仪放出密炼机的纵、横中心线，基础坐标位置（纵横轴线）允许偏差 $\pm1mm$，基础各不同平面标高允许偏差 $0\sim-20mm$。

基础平垫铁安装：用水准仪测量平垫的标高，平垫标高精度 $\pm0.5mm$，用框式水平仪调整平垫的水平度，其水平精度误差 $\leqslant0.04mm/m$。验收合格后，用无收缩水泥灌浆，养护 2 周才可进行设备吊装就位工作。

设备吊装：密炼室重约 21t，减速机重约 15t，电机重约 11t，均安装在 5m 夹层，采用 25t 吊车吊装，因设备基础高出夹层 1.1m，离夹层边缘 3m，吊装场地狭窄，密炼室不能直接吊放在基础上，需二次就位。吊装前用枕木垫高，枕木上放厚壁滚筒，两者高度应于基础高度相同或略高，用吊车将密炼室先吊放在滚筒上，利用现场建筑物固定 10t 葫芦，葫芦慢慢收紧，将密炼室移至基础上方，用 2 台 20t 千斤顶配合，将滚筒移走。减速机、电机吊装就位方法同上。

设备对中：将密炼室、减速机、电机中心与基础纵、横中心线对齐，其误差 $\pm0.5mm$。

精度调整：首先调整减速机，借助现场建筑物，用 2 个 20t 螺旋千斤顶前后、左右调整减速机，使减速机纵、横中心线与基础中心线完全重合。将框式水平仪在减速机标准面上进行调整，精度符合要求后，以减速机的标高为基准，分别调整密炼室与电机的精度。

测量工具：千分表、框式水平仪、游标卡尺、内径千分尺。

重点检查项目和结果　　　　　　　　　　　　　　　　　表 5.2.4

项　目	精度要求（mm）	检 查 结 果（mm）
减速机整机水平度	$\leqslant0.1$	0.05
电机与减速机轴同心度	$\leqslant0.05$	0.02
电机与减速机轴平行度	$\leqslant0.05$	0.03
减速机与主机同心度	$\leqslant0.075$	0.05
减速机与主机平行度	$\leqslant0.1$	0.06

精度确认合格后，对基础进行二次浇筑，待基础强度达到要求时，安装上顶栓。精度调整同时，可进行钢平台及管路制做安装。

调试：（1）条件：管路、电源，钢平台已全部完成。

（2）调试步骤（图 5.2.4）：

各系统检查加油 → 检查管路阀门开闭 → 仪表指示是否正常 → 空载试运转 → 负载运转

图 5.2.4　调试步骤图

试运转过程中，设备运行应平稳。

5.2.5 开炼机安装操作要点

开炼机主要由底座、减速机、滚筒、滚筒架、电机及附属设备组成。

1. 根据施工图，用经纬仪放出基础纵、横中心线。

2. 开炼机组装就位：采用设备预组装整体滑移法。因施工场地狭窄，一般不能在原有基础上进行组装，可以在基础外部吊装、组装、整体搬运（总重量 50t）至安装基础上。安装顺序见 5.1.3 开炼机安装施工工艺流程图，用 8t 叉车将开炼机底座放置地面上，30t 汽车吊车将减速机吊放在底座上，依次安装滚筒架、滚筒、电机及附属设备，组装完成后，整个重量达 50t 左右，用叉车及挂式千斤顶将整个开炼机顶起来，底座前面中间部位放置一个自制的会旋转的地老虎，图 5.2.5-1：

底座后面两脚部位各放置一个固定的自制地老虎，图 5.2.5-2：

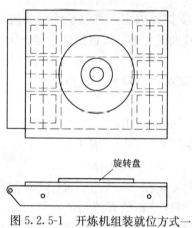

图 5.2.5-1 开炼机组装就位方式一

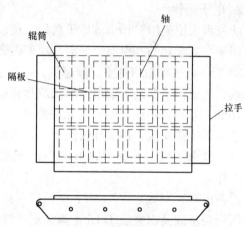

图 5.2.5-2 开炼机组装就位方式二

待就绪后，叉车推动前进的过程中，前面的地老虎在施工人员控制下，随时调整方向，直至开炼机就位，用 2 台 30t 液压千斤顶及周围建筑物结构，前后、左右调整底座，使底座纵、横中心线与基础中心线完全重合。

3. 精度调整：

1）用水准仪测量其底座基准面，调整底座标高；

2）用框式水平仪及平尺调整滚筒架的水平度、平行度，其纵横水平精度为 0.04/1000；

3）用两块千分表调整减速机与电机的同轴度与平行度，其同轴度误差为 0.05/1000。

5.2.6 双螺杆挤出压片机安装操作要点

1. 从密炼室基础预留孔吊线锤下来，确定压片机中心点，结合施工图，用经纬仪放出基础纵、横中心线及其他定位尺寸。

2. 平垫设置：用化学药剂螺栓固定平垫，用水准仪测出其中的一块平垫标高，用两个框式水平仪调整平垫纵、横向水平度，其水平误差为 0.04/1000，以此平垫为基准，用两个框式水平仪及 3m 平尺按顺序调整余下平垫的水平度。

3. 所有平垫精度调整好后，订做木盒，对平垫基础进行灌浆并洒水养护 2 周。

4. 设备就位：因为施工场地狭窄，没办法在原有基础上进行组装，只能在外部组装，设备下方放置厚壁滚筒，用手动葫芦将设备拖运至安装基础上，用千斤顶将设备顶起来，移走滚筒，放下设备。

5. 精度调整：用框式水平仪调整其水平度，其水平误差≤0.04/1000，电机与挤出机距离太远，采用杠杆辅助测定方法，加工一个标准杠杆，一端固定在电机联轴器上，另一端架千分表，对其精度进行调整，其同心度同轴度误差≤0.04/1000。如图 5.2.6：

6. 挤出机与压片机联轴器同轴度与平行度用百分表测量，其同轴度误差≤0.04/1000，平行度误差

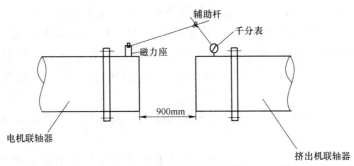

图 5.2.6　精度调整示意图

≤0.1/1000。

重点检查项目和结果（mm）　　　　　　　　　　　　　　　　　　表 5.2.6

项　目	精　度　要　求	检　查　结　果
减速机输入轴与压片机用电机同轴度	≤0.05	0.02
减速机输入轴与压片机用电机平行度	≤0.05	0.02
压片机下辊输入轴与减速机下输出轴同轴度	≤0.05	0.04
压片机下辊输入轴与减速机下输出轴平行度	≤0.05	0.04

7. 调试：（1）先空载试运转，后负载运行；

（2）试运转过程中，设备运行应平稳。

5.2.7　胶片冷却流程操作要点

相对而言，胶片冷却流程安装要容易些，先放出其纵、横中心线，将设备吊放到基础上，中心对好，按顺序依次组装，难点是其垂直输送段的安装（从 1F 至 2F），采用叉车提升法。因安装预留孔尺寸为 2100mm×2100mm，垂直输送段尺寸为 1200mm×1200mm，吊车没办法吊装，只能采取两台叉车共同提升，一台叉车在 1F 提，一台叉车在 2F 提，两台叉车要不停地换位、拴吊带，直至设备就位为止。

5.2.8　压延机安装操作要点

1. 安装前会同相关人员共同开箱进行设备的清点查验工作。依照设备到货清单核对设备及配件名称、数量、有无破损等情况，并作记录备查。对已开箱但尚未安装的设备应做好防护。

2. 基础养护期满后，可进行放线工作。使用高精度经纬仪及水准仪复核基础位置之高度尺寸，确定出最高位置点作为后续安装调整之基准，同时再利用高精度经纬仪再次定出后续设备安装用流程的中心线位置，偏置中心线位置，压延主机 X 轴及 Y 轴位置。

使用红油漆在地面及墙面、柱体上标明基准线，贴膜保护。

3. 校正基准线采用专用图根：因压延流程精度需定期进行校对，需要基准线，传统的放线时间一长就看不清。现根据实际情况，加工专用图根，使用金刚取孔方式埋设图根，在图根上刻画出纵、横中心线，作为永久性标志。图根结构如图 5.2.8：

根据工程需要，在中心线上埋设 9 枚中心图根，偏置中心线上埋设 9 枚中心图根及 4 枚水平图根，在中心线的另一侧压延主机部分、储积段部分及冷却轮部分加埋水平图根 4 枚。

4. 放出主机及减速机的纵、横中心线。

5. 设备吊装：用 25t 吊车将减速机吊放在基础上，再进行压延主机吊装，将主机底座吊放在基础上，对准纵横中心线、校正水平度，其水平误差

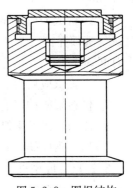

图 5.2.8　图根结构

控制在 0.04/1000。水平精度确认后，安装压延机两侧壁，每侧壁重达 20t，且形状不规则，吊装前必须先确定其重心位置，采用 25t 吊车和 8t 吊车配合吊装。吊车起吊时，叉车推动主机朝前移动，吊车边提升，叉车边往前推，直到侧壁完全直立起来，转动吊臂，将主机侧壁吊放到压延机底座一侧上，锁紧螺栓，按同样的方法，吊装第二块侧壁，两块侧壁就位后，安装配套钢构，挂好自带葫芦，吊装压延机滚筒。

6. 精度调整：侧壁垂直度用经纬仪调整，垂直度误差控制 0.04/1000 滚筒水平度用框式水平仪调整，水平误差控制在 0.04/1000。

7. 精度验收合格后，对基础进行二次灌浆，基础施工采用无收缩水泥坐浆法，其水泥、砂、小石子、水应按要求比例拌合，无收缩水泥座采用木模法固定。基础施工中基础表面均不得有油污及其他异物，拌合水泥过程中不得有其他异物混入。

8. 整个流程各部分设备（钢丝纱筒架系统、上胶后钢带帘纱卷取及垫布放出单元除外）基础安装高度调整采用平垫铁＋斜垫铁方式进行，其每一组的水平精度及各组互相间的高度均应采用框式水平仪、高精度经纬仪、水准仪及平尺（3m、4m 长各一只）进行测量。其测量值应作记录并会同相关人员复核确认无误后，点焊固定斜垫铁。

1）采用地脚螺栓固定的应先将地脚螺栓放置孔位中，再将设备吊装就位。而采用药剂螺栓固定的设备则可直接吊装就位。

2）设备吊装就位前应清除和洗净设备安装表面的油脂、污垢及粘附的杂质。

3）设备吊装就位后应依照厂家提供的安装精度要求使用高精度经纬仪、水准仪及框式水平仪进行精度调整，并做好记录，再进行二次浇筑或打药剂螺栓。

4）二次浇筑及药剂螺栓凝固时间到后，才可用正规工具将所有固定螺栓锁紧，并要求再次使用高精度经纬仪、水准仪及框式水平仪进行精度复核，做好记录。

5.2.9 附属设备安装的操作要点

1. 依照图纸就位固定温控系统、油压单元等附属设备。

2. 安装固定流程电控箱及操作箱等电气设备。

3. 依照提供的图面安装开炼机间、开炼机与压延主机间输送机。

4. 水、汽、风、电、油的配管配线工作。

5.2.10 成型机安装的操作要点

1. 成型机是轮胎生产线核心工艺，技术保密、部件多，精度高。依据施工图放出机台中心线。

2. 画出机台中心偏置线及图根位置并进行中心图根的预埋。

3. 进行成型机机座所有底板（含主机底座、后台底座、轨迹、输送带底板、台车底板等）预埋工作。

4. 对机座底板的各点逐一用水准仪进行标高精度检测，保证精度：安装底板的上表面标高精度为 ±0.5mm。

5. 进行成型机机座所有底板（含主机底座、后台底座、轨迹、输送带底板、台车底板等）混凝土浇筑，基础养护工作（主机底板养护时间 7d；后台底座用轨迹养护时间 5d；输送带底板、台车底板养护时间 3d）。

6. 卡式供应后台机构的安装就位、调整、配管、配线工作。

7. 供料架机构及输送带的安装就位、调整、配管、配线工作。

8. 成型主机及主机构架安装就位、调整、配管、配线工作。

9. Belt 供应架、Tread 供应台及喷粉机的安装就位、调整、配管、配线工作。

5.2.11 成型机安装精度调整及检测

1. 布圈成型主轴、一次成型主轴、一次成型机尾主轴的平行度安装精度：

1）对布圈成型主轴、一次成型主轴、一次成型机尾主轴的水平距离、垂直距离进行调整检验；

2）在水平方向和垂直方向都引一条偏置线作为基准线，取 7 个点作为基准点；

3）分别利用水准仪、线锤、钢板尺检测 7 个基准点位置上的水平、垂直方向的数据，其允许最大偏差为 ±0.5mm。

2. 布圈成型筒主轴的径向跳动安装精度：

1）对布圈成型筒主轴的径向跳动进行调整检验；

2）用百分表检测，将表座固定在机台机座上，表架在主轴上，用手转动主轴每转 90° 读取数据，测定部位允许最大偏差为 0.5mm。

3. 布圈成型机底压轮的平行度安装精度：

1）测量主轴中心线与辊压轮最靠近布圈筒的导向杆中心线的平行度，可采用横向、纵向引偏置线为基准，用水准仪、线锤、钢板尺测出基准处（选两处）的横纵偏差值，允许最大偏差为 ±0.5mm；

2）辊压轮分开至一定的位置后，以布圈成型筒中心线为基准，利用线锤、钢板尺测量中心线至辊压轮内侧的距离，允许最大偏差为 ±0.6mm。

4. 布圈成型机供料架的平行度安装精度：

1）先在供料架第一根辊上平均取六点；

2）利用水准仪、线锤、钢板尺先引横、纵两向的偏置线；

3）用水准仪、线锤、钢板尺测出各点的横、纵偏差值，布圈成型机供料架辊筒与布圈成型筒两轴的水平、垂直距离允许最大偏差为 ±0.5mm。

5. 一次成型机主轴的径向跳动安装精度：

1）对主轴的径向跳动及成型筒与尾座的同心度进行调整检验；

2）利用百分表，将表座固定在主轴的固定轴上，将表头架在主轴的转轴上；

3）将转轴每转 90° 的读数读取并记录；

4）其径向跳动、同心度允许最大偏差为 ±0.5mm。

6. 一次成型机主轴的成型筒与尾座的同心度安装精度：

1）先将成型筒的轴与尾座的距离调至 50mm；

2）利用百分表，将表座固定在成型筒轴上；

3）将转轴每转 90° 的读数读取并记录。

7. 一次成型机主轴与底压轮的平行度、中心线安装精度：

1）将压轮气缸后退到底；

2）利用线锤、钢板尺测量压轮的转轴中心至成型筒中心线偏差，允许最大偏差为 ±0.6mm；

3）利用水准仪、线锤、钢板尺测量基准处（选两处）的水平及垂直距离，允许最大偏差为 ±0.5mm。

8. 一次成型机成型筒与供料架的平行度安装精度。

1）先在供料架第一辊上取两点；

2）利用水准、线锤、钢板尺先检测供料架第一辊的轴线与成型筒轴线水平及垂直距离的偏差，水平、垂直距离允许最大偏差为 ±0.6mm；

3）测量主向同布圈成型筒与供料架的平行度检测相同。

9. 一次成型机钢丝设定环的径向、轴向跳动安装精度：

1）进行径向、轴向跳动精度调整；

2）将专用校具安装在钢丝设定环上；

3）将钢丝环移至离成型筒 100～150mm 处；

4）让成型筒膨胀；

5）将百分表固定在成型筒上，用百分表分别打专用校具的外圆及端面；

6）左右两边径向跳动允许最大偏差为 ±0.8mm；

7）左右两边轴向跳动允许最大偏差为±0.6mm。

10. 携带圈与布圈成型筒、一次成型筒之间行走的安装精度：

1）检查携带圈轨道相对一次成型筒，相对布圈成型筒中心线的平行度，方法以利用水准、线锤、钢板尺引偏置线测横向纵向；

2）利用线锤、钢板尺检查携带圈处于一次成型筒，布圈成型筒的位置时携带圈的中心线与一次成型筒、布圈成型筒中心线的偏差；

3）两轴的水平、垂直距离，允许最大偏差为±0.5mm；

4）一次成型筒上的中心偏离量，允许最大偏差为±0.5mm；

5）布圈成型筒上的中心偏离量，允许最大偏差为±0.5mm。

11. 携带圈与布圈成型筒、一次成型筒之间同心度安装精度：

1）先将成型筒膨胀，携带圈收缩；

2）用百分表固定在成型筒上，以每转 90°角度读取数据；

3）对携带圈与布圈成型筒进行同心度校准，允许最大偏差 0.8mm；

4）对携带圈与一次成型筒进行同心度校准，允许最大偏差 0.8mm。

12. 二次携带圈相对钢带成型筒、充气成型鼓的同心度安装精度：

1）将携带圈上的安全杆圈拆除；

2）将携带圈移至两个充气整型鼓之间并使携带圈的纵向中心线与两个充气整型鼓之间的中心线（机台上有刻线）重合；

3）利用百分表支测量携带圈的外圆与端面，分别以每转 90°角度读取数据；

4）将携带圈收缩后，利用百分表去测量 6 片夹持片中心点的外圆与端面，每转 90°角度读取数据；

5）将携带圈移至钢带成型鼓处，并使两者中心线重合，再重复以上第 3、4 的工作步骤；

6）相对钢带成型筒（携带圈框体）、相对钢带成型筒（携带圈连接片）、相对成型充气鼓（携带圈框体）、相对成型充气鼓（携带圈连接片）的径向进行调整校准，其测定部位允许最大偏差 1.0mm；

7）携带成型筒（携带圈框体）、相对钢带成型筒（携带圈连接片）、相对成型充气鼓（携带圈框体）、相对成型充气鼓（携带圈连接片）的轴向进行调整校准，其测定部位允许最大偏差 0.6mm。

13. 二次成型机的主要安装精度调整：

成型机精度调整主要有：主轴的径向跳动、水平度；充气整型鼓的径向、轴向跳动；充气成型鼓相对中心的偏差；钢带成型筒的水平度；钢带成型筒的径向、轴向跳动；胎面胶辊压轮相对充气整型鼓中心偏移；钢带辊压轮相对钢带成型筒中心偏移；充气整型鼓中心到钢带成型筒中心距离；基准面到钢带成型筒中心距离；主轴与携带圈轨道的平行度等主要精度的检验。

1）将水平仪放于主轴处，检查轴的水平度；

2）再用百分表架于主轴处，检测主轴的径向跳动；

3）用百分表检测左右气囊充气座的径向跳动与轴向偏摆；

4）利用线锤、钢板尺检查左右气囊充气座与中心线的偏移（在左右气囊充气扩张后测量）；

5）用水平仪检查钢带成型鼓的轴向水平度；

6）再用百分表去检查钢带成型鼓径向跳动与轴向偏摆；

7）利用线锤、钢板尺检查钢带成型鼓的中心与两辊压轮中心线的偏差；

8）利用线锤、钢板尺检查左右气囊充气座之间的中心线与两辊压轮中心线的偏差；

9）利用水平仪检测成型机主轴与携带圈滑轨的平行度；

10）利用线锤、钢板尺检查基准面到钢带成型鼓中心线的距离；

11）利用线锤、钢板尺检查钢带成型鼓至左右气囊充气座中心线的距离。

14. 成型机安装完成后，应对设备机座，支撑柱及所有底板再次进行浇混凝土并养护。

15. 机台设备组装完成后，即可进行对所有机台设备的气动管路、油压系统、电气线路等配管配线及桥架的连接制做、控制的装配、复查、注油工作。

16. 电控室平台、防护栏的安装。

17. 精度检测经双方确认后，并将所有检测数据记录归档。

18. 调试。

5.2.12 硫化机安装操作要点

硫化机主要功能是对生胎进行加硫，增强其强度及耐磨性能，一般安装在硫化沟中，其整个的工艺流程见 5.1.7 流化机安装施工工艺流程图。

1. 根据施工图尺寸用经纬仪放出硫化机的纵、横中心线；

2. 硫化机基础制做前，依据加工图尺寸对基础铁件尺寸进行复核并做好记录；

3. 依硫化机底座尺寸确定孔的位置并钻孔，用压缩空气将孔里的灰尘吹扫干净，用化学药剂螺栓固定基础铁板；

4. 基础地脚螺栓相对位置调整采用模具固定法：硫化机每个基础由三块底板组成，其相对位置按常规方法很难确定。现用四根方管制做四个模具，精度调整时先用模具固定螺栓孔位，见示意图 5.2.12：

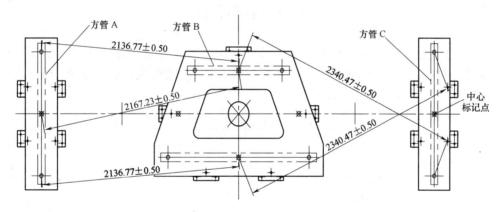

图 5.2.12 三菱硫化机地脚螺栓检测方法及尺寸示意

三块底板相对位置确定后再调整其水平度，采用平尺和框式水平仪调整基础铁板的水平度，其表面水平度精度为≤0.04mm/m；

5. 基础铁板表面水平度精度验收合格后，即进行基础的浇筑、养护，养护期为两周；

6. 养护期满后，可进行硫化机的吊装及组装工作，每台硫化机机架重 22t，厂房空间高度净高只有 8m，采用 1 台 30t 吊车即可。吊装时须有专人统一指挥，吊装过程中硫化机机架须始终保持平衡；

7. 安装硫化机机架前，基础铁板表面必须用柴油清洗干净后；

8. 硫化机机架应保证如下精度：

1) 硫化机机架单个的上表面水平度精度为≤0.10mm/m；

2) 要求机台与机台之间的间距误差不得超过±2mm，机台与机台之间的水平高差不能超过±2mm；

3) 机台间横向偏差不能超过±2mm（应使用经纬仪进行校准）；

4) 机台之校准精度，需经相关技术人员确认，并将数据记录精度记录表内，当作安装之原始资料保存；

9. 机台固定完成后，安装热工阀组件，阀组件位置的确定根据铜管长度来定；

10. 阀组件安装完，依次安装硫化机中间立柱、左右模、两边立柱、横梁；

11. 电控箱的就位也是依现有铜管尺寸来定；

12. 各部件及附属件组装前必须用柴油将装配表面的防锈油及杂物清洗干净，以保证装配精度；

13. 机台组装完成后即可进行热工管路、控制管路及油压管路的配管工作。

5.2.13 检测车间设备安装

检测车间是轮胎生产的最后一道工序，它主要由气泡检出机、动静平衡机、均一性、X 光照射装置组成。它主要是检查轮胎是否存在缺陷如气泡、裂纹等。合格品入库，不合格品作为废品处理，检测设备安装较简单，直接安装调平即可。

5.3 劳动力组织

施工时根据工程量大小和工期要求，按实际情况配备作业班组。所需工种主要有钳工、电工、焊工、起重工、管工、辅工等（表5.3）。

所需工种及人数   表 5.3

序 号	工 种	人 数	序 号	工 种	人 数
1	钳工	10	4	起重工	3
2	电工	12	5	管工	15
3	焊工	8	6	辅工	20

6. 材料与设备

6.1 安装工程在施工中采用的主要辅料有：设备基础二次灌浆的无收缩水泥，设备基础垫铁、钢板、管材；棉纱、纱布、清洗剂、酸洗剂、钝化剂、润滑剂、连接螺栓、膨胀螺栓、钢构表面油漆。

6.2 采用的主要机具设备（表6.2）

机具设备表   表 6.2

序 号	设备机具名称	单 位	数 量	型 号
1	汽车吊	台	各1	16～25t
2	叉车	台	2	8t
3	交流电焊机	台	6	300～500 型
4	直流电焊机	台	3	500 型
5	砂轮切割机	台	2	400 型
6	水准仪	台	1	
7	经纬仪	台	1	
8	框式水平仪	台	1	2/1000
9	游标卡尺	台	1	
10	内径千分尺	台	1	
11	平尺	把	各1	1～3m
12	千分表	个	2	
13	螺旋千斤顶	台	各4	10～20t
14	齿条千斤顶	台	2	32t
15	液压车	台	各1	3～5t
16	手动葫芦	台	各1	2～5t

7. 质量控制

7.1 工程质量控制标准

各专业施工均按设计说明和设备厂家的技术文件要求进行，通常情况下执行下列验收规范和质量验评标准：

《机械设备安装工程施工及验收通用规范》 GB 50231—98

《建筑安装工程质量检验评定统一标准》 GB 50300—2002

《工业金属管道工程施工及验收规范》　　　GB 50235—97

《钢结构工程施工质量验收规范》　　　　　GB 50205—2001

7.2　工程质量保证措施

7.2.1　严格执行 ISO 9001—2000 标准的质量管理体系；

7.2.2　明确项目部和各级管理人员的质量职责和质量管理的各项规定；

7.2.3　严格执行质量责任追查制度；

7.2.4　把住原材料和设备进场的质量检验关；

7.2.5　确保施工机具和检测器具的有效性；

7.2.6　对施工管理人员和作业层人员严格执行上岗证制度；

7.2.7　严格执行施工规范、规程、标准及相关的法律、法规；

7.2.8　严格执行三级质量检验制度；

7.2.9　坚持施工全过程的质量监控；

7.2.10　事前编制可行的施工方案，并做好对作业层的书面质量技术交底；

7.2.11　尊重业主和服从监理的监督检查；

7.2.12　事前做好质量通病的防治，发现质量问题及时整改不留隐患。

8. 安 全 措 施

施工中除严格遵守《建筑工程安全技术规范》外，还要注意以下几点：

8.1　进场人员要进行三级教育，必须严格遵守安全操作规程进行施工；

8.2　严格、合理地使用好"三宝"（安全帽、安全带、安全网）。

8.3　吊装前，应对索具严格检查，确认符合规范要求后方可使用。

8.4　对土建所有的预留洞孔，必须要加以防护措施。

8.5　厂房内严禁吸烟、动火，违章罚款。如需动火，必须开动火证，有专人监护。

8.6　每日施工现场必须清扫干净，禁止零部件、机具任意摆放。

8.7　使用临时电源，必须有专业电工进行操作，不得私自乱动。

8.8　严禁酒后上岗作业，严禁赤膊上班，严禁穿拖鞋上班。

8.9　机具、设备不得带病工作，日常维护、保养要坚持做好。

8.10　严禁冒险指挥，违章作业，对不听劝阻者，勒令其停工处理，让不安全因素勒杀在萌芽状态。

8.11　吊装作业时，应对周围环境进行检查，划出安全区域，无关人员不得进入。

8.12　吊装时，作业人员必须坚守岗位，统一信号，统一指挥。

8.13　吊装过程中，重物下和受力绳索周围人员不得逗留。

8.14　对安装和吊装过程中的环境因素和危险源进行识别后，确定出重要的环境因素和重大的危险源再编制有针对性的环、危管理方案。

9. 环 保 措 施

9.1　成立对应的施工环境卫生管理机构，在工程施工过程中严格遵守国家和地方政府下发的有关环境保护的法律、法规和规章，加强对施工燃油、施工材料、设备、废水、生产、生活垃圾、弃渣、危废物的控制和治理，遵守有关防火及废弃物处理的规章制度。做好交通环境疏导，认真接受交通管理，充分满足便民要求，随时接受相关单位的监督检查。

9.2　将施工场地和作业限制在工程建设允许的范围内，合理布置、规范围挡、做到标牌清楚、齐全、各种标识醒目，施工现场整洁文明。

9.3 对施工中可能影响到的各种公共设施制定可靠的防止损坏和移位的实施措施、加强实施中的监测、应对和验证，同时将相关方案和要求向全体施工人员详细交底。

9.4 设立专用排水沟、集水坑、对污水进行集中，认真做好无害处理，从根本上防止施工污水的乱流。

9.5 定期清运弃渣及其他工程材料运输过程中的防散落与沿途污染措施，废水除按环境卫生指标进行处理达标外，并按当地环保要求的指定地点排放。弃渣及其他工程废弃物按工程建设指定的地点和方案进行合理堆放和处治。

9.6 优先选用先进的环保机械，采取设立隔声墙、隔声罩等消声措施降低施工噪声到允许值以下，同时尽可能避免夜间施工。

9.7 对施工场地道路进行硬化，并在晴天经常对施工通行道路进行洒水，防止尘土飞扬，污染周围环境。

10. 效 益 分 析

整套钢丝子午轮胎安装施工技术在采用时，保证了安装工程质量，同时产生良好的经济效益。例如：在密炼机安装时，制定合理的施工方案，安装就位一次合格，提高工效。在压延主机安装时，对主机两侧壁重心位置的确定，吊装顺利进行，一次就位，节约机械台班；在成型机安装时，工序合理，组织得当，保证精度；在硫化机安装时，成排吊装，充分发挥吊车工效。

每台（套）设备节约费用见表 10。

每台（套）设备节约费用（单位：万元）　　　　　　　　　　表 10

序　号	设备名称	常规安装成本价	采用本工法安装成本价	每台降低成本差价
1	密炼机	4.8	3.1	1.7
2	开炼机	3.6	2.2	1.4
3	挤出机	3.8	2.6	1.2
4	压延机	12	7.8	4.2
5	成型机	6.4	3.9	2.5
6	硫化机	1.6	0.95	0.65

11. 应 用 实 例

将橡胶轮胎生产线成套设备安装施工技术应用在厦门正新橡胶轮胎厂Ⅰ期、Ⅱ期、Ⅲ期工程，厦门正新海燕轮胎厂、厦门正新实业内胎厂、昆山建大轮胎厂、天津大丰轮胎厂和贵州轮胎厂120万套子午胎生产线等工程经试车运行，符合验收要求，达到了设计要求的性能指标，其中厦门正新海燕轮胎厂获中建总公司优质工程和中建杯奖及十佳效益项目奖、贵州轮胎厂120万套子午胎生产线荣获贵州省优质工程。

实践证明，采取此成套设备安装施工技术，施工质量好，速度快，施工安全，并取得了较好的经济效益和企业的社会效益。

大型转炉线外组装、整体安装工法

YJGF342—2006

上海宝冶建设有限公司　中国第十七冶金建设有限公司

唐燕　丁明富　代超　夏显胜　胡明德　吴强

1. 前　　言

转炉设备主要由托圈及耳轴轴承座、耳轴轴承支座、炉壳、倾动装置等主要部件组成，体积庞大、结构复杂，安装难度大。传统的安装方法均采用 YJGF33《大型转炉安装工法》即专用台车和液压装置顶升法，该工法已成功地在全国各钢厂转炉安装和检修工程中广泛应用，在总结此工法安装经验的基础上，并针对宁波建龙钢厂 180t 转炉炉壳整体供货和无钢包台车借用的安装工况，创新、开发出了《大型转炉线外组装、整体安装工法》。

该工法的核心技术《大型转炉炉体线外组装整体安装工艺技术》已获上海市科技成果（登记号码 9312005Y1368），获中国安装协会第八届科技成果二等奖、第二十届上海市优秀发明选拔赛二等奖。《大型炉钢转炉线外组装整体安装方法》已申报发明专利（专利申请受理号为 200610026258.4）。

2. 工 法 特 点

2.1 转炉部件除耳轴轴承支座以外的托圈及耳轴轴承座、炉壳、倾动装置等主要部件实施线外组装，整体一次安装就位。传统的安装工艺倾动装置必须单独安装，安装时要搭设与装料平台等高的台架和平台，采用拖、拉、顶、推、撬土办法就位，费工、费时、费材且劳动强度大，安全风险高。

2.2 不设专用台车或借用生产用钢包台车，也不设专用炉壳和托圈安装台架和倾动装置安装台架，但要设组、安装装置的滑移梁等结构，与传统工艺比较，节省措施费用（材料、人工、机械）。

2.3 炉壳分段及焊缝位置不受限制，以适应各种运输条件和各种供货形态。

2.4 与国外类似工艺不同。本工法无需改变厂建筑设计的柱列轴线及立柱位置或增架立柱，也无需在建筑设计上增设一次性使用的滑道梁等安装设施，因而节省建设投资。

2.5 检修时不借用生产用钢包台车设置安装台架安装转炉，故不影响正常生产。检修前可实施线外组装，不占用线上检修时期，故可缩短检修工期，社会效益显著。

3. 适 用 范 围

本工法适用于 80t 以上转炉的安装和检修。

4. 工 艺 原 理

本工法利用加料跨转炉炉前平台局部构件缓安装并设置转炉整体组装、安装就位装置，然后在转炉炉前平台上的组装、安装就位装置上进行托圈（包括耳轴轴承座）、炉壳、倾动装置等部件的组装，然后用液压顶推装置整体安装就位（图4）。

关键技术是线外组装滑移顶推装置的设置和设计，传统工艺是在出钢侧利用钢水台车设置台架，仅只能安装托圈和炉壳，倾动装置必须另设与装料平台等高的台架，利用拖、拉、顶、推、撬土办法

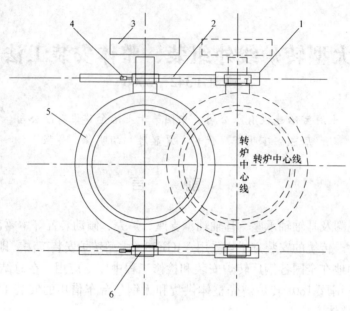

图4 转炉线外组装、整体安装示意图

1—转炉耳轴轴承支座；2—组、安装装置的滑道；3—倾动装置；
4—滑移顶推液压装置；5—托圈与炉壳组装件；6—耳轴轴承座

就位。此工法设置线外组装滑移顶推装置，可以实现转炉部件整体组装，滑移就位。

滑移顶推力计算：

$$F = KQ\mu \tag{4}$$

式中　F——滑移顶推力，N；

　　　K——起动系数，一般取 1.1～1.4；

　　　Q——滑移转炉的质量，N；

　　　μ——摩擦系数。

5. 施工工艺流程及操作要点

5.1　工艺流程见图 5.1

5.2　操作要点

5.2.1　基础验收和标高基准点、中心标板的埋设和测量

1. 按国家标准验收设备基础。

2. 埋设中心标板和标高基准点。

5.2.2　垫板的设置

采用坐浆法安装垫板应符合《机械设备安装工程施工及验收规范》GB 50231 的规定。

5.2.3　耳轴轴承支座安装

1. 将 T 形地脚螺栓插入基础螺栓孔内并旋转 90°，做好定位标记。

2. 用装料跨内的桥式吊车并辅以链式起重机吊装耳轴轴承支座或移动式起重机吊装耳轴轴承支座，然后将耳轴轴承座与轴承支座连接，调整和找正耳轴轴承坐标高和纵、横中心线 A、B、支座间距 C 及对角线 D、水平度 E、F 等（图 5.2.3）。

3. 记录和标记耳轴轴承座在支座上的位置，然后将轴承座吊至转炉组装和就位装置的滑移梁上。

4. 非传动侧铰链式耳轴轴承支座就位调整后，应采用支撑装置进行支撑，以防倾倒。

5.2.4　耳轴轴承的组装

1. 采用温差法装配轴承。一般用热油加热轴承，需制做油箱，轴承吊移并平放在油箱底部的支架上并进行加热，油的加热温度不超过 100℃。具体操作按 Q/BYJ 13—2003《机械设备安装工程施工通用规程》实施。

2. 轴承与耳轴的装配：先将轴承内挡环、密封圈、密封罩套在耳轴上，然后用起重机械将轴承从油箱中取出，利用链式起重机将轴承翻转 90°，使其端面垂直于地面，然后缓慢移动起重机，使轴承孔对准耳轴，分别将轴承装在传动侧和非传动侧耳轴上，最后组装轴承支座、密封圈、密封罩、隔离环、轴承固定器等。

3. 组装托圈吊具。注意使中心距与加料吊车龙门钩架中心距一致。

5.2.5 倾动装置底座的安装

5.2.6 组装和就位装置的设置

1. 转炉的组、安装装置由组、装就位滑移梁、滑鞍及立柱、支撑以及液压推移装置等组成。在加料跨炉前平台安装时，部分平台梁及平台板缓安装（图 5.2.6-1），在缓安装的炉前平台转炉装料中心线两侧设置组、装就位滑移梁，其梁的一端支承在炉前平台的横梁上，另一端支承在转炉耳轴轴承支承座边侧的立柱上，在组、装就位滑移梁下设置立柱等。

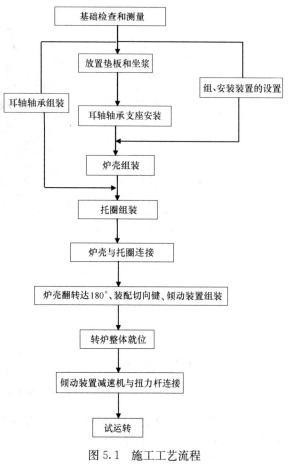

图 5.1 施工工艺流程

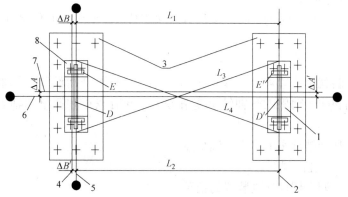

图 5.2.3 耳轴轴承支座安装示意图

1—移动端耳轴轴承座；2—移动端耳轴轴承座横向中心线；3—耳轴轴承支座；
4—固定端耳轴轴承座横向中心线；5—横向基准线；6—纵向基准线；
7—耳轴轴承座纵向中心线；8—固定端耳轴轴承座

2. 转炉组、安装就位装置的滑移梁上，测设转炉耳轴轴承座纵、横向中心线、标高点并作出标记。同时在相应的地面测量组装炉壳的纵、横向中心线。

3. 确认倾动装置侧无影响转炉整体安装的立柱等障碍物。

4. 转炉部件组装

1）炉壳组装

（1）在转炉组、安装就位装置相应的地面，依据所测设的组装炉壳的纵横向中心线，搭设炉壳组装平台（或台架）并调整平台的水平度并符合规定要求。

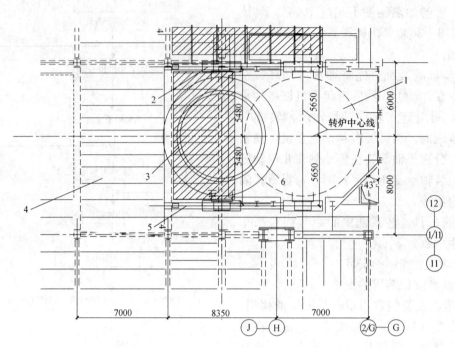

图 5.2.6-1 转炉组、安装装置的设置

1—转炉安装位置；2—液压顶推装置；3—拆除部分炉前平台；

4—炉前平台；5—组、安装装置滑移梁；6—炉壳与托圈组装件

（2）上段炉壳运入工地后，将炉口和挡渣板等部件组装并将其翻转 180°放置在炉壳组装平台上，且炉口朝下，然后进行找平找正。

（3）在炉壳上搭设焊接操作平台。

（4）将上段炉壳吊放在已组装的炉壳上进行对口和调整对口间隙，并使之符合规定要求。

（5）焊接。

2）托圈的组装

（1）在转炉组、安装就位装置梁上，依据所测的定位中心线分别设置耳轴轴承座滑鞍，将耳轴轴承座分别吊放在驱动侧和非传动侧的耳轴轴承座滑鞍上，同时找正和调整两轴承座的纵横中心线。然后用螺栓固定。

（2）将托圈吊放在耳轴轴承座上并安装轴承盖。

（3）如图 5.2.6-2 设置托圈风绳。

（4）在托圈上安装自调整螺栓连接装置的销轴和螺栓。

3）炉壳与托圈组装

（1）用装料跨的吊车将组装在托圈下部的炉壳通过托圈中心垂直提升至托圈内，并将自调螺栓与炉壳连接并紧固螺母。

（2）安装上部托架并调整其位置，然后进行螺栓连接和焊接。

4）倾动装置的组装

（1）用加料跨的桥式吊车将炉壳与托圈翻转 180°。

（2）用加料跨的桥式吊车将倾动装置减速机吊装和装配在耳轴上（图 5.2.6-3）。

（3）装配切向键。

（4）坚固自调螺栓。

5. 转炉整体就位和安装

1）在转炉组装和就位装置两根梁的端部分别设置两个 200t 千斤顶及其止动挡块，两边同时使用千斤顶顶推耳轴轴承座滑鞍，将转炉整体同步、缓慢推动和滑移至轴承支承座上（图 5.2.6-4 和图

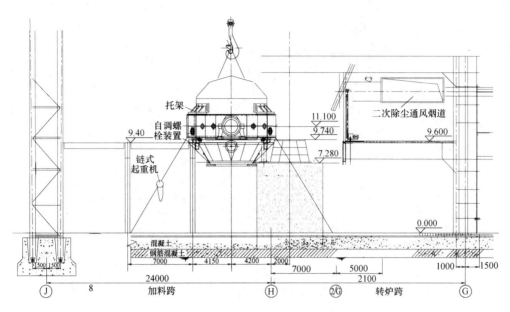

图 5.2.6-2　托圈、炉壳的组装

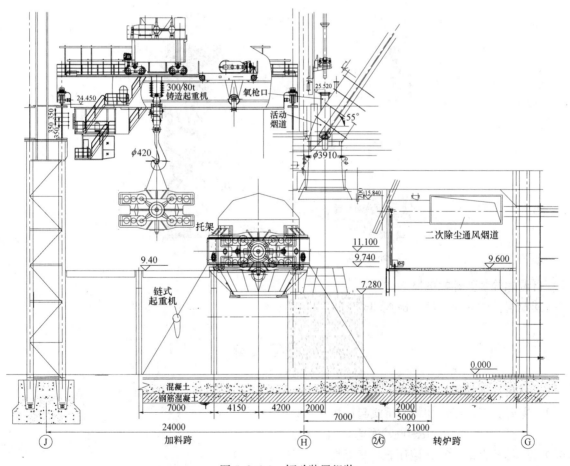

图 5.2.6-3　倾动装置组装

5.2.6-5)。

2）找正和调整轴承座使之与支座上的标记对合。

3）倾动装置减速机与扭力杆连接。

4）电气调整并进行倾动装置点动运转动作。

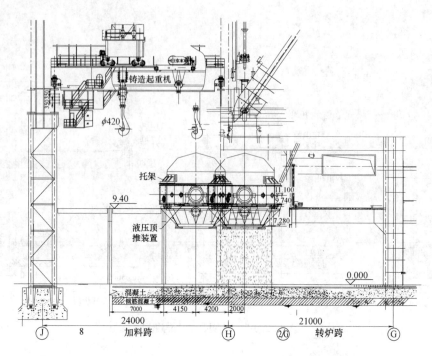

图 5.2.6-4　转炉整体就位（单位：mm）

图 5.2.6-5　转炉整体液压顶推就位照片

5）自调螺栓装置螺帽的坚固。

6）其他附件的安装及整体检查和确认。

6. 材料与设备

6.1　材料：钢板和型钢约 6t。

6.2　主要施工机械：加料跨桥式起重机 1 台；

NK300 汽车起重机 1 台。

6.3　工具及设备：200t 液压千斤顶及泵组二套。

7. 质量控制

7.1　执行的标准和规范

7.1.1　《机械设备安装工程施工及验收规范》GB 50231。

7.1.2 《冶金机械设备安装工程施工及验收规范　炼钢设备》GB 50403。

7.2 本工法主要质量标准控制参数

7.2.1 耳轴轴承座

1. 固定端轴承座纵横中心线允许偏差±1.0mm。

2. 移动端轴承座纵横中心线允许偏差±1.0mm，且应与固定端轴承座纵向中心线偏差方向一致。

3. 两轴承座中心距允许偏差±1.0mm，两轴承座对角线之差不得大于4.0mm。

4. 两轴承轴线高低差不得大于1.0mm。

5. 轴承座横向水平度：固定式轴承座允许偏差为0.20/10000，其倾斜方向靠炉壳侧宜低；

　　　　　　　　　　　　铰接式轴承座允许偏差为0.10/10000，其倾斜方向靠炉壳侧宜低。

7.2.2 炉壳

1. 检查炉壳的直径偏差应符合技术文件的规定，且最大直径与最小直径之差不得大于炉壳设计直径的3/1000。

2. 炉壳高度允许偏差为设计高度的3/1000mm。

3. 炉口平面、炉底平面对炉壳轴线的垂直度允许偏差为1.0/1000mm。

4. 炉壳焊接应符合《现场设备、工业管道焊接工程施工及验收规范》GB 50235的规定。

7.2.3 倾动装置

1. 耳轴大齿轮圆柱孔与耳轴轴肩应紧靠，只允许局部间隙并符合设计文件的规定。

2. 每对切向键两斜面之间以及键的工作面与键槽工作面之间的接触面积应大于70%，切向键与键槽配合的过盈量应符合技术文件的规定。

3. 扭力杆支座的纵、横中心线允许偏差为±0.5mm，标高允许偏差±1mm，水平度允许偏差为1.0/1000mm。

7.3 关键部位、关键工序

7.3.1 组、安装装置的设计及设置。

7.3.2 炉壳焊接。

7.3.3 倾动装置大齿轮与耳轴两斜键的装配。

7.3.4 转炉整体就位。

7.4 质量管理及质量保证措施

7.4.1 质量管理

1. 认真贯彻《质量手册》和程序文件规定内容和要求，文件上说到的必须做到，做到的必须有见证；

2. 建立以总工程师为首的质量保证体系，质量管理工作以项目质量检查员为主，结构和焊接检查人员密切配合，施工班组设自检员自检及质量管理工作；

3. 建立和健全质量三级检查制度（班组自检制度、项目管理专检制度、重要项目或工序联合检查制度）；

4. 坚持工程质量技术交底制度，开工前，专职工程师必须就项目进行交底，使施工人员熟悉施工程序、方法和技术质量要求以及相关专业配合关系、施工工期等，做到人人心中有数，个个掌握质量要求，为确保工程质量打下良好的基础。

7.4.2 质量技术措施

1. 严格工艺纪律和按规定的施工程序进行施工，如外界情况变化影响施工方案的实施时，可变更方案，但必须经总工程师批准。

2. 严格执行各工序间的检查制度，认真做好原始记录，（自检、专检、联检）上道工序未检查合格，不得进行下一道工序。

3. 炉壳焊接应有工艺评定报告和焊接作业指导书，有专门的焊接工程师跟踪指导和监控焊接质量。

4. 组、安装装置的设计方案应经有关专家论证和确认，制做、安装应符合《钢结构工程施工质量验收规范》GB 50205 的规定。

5. 对重要工序关键部位或薄弱环节建立质量管理点，严格工序控制从材料进场至试运转等全过程自始至终处于受控状态。质量管理点由专人负责管理，经检查确认后，方可转入下一道工序质量管理点如下：

1）耳轴轴承支座安装；

2）焊工资格审查；

3）炉壳焊接；

4）倾动装置大齿轮与耳轴两斜键的装配；

5）转炉整体就位。

8. 安 全 措 施

8.1 执行的安全规程

8.1.1 《施工现场临时用电安全技术规程》JGJ 46。

8.1.2 《建筑机械使用安全技术规程》JGJ 33。

8.2 安全管理措施

8.2.1 做好安全工作。

8.2.2 健全安全监督检查制度，安全员跟踪进行监督检查，发现问题及时解决。

8.2.3 设备安装前由主管工程师进行安全技术交底。

8.2.4 项目部安全管理者及班组安全员协调与协助各班组做好安全工作，指导进行安全防护和安全管理各项工作。

8.2.5 安装所有工具、材料等妥善放置，使用的工具要采取措施，防止坠物伤人。

8.2.6 炉前平台转炉组装范围内设置安全网。

8.2.7 转炉整体顶推要有专人指挥，统一口径、统一行动，并密切与各处操作人员配合。操作时要沉着冷静，发现问题要采取果断措施，防止意外事故。

8.2.8 组、安装装置设置后应经安全、技术人员检查确认无疑后方可投入使用。

8.2.9 转炉整体顶推要同步，由专人进行监控。

8.2.10 专人监视高处多层作业时坠物的可能性，必要时可暂停止高处作业。

8.2.11 转炉翻转时要确认托座及其他部件安装符合设计图纸要求，螺帽已进行初拧。

8.2.12 转炉组装前，要认真检查工具、机具、架子、脚手板和作业环境等各种安全设施，经确认无误后方可进行工作。

8.2.13 施工用的设备、构件、施工用料、工程用料要堆放整齐、稳妥，防止倒塌伤人，确保安全通道畅通。

8.2.14 轴承装配时，作业人员带电焊工手套并采取其他防烫伤措施，加热时，油锅边放置灭火器材。

9. 环 保 措 施

9.1 执行的标准、规范

《建筑施工现场环境与卫生标准》JGJ 146。

9.2 环境保护措施

9.2.1 成立对应的施工环境卫生管理机构，在工程施工过程中严格遵守国家和地方政府下发的有关环境保护的法律、法规和规章,加强对施工用油、工程材料、设备、废水、生产生活垃圾、弃渣的控制和治理,遵守有防火及废弃物处理的规章制度,认真接受各级环境保护管理,随时接受相关单位的监督检查。

9.2.2 将施工场地和作业范围,合理布置、规范围挡,做到标牌清楚、齐全,各种标识醒目,施工场地整洁文明。

9.2.3 液压推移装置及连接管道不得泄漏,使用前应行进行动做试验,如有泄漏应及时处理。

9.2.4 炉壳焊接场地应空气流通,炉内焊接应设置通风设备。

9.2.5 作业场所应避免尘土等微粉物质飞扬,如有不可避免的尘土、微粉物质飞扬,应做好成品保护工作,作业人员应随即离开作业场所。

10. 效 益 分 析

本工法与传统的 YJGF33《大型转炉本体安装工法》比较,可取得明显直接经济效益,由于工期提前为业主创造了可观的社会效益。直接经济效益分析如下:

1) 本工法的组、安装就位装置较 YHF33 工法可节省台架制做钢材 8000kg。

制做安装费用:8t×(4400+2300)元/t=53600 元

2) 本工法倾动装置安装不需搭设台架,节省人工、机械、材料费用:

型钢及钢板   4400 元/t×6t=26400 元

轨道 38kg/m   231 元/m×20m=4620 元

3) 本工法安装时间较 YJGF33 工法短,YJGF33 工法用 28 工日,本工法只需 8 工日,节省安装人工费用:

180 元/工日×(28-8)工日=3600 元

由上述 1)、2)、3)三项相加共节省 88220 元。

11. 应 用 实 例

11.1 2004 年 7 月建龙钢厂炼钢工程 NO1 180t 转炉安装工程采用本工法,缩短了工期,节省了安装措施费用,减轻了劳动强度。

11.2 2005 年 5 月河北遵化炼钢厂 100t 转炉检修和更换工程采用本工法实现线外组装,缩短了在线工期,以优惠的价格中标,实施后,不仅保证了工期、优良的质量受到业主好评。

11.3 2006 年 9 月建龙钢厂炼钢工程 NO2 180t 转炉安装工程采用本工法,缩短了工期节省了安装措施费用,减轻了劳动强度,试运转情况良好。

干熄焦本体砌筑工法

YJGF343—2006

中国二冶金建设有限公司

陈曦　何东升　黄金　王晓刚　马玉华

1. 前　言

干熄焦砌筑工程，分为熄焦室本体砌筑及一次除尘器内衬砌筑。干熄焦生产工艺：焦炭由于自重从上面的预存室进入下面的冷却室，冷惰性气体从下面的风帽进入冷却室，在冷却室中进行热交换后，热惰性气体由斜风道汇集，经除尘净化，再经余热锅炉回收热量后，继续循环利用。与湿法熄焦相比，干法熄焦具有减少水的浪费、有效利用了焦炭的热能、改善焦炭的质量和保护环境，创造循环经济等优点。

干熄焦本体内衬砌筑分为三个区，即：一区冷却室、二区风道、三区预存室。在干熄焦砌筑过程中，风道是干熄焦砌筑的核心部位，是干熄焦砌筑的重点，也是一个难点，能否控制好风道的砌筑质量是干熄焦砌筑工程是否成功的关键，这里我们总结了一些干熄焦砌筑施工的一些方法，希望对干熄焦内衬砌筑的施工有所帮助。

2. 工 法 特 点

2.1 施工条理性、可操作性强。

2.2 施工质量容易保证，更好的满足设计及规范要求。

3. 适 用 范 围

本工法适用于干熄焦本体及除尘器内衬砌筑施工。

4. 工 艺 原 理

干熄焦斜风道隔墙砌筑是干熄焦本体砌筑的重点，砌筑时，技术方面主要从隔墙的定位、标高控制和平整度测量等进行控制，此外，为保证隔墙上过顶砖的砌筑质量，其下面的支撑需平整、稳固，标高按设计要求进行控制。

5. 施工工艺流程及操作要点

5.1　施工程序（图 5.1）

5.2　施工方法

5.2.1　施工准备

1. 技术准备

1）制做施工工艺卡和编写技术交底

2）工序交接验收

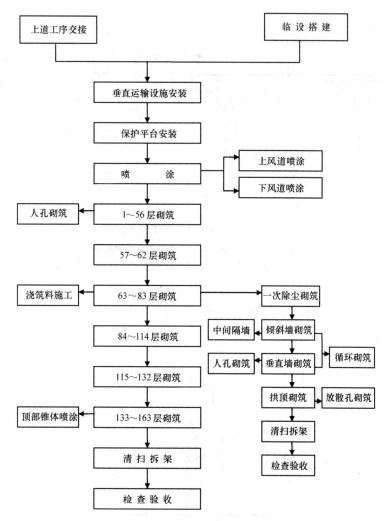

图 5.1 施工程序作业图

筑炉施工前根据设备安装的安装精度进行标高、半径和中心检查，具体项目有：①内径测量；②下部托砖板标高；③中部托砖板标高；④斜道区射线孔标高测量；⑤上部托砖板测量；⑥静电容量料位计孔标高测量；⑦上、中、下控制点尺寸测量；⑧炉口标高测量；⑨斜道区出口部中心；⑩其他测定孔中心、标高以及安装方位校对等。

2. 现场准备工作

按照建筑总平面要求，对干熄焦土建安装所给出的基准点进行复查，同时做好现场"三通一平"工作。按照施工项目计划要求，优先落实搅拌站、加工房、生产、生活用房等设施的搭建。

将干熄焦砌筑施工所用脚手架、钢平台、跳板等周转材料准备齐全。

3. 保护平台的制做、安装及上料系统的搭设安装

1) 熄焦室施工前，在冷却段下部（即炉墙托圈下面）设置保护平台。它一方面保护风帽和下部排除装置，又要在上面搭设砌砖操作平台，保护平台设六根主梁，主梁上设置次梁，主梁采用型号为工24工字钢，次梁采用型号为匚10槽钢，主、次梁形成井字结构焊接，上铺跳板或者3mm花纹钢板，允许最大荷载 0.44t/m²。保护平台结构见图 5.2.1-1。

2) 上料系统搭设及安装

上料系统在炉体外人孔处搭设上料平台，侧面设立龙门架利用卷扬机将材料运至与人孔衔接的平台上，从人孔将材料运至熄焦室内，熄焦室顶端安装一台 2t 电动葫芦，作为炉内垂直运输的工具，把材料运至所需位置。在熄焦室保护平台上随砌筑进程搭设操作平台，平台高度根据实际砌筑需要决定。平台架由钢管和扣件组成，架上铺50mm厚定型木板，在炉中心线的侧翼留设方形上料孔。方法如图 5.2.1-2。

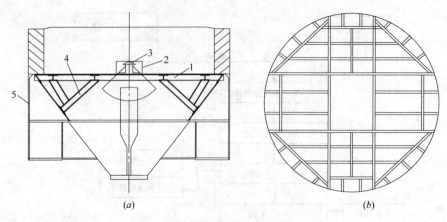

图 5.2.1-1　保护平台的位置和结构图

(a) 保护平台的位置；(b) 保护平台的钢结构

1—保护平台；2—风帽保护罩；3—风帽；4—平台斜支撑；5—喷涂层

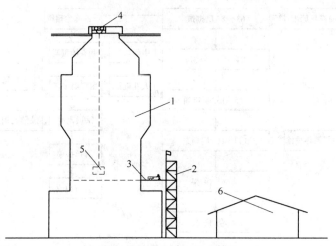

图 5.2.1-2　上料系统图

1—干熄焦本体；2—卷扬塔；3—运输平台；

4—电动葫芦；5—罐笼；6—耐火砖库

5.2.2　冷却室砌筑

1. 冷却室墙体的砌筑是以炉壳为导面，以炉中心为基准点，保证墙体的厚度符合设计要求。首先以除尘器纵向中心为基准点，在熄焦室内放出 0°、90°、180°、270°的分度线，再细分成间隔 10°的分度线，根据上部托砖板及下部托砖板的间隙计算出每层砖的厚度，用水准仪放出控制点的标高，并用标杆刻画出每层砖的厚度，分别立于炉内的 6 个方位。每十层墙体用水准仪测量标高，直至冷却室墙体砌筑完毕。

2. 施工流程

清扫炉壳—放出分度线—给出标高—粘贴纤维毡—砌隔热砖—砌黏土砖—砌莫来石砖—测量墙体标高—检查验收砌体。

5.2.3　风道的砌筑

1. 预砌筑

风道由斜风道、环形风道和风量调节孔组成，由于斜风道在砌筑中的重要性，加之耐火砖的砖号多、外形尺寸要求严格，因此按要求进行预砌筑。

预砌筑时找一平坦混凝土地面，选取 1 个风道，2 个间隔墙，按设计和规范进行砌筑，砌筑时所用的施工材料和采取的操作方法与正式施工相同，将预砌筑的情况和结果做出详细记录，对于存在的问题，根据预砌筑情况在施工中给予解决。

在预砌筑中掌握耐火砖的外形尺寸是否满足砌筑要求，灰缝大小，墙体、风道的尺寸情况，使施工人员了解斜风道砌体的结构特点和质量要求，熟悉操作方法、耐火砖的质量情况和火泥的使用性能。

2. 砌筑

1）斜风道砌筑

斜风道是由向内伸展的间隔墙和向外伸展的斜墙组成，此部位砌筑时主要控制以下三个方面，第一定位，第二半径，第三标高，只有这三方面达到设计要求，才能保证斜风道的砌筑质量，为下一步的施工提供有利条件。

① 间隔墙的定位

间隔墙的定位具有举足轻重的地位，它直接决定斜风道整体砌筑能否成功。在施工前将炉顶中心与炉底中心用钢丝连成中心线，作为半径和分度控制的依据，此外作为分度线的另外一个依据是0°线，这条线我们在施工放线时用经纬仪将其引至烟气出口下的炉皮上，以备使用。

放线时，再将隔墙的中心线放出，主要利用经纬仪进行分度、投点，首先，固定平台，施工操作平台是由脚手架搭设而成，为使之稳定无晃动，将脚手架与墙之间的空隙塞入木楔，顶紧，然后在中心线附近的脚手管上焊接50×5的角钢三处，成三角形排列，作为经纬仪的架设支点，再设置中心点，在脚手管上固定一木杆使中心线通过木杆一边上的豁口，将中心线移至一边，即可架设经纬仪了。

调好经纬仪后，以0°线为基准线放出10°、20°、30°……350°线，每条线放在三个位置上，即：斜风道第一层下墙的顶面和侧面，涂抹层的斜面。线放好后，利用相同半径相同弦长的原理进行校核，确认无问题后进行砌筑。砌筑时对两个相对的间隔墙拉线砌筑，拉线以涂抹层斜面上的线为依据。

② 半径测量

砌筑中使用钢卷尺测量间隔墙每层第一环砖和最后一环砖到炉中心线的距离，控制半径在0～+5mm的范围内。同时对风道斜墙的半径进行测量控制。

③ 标高测量

砌筑每层砖时，水准仪进行跟踪测量，同时使用靠尺和水平尺，严格控制标高和平整度，使标高误差在±3mm的范围内，平整度每米3mm以内，相邻间隔墙的标高差不可超过5mm。

2）斜风道过顶砖的砌筑

斜风道过顶砖是干熄焦最为薄弱的一个环节，砌筑时需要在各方面加强控制。

① 过顶砖的支撑

斜风道过顶砖重量较大，砌筑时容易下沉，因此在间隔墙砌筑完毕后，进行过顶砖的支撑搭设。首先，在脚手架和斜风道的斜墙上水平设置两根钢管，并将其固定，防止下沉和移动，钢管位置在斜风道最上一层砖下40～50mm处，然后，在钢管上放一厚30mm、宽度与斜道口宽度相当的木板，这样在过顶砖与木板之间了一个10～20mm的缝隙，这个缝隙塞入木楔，通过木楔的打入深度可以对过顶砖的标高和平整度进行调节。图5.2.3-1为斜风道过顶砖支撑示意图：

② 施工要求

a. 砌筑要求

砌筑时要以炉内分度线（即10°分度线）为基准进行施工，保证每组过顶砖都在10°分度线以内砌筑，误差控制在±5mm以内，以防止过顶砖偏移，此外要求灰浆饱满，但灰缝不可超过3mm，半径控制在±5mm之内，上表面平整度3mm。

b. 耐火泥浆要求

搅拌用水使用pH值在6～8之间的纯净水，按火泥使用说明和施工实际情况进行搅拌，

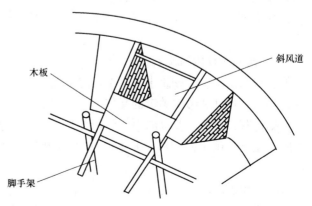

图5.2.3-1 斜风道过顶砖支撑图

搅拌时间不少于10～20min，已搅拌好的火泥应尽快使用，超过24h或已硬化的泥浆不得使用。桶装泥浆要求随时使用随时搅拌，并且搅拌均匀之后方可使用。

3）环形风道的砌筑

砌筑环形风道时，先进行外环墙的施工，再进行内环墙的施工，砌筑完一步架后，在环形风道内搭设脚手架，作为砌筑操作平台，再进行下一步的施工。

为更好的控制标高，先把过顶最上一层顶面到调节孔砌砖顶面的距离量出，计算出所砌各层的尺寸，根据这个尺寸制做线杆，立在外环墙的内侧，利用线杆控制外墙标高，内环墙同样利用这种方法控制标高。内外环墙每砌筑完一步架，都要用2m靠尺和水平尺检查内外环墙的标高是否一致，检查距离不大于10°分度线的区域，其标高差控制在±3mm以内。环形风道留设γ射线孔，孔的砌筑要求十分严格，中心纵向允许偏差±1.5mm，横向±1mm。施工前用经纬仪检查炉壳上法兰口上中心角度与设计是否一致，合格后用水准仪在法兰盘上投出γ射线孔中心位置，用φ0.5mm钢丝连通，作为砌筑γ射线孔的中心线。

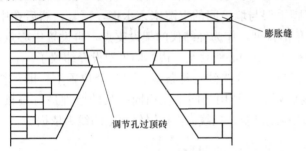

图5.2.3-2　风道调节孔处砌筑图

（图中标注：膨胀缝、调节孔过顶砖）

4）风量调节孔的砌筑

调节孔部位由8层砌体组成，其中5层收口，3层过顶，见示意图5.2.3-2。砌筑5层收口砖时，注意对半径和口的尺寸的控制，半径以炉中心线为基准进行控制，做与各层口尺寸相应的尺杆，对口的尺寸进行控制，最上一层口的尺寸控制在±3mm之内，口两侧墙上表面平整度控制在3mm以内。

因调节孔3层过顶处砌体宽度过大，其上部又有铁件，不便水平施工，所以施工时先将最外环墙砌筑完毕，再进行调节孔过顶砖的砌筑，最后进行内环砌体的砌筑。在这种施工条件下，砌筑外环墙时，一定要严格按图纸尺寸要求控制砌体半径，防止过顶砖无法砌筑的情况发生。

在调节孔砌体上表面与铁件之间设有一膨胀缝，膨胀缝尺寸按图纸设计进行留设，缝内填充硅酸铝纤维毡，纤维毡按要求填实，不能出现空洞。

5）预存室的砌筑

预存室分为两段砌筑，即直段和锥体段。直段的砌筑要以设计标高的差值计算出每层砖的厚度，用水准仪在炉壳上给出标高控制点，然后砌筑隔热砖及黏土砖。在直段处施工时按图纸要求留设膨胀缝，砌筑时要使用膨胀板，砌好后取出膨胀板，清扫干净填入纤维毡。滑动缝铺设油纸要单面打灰砌筑。

锥体部位砌筑，用水准仪在喷涂层上每3层砖给出标高控制点，控制砌体标高。因此部位砖是斜形，易向内倾斜，砌筑时要用水平尺严格控制水平，保证砌体的平整度。在留设静电容量料位计孔时，要用经纬仪校对炉壳开孔位置是否准确。

预存室顶面标高要控制在0～3mm之间，内径要求要控制在0～3mm。保证水封槽及装入装置顺利安装。

6）一次除尘器内衬砌筑

放线对一次除尘器砌筑十分重要，尤其是下倾斜部及拐弯处的控制线，一要保证砌筑的厚度，二要保证膨胀缝尺寸和结构关键的几何尺寸（图5.2.3-3）：

根据排灰口中心线及纵向中心线，放出排灰口的控制线，确保排灰口尺寸符合设计要求，在排灰口之间的梁上，画出砖层线。排灰口中心线投放到在通廊两侧壳体上，并随砌筑高度增加不断向上延伸。

一次除尘器的砌筑主要有炉墙、中心隔墙、拱顶、通廊铺底、紧急放散管、人孔等几个部位组成。砌筑时要严格按事先放好的砖层线与标高点控制好砌体，注意按要求留设膨胀缝，在与熄焦室及锅炉

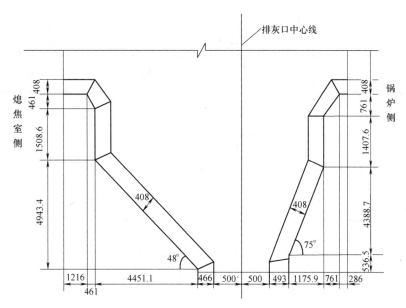

图 5.2.3-3　一次除尘器放线图（单位：mm）

入口连接处要处理好衔接部位，使其在保证统一的墙体尺寸之内。中间隔墙砌筑要保证留设位置符合图纸设计要求，拱顶砌筑要注意拱脚标高误差控制在±5mm之内，因其跨度太大，拱胎支设一定要牢固，拱顶合门时需打入五块锁砖，放散孔砌筑要进行预组装，把放散口处砖按预组装顺序编号，砌筑时按预先编号操作。

　　总之，干熄焦风道区域是干熄焦本体砌筑的关键部位，具有孔多、口多、交汇点多的特点，在施工中各孔洞的定位、标高控制和半径控制是砌体质量保障的关键，因此砌筑时要跟踪测量，不可掉以轻心，从斜风道形成至环形风道合门都要严格控制砌体的各项指标，另外，在施工安排上要程序化操作，合理安排每班的砌筑量，例如在斜风道砌筑时每班砌筑1层，环形风道外环每班砌筑8层，内环每班砌筑4层等等，只有这些都做到位，才能够保证砌体的各个主要部位满足设计和规范要求，顺利进行下一道工序。

6. 材料与设备

　　机具设备见表6-1。

机具设备表 表6-1

序　号	名　称	规　格	单　位	数　量	备　注
1	泥浆搅拌机	0.325m³	台	2	搅拌耐火泥浆
2	强制式搅拌机	0.375m³	台	1	搅拌喷涂料、浇筑料
3	卷扬机	3t	台	1	垂直运输
4	电动葫芦	3	台	2	垂直运输
5	喷涂机		台	1	
6	空气压缩机	9m³	台	1	提供风压
7	叉车	3t	台	2	装卸材料
8	切砖机	小型	台	2	加工砖
9	电锯		台	1	
10	四轮车		台	2	水平运输
11	喷涂机输料管		m	50	
12	经纬仪	2s	台	1	
13	水准仪		台	1	
14	小车		台	4	水平运输

劳动组织见表6-2。

劳动组织情况表　　　　　　　　　　　　　　　　　表 6-2

工种＼级别	砌砖	上砖上灰	砖加工	测量	搅拌站	配合工种	砖库	管理	合计
筑炉工	24								24
配合工		16	2		2		2		22
测量工				1					1
木工						2			2
电工						1			1
架工						4			4
操作工						2			2
钳工						1			1
管理人员								6	6
其他人员						2			2
合计	24	16	2	1	2	12	2	6	65

7. 质量控制

砌筑风道的允许误差见表7。

砌筑风道的允许误差表　　　　　　　　　　　　　　　表 7

项次	误差名称	允许误差(mm)	项次	误差名称	允许误差(mm)
1	线尺寸误差： (1)环形排风道的宽度 (2)调节孔 　长度 　宽度	±10 ±10 ±6	3	膨胀缝的尺寸误差： 调节孔处的水平膨胀缝	+10 0
2	标高误差： (1)斜风道隔墙顶面 (2)下部调节孔上表面	±3 ±3	4	砖缝尺寸误差： (1)水平缝和放射缝 (2)环缝	±2 +4 −2

8. 安全措施

8.1　认真贯彻"安全第一，预防为主"的方针，根据国家有关规定及条例，结合施工单位实际情况和工程项目施工的特点，配备专职安全员和班组岗位安全监督员等。

8.2　建立安全管理网络和施工安全保证体系，执行安全生产责任制，明确各级人员岗位职责。加强施工作业中的安全检查，确保作业标准化、安全化。

8.3　施工现场布置各种安全标识。

8.4　施工现场配电箱、电器设备及线路必须保证绝缘性能良好并有漏电保护装置。

9. 环保措施

现场文明施工、环境保护是施工单位精神面貌的体现，是保证工程安全施工，保证质量的前提之下，为了保质保量、保安全及环保，特制定如下文明施工及环保规章制度。

9.1 认真贯彻执行上级有关文明施工的管理规定，改善施工环境，把物质文明和精神文明体现到现场。

9.2 组织施工管理人员，依据施工组织设计中施工平面布置，施工前对开工现场的文明施工进行全面的合理安排，严格按照施工工序组织施工。

9.3 要保证施工现场主干道线路畅通，保证到现场材料的运输道路的平坦，建立定期养护制度。

9.4 现场卷扬机、搅拌站、电焊机等动力用电，集中布置，减少线路的网式布置。

9.5 材料到现场后，应码放整齐，井然有序，挂牌标识，做好环境保护工作，对施工中产生的固体废弃物要按指定地点集中回收，杜绝乱堆乱弃。

9.6 搅拌站内应干净、清洁，材料堆放整齐，强制式搅拌机当天用完，当天清理干净。

9.7 施工现场应随时清扫，保证现场整洁，每班下班前将现场清理一遍，经常洒水降低粉尘对环境的影响。

9.8 节约用水、用电，无长流水、长明灯。

9.9 经常对施工人员进行文明施工教育，加强施工现场管理，现场不准打架斗殴，无理取闹。

9.10 文明施工要贯穿整个施工过程，建立定期检查制度，并按上级有关规定认真记录，保留检查结果。

10. 效 益 分 析

10.1 本工法可以更有效的控制工程质量，增强业主对施工单位的信任度，为稳固市场打下基础。

10.2 利用本工法在施工中，降低了大量的木材消耗，如在斜风道支撑上采用钢管支撑，即增加了支撑强度又降低了木材损耗。在除尘器拱胎支设中，采用"满堂红"式脚手架支设拱胎，节约木材近 $10m^3$。仅此两项降低成本近 3 万元。

10.3 本工法既满足了施工质量需要，又提高了进度，缩短了网络工期，降低了劳动成本支出。

11. 应 用 实 例

本工法在包钢焦化厂 5 号、6 号焦炉干熄焦和 7 号、8 号焦炉干熄焦的砌筑施工中使用，取得了很好的效果，5 号、6 号焦炉干熄焦本体砌筑比计划工期提前 5d 完工，7 号、8 号焦炉干熄焦本体砌筑比计划工期提前 3d 完工，获得了包钢焦化工程指挥部的嘉奖。通过前两项工程的施工所取得良好的经济效益和社会效益，现正在包钢焦化厂 9 号、10 号焦炉干熄焦砌筑工程上应用。

包钢（集团）公司焦化厂 5 号、6 号和 7 号、8 号及 9 号、10 号焦炉干熄焦砌筑工程，分为熄焦室本体砌筑及一次除尘器内衬砌筑。熄焦室的熄焦能力是 125t/h，熄焦室由预存室、冷却室、风道组成，其中预存室的上口直径为 3000mm，冷却室直径为 8900mm，环形风道宽度为 1158mm，熄焦室本体高度为 19114mm，耐火砖为 163 层。一次除尘器长 10310mm，宽 6916mm，高 11935.8mm，耐火材料由莫来石—碳化硅砖，莫来石—黏土砖，黏土砖、隔热耐火砖、耐火纤维、浇筑料等组成，耐火材料砌筑总量约 1240t。

热风炉炉壳不开口内衬施工工法

YJGF344—2006

中冶京唐建设有限公司

许嘉庆　钟英卓　谢之侠　史千波　李兴东

1. 前　　言

热风炉是高炉系统的主要附属设备之一。它的用途是利用高炉煤气燃烧的热量，借助格子砖的热交换作用，为高炉提供高温热风。热风炉的工作状态有热交换和供风，每套高炉系统配备置热风炉 3～4 座。

热风炉呈直立圆筒形，外部为钢壳结构，由燃烧室和蓄热室两部分耐火砖结构构成。根据燃烧室与蓄热室的构筑方式不同，热风炉又分为内燃式、外燃式和顶燃式三种类型。

热风炉的各部位砌体分别遭受：煤气燃烧时的高温作用；煤气带入灰尘的侵蚀作用；燃烧气体的冲刷作用以及热交换过程中温度急剧变化的热应力作用，因此，热风炉炉衬因以上各种因素的长期作用易产生开裂导致漏、串气，使炉壳直接遭受热风侵蚀及残余煤气的不完全燃烧造成的破坏。而传统的内衬施工方法是在炉壳上开口进料，完成砌筑后再焊接封闭，内衬砌筑也往往在此处甩茬后补。上述的各种侵蚀及应力作用在这个部位影响最为明显，并最终对此处炉壳焊接处造成破坏。

我们在热风炉内衬耐火材料砌筑施工中，经过不断地施工实践和改进提高，已经形成了一整套行之有效的施工方法和程序。在应用过本工法的各个施工项目，施工质量、进度和投产后的使用效果均得到了业主的肯定和好评。

热风炉不开口施工技术主要有如下技术优势：一、从根本上解决了传统开口施工方法造成的炉内衬整体性、耐侵蚀性、耐冲刷性、耐应力作用性差的缺点。二、减掉了传统施工方法的开口及补焊程序，避免了补焊焊接应力对炉壳的不良影响。三、改用了先进、安全可靠性高的施工电梯作为上料设备，提高了安全保证、工作效率。

为便于说明问题，本工法叙述以 3200m³ 高炉系统的悬链线形拱顶内燃式热风炉为基准、兼顾其他。

2. 工法特点

2.1　不另行开口进行内衬砌筑的施工方法与炉壳另行开孔进行施工的传统方法相比较，前者从炉壳结构上保证了其整体性，减少了开口焊接的环节；从炉衬耐火材料结构上取消了后补砌筑结合差的可能性，保证了其炉衬耐火材料结构整体性和密闭性。

2.2　不另行开口的施工方法避免了传统施工方法给热风炉使用寿命带来的消极因素，避免了炉壳开口产生的结构破坏和后补砌筑产生的质量缺陷，较大幅度地增大了炉体的使用寿命。

2.3　本工法的核心是：采用一系列先进施工方法及施工机具，仅利用炉体设计中原有的孔口进行高效率的施工，同时有效地保证施工质量。

2.4　充分利用热风炉的各口（下部烟道口、煤气输入孔、助燃空气输入孔、热风出口及炉顶孔）作为进料通道，材料采用机械化集装运输、重车入炉方式、安全装置，限额供料和以按日作业计划控制施工全过程，确保质量、工期，确保材料的低消耗，加强现场的文明施工。

3. 适用范围

本工法适用于大型内燃式热风炉砌筑施工。

4. 工艺原理

全面分析传统开口技术对炉壳、内衬施工及生产运行造成的不良影响；利用内燃式热风炉的各个原有设计孔洞作为进料口，外部配备更为先进，安全可靠的施工电梯自下而上，内部采用电葫芦自上而下运输至施工操作面。无需另行开口，保证了砌筑的连续性、砌体的整体性及避免了开口的二次补焊。

5. 施工工艺流程及操作要点

5.1 砌筑施工工艺流程

砌筑施工工艺流程图（图 5.1）

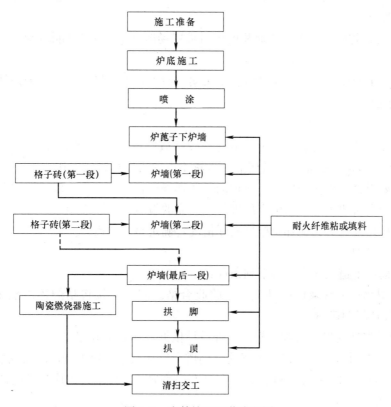

图 5.1 砌筑施工工艺流程图

5.2 总体安排

5.2.1 采用一段连续施工的方法。即自炉底到炉顶依次自下而上进行。

5.2.2 采用两班作业方式，单班作业时间为 12h。

5.2.3 耐火材料提前按计划做好准备，当班供料，即随施工进度需要，陆续把砖、泥浆供应到位。

5.3 操作要点

基础设施

1. 炉前周转库

1）周转库的设置：设在炉前上料一侧，距离以 50～100m 为宜。要求地面坚实、有盖、能防雨、有照明且库外运输道路平整畅通。

2）周转库的作用是：存放由砖库运来的即将上炉的耐火砖、砖板和各种辅助材料，作为上料人员作业和上料用叉车倒运的工作场地。

3）周转库面积：以储存够 2～3 个作业班次所需的材料量为宜。视工程大小一般考虑 2000～3000m²。

2. 泥浆搅拌站

1）设在炉前上料一侧，距上料用物料提升机较近处。内设泥浆搅拌机 2 台，配置与之相适应的搅拌作业平台、泥浆槽、水箱等设施。搅拌台前铺小段轻轨，轻轨长度约 15m，作为运输成品泥浆中灰槽周转的通道使用。后部为临时储存火泥场地。

2）搅拌站要求地坪坚实、能防雨防潮，要有完善的除尘设施，四周设置排水沟，并有污水排放渠道。

3）搅拌站面积 60～100m²。

3. 耐火砖加工厂

1）加工厂在准备工作期间，可设在砖库附近以便于配合施工准备；施工期间设置在周转库附近。加工厂内设切砖机两台。

2）加工厂要封盖、防雨，留置足够面积的废料堆置场地，设置完善的除尘装置。

3）加工厂面积 80m²。

4. 现场办公室、工地库房、工人休息室、木（架、钳工）工作场等，视现场条件适当设置。

5.4 开工前的工作

5.4.1 预砌筑

1. 悬链线拱顶在生产厂进行预砌工作，由耐火砖制造厂负责编号和草图绘制工作，预砌时应派材料管理人员参加监督，及时掌握情况。进砖后，现场不需要再进行预砌工作。

2. 组合砖：各处组合砖均应按生产厂的预砌图在现场进行检砖工作，以掌握情况，发现问题。

3. 陶瓷燃烧器的砌筑要求可根据生产厂进行预砌完的编号和草图而定。

4. 弧形墙各号砖之配比等其他部位根据实际情况，确定是否预砌。

5.4.2 工序交接工作

1. 热风炉砌筑前，上道工序应具备下列条件：

1）测量交接的纵横中心线及标高基准点，验收合格。测量交接包括炉体纵横中心线及标高基准点，要有书面资料及现场明确清楚之点位。

2）热风炉炉箅子安装完毕且验收合格。国外设计依据具体要求确定。

3）砌筑前，作为上料口的热风口、煤气孔、助燃空气孔及烟道口的阀门不得安装。

2. 交接均要有书面材料、技术证件，并有主管部门签署的允许下道工序施工的证明。

5.4.3 测量放线

1. 校正炉壳中心线及确定砌筑中心线。若炉壳上下偏差较小时，可用上下相对位移的办法。取一条垂直的中心线；若偏差较大时，则采用逐段调整方式，实际是一条倾斜的中心线，如偏差过大，要与设计、建设部门协商解决。

2. 炉中心线。砌筑前，在炉壳内壁打上四条垂直于炉底十字线的垂线，该十字线交点就是炉中心。炉壳内壁上的垂线施工过程中要持续上引，保持到顶。引线由测量工和木工配合进行。

燃烧室内壁也要有垂直于炉底的十字垂线，形式同上。

3. 标高线。砌筑前，把标高基准点引测到炉内铁壳上，施工过程中不断上引，作为砌筑中测量标高之依据。

5.5 施工

5.5.1 材料供应用上料系统

炉外耐火材料的垂直运输采用一座 55m 高的物料提升机（人货两用电梯），同时分别在煤气输入孔、助燃空气输入孔、热风支管上部及热风口处设工作平台。考虑运输通道时应尽量利用炉体原有的平台。若平台上遇到管道阻隔运输通道，需架设材料跨越用电葫芦（图 5.5.1）。

1. 地面的材料运输

地面耐火材料的运输分两部分。第一部分为耐火材料的备料；材料供应组根据技术部门下达的备砖计划通知书，指挥叉车和汽车把现场所需的耐火材料由砖库整箱运至现场，并分类排放整齐，做好标识。第二部分为耐火材料的上料，现场材料人员根据当班技术人员下达的上砖计划通知书，按顺序依次运抵上炉。水平运输：整箱耐火砖由叉车直接插到手动液压叉车上使用叉车和手动液压叉车整箱运输耐火砖，而耐火泥浆则从泥浆搅拌机搅拌好后注入中灰槽内，由叉车直接插到物料提升机罐笼内。垂直运输：然后再由物料提升机把各种耐火材料运送到各个所需平台。

2. 炉内材料运输

在炉内约 42m 标高处设一道水平工字钢，在水平工字钢上安装二台 3t 的电葫芦。当炉外材料通过助燃空气入口及热风口进入炉内后，用该炉内运输系统将材料吊运至施工工作面。通过热风口上料的系统应设置柔性滑道导向装置和防断绳装置，所选工字钢规格必须经安全计算后选取，保证使用的安全系数。

3. 炉顶部分材料的运输

材料运输至炉顶分为两步进行。

第一步，是将材料运输至炉中部的热风口处的平台上，用手动液压叉车作为耐火材料的水平运输工具。

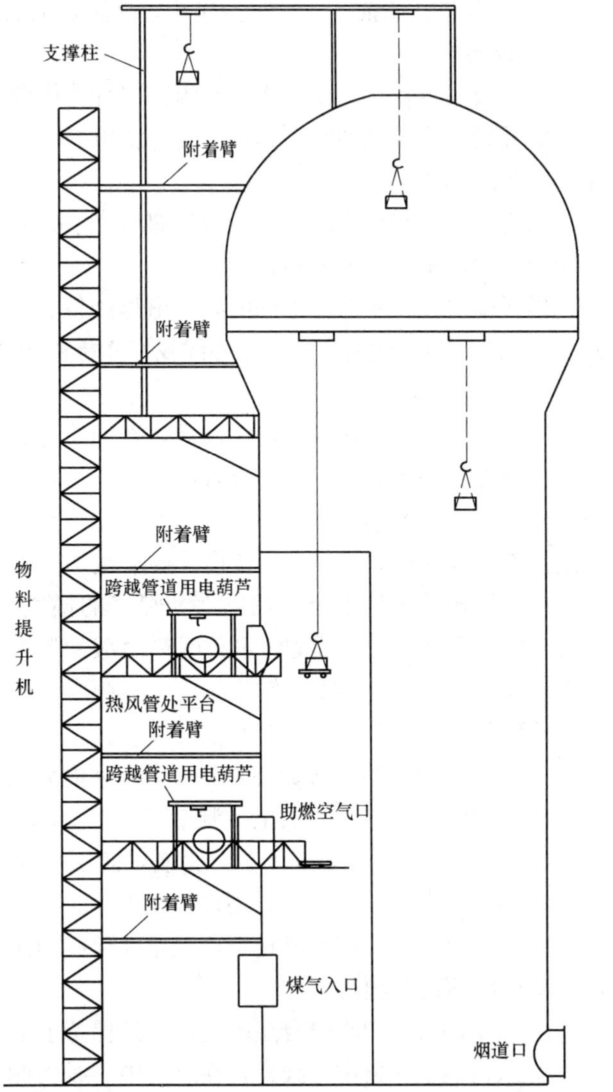

图 5.5.1　热风炉上料系统示意图

第二步，将材料从热风口处的平台上利用炉顶电葫芦垂直运输到炉顶平台，然后由电葫芦将耐火材料由炉顶 1.8m 人孔运至炉内。炉顶电葫芦设置具体做法：在炉顶处用 $\phi108$ 钢管搭设两个门架，并在门架上架设足够长度的工字钢梁，梁上安装 2t 电葫芦，考虑到备用梁上应设置 2 台电葫芦。所选工字钢规格必须经安全计算后选取，保证使用的安全系数。

4. 热风炉上料系统示意图见图 5.5.1

5. 脚手架搭设

1）在燃烧器下部施工时，炉外搭设脚手架，高度为 7.5m。燃烧器下部浇筑料施工时用物料使用泵送方式供料。

2）砌筑时，燃烧室内，搭设钢脚手架，该脚手架随着燃烧室砌筑施工面加高，最后加高到热风出口高度即 20.2m 平台处，并与平台相通。

3）拱顶施工前的脚手架搭设在格子体全部施工结束并彻底清理后，封闭格子体和燃烧室上表面，然后在炉内使用 0.6m 立柱短管搭设作业平台，保证平台表面无伸出的立柱，以便于检查上部砌体的几何尺寸，尤其是便于拱顶施工时样板轮杆的安设和使用。

5.5.2 喷涂层施工

1. 在砌砖开始前，完成喷涂作业，喷涂自上而下进行。

2. 设施

炉内设吊盘，作为喷涂作业和焊锚固钉工作台。

炉外设喷涂设施两套，其中一套为备用。

3. 刮平找圆

利用中心线和样板圈找圆。样板圈用 3～5mm 钢板制成，弧形，每段长 1～1.2m，宽度 30mm。样板圈内面要磨平，半径准确。

样板圈安装。木工在炉皮内面打出焊接位置水平线，在水平线上间隔 400mm 焊接上 3mm 钢筋段柱（$L=40mm$），然后利用炉中心线找好样板圈位置后，将样板圈点焊在钢筋段柱上，如此焊好两圈，上下间距 1.5m 左右。

喷涂找圆。样板圈经复查无误后，在两带中焊好锚固钉，开始喷涂，喷完后，利用木靠尺，以样板圈为导面刮平找圈。完成一带后，再焊一圈样板圈，依同法自上而下逐带完成。

4. 喷涂和焊锚固钉工序安排，也可先自下而上把锚固钉和样板圈全部完成之后，再自上而下进行喷涂工作。锚固钉焊接要求：按设计要求在炉壳上标明准确位置，焊接接合处必须用手动角向砂轮进行除锈。焊接采用从下至上的顺序，焊好的锚固钉必须对焊接强度和方向进行抽查，抽查率不小于 10%。检查合格后，对锚固钉进行耐热耐酸涂料喷漆处理，喷漆质量必须使用干膜测厚仪进行检查，合格后才可进行下一步喷涂作业。

5.5.3 炉墙施工

1. 蓄热室墙与格子砖交替施工，燃烧室内为上料通道。

2. 标高控制：在喷涂层上，测量配合木工，给出砖层标高控制点，沿圆周间距 1.5～2.0m 给出砖层线，瓦工借助于靠尺、水平尺，控制好砖层高度。

3. 内径控制：挂中心线，用以控制内径。

4. 砌砖顺序：自内向外进行，注意外部砖的泥浆饱满度。

5.5.4 格子砖施工

1. 格子砖按大中小号分层砌筑，注意保持上平。

2. 除蓄热室纵横中心线外，在纵横中心线两侧约 1/2 处各打控制线一条，以此 6 条线控制格子砖位置，控制线位置通过预砌按实际确定。

3. 格子砖码放顺序为：中心线—纵横中心线两行砖—各控制线四行砖—各方格内的砖。

4. 摆放过程中，首先在中心线与各控制线的交叉点设置控制点，控制点处格子砖最长使用 2m 长铁管插入进行定位，调整时该部分钢管不允许抽出。每个砖之间胀缝用木楔固定，码放时随时用 1.2m 长钢管插入格孔，进行调整。

5.5.5 陶瓷燃烧器施工

1. 以燃烧室十字中心线为准放出各墙底盘线，沿煤气通道、空气通道两端墙角逐段地支立四根标杆，画出砖层线。

2. 煤气通道、空气通道严格按放线砌筑，保证各通道的内空尺寸，并随砌随将墙后浇筑料施工完。

3. 煤气通道的导流板安装应配合煤气通道墙依次进行，上层预制件的销子在插入下层预制件的套管以前，套管内灌注 2/3 深度的胶粘剂，使二者粘成整体，浇筑孔和吊装孔在预制件安装后用浇筑料填充。

5.5.6 炉顶砌筑

1. 拱顶砌筑前应先将铰链砖砌好，砌筑时随时用样板轮杆检查半径。

2. 拱顶是炉体的关键，施工前，先通过耐火材料制造厂的预砌图掌握耐火砖公差情况，灰缝情况和拱总高度情况。砌筑时控制每层拱之、内环半径。和外径半径，按预砌结果进行编号及画出砌砖草图，并将砖做必要的加工。拱顶砌筑过程中，下部采用挂钩方法，砌一块挂一块，用按设计尺寸制做的轮片（图 5.5.6），检查内径尺寸。轮片随砌筑高度的增加，将下部有妨碍的部分拆除。拱顶上部施工至剩余 3～4 环时支顶部拱胎，按胎砌砖。

5.5.7 组合砖施工

1. 砌筑前，首先要保证组合砖底下砖的砖层之标高、水平度和内径的准确性。

2. 砌筑中，要严格按预砌草图，按砖号对号入座。发现错台、三角缝等问题时，禁止随意加工改型，要及时查明原因，做好调整工作。

3. 控制好孔、口内径。下半圆支设中心轮杆或用弧度样板找圆，上半圆支拱胎。

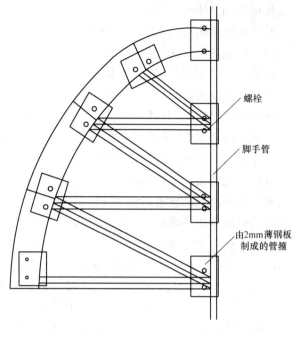

螺栓

脚手管

由2mm薄钢板制成的管箍

图 5.5.6　轮片

6. 材料与设备

6.1 材料

6.1.1 施工耐火材料主要工程量（表 6.1.1）

施工耐火材料主要工程量　　　　　　表 6.1.1

序　号	施工部位	重量(t)	备　注
1	陶瓷燃烧器	118.7	
2	炉墙	660.3	
3	燃烧室	794.6	
4	格子体	2500	
5	拱顶	196.6	
6	喷涂料	121	
7	其他浇筑料	266	
8	水泥砂浆	1.9	
9	耐热混凝土	150	
合　　计		4809.1	

6.1.2 耐火砖尺寸检查及堆放

砖尺寸检查及堆放应按以下标准进行：

《通用耐火砖形状尺寸》GB/T 2992

《耐火制品堆放、取样、验收、保管和运输规则》GB/T 10325

《耐火制品尺寸、外观、及断面的检查方法》GB/T 10326

《高炉及热风炉用砖形尺寸》YB/T 5012

《热风炉用黏土质耐火砖》YB/T 5107

《热风炉用高铝砖》YB/T 5016

《黏土质隔热耐火砖》GB/T 3994

《高铝质隔热耐火砖》GB/T 3995

《硅藻土隔热制品》GB/T 3995

《硅质隔热耐火砖》YB/T 3996

《热风炉用硅砖》YB/T 133

《高铝质耐火泥浆》GB/T 2994

《黏土质耐火泥浆》GB/T 14982

《硅质耐火泥浆》YB/T 384

《黏土质和高铝质致密耐火浇筑料》YB/T 5038

《普通硅酸耐火纤维毡》GB/T 3003

6.1.3 砖分类工作

1. 对大批量砖外形尺寸要进行抽查，了解其公差分布状况，以便做进一步处理及安排砌砖方案。

2. 抽查工作主要是抽查砖的厚度，抽查数量为 3% 左右。

3. 抽查工作要做好记录，并做出情况统计、分析。

4. 为确保砖列平直、砖缝合格，炉顶砖必要时要进行选分，在施工时分别配层使用。

5. 选分标准是，炉底砖厚度、长度均按 1mm 分级。其他部位的砖，视砖公差情况，确定是否挑选分级。

6.1.4 砖加工工作

1. 施工准备阶段的加工砖，主要是超差砖和扭曲过大的砖要加工后再使用。

2. 施工中配合施工的临时加工砖为合门砖、碴子砖等。

6.2 机具设备

施工用机具设备表（表6.2）

施工用机具设备表　　　　　　　　　　　　表6.2

序　号	名　　称	规　格	单　位	数　量	额定功率(kW)	备　注
1	物料提升机	55m	座	3	333	人货两用
2	电葫芦	3t	台	9		加长绳
3	水泵		台	4		
4	叉车	3t	辆	4		
5	汽车	8t	辆	4		
6	泥浆搅拌机	0.325m³	台	4	2.2×4	
7	喷涂机		台	2		
8	强制搅拌机		台	3	3×3	
9	切砖机	湿式	台	3	1.8×3	
10	电锯		台	1	4.5	
11	电刨		台	1	2.2	
12	手动液压叉车	2t	台	9		
13	振动器		台	6		
14	吊车	12t	台	1		
15	泥浆泵		台	3	2.5×3	
16	空气压缩机	12m³/min	台	2	29×2	
17	低压变压器	36V	台	3	2×3	
18	切管机		台	1	1.5	
19	砂轮机		台	1	1.5	
20	喷涂用吊盘		套		3	

注：以上机具设备供三座热风炉施工用。

7. 质量控制

7.1 认真执行国家标准《工业炉砌筑工程施工及验收规范》GB 50309，作为施工、检查及交工验收的依据。

7.2 执行公司内部制定的《热风炉砌筑内控标准》，作为确保达到或超过国家标准的可靠手段。

7.3 采用三段技术交底方式，即开工前由技术负责人对全体人员做到全面交底，各部位施工前，由技术员做详细分部交底，每日班前由技术员或工长做当班补充交底。做到人人心中有数，重点分明。交底有资料，有反馈。

7.4 认真执行三检制：班组自检、工程处联检和质量检查人员专检。检查后分别填写自检、联检和专检记录，发现问题当班解决。

7.5 重点部位设质量控制点，如陶瓷燃烧器、悬链线拱顶等部位，关键工序和难点工序必须周密策划，事先编制做业指导书。施工前做好各工序的质保措施，施工中认真贯彻实施，力争达到公司内控指标。

7.6 认真做好材料合格证管理和材料检验、化验工作，坚持无合格证材料不得上炉使用。

7.7 严格执行工序卡制度，施工中进行完全的工序过程控制。

7.8 要做好组织工作，使各施工部位的具体质量保证措施得以真正落实。

8. 安全措施

8.1 施工现场严格进行安全标准化作业管理。

8.2 严格执行《HSE计划》，保证安全组织体系的有效运行，确保安全的各项投入，保证各项安全措施的落实。

8.3 现场坚决执行针对工序的危险源控制，责任落实到人。

8.4 危险性较大（重大）的工序必须编制、执行专项安全方案。

8.5 特种作业人员必须持证上岗。

8.6 上料平台设防护栏、挡板，挂好安全网，下设保护棚。

8.7 物料提升机运行，要有明确信号，由专人负责指挥。

8.8 炉内照明主联络信号采用36V安全电压。

8.9 加强安全教育和入场培训工作，认真过好每周安全活动日。

9. 环保措施

9.1 耐火材料的运输全部采用整箱不开包装的方式，严格禁止不必要的炉外开箱和倒运，避免材料的计划外破损和废料的产生。

9.2 炉内材料开箱和施工产生的施工垃圾由每作业班组设专人负责随时整理，分类打开包装或装袋，统一外运至指定地点。

9.3 施工现场设专门的文明施工人员，随时进行整理，采取定时洒水和清扫的制度，每天定时组织外运堆放在指定地点的施工垃圾，外运垃圾必须做好封闭工作。

9.4 在热风炉内和搅拌站等易产生粉尘的位置设置必要的通风排尘设施，保证作业环境。

10. 效益分析

10.1 鞍钢 3200m³ 高炉系统热风炉砌筑工程效益分析

10.1.1 2002年3月至6月辽宁鞍钢3200m³高炉系统2号内燃式热风炉，工程总量是4810t。工程质量优良。

10.1.2 经济效益。

1. 按传统开口施工技术我公司的施工成本约为 268 万元，其中人工费约为 80.4 万元，机械费约为 107.5 万元，材料费约为 80.1 万元。

2. 按不开口技术施工实际成本约为 280.5 万元，其中人工费约为 110.5 万元，机械费约为 99.2 万元，材料费约为 70.8 万元。

3. 节约成本近 93.5 万元，其中人工费约 39.1 万元，机械费约 31.7 万元，材料费约 22.7 万元。

10.1.3 社会效益。

该工程一次通过验收，质量优良。多次受到业主、监理的赞誉，尤其是施工工艺减少了开口处内衬补砌、炉壳补焊的程序更是得到了业主单位的首肯。通过我单位近期质量跟踪调查得到业主反馈的信息是炉子使用生产正常；至今仍未进行大修，较以往的大修周期（一般 4 年）延长超过了 6 个月。以此为契机我单位近期又一举中标了鞍钢营口鲅鱼圈 3200m³ 高炉热风炉工程。

10.2 宣钢 1800m³ 高炉系统热风炉砌筑工程效益分析

10.2.1 2005 年 6 月至 9 月宣钢 1800m³ 高炉系统内燃式热风炉，工程总量约 11000t。按计划施工工期为 120d，实际施工工期 105d，节约工期 15d；工程质量优良。

10.2.2 经济效益

1. 按传统开口施工技术我公司的施工成本约为 610 万元，其中人工费约为 244 万元，机械费约为 213.5 万元，材料费约为 152.5 万元。

2. 不开口技术施工实际成本约为 520.8 万元，其中人工费约为 228 万元，机械费约为 209.3 万元，材料费约为 150.5 万元。

3. 节约成本近 22.2 万元，其中人工费约 16 万元，机械费约 4.2 万元，材料费约 2 万元。

10.2.3 社会效益

工程质量优良。通过不开口技术在项目的成功运用，得到了业主的一致好评。业主多次表示，不开口技术是对传统开口技术的外科手术式革新，去掉了开孔、补砌、补焊等病灶；并借助施工电梯作为新鲜的血液；这些必将为大型高炉热风炉施工技术注入新的生命力量，大幅提高施工质量的同时，极大的延长热风炉的使用寿命。

10.3 部分效益比较表（表 10.3）

部分效益比较表   表 10.3

比 较 项 目	热风炉壳开孔内衬施工	热风炉壳不另开孔内衬施工
炉壳结构整体性	不好	好
炉壳结构外观	不好	好
炉壳钢结构内应力	后补开孔结构内应力较大	无后补开孔结构内应力
炉衬耐材结构整体性	不好	好
炉体的使用寿命	一期炉龄 15 年	约一期炉龄 18 年以上

10.4 环保效益比较

在传统的施工方法中大部分耐火材料的水平运输和垂直运输均采用拆箱、摆砖板的方式，因材料的多次搬运造成大量计划外破损的同时，材料包装物和破损耐材随处撒落，粉尘四处飞扬，对施工区域造成的污染比较严重；采用新的施工方法后，耐火材料的水平运输和垂直运输全部采用整箱运输、整箱入炉的方式，避免了因材料拆箱和重复倒运造成计划外破损和产生破损耐材废料，材料整箱入炉后设专人收集包装材料和施工垃圾，统一打包外运，最大限度地减少了材料因素对环境的不利影响。

11. 应 用 实 例

11.1 2002 年本工法首次应用于辽宁鞍钢 3200m³ 高炉系统 2 号内燃式热风炉工程。

1. 工程总量：4810t。

2. 施工地点：鞍钢炼铁总厂高炉群南端。

3. 开竣工日：2002 年 3 月 11 日～2002 年 6 月 19 日。

4. 工法较以往简化了操作步骤（如开孔、留槎、补砌、补焊等），方便了施工的连续性。指导施工更加科学合理。施工质量特别是开孔留槎部位的实体质量大幅提升。外部设置施工电梯作为垂直运输工具，使施工操作更为安全、高效。通过我单位近期质量跟踪调查得到业主反馈的信息是炉子使用生产正常；至今仍未进行大修，较以往的大修周期延长超过了 6 个月。

11.2 承钢 1260m³ 高炉系统内燃式热风炉工程。

1. 工程总量：8000t。

2. 施工地点：承钢炼铁厂院内。

3. 开竣工日：2004 年 8 月 1 日～2004 年 10 月 23 日。

4. 从使用效果方面来看，操作人员已能较好的掌握控制，实体质量优良。日工作量、内外运输匹配较鞍钢工程更为合理，节约了一定的计划工期。从近期的质量回访得到的信息是业主对此项施工技术极为肯定，热风炉目前生产正常。

11.3 宣钢 1800m³ 高炉系统内燃式热风炉工程。

1. 工程总量：11000t。

2. 施工地点：宣钢炼铁总厂院内。

3. 开竣工日：2005 年 6 月 1 日～2005 年 10 月 13 日。

4. 工程质量优良，实际工期提前计划工期 15d。通过回访得知业主对因不开口技术而提升了炉体施工质量、延长检修周期、使用寿命较为肯定。

矿物绝缘电缆施工工法

YJGF345—2006

中铁四局集团有限公司

刘敏　吴荣生　李多贵　张闻夏　陈波

1. 前　言

　　为了提高电气线路的安全等级，一些新的电气设计规范明确规定在一些重要的电气线路或场所宜采用矿物绝缘电缆。它的使用能极大地提高电力供应的可靠性，从而保证火灾情况下消防系统的正常工作，有利于逃生、救灾和减少损失。由中铁四局承建的上海轨道交通四号线机电设备安装工程率先在国内地铁项目中采用了矿物绝缘电缆。矿物绝缘电缆在地铁属于新材料、新工艺的应用，又用于特别重要的消防系统的电气布线，而大多数施工人员对矿物绝缘电缆基本没有概念，更没有受过专门培训。为了使矿物绝缘电缆优异的供电可靠性得到充分体现，必须通过施工安装的质量来保证。通过工程的施工实践，总结形成了本工法。

2. 工 法 特 点

　　2.1　敷缆效率高。利用自制的折弯器、校直器等专用工具，减小了敷设电缆的劳动强度，提高了工作效率。

　　2.2　矿物绝缘电缆终端头、中间接头的制做采用控制旋入密封罐和灌注密封材料的方法，提高了制做的速度和成功率，质量上乘，外形美观。

　　2.3　制做"电缆敷设走向图"，优化选择矿物绝缘电缆的敷设形式，电缆布局合理，保证铺设质量。

3. 适 用 范 围

　　本工法适用于公路、地铁、铁路等工程中矿物绝缘电缆的安装。

4. 工 艺 原 理

　　矿物绝缘电缆的特点是较硬，柔性很差，拉直和布放电缆有一定困难。但具有极佳的可挠性，最小弯曲半径仅为外径的数倍，可以弯成各种复杂形状，施工可塑性强。针对电缆敷设困难、平直度较难保证的特点，采用专用工具敷设矿物绝缘电缆，保证敷设质量和电缆的平直度。

　　矿物绝缘电缆的氧化镁粉末极易吸收潮气，一旦受潮，就会使绝缘电阻值大幅度降低。因而矿物绝缘电缆终端密封和中间接头密封就成为矿物绝缘电缆施工的关键。针对矿物绝缘电缆终端头、中间连接器的结构，对制做方法进行开发、优化，确保质量。

5. 施工工艺流程及操作要点

　　5.1　**矿物绝缘电缆安装、制做工艺流程**（图 5.1）

　　5.2　**操作要点**

　　5.2.1　施工准备

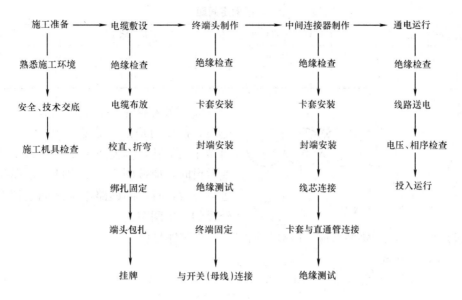

图 5.1　矿物绝缘电缆安装、制做工艺流程图

1. 审查供货厂家、确定合格供方，保证产品质量满足设计要求和消防要求。

2. 现场搭建或租赁临时仓库，使电缆有良好的存放环境。

3. 施工所需的各类工具、仪器仪表要配备齐全。敷设前应检查电缆是否完好，截面、芯数是否与设计相符，并用 500V 兆欧表测量绝缘电阻是否达到标准规定的要求（>200MΩ）。

4. 调查、制定电缆敷设径路图，合理安排好人员布局。

5.2.2　电缆敷设

1. 矿物绝缘电缆的敷设形式主要有沿桥架、支架、电缆沟敷设及明敷。

2. 按照事先绘制的"路径图"，认真核对电缆的根数、规格、长度、走向、中间接头位置及与其他管道交叉的间距等，敷设时避免交叉和重叠。

3. 拆除包装时须小心操作，避免损伤铜护套；敷设时应在专用的电缆放线架上进行，在电缆终端头、中间接头处要留有余量。

4. 矿物绝缘电缆硬度较大，所以敷设时直线段的平直度、转弯处的弯曲度较难保证，因此需采用专用的施工工具如校直器、折弯器等用于电缆的校直、弯曲，从而保证电缆的平直度和弯曲半径并能够节省人力、提高效率。但在调直、调弯电缆时应十分小心，避免在过程中损伤电缆的铜护套。

5. 在每条电缆的始端、终端、转弯以及每个中间接头等处应悬挂电缆标牌，以免由于回路多、接头多而无法分辨，出现回路、相序连接错误。

6. 电缆敷设的全部路径应满足规范规定的电缆允许最小弯曲半径（表 5.2.2-1）的要求：

电缆允许最小弯曲半径　　　　　　　　　　　　　　　　　　　　　　表 5.2.2-1

电缆外径 D(mm)	$D<7$	$7\leqslant D<12$	$12\leqslant D<15$	$D\geqslant15$
电缆内侧最小弯曲半径 R(mm)	$2D$	$3D$	$4D$	$6D$

电缆经过建筑物沉降缝、伸缩缝以及进入电动机时，应将电缆敷设成"S"或"Ω"形弯，其弯曲半径应不小于电缆外径的 6 倍。

7. 电缆敷设时，其固定点之间的间距，除支架敷设在支架处固定外，其余可按表 5.2.2-2 数据固定。在明敷部位，如果相同走向的电缆大、中、小规格都有，从整齐、美观方面考虑，应按最小规格电缆标准要求固定。当电缆倾斜敷设时，电缆与垂直方向成 30°及以下时，按垂直间距固定；大于 30°时，按水平间距固定。

电缆固定间距				表 5.2.2-2
电缆外径(mm)		$D<9$	$9\leqslant D<15$	$D\geqslant15$
固定点之间的 最大间距(mm)	水平	600	900	1500
	垂直	800	1200	2000

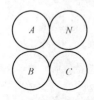 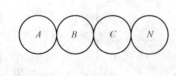

图 5.2.2　电缆排列图

8. 矿物绝缘电缆在截面较大的情况下多为单芯电缆，敷设时应逐根敷设，待每组布齐并矫直后，再做排列绑扎，绑扎间距以 1～1.5m 为宜。单芯电缆敷设时，应按图 5.2.2 中两种电缆排列方法之一进行敷设，且不同回路电缆之间宜留有不少于电缆外径的 2 倍间隙。

9. 在敷设过程中，电缆锯断后应立即对其端部进行临时性封包。

5.2.3　电缆终端制做

电缆终端包括封端和卡套两部分（图 5.2.3）。

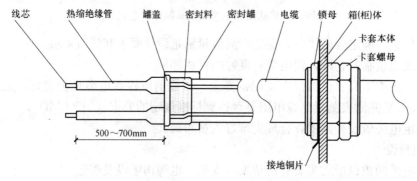

图 5.2.3　矿物绝缘电缆终端结构图

封端起隔潮密封的作用，其主要部件有密封罐、密封料、罐盖和热缩绝缘管等；卡套则用于电缆进箱（柜）时的固定，其主要部件有卡套本体、卡套螺栓、压缩环、锁母和接地铜片等。

终端头制做步骤：

1. 先将卡套和接地铜片套在电缆上，再将电缆从箱（柜）的进出线孔处穿入。

2. 根据热缩绝缘管的长度（500～700mm）确定终端的具体位置，用钳子夹住此部位，再用剥线机截断铜护套并去除；剥除铜护套时应小心操作，避免损伤线芯。

3. 清除外露芯线上的绝缘料，并使用干净的棉纱将线芯上的剩余粉末清理干净，严禁用嘴吹，以免使电缆受潮。

4. 在铜护套表面涂抹少许润滑油，旋入将密封罐垂直旋入。开始时，应用手旋入，并检查密封罐的垂直度。确认垂直后再用管丝钳夹住密封罐的滚花座继续进行安装，直至护套一端低于密封罐内局部螺纹处约 1mm。

5. 从一个方向向密封罐内注满密封料，先注入半杯，待密封料成模后再行注满，压紧密封料并装上罐盖；密封料灌注的质量直接影响氧化镁绝缘材料与外界隔潮的效果，所以务必要灌注饱满，不能有空隙。

6. 在外露芯线上套上绝缘套管并热缩。

7. 用兆欧表测量绝缘电阻是否在 100MΩ 以上。

8. 摇测绝缘合格后，用锁紧螺母将卡套与箱（柜）固定起来，将接地铜片与接地母线进行连接。

9. 最后可将电缆芯线与开关或母排进行连接。

5.2.4　中间连接器制做

矿物绝缘电缆外层采用的是无缝铜管，因铜管长度的限制，使矿物绝缘电缆生产长度也受到限制。

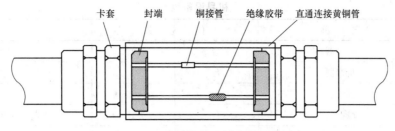

卡套　封端　铜接管　绝缘胶带　直通连接黄铜管

图 5.2.4　矿物绝缘电缆中间结构图

所以在电缆敷设安装过程中通常需采用中间连接器（图 5.2.4）将两根相同规格电缆连在一起，以保证满足线路长度的需要。而中间连接器存在的缝隙，很可能成为在着火环境中出现故障的地方。并且如果中间连接器的制做不够精良，造成接触电阻过大，还有可能成为诱发火灾的原因。因此中间连接器的制做十分重要。

中间连接器的主要材料是两套封端和卡套、一根内螺纹直通连接管以及铜连接管和绝缘热缩套管等。

中间连接器制做步骤：

1. 在需要接头的两根电缆上分别套上卡套。

2. 对两根电缆按照 5.2.3 终端制做的步骤 2～6 进行制做。

3. 在任一根电缆上套上直通连接管。

4. 将两根电缆的芯线按照相序相同的原则用铜连接管压接起来，并缠绕绝缘胶带恢复绝缘（注意多芯电缆的连接应错开）。

5. 将直通连接管放在接头的中间位置。

6. 将两根电缆上的卡套分别与直通连接管进行连接。

7. 用兆欧表测量绝缘电阻是否在 100MΩ 以上。

5.2.5　通电运行

1. 检查电缆的绝缘电阻是否在 100MΩ 以上。

2. 绝缘合格后，向线路送电。

3. 在线路末端测量电压是否正常、相序是否正确。

4. 若一切正常，电缆即可投入正式运行。

5.3　劳动力组织（表 5.3）

劳动力组织表　　　　　　　　　　　　　　　　　　　　　表 5.3

序　号	工种分配	所需人数	主要任务
1	技术员 1 人 电工 3 人 钳工 3 人 普工 5 人	12	(1)布放电缆；(2)电缆校直、折弯；(3)电缆绑扎、挂牌
2	技术员 1 人 电工 2 人 钳工 1 人	4	(1)终端制做；(2)中间连接器制做；(3)送电运行
	合计	16	

6. 材料与设备

本工法无需特别说明的材料，采用的机具设备见表 6。

机具设备表 表6

序 号	名 称	单 位	数 量	用 途
1	校直器	台	1	电缆校直
2	折弯器	台	1	电缆折弯
3	剥线机	台	1	护套剥除
4	旋罐工具	套	1	将密封罐旋到电缆上
5	挤压工具	套	1	压紧密封料并安装罐盖
6	喷灯	个	1	套管热缩
7	液压钳	只	1	接线端子、铜接管压接
8	兆欧表	只	1	绝缘测试
9	万用表	只	1	电压测量
10	相序表	只	1	相序检查

7. 质 量 控 制

7.1 工程质量控制标准

7.1.1 矿物绝缘电缆安装施工执行下列规范：

《电气装置安装工程电气设备交接试验标准》GB 50150—91

《电气装置安装工程电缆线路施工及验收规范》GB 50168—92

《建筑电气安装工程质量验收规范》GBJ 50303—2002

《地下铁道工程施工及验收规范》GB 50299—1999

7.1.2 电缆绝缘电阻不得小于100MΩ。

7.1.3 电缆最小弯曲半径应符合规范规定的要求。

7.1.4 不同回路电缆并列敷设时，应有不少于电缆外径的2倍间隙。

7.2 质量保证措施

7.2.1 根据电缆盘清单合理周密配盘，防止产生不必要的电缆中间接头。

7.2.2 电缆敷设前按照电缆清册，在纸上模拟每一根电缆的敷设方向、路径，以保证所有电缆在桥架上摆放整齐不交叉，做到整洁、美观，然后按此排列顺序敷设电缆。

7.2.3 电缆敷设过程中，施工人员必须协调一致、统一行动，避免电缆与硬物直接摩擦，铜护套应无刮痕、裂纹、孔眼等损伤。

7.2.4 电缆断头处及时做好临时性包扎。

7.2.5 电缆敷设完毕应及时在两端挂牌，标牌字迹清晰、不易褪色，注明起止点、电缆编号及规格型号。

7.2.6 当电缆因受潮绝缘下降时，可用喷灯对受潮段进行加热驱潮。

7.2.7 终端和中间连接器应严格按照操作规程、使用专用工具，由培训合格的技工进行操作。

7.2.8 电缆芯线与开关、母排的安装连接等紧固工作，均应使用力矩扳手，以满足扭矩要求。

8. 安 全 措 施

8.1 认真贯彻"安全第一，预防为主"的方针，施工中落实安全生产责任制，配备专职安全员，抓好工程的安全生产。

8.2 易燃材料如汽油等应隔离存放。

8.3 登高敷设电缆人员系好安全带等防护工具。

8.4 施工人员应持特殊工种操作证并经过培训合格。

8.5 使用喷灯的施工现场应符合防风、防火的安全规定。

8.6 建立完善的施工安全保证体系，加强施工作业中的安全检查，确保作业标准化、规范化。

9. 环保措施

9.1 成立施工环境保护管理机构，在工程施工过程中严格遵守国家和地方政府下发的有关环境保护的法律、法规和规章，加强对施工汽油、工程材料、废水、生产生活垃圾、弃渣的控制和治理，遵守有防火及废弃物处理的规章制度，随时接受相关单位的监督检查。

9.2 将施工场地和作业限制在工程建设允许的范围内，合理布置、规范围挡，做到标牌清楚、齐全，各种标识醒目，施工场地整洁文明。

9.3 对施工中与相关专业的交叉作业，制定可靠防护措施，加强实施中的监测、应对。同时，将相关方案和要求向全体施工人员详细交底。

10. 效益分析

10.1 与纯手工施工相比，采用专用工具进行敷设中的校直和折弯，保证了平直度，减少了敷设电缆的劳动强度，提高工作效率3倍以上。

10.2 采用本工法制做终端和中间连接器，成品外形美观，质量好，提高了制做的速度和成功率。制做一个中间连接器用工2人120min完成，比传统施工方法节约工时50%以上。

10.3 上海轨道交通四号线在国内地铁工程中首次使用了矿物绝缘电缆，本工法的开发为矿物绝缘电缆的相关设计、施工、验收提供了可靠的数据参数和工程实例，具有显著的经济效益和社会效益。

11. 应用实例

由中铁四局电气化公司承建的上海地铁四号线大木桥路站～南浦大桥站机电设备安装工程中首次施工敷设了矿物绝缘电缆4000余米，主要应用于消防动力、喷淋动力、排水动力以及排烟风机动力。采用本工法，不仅节约了投资，而且比计划提前完成施工。工程开工时间为2005年1月5日，仅用了15d时间就圆满完成了任务。完成的电缆头外形美观、光滑、无皱褶，有光泽。电缆头封闭严密，填料饱满，无气泡、无裂纹，芯线连接紧密。电缆头绝缘电阻符合规范规定。每路电缆的终端和中间连接器安装施工完后，绝缘电阻测试都可以达到100MΩ以上，远高于现行的国家标准《建筑电气工程施工质量验收规范》GB 50303—2002要求。所敷设的矿物绝缘耐火电缆质量稳定可靠，通电运行后，电流、电压等各项指标均符合验收标准，并且一次性通过消防验收，得到了上海地铁公司的好评。

CCPP余热锅炉受热面模块安装施工工法

YJGF346—2006

鞍钢建设集团有限公司

王贤权　徐世鸿　武振海　李晓翎　刘凯

1. 前　　言

CCPP余热锅炉为三压、再热、卧式、无补燃、自然循环燃机余热锅炉，它与日本三菱燃气轮机相匹配，是燃气——蒸汽联合循环电站的主机之一，属绿色环保型余热锅炉。主要由进口烟道（包括进口膨胀节）、锅炉本体（本体受热面和钢架护板）、出口烟道（包括出口膨胀节）及主烟囱、高中低压锅筒、锅炉本体管道、平台扶梯等部件以及凝结水再循环泵、排污扩容器等辅机组成。锅炉本体受热面采用 N/E 标准设计模块结构，由垂直布置的顺列螺旋鳍片管和进口集箱组成。

CCPP余热锅炉安装过程中需防止大体积、柔性体受热面模块吊装过量变形与破坏，保证模块安装精度，以及模块受热按设计要求自由膨胀都是相当重大的技术难题。

鞍钢建设集团有限公司联合杭州锅炉集团有限公司、鞍钢技改办以及东北电力科学研究院等单位开展了科技创新，形成了一整套CCPP余热锅炉模块安装的先进施工方法，该工法技术先进，科学合理，工期短，质量高，各项性能指标完全符合设计要求，故有明显的社会效益和经济效益。

2. 工 法 特 点

2.1　依据模块尺寸自重设计起吊架，将起吊架一端固定在专设的基础上，并通过固定在基础上的转轴使起吊架可以自由转动；2台履带吊协同作业，将模块由水平状态平稳地转为垂直状态；与传统的三脚架模块吊装方法相比，本工法模块变形非常小。

2.2　将转轴点设置在起吊架的上部，可有效地防止模块由水平转为垂直过程中由于模块与起吊架重心突然通过转轴中心铅锤面而引起的瞬间失稳，确保了吊装过程安全、平稳进行。

2.3　将数据处理和信息反馈技术应用于模块安装，利用监控量测指导安装，动态修正施工方法，确保施工安全、优质、高效。

3. 适 用 范 围

燃气——蒸汽联合循环电站余热锅炉受热面模块吊装及类似的大体积、柔性体物件吊装。

4. 工 艺 原 理

余热锅炉钢柱和护板组焊后整体吊装，及时连接顶梁、底梁及底部护板，使钢架护板形成一个稳定可靠的整体。同时安装烟囱至超过柱头标高，通过出口烟道将炉体钢架和烟囱连成一体。采用起吊架进行模块吊装，将起吊架一端固定在专设的基础上，并通过固定在基础上的转轴使起吊架可以自由转动；将模块平放在起吊架上，模块头部与起吊架头部通过吊耳及销轴相连；1台主吊吊住模块头部，1台副吊吊住担架头部，2台履带吊协同作业，将模块由水平状态平稳地转为垂直状态，以起吊架的刚度保证模块不会产生较大的变形；在垂直状态下拆除销轴将模块与起吊架分离，主吊吊装模块至炉体钢架的设计位置，副吊将起吊架回放至水平位置，进行下一模块吊装。

通过全过程的施工监控量测，监视基础沉降，监视钢架的稳定，通过全过程的无损检测，检测钢架焊缝，使整项工程优质、高效、顺利完成。

5. 施工工艺流程及操作要点

5.1 施工工艺流程（图5.1）

锅炉钢架护板安装→烟道及烟囱安装→受热面模块质量检查→模块上起吊架→模块由水平转为垂直→模块与起吊架分离→起吊架回落→模块吊装就位。

5.2 操作要点

5.2.1 锅炉钢架安装

余热炉钢柱和护板组焊后整体吊装，及时连接顶梁、底梁及底部护板，使钢架护板形成一个稳定可靠的整体。同时安装烟囱至超过柱头标高，通过出口烟道将炉体钢架和烟囱连成一体，及时进行钢柱地脚二次灌浆。

5.2.2 受热面模块吊装

余热锅炉受热面模块包括联箱、受热面管子、内部管道系统等。模块供到现场时带有临时的包装架，安装时要拆掉。模块最大件尺寸长×宽×高＝19×2.8×2.2m，重量106t，模块较长，为保障吊装不变形，需放在专用吊装担架上，用1台主履带吊与1台付履带吊共同使其由水平转为垂直状态，竖起后用主履带吊单车吊装就位。施工中具体要求有如下几点：

1. 安装准备

模块运到安装现场后，对模块按照图纸进行认真检查。检查各部件是否有运输损坏，管端的密封盖是否有脱落，支撑杆和U形夹等有无损坏等，并对这些问题进行处理。制做一个钢结构的起吊架。模块吊装对钢架结构的要求：

1) 受热面模块吊装前，所有构架护板（顶部除外）安装完毕。

2) 受热面模块吊装前，锅炉构架柱脚二次浇筑完成。

3) 锅炉烟囱安装至26m高。

4) 锅炉入口烟道最少一个柱间所有护板安装完。

5) 独立塔梯及本体主要通道、平台安装完毕。

2. 模块安装

在做好了各项检查工作，并确认了模块的位置及方向后，即可进行模块的安装，模块的安装顺序无特殊要求，可根据现场实际情况进行。模块安装前要注意预先将模块顶部梁与锅炉钢架顶部间的防振、密封石棉垫放置好。

1) 卸车

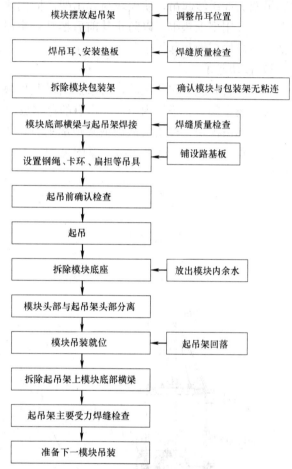

图5.1 模块起吊施工工艺流程

模块运输为一件一车，模块运输带有包装架，包装架全部由型钢制成，底部有 H 形钢横梁，边框为角钢，侧壁为带吊耳扁钢。现场加工吊具一套，专门用于模块卸车（摆上起吊架），将其摆放在预先划定的存放区域。

2）采用起吊架吊装

模块由水平状态转为垂直状态采用自制的起吊担架进行。按照模块尺寸及重量，委托设计单位设计起吊架及其基础。起吊架与其基础用铰轴连接，以保证起吊架在垂直方向上自由转动。将起吊架平放在经碾压平整的地面上，模块平吊放置在起吊架上。

将模块与起吊架用销轴固定在起吊架上，确保牢固。用主履带吊吊住模块头部，并用付履带吊吊住起吊架头部缓慢起吊，使模块与起吊架一同由水平状态转为直立状态，起吊架底部斜撑支撑在基础面上，下部用型钢垫牢，以防止其前后摆动；主吊吊住模块头部，先将模块下部底座去掉，然后松开销轴，使模块缓慢与起吊架分离。

3）模块起吊

模块垂直并脱掉包装架后，付吊撤离吊装区域，由主吊独立吊装。先将模块底部底座去掉，打开模块底部放水阀，将模块内出厂时带有的存水放净，减轻模块自重，同时将模块鳍片管间的木板去掉，此时方可起吊模块。模块由锅炉钢架顶部垂直插入，模块顶部横梁悬挂在锅炉钢架梁上。模块起吊施工工艺流程见图 5.1，模块起吊示意图见图 5.2.2-1，吊车站位示意图见图 5.2.2-2，基础示意图见图 5.2.2-3。

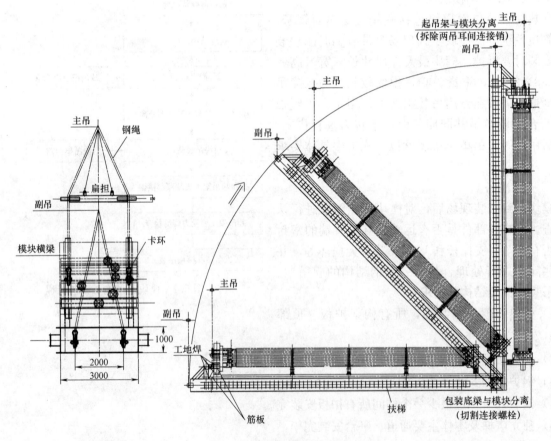

图 5.2.2-1　模块起吊示意图

5.2.3　监测技术与分析

确保工程建设安全、优质的关键是全过程监测各主要工序施工阶段引起的基础、钢架的动态沉降参数，模块安装精度等，并与标准值比较，及时反馈指导设计和施工。主要检测内容见表 5.2.3。

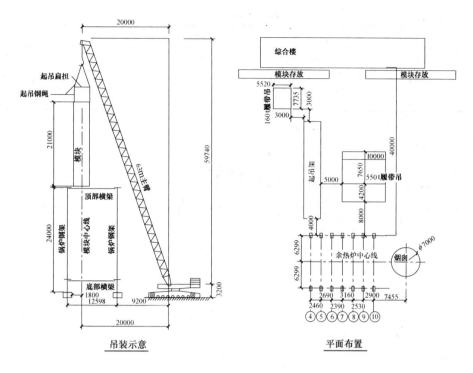

图 5.2.2-2　吊车站位示意图

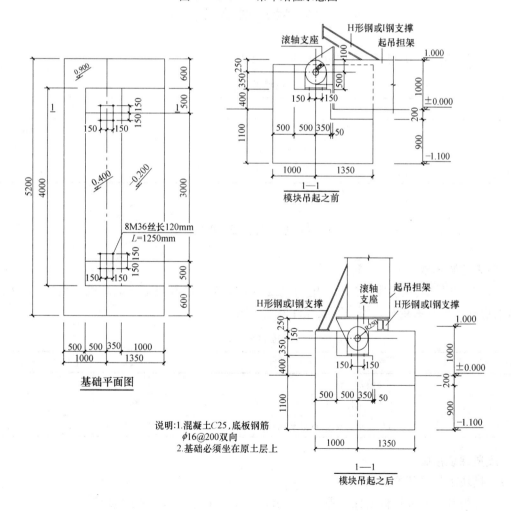

图 5.2.2-3　基础示意图

监测项目汇总表   表 5.2.3

序 号	监测项目	监测仪器	监测频率	监测目的
1	基础沉降	DS3200 水准仪	1 次/天连续 3 周	掌握吊装后基础沉降参数
2	钢柱垂直度	TDJ2 经纬仪	1 次/天连续 3 周	掌握吊装后钢柱垂直度变化
3	大板梁挠度	DS3200 水准仪	1 次/天连续 3 周	掌握吊装后大板梁挠度变化

注：可根据实际情况，增加或减少监测次数，随时将监测信息报告给现场技术人员

5.3 劳动力组织（表 5.3）

劳动力组织情况表   表 5.3

序 号	所需工种	所需人数	备 注
1	管理人员	1	
2	技术人员	2	
3	焊工	5	
4	铆工	4	
5	起重工	4	
6	测量工	2	

合计:18 人

6. 材料与设备

本工法无需特别说明的材料，采用的机具设备见表 6。

机具设备表   表 6

序 号	名 称	型 号	数 量	用 途
1	逆变焊机	ZX7～400ST	4	焊接
2	履带吊	LR1550	1	模块吊装
3	履带吊	LR1160	1	模块吊装

7. 质 量 控 制

7.1 质量控制标准

CCPP 余热锅炉模块安装质量执行《电力建设施工及验收技术规范（锅炉机组篇）》、《蒸汽锅炉安全技术监察规程》等有关规范。模块安装允许偏差按表 7.1 执行。

模块安装允许偏差   表 7.1

序 号	检查项目	允许误差(mm)
1	顶梁标高偏差	±2
2	模块中心至 HRSG 中心偏差	±3
3	模块前后集箱到基准点（横梁）偏差	±6

7.2 质量保证措施

7.2.1 模块上起吊架要摆放平直。

7.2.2 焊吊耳、安装垫板要保证焊肉高 10mm、吊耳平整、垫板接触紧密。

7.2.3 拆模块包装架不得挂碰鳍片。

7.2.4 模块底部横梁与起吊架焊接要保证满焊、焊内高10mm、无漏焊。

7.2.5 设置钢绳、卡环、扁担等吊具要确认钢绳、卡环、销轴安全可靠、扁担平直、吊点准确。

7.2.6 起吊前确认检查要进行安全检查、质量检查，各方会签确认卡后方可起吊模块，起吊动作协调、吊绳垂直。

7.2.7 拆除模块底座、模块与起吊架头部分离，先拆除底座螺栓后割断连接槽钢、拆除所有头部连接点。

7.2.8 起吊架落地平稳、模块就位准确、方向正确。

7.2.9 吊车作业区域的地面要按规程要求铺设矿渣、碾压及地耐力测试。

8. 安 全 措 施

8.1 设备安装

8.1.1 模块的运输道路必须达到有关要求，并做好验道工作，防止发生倾翻事故。

8.1.2 受热面模块设备重、形体大，吊装时不允许超过行车的额定起重量。

8.1.3 乙炔气瓶和氧气瓶的存放地点要远离热源；乙炔气瓶和氧气瓶与操作人员保持规程上要求的距离，确保安全操作。

8.1.4 施工现场设置明显的安全警告标志标线，各类孔洞必须有防护措施。

8.1.5 吊车、使用的吊具（如钢丝绳、卡扣等），使用前应确认其完好性，不得带病投入使用，安全通道要畅通，设置禁区，指吊人员持证上岗，旗哨齐全；吊装要有统一信号，由专人指挥，吊车等各类起重机必须严格按性能作业，不得违章。

9. 环 保 措 施

废钢铁、焊条头、油桶等施工产生的固体废弃物均要进行回收、分类存放；划定存放区域，设置回收箱，回收箱要分类标示、集中清运，加强文明施工管理，做到工完料清。

10. 效 益 分 析

10.1 本工法采用了组合式整体吊装，大大缩短了施工进度；由于吊装速度快，减少了大体积物件的存放周期，场地易于布置、干扰因素少、有利于文明施工、各种资源能较好地利用，与其他类似工程相比大大节约了大型吊装设备的台班费用，形成了较好的经济效益。

10.2 本工法采用了各项完善的控制手段，设备安装的各项精度完全符合设计要求；由于余热锅炉的施工进度快，为整套机组的提前启动运行创造了先决条件，提前解决了电力紧张的社会性难题，创造了较好的社会效益和经济效益。

11. 应 用 实 例

鞍钢蒸汽-燃气联合循环发电项目（GTCCPP）余热锅炉安装工程。

11.1 工程概况

该余热锅炉为三压、再热、卧式、无补燃、自然循环燃机余热锅炉，主要由进口烟道（包括进口膨胀节）、锅炉本体（本体受热面和钢架护板）、出口烟道（包括出口膨胀节）及主烟囱、高中低锅筒、锅炉本体管道、平台扶梯等部件以及凝结水再循环泵、排污扩容器等辅机组成。锅炉本体受热面采用

N/E 标准设计模块结构，由垂直布置的顺列螺旋鳍片管和进口集箱组成。燃机排出的烟气通过进口烟道进入锅炉本体，依次水平横向冲刷各受热面，再经出口烟道由主烟尘排出。锅炉效果图见图 11.1；沿锅炉宽度方向各受热面模块均分为三个单元，各模块内的受热面组成见表 11.1-1，各受热面模块外形尺寸和重量见表 11.1-2。

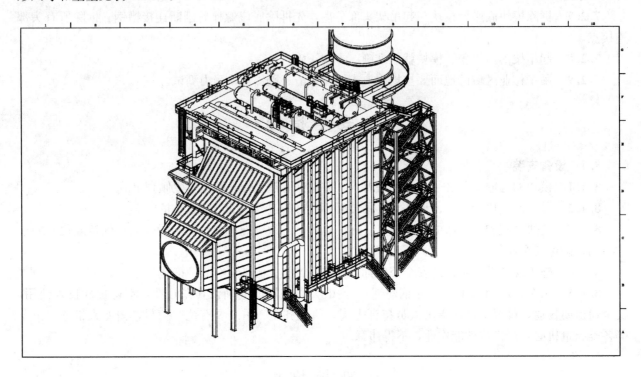

图 11.1　锅炉效果图

各受热面模块内的受热面组成　　　　　　　　　　　　　　　　表 11.1-1

	模块 1	模块 2	模块 3	模块 4	模块 5	模块 6
受热面名称	再热器 2	再热器 1	高压蒸发器	高压省煤器 2	再热器 1/中压省煤器	凝结水加热器 1/凝结水加热器 2
	高压过热器 1	高压过热器 2		中压过热器/中压蒸发器	低压过热器 1/低压蒸发器	
				低压过热器 2		

各受热面模块外形尺寸和重量　　　　　　　　　　　　　　　　表 11.1-2

序　号	名　称	长×宽×高(m)	数　量	单重(t)	总重(t)
1	模块 1	19×3.8×2.6	3	69.3	207.9
2	模块 2	19×3.8×2.8	3	84.33	252.99
3	模块 3	19×3.8×3.2	3	96.8	290.4
4	模块 4	19×3.8×3.2	3	106.33	318.99
5	模块 5	19×3.8×3.4	3	100.8	302.4
6	模块 6	19×3.8×3.2	3	96.7	290.1
合计			18	554.26	1662.78

11.2　施工情况

　　模块由水平状态转为垂直状态采用自设的起吊架进行，起吊架自重 26t。按照锅炉厂提供的模块尺寸及重量，委托设计单位设计起吊架及其基础。起吊架与其基础用轴连接，保证自由转动。将起吊架平放在经碾压平整的地面上，模块平吊放置在起吊架上，将模块用销轴及吊耳固定在起吊架上，吊耳采用 $\delta=40mm$ 钢板制做，确保牢固。

模块最重为 106.33t，考虑 10％的不确定荷载为 10.633t，考虑吊具重量 8t，总起重量为 124.963t。主吊采用 LR1550 型履带起重机，布置在锅炉左（南）侧，63m 主臂，200t 配重，作用半径 20m，最大起重量为 126t，满足吊装要求。

用 550t 履带吊吊住模块头部，并用 160t 履带吊吊住起吊架头部缓慢起吊，使模块与起吊架一同由水平状态转为直立状态。起吊架下部斜撑支撑在基础面上，下部用型钢垫牢，以防止其前后摆动；之后 550t 履带吊吊住模块头部，先将模块底部底座去掉，然后松开销轴，使模块缓慢与起吊架分离，由 550t 履带吊单车吊装就位。

18 组模块于 2005 年 11 月 10 日开始吊装，2005 年 11 月 15 日吊装完毕。

11.3 工程监测与结果评价

采用本工法施工后，模块中心至 HRSG 中心偏差为 1mm，全部符合设计要求，锅炉受热面模块吊装无变形，鞍山市特种设备监督检验所和施工单位监测组对施工全过程进行了监控测量。

施工全过程处于安全、优质、高效的可控状态，工程质量优良率达 98％以上，无安全事故发生，得到了各方的好评。

艾萨炉及喷枪导轨制安工法

YJGF347—2006

云南建工安装股份有限公司

曹云祥　胡冰　王晓芳　何乃文　马源

1. 前　言

1.1　工法形成介绍

艾萨炉熔池熔炼技术是目前国际上有色工业火法冶炼的先进技术之一，具有节能、降耗、环保的优点。近年来在国际上的一些大型有色冶炼企业得到了广泛采用。

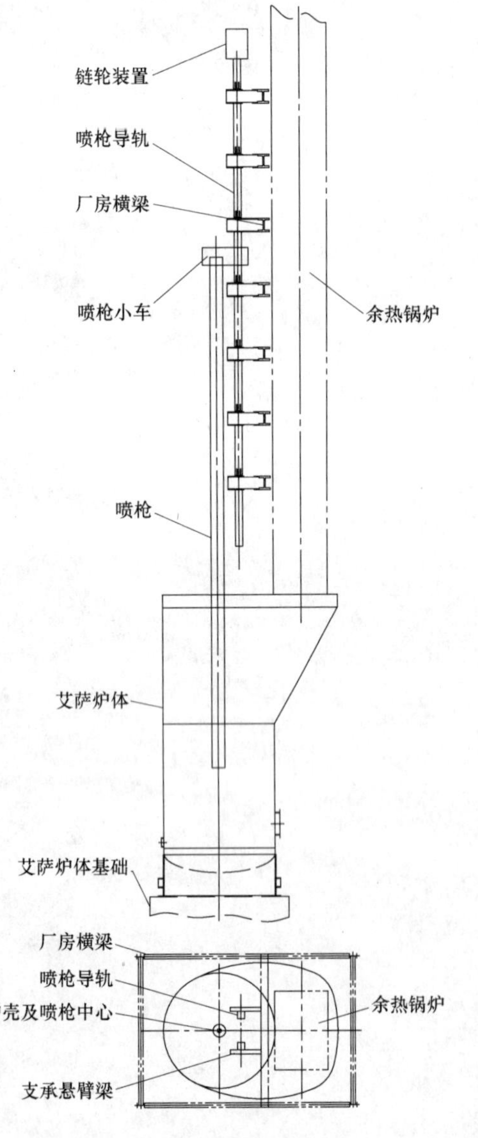

艾萨炉装置由艾萨炉炉体、喷枪吹炼系统等专业设备及附属的余热回收锅炉、重型错层厂房钢架等组成，一般高度达 70m 左右。主要装置设计配置情况见图 1.1。

装置冶炼工艺：艾萨炉炉体作为金属冶炼的高温熔池，通过喷枪向艾萨炉熔池中输送旋流气体反应介质，气体反应介质在冶炼金属熔池中呈旋转搅动状态反应燃烧以达到吹炼冶炼目的，余热锅炉用于抽排冶炼过程中产生的烟气并进行余热回收利用。

为保证良好的冶炼效果，一方面必须保证艾萨炉炉体制造安装几何尺寸（如圆柱度、垂直度）必须到达较高的技术精度要求；另一方面，喷枪中心与艾萨炉炉体中心必须精确同心，否则，将导致吹炼偏离艾萨炉熔池中心位置，加快炉墙磨损、缩短炉期寿命、影响冶炼质量，并会在冶炼过程中引起艾萨炉炉体强烈振动。同时，还应保证余热回收锅炉中心与艾萨炉吹炼中心工艺尺寸精度符合设计要求，以获得冶炼烟气排放的最佳效果。

因此，艾萨炉炉体及喷枪系统设备分别为整套装置的核心和关键设备，对其制造和安装精度的质量控制高低，关系到整套装置能否正常投运、冶炼质量及投运后炉期的运行寿命长短。

我单位自 2001 年以来承建了三套艾萨炉装置，由于所采用的制造安装工艺科学、先进、合理、操作简单，施工质量较好，已建成投运的两套艾萨炉装置分别获得了国家优质工程银质奖和有色金属工业建设优质工程奖。云南铜业股份公司艾萨炉装置每一炉期寿命超过了设计及国外同类装置 2 倍多，达到 2 年零 7 个月，设计及国外同类装置每一炉期寿命为 12 个月左右。

图 1.1　艾萨炉主要设备配置图

我公司在不断总结艾萨炉专业设备艾萨炉炉体、喷枪系统导轨的制造安装成功工艺方法的基础上，形成了本工法。以期本工艺方法在同类工程项目中得到推广和应用，并达到科学、经济合理目的。本工法以云南铜业股份有限公司艾萨炉熔炼装置专业设备艾萨炉炉体及喷枪系统导轨的制造、安装为例进行阐述。

1.2 艾萨炉炉体、喷枪系统结构及其制造安装特点介绍

1.2.1 艾萨炉炉体

1. 炉体结构

艾萨炉炉体由炉架、底部蝶形封头、中间直段及上部圆形偏心渐变卵形的异型大小头段组成（图1.2.1），整个炉体为一个带悬臂的压力容器。

制造材料及尺寸如下：

炉体由下至上分别由 $\delta=50mm$ 至 $\delta=25mm$ 厚的 16MnR 钢板卷制或压制而成。炉体中、下部圆形段直径 $\phi5500mm$，上部异型大小头尺寸：长轴方向 9000mm、短轴方向 6000mm，炉体总高 14700mm，炉体总重 113t。炉体底部安装标高 +8.000m，上口安装位置横跨厂房钢结构两个柱间。

2. 制造安装特点

（1）炉体成形难度大：炉体下部制造材料较厚、炉体上部筒节为圆形偏心渐变成卵形结构，放样及成形难度大。

（2）炉体制造精度、质量要求高

1）从图1.2.1可以看出，炉体圆形偏心渐变成卵形锥段有两个重要工艺中心，此两个工艺中心尺寸是由锥段的制造精度来保证的，因此锥段制造精度高、难度大；

2）炉体制造安装精度：直径允差 ±6mm、炉体中心线（垂直轴线）垂直度 <0.05 度、工艺孔洞位置允差 <±5mm，制造精度高；

1.2.2 喷枪系统

1. 喷枪导轨结构

喷枪系统主要由喷枪导轨、喷枪小车及附属的驱动装置、链轮装置、配重箱等组成。其中制造安装的关键在于喷枪导轨的制造及安装，其他设备以喷枪导轨为基准进行安装。喷枪导轨由 200×200×12 方空心钢管制造，共两条，每条长 28063m，垂直悬挂安装固定于厂房钢结构框架的七个楼层，见图1.2.2。

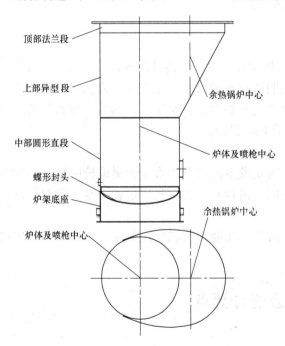

图1.2.1 艾萨炉炉体外形示意图

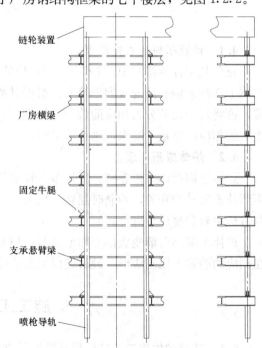

图1.2.2 喷枪导轨安装示意图

2. 喷枪系统安装特点

（1）喷枪导轨制造安装精度要求高。

1）导轨相对与艾萨炉体的平面定位轴线偏差不大于 ±1mm。

2) 导轨扭曲度偏差不大于 1mm；

3) 两条导轨的平面度偏差不大于 1mm，两条导轨的平行度偏差不大于 2mm。

（2）喷枪导轨安装空中悬空定位难度大。

2. 工 法 特 点

2.1 计算机排版放样技术

采用计算机 CAD 技术，根据制造材料实际尺寸对炉体进行制造排版放样，精确控制每块壁板制造尺寸，并预留合理调整段，确保了炉体的制造几何尺寸精度。

2.2 炉体上部圆形偏心渐变成卵形筒节精确排版放样及成形技术

炉体上部圆形偏心渐变卵形段的成形质量及精度决定了艾萨炉体及余热锅炉两个重要工艺中心尺寸的准确性，制造时使用计算机排版放样技术精确确定每块板的压制线及压制量、采用大型油压机进行压制成形，并采取有效的检验技术，确保了其制造质量。

2.3 炉体下部成形技术

艾萨炉体制造安装质量在很大程度上是由制造质量来保证，成形的精度直接影响到炉体整体安装组装精度，制造中采取了有效的筒体卷制和相应的检验、校验技术，确保了其制造质量。

3. 适 用 范 围

本工法使用于艾萨炉装置的艾萨炉体、喷枪导轨制造安装工程项目，也适用于类似的其他压力容器制造及垂直安装、精度要求高的悬空定位构件安装项目。

4. 工 艺 原 理

4.1 计算机排版放样原理

充分利用计算机 CAD 技术，对艾萨炉体进行精确排版放样，保证炉体排版放样的准确性。特别是炉体上部圆形偏心渐变成卵形筒节，根据其外形尺寸及制造材料的尺寸，先将其分为相应数量的筒节带，再将每带筒节分为相应的数量整块钢板，对每块板进行单独放样、绘制出压制线、给出每条压制线上的相应压制量，既保证制造质量要求、又达到经济合理的目的。

4.2 炉体成形原理

炉体下部筒体厚板卷圆：反复多次轻加压力卷制，防止发生过卷造成难于校圆或校圆精度质量达不到技术要求的现象，卷制时制做专用大型样板，每卷制一道检验一次，利用过程控制手段在筒体卷制过程中对卷制质量进行控制。

炉体上部圆形渐变成偏心卵形筒节：根据计算机排版放样压制线及相应压制量，采用大型油压机在相应的胎膜上压制成形，最后进行预组装校正。

5. 施工工艺流程及操作要点

5.1 艾萨炉体施工工艺流程及操作要点

5.1.1 施工工艺流程

艾萨炉炉体制造安装工艺流程图见图 5.1.1。

5.1.2 施工准备操作要点

1. 审查图纸，对图纸和大样尺寸进行复核。根据制造材料实际尺寸使用计算机技术对炉体进行精

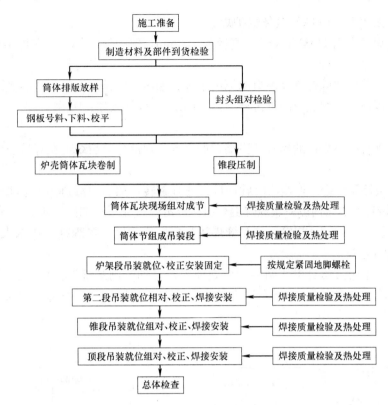

图 5.1.1　艾萨炉炉体制造安装工艺流程图

确排版放样；

2. 对到货材料进行检验和抽样材质复验，保证所使用的材料符合相应压力容器制造标准的规定。

5.1.3　封头制造操作要点

为确保封头制造精度和质量，封头外委专业制造厂家进行制造。由于封头外形尺寸较大，无法整体运输，因此，均为在制造厂内压制好、散件运输到安装现场后组对、焊接成整体。交货状态一般分为顶圆部分及若干瓜瓣部分。见封头现场组对图 5.1.3-1 所示：

1. 蝶形封头组对

封头的现场组对在胎模上进行，应严格控制封头的几何尺寸及对口间隙尺寸。然后进行点焊固定，点焊间隔不大于 350mm，点焊长度不小于 50mm。

2. 封头焊接

1) 组对坡口形式

封头现场组对环向及纵向焊缝均采用 X 形坡口，坡口形式及尺寸如图 5.1.3-2。

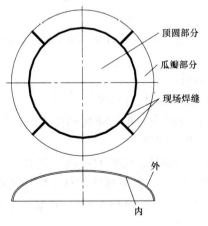

图 5.1.3-1　封头现场组对图

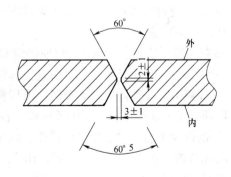

图 5.1.3-2　封头焊缝坡口图

2）焊接方法：采用半自动 CO_2 气体保护焊。

3）焊材选用：焊丝采用 $H08Mn_2SiA$，直径为 1.2mm，保护气体 CO_2，在焊接前 CO_2 气体钢瓶应倒置不低于 1h，然后排空水分。

4）焊前清理：焊前应清除焊缝及坡口两侧的水分、油污及铁锈直至露出金属光泽。

5）焊前预热：焊前应对焊缝及附近区域（约 100mm）进行预热。

6）焊接顺序

① 焊接前，必须打磨点焊缝的始端和终端，如发现点焊部分有裂纹，在焊接前应打磨清除。

② 焊接顺序：

a. 首先焊接封头外侧纵缝，焊接两层后将封头进行翻转，然后对纵缝进行清根，进行封头内侧纵缝焊接，最后再翻转封头焊接内侧剩余纵焊缝，直至纵缝焊接完毕。如图 5.1.3-3 所示。

b. 纵焊缝完毕后，再焊接环焊缝，环焊缝焊接顺序同纵焊缝。纵焊缝采用双人对称分段焊，环焊缝采用 4~6 人对称分段焊。

3. 焊后热处理：采用公司自主研制的"热处理工艺自动控制系统"，可自动升温、控温。热处理时，300℃以下升温速度不作控制，300℃以上平均升温速度为 50℃/h，恒温时间大于 2h，降温速度为 50℃/h，300℃以下空冷。如图 5.1.3-4 所示。

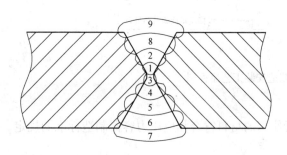

图 5.1.3-3　封头焊缝坡口图

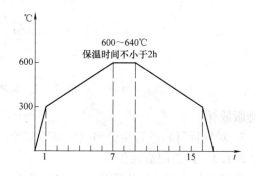

图 5.1.3-4　热处理升温曲线图

5.1.4　炉体制造安装操作要点

1. 炉体分段

炉体分段主要根据现场吊装要求及设计图纸尺寸进行，分为底座、底部、中间、调整段和锥段 10 个筒节、并在地面制造组装成 4 个吊装段（图 5.1.4-1）。各筒节按图排版编号放样，在工厂内下料、卷制成瓦块，运输至安装现场组装平台上先组对、焊接成筒节，再按要求组装成吊装段，安装时，由下至上依次吊装就位组对、校正、焊接安装。

2. 厂内制做

1）排版放样、下料

① 炉体制造材料到货后，应根据设计图纸及材料实际尺寸进行排版放样编号，放样使用计算机进行。放样时，应注意：

a. 接封头筒节应加长 50mm，以便吊装封头时调整封头标高；

b. 炉体直径和周长必须根据封头直径和周长的实测值在允差范围内作调整。

② 锥段筒节先放整体展开大样图，再根据展开大样图作出排版图，根据排版图反推出各带板的上、下口各段圆弧及各块板半径，制做各块板、各段圆弧的检验样板，见图 5.1.4-2；

③ 根据排版图编号对钢板逐块放样、划线，每块板分别标记编号、装配基准线（50 线）、切割线、卷制方向和筒体十字中心线（0°、90°、180°、270°线），其中编号、50 基准线和筒体十字中心线必须用样冲作出明显标记。对设置工艺孔的钢板还应在相应钢板上以筒体十字中心线和 50 基准线为基准，分线确定各工艺孔位置。如图 5.1.4-3 所示。

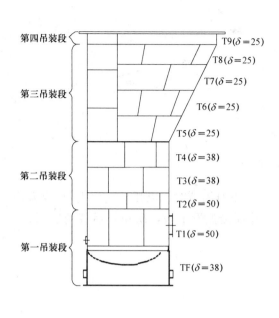

图 5.1.4-1　炉体分段示意图

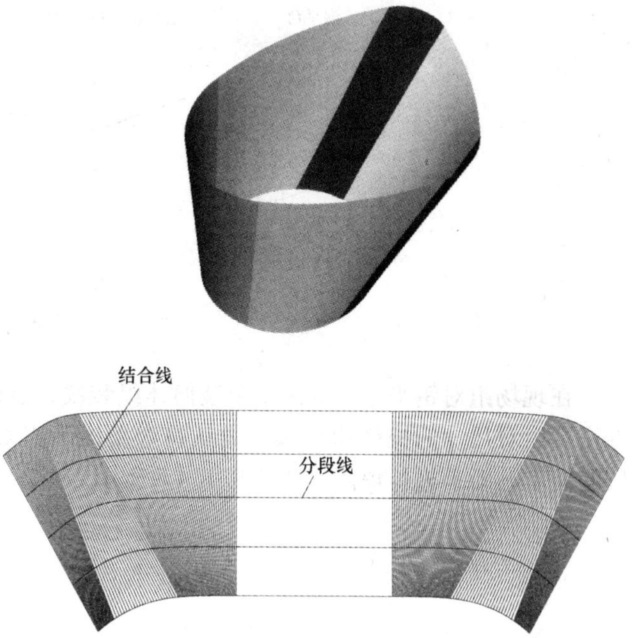

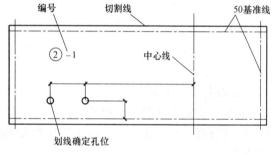

图 5.1.4-2　顶部锥体展开图

④ 各块板划线后须经检验确认无误后才能进行下料、坡口，其中不等厚筒体过渡位置，厚板应按要求进行削薄处理。

2）钻孔

艾萨炉体上设置有大量工艺孔，此部分工艺孔宜在钢板卷制前钻制。

3）卷制或压制成形

① 直筒节卷制

制做 $\phi5500$ 的大样板 2 块。各块板按编号、卷制方向在卷板机上卷制成形。用两块样板分别对各段圆弧瓦块进行检验，瓦块卷制成形后，放到平台上，用样板复检圆弧。合格后加焊支撑，放在专用钢架上运输，防止变形（图 5.1.4-4）。

图 5.1.4-3　钢板划线图

② 锥段压制

锥段筒节板采用 500t 油压机按压制线及对应压制量压制成形，上下端用样板严格检验、控制，压制成形后，在平台上预组装检验、校正。校正后在两端头焊支撑管，防止变形。如图 5.1.4-5 所示。

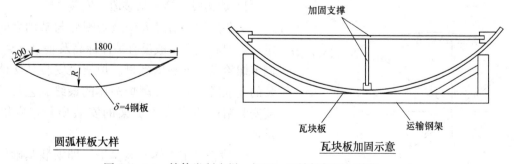

圆弧样板大样

瓦块板加固示意

图 5.1.4-4　筒体卷制大样、加固、运输钢架图（单位：mm）

3. 现场组对

1）筒节现场组对

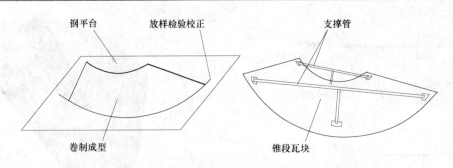

图 5.1.4-5　锥固检验及加固图

在现场组对钢平台上放出要组装筒体组装线、点焊定位板。组对筒节时，以弧形瓦块板 50 线为基准进行组对尺寸的控制和校圆，确认符合要求后点焊固定，并焊接弧形卡板，防止焊后棱角度超标。按焊接工艺要求进行焊接。如图 5.1.4-6 所示。

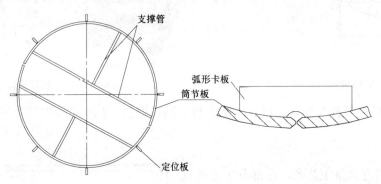

图 5.1.4-6　筒体组对示意图

2）锥段各筒节组对

在钢平台上放出锥段上口组装实样线、点焊定位板，以实样线为基准组装锥段上部第一带板，调整下口尺寸符合平台上实样，上口用样板检验各段弧，确认无误后，点焊固定，焊接弧形卡板，如图 5.1.4-7 所示。

3）炉架筒节与封头组装

在钢平台上放出炉架筒节中心及外圆线，筒节就位校平点焊固定在平台上，封头分出中心点和十字中心线。将封头吊装至筒节上，以筒节上口 50 线为基准，使用千斤顶调整封头上口水平和焊缝间隙，用垂准仪检查封头中心与筒节中心是否重合，合格后点焊固定，焊接加强板，按焊接工艺焊接。图 5.1.4-8。

4. 现场安装

1）炉架段（第一吊装段）安装

艾萨炉炉体通过大型地脚螺栓与基础之间连接固定，炉架底板上一般设有炉体标高及垂直度调节螺栓，调节螺栓设上下夹紧螺母。炉架段安装是艾萨炉炉体安装的基准段，整个艾萨炉炉体的最终工艺尺寸、垂直度安装精度均取决于炉架的安装质量，应给予高度重视。

a. 检查确定炉体安装基准，即安装基础标高及中心轴线，此基准是艾萨炉装置安装的首要基准，应给予高度重视。同时要将此基准引至厂房钢架上，以作为其他设备放线的永久基准；

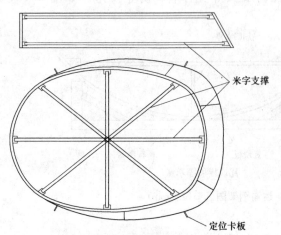

图 5.1.4-7　锥段筒节组对示意图

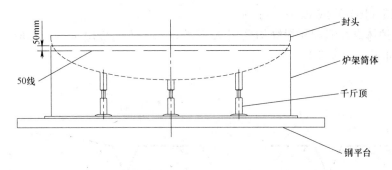

图 5.1.4-8　炉架筒体与封头组装示意图

b. 炉架安装前，炉体安装调节螺栓支承垫板设置位置要准确、摆放要平稳，各组调节螺栓初始调节长度要根据垫板实际标高进行调整，保证炉架就位时底板下表面标高低于安装标高 5mm，以满足炉体安装负偏差要求；

c. 炉架就位时，应对准基础十字中心线，就位后，初步调整各组调节螺栓，确保各调节螺栓均匀受力，轻轻的压紧调节螺栓上螺母；

d. 炉架最终的准确标高和垂直度通过调整调节螺栓下螺母来实现，调整螺母操作时要特别小心，应通过多次调整来达到炉架调校到目的。炉架调校到达技术要求后，拧紧调节螺栓上螺母。

e. 基础地脚螺栓紧固

由于艾萨炉冶炼过程是通过喷枪输送旋转流动的反映介质进行吹炼，冶炼时熔池呈搅动状态，存在较大冶炼振动，因此地脚螺栓的紧固至关重要。应注意以下几点：

ⅰ. 地脚螺栓的紧固应按要求分阶段、多次进行，每次紧固时要对称均匀紧固，最终紧固力矩要达到规定力矩要求；

ⅱ. 紧固过程中，要随时测量监测炉架筒体 50 基准线的水平度。

2）中间段吊装段（第二吊装段）安装

a. 吊装前在炉架上焊接对口导向定位板，以方便就位对中；

b. 中间吊装段吊装就位后，采用两台经纬仪分别从 90°方向测量中轴线垂直度，用垂准仪以封头中心为基准测量筒节上口中心点，以 50 线为基准，确认筒体高度，采用工装夹具调整筒体垂直度和焊缝间隙。

3）锥段（第三吊装段）安装

锥段炉体安装工艺与中间段安装工艺相似，只不过由于此段为异形结构，因此，采用垂准仪以封头中心点为基准测量上口中心时，要注意设计要求的偏移量，并采用专用工装进行调整，确保上口中心及水平度符合技术要求。

用相同方法安装第四吊装段。

4）炉体安装注意事项

a. 在炉体安装就位前，须对炉体的位置进行控制，测量放出炉体的纵横轴线，由于场地狭窄，需在炉体周围的钢柱的钢梁上作出轴线标记，便于下一步测量有控制基准；

b. 炉架就位时，要用两台经纬仪对炉架的轴线位置进行监控，保证就位后轴线符合设计要求；

c. 在炉体的中段、锥段、顶部段安装就位时，须用激光垂准仪对炉体的同心度（即炉体的中心线）进行监控。

5.1.5　焊接及热处理操作要点

1. 焊接方法：炉体所有纵焊缝以及在地面拼装的环焊缝均采用半自动 CO_2 气体保护焊打底、盖面。炉体环焊缝在高空拼装，无有效遮风措施，焊接时风速大于 2m/s，且小于 9m/s 时，可采用手工电弧焊，否则不能施焊。

2. 焊材选用：CO_2 气体保护焊焊丝为 $H08Mn_2SiA$，直径为 1.2mm，保护气体为 CO_2。手工电弧焊采用焊条为 E5015（J507）或 E5016（J506）。

3. 坡口制备：炉体纵焊缝和环焊缝均采用 X 形坡口，当不同板厚进行对接时，需进行削薄处理，X 形坡口形式及尺寸见图 5.1.5-1。

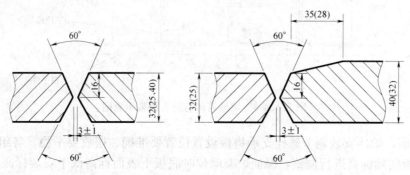

图 5.1.5-1 艾萨炉体坡口形式（单位：mm）

4. 焊前清理：焊前应清除焊缝、坡口两侧的水分、油污及铁锈直至露出金属光泽。

5. 焊前预热：焊前应对焊缝及近焊缝区（约 100mm）进行预热，预热温度应大于等于 100℃。

6. 焊缝收缩量：焊接时，焊缝纵向收缩量为 3.0mm/m，横向收缩量为 1.5mm/m，在钢板下料时要以此为依据放出余量。

7. 焊接顺序：先在筒体内打底焊接、后清根，然后把筒体放平，采用 CO_2 气体保护焊焊接盖面。焊接顺序见图 5.1.5-2：

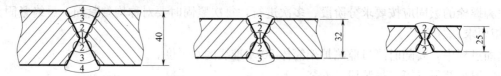

图 5.1.5-2 艾萨炉体焊接顺序

8. 焊后热处理：

炉体基座与碟形封头之间连接焊缝及之上 6m 范围内的所有焊缝要进行焊后退火热处理。热处理方法见蝶形封头焊缝热处理方法。

5.2 喷枪导轨安装工艺流程及操作要点

由于喷枪与艾萨炉工艺联系非常精密，要求两者中心错位偏差不大于 ±1mm，而喷枪导轨则是喷枪系统安装工艺尺寸和精度的定位基准部件，喷枪系统安装精度的关键在于喷枪导轨制造安装质量精度的控制，喷枪制造安装主要技术要求如下：

1. 每条导轨的平面轴线与定位轴线偏差不大于 ±1mm；

2. 两条导轨的平面度偏差不大于 1mm；

3. 导轨垂直度偏差不大于 5mm；

4. 导轨直线度偏差不大于 16mm；

5. 两条导轨的平行度偏差不大于 ±1mm。

5.2.1 喷枪导轨制造安装工艺流程图

喷枪导轨制造安装工艺流程图见图 5.2.1

5.2.2 安装基准放线要点

1. 喷枪导轨放线以艾萨炉炉体实际安装轴线为放线基准，因此要求喷枪导轨安装放线前艾萨炉体已最终安装定位；

2. 喷枪导轨支承悬臂梁在厂房钢架上相关各层的所有固定位置都必须放出安装定位轴线，此标识应具有长期可追溯性；

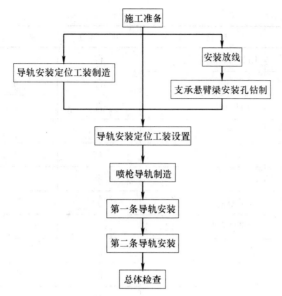

图 5.2.1 喷枪导轨制造安装工艺流程图

3. 喷枪在厂房各层的安装定位轴线放线时，应以艾萨炉安装轴线为基准用经纬仪一次引至各层楼面，而不能由下一层引至上一层，避免积累误差；

喷枪导轨中心轴线放线标识如图 5.2.2：

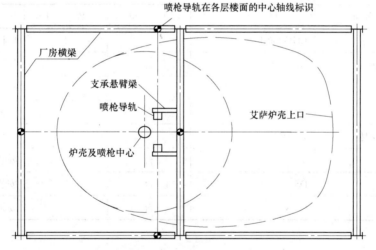

图 5.2.2 喷枪导轨中心轴线放线标识图

6. 材料与设备

6.1 艾萨炉炉体制造安装（表 6.1）

艾萨炉炉体制造安装设备　　　　　　　　　　　　　　　　表 6.1

序　号	设 备 名 称	规 格 型 号	单　位	数　量	用　途
1	四辊卷板机	W12-35×2500A	台	1	筒体卷制
2	压力机	500t	台	1	锥段压制
3	摇臂钻床	φ80	台	1	工艺孔钻制
4	摇臂钻床	φ50	台	1	工艺孔钻制
5	螺旋千斤顶	50t	个	5	筒体校正

续表

序　号	设备名称	规格型号	单　位	数　量	用　途
6	直流焊机	LHF-400-1	台	4	筒体焊接
7	CO_2 气保焊机	NBC-500	台	6	筒体焊接
8	焊条烘箱	ZYH-100	台	1	焊条烘干
9	滚动台	50t	套	1	筒体制造焊接
10	热处理装置		套	1	焊缝热处理
11	手拉葫芦	5t	个	6	筒体校正
12	辅助钢材	各种型钢	t	5	工装及加固用料
13	吊具	按吊装实际要求确定	若干		含卸扣、钢丝绳
14	经纬仪	T3	台	2	组装、安装测量
15	水准仪	DS32	台	1	组装、安装测量
16	带钢钢尺水准仪	N3	台	1	水平精密测量
17	垂准仪	DZJ3	台	2	组装、安装测量

6.2　喷枪导轨安装（表 6.2）

喷枪导轨安装设备　　　　　　　　　　　　　　　　表 6.2

序　号	设备名称	规格型号	单　位	数　量	用　途
1	直流焊机	LHF-400-1	台	1	筋板、牛腿焊接
2	CO_2 气保焊机	NBC-500	台	2	导轨焊接
3	手拉葫芦	2t	个	4	导轨校正
4	磁力钻	$\phi30$	台	1	工艺孔钻制
5	定位工装用钢材	各种型钢	t	5	工装及加固用料
6	经纬仪	T3	台	2	安装测量
7	水准仪	DS32	台	1	安装测量
8	垂准仪	DZJ3	台	2	安装测量

7. 质量控制

7.1　艾萨炉炉体制造安装标准

7.1.1　制造安装标准

1. 《钢制压力容器》GB 150—1998
2. 《钢制压力容器用封头》JB/T 4746—2002
3. 《钢制压力容器焊接规程》JB/T 4709—2000
4. 《压力容器用钢板》GB 6654—1996
5. 《钢制压力容器焊接工艺评定》JB/T 4708—2000
6. 《承压设备无损检测》JB/T 4730.1～4730.6—2005
7. 《低合金焊条》GB/T 5118—1995
8. 《气体保护焊电弧焊用碳钢、低合金钢焊丝》GB/T 8110—1995
9. 设计图纸

10. 关键部位和工序制造安装允许偏差按表 7.1.1 执行。

关键部位和质量制造安装允许偏差表 表 7.1.1

序 号	项 目	允许偏差	检验方法
1	筒体直径	±6mm	钢卷尺测量
2	炉壳顶部法兰表面不平度	<0.05°	N3 水准仪测量
3	重要工艺孔位置	±5mm	经纬仪、水准仪测量
4	炉体总体中心轴线	±10mm	经纬仪测量
5	炉壳中心线(垂直轴线)垂直度	<0.05°	垂准仪测量
6	顶部法兰表面标高	−7mm	水准仪测量

7.1.2 技术措施和管理方法

1. 炉体制造安装要根据炉体实际尺寸进行设置;

2. 炉体制造放样要采用计算机精确放样,制造过程每道工序必须严格控制质量,以制造精度保安装质量;

3. 所有施焊人员必须具有所施焊项目的操作合格证书,无证不得焊接,严格执行焊接工艺,并按要求进行无损检测及焊缝热处理;

4. 焊条使用前必须进行烘烤,烘烤温度为 350～430℃,保温时间为 1h。使用 CO_2 气体保护焊时,焊接前 CO_2 气体钢瓶应倒置 1h 以上,并排空水分;

5. 各工序须经专职检查员检查合格后方能转入下一工序施工;

6. 炉体安装过程采用经纬仪、水准仪、垂准仪等精密仪器进行全程监控。

7.2 喷枪导轨

7.2.1 制造安装标准

1. 《重型机械通用技术条件 焊接件》 JB/T 5000.3—1998

2. 《低合金焊条》 GB/T 5118—1995

3. 《气体保护焊电弧焊用碳钢、低合金钢焊丝》 GB/T 8110—1995

4. 设计图纸

5. 关键部位和工序制造安装允许偏差按表 7.2.1 执行。

关键部位和质量制造安装允许偏差表 表 7.2.1

序 号	项 目	允许偏差	检验方法
1	导轨的平面轴线与定位轴线	±1mm	经纬仪测量
2	两条导轨的平面度	1mm	经纬仪测量
3	导轨垂直度	5mm	垂准仪、经纬仪测量
4	导轨直线度	16mm	经纬仪测量
5	两条导轨的平行度	±1mm	钢卷尺测量
6	导轨长度	±16mm	钢卷尺测量

7.2.2 技术措施和管理方法

1. 根据导轨安装图纸设置合理的工装是保证导轨安装质量的有效技术措施;

2. 各工序须经专职检查员检查合格后方能转入下一工序施工;

3. 导轨安装过程中,要采用经纬仪、垂准仪等精密仪器进行全程监控。

8. 安 全 措 施

艾萨熔炼炉炉体制造安装过程中,单块构件吊重较重,艾萨炉炉体及喷枪导轨安装均属高处作业,且安装场地狭窄、交叉作业多。因此，安全管理工作非常重要。

8.1 成立安全管理机构，设置专职安全管理人员，贯彻"安全为第一、预防为主"安全管理方针，严格做到安全生产，文明施工。

8.2 施工人员遵守安全作业操作规程，戴安全帽、高空作业系安全带，作业面下方挂设安全网。

8.3 炉体组装是按规定搭设脚手架，并经专业人员检查合格后方可使用。

8.4 吊装使用的绳吊具吊装能力要足于承受吊装重量，吊装钢丝绳要保证6倍以上的安全系数，应经检查确认完好无损方可使用。

8.5 起重机驾驶员在每次开动起重机前，应放出预报信号。吊车指挥必须由专人担任。

8.6 构件吊装时，应保证吊点结实可靠，防构件滑脱，吊装指挥信号要统一。吊物下方严禁站人。

8.7 艾萨炉炉体内作业，要使用36V安全照明电源。

8.8 施工临时用电要严格遵守《施工现场临时用电安全技术规程》。临时用电线路必须完好无损，采用"三相五线"接线方式。用电设施要安装漏电保护装置，并做到"一机一闸"控制。

8.9 雨期施工要采取切实可靠的防雨措施。

8.10 交叉作业是要有专人进行安全监护。

9. 环 保 措 施

9.1 艾萨炉炉体制造时应避免夜间施工，在有居住、办公及其他工作场所的区域附近施工时，应设隔声墙，防止施工噪声扰民；

9.2 焊接人员要穿防弧光服装，面罩要合格，焊接区域设围护，防止光污染；

9.3 无损探伤检测期间，应用专人监护，防止人员进入探伤源辐射区域。

10. 效 益 分 析

10.1 本工法所使用的施工机具均为施工企业一般常备设备，不需外购大型施工机械，有效降低了施工投入费用；

10.2 艾萨炉炉体制造使用计算机排版放样方法，放样准确、用料合理节约；

10.3 艾萨炉炉体采用分段吊装就位组对安装方法，吊装使用厂房钢结构吊装设备，避免了单独使用大型运输设备及吊装设备所需要的费用，节约15～20万元左右；

10.4 艾萨炉炉体安装与厂房钢结构吊装安装穿插同步进行，有效缩短了工程总体工期，创造了较好的工程总体效益；

10.5 采用本工法制造安装的艾萨炉炉体及喷枪导轨施工质量优良。经建设方评价，质量超过了其他国内外类似工程的施工质量，为企业创造了良好的社会效益。

11. 应 用 实 例

本工法已成功应用于云南铜业股份有限公司艾萨熔炼装置安装工程、云南驰宏锌锗股份有限公司粗铅系统艾萨炉熔炼安装工程及云南楚雄滇中金属有限责任公司艾萨熔炼炉安装工程三个项目的艾萨炉炉体及喷枪导轨的制造安装，三个工程项目的艾萨炉炉炉体及喷枪导轨结构形式相同。

11.1 云南铜业股份有限公司艾萨熔炼装置安装工程位于云南省昆明市。项目总体开工2001年1月31日，项目总体竣工日期2002年5月9日，一次试车及投料试生产成功。该工程先后获得了云南省优质工程一等奖、中国有色金属工业（部级）优质工程奖及国家优质工程银质奖，并获得了中国施工企业管理协会颁发的全国用户满意工程称号。

11.2 云南驰宏锌锗股份有限公司粗铅系统艾萨炉熔炼安装工程位于云南省曲靖市，一次试车及投料试生产成功。项目总体开工时间 2003 年 10 月 15 日，项目总体竣工时间 2005 年 5 月 31 日。该工程先后获得了云南省优质工程一等奖、中国有色金属工业（部级）优质工程奖，目前正在申报国家优质工程奖。

11.3 云南楚雄滇中金属有限责任公司艾萨熔炼炉安装工程位于云南省楚雄市，目前该工程项目总体正在安装实施阶段，艾萨炉炉体已安装完毕，经建设单位及监理单位现场质量检验，制造安装质量优良。

立井井筒机电安装工法

YJGF348—2006

中煤第五建设公司 中煤第三建设（集团）有限责任公司

杨益明 马智民 田德文 黄庆配 廖鸿志

1. 前 言

生产矿井和新建矿井的生产能力，主要取决于井筒提升的通过能力。井筒装备是煤矿生产系统的重要组成部分，它不仅关系到提升能否高速、安全运行，而且也直接影响着矿井工人的生命安全。在矿山生产中，副井担负全矿上下人员、运送矸石、材料及设备；主井担负提升产品（煤或矿石）。副井内罐笼及主井内箕斗都沿着井筒内钢罐道高速运行，罐道固定在罐道梁或托架上，井筒内还有梯子间、管路、电缆等，井筒内设施多、安装复杂并且精度要求高。近年来由于深部资源的开发，井筒深度不断地增大，从而引起井筒装备安装施工方法的一系列改革。立井井筒装备的安装施工，是立井施工中一项非常细致的工作，安装质量的好坏，直接影响着井筒装备使用的可靠性。选择合理的井筒安装作业方式，可以加快安装速度，提高安装质量，缩短安装工期，确保安全生产。传统的施工方法是采用逐层分段施工，即首先用单层盘或二层盘从上往下逐层施工井筒内梁、托架、梯子间等，再用吊盘从下往上施工井筒内罐道及管路及其他设施。此施工方法最大缺点是工期长，由于吊盘频繁起落质量、安全很难保证，鉴于此我们从1983年开始试用多层吊盘立体交叉平行施工一次成井的施工方法，经多年对上百矿井的施工实践证明，该施工方法具有安全、优质、施工速度快和工时利用率高的优点。

2. 工法特点

2.1 多层专用吊盘施工各工序之间紧密衔接，并最大限度的实现多工序立体交叉平行作业，从而实现快速施工。根据井筒安装特点设计的多层专用吊盘每次移动一个安装层位，多层盘上同时立体交叉平行作业可施工完井筒内这一层所有构件的安装、试验、检查，转入下一个循环，从而实现一次完工。

2.2 自下而上施工时吊盘沿着已安装好的罐道上行滑动，解决了吊盘在井筒内扭转的问题，从而加快了安装速度，保证安装精度。吊盘上部井筒内还没安装构件，井筒是空荡的，绞车的速度可以提高，既加快了下料速度又解决了下长料时在井筒内被挂住或插入已安装好的梁内空间的安全隐患。吊盘用四台稳车悬吊，在安全上更可靠。第一层为保护盘，其他层都是封闭施工，为安全施工提供了有力保证。

2.3 吊盘本体高度12～30m，上下时在四根已安装好的罐道内运动，即使稳车不同步也不会出现吊盘严重倾斜的现象。多层盘容积大，吊盘移动一层后，其他工序还能利用吊盘检查，这样每道工序施工完后可以互检，专职安全质量检查员再检查验收，多层吊盘为确保安装质量提供了有利条件。

2.4 井筒装备采用多层专用吊盘，加大了施工作业能力，缩短了井筒装备安装时间，解决了制约井筒装备施工速度——单层作业施工慢的问题。用此工法施工速度大幅度提高，仅相当于传统工艺工期的50%左右。

2.5 深井井筒装备多层专用吊盘采用四台16t稳车提升，井筒比较深，电缆与尾绳比较重，利用吊盘盘放和敷设重量小于25t的井筒电缆和尾绳，解决了深井井筒装备电缆和尾绳利用两台16t稳车下放安全系数达不到规定要求的难题，同时缩短电缆和尾绳敷设时间，利用多层专用吊盘敷设电缆和尾绳比用稳车下放敷设速度提高 1 倍。

2.6 对利用永久井架或井塔施工井筒装备，在井口金属支持结构（上部套架）安装时，井口施工空间较小及井架结构问题，不能用吊车在井口外整体组装及分段组装时；可以利用多层专用吊盘从下到上先施工上部套架四周固定立柱和框架，然后利用一层盘和二层盘从上到下安装上部套架中间梁和上部套架内的罐道。

2.7 多层专用吊盘与钢丝绳联接轴采用轴销式测力装置，在吊盘钢丝绳上加有测速装置，不但可以保证吊盘钢丝绳同速运行使吊盘不倾斜，还可以使吊盘钢丝绳受力均匀，防止单根吊盘钢丝绳受力过大。通过吊盘钢丝绳测速装置显示吊盘在井筒内的深度，作为绞车司机确认吊盘位置的一个辅助参考，并使测速装置与提升绞车控制系统相连，既能使绞车的运行速度根据吊盘位置调整，加快了构件下料速度，又能防止绞车运行到吊盘位置后过卷，解决了绞车在井筒装备施工期间有过卷问题的安全隐患，达到本质安全型施工。

2.8 劳动组织采用固定工序循环作业和专业工种计件工资制，充分发挥工人的主观能性。

3. 适 用 范 围

3.1 本工法广泛适用于煤炭、黑色金属、有色金属、稀有金属和非金属等各类矿山工程立井井筒装备安装工程的施工。

3.2 适用井筒直径 ≥3m 以上的立井井筒装备。

3.3 对立井深度无限制，并立井越深，井筒直径越大，越能充分发挥快速施工优势。

3.4 适用于井塔和井筒装备同时交叉施工工程。

3.5 适用井口套架无法利用吊车吊装或无法整体吊装的施工。

4. 工 艺 原 理

本工法工艺核心部分就是按"多层专用吊盘安装井筒装备"工艺进行组织快速施工。主要的原理是多层立体交叉平行同时作业。虽然井筒内构件较多，但正常段每一层在结构、安装位置、材料型号及数量都基本一样，在流程上为流水作业打下了基础。以罐道梁层间距 4m 为例，一个循环要安装罐道两根（由于罐道长 12m，每提升一层为 4m），一层罐道托架或罐道梁，一层梯子间，一层托管梁或管路导梁，一层电缆支架。自下而上施工时可下放并且焊接排水、压风、洒水等管路，但这都不在同一层施工，在一个循环内变单层施工为多层同时作业，所以选用了多层吊盘。作业时每层盘的位置在井筒装备每一层梁下 1m 左右，罐道、管路在三、四、五、六层盘施工，托架、罐道梁、梯子间、电缆支架等在三层盘施工，打锚杆孔、装锚杆作拉力试验在二层盘进行，一层为保护盘。

井底装备采用在主吊盘下吊挂软盘的方法施工，从井筒下部套架顶梁开始从上到下施工，井筒装备正常段采用多层吊盘从下到上一次成井施工，电缆和尾绳采用吊盘敷设，井口套架在整体吊装难以施工时采用多层吊盘安装，井筒吊盘钢丝绳测力提升，测速运行和确定吊盘位置，防止绞车过放运行，实现本质安全施工，确保工程质量和进度。

5. 施工工艺流程及操作要点

5.1 井底装备的施工

5.1.1 井筒装备中下部装备有井底金属支持结构、防过放缓冲装置、防扭结梁及防砸护扳等，井筒中间有一根或多根梁，有的与套架中间梁相垂直，几乎每层都不一样，层间距变化较多，多层吊盘无法施工。通常在主吊盘下用四根钢丝绳悬吊软盘（加工成圆盘）施工这部分装备。悬吊软盘的钢丝绳长度，应大于从套架顶梁至尾绳保护梁的距离。

5.1.2 施工顺序

5.1.2.1 下放吊盘，风管、动力通信电缆、滑道绳、夺罐道及夺管子稳车绳等随吊盘下落，每160m 左右卡一次基准线，并用比长钢尺每隔 100m 在井筒上做好标高标记，等吊盘第一层落到井底马头门位置时停下，一层盘用来下放副井井底操车设备或主井井下装载硐室的设备。

5.1.2.2 设备下放完后，先施工套架上面的四层罐道梁，包括梯子间、托管梁、罐道、弯管座等，以便下部装备结束后施工正常段装备。

5.1.2.3 用软盘自上而下施工井下套架顶梁至井底水窝所有构件。

5.1.2.4 拆除软盘，提出井口。

5.2 井筒装备正常段施工

井筒机电安装可分自下而上施工和自上而下施工两种施工工艺。

5.2.1 自下而上施工主要施工工艺

用多层盘从下往上施工井筒内所有构件。立井井筒装备施工每天三个班组作业，每个班各作业 8h，施工作业循环表流程见表 5.2.1：

施工作业循环表　　　　　　　　　　　　　　　　　表 5.2.1

内容 \ 时间	分钟	1h 15	30	45	60	2h 15	30	45	60	3h 15	30	45	60	4h 15	30	45	60
1 交接班及起吊盘	15	▬															
2 画锚杆孔及打孔	60		▬	▬	▬												
3 安装锚杆	45			▬	▬	▬											
4 做锚杆拉力试验	15							▬									
5 安装托架及梁	75			▬	▬	▬	▬										
6 安装梯子间	90						▬	▬	▬	▬	▬						
7 安装管路	60				▬	▬	▬										
8 安装罐道二根	90							▬	▬	▬	▬	▬	▬				
9 焊接管子	90				▬	▬	▬	▬	▬	▬	▬						
10 验收	15														▬		

注：1. 拉力试验在锚杆安装后 1h 进行。

　　2. 一个循环为 3h15min。

　　3. 施工中按照工艺流程依次反复循环施工。

5.2.2 操作要点

二层盘：施工准备 ─→ 模具定锚杆孔位、打锚杆孔 ─→ 安装锚杆 ─→ 锚杆拉力试验

三层盘：施工准备 ─→ 安装托架及梁 ─→ 安装梯子间

四至六层盘：施工准备——→安装焊接管路——→安装罐道

5.2.3 每层吊盘的用途及工作内容

5.2.3.1 一层为保护盘，设有打点室、配电点，放置乙炔瓶。上面两名工人，一个把钩工，一个信号工，主要负责下放材料，指挥吊盘的起落及地面稳车升降，把构件夺到安装位置。

5.2.3.2 二层为工作盘，放置风锤、氧气瓶、锚杆拉力计等，上面安排四名工人，主要工作内容为：

(1) 负责从下层梁往上层梁测量层间距标高；

(2) 用模具板定锚杆孔，并打孔；

(3) 装树脂药包，用电煤钻安装锚杆，并做拉力试验；

(4) 剩余时间协助四、五、六层工人安装罐道。

5.2.3.3 三层为工作盘，放置大锤、钢卷尺等钳工工具。上面安排六名工人，主要工作内容为：

(1) 安装罐道托架、梯子间托架、托管梁托架、电缆支架等；

(2) 安装罐道梁、管子导向梁、托管梁、梯子大梁、小梁等；

(3) 安装梯子、踏板，挂拦网片。

5.2.3.4 四、五、六层为工作盘，每层放置一台电焊机。上面安排五名工人，主要工作内容为：安装找正罐道和管路，焊接管路。

5.2.4 高程控制

井筒深度几百米，有的超过千米，每根罐道的长度只有 10~12m，规范要求两罐道间接头间隙为 2~4mm，这样几十根罐道从井下接到井口，累计误差若太大，最后一层梯子间和罐道就很难安装，所以在施工中，常按以下方法控制整体标高。

5.2.4.1 第一种方法：用 1000m 的比长钢尺，在下放吊盘卡大线时，每下放 100m 左右在井壁上作出一个标记。

5.2.4.2 第二种方法：落吊盘卡大线时，用 50m 比长钢尺，从吊盘第一层到第六层分段测量距离并在井壁上作出标记，从井口一直测量到井底。

5.2.4.3 施工中，罐道头每到一个标记点进行核对，若有误差，在下一个挡距内用罐道间隙来调整消除。

5.3 自上而下施工工艺

5.3.1 施工工艺流程

{稳车布置 / 天轮平台安装}——→吊盘悬挂——→临时封口——→基准梁安装——→下井口稳大线——→起吊盘——→自上而下安装井筒标准段——→下设备——→下口非标段安装——→自下而上安装管路

5.3.2 操作要点

5.3.2.1 地面部分

(1) 地面人员要正确下放井筒装备构件，保证下放过程的安全；

(2) 地面打点人员与井下及提升机房的联络畅通；

(3) 地面操作人员要注意下料、风水管固定过程中不能坠物伤人；

(4) 地面提升机司机等专业工种要按照操作规程进行操作。

5.3.2.2 井下部分

(1) 要正确按照大线尺寸安装托架、罐道梁、罐道，并按图纸要求紧回与焊接；

(2) 大件就位时要与地面保持通信畅通；

(3) 号眼、打眼、栽锚杆、安装托架时要严格控制定位尺寸；

(4) 井下各专业工种要按照操作规程进行操作。

5.4 井筒装备电缆敷设

5.4.1 若电缆设计位置在梯子间或托管梁内时，直接把电缆卡在钢丝绳上利用稳车下放，然后在吊盘和梯子间卡电缆。

5.4.2 若电缆设计位置不在梯子间时，把电缆盘盘放在吊盘上，电缆从井口开始连卡三道，然后电缆随吊盘从上往下一边落一边卡，直至卡完。利用吊盘敷设电缆时间短，质量好、安全可靠性高。

5.4.3 操作要点

5.4.3.1 电缆采用稳车下放时应选用不旋转钢丝绳，钢丝绳安全系数大于6，钢丝绳与电缆每隔12m采用钢制特殊电缆夹固定牢靠，中间每隔4m用麻绳绑扎牢固，电缆头要有不小于80kg的重锤导向，防止电缆在下放过程中跑偏。

5.4.3.2 电缆采用吊盘下放时，电缆按多层盘自下而上的顺序进行盘放，电缆在盘面摆放形式为圆形，电缆盘放时要根据电缆弯曲形式顺势摆放，防止电缆扭结。电缆在每两层盘中间与吊盘立柱要绑扎牢靠，在作业盘上将电缆卡在电缆支架上。

5.5 扁尾绳下放

扁尾绳盘放在吊盘上，把尾绳端头与尾绳连接装置连接好并固定在套架底框梁上，然后下落吊盘把尾绳敷设在井筒中，为以后挂绳挂罐作好准备，若圆尾绳直接盘到稳车上下放。

5.5.1 操作要点

5.5.1.1 尾绳按多层盘自下而上的顺序进行盘放，尾绳在盘面摆放形式为S形，尾绳盘放时要保证不转圈。

5.5.1.2 尾绳在每两层盘中间要与吊盘立柱绑扎牢靠。

5.5.1.3 盘放尾绳时，每两层尾绳之间要用木板隔开，防止尾绳搅乱缠绕。

5.5.1.4 尾绳下放过程中要用麻绳将尾绳绑扎在井筒内梯子间钢梁或托架上。

5.6 井口套架安装

5.6.1 对于井塔式提升时，井上套架无法整体组装和吊装，采用多层专用吊盘进行安装。对于井口范围较小，无法使用吊车整体吊装或组装井口套架，也采用六层专用吊盘进行安装。

5.6.2 操作要点

5.6.2.1 首先利用第六层盘安装井口套架底框梁。

5.6.2.2 利用多层吊盘从下到上安装套架四周框架立柱和横梁。

5.6.2.3 利用多层吊盘从上到下安装套架中间梁和罐道，到井口后用二层盘安装套架中间梁和罐道，最后拆除吊盘。

5.7 多层专用吊盘测力测速及防绞车过卷技术应用

5.7.1 为了达到本质安全型施工，保证施工过程设备安全运行，我们在立井井筒装备施工中多层专用吊盘钢丝绳联接轴采用轴销式测力装置，可以测定吊盘钢丝绳受力大小，并及时调整，使钢丝绳受力不均匀度在15%左右。

5.7.2 在立井井筒装备施工期间，吊盘在井筒内的位置是变化的，下过卷开关无法安装，为了确定吊盘在井筒内具体位置，防止提升机过放，我们在井筒装备施工中多层吊盘钢丝绳上联接测速装置，显示吊盘在井筒内的深度，作为提升机司机确认吊盘位置的一个辅助参考，并使测速装置与提升机控制系统相连，既能使提升机的运行速度根据吊盘位置调整，加快了构件下料速度，又能防止提升机运行到吊盘位置后过放，解决了提升机在井筒装备施工期间有过放问题的安全隐患。

6. 材料与设备

主井或副井井筒内有钢梁、罐道、管路、梯子间、电缆等，井筒内的构件用六层吊盘施工，多层吊盘为作业盘，吊盘上有打锚杆孔的压风管路、焊管路用的电焊机及照明的动力电缆、信号电缆、夺罐道及夺管子的钢丝绳等设施，首先根据井筒装备的平面图确定吊盘的四个提升点、四根大线的位置、夺罐道夺管路绳、滑道绳、下电缆及压风管钢丝绳等施工用设施的点线平面布置图，然后进行封井口、布置天轮平台及稳车。

6.1 多层吊盘

6.1.1 多层吊盘加工

6.1.1.1 方盘加工：根据井筒罐道布置位置加工方盘，方盘设计尺寸一般为距罐道内侧 100mm，距梯子梁及托管梁 200mm，方盘上用槽钢作框架、铺设 4mm 花纹钢板，留爬梯口及下物料的提升孔，槽钢及角钢的选用规格应满足强度设计要求（根据吊盘的用途及受力），在最下层方盘上安装四个能沿罐道滑动的罐耳。

6.1.1.2 活盘（折页）加工：在方盘的框架上增加四面能向上翻转的弓形小活盘，使其与方盘组成直径比井筒直径小 300mm 的圆盘。弓形小活盘共加工三层即第一、第二、第三层盘在井筒中为圆盘。

6.1.1.3 立柱加工：层与层之间用立柱连接，层间距与罐道梁层间距相同，材料选用槽钢或钢管，强度要满足设计要求。

6.1.2 多层吊盘悬挂

多层吊盘一般选用四台同厂家、同型号相同速度的稳车悬挂，钢丝绳选用不旋转钢丝绳或左右捻配对使用，直径根据吊盘重量、钢丝绳重量、吊盘上施工人员、施工机具重量及有可能放置材料的最大重量如扁尾绳及电缆来选择，一般不平衡系数取 1.3，钢丝绳的安全系数为大于 6 倍。

6.2 井口封口盘布置

根据井筒"平面布置图"设计封口盘，封口盘材料选用工字钢、槽钢及钢板的组合件，其强度应能满足下放井下安装所有构件及设备最重件的重量，上面铺设 6mm 厚的花纹钢板，按"平面布置图"在盘上钻孔或割孔，把基准线、风管、电缆及钢丝绳等下到吊盘上或井筒内。

6.3 基准线布置

井筒深度几百米甚至超过 1000m，所有构件安装精度规范要求很高，从井上口到井底安装误差只有几毫米，例如安装罐道的托架立面上的螺栓孔中心线与井筒十字中心线的距离偏差要小于 2mm，而罐道梁缺口板与设计距离误差要小于 1mm，因此施工中，从井上口到井底在每根罐道旁边 120mm 左右放一根基准线，作为安装基准，基准线一般选用 $\phi 1.8 \sim 2.0$ 高强度碳素钢丝，下面悬挂 200kg 左右的重锤。根据以往的施工经验基准线长度超过 250m 时，下端摆动很大，在 800m 井筒下面，基准线画椭圆的直经达到 400mm 左右，因此，施工中常采用 160m 左右安装一道卡线梁，把四根基准线稳固在卡线梁上，保证基准线最大摆动不超过 1mm，确保安装精度。

6.4 风水电及信号通信电缆的布置

用 2JZ-16/800 稳车悬挂压风管及动力信号通信电缆。压风管一般选用 2″ 钢管，也可用高压聚乙烯塑料管，动力电缆的规格型号应根据吊盘上的电焊机数量、照明、电煤钻等的总容量，以及电压损失来确定，压风管及电缆用扁钢特制卡子，固定在钢丝绳上，钢丝绳的安全系数需大于 5 倍，通信电缆距动力及信号电缆的距离大于 300mm，一般放在井筒内比较空荡的位置。

施工中打锚杆孔要求湿打眼，一般做法是：在一层吊盘上放一个大水桶，用压风管从地面往水桶里间断送水，供风锤打孔用，不必单独下给水管。

6.5 其他悬挂绳的布置

为了提高提升机的利用率，罐道、管子、梯子间等构件用提升机下放到吊盘上，再用稳车移至安装位置。两根罐道之间需布置一台稳车，梯子间需布置一台稳车，若管路在梯子间的对面还要布置一台稳车。钢丝绳的安全系数均要大于 5 倍。

6.6 天轮平台布置

根据施工组织设计的平面布置图进行天轮平台、天轮梁及天轮的布置，根据钢丝绳最大载荷设计天轮梁及选择天轮，保证强度满足设计要求。

6.7 稳车布置

稳车的规格型号应根据钢丝绳最大载荷来确定，若是旧稳车，选择时稳车的负荷按额定负荷的

80%计算，钢丝绳的偏角需小于 2°30′。

6.8 动力配电设施安装

安装一台中性点不接地的变压器或隔离变压器，用于井口稳车及其他设备动力的配置，下井动力电缆用带漏电保护的自动馈电防爆开关，吊盘配电点除用来带电焊机开关外，还安装一台照明综合保护装置（用于 127V 照明及煤电钻电源）。

6.9 地面稳车集控

井口信号室安装集控台，每台稳车运转可以由集中、单独和就地三种形式进行控制，并安装一个总电源急停按钮，发现异常情况，马上停主电源，进行安全制动。

6.10 信号通信系统

井口信号室和主提绞车房及吊盘信号室都设声光信号联系，吊盘信号室与软盘也用声光信号联系，绞车房与井口信号房有可视系统，信号工可以监视司机开车情况，司机可以直接看到井口小罐笼及构件上、下井口情况，操作更安全。

6.11 吊盘测力和钢丝绳测速装置

吊盘销轴用轴销测力装置，对吊盘绳受力进行监测和报警，吊盘钢丝绳采用测速装置使吊盘平稳运行，并测定吊盘在井筒中位置，与绞车控制相连，可以防止提升机在井筒内过卷。

7. 质 量 控 制

7.1 质量标准

执行原煤炭部制定的《煤矿安装工程质量检验评定标准》中的（立井井筒装备安装工程）的有关规定，主要内容如下：

7.1.1 罐道及罐道梁的加工（如组合罐道）

（1）罐道梁加工要求：罐道梁的直线度允许偏差为 0.5‰，缺口板的缺口宽度及两缺口底边距离、同一根梁安装两根罐道时缺口板中心距允许偏差都是 ±0.5mm，上下缺口板焊接位置的错动允许偏差都是 0.5mm。

（2）罐道加工要求：罐道的直线度允许偏差为 1‰且不大于 7mm，组合罐道长度、断面的垂直度允许偏差都是 ±1mm，端面垂直度为 1/1000。

7.1.2 罐道梁及罐道的安装（如组合罐道）

（1）罐道梁的安装要求：罐道梁缺口板中心线与设计一致，其偏差为 ±1mm，同一提升容器两罐道梁缺口板中心线的水平间距偏差为 ±2mm 等。

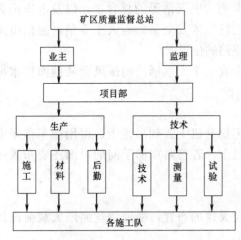

图 7.2 施工质量管理保证体系组织机构框图

（2）罐道的安装要求：组合罐道垂直度为，同一提升容器两罐道面的水平间距差为 ±7mm，同一提升容器相对两罐道中心线的重合度偏差小于 6mm。

7.1.3 管路安装标准（略）

7.2 工程质量管理体系：施工人员按以上标准进行精心施工，四根基准线是井筒各构件安装的基准，多层吊盘为在不同高度不同地方施工及检查提供了保证。

施工质量管理保证体系组织机构框图见图 7.2。

每班具体做法为：每班质检员全程跟班监督及检查，每层作业盘上的每道工序施工完后进行自检，合格后由技术员和队长进行队检，一个小班施工结束后，由队长、监理工程师及甲方代表，对这个小班施工的所有项目进行全面检查验收，合格后签字认可，作为移交资料。

8. 安 全 措 施

8.1 安全机构

由项目经理领导、安全副经理、专职安全员为主的，安全网员、班组兼职安全员及青年岗员组成"专管成线，群管成网"的安全机构，层层把关，大大降低了事故发生的几率。施工安全管理保证体系框图见图 8.1。

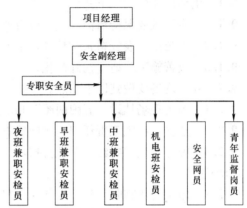

图 8.1 施工安全管理保证体系框图

8.2 安全技术措施

8.2.1 开工前，应组织有关人员对所有施工场所进行全面检查，发现问题及时处理。对所有吊具、索具、设备及临时防护设施进行认真检查。所有提升绳按要求进行试验，缠绳时逐根检查，并在检查记录上签字，不合格不得使用。

8.2.2 吊盘组装后应对各连接点进行认真检查，每天交接班时都要对吊盘进行安全检查，保证吊盘始终处于安全状态。

8.2.3 下井人员必须穿戴合格的安全带、胶靴、矿用安全帽并带合格的矿灯。

8.2.4 严禁施工人员酒后上岗，身体不适不能下井，除电焊工外，其他人员不得带明火及火种下井。

8.2.5 井盖门随开随关。封口盘范围内及时清理杂物，井口、现场保持整洁干净。

8.2.6 禁止吊盘和提升机同时运行。起落吊盘后信号工应及时通知绞车工吊盘起落高度，绞车司机随时在深度指示器上和提升绳上做标记。

8.2.7 井筒施工期间，井口信号室与井下吊盘信号室和绞车房应设有声光信号，井口房信号室与绞车房和井下吊盘信号室应设通信联络。

8.2.8 所有电气设备的金属外壳必须有良好的接地装置。

8.2.9 井筒作业、地面运输、提升和下料等项工作，应设专人统一指挥，其余人员必须服从命令，听从指挥。

8.2.10 吊盘在井筒作业期间上下人和下料时应通知下层盘施工人员做好准备。

8.2.11 井口提升孔两端口应设可以开闭的栏杆，栏杆下部应密封不低于 300mm，以防坠人坠物。

8.2.12 提升机的速度在不同阶段应采用不同速度，严禁超速运行。

8.2.13 人员上下罐时应等罐停稳，井盖门关闭后上下。上下人员和物料时，当钩头起升 1m 高度时，需停车检查钩头和吊挂物，没问题，再打开井盖门下放。

8.2.14 乘罐时，罐内人员头手不得伸出罐外，不得人货混装。

8.2.15 井口和井筒吊盘上应配备多台灭火器、消防水源和砂箱及消防专用工具。

8.2.16 不准闲杂人员进入井口范围，施工人员均要持证上岗。

8.2.17 工程开工至工程结束，现场应有值班车。

8.2.18 井筒内施工用的压风管及电缆，每 6m 用 Ω 卡与钢丝绳卡牢。

8.2.19 绞车各种保护齐全，过卷高度符合《规程》要求，并应经常进行检查和试验，做好记录。

8.2.20 天轮平台、天轮、稳车、钢丝绳及索具每天有专人检查。

8.2.21 井口各项管理制度要齐全，各种牌匾悬挂整齐。

井筒内安装尽量减少烧焊作业，需烧焊作业时，应编制符合《煤矿安全规程》要求的井筒烧焊专项措施，并报矿方有关单位审批后执行。

9. 环 保 措 施

9.1 生活区要做到以下几点。

9.1.1 生活区要保持清洁，生活垃圾要集中放置，生活污水要统一排放到矿方安排的地方。

9.1.2 办公室图表资料张贴整齐，字迹清晰，表格齐全。

9.1.3 改善施工驻地，搞好绿化。

9.2 施工现场要做到以下几点。

9.2.1 施工现场挂设"五牌两图"和应急救援预案内容。

9.2.2 建立文明施工责任制，明确负责人，挂牌作业，做到现场清洁整齐。

9.2.3 施工过程中要经常整理打扫，工程结束后，施工现场要彻底打扫干净，不留污物。做到工完料净场地清。

9.2.4 施工现场临时设施、设备和材料按施工平面图布置堆放整齐，标识明确。

9.2.5 施工机械安装、运行、维修时要保证污染物不外泄。

9.2.6 现场要有足够的灭火器材。

10. 效 益 分 析

立井井筒装备施工工法的实质就是充分发挥"六层专用吊盘一次成井"的优势，推行项目法管理和立体交叉平行作业，实现快速、优质、高效、安全施工，大大缩短井筒装备施工工期，直接效益：

（1）节省井筒装备施工人工费和设备租赁费。

（2）减少施工期内贷款利息。

（3）矿井早投产，早收益。

最大社会效益是积累丰富立井井筒装备施工经验和施工技术，促进了我国立井装备施工技术的发展，提高了我国煤矿建设的速度，提高企业知名度，增强企业竞争能力。

按照该工法组织施工其施工的速度、工效及质量都有很大的提高，以山东滕东矿为例：

山东省滕东矿副井井筒装备所用钢材重 620t，玻璃钢重 77t，总造价 1170 万元。

井底设备安装定额工为 3125 个人工，项目部施工人员 87 人，井底设备安装用 21d，为 1827 个人工工日，是定额工日的 58.46％。按传统施工方法井底设备安装需 36d，比传统施工方法以提前 15d 完工。

井筒正常段设备安装定额工为 6716 个工日，井筒正常段安装用 40d，实际用 3480 个工日，是定额工日的 51.82％。按传统施工方法井筒装备安装需 77d，比传统施工方法以提前 37d 完工。

采用多层吊盘一次成井施工法比传统施工方法节省工期共 52d。

采用多层吊盘一次成井施工法比传统施工方法节省费用情况如表 10：

费用情况对比表   表10

序　号	费用名称	费用组成	数量计算	单　　价	费用（万元）
1	人工费	井底设备施工人工费	3125－1827＝1298	80 元	10.384
2	人工费	井筒正常段施工人工费	3716－3480＝2876	80 元	23.008
3	设备租赁费	稳车租赁费	10 台×2 月	0.3 万元	6

续表

序 号	费用名称	费用组成	数量计算	单 价	费用(万元)
4	设备租赁费	绞车租赁费	1台×2月	3.5万元	7
5	设备租赁费	井架租赁费	2月	1.2万元	2.4
6	设备租赁费	天轮租赁费	21个×2月	0.06万元	2.52
7	设备租赁费	钢丝绳租赁费	11支×3吨	0.25万元	8.25
8	设备租赁费	钩头和罐笼租赁费	2月	0.3万元	0.6
9	设备租赁费	配电设施租赁费	2月	5万元	10
10	施工用电费	电费	2月	3.5万元	7
11	管理费	管理人员工资等	2月		10万元
费 用 总 和					87.162

按此工法施工，滕东煤矿提前利用副井进行矿井生产，取得了良好的经济效益与社会效益。

11. 工 程 实 例

11.1 以山东省滕东煤矿副井井筒装备为例，井深949m，井筒直径φ6m，正常段装备有：梯子间183层，其间距为5m，井筒内布置有180×180×10方钢罐道四趟，φ325×20排水管路二趟，φ194×6压风管路一趟，托管梁9道，MYJV/42/8.7/15kV3×120mm²动力电缆四根，信号、通信、监控电缆三根。井下部装备有：井底金属支持结构及四角稳罐罐道，井底防扭结梁及防砸护扳，井底防过放缓冲装置以及井底望板、淋水棚等工程。该工程用此工法施工，从2006年4月12日开始安装井底下部装备，于5月4日下部装备安装结束，用21d时间（五一节休息三天），比传统施工方法提前15d完工。5月5日开始安装井筒正常段，于6月15日井筒正常段安装结束，用40天时间，6月24日井筒电缆安装结束，比传统施工方法提前52d完工，比合同工期提前15d交工。每小班平均安装二层梁，包括这两道梁之间的梯子间、罐道、管路及电缆托架等，一个圆班安装6层梁。托管梁9层用时9d，平均成井30m。利用六层吊盘敷设电缆只用时9d。由于采用吊盘测力和测速装置，安全上没发生一起轻伤以上的事故。经建设单位及监理验收评为全优工程。

11.2 河南薛湖副井井筒直径6.5m，井深869m，井筒内布置罐道托架132层，固定四趟方钢罐道，玻璃钢梯子间137层，层间距6m。井底装备有金属支持结构、五层导向罐道梁、防撞梁和尾绳保护梁各一层，检修梯子间五层。井筒内布置φ426×24排水管路四趟，φ194×12压风管路和φ159×12洒水管路各一趟，托管梁十层。井筒内布置MYJV32-6/6kV 3×240mm²动力电缆八根，通信、信号电缆四根。用此工法施工，从2006年4月18日开始安装，用67d时间，于6月23号安装结束，比传统施工方法提前54d完工，比合同工期提前12d交工。施工期间采用吊盘测力和测速装置，安全上没发生一起轻伤以上的事故。经建设单位及监理验收评为优良工程。

11.3 山东省新汶矿业集团龙固煤矿副井井筒直径7m，井深912.8m，井筒内布置玻璃钢复合罐道托架143层，固定四趟玻璃钢复合罐道，玻璃钢吊挂式梯子间142层，层间距6m。井底装备有金属支持结构、六层导向罐道托架、防撞梁和尾绳保护梁各一层，井底检修梯子间六层。井筒内布置φ325×22制冷管路二趟，托管梁十二层。井筒内布置MYJV42-6/6kV 3×240mm²动力电缆二根，通信控制监控电缆六根。该工程用此工法施工，从2006年10月21日开始安装井底下部装备，于11月8日下部装备安装结束，用19d时间，比传统方法施工提前17d完工，11月9日开始安装井筒正常段，于12月14日井筒正常段安装结束，用36d时间，比传统方法提前24d完工。除去12层托管梁用时共12d，每一个圆班平均安装六层梁，包括这两道梁之间的梯子间、罐道、管路及电缆托架等，平均日成井近36m，利用六层吊盘敷设电缆用时6d，比传统方法提前5d完工。施工期间采用吊盘测力和测速装置，在安全上没发生一起轻伤以上的事故，经建设单位及监理验收评为全优工程。

11.4 山东省淄博矿务局唐口煤矿主、副井井筒深度均为1029m，直径为7.5m双系统、玻璃钢罐道，分别于2003年8月和2004年3月施工，副井系统安装工程获得全国煤炭行业优质工程。

11.5 山东省朝阳煤矿副井井筒装备，井深780m，井径5m，单系统方钢罐道提升，于2003年12月施工，获得煤炭建设"太阳杯"工程。

11.6 以上井筒装备尾绳均采用多层吊盘敷设下放，平均一天敷设一根尾绳，比用两台稳车下放尾绳速度提高1倍。龙固副井因井口房施工井口范围较小，井口立架采用多层吊盘进行安装。

2005～2006 年度国家一级工法
（升级版）

胶粉聚苯颗粒贴砌聚苯板面砖饰面外墙外保温施工工法

YJGF41—2000（2005-2006 年度升级版）

北京振利建筑工程有限责任公司　北京建工集团有限责任公司　安徽建工集团有限公司

宋长友　田胜利　黄振利　朱青　孙桂芳

1. 前　言

1.1 胶粉聚苯颗粒贴砌聚苯板外墙外保温系统包括三种外保温做法：胶粉聚苯颗粒保温浆料外墙外保温做法（简称保温浆料做法）是一种现场抹灰成形的无空腔高防火等级保温做法；胶粉聚苯颗粒贴砌聚苯板（EPS 板或 XPS 板）外墙外保温做法（简称贴砌聚苯板做法）和胶粉聚苯颗粒贴砌聚苯板外墙外保温简易做法（简称贴砌聚苯板简易做法）是对胶粉聚苯颗粒保温浆料外墙外保温做法的创新和发展，是适合于我国建筑节能 65% 标准及更高节能标准要求的外墙外保温做法。

1.2 本技术系统中的做法通过了建设部的技术评估，并被建设部评为全国绿色建筑创新二等奖，同时被列入国家重点新产品和火炬计划项目。

1.3 本技术系统具有全部中国自主知识产权，发明专利：胶粉聚苯颗粒外保温粘贴面砖墙体及其施工方法 ZL 02153345.8、抗裂保温墙体及施工工艺 ZL 98103325.3、聚苯板复合保温墙体及施工工艺 ZL 200410046100.4；实用新型：三明治式复合外保温墙体 ZL 200520200307.2、外保温后锚固粘贴面砖墙体 ZL 03264433.7。

1.4 截至目前，本技术系统已编的行业（协会）标准有《胶粉聚苯颗粒外墙外保温系统》JG 158—2004、《胶粉聚苯颗粒复合型外墙外保温系统》CAS 126—2005，并被编入北京、天津、甘肃、安徽、内蒙等地方标准中，在华北、新疆、内蒙、天津、山东、浙江、辽宁、甘肃、湖南等多个标准图集中也编入了该技术系统。

2. 工 法 特 点

2.1 采取无空腔满粘满抹做法，粘结力大，无空腔，抗风压性能强。

2.2 各构造层设计从内至外柔性渐变，抗裂性能好。

2.3 施工适应性好，适应墙面及门、窗、拐角、圈梁、柱等变化，基层墙体剔凿量少。

2.4 充分利用无机不燃材料及采用分仓构造做法，提高了系统的防火性能。

2.5 板缝构造和 XPS 板的板洞设计有利于水蒸气排出。

2.6 采用抗裂防护层增强网塑料锚栓锚固于基层墙体做法，系统抗震性能好。

3. 适 用 范 围

3.1 保温浆料做法适用于北方地区不采暖楼梯间隔墙保温及加气混凝土砌块等砌体墙的外墙外保温，也适用于南方地区钢筋混凝土墙体及各类砌体墙体的外墙外保温。

3.2 贴砌聚苯板做法和贴砌聚苯板简易做法可用于不同气候区、不同建筑节能标准的建筑外墙外保温工程，基层可为混凝土、各种砌体材料。

3.3 保温浆料做法、贴砌聚苯板做法适合于防火等级要求较高的建筑使用，建筑高度一般不超过 100m；贴砌聚苯板简易做法适合于防火等级要求不太高的建筑使用，建筑高度一般不超过 60m。

4. 工 艺 原 理

4.1 保温浆料做法的胶粉聚苯颗粒保温浆料（简称保温浆料）保温层采用现场抹灰成形做法使之形成一个有机的整体并无板缝，大量纤维的添入使保温层不易发生空鼓；墙体基层用基层界面砂浆处理，使吸水率不同的材料附着力均匀一致；抗裂防护层采用抗裂砂浆复合热镀锌电焊网做法，热镀锌电焊网由塑料锚栓锚固于基层墙体，抗震性能好；饰面层采用的专用面砖粘结砂浆及面砖勾缝料粘结力强、柔韧性好、抗裂防水效果好。该做法各构造层材料柔韧性匹配，热应力释放充分。其基本构造见表4.1。

保温浆料做法面砖饰面基本构造　　　　　　　　　　　　表 4.1

基层墙体①	保温浆料做法面砖饰面基本构造				构造示意图
	界面层②	保温层③	抗裂防护层④	饰面层⑤	
混凝土墙及各种砌体墙	基层界面砂浆	胶粉聚苯颗粒保温浆料	第一遍抗裂砂浆 + 热镀锌电焊网（用塑料锚栓与基层锚固） + 第二遍抗裂砂浆	面砖粘结砂浆 + 面砖 + 勾缝料	

4.2 贴砌聚苯板做法采用胶粉聚苯颗粒粘结找平浆料（以下简称粘结找平浆料）满粘、贴砌双面涂刷聚苯板界面砂浆的梯形槽 EPS 板或双孔 XPS 板，板间留 10mm 板缝，贴砌后用粘结找平浆料填平板缝及 XPS 板的两个孔洞，以增强聚苯板与粘结层、找平层的连接性能，提高系统的透气性；其表面再抹 10mm 厚粘结找平浆料，形成复合保温层并提高该做法的防火性能。其基本构造见表 4.2。

贴砌聚苯板做法面砖饰面基本构造　　　　　　　　　　　　表 4.2

基层墙体①	贴砌聚苯板做法面砖饰面基本构造					构造示意图
	粘结层②	保温层③	找平层④	抗裂防护层⑤	饰面层⑥	
混凝土墙或砌体墙	基层界面砂浆 + 胶粉聚苯颗粒粘结找平浆料	经聚苯板界面砂浆处理的梯形槽 EPS 板或双孔 XPS 板	胶粉聚苯颗粒粘结找平浆料	第一遍抗裂砂浆 + 热镀锌电焊网（用塑料锚栓与基层锚固） + 第二遍抗裂砂浆	面砖粘结砂浆 + 面砖 + 勾缝料	

4.3 贴砌聚苯板简易做法采用粘结找平浆料满粘、贴砌双面涂刷聚苯板界面砂浆的梯形槽 EPS 板或双孔 XPS 板，板间留 10mm 板缝，贴砌后用粘结找平浆料填平板缝及 XPS 板的两个孔洞，以增强聚苯板与粘结层、抗裂防护层的连接性能，提高系统的透气性。其基本构造见表 4.3。

贴砌聚苯板简易做法面砖饰面基本构造 表4.3

基层墙体①	贴砌聚苯板简易做法面砖饰面基本构造				构造示意图
	粘结层②	保温层③	抗裂防护层④	饰面层⑤	
混凝土墙或砌体墙	基层界面砂浆 + 胶粉聚苯颗粒粘结找平浆料	经聚苯板界面砂浆处理的梯形槽EPS板或双孔XPS板	第一遍抗裂砂浆 + 热镀锌电焊网（用塑料锚栓与基层锚固） + 第二遍抗裂砂浆	面砖粘结砂浆 + 面砖 + 勾缝料	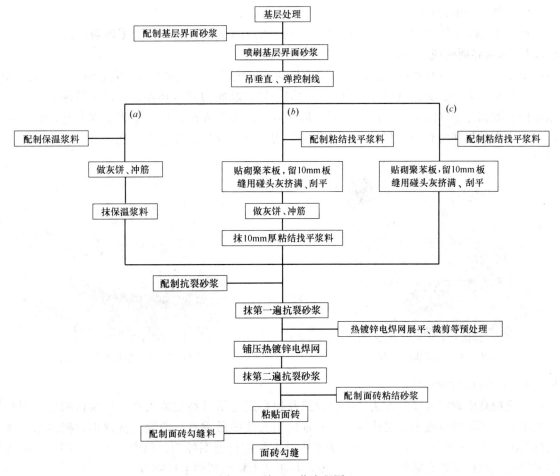

5. 施工工艺流程及操作要点

5.1 施工工艺流程（图5.1）

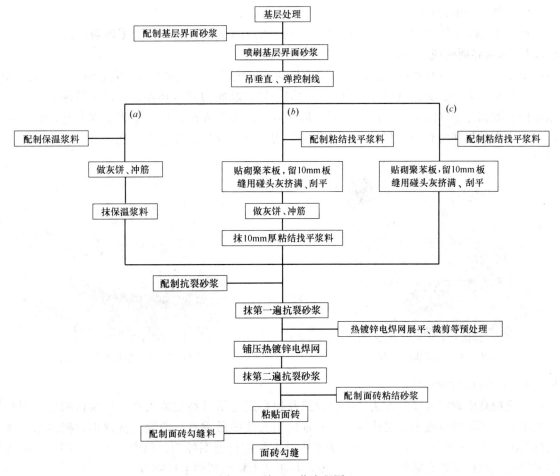

图5.1 施工工艺流程图

（a）保温浆料做法；（b）贴砌聚苯板做法；（c）贴砌聚苯板简易做法

5.2 操作要点

5.2.1 施工准备

1. 基层墙体应符合《混凝土结构工程施工质量验收规范》GB 50204—2002和《砌体工程施工质量验收规范》GB 50203—2002及相应基层墙体质量验收规范的要求，保温施工前应会同相关部门做好结构验收的确认。如基层墙体偏差超标，则应抹砂浆找平。

2. 房屋各大角的控制钢垂线安装完毕。高层建筑及超高层建筑的钢垂线应用经纬仪复验合格。

3. 外墙面的阳台栏杆、雨漏管托架、外挂消防梯等外墙外部构件安装完毕，并在安装时考虑保温系统厚度的影响。

4. 外窗的辅框安装完毕。

5. 墙面脚手架孔、穿墙孔及墙面缺损处用相应材料修整好。

6. 混凝土梁或墙面的钢筋头和凸起物清除完毕。

7. 主体结构的变形缝应提前做好处理。

8. 根据工程量、施工部位和工期要求制定施工方案，要样板先行，通过样板确定定额消耗，由甲方、乙方和材料供应商协商确定材料消耗量，保温施工前施工负责人应熟悉图纸。

9. 组织施工队进行技术培训和交底，进行好安全教育。

10. 材料配制应指定专人负责，配合比、搅拌机具与操作应符合要求，严格按厂家提供的说明书配制，严禁使用过时浆料和砂浆。

11. 根据需要准备一间搅拌站及一间堆放材料的库房，搅拌站的搭建需要选择背风方向，并靠近垂直运输机械，搅拌棚需要三侧封闭，一侧作为进出料通道。有条件的地方可使用散装罐。库房的搭建要求防水、防潮、防阳光直晒。

12. 施工时气温应大于 5℃，风力不应大于 4 级。雨天不得施工，雨季应采取防护措施。

5.2.2 基层界面处理

清理干净墙面，不应有油渍、浮灰等。墙面松动、风化部分应剔除干净。墙表面凸起物大于 10mm 时应剔除（图 5.2.2-1）。为使基层界面附着力均匀一致，墙面均应做到界面处理无遗漏。基层界面砂浆可用喷枪或滚刷施工（图 5.2.2-2）。砖墙、加气混凝土墙在界面处理前要先淋水阴透墙面，阴干后方可施工。堵脚手眼和废弃的孔洞时，应将洞内杂物、灰尘等物清理干净，浇水湿润，然后按要求将其补齐砌严。

图 5.2.2-1　清理基层墙面

图 5.2.2-2　滚刷基层界面砂浆

5.2.3 吊垂直、弹控制线

根据建筑物高度确定放线的方法，高层建筑及超高层建筑可利用墙大角、门窗口两边，用经纬仪打直线找垂直。多层建筑或中高层建筑，可从顶层用大线坠吊垂直，绷铁丝找规矩，横向水平线可依据楼层标高或施工±0.000 向上 500mm 线为水平基准线进行交圈控制。门窗、阳台、明柱、腰线等处都要横平竖直。根据吊垂直通线及保温层厚度，每步架大角两侧弹上控制线。

5.2.4 保温施工

1. 保温浆料做法

1）做灰饼、冲筋

在距大墙阴角或阳角约 100mm 处，根据垂直控制通线按 1.5m 左右间距做垂直方向灰饼，顶部灰饼距楼层顶部约 100mm，底部灰饼距楼层底部约 100mm。待垂直方向灰饼固定后，在同一水平位置的两个灰饼间拉水平控制通线，具体做法为将带小线的小圆钉插入灰饼，拉直小线，小线要比灰饼略高

1mm，在两灰饼之间按 1.5m 左右间距水平粘贴若干灰饼或冲筋（图 5.2.4-1）。灰饼可用保温浆料做，也可用废聚苯板裁成 50mm×50mm 小块粘贴。

每层灰饼粘贴施工作业完成后水平方向用 5m 小线拉线检查灰饼的一致性，垂直方向用 2m 托线板检查垂直度，并测量灰饼厚度，冲筋厚度应与灰饼厚度一致。用 5m 小线拉线检查冲筋厚度的一致性，并作记录。

2）抹保温浆料

基层界面砂浆基本干燥后即可进行保温浆料的施工（图 5.2.4-2）。在施工现场搅拌质量可以通过测量湿表观密度并观察其可操作性、抗滑坠性、膏料状态等方法判断。

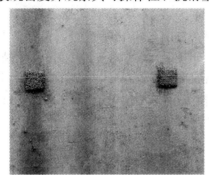

图 5.2.4-1　做灰饼

图 5.2.4-2　抹保温浆料

保温浆料应分遍抹灰，每遍抹灰厚度不宜超过 20mm，间隔应在 24h 以上。第一遍抹灰应压实，最后一遍抹灰厚度宜控制在 10mm 左右，抹至与灰饼或冲筋平齐，并用大杠搓平。

最后一遍抹灰完成 2～3h 后进行保温层修补，施工前应用杠尺检查保温层的平整度，保温层的偏差应控制在 ±2mm。对于凹陷处用稀保温浆料抹平，对于凸起处可用抹子立起来将其刮平，最后用抹子分遍再赶抹保温层，先水平后垂直，再用托线尺、2m 杠尺检测后达到验收标准。

施工时，在墙角处铺彩条布接落地灰并及时清理，落地灰不超过 4h 时可少量分批掺入新搅拌的保温浆料中。

阴阳角找方、门窗侧口应按下列步骤进行：

a）用木方尺检查基层墙角的直角度，用线坠吊垂直检验墙角的垂直度；

b）保温浆料面层大角抹灰时要用方尺压住墙角保温浆料层上下搓动，抹子反复检查抹压修补，基本达到垂直，然后用阴、阳角抹子压光，以确保垂直度偏差≤±2mm，直角度偏差 ±2mm；

c）门窗口施工时应先抹门窗侧口、窗台和窗上口，再抹大墙面，施工前应按门窗口的尺寸截好单边八字靠尺，做口应贴尺施工以保证门窗口处方正。

2. 贴砌聚苯板做法

1）贴角部聚苯板，放水平线

在首层阳角处按垂直控制线和＋500mm 线粘贴角部聚苯板（双面经聚苯板界面砂浆处理的梯形槽 EPS 板或双孔 XPS 板）。粘贴时应注意聚苯板应交叉探出墙体一个保温层总厚度，保证阳角为错茬粘贴。粘贴时应用线坠双向吊垂直检查，最后用水平尺检验聚苯板水平度。粘贴角部聚苯板的下沿应沿墙体正负零线铺贴。同样，在墙体的另一端粘贴角部聚苯板，并在两板间拉出该贴砌层的水平控制线。

2）贴砌聚苯板

聚苯板应预先加工成需要的规格和形状，EPS 板的粘贴面应有梯形槽，XPS 板的板面应用专用机械钻两个透气孔，聚苯板的双面应经聚苯板界面砂浆处理过。有两种贴砌 EPS 板的方法，一种是在墙面首先抹约 15mm 厚粘结找平浆料，再用粘结找平浆料将 EPS 板背面的梯形槽抹平，按上跟线、下跟棱的要求分层粘贴 EPS 板（图 5.2.4-3）；另一种是仅在墙面抹粘结找平浆料，通过均匀轻柔挤压 EPS 板，使 EPS 板梯形槽埋入粘结找平浆料。贴砌 XPS 板时，采用仅在墙面抹粘结找平浆料均匀轻柔挤压 XPS 板的方法，将 XPS 板的孔洞用粘结找平浆料填平。聚苯板之间约 10mm 宽的板缝应用粘结找平浆

图 5.2.4-3　抹粘结找平浆料贴砌聚苯板

料砌筑，灰缝不饱满处用粘结找平浆料勾平。

聚苯板贴砌时遇到非标准尺寸时，可进行现场裁切。裁切时应注意边口尺寸整齐，切口应与聚苯板面垂直。

贴砌时应按自下而上、水平方向依次贴砌，上下错缝粘贴，门窗口、墙角处不得贴砌小于标准尺寸 1/2 的非标准尺寸板，小于标准尺寸 1/2 的非标准尺寸板应贴砌在窗间墙等次要部位。窗口处的板应裁成刀把形（图 5.2.4-4)，墙角处贴砌应交错互锁（图 5.2.4-5)。

3）做灰饼、冲筋

在距大墙阴角或阳角约 100mm 处，根据垂直控制通线按 1.5m 左右间距做垂直方向灰饼，顶部灰饼距楼层顶部约 100mm，底部灰饼距楼层底部约 100mm。待垂直方向灰饼固定后，在同一水平位置的两个灰饼间拉水平控制通线，具体做法为将带小线的小圆钉插入灰饼，拉直小线，小线要比灰饼略高 1mm，在两灰饼之间按 1.5m 左右间距水平粘贴若干灰饼或冲筋（图 5.2.4-6)。灰饼可用粘结找平浆料做，也可用废聚苯板裁成 50mm×50mm 小块粘贴。

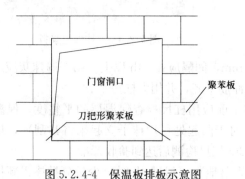

图 5.2.4-4　保温板排板示意图

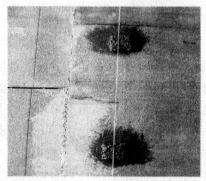

图 5.2.4-5　大角排版图（单位：mm）

每层灰饼粘贴施工作业完成后水平方向用 5m 小线拉线检查灰饼的一致性，垂直方向用 2m 托线板检查垂直度，并测量灰饼厚度，冲筋厚度应与灰饼厚度一致。用 5m 小线拉线检查冲筋厚度的一致性，并记录。

4）抹粘结找平浆料找平

粘结层固化后，根据防火要求在聚苯板面层抹不小于 10mm 厚粘结找平浆料（图 5.2.4-7)，平整度偏差不应大于±2mm，抹灰厚度略高于灰饼的厚度。

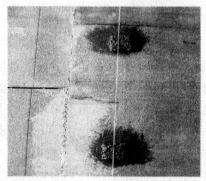

图 5.2.4-6　做灰饼

图 5.2.4-7　抹粘结找平浆料找平

找平施工按照从上至下、从左至右的顺序抹。对于凹陷处应用稀粘结找平浆料抹平，凸起处可用抹子立起来将其刮平。抹完整个墙面后，用杠尺在墙面上来回搓抹，去高补低。最后再用抹子压一遍，使表面平整。

阴阳角找方、门窗侧口应按下列步骤进行：

a）用木方尺检查基层墙角的直角度，用线坠吊垂直检验墙角的垂直度；

b）粘结找平浆料抹灰后应用木方尺压住墙角浆料层上下搓动，使墙角粘结找平浆料基本达到垂直，然后用阴阳角抹子压光；

c）粘结找平浆料大角抹灰时要用方尺、抹子反复测量抹压修补，确保垂直度为±2mm，直角度为±2mm；

d）门窗边框与墙体连接应预留出找平层的厚度，并做好门窗框表面的保护；

e）窗户辅框安装验收合格后方可进行窗口部位的找平抹灰施工，门窗口施工时应先抹门窗侧口、窗台和窗上口，然后再抹大面墙，施工前应按门窗口的尺寸截好单边八字靠尺，做口应贴尺施工，以确保门窗口处方正及内、外尺寸的一致性。

3. 贴砌聚苯板简易做法

1）贴角部聚苯板，放水平线

在首层阳角处按垂直控制线和＋500mm线粘贴角部聚苯板（双面经聚苯板界面砂浆处理的梯形槽EPS板或双孔XPS板）。粘结时应注意聚苯板应交叉探出墙体一个保温层总厚度，保证阳角为错茬粘贴。粘贴时应用线坠双向吊垂直检查，最后用水平尺检验聚苯板水平度。粘贴角部聚苯板的下沿应沿墙体正负零线铺贴。同样，在墙体的另一端粘贴角部聚苯板，并在两板间拉出该贴砌层的水平控制线。

2）贴砌聚苯板

聚苯板应预先加工成需要的规格和形状，EPS板的粘贴面应有梯形槽，XPS板的板面应用专用机械钻两个透气孔，聚苯板的双面应经聚苯板界面砂浆处理过。有两种贴砌EPS板的方法，一种是在墙面首先抹约15mm厚粘结找平浆料，再用粘结找平浆料将EPS板背面的梯形槽抹平，按上跟线、下跟棱的要求分层粘贴EPS板；另一种是仅在墙面抹粘结找平浆料，通过均匀轻柔挤压EPS板，使EPS板梯形槽埋入粘结找平浆料。贴砌XPS板时，采用仅在墙面抹粘结找平浆料均匀轻柔挤压XPS板的方法，将XPS板的孔洞用粘结找平浆料填平。聚苯板之间约10mm宽的板缝应用粘结找平浆料砌筑，灰缝不饱满处用粘结找平浆料勾平（图5.2.4-8）。

图5.2.4-8 贴砌聚苯板

聚苯板贴砌时遇到非标准尺寸时，可进行现场裁切。裁切时应注意边口尺寸整齐，切口应与聚苯板面垂直。贴砌时应按自下而上、水平方向依次贴砌，上下错缝粘贴，门窗口、墙角处不得贴砌小于标准尺寸1/2的非标准尺寸板，小于标准尺寸1/2的非标准尺寸板应贴砌在窗间墙等次要部位。窗口处的板应裁成刀把形，墙角处贴砌应交错互锁。

5.2.5 抹抗裂砂浆，铺压热镀锌电焊网

待保温层或找平层施工完成3～7d且施工质量验收合格后，即可进行抗裂防护层施工。

先抹第一遍抗裂砂浆，厚度控制在2～3mm（图5.2.5-1）。接着铺贴热镀锌电焊网，应分段进行铺贴，热镀锌电焊网的长度最长不应超过3m。为使施工质量得到保证，施工前应预先展平热镀锌电焊网并按尺寸要求裁剪好，边角处的热镀锌电焊网应折成直角。铺贴时应沿水平方向按先下后上的顺序依次平整铺贴，铺贴时先用U形卡子卡住热镀锌电焊网，使其紧贴抗裂砂浆表面，然后按双向@500mm梅花状分布（图5.2.5-2）用塑料锚栓将热镀锌电焊网锚固在基层墙体上，有效锚固深度不得小于25mm，局部不平整处用U形卡子压平。热镀锌电焊网之间搭接宽度不应小于两个网格，搭接层数不得大于3层，搭接处用U形卡子和钢丝固定。所有阳角处的热镀锌电焊网不应断开，阴阳角处角网应压住对接片网。窗口侧面、女儿墙、沉降缝等热镀锌电焊网收头处应用水泥钉加垫片将热镀锌电焊网固定在主体结构上。

热镀电焊网铺贴完毕后，应重点检查阳角处热镀电焊网连接状况，再抹第二遍抗裂砂浆，并将热

图 5.2.5-1　抹第一遍抗裂砂浆

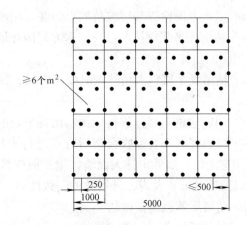

图 5.2.5-2　锚固点分布示意图（单位：mm）

镀电焊网包覆于抗裂砂浆之中，抗裂砂浆的总厚度宜控制在 8～10mm，抗裂砂浆面层应平整。

5.2.6　粘贴面砖

1. 饰面砖工程深化设计

饰面砖粘贴前，应首先对涉及未明确的细部节点进行辅助深化设计，按不同基层做出样板墙或样板件，确定饰面砖排列方式、缝宽、缝深、勾缝形式及颜色、防水及排水构造、基层处理方法等施工要点。饰面砖的排列方式通常有对缝排列、错缝排列、菱形排列、尖头形排列等几种形式；勾缝通常有平缝、凹平缝、凹圆缝、倾斜缝、山形缝等几种形式。确定粘结层及勾缝材料、调色矿物辅料等的施工配合比，外墙饰面砖不得采用密缝，留缝宽度不应小于 5mm，一般水平缝 10～15mm，竖缝 6～10mm，凹缝勾缝深度一般为 2～3mm。排砖原则确定后，现场实地测量结构尺寸，综合考虑找平层及粘结层的厚度，进行排砖设计，条件具备时应采用计算机辅助计算和制图。做粘结强度试验，经建设、设计、监理各方认可后以书面的形式进行确定。

2. 弹线分格

抗裂砂浆基层验收后即可按图纸要求进行分段分格弹线，同时进行粘贴控制面砖的工作，以控制面砖出墙尺寸和垂直度、平整度。注意每个立面的控制线应一次弹完。每个施工单元的阴阳角、门窗口、柱中、柱角都要弹线。控制线应用墨线弹制，验收合格后才能局部放细线施工。

3. 排砖

阳角、窗口、大墙面、通高的柱垛等主要部位都要排整砖，非整砖要放在不明显处，且不宜小于 1/2 整砖。墙面阴阳角处最好采用异型角砖，不宜将阳角两侧砖边磨成 45°角后对接；如不采用异形角砖，也可采用大墙面饰面砖压小墙面饰面砖的方法。横缝要与窗台平齐，墙体变形缝处，饰面砖宜从缝两侧分别排列，留出变形缝。外墙饰面砖粘贴应设置伸缩缝，竖向伸缩缝宜设置在洞口两侧或与墙边、柱边对应的部位，横向伸缩缝可设置在洞口上下或与楼层对应处，伸缩缝应采用柔性防水材料嵌缝。对于女儿墙、窗台、檐口、腰线等水平阳角处，顶面砖应压盖立面砖，立面底皮砖应封盖底平面面砖，可下突 3～5mm 兼作滴水线，底平面面砖向内翘起以便于滴水。

4. 浸砖

吸水率大于 0.5% 的饰面砖应浸泡后使用，吸水率小于 0.5% 的饰面砖不需要浸砖。饰面砖浸水后应晾干后方可使用。

5. 贴砖

贴砖施工前，应在粘贴基层上充分用水湿润。贴砖作业一般从上至下进行，高层建筑大墙面贴砖应分段进行，每段贴砖施工应由下至上进行。先固定好靠尺板贴最下一皮砖，面砖贴上后用灰铲柄轻轻敲击砖面使之附线，轻敲表面固定（图 5.2.6）。用开刀调整竖缝，用小杠尺通过标准点调整平整度和垂直度，用靠尺随时找平找方。在粘结层初凝时，可调整面砖的位置和接缝宽度，初凝后严禁振动或移动面砖。砖缝宽度可用自制米厘条控制，如符合模数也可采用标准成品缝卡。墙面突出的卡件、水管或线盒处宜采用整砖套割后套贴，套割缝口要小，圆孔宜采用专用开孔器来处理，不得采用非整砖拼凑镶贴。粘贴施工时，当室外气温大于35℃，应采取遮阳措施。贴砖时背面打灰要饱满，粘结灰浆中间略高四边略低，粘贴时要轻轻揉压，压出灰浆最后用铁铲剔除灰浆。粘结灰浆厚度宜控制在3～5mm左右。面砖的垂直、平整度应与控制面砖一致。

粘贴纸面砖时应事先制定与纸面砖相应的模具，将模具套在纸面砖上，然后将模具后面刮满厚度为2～5mm的粘结砂浆，取下模具，从下口粘贴线向上粘贴纸面砖，并压实拍平，应在粘结砂浆初凝前，将纸面砖纸板刷水润透，并轻轻揭去纸板，应及时修补表面缺陷，调整缝隙，并用粘结砂浆将未填实的缝隙嵌实。

图5.2.6 粘贴面砖

图5.2.7 勾缝

5.2.7 面砖勾缝

勾缝施工应采用专用的勾缝胶粉，施工时按要求加水搅拌均匀制成专用勾缝砂浆。勾缝施工应在面砖粘贴施工检查合格后进行。粘结层终凝后可按照样板墙确定的勾缝材料、缝深、勾缝形式及颜色进行勾缝，勾缝要视缝的形成使用专用工具；勾缝宜先勾水平缝再勾竖缝，纵横交叉处要过渡自然，不能有明显痕迹。砖缝要在一个水平面上，并且连续、平直、深浅一致，表面应压光，缝深2～3mm（图5.2.7）。采用成品勾缝材料应按厂家说明书进行操作。缝勾完后应立即用棉丝或海绵蘸水或清洗剂擦洗干净，勾缝完毕对大面积外墙面进行检查，保证整体工程的清洁美观。

5.2.8 细部节点做法

细部节点做法参现图5.2.8-1～图5.2.8-4（图中保温浆料做法的保温层是保温浆料，贴砌聚苯板

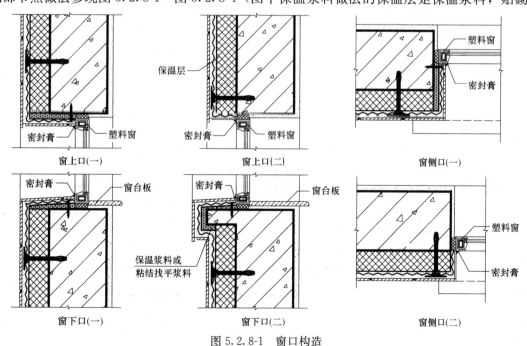

图5.2.8-1 窗口构造

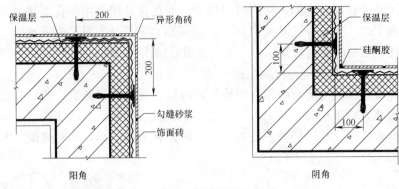

图 5.2.8-2　阴角、阳角构造（单位：mm）

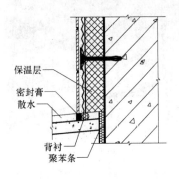

图 5.2.8-3　勒脚构造

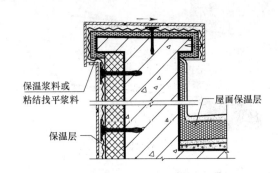

图 5.2.8-4　女儿墙构造

做法的保温层是粘结找平浆料＋聚苯板＋粘结找平浆料，贴砌聚苯板简易做法的保温层是粘结找平浆料＋聚苯板）。

5.3　劳动力组织

5.3.1　保温浆料做法（按外墙保温面积 10000m² 、工期 90d 计算）的劳动力计划见表 5.3.1-1，施工进度计划见表 5.3.1-2，每平方米的劳动（标准）定额见表 5.3.1-3。

保温浆料做法的劳动力计划　　　　　　　　　　　　　　　　表 5.3.1-1

序　号	工种名称	高峰时段需求人数（人）	备　注	
1	抹灰工	45		
2	壮　工	20		
3	机械维修工	1		
4	电　工	1		
5	管理人员	5	项目经理	1 人
			质检员	1 人
			安全管理员	1 人
			材料员	1 人
			工长	1 人

保温浆料做法的施工进度计划　　　　　　　　　　　　　　　　表 5.3.1-2

工序 ＼ 工日	施工进度计划																			
	1	3	5	8	11	15	18	21	24	27	30	33	36	39	42	45	50	55	60	65	70
基层处理																				
涂刷基层界面砂浆																				
抹保温浆料																				
抹抗裂砂浆压热镀锌电焊网																				
粘贴面砖																				
面砖勾缝																				

保温浆料做法每平方米的劳动（标准）定额　　　　　　　　表 5.3.1-3

项　目		单位	消耗定额数量		
			加气混凝土基层	混凝土基层	保温浆料每增减 10mm 时
人工	技工	工日	0.201	0.201	0.008
	普工	工日	0.022	0.022	—
材料	1　基层界面砂浆（胶液型）[a]	kg	0.703	0.700	—
	基层界面砂浆（干粉型）[a]	kg	1.202	1.200	—
	2　保温浆料[b]	m³	0.051	0.051	0.010
	3　抗裂砂浆（胶液型）[c]	kg	3.001	3.001	—
	抗裂砂浆（干拌型）[c]	kg	12.000	12.000	—
	4　热镀锌电焊网	m²	1.15	1.15	—
	5　12 号镀锌低碳钢丝	kg	0.026	0.026	—
	6　塑料锚栓	个	5.000	5.000	—
	7　面砖粘结砂浆	kg	6.000	6.000	—
	8　勾缝粉	kg	2.500	2.500	—

注：a. 基层界面砂浆的胶液型和干粉型可任选一种，如选用胶液型需另按使用说明书加水泥和砂子。
　　b. 保温浆料标准厚度以 50mm 计算。
　　c. 抗裂砂浆的胶液型和干拌型可任选一种，如选用胶液型需另按使用说明加水泥和砂子。

5.3.2　贴砌聚苯板做法（按外墙保温面积 10000m²、工期 80d 计算）的劳动力计划见表 5.3.2-1，施工进度计划见表 5.3.2-2，每平方米的劳动（标准）定额见表 5.3.2-3。

贴砌聚苯板做法的劳动力计划　　　　　　　　表 5.3.2-1

序　号	工种名称	高峰时段需求人数（人）	备　注	
1	抹灰工	50	包括粘板、贴砖工人	
2	壮工	20		
3	机械维修工	1		
4	电工	1		
5	管理人员	6	项目经理	1人
			质检员	1人
			安全管理员	1人
			材料员	1人
			工长	2人

贴砌聚苯板做法的施工进度计划　　　　　　　　表 5.3.2-2

工序 ＼ 工日	施工进度计划 1 3 5 7 9 12 15 18 21 24 27 30 33 36 39 42 45 48 51 54 57 60 63 65
基层处理	
涂刷基层界面砂浆	
抹粘结找平浆料贴砌聚苯板	
聚苯板面层找平	
抹抗裂砂浆压热镀锌电焊网	
粘贴面砖	
面砖勾缝	

贴砌聚苯板做法每平方米的劳动（标准）定额　　　　表5.3.2-3

项　目		单位	消耗定额数量		
			加气混凝土基层	混凝土基层	聚苯板每增减10mm时
人工	技工	工日	0.208	0.208	0.005
	普工	工日	0.027	0.027	—
材料	1　基层界面砂浆（胶液型）a	kg	0.703	0.700	—
	基层界面砂浆（干粉型）a	kg	1.0	1.2	—
	2　梯形槽EPS板50mmb	m³	0.051	0.051	0.010
	双孔XPS板50mmb	m³	0.051	0.051	0.010
	3　粘结找平浆料（25mm厚）	m³	0.031	0.031	—
	4　EPS板界面砂浆c	kg	0.8	0.8	—
	XPS板界面砂浆c	kg	0.5	0.5	—
	5　抗裂砂浆（胶液型）d	kg	3.001	3.001	—
	抗裂砂浆（干拌型）d	kg	12.0	12.0	—
	6　热镀锌电焊网	m²	1.150	1.150	—
	7　12号镀锌低碳钢丝	kg	0.026	0.026	—
	8　塑料锚栓	个	5.010	5.010	—
	9　面砖粘结砂浆	kg	6.000	6.000	—
	10　勾缝粉	kg	2.500	2.500	—

注：a. 基层界面砂浆的胶液型和干粉型可任选一种，如选用胶液型需另按使用说明书加水泥和砂子。

　　b. 梯形槽EPS板和双孔XPS板两种保温板可任选一种，标准厚度以50mm计算，两种材料不能同时使用。

　　c. EPS板界面砂浆和XPS板界面砂浆应与选用的保温板配套使用。

　　d. 抗裂砂浆的胶液型和干拌型可任选一种，如选用胶液型需另按使用说明加水泥和砂子。

5.3.3 贴砌聚苯板简易做法（按外墙保温面积10000m²、工期60d计算）的劳动力计划见表5.3.3-1，施工进度计划见表5.3.3-2，每平方米的劳动（标准）定额见表5.3.3-3。

贴砌聚苯板简易做法的劳动力计划　　　　表5.3.3-1

序　号	工种名称	高峰时段需求人数（人）	备　注	
1	抹灰工	40	包括粘板、贴砖工人	
2	壮工	18		
3	机械维修工	1		
4	电工	1		
5	管理人员	5	项目经理	1人
			质检员	1人
			安全管理员	1人
			材料员	1人
			工长	1人

贴砌聚苯板简易做法的施工进度计划　　　　表5.3.3-2

工序 ＼ 工日	施工进度计划																			
	1	3	5	8	11	12	14	17	20	24	27	30	34	37	41	44	47	50	53	55
基层处理																				
涂刷基层界面砂浆																				
抹粘结找平浆料贴砌聚苯板																				
抹抗裂砂浆压热镀锌电焊网																				
粘贴面砖																				
面砖勾缝																				

贴砌聚苯板简易做法每平方米的劳动（标准）定额　　　　　表 5.3.3-3

项　目		单　位	消耗定额数量		
			加气混凝土基层	混凝土基层	聚苯板每增减 10mm 时
人工	技工	工日	0.189	0.189	0.005
	普工	工日	0.019	0.019	—
材料	1　基层界面砂浆（胶液型）a	kg	0.703	0.700	—
	基层界面砂浆（干粉型）a	kg	1.0	1.2	—
	2　梯形槽 EPS 板 50mm b	m³	0.051	0.051	0.010
	双孔 XPS 板 50mm b	m³	0.051	0.051	0.010
	3　粘结找平浆料（25mm 厚）	m³	0.021	0.021	—
	4　EPS 板界面砂浆c	kg	0.8	0.8	—
	XPS 板界面砂浆c	kg	0.5	0.5	—
	5　抗裂砂浆（胶液型）d	kg	3.5	3.5	—
	抗裂砂浆（干拌型）d	kg	12.0	12.0	—
	6　热镀锌电焊网	m²	1.1	1.1	—
	7　12 号镀锌低碳钢丝	kg	0.026	0.026	—
	8　塑料锚栓	个	5.010	5.010	—
	9　面砖粘结砂浆	kg	6.000	6.000	—
	10　勾缝粉	kg	2.500	2.500	—

注：a. 基层界面砂浆的胶液型和干粉型可任选一种，如选用胶液型需另按使用说明书加水泥和砂子。
　　b. 梯形槽 EPS 板和双孔 XPS 板两种保温板可任选一种，标准厚度以 50mm 计算，两种材料不能同时使用。
　　c. EPS 板界面砂浆和 XPS 板界面砂浆应与选用的保温板配套使用。
　　d. 抗裂砂浆的胶液型和干拌型可任选一种，如选用胶液型需另按使用说明加水泥和砂子。

6. 材料与设备

6.1　系统要求

6.1.1　该外墙外保温系统应通过耐候性试验和抗震试验验证。

6.1.2　该外墙外保温系统的性能应符合表 6.1.2 的要求。

外墙外保温系统性能要求　　　　　表 6.1.2

试　验　项　目	性　能　要　求
耐候性（80 次高温－淋水循环和 5 次加热－冷冻循环）	试验后不应出现饰面层起鼓或剥落、抗裂防护层空鼓或脱落等破坏，不应有可渗水裂缝；抗裂防护层与找平层或保温层之间的拉伸粘结强度及找平层与保温层之间的拉伸粘结强度不应小于 0.1MPa 或破坏发生在保温层中；饰面砖粘结强度不应小于 0.4MPa
耐冻融性能（30 次循环）	
吸水量（水中浸泡 1h）	小于 1000g/m²
抗冲击性	3J 级
抗风荷载性能	不小于风荷载设计值（安全系数不小于 1.5）
抗裂防护层不透水性	2h 不透水
水蒸气渗透阻	符合设计要求
热阻	符合设计要求
火反应性	不应被点燃，试验结束后试件厚度变化不超过 5%，热释放速率最大值≤10kW/m²，900s 总放热量≤5MJ/m²
抗震性能	设防烈度地震作用下面砖饰面及外保温系统无脱落
饰面砖现场拉拔强度	≥0.4MPa

注：1. 水中浸泡 24h，带饰面层或不带饰面层的系统吸水量均小于 500g/m² 时，免做耐冻融性能检验。
　　2. 耐候性试验后，可在其试件上直接检测抗冲击性。

6.2 工程材料要求

6.2.1 保温浆料和粘结找平浆料的性能指标应符合表6.2.1的要求。

保温浆料和粘结找平浆料性能指标 表6.2.1

项 目		单 位	指 标	
			保温浆料	粘结找平浆料
干密度		kg/m³	180～250	≤300
导热系数		W/(m·K)	≤0.060	≤0.070
抗压强度(56d)		MPa	≥0.2	≥0.3
抗拉强度(56d)	干燥状态	MPa	≥0.1	—
	浸水48h,取出干燥14d			
线性收缩率		%	≤0.3	≤0.3
软化系数(56d)		—	≥0.5	≥0.5
燃烧性能等级		—	不低于C级	不低于C级
拉伸粘结强度(56d)	与带基层界面砂浆的水泥砂浆试块	干燥状态	MPa ≥0.1	≥0.12
		浸水48h,取出干燥14d		≥0.06
	与带聚苯板界面砂浆的聚苯板试块	干燥状态	MPa —	≥0.10
		浸水48h,取出干燥14d		≥0.05

6.2.2 聚苯板应符合如下要求：

1. 聚苯板的性能指标应符合表6.2.2-1的要求。

聚苯板性能指标 表6.2.2-1

项 目	单 位	指 标	
		EPS板	XPS板
表观密度	kg/m³	≥18	25～32
导热系数	W/(m·K)	≤0.041	≤0.032
压缩强度	MPa	≥0.10	0.15～0.25
垂直于板面方向的抗拉强度	MPa	≥0.10	≥0.20
尺寸稳定性	%	≤0.6	≤1.2
燃烧性能等级	—	不低于E级	不低于E级
水蒸气透过系数	ng/(Pa·m·s)	≤4.5	1.2～3.5
吸水率(V/V)	%	≤4	≤2.0

2. 为了便于粘贴，EPS板粘贴面开有与长度方向平行的梯形槽（图6.2.2-1），简称梯形槽EPS板；为了便于透气和粘贴，在XPS板长度方向的中轴线上开有两个垂直于板面的通孔（图6.2.2-2），简称双孔XPS板。梯形槽EPS板和双孔XPS板的技术要求见表6.2.2-2。

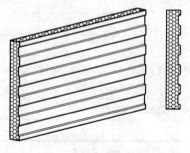

图6.2.2-1 梯形槽EPS板

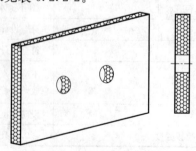

图6.2.2-2 双孔XPS板

梯形槽 EPS 板和双孔 XPS 板的技术要求　　　　　　　　　表 6.2.2-2

项　目		单　位	指　标		允许偏差
			梯形槽 EPS 板	双孔 XPS 板	
通孔	孔径	mm	—	50～80	±3
	孔中心距	mm	—	200	±5
梯形槽	槽宽	mm	30～60		±2
	槽深	mm	5		±1
	槽间距	mm	30～60		±2
板长		mm	600	600	±5
板宽		mm	450	450	±5
板厚		mm	符合设计要求	符合设计要求	±4
界面处理		—	聚苯板双面均匀喷涂聚苯板界面砂浆,厚度控制在 1～2mm 之间,聚苯板界面砂浆与聚苯板的粘结牢固,涂层均匀一致,不得露底,干擦不掉粉		—

注：EPS 板的厚度包括梯形槽部分的厚度,厚度根据保温要求计算确定。

6.2.3 基层界面砂浆性能指标应符合表 6.2.3 的要求。

基层界面砂浆性能指标　　　　　　　　　表 6.2.3

项　目		单　位	指　标
压剪粘结强度	原强度	MPa	≥0.7
	耐水	MPa	≥0.5
	耐冻融	MPa	≥0.5

6.2.4 聚苯板界面砂浆的性能指标应符合表 6.2.4 的要求。

聚苯板界面砂浆性能指标　　　　　　　　　表 6.2.4

项　目			指　标	
			EPS 板界面砂浆	XPS 板界面砂浆
外观		干粉型产品	均匀一致,不应有结块	
		胶液型产品	经搅拌后应呈均匀状态,不应有块状沉淀	
施工性			施工无困难	
低温贮存稳定性(胶液型产品)			3 次试验后,无结块、凝聚及组成物的变化	
拉伸粘结强度	与水泥砂浆试块	标准状态 7d	≥0.3MPa	
		标准状态 14d	≥0.5MPa	
		浸水后	≥0.3MPa	
	与聚苯板试块(标准状态 14d 或浸水后)		≥0.10Pa 或 EPS 板破坏	≥0.15MPa 或 XPS 板破坏

6.2.5 抗裂砂浆的性能指标应符合表 6.2.5 的要求。

抗裂砂浆性能指标　　　　　　　　　表 6.2.5

项　目		单　位	指　标
可使用时间	可操作时间	h	≥1.5
	在可操作时间内拉伸粘结强度	MPa	≥0.7
拉伸粘结强度(常温 28d)		MPa	≥0.7
浸水后的拉伸粘结强度(常温 28d,浸水 7d)		MPa	≥0.5
压折比		—	≤3.0

6.2.6 塑料锚栓由螺钉和带圆盘的塑料膨胀套管两部分组成，其中螺钉采用经过表面防锈蚀处理的金属制成，塑料膨胀套管应采用聚酰胺、聚乙烯或聚丙烯等制做，不得使用回收的再生材料。塑料锚栓的性能指标应符合表 6.2.6 的要求。

塑料锚栓的性能指标　　　　　　　　　　　　　　表 6.2.6

项　目	单　位	指　标
有效锚固深度	mm	≥25
圆盘直径	mm	≥50
套管外径	mm	7～10
单个胀栓抗拉承载力标准值（混凝土墙）	kN	≥0.8

6.2.7 热镀锌电焊网的性能指标除应符合《镀锌电焊网》（QB/T 3897—1999）的要求外，还应符合表 6.2.7 的要求。

热镀锌电焊网的性能指标　　　　　　　　　　　　表 6.2.7

项　目	单　位	指　标
镀锌工艺	—	先焊接后热镀锌
丝径	mm	0.90±0.04
网孔大小	mm	12.7×12.7
焊点抗拉力	N	＞65
镀锌层重量	g/m²	≥122

6.2.8 面砖粘结砂浆的性能指标应符合表 6.2.8 的要求。

面砖粘结砂浆的性能指标　　　　　　　　　　　　表 6.2.8

项　目		单　位	指　标
拉伸粘结强度		MPa	≥0.6
压折比		—	≤3.0
压剪粘结强度	原强度	MPa	≥0.6
	耐温 7d	MPa	≥0.5
	耐水 7d	MPa	≥0.5
	耐冻融 30 次	MPa	≥0.5
线性收缩率		%	≤0.3

6.2.9 面砖勾缝料的性能指标应符合表 6.2.9 的要求。

面砖勾缝料性能指标　　　　　　　　　　　　　　表 6.2.9

项　目		单　位	指　标
外　观		—	均匀一致
颜　色		—	与标准样一致
凝结时间	初凝时间	h	≥2
	终凝时间	h	≤24
拉伸粘结强度	原强度（常温常态 14d）	MPa	≥0.6
	耐水（常温常态 14d，浸水 48h，放置 24h）	MPa	≥0.5
压折比		—	≤3.0
透水性（24h）		mL	≤3.0

6.2.10 饰面砖粘贴面应带有燕尾槽，并不得有脱模剂，其性能指标除应符合《陶瓷砖》（GB/T 4100）、《陶瓷劈离砖》（JC/T 457）、《玻璃马赛克》（GB/T 7697）的相关要求外，还应符合表 6.2.10 的要求。

外保温饰面砖的性能指标　　　　　　　　表 6.2.10

项　目		单　位	指　标
尺寸	6m 以下墙面　表面面积	cm²	≤410
	6m 以下墙面　厚度	cm	≤1.0
	6m 及以上墙面　表面面积	cm²	≤190
	6m 及以上墙面　厚度	cm	≤0.75
单位面积质量		kg/m²	≤20
吸水率	Ⅰ、Ⅵ、Ⅶ气候区	%	≤3
	Ⅱ、Ⅲ、Ⅳ、Ⅴ气候区		≤6
抗冻性	Ⅰ、Ⅵ、Ⅶ气候区	—	50 次冻融循环无破坏
	Ⅱ气候区		40 次冻融循环无破坏
	Ⅲ、Ⅳ、Ⅴ气候区		10 次冻融循环无破坏

注：气候区划分级按《建筑气候区划标准》（GB 50178—1993）中一级区划执行。

6.2.11 在该外墙外保温系统中所采用的附件，包括密封膏、密封条、金属护角、水泥钉、盖口条等应分别符合相应产品标准的要求。

6.2.12 水泥为强度等级 42.5 普通硅酸盐水泥，水泥技术性能应符合《通用硅酸盐水泥》（GB 175—2007）的要求。

6.2.13 砂子选用中砂，应符合《普通混凝土用砂、石质量及检验方法标准》（JGJ 52—2006）的规定。

6.2.14 材料消耗计划（按外墙保温面积 10000m² 计算）见表 6.2.14。

材料消耗计划　　　　　　　　表 6.2.14

序号	材料名称		保温浆料做法		贴砌聚苯板做法		贴砌聚苯板简易做法	
			平方米耗量	总用量	平方米耗量	总用量	平方米耗量	总用量
1	基层界面砂浆	干粉型	1.2kg	12000kg	1.2kg	12000kg	1.2kg	12000kg
		胶液型	0.7kg	7000kg	0.7kg	7000kg	0.7kg	7000kg
2	40mm 厚胶粉聚苯颗粒保温浆料		0.04m³	400m³	—	—	—	—
3	25mm 厚胶粉聚苯颗粒粘结找平浆料		—	—	0.0312m³	312m³	—	—
	15mm 厚胶粉聚苯颗粒粘结找平浆料		—	—	—	—	0.021m³	210m³
4	聚苯板	梯形槽 EPS 板（50mm 厚）	—	—	0.051m³	510m³	0.062m³	620m³
		双孔 XPS 板（50mm 厚）	—	—	0.051m³	510m³	0.062m³	620m³
5	聚苯板界面砂浆	EPS 板界面砂浆	—	—	0.80kg	8000kg	0.80kg	8000kg
		XPS 板界面砂浆	—	—	0.50kg	5000kg	0.50kg	5000kg
6	抗裂砂浆	胶液型	3kg	30000kg	3kg	30000kg	3kg	30000kg
		干粉型	12kg	120000kg	12kg	120000kg	12kg	120000kg
7	热镀锌电焊网		1.2m²	12000m²	1.2m²	12000m²	1.1m²	11000m²
8	塑料锚栓		5.5 套	55000 套	5.5 套	55000 套	5 套	50000 套
9	面砖粘结砂浆		6kg	60000kg	6kg	60000kg	6kg	60000kg
10	勾缝粉		2.5kg	25000kg	2.5kg	25000kg	2.5kg	25000kg

6.3 机具设备

6.3.1 常用机械设备：水平运输手推车、强制式砂浆搅拌机（转速＞60 转/s）、手提式搅拌器、电动吊篮或专用保温施工脚手架、垂直运输机械、电热丝、接触式调压器、热镀锌电焊网展平及裁剪设备、电动冲击钻、瓷砖切割器、380V 橡套线（五芯）、220V 橡套线（三芯）、配电箱（三相）、电锤等。

6.3.2 常用施工工具：铁抹子、阳角抹子、阴角抹子、齿形抹子、托灰板、喷枪、滚刷、杠尺（铝合金杠尺长度 2～2.5m 和长度 1.5m 两种）、靠尺（木靠尺 2～3m 单面为八字尺）、木方尺（单边长不小于 150mm）、剪刀、壁纸刀、手锯、手锤、橡皮锤、克丝钳子、台秤、水桶、铁锹、扫帚等。

6.3.3 常用检测工具：经纬仪及放线工具、托线板、方尺、探针、水平尺、钢尺等。

7. 质 量 控 制

7.1 质量控制要点

7.1.1 基层墙体垂直、平整度应达到结构工程质量要求。墙面清洗干净，无浮土、无油渍，空鼓及松动、风化部分剔掉，界面处理均匀，粘结牢靠。

7.1.2 保温浆料、粘结找平浆料和聚苯板的厚度应达到设计厚度，墙面平整，阴阳角、门窗洞口垂直、方正。

7.1.3 抗裂防护层厚度为 8～10mm，墙面无明显接茬、抹痕，墙面平整，门窗洞口、阴阳角垂直、方正。

7.1.4 热镀电焊网与抗裂砂浆握裹力强，面砖饰面不宜采用抗裂砂浆复合玻纤网格布做法。

7.1.5 热镀电焊网铺设平整，阳角部位热镀电焊网不得断开，搭接网边应被角网压盖，塑料锚栓数量、锚固位置符合要求。

7.2 质量验收

7.2.1 一般规定

1. 应按照《建筑节能工程施工质量验收规范》GB 50411 和《建筑装饰装修工程质量验收规范》GB 50210 的相关规定进行外墙外保温工程的施工质量验收。

2. 面砖饰面的验收还应按照《外墙饰面砖工程施工及验收规程》JGJ 126 的相关规定进行验收。

7.2.2 主控项目

1. 所用材料品种、规格、质量、性能应符合设计要求和本工法规定。

2. 保温层厚度及构造做法应符合建筑节能设计要求，保温层平均厚度不允许出现负偏差。

3. 聚苯板与墙面必须粘结牢固，无松动和虚粘现象。

4. 外墙外保温系统各层构造做法应符合设计要求，并应按照经过审批的施工方案施工。

7.2.3 一般项目

1. 表面平整、洁净，接茬平整，线角顺直、清晰，毛面纹路均匀一致。

2. 护角符合施工规定，表面光滑、平顺、门窗框与墙体间缝隙填塞密实，表面平整。

3. 孔洞、槽、盒位置和尺寸正确、表面整齐、洁净。

4. 外保温墙面层的允许偏差及检验方法应符合表 7.2.3 的规定。

允许偏差及检验方法 　　　　　　　　　　　　　　　　　　表 7.2.3

项次	项　　目	允许偏差（mm）		检 查 方 法
		保温层	抗裂层	
1	立面垂直	4	3	用 2m 托线板检查
2	表面平整	4	3	用 2m 靠尺及塞尺检查

项次	项 目	允许偏差(mm)		检 查 方 法
		保温层	抗裂层	
3	阴阳角垂直	4	3	用2m托线板检查
4	阴阳角方正	4	3	用200mm方尺和塞尺检查
5	分格条(缝)平直	3		拉5m小线和尺量检查
6	立面总高度垂直度	H/1000且不大于20		用经纬仪、吊线检查
7	上下窗口左右偏移	不大于20		用经纬仪、吊线检查
8	同层窗口上、下	不大于20		用经纬仪、拉通线检查
9	保温层厚度	平均活动厚度不出现负偏差		用探针、钢尺检查

8. 安 全 措 施

8.1 每个工地须委派专职安全员,负责施工现场的安全管理工作,制定并落实岗位安全责任制,签订安全协议。工人上岗前必须进行安全技术培训,合格后才能上岗操作。制定意外安全事故应急处理预案,以防意外发生。现场安全规定应符合表8.1的要求。

现场安全规定   表8.1

序 号	安全生产项目	检查内容	检查人	工作依据	合格要求
1	砂浆机	电机、配件、安装	专职安全员	机器安装规定	不漏电,配件齐全,运转正常
2	380V、220V相套线	表皮破坏情况,皮内是否断线	专职安全员	按电器安装规定	不破坏,不断线
3	阀箱	箱内配套是否齐全并有安全装置	专职安全员	按电器安装规定	使用时开关灵活,保证安全
4	小型机械	开关、线是否漏电	专职安全员	按电器安装规定	运转正常
5	架子	搭设是否符合规范	专职安全员	架子搭设安全规定	符合要求
6	劳保用品	立杆、横杆、小排木、安全网、脚手板、安全帽、安全带	专职安全员	按劳保规定	符合规定齐全
7	高空作业	架子、板、安全帽、安全带及作业要求	专职安全员	按架子规定及安全交底	符合要求
8	吊篮	安全帽、安全带及作业要求、限定人员数量	专职安全员	按吊篮规定及安全培训及交底	符合要求

8.2 应遵守有关安全操作规程,脚手架、吊篮经安全检查验收合格后,方可上人施工,施工时应有防止工具、用具、材料坠落的措施。

8.3 操作人员必须遵守高空作业安全规定,系好安全带。

8.4 进场前,必须进行安全教育,注意防火,现场不许吸烟、喝酒。

8.5 遵守施工现场制定的一切安全制度。

8.6 移动吊篮、翻拆架子应防止破坏已抹好的墙面,门窗洞口、边、角、垛宜采取保护性措施。其他工种作业时应不得污染或损坏墙面,严禁踩踏窗口。

8.7 施工完的墙面、管道、门窗口等处残存砂浆,应及时清理干净。

8.8 保温层、抗裂防护层、装饰层在干燥前应防止水冲、撞击、振动。

9. 环 保 措 施

9.1 外保温工程在施过程中必须严格遵守国家和当地的建设工程施工现场环境保护标准及建设工程施工现场场容卫生标准的有关规定。

9.2 保温工程施工现场内各种施工相关材料应按照施工现场平面图要求布置，分类码放整齐，材料标识要清晰准确。

9.3 施工现场所用材料保管应根据材料特点采取相应的保护措施。材料的存放场地应平整夯实，有防潮排水措施。材料库内外的散落粉料必须及时清理。

9.4 为防止聚苯颗粒飞散、粉料扬尘，施工现场必须搭设封闭式保温浆料及砂浆搅拌机机棚，并配备有效的降尘防尘及污水排放装置。

9.5 搅拌机设专职人员环境保护，及时清扫杂物，对所用的袋子及时捆好，用完的塑料桶码放整齐并及时清退。

9.6 保温浆料搅拌机四周及现场内无废弃保温浆料和砂浆。

9.7 施工现场注意节约用水，杜绝水管渗泄漏及长流水。

9.8 保温工程施工时建筑物内外散落的零散碎料及运输道路遗撒应设专人清扫。

9.9 施工垃圾及废弃保温板材应集中分拣，并及时清运回收利用，按指定的地点堆放。

10. 效 益 分 析

10.1 该技术综合了各种外墙外保温的优点，是国际领先的外墙外保温技术，采取了相应安全可靠的加固措施和合理的构造设计，可在高层建筑中使用。

10.2 本工法可满足不同气候区的节能标准要求，其耐候能力优异，可与建筑结构寿命同步，该技术可有效抵抗热应力、火、水或水蒸气、风压、地震等外界作用力直接作用于建筑物表面，防止出现饰面开裂、饰面砖起鼓、脱落等质量事故，使建筑物和外保温系统的安定性稳定可靠。

10.3 本工法所述的外墙外保温系统施工速度快、工程质量好、平整度好、可靠性高，市场前景广阔，具有较高的使用性，绿色环保，性价比优，已在多个工程应用中得到证实，具有较好的社会效益和经济效益。

11. 应 用 实 例

11.1 南京星雨花园

南京星雨花园为采用保温浆料做法面砖饰面的精品高档高层住宅小区，位于江苏南京河西新城区江东南路与集庆西路交汇点西南角，占地面积 15hm²，约 38 万 m²，投资总额为 12 亿元，有 9 栋 18 层小高层，19 栋 24～26 层高层住宅，1 所小学，1 所幼儿园，1 座会所，结构墙体为剪力墙，局部为黏土多空砖填充墙。该工程于 2006 年 4 月竣工，从应用的情况看，材料配套齐全，工艺完备，施工方便，工程质量好。

11.2 北京滨都苑

北京滨都苑（图 11.2）采用的是贴砌聚苯板做法面砖饰面的外墙外保温，位于朝阳区麦子店北路及农展馆西路道口，西侧为麦子店西路，南侧为农展馆北路，东北侧为绿化带及平房灌渠。建筑地上 20 层，建筑高度 61m，总建筑面积为 19043m²，外保温面积约 10000m²。该工程分东西向南北向 2 座塔楼，平面形状呈 L 形，首层为商业用房，2～20 层为普通住宅；地下 1 层为汽车库及设备用房，地下 2 层为六级人防。该工程质量符合相关规定的要求，竣工后一次性验收合格。

11.3 北京西局欣园住宅楼

北京西局欣园住宅小区工程（图 11.3）采用的是贴砌聚苯板简易做法面砖饰面的外墙外保温。该工程位于北京市丰台区西局，建设单位为宏基源房地产开发公司，建筑面积为 80000m²，外保温面积 30000m²，建筑层数 14～20 层，节能设计标准达到 65%，开工时间是 2006 年 3 月，竣工时间是 2006 年 7 月。验收时各项质量指标均符合要求，分项工程质量优良。

图 11.2 北京滨都苑工程实景图

图 11.3 北京西局欣园工程实景图

11.4 北京永泰花园小区

北京永泰花园小区建设单位为天鸿集团，设计单位为天鸿圆方设计院，施工单位为北京城建一公司。

该工程建筑面积 50000m²，结构形式为剪力墙，建筑檐高 21.5m，建筑层数 6 层，外墙保温面积 20000m²，节能标准 50%，开工时间 2004 年 8 月，竣工时间 2004 年 11 月。

该工程采用的是贴砌聚苯板做法，外饰面粘贴面砖。EPS 板厚度为 50mm，粘结找平浆料内粘结层 20mm 厚，外找平层 10mm 厚。抗裂防护层采用抗裂砂浆复合热镀锌电焊网并用塑料锚栓锚固，饰面层采用压折比小于 3 的面砖专用粘结砂浆粘贴面砖。整个系统无空腔，抗风荷载、抗开裂、耐候能力强，在保温节能的同时满足粘贴面砖安全性要求。

该工程质量符合相关规定的要求，竣工后一次性验收合格。

11.5 新疆新洲城市花园二期轩景苑

新洲城市花园二期轩景苑 13～18 号楼，位于乌鲁木齐市苏州路 80 号，建设单位为新疆金成房地产开发有限责任公司，设计单位为乌鲁木齐市铁路局勘测设计院，施工单位为新疆建工集团第一建筑工程有限责任公司，监理单位为新疆方正监理公司。该工程为框剪结构，建筑面积 5000m²，外墙保温面积 1200m²。建筑层数为 6 层，建筑高度为 18.10m。节能标准为 50%，采用的是贴砌聚苯板做法面砖饰面的外墙外保温。该工程开工时间为 2005 年 8 月，竣工时间为 2006 年 5 月。竣工后验收合格，质量情况稳定，至今无开裂、无脱落，保温性能良好。

11.6 新疆乌鲁木齐市第八中学实验楼节能改造工程

乌鲁木齐市第八中学实验楼节能改造工程，位于乌鲁木齐市东风路 16 号，乌鲁木齐市第八中学院内，建设单位为乌鲁木齐市第八中学，设计单位为新疆建筑设计研究院，施工单位为新疆天一建工投资集团有限责任公司，监里单位为新疆昆仑监理公司。该工程为砖混结构，建筑层数主体五层，局部二层，建筑面积 4095m²，外墙为 370 厚实心黏土砖墙，外贴陶瓷锦砖。节能设计标准 50%，采用的是贴砌聚苯板做法面砖饰面的外墙外保温。该工程开工时间为 2006 年 6 月，竣工时间为 2006 年 7 月。

11.7 其他典型工程实例名单见表11.7。

典型工程实例名单 　　　　　　　　　　　　　　　　　表11.7

序　号	工程名称	保温类型	建筑面积 m²	外保温面积 m²	施工日期
1	山东临沂桃源大厦	保温浆料做法	30000	12000	2001.06
2	北京清林苑	保温浆料做法	80000	38000	2002.10
3	蓝堡国际公寓	保温浆料做法	25000	12000	2002.11
4	哈尔滨黄金公寓	保温浆料做法	30000	11000	2003.07
5	嘉铭桐城	保温浆料做法	140000	60000	2003.08
6	北京奇然家园	保温浆料做法	80000	35000	2003.11
7	长岛澜桥	保温浆料做法	180000	50000	2003.11
8	珠江绿洲	保温浆料做法	230000	100000	2003.11
9	徐州铜山供电局住宅楼	保温浆料做法	110000	50000	2004.05
10	永丰茉莉城	保温浆料做法	35000	13000	2004.08
11	名佳花园三期	保温浆料做法	68000	32000	2004.10
12	望京世纪春天	保温浆料做法	170000	70000	2004.11
13	颐德家园	保温浆料做法	80000	25000	2004.11
14	棕榈泉国际公寓	保温浆料做法	40000	16000	2004.10
15	清怡花苑	保温浆料做法	70000	43000	2005.11
16	西安亚美伟博广场	保温浆料做法	60000	38000	·2006.03
17	青岛天福丽都	保温浆料做法	50000	34000	2006.05
18	京西宾馆什坊院5#宿舍楼	贴砌聚苯板做法	20000	9500	2006.09
19	北京交通大学软件工程楼	贴砌聚苯板做法	20000	7400	2007.04
20	北京出版发行物流中心	贴砌聚苯板做法	100000	20000	在建
21	同方国际	贴砌聚苯板简易做法	80000	27000	2005.11
22	亚运新新家园	贴砌聚苯板简易做法	90000	36000	2005.10
23	锦绣花园	贴砌聚苯板简易做法	20000	6000	2006.08
24	莱芜滨河花苑一期	贴砌聚苯板简易做法	60000	27000	在建
25	丽江新城	贴砌聚苯板简易做法	15000	40000	2006.12
26	青年汇住宅小区	贴砌聚苯板简易做法	40000	12000	2005.10
27	厢白旗	贴砌聚苯板简易做法	16000	5000	2005.10
28	天津泰达国际酒店	贴砌聚苯板简易做法	35000	9800	2007.06
29	信合嘉园	贴砌聚苯板简易做法	36000	15000	2006.06
30	西安电信十所	贴砌聚苯板简易做法	30000	12000	2007.09
31	挚信花园	贴砌聚苯板简易做法	36000	20000	2007.05

高层建筑钢筋混凝土与舒乐板复合外墙一次成型施工工法

YJGF39—98 （2005-2006年度升级版）

威海建设集团股份有限公司

王奋　高中勤　李启东　赵秀荣　赵晓

1. 前　言

高层建筑的外墙外保温建筑节能技术，与内保温相比，具有延长建筑物寿命、消除结露、避免局部产生"热桥"现象等优点。我公司在威海市香威大酒店工程、新闻大厦工程、威海市政府高层住宅工程、海港家园等多个工程施工中推广应用了钢筋混凝土与舒乐板复合外墙节能技术，成功地运用了钢筋混凝土外墙与外侧舒乐板保温层同时浇筑一次成形的施工技术，通过总结经验，形成本工法。本工法曾获1997～1998年度国家级工法，工法编号 YJGF 39—98。当前节能型围护结构的应用技术仍是建设部重点推广应用的新技术，我公司在原工法基础上，增加了复合墙体细部保温处理、抗裂、防水的系列施工技术，通过总结近几年施工经验，进一步补充完善了该工法，形成了外保温复合墙体保温、抗裂及防水施工的成套技术。

2. 工 法 特 点

2.1　舒乐板是以阻燃型聚苯乙烯泡沫塑料板为整体芯板，双面或单面覆以冷拔钢丝网片，双向斜插钢丝焊接而成，具有轻质、保温、隔热、隔声、防火性能好的特点，使用灵活，易于裁剪和拼接。

2.2　复合墙体构造简单，施工方便，将舒乐板直接绑扎在钢筋混凝土外墙的外侧钢筋上，然后支模一次浇筑成形，整体性好，拆模后综合采用细部保温处理、抗裂、防水的系列施工技术措施，并按规范、规程及舒乐板说明书要求抹砂浆镶贴饰面砖，或做涂料饰面，可达到建筑节能、隔断"热桥"影响、装饰美观的效果，有效地防止外墙面空鼓、开裂、渗漏等质量通病。

2.3　能较好地满足使用要求，不减少室内使用空间，并能有效防止由于外界气候变化给结构墙体增加的温度应力，改善墙体受力性能（保温层保护了钢筋混凝土外墙少受温差应力的作用），减轻结构自重，降低工程成本。

3. 适 用 范 围

适用于有保温隔热、隔声要求的全现浇剪力墙结构的外墙保温施工。

4. 工 艺 原 理

复合墙体主墙为现浇钢筋混凝土剪力墙，墙厚一般由结构受力确定，但由此确定墙厚往往不能满足墙体保温隔热的功能要求，混凝土的热导系数较大，为 1.74W/(m·k)，较舒乐板保温隔热性能差（舒乐板的热导系数为 0.031W/(m·k)），而在主墙外增加舒乐板保温层，可弥补主墙体保温性能的不足。同时由于舒乐板与混凝土墙体钢筋绑扎在一起，支模后一次浇筑混凝土，可使保温层与主墙牢固结合，并安装 $\phi6$ 钢筋作为辅助固定件，使舒乐板内钢丝网和 $\phi6$ 钢筋与混凝土结合为一体，整体性能较好。

由于外保温复合墙体保温、抗裂、防水三者紧密相关，因此拆模后对复合墙体窗框外侧洞口四周墙面、外墙出挑构件及附墙部件等边角细部，采用胶粉聚苯颗粒保温浆料进行涂抹保温处理，以减小热桥影响和避免墙体温度裂缝；对穿墙螺栓孔、出挑构件、变形缝等处采用聚氨酯发泡及防水卷材进行防水构造处理，以避免水渗入保温层及基层；同时在舒乐板拼缝、房屋转角及门窗洞口等处局部附加钢丝网，在涂抹的聚苯颗粒保温浆料与舒乐板交界处，抹抗裂防水砂浆时加铺玻纤网等，以控制保温层拼接处的开裂和避免外墙渗漏；最后外墙面所抹抗裂防水砂浆中掺聚丙烯纤维及 CIA 防水液。只有在保温、抗裂、防水三方面采取综合技术措施，相互促进和相互保证，形成施工的成套技术，才能增强外保温复合墙体的保温隔热和抗裂防水性能，克服外墙饰面空鼓、开裂、渗漏等质量通病。

5. 施工工艺流程及操作要点

5.1　施工工艺流程

切割舒乐板→板两面预喷界面砂浆→板外侧面抹条格状水泥砂浆→外墙放样弹线→绑扎钢筋→墙筋上绑扎垫块→舒乐板吊装就位→舒乐板与墙外侧筋绑扎固定→安装 $\phi6$ 辅助固定钢筋→支模板并固定→浇筑混凝土→拆模→整修模板养护混凝土→复合墙体窗框外侧洞口四周、出挑构件及附墙部件等细部胶粉聚苯颗粒保温浆料涂抹处理→穿墙螺栓孔、出挑构件、变形缝等处防水构造处理→舒乐板拼缝、房屋转角及门窗洞口等处局部附加钢丝网→外墙面抹抗裂防水砂浆找平层（保温浆料与舒乐板交界处加铺玻纤网）→饰面层。

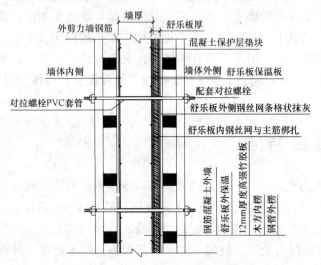

图 5.2.1　复合外墙施工节点大样

5.2　施工操作要点

5.2.1　复合外墙施工节点大样见图 5.2.1

5.2.2　切割舒乐板

可在工厂或工地专用场地根据各部分墙面实际尺寸切割。高度等于结构层高（以便在每层层间留设水平抗裂分隔缝），在水平方向分块，根据舒乐板的出厂宽度，以板缝不得留在门窗口附近为原则进行分块，并在结构的合适位置画出分块标志线。（垂直抗裂分隔缝宜按墙面面积设置，在板式建筑中不宜大于 $30m^2$，宜留在阴角部位。）

5.2.3　板两面预喷界面砂浆

界面砂浆喷涂均匀，与钢丝和聚苯乙烯泡沫塑料板附着牢固。

5.2.4　板外侧面抹条格状水泥砂浆

抹 1∶3 水泥砂浆 15mm 厚，保证不高出钢丝网表面，条块抹（可采取条宽 50mm，双向间距 200mm），注意浇水保养，正常温度 3d 后便可安装。该工序目的是增加舒乐板刚度，保证浇筑混凝土时不把聚苯乙烯泡沫板挤出钢丝网，保证外墙饰面层与基层粘结牢靠。

5.2.5　绑扎墙筋及绑扎垫块

钢筋绑扎验收合格后方可进行舒乐板安装。安装舒乐板前，墙筋上绑扎混凝土垫块，要求双向间距 500mm，每块舒乐板上设置数量不少于 6 块。垫块要与舒乐板面平行，如果垫块倾斜，在合模板时，垫块在模板的压力下会嵌入舒乐板内，损坏保温层。

5.2.6　舒乐板吊装就位并绑扎固定

按分块标志，将每面墙上的舒乐板绑扎就位，安装从墙面大阳角或门窗洞口位置起，舒乐板拼缝处骑缝插 U 形锚筋，钢筋插入混凝土的深度不小于 100mm，U 形锚筋的间距不得超过 500mm。舒乐板钢丝网（未抹砂浆侧）与钢筋混凝土墙外侧钢筋绑扎，调整好舒乐板的平面位置和垂直度。

5.2.7 安装 φ6 辅助固定钢筋

舒乐板拼装完后，弹出锚筋定位线，在锚筋定位处插入 L 形 φ6 锚筋，锚入墙面长度不小于100mm，锚筋间距 500mm 沿墙面梅花型设置，且每平方米设置数量宜为 4 根。锚筋与墙体钢筋绑扎固定。

5.2.8 模板安装

先安装墙体的外侧模板，再安装墙体的内侧模板，沿墙长度方向从一端向另一端顺序进行，并采取可靠的模板定位措施，使外侧模板紧贴舒乐板，又不会挤靠舒乐板。在立完外侧模板后，随即将PVC 套管及对拉螺栓穿过保温板。穿套管及对拉螺栓时，应一边旋转，一边插入舒乐板，不得直接插入舒乐板内。

5.2.9 浇筑混凝土

混凝土要分层浇筑，一次浇筑高度不宜大于 500mm，浇筑时注意门窗洞口两侧对称浇筑。浇筑墙体混凝土前，舒乐板顶面采取形状如"∧"形遮挡板，宽度为舒乐板的厚度＋模板的厚度，防止浇筑的混凝土从顶部进入舒乐板与外侧模板间。遮挡板直到舒乐板分层上接时才拆除（外墙外保温浇筑示意图见图 5.2.9）。

5.2.10 整修模板养护混凝土

混凝土浇筑完后 12h 内，应及时洒水养护，养护时间不少于 7d。养护时，不得从上向下淋水，防止水泡舒乐板，混凝土养护必须设专人。

5.2.11 外墙面边角细部胶粉聚苯颗粒保温浆料涂抹处理

拆完模后，应立即清理墙面污物，对复合墙体窗框外侧洞口四周、出挑构件及附墙部件（如：阳台、雨篷、空调室外机搁板、装饰线、附壁柱等）边角细部、有缺陷的部位等，需采用胶粉聚苯颗粒保温浆料进行涂抹处理，胶粉聚苯颗粒保温浆料宜分遍抹灰，每遍间隔时间应在 24h 以上，每遍厚度不宜超过 20mm，并做好成品保护。

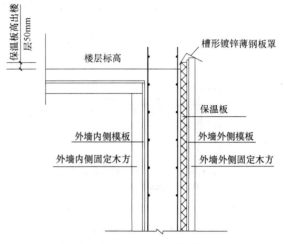

图 5.2.9 外墙外保温浇筑示意图

5.2.12 穿墙螺栓孔、出挑构件、变形缝等处防水构造处理

1. 穿墙螺栓孔防水处理

将外墙施工阶段遗留下的螺栓孔端部的 PVC 套管清理干净，外侧管端 5cm 范围内采用聚氨酯发泡填堵密实，内侧管内填堵水泥砂浆封闭。

2. 出挑构件突出墙面处的处理（如腰线、雨篷、空调室外机搁板等）

对外墙外伸造型上表面进行砂浆找平找坡 2%，并在造型根部抹出倒 R 坡；在造型根部铺贴防水卷材 400mm 宽，以造型根部为中线，向墙面上返 250mm，造型上面 150mm；然后进行面层抗裂砂浆施工，在根部铺玻纤网加强处理。

3. 变形缝处处理（变形缝保温构造见图 5.2.12）

5.2.13 舒乐板拼缝、房屋转角及门窗洞口等处局部附加钢丝网

舒乐板拼缝、房屋转角、门窗洞口等处分别用钢丝网覆盖加强。加强网自缝与原网片每边搭接不小于 10cm（外墙拼缝构造见图 5.2.13-1、墙体转角构造见图 5.2.13-2、门窗洞口构造见图 5.2.13-3）。

5.2.14 对复合墙体窗框外侧洞口四周、出挑构件及附墙部件等细部胶粉聚苯颗粒保温浆料保温找平处，其与舒乐板交界部位在进行抗裂防水砂浆施工时均加铺一道玻纤网，以增强抗裂能力（窗口保温构造见图 5.2.14）。

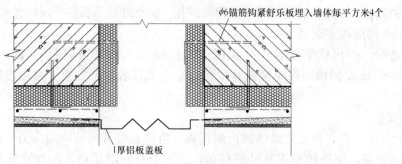

图 5.2.12　变形缝保温构造

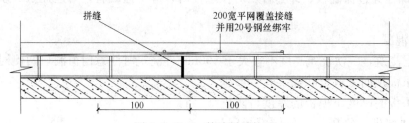

图 5.2.13-1　外墙拼缝构造

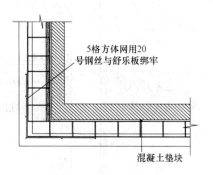

图 5.2.13-2　墙体转角构造

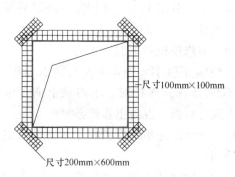

图 5.2.13-3　门窗洞口构造

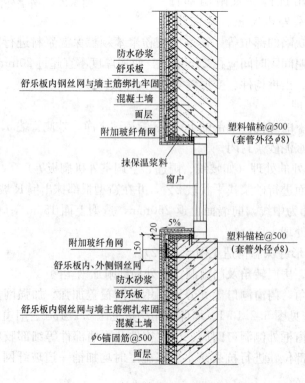

图 5.2.14　复合外墙施工窗节点大样

5.2.15 外墙面抹抗裂防水砂浆找平层

墙面清理修补及处理完成后做好喷浆、养护，在砂浆中掺加聚丙烯纤维及CIA防水液，纤维掺加比例为：每立方米的水泥砂浆加0.8～1kg聚丙烯纤维。

5.2.16 饰面层施工

按设计要求镶贴饰面砖，或做涂料饰面，以涂料做饰面层时，应加抹玻纤网抗裂砂浆薄抹面层。

6. 材料与设备

6.1 舒乐板用低碳冷拔钢丝直径2～2.5mm，抗拉强度550～650N/mm²，钢丝网眼尺寸50mm×50mm，无锈点，无漏焊、无焊接头。舒乐板现场加工或改造时使用手锯加工，要求锯口平直。

6.2 聚苯乙烯泡沫塑料板为自熄型防火材料，密度16～24kg/m³，厚度30～50mm（按设计要求），导热系数0.031W/(m·K)。

6.3 锚筋：L形筋：φ6、长≥150mm，弯勾80mm，其穿过舒乐板与结构外露部分需进行防锈处理。U形筋：φ6、长≥150mm，中间段长度130mm，其穿过舒乐板部分需进行防锈处理。

6.4 抹灰砂浆为1：3水泥砂浆，中砂、32.5号普通硅酸盐水泥。

6.5 舒乐板进场后尽量堆放于室内或搭防护棚，且要求堆放场地平整，以保持舒乐板的平整及防止钢丝的锈蚀。

6.6 除混凝土墙施工所用的机具外，还需配备剪裁舒乐板用的蛇头剪、壁纸刀及活动扳手等。

7. 质量控制

7.1 复合外墙墙面垂直和表面平整度均按《混凝土结构工程施工质量验收规范》GB 50204—2002及《外墙外保温工程技术规程》JGJ 144—2004执行。构造可参照《墙体节能建筑构造图集》06J 123执行。

7.2 外墙外保温工程列为建筑装饰装修分部工程下的外墙外保温工程子分部。可以以楼层或以施工工序划分检验批。可根据工程情况调整检验批数量，但不少于四个检验批（外墙外保温施工质量验收见表7.2）。

外墙外保温施工质量验收 表7.2

主 控 项 目	一 般 项 目	检 查 方 法
保温板、聚合物砂浆和界面剂等材质必须符合要求，保温板固定方式符合设计标准要求，锚固件做拉拔试验，面层砂浆与保温板之间必须粘结紧密，无脱层、空鼓，面层无裂缝	锚固件数量、锚固件入墙长度、保温板接缝处理效果、表面质量、细部构造做法。保温板安装垂直度的允许偏差为4mm，表面平整度不大于4mm，接缝高低差不大于1.5mm	每层每20m长抽查一次，每处3延长米，每层不得少于3处。验收以检验批为单位，其他要求参照《建筑工程施工质量验收统一标准》进行

7.3 保温工程正式开工前要做样板墙，经确认符合要求后方可大面积施工。

7.4 质量保证措施

7.4.1 舒乐板就位后，穿墙对拉螺栓应保证从墙内侧向外侧穿出，以防穿墙螺栓带出的碎小聚苯乙烯块掉到墙下根部，由于两侧有模板阻挡不易取出而影响浇筑混凝土密实性，造成蜂窝、麻面和烂根等质量隐患。舒乐板上穿锚筋及对拉螺栓时，对在墙根部产生的保温碎粒垃圾，在合内侧模板之前，用空压机把根部的垃圾清理干净。

7.4.2 由于保温层放在混凝土的外侧，它的变形移位直接影响墙面抹灰的厚度和质量，因此支模时应严格保证舒乐板与外墙模板紧密接触，保证混凝土垫块与墙筋及钢丝网与墙筋绑扎牢固，对拉螺栓应将两侧模板相对位置固定准确牢固。

7.4.3 L形钢筋及对拉螺栓插入保温板时不得直接插入，要求一边插入一边旋转，使钢筋嵌入保温板，不得在舒乐板上留下大于 L 形钢筋及对拉螺栓直径的洞口。

7.4.4 各工序施工过程中，除班组自检、互检外，还应有专职质检员检查，并测试模板质量和固定质量。

8. 安 全 措 施

8.1 舒乐板吊装必须使用铁笼吊装，铁笼四角设吊环，只能从一个面开启，并且有固定措施。

8.2 电焊施工时，注意安全，防止火星溅到保温板上引起火灾。

8.3 舒乐板在外架上施工，注意外架必须防护到位，脚手板不得有探头板，脚手板必须满铺到位，防止发生坠落。

9. 环 保 措 施

9.1 不得在施工场地内裁割舒乐板，需要裁割的部分舒乐板设避风的专门场地，聚苯乙烯泡沫塑料板碎粒及小块板立即装入袋内，防止保温板随风到处飘，造成污染。

9.2 对施工场地道路进行硬化，并在晴天经常对施工通行道路进行洒水，防止尘土飞扬，污染周围环境。

10. 效 益 分 析

10.1 舒乐板外墙保温造价约 65 元/m² （不包括面砖）。用舒乐板作高层建筑的外保温，具有质轻、保温效果好的特点，无"冷桥"缺陷。减小了混凝土墙体厚度，节省了承重结构费用，也节省了防火、保温、隔声的处理费用，舒乐板芯材外侧为 30mm 的水泥砂浆及镶贴面，完全可以达到高层建筑一级防火的要求。

10.2 舒乐板易于剪裁、组装，施工方便，复合墙体外侧进行防水处理后并抹水泥抗裂防水砂浆，使外墙无渗漏，同时易做各种墙面装饰，保证了饰面质量，可达到建筑节能、隔断"热桥"影响、装饰美观的效果，有效地防止外墙面空鼓、开裂、渗漏等质量通病，缩短施工工期，其综合经济效益及社会效益显著。

11. 应 用 实 例

我公司先后在威海市香威大酒店工程、威海市政府高层住宅、新闻大厦、侨乡广场、海港家园等多个工程施工中使用本工法，收到很好的效果。

11.1 香威大酒店工程总投资 1.4 亿元，由主楼和裙房组成。主楼呈风车叶状，地上 28 层，地下 2 层，总高度 96m，为钢筋混凝土剪力墙结构，裙房为 4 层框架，总建筑面积为 24000m²，设计要求主楼外墙作保温并镶贴面砖，保温面积达 6000m²。该工程自外装饰 1994 年度竣工至今，未发生冷桥现象，保温效果显著，外墙面砖无空鼓、脱落、开裂、渗漏等质量事故，达到了预期的目的。

11.2 威海市政府高层住宅工程，位于威海高新技术开发区，建筑面积 12800 m²，地下 1 层、地上 19 层，总高度 64m，平面呈蝶状，采用全现浇剪力墙结构，设计要求外墙保温并镶贴白色面砖，保温面积 5500 m²。该工程采用舒乐板复合外墙保温，施工中成功地运用了该工艺，施工速度快，工程质量好，为企业获得了良好的经济、社会效益，并已被省建工局批准为第 3 批省建筑业新技术应用示范工程，并获山东省"泰山杯"奖。

11.3 新闻大厦工程，建筑面积 15588 m²，主楼 23 层，裙房 3 层，框剪结构，在外墙剪力墙部分

2000 m² 采用了本工法施工，外饰面为方形面砖，自 1998 年 5 月竣工至今，保温效果良好，无质量问题，取得良好的技术经济效益。

11.4 其他工程应用情况：

11.4.1 侨乡广场工程，BC 栋住宅楼，建筑面积 70000m²，其中 B 栋为 31 层，C 栋为 29 层，剪力墙结构，外墙舒乐板外保温，面层为聚合物砂浆刷外墙涂料，采用本工法共施工外保温约 13500m²。该工程自 2005 年 5 月竣工至今，保温效果显著，面层无开裂、空鼓，外墙无渗漏现象，取得较好的技术经济效益。

11.4.2 金蚂蚁大厦工程，建筑面积共 40540m²，地上 28 层，地下 3 层，剪力墙结构，外墙采用舒乐板外保温，面层为干挂花岗岩板及聚合物砂浆贴外墙面砖，采用本工法共施工舒乐板外保温 35000m²。该工程自 2006 年 10 月竣工至今，未发现冷桥现象，保温效果显著，面层无开裂、空鼓，外墙无渗漏现象。

11.4.3 文化名居工程，建筑面积共 90000m²，包括 15 栋住宅，其中 4 栋 17 层、2 栋 10 层，其他为 9 层，均为剪力墙结构，外墙采用舒乐板外保温，面层为聚合物砂浆贴外墙面砖，采用本工法共施工舒乐板外保温 86000m²。该工程自 2006 年 9 月竣工至今，保温效果显著，无质量问题。

11.4.4 海港家园工程，A3 A6 A7 栋住宅楼，建筑面积共 67000m²，其中 A3 为 16 层、A6 为 15 层，A7 为 11 层，均为剪力墙结构，外墙采用舒乐板外保温，面层为聚合物砂浆刷外墙涂料，采用本工法共施工舒乐板外保温约 14000m²。该工程自 2006 年 12 月竣工至今，保温效果良好，无质量问题，取得良好的技术经济效益。

大跨度球面网架结构施工工法

YJGF21—96（2005-2006 年度升级版）

中国建筑第六工程局

李永红　崔新玉　田国魁　李书堂　魏剑

1. 前　言

大跨度球面网架的施工中采用什么工艺？如何保证施工质量？是许多企业面临的一个难题。在大跨度球面网架结构施工中，充分利用球面穹顶的几何特性，较低的外沿部分采用小单元地面预制空中组拼；距地面较高的中心圈部分，采用整体吊装方法，最后在空中把外沿和中心圈组焊成整体，最大限度地减少了脚手架用量并确保了工程质量和安全生产。这种安装方法，既体现了整体吊装的优点，又克服了散装法的不足。天津体育馆大跨度球面网架结构的施工方法，于 1994 年 1 月 18 日首次通过了中建总公司组织国内著名结构专家进行的技术鉴定，专家们认为，这项技术填补了我国大跨度球面网架结构制做及安装的空白，达到国内领先水平，网架施工质量达到国际先进水平。2007 年 5 月 10 日再次通过了中建总公司组织的科技成果评估。专家们认为：该成果在大跨度球面网架制做安装施工中，采用三维空间坐标控制方法，有效地解决了空间定位、检测、误差调整等难题，探索出小单元地面预制高空拼装和中心单元整体吊装相结合的综合施工技术，具有独创性、先进性和实用性，制定了先进的焊接工艺，使管球相连接的焊缝质量全部达到优良标准，减小了焊接变形，保证了大跨度曲面结构空间尺寸精度。评估结论为：该成果整体施工技术仍处于国内领先水平，具有较大的推广价值。

该技术的主要应用工程-天津体育中心主馆屋面为 108m 跨度的球面网架，覆盖直径 135m，中心圈顶点高 35m，是当时我国及亚洲最大的穹顶结构。该施工技术 1994 年获得了中建总公司科技进步一等奖，主馆网壳工程 1997 年获得中国钢结构协会、空间结构协会第一届空间结构优秀工程施工一等奖。主馆工程 1996 年获得国家工程质量最高奖-鲁班奖。

2. 工 法 特 点

2.1　根据球面网架结构特点和其下部结构情况，将网架划分成若干个环带，采用了外几圈小单元地面预制逐圈由外向内高空组拼和中心圈地面预制整体吊装相结合的施工工艺。

2.2　地面小单元预制采取坐标系旋转的方法，把原设计球节点坐标转换成新坐标系，这样降低了预制胎具的高度。节约钢材，减少高空作业。

2.3　利用看台和穹顶外圈标高的特点，减少了脚手架用量。

2.4　中心圈高，中间无看台，采用整体吊装法。地面组焊成形一次起吊到位，利用一根抱杆，起吊时缆风绳系在外圈上，减少了缆风绳长度。

2.5　通过试验测出焊缝收缩量，编制合理的焊接程序，有效地控制焊接变形和消除焊接应力。

2.6　采用先进的测试仪器，利用地面永久标记的原点控制球节点三维空间坐标。

3. 适 用 范 围

3.1　适合大跨度球面网架结构的制做安装。

3.2　适合大跨度中间高外沿低的曲面网架结构。

3.3 适合大跨度平面网架结构。

4. 工艺原理

4.1 任何一个球冠如果把它水平投影，沿半径方向划分为几个环带，沿球冠圆周等分后每个环带所得的单元体是相等的。这样球面网架小单元地面预制胎具的种类就相应减少了，等于划分的环带数节约了材料。

4.2 无论是外圈的高空组焊，还是中心圈的地面组焊，都以小单元为单元体。因此只要提高小单元预制精度，确保其几何尺寸，就能保证组焊后的网架整体各球节点坐标。小单元的球节点坐标靠胎具保证。

4.3 小单元地面预制，操作方便，减少高空作业，减少误差积累。由于采取坐标平衡、旋转，降低了预制胎具的高度。通过数学计算，把原设计的坐标换算新坐标，有效地控制了小单元制做每个球节点的三维空间位置，保证了小单元精度，也为高空组拼和中心圈地面组拼提供了数据的保证。见图4.3。

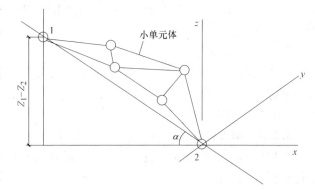

图 4.3 小单元制做控制每个球节点的三维空间位置

$$\frac{z_1-z_2}{L}=\mathrm{tg}x \quad X=\mathrm{arctg}\frac{z_1-z_2}{L}$$

如果以 y 轴旋转又将小单元网架放倒，使1球和2球连线与 x 轴重合，此时新坐标系的值发生变化，XYZ 为新坐标，则他们与原坐标的关系是：

$$X=x\cos\alpha+z\sin\alpha;\ Y=y;\ Z=z\cos\alpha=x\sin\alpha$$

4.4 关于三维空间控制原理，对于球面体，地面圆心控制点是关键。所以从外向内组装就便于控制。把原设计的坐标换算成极坐标就更方便了。对球面径向每个球节点要满足球面方程式（4.4-1），对于纬向环状球节点要满足圆的方程式（4.4-2）。

$$x^2+y^2+z^2=R_1^2 \tag{4.4-1}$$

R_1 为球的半径

$$x^2+y^2=R_2^2 \tag{4.4-2}$$

R_2 为圆的半径

4.5 按公式（4.4-1）可校核 Z 值

$$Z^2=R_1^2-X^2-Y^2 \tag{4.4-3}$$

按公式（4.4-3）校核两杆件长度 L

$$L=\sqrt{(X_1-X_2)^2+(Y_1-Y_2)^2+(Z_1-Z_2)^2} \tag{4.4-4}$$

5. 施工工艺流程及操作要点

5.1 安装区段的划分

5.1.1 中心圈直径的确定原则

首先要计算准备用来吊装中心圈网架的单根格构式抱杆起吊能力和稳定性，根据已有（或新设计）抱杆起吊能力选定中心网架的直径（吊装重量）。然后再计算所选定直径的中心圈网架因自重引起的变形，并通过现场试吊校核变形值。通过测试，一般 $43\mathrm{kg/m^2}$ 的网架中心圈直径选在30~50m为宜。

5.1.2 外沿逐环带的划分原则

整体吊装的中心圈网架的直径确定后，把剩余外圈分为若干环带。根据吊装高度和吊车的吊装能力，适当的选择小单元的体积和重量。小单元的长度恰好等于所划分环带的宽度。小单元的宽度应当大于径向两个球节点为宜。在吊装能力允许的条件下尽量扩大小单元的体积。小单元以球节点开始到球节点结束。在同一环带小单元尺寸应相等采取同一尺寸。由外向里圈逐渐增高，吊装能力下降，应适当减少小单元的尺寸和重量。网架单重在 43kg/m² 时小单元可选择 12～20m 长为宜。

5.2 小单元的预制

5.2.1 专用胎具

网架小单元应在专用的胎具上制做，以保证杆件和节点的精度和互换性。

首先在夯实的基础上铺设道木，在道木上铺设 16～20mm 钢板组成钢平台（钢平台大小根据小单元尺寸而定，钢板平整度要求在 1/1000 以内）。然后在钢平台上用换算后的 X、Y、Z 坐标确定每个球节点的空间位置，用钢管作为球节点的定位支座，该定位支座高度可进行微量调整。支座钢管的直径根据球的大小而定，一般在 $\phi 108 \sim \phi 159$ 范围内。在选定的坐标系中用仪器精确校核各球节点的空间位置，校核杆件长度。

5.2.2 空心球

空心球可以自制或订货，空心球的钢材宜采用国家标准《普通碳素结构钢》GB 700 规定的 3 号钢或国家标准《普通低合金钢》GB 1591 规定的 16Mn 钢，产品质量应符合行业标准《钢网架焊接球节点》JGJ 75.2 规定。

5.2.3 钢管杆件长度的计算（图 5.2.3）

根据设计图纸两球中心距，并考虑组对间隙贺焊缝收缩量，计算钢管杆件加工长度，钢管杆件长度计算公式如下：

$$L_1 = L - \sqrt{R_1^2 - a^2} - \sqrt{R_2^2 - a^2} - 2b + 2c \tag{5.2.3}$$

式中　L——为两球设计中心距；

　　L_1——杆件长度；

R_1，R_2——空心球外圈半径；

　　a——钢管杆件内半径；

　　b——每道焊口组对间隙；

　　c——每道焊口焊缝收缩量。

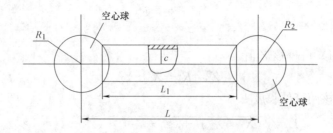

图 5.2.3　钢管杆件加工长度示意图

5.2.4 钢管杆件的下料加工

焊接球节点的钢管杆件宜采用车床下料并车制坡口，杆件长度允许偏差为 ±1mm。

5.2.5 小单元的焊接顺序（图 5.2.5-1）

小单元拼装应选择合理的焊接工艺顺序，以减少焊接变形和焊接应力。焊接顺序应从小单元中间向两端发展，以确保每道焊口都能自由收缩。无论在任何情况下都不得同时施焊同一杆件上的两端焊口。

小单元焊接顺序示意图如图 5.2.5-1。

小单元焊接程序见图 5.2.5-2。

5.2.6　小单元吊运

当小单元在专用胎具上完成第一遍焊接后，可从专用胎具上吊下平稳地放在钢平台上，进行第二遍焊接直至全部焊完。这样可以充分利用胎具，进行流水作业，提高工效，然后用履带吊车吊运到高空组拼的预备场地，进行下道工序。

5.3　外沿逐圈的高空组焊

5.3.1　脚手架的搭设

脚手架搭设可和小单位预制同步进行，因为外沿

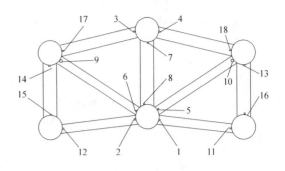

图 5.2.5-1　小单元焊接顺序示意图

逐圈从外向里进行组拼。脚手架搭设应能满足现场施工需要，主要承受荷载为：构件重量、施工人员运动荷载、对点焊定位的预制单元进行微量调整、防止变形措施中临时支撑、连接杆件的重量等。脚手架材料应符合有关规定要求。其扣件螺纹完好，其紧固力矩为 39～49N·m，最大不超过 59N·m。

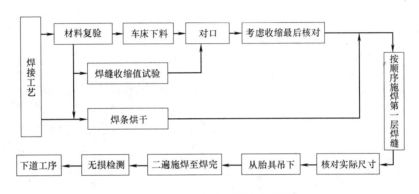

图 5.2.5-2　小单元焊接流程图

脚手架参数的确定及校核依据为《建筑施工手册》第 5 章：脚手架工程及该章节中的部分图表。根据搭设高度确定立杆纵横间距 a、b，根据高度荷重确定：$a=1.2$m；$b=1.6$m；$h=1.6$m（步距）。

脚手架立杆下放最好能放支撑座。再回填土场地搭设脚手架时，立杆下面必须至少加垫木，回填土必须是已夯实。必要时木板上方应放槽钢。

脚手架搭设顺序为：扫地杆→逐根立杆→立杆与扫地杆扣紧→扫地小横杆并与立杆或扫地杆扣紧→按第一部大横杆（与立杆扣紧）→安第一部横杆→第二步横杆→加设临时斜撑杆（上端与第二步大横杆扣紧）→第三四步大横杆和小横杆→联墙杆→安立杆→加设剪刀撑→铺脚手板。

立杆垂直偏差：架高在 30m 以内时应不大于架高的 1/200。其他大横杆、小横杆、剪刀撑等偏差都应在规定内。

在铺设脚手板的操作层上必须设护栏和挡脚板。栏杆高度为 0.8～1m。当脚板已可加设一道距脚手板面 0.2～0.4m 的低栏来代替。垫板必须铺平放稳，不得悬空。

5.3.2　三维空间坐标的控制（图 5.3.2）

大跨度球面网架结构，球节点空间定位必须使用精密仪器。因此需要把坐标转换成极坐标，以圆点转角测距、高程定位的方法来确定球节点的空间位置。当时使用远红外测距仪，现在随着科技的高速发展，逐步使用全站仪、GPS 定位仪等先进仪器以达到设计精度。国内外大量资料表明，以圆点中心定位，从外圈向里安装具有更多的优点，它可以减少封闭误差。我们根据吊装能力由外向中心分为四环带，采取流水作业。小单元地面预制后，逐环带空间组拼。每个环带上的小单元球节点都在脚手架上设球底座，这个底座经测量后三维空间坐标完全和小单元各球节点相对应，应校核尺寸和坐标并记录。由于从外向里流水作业，使三仪定位法得以实现。

脚手架上的球底座应该做成便于调整的形式调整好后应临时固定。

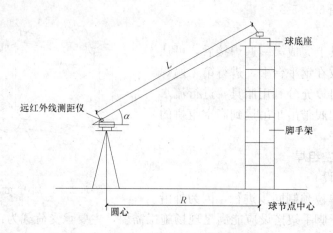

图 5.3.2 三维空间坐标的控制示意图

5.3.3　高空组拼（图 5.3.3）

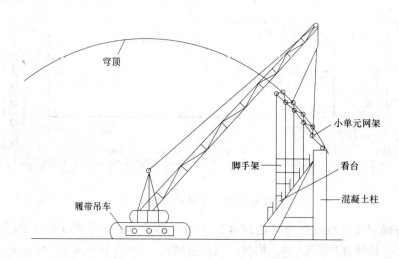

图 5.3.3　小单元网架高空组拼示意图

小单元预制在场馆外，因为场馆内为吊车吊装运输场地。采用 80t 履带吊车可以解决水平运输和吊装，它比塔吊更有优越性。

组对顺序应选任一合适直径为基准对称进行。在两对称的半圆内，从中间向两侧进行。整个环带留两个自由伸缩缝，使组焊时产生的焊接应力得以消除。保证连接杆件焊口得手所得益实现。各小单元构件在连接时可使用简单工具进行位置的调整。当 1、2 两圈逐个小单元组焊起来后，再用杆件将其和第 2 圈连接组焊起来，直至完成。小单元高空组拼用 80t 履带吊吊装。

5.3.4　外圈主圈施工工序流程（图 5.3.4）

5.4　中心圈吊装（图 5.4）

中心圈即为第三圈以内的中心部分（第四圈为悬挑部分），该部分直径大小取决吊装能力。我们取中心圈直径为 35m，重 32t。

中心圈的网架在地面组装。小单元预制完在中心抱杆立起后从外向里组焊，中心抱杆预留部分待吊装就位拆除后再进行组焊。中心圈网架组焊完了后，将中心预留部分的连接杆件、球等放在网架的脚手架上一起起吊。起吊时先试吊测变形，如果无变形经几次试吊后可起吊。

抱杆的缆风绳系在已组焊完的第三圈网架上，用 1200×1200 格构式钢抱杆，抱杆总长为 40m（长度可接长和缩短），最大吊重 45t。采用两侧对称吊装，吊装到位后，将中心圈用导链固定在设计标高位置，并和三圈相应球找正，然后连接中心部分和第三圈脚手架进行安全防护后组焊连接杆件。特别注意将卷扬的牵引绳锁住，进行双保险。因为网架的几何尺寸和空间坐标在地面上已进行找正和校核，

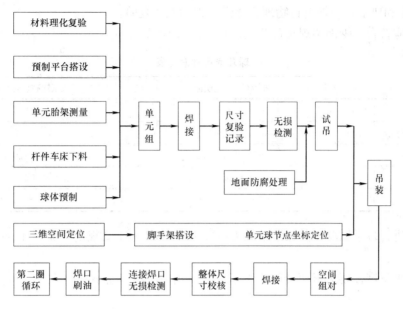

图 5.3.4 外围主圈工序流程图

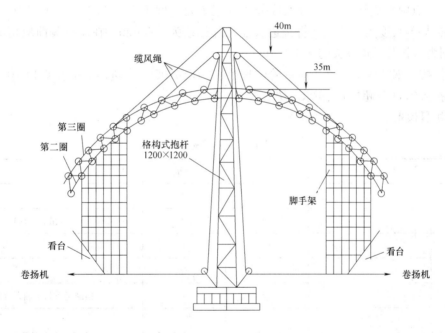

图 5.4 中心圈吊装示意图

因此吊装就位后只找相对位置即可，全部组焊完了拆除抱杆。

详细计算可根据双卷扬对称起吊单根抱杆进行计算。

5.5 中心圈抱杆的拆除

中心圈网架和外圈合拢后，整个球面网架已经完成，中心抱杆超出穹顶，拆除方法，用 80t 履带吊车，将抱杆吊起，从下部逐节卸掉螺栓。用 20t 吊车将底节吊除，以此类推。当抱杆拆除后再将穹顶最高点（抱杆超出部分留的孔）空缺部分用球和杆件连接起来。

6. 材料与设备

6.1 主要材料及其技术指标

6.1.1 材料及焊条应按《碳素结构钢》GB/T 700、《碳钢焊条》GB/T 5117、《低合金钢焊条》

GB/T 5118 的规定和要求，严格进行物理、化学、力学性能复验。

6.1.2 钢球应符合《钢网架焊接球节点》JGJ 75.2 要求。

球几何尺寸偏差表 表 6.1.2

项　　目	直　　径	极限偏差(优质品)	极限偏差(合格品)
球直径	$D>300$	±1.5	±2.5
球圆度	$D>300$	≤1.5	≤2.5
壁减薄量		≤10%且≤1.2	≤13%且≤1.5
两个半球对口错边		≤0.5	≤1.0
焊缝高度		−0.5	−0.5

6.1.3 球应进行理学试验，其极限承载力应按 JGJ 75.2 表 1.2 规定。加肋球、肋板应位于上下弦自身平面内。

6.1.4 支座平整度，要求板两端偏差为≤3mm，相邻支座高差小于 $h_1/800$，且≥30mm（L_1 为两支座距离）。

6.1.5 无缝钢管件允许长度偏差为±1mm，单件高允许偏差为±2mm，上弦对角线允许偏差±3mm，上下弦节点中心偏差 2mm，分条或分块网架单元长度不大于 20m 时，拼接边长度允许偏差±10mm，当条或块的长度大于 20m，拼接边长度允许偏差为±20mm，在总拼装前应精确放线，放线的允许偏差分别为边长及对角线长的 1/10000。

6.1.6 焊接按《钢结构工程施工质量验收规范》GB 50205 要求进行。受拉焊口 20% 超声波探伤（但施工中实际扩大到 50% 超探），要求二级焊缝。

6.2 施工机具设备

主要施工机具设备表 表 6.2

设备名称	规格型号	单位	数量	备　　注
超声波探伤仪		台	3	
电动坡口机		台	2	吊装现场用
自动切割机		台	1	
交流焊机		台	38	
车床		台	1	预制场管材下料及坡口加工
锯床	G72	台	1	
手提砂轮机		台	38	
汽车吊	20t	台	1	
履带吊车	80t	台	1	
汽车吊	50t	台	1	
格构式抱杆	长 40m　1200×1200	根	1	
捯链	50t	个	10	
捯链	10t	个	10	
焊条烤箱		台	2	
卷扬机	5t	台	2	
道木		块	50	

7. 质 量 控 制

7.1 引用标准

网架结构设计与施工规范　JGJ 7

钢结构工程施工质量验收规范　GB 50205

优质碳素结构钢号及一般技术条件　GB/T 699

低中压锅炉用无缝钢管　GB 3087

钢的化学分析试样取样法及成品化学分析允许偏差　GB 222

金属拉伸试验法　GB 228

钢材力学及工艺性能试验的取样规定　GB/T 2975

钢网架焊接球节点　JGJ 75.2

建筑结构可靠度设计统一标准　GB 50068

建筑施工扣件式钢管脚手架安全技术规范　JGJ 130

7.2 施工准备过程中的质量保证措施

7.2.1 按优化的施工组织设计和施工方案做好施工准备工作，编制项目质量保证计划。

7.2.2 施工技术管理人员必须熟悉图纸和有关资料，明了设计意图、规范及相应的技术措施，严格贯彻各项管理制度。

7.3 施工过程中质量控制

7.3.1 严格按图纸及国家施工与验收规范施工。

7.3.2 在影响过程质量的关键点、关键部位设置质量管理点，按PDCA循环过程开展质量管理小组活动。

7.3.3 建立高效、灵敏质量信息反馈体系，形成一个反应迅速、畅通无阻的封闭式信息系统。

7.3.4 设置内业组，专人、专职资料积累整理，分阶段技术分析总结反馈到项目领导班子。

7.3.5 建立现场施工人员质量职能、执行挂牌制，做到分析挂牌、材料挂牌标识，操作人员上墙，加强责任心，发生问题，明确责任。

7.3.6 按照项目质量保证计划，加强对施工过程中的工程质量管理，加强对特殊工序和关键工序的工程质量管理，确保本工程质量目标。

7.4 质量控制程序

7.4.1 在项目经理的领导下，由项目技术负责人具体负责质量管理工作。根据本工程确保工程质量达到优良的质量目标，制订出总体质量控制节点和各节点的质量控制程序及措施，严格按程序办事。

7.4.2 定期召开现场碰头会由项目技术负责人对当天质量工作情况，做出分析和总结，找出问题，并提出解决问题的办法，以工作质量保证工程质量。

7.4.3 施工中合理安排，上下道工序的衔接，严格执行自检、互检、专检制度，保证分部分项工程的施工质量。

7.4.4 各级质检人员要跟踪检查，发现问题立即纠正，行使质量否决权。

8. 安 全 措 施

本工程高空作业多，施工难度大。对于高空作业的安全措施尤为重要。

8.1 脚手架的搭设一定要按规程进行，在稳定的问题上有1.7倍的安全系数。关于脚手架的稳定问题哈建院徐学宝教授进行了研究试验，在没有准确试验基础时尽量按手册要求搭设。

8.2 脚手架要两端绑在脚手架上，周围要有扶手和护栏，要设安全网。

8.3 高空作业必须戴安全帽、安全带，否则不准进行施工。

8.4 场地脚手架下不得通行，不得站人，不得操作。

8.5 进行班前安全交底，详细填写安全记录。

8.6 用电设备要求合格的接地，要求漏电保护器、专用设备专人操作。

8.7 非维修电工不得任意接线，临时用电按正式架设。

8.8 建立安全值班制和安全责任制，项目班子每班有一位领导负责安全值班负责现场安全，还要设两名专职安全员，分区分块把关。

8.9 严防高空坠物作为施工的安全重点加强交底监护。

8.10 对每个职工必须经过三级安全技术教育，对特殊工种如电工、电气焊、吊车司机、大型动力设备的操作工等都必须有安全操作合格证。

9. 环 保 措 施

环境保护和文明施工是工程进度、质量和安全的有力保证，所以，要保证工程的顺利进行，就必须做好以下工作：

9.1 进入施工现场前对工程使用的机具、材料和防护用品认真检查，做好环境交底。

9.2 文明施工，做到"三清、六好一保证"即：现场清整、物料清楚、工作面整洁、职业道德好、工程质量好、降低消耗好、安全生产好、消防保卫好、完成任务好，保证使用功能。

9.3 雨期施工，对于室外的设施要及时转移或安装好防雨装置，材料应移至室内，防止牌坊的粉尘、固体废物等随雨水流失，扩大对环境的污染。

9.4 除锈作业和钢结构部件制做时，应预防和减少粉尘、墨汁排放，废气物的遗弃、制做时产生的机械漏油污染。

9.5 钢结构焊接时，应注意焊接的电弧光、有毒有害气体、固体废弃物、噪声、粉尘和射线排放污染，尽最大努力减少电能消耗。

9.6 钢结构安装时，采取积极措施，预防电弧光、固体废弃物、噪声、粉尘和射线对周围环境的污染和对居民的影响。

10. 效 益 分 析

天津体育中心主赛馆工程获得了巨大的社会效益，为我工程局在天津市造成极好的声誉。还获得较大的经济效益。从开工到竣工有效工期为75d，小于目标日历日期95d。除了正常的投资收益96.14万元外，从方案上节约38.38万元（仅脚手架一项就节约10万余元）。东丽湖飞瀑温泉工程球形网架结构工程利润达到151.81万元，天津市开发区学院区体育馆工程运用工法产生的直接效益达到12万元，工程质量均得到顾客的高度好评。

11. 应 用 实 例

该工法在1993年天津体育馆主赛馆工程中成功应用，该工程1996年获得了国家工程质量最高奖-鲁班奖，天津体育中心网壳工程施工技术1994年获得了中建总公司科学技术进步一等奖。主馆网壳工程1997年获得中国钢结构协会、空间结构协会第一届空间结构优秀工程施工一等奖。本工法于1996年首次被评为国家级工法（工法编号YJGF 21—96）。此外，2002～2004年在天津市丽泉水上娱乐有限公司东丽湖飞瀑温泉工程和 2005～2006 年天津开发区学院区体育馆工程施工中本工法也得到了成功的运用。其中开发区学院区体育馆工程获得了天津市级质量奖"海河杯"。今年我局承接了山东省东营黄河口物理模型试验厅焊接球节点张弦结构网架工程，该工程最大单跨距离为 148m，目前为世界第一跨。为了确保工程的质量和工期，经过认真的研究论证，我们决定仍然运用本工法的施工技术，进行小单元地面预制，高空拼装法施工。

蛋形消化池施工工法

YJGF14—96（2005-2006 年度升级版）

中建八局第二建设有限公司　中国建筑第八工程局

李忠卫　韦永斌　庞爱红　徐微林　苑玉刚

1. 前　言

随着社会的进步，经济的发展，环保问题特别是城市污水治理日益得到重视，污水处理设施建设已成为国家重点基础建设之一，采用蛋形消化池处理污泥是当前城市污水处理的重要环节，蛋形消化池的施工具有难度大、工艺要求严、技术含量高等特点。中建八局第二建设有限公司自 1992 年以来，在工程实践过程中，通过不断探索改进、实践应用、逐步完善及总结提高，形成了一整套有自己特色的蛋形消化池施工工法。

早在济南污水处理厂蛋形消化池施工中，中建八局第二建设有限公司就将其列为研究课题，进行了积极探索，总结了丰富的经验，总结形成的技术成果获 1993 年中国建筑工程总公司科技进步一等奖，获 1996 年国家科技进步三等奖，且形成《大型预应力混凝土蛋形消化池施工工法》YJGF 208025—96。

在以后的济宁、重庆等地的污水处理厂蛋形消化池项目施工中，通过不断实践、创新、总结，对原工法进行了重要创新，该工法关键技术经专家鉴定，达到国际先进水平，同时获得三项专利：《一种可重复使用旋转曲面壳体异形模板》获国家实用新型专利（专利号 ZL 2004 2 0097424.6）；《一种蛋形消化池模板伞形支撑》获国家实用新型专利（专利号 ZL 2004 2 0097425.0）；《一种蛋形消化池的建筑施工方法》获国家发明专利（专利号 ZL 2004 1 0036059.2）。其中《蛋形消化池异型模板施工工法》获山东省省级工法 LEGF 33—2006，《蛋形消化池施工工法》被评为 2005～2006 年中建总公司级（省、部级）工法 GF 208060—2006。

2. 工 法 特 点

2.1　池底模板抗浮。在浇筑蛋形消化池基础混凝土时，在垫层中按照计算好的间距预埋抗浮铁件，通过对拉螺栓与抗浮铁件焊接，固定上表模板，从而克服因浇筑混凝土而产生的模板上浮问题；也可以通过伞形支撑，限制池底模板的上浮。

2.2　蛋形消化池弧形外脚手架体系。其搭设方式是在蛋形消化池最大半径处采用双排脚手架，下部增设一排收缩脚手架，上部沿着消化池外壁的曲面搭设悬挑式脚手架；

2.3　钢筋支架快速绑扎成形。蛋形消化池池体钢筋工程分为地下承台和地上壳体两个部分，地下承台部分钢筋由多层环向、竖向和径向钢筋形成立体网状结构；地上壳体部分钢筋为内外两层由环向和竖向钢筋组成的曲面网片。制做加工必须在现场放大样用弯曲机弯曲成形，采用型钢制做的钢筋支架进行钢筋定位绑扎；

2.4　异型模板施工技术。蛋形消化池模板体系采用标准组合钢模与自行设计配套的异型钢模相互组拼而成，其优点是模板可以多次周转使用，通用性强，模板投入少，成本低；

2.5　高性能混凝土工程。通过混凝土原材料的优选、配合比的优化、生产过程的控制、浇筑质量控制，从而提高混凝土拌合物的抗渗、抗裂、耐久性能以及改善混凝土的施工性能。

2.6　预应力变角张拉。预应力环锚同步变角张拉施工技术是将同一水平环向预应力筋按照设计分段分别借助变角张拉装置（偏转器）将张拉端引出槽外，同步进行张拉的张拉工艺，既可使用常规施工设备，提高施工效率，又能确保施工质量。

3. 适 用 范 围

适用于蛋形、圆形、球形等轴旋转壳体工程。

4. 工 艺 原 理

针对蛋形消化池体结构所具有的轴旋转壳体几何特性，对传统结构施工工艺进行改进，外脚手架通过内、外环向水平杆形成封闭圆拱，圆拱与径向、竖向杆件组成稳定的架体；钢筋骨架绑扎成形是以保证钢筋的快速定位、固定为原则，采用角钢或脚手钢管搭设的支架为依托，实现蛋壳形钢筋骨架的快速绑扎；预应力施工是在同一块开有数目相同但锥度方向相反的锚板上，将预应力筋首尾相连，利用变角张拉装置（偏转器）将张拉端引出槽外张拉，实现池壁环向预应力连续施加。模板体系采用标准组合钢模与相配套的异形钢模相互搭接拼装而成，定制的异形模板和标准组合模板之间通过U形卡连接成整体，固定借助于弧形外脚手架与伞形内支撑系统；混凝土采用高性能抗渗抗裂混凝土，水平交圈分层浇筑。

5. 施工工艺流程及操作要点

5.1 施工工艺流程
5.1.1 蛋形消化池基础施工工艺流程（图5.1.1）
5.1.2 蛋形消化池池体施工工艺流程（图5.1.2）
5.2 施工操作要点
5.2.1 消化池池底模板抗浮施工
1. 抗浮预埋铁件
1）按照事先计算好间距，将抗浮铁件预埋在垫层混凝土中，通过模板对拉螺栓与抗浮铁件焊接，达到抗浮目的；
2）预埋铁件的间距、规格以及垫层混凝土强度等级等必须通过抗浮验算后确定。
2. 伞形支撑
1）在池底中心桩上设置伞形支撑的基础；
2）在池底基础之上搭设伞形支撑，使用伞形支撑的外部架体固定池底模板。
5.2.2 弧形脚手架施工
1. 施工前应编制弧形脚手架搭设方案，并按要求进行专家论证和审查；
2. 向施工和使用人员进行技术交底；
3. 按照标准要求对钢管、扣件、脚手板等进行检查验收，经检查合格的构配件应按品种、规格分类、堆放，堆放场地不得有积水；
4. 对弯管机等机械进行检查、试运行，以保证施工的正常进行；

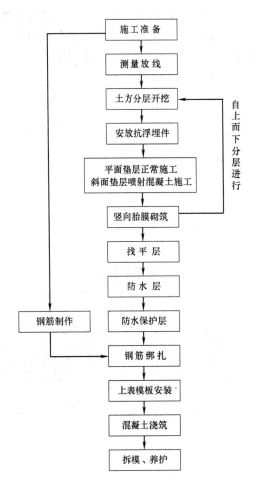

图5.1.1 蛋形消化池基础施工工艺流程

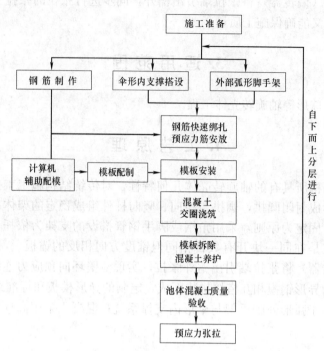

图 5.1.2　蛋形消化池池体施工工艺流程

5. 对放样场地进行清理，并按照事先计算的尺寸按 1:1 的比例现场放样，按放样制做弧形弯管；

6. 清除搭设场地内的杂物，平整搭设场地，并使排水畅通；

7. 消化池弧形外脚手架采用全封闭式，满挂密目网，连墙杆设置二步三跨，立杆横距 1.2m，立杆纵距 1.5m，步距 1.6m。（或按设计要求采用）；

8. 由于蛋形消化池外形呈蛋形，外脚手架随施工进度搭设成悬挑形，其一次搭设高度控制在高出混凝土施工段 6m 左右。其搭设的关键在于整体稳定性。外脚手架搭设见图 5.2.2-1、图 5.2.2-2；

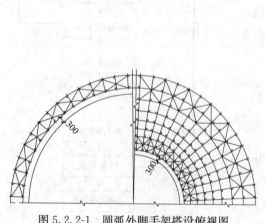

图 5.2.2-1　圆弧外脚手架搭设俯视图

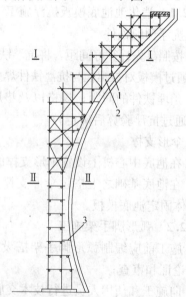

图 5.2.2-2　弧形外脚手架搭设剖面图

1—立杆横向（此剖面方向）间距 1.0～1.2m；

2—横向斜刀撑纵（环）向间距三个立杆间距撑杆与水平面夹角 45°～60°；

3—水平拉结杆垂直间距三步架、环向间距大横杆三跨拆模后装置

9. 剪刀撑、横向斜撑应随立杆、环向和横向水平杆等同步搭设。

5.2.3 钢筋支架快速绑扎成形施工

1. 钢筋绑扎要比模板工程高出一个施工段；

2. 承台钢筋的绑扎按承台的台阶划分，分段作业，采用L50×5角钢焊接骨架作为架立钢筋用支架，钢筋绑扎按先下后上，先外后里的顺序进行（图5.2.3-1）。

3. 壳体钢筋的绑扎时，在外脚手架、内支撑架之间设置径向、环向钢管，形成钢筋固定架体，将结构钢筋固定在环形钢管上，完成钢筋的快速绑扎（图5.2.3-2）。

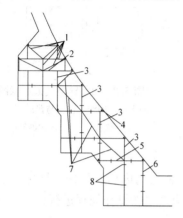

图 5.2.3-1　承台角钢骨架布置图

1—30道ϕ25钢筋支架与下部角钢横杆焊接；2—径向30根角钢L50×5横杆；3—环向30根角钢L50×5立杆；4—环向ϕ25钢筋；5—径向15根角钢L50×5横杆；6—环向15角钢L50×5立杆；7—环向30根角钢L50×5斜撑；8—每根贯通角钢设两道150mm×150mm×3mm止水片双面焊接

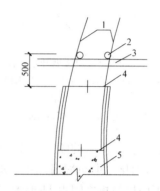

图 5.2.3-2　壳体钢筋骨架示意图

1—主筋；2—环向钢筋；3—径向钢筋；4—施工缝；5—已浇筑混凝土

5.2.4 壳体异形模板的配板设计与施工

1. 模板配板原则

1）异型模板规格尽量少，利于多次周转使用，投入少；

2）组合钢模轨迹与设计曲线拟合效果好；

3）内外模高差小，便于施工；

4）单块模板宽度在满足要求的情况下尽量取大值，减少模板拼缝。

2. 配板根据消化池壳体的形状，将壳体沿纵向划分成若干个块体，每个块体内外壁均可按圆台进行配板。其圆台侧面扇形展开如图5.2.4-1、图5.2.4-2所示。

3. 根据模板配板原则，采用微软的DOTNET开发平台编制了蛋形消化池模板设计软件。确定模板类型有：900×100/（100～200）、900×（100/200）、900×100、900×200等规格，各段异型模板数量、组合钢模数量均用本软件计算。

该软件只要输入蛋形消化池的内外界面尺寸，给定单层模板高度以及配模容许误差，计算机即可自动完成模板的数量、规格、空间定位参数的计算，自动完成各种模板的最大用量统计表，统计表可以另存为EXCEL格式。

4. 模板的拼装方法

1）模板安装是在钢筋（包括预应力筋）绑扎及张拉盒安装验收合格后进行；

2）内模板系统是由伞形钢管骨架、标准组合钢模、异形钢模及连接件组成；

3）壳体外模板由标准组合钢模、异形钢模及连接件组成，通过对拉螺栓与壳体内模板体系连成一体；

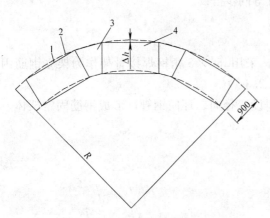

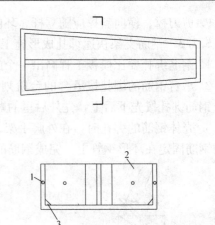

图 5.2.4-1　模板展开示意图

1—组合钢模环向轨迹；2—设计圆环轨迹；

3—异型钢模；4—标准组合钢模

注：图中 R 表示扇形内半径；Δh 表示高差。

图 5.2.4-2　异型模板示意图

1—孔的大小、间距、位置与普通钢模板配套；

2—端肋；3—三角肋@300

4）模板按自下而上的顺序在成形的钢筋骨架上进行拼装，依次与内楞、外楞连接好，最后通过伞形骨架杆件与消化池中间的钢管井字架连成一体。模板的安装应严格按操作规程进行；

5）上下两层模板之间由 H 形卡固定。

5. 模板安装要点

1）最底层的模板底口应做水平砂浆找平层；

2）将模板按测好的标高就位，然后安装拉杆和内外楞；

3）模板上的对拉螺栓孔应事先钻好，两侧孔应平直相对；

4）模板安装见图 5.2.4-3、图 5.2.4-4 和图 5.2.4-5。

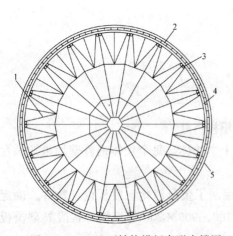

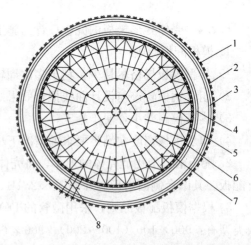

图 5.2.4-3　地下结构模板伞形支撑图

1—水平支承桁架；2—钢模板；3—外楞 2φ48×3.5@600；

4—内楞 2φ48×3.5@750；5—基坑边线

图 5.2.4-4　地上结构模板支撑图

1—外模板外楞 2φ48×3.5@600；2—外模板内楞

2φ48×3.5@750；3—外模板；4—内模板；

5—内模板内楞 2φ48×3.5@750；6—内模板外楞

2φ48×3.5@750；7—水平支撑桁架；

8—对位螺栓@750×600

6. 混凝土强度不低于设计强度的 75％时方可拆除模板。

5.2.5　混凝土工程

1. 配合比设计

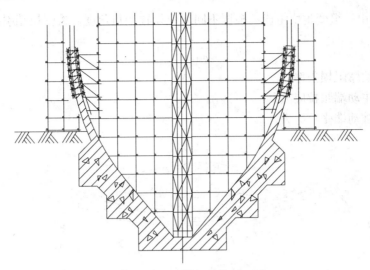

图 5.2.4-5　模板支设剖面图

单位胶凝材料总量：胶凝材料总量控制在 $400\sim460\mathrm{kg/m^3}$ 范围内；

单位用水量和水胶比：单位用水量控制在 $160\sim180\mathrm{kg}$，水胶比控制在 $0.37\sim0.41$ 范围内；

单位水泥用量：控制单位水泥熟料含量（具体数据看熟料性能和掺合料性能等因素而定）。熟料含量太低，粉煤灰的活性得不到充分发挥，而且导致混凝土碱度太低，影响混凝土抗碳化的耐久性，水泥熟料含量过高，水泥水化热总量加大，化学收缩增大；

粉煤灰用量：粉煤灰已普遍应用于制备高性能混凝土，粉煤灰掺量为 $15\%\sim25\%$；

砂率：在满足混凝土和易性的前提下，尽量减小砂率，主要根据新拌混凝土的施工和易性来调整并选取，建议值为 $40\%\sim46\%$；

外加剂：多功能的外加剂已经成为当代高性能混凝土技术的核心之一，外加剂的减水率不小于 20%，混凝土限制条件下 28d 干缩率不大于 1.5×10^{-4}，混凝土 1h 坍落度损失率不大于 15%，碱含量小于 0.75%。

2. 配合比优化

混凝土的配合比设计应使混凝土在满足强度、耐久性、抗渗性能的前提下具有良好的施工性能。主要从和易性、扩展度、含气量、坍落度、坍落度损失、初凝时间、表观颜色、强度等方面进行反复的试验调整，最终确定混凝土的生产工艺参数及性能指标，确定混凝土施工控制指标和技术参数；

3. 混凝土浇筑

混凝土浇筑采用分层交圈浇筑，由对称的两点同时开始，每次浇筑高度控制在 1.8m。混凝土振捣采用二次振捣法，确保混凝土的密实度。尤其对预留洞口、张拉盒等部位应加强振捣。必要时配合人工用竹竿辅助插捣，保证混凝土浇筑质量；

4. 施工缝的处理：水平环向施工缝防水处理采用止水钢板。

5.2.6　预应力环锚变角张拉施工（图 5.2.6）

1. 张拉顺序：全部池体混凝土达到设计强度后，方可进行预应力筋张拉。先张拉竖向预应力筋，后张拉环向预应力筋。竖向预应力筋采用两机对称张拉，环向预应力筋采用先从下到上后从上到下间隔 1 圈张拉，即 J1→J3→J5→……以此类推，然后由上到下间隔 1 圈张拉；

2. 进行偏转器摩阻损失测试试验：偏转器摩阻损失在现场预制试件上进行，试件为截面 $400\mathrm{mm}\times400\mathrm{mm}$、长 3m 的一根短混凝土柱，在柱中心埋入一束（$6\times7\phi5$）钢绞线，直线布置。混凝土柱两端设承压板，混凝土养护达到设计强度时进行测试。安装变角块于主动端，在主动端进行整束张拉，按 $0.2\sigma_{con}\to0.5\sigma_{con}\to0.75\sigma_{con}\to1.0\sigma_{con}$ 分级施加张拉力，分别记录主动端和被动端油表读数，换算为张拉力。按公式（5.2.6）计算出变角垫块摩阻损失率（η），通过偏转器的摩阻损失测试试验及计算，3m 长直线段钢绞线经过预先拉动后摩擦损失很小，计入角垫块损失中，偏于安全。根据工程的具体情况定作偏转器，偏转器由一组变角块组成，根据不同部位设置变角角度，将张拉端引出池壁外张拉；

$$\eta = \frac{\sigma_{zl} - \sigma_{bl}}{\sigma_{zl}} \times 100\%$$ (5.2.6)

式中　η——变角垫块摩阻损失率；

σ_{zl}——预应力主动端张拉应力；

σ_{bl}——预应力被动端张拉应力。

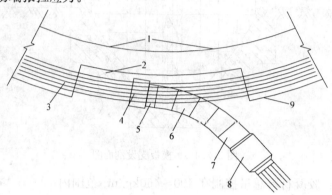

图5.2.6　变角张拉示意图
1—池内壁；2—锚具槽；3—钢绞线；4—环锚；5—限位器；
6—变角块；7—固定圈；8—千斤顶；9—池外壁

3. 对张拉操作人员进行详细的技术交底；

4. 张拉前严格检查已安装的锚具及夹片；

5. 预应力筋张拉分级加载：$0 \rightarrow 0.2\sigma_{con} \rightarrow 1.0\sigma_{con} \rightarrow 1.03\sigma_{con} \rightarrow$ 锚固；

6. 每一环向预应力筋不管如何分段均应整束同时张拉，各个张拉端张拉进程均自动同步控制；

7. 张拉采用应力与伸长值双控制，以应力控制为主，伸长值校核，当伸长值与理论计算偏差超出 $-5\% \sim 10\%$ 范围时，应暂停张拉，查明原因并采取措施后方可继续张拉；

8. 预应力筋张拉锚固后，外露长度不小于30mm，多余部分用手提砂轮锯切割。然后在锚具槽内浇筑C45细石膨胀混凝土密封。

6. 材料与设备

6.1 针对污水对材料的腐蚀性，预应力筋采用环氧涂装低松弛钢绞线。

6.2 预应力筋锚具为Ⅰ类锚具，锚具效率系数不小于0.95。环向采用OVM环形锚具（HM）体系，竖向采用扁形锚具（BM）体系；

6.3 模板类型有：$900 \times (100/(100-200))$、$900 \times (100/200)$、$900 \times 100$、$900 \times 200$ 等异形模板及标准组合模板；

6.4 混凝土原材料要求：

根据工程建设经济实用的原则，混凝土原材料尽量从当地选择，对观感质量较好的材料取样进行试验室检验确定。

水泥：通过性能、生产供应能力比较，选用普通硅酸盐水泥，质量要求稳定、含碱量低、C_3A 含量少、强度富余系数大、活性好、标准稠度用水量小，水泥与外加剂之间的适应性要好；

粗骨料：通过性能比较，选用强度高，连续级配好，颜色均匀，大于5mm的泥块含量小于0.5%，针片状颗粒含量不大于15%，骨料不带杂物，含粉量小于1%；

细骨料：选用细度模数在2.3～2.8之间，颜色一致，含泥量在3%以内，大于1.25mm的泥块含量小于1%，有害物质按重量计≤1.0%；

掺合料：通过试验选用磨细一级粉煤灰作为掺合料。

外加剂：通过比较外加剂性能，选用聚羧酸类混合型外加剂，具有微膨胀、气泡均化、高效减水等性能，使混凝土保持大坍落度、低水灰比、高流动度、缓凝时间长、不泌水、不离析、和易性好的特性，满足混凝土施工要求。

6.5 采用机具设备见表6.5。

主要施工机具设备表 表6.5

序号	机械或设备名称	型号规格	数量	备注
1	挖掘机	CAT-120	1	
2	推土机	T3-100	1	
3	自卸翻斗车	东风车	3	
4	汽车吊	QY-16	1	
5	塔吊	TQZ80	1	
6	混凝土搅拌站	25m³/h	1	
7	混凝土输送车		2	
8	交流电焊机	BX3-300	4	
9	钢筋对焊机	UN1-75	1	
10	钢筋切断机	QJ40-1	1	
11	钢筋弯曲机	WJ40-1	2	
12	电子经纬仪	J6	1	
13	精密水准仪		1	
14	温度计		10	
15	坍落度桶		1	
16	混凝土试模	150×150×150	10	
17	弯管机		5	
18	钢板切断机		1	
19	千斤顶及配套油泵	YCW-150型	3台套	
20	千斤顶及配套油泵	YCN-25型	1台套	
21	千斤顶	YDN-30型	1台	
22	导链(1T)		3只	
23	手提切割机		1台	
24	其他手头工具		批	

7. 质 量 控 制

7.1 质量控制标准

7.1.1 地基基础质量控制标准执行《建筑地基基础工程施工质量验收规范》。

7.1.2 主体结构质量控制标准执行《混凝土结构工程施工质量验收规范》。

7.1.3 预应力环锚变角张拉质量控制。

1. 变角张拉的偏转器摩阻损失应通过实测试验确定，测定结果应得到设计师的认可

2. 张拉时采用应力与伸长值双控制，以应力控制为主，伸长值校核，伸长值与理论计算偏差不得超出-5％～10％范围。

7.1.4 施工过程质量控制尚应遵照下列标准的相关规定执行。

《钢管脚手架扣件》

《钢筋焊接及验收规范》

《钢筋焊接接头试验方法标准》

《钢筋机械连接通用技术规程》

《无粘结预应力混凝土结构技术规程》

《预应力筋用锚具、夹片和连接器》

《组合钢模板技术规范》

《钢结构设计规范》

7.2 质量保证措施

7.2.1 环向水平杆设置在立杆外侧，其长度必须大于 4 跨。

7.2.2 内排环向水平杆接长采用对接扣件连接，外排环向水平杆接长采用搭接连接。环向水平杆的接头应交错布置：两根相邻环向水平杆的接头不宜设置在同步或同跨内；不同步或不同跨两个相邻接头在水平方向错开的距离不应小于 500mm；各接头中心至最近主节点的距离不宜大于纵距的 1/3。

7.2.3 立杆的接长采用对接扣件连接，立杆上的对接扣件应交错布置：两根相邻立杆的接头不应设置在同步内，同步内隔一根立杆的两个接头在高度方向错开的距离不宜小于 500mm，各接头的中心至主节点的距离不宜大于步距的 1/3。

7.2.4 作业层脚手板应铺满、铺稳，离开池壁 120～150mm。

7.2.5 采用刚性连墙杆从底层第一步环向水平杆开始菱形布置，偏离架体主节点的距离不应大于 300mm。

7.2.6 外侧立面整个长度和高度连续设置剪刀撑；每道剪刀撑的宽度不应小于四跨，且不应小于 6m，斜杆和地面的倾角在 45°～60°之间。

7.2.7 斜道宽度不小于 1.5m，坡度 1∶6；两侧设栏杆及挡脚板，栏杆高度为 1.2m，挡脚板高度不小于 180mm。

7.2.8 按照配板设计确定模板的合理配置。

7.2.9 最底层的模板底口应做水平砂浆找平层。

7.2.10 将模板按位置线就位，然后安装拉杆和斜撑。

7.2.11 调整模板上口标高，使其满足配板设计要求，同时有利于下一步模板的安装。

7.2.12 模板缝用泡沫双面胶封严，检查扣件和螺栓是否紧固，办完预检手续。

7.2.13 同一条拼缝上的 U 形卡不宜向同一方向卡紧。

7.2.14 池壁两侧模板的对拉螺栓孔应平直相对，穿插螺栓时不得斜拉硬顶。钻孔应用机具，严禁用电、气焊灼孔。

7.2.15 钢楞宜取用整根杆件，接头应错开设置，搭接长度不应少于 0.2m。

8. 安 全 措 施

在项目施工过程中，除严格按照安全标准执行外，还针对工程特点，采取如下安全措施：

8.1 认真做好安全教育及安全交底工作。

8.2 在脚手架的搭拆过程中，划出警戒区，设置警戒线，并设专人看护。

8.3 加强焊工的劳动保护，防止发生烧伤、触电、火灾、爆炸以及烧坏机器等事故。焊接火花飞溅的区域内，要设置薄钢板或水泥石棉挡板防护装置，在焊机与操作人员之间，可在机上装置活动罩，防止火花射灼操作人员。

8.4 加工后的钢筋均为圆弧形，搬运时要注意前后方向有无碰撞危险。

8.5 安装钢筋时，必须站在脚手架或操作平台上进行。

8.6 高空操作应挂好安全带，现场操作人员均应戴安全帽。

8.7 预应力环锚变角张拉的施工人员必须经过岗前培训并考核合格，须持证上岗。

8.8 张拉时，千斤顶、油泵摆放牢固，防止高空坠落，移动设备时认真检查脚手架及脚手板是否牢固，以保证安全移动。

8.9 张拉时，施工人员在千斤顶侧面进行操作。

8.10 电器设备的架设及使用应符合安全用电规定。

8.11 所有模板及配件进场前必须经过喷漆处理，以满足文明施工要求。

8.12 体系化的模板进场前必须在模板后或板侧按设计要求编号，方便现场使用查找。

8.13 模板移动前，确保模板及其配件连接牢固。

8.14 四级风以上，严禁吊装模板。

8.15 模板安装应按顺序进行。

8.16 登高作业时，模板连接件必须放在箱盒或工具袋中，严禁放在模板或脚手板上，扳手等各类工具必须系挂在身上或置放于工具袋内。在脚手架或操作台上堆放模板时，应按规定码放平稳，防止坠落并不得超载。

8.17 做好防洪、防雨、防雷措施，机电、起重设备及钢管脚手架做好接地。

9. 环保措施

9.1 成立对应的施工环境卫生管理机构，在工程施工过程中严格遵守国家和地方政府下发的有关环境保护法律、法规和规章。

9.2 防止空气污染措施

9.2.1 施工垃圾使用封闭的专用垃圾道或采用容器吊运，严禁随意凌空抛撒造成扬尘。施工垃圾要及时清运，清运前，要适量洒水减少扬尘。

9.2.2 施工现场要在施工前做好施工道路规划和设置，尽量利用设计中永久性的施工道路。路面及其余场地地面均要硬化，闲置场地要设置绿化池，进行环境绿化，以美化环境。

9.2.3 水泥和其他易飞扬的细颗粒散体材料应尽量安排库内存放。露天存放时要严密苫盖，运输和卸运时防止遗洒飞扬，以减少扬尘。

9.2.4 施工现场要制定洒水降尘制度，配备专用洒水设备及指定专人负责，在易产生扬尘的季节，施工场地采取洒水降尘。

9.2.5 施工时应尽量采用商品混凝土；如采用现场搅拌混凝土，为减少搅拌扬尘，采用自动化搅拌站，设搅拌隔声棚。砂浆及零星混凝土搅拌要搭设封闭的搅拌棚，搅拌机上设置喷淋装置方可进行施工。

9.3 防止水污染措施

9.3.1 现场搅拌机前台及运输车辆清洗处设置洗车台、沉淀池。排放的废水要排入沉淀池内，经二次沉淀后，方可排入市政污水管线或回收用于洒水降尘。未经处理的泥浆水，严禁直接排入城市排水设施。

9.3.2 冲洗模板、泵车、汽车时，污水（浆）经专门的排水设施排至沉淀池，经沉淀后排至城市污水管网，而沉淀池由专人定期清理干净。

9.3.3 食堂污水的排放控制。施工现场临时食堂，要设置简易有效的隔油池，产生的污水经下水管道排放要经过隔油池。平时加强管理定期掏油，防止污染。

9.3.4 禁止将有毒有害废弃物用作土方回填，以免污染地下水和环境。

9.4 防止噪声污染措施

9.4.1 人为噪声的控制措施。施工现场提倡文明施工，建立健全控制人为噪声的管理制度，尽量减少人为的大声喧哗，增强全体施工人员防噪声扰民的自觉意识。

9.4.2　强噪声作业时间的控制，严格控制做业时间，晚间作业不超过 22 时，早晨作业不早于 6 时，特殊情况需连续作业（或夜间作业）的，应尽量采取降噪措施。

9.4.3　强噪声机械的降噪措施。

产生强噪声的成品加工、制做作业，应尽量放在工厂、车间完成，减少因施工现场的加工制做产生的噪声；尽量选用低噪声或备有消声降噪设备的施工机械。施工现场的强噪声机械（如搅拌机、电锯、电刨、砂轮机等）要设置封闭的机械棚，以减少强噪声的扩散。

9.4.4　加强施工现场的噪声控制：

加强施工现场环境噪声的长期监测，采取专人监测，专人管理的原则，要及时对施工现场噪声超标的有关因素进行调整，达到施工噪声不扰民的目的。

9.5　其他污染的控制措施

9.5.1　通过电锯加工的木屑、锯末必须当天进行清理，以免锯末刮入空气中。

9.5.2　钢筋加工产生的钢筋皮、钢筋屑及时清理。

9.5.3　制定水、电、办公用品（纸张）的节约措施，通过减少浪费，节约能源达到保护环境的目的。

9.5.4　探照灯尽量选择即满足照明要求又不刺眼的新型灯具或采取措施，使夜间照明只照射施工区域而不影响周围社区居民休息。

10. 效 益 分 析

蛋形消化池外弧形脚手架有效地利用了池壁的外形，搭设圆柱体的内悬挑式脚手架，不仅满足结构施工的要求，同时也为后期的外池壁保温以及饰面施工提供了用力的保障；架体一次到位，节约二次搭拆费用和工期。

蛋形消化池钢筋支架快速绑扎成形技术有效地利用了外弧形脚手架、伞形支撑体系及池体的结构特点，加快了施工速度，同时保证了钢筋的安装质量，钢筋定位准确、绑扎效果好，钢筋工程一次验收合格率 100%。

OVM 游动锚具加垫块变角引出张拉的施工方法，解决了环向为锚固而设置扶壁柱的传统作法，施工中可根据工程实际需要增减变角块数量，以获得不同的变角度数，增加施工的灵活性，有利于整个壳体预应力建立的均匀性，有效地保证了施工质量。

以重庆污水处理厂 12000m³ 池体施工为例计算，降低工程成本 128 万元，技术进步效益率 3.83%，比计划工期提前 55d 竣工。

11. 应 用 实 例

本工法应用于济南污水处理厂、济宁污水处理厂、重庆鸡冠石污水处理厂取得了良好的经济效益和社会效益。如：重庆市鸡冠石污水处理厂蛋形消化池工程位于重庆市南岸区鸡冠石镇下窑村，与 2004 年 4 月 1 日开工，2004 年 12 月 31 日主体竣工，该工程的四座蛋形消化池通过管廊、天桥相连，并于污泥控制室形成一个整体。池内净高 43.6m，最大直径 24.8m，单体容积 12000m³。池壁厚度从 600mm 渐变至 400mm。是目前国内大体容积最大，池壁最薄的消化池，工程质量优良，获得重庆市优质结构"巴渝杯"，社会效益、经济效益显著，本工法关键技术达到国际先进水平，为国家的环保事业作出了重要贡献。

圆形预应力混凝土池壁无缝施工工法

YJGF37—2002（2005-2006年度升级版）

山西省第一建筑工程公司　　杭州市市政工程集团有限公司　　浙江省二建建设集团有限公司

王庭瑞　贾高莲　李建民　聂小勇　周东波　郑旭晨

1. 前　　言

　　无粘结预应力圆形混凝土水池近几年来在污水处理工程上应用广泛。它具有经济、施工操作方便、施工工序少、结构变形均匀、施工质量容易控制等特点。由山西省第一建筑工程公司承建的山西大同市东郊污水处理厂的二次沉淀池池壁内径50m，池壁周长为157.86m。由于二沉池是长期储存污水的，因此对混凝土池壁的整体性、抗裂性、抗渗性要求较高。所以设计要求对长达158m的混凝土池壁既不设置伸缩缝，池壁施工时也不允许留设施工缝，浇筑完成的钢筋混凝土二沉池要求进行满水试验，各项技术指标必须符合设计要求。在工程技术人员的积极探索和不懈努力下，通过反复试验对比论证，重点解决确定了夏季混凝土的最佳配合比、浇筑顺序和张拉应力及伸长值。由山西省第一建筑工程公司的技术人员创立了一套切实可行的混凝土池壁无缝施工方法，确保了本工程圆满完成。工法的关键技术经过山西省建设厅组织专家鉴定达到国内领先水平。

2. 工 法 特 点

2.1　不留设伸缩缝，保证了混凝土的整体性和刚度。

2.2　不留设施工缝，保证了混凝土池壁的抗渗性。

2.3　施工完成的混凝土池壁没有任何裂缝和渗水现象。

3. 适 用 范 围

　　本施工工法适用于各种直径的水池、筒仓等筒壁形混凝土结构。

4. 工 艺 原 理

　　因池壁混凝土为后张法无粘结预应力混凝土，所以不能留设伸缩缝和施工缝。但池壁周长158m，高4.32m，按常规施工方法浇筑混凝土，循环一周所用时间较长，必然产生施工缝。为此我们采用分段分层施工工艺，并对混凝土进行多次试配，确定最佳配合比。既满足了泵送混凝土的坍落度、和易性、凝结时间的要求，又确保了混凝土池壁无缝施工和抗渗抗裂要求。

5. 施工工艺流程及操作要点

5.1　**工艺流程**

工艺流程图见图5.1。

5.2　**操作要点**

5.2.1　钢筋绑扎

钢筋定位时，钢筋的保护层厚度必须满足设计要求；绑扎钢筋的钢丝向里弯曲，不得接触模板；钢筋的保护层垫块采用塑料垫块，不得采用钢筋头做垫块，防止钢筋锈蚀对池壁混凝土造成破坏。

5.2.2 模板支设

模板支设必须牢固、稳定，有足够的刚度；池壁固定模板用的工具式对拉铁件必须满焊方形止水环，工具式铁件见图 5.2.2。拆模后及时用聚合物水泥砂浆将留下的凹槽封堵密实。

5.2.3 混凝土浇筑方案的选择

将池壁分为六段，按序号分段浇筑（分段位置及浇筑顺序见图 5.2.3）。在浇筑混凝土前，除预先铺设好混凝土输送泵管道外，为节省混凝土浇筑过程中倒泵管的时间，再多储备原有输送泵管长度的 1/2。浇筑时在每段分多层一次浇筑到池壁顶，将整个池壁分为六段后，每段的混凝土浇筑量大约为 $30m^3$，按配备的施工机具能力理论计算每小时可浇筑混凝土 $20m^3$，但在施工过程中还存在接泵管时间损失，所以实际每小时可浇筑混凝土量 $7～8m^3$，每半个小时可浇筑一步 500mm 高，也就是在混凝土的初凝时间内能完成接槎，不留施工缝。

5.2.4 优化混凝土的配合比

根据设计对混凝土池壁抗裂、抗渗要求，结合工程施工期间的气候、温度、混凝土坍落度、和易性以及各段浇筑混凝土所需要时间的要求，对混凝土的配合比进行多次试验，通过对比论证确定最佳配合比。

在能满足泵送的条件下最大限度地减小混凝土的坍落度，以保证混凝土在浇筑过程中不产生离析，避免振捣过程中石子下沉、浮浆过多。

首先我们选用复合缓凝型防水剂进行混凝土的凝结时间试验，分别做了 5%、8%、10% 三个掺量的配比，在尽可能的同条件下监测混凝土的凝结时间。

其次是选用纯粹的缓凝剂进行试验，也做了三个掺量的配比，在同条件下进行观测。

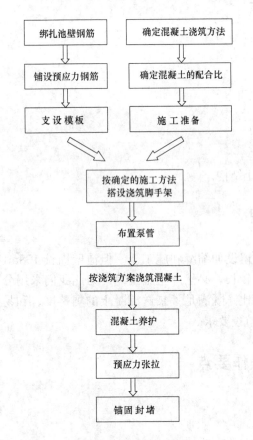

图 5.1 工艺流程图

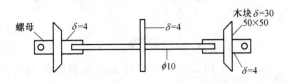

图 5.2.2 焊有止水环的工具式对拉铁件

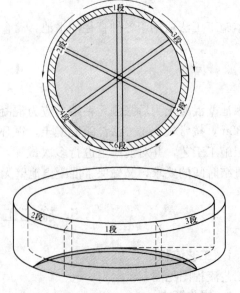

图 5.2.3 混凝土分段浇筑顺序图

通过对上述两个试验结果对比、分析，最后确定采用复合缓凝型防水剂，掺量为 8% 的混凝土配合比。

5.2.5 混凝土浇筑过程中的质量控制

1. 严格按混凝土的配合比对原材料进行计量。

2. 混凝土要搅拌均匀，保证其和易性。

3. 混凝土的原材料如有变化时，要重新进行试配。

4. 在混凝土的泵送和浇筑过程中严禁任意加水，改变混凝土的水灰比。

5. 混凝土振捣均匀，不得漏振、过振。在混凝土的浇筑过程中要有专人在振捣地点看模板，防止胀模、跑模、漏浆。

6. 每个段的混凝土必须分层浇筑，分层振捣，以确保混凝土密实，无蜂窝麻面。

5.2.6 混凝土的养护

混凝土浇筑完毕后，应用塑料薄膜覆盖池壁顶，避免水分蒸发，浇筑 1~2h 后进行二次振捣，消除收缩裂纹和表面泌水，2~3h 后进行二次抹压。抹压后仍覆盖塑料薄膜，并派专人对池壁顶浇水养护。池壁模板拆除后，派专人浇水养护，使池壁混凝土始终保持湿润状态。

抗渗混凝土的养护时间不少于 14d。

留置同条件试块，待混凝土强度达到设计强度的 85% 时进行无黏结预应力筋的张拉。

5.2.7 无黏结预应力筋的张拉

1. 张拉顺序：自下而上，每环的 3 根预应力筋用 6 个千斤顶对预应力筋同时张拉。

2. 张拉机具的检验：在预应力筋张拉前对张拉机具进行一次校验，将设计张拉力值换算为张拉机具所能反映的数据，并标识在张拉机具上，方便操作。

3. 张拉：待混凝土强度达到设计强度的 85% 以上时，即可按方案确定的张拉顺序和张拉应力依次进行张拉。

张拉前还要编写一份详细的张拉方案，计算出预应力筋的伸长值。根据伸长值和张拉工具的最大行程，确定张拉分几次完成。

张拉顺序：安装预应力筋锚具→测量预应力筋的外露长度（L_1）→安装千斤顶→进油张拉→伸长值校核→二次张拉→持荷顶压至规定张拉力值→卸荷锚固→再次测量预应力筋的外露长度（L_2）→填写记录。

预应力筋伸长值 = $L_2 - L_1$

安装锚具时应使夹片均匀打紧并外露一致，张拉时千斤顶张拉力的作用线与锚板垂直。为使张拉同步进行，应设专人负责统一指挥，协调一致。

如实际伸长值大于计算伸长值 10% 或小于计算伸长值的 5% 时，应暂停张拉，查明原因并采取措施后，方可继续张拉。

4. 锚固端封堵：张拉顶紧完毕后，采用砂轮切割机将超长部分的预应力筋切断，严禁用电弧切割，切断后露出锚具外的长度不小于 30mm，之后用塑料带对端头进行缠绕封闭。再用 C40 膨胀混凝土对锚固肋处进行二次浇筑封堵端头。

6. 材料与设备

6.1 材料

6.1.1 水泥

水泥采用普通硅酸盐水泥，强度等级为 42.5 级，设计要求的混凝土强度等级为 C40，混凝土中掺加复合防水剂。

6.1.2 石子

石子粒径为 5～31.5mm，不得使用碱活性骨料。含泥量不大于 1%。

6.1.3　砂子

砂子采用中砂，含泥量不大于 3%。

6.1.4　外加剂

外加剂采用泵送型复合防水剂。检验外加剂对钢筋有无锈蚀。各项指标应符合 JC 474—1999 的中的相关标准。

6.1.5　钢绞线

7ϕ5，d=15.2 钢绞线。应符合 GB/T 5224—95 中相关技术标准。

6.1.6　锚具

锚具选用夹片锚具，MJ15-1。依据 GB/T 14370—2000、JGJ 85—2002 标准对钢绞线—锚具组装件、锚具进行检验，锚具的静载锚固性能、硬度应符合有关规定。

6.1.7　混凝土

混凝土为 C40 泵送混凝土，抗渗等级为 P6，抗冻等级为 F200。施工时不留设施工缝，一次连续浇筑完毕。

6.2　设备

混凝土后台自动计量装置一套，JZC350 型高架搅拌机 2 台，HBT60 输送泵 1 台，混凝土振捣棒 6 条。

张拉机具，根据张拉力值选用 6 台 YCN-25 型前置内卡式液压千斤顶和与之配套的油泵。其他机具，便携式钢筋砂轮切割机 1 台。50m 钢尺 1 把，300mm 的钢板尺 6 把，指挥工具一套。

7. 质量控制

7.1　钢筋进场后，检查出厂合格证，并按规范规定进行力学性能检验。

7.2　混凝土的原材料水泥、砂、石、外加剂、掺合料等必须有出厂质量证明书及进场复试报告，并对混凝土的配合比、坍落度进行监控。

7.3　钢绞线、锚具进场后按规定进行抽样检验。

7.4　同一部位的混凝土应使用同一品种、同一规格的原材料。

7.5　混凝土施工过程中严格按施工方案和技术交底进行施工。

7.6　预应力筋铺设时要检查预应力筋的下料长度及摆放位置、牢固程度。

7.7　千斤顶在使用前要进行标定，并按其标定结果，对张拉力值与油表读数进行换算。

8. 安全措施

8.1　浇筑混凝土时的所有电器均设漏电保护器，防止漏电造成安全事故。

8.2　在预应力作业时，必须特别注意安全，因为预应力筋持有很大的能量，一旦预应力筋被拉断或锚具、千斤顶失效，巨大能量急剧释放，可能造成很大危害，因此对操作人员要进行安全教育，并应在工作区悬挂警示牌。

在任何情况下，作业人员应站在预应力筋的侧面，操作千斤顶和测量伸长值时，要站在千斤顶侧面操作，千斤顶后严禁站人。

8.3　千斤顶、油泵应由专人负责，其他人员不得擅自操作，严格遵守操作规程。

9. 环保措施

9.1　选择低噪声设备，振捣棒选用环保型的，各种影响环境的机械、设备均搭设防护棚。

9.2 施工现场要做好排水沟，每隔30m设沉淀池，以保证施工现场排水畅通，并禁止有沉淀物的污水排入城市污水管网。

9.3 施工现场做好活完底清，随做随清，保证清洁，并有防尘土飞扬，污水外流、灰浆洒漏等措施。

9.4 张拉用的油泵加油时要防止油直接撒漏在地上，造成土壤污染。

10. 效 益 分 析

由于连续浇筑混凝土，池壁上没有因留施工缝而形成的接槎，观感质量好。混凝土池壁一次浇筑完毕，不留设施工缝，大大缩短了工期，降低了三钢工具和机械的租赁费。与普通混凝土相比，节约钢筋6.7t，节约混凝土62m³，取得经济效益7.88万元。

采用后张法无粘结预应力施工方法，与有粘结施工相比施工工艺简单，方便操作。而且施工不受气候影响。

11. 应 用 实 例

山西省大同市东郊污水处理厂扩建工程，日处理污水60000m³，工程中有两个内径50m的二次沉淀池采用无粘结预应力施工工艺进行施工。于2003年10月全部施工完毕，经过满水试验和试运行，未发现渗漏水和其他异常情况。竣工后，经设计单位、建设单位、监理单位和施工单位共同对工程进行检查验收，各项技术指标符合要求，评定为合格。经过2年多的运行使用，效果良好，用户满意。

液压整体提升大模工法

YJGF15—96（2005-2006年度升级版）

上海市第七建筑有限公司

周之峰　梁其家　吴杏弟　曾安平　陈辉

1. 前　　言

液压整体提升大模施工工艺是我公司在20世纪90年代初为施工高层和超高层建筑自行研究开发的一项新技术，经过数个工程的应用，该工艺已逐步完善、日渐成熟并汇编为公司的技术规范《液压整体提升大模工法》，在工程中被广泛推广使用。

《液压整体提升大模工法》于1996年被评为国家级工法，工法编号为YJGF 15—96。由于本工法能较好地解决高层、超高层现浇钢筋混凝土结构施工中的一些技术难题，为此先后荣获1994年度上海建工集团总公司科技成果一等奖、1994年度上海市优秀发明项目选拔赛职务发明一等奖及1995年度上海市科技进步二等奖。

之后10余年来，该工法又被多次采用，并在工程实践中对原工法继续不断地进行优化。至今优化的主要项目有：工具式立柱根据结构形式既可附墙固定亦可支承于结构楼面；可调式脚手能适用结构变断面与收放开间的需要；3t千斤顶与6t千斤顶的合理配置，及与之相对应的$\phi25$与$\phi48$支承杆能根据建筑平面形式灵活布置，使受力更趋合理；选用起吊高度达200m以上、起吊能力达400t·m的大型内爬式塔式起重机；改用输出量为$10\sim60\text{m}^3/\text{h}$、垂直输送高度达250m、水平输送距离达600m的混凝土泵车和输送半径达$6\sim8$m的混凝土布料机等。

以本工法为基础的《穿越有巨型外伸桁架的液压整体提升模板体系及施工方法》于2003年5月14日申请发明专利，于2006年11月1日获得授权，专利号为：ZL03116904.X。该发明在2004年9月第五届中国国际发明展览会上荣获银奖。

以本工法应用工程项目为背景所编制的《上海香港新世界大厦超高层结构关键施工技术》于2003年11月获第十七届上海市优秀发明选拔赛一等奖，并于2004年5月荣获第十三届全国"星火杯"创造发明竞赛优秀项目金奖，同时在第十四届全国发明展览会上荣获银奖。

运用本工法建造的工程具有标准化程度高、工程质量好、安全文明可靠、环境污染低、经济效益高、机械化程度高及施工速度快的效果。

2. 工 法 特 点

2.1　本工法采用工具式立柱作支承，架设作业平台，吊挂大模板、脚手，以液压设备为动力，进行操作平台、大模板及脚手的整体提升。整个设备由三个整体式系统即：整体式竖向大模系统，整体式施工操作空间系统和整体式液压提升系统组成。

2.2　本工法集大模、爬模和滑模等工艺之长，综合利用其优。

1）整套模板系统一次组装到位，连续施工，直至结构封顶。施工中模板不用下至地面，尤其适合闹市中心狭小场地的施工。

2）模板、脚手及操作平台整体提升，采用手动抽拨器微调轴线与标高，施工过程中不会产生累计误差，工程质量有保证。

3）工具式立柱既可支承于结构楼面，亦可附墙设置，布置灵活性强，适用范围广。

4）采用液压系统为提升动力，水平度易控制，且噪声小。

5）布置的全覆盖形操作平台，外挂吊脚手，脚手外侧包有密目式安全网，施工安全可靠。

6）可调式大模与脚手架能适用于建筑结构变断面及开间调整的需要。

2.3 具有液压滑升模板施工一样占用施工面积小的优点，有效地节省土地资源。

2.4 与传统工艺相比，机械化程度较高，可大幅度地减少劳动力和减轻工人的劳动强度，因而节省人力资源。

2.5 由于所需的施工面积小，又采取相应的文明施工和环境保护措施，从而避免了对周围环境的污染。

3. 适 用 范 围

本工法适用于各种平面形状、不同层高的框剪、框筒、筒体及筒中筒等结构形式的钢筋混凝土高层建构筑物的施工，尤其适用于高层和超高层建筑的施工。

4. 工 艺 原 理

采用工具式支承立柱作施工荷载支承，布置整体式操作平台，架搁在工具式立柱上，模板脚手悬挂在操作平台下方。设置以液压为动力的提升系统，驱动操作平台，带大模板、脚手作整体上升。整个系统在提升过程中，穿插进行钢筋绑扎，模板、脚手及操作平台提升到位，将模板校正、固定，相继进行结构模板支模，绑扎钢筋和浇捣混凝土，完成每层结构施工，周而复始，连续施工至结构封顶。见图 4 显示工艺原理的"标准层施工工艺流程示意图"。

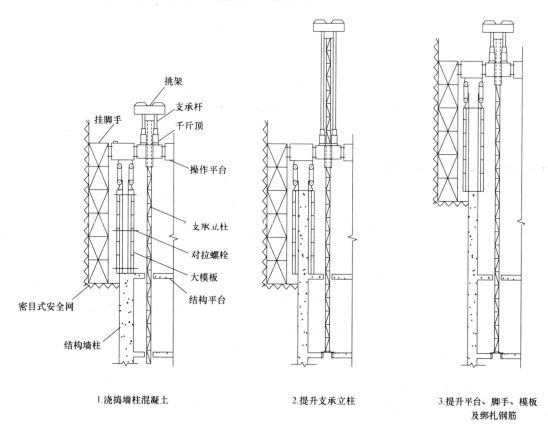

1.浇捣墙柱混凝土　　　　　2.提升支承立柱　　　　　3.提升平台、脚手、模板及绑扎钢筋

图 4　标准层施工工艺流程示意图（一）

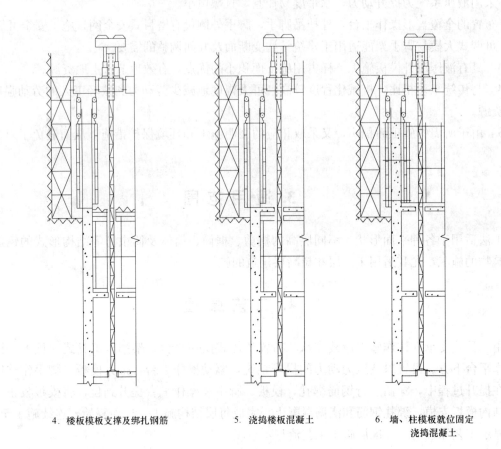

4．楼板模板支撑及绑扎钢筋　　　　5．浇捣楼板混凝土　　　　6．墙、柱模板就位固定
浇捣混凝土

图 4　标准层施工工艺流程示意图（二）

5. 施工工艺流程及操作要点

5.1　施工工艺流程

5.1.1　施工设备组装工艺流程（图 5.1.1）

弹线 → 安装大模 → 安装平台 → 安装立柱 → 布置液压设备 → 提升平台 → 挂脚手

图 5.1.1　施工设备组装工艺流程

5.1.2　标准层施工工艺流程（图 5.1.2）

提升立柱 → 拆卸大模 → 模板清理 → 提升平台、大模、脚手 → 楼板施工（梁板模、钢筋、混凝土）→

养护 → 弹线 → 扎筋 → 大模到位固定 → 浇竖向混凝土 → 养护

图 5.1.2　标准层施工工艺流程

5.1.3　标准层液压操作提升工艺流程（图 5.1.3）
5.1.4　施工设备拆除工艺流程（图 5.1.4）

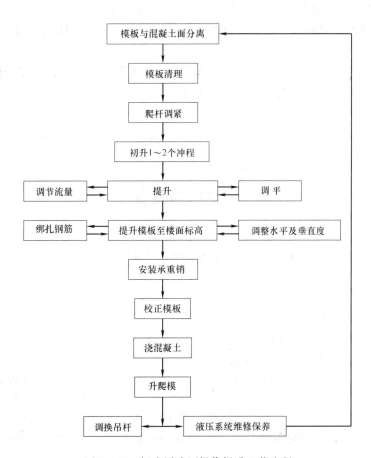

图 5.1.3　标准层液压操作提升工艺流程

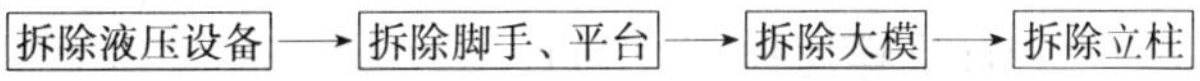

拆除液压设备 → 拆除脚手、平台 → 拆除大模 → 拆除立柱

图 5.1.4　施工设备拆除工艺流程

5.2　操作要点

5.2.1　平台提升到位，及时插入承重销，用铁片填实搁置面上的间隙；分组间隔提升立柱，每根立柱到位，应扶正、固定，并及时将爬架与桁架连接，调紧吊杆，保持受力构件均在承重的工作状态中。

5.2.2　掌握平台同步、平衡上升是保证顺利提升和安全的关键。提升前应调紧吊杆，调平操作平台，使每根吊杆基本上均匀受力；初升后，要检查每只千斤顶和每条油路的工作情况，及时排除故障，及时进行调平，使承重销上的荷载转换到吊杆上，保持各个吊点都处在正常的工作中。

5.2.3　提升前，在每根立柱上做好水平标志。在提升过程中宜以每 250mm 调整一次水平，将操作平台的高差，控制在 10mm 范围之内。

5.2.4　每次提升前，应有专人全面检查平台、大模、脚手等有无影响提升的障碍，要保证在提升过程中，不发生任何的碰、擦、勾、挂等现象。

5.2.5　吊杆可重复使用，可根据实际使用状况，进行回收和调换。

5.2.6　对操作平台，应有专人作检查。发现异常情况，及时研究，采取相应措施。

5.2.7　立柱保持直立，不得有扭曲、偏斜状况。

5.2.8　大模板用套管对撬螺栓固定，压线安装。在拆卸螺栓、撬开大模前，应先收紧钢丝绳，使大模重心与吊环在同一垂直线上，保持垂直悬挂，防止扭转、晃动。大模脱离墙体后，应及时清理板面，用脱模剂护面。

5.2.9　大模脱离墙体，随平台徐徐上升，并在平台上进行墙、柱钢筋绑扎。

5.2.10　楼层水平结构梁板施工，要严格控制标高，此模板从下层向上层翻转使用。钢筋、混凝土从操作平台上方输送到位。

5.2.11　墙体混凝土施工用串桶布料。每层施工结束，对散落的石渣、砂浆进行清除。

5.2.12　混凝土垂直运输，用大机吊运或泵送施工。

5.2.13　水、电布置到平台上，供施工使用。

5.2.14　操作平台、脚手、大模、立柱的拆除，用大机配合，先挂吊勾，后拆卸，按平行对称的程序进行。

6. 材料与设备

6.1　材料

主要材料：按设计要求的各种规格钢筋、商品混凝土、爬杆、液压油等。

6.2　设备

6.2.1　主要机械设备：适合工程设计要求的液压整体提升大模装置一套（包括：整体式竖向大模系统，整体式施工操作空间系统和整体式液压提升系统）、塔式起重机、人货电梯、木工机械、钢筋机械、混凝土的垂直运输机械和水平运输机械、混凝土振捣机械等。

6.2.2　液压整体提升大模装置的主要构造系统

1）立柱布置：立柱既是空间操作平台的支承柱，又是提升的导向柱。立柱的设置应根据平台桁架的实际情况决定：按平台自重、施工荷载和立柱自身刚度，确定立柱根数与间距；按工程平面特征及桁架设置方向，确定立柱位置。由于平台始终位于施工结构层上方空间，不受开间轴线的局限，可以均匀设置立柱。由于立柱是分组间隔提升，故须作两两对称布置。立柱应立在可靠的结构支承体上，必须安全稳固，方便提升，以有利于支模、扎筋、浇混凝土为原则。

2）立柱构造：立柱，用型钢组成定型工具柱，柱长可为三个楼层高，加提升架千斤顶工作所需的行程距。通常经验是 $3.6h$（h 为标准楼层层高）为宜。

3）立柱支承：立柱的支承有附墙支承和楼面支承两种形式，应根据结构形式及施工需要选用。附墙支承是在立柱下端设倒承式钢托架，采用对拉螺栓附墙锚固；楼面支承则用支承底座与楼板锚固，将立柱插入底座，用钢销固定。这两种支承方法，都应对支承体的钢筋混凝土作强度验算，承荷时混凝土强度不得低于 C15。

4）提升导向架：用钢板制做，中间设有导向滚轮，套住立柱，搁在横销上，与平台桁架作固定连接，起承托、带动平台沿立柱上升的功能作用。

5）挑梁、挂杆：在立柱顶端，平放 8 号槽钢作挑架，挂爬杆，并穿过搁在提升架上的千斤顶，起带动提升架工作的作用。

6）平台构造：按工程平面特征，布置平台，平面较大的工程，也可分段划块布置平台。平台用桁架、搁栅组成，上铺平台板。

7）桁架设计应有相应的刚度，应满足荷载与稳定的要求。由于平台是一直处在空间浮动状态，应与支承立柱构成安全稳定的空间结构体系。

8）空间平台，应进行稳定与抗风验算。

9）栏杆、吊脚手：在平台外侧和平台开口处，一律设置栏杆，沿轴线一侧，挂脚手，临空外侧作全封闭。

10）大模板设计，首先由经济性与通用型，定出主模板规格，然后根据工程特征，配置辅助模板。有圆弧且曲率半径层层变化的工程，也应按可多次翻转使用的原则设计配制模板。

11）模板用料：可用涂塑七夹板、涂塑竹片胶合板或薄钢板，亦可用小钢模组合，模板骨架采用槽钢、角钢或扁钢。模板应有足够刚度，板面平整，吊环可靠，成为可多次周转使用的定型设备。

12）液压系统：总油泵 1 台，按验算排油量选用；千斤顶布置，以满足每根立柱荷载为依据选用千斤顶型号和配置数量；从总油泵接出主油管，均匀分段至各分油器，再用分油管连接千斤顶，每路分油管装针形阀，作调平调速装置，控制平衡同步、提升。

6.2.3 典型工程液压提升装置设备见表6.2.3（以 200m² 混凝土平台面积为例）。

典型工程液压提升装置   表 6.2.3

序	名 称	规 格	单 位	数 量
1	液压控制台	70～100L/min	台	1
2	千斤顶	HR-3.5 型	台	96
3	高压橡胶软管	$\phi16$	根（每根 5m）	10
4	高压橡胶软管	$\phi8$	根	96
5	针形阀	1″	只	5
6	液压分配器	$\phi100$	只	5
7	液压分配器	$\phi10$	只	24
8	针形阀	1/2″	只	96

7. 质 量 控 制

7.1 大模板及工具式立柱是液压整体提升大模装置中影响工程质量的重要部件，它们的几何尺寸和刚度在加工过程中和制做成部件后，必须符合设计和有关的技术规范的要求。

大模板的制做质量标准，见表7.1-1大模板制做要求。表7.1-2立柱制做要求。

大模板制做要求   表 7.1-1

项 目	质量标准	检查工具及方法
外形尺寸	−3mm	钢尺测量
对角线	±3mm	钢尺测量
直边垂直度	±2mm	2m 靠尺、塞尺检测
板面平整度	<2mm	同上
螺孔位置	±2mm	钢尺测量
螺孔直径	+1mm	量规检查

工具式立柱的制做质量标准，见表7.1-2立柱制做要求。

立柱制做要求   表 7.1-2

项 目	质量标准	检查工具及方法
截面尺寸	−2mm	钢尺测量
全高弯曲	±5mm	钢丝拉绳测量
螺孔位置	±2mm	钢尺测量
螺孔直径	+1mm	量规检查

7.2 整体提升过程中，使整个操作平台保持在一个水平面上，水平高差不允许超过 40mm。

7.3 大模板脱离墙、柱面后，应及时清理板面，以确保下一个施工层结构混凝土质量。

7.4 经清理的大模板板面应及时涂好隔离剂护面。隔离剂不允许污染钢筋与下层混凝土。

7.5 提升过程中穿插进行钢筋绑扎，应加强自检互检和隐蔽验收，确保钢筋、埋件等的质量。

7.6 模板提升到位在固定前，采用手动抽拨器微调轴线与标高。

7.7 液压设备要经常维修与保养，防止漏油污染钢筋与下层混凝土。

7.8 工具式立柱、平台等钢部件的加工验收按 GB 50205《钢结构工程施工质量验收规范》执行；工程质量验收按 GB 50204《混凝土结构工程施工质量验收规范》、GB 50300《建筑工程施工质量验收统一标准》、JGJ 3《高层建筑混凝土结构技术规程》及 GBJ 113《液压滑动模板施工技术规范》等有关规定执行。

8. 安 全 措 施

8.1 严格遵守有关高空作业、脚手、施工用电、施工机械和消防等的安全施工规范、规程、法律法规文件的规定。

8.2 液压整体提升大模工艺，必须有完整的技术设计资料。所有构配件制做，节点构造都必须符合施工组织设计要求，并认真交底，指派专人组织指挥施工。

8.3 操作平台，应满铺木板，外侧吊脚手和周边栏杆的临空一侧，应作全封闭。筒体内设满堂吊脚手，并作护栏，所有吊脚手均应加保险连接。

8.4 上操作平台应设置竖向爬梯，加保险连接。应尽早布置人货两用电梯供施工人员上下。

8.5 操作平台的施工荷载，应遵守施工组织设计规定，均匀堆放材料，不得超载，每施工一层均应清除一次垃圾。

8.6 支承立柱每次提升到位，均应做好支座的固定连接。对立柱的纵、横、垂直的三相控制，必须符合设计技术规定，以保证稳定安全。

8.7 对平台的每个支承点，承托连接和吊杆，均要求处在紧固受力的工作状态中，不得有松动、虚设情况存在。

8.8 平台整体提升前，必须卸除一切提升障碍，特别是先要拆松大模后再提升。

8.9 平台提升过程中，在平台下方空间，设警戒线，不准有人停留在平台下方，并派专人监护之。

8.10 遇六级及以上的大风天气，应停止作业，在风雪雨后，进行检查，确保安全施工。

8.11 非电工不得随意接线和动用配电设施，操作平台下的照明设施应为 36V 以下低压灯具。

8.12 液压操作工及起重设备操作工，应由具有相应资质的操作工使用，非操作工不得随意动用。

8.13 平台上必须备消防器具，平台上需要动火前应办理相关的动火手续。

8.14 所使用的小型工具，应有绳索绑扎，防止坠落。

8.15 清理模板时应在平台上，并应采取措施，防止碎屑从高处坠落。

8.16 平台上临时堆放的材料应在指定的区域，不得堵塞通道。

9. 环 保 措 施

9.1 操作平台上，设置专用废料垃圾箱，每班交接前应做到"落手清"，下班时应将废料垃圾箱内的垃圾带下，归放到指定的垃圾堆场。

9.2 混凝土卸料和振捣时，应避免混凝土不溢出模外污染周围环境。

9.3 地面施工道路应根据实际情况采取晴天浇水等措施，以减少尘土飞扬。

9.4 地面施工场地应设置排水沟接至指定的排放口，以排除雨水、施工和生活下水，当施工下水有沉淀物时，应经沉淀池沉淀，使下水达到排放标准后才能排放。

9.5 地面施工现场，应设置废旧物资暂存堆场，并定期处理。

9.6 对有毒有害的废旧物资，如油回丝、废油筒、油漆筒、废电池、废灯管等应集中回收，并定期委托有相应资质的单位统一处理。

9.7 加强对机械设备的保养，杜绝因油料的"跑、冒、滴、漏"造成对环境的污染。

9.8 凡需烧电焊处，应设置隔离屏障，防止光污染。

10. 效 益 分 析

10.1 施工速度快，每层 800~1200m²，5~7d 1层。最快可达到 3d 1层。

10.2 节约结构部分外脚手费用约 30%~50%。

10.3 施工过程中，可逐层调整轴线与标高，不会产生累计误差，结构质量能确保达到国家规范的优良标准。

10.4 模板可采用工厂定型化制做，损耗少，翻转次数多，能适用于各种形式的建筑物和构筑物。

10.5 减少施工用地，特别适用闹市中心狭小场地的高层、超高层建筑施工。

10.6 与普通大模板施工工艺相比较；

——工效高，用工省，可节约用工约 25%。

——减少垂直吊运次数约 30%。

11. 应 用 实 例

我公司自1993年5月起在第一个试点工程采用本工艺以来至1996年7月，共施工6幢高层，建筑面积为 27.84 万 m²。部分工程实例见表11。

1996年至今，我公司先后还在上海香港新世界大厦、中华企业大厦和中欣大厦等工程采用本工法施工。

上海香港新世界大厦上部结构平面基本呈矩形，结构形式为钢结构框架—钢筋混凝土核心筒结构，随结构上升平面变化较多。层数为60层，大屋面（冷却塔层）位于210.40m，大屋面以上为钢结构构架，顶部东西两侧箱形钢桅杆高至265.50m。该工程核芯筒与外围钢结构安装立体交叉施工，核芯筒施工较钢结构快5~12层，在10~11层和41~43层的筒体墙中还安装有4榀外伸巨型钢桁架，核芯筒施工采用液压整体提升模板的施工技术，同时解决巨型外伸桁架安装和液压整体提升模板施工时的交叉配合。该工程结构质量良好，筒体垂直度未超过30mm的要求。

我公司在工程应用本工法施工均一次成功，并有效缩短工期，降低工程成本。取得了良好的经济效益及社会效益。

部分工程应用实例　　　　　　　　　　　　　　　　　　表 11

工程项目	福申里农业银行	世贸大厦	环球世界商业大厦	静华大厦	青年活动中心	世界金融大厦
设计单位	民用院	华东院	华东院	华东院	民用院	同济设计院
施工单位	上海市第七建筑有限公司	上海市第七建筑有限公司	上海市第七建筑有限公司	上海市第七建筑有限公司	上海市第七建筑有限公司	上海市第七建筑有限公司
建筑面积(m²)	25000	57700	44700	30000	32600	88400
建筑平面形式	三个不同圆心的圆形	矩形	三角形	正方形	三角形	梭子形
层高(m)	3.30	3.60	3.40	3.30	3.50　6.00　9.00	3.55(施工阶段为直筒体)
层数	31	33	31	26	19	43
总高度(m)	120	150.30	119	112	105	174.05
施工速度(d)	5~6	5~6	5~6	5~6	5~6	5~6　最快3
垂直偏差(mm)	<30	<30	<30	<30	<30	<30
结构质量	优良	优良	优良	优良	优良	优良

高层建筑施工"滑一浇一"工法

YJGF21—91（2005-2006 年度升级版）

上海市第七建筑有限公司

周之峰　费跃忠　梁其家　陈辉

1. 前　言

新中国成立以来，尤其是改革开放之后，我国建筑业得以蓬勃发展，呈现一派从未有过的欣欣向荣景象。最近 20 余年，高层建筑和新型结构的高耸构筑物日益涌现，人们在施工中不断地学习和实践，总结了不少施工高耸建构筑物的工艺，很好地解决了"高耸施工"的一系列技术难题。液压滑升模板施工工艺就是其中一种比较成熟的高耸建构筑物施工工艺。

我公司采用液压滑升模板工艺施工高耸建构筑物具有较长的历史，自 20 世纪 60 年代末以来就多次利用该工艺建造了一批高耸的建构筑物，如高达 200m 以上的火力发电厂钢筋混凝土烟囱；20 世纪 70 年代中期又将该工艺应用到高层建筑的施工中，并结合高层建筑的特点，在液压滑升模板施工工艺的基础上反复实践并研发了高层建筑"滑一浇一"的施工工艺，并将其总结为高层建筑"滑一浇一"工法。

高层建筑"滑一浇一"工法，具有保证施工的高层建筑结构整体性好、工程质量达标、施工安全文明、环境污染在控、机械化程度高、建造周期短等优点。为此，该工法于 1984 年 12 月通过原上海市建筑工程局鉴定，1985 年获原上海市建筑工程局科技成果二等奖，1986 年获上海市科技成果三等奖。1991 年该工法被评为国家级工法，工法编号为 YJGF 21—91。20 世纪 90 年代以来该工法又不断在工程实践中修改补充，日臻完善。

2. 工 法 特 点

2.1 现浇的墙体和楼板节点结构整体性好，能确保设计结构刚度的要求。

2.2 结构施工逐层配套完成，提供了立体施工作业面。为室内装饰工程提前施工创造了条件，有效地缩短了施工总周期，经济效益和社会效益显著。

2.3 滑模装置具有较好的刚度且采取一定技术措施，能确保滑空时平台的稳定；滑升一层墙板紧随着现浇一层楼板，墙体自由高度小，有利于保证施工阶段结构的稳定；操作平台与已浇捣完成的楼层结构高度差仅一层，操作人员有安全感，所有这些措施都有利于高空施工安全。

2.4 具有液压滑升模板施工一样占用施工面积小的优点，有效地节省土地资源。

2.5 与传统工艺相比，机械化程度较高，可大幅度地减少劳动力和减轻工人的劳动强度，因而节省人力资源。

2.6 由于所需的施工面积小，又采取相应的文明施工和环境保护措施，从而避免了对周围环境的污染。

3. 适 用 范 围

本工法特别适用于剪力墙结构体系的高层建筑，以一层建筑平面 400～600m² 为宜，建筑面积较大时，可采取分段或按变形缝分段高低滑升，滑升的墙身可以是等截面，亦可变截面，楼层可以有内阳台，亦可为外挑阳台，建筑开间尺寸一般可达 7.2m。

本工法亦可用于每隔一定高度设置内平台的现浇混凝土筒体结构。

4. 工 艺 原 理

本工法的工艺是墙体采用液压滑升模板、楼板采用就地支模的原理。

墙体模板滑升一层，待该层的墙体混凝土浇捣完后，紧接着在下层已完成的混凝土顶板平台上支模现浇该层的平台顶板，每层结构按"滑一浇一"工序连续进行。

本工法的主要工艺原理见图 4-1 墙身滑空示意和图 4-2 楼面施工示意。

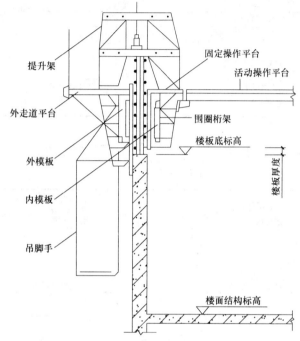

图 4-1　墙身滑空示意

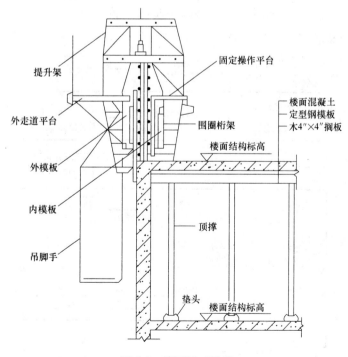

图 4-2　楼面施工示意

5. 施工工艺流程及操作要点

5.1 施工工艺流程

5.1.1 总体施工工艺流程（图 5.1.1）

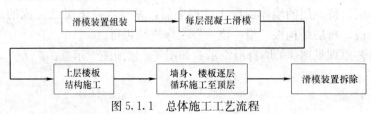

图 5.1.1 总体施工工艺流程

5.1.2 标准层施工工艺流程（图 5.1.2）

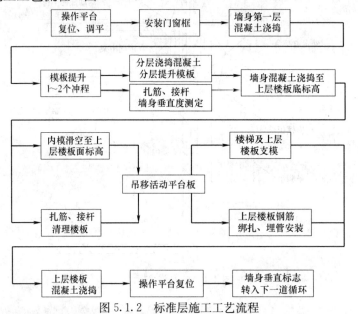

图 5.1.2 标准层施工工艺流程

5.1.3 滑模装置组装顺序（图 5.1.3）

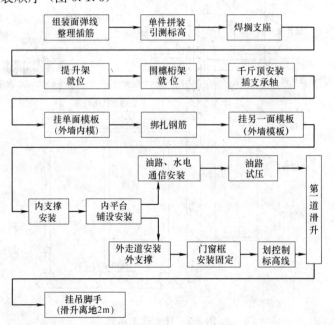

图 5.1.3 滑模装置组装顺序

5.2 操作要点

5.2.1 墙身混凝土浇捣应分层均匀，浇捣高度控制在 220～300mm，第一层的混凝土浇捣高度较难控制，可控制塔吊均匀卸料到每个房间来达到均匀浇捣的目的。

5.2.2 墙身混凝土浇捣速度应确保下层混凝土初凝前浇完上层混凝土，以保证正常提升，特别是第一层混凝土浇捣时间影响模板的初升，应予以注意，否则易导致混凝土拉裂，为减少摩阻力，第一层混凝土浇捣完强度达到 0.2MPa 时，应先提升 1～2 个冲程。

5.2.3 墙身滑模施工，每提升 200～600mm 必须用线锤测定结构垂直度并进行动态调整，每层滑空结束用经纬仪测定垂直度，作为滑升时纠偏的依据。

5.2.4 滑升过程中的垂直偏差可用调整千斤顶的提升高差来纠正，但必须缓慢，防止纠偏过度。一层精升结束后的垂直度偏差可在滑模架和下层窗口之间设置捯链予以解决。

5.2.5 严格控制滑升的标高，应在每根支承杆上做好明显的水平标记，采取分区人工控制，在统一指挥下调平，每层标高以±0.00 处引测，以减少累计误差，确保建筑总高度准确。

5.2.6 支承杆必须先调直、除锈，相邻四根支承杆应不在同一水平面；相邻两根支承杆的接头高差不应小于 1m 或支承杆直径的 35 倍，同一高度上支承杆的接头数不应大于支承杆总数的 1/4。支承杆连接可用坡口焊，焊接后将接头锉平，以利于千斤顶滑升通顺，滑过接头后及时进行绑条电焊加固。

5.2.7 为防止墙身顶层混凝土出现拉裂现象，在模板即将滑空前，其提升时间隔时间在原来浇一层升一层的基础上相应缩短，次数增加，直至混凝土达到终凝后可滑空。

5.2.8 滑空的标高控制，以内模板下口滑升至楼面结构面标高为准，不宜超过此高度。

5.2.9 墙面脱模后，应配备各人员及时将表面抹平打毛，需局部修补的缺陷应用原浆予以整修。

5.2.10 混凝土出模强度控制在 0.2～0.4MPa，可用贯入阻力仪实测。

5.2.11 滑模混凝土的级配应符合滑升的需要，坍落度宜控制在 6～10cm，混凝土中可掺加磨细粉煤灰增强可滑性能。

5.2.12 对不同品种水泥应事先测定其初凝时间，并及时调整提升速度，不同季节和气温下施工，可根据需要增加早强剂或缓凝剂。

5.2.13 混凝土布料，通过垂直运输机械将混凝土输送到平台上后由人工铲入模，门窗框两侧应对称均匀浇捣，防止门窗框位移或倾斜。

5.2.14 门窗框在混凝土浇捣时，容易上浮，其固定方法可采用在框侧板上打孔，插入与主筋焊接固定的短钢筋，防止钢框上浮。

5.2.15 混凝土楼板模的支撑拆除时间，应执行 GB 20204《混凝土结构工程施工质量验收规范》的有关规定，因滑升速度极快，支撑柱数量宜配置 3～4 层，以满足楼板施工荷载的强度要求。

5.2.16 滑空时应及时对支承杆干进行加固，以确保支承杆的稳定。

5.2.17 千斤顶的渗油现象应及时制止，滑升一层后及时将漏油千斤顶调下维修。

6. 材料与设备

6.1 材料

主要材料：定型钢模板、4″×4″木方、设计要求的各种规格钢筋、按设计要求规格的爬杆、焊条、按设计要求强度等级的商品混凝土、液压油等。

6.2 设备

6.2.1 主要机械设备：适合工程设计要求的液压滑模装置一套（包括：模板系统、操作平台系统、液压提升系统、施工精度控制系统以及水电配套系统）、电焊机、木工机械、钢筋机械、混凝土的垂直运输机械和水平运输机械、混凝土振捣机械等。

其中混凝土垂直运输机械设备应根据施工的高度、平面尺寸及每层混凝土用量可选择内爬或外爬式塔机，每层墙身混凝土在 122m³ 以上的，有条件可用混凝土泵作垂直输送；混凝土的水平运输机械则可选用布料机。

6.2.2 "滑一浇一"的液压滑模装置

1）本工法滑模装置按 GBJ 113《液压滑动模板施工技术规范》的有关规定设计。由于在楼板施工时，滑模装置处于半滑空状态，因此滑空时操作平台的刚度和稳定是滑模设计的根据。

2）滑模提升架有两种形式，即钳形提升架和转角提升架，钳形提升架具有较好的刚度，可减少模板变形，转角提升架设置在墙身阴角处。

3）围圈设计成桁架式以增强模板的整体性。以工字钢平卧作为桁架上下弦杆，使模板具有较好的侧向刚度，减少变形。用 φ48 钢管中间穿螺杆为桁架腹杆，可装拆拼接成需要的各类长度。

4）模板为冷轧型钢模。长度为：内模长 900mm，外模长 1200mm，每个房间阴角设置整体角模，长度和外模相同，电梯井、天井等无楼层平台处的外侧均设置 1200mm 长外模，因此当内模滑空时，每个房间四角模板及外模仍紧夹墙身。长模板将整个平台保持在垂直位置，与支承杆共同使平台控制在稳定的状态。

5）门窗框宜采用活络拼拆钢框，并设有角撑和水平撑保证外形准确，框的厚度比墙身厚度收小 15mm。

6）操作平台可按起吊条件设计为分块吊移式平台板，或就地翻起的平台板，因为每层施工时平台均需开启。因此平台板搁置为简支处理，不作固定措施，平台的整体刚度以每间设置垂直支撑，墙阴角亦必须设置支撑，防止角度变形。

7）千斤顶的布置按不同建筑平面的构造需要设置，并参照模板不滑空或半滑空的条件下，按允许承载力的计算公式对支承杆进行验算。

$$P = \frac{\pi^2 EJ}{k(\mu I)^2} \quad 千斤顶选用 HQ\text{-}3.5。$$

式中　k——安全系数，取值不应小于 1.8；

　　　μ——自由长度修正数，取 0.6～0.7；

　　　I——自由长度，取千斤顶下卡头到模板下口。

8）油管：总油管用 φ25 钢管，搁置在提升架顶面；分油管为 φ16 高压橡胶管接通分油器，甩 φ8 高压橡胶管接通千斤顶。

9）操纵台设油泵 1 台，必须复算其泵油量。

10）滑模装置参数以 400m² 操作平台面积为例，其参考数据见表 6.2.2。

400 m² 操作平台的滑模装置参考数 表 6.2.2

名称	规格	单位	数量
千斤顶	HQ-3.5t	个	220～270
油泵	100L/min	台	1
油管	φ25 无缝钢管	m	130～150
油管	φ16 L=5m 高压橡胶管	根	8～10
油管	φ8 L=3m 高压橡胶管	根	220～270
分油器		个	60～80
提升架（钳形）		榀	110～130
提升架（直架）		根	90～100
围圈桁架		m	500

7. 质量控制

7.1 滑模装置组装的质量是滑升施工质量的关键，对于模板锥度、墙身厚度、节点连接等均应逐一全面验收，并办理交接手续。

7.2 墙身滑模混凝土浇捣施工应有统一指挥，随时协调解决混凝土搅拌合浇捣，混凝土浇捣和模板滑升，以及与垂直运输机械配合等整个滑升过程中的矛盾。

7.3 每层墙身混凝土滑升后，即测定垂直度偏差值，办理书面资料，交下层施工作纠偏依据。

7.4 各工种应有明确的岗位责任制，严格分工，定点定块，各负其责。

7.5 每滑升 2～4 层时滑升系统设备保养一次，校正滑升过程中产生的变形，使模板系统保持良好的状态。

7.6 模板清理应予以重视，施工中应随时清理操作台上的混凝土、砂石等残余垃圾，经常保持操作台、模板等的清洁，在滑空阶段亦必须派人清理模扳。

7.7 墙身和楼板混凝土浇捣以后，应加强养护，在滑模平台上设置和建筑平面相似的水管环路，以保证水源的供给。

7.8 液压设备应有备用件，防止某一部件损坏而影响整体滑升施工。

7.9 钢部件的加工验收按《钢结构工程施工质量验收规范》GB 50205 执行；工程质量验收按《混凝土结构工程施工质量验收规范》GB 50204、《建筑工程施工质量验收统一标准》GB 50300 及《液压滑动模板施工技术规范》GBJ 113 等有关规定执行。

8. 安 全 措 施

8.1 严格遵守有关高空作业、脚手、施工用电、施工机械和消防等的安全施工规范、规程、法律法规文件的规定。

8.2 平台上的施工荷载应严格按施工组织设计规定控制，不能超载。

8.3 支承杆长度不得超过 4.2m，插杆时由 2 人配合插入。

8.4 平台四周均设防护栏杆（高 2m）、踢脚板及安全网，吊脚手排板要有固定措施。

8.5 随时检查支承杆和操作平台的工作状态，如发现异常，及时进行加固。

8.6 非电工不得随意接线和动用配电设施，操作平台下的照明设施应为 36V 以下低压灯具。

8.7 液压操作工及起重设备操作工，应由具有相应资质的操作工使用，非操作工不得随意动用。

8.8 台上必须备消防器具，平台上需要动火前应办理相关的动火手续。

8.9 所使用的小型工具，应有绳索绑扎，防止坠落。

8.10 清理模板时应在平台上，并应采取措施，防止碎屑从高处坠落。

8.11 吊移操作平台前，楼板清理等工作必须完毕。

8.12 平台上临时堆放的材料应在指定的区域，不得堵塞通道。

8.13 滑模设备拆除应严格按拆除工艺的顺序进行，并要求上下通信联络畅通。

9. 环 保 措 施

9.1 操作平台上，设置专用废料垃圾箱，每班交接前应做到"落手清"，下班时应将废料垃圾箱内的垃圾带下，归放到指定的垃圾堆场。

9.2 混凝土卸料和振捣时，应避免混凝土不溢出模外污染周围环境。

9.3 地面施工道路应根据实际情况采取晴天浇水等措施，以减少尘土飞扬。

9.4 地面施工场地应设置排水沟接至指定的排放口，以排除雨水、施工和生活下水，当施工下水有沉淀物时，应经沉淀池沉淀，使下水达到排放标准后才能排放。

9.5 地面施工现场，应设置废旧物资暂存堆，并定期处理。

9.6 对有毒有害的废旧物资，如油回丝、废油筒、油漆筒、废电池、废灯管等应集中回收，并定期委托有相应资质的单位统一处理。

9.7 加强对机械设备的保养，杜绝因油料的"跑、冒、滴、漏"造成对环境的污染。

9.8 凡需烧电焊处，应设置隔离屏障，防止光污染。

10. 效益分析

10.1 施工周期：通过大量工程实例说明，高层建筑采用本工法施工能有效地缩短结构施工周期，一般速度为 5～7d/每层，最快速度 3～4d/层，28 层结构施工周期 5～6 个月。1 个月能连续滑升 7 层。

10.2 工程质量：本工法对结构施工的墙身截面尺寸、表面平整度及墙身垂直度偏差等质量能达到有效的控制，特别是结构垂直度，对于高层建筑结构施工难度较大，但通过质量控制，垂直度偏差均控制在"规范"允许范围内。经某工程实测 50mm 的仅两点，21～30mm 的偏差值占多数。

表 2 中列的 7 个工程实例 72 个实测点的垂直度实测统计为：

0～20mm：11 点，占 15.3%

21～30mm：44 点，占 61.1%

31～40Tm：11 点，占 15.3%

41～50mm：6 点，占 83%

10.3 结构用工节省：本工法施工的高层住宅结构用工为 1.02 工日/m²，为大模板结构施工耗工的 60%，为定型小刚模结构施工耗工的 70%。

11. 应用实例

我公司自 1984 年以来应用该工法完成高层建筑施工共 22 幢，计 24.8 万 m²，其中部分工程概况见表 11。

之后，我公司在上海东安高层、上海焦化厂扩建工程等工程应用本工法。上海东安高层位于东安路 50 弄，为上海市老干部局住宅楼 B1、B2 楼，平面呈 X 形，层高 2.8m，半地下室，地上 26 层，总高 82.5m。建筑面积为 14357×2m²，为钢筋混凝土剪力墙结构。主体结构采用"滑一浇一"工法，结构施工质量良好。上海焦化厂扩建工程位于车沟桥路北面，其中 6 号焦炉烟囱高 100m，底部外径 7.84m，内径 7.0m，顶部外径 3.24m，内径 2.88m，采用"滑一浇一"工法施工，施工质量和工期均达到业主的要求。

已建高层"滑一浇一"施工概况　　　　表 11

工程项目		吴兴路高层 3 号房	武夷路 2 号房	田林路 404 号房
设计单位		上海民用设计院	上海民用设计院	上海民用设计院
施工单位		上海市第七建筑有限公司	上海市第七建筑有限公司	上海市第七建筑有限公司
建筑面积(m²)		6124	9726	9996
层数	地上	16	18	18
	地下			
标准层	面积(m²)	400	540	465
	开间(m)	3.6	3.3	3.3
	进深(m)	5.1　6.0	8.1	8.1
	层高(m)	2.8	2.8	2.8
	内墙(cm)	20	20	18
	外墙(cm)	20	25	20
	楼板(cm)	12	12	12
	混凝土(m³) 墙	97	129	125
	板	47	62	50
施工速度	最快天/层	4	4	5
	一般天/层	5	7	7
垂直度偏差(mm)		35	50	31

续表

工程项目		中山医院集体宿舍	宛平路公寓4号房	宛平路公寓3号房	天钥桥路2号房
设计单位		上海民用设计院	深圳大学建筑设计院	深圳大学建筑设计院	上海民用设计院
施工单位		上海市第七建筑有限公司	上海市第七建筑有限公司	上海市第七建筑有限公司	上海市第七建筑有限公司
建筑面积(m²)		6759	13900	17700	9978
层数	地上	15	28	32	18
	地下		1	1	
标准层	面积(m²)	451	563	589	554
	开间(m)	3.6 7.2	3.3 3.6	3.3 3.6	3.3 3.6
	进深(m)	6	4.5 5.1	4.5 5.7	6.6 3.4
	层高(m)	2.8	2.8	2.8	2.8
	内墙(cm)	18	22	28	20
	外墙(cm)	18	25	30	25
	楼板(cm)	10	12	12	12
混凝土 (m³)	墙	82	180	217	150
	板	30	64	66	57
施工速度	最快天/层	4.5	3.5	4	3
	一般天/层	6	5	6	4
垂直度偏差(mm)		37	33	36	28

立井机械化快速施工工法

YJGF21—2000（2005-2006 年度升级版）

中煤第五建设公司

杜勇　程志彬　刘传申　江军　陈晓辉

1. 前　言

　　矿山井巷工程开拓过程中，井筒施工是全部开拓工作的起点，也是所有工作中的重点和难点。采用立井开拓的矿井，其井筒工程量仅占矿井建设总工程量的 3.5%～5%，但其建设工期却占总工期的 40% 左右。为适应现代化矿山的建设需要，加快立井施工速度，是缩短矿井建设工期的关键，特别是大于 800m 的深立井井筒，加快施工速度尤其重要。

　　20 世纪 80 年代，全国煤炭行业基本建设活动中，立井平均施工速度仅为 20～30m/月，1986～1996 年的 10 年间，全国立井井筒只有 23 次突破百米大关。中煤五公司第三工程处自 1990 年摩洛哥杰拉达煤矿Ⅲ号井井筒（净径为 φ6.8m，井深为 785.1m）施工开始，首次系统地运用立井机械化配套作业线，并于同年 3 月和 11 月分别创出月成井 106.4m 和 107.6m 的好成绩，全年共施工井筒 569m，平均月成井速度为 81.3m。随后于 1993 年 10 月在山东省枣庄矿务局付村煤矿（年产 4Mt/a）副井井筒（净径为 φ8m，井深为 547.7m）施工中，再次运用立井机械化配套作业线，创出月成井 120.1m 的全国同类井型最高记录，且全井筒平均月成井速度达 78 m。1996 年 8 月，中煤五公司三处开始承建河北宣东二矿副井井筒工程（净径为 φ6.5m，井深为 850.3m），同时提出了"立井机械化快速施工的研究计划"。通过宣东二矿副井井筒立井机械化快速施工的研究与实践，中煤五公司三处成熟地利用立井机械化配套作业线，自 1997 年 9 月～1998 年 2 月创造了井筒基岩段施工连续 6 个月成井超百米（累计成井 713.6m）、平均月成井 118.8m、最高月成井 146.0m、最高日成井 7.2m 的佳绩，创国内立井井筒快速施工新记录，工程质量评为 1998 年度全国煤炭系统优质工程。1998 年 11 月由中煤五公司三处完成了《立井机械化快速施工研究》的成果报告，该项技术研究成果获 1999 年度江苏省煤炭工业科学技术进步"一等奖"。经过多年来国内、外各类立井井筒的施工实践，形成了立井井筒机械化快速施工综合配套的施工方法，2001 年，中煤五公司三处以立井井筒机械化快速施工综合配套为技术核心，申报了《立井机械化快速施工工法》，该工法于 2001 年 6 月 12 日由中国煤炭建设协会评为 1999～2000 年度煤炭行业（部级）优秀工法，并于 2001 年 11 月 7 日由中华人民共和国建设部评为 1999～2000 年度国家级工法（工法编号为：YJGF 21—2000）。

　　近六年来，该工法在中煤五公司三处几十个立井井筒的应用实践过程中，取得了多项施工佳绩，不断刷新立井施工纪录。通过不断地进行技术跟踪，加大技术创新力度，对原工法进行了有效的修订与补充，主要体现在凿井设施的优化布置、新型高效施工装备的投入使用、机械化配套系统生产能力的提高、施工设备设施的技术创新、质量与安全管理水平的提高等方面，继续保持了工法的先进性和适用性。

2. 工 法 特 点

2.1　根据立井井筒直径、深度及地质条件合理配置机械化装备，实现快速施工。

2.2　施工各工序之间紧密衔接，有利于实现正规循环作业。

2.3　井筒开凿后立即进行永久支护，不需进行临时支护，节省临时支护时间和材料，既简化了施工工艺，确保了施工安全，又有利于降低工程成本，提高企业的经济效益。

2.4 各工种实现专业化，按"滚班制"作业，充分调动了职工的主观能动性。

2.5 提高了伞钻的凿岩能力，有利于深孔爆破的实施，为大段高模板的使用创造了条件（掘砌段高可达 4～5m），充分发挥机械化装备的优势。

2.6 投入了部分新型高效施工设备，提高了施工系统的可靠性和生产能力。

2.7 施工系统中的小改小革，如吊盘喇叭口进出吊桶的梯子、放置于模板上口的移动式截水槽、伞钻打眼时用的负压捕尘器，等等，提高了生产系统的安全性、施工速度和施工质量。

3. 适 用 范 围

3.1 本工法广泛适用于煤炭、黑色金属、有色金属、稀有金属和非金属等各类矿山工程立井井筒施工。

3.2 适用于井筒净直径不小于 φ4.0m，最大可达 φ8.0m 以上，且净直径越大越能发挥其技术性能。

3.3 井筒深度无限制，井筒越深越能发挥机械化快速施工性能，根据目前凿井设备能力，该工法满足 1200m 深的井筒施工。

3.4 井筒涌水量要求小于 10m³/h，水量超过 10～20m³/h 时应采取综合治水措施，否则将影响机械化设备效率的发挥，施工速度、井壁质量等将受到一定的影响。

4. 工 艺 原 理

本工法工艺核心部分就是按"四大一深"工艺进行施工，即提升选用凿井专用"大提升机"，配"大吊桶"；出矸选用"大抓岩机"；凿岩采用"伞钻深孔凿岩、光面爆破"；砌壁选用"大模板"。实例之一：断面布置图及机械化配套示意图分别见图 4-1、图 4-2。

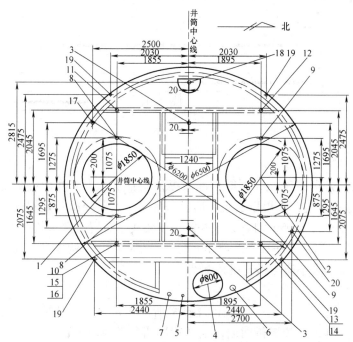

图 4-1 井筒（净直径 6.5m）施工断面布置图

1—主提吊桶（4m³）；2—副提吊桶（4m³）；3—中心回转抓岩机；4—风筒；
5—供水管；6—压风管；7—排水管；8—主提绳；9—副提稳绳；10—1 号
吊盘绳（通讯电缆、信号电缆）；11（12）—2 号、3 号吊盘绳；
13—4 号吊盘绳；14—照明电缆；15—通信电缆；
16—信号电缆；17—动力电缆；18—安全梯；
19—模板；20—放炮电缆

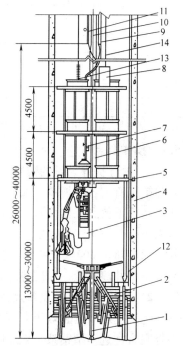

图 4-2 立井掘砌工艺机械化装备示意图

1—FJD-6A 型伞钻；2—整体金属下行模板；
3—HZ-6 中心回转抓岩机；4—混凝土下料管；
5—三层凿井吊盘；6—风筒；7—分风器；
8—水箱；9—压风管；10—排水管；
11—供水管；12—模板悬吊绳；
13—吊盘悬吊绳；14—稳绳

5. 施工工艺流程及操作要点

5.1 本工法的工艺流程（图 5.1）：

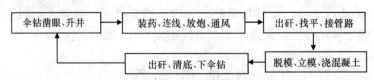

图 5.1 立井机械化快速施工工法重要工艺流程

依次反复循环，每一循环时间一般为 20～24h，实例之一：基岩段正规循环图表见表 5.1。

井筒基岩段正规循环图表 　　　　　　　　　　　　　　　表 5.1

班别	工序名称	工 时		时 间						
		h	min	1	2	3	4	5	6	7
凿岩班	交 接 班		10							
	下伞钻及凿岩准备		20							
	凿 岩	3	30							
	伞钻升井		20							
	装药连线放炮	1								
出矸班	交 接 班		10							
	通风安检		30							
	接管路风筒	1	30							
	出矸找平	3	30							
砌壁班	交 接 班		10							
	脱模立模	1								
	浇筑混凝土	3	00							
清底班	交 接 班		10							
	出矸	3	40							
	清底	1	30							

说明：一个循环 21.5h，炮眼深 4.5m，循环进尺 4m。

5.2 操作要点

5.2.1 最佳提升设备的配套

立井施工所需各种材料、人员上下，尤其是爆破后的矸石等全部需提升设备从井下工作面提到地面（或从地面下放到工作面）。因此要确保立井快速施工得以实现，前提条件之一就是要配备足够的提升能力来满足快速施工的需要。当井筒净直径不大于 ϕ5m 时，如果井筒深度较浅宜布置一套单钩提升，如果井筒深度超过 600m 宜布置两套单钩提升；当井筒净直径＞ϕ5.5m 时，宜布置两套单钩提升。提升机选型应根据井筒直径、深度等综合确定，吊桶大小应与提升机相配套。

5.2.2 最优打眼爆破设备及技术

立井施工速度与爆破效果有直接联系，而爆破效果由打眼设备及技术所决定。立井尤其是深立井施工，打眼宜优选伞型钻架，配 YGZ-70 型导轨式高频凿机凿岩。当井筒净直径为 ϕ5～ϕ6m 时，选用 FJD-6 型伞钻，当井筒净直径为 ϕ6.5～ϕ8m（或更大）时宜选用 FJD-6A 型或 FJD-9 型伞钻较为有利。宜采用深孔光面爆破技术，T220 型高威力水胶炸药，反向连续式装药结构，5 段毫秒延期电雷管分组并联方式。实例之一：基岩段炮眼布置见图 5.2.2、基岩段爆破参数、爆破效果预期与实际对照分别见表 5.2.2-1、表 5.2.2-2、表 5.2.2-3。

5.2.3 最优装矸与排矸设备的配套

立井快速施工的每一循环中，出矸时间往往占 40％～50％，如何缩短出矸占用的时间是快速施工

井筒基岩段爆破原始条件　　　　表 5.2.2-1

序　号	名　　称	单　位	数　量	备　注
1	井筒净径	m	$\phi 6.0$	
2	井筒荒径	m	$\phi 7.1$	
3	井筒掘进断面	m²	39.6	
4	岩石条件	f	4 左右	
5	雷管			五段抗杂散毫秒延期电雷管
6	炸药($\phi 45$)	m/卷、kg/卷	0.4、0.7	T220 型高威力水胶炸药

井筒基岩段爆破参数表　　　　表 5.2.2-2

圈别	每圈眼数（个）	眼深（mm）	眼装药量（kg/眼）	炮眼角度（°）	圈径（mm）	总装药量（kg）	眼间距（mm）	起爆顺序	联线方式
1	6	4700	4.2	90	1700	25.2	850	I	并联
2	12	4500	3.5	90	3000	42.0	763	II	并联
3	18	4500	3.0	90	4300	54.0	747	III	并联
4	23	4500	2.8	90	5600	64.4	785	IV	并联
5	42	4500	1.4	88	6800	58.8	508	V	并联
合计	101					244.4			

井筒基岩段预期爆破效果　　　　表 5.2.2-3

序　号	爆破指标	单　位	数　量
1	炮眼利用率	%	90.5
2	每循环爆破进尺	m	4.05
3	每循环爆破实体矸石量	m³	160.4
4	每循环炸药消耗量	kg	244.4
5	单位原岩炸药消耗量	kg/m³	1.524
6	每米井筒炸药消耗量	kg/m	60.3
7	每循环雷管消耗量	个	101
8	单位原岩雷管消耗量	个/m³	0.63
9	每米井筒雷管消耗量	个/m	24.94

得以实现的重要因素。目前国内立井快速施工出矸一般均优选 HZ-6 型中心回转抓岩机出矸，当井筒净直径不小于 $\phi 6.5$m 时，应优先考虑两台中心回转抓岩机出矸。实例之一：在净直径 $\phi 6.5$m、井深 700m 施工时，布置了两台中心回转抓岩机，实践证明两台中心回转抓岩机同时出矸，使抓岩速度提高了近一倍，小班出矸时间缩短了 2h 左右，仅此一项整个井筒出矸时间就节省了 450h，工人劳动强度也降低了 30% 以上，同时也提高了清底质量，为后续打眼工作创造了良好的条件。

5.2.4　最优砌壁模板及下料工艺相配套

砌壁模板是立井快速施工具有工艺特征的关键设备，模板性能好坏直接影响到施工速度的快慢及质量的好坏。目前，立井快速施工模板一般均采用 MJY 型整体金属刃脚下行模板，该模板具有脱模能力强、刚度大、变形小、立模方便等优点，一般在地面由 3～4 台稳车悬吊。模板直径根据井筒直径来选型，段高一般为 3～5m，砌壁混凝土一般由井口的混凝土集中搅拌站提供，强制式搅拌机拌料，底卸式吊桶下料至吊盘，经分灰器送灰入模，当井筒较浅时也可以用输送管下料。

5.2.5　地面排矸能力要与装岩、提升能力相适应

根据立井快速施工经验总结，地面排矸能力应以不影响装岩、提升来配置，一般采用落地矸石仓储矸，待浇筑混凝土时用 1～2 台自卸汽车及装载机集中排矸。

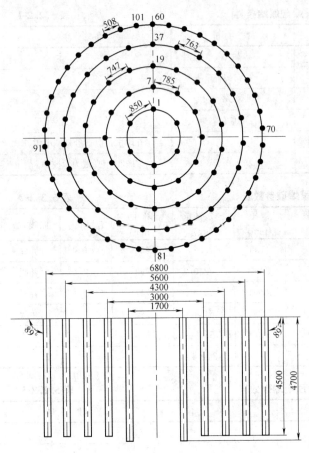

图 5.2.2　井筒基岩段光面爆破炮眼布置图（单位：mm）

5.3　提升、吊挂和信号系统要安全、可靠，布置合理

提升机采用八大保护和后备保护系统，实现自动保护的目的。井内悬吊设备所用的凿井绞车（稳车）操控台安装在井口信号室，由专人采用集中控制，有效地保证了模板、吊盘等提升、下放时的同步性。提升机、凿井绞车宜采用两面对称布置，这样既简化了天轮平台的布置，同时又改善了井架的受力状况。当采用永久井架凿井时，如果井架天轮平台尺寸受限，则悬吊天轮可考虑采用多层布置方式，即模板、电缆等悬吊钢丝绳天轮可布置在翻矸平台上。井内风水管路采用井壁吊挂工艺，加大了井内空间，有利于大吊桶的投入使用。井上下信号采用电视监控系统，即在吊盘、翻矸平台、井口、绞车房、信号室和调度室等重要场所设置探头、显示器，各岗位之间能更直观地相互了解工作状态，实现主观人为保护的目的。

5.4　劳动组织及作业制度

立井机械化快速施工只有按项目法管理严密组织、精心施工才能产生高效率。根据工程实际情况设立项目部，项目部班子由经理、生产副经理、技术副经理、机电副经理、安全副经理组成，下设掘进队、机电队、工程技术、安全监察、经营管理、物资设备、职工培训及生活后勤等部门，项目部实行垂直管理和扁平化管理，简化管理环节。项目部以承包合同为依据，以创精品工程为目标，实施从工程进点到全部工程竣工移交的全过程管理，对工程安全生产、施工质量、工期、成本实行全面控制。

根据立井快速施工经验，采用立井机械化快速施工工法"四大一深"工艺，将作业人员按打眼放炮、出矸找平、立模砌壁、出矸清底四道工序实行"滚班制"作业，改变通常按工时交接班为按工序交接班，按照循环图表要求控制做业时间，保证正规循环作业。实例之一：采用"滚班制"作业使正规循环时间由正常24h缩短到18h左右，最短一个循环作业时间仅15h，其基岩段施工在册人员共计170人，劳动组织见表5.4。

项目部劳动组织表　　　　　　表5.4

工　种	施工阶段		
	准　备　期	冻　结　段	基　岩　段
管理人员	5	13	13
后勤人员	10	16	16
土建工	30		
机电工	16	16	16
搅拌工	6	4	4
司机	2	8	8
绞车司机		14	14（两台提升机）
井口把钩		15	15
井口信号		8	8

续表

工 种	施工阶段		
	准 备 期	冻 结 段	基 岩 段
井下		掘进班 3×30	打眼放炮班 16
			出矸找平班 18
		砌壁班 1×25	立模浇筑班 22
			出矸清底班 20
合计	69	209	170

6. 材料与设备

　　根据立井机械化配套中凿岩、装岩、支护、提升和运输各个环节相互匹配的要求，使设备综合能力最大限度得到发挥，取得快速、经济施工的效果。经过多年来实践总结，立井机械化快速施工主要配套设备选型见表 6-1。实例之一：净直径 $\phi6.5m$、井深 883m 机械化主要设备见表 6-2。

立井机械化快速施工主要配套设备选型一览表　　　　表 6-1

工 序	设备或设施型号	井筒净直径(m)		备注(√为优选)
		$\phi5.0\sim\phi6.0$	$\phi6.5\sim\phi8.0$	
凿岩	SJZ5.5 配 YGZ-70	√		井径不大于 5m
	伞钻 FJD6	√		
	伞钻 FJD6A	√	√	
	伞钻 FJD9		√	
装岩	中心回转抓岩机 HZ-6	√	√	
翻矸	座钩式吊桶翻矸装置	√	√	
排矸	10t 自卸汽车	√	√	
砌壁	整体金属下行模板	√	√	
	2JK-3.6/15.5	(作主提)√	(作主提)√	深井　改绞
	2JK-3.5/20	(作主提)√	(作副提)√	改绞
	2JK-3.0/20	(作副提)√		浅井　改绞
	JK-2.8/15.5	(作主提)√	(作主提)√	
	JK-2.5/20	(作副提)√	(作副提)√	
凿井井架	Ⅳ形金属凿井井架	√		浅井
	ⅣG形金属凿井井架	√	√	
	Ⅴ形金属凿井井架		√	
	永久井架	√	√	业主方创造条件
悬吊设备	双层吊盘	√	√	
	三层吊盘	√		适用于卧泵排水
排水	吊泵或卧泵	√	√	
测量	DJ2-1 型激光指向仪	√	√	
	碳素钢丝悬吊锤球法	√	√	简便适用
混凝土搅拌站	出料量大于 50m³/h	√		电子自动计量配料
通信系统	井口电话交换机	√	√	井下抗噪声电话
信号装置	KJX-SX-1 煤矿井筒专用	√	√	配电视监控

工　序	设备或设施型号	井筒净直径(m)		备注(√为优选)
		$\phi5.0\sim\phi6.0$	$\phi6.5\sim\phi8.0$	
照　明	DGC175/127 隔爆投光灯	√	√	
通风机	2BKJ56.NO6	√	√	浅井低瓦斯矿井
	FBD-No9.6　FBD-NO80	√	√	
压风机	GA250　SA120A	√	√	
供电系统	移动变电站、开闭锁	√	√	

立井机械化快速施工主要设备特征表（实例）　　　表 6-2

序号	设备名称		型号规格	单位	数量	备　注
1	提升	井架	永久井架	座	1	业主提供
		主提绞车	JKZ-2.8/15.5	台	1	
		副提绞车	2JK-3.5/20	台	1	
		吊桶	$4m^3/3m^3$	个	3/3	
		吊桶	DX-3　DX-2	个	3/3	浅部用 DX-3
2	稳　车		JZ₂-25/1300	台	4	吊盘
			JZA-5/1000A	台	1	安全梯
			JZ₂-10/600	台	2	放炮电缆、动力电缆各1台
			JZ₂-16/800	台	10	稳绳、模板4台，抓岩机2台
3	伞　钻		FJD-6A 型配 YGZ-70	部	1	推进行程 4.6m
4	抓岩机		HZ-6 型	台	3	其中1台备用
5	装载机		ZL-50	台	1	
6	汽　车		10T	辆	2	自卸式
7	搅拌机		JS1500	台	1	
8	混凝土配料机		PLD1600	台	1	
9	压风机		GA250 型、SA120A 型	台	2/1	
10	扇风机		TFJ-9-25	台	1	
11	卧　泵		DC50-80×11	台	2	1台备用
12	吊　盘		$\phi6.2m$	副	1	三层吊盘层间距 4.0m
13	外壁模板		整体金属模板	套	3种	段高 3.6m(上 2.5m，下 1.1m)
14	套壁模板		$\phi6.5m$ 滑升模板	套	1	1.4m
15	基岩段模板		$\phi6.5m$ 整体金属模板	套	1	4m(上段 2.5m，下段 1.5m)

7. 质 量 控 制

7.1　执行标准

本工法执行的主要规范、标准有：

1. 《矿山井巷工程施工及验收规范》GBJ 213—90

2. 《煤矿井巷工程质量检验评定标准》MT 5009—94

3. 《钢筋混凝土工程施工质量验收规范》

4. 《普通混凝土拌合物性能试验方法》GBJ 80—85

5. 《混凝土强度检验评定标准》GBJ 107—87

6. 《普通混凝土配合比设计规程》JGJ 55—2000

7. 《混凝土外加剂应用技术规范》GB 50119—2003

8. 《混凝土拌合用水标准》JGJ 68—89

9. 《煤矿测量规程》

10. 《建筑工程施工质量验收统一标准》GB 50300—2001

11. 《煤矿安装工程质量检验评定标准》MT 5010—95

12. 《煤矿安全规程》（2006年版）

13. 《煤矿建设安全规定》（1997年版）

14. 《煤炭工业建设工程质量技术资料管理规定》

15. 《煤炭工业煤矿井巷工程、建筑安装工程单位工程质量保证资料评级办法》

16. GB/T 19001—2000 idt ISO9001：2000 标准

7.2 工程质量管理体系

（1）明确质量目标，实行目标管理

施工中，根据总体目标要求和各类标准对保证项目、基本项目及允许偏差项目的规定，明确各单位工程和分部分项工程的质量目标，制定切实可行的保证措施，认真贯彻执行。

（2）建立质量管理系统，明确职责分工

建立行政、技术和经济管理相结合的质量管理系统，明确各类工作人员的职责，以保证质量目标的实现。井筒工程质量管理体系见图7.2。

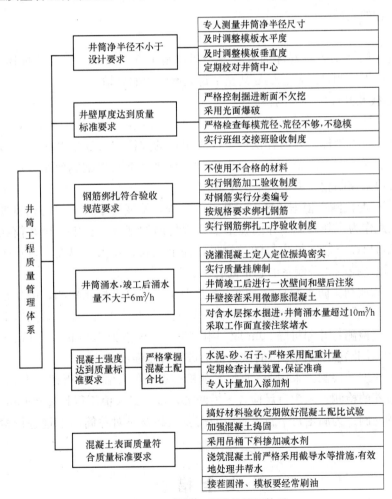

图 7.2 井筒工程质量管理体系

7.3 质量保证主要措施

（1）原材料质量的控制：原材料要尽量保持稳定的货源和稳定的质量。用于永久工程的各类原材料，均应提供产品合格证，或提出分批量原材料抽检试验合格证书。杜绝不合格原材料进场、入库、使用。

（2）配料的控制：采用微机控制计量法，确保混凝土组分计量准确性，严格控制混凝土的水灰比，外加剂要选用较精确的容器量取，误差不得超过±0.5％，配合比必须经试验确定，施工措施中应明确试验确定的合格配合比。根据试验确定的混凝土配合比，经理论换算成每拌料的重量比或容积比，制做成牌板悬挂于配料操作场所，指定操作人员执行，配合比的实际误差不得大于设计规定值的±2％。

（3）用于现浇混凝土支护的井下施工用模板，必须经地面预组装验收合格后，方可入井投入使用。

（4）施工工艺的控制：搅拌机的纯拌料时间每次不少于 3min，保证搅拌均匀，要经常检查混凝土外加剂及水灰比，发现有较大变化时，要找出原因并及时调整。

（5）加强混凝土的振捣，为保证混凝土密实，入模的坍落度控制在 8～12cm。

（6）严格按深孔光面爆破的作业图表施工，及时调整爆破参数，努力提高光爆质量。

（7）实行专职质检员对刷帮、稳模、浇筑混凝土质量进行跟班检查验收制度，不合标准不得进行下一道工序施工，从施工过程控制上保证工程质量。

（8）严格按施工图设计、施工组织设计和施工措施组织施工，严格执行相关规范或标准，并做好有关记录。加强施工现场的组织管理，明确各工种操作人员的职责，加强自检互检。

（9）严格执行质量管理体系三个层次文件的有关规定，严格按质量管理程序要求进行施工和管理。确保工程质量总体目标的实现。

（10）施工检测

施工检测是检查井筒施工质量好坏的最有效手段，是工期、质量、安全管理体系中的重要一环。在井筒施工过程中，施工检测是经常、反复甚至是每天都要做的事情。

① 井筒十字中心线及井筒中心线的检测：

根据矿区近井点坐标，按 5″导线的精度要求，布置 5″导线，并按设计要求标定井筒十字中心线，建立十字基点，实测出各点坐标。井筒开挖后，在固定盘的井筒中心安装井中下线板，用细钢丝配锤球作为井筒施工的中心线。在井筒施工到相关硐室时，自地面下两根细钢丝至井底，采用摆动投点法进行初定向，以定向边来控制相关硐室施工的平面位置。

② 井筒施工中高程的检测：根据矿区内近井点的高程，按四等水准测量的精度要求，将井筒的十字基点高程测出，以此作为沉降观测、井筒施工中高程传递的基准。在施工至井筒相关硐室时，将高程导致封口盘，再从封口盘下放一检定过的长钢尺，加上比长、拉力、温度、自重等的改正，将高程传递至相关硐室处，以便控制相关硐室的施工高程。

③ 钢筋、水泥、添加剂、防水剂复检、砂、石含泥量、混凝土配比检测，由建设单位指定的检测单位进行检测和配制。不合格产品严禁使用，严格按有关单位给定的配比进行配制混凝土。

④ 井壁混凝土强度检测：井深每隔 20m 取一组（3 块）规格为 150mm×150mm×150mm 立方体混凝土试块，在建设单位指定的检测单位的试验机上进行抗压强度检测。

⑤ 井壁混凝土平整度的检测：采用 2m 直尺量测检查点上最大值。不得超过 10mm。

⑥ 井壁混凝土接茬的检测：采用直尺检查一模两端，接茬最大值不得超过 30mm。

⑦ 井筒涌水量的检测：为满足每个施工阶段的需要，必要时对井筒涌水量进行检测。采用容积法进行。

8. 安 全 措 施

8.1 安全管理主要制度

（1）建立以项目经理为主要安全责任者的安全生产责任制，做到层层落实，实行下级对上级负责逐级联保制和班组互保制，对现场24h不失控。对生产中出现的安全问题，实行跟踪解决并落实措施，杜绝事故的发生。

（2）建立健全安全监督检查机构，按照安全质量标准化标准及安全生产重大隐患排查制度的要求，定期组织安全检查，做到警钟长鸣，把安全事故消灭在萌芽状态，达到安全生产的目的。

（3）严格执行一工程一措施的管理制度。工程开工前，将施工顺序、技术要求、操作要点、达到的质量标准及安全注意事项，认真向工人进行交底，切实贯彻落实。

（4）经常向职工进行技术、安全教育，提高安全意识和技术水平。对要害工种进行考核，坚持持证上岗制度。

（5）建立健全各项管理制度和安全生产岗位责任制，并严格执行。

（6）对项目部实行安全承包制度、安全风险抵押金制度、安全奖罚制，并实行安全技能账户及安全目标奖罚制度等，确保工程施工安全。

8.2　安全管理主要措施

（1）切实抓好施工中的防治水、防洪、防坠落、顶板管理、综合防尘、防火灾、防瓦斯等各种灾害预防工作。

（2）伞钻、中心回转抓岩机等大型施工设备的使用，上、下井要编制专项措施和操作规程，指定操作人员执行，要害工种及特殊工种，必须持证上岗。

（3）提升、悬吊钢丝绳，应指定专人做好使用前、使用中的试验、检查工作。

（4）制定要害场所管理制度，并严格执行。

（5）遵照"有疑必探"的原则，认真分析研究地质和水文地质资料，加强现场观察，及时推断含水层位及断层位置，采取相应的临时支护形式；探水注浆开孔前，要有可靠的排水系统及防治水措施，确保井巷工程质量和施工安全。

（6）严格遵守不安全不生产制度，做好大临工程的检查验收工作，杜绝事故隐患。

（7）配备大功率通风设备加强井内通风，做好瓦斯管理和综合防尘工作。

（8）加强火工品管理，严格按爆破图表组织施工，井筒内放炮前，吊盘要提到安全高度，冻结基岩段掘进，要严格按规范要求布孔装药放炮，防崩断冻结管。

（9）登高作业人员，必须佩戴保险带并生根牢固，所有作业人员必须配置相应的施工作业劳动保护用品。

（10）大型安装工程所用起重设备、机具、绳索等应严格按施工组织设计要求选用，使用前应认真逐台（件）检查检修，并有书面检查记录。

（11）凿井平台安装要设置警戒范围，禁止非有关人员进入警戒区。

（12）安装工程要有明确分工，专人指挥，统一信号，严禁"三违"。

（13）井口、井筒安装施工时，必须配置相应的灭火器材。无可靠保护情况下，严禁上、下层同时作业。

（14）严格执行交接班制度，加强自检和互检工作，交安全、交质量、交进度，认真填写施工验收记录。

（15）井筒施工设施严格按照五公司三处编制的《立井提升吊挂手册》执行。

（16）工程施工中每道工序和各种设施严格按照五公司及三处制定的《安全质量标准化标准》执行。

（17）冬期施工要特别注意以下几点：

1）注意人员保暖。2）井筒内要经常检查，发现结冰要及时处理，风筒等不得有破损现象。3）混凝土搅拌用水要有加热措施（矿方保障），入模混凝土温度要控制在15～20℃之间。盘台上的电缆在升降时要小心提放，不得任意弯曲。4）井口棚内不得有结冰现象。5）加强管路、各种设备等的保暖工作，确保冬季正常运转。

（18）雨期施工要特别注意以下几点：

1）增加各种设备、设施的防雷电、防淋雨措施。2）疏通井口等处的排水通道，做好防洪措施。3）排出室外设备、设施附近的积水，防止因积水浸泡而破坏基础。4）砂、石等施工材料要有防雨措施，防止受潮变质或因含水量变化而影响混凝土质量。5）封口盘要封严，防止雨水流入井内。

（19）按照矿井机电设备防爆要求，建立可靠的防爆制度，配备完好的机电防爆设备和防爆机构，确保安全顺利的穿过各层煤。

（20）项目部配备测气员、安全员、放炮员及通风员等，制度严格的"一通三防"管理制度，严格执行通风管理制度、"一炮三检"制、"三人连锁"放炮制等制度，并做到"三专两闭锁"和机电设备防爆，确保施工安全。

9. 环 保 措 施

9.1 环境目标控制

9.1.1 初始环境评审

1）开工前明确使用的相关法律、法规及其他应遵守的要求。

2）评价环境现状与上述要求的符合程序，包括污染物排放、化学品使用、资源能源消耗情况等。

3）所在区域的相关环境背景资料，包括用地使用历史沿革污染物排放管网位置分布、功能区域划分等。

4）相关方提供的报告、记录等背景资料。

9.1.2 环境因素调查

识别工程施工过程中可能存在的各种环境因素。

9.1.3 确定环境目标

对废水、废气、噪声等进行控制，做到达标排放；对固体废弃物进行控制，做到分类收集，分类处理；对危险品进行有效控制，建立危险品仓库。

9.1.4 制定环境管理方案

废气排放

1）柴油发动机使用符合国家相关标准的柴油产品。

2）对车辆定期进行尾气排放监测，使用无铅汽油，确保汽车排放符合标准。

3）选用环保型锅炉，减少大气污染。

废水排放

1）合理控制化学品使用，禁止直接倾倒化学品和成分不名的液体。

2）生产及生活废水应汇入指定的污水管网。

噪声排放

风机安装消声装置，施工现场噪声做到不超过 85dB。

9.2 环境保护措施

1）开工前组织全体干部职工进行环境保护学习，增强环保意识，养成良好环保习惯。

2）在生产区和生活区修建必要的临时排水渠道，并与永久性排水设施相连，不至引起淤积冲刷。

3）施工废水、废油、生活污水分别进入污水沉淀池和生化处理池，净化处理后排放。生活区及生产区修建水冲式厕所，专人清扫。

4）通风机等选用符合国家标准的低噪声设备，并采取措施，降低噪声污染

5）施工车辆在现场或附近车速应限制在 8km/h 以下，施工路面经过适当的防尘处理，定时洒水。

6）机具冲洗物，包括水泥浆、淤泥等应引入污水井中，以防止未经处理的排放，还要防止污水、

含水泥的废水、淤泥等杂物从工地流至邻近工地上或积累在工地上。

7）派专人定时清理现场空罐子、油筒、包装等环境污染物，并及时清理现场积水。

8）使用环保锅炉，减少大气污染。

10. 效益分析

立井机械化快速施工工法，其实质就是在保证工程质量的前提下，充分利用机械化装备的高性能，经过严格的管理来缩短井筒建设工期，其直接效益就是节省施工辅助费用，使矿井提前投产，减少贷款利息支出；间接效益就是积累了施工经验，提高了企业的知名度，带动了整个立井井筒建井技术向前发展。实例之一：中煤第五建设公司第三工程处 2005 年承建的山东省滕东生建煤矿副井井筒（井深950m，净直径 6m），利用立井机械化快速施工工法，于 2005 年 5 月至 12 月连续 8 个月成井超百米，工程质量被评为全国煤炭行业优质工程，实现了连续快速优质施工，创出了全国立井施工连续 8 个月过百米的新纪录，被上海大世界基尼斯总部收录为大世界基尼斯之最。全员人均效率达 26.4 万元/年，机械化程度 98%，施工设备完好率达 100%。全井筒杜绝了一切轻伤以上的事故，井筒一期工程建设工期较合同工期提前 6 个月，给中煤五公司三处节约人工费和辅助费近 400 多万元（表 10），为建设单位总投资节省近亿元，贷款利息省下 600 余万元。同时，立井井筒连续快速施工也为施工单位积累了丰富的施工经验，增强了企业的信誉，这种无形的效益也极为可观。

目前国内 800 多米深的一对年产 180 万 t 矿井建设工期一般需 3~5 年时间建成投产。由于滕东生建煤矿副井井筒连续优质快速施工，提前落底，还可带动整体工程提前同步开展，整个矿井建设工期可望 32 个月完成。由此可见，滕东生建煤矿副井井筒机械化快速施工是成功的，为煤炭基建行业的科学技术发展起到了一定的促进作用，创出了我国煤炭建设史上立井井筒施工的最高水平。

滕东生建煤矿副井快速施工节约费用明细表（单位：万元）　　　　表 10

序　号	费用项目	合同预算	实　际	节　约
一	人工费	412.34	386.43	25.91
二	辅助费	1423.12	1033.83	389.29
1	人工费	634.39	429.27	205.12
2	辅助费	169.27	138.69	30.58
3	设备租赁费	356.19	249.21	106.98
4	动力费	219.68	188.20	31.48
5	其他费用	43.58	28.46	15.12
	合　计			415.2

11. 应用实例

中煤五公司第三工程处采用"立井机械化快速施工工法"施工的立井井筒 70 多个，共计 105 次月成井超百米。进入 21 世纪，立井机械化快速施工工法在中煤五公司三处的 32 个立井井筒施工项目中得到了良好应用，计 66 次月成井超百米（表 11-1：中煤五公司三处立井井筒机械化快速施工月成井超百米统计表）。中煤五公司三处近 6 年来立井施工速度有了很大提高，明显高于目前国内平均施工速度，基岩段井筒平均施工速度已接近 100m/月，冻结法凿井的全井筒综合施工速度也接近 90m/月。部分井筒施工速度统计见表 11-2。

中煤五公司三处立井井筒机械化快速施工月成井超百米统计表（2000年以来）　　　表 11-1

序号	工程名称	技术特征		岩性	最高月进尺(m)	施工年月	安全情况	优良品率(%)
		井径(m)	井深(m)					
20	山东高庄煤矿副井	6.5	373.3	表土冻结	106.3	2001.08	无事故	100
21	山东高庄煤矿副井	6.5	373.3	表土冻结	103.8	2001.11	无事故	100
22	山东唐口煤矿主井	7.5	1029	表土冻结	132	2002.4	无事故	100
23	山东唐口煤矿主井	7.5	1029	基岩	103	2002.6	无事故	100
24	山东唐口煤矿主井	7.5	1029	基岩	100	2003.3	无事故	100
25	山东梁宝寺煤矿副井	6.5	790	表土冻结	140.6	2002.8	无事故	100
26	山东梁宝寺煤矿副井	6.5	790	基岩	159.1	2003.3	无事故	100
27	山东新驿煤矿副井	6.0	509.8	表土冻结	183.0	2002.10	无事故	100
28	山东新驿煤矿副井	6.0	509.8	基岩	136	2002.12	无事故	100
29	山东新驿煤矿副井	6.0	509.8	基岩	103	2003.1	无事故	100
30	山东济西煤矿副井	5.0	529.5	表土冻结	141.6	2003.6	无事故	100
31	枣矿集团新源主井	5.0	406	表土冻结	145	2003.6	无事故	100
32	山东济西煤矿副井	5.0	529.5	表土冻结	127	2003.7	无事故	100
33	淮南张集风井	6.0	523.5	表土冻结	106	2003.7	无事故	100
34	淮南张集风井	6.0	523.5	表土冻结	116	2003.8	无事故	100
35	东大煤矿主井	4.5	637.3	基岩	103	2003.11	无事故	100
36	顾桥煤矿主井	7.5	805.6	表土冻结	150.8	2003.12	无事故	100
37	东大煤矿主井	4.5	637.3	基岩	101	2004.2	无事故	100
38	顾桥煤矿主井	7.5	805.6	表土冻结	110	2004.1	无事故	100
39	滨湖煤矿副井	6.5	541	基岩	121.6	2004.2	无事故	100
40	顾桥煤矿主井	7.5	805.6	表土冻结	111.6	2004.4	无事故	100
41	阳城主井	5	378.3	表土冻结	183.2	2004.4	无事故	100
42	彭庄主井	5	506.4	表土冻结	150	2004.4	无事故	100
43	顾桥煤矿主井	7.5	805.6	基岩	122.4	2004.5	无事故	100
44	顾桥煤矿主井	7.5	805.6	基岩	108	2004.6	无事故	100
45	阳城副井	6.5	377.5	表土冻结	142.5	2004.6	无事故	100
46	彭庄副井	6	490.5	表土冻结	200.7	2004.6	无事故	100
47	阳城副井	6.5	377.5	表土冻结	130	2004.7	无事故	100
48	鲁能煤电公司彭庄矿副井	6	490.5	表土冻结	112.7	2004.08	无事故	100
49	河南神火集团薛湖矿主井	5.0	810	表土冻结	180	2005.01	无事故	100
50	河南神火集团薛湖矿副井	6.5	846.5	表土冻结	190	2005.02	无事故	100
51	泰汶石膏矿主井	6.0	415	基岩	110	2005.1	无事故	100
52	新阳煤矿主井	5.0	596	表土冻结	110	2005.2	无事故	100
53	新阳煤矿主井	5.0	596	表土冻结	140	2005.3	无事故	100
54	薛湖煤矿主井	5.0	818.5	表土冻结	110	2005.4	无事故	100
55	薛湖煤矿副井	6.5	846.5	表土冻结	102	2005.05	无事故	100
56	滕东煤矿副井	6	950	基岩	108.6	2005.5	无事故	100
57	滕东煤矿副井	6	950	基岩	106	2005.6	无事故	100
58	滕东煤矿副井	6	950	基岩	108	2005.7	无事故	100

序号	工 程 名 称	技 术 特 征		岩 性	最高月进尺(m)	施工年月	安全情况	优良品率(%)
		井径(m)	井深(m)					
59	滕东煤矿副井	6	950	基岩	104	2005.8	无事故	100
60	丁集煤矿风井	7.5	861	基岩	130	2005.6	无事故	100
61	薛湖煤矿风井	5.5	658	表土冻结	143	05.9	无事故	100
62	滕东煤矿副井	6	950	基岩	104.4	05.9	无事故	100
63	滕东煤矿副井	6	950	基岩	104.4	05.10	无事故	100
64	薛湖煤矿风井	5.5	658	表土冻结	127.3	05.10	无事故	100
65	薛湖煤矿副井	6.5	846.5	基岩	122.4	05.10	无事故	100
66	郭屯煤矿副井	6.5	883	表土冻结	193	05.11	无事故	100
67	滕东煤矿副井	6	950	基岩	108	05.11	无事故	100
68	滕东煤矿副井	6	950	基岩	110.8	05.4	无事故	100
69	泉店煤矿副井	6.5	650.6	表土冻结	105	05.12	无事故	100
70	泉店煤矿副井	6.5	650.6	表土冻结	122.2	06.1	无事故	100
71	泉店煤矿副井	6.5	650.6	表土冻结	104.4	06.1	无事故	100
72	高河煤矿主井	8.2	477.3	表土冻结	101	06.3	无事故	100
73	郓城煤矿主井	7.0	916.8	表土冻结	115	06.10	无事故	100
74	付村煤矿风井	5.0	421	表土冻结	102.9	06.11	无事故	100
75	郓城煤矿主井	7.0	916.8	表土冻结	111.4	06.11	无事故	100
76	赵固煤矿主井	5.0	711.5	表土冻结	156.8	07.1	无事故	100
77	郓城煤矿主井	7.0	916.8	表土冻结	100.8	07.1	无事故	100
78	赵固煤矿主井	5.0	711.5	表土冻结	100.8	07.2	无事故	100
79	赵固煤矿风井	5.2	711.5	表土冻结	150.7	07.2	无事故	100
80	付村煤矿风井	5.0	421	基岩	111.6	07.2	无事故	100
81	郓城煤矿主井	7.0	916.8	表土冻结	100.8	07.3	无事故	100
82	赵固煤矿主井	5.0	711.5	表土冻结	100.8	07.3	无事故	100
83	赵固煤矿风井	5.2	711.5	表土冻结	112	07.3	无事故	100
84	赵固煤矿副井	6.9	739.5	表土冻结	136.8	07.3	无事故	100
85	赵固煤矿副井	6.9	739.5	表土冻结	111.6	07.4	无事故	100

统计时间：2007 年 5 月 1 日

中煤五公司二处近年部分井筒综合进度统计表（2007-3）　　表 11-2

井　别	冻结段平均进度(m/月)	基岩段平均进度(m/月)	全井筒平均进度(m/月)	最高进度(m/月)	施工时间
泉店煤矿副井	93.64	48*	87	123	05\12\16－06\12\03
薛湖煤矿主井	89	107	93.6	180	05\01\16－05\12\28
薛湖煤矿副井	86	96.7	90	190	05\02\02－06\02\20
薛湖煤矿风井	82	87.8	82	143	05\08\25－06\08\10
高河煤矿主井	77.4	80	79	101	06\02\06－06\11\20
滕东煤矿副井	60*	107	106	110.8	05\03\20－06\02\20
郭屯煤矿副井	76	100	76.5	193	05\10\20－06\12\18
平均	84	96.4	87.7		

注：* 的数字不参加平均值计算，因其对应的工程量太少，工序转换占用的时间比例大。

应用效果最明显、经济效益最突出的主要有以下几个工程：

实例之一： 山东省滕东生建煤矿设计生产能力为 0.45Mt/a，采用立井开拓，主、副井两个井筒位于同一工业广场内，其中副井井筒净直径为 $\phi6.0$m，井筒深度为 950.6m，由中煤第五建设公司第三工程处采用"立井机械化快速施工工法"施工。工程于 2005 年 4 月 6 日正式开工，到 2006 年 2 月 18 日井筒及相关硐室工程竣工，其中基岩段连续 8 个月破百米，平均月成井 114.2 m，全井筒基岩段平均月成井达 107m，创出了国内乃至国际立井施工的一项新纪录，工程质量被评定为部优工程，并被上海大世界基尼斯总部收录为大世界基尼斯之最。施工工期提前 2 个月，为施工单位节约人工费和辅助费 400多万元，为建设单位总投资节省 3000 多万元。本工程是立井快速施工工法应用效果最明显、经济效益最突出的典范。

实例之二： 安徽省淮南矿业（集团）公司顾桥矿井设计生产能力 5.0Mt/a，采用立井开拓。其中主井井筒净直径 7.5m，设计井深 810.6m，由中煤第五建设公司第三工程处采用"立井机械化快速施工工法"施工。工程于 2003 年 12 月 1 日正式开工，到 2004 年 10 月 28 日井筒及相关硐室工程竣工，共创 5 个百米记录，其中 2003 年 12 月创淮南立井施工最高纪录，月成井 150.8m，实现了全年平均月成井 90m，4、5、6 月基岩成井分别达 111.6m、122.4m 和 108m 的好成绩，工程质量被评为部优工程。

实例之三： 河南神火煤电股份有限公司薛湖煤矿设计生产能力 1.2 Mt/a，采用立井开拓方式。主、副井筒打钻冻结和掘砌工程均由中煤第五建设公司第三工程处负责施工，井筒掘砌均采用"立井机械化快速施工工法"施工。主井井筒净直径为 $\phi5.0$m，井筒深度为 810.0m，于 2005 年 1 月 16 日正式开工，2005 年 12 月 28 日竣工，2005 年 1 月份创月成井 180m 的好成绩，为河南井筒施工最高纪录；副井井筒净直径为 $\phi6.5$m，井筒深度为 810m，于 2005 年 2 月 2 日正式开工，2006 年 2 月 2 日竣工，2005 年 2 月份创冻结段月成井 190m 的好成绩，再次打破河南井筒施工最高纪录。主、副井井筒工程均被评为部优工程。

实例之四： 山西潞安亚美大陆煤炭公司高河矿井采用立井开拓，主、副、风三个井筒均在同一工业广场内，其中主井井筒净直径为 $\phi8.2$m，井筒深度为 484m，由中煤第五建设公司第三工程处采用"采用机械化快速施工工法"施工。于 2006 年 1 月 8 日正式开工，2006 年 11 月 26 日竣工，井筒及硐室工程被评为部优工程，井筒施工速度之快为山西潞安局立井井筒施工之最。

大跨度隧道全断面开挖施工工法

YJGF15—92（2005-2006年度升级版）

中铁隧道集团有限公司

朱戈　李朝忠　韩忠存　何剑　马彦启

1. 前　　言

铁路隧道施工如果仍然采用20世纪60年代以轻型机具为主的小型机械进行分部开挖，斗车运输，木支撑替换混凝土衬砌的施工方法，已不能适应隧道施工的高速优质和安全的要求，同时，也无法满足修建长大隧道的需要。

20世纪80年代建设的衡广复线，在铁道部的领导和支持下，针对坪乐段大瑶山隧道（全长14.295km）施工技术难题，开展了硬岩5m掏槽、光面爆破、预裂爆破、喷锚支护围岩监控量测及信息化设计等项试验研究，大型机械进洞开挖，二次衬砌灌注一次成形取得成功，大大改善了隧道施工作业环境，为安全快速施工、提高工程质量提供了技术保证，使该隧道成为我国隧道建设史上一个新旧施工技术的转折，开创了隧道施工采用新方法、新技术、新设备、新工艺的成功模式，施工中还制定了各项施工工艺操作细则及要求，取得了科研上的十项关键技术（42项）成果经铁道部技术鉴定后，其综合配套技术获1989年铁道部科技进步特等奖，获1992年国家技进步特等奖。

本工法成果在京广复线大瑶山隧道建设中形成。其间，国内有近万人来工地现场参观和交流学习。工法成果形成后，最初在大秦线、北京地铁、深圳梧桐山公路隧道推广应用，随后在国内的铁路、公路、水电、地铁、市政等地领域的地下工程中得到了广泛的推广应用和发展，使能用长大隧道通过的地方再也不用绕线或短隧道群，为这些建筑领域的规划建设速度提高提供了较好的技术支持，至今仍体现其安全、优质、高效的先进性。

2. 工 法 特 点

2.1　采用5m深孔光面爆破、非电起爆、爆破振动监控量测、周边预裂光爆等一系列新技术，并通过优选爆破器材和选择合理爆破参数等，使炮眼利用率达95%以上，炮眼痕迹保存率达75%。

2.2　将监控量测技术、数据处理方法和信息反馈的判断准则技术用于施工，使施工管理用数据说话，以保证隧道施工的充分安全作业。

2.3　应用初始应力场及二次应力场的量测技术，利用地震波超前预报仪、智能工程探测声波仪、红外探测仪、地质雷达、罗盘、水平钻机等设备收集工程地质信息，依靠地质分析法、地震波反射法、声波反射法、红外探测、地质雷达、跨孔CT、超前钻探、超前导坑等综合手段进行准确的地质预报，其准确率达80%左右。

2.4　采用喷锚支护复合衬砌结构，其外层用锚杆喷射混凝土初期支护，内层模注混凝土作二次衬砌，两层间设置塑料防水层。

2.5　以大型机械化快速配套施工，形成凿岩装碴运输、混凝土喷锚支护和二次衬砌三条机械化作业线。

2.6　控制精密测量技术，使14.295km隧道贯通误差精度横向17.3mm（限差±400mm，仅为限差的4.4%），高程误差4.6mm（限差±50mm，仅为限差的9.2%）。

3. 适 用 范 围

3.1　用新奥法原理指导施工的各种地下通道及洞室。

3.2 埋深较大、地层自稳能力强的Ⅰ～Ⅲ级围岩、开挖断面80～130m² 或以上，能一次爆破成形的隧道及其他地下工程。

3.3 采用大断面深孔爆破机械化快速施工的各种隧道及其他地下工程。

4. 工 艺 原 理

4.1 以岩体力学理论为基础，应用新奥法原理指导施工，充分发挥围岩的自承能力，运用控制爆破技术，及时进行喷锚初期支护，防止围岩松动，应用量测监控及时反馈，充分发挥围岩和初期支护的作用。

4.2 利用变位反分析法原理，进行复合衬砌的计算和设计。

4.3 利用围岩特性曲线，确定施工工序之间的合理施作时间。运用系统控制网络理论，进行机械化配套快速施工。

4.4 应用地质力学原理、浅层地震反射波原理、遥感原理探明地层，进行隧道地质超前预报。

4.5 应用概率论、数据统计理论及测量误差理论，合理处理边角数值，绘制误差椭圆对三角网及导线分析，将光电测距仪应用于洞内控制测量，并提出光电测距导线环平差新方法，大大提高测量精度，方便灵活，省事省时。

5. 施工工艺流程及操作要点

5.1 施工工艺流程

5.1.1 爆破开挖工艺流程（图5.1.1）

5.1.2 支护衬砌工艺流程（图5.1.2）

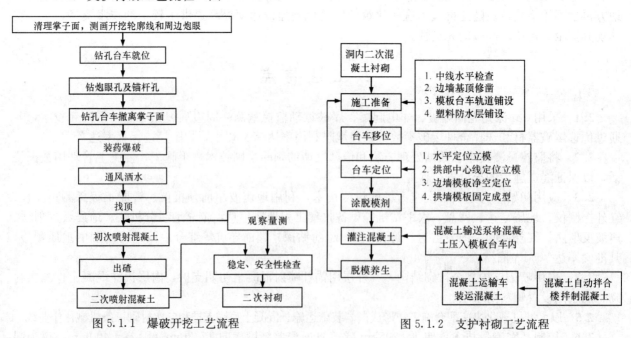

图5.1.1 爆破开挖工艺流程　　　　　图5.1.2 支护衬砌工艺流程

5.2 施工操作要点及注意事项

5.2.1 深孔爆破

1. 深孔掏槽技术

（1）掏槽形式

隧道掘进深孔爆破主要取决于大直径深孔掏槽是否成功。本工法采用直眼掏槽，掏槽面积1100mm×

1100mm，掏槽形式有：

单临空孔掏槽［图 5.2.1-1（a）］适用于 3.0m 以下浅孔爆破。

双临空孔掏槽［图 5.2.1-1（b）］适用于 3.0～3.5m 爆破效果最佳。

三临空孔掏槽［图 5.2.1-1（c）］适用于 3.5～5.15m 爆破。

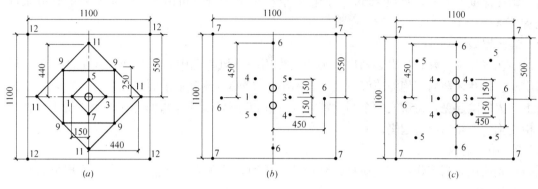

图 5.2.1-1　掏槽形式

（a）单临空孔掏槽；（b）双临空孔掏槽；（c）三临空孔掏槽

（2）临空孔

当临空孔直径为 102mm、孔间距在 70～150mm 时掏槽抛掷效果最好。临空孔与装药炮眼间距为 150～180mm（裂隙发育时采用 250～300mm）。施工必须注意炮眼平行度，否则会影响掏槽效果。

（3）装药参数

使用大药卷（φ42）一号抗水硝铵炸药或 φ40 乳胶炸药集中装药，掏槽效果良好，参数如表 5.2.1 所示。

掏槽炮眼装药参数　　表 5.2.1

掏槽形式	钻孔深度（m）	临空孔数	装药孔数	每孔装药量(kg)	装药集中度（kg·m⁻¹）	单位装药量（kg·m⁻³）	毫秒雷管段别
单临空孔	3.0	1	16	4.0	1.41	15.1	1～12
双临空孔	3.0～3.5	2	14	5.85	1.41	13.1	1～7
三临空孔	3.5～5.15	3	18	5.85	1.41	16.9	1～7

（4）掏槽炮眼起爆间隔时间

掏槽孔起爆间隔 50～75m/s，采用的段数越多越好，让每一炮段都单独顺序起爆，槽腔逐渐扩大，一掏到底。

（5）掏槽位置

一般设在隧道中心线偏左或偏右位置，如图 5.2.1-2。设在中心线上最理想，只是钻孔台车钻孔时，其左右两臂工作的界限位置在隧道

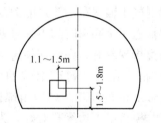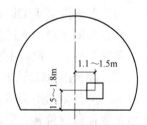

图 5.2.1-2　双线隧道台车钻孔掏槽位置

的中心线上，掏槽位置设在隧道横断面中间，就需要两臂共同钻孔，操作困难，布眼不易准确。

2. 全断面深孔光面爆破

（1）爆破参数选择

采用三临空孔（直径为 102mm）直眼掏槽。周边眼间距 50～65cm，一般按相对距离 $E/W=0.8$，用 φ35 小药卷间隔装药，装药集中度为 0.20～0.25kg/m。

（2）一般起爆顺序设计

由里向外层层爆破，掏槽眼起爆雷管为 1～7 段，扩槽眼为 8 段，掘进眼由里层向外层为 9～13 段，

底板眼为 14 段，周边眼为 15 段。

（3）钻孔作业

钻孔前，测量中线水平，将拱顶两侧起拱线及轨面线位置量准确，将设计炮眼画在开挖面上。

钻孔时，钻孔台车轴线与隧道中线平行，要求就位准确，按画出的位置和炮眼顺序进行钻孔，避免漏钻，钻孔深度 5.15m，直径 48mm，掏槽临空孔三个 $\phi102$（可由 $\phi48$ 扩大为 $\phi102$；有条件也可一次钻成 $\phi102$）。

（4）装药爆破

周边眼在洞外加工好竹片串装药串。装药前先用高压风将孔中岩粉吹净。人工装药先上后下，先两侧后中间。每孔装药后用炮泥堵好，炮泥长不小于 20cm。整个掌子面导爆管分 6 束，分别捆绑在同段雷管上（为保险起见，每束安两个同段雷管），再把 6 束导爆管并联捆扎在一个雷管上，留足导爆索长度，检查确认安全后再行起爆。

5.2.2 施工通风

爆破后先通风，当工作面空气质量达到规范要求时，找顶人员才能进入掌子面把危石撬掉，再用高压水冲洗和除尘。

采用无轨运输时，初期阶段（掘进 1370m）用 2 台 MFA100P-SC 型风机分散串联，进行压入式通风。后期应增加一根风管至模板台车处，同时向洞内压风。在有平导地段，用巷道式平导进风，正洞出风，平导以后地段仍然采用风管压入式通风。斜、竖井到达井底后，采用上半断面开挖、有轨运输，可用压入式混合式通风。

当施工方法发生改变或两工区之间贯通，应及时调整通风布局。当掘进工作面不在风管有效射程内时，应接长风管，使掌子面一带在风流作用范围内。衬砌台车移动前，拆除前后风管，移动后及时接通前后的通风管。维护好风管，处理漏风，保养维修风机，定期进行通风监测。

5.2.3 支护及出碴

1. 喷混凝土支护

采用双水环喷头，国产 PH-30 型或转子型喷射机人工对开挖面拱部进行一次喷射混凝土。RODOT-75 喷射机械手和 B1.5～4.0 喷射三联机配套用于出完碴后拱部二次复喷和边墙的混凝土喷射作业。

2. 出碴

用侧卸式 2.6～2.8m³/斗的装载机装碴，12～20t 自卸汽车运输出碴。

5.2.4 混凝土衬砌施工

（1）要求混凝土工厂和混凝土输送车的输送能力与混凝土泵的灌注能力相匹配。

（2）混凝土自进入搅拌输送车至卸料时间不超过初凝时间，混凝土输送过程中要保证不发生离析，若运至灌注地点的混凝土有离析现象时，灌注前须进行二次搅拌。

（3）模板台车每次移位前，在准备衬砌部位的两侧边墙下方须预先灌注墙基混凝土，高度为 700mm，并沿隧道方向按 1500mm 的间距预埋地角螺栓，以便固定钢模板的最低边缘。实施中常因预埋地角螺栓位置偏移，很难与模板最下边缘孔对好，为防模板走动只好用加设横撑的办法解决。

（4）隧道衬砌封顶采用钢管压注法，选择合适的混凝土坍落度，从拱部的灌注口压注混凝土封顶。

（5）混凝土脱模强度必须达到 2.5MPa，一般情况下需养护 17h 以上方准拆模。

5.2.5 监控量测

1. 监测项目（表 5.2.5-1）

监测项目   表 5.2.5-1

序号	监测项目	测试工具和仪表	备注
1	净空变位(收敛)	隧道净空变位测定仪(隧道周边位移计)	必测
2	拱顶下沉	普通水平仪、钢尺、SS—82 型观测计	必测

序号	监 测 项 目	测试工具和仪表	备　注
3	地表下沉	普通水平仪	浅埋隧道(当埋深 $h<20$m 时)必测
4	洞内观测检查		必须进行
5	围岩内部位移	单点或多点位移计	选测
6	锚杆杆体应力	弦式或差动电阻式应变(力)计	选测
7	喷层应变	应变计	选测
8	衬砌与围岩间的接触应力	压力盒	选测

2. 量测布点 (表5.2.5-2)

测点布置　　　　　　　　　　　　　　　　表5.2.5-2

围岩级别	断面间距	每断面测点数量		
		水平收敛基数	拱顶下沉点	表面位移点
Ⅳ	5~20m	3	3	2
Ⅲ	20~40m	3	3	2
Ⅱ	40m 以上	3	3	2

3. 量测频率 (表5.2.5-3)

量测频率　　　　　　　　　　　　　　　　表5.2.5-3

位移速率(mm·d^{-1})	频　率	位移速率(mm·d^{-1})	频　率
>5	1~2次/d	0.2~0.5	1次/7d
1~5	1次/d	<0.2	1次/15d
0.5~1	1次/2d		

4. 围岩稳定性判断

根据实测位移值或预测最终位移来判别 (表5.2.5-4)。

根据实测位移值判别围岩级别　　　　　　　　　　表5.2.5-4

不同埋深时洞周允许相对位移收敛值(位移值/洞径)			围岩分级
<50m	50~300m	300~500m	
0.1%~0.3%	0.2%~0.5%	0.4%~1.2%	Ⅱ
0.15%~0.5%	0.4%~1.2%	0.8%~2.0%	Ⅲ
0.2%~0.8%	0.6%~1.6%	1.0%~3.0%	Ⅳ

根据位移变化速率判别当净空变化速率大于 10mm/d 时,需加强支护系统,当净空变化速率小于0.2mm/d 时,则认为围岩基本稳定。

根据位移——时间曲线的形态判断当围岩变化速率下降时,围岩趋于稳定。若变化速率保持不变时,应加强支护系统,当变化速率不断上升时,表示已进入危险状态,必须立即加强支护系统。

5.2.6 控制测量

1. 光电测距精密导线网取代传统的三角网作为洞内外的平面控制。

2. 沿导线点采用光电测距三角高程方法控制隧道高程。

3. 在竖井联系测量中,利用光学投点,光电测距仪导入高程和运用 GAK-Ⅰ 型陀螺经纬仪测量井上下联系边的空间投影,几何平面角传递坐标方位。

4. 用数理统计处理观测数据。

5.3 劳动组织（表 5.3）

开挖和衬砌作业劳动组织　　　　表 5.3

开 挖		混凝土衬砌	
测量划线（包括监控量测）	6人	塑料防水层铺设	12人
钻孔（包括锚杆施工）	16人	混凝土工厂	12人
装药爆破	18人	输送泵	6人
通风找顶洒水	2人	混凝土输送	18人
喷射混凝土	24人	其他	15人
出碴	15人	脱模定位	7人
清理安装风水电、养路等	28人		
合　计	109人	合　计	70人

6. 材料与设备

6.1 材料

本工法无需特别说明的材料。

6.2 设备配备

采用的机具设备以建立开挖装运、锚喷支护、混凝土衬砌三条机械化作业线来配备，以达到隧道大断面施工快速、省工、合理、安全、优质的目的（表6.2）。

主要机械设备配备表　　　　表 6.2

作业线	序号	工序	机械名称、型号	规格	配备数量
挖装运作业线	1	钻孔	液压凿岩台车	二～四臂	1～2
	2	装碴	轮式装载机 CAT-966D	2.8m³/斗	2
	3	运碴	自卸汽车 DP-205C	20t	10
喷锚支护作业线	4	打锚杆孔	台车、风钻或锚杆机		
	5	喷射混凝土	喷射机械手 RODOT-75	14×10m	1
	6	喷射混凝土	喷射三联机 B1.5～4.0	12m³/h	1
	7	喷射混凝土	混凝土潮喷机	≥20m³/h	2
混凝土衬砌作业线	8	张贴防水板	工作平台	高度8～9m	1
	9	混凝土拌合	混凝土拌合楼 M30	27m³/h	1
	10	混凝土运输	搅拌输送车	6m³	6
	11	混凝土泵送	混凝土输送泵	30～60m³/h	2
	12	混凝土衬砌	模板台车	节长 12m	1
其他机械	13	通风	通风机 MFA100P2-SC3BHSU	1000m³/min	10
	14	找顶挖沟	反铲挖掘机	0.8m³/斗	1
	15	装药	汽车式工作平台		1
	16	送干喷料	自卸汽车 WH-340		2
合　计					43

7. 质量控制

本工法除应遵循现行国家和部颁有关隧道施工、安全、质量、验收规范外，还应做好以下质量控制：

7.1　控制隧道超欠挖

7.1.1　根据不同围岩情况，选择合理的钻爆参数，选择最佳爆破器材，完善爆破工艺，提高爆破质量。

7.1.2　提高划线、钻眼精度，特别是周边眼，必须按设计轮廓钻眼，准确控制好外插角，避免产生人为因素的超挖。

7.1.3　保证周边眼间隔装药质量，装药前应将药卷用竹片加工成药串。炮孔装药量要严格控制，雷管不能混装，炮泥堵塞炮口质量要好。

7.1.4　建立一套严格的施工管理制度，充分保证控制超欠挖技术的实施。

7.2　喷射混凝土的质量控制

以强度、厚度来检查质量。

7.2.1　喷射混凝土施工应达到的平均强度为：

$$R = 0.85R + 1.65S_n \qquad (7.2.1)$$

式中　R——喷射混凝土强度等级；

　　　S_n——标准差。

7.2.2　喷射厚度一般用钻孔、锤钉等办法检查。

7.2.3　检查喷层是否平顺，有无漏喷、离鼓、裂缝，尺寸断面是否正确等。

7.3　监控量测与信息化施工

应用监控量测进行信息化施工，及时判断不同围岩的稳定情况，进行施工决策，确保安全。

8. 安全措施

除认真执行国家安全生产法和各省、部委有关安全生产的法律法规外，还应做好以下几点：

8.1　因开挖断面大，装药集中，应根据爆破设计确定合理的安全距离，爆破前将所有施工人员疏散到安全距离之外。

8.2　围岩较软弱的大跨度隧道采用全断面开挖施工时，必须加强监控量测，认真做好信息分析，及时进行动态管理与信息反馈，防止隧道塌方造成人员伤亡。

8.3　洞内机械设备多、工序多，要做好各工序间的安全防护和日常管理，注意上下班的交接安全和交通安全，防止出现工地责任事故和意外事故。

9. 环保措施

除执行国家和地方有关环境保护的法律法规外，还要注意以下几点：

9.1　将弃碴等固体废弃物运至指定地点堆弃，对工程施工中产生的有害物质（如染料、油料和垃圾等）处理后运至当地环保部门所指定的地点进行掩埋，同时按设计要求做好工程环境的防护和绿化，防止水土流失，保护生态平衡，使工程施工对环境的影响减少到最小。

9.2　对施工废水、废气、废油、生活污水、垃圾认真进行收集处理，经严格净化符合环保标准后才由场内排水沟排出。

9.3　对隧道内的突水、涌泥采用以堵为主，限量排放，确保地下水稳定，尽量避免地表植被及周围生态环境破坏。

9.4　对噪声或排泄污染源较大的施工机械，在做好降噪与排泄物净化的同时，尽量远离声敏感目标。对施工作业和运输便道等易产生粉尘的地段定时进行洒水，做好工地施工文明。

10. 效益分析

京广复线大瑶山隧道具有长、大、难、新、快五大特点，修建中紧紧依靠科技创新攻关，取得了科研上的十项关键技术（42项）成果，全面应用新奥法原理指导施工，成功实现了硬岩5m深孔爆破和软岩全断面一次成形爆破，全面满足了大跨度隧道机械化配套作业要求，改变了我国近百年来修建隧道的传统方法。仅大瑶山隧道的截弯取直，每年节约运营费约800万元，比传统方法施工提前两年半建成的运营收入就可达5亿多元，当时的科学技术成果应用在钻爆、衬砌、监测、机械管理、地质预报、九号断层处理、通风、测量、注浆、防水上就创造经济效益6000多万元，累计达6亿多元，并在其他7座隧道（长约7km）施工中推广应用了本工法。

在大瑶山隧道施工过程中，钻爆施工无一伤亡。复合衬砌施工法和传统的分部开挖支撑法在同类地层中进行对比，复合衬砌能提高施工进度27%，节省木材60%，每延米成洞工天减少30%，但每延米用钢量有所增加。

本工法的施工原理、支护结构参数、施工方法、施工工艺、施工设备的选型配套，已形成一种模式。随后在铁路、公路、水电、地铁、市政等地领域的地下工程中的推广应用，更加节省了大量人力、机械、材料、能源等资源，使隧道及地下工程技术水平不断提高，施工作业安全，进度快，工程质量好，创造了很好的经济效益、环境效益和社会效益。

11. 工 程 实 例

11.1 京广复线大瑶山隧道

隧道全长14.295km，埋深70～910m，在砂岩、板岩、泥灰岩等地层中通过，穿越11条断层，其中9号断层长465m，涌水量高达42000t/d，为双线电气化铁路隧道，设计和施工按当时的国内外先进标准进行，复杂的工程条件更给施工带来了一系列困难。在施工中，打破常规，应用新奥法指导施工，成功地进行了硬岩5m深孔爆破、光爆和预裂爆破，首次运用了光电测距导线、光电三角高程控制和竖井投点，成功地完成2.76km独头巷道的施工通风，首次应用复合衬砌结构技术，发挥围岩的承载能力，采用大型机械化全断面、半断面施工，形成了破岩装运、支护、衬砌三条机械化作业线，单口月成洞最高217m（双线），全隧道平均单口月成洞99.2m（双线）。

工程于1981年11月开工，历时6年半于1988年5月竣工。由于全面进行施工监控量测、信息反馈技术，使施工中未发生较大的塌方，创造了较高的安全生产记录。工程质量优良，施工测量贯通精度高（中线横向误差17.3mm、高程误差4.6mm）。总体技术水平达到20世纪80年代国际先进水平。

11.2 沪蓉国道主干线支线分水岭（鄂渝界）至忠县高速公路B13合同段方斗山隧道出口段

方斗山隧道左线全长7530m，右线全长7610m，属于超特长隧道，当时为川渝地区第一公路长隧，也是国内第三公路长隧。地质条件复杂，有岩溶、煤层及瓦斯和断层破碎带等不良地质段，施工工期只有26个月，工期紧、任务重，施工难度大，是全线控制工期工程之一。

在隧道大跨度隧道全断面开挖施工工法的推广应用中，并结合本工程情况，方斗山隧道左线采用两台三臂凿岩台车联合进行全断面开挖，隧道右线采用人工钻爆法进行全断面开挖。在施工中，严格流程控制，充分挖掘人机潜能，压缩循环作业时间，并优化爆破设计，加强综合超前地质预报及量测工作。创造了台车日开挖19.2m，单月最高开挖449m的纪录，左右洞合计月进尺连续3个月保持在600m以上，使国内大断面隧道开挖进度又上了一个新新台阶。

方斗山隧道左线开挖开工日期为2005年3月28日，贯通日期为2006年11月3日，施工总用时为585d；隧道右线开挖开工日期为2005年3月28日，贯通日期为2006年12月5日，施工总用时为617d，比合同工期分别提前95d、62d完成开挖任务。隧道开挖超欠挖控制良好，施工过程中没有发生任何安全质量事故，施工质量达到设计规范要求，并在一系列的检查中均得到好评，优质、高效地完成了施工任务。完工后的隧道已顺利通过初期验收，并与此相关的QC项目《凿岩台车全断面开挖成形控制》现已评为国家级QC成果大奖，取得了一定的经济效益和较好的社会效益。

11.3 合武铁路客运专线安徽段三标红石岩隧道

红石岩隧道位于安徽金寨县境内，全长7857m，位处剥蚀中低山区，山势陡峻，沟谷纵横，植被发育，地层为花岗岩、片麻岩和部分变质杂岩，Ⅱ级围岩占全隧长的 81.2%；Ⅲ级围岩占全隧长的 12.7%；其余为Ⅳ级、Ⅴ级围岩，设计开挖断面 120m² ～150m²，有 40m 明洞，暗洞采用喷锚支护复合衬砌结构，其外层用锚杆喷射混凝土初期支护，内层模筑耐久性混凝土作二次衬砌，两层间铺设 EVA 防水卷材加土工布防水。隧道断面大、工期短、技术标准高，给施工带来了一系列困难。

工程于 2005 年 9 月开工，采用三臂液压凿岩台车开挖，无轨运输，长距离独头通风，大型机械化快速配套施工，成功地建立了凿岩装碴运输、混凝土喷锚支护和二次衬砌三条机械化作业线。应用全断面深孔光面爆破技术，通过优选爆破器材和选择合理爆破参数等，使炮眼利用率达 95% 以上，炮眼痕迹保存率达 90%。开挖月进尺最高 302m，平均月进尺 219m，混凝土衬砌施工月进尺最高 360m。其中进口已开挖 4375m，出口已开挖 2758m。由于全面进行施工监控量测、信息反馈和超前地质预报技术，指导工程及时调整施工方案，确保了工程建设安全生产零事故。由于工程在安全、质量、进度、环保、文明施工、投资得到了有效控制，已先后得到国家六部委、铁道部、上海铁路局、合武公司等各方好评，证实了大跨度隧道全断面开挖施工工法在铁路客运专线大断面隧道建设中卓有成效的施工效果。

11.4 新建铁路武汉至广州客运专线项目大瑶山 1 号隧道

为双线铁路客运专线隧道，全长 10081m，西北至东南走向，横穿海拔 958m 的狮子山，地层岩性及地质构造复杂，泗公坑倒转背斜发育，存在 13 条断层，主要分布有碳酸盐岩、碎屑岩和浅变质岩。隧道进口 1514m 段为碳酸盐岩分布区，岩溶发育，有溶洞、溶蚀裂隙、岩溶管道等；剩余为碎屑岩—浅变质砂岩分布区。F1～F6 断层位于灰岩段，其中：F4、F5 易出现较大规模突水、涌水涌泥；F3 附近易出现中等涌水、突水；F6 附近雨季出现较小规模涌水突水的可能性大，正常涌水量预测约为 7000m³/d，最大涌水量预测约为 24000m³/d。F7～F9 断层位于砂岩段，其中：F7 可能导水，易出现中等规模突水；F8 可能为隔水断裂；F9 至 F13 断裂性质不明；正常涌水量预测为 883m³/d。

隧道设计运行时速为 350km/h，正线间距 5m，隧道净宽 13.30m，净高 9.577m，Ⅱ～Ⅴ级围岩开挖断面 139.23～154.4m²，属超大断面。为进行超前地质验证、正洞快速施工及后期防灾，在隧道进口设长 2268m 的平导一座，在隧道中部及出口分别设长 888m 横洞及 289m 救援通道一座。具有断面大、工期短（仅 37.5 个月）、施工工作面多、地质条件复杂、工序转换频繁等特点，给施工带来了一系列困难。

工程于 2006 年 3 月开工，采用全断面开挖施工工法，用新奥法原理指导施工，利用合理的施工机械配套组成三条施工作业生产线，达到了快速施工的效果。钻爆作业线采用最新的炮孔放样软件代替人工测量放样，利用三臂凿岩台车钻孔，采用最新型的大掏槽的爆破方案进行全断面爆破施工，采用径向围岩注浆措施对围岩进行加固和堵水，装、运作业线采用挖掘机装载机配合装碴，喷锚作业线采用多功能台架湿喷作业，仰拱及填充混凝土采用仰拱长栈桥一次成形代替左右幅浇筑，拱墙混凝土采用大吨位、高强度自行全液压整体模板台车施作混凝土衬砌。单口月成洞最高 210m（双线），全隧道平均单口月成洞 120m（双线）。

在横洞段与出口段施工中，采用全断面开挖工法，创造了单工作面开挖 204m、仰拱及填充 186m、拱墙衬砌 176m 的纪录。提前施组 8.5 个月实现了横洞段与出口段的贯通。

由于科学组织，合理安排，认真进行施工监控量测、超前地质预报等信息反馈技术，使整个隧道施工过程始终保持稳产高产的态势，未发生较大的塌方和人员伤亡，创造了较高的安全生产记录。保证了工程质量良好，得到了各方的好评。

隧道与地铁浅埋暗挖工法

YJGF09—91（2005-2006年度升级版）

中铁隧道集团有限公司

罗琼　刘招伟　范国文　马锁柱

1. 前　　言

浅埋暗挖工法是依据新奥法（New Austrian Tunneling Method）的基本原理，开挖前采用多种辅助施工措施加固围岩，充分调动围岩的自承能力，开挖后及时支护、封闭成环，封闭支护与围岩共同作用形成联合支护体系，有效地抑制围岩过大变形的一种综合施工技术。

这一新技术成果由原铁道部隧道工程局和北京市地下铁道总公司在北京地铁复兴门折返线工程施工中共同研究开发，属国内首创。它的成功使我国在第四纪浅埋软岩地层中采用暗挖法建设地下铁道与大跨度地下洞室的工艺取得了一次实质性的飞跃，跨入了国际先进行列。随后，北京地铁均改明挖为地下施工，地下工程浅埋暗挖技术迅速在上海、广州、深圳成都等城市的地铁工程中进行推广应用，同时扩大到铁路、公路、水电、市政工程等涉及地下工程领域的浅埋暗挖工程，得到了不断创新与发展，应用工程的技术难度不断加大，技术不断成熟，建成了大量复杂困难的城市地铁、公路、铁路、水电、市政工程等浅埋暗挖工程。其成果"北京地铁浅埋暗挖法施工技术"及"浅埋暗挖法修建地铁车站技术试验研究"分别荣获北京市科学技术进步一等奖和二等奖；"北京地铁浅埋暗挖法快速施工研究"实现并保持了地铁区间隧道施工平均月成洞50～60m，通过了北京市科委主持的技术鉴定。几项成果组成《北京地铁浅埋暗挖法综合配套技术》，多次参加全国性的科技成果展，获1995年国家科技进步二等奖。

2. 工 法 特 点

2.1　独特的设计、施工和量测信息反馈一体化

根据预设计组织施工，采用信息化施工技术，通过对各种变位及应变的监测信息来检验支护结构的强度、刚度、稳定性，不断修改设计参数，指导施工，直至形成一个经济、合理、安全、优质的结构体系。

2.2　采用合理的初次支护参数与二次模筑混凝土衬砌结构

初次支护与二次模筑混凝土组成的复合式衬砌结构，是浅埋、软弱地层控制地面沉陷，确保结构稳定较理想的支护模式。

2.3　工艺新、技术先进

本工法综合应用了各种超前支护手段（小导管、长管棚、管幕等）、各种超前注浆方法（同步注浆、补偿注浆、跟踪注浆等）和适应性注浆浆液〔改性水玻璃（DW3）注浆（国家专利）、固砂剂、超细水泥、特种水泥〕加固地层和补偿地层损失、新型网构钢架支撑、整套施工监控技术，并运用系统工程理论科学管理等先进技术，其施工方法与工艺技术符合我国国情。

2.4　能够有效的控制、纠正土层变位和建（构）物沉降

利用开挖空间，采用注浆手段，依据工程及地层特点，灵活运用各种注浆材料，在量测信息反馈指导下，通过浆体适时、适位补充占位，达到控制、纠正土层变位和建（构）物沉降目的。

2.5　资源占用少、环境影响小、适用条件宽

与明挖法相比，具有拆迁占地少、影响交通小、投资少、扰民小等四大优点；与盾构法相比，具

有简单易行、勿需专用设备、灵活多变、适应不同跨度和多种断面形式、节省投资等优点。

3. 适用范围

不宜明挖施工的无水土质和软弱无胶结的砂、卵石第四纪地层及修建覆跨比大于0.5的浅埋地下洞室或通道等工程；尤其对都市城区在结构埋置浅、地面建筑物密集、交通运输繁忙、地下管线密布，且对地面沉陷要求严格的情况下修建地下铁道更为适用；对于低水位的类似地层，采取堵水或降水等措施后本工法仍能适用；对于淤泥质地层，采取适当的超前加固和地层改良后本工法也能适用。

4. 工艺原理

对软弱地层进行加固视具体情况分超前和施工中几种方案合理选用；对地下水采用降水措施；对施工断面视大小和结构的不同，在经过力学的理论计算，结合实践经验的基础上，合理划分为若干部分进行施工；每部分开挖后及时支护，各工序有机结合、紧密配合、及早形成支护结构闭合，及时完成混凝土衬砌结构。整个过程中开展监控量测和信息化管理，结合地质探测和预报，及时调整施工工序和支护参数，确保施工处于安全可控状态，周围环境得到保护，工程安全、优质、按期完成。

5. 施工工艺流程及操作要点

5.1 施工工艺流程（图5.1）

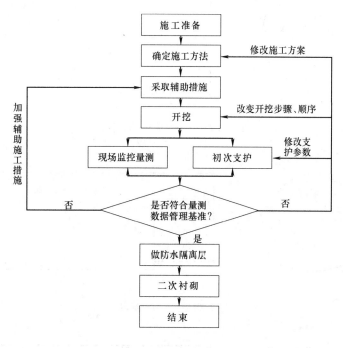

图5.1 施工工艺流程

5.1.1 关键技术

1. 正确应用和发展新奥法施工技术；

2. 注浆加固软弱地层并补偿土层损失技术；

3. 采用辅助措施加固围岩＋钢筋网＋网构钢架＋锚杆＋喷射混凝土所组成的联合支护体系为主要承载结构；

4. 完整的施工安全监控技术；

5. 受力合理的复合衬砌结构形式；

6. 运用系统工程理论，优化劳动组合，合理配置设备，强化施工管理。

5.1.2 施工原则

管超前，严注浆，短开挖，强支护，早封闭，勤量测，速反馈，控沉陷。

5.2 操作要点

5.2.1 单、双线山岭隧道一般采用正台阶法施工，见图 5.2.1。

5.2.2 单、双线城市地铁一般采用上台阶分步开挖法或短台阶法施工，见图 5.2.2-1、图 5.2.2-2。

5.2.3 渡线大断面城市地铁与三线大跨度山岭隧道一般采用中隔墙台阶法、单侧壁导坑法及双侧壁导坑法施工，见图 5.2.3-1～图 5.2.3-3。

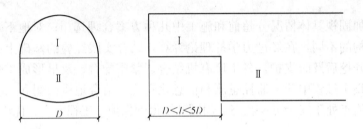

图 5.2.1 正台阶法示意图

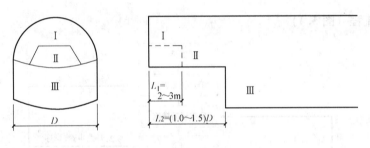

图 5.2.2-1 上台阶分部开挖法

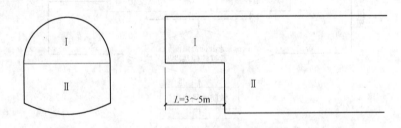

图 5.2.2-2 短台阶法

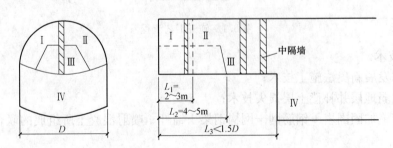

图 5.2.3-1 中隔墙台阶法

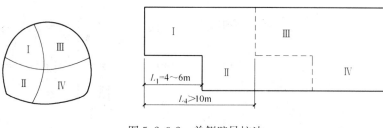

图 5.2.3-2 单侧壁导坑法

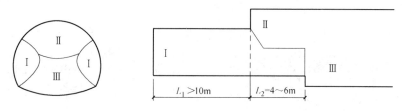

图 5.2.3-3 双侧壁导坑法施工

5.2.4 城市地铁车站一般采用柱洞法、侧洞法、中洞法和PPA施工，见图5.2.4-1～图5.2.4-4。

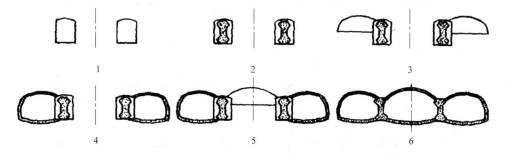

图 5.2.4-1 柱洞法施工顺序示意

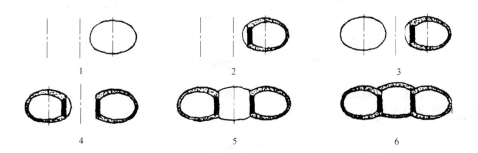

图 5.2.4-2 侧洞法施工顺序示意

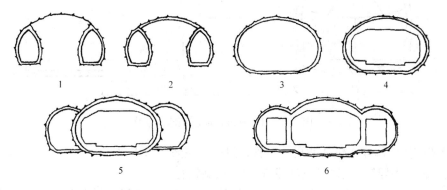

图 5.2.4-3 中洞法施工顺序示意

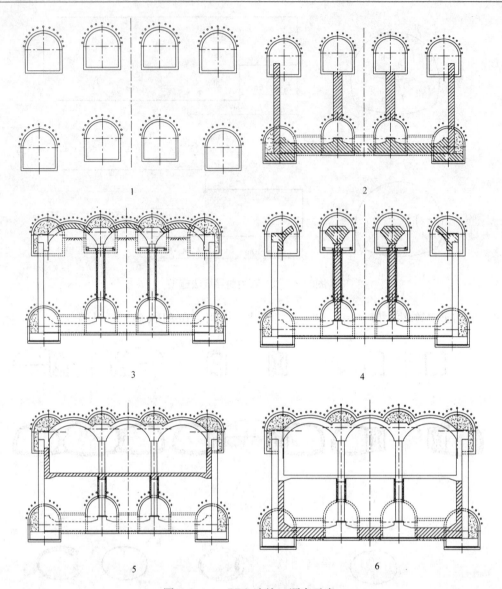

图 5.2.4-4　PPA 法施工顺序示意

5.2.5　主要作业项目（以地铁标准区间隧道为例）

1. 施工顺序见图 5.2.5-1。

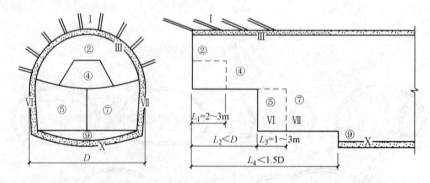

图 5.2.5-1　标准区间隧道施工顺序

2. 小导管超前注浆作业，包括钻孔、布管、封面、注浆四道工序。

（1）打孔：超前小导管孔用 SF 电钻或 YT-28 风钻钻孔。

（2）布管：（a）超前小导管选用 $\phi32\sim40$ 的钢管加工而成，顶部切削成尖靴，尾部焊接垫圈，其长度一般为 3.0～3.5m；（b）超前小导管仅在起拱线以上沿拱边轮廓线设置，环向间距 40～50cm 不等，外插角一般为 5°～7°；（c）超前小导管应从网构钢架腹部空间穿过，插入已钻好的孔中，尾端与钢架焊接，连为一体。

（3）封面：注浆前，应喷射厚 5～10cm 混凝土封闭工作面，以防漏浆。

（4）注浆：（a）可采用牛角泵（单液）或 HFV-5D 双液注浆泵压注，为缩短工序时间，可在注浆管前安设分浆器；（b）对于砂卵石地层，当裂隙宽度（或粒径）大于 1mm 时，宜优先选用单液水泥浆和水泥——水玻璃浆；当裂隙宽度（或粒径）小于 1mm 时，宜优先选用改性水玻璃浆液；（c）注浆后的开挖时间一般为：单液水泥浆 8h 左右，水泥——水玻璃浆 4h 左右，改性水玻璃浆 10min。

3. 上台阶环形开挖②部：可选用小型机具开挖、人工沿拱弧轮廓线修整或人工开挖，预留核心土，核心土的断面应大于开挖断面的 50%，每循环进尺一般为 0.75～1.0m。

4. 上半断面初次支护，包括立拱、挂网、安设锚杆和喷射混凝土四道工序。

（1）立拱：（a）新形网构钢架由主筋（φ22 的 16Mn 钢筋）采用正方形或矩形截面焊接而成；（b）钢架安设应紧贴围岩，拱脚应设置在特制的基础或原状岩层上；（c）两排钢架间沿周边每隔 1m 用纵撑和斜撑连接，形成纵向连接系，使其成为一整体结构，以改善受力状态。

（2）挂网：（a）钢筋网采用 φ6 的 A3 钢筋编制，网块尺寸为 100cm×200cm，网格间距一般为 15cm×15cm；（b）钢筋网应在初喷混凝土，安设锚杆和架立钢架后铺设，两片网块间搭接长度不得小于 20cm。一般地层，钢筋网应与初喷混凝土表面密贴；砂层地段，宜紧贴砂层面铺挂细网并用环向钢筋压紧，初喷混凝土后再铺第二层钢筋网。

（3）安设锚杆：（a）锚杆选用 φ18～22 的 16Mn 钢筋按设计长度（一般为 2.5～3.5m）截取，其一端斜割成尖形，另一端切割平整；（b）本工法通常采用全长胶结型早强药包锚杆，药包可自制或选购定型产品；（c）锚杆的安设时间宜在初喷混凝土之后、复喷混凝土之前进行；（d）系统锚杆在拱趾以下边墙部分沿洞室周边径向布置，纵横向间距均为 1m，呈梅花形排列。

（4）喷射混凝土：（a）喷射混凝土一般选用 525 号普通硅酸盐水泥或早强水泥、细骨料（中砂或粗砂）、粗骨料（卵石或碎石）等原料；（b）喷射混凝土有干喷、潮喷和湿喷三种方式，目前一般选用转子Ⅱ型喷射机进行干喷或潮喷法施工；（c）喷射混凝土强度等级应为 C18 级，厚度一般为 25～30cm，可分 2～3 次喷至设计厚度。初喷 3～5cm 厚混凝土必须在开挖后 2h 内完成，复喷必须填实钢架与岩壁的间隙并将钢筋网和钢架覆盖至少 2cm 以上；（d）喷射混凝土时，拱部与边墙均采用自下而上、从工作面齐头向外推进的原则进行。为提高早期强度，施工时一般需掺加一定量的速凝剂。

5. 挖核心土：可采用小型机具或人工开挖。

6. 下台阶分步开挖⑤、⑦部：宜左右错开、短进尺，以单边每次开挖长 1～3m 为宜，一般采用日产 S-50 单臂掘进机作业。

7. 下半断面初次支护Ⅵ、Ⅶ部，同样包括立拱、挂网、安设锚杆和喷射混凝土四道工序，施工工艺同上半断面。应当注意，网构钢架墙部接长应与开挖步骤相对应，单边交错进行，每次接长钢架 1～3 榀。

8. 仰拱⑨部采用反铲式挖掘机开挖，每次挖掘长度一般以 3～4m 为宜。

9. 仰拱初次支护Ⅹ部，包括：网构钢架闭合成环、铺设钢筋网和喷射混凝土等工序，仰拱初次支护原则上应紧跟拱墙支护施作。

10. 装碴运输

采用本工法时装碴运输有上下台阶不平行作业方案和上下台阶平行作业方案（图 5.2.5-2）。

（1）上、下台阶不平行作业方案

上台阶采用手推车或其他小型机具将碴土倒至下台阶，在下台阶再由侧卸式装碴机或 S-50 单臂掘进机本身的输送带将碴土送上皮带运输机倒入碴车，由电瓶车牵引运出。

（2）上、下台阶平行作业方案

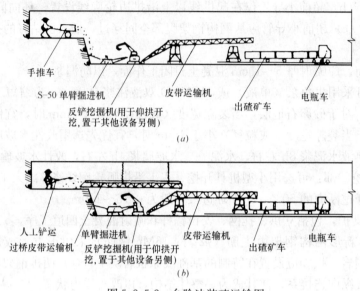

图 5.2.5-2　台阶法装碴运输图

(a) 上、下台阶不平行作业　(b) 上、下台阶平行作业

上台阶采用人工或其他小型机具将碴土送至过桥皮带输送机上，再通过下台阶的皮带运输机传递倒入碴车；下台阶可采用侧卸式装碴机或单臂掘进机本身的输送带将碴土送上皮带运输机倒入碴车，由电瓶车牵引运出。

11. 初次支护与二次模筑衬砌之间设置防水隔离层（如聚乙烯和聚氯乙烯塑料防水板），应注意在洞室周边满铺并做好搭接接头，使其环向全封闭。

12. 二次模筑衬砌须在洞室围岩和初次支护变形基本稳定后修筑。二次衬砌为 35～40cm 厚的 C18 级混凝土，每次施作衬砌长度以 6～12m 为宜。采用模板台车施工，强度达到 2.5MPa 后方准脱模。

5.2.6　控沉防塌技术措施

1. 坚持先护顶后开挖的原则组织施工。一般情况下可采用超前管棚、超前小导管注浆或超前锚杆来加固工作面前方围岩。在地表条件允许的情况下，也可采用地面注浆和地面锚杆预先加固地层。

2. 采用合理的开挖方式，变大跨为中跨或小跨，边开挖边支护，步步为营。当采用留核心土环形开挖法时，核心土的断面应大于开挖断面的 50%，纵向长度应大于 2m。

3. 施工中应尽量减少对围岩的扰动，优先采用掘进机或人工开挖，非城市地区采用爆破开挖时，应采取短进尺、弱爆破的方式进行。

4. 严格控制每循环进尺，一般不宜超过 1.0m；严格控制台阶长度，单线洞室超过 1.5 倍洞径、双线洞室超过 1 倍洞径时，应进行临时仰拱封底。认真做好钢架拱脚处理，必要时可在拱脚处安设加强锚杆或注浆锚管进行加固。

5. 开挖成形后应及时进行初次支护，确保工序衔接，尽早施作仰拱，封闭成环。当地层变坏时，应随时喷射早强混凝土封闭工作面或采用工作面正面锚杆来抑制围岩变形。

6. 若初次支护变形过大又不宜加强支护时，可对洞周 2～3m 范围内围岩进行系统注浆加固，以改善支护的受力条件，限制其过大变形。

7. 对于低水位软弱地层施工，应采用洞内井点降水和周边围岩填充注浆等措施来改善施工条件，在地表允许的情况下，也可结合深井降水和地面预注浆堵水等措施进行水的综合治理，以确保施工的安全和围岩的稳定。

8. 施工过程中（包括竣工初期）应对围岩及支护结构进行变位及应力量测，以便监控其稳定状态，控制地面沉陷。

9. 严肃施工纪律，加强施工管理，坚决执行标准施工工艺细则，保证施工质量。

5.2.7　现场监控量测

现场监控量测是本工法的重要组成部分，是监视设计与施工是否正确、围岩与结构是否稳定的有效手段。

1. 量测项目及内容

浅埋暗挖工法现场测试包括 A 类（必测）和 B 类（选测）量测项目，其相应的量测内容详见表 5.2.7。

现场监控量测项目及内容　　　　　　　　　　　　　　表 5.2.7

类别	量测项目名称	方法及工具	测点布设	量测频度			
				1～15d	16～30d	1～3 个月	3 个月以后
A	拱顶下沉	水平仪、水准尺、钢尺或测杆	每 5～15m 一个断面	1～2 次/d	1 次/2d	1～2 次/周	1～3 次/月
	周边位移	各类收敛计	每 5～15m 一个断面，每断面 2～3 对测点	1～2 次/d	1 次/2d	1～2 次/周	1～3 次/月
	地表沉陷	水平仪、水准尺	每 5～100m 一个断面，每断面至少 11 个测点，每段隧道至少 2 个断面，中线每 5～15m 一个测点	开挖面距量测断面前后<2D 时,1～2 次/d;开挖面距量测断面前后<5D 时,1 次/2d;开挖面距量测断面前后>5D 时,1 次/周			
B	围岩内部位移（地表设点）	地面钻孔中安设各类位移计	每代表性地段一个断面，每断面 3～5 个测孔，每孔 2～4 个测点。	开挖面距量测断面前后<2D 时,1～2 次/d;开挖面距量测断面前后<5D 时,1 次/2d;开挖面距量测断面前后>5D 时,1 次/周			
	围岩内部位移（洞内设点）	洞内钻孔中安设单点杆式、多点杆式或钢丝式位移计	每 5～100m 一个断面，每断面 2～11 个测点	1～2 次/d	1 次/2d	1～2 次/周	1～3 次/月
	围岩压力及两层支护间压力	各类压力盒	每代表性地段一个断面，每断面宜为 15～20 个测点	1 次/d	1 次/2d	1～2 次/周	1～3 次/月
	钢架内力及外力	支柱压力计、钢筋计或其他测力计	每 10 榀钢架一对测力计	1 次/d	1 次/2d	1～2 次/周	1～3 次/月
	支护衬砌内应力	各类混凝土内应变计、应力计	每代表性地段一个断面，每断面宜为 9～11 个测点	1 次/d	1 次/2d	1～2 次/周	1～3 次/月
	锚杆内力及抗拔力	各类电测锚杆、锚杆测力计及拉拔器	每 100 根锚杆检测 1 根，每代表性断面设 5 根量测锚杆	1 次/d	1 次/2d	1～2 次/周	1～3 次/月

注：D 为开挖洞室最大跨度（m）。

2. 量测数据处理与应用

（1）现场量测数据应及时绘制成位移一时间曲线（或散点图），曲线的时间横坐标下注明施工工序和开挖工作面距量测断面的距离。

（2）当位移一时间曲线趋于平缓时，应进行数据处理或回归分析，以推算基本稳定时间、最终位移值，掌握位移变化规律。

（3）当位移一时间曲线出现反弯点，即位移数据出现反常的急骤增长现象时，表明围岩与支护已呈不稳定状态，应加强监测，并适当加强支护，必要时应立即停止开挖采取补强措施进行处理。

（4）量测管理基准值。

3. 远程自动化监控量测技术

上述为常规情况下的一般监测手段，特殊情况（适时监测、人员无法适时到达部位等）需要远程自动化监控量测技术。

远程自动化监测系统是利用安装或埋设在既有线地铁或隧道内用于监测结构沉降、结构缝变形或轨道上用于监测轨道不均匀沉降、轨距变化、倾斜量变化的传感器测量与控制安全运行性态有关的物理量，通过布设在既有线现场的数据采集装置组成现场采集网络按需要设定的方式自动采集上述传感器测量数据，再通过通信设备将采集的数据远程传输到管理中心对监测数据进行分析计算、用于评估地铁既有线的结构性态，控制安全施工和安全运行。基本原理如图 5.2.7。

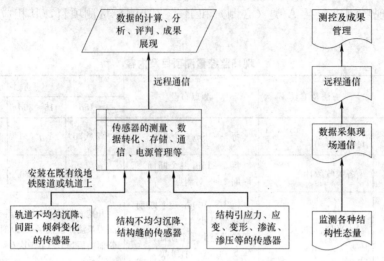

图 5.2.7　远程自动化监测基本原理图

5.3　劳动组织

5.3.1　施工组织

采用直线职能机构形式为宜（图 5.3.1）。

整个施工组织系统，纵向是由队长、分队长和工班长为主线的施工生产组织，横向是由队长直接领导的各业务部门和成员为辅线的施工管理组织。由于隧道或地铁施工是一项特殊的专业化施工作业，这就要求各部门必须听从集中的指挥和调度，各工班间要互相协作和配合。

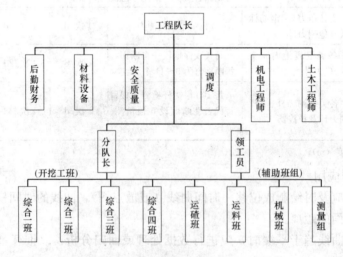

图 5.3.1　施工组织系统

5.3.2　劳动组织

1. 运碴班、运料班、机械班、测量组等辅助班组宜采用专业班组。

（1）运碴班（8 人）：负责洞内装、运机械设备的使用与管理、轨道的铺设与出碴。

（2）运料班（4 人）：负责施工用材料的制备与运送。

（3）机械班（10 人）：负责除装、运机械外的机械设备操作、使用、保养和管理。

（4）测量组（4 人）：负责开挖断面的放样及支护变位量测。

2. 开挖、支护作业宜采用综合工班形式组织生产，按 4 班×6h 作业制，以作业项目来安排劳力（表 5.3.1）。

综合工班人员配置　　　　　　　　　　　　　　表 5.3.1

作业方式	作业项目	作业内容	人数	
			单线	双线
上下台阶平行作业	注浆	钻孔、布管、封面、注浆	10	12
	开挖	上台阶破面、环形开挖、出碴；下台阶开挖、出碴	8	10
	立拱挂网	钢架定位、连接、焊接纵向连接筋、挂钢筋网	8	10
	锚喷	安设锚杆、喷射混凝土	5	6
	二次模筑混凝土	模板台车定位、灌混凝土、捣固	⑧	⑧
	综合工班人数	一般二次模筑混凝土滞后单独施工	12＋⑧	15＋⑧
上下台阶不平行作业	注浆	打孔、排管、封面、注浆	10	12
	上台阶开挖	破面、环形开挖、拱脚开挖、出碴	6	8
	上台阶立拱挂网	钢架定位、安装、焊接纵向连接筋、挂钢筋网	8	10
	上台阶锚喷	安设锚杆、喷射混凝土	5	6
	下台阶开挖	挖边墙、底板、出碴	6	8
	下台阶立拱挂网	接长钢架、焊接纵向连接筋、挂钢筋网	8	10
	下台阶锚喷	安设锚杆、喷射混凝土	5	6
	二次模筑混凝土	模板台车定位、灌混凝土、捣固	⑧	⑧
	综合工班人数	一般二次模筑混凝土滞后单独施工	10＋⑧	12＋⑧

6. 材料与设备

本工法无需特别说明的材料，所需机械设备见表 6。

机械设备　　　　　　　　　　　　　　　　表 6

序号	设备名称及型号	生产能力	数量	备注
1	SF 电钻或 YT-28 风钻	2.0m/min	2	开挖、注浆钻孔
2	S-50 单臂掘进机	挖装能力 80m³/h	1	
3	ZC-2 型侧卸式装载机	最大装碴能力 90m³/h	1	
4	HD8509 反铲挖掘机	斗容量 0.85m³	1	
5	BX₃-300-1 电焊机		1	立拱挂网
6	ZPG-Ⅱ喷射机	5～7m³/h	3	
7	模板台车	6～12m/循环	1	
8	HFV-5D 双液注浆泵或牛角泵	最大排量 70×2L/min	1	
9	XG-12-7/256 电瓶车		2	
10	2m³ 斗车		6	运输牵引
11	4L-20/8 空压机	20m³/min	2	高压供气
12	BKJ66-11No5.6 风机	396m³/min	1	低压供气
13	JG400 拌合机	10～14m³/h	1	

7. 质量控制

本工法除应遵循现行国家和部颁有关隧道、地铁等地下工程施工质量及验收规范外，还应做好以下质量控制：

7.1　超前小导管注浆（超前支护以此为例）

7.1.1　超前小导管的仰角应控制在 $5°～7°$，孔位偏差不得超过 10cm，顶入长度不应小于管长的 90%，纵向两排小导管的搭接长度不小于两排钢架的间距。

7.1.2　注浆孔口压力控制在 $0.4～0.5MPa$，浆液扩散半径按 0.3m 考虑，单孔浆液注入量可由下式估算：

$$Q=\pi R^2 Ln \tag{7.1.2}$$

式中　R——浆液扩散半径（m）；

　　　L——导管长度（m）；

　　　n——地层孔隙率（%）。

当小导管长为 $3.0～3.5m$ 时，一般每孔注入量为 170L，采用定量注浆法施工。

7.1.3　当每孔注浆量达到定量标准或达到定量标准的 80% 以上而注浆压力升至 $0.4～0.5MPa$，且无漏浆、跑浆现象时，才能结束注浆。注浆效果可采用加固范围内任一位置取岩芯检验，并观测其开挖后浆液的充填情况；也可采用压水试验检查注浆效果，其检查孔的吸水量（失水量）应小于 $0.2～0.4t/min\cdot m$；还可用声波探测仪测量岩体声速来判断注浆效果。

7.2　网构钢架制做及安设

7.2.1　网构钢架一般在现场冷弯或热弯制做，要求做到尺寸准确，弧形圆顺。焊接成形时，应沿钢架两侧对称进行，钢架主筋与轴线点重合，接头处要求相邻两节圆心重合。试拼装时应无扭曲、翘曲现象，沿隧道周边轮廓误差不应大于 $±3cm$。

7.2.2　网构构架应按设计位置安设，各段在同一平面内，其平面翘曲应小于 $±2cm$，整榀钢架应垂直于洞室轴线，其上下、左右偏差应小于 $±5cm$，钢架倾斜度应小于 $2°$。

7.2.3　量测数据管理基准

位移量测数据作为信息化管理目标，管理基准值还应根据不同工程的现场特定条件来制定，其推荐基准参考值如表 7.2.3。

量测数据管理基准参考值　　　　　　　　　　表 7.2.3

指标内容	日本、法国、西德规范综合值	推荐基准值	
		城市地铁	山岭隧道
地面最大沉陷	50mm	30mm	60mm
地面沉陷槽拐点曲率	1/300	1/500	1/300
地层损失系数	5%	5%	5%
洞内边墙水平收敛	20～40mm	20mm	$(0.1～0.2)D$%
洞内拱顶下沉	75～229mm	50mm	$(0.3～0.4)D$%

注：D 为开挖洞室最大跨度（m）。

8. 安 全 措 施

除认真执行国家安全生产法和各省、部委有关安全生产的法律法规外，还应做好以下几点：

8.1　施工机械应定期维修检查，施工作业时应有专人操作和指挥，各类管线接头必须接好扎牢，对洞内机械的迂回转动部件应予以覆盖，以免卷夹伤人，电器设备应由专人使用和管理。

8.2　洞内监控量测仪器设备应置于安全稳定地带，需登高测试时，观测人员应站在平稳、牢固的脚手架上。在交通繁忙的公路上时进行地表位移量测时，量测人员应身穿黄色显眼的标志服，量测位置前后均应放红色路标和红白相间的标志栏栅；夜间进行量测作业时，要配备足够的照明设施，迎车方向应设置路面警报灯，并由专人执旗指挥车辆，令其慢速绕行。

8.3 不良地层宜超前预加固，并及时完成开挖后的初期支护，做好各工作面的协调，搞好现场施工安全督查，确保在安全能充分保证的前提下进行施工，确保各工序间的作业安全。对要较长时间停工的开挖作业面，不论地层好坏均应作网喷混凝土封闭。

9. 环 保 措 施

除执行国家和地方有关环境保护的法律法规外，还要注意以下几点：

9.1 施工环境卫生管理应有对应部门和人员，在工程施工过程中严格遵守国家和地方政府下发的有关环境保护的法律、法规和规章，遵守有防火及废弃物处理的规章制度，做好交通环境疏导，充分满足便民要求，接受地方交通管理，随时接受相关单位的监督检查。

9.2 将施工场地和作业限制在工程建设允许的范围内，合理布置、规范围挡，做到标牌清楚、齐全，各种标识醒目，施工场地整洁文明。

9.3 对施工中可能影响到的各种公共设施制定可靠的防止损坏和移位的实施措施，加强实施中的监测、应对和验证。同时，将相关方案和要求向全体施工人员详细交底。

9.4 加强对施工燃油、工程材料、设备、废水、生产生活垃圾、弃渣的控制和治理，设立专用排浆沟、集浆坑，对废浆、污水进行集中，认真做好无害化处理，做好泥砂、弃渣及其他工程材料运输过程中的防散落与沿途污染措施，废水除按环境卫生指标进行处理达标外，并按当地环保要求的指定地点排放。弃渣及其他工程废弃物按工程建设指定的地点和方案进行合理堆放和处治。

9.5 优先选用先进的环保机械。采取设立隔声墙、隔声罩等消声措施降低施工噪声到允许值以下，同时尽可能避免夜间施工。

10. 效 益 分 析

本工法在北京地铁复兴门折返线形成后，北京地铁均改明挖为地下施工，并迅速在上海、广州、深圳等城市的地铁工程中进行推广应用，同时扩大到铁路、公路、水电、市政工程等涉及地下工程领域的浅埋暗挖工程，其科技成果先后多次参加全国性的科技成果展，北京地铁工地现场无数次地接待了国内外专家与同行的参观与指导，形成了显著的经济效益和社会效益。仅北京地铁复兴门折返线工程形成的效益有：

10.1 采用明挖法施工土建工程费加上拆迁费共计需 3237 万元且不包死，而采用浅埋暗挖法施工总计仅 1703 万元包死，节省投资 1534 万元。

10.2 避免了安街明挖施工所造成的运输能力下降而使车辆停车次数增加、阻塞时间延长带来的经济损失，按 1 年半工期计算避免损失达 3163 万元。

10.3 避免了对长安街公路路面的破坏及地下各种管线、地面通信电缆、灯杆和民房的拆迁，减少了绿地占用，保持了市容美观，节省了高达千万元的拆迁费，施工工期也相应地缩短了半年。

10.4 不干扰市民的正常生活，避免了因明挖法施工而产生的噪声、尘土、振动等公害，保证了长安街迎宾大道的畅通，深受各级领导的赞扬和北京市民的欢迎。

10.5 使已停顿多年的北京地铁建设事业重新得以发展，为建设现代化城市交通开创了一条新路，为实现北京地铁的远景规划提供了技术保证。

中铁隧道集团有限公司近年来在国内建成了大量复杂困难的城市地铁、公路、铁路、水电、市政工程等浅埋暗挖工程。仅在深圳地铁一期工程国贸～老街区间单洞双层隧道、北京市地铁五号线 06 标崇文门～东单区间工程、北京市地铁五号线 05 标段崇文门车站、杭州市万松岭公路隧道、北京地铁十号线熊猫环岛～安定路区间工程、杭州市体育场路武林广场东西通道人行过街地道工程六个项目上就形成约 3.1 亿元的直接经济效益。

11. 应 用 实 例

11.1 北京地铁复兴门折返线工程

位于复兴门内大街正下方，包括 2 条正线和 1 条折返线，用交叉渡线连接。折返线长 234.46m，渡线长 101.58m，最大跨度 14.46m，最小覆土层厚 10m，穿越第四纪粉细砂、砾石或砾砂地层。其中，正线断面采用正台阶法施工，渡线段大跨度断面采用单侧壁导坑正台阶法施工。

国内外对浅埋山岭隧道及城市地铁隧道施工技术水平的评价，主要以支护结构在稳定条件下的地面沉陷量的大小、范围及洞周位移量等指标来判断，复兴门折返线工程量测结果见表 11.1。

北京地铁复兴门折返线技术指标量测结果 表 11.1

地面最大沉陷量	沉陷槽拐点曲率	地层损失系数	洞内边墙水平收敛	洞内拱顶下沉
<30mm	1/589	4.13%	<±10mm	<45mm

可见全部量测技术指标均低于量测数据管理基准参考值，说明工程结构是安全的，施工方法是稳妥的。

11.2 深圳地铁一期工程 3C 标国贸～老街区间单洞双层隧道

隧道段长 305m。埋深 12～16m，纵坡为 2.9%，左右线上下重叠，开挖宽度 6.8m，平均高度 13.2m，平均开挖量 82m³/延米。初支采用喷锚网＋格栅钢架，拱部 ϕ76 自进式注浆管棚，拱墙 R25 中空注浆锚杆或 ϕ42 超前小导管注浆等辅助支护措施。衬砌混凝土为 C25S8 防水混凝土，防水层 PVC 全包防水板。

隧道位于人民路与深南路交汇段，通过百货广场、深南东路、华中酒店。其中，地下各种管线纵横交错，有两座楼房的部分桩基础在隧道内或紧靠隧道，须进行特大吨位桩基托换（最大桩径 ϕ2000，最大轴力 15734kN）。地层为残积土层和全风化、强风化、中风化岩层，有二条断层，地质条件极差，导水性强。地下水对混凝土结构、钢结构具分解弱腐蚀。

工程于 2001 年 3 月开工，施工中组成了由设计、科研、施工三方人员合成的科研攻关队伍，遵循"管超前、严注浆、短进尺、强支护、紧封闭、勤量测"的浅埋暗挖法原理，创造性地应用小导管超前注浆支护、辅助地表和洞内注浆加固地层及止水，采用化大为小的四台阶全封闭支护开挖方法，克服了施工场地狭小、干扰大、工程地质条件差、周边环境复杂、环境保护控制要求高等困难，实现了该标段重叠隧道工程安全、优质、顺利修建的目标，地上和地下的既有设施没出现超过允许值的沉降、倾斜和变形，保证了道路交通、房屋、管道等既有设施一直处于正常使用状态，工程质量优良，于 2003 年 7 月竣工，比原方案提前工期 6 个月，被评为深圳市的品牌工程，受到业主及各方的好评。

11.3 北京市地铁五号线 06 标崇文门～东单区间工程

工程沿崇文门内大街逐渐向东偏移至长安街后到达地铁 5 号线东单站，隧道全线长 626.2 双线米，左右线间距 16.8m。覆土厚由北向南为 9.6～14.6m，隧道穿越地层粉质黏土、粉细砂层、中粗砂层。其施工难点、重点为：①区间隧道进入渡线隧道，断面宽度扩大 8.645m，高度变化 4.655m，渡线段总长 201m。②结构上方房屋有商店、民房。③渡线段结构上方有两条南北走向的雨水和污水管线，其中污水管直径 1500mm，埋深 6.5m 左右，距渡线段结构施工时最近距离 1.43m。雨水管距离结构与隧道初支水平最近距离 4.7m，隧道顶 2.0m。管线埋设时间久远，污水管施工时采用顶管法，每节 2.0m，渗水严重。

针对地层条件较差和环境复杂的情况，施工中采用 TSS 型注浆管与小导管相结合进行围岩加固处理，为保护隧道上方管线，施工中根据量测及时反馈信息，洞内及时跟踪注浆。在断面突变段采用标准断面隧道先提前预抬高，然后施做纵、横小导洞，变大跨为小跨，在横横导洞内套做大断面初支，然后按双侧壁施工步序在横导洞内施做大断面下部，在横导洞内形成大断面初支。

工程在 2002 年 11 月开工后，严格按准确的施工方案施工，使工程安全、质量、进度得到了保证，充分做到了文明施工，确保了隧道上方房屋、污雨水管安全。工程竣工后，工程质量良好。

11.4 北京市地铁五号线 05 标段崇文门车站

为双柱三跨岛式暗挖车站，两端双层结构，地下一层为站厅层，地下二层为站台层，中间为单层结构站台层，车站总长度 202.9m，双层结构宽为 8～9.3m，单层结构总宽度 24.2m。地质为粉质黏土、粉细砂、中粗砂富水地层。车站位于崇文门内外大街与东西大街的交叉路口，附近地面有几座大饭店、同仁医院、新世界中心、崇文门菜市场等建筑物，并从地铁 1 号线区间隧道上穿过，底板与既有环线区间断面顶部净距为 1.98m。存在保证既有环线的结构与行车安全、严格控制地面沉降、确保地下管线和路面安全等技术难点。

工程于 2002 年 11 月开工，采用中洞法施工，中洞则采用"CRD 法"施工，双层断面分四层八部开挖（单层断面分三层六部开挖），每部之间用临时中隔壁及临时仰拱分割。开挖支护中洞后及时施作中洞二衬，建立起梁、柱支撑体系，然后对称施作侧洞，封闭成环。

穿越既有环线地铁施工时，用顶管方法安设 φ600 大管棚，环车站断面拱部超前打设 36m 长注浆管，支撑既有结构，并结合超前小导管注浆预加固地层。同时，监控量测 24h 全过程跟踪监进行，及时动态分析，并将每次的量测结果及时反馈，发现异常情况及时向设计、业主反映，研究对策。

在各方大力关注和协助下，工程于 2007 年 9 月完工，保证拱顶以上地下管网的正常使用，保证了既有线和周围建筑的安全，确保了路面交通正常，工程进度达到合同要求，质量优良，开展的科研成果获得了北京市科技进步二等奖。

11.5 杭州市万松岭公路隧道

位于西湖风景区南线，是杭州市为改善南部地区进入西湖风景区交通条件而新建的一条城市旅游交通要道。隧道全长 818.99m，设计为单洞双向四车道，三心圆拱断面，开挖面积 171m²，开挖跨度 17.874m，高 12.026m，进口位于浙江省革命烈土纪念碑正门旁，从万松书院附近的万松岭路下 6 m 深处通过，围岩为浅覆盖软弱性Ⅰ类残坡积黄土及人工填土，中部从海军干休所院址下穿过，埋深 15～30 m，围岩为Ⅲ～Ⅳ类、强～弱风化砂岩，地表为 20 世纪 70 年代初建的密集住宅砖房旧建筑群，出口洞口靠第四人民医院楼房最近处仅 4m。

工程建设中，穿越既有公路采用 φ114 超前大管棚注浆预加固。在减震爆破上，采用导洞超前扩挖法，并合理多分部、分层多次起爆。在浅埋软弱土层层段，合理选择双侧壁导坑法的工艺参数、在加密大管棚超前支护、注浆小导管加固土体和锚、网、钢架、喷射钢纤维混凝土联合支护条件下，依靠监控量测反馈数据指导来进行开挖、支护，使大跨隧道施工能安全通过。

工程于 2003 年 3 月 18 日开工，2004 年 8 月 31 日完工，未发生任何危险情况和安全责任事故，工程质量优良，在 2005 年 12 月获得杭州市政工程"西湖杯"，取得了较好的社会效益。

11.6 北京地铁十号线熊猫环岛～安定路区间工程

起点位于熊猫环岛站，终点位于安定路站，标段含十号线的双线区间及十号线与奥运支线的双线联络线。区间全长 860m，奥运支线为各 800 多米长左右分开的双线联络线，断面类型有单线、双联拱和三联拱隧道。受隧道建设影响的大型商业建筑多，南侧为北土城遗址公园及小月河，隧道上方有一条上水、一条污水管线、一条燃气管线及一条电信管线，只能采用浅埋暗挖法施工。

隧道主要穿过粉质黏土④、③₁，粉土④₂，粉细砂④₃，黏土层③₂、⑥₁，属Ⅵ级围岩，造成施工风险的因素多施工中沿隧道两侧间距 5m 布设井点降水，在富水段或降水盲区采用洞内小型真空降水措施，解决由于隔水层引起的降水盲点及地层中的游离水。

地面采用深孔注浆，孔间距 1.0m，东西两侧各向建筑物内延伸 5m。孔深以穿越地层滑动面 2m 为宜。同时，在建筑物周围设置跟踪注浆系统，根据监测资料适时进行注浆，保证地面构筑物的安全。

隧道内超前加固方式为双层导管注浆，长短管相互结合，第二次注浆与第一次注浆互为补充。并采用超前钻探进行探测，准确探明管线与区间隧道结构的位置关系以及长期管线渗漏水对隧道前方土体的影响程度。

根据不同断面和地质情况，隧道开挖分别采用了CRD法和正台阶法，前者将隧道分成四个部分开挖后者分上下台阶开挖支护。

全程实施信息化管理，通过高密度的监测指导施工，并根据监测结果及时反馈，调整管线及周边建筑物的保护措施，合理优化施工方案。

工程于2004年12月开工。在承包商的努力及各方大力关注和协助下，本工程安全、质量、进度、文明施工、投资得到了有效控制，确保了地面建筑物及地下管线的安全同时地面商业活动没有受到大的影响，工程质量优良，并于2006年12月顺利竣工。

11.7 杭州市武林广场人行过街通道

工程为东西两条直墙单心圆复合式衬砌隧道，设四个 7.1m×5.1m 的临时施工竖井和共六个出入口。工程地处杭州市中心，周边建筑物密集，涉及管线有四十余条（基本为市政用主干管线，包括自来水、煤气、污水、热力、电力电缆、通信光缆、人防、雨水等）。过街通道主体结构采用浅埋暗挖法施工，覆土厚度3m左右，埋深约10m。

通道主体结构主要穿越淤泥质软土地层，该地区为杭州第四纪滨海相沉积平原区。地层的含水量非常大，承载能力很低，具有很高的蠕变特性，土体基本处于软塑～流塑状态，土体的渗透系数达 10^{-8} 级。

采用夯管的方法将 $\phi108$ 大管棚顶入土体中，进行有效的超前支护，利用二重管钻机注浆技术对掌子面及周边土体进行注浆加固（可利用竖井，一次性加固完毕），解决该地层强度差、承载能力低的问题。在有超前支护和预加固的条件下，采用分部开挖法和模板台架先拱后墙法衬砌。开挖分上下两层，共六部，每部间用工字钢设置临时隔墙和临时仰拱，初期支护采用C20网喷混凝土，临时支护采用C20素混凝土。

工程于2004年3月26日开工，受到杭州市政府以及广大市民的高度重视，整个施工过程都受到密切的关注，各大媒体进行跟踪报道。从设计到施工，依靠科技攻关，由建委、业主、设计、监理、施工单位组成科技攻关小组，进行现场试验，严格控制各项施工工艺，确保了试验的准确性和指导性。经过不懈艰苦努力，工程于2005年6月3日安全顺利竣工，各项监控指标均在允许范围内，交通、管线、构筑物均正常使用，工程质量良好，得到了杭州市民的好评，并荣获2005年度杭州市建设工程"西湖杯"奖。

汽车试验场水泥混凝土路面施工工法

YJGF13—98（2005-2006 年度升级版）

中铁四局集团有限公司

关永藩　熊选爱　杨家林　王道义　胡典全

1. 前　言

　　总后定远汽车试验场是国内第一个现代化汽车试验场，当时，亚洲建成试验场的国家只有日本，且施工工艺和施工技术是保密的，没有经验可供借鉴，汽车试验场工程对于所有国内企业来讲都是一个全新的施工技术领域。汽车试验场高速环形跑道和高坡大陡度曲面混凝土路面的施工是本工程的难点，中铁四局集团在施工中组织技术攻关，聘请专家咨询，采用"三线交会"精度测量、自制边坡振动压实机及传力杆定位器的技术，从根本上解决了高环路面关键性技术难题。

　　工程施工中，以试验段为引路，熟练地掌握了水泥混凝土路面的高水平施工技术，同时经过改进、完善，逐步规范了劳动组织、机具配备、施工工艺、质量控制及管理制度等环节，形成本工法。该工法先后在通县汽车试验场、上海大众试车场施工中推广应用，工程质量优良，取得良好的经济效益和社会效益。该工程曾先后获国家建筑业"鲁班奖"；安徽省、铁道部、全军内优质工程奖。

2. 工 法 特 点

　　2.1　传力杆定位器技术用于本工法中，使传力杆安放位置准确，避免板块在缩缝附近发生开裂，这在同类工程施工中属首创。

　　2.2　自制高精度曲面混凝土组合钢模及盖板，并用于曲面混凝土施工的成形技术，实现了工程的低造价、高精度，节约了工程成本。

3. 适 用 范 围

　　本工法不仅适用于各种汽车试验场的刚性路面施工，也适用于高等级公路、机场跑道、各种赛车场、汽车停车场及市政道路工程中的刚性路面施工。

4. 工 艺 原 理

　　曲面混凝土的成形主要靠混凝土板块的侧模和盖板，在搬运和支立方便的前提下应力争每条模块的块数量最少（接头最少）。模板作用边的制作精度应力争要求高，与设计弧线之差应不大于 0.5mm，盖板的作用是限制混凝土在振捣时往下塌落，因此，盖板要与侧模连接，在填仓板施工时在盖板上要加重物施压。为防止模板在斜坡上向下移动，应先施工横坡较小的低、中速道，在混凝土浇筑过程中除侧模不致发生移动外，浇筑完的路面还可给上部高速道和安全带支立时提供稳固的支撑。由于多块模板的接头是以螺栓连接的，在支立时一般准确控制模板接头处的平面位置和高程便可。施工时跟踪测控亦如此。由于平面位置和高程是互相影响的，所以必须精确就位。全断面 7 块模板的控制点为设计线点、各接头点及上、下缘点等共 9 处。高精度的组合模板与精确的控制方法结合，使曲面混凝土路面完全与设计的线形一致。

5. 施工工艺流程及操作要点

5.1 施工工艺流程

高速环道曲线段混凝土路面施工工艺流程见图5.1。

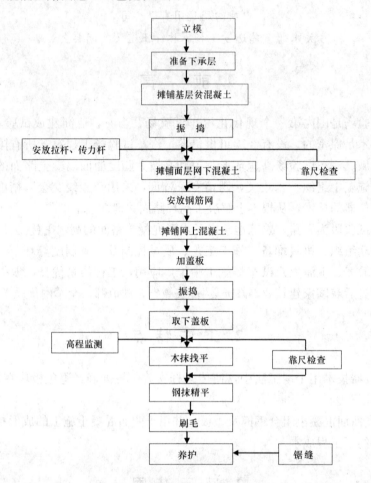

图 5.1 曲线段混凝土路面施工工艺流程

5.2 操作要点

高速环道和性能试验路的混凝土路面分直线段和曲线段，环道圆曲线横断面见图5.2-1。高环直线段按先高、低速道再中速道的程序。性能试验路加宽段按车道施工跳仓施工，加速段按先左后右的程序施工。自缓和曲线中段起，基面层的结构按一次立模两次浇筑的程序施工见图5.2-2。

5.2.1 直线段混凝土路面施工

直线段混凝土路面施工分立模、准备下承层、运送混凝土、摊铺、振捣、滚杠滚揉表面、电动抹光、抹平、拉毛、养护、切割、立模等13个工序。在缩缝处的混凝土摊铺前，要将传力杆定位器准确地安放在缩缝位置上，并要逐个放好传力杆。其他各工序的操作与一般道路施工相同。

5.2.2 曲线段混凝土路面施工

1. 立模

曲线段基层为C13贫混凝土，面层为24cm厚C33钢筋混凝土，钢筋网在表面下5cm处，基层和面层采用一次立模分别浇筑的施工方法，模板用钢板和扁钢制做。缓和曲线的曲线半径由∞→变为设计的圆曲线半径，径向的曲率也是随里程位置而变化。缓和曲线每块板的板缝处曲率各不相同的。模板在制做完后要按站点及径向的连结顺序编号，以便有序安装不致混乱。

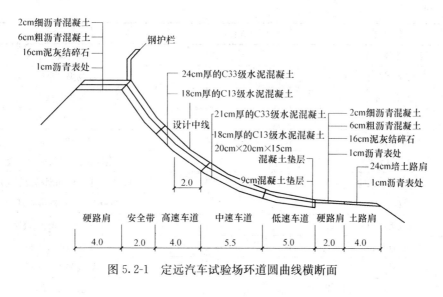

图 5.2-1　定远汽车试验场环道圆曲线横断面

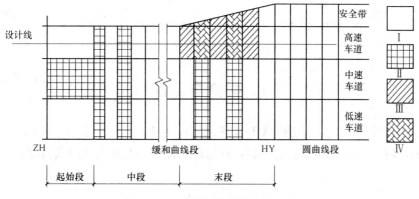

图 5.2-2　一次立模两次浇筑工序

立模工作要沿径向自下而上地进行，支立时可先按地面上的标志引导模板的方向和高程，两道模板的顶面可用特制的拉杆固定，这种拉杆在两端设有调整螺栓，以便准确调整两道模板间的宽度。

2. 准备下承层

清扫、涂脱模剂、安装（扶正）传力杆、封堵模板底与底层间的间隙及传力杆孔洞等。

3. 浇筑混凝土

基层贫混凝土的浇筑工作自下而上的进行，摊铺后用插入式或浮着式振捣器振捣，并要用靠尺检查混凝土顶面至模板顶的高度。低、中速道面层混凝土的摊铺，应在基层混凝土的强度达到 1.2MPa 以上进行浇筑，在浇筑时亦自下而上的进行，在摊铺后用插入式振动器振捣，随后由人工做面，做面时应先用木抹找平并用靠尺反复检查，使平整度达到要求，然后用钢抹精平压光，待自然收水后拉毛、养护。

设计有钢筋的面层混凝土，要以钢筋网为界分上下两层，下层厚度 19cm 在摊铺前要用靠尺检查基层面，并调整摊铺厚度，摊铺后要平整混凝土面，在放置钢筋网，并与支架钢筋固定。

上层混凝土厚 5cm，摊铺方法与下层混凝土相同，但振捣前要先加盖板，盖板端部要用卡环与模板顶面固定。盖板可用宽 24cm 宽重型槽钢做制。

5.3　劳力组织（表 5.3）

劳动力组织情况表　　　　　　　　　　　　　　　　表 5.3

序号	工作项目	所需人数	工作内容
1	拌合站拌合	6	拌合混凝土
2	自卸汽车司机	4	运输钢筋、混凝土

续表

序号	工作项目	所需人数	工作内容
3	混凝土浇筑工	6	现场混凝土浇筑
4	混凝土捣固	3	现场捣固混凝土
5	电动抹光	1	混凝土抹面
6	做面刷毛	2	混凝土拉毛
7	钢筋工	2	钢筋绑扎加工
8	电工	1	电源接引、保持电力畅通
9	水平监控兼试验	2	负责控制平整度和现场混凝土质量
10	模板拆装	6	模板架立、支撑、拆除、保养
11	混凝土养护	1	负责混凝土覆盖、浇水
12	钢筋切割	1	按所需尺寸下料
13	测量工	3	导线和水平放样
14	安全员	1	现场安全检查
15	技术指导	1	技术交底、现场纠偏、质量控制
	合计	40	

6. 材料与设备

本工法所使用的材料主要为：基层为 C13 贫混凝土，面层为 C33 刚劲混凝土，自制组合钢膜板使用 3mm 钢板做面，用 50mm×4mm 扁钢作肋，重量轻、便于搬运和支立制做精度高。采用的机具设备见表6。

机具设备表　　　　　　表6

序号	设备名称	设备型号	单位	数量	用　　途
1	混凝土拌合机	800L	台	2	混凝土拌合
2	混凝土拌合机	400L	台	1	混凝土拌合
3	自动计量设备		套	2	计量
4	装载机	$3.0m^3$	台	2	拌合设备上料
5	发电机	50kW	台	2	发电
6	自卸汽车	3.5t	台	5	沥青混合料运输
7	洒水车	8000L	辆	1	洒水
8	吊车	120kN	台	2	吊装模板等
9	切割机	QFJ-2	台	2	接缝处理

7. 质量控制

7.1 工程质量控制标准

汽车试验场的高速环道和性能试验路，是规范性道路工程，其混凝土路面的平整度、中线高程、纵缝顺直、横缝顺直及邻板高差等主要指标的要求标准见表 7.1。

汽车试验场路面质量标准表　　　　　　　　　　　　　　　　表7.1

序号	项目	允许偏差	检查方法
1	直线段平整度	3mm	每50m一处沿设计线相邻两板中点用3m直尺靠量
2	曲线段平整度	+2mm, +4mm	每50m一处沿设计线相邻两板中点用3m直尺靠量
3	横向曲度	0,2mm	每25m在2条车道用曲尺靠量
4	相邻板高差	2mm	水准仪检查纵缝、胀缝,直线段每50m一处,曲线段每25m一断面,每条车道测1点
5	板宽	≥设计值	
6	板厚	+5mm,0	根据上下层测量纪录
7	纵断高程	+5mm,0	每50m每条车道测1点,用水准仪测量
8	路拱	+5‰,0	每50m一处,用水准仪测量
9	纵横缝顺直	5mm	20m长线拉线检查

7.2　质量保证措施

路基的质量直接影响着路面的质量,路基完工后要进行填土密实度、平整度、顶面高程、横坡、弯沉值等项的检测,合格后方可进行路面的施工。路面施工进行以下主要项目的控制。

7.2.1　平面位置的测量控制

1. 直线段控制

依据控制点坐标实地放样出纵向控制点,每隔50m加设一个,以此控制纵向里程与方向,并在5m处设置伸缩缝位置。

2. 曲线段控制

依据控制点采用三线交会法测定各站点的点位,每隔5m设置一个,再在环道的内外缘按站点编号定出径向缩缝位置。

7.2.2　高程控制

1. 在直线路段施工中每5m作一高程控制点,模板顶较设计标高高出1～2mm作混凝土灌注过程中的沉落和凝固过程中的收缩。

2. 曲线段的高程控制较复杂一些,针对曲线段路面上下缘高差较大的特点,采用以下措施进行控制:

1) 在低、中、高速车道上分别设3个不同高程的临时基点。

2) 统一使用1.8m单节塔尺或3.0m无接头水准尺进行观测,以消除接头误差。

3. 模板安装质量的控制

直线段混凝土路面的模板应以高度等于或略低于路面厚度的新槽钢加工而成,腰部按设计位置打拉杆孔。曲线段混凝土路面的模板采用3mm钢板和50mm×4mm扁钢制做,高度略低于基、面层混凝土厚度之和,腰部按设计打传力杆孔。

模板安装要用经纬仪和水准仪联合跟踪测控,准确调整板边方向和顶面高程,使三维坐标符合设计要求。直线段模板的中线偏位要<5mm,顶面高程误差≤2mm。曲线段的模板在安装后,要求任一点高程误差均要<2mm,每板块相邻的两条模板的弦长、对角线、内缘线、外缘线长实测值与计算值之差要<3mm。

4. 邻板高差的控制

在直线段由于连续浇筑,缩缝采用切割机切割,所以缝两侧的高差一般不须要检查。

填仓板是在两边均已浇筑完成的混凝土板间进行浇筑,单边立模板是在一侧已经浇筑的情况下进行的，作面前应认真将邻板导航的混凝土用钢丝刷清理干净。

胀缝是在已经浇筑完成的混凝土板侧面放置胀缝板再浇筑另一端混凝土而形成宽度为 20mm 的横缝，胀缝板的放置应稍低于已浇筑板的板边上新进行新浇筑板的做面工作。在新浇筑板的混凝土强度达到设计强度的 25％以上时，再沿新浇板的板边用切割机切割一次，使胀缝整齐、顺直。

5. 平整度的控制

直线段槽钢模板的上边，要经常清理铲除干净，不仅可减小梁式振捣器和滚杠在其上边滑动的阻力，而且可控制平整度。为满足平整度用 3m 靠尺检验间隙不大于 3mm 的要求，在电动抹光后应用 6m 靠尺对角交叉靠量，根据靠尺的压痕引导抹平，直至满足要求为止。

在曲面上由于盖板的作用，在取下盖板后已基本平整，再经木抹和钢抹的抹平，平整度均能达到要求。但在浇筑填空板时，由于盖板无法与侧模连结固定，只能采用在盖板上加重的方法，在振捣时可能会发生盖板上浮现象，所以抹平做面时要刮掉超高部分的混凝土。

6. 混凝土强度的控制

路面混凝土上应以抗折强度为主要控制指标，同时也要兼顾抗压强度。为提高混凝土的强度和不增加在陡坡上浇筑路面混凝土的难度，混凝土的水灰比要严格控制在 0.5 以内，拌合料的坍落度宜在 0～2cm 范围内。

8. 安 全 措 施

8.1 建立完善的施工安全保证体系，认真落实各项安全生产岗位责任制，明确职责，分清责任，所有施工人员严格按照安全技术操作规程施工，严禁违章作业。

8.2 施工现场按符合防火、防风、防雷、防洪、防触电等安全规定及安全施工进行布置，并完善布置各种安全标识。

8.3 运送混凝土的汽车要按指定线路行驶，在向摊铺工作面倒车时要有专人指挥，卸料时摊铺人员要停止摊铺作业，并要远离卸料车的尾部。

8.4 吊车作业时要有专人指挥，起重臂下和吊斗旋转半径内严禁站人，开启吊斗门和摘挂钢丝绳应由 2 人在吊斗停稳后进行。

8.5 要做好安全用电，电力线路架设要符合要求，工地移动电力线路，要使用绝缘好的电缆，每天上班前要进行检查，如有破皮、漏电要及时更换。

8.6 配电箱要加锁，使用的振捣器、抹光机、切缝机等用电设备都要按规定连接，并要做好绝缘和接零，避免外壳带电现象。

8.7 施工作业人员不准穿拖鞋，在陡坡上作业要配有工作梯。

9. 环 保 措 施

9.1 成立对应的施工环境卫生管理机构，在工程施工过程中严格遵守国家和地方政府下发的有关环境保护的法律、法规和规章，加强对施工燃油、工程材料、设备、废水、生产生活垃圾、废渣的控制和治理，遵守有防火及废弃物处理的规章制度、做好交通环境疏导。

9.2 将施工场地和作业控制在工程建设允许的范围内，合理布置，做好工地文明施工。

9.3 对施工场地道路进行硬化，并在晴天经常对施工通行道路进行洒水，防止尘土飞扬，污染周围环境。

9.4 做好弃渣及其他工程材料运输过程中的防散落与沿途污染措施，废水除按照环境卫生指标进行处理达标外，并按当地环保要求的制定地点排放。弃渣及其他工程废弃物按工程建设制定的地点和方案进行合理对方和处治。

10. 效 益 分 析

10.1　经济效益分析

10.1.1　应用本工法在总后定远汽车试验场施工中严格管理，控制材耗，节约钢材 13t，木材 46.5m³，水泥 246t。高速环道造价 396.54 万元/km，综合性能路 316.32 万元/km，低于高等级公路造价。

10.1.2　传力杆定位器的使用，每千米 m² 路面可节省安放传力杆的支架钢筋约 150kg，而且使传力杆安装的位置准确，可避免因传力杆安放不妥或位移而引起断板。

10.1.3　在高环曲面混凝土施工中，采用本工法依靠自己的装备技术实现的低造价、高精度，所达到的质量标准不亚于当代国外的施工水平，节约了从国外引进曲面混凝土摊铺设备的投资几百万美元。

10.2　社会效益

10.2.1　本工法施工的总后定远汽车试验场是我军及我国华东地区惟一的汽车试验场，它的建成对我军及华东沿海地区汽车工业的发展起到了巨大的推动作用。

10.2.2　随着我国市场经济的发展，带来了交通运输业的兴旺，市政道路、高速公路、机场跑道等的建设加快，本工法在这些较高等级的道路工程建设中具有较强的竞争力，本施工的定远汽车试验场，由于质量优良，为后来中标交通部通县综合试验场工程及上海大众试车场打下坚实的基础。

10.2.3　采用本工法施工的道路的平整度，在任意处任何方向上用 3m 直尺靠量，其间隙均能在 3mm 之内。如此平整度可大大提高汽车的运行速度，提高汽车驾驶员及乘客的舒适度。同时可降低油耗，减轻轮胎的磨损，社会效益显著。

11. 应 用 实 例

11.1　实例 1 定远汽车试验场

总后定远汽车试验场高速环道直线段 2m×1250m 低、中、高速道 3m×4.0m 宽，厚 24cm 的 C33 水泥混凝土路面 3 万 m²，曲线段 2m×750m，厚 18cm 的 C13 级基层 1.94 万 m²，厚 24cm 的 C33 水泥混凝土面层 2.44 万 m²。综合性能试验路全长 2.212km，厚 24cm 的 C33 级水泥混凝土路面 4.43 万 m²。采用本工法解决了汽车试验场高速环形跑道和高坡大陡度曲面混凝土路面施工的难题。本工程 1986 年 10 月 31 日开工，1989 年 12 月 15 日竣工，经总后车船部竣工验收，优良率 100%，评为优良工程，1991 年荣获鲁班奖。

11.2　实例 2 通县汽车试验场

交通部通县公路交通工程综合试验场的高速环道设计中心线长 5505.34m（东西直线各长 1080m，南北曲线各长 1672.67m）。直线段厚 24cm 的 C33 水泥混凝土路面 2.586 万 m²，曲线段 15cm 的 C13 混凝土基层 4.7705 万 m²，厚 24cm 的 C33 水泥混凝土面层 5.607 万 m²。

不同摩擦系数试验路（B），全长 2337.25m，厚 24cm 的 C33 水泥混凝土路面 4.842 万 m²。

该试验场的高速环道和不同摩擦系数试验路的水泥混凝土路面工程全部采用本工法施工，1991 年 7 月开工，1995 年 8 月竣工，经交通部验收评为优良，并得到了北京市质检站、市建行、交通部等有关部门的一致好评，2002 年荣获第二届詹天佑奖。

11.3　实例 3 上海大众试车场

上海大众试车场由 5 大类特殊道路组成：SBA 高速环道、EVP 强化测试道、EWP 耐久性测试道、FDF 动态试验区、BPS 制动测试道。高速环道是试验场的核心设施，供汽车进行连续高速行驶试验

（试验时速 200km/h，极限 250km/h），平面形状呈椭圆形，总长 4.722km。曲线段呈盆腔形，圆曲线半径 360m，缓和曲线长度为 330m，最大横向超高倾角 47.067°。路面根据不同的试验路段采用不同的路面结构形式，其基本形式为 4cm 沥青混凝土面层，8cm 沥青混凝土连接层，12cm 沥青混凝土承重层，36cm 级配碎石，以及各种特殊形式的路面结构。1998 年 5 月开工，2002 年 6 月竣工。本工程 2004 年度先后荣获了全国用户满意工程和中国土木工程詹天佑大奖和鲁班奖。

大跨度悬索桥施工系列工法

YJGF15—98（2005-2006年度升级版）

中铁二局集团有限公司

施龙清　唐诚　陈正贵　余秋凉　蒋攀

序　言

　　悬索桥是最古老的桥梁形式之一，由于悬索桥的主要承重构件能够充分发挥材料的性能，因此具有较强的跨越能力。我国是世界上最早建造悬索桥的国家，但现代悬索桥的发展却落后于世界先进水平，进入20世纪90年代后，随着经济的发展，科技水平的提高，国内掀起了大跨度悬索桥的建设热潮，汕头海湾大桥、广东虎门大桥、西陵长江大桥、江阴长江大桥、丰都长江大桥等现代大跨度悬索桥先后动工修建，为我国多样化桥梁形式起到了积极推动的作用。

　　丰都长江大桥（图一）是三峡库区移民工程的重点建设项目之一。该桥主跨为1～450m的浅加劲钢桁梁悬索桥，丰都岸引桥为5～20m简支T形梁，涪陵岸引桥为1～20m简支T形梁，全桥长596.14m。该桥与国内其他几座现代大跨悬索桥相比，具有主缆呈空间曲线，锚碇为隧道式锚，加劲梁采用浅加劲钢桁梁等技术特色。本系列工法是承担该桥施工任务的中铁二局五公司，根据施工现场实际，借鉴现代化悬索桥前人建桥经验，研究本桥的设计特点，结合自身的建桥经验和设备。合理组织施工，达到好而省的目的而开发研究的，为现代化大跨悬索桥的发展提供了成功范例和很好的经验。

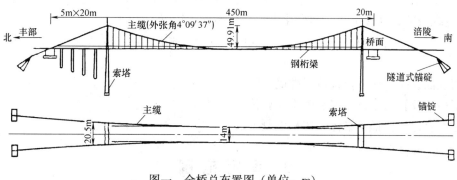

图一　全桥总布置图（单位：m）

第一节　大跨度悬索桥隧道式锚碇施工工法

1. 前　言

　　锚碇是大跨度悬索桥主缆的锚固体，与索塔一样是支承主缆的重要部分，它将主缆的拉力传递给地基基础。隧道式锚碇与重力式锚碇相比，造价低，节省圬工。但其洞内坡度陡，洞内截面变化频繁，空间小。该工法是我公司在长江上游的第一座大跨度悬索桥——丰都长江大桥（见图一和图1）施工中开发研制的。该桥据地形地势，锚碇设计为隧道式锚碇，为我国同类桥之首次。它为我国今后大跨度悬索桥隧道式锚碇的发展提供了实践经验。

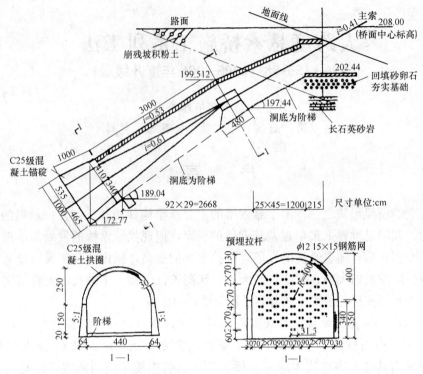

图 1 隧道式锚碇（单位：mm）

2. 工 法 特 点

2.1 利用风钻钻眼，小眼爆破，采用全断面与分台阶相结合的方法开挖，有效地控制了锚碇呈楔形放射状，洞内纵坡陡、易转折，截面变化大、变化频繁的特点。

2.2 随截面变化，洞壁埋设锚筋，固定钢筋网和模型，利用钢木组合模板进行洞身衬砌，洞顶支架可重复使用。

2.3 采用五面支撑，保证拉杆位置准确。

2.4 利用吊装及轨道运输，安装散索鞍就位。

2.5 优化配合比，保证了锚体大体积混凝土的不开裂。

3. 适 用 范 围

本工法适用于桥址位置地形地势较好的大跨度悬索桥隧道式锚碇施工。

4. 工 艺 原 理

4.1 精确的控制测量

锚碇呈楔形放射状，朝 4 个方向变化；锚洞开挖纵坡陡达 42°，易转折，其断面控制困难，因此，测量放线须准确，装药爆破须有效设计，以减少超欠挖。

拉杆是传递主缆巨大拉力的构件，其轴线应与经散索鞍分散的对应缆股一致，故精确测量以保证定位精度，且固定牢固。

4.2 优化配合比

锚体大体积混凝土，具有受力复杂、混凝土强度等级高、水化热高等特点，采用有效的方法、优选配合比,确保其不开裂,保证其整体性,是施工控制的重点。

4.3 散索鞍安装定位

散索鞍其功能是将主缆 61 根索股按一定的空间放射角散开与相对应的锚碇拉杆相连,须确保其达到设计位置,保证主缆受力与设计相符。

5. 施工工艺流程及操作要点

5.1 施工工艺流程(图 5.1)

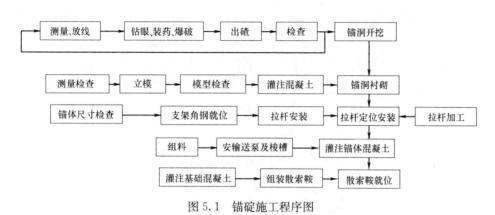

图 5.1 锚碇施工程序图

5.2 锚洞开挖

锚洞采用全断面与分台阶相结合方法开挖。该锚洞身长 52m,锚洞口截面为 8.6m²,锚洞底截面为 86m²,最陡坡度 42°,呈变截面变坡倒喇叭形,故精确测定其开挖尺寸,利用手风钻钻孔,小眼爆破。炮眼深度控制在 1.2~1.5m,间距 0.8~1.2m,每炮孔装药量为 0.3~0.4kg,用非电分段毫秒雷管一次性起爆,用卷扬机牵引矿车有轨运输出碴。

5.3 洞身衬砌

洞身衬砌为钢筋混凝土结构,据地质,丰都岸采用短进尺、强支撑的方法施工,涪陵岸采用开挖完后一次性衬砌施工方法。

5.3.1 在洞壁两侧及拱顶埋设锚筋,用以固定边墙和拱圈钢筋网;

5.3.2 模型采用组合钢模,用可调钢模和杀尖木模相结合;

5.3.3 模型支架用圆木、方木组成 A 字形,提供更多空间以不间断其他工序作业;

5.3.4 接缝杀尖。由于锚洞纵坡陡,从上往下分节浇筑混凝土难度大,特别是上、下两节混凝土接头处不易密实,采用预留孔,用压浆泵挤压的方法施工;

5.3.5 混凝土利用矿车运输,手工翻铲混凝土衬砌,插入式捣固器振捣。

5.4 拉杆加工

拉杆(图 5.4-1)直径 φ70mm,长度 11.6m,拉杆前端 1.2m 为 T 形螺纹,便与主缆套筒相连;尾端设有 0.2m×0.2m 锚板,增加抗拔力。拉杆在工地分段加工,防止焊接接头在同一截面,丝杆段分 2.5m、3.0m、3.5m 三种长度,并用 φ75mm 圆钢加工,确保设计直径。丝杆段加工后与另一相应尺长度焊接(图 5.4-2),焊接头应做拉力试验,合格后在接头处绑焊 3 根长度为 0.5m 的 φ20mm 钢筋加强,然后焊上锚板和衬板。

5.5 拉杆定位安装

拉杆是传递主缆巨大拉力的构件,其轴线应与经散索鞍分散的对应缆股一致,因此定位安装精度要求高。

拉杆定位是靠 5 排垂直于洞底线的角钢架作支承,每排角钢架由 5 排竖向角钢和 17 根水平角钢焊接组成。锚体呈楔形状,每排角钢长度均不一致,因此,角钢架每一根角钢都经过精确的坐标计算,并按序编号就位(图 5.5)。

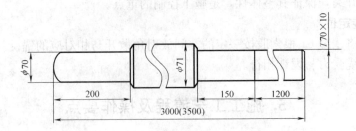

图 5.4-1　锚碇拉杆加工图（单位：mm）

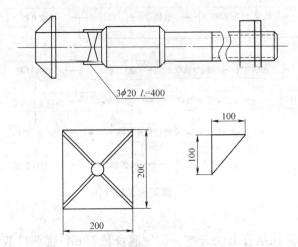

图 5.4-2　锚碇拉杆焊接组装图（单位：mm）

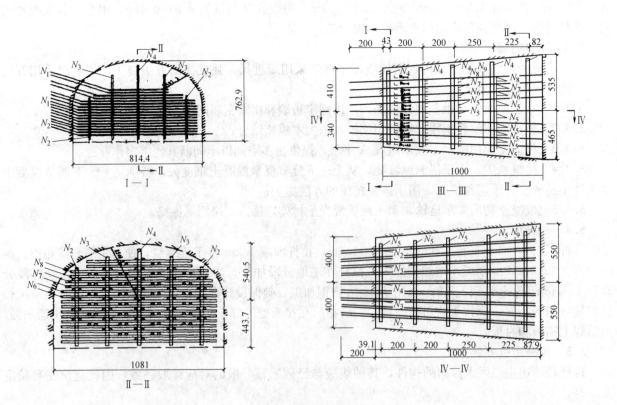

图 5.5　锚碇拉杆及支架图（单位：cm）

洞内场地窄小，坡度陡，长大件在洞内移位、翻转困难，角钢应按严格顺序从下而上吊滑到位堆放好后，才能进行组焊。

组焊角钢排架前，精确测定每排角钢的平面位置，然后在洞壁四周选定部分角钢的锚固点，钻眼设锚杆用以固定角钢排架，角钢排架施工是从里向外逐排安设。

5.5.1 用锚体同标号混凝土分设角钢排架地梁，在地梁上设 5 根竖直角钢锚筋。

5.5.2 用垂线调整 5 根竖直角钢到设计截面位置，焊接于上、下锚筋上。

5.5.3 在 5 根竖直角钢上定设每根水平角钢的空间位置。

5.5.4 从上而下将水平角钢焊于竖直角钢上，并相应焊水平撑。

5.5.5 防止竖直角钢和角钢排架因自重和上拉杆过程中产生上坠力挠曲和倾覆，每排角钢间和角钢与锚碇底端面间应设强有力的型钢支撑。

5.5.6 角钢排架定设完毕，测定每排水平角钢相应拉杆的平面位置。

5.5.7 吊、滑、穿、焊设置拉杆，用定位板控制拉杆间距，确保拉杆与角钢钢排架焊接、锚体混凝土浇筑时不移位，以便主缆套筒顺利套入。拉杆定位完毕，同时完善以下工作。

1. 为解决拉杆传力问题，锚杆与前锚面混凝土接触 1m 范围内用油毛毡隔离。

2. 立锚体端面挡模、安设猫道、主缆牵引系统预埋件。

5.6 锚体混凝土施工

锚体长 10m，宽 8～11m，高 8～10m，混凝土数量近 900m³，为大体积混凝土，按如下施工：

5.6.1 优化配合比设计，掺粉煤灰，减少水泥用量，降低水化热，防止混凝土开裂，确保锚体混凝土整体性；

5.6.2 掺微膨胀剂，防止混凝土硬化收缩与拱顶基岩分离；

5.6.3 用泵送混凝土结合梭槽，使用强制式拌合机搅拌，并混凝土用材符合泵送混凝土和泵机要求，保证混凝土浇筑的连续性；

5.6.4 混凝土浇筑完毕，端模挂草袋保温，将洞口用草袋封闭，减少空气流通，达到减小洞内空气与混凝土内部温差，使其保持在一定范围内逐步失效，防止开裂。

5.7 散索鞍就位

散索鞍由座板、钢盆式橡胶支座、座体三部分组成，座板 5t，鞍座 8.3t，顶面为斜坡，与水平面成夹角，丰都岸 26°50′18″，涪陵岸 30°11′08″，座板嵌入垫石顶面 0.14m，它的功能是将主缆 61 根索股按一定的空间放射角敞开与相对应的锚碇拉杆相连，散索鞍重达 17t。

锚洞内空间小，场地窄，就位困难。涪陵岸地质好，拱圈未衬砌，用汽车吊分别吊运组装；丰都岸采用整体拖拉、溜放、顶升就位。

5.7.1 检查散索鞍各部件铸造、加工质量，并鞍槽作临时涂装，遮盖防护，防止锈蚀；

5.7.2 仔细测定散索鞍基础平面与高程，并灌注混凝土，设置限位角钢，千斤顶顶升预留槽及座板锚栓预留孔；

5.7.3 组装散索鞍，焊接盆式橡胶与座底板防滑角钢；

5.7.4 铺设由 4 根钢轨分两组设置于枕木上的滑道；

5.7.5 拖拉溜放利用钢与钢、钢木摩擦数的不同，在槽钢内嵌短方木作滑板，槽钢与钢轨接触面滑移，方木带着索鞍整体拖拉、溜放到位；

5.7.6 用 4 个 10t 千斤顶升，取除滑轨、滑板、穿地脚螺栓；

5.7.7 调查散索鞍到设计位置，浇锚固混凝土。

5.8 劳动力组织

钢筋工 20 名，木工 10 名，电焊工 6 名，电工 4 名，卷扬机司机 4 名，混凝土工 60 名，测量工 4 名，试验工 2 名，普工 10 名，合计 120 人。

6. 材料与设备

空压机 3 台，发电机 1 台，拌合机 4 台，混凝土输送泵 1 台，钢筋机械 2 套，木工机械 2 套，车床 2 台，电焊机 8 台，锯床 1 台，钻床 2 台，卷扬机 4 台，吊车 1 台，超声波探伤仪 1 台，千斤顶 8 台。

7. 质 量 控 制

洞内施工须认真执行隧道、桥涵施工安全规则，爆破、焊接、起重作业安全规程；认真执行铁路隧道、桥涵、公路桥涵工程规范，混凝土及钢筋规范、规则，以及施工工艺要求，按照验标确保质量。

7.1　锚洞开挖坡度陡、断面大，呈放射状，严格控制超欠控，洞身超挖浆砌回填，锚体超挖同等级混凝土灌注。锚洞混凝土灌注前须清除洞壁破碎、锐角岩块，高压水冲洗洞壁、排干积水。

7.2　散索鞍设在斜坡上，安放位置须准确，基底面清洗干净，基座石浇筑牢固。

7.3　拉杆定位须准确，定位骨架牢固，锚体混凝土灌注中不变位。

8. 安 全 措 施

8.1　所有施工人员必须按施工安全技术操作。

8.2　锚洞开挖须认真清理危石，处理瞎炮不得重钻原炮眼，锚洞坡度陡应设踏步或扶手绳供人员上下使用，做好洞口截排水。

9. 环 保 措 施

9.1　成立对应的施工环境卫生管理机构，在工程施工过程中严格遵守国家和地方政府下发的有关的环境保护的法律、法规和规章。

9.2　将施工场地和作业限制在工程建设允许的范围内，合理布置，规范围挡，做到标牌清楚、齐全，各种标识醒目，施工场地整洁文明。

10. 效 益 分 析

隧道式锚碇比一般铁路公路隧道及其斜井施工困难。它的成功修建有助于大跨悬索桥的发展。它与重力式锚碇相比，节约圬工量，其造价低，丰都长江大桥 4 个锚洞其工程数量为土石方 12364m³，混凝土 4042m³，钢材 296.3t，在其定位型钢支架上，如改焊拼为栓拼，更能减少工作量和劳动强度，提高精度和安装速度，在结合地形地质情况下设计时可优先选用隧道式锚碇。

11. 应 用 实 例

11.1　该工法在丰都长江大桥施工中首次应用。该桥主跨为 1 孔 450m，矢跨比 1/11 的外张式浅加劲桁式悬索桥。据地形、地质情况，两岸均采用分离式隧道式锚碇，为我国大跨悬索桥之首次。锚洞身长 52m，最陡坡度 42°，锚洞口内 12m 处设重达 17t 的散索鞍，锚体呈楔形状。楔体为铪结构，楔体内设五排角钢支架，支架上固定 122 根 61 组 16Mnφ70mm 拉杆与主缆套筒相接，将力通过锚体混凝土传给岩体。

采用该工法施工，成功地解决了锚碇呈楔形放射状、洞坡、开挖难度大、衬砌难度大、定位拉杆精度高、锚体大体积混凝土开裂、散索鞍就位困难等，有助于我国大跨度悬索的发展。从开工到完工，无重伤事故，质量评定优良，实现了安全生产，实践证明了该工法的科学性和先进性。

11.2 在西藏角笼坝大桥施工过程中，根据两岸地形、地质情况，采用隧道式锚碇作为结构系统的承力结构，洞身长48m，为变截面多变坡倒喇叭形。距锚洞口12m处设有散索鞍，锚体呈楔形体，楔面与岩面紧密结合。锚体为大体积钢筋混凝土结构，楔体内设74根拉杆与主缆连接器相接，并将力通过锚塞体混凝土及预应力岩锚传给岩体。

根据角笼坝大桥预应力隧道式锚碇结构特点和地质情况，锚碇施工采用了大跨度悬索桥系列工法中的全断面与分台阶相结合的掘进方法和相应的衬砌施工工艺。施工时对定位框架的架立、钢拉杆的制做、安装、架设程序、稳定措施、位置检查、调试、锁定、散索鞍就位、大体积工艺都制定了严格可行的技术措施和工艺细则，保证了埋设于锚体内钢拉杆的安装的准确度，确保了预应力岩锚锚碇的施工质量。

第二节　大跨度悬索桥猫道施工工法

1. 前　言

主缆索股的架设是悬索桥上部结构施工的关键工程，完成预制平行丝股架设施工，必须辅助大型设施——猫道。猫道是在主缆下方并与主缆线形一致，在悬挂状态下作为主缆索股架设、测量、调索、挤紧、安装吊杆、架设加劲梁、主缆缠丝及施工人员通行等不可少的空中工作通道，是悬索桥施工中极其重要的临时设施。该工法是我公司在长江上游的第一座大跨度悬索桥——丰都长江大桥（图一本节图1）施工中研制开发的。该桥猫道设计结构轻型、经济合理，猫道架设采用高架索道辅助，快速地完成了架设任务，为今后同类桥型猫道施工提供了实践经验。

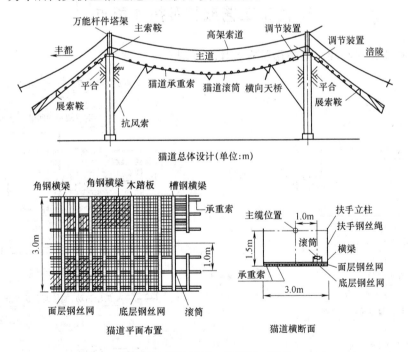

图 1　猫道总体设计及平、截面图（单位：mm）

2. 工 法 特 点

2.1 利用为全桥吊装作业而设置的高架索道牵引架设猫道承重索、猫道面层及横通道，提高了工效，节约了投资；

2.2 利用工地现有万能杆件组拼塔顶工作平台，废旧木模板改制面层木踏步，减少材料购置；

2.3 利用主缆的隧道锚体作为猫道承重绳的锚体，不另设地锚装置，减少工作量，节约资金；

2.4 承重索在塔顶断开布置，有利线形控制；

2.5 设置调节装置，增加绳长调节范围，利于施工；

2.6 面层采用网眼结构利于减轻自重，同时绝大部分采用金属材料利于防火。

3. 适 用 范 围

适用于大跨度悬索桥辅助设施猫道的施工。

4. 工 艺 原 理

4.1 设计合理

猫道设计原则是：猫道面应平行于主缆索股在悬挂状态下的线形，应尽可能减轻自重，减少受风面积，具有安全可靠的工作面并能满足机械作业所需的工作面积和净空要求，同时要求安装和拆除方便、快速、费用经济、杜绝火灾。其承重绳锚固截面须满足跨度和受力；猫道面有一定的刚度和强度，小件或工具不下落和透风良好。

4.2 架设控制严格

架设应严格对称于桥轴线，每条猫道在中心线进行，并对塔顶要测量监控，严格控制索塔偏移量，并考虑承重索受载后非弹性伸长值，进行承垂索垂度调整。

5. 施工工艺流程及操作要点

5.1 猫道承重索架设程序、猫道面层安装程序（图 5.1-1、图 5.1-2）

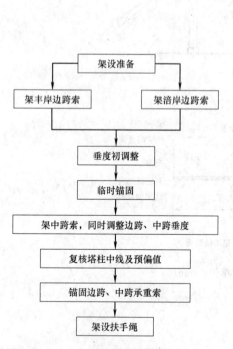

图 5.1-1 架设猫道承重索工艺流程

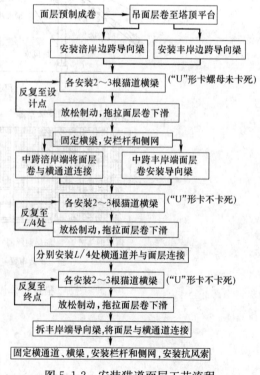

图 5.1-2 安装猫道面层工艺流程

5.2 操作要点

5.2.1 预埋件埋设

1. 为了便于猫道的架设，承重绳的调整及最后的拆除，在两岸塔顶猫道锚固下方分别设有 4 个工作平台，采用万能杆件拼装，其平面尺寸为 6m×8m；猫道分三跨断开布置，承重索锚固分别为：主跨锚固于两岸塔顶，平行于主缆；边跨一端锚固于塔顶，另一端穿过主缆散索鞍，并在散索鞍处设转向支承，最后锚于主缆的锚碇。

2. 根据上述施工所需，施工索塔顶部时，首先在地面将猫道承垂索锚固装置的预埋槽钢下料，焊上 $\delta=50mm$ 的钻有眼孔的端头连接板，再用钢板组焊且保证焊接质量，而后吊上塔顶，在塔顶埋设，须严格控制标高；猫道平台万能杆件结构框架在塔顶埋设，其框架与塔内的劲性骨架连成一体，而后浇筑塔顶混凝土；施工锚体时，将猫道锚固绳预埋而后浇筑锚体混凝土；并浇筑散索鞍基础时浇筑转向支承混凝土及埋设支承承重索的钢板。

5.2.2 塔顶调节装置安装

为使猫道适应施工过程中主缆线形的变化，保证人员和机械设备能进行正常操作，在塔顶两端设计了承重索的调节装置。该桥调节装置采用丝杆调节器，一端与塔顶预埋件销接，一端与承重索用绳卡相连。调节尺度以放松为好，以免收紧费力（图 5.2.2）。

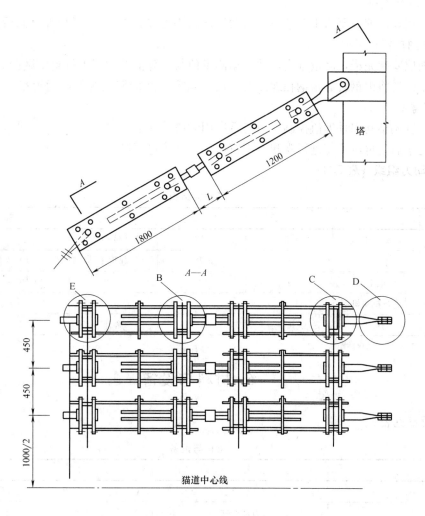

图 5.2.2　承重索调节装置（单位：cm）

5.2.3 承重绳架没

1. 按先架设边跨、后架设中跨，上、下游各承重索对称架设方法进行；

2. 在锚碇附近设置放索盘，前端由夹持器夹持牵引向索塔，与塔顶调节装置连接；后端由放线盘放出后引向锚碇，与锚碇锚体内预埋锚固钢丝绳连接；

3. 架设一根，调整一根垂度，并注意观测塔顶偏移情况；

4. 将放线盘安在桥台上，前端用起重索道从索盘牵出，注意控制索盘放线速度，防止索盘放飞车，末端由塔顶吊索吊至塔顶，与猫道调节装置连接后，由起重索道牵引向对岸。与塔顶调节装置相连；

5. 架设一根，根据计算值调整一根垂度；

6. 待 36 根承重索全部架设完毕，根据计算值，利用塔顶两端的调节装置对各承重索再调整，最终使每条猫道的承重索达到设计垂度，使每组 6 根绳的相对高差不超过 5mm，以利今后承载。

5.2.4 猫道面层架设

1. 按先边跨后中跨顺序上、下侧对称架设猫道面层；

2. 在塔顶猫道调节平台上设一支架，将现场制做好的 3.0m 宽、75mm×50mm 网眼的钢丝网，其两侧上面各铺 1 张 1m 宽，16mm×16mm 网眼的钢丝网，小眼网上每隔 500mm，固定一条 50mm×50mm×100mm 木踏步，与大眼钢丝网连接后卷成筒状的猫道面层钢丝网由塔顶吊机吊至塔顶，安放在支架上，前端与加工制成的拖拉槽钢相连，利用高架索道牵引钢丝网；

3. 随钢丝网牵出 5～6m，在索塔顶部工作平台上安放横梁，横梁两端与承重索用 U 形扣件相连，不拧紧螺帽，以利拽拉；

4. 待两端钢丝网拽拉至跨中合拢后，从两岸向跨中拧紧、补齐 U 形扣件，而后挂扶手绳，安装栏杆立柱、钢丝网护栏；

5. 猫道面层安装完毕，测量垂度，并根据测量值与计算值的比照进行垂度微调；

6. 用高架索道将由钢管、角钢在地面组焊成三角形空间桁架结构的横通道吊至安装位置，到位后上齐螺栓并拧紧；

7. 中跨垂度调整利用垂度值控制，边跨垂度用索塔偏移值微调；

8. 架设完毕后，再对垂度进行观测，不符设计要求，进行微调。

5.3 劳动力组织（表 5.3）

劳动力组织   表 5.3

序 号	工 种	人 数	顺 号	工 种	人 数
1	架子工	15	6	信号工	2
2	电焊工	3	7	起重工	10
3	电工	4	8	杂工	10
4	卷扬机司机	4			
5	测量工	4		合计	52

6. 材料与设备

材料与设备见表 6。

材料与设备   表 6

序 号	设备名称	单 位	数 量
1	电焊机	台	2
2	万能杆件	t	80
3	卷扬机	台	5
4	钢管脚手架	t	5
5	链条葫芦	个	10

7. 质 量 控 制

质量除"施工工艺"中要求外，还需遵守有关施工规程。

7.1 猫道架设，在于垂度控制，猫道垂度与主缆中跨、边跨架设垂度和选用猫道承重新旧钢绳弹性、非弹性伸长值相关，架设前认真研究，拟定参数，避免增大工作量：

7.2 猫道架设完毕后，投入使用前，应对塔顶、隧道锚内的锚固系统，猫道面系统、抗风索作一次全面检查，不符要求的加固调整处理，使用过程中，也要定期检查、观测。

8. 安 全 措 施

8.1 起重机具、绳索、地垅等每天工作前均须仔细检查与检修，确认安全和达安全系数范围内时才能工作，并做好记录。

8.2 两塔下须设专职安检员，确保通航安全及施工安全。

8.3 所有施工人员须挂安全带、戴安全帽、配工具袋。

9. 环 保 措 施

9.1 成立对应的施工环境卫生管理机构，在工程施工过程中严格遵守国家和地方政府下发的有关的环境保护的法律、法规和规章。

9.2 将施工场地和作业限制在工程建设允许的范围内，合理布置，规范围挡，做到标牌清楚、齐全，各种标识醒目，施工场地整洁文明。

9.3 定期清运沉淀泥砂，做好泥砂、弃碴及其他工程材料运输过程中的防散落与沿途污染措施，并按当地环保要求的指定地点进行合理堆放和处置。

10. 效 益 分 析

猫道是大跨悬索桥必不可少的大型临时工作通道。其索塔两端设调节装置，避免了切断钢丝绳，猫道承重强锚固充分利用大桥主体结构索塔、锚碇，不需另设锚；横通道采用三角空间桁架，自重轻，结构合理；塔顶工作平台利用万能杆件，不必另购。综合测算猫道总造价 192 万元。

11. 应 用 实 例

11.1 丰都长江大桥其全桥总长 596.14m，是主跨为 450m 的单跨双铰外张式悬索桥，该桥主缆采用预制平行丝股（PPWS），每根主缆由 61 股钢丝组成，每股钢丝束由 91 丝 ϕ5.2mm 镀锌高强钢丝组成六边形，为完成预制平行丝股的架设施工而必置的猫道，其面层平行于主缆线形，与主缆的空载垂度一致，距主缆中心 1.5m，为简化塔顶构造便于施上垂度调整，承重索采用三跨（主跨、两边跨）断开布置，宽度 3.0m，承重索采用 6ϕ47.5mm 钢丝绳，锚固于索塔及锚碇后锚上；面层由角钢、槽钢成的横梁、双层钢丝网、木踏步、栏杆组成，中跨设三道横通道，塔顶设调节装置及操作平台。本工法在该桥为首次使用，仅 20d 完成了架设任务。整个施工过程，无因工伤亡事故，无威胁航道安全事故，实践证明了该工法的科学性和先进性。

11.2 西藏角笼坝大桥采用了大跨度悬索桥施工系列工法的猫道架设工法，猫道按三跨不连续布置，在塔顶处均设有调节装置以控制猫道的设计线型。调节装置采用滑轮、板与正反丝杆方案，避免了切断用于猫道承重绳的长钢丝绳；另外，充分利用隧道锚锚体、索塔，不需另设地锚，节省了造价；随着本桥索股架设方案的简化，猫道的构造十分简洁，从而实现了轻型化。

第三节　采用新型架缆系统进行大跨度悬索桥主缆架设工法

1. 前　言

缆索是悬索桥上主要受力部件，其架设质量对悬索桥的成桥线型及寿命起决定作用。主缆的架设包括索股牵引过江、整形入鞍、矢度调整等作业，其架设过程中，必须保护好每根钢丝，并尽可能调整好各股的相对和绝对矢度，使各丝股受力均匀，为此，根据丰都长江大桥（图一）的经济和技术要求，开发了新型架缆系统——架空索道架缆系统架设主缆的方法，形成了该工法，为大跨度悬索桥主缆架设方法开辟了新的施工手段。

2. 工 法 特 点

该工法是针对丰都长江大桥主缆采用空间曲线，隧式锚碇、索股需牵引进洞 42m 而开发的。从其架设系统看与缆索起重机类似，其运输小车将索股前端锚头吊起一定的高度，牵引索运行于猫道滚筒上，并与索股前端锚头相连；在塔顶和洞口转换小车运输小车的承重索可直接锚在后墙上，不需另地设锚；运输小车可以进洞，并将索股牵引到锚碇后拉杆处。该系统比国内外大跨度悬索桥索股架设常用的门架拽拉器索股架设系统、轨道小车索股架设系统更简单，它具有以下特点：

2.1　一侧猫道上空只需一根承重索，且承重索不与猫道和猫道滚筒连接。

2.2　运输小车构造简单、重量轻、易制造，也可用单门滑车改制。

2.3　卷扬机容绳量和吨位容易满足施工要求。

2.4　承重索可以采用不同直径的钢丝绳分段设置，钢丝绳的长度、直径易满足施工要求。

2.5　索股可以直接牵引进入锚洞，与锚体拉杆相连。

2.6　牵引更平稳、更安全。

3. 适 用 范 围

本工法适用于各种跨度、各种线形的悬索桥的主缆架设，特别是采用平面线形主缆和重力式锚的大跨度悬索桥，其索股牵引更简便。

4. 工 艺 原 理

4.1　索股架设系统

现代大跨度悬索桥以采用预制平行丝股为标志。对于预制平行丝股，架缆系统均采用往复式牵引并在猫道上布置若干猫道滚筒（一般间距为 6～12m），在索股牵引过程中，索股在猫道滚筒上运行，为了避免索股前端锚头碰撞猫道滚筒，将索股前端锚头抬起一定高度。因此，索股前端锚头抬起的方式决定着架缆系统，国内外常用的有门架拽拉器和轨道小车两种系统。针对丰都长江大桥空间曲线主缆，隧道式锚碇的特点，我公司开发了新型架缆系统，它不同于上述两种常用架缆系统，它是采用一根架空的承重索支承运输小车，运输小车以承重索为轨道，将索股前端锚头吊起一定高度，牵引器拽拉着索股前端锚头，带动运输小车和索股向前运动，如图 4.1 所示。

该系统利用为解决全桥吊装工作架设的高架索道π架分跨挂设承重绳，五级接力挂转向滑车，将索股提升至锚体与拉杆相连；在涪陵岸锚洞顶顺主缆牵引方向设放线架，在洞口前端设提升架；在主索鞍、散索鞍位置安装张紧、横移装置，沿猫道一侧每隔6m设滚轮、塔顶设导轮、锚体拉杆处设张拉装置。

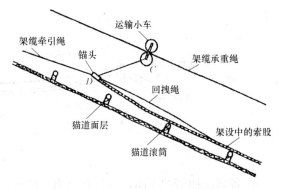

图4.1 架空索道索股架设系统

4.2 标准股线形控制

牵引到位的第一根主缆索股为标准索股，它是一般索股矢度测量的参照标准，主缆标准索股架设，是控制主缆线形的关键，也直接关系到成桥线形，因此，标准索股线形必须严密控制。

主缆线形控制，应考虑因为主缆在制做时按设计长度和除恒载、弹性伸长值，以及主缆架设及加劲梁安装，二期恒载等因素引起主索鞍体后移，跨度、垂度值等发生的变化，根据不同的工况与设计值验证。对标准索股线形调整，中跨、边跨实测垂度值，锚跨以张拉力控制。除标准股以外的其他索股，中跨、边跨测量与标准股的相对高度，锚跨控制张力。

5. 施工工艺流程及操作要点

5.1 主缆架设工艺流程（图5.1）

5.2 施工工艺

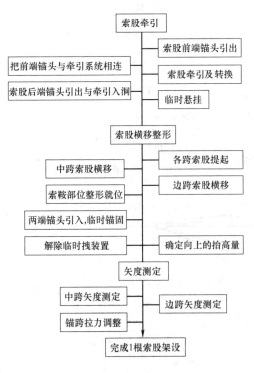

图5.1 主缆架设程序图

5.2.1 架设准备

在牵引索股前须完成以下工作：

1. 架缆系统及有关机具安装完毕，调试正常。按照既定的方案布置架缆系统（图5.2.1）

1）两岸及中跨牵引卷扬机布设，丰都岸卷扬机布置在引桥上，涪陵岸卷扬机布置在两锚洞间，中跨牵引卷扬机两岸各布1台。

2）架设承重索：边跨部分在猫道面层上方架设一根φ28承重索，偏离索鞍1.0m，中跨承重索架设在塔顶悬臂π架拼接杆上，距猫道主索5.5m。

3）涪陵岸锚洞前端用万能杆件组拼高32m的缆股提升架，上、下游各1套；涪陵岸锚洞顶用万能杆件组拼高3.0m的索盘放线架；每条猫道一侧布置滚筒，每6m设一个，其滚筒中心距猫道中心1.0m。

4）运输小车采用5t开口滑车。

5）两岸塔顶、锚洞口、散索鞍及洞内锚碇拉杆处安装索股提升、横移用链条葫芦。

2. 索盘运至储盘场。

3. 布置控制测量网；各索鞍安装就位，并按设计要求调整偏量，并临时固定各索鞍，保证在索股架设中索鞍不变位；并检测桥塔、索鞍平面和高程位置，以及实际跨距及其偏差。

4. 有关机具调试正常，安装调整好辅助设备（包括照明设备、观测仪器、温度计、通信设备等）。

5. 安装完毕猫道滚筒，按设计要求调整好滚筒位置和标高。

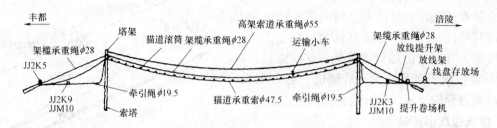

图 5.2.1　索股架设系统布置图

6. 各索鞍槽清扫干净，不得有异物、油污。

5.2.2　架设顺序

索股的架设顺序是以对索鞍部位索股的移动、散索鞍部位索股的折角和长度调整不形成障碍及温度方面等的原因而决定的。根据作业情况选择架设顺序，原则上是上、下游对称进行。从下至上，从中向两侧依次架设。

5.2.3　索股牵引过江

按照场地布置，选择由涪陵岸向丰都岸单方向牵引。架设时，将索盘吊放在放线架上，把索股锚头从索盘引出，分别与牵引系统的运输小车（开口滑车）和牵引索相连，运输小车将索股前端锚头吊起一定的高度，在牵引系统工作状态下，牵引索拉着索股前端锚头，沿着猫道滚筒过江。牵引到位后，将索股临时悬挂。其程序如图 5.2.3。

5.2.4　索股横移、整形就位

1. 索股横移

牵引工作完成后索股位于猫道滚筒上，距主缆设计中心线位置约1.0m。在距塔顶支架和散索鞍支架约15～20m处将牵引握索器安装在索股上，并将握索器与挂在支架上的手动葫芦相连。通过收紧手动葫芦把索股从猫道滚筒上提起，确认全跨径的索股已离开猫道滚筒后，分别收放手动胡芦，让索股慢慢摆到主缆中心线位置（图5.2.4-1、图5.2.4-2）。

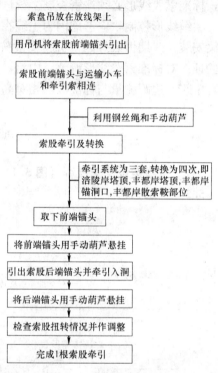

图 5.2.3　索股牵引程序

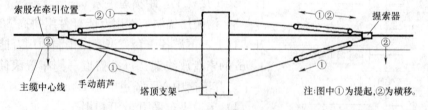

图 5.2.4-1　塔顶索股横移

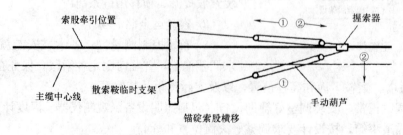

图 5.2.4-2　锚碇索股横移

2. 索股的整形入鞍

确认索股着色钢丝的位置，检查索股是否有扭转现象并予以矫正。在各索鞍部位两侧 1.5m 左右的索股上安装六边形整形器，拆除索鞍段索股的绑扎带。整形分初整形和连续整形两阶段，先用四边形整形器在局部把正六边形的索股整理成矩形索股，在垂直方向不变的情况下，将水平方向尺寸从 57.2mm 压成 46.8mm 左右；而后采用 20t、10t 链条葫芦，先使鞍座附近的索股成无应力状态，将四边整形器轻轻向前敲，并用木桩敲打索股；而后将整成矩形截面的索股及时装入鞍体。整形方向：主索鞍部位是从边跨向中跨进行；散索鞍部位是从锚跨向边跨进行。整形前后索股钢丝排列情况如图 5.2.4-3。

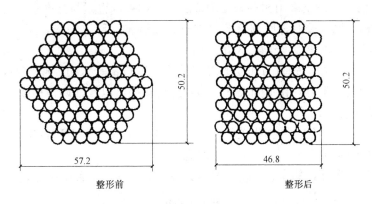

图 5.2.4-3　整形前后索股钢排列情况

5.2.5　锚头引入锚固整形入鞍完成后，将锚头引入到预定锚杆上锚固，程序如下：

1. 由手动葫芦将锚头套入锚杆，拧上螺母；
2. 放松并解除手动葫芦，使拉力由锚头经螺母传到锚碇内锚杆上；
3. 安装锚跨张紧装置；
4. 调整中跨、边跨的向上抬高量，中跨垂直抬高 200～300mm 左右，边跨 100mm 左右并解除握索器；
5. 对应各跨的向上抬高作业，锚跨调整装置有相应的调整量；
6. 拧紧螺母，放松锚跨调整装置，等待夜间温度稳定时间调整索股的矢度。

5.2.6　索股矢度调整

索股横移就位后，为满足主缆线形的要求，需进行索股的矢度调整。北端索股标志点对位后，安装索鞍固定装置后调整。索股的矢度调整作业，原则上在夜间温度影响小的时间带进行，调整时，事先测出外界气温和索股温度随时间的变化曲线，把温度变化小的时间带定为调整时间。

主缆架设时，每侧第一根主缆称为标准股，其余的索股称为一般索股。在索股的矢度调整作业中，标准索是一般索股调整的参照物，对主缆的架设精度有直接的关系，须精确调整其矢度，索股矢度的调整按中跨矢度调整、边跨矢度调整、锚跨张力调整的顺序进行（图 5.2.6）。

基准索的调整采用绝对矢度调整法，其调整量根据跨长、索塔偏移、外界气温、索股温度等的测量结果综合计算决定。

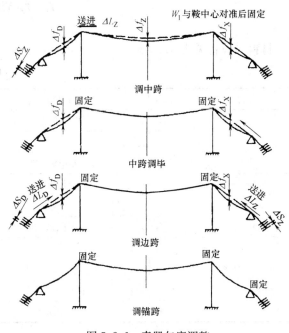

图 5.2.6　索股矢度调整

1. 标准股调整程序：

1）根据跨长、索鞍预偏量、索塔偏移、外界气温、索股表面温度等的测定，计算出索股调整量；

2）在涪陵岸塔顶及散索鞍部位安装调整装置（手动葫芦）；

3）根据调整量，在索股上做好标记，通过收、放手动葫芦，调整中跨垂度值。调整好后，用固定装置临时固定；

4）测定边跨垂度值，通过收、放手动葫芦调整边跨垂度值；

5）中跨、边跨垂度调试完毕并固定后，根据张力值将锚跨调试完毕；

6）经多次反复观测、调整、满足垂度误差极限值±20mm，稳定不变为止。

2. 标准索股以外的矢度调整采用相对矢度调整法，根据被调整索与标准索的相对高差决定调整量，其测量采用特制的游标卡尺，按照索股调整顺序进行矢度调整。测定完毕，索股间的关系是不能碰又不离开，至若即若离状态，即索股间空隙不超过1mm。

3. 锚跨不能调整矢度，根据张力与矢度的对应关系，进行锚跨张力调整作业，采用锚跨张紧装置进行，调整量采取压力表（张力）和千分表（位移）进行双控，以保证调整程度。

5.3 劳动力组织（表5.3）

主缆架设影响全桥质量，是全桥创优关键，把职工的经济收入和工程进度、工程质量挂钩，全面实行定额责任承包，促使施工人员认真负责，不留隐患。

本工法除施工准备工作外，其作业连续。劳动力按作业内容，工种配备如表5.3。

劳动力组织　　　　　　　　　　　　　表5.3

序号	作业内容	工种及人数							
		汽车吊司机	卷扬机司机	起重工	张拉人员	测量工	机修工	电工	普工	指挥人员（含技术、安全人员）
1	放盘入放线架	1							4	2
2	缆股牵引(含转换、入锚)		6	8					12	4
3	缆股横移、整形、入鞍			22	2				12	4
4	缆股矢度调整			8	2				2	4
5	紧缆			10	2	2	2	2	10	

6. 材料与设备

材料与设备见表6。

材料与设备　　　　　　　　　　　　　表6

序　　号	名称及规格	数　　量	备　　注
一	通用机械设备		
1	25t 汽车吊	1 台	
2	10t 卷扬机	4 台	容绳量大于800m
3	钢丝绳		
	φ28 承重绳	1700mm	
	φ19.5 牵引绳、回拉绳	4000mm	
4	千斤顶		
	YC200 型穿心式千斤顶	8 台	
	10T 液压千斤顶	8 台	
5	1～20t 手动葫芦	68 台	20t用于索股上提

序　号	名称及规格	数　量	备　注
6	1～10t 开口滑车	64 台	
7	万能杆件	80t	
二	专用机具设备		
8	猫道	1346m	两侧合计
9	放线架	2 台	
10	主缆入锚装置	4 套	
11	索股临时固定装置	8 套	
12	锚跨张紧装置	4 套	
13	形状计测用具	2 套	
14	相对矢度测定器	4 套	
15	握索器	32 台	
16	六边形整形器	32 台	
17	四边形整形器	32 台	
18	运输小车	12 台	
19	紧缆机	2 台	
20	缠丝机	4 台	

7. 质 量 控 制

质量标准按照《公路桥涵施工技术规范》和《公路工程质量检验评定标准》执行，并应做到以下几点：

7.1 索股施工前，必须进行专题技术交底，讲清技术要领，讲明质量标准。

7.2 缆索牵引过江时，须注意以下几点：

7.2.1 牵引过程中有专人跟跨索股前端锚头，通过手动葫芦及时调整锚头的高度，避免锚头与猫道滚筒相撞。

7.2.2 牵引过程中，索股定型胶带连续两处被损坏时，要停止牵引并进行修补，防止钢丝松散和排列不整齐。

7.2.3 牵引过程中，应派专人检查着色钢丝，防止索股扭转，并牵引到位后，从跨中朝两端锚碇再次检查，若有扭转及时纠正，保证索股内钢丝的平行性，保证成桥后每根钢丝受力均匀。

7.2.4 后端锚头的索股，由于引出时的摩擦，钢丝较乱，必须进行修整，钢丝鼓出部分不要存留在锚跨，应疏散到边跨。

7.2.5 由于被卷起的索股钢丝间存在松散现象，放出时要特别注意钢丝的弯折、扭结问题，发现问题及时处理。

7.2.6 索股牵引至转换位置前，应放慢牵引速度，先用手动葫芦将锚头提起，挂上另一套牵引系统的牵引绳，再摘下原来的牵引绳。

7.3 缆索提升、横移、整形时应注意以下几点：

7.3.1 把索股从猫道滚筒上提起的工作是在中跨和边跨同时进行，横移是按中跨、边跨的顺序进行；且横移前要确认全跨径的索股已离开猫道滚筒。

7.3.2 拽拉过程中，因索股张力增加，索股与握索器间发生滑动的危险性增大，故须注意控制拽拉量，并保持中、边跨拽拉平衡。

7.3.3 用手动葫芦临时悬挂锚头时，手动葫芦不能收得太紧，否则，会影响散索鞍部位索股整形。

7.3.4 索股一般是边整形边入鞍，因而入鞍方向与整形方向相同，并鞍槽内应及时楔入木块，防止隔板被索股压弯，并随整形好的索股入鞍后及时用木制卡具控制，防止整形被破坏，显著破坏的重新调整。

7.4 基准索股的精密定位，对主缆架设和成桥后受力影响至关重大。因此基准股调试前，对各索鞍平面和高程位置进行检测，对索塔顶变形位移检测，务使调整缆时索鞍不得有任何位移，调缆固定后，无任何滑动。

7.5 锚跨和边跨索股上的拉力差积累，会引起散索鞍的移动，对主缆形状造成影响，因此对每根索股在锚跨的拉力要切实进行调整。

7.6 基准索股测试完毕，须连续观测，使其与理想状态相差不大于±20mm，并相对矢度法调整一般索股时，索股间的空隙不超过1mm，认定达到安装精度要求。

8. 安全措施

主缆架设是全桥施工的关键，既要保证主缆的施工质量，又要保证跨江施工作业及通航的安全，因此制定严格的安全措施非常必要。

8.1 主缆是在跨江悬空的猫道上工作，所有施工人员，必须上技术课，进行安全培训，考核上岗，且严格执行岗位责任制。

8.2 在跨江悬空的猫道上作业，下面有通航，材料、工具、设备等必须布置有序，堆放整齐牢固，严禁向下抛丢各种物件、工具及杂物。

8.3 主缆牵引过程中，禁止人员在牵引前后行走，防止牵引绳断裂伤人；必须信号统一，精力集中，听从统一指挥。且牵引滚筒应常检修，禁缆股在硬物、金属上拖拉。

8.4 提升缆股及牵引锚头等，千斤头及葫芦、滑车一定要有足够的安全系数，严防千斤头和葫芦断裂伤人。

8.5 缆股架设过程中，确保通信统一，相互照应，思想行动统一，防止交叉工艺过程中造成事故，且非作业人员严禁上猫道和进入作业区内。

8.6 夜间作业，猫道照明应采用低压，电线、接头、灯头应勤检查，禁止漏电造成触电事故，且雷雨期间，避雷装置应勤检查，防止雷击事故。

8.7 凡参与施工人员均须戴安全帽，系好安全带，凡属高空作业需用的手持工具必须配备工具袋，以防工具掉下通航河道伤人；严禁穿拖鞋、硬底鞋上岗作业，且作业人员均须体检，禁患有心脏病、高血压、贫血病、高度近视等病症人员从事施工。

8.8 安全工作要警钟长鸣，各级施工管理人员管施工必须管安全，对参加施工作业人员强化安全意识，严格执行有关的安全法规、制度。

8.9 各种机具设备，必须专人负责，定期检查，保证设备正常运转。

9. 环保措施

9.1 成立对应的施工环境卫生管理机构，在工程施工过程中严格遵守国家和地方政府下发的有关的环境保护的法律、法规和规章。

9.2 将施工场地和作业限制在工程建设允许的范围内，合理布置，规范围挡，做到标牌清楚、齐全，各种标识醒目，施工场地整洁文明。

9.3 定期清运沉淀泥砂，做好泥砂、弃碴及其他工程材料运输过程中的防散落与沿途污染措施，并按当地环保要求的指定地点进行合理堆放和处置。

10. 效 益 分 析

丰都长江大桥是丰都县人民自筹资金修建，资金紧张。通过研究，立足适用的原则，尽可能提高现有设备的利用率，减少专用设备的设计和购量，减少预埋件数量，最大限度降低造价。通过工程实施，利用本工法：一是提高工效，按原定 2 根/d，提高到 6 根/d，节约工期；二是充分利用现有设备的同时自行开发了众多专用设备；三是通过本桥的实施，大大提高了企业知名度。四是数项成果填补了悬索桥施工空白，为大跨悬索桥的发展起了积极的推动作用。

开发研究的架空索道架缆系统，经与国内同期建成的大跨度悬索桥比，可节约造价 100 万元。

11. 应 用 实 例

11.1 重庆市丰都县自筹资金修建的丰都长江大桥是一座主跨为 450m 的外张式悬索桥，其主缆采用空间曲线，竖向矢跨比 1/11，横向矢跨比 1/138.5，每侧主缆由 61 根索股组成，每根索股含 91 丝 ϕ5.2mm 高强镀锌钢丝，索股采用预制平行丝股，在工厂制做。由于该桥结构设计的独特性：主缆采用空间曲线、锚碇采用隧道式，增加了主缆架设的施工难度。特别是散索鞍位于锚洞口，其洞口窄，洞内空间小，使得索股架设系统布置困难，容易造成干扰。本工法在该桥首次采用，针对该桥主缆和隧道式锚碇的特点，排除了索股架设系统布置与索股横移、整形、锚跨张力调整等作业的相互干扰，实现了安全度高、质量好、速度快、投资少的目的，成功地架设了该桥主缆，为大跨度悬索桥缆索架设施工提供了宝贵实践经验。

11.2 西藏角笼坝大桥主缆采用预制平行丝股（PPWS），平行丝股（索股）的架设施工，在本桥施工包括索股牵引过江、索股横移、整形就位和矢度调整等施工作业均采用了大跨度悬索桥系列工法中的主缆空间架设工法。采用新型索股架设系统——架空索道索股架设系统，借鉴架空索道运输系统和原理和技术。承重绳在隧道锚洞与塔之间、塔与塔之间、塔与对岸隧道锚洞之间分段设置。承重绳载着运输小车将索股前端锚头吊起一定的高度，牵引索与索股前端锚头相连并运行于猫道滚筒上。

新型索股架设系统承担并完成了索股的牵引、横移、整形、入鞍、线形调整、锚固等作业。排除了索股架设系统布置与索鞍处索股横移、整形、锚跨张力调整等作业的相互干扰，从而达到索股架设日进度每侧 8 根。主缆架设中对索股进行精密定位，索股架设阶段，利用自主开发的计算机软件对空间线形的几个关键工况采用严格有效的过程控制，采用空缆线形矢度进行竖平面内的平面控制，以第一根索股为基准股，对基准股线形调整立法为中跨、边跨实测垂度值，锚跨根据张力与矢度的对应关系，以张力控制，以保证调整精度，采用绝对矢度调整，其他索股采用相对矢度法调整。

第四节 大跨度悬索桥主缆紧缆工法

1. 前   言

大跨度悬索桥的主要承力构件——缆索，在其全部丝股架设完毕后，为保证钢丝均匀受力，安装索夹及防护，需将主缆桥压成圆形，挤紧后的主缆断面空隙率达到设计的规定值。该工法是我公司在长江上游的第一座大跨度悬索桥——丰都长江大桥（图一、图1）施工中开发研究的，取得了良好的技术经济效益，为大跨度悬索桥紧缆机研制及主缆成型提供了实践经验。

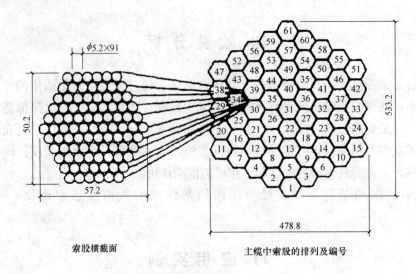

索股横截面　　　　　　主缆中索股的排列及编号

图 1　索股及主缆断面图（单位：mm）

2. 工 法 特 点

2.1 自行研制的紧缆机能将主缆钢丝束挤压密实且挤压后用钢带进行捆扎，使主缆断面的空隙率达到设计的规定值。

2.2 自行研制的紧缆机，其单机日紧缆达 80m 以上；快速、方便，矢圆度达到设计要求。

3. 适 用 范 围

本工法适用于类似大跨度悬索桥紧缆机的研制及主缆成型施工。

4. 工 艺 原 理

4.1 索股、钢丝之间不得错动、扭转、缠绕，主缆索股全部架设完毕并线型调整后，要仔细检查索股的配列位置，按设计中索股的排列与编号梳理，并安装定型框架。

4.2 主缆平面直径≤0.433m：

据设计圆形的主缆断面空系率为 20%±2%，折算出主缆直径约为 433mm 左右；故钢带绑扎，紧缆机卸荷后测定直径满足要求，才能移动紧缆机。

5. 施工工艺流程及操作要点

5.1 施工程序（图 5.1）

5.2 施工工艺

紧缆作业分预紧缆和正式紧缆。

即使对架设和垂度调整后的索股群，由于白天日照差影响，仍会山现索股的膨出、起伏等现象，表面的索股下乖，表面的索股呈交叉状态，故先预紧缆，校正索股群的排列顺序并用钢带捆扎，使索股群断面呈大致圆形，而后安装紧缆机正式紧缆。

5.2.1 预紧缆是将近似六边形的索股群，用木棰、杠杆式捯链滑车压紧，初整成圆形。压紧时拆除捆紧处附近股缆外层裹带，其长度每边不得超过 2m。边紧边用木棰锤击，使索股尽量密贴与平顺，

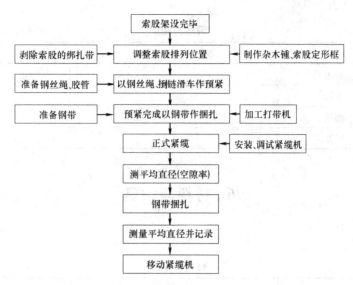

图 5.1 紧缆作业工序流程图

其预紧后主缆直径小于 0.46m，矢圆量小于 0.05m。预紧后用宽 32mm、厚 0.9mm 的钢带临时捆扎一道。由于预紧压要调整缆索内各索股的排列，故应在缆股间温差不大的夜间或早晨 9 点前进行：

1. 主缆索股架设到位且线型调整好后，在中跨设三个定型框架，边跨各设一个定型框架，并检查索股的排列位置。

2. 按大间距 30m，中间距 15m，小间距 5m 的顺序用木槌敲打，用杠杆式侧链滑车进行预紧、压紧的同时，拆除捆紧处附近索股外层裹带，用钢带（3.2mm×0.9mm）临时捆紧；

3. 每次预紧后用专门卡尺测量捆扎尺寸并记录于专用表格上。

5.2.2 正式紧缆由专用紧缆机进行，将预紧后的缆索挤压成密实的圆形，使主缆断面空隙率达到设计规定值。

1. 紧缆机的安装与调试

紧缆机由挤紧器、机架、走行机构、油泵站、挂蓝及配重组成。将分成三块结构完全相同的挤紧器、刚销轴连成一个封闭式的框架安装在主缆上，与其上的走行装置及机架连成一体；在后走行机构上安装挂蓝，并将油泵站和配重吊挂在走行架上。安装紧锁机前，须检查油泵油量、油顶及电源。其工作油温不超过 60℃，管路清洁，油质其黏度、酸碱度、水质、杂质量在规定范围，油选用 10 号或 20 号机械油，且不能掺合使用。

2. 正式紧缆

紧缆顺序是中跨从跨中到塔顶，边跨是从塔顶到锚碇；紧缆间距以 1m 为间隔，并在紧缆处捆扎一道钢带。

缆紧时分两次挤压，第一次挤压时加压至 30MPa 时松开，紧缆机前进 1m 并加压至 3530MPa 时松开，而后退回原处再挤压至要求尺寸。

1) 起动泵，检查无误后空负荷运转 5mm，而后将夹具包卡戴上，并将夹具对正；

2) 启动进油，当油压至 10MPa 时停，检查夹具是否正常；正常时续进油，至 20MPa 时停，检查顶是否背丝；正常时续进油 35MPa 时停，测量主缆直径，由于主缆断面不可能制成绝对圆形，故每处测定竖向和横向直径，求平均值；

3) 主缆直径达成规定后，安装打带机，穿带打带并铆带，而后拆打带机；

4) 卸荷后复测，达要求后移动缆机；

5) 将测量结果记录在专用表格上；

6) 主缆紧缆目标空隙率控制值为：一般部位 20±2%，索夹部位 18±2%；

5.3 劳动力组织（表 5.3）

劳动力组织 表 5.3

序　号	工　种	人　数	序　号	工　种	人　数
1	起重工	10	5	电工	2
2	张拉工	2	6	杂工	10
3	测量工	2			
4	机修工	2		合计	28

6. 材料与设备

材料与设备见表6。

材料与设备 表6

序　号	机具名称	数　量
1	紧缆机	2 台
2	打带机	4 台
3	链条葫芦	4 台

7. 质 量 控 制

质量要求除"施工工艺"中要求外，需要遵守现行施工技术措施。

7.1 严格遵守紧缆操作规程作业，出现油液喷泄立即卸荷检修；

7.2 安装紧缆机时，要保证紧缆机与主缆的垂直度和同心度：

7.3 在初捆扎和挤紧过程中要用木棰反复敲打，防止出现背丝，影响空隙率。

8. 安 全 措 施

8.1 严禁于猫道上向江中抛弃物体；

8.2 紧缆机处以篷布覆盖猫道面层；严防高空坠物；

8.3 勤检查电源，严防电缆破损发生漏电事故。

9. 环 保 措 施

9.1 成立对应的施工环境卫生管理机构，在工程施工过程中严格遵守国家和地方政府下发的有关的环境保护的法律、法规和规章。

9.2 将施工场地和作业限制在工程建设允许的范围内，合理布置，规范围挡，做到标牌清楚、齐全，各种标识醒目，施工场地整洁文明。

10. 效 益 分 析

我公司自行研制的紧缆机在丰都长江大桥施工现场使用情况良好。其预紧时主缆平均空隙率为24.42%，挤紧时平均空隙率为 19.03%，捆扎后平均空隙率为 19.94%，挤紧时平均矢圆度为

37.59mm，其性能满足施工需要，单机日紧缆可达 80m 以上，满足施工要求。自行研制紧缆机为全桥节约资金近 100 万元。

11. 应 用 实 例

11.1 丰都长江大桥为一孔 450m 的外张式浅加劲钢桁梁悬索桥，两根主缆由平行的高强镀锌钢丝组成。每根主缆共 61 根索股，每根索股由 91 丝 φ5.2mm 镀锌高强钢丝组成。索股采用预制平行钢丝束编缆方式（PWS）法成缆，空中架设法施工。本工法在该桥首次使用，紧缆机单机日紧缆达 80m 以上，主缆钢丝间空隙率达到设计要求 20±2％。全施工过程无一安全事故发生，实现了安全生产，取得了显著的社会和技术、经济效益。

11.2 角笼坝大桥采用了大跨度悬索桥生活系列工法之主缆紧缆工法，采用自行开发研制主缆紧缆机完成了角笼坝大桥的主缆施工，矢圆度和空隙率均达到设计要求，达到了快速、方便施工的目的。

第五节 大跨度悬索桥索夹定位安装工法

1. 前 言

主缆是悬索桥的主要承重构件，作用在桥上的荷载通过吊索传递到主缆，而吊索与主缆是通过索夹连接的，为使吊索铅垂度得到保证，索夹位置要和拼装成梁段上的吊点位于同一铅垂线。该工法是我公司在长江上游的第一座大跨度悬索桥——丰都长江大桥（图一）施工中开发研制的，准确地确定了各索夹（图1）的位置并准确安装，确保了成桥时吊索处于正确设计位置，施工顺利、简便，质量优良。

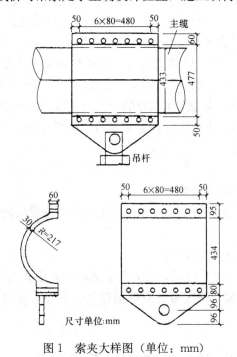

图 1 索夹大样图（单位：mm）

2. 工 法 特 点

2.1 用高强度螺栓将索夹紧箍于主缆上，靠索夹与主缆间的摩擦力传力，通过穿心式千斤顶张拉，并分阶段用扭力扳手紧固，保证了索夹高强螺栓的设计预拉力，使其满足夹紧力要求，确保了索夹在吊索随全部荷载时不松动、不下滑；

2.2 利用为解决全桥吊装作业架设的架空索道小工作索道起吊索夹到位并按量测标定的位置对号安装，施工快速、方便。

3. 适 用 范 围

本工法适用于大跨度悬索桥的索夹定位安装施工。

4. 工 艺 原 理

4.1 索夹的制造

在悬索桥的主缆施工中，主缆的水平直径一般大于竖向直径，故安装索夹时，随螺栓拉力的增加，索夹被迫要适应主缆的形状，并将其挤压得更圆。故一般为碳钢铸件，并经退火处理，其厚度为 25～40mm 间，该桥索夹为铸钢（ZG 310—570），须按 GB 11352—89 和 GB 6414—86 标准铸造，其成品不得有夹砂、气孔、裂纹等，其制造误差，内径＋0.15mm，壁厚＋1.00mm，且栓合螺栓有足够的长度。

4.2 索夹的施工安装

索夹在施工安装过程，由于量测及实际安装时索夹中心与标记中点的不重合产生误差，将直接影响到吊杆的内力。故施工过程中要严格加以控制，安装误差施工时定为 30mm，即量测误差 20mm 与实际安装对中误差 10mm。

4.3 高强螺栓的拧紧

用高强螺栓将索夹紧箍于主缆上，靠索夹与主缆间的摩擦力传力，故保证高强螺栓的设计预拉力十分重要，据资料此处预拉力损失最大，故对高强螺栓须分阶段反复检查拖拧，确保索夹螺栓的夹紧力。

4.4 索夹的安装最重要的是确定其安装位置。本桥采用的方法，是将空缆状态下中跨及边跨部分线形取为悬链线。在主缆架设时，由于塔顶索鞍有一定的预偏量，主缆线形为悬链线；而成桥后索鞍回到设计位置，主缆曲线为二次抛物线。故确定索夹安装位置时作如下基本假设：

4.4.1 在空缆、成桥各状态，主缆在主鞍处的交点与主鞍间不产生滑移；

4.4.2 在空缆、成桥各状态，索夹中心在主缆上的交点不变动；

4.4.3 恒载按均布荷载考虑。

4.5 计算方法

4.5.1 确定各吊点中心的无应力长度

对于成桥状态，各吊杆之间的间距已经确定，照此间距，按成桥时的主缆曲线，计算各吊杆间的无应力长度 S_{10}。

4.5.2 确定空缆状态下索夹的中心位置

索夹安装上去后，不容许在主缆上滑动，故安装索夹时索夹中心间的无应力长度与成桥时相等。

在空缆状态，索曲线为悬链线，跨度考虑索塔偏移量、索鞍后移量，索水平分为 H，以索中心为计算原点进行计算。

5. 施工工艺流程及操作要点

5.1 施工工艺

5.1.1 检测

主缆架设及其紧缆工作结束后，准确测量其长度，注意在温度均恒，主缆摆动最小时进行，测量时，解除主缆与猫道间的连接，使主缆处于不受约束的状态，复测主缆中心线位置并标记及索塔偏移量，主鞍后移量，以此确定空缆状态下索夹中心位置。索夹的内径需检测，并对其特别是吊耳部分探伤检验，合格品才能使用。

5.1.2 定位

对架设状态下主缆中心处各区段索长换算至主缆顶线上，并注意矢圆度及索夹倾角的变化。

根据计算结果，进行丈量划分，并标记出索夹中心点、两端点位置。注意因主缆外张，索夹顶部的向外倾斜值，须作明显标记。

5.1.3 安装

安装从跨中往两岸进行。

1. 将中跨拖拉主缆的承重绳提升分别锚在南北两岸 π 形架上，确保与主缆在同一竖直平面内；

2. 索夹运至北索塔下，用架设的高架索道的小工作索道提运至猫道横通道上，再转运到临时承重索下；

3. 用临时支撑两半边索夹刚定好，确保能放入主缆；

4. 通过临时承重索起吊，运输索夹到精确测设的指定安装位置下放骑在主缆上，并在索夹所在位置垫防护薄铝板；

5. 解除临时支撑、安装穿心式千斤顶（图5.1.3），约施顶力，按倾斜值扭动索夹，施顶力达设计值，穿螺栓拧紧并用扭力扳手多次均匀紧固；

6. 索夹螺栓紧固分四次工况进行：一次是安装索

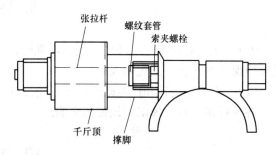

图 5.1.3 索夹螺栓张拉图

夹时，二次是安装加劲梁前，三次是安装加劲梁后，四次是桥面恒载完成后，由于主缆载面缩小，故均利用扭力扳手紧固并检查。

5.2 劳动力组织（表5.2）

		劳动力组织			表5.2
序　号	工　种	人　数	序　号	工　种	人　数
1	测工	4	4	张拉工	2
2	起重工	8	5	信号工	2
3	卷扬机司机	4		合计	20

6. 材料与设备

材料与设备见表6。

		材料与设备			表6
序　号	机具名称	数　量	序　号	机具名称	数　量
1	卷扬机	2台	4	穿心式千斤顶	4个
2	链条葫芦	4台	5	扭力扳手	2个
3	探伤仪	2台			

7. 质 量 控 制

质量除"施工工艺"要求外，需遵守钢结构工程规范。

7.1 索夹须根据设计制造组织加工，且须检验合桥。

7.2 索夹垂直于主缆、吊杆铅垂且与横梁一致，其安装位置偏移距离、方向应准确；索夹螺栓每个预紧力 2.77t，要上下两排螺栓同时拧、依次拧、反复拧，以满足夹紧力要求，防止索夹松动，沿主缆下滑。

7.3 主缆防护完毕，索夹缝隙及其与主缆间空隙须进行防腐处理。

8. 安 全 措 施

安全需遵守起重作业安全规程、高空作业安全规定。

8.1 主跨下面是长江航道，工具须用工具袋，防止附物入江及抛物入江。千斤顶油路须勤检查、勤检修。

8.2 严格遵守高空安全操作规程及起重作业安全规程。

9. 环 保 措 施

9.1 成立对应的施工环境卫生管理机构，在工程施工过程中严格遵守国家和地方政府下发的有关的环境保护的法律、法规和规章。

9.2 将施工场地和作业限制在工程建设允许的范围内，合理布置，规范围挡，做到标牌清楚、齐全，各种标识醒目，施工场地整洁文明。

10. 效 益 分 析

索夹起吊杆与主缆的连接作用，同时又是传力构件，将梁部荷载传给主缆。定位时，多方比较计算，并准确量测，确保了其位置准确；安装时，利用索道吊运至安装位置，用 4 个穿心式千斤顶张拉并分阶段用扭力扳手检查紧固，保证了螺栓满足设计夹紧力要求，效益明显。

11. 应 用 实 例

11.1 丰都长江大桥主跨为 450m 的外张式悬索桥，北岸桥塔高 98m，南岸桥塔高 83m，主缆在两岸用隧道式锚碇锚固，主缆连续三跨，主缆设计外张角为 4 度 09 分 37 秒的三维曲线，主桥采用浅加劲桁架式纵梁，该桥索夹用铸钢作成两个半个半圆形，夹于主缆上，每个重 144kg，用螺栓连接，每个预紧力 2.77t，上、下排各设一排共 14 个，在主缆与索夹间垫以铝皮，本工法在该桥首次使用，其坚固性、平紧力、钢销的承压力从制造到安装均达到设计标准，施工顺利、简便、质量优户，效益显著。

11.2 西藏角笼坝大桥采用了大跨度悬索桥之索夹定位安装工法，采用小工作索道，起吊索夹到位，并按量测标定的位置对号安装，施工快速、方便。用高强度螺栓将索夹紧箍在主缆上，靠索夹与主缆间的摩擦力传力，通过穿心式千斤顶张拉，并分阶段用扭力扳手紧固，保证了索夹高强度螺栓的设计预拉力，使其满足夹紧力要求，确保了索夹在吊索随全部荷载时不松动、不下滑。

第六节　大跨度悬索桥主缆防护工法

1. 前 　 言

主缆是大跨度悬索桥重要的承力件，在使用中长期受风雨侵蚀。将直径很小的钢丝用于主要承重构件，有效的防腐措施非常重要。除此外，悬索桥自身的特点使得已完成的主缆内部钢丝被密封，而无法检查和防护，所有钢丝间存在着间隙以及钢丝中钢材对于应力腐蚀的敏感性，故加剧了防腐的严重性。现代大跨度悬索桥，一般采用双重的防腐蚀措施。即单根钢丝，最有效的防护措施是热镀锌，为了进一步增强防腐能力，在主缆挤压成圆形并达到设计密度后，先将完成的主缆涂以锌粉膏，再用软退火的镀锌钢丝缠绕，而后涂面料。该工法是我公司施工长江上游的第一座大跨度悬索桥——丰都长江大桥（图一）中开发研究的，对我国大跨度悬索桥缆索防护极具参考价值。

2. 工 法 特 点

2.1 采用以环氧树脂、锌粉为主要原料配备的锌粉膏，粘结力强，防水性能好。

2.2 自行研制的人力简易形缠丝机，缠丝张力稳定，达到设计要求，丝间排列均匀密实，速度快；

2.3 面漆涂料防锈性、耐水性、耐化学介质的腐蚀性好。

3. 适 用 范 围

本工法适用于悬索桥的缆索防护施工。

4. 工 艺 原 理

4.1 锌粉膏

锌粉膏要求防水性能好、粘结能力强，满足一定的保持适于涂敷稠度的时间及混合完起，直至达到不粘手的最短时间要求。

4.2 缠丝机

缠丝机及缠绕密封钢丝要能达到以下几点：

4.2.1 对缠丝钢丝能施加设计规定的缠丝张力。

4.2.2 把缠丝紧密排列缠绕在主缆上。

4.2.3 缠丝机应做到在两个索夹的整个间距内均能缠绕。

4.2.4 大跨度悬索桥上的捆扎钢丝除满足主缆钢丝被捆扎紧后内应力均匀的作用外，尚要起到保护主缆和防腐的作用，一般多采用退火镀锌钢丝，须满足 GB 308—82 及《通信线用镀锌低碳钢丝》GB 346—84 中机械性能和镀锌层厚度的要求。

4.3 防腐涂料

防腐涂料应选择具优良防锈性、耐水性、耐化学介质的腐蚀的面漆涂料。

5. 施工工艺流程及操作要点

5.1 施工工艺流程（图 5.1）

5.2 操作要点

5.2.1 清污

主缆防护施工前，应将防护结构表面的水分、油污、灰尘等杂物清洗干净，并在清洗完 1h 进行涂刷、密封。

1. 用板刷和吸尘器清扫灰尘并吸收干净，不能有可见灰尘、杂物存在；

2. 用清洁布或脱脂棉纱醮溶剂丙酮沿同一方向擦拭密封表面，直至清洁布上无明显污迹，且狭小部位，孔洞、不同部位亦清洗干净，且注意清洗溶剂不能在开密封表面自然干涸；

3. 索夹、锚碇拉杆、吊索与加劲梁连接的高速拉杆螺栓先进行除锈而后清洗，其表面处理要达到《铁路钢桥保护涂装》TB 1527—84 标准二级以上；

4. 所清洗的表面应始终大于涂抹施工面。

5.2.2 密封施工

1. 涂刷环氧富锌底漆

环氧富锌底漆为双组分灰色，重量比甲：乙＝9：1，按 10^2/kg/度用量控制，将两组分调匀，熟化 30min 后使用。须注意混合好的漆，在 25℃时应于 8h 内用完。各部位表面清洗晾干后，用毛刷按用量涂刷环氧富锌底漆 2℃。对索夹等部位的细缝、小孔、倾斜等施工困难的复杂部位喷漆。

2. 安装缠丝机

主缆缠丝机是采陋就简人工作动力的简易形式，由几个独立的部件组成，在主缆上组装成套使用，基本结构见图 5.2.2-1、图 5.2.2-2。在主缆上的成套设备见图 5.2.2-3。

```
清污
  ↓
涂环氧富锌底漆
  ↓
安装缠丝机
  ↓
涂环氧树脂锌粉膏
  ↓
固化前缠丝
  ↓
清污
  ↓
涂氯化橡胶底漆
  ↓
涂氯化橡胶面漆
```
图 5.1　主缆防护工艺流程图

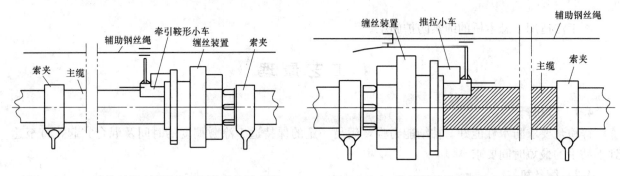

图 5.2.2-1　始缠丝机在缆段上的组装结构示意图　　图 5.2.2-2　终端缠丝机在缆段上的组装结构示意图

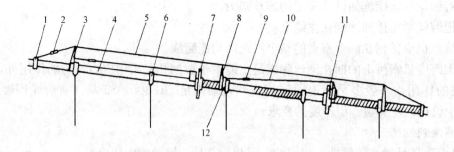

图 5.2.2-3　成套缠丝机作业设备示意图

1—钢丝绳锚固架；2—螺旋拉紧器；3—钢丝绳端部支架；4—主缆；5—辅助钢丝绳；6—索夹；7—始端缠丝机；
8—中间支架；9—手扳葫芦；10—牵引钢丝绳；11—终端缠丝机；12—牵引钢丝绳锚架

1）架设好辅助钢丝绳，（φ12～15mm 直径）长度能覆盖 3～4 个索夹段主缆；

2）用人工将索引鞍形小车装设在主缆上，然后把鞍座上部的导架滑鞍与辅助钢丝绳连接，使鞍座在主缆上稳定不侧倾；

3）用人工将带铰点的两个半环状缠丝装置吊装在主缆上，当缠丝装置与主缆同心时合环；

4）装上传动滚子链条；

5）装上两盘装满缠丝的卷盘。

3. 为确保缠丝质量，缠丝缠绕过程中每拆装一次缠丝机均需校核

1）缠丝导轮弹簧弹力的调节

此点对于实现缠丝排列整齐、密实非常重要。要求使转动缠丝装置的中心与主缆中心一致，每个导丝轮都能与主缆表面接触，同时旋转至主缆上端的导丝轮无沉降。通过调整弹簧尾端的螺栓来实现。

2）链轮传动中心距的调节

此项配合前项同时进行，目的是调整好缠丝装置的中心与主缆中心一致，链条长度符合要求下，通过调节鞍座上的 4 盘弹簧高度来实现。

3）设计缠丝张力整定与制动带弹簧拉力位置的标定

缠丝设计张力的整定对保证缠丝质量非常重要，通过转动缠丝机，使缠丝产生张力，调节制动带弹簧的拉力，观察拉力传感显示器，达到设计力时，锁定调节螺栓，在标尺上标注红色记号，此项在工地首次安装时调整。

4）鞍座平衡重量的设置

鞍座在运行中因受链条传来的使鞍座侧倾的力矩，虽可通过鞍座上部的导架滑鞍，由辅助钢丝绳反力来平衡，但为保持鞍座的良好稳定状态，可在鞍座两侧下部预留的配重吊挂孔据实际配重。

4. 锌粉膏配置

锌粉膏是单组分灰或浅灰色均质膏状物，其与结构表面的粘结质量能达到软质绘图橡皮摩擦其边缘，无剥离现象，且防水性能好。经过多配方比选，最后选定环氧树脂锌粉膏，该锌粉膏以环氧树脂及其溶剂与锌粉为主料，配以重钙，滑石粉及丙酮，其能抗 60℃以上高温，粘结性好。

5. 缠丝作业

缠丝机安装调试后，即可进行涂锌粉膏，缠丝作业。

1）主缆缠丝方向

为避免缠丝在主缆上沿下坡方向缠绕时由于机重下方影响产生缠丝跳、脱、滑落、乱丝现象，采用缠丝沿主缆上坡方向缠绕方式，因始端缠丝机，终端缠丝机共 4 台，拟定中跨从塔顶向跨中进行，每个索夹段由下向上缠绕，待完全缠丝后转入下个索夹段；边跨从散索鞍处索夹段开始向塔顶进行。

2）缠丝机安装、调试

3）涂锌粉膏

将拌制好的锌粉膏涂抹在主缆表面，涂抹厚度以能涂满主缆表面各丝间空隙为易，须沿同一方向刮抹，每次拌合量以缠丝作业段要求进行。各密封部位空隙填满，不允许漏涂，不出现气孔及缺陷，且无异物杂质。

4）缠丝作业

首先始端缠丝机进行作业，将两根缠丝头部分别嵌在索夹上下端部连接处的空隙中，并以木塞压紧固定，在开始缠丝时需人工用软质锤协助理丝，使缠丝排列整齐、密贴，待缠绕出 6～7cm 宽度后，在缠丝的开始端部钢丝间进行 3～5 点的防脱丝焊接，因此时钢丝有一定的张力（根据设计张力而定），故焊接时必须采取必要措施防止焊接时发生断裂，待焊点冷却后进行缠丝作业。

当存丝盘中的缠丝缠完后，在缠丝带有张力的情况下，在已缠在主缆上的缠丝用夹持器夹紧，然后拆下空卷盘并切断钢丝，进行防脱丝焊接，缠丝头应留一定长度与缠丝机新装上的缠丝卷盘上的缠丝进行对接，而后进行缠丝作业。至另一端索夹约 60～70cm，拆下始端缠丝机，换上终端缠丝机：装缠丝盘并调试，而后重复对接缠丝、缠丝作业及焊接已在主缆上的缠丝等，直至缠满整个索夹段，将缠丝尾端固定在索夹上，拆下终端缠丝机，最后焊丝及切除固定在索夹上的缠丝。

5.2.3 涂料施工

涂料选用氯化橡胶漆，有底漆、面漆之分。

1. 清洗

主缆涂装部位，在缠丝后尽量清除外表面的多余锌粉膏，以及表面油污、灰尘，保持表面清洁。

2. 涂料

氯化橡胶底漆选用云铁防锈漆，其用量为 $130g/m^2$，按要求涂刷 1 度，漆料拌匀后，按用量均匀涂在结构表面。

氧化橡胶面漆选用厚浆型浅灰色面漆，其用量为 $192g/m^2$，按要求涂刷 2 度。涂刷的结构表面要达到肉眼看不见针孔、发花、裂纹等。

5.2.4 特殊部位防护

1. 主索鞍两端节段及散索鞍前 5m 范围防护主索鞍两端节段及散索鞍前 5m 范围内无法缠丝，其防护施工按以下工序进行：

1）按要求清洗结构表面且晾干；

2）手工涂刷环氧富锌底漆 2 度；

3）底漆实干后，抹锌粉膏而后缠玻纤布 1 道；

4）手工刷氯化胶面漆 2 度，并主索鞍两端节段加盖铝板盖。

2. 散索鞍后端主缆拉杆至散索鞍处每股索股防护施工工序为：

1）将各股钢束按表面清洗要求清洗；

2）手工涂刷环氧富锌底漆 2 度而后缠玻纤布 1 道；

3）手工刷氯化橡胶面漆 2 度；

4）靠近散索鞍无法单股防护的部位，用黄油填满空隙，进行整体缠玻纤布。

3. 散索拉杆及调整拉杆连接螺栓防护：

1）按要求清洗，除锈处理达《铁路钢桥保护涂装》TB 1527—84 标准二级以上；

2）将拉杆，螺栓满涂黄油并外缠浸油麻布；

3）拉杆与锚碇壁结合部位凿一宽 200mm、深 30mm 的"V"形槽，清理干净砂粒及粉末后用黄油填满。

4. 索夹及其缝隙

首先按表面清洗要求清洗，除锈后手工涂刷环氧富锌底漆，然后手工填涂密封膏，再涂刷氯化橡胶底漆及面漆。

5.3 劳动力组织

电工 4 名，试验工 3 名，电焊工 3 名，机修工 2 名，起重工 20 名，刷漆工 10 名，普工 10 名，合计 52 人。

6. 材料与设备

缠丝机 4 台，WSM 系列直流脉冲钨极氩弧电焊机 2 台，称量衡器 1 套，空压机 2 台。

7. 质 量 控 制

质量除"施工工艺"中要求外，需遵守施工技术规程。

7.1 缠丝机各零部件，非作业时要堆入整齐，防止挪用散失，无油漆保护部件要涂漆防生锈；

7.2 缠丝时应使缠丝机匀速回转，禁猛力推拉，影响缠丝质量。

8. 安 全 措 施

8.1 缠丝机安装与拆卸时，锚道面层上铺布，防止零部件及工具等掉入江中及丢失，保障缠丝机配件的齐备及江中通航安全；

8.2 密封施工时，现场有醒目的禁烟标牌，备干粉灭火器等消防工具；

9. 环 保 措 施

9.1 成立对应的施工环境卫生管理机构,在工程施工过程中严格遵守国家和地方政府下发的有关的环境保护的法律、法规和规章。

9.2 将施工场地和作业限制在工程建设允许的范围内,合理布置,规范围挡,做到标牌清楚、齐全,各种标识醒目,施工场地整洁文明。

9.3 施工现场环境清洁,锚洞内必须有通风、排风措施及消防工具;

9.4 密封施工人员长期接触有害物质,必须注意技术安全,戴胶手套作业,高空时必须系安全带、戴安全帽;

9.5 防腐施工应在晴天进行,禁止在雨天或雾中进行。

10. 效 益 分 析

丰都长江大桥是重庆市丰都县自筹资金修建的,受投资及各种因素影响,我公司自制缠丝机,选配良好的防腐材料,经工程实施,缠丝机6人操作,达到1m/h,缠丝张力均匀,排列整齐密贴;防腐材料粘结性强,防水性良好,施工方便。自制缠丝机节约资金估算达150万元。

11. 应 用 实 例

11.1 丰都长江大桥是三峡库区重点配套建设项目之一,大桥为一孔450m外张式浅加劲钢桁梁悬索桥,两根主缆由平行的高强久镀钢丝组成,每根主缆共61根索股,每根索股由91丝ϕ5.2mm的高强镀锌钢丝组成,索股采用预制平行钢丝求编缆方式成缆,空中架设法施工,架设完毕后,主缆挤紧成尉形后直径为ϕ433mm,空隙率为20%,索夹间水平距离6m,缠丝材料为中ϕ4mm的镀锌软钢丝,采用双重防腐措施防护。本职工法在该桥首次使用,达到主缆防护施工目的,且效益高、效率快,全部完成防护作业仅两个月,达到质量优良,且实现了安全生产,实践证明了该工法的科学性和先进性。

11.2 西藏角笼坝大桥采用自行研制的人力简易弄缠丝机缠绕Φ4mm软质镀锌钢丝,运用大跨度悬索桥系列工法之主缆防护工法完成涂装防腐蚀涂料,使其成为一个完整的防护系统,达到主缆防护施工目的。

第七节 大跨度悬索桥主索鞍顶推装置工法

1. 前 言

悬索桥设计中要求索股一旦固定于鞍槽内就不能在索鞍中滑动,而架设索股时为便于索股的就位,又需将各鞍座临时固定,因此为了既满足施陋就简需要又能达到成桥后各鞍座回到设计位置,架索前需将鞍座偏离设计位置一定距离。为确保主索鞍在恒载完成后,使索塔最终成为压杆构件,因此需设置专门的主索鞍顶推装置,克服主索鞍回位过程中与其座板间的滑动摩擦力,使主索鞍能回到设计位置。

我公司在施工长江上游第一座大跨度悬索桥——丰都长江大桥中,研制了结构简单、实用、经济、合理的顶推装置(图1)。其清楚的受力原理,简便的施工安拆对大跨度悬索桥的主索鞍顶推装置设计、

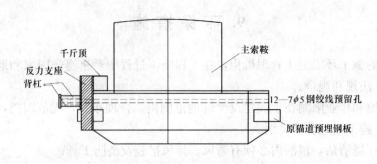

图 1　顶推装置示意图

施工，极具参考价值。

根据本工法的形成和实施，我们认为，在同类大跨度悬索桥中可采用本工法的受力原理进行顶推装置设计与施工。

2. 工 法 特 点

2.1　该装置结构简单，仅锚固系统、反力支座、千斤顶装置三部分，施工安拆方便。

2.2　该装置受力原理简捷，其通过锚固系统，将反力支座锚固于塔顶，千斤顶顶推主索鞍移动过程中，靠反力支座将顶推反力通过锚固系统传给索塔顶混凝土。

2.3　该装置投入少，无须专用机具设备。

3. 适 用 范 围

本工法适用于大跨度悬索桥的主索鞍顶推装置设计、施工。

4. 工 艺 原 理

4.1　主索鞍鞍体与其座板摩擦面应有足够的光洁度。

4.2　须选用摩擦系数较小的减摩剂，且摩擦系数最好试验后取值。

4.3　塔顶场地窄、空间小、反力支座要满足千斤顶顶推力要求，因此其固定须一次性考虑充足，并最终使顶推反力由塔顶混凝土承受，且锚固钢绞线孔道要留有足够富余以便出现设计顶力不够时，更换钢绞线，提高顶推力。

4.4　主索鞍顶推装置的关键是根据顶推力的计算，确定顶推装置，其设计原理为：

4.4.1　主索鞍在架设完毕后所受止压力计算

根据主缆及塔顶在全桥恒载加完后的受力计算，塔顶单侧主索承受的竖直压力及塔顶单侧顶推力（图 4.4.1）。

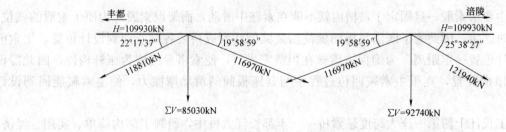

图 4.4.1　受力分析图

据图 4.4.1，主缆最大水平拉力 $H＝10993t$

塔顶单侧（上游或下游）主索承受竖直压力为 $F_{max}＝\sum y_{max}/2＝4627t$，鞍体与其座板间设二硫化钼减摩剂，其摩擦系数实地模仿测试为 0.064，取 $\eta＝0.07$。则塔顶单侧推力为：$T_{顶}＝F_{max}\cdot\eta＝325t$，取 330t 设计。

则塔顶单侧（上游或下游）埋设四束 12-7ϕ5 钢绞线，安设两台 TCD350 型千斤顶，且一台千斤顶与两束钢绞线和相应的反力支座为单元受力体（图1）。

4.4.2 预应力钢绞线承载能力检算

1. 按极限强度计算

$$P_{极}＝24.5t\times12\times2＝588t$$

2. 按张拉 $0.85\delta_{极}$ 设计

$$P_{极}＝1.387\times16.00\times0.85\times12\times2＝452.7t$$

3. 需要索力计算

由于压力产生的预应力经顶推力 N 作用后呈 $\triangle$ 分布，按其合力 R 计算（图4.4.2）。

$$N\times0.8735-0.3725\times P＝0$$

$$P＝371t＜452.7t（合格）$$

$$R＝P-N＝206t$$

承压区域 C300 混凝土承压应力检算

$$\delta＝206\times2/0.3725\times3\times0.8\times2＝124kg/cm^2（合格）$$

4.4.3 单束钢绞线受力计算

塔顶钢绞线预埋时，考虑两束钢绞线均匀分担一个千斤顶的 165t 顶力（图4.4.3）。

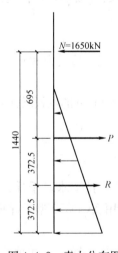

图 4.4.2 索力分布图

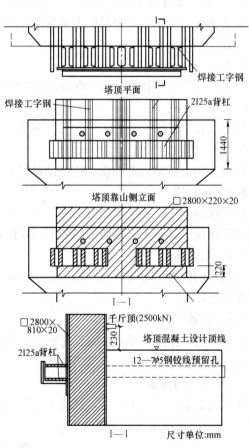

图 4.4.4 索鞍顶推装置结构设计图

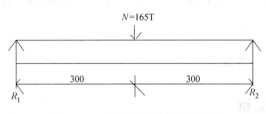

图 4.4.3 单束钢绞线受力计算图

那么，单束钢绞线受力为：

$$R_1 = R_2 = 82.5t < P_{极}/2 = 226t（合格）$$

4.4.4 反力支座设计

1. 每个千斤顶顶力为 165t，在锚索处产生的最大弯矩为 $M_{max} = 165000kg \times 46.5cm = 7672500kg \cdot cm$

A_3 钢设计强度值取 $[\delta] = 2150kg/cm$，

则 $w = m/[\delta] = 7672kg \cdot cm/2150kg/cm^2 = 3569cm^3$（合格）

2. 截面选择选用焊接 I_{300} 工字钢 3 根，每根抵抗矩为 $1399cm^3$，则

$[W] = 1399 \times 3 = 4197cm^3 > W = 3569cm^3$（合格）

3. 结构设计图（图 4.4.4）

5. 施工工艺流程及操作要点

5.1 锚固系统施工

锚固系统是利用两束 12-7ϕ5 钢绞线经过张拉，通过背梁将反力支座锚固于塔顶的受力系统，是顶推装置设计施工的关键：

5.1.1 在施工索塔顶部时，须埋设钢绞线玻纹管，且与主筋相连使之固定。塔顶混凝土施工完毕，及时清洗管道，使波纹管道畅通。

5.1.2 因顶推力较大，塔顶场地窄小，为防鞍体与座板间摩擦系数增大，塔顶施工时，预埋钢绞线管道孔径应留有足够的富余，且钢绞线锚板局部加强处理。

5.2 反力支座施工

反力支座是承受千斤顶顶推土索鞍时产生的巨大反力，并将反力通过锚固系统传递给塔顶混凝土，根据设计。

5.2.1 箱形梁施工

3 根 I_{300} 字钢，用两块 $\delta = 200mm$ 厚的钢板在地面组焊在一起，形成箱形受力和利于千斤顶顶推。

5.2.2 锚梁施工

锚固反力支座的锚梁用两根 I_{25a} 工字钢焊连后，再在外侧焊一块 $\delta = 20mm$ 的钢板增强局部抵抗应力。

5.2.3 塔顺组焊施工

将箱形梁、锚梁吊上塔顶，按设计布置安装并焊接成为整体。

5.3 千斤顶

用于张拉和顶推的千斤顶检定后吊上塔顶安装。根据顶推力设计张拉要求，千斤顶选用既可作锚固钢绞线张拉又能用于索鞍顶推的两用大吨位穿心式千斤顶，据此选用 YCD350 型千斤顶。

5.4 顶推施工

根据不同阶段受力荷载而进行作业：穿入钢绞线，安装锚具及夹片，安装千斤顶，而后根据要求进行张拉及顶推。

5.5 拆除

根据全桥施工荷载要求，施工完毕后，拆除顶推装置，割断钢绞线，拆除反力支座和抽出钢绞线，而后用混凝土将预留钢绞线孔道填塞。

5.6 劳动力组织

车司机 2 名，张拉工 2 名，试验工 2 名，普工 10 名，共 22 人

6. 材料与设备

YCD350 型张拉千斤顶 8 台，QM 型锚具 32 套，30 号工字钢 3.3t，25a 号工字钢 0.8t，厚 20mm

钢板 3.8t，7φ5 钢绞线 1.6t。

7. 质 量 控 制

顶推装置的施工，应严格按照焊接质量要求，且各部位安装准确、有效。

7.1 用于张拉和顶推的千斤顶必须经过鉴定后使用，且除满足顶推力设计吨位要求外，最好选择既作锚固钢绞线张拉又能顶推的两用的大吨位穿心式千斤顶。

7.2 钢绞线张拉时，为防止钢绞线打滑，在张拉的另一端需用千斤顶适度张拉，以顶紧夹片，且钢绞线上的铁锈和夹片上的油污须清除干净。

7.3 反力支座须一次性考虑充足，以使索鞍后移后与反力支座的空间能放下千斤顶，且注意其高度不能侵入主缆施工空间。

7.4 反力支座施期工时，箱形梁、锚梁须焊接牢固，符合有关焊接验收标准。

8. 安 全 措 施

顶推装置的施工，应严格遵守高空作业安全措施，施工管理人员须严格强调安全的重要性。所有施工人员须认真执行起重作业安全规程，高空作业安全规定，并制定奖惩措施。

9. 环 保 措 施

9.1 成立对应的施工环境卫生管理机构，在工程施工过程中严格遵守国家和地方政府下发的有关的环境保护的法律、法规和规章。

9.2 将施工场地和作业限制在工程建设允许的范围内，合理布置，规范围挡，做到标牌清楚、齐全，各种标识醒目，施工场地整洁文明。

10. 效 益 分 析

丰都长江大桥主索鞍顶推装置结构简单，受力清楚、投入少，施工安拆简便，根据施工过程中，恒载的逐步增加，逐步使索鞍向跨中方向移动，最终恒载全部完成后，索鞍移至设计位置。该顶推装置设计、施工一次成功，获得国内同行和专家的赞扬。材料、设备、人员等大约需15万元（全桥共四套）。

11. 应 用 实 例

11.1 该工法在丰都长江大桥使用，该桥是一座主跨为450m，矢跨比1/11的外张式，浅加劲桁式悬索桥，该桥北岸为5孔20m，南岸为1孔20m简支梁，大桥全长596.14m，该桥主缆跨度为164.5m+460m+130m，主索鞍偏移靠岸量北岸为0.565m，南岸为0.395m，主缆跨中水平张力10993t，塔顶止压力9274t，根据设计要求鞍体与其座板间采用二硫化钼作减摩剂，查阅资料并实地测试摩擦系数为0.07，计算出单岸顶推力按660t设计。据塔顶场地窄，空间小的实际，以及需要达到主索鞍在恒载全部完成后，需回到原位的要求，采用了本工法进行设计、施工。根据现场实际实施，该桥主索鞍体与其座板间的摩擦系数，在实施过程中测得最大值为0.0649，与设计取值相符，顶推装置施工安拆方便，具一定的参考价值。

11.2 西藏角笼坝大桥主索鞍顶推采用大跨度悬索桥系列工法之主索鞍顶推工法。本工法结构简单、实用、经济、便于操作、合理的顶推装置，通过锚固系统，将反力支座锚固于塔顶，千斤顶顶推主索鞍移动过程中，靠反力支座将顶推反力通过锚固系统传给索塔顶混凝土。

第八节　大跨度悬索桥采用高架索道吊装加劲梁工法

1. 前　言

　　加劲梁架设，一般有两种方法，一种是用缆行起重台车，将梁段用驳船运至桥轴位置，进行提升就位；另一种是用在桥面行驶的德立克吊机，将梁分为片段及杆件，从塔往跨中逐步架设。该工法是我公司在施工长江上游第一座大跨度悬索桥——丰都长江大桥（图一）中研制开发的，它为悬索桥的起重吊装工作走出了一条新路。

2. 工法特点

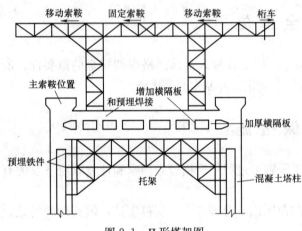

图 2.1　Ⅱ形塔架图

　　2.1　塔顶架设塔架利用索道门架拼装成悬臂 π 架（图 2.1），同时架设三副工作索道进行联合作业，充分利用现有设备。

　　2.2　3 副工作索道：φ37 索道除起吊小型机具和料具外，还可兼作两岸人、机、料具运输的交通索道，两副两侧（上、下游）独立的 φ55 索道联合用以起吊钢桁梁，分开用于主索鞍、猫道、大缆等架设工作（图 2.2）。

　　2.3　Ⅱ形塔架悬臂可用于提起大缆入鞍。

　　2.4　充分利用现有资源，无需大型专用设备，投资少。

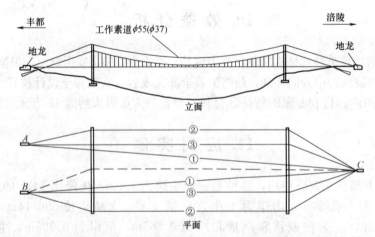

①为 φ55 绳架设时位置，②及③表示在锚道架设和钢桁梁吊装时 φ55 绳工作位置。虚线表示桥轴线 φ37 小工作索道。A、B、C 则分别为三个主地龙位置。

图 2.2　索道布置示意图

3. 适用范围

　　本工法是针对主缆采用空间曲线的外张式悬索桥而研制的，同样适用于一般情况，梁段较轻，具有不占航道、不需大型专用设备等特点。

4. 工艺原理

4.1 钢桁梁空间单元组装

钢桁梁的加劲梁、端横梁由厂制,油漆已涂刷完毕,运至工地组拼成 12m 梁段,在场内将前后梁段对接预拼、涂油漆,而后空中吊装拼接。往工地下料、创边、杆件校正、套钻钻孔公差,焊接、栓接、油漆、成形精度每工序须严格控制,确保空中顺利对接。

4.2 钢桁梁吊装过程控制

加劲桁梁架设过程中,须监测塔顶的变形、索鞍的滑动以及主缆线形等,确保施工顺利。

5. 施工工艺流程及操作要点

5.1 加劲梁吊装程序 (图 5.1)

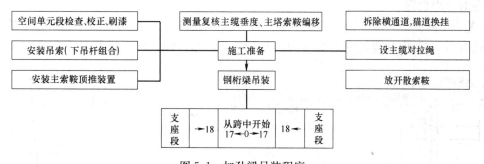

图 5.1 加劲梁吊装程序

5.2 操作要点

5.2.1 高架索道架设

丰都长江大桥为外张式悬索桥,成桥后大缆为空间曲线,因此不能像其他悬索桥一样,利用大缆作轨索,安装轨索式液压起重机从桥下运梁,船上吊装钢桁梁,为此,确定了多功能组合索道方案。

1. 龙门架安装

采用大桥两端两个主塔顶上用万能杆件组装 Π 形塔架、Π 形塔脚和大桥塔顶上横系梁混凝土内预埋铁件连接焊在一起,经验算上横梁只能承受自重荷载,故采用在上横系梁底设置托架承受 π 架传递束的荷载,托架两端用预埋件和混凝土塔柱相连,π 塔顶四角设缆风绳固定,塔顶设分离式移动索鞍二个,固定式索鞍一个,以架设高架索道,塔两悬臂顶部分安装桁车用以起吊安装主索鞍(图 2.1)。

2. 索道安装

塔顶两侧分别用 φ55 日产封闭式钢丝绳一根架设 2 副独立工作的索道,此索道能分能合,联合用以起吊钢桁梁,分开用以作其他起重工作,每副索道均可在桥轴线两侧 11m 范围内自由移动,塔顶正中用由 φ37 钢丝绳一根架设一固定工作索道用以快速起吊全桥小型机具和料具(图 2.2)。

3. 地垅

本桥在引桥两端之后紧接山坡,坡脚公路和建成大桥相通,为了使地垅跨公路上山,同时又不因设置地垅后,影响场地使用,结合地形,同时,又从节约出发,该桥地垅在丰都岸利用引道两侧已建成的挡墙设置为重力式地垅,涪陵岸则在引桥轴上合并设置一个控孔桩地垅。

5.2.2 加劲梁吊装

1. 施工准备

1)拆除猫道横通道并将猫道换挂

主缆架设时，猫道的主钢丝绳固定在主塔上，但在加劲梁架设后，恒载增加，主缆的垂度发生显著变化，为了使猫道的形状也随主缆形状的变化，保持主缆和猫道之间有一定的间隔距离，故将猫道改吊在主缆上，并拆除猫道横通道。

2）计算调整吊杆长度

桁梁线形随安装过程不断变化，因此桁梁面不能用标高控制，只能用经复核的吊杆长度控制。故每根吊杆在安装之前要按设计长度量测和标定，并将调整拉杆螺帽拧至标定位置。

3）完善主索鞍顶推装置

根据悬索桥主缆的受力特性，需要在架梁过程中，分阶段地用水平千斤顶将主索鞍顶推到设计的相对位置，因此在架梁中，顶推装置应处在工作状态。

丰都长江大桥加劲梁吊装，根据场地配置、人员、设备的运输以及精度等要求，选用在主塔合拢的吊装方法，并先铰接后刚接各单元节点，即钢桁梁吊装从跨中零号段开始，然后两端交替到17号段止，接着，安装支装段（支座段悬挂在主塔上），最后在18号段合拢，中间三段刚接，以后两端每两段铰接。

4）加工钢桁梁吊装用的吊具（图5.2.2-1）

5）主缆对拉绳设置

由于主缆为空间曲线，故在距跨中90m、102m处，两端分别设置两道横拉绳，每道拉力6.0t，当零号段吊运到位，在跨中和距跨中两端各11m处设置三道横拉绳，每道拉力11.0t（图5.2.2-2）。

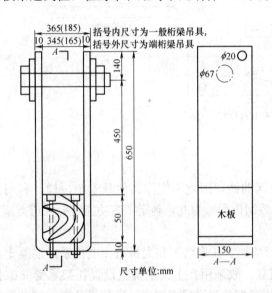

图5.2.2-1　钢桁梁吊具图

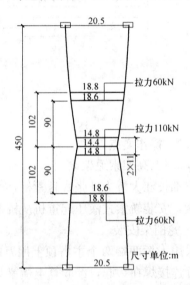

图5.2.2-2　主缆横拉绳

随桁梁的安装，当中间一般段空间单元段吊装完毕，拆除中间三道横拉绳，收紧另两道横后绳，当过渡段空间单元段吊装完毕，拆除此两道对拉绳。

2．吊装程序

悬索桥加劲梁的架设方案，总体而言，分为（1）在主塔处合拢与（2）在跨中合拢两大类。采用（1）法架设，主索变形小，施工控制较易，但场地配置、人员、设备的运输较困难，且抗风稳定性较差；（2）法主索变形大，对合拢段的架设精度要求高，可以使用桥面吊机。

加劲梁分单元安装，最后形成整体结构，其连接方式一般有两种，即临时连接和永久连接，即全铰接法和逐步刚接法。

3．吊装方法

空间单元段采用二付工作索道联合抬起，每副工作索道采用2台10t慢动卷扬机、往复式牵引，1台5t快动卷扬机起吊，起重滑车组有效绳数为6。

1）将 2 副 φ55 工作索道索鞍移至与桥轴线相距 6m 处，即两副索道相距 12m。

2）吊点设在横灌上弦上，设置 4 个吊点，设置防滑移拉索，千斤索与 10t 链条葫芦用卸扣与专用吊具吊孔连拉，吊具与钢梁接触面粘贴橡胶板，防止磨损钢梁油漆面（图 5.2.2-3）。

3）空间单元段吊装

a. 梁运至北桥塔下，在吊装前在连接件④上穿好调整拉杆①带好螺帽，并将连接件④用销轴⑥固定于等待吊装的钢桁梁单元节段连接钢板⑧上，每单元钢桁梁 4 套连接件（图 5.2.2-4）。

b. 刚接单元段，节点（4）、（5）在地面上齐拼接端节点板和螺栓，其螺栓不拧紧，以便空中与前段对接。铰接单元段：节点（4），只上 J_{4-2}、J_{4-3} 板，上两颗万能杆件螺栓；节点（5）J_{5-1}、J_{5-2} 板上齐，一端螺栓上齐，不拧紧，以便空中与前段对位，对位后不上螺栓，以便吊装车道板压重旋转（图 5.2.2-5）。

c. 在钢桁梁单元节段横梁上节点（1）处安上专用吊具，同时穿上卸扣以便安装千斤绳（图 5.2.2-3）。

d. 指挥起吊钢桁梁，离地 1m 后停止，待不摆动后才继续平稳起吊。起吊中注意桁梁底部须高过横拉绳 2m 以上方能水平跨越横拉绳；零号段从跨中落下低于猫道底面时，须收紧对拉绳，减小两主缆间距，以便安装时吊杆顺利与桁片吊耳扳连接；丰都岸梁段直接吊装拼接，涪陵岸梁段从储梁场起吊后，须超过主缆标高后水平运至涪陵岸的两猫道间距能放下的位置落下，低于猫道后往丰都岸回牵拼接。

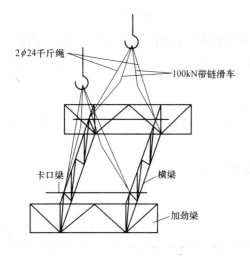

图 5.2.2-3 钢桁梁起吊示意图

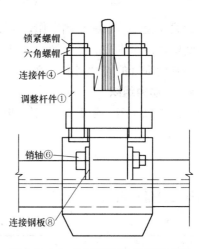

图 5.2.2-4 空间单元段连接示意图

e. 钢桁梁到达拼接位置下降时，桁梁端部至少离开已安装好的桁梁端部 1m 以上且比已安装好的桁梁低 1m 左右时方停止下降，然后在水平方向慢慢牵引桁梁向已安装好的桁梁靠拢，两桁梁端头相距 5～10cm 为宜。

f. 将加劲梁节点（3）上的调整拉杆①的螺帽取下，然后徐徐起动提升卷扬机，提起钢桁梁，使调整拉杆①穿入吊杆的下套筒的螺栓孔中，并带好双螺帽。

g. 起重工人在加劲梁上、下弦杆端部拼接节点处，轻轻用小撬棍拨开拼接极板 J_{4-2}、J_{4-3} 指挥钢桁梁慢慢提升，直至提升中加劲梁端上弦 H 杆的腹板和原已安装的加劲梁端 J_{4-2} 拼接板相接触停机，而后，将吊动中的劲梁微微向已安装好的加劲梁牵引，至两段加劲梁端头接触为止，而后停机。将小撬棍插入拼接板 J_{4-2}、J_{4-3} 的孔中，转带好螺帽（图 5.2.2-6），并安装好上弦节点（4）上余下的拼接板 J_{4-4} 以及下弦杆节点（5）上的拼接板 J_{5-1}，和 J_{5-2}，并将节点（4）和（5）螺栓拧紧至要求 5kg·m 扭力矩。

h. 将 4 根吊杆下套筒的连接拉杆螺帽，拧紧至标定位置。

i. 拆除安装用的吊具、安全网，重复进行下一单元节段吊装工作。全部桁梁吊装完毕后，将风构临时栓接到位。

4）架设中的监测工作

加劲桁梁吊装前，对在吊杆作用下的上、下游大缆各跨中心位置的垂度（标高）测定，是否与设计相符；对各鞍体的位置测定并标记，测定两岸索塔顶的偏移量上、下游及索塔间的跨度，据此计算吊杆调整值。

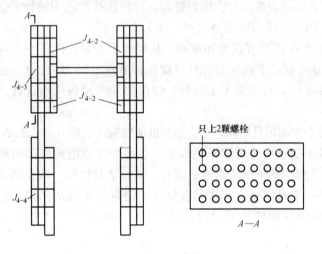

图 5.2.2-5　刚接单元段示意图

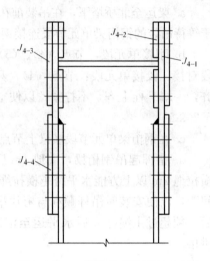

图 5.2.2-6　上弦节点④侧面示意图

加劲梁架设过程中的监测工作，主要是监测塔顶的变形和索鞍的滑动，每架设一段，均须监测索塔顶的变形，对主索鞍的滑动量，亦应监测，主缆线型垂度监测可测两半跨径 1/8、1/4、3/8、跨中位置即可，并测垂度的同时测水平角。

5.3　劳动力组织

卷扬机司机 4 名，起重工 20 名，电工 2 名，机修工 4 名，信号工 2 名，普工 10 名，共 42 人。

6. 材料与设备

材料与设备见表 6。

材料与设备　　　　　　　　　　　　　　　　　　表 6

序号	名　称	规格及型号	数　量
1	双筒快动卷扬机	JJ2K3	2 台
2	双筒快动卷扬机	JJ2K5	5 台
3	双筒快动卷扬机	JJ2K8	2 台
4	单筒快动卷扬机	JJM10	4 台
5	钢丝绳	日产 $\phi55$ 密封绳	2000m
6	钢丝绳	$6\times37\phi37$ 钢丝绳	1000m
7	链条葫芦	30kN/50kN	8 个
8	链条葫芦	50kN	4 个

7. 质 量 控 制

钢桁梁吊运工作是一项多工种的高空作业，须制定好钢桁梁吊装操作规程，安全措施，并做好充分的技术交底、思想教育，明确各自的工作职责，确保施工的质量和安全。

7.1　钢桁梁节段拼装工须保证端头节点板准确，严格按设计加工制造，每一道工序严格控制，确保空中顺利对接。

7.2　钢桁梁吊装过程中，据阶段加载，要随时检查主索鞍座体移动情况，如与设计值不符，采用强迫顶推到位，若摩擦系数增大，应提前顶推到位或改设大吨位顶推设备。

7.3 已安装好的钢桁梁上，禁止施行电焊作业，如必须电焊应使用绝缘良好的胶皮电线作地线直接引入人地，禁电缆线，接地线与钢丝绳、钢桁梁等相导。

8. 安 全 措 施

8.1 高架索道架设完毕，须全面检查，保证各连接部位牢固稳靠，机具设备运转止常，并试吊验收合格，经签认后投入使用，且操作人员须持证上岗，信号统一；

8.2 每天工作前须对高架索道全面检查，无异后才可投入正常运转；

8.3 起吊重物要捆绑、勾挂牢固，禁空中坠落与超重起吊歪拉斜吊，且起重物固定前，禁止摘挂作业；

8.4 钢桁梁存放应据起吊顺序堆码、排列，且注意支垫，并起吊四周无障碍物；

8.5 吊装前，事先通报和通知有关单位、部门，桥位上、下游100m设哨指挥，并与供电部门联系，保证吊装期间正常供电，吊装指挥人员通信畅通，配备必要的医疗器材，并设保卫人员，四周设防护栏和标志牌；

8.6 高空作业严禁向下抛丢物体、工具，且作业人员要配戴安全帽、安全带及其他防护用品；

8.7 禁止夜间及大雾天及能见度极低情况下吊装作业；

8.8 高空作业人员须体检，且参加作业人员须把施工安全和施工质量放在首位，严格按安全操作规程及施工规程作业。

9. 环 保 措 施

9.1 成立对应的施工环境卫生管理机构，在工程施工过程中严格遵守国家和地方政府下发的有关的环境保护的法律、法规和规章。

9.2 将施工场地和作业限制在工程建设允许的范围内，合理布置，规范围挡，做到标牌清楚、齐全，各种标识醒目，施工场地整洁文明。

10. 效 益 分 析

大跨度悬索桥架设施工用的设备一般有移动式起重机，浮吊和升降式起重机，鉴于大桥设计为外张式，成桥后，大缆为空间曲线的悬索桥，不能利用大缆作轨索，安装轨索式液压起重机从桥下运梁，船上吊钢桁梁，特别是桥址处河道窄、水流急，不允许运梁船在大缆下的航道上抛锚、停泊，阻止其他船只通航，架设的多功能高架索道，采用塔顶架塔，架设3副工作索道联合作业，最大限度的利用现有机械和料具设备，减少了大量新购机具及材料，与缆载吊车相比，可节约200万元。

11. 应 用 实 例

11.1 丰都长江大桥是主跨为450m的浅加劲钢桁梁式悬索桥（一跨过江），全桥长596.14m，主桥两索塔高97.966m（丰都岸）和82.922m（涪陵岸），其塔顶安装索鞍承托大缆，其分座板、座体两部分；大缆上安装索夹、钢吊杆，吊杆下悬挂钢桁梁。加劲梁采用桁架式结构，H形截面，桁片高为3m，纵向设预拱度1.8m，呈圆曲线形，半径14000.97m。左、右两桁片间距14m，用桁架式横梁，上、下风构组成空间单元段（图11.1），加劲梁设计为一般段5个单元，过渡段32个单元，每个单元段长度12m；支座段2个单元，每个单元段2.5m，全长449m。该桥设计特点之一是大缆成外张式空间线形，在跨中横向间距为14m，在索塔处横向间距20.5m及梁部采用成后劲钢桁梁。这些特点给施工增加了难度，本工法在核桥使用，全面解决了悬索桥上部结构的吊装作业，为大跨度索桥起吊工作提供了一条新路，施工全过程无安全事故发生，质量优良，社会和经济效益显著。

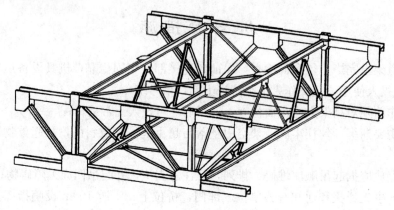

图 11.1　钢桁梁节段图

11.2　西藏角笼坝大桥梁为钢桁加劲梁，每节吊装单元重 210kN，吊装期间气候多变，风速达35m/s，由于受高山峡谷影响，风向多变，给钢桁加劲梁吊装带来了很大的困难。

钢桁加劲梁吊装采用了大跨度悬索桥系列工法之加劲梁架设工法，成功完成了钢桁加劲梁吊装施工作业。本工法利用运输索道一端可移动的特点，结合角笼坝大桥的吊装要求设计了两组可调整间距的工作索道，以适应外张式主缆间距变化的特殊情况，完成钢桁加劲梁的吊装，用万能杆件组拼成Ⅱ形塔架，其上设置分离式移动索鞍两个，固定索鞍一个，以支承架高吊装索道，塔顶两侧分别用一根Φ55日本产封闭式钢丝绳架设两副独立工作索道，两索道能独立或联合作业。吊装从跨中开始，交叉对称进行，两端支座为合拢点。

第九节　大六角扭剪型高强螺栓进行大跨度悬索桥加劲梁刚结工法

1. 前　　言

悬索桥加劲梁各单元段间连接一般采用高强螺栓栓接，利用扭矩法施拧高强螺栓，须按初拧和终拧两次拧紧。国家标准制定的高强螺栓连接副有大六角形和扭剪形两类，均采用输入扭短大小控制螺栓预紧力的大小。其中扭剪型高强螺栓施拧工艺简单，但螺栓头为铆钉头形，扭断梅花头难以拆卸；而大六角控制预紧力的适应力强，但施拧作业复杂，易出现欠拧和超拧。我公司在施工长江上游的第一座大跨度悬索桥——丰都长江大桥（图一）中首次使用本工法，根据两种高强螺栓的上述特点，采用兼备两种螺栓优点的大六角扭剪形高强螺栓进行加劲梁单元间刚结，为我国钢桥及建筑钢结构中高强螺栓选用极具参考价值。

2. 工 法 特 点

2.1　采用的大六角扭剪形高强螺栓，各项技术指标同时满足扭剪形高强螺栓《钢结构用高强大六角头螺栓》GB 3632—36331 和《钢结构用高强大六角头螺栓》GB/T 1228—2006 的国家标准要求，施拧工艺简单，控制预紧力的适应性强；

2.2　采用扭矩法施工，采取一系列控制轴力的工艺和制度，施拧质量优良，施工快捷；

2.3　使用质量优良、性能良好的电动扭力扳手施拧。

3. 适 用 范 围

本工法适用于悬索桥加劲梁各单元段间大六角形和扭剪形高强螺栓的栓接施工，对钢桥及建筑钢结构中高强螺栓选用具有参考价值。

4. 工 艺 原 理

4.1 高强螺栓连接副

高强度螺栓连接副由一个螺母、一个螺栓、一个垫圈组成，其形式、尺寸及技术条件应符合《钢结构用扭剪型高强度螺栓连接件形式与尺寸》GB 3632—3633—83 的有关规定，其紧固轴力及紧固轴力变异系数值应符合《钢结构用扭剪型高强度螺栓连接件形式与尺寸》GB 3633—83 之规定；每批到货的螺栓，应由制造厂提供包括规格、数量、性能等级、材料化学成分、机械性能试验数据，螺栓原材料拉力和冲击试验系数、紧固轴力的平均值及紧固轴力变异系数值和测定时的环境温度等产品质量检验报告书；到货后，应及时按有关紧固件标准规定对连接副进行表面缺陷的外观检查，同时按《钢结构用扭剪型高强度螺栓连接件形式与尺寸》GB 3632—83 及《钢结构用扭剪型高强度螺栓连接件形式与尺寸》GBJ 301—88 有关规定进行复验，合格后方可使用；且运输过程中，应防潮、防尘、防止损伤螺纹，到货后，按规格分类保管，做到防潮、防尘，并在使用前禁止任意开箱。

4.2 连接外钢板

钢桁梁体外连接钢板，其连接螺栓孔须准确、一致，且孔壁洁净，高强螺栓能自己穿入；其制造应符合《钢结构用扭剪型高强度螺栓连接件形式与尺寸》GBJ 205—83 制造标准；其表面处理工艺应符合设计规定，表面应平整，无焊接飞油、飞边、毛刺，应清洁无油，且钢桁梁在吊装过程中，应防止连接板表面粘染油污、脏物和破坏摩擦面；在施工前，每批连接板应做三到五组抗滑移系数试验，其最小值应大于或等于设计值，原则全部摩擦面重新处理。重新做抗滑移系数试验，试验所用的试件应与所代表构件同一材质、同一表面处理工艺，同批制造、相同运输条件、同一性能等级的高强度螺栓，试验所用试件的设计计算符合设计规范的有关规定，其高强螺栓预紧力应准确控制在高强度螺栓设计轴力的95%～105%之间，而后进行拉力试验，测得滑动荷载，计算抗滑移系数。

5. 施工工艺流程及操作要点

5.1 施工工艺流程见图5.1

5.2 操作要点

5.2.1 恒载到位

1. 钢桁梁吊装完毕后，拆除主缆对拉绳，吊风构就位并用万能杆件螺栓临时栓接到位。

2. 吊装行下道板、人行道板

加劲梁横梁间距6.6m，车道板、人行道扳要具备一定的抗弯刚度，而加劲梁较轻，悬索桥的重力刚度还将依赖两板来提供，故行车道板采用了钢筋混凝土实心板，重11t，全桥车道板300块，人行道板150块。

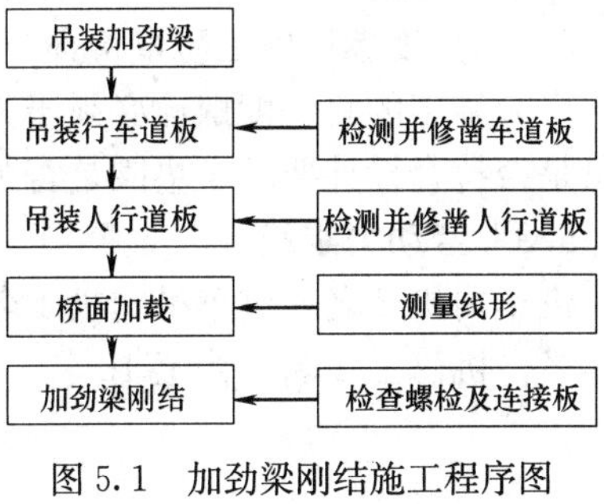

1）刚接支座特殊段与第18号节段的加劲梁。

2）利用汽车吊安装支座段与第18号节段上的行车道板及人行道板，以便运输车道板、人行道板的车辆上桥，便于高架索道起吊、安装、车道板及人行道板。

图 5.1 加劲梁刚结施工程序图

3）行车道板按先从西岸向跨中对称架设中间两线，而后再对称架设边上两线方法进行，须注意两岸对称架设。

4）从跨中向两岸对称架设人行道板。

5）整个架设过程中，要监测塔顶偏位，鞍座位移情况，并检查索夹是否有滑动。

3. 桥面加载

行车道板、人行道扳吊装完毕，检测大缆线形，并检查桥面板的平稳性，根据大缆线形，在每段钢桁梁上、下游侧道板上用碎石、砂加载，使桥面线形接近设计。

5.2.2 加劲梁刚结

桥面加载完毕，对钢桁梁吊杆节点检查，尽量调整吊杆，与设计接近一致，进行加劲梁的刚结，而后焊接上、下风构。

1. 高强螺栓及连接板检查

在进行加劲梁刚结前，对大六角扭剪形高强螺栓连接处的螺母、螺栓、垫圈清点进行检查，螺纹有碰伤的以锉刀修整，损伤有缺陷的慎用。有油污或生锈的清洗干净，对连接板表面检查，其是否平整、清洁无油，若有油污，务必擦净，螺栓孔壁是否洁净，若有油污用纱布擦净。

2. 刚结顺序

按从跨中往两端逐段刚结的顺序进行，利用专设的操作吊篮工作。

3. 刚结施工

1）高强度螺栓连接的安装

a. 安装时，螺栓开箱后，如外观有淬火裂纹等异常情况，应按《钢结构用扭剪型高强度螺栓连接件形式与尺寸》GB 3632—3633—83 有关规定进行检验，合格后方可使用；

b. 每个节点所刚的高强螺栓严格按设计规定长度取用，其垫圈、螺母严格按规定取用，不准任意多放或少放垫圈；

c. 高强度螺栓连接副组装时注意垫圈的正反面，使垫圈没有倒角的那一面贴近钢板，其穿入方向以施工便利为准，本桥由桁梁内侧向外侧穿入；

d. 加劲梁 4 根弦杆用冲钉就位，其数不少于每个节点螺栓孔数的 1/3，大于所连接厚度，而后穿入大六角扭剪形高强螺栓，注意个别节点孔位不正，严禁高强螺栓强行穿入，可用铰刀修孔，修孔后的最大直径应小于螺栓直径的 1.15 倍，铰孔前应将四周高强螺栓拧紧后再铰孔，以防铁屑落入缝中；

e. 高强螺栓连接副，不准用作临时螺栓，以免因扭矩系数发生变化引起紧固轴力的变化，且工地安装时，应按当天需用数量取；当天有剩余，不得乱扔乱放。

2）高强度螺栓的施拧

a. 高强螺栓施拧时，只准在螺坶上施加扭矩，其施拧按初拧、终拧进行；

b. 用定扭矩扳手对整个节点的高强度螺栓进行初拧，所用的扭矩为施工扭矩的 50%，施拧顺序由栓群中央逐个向外拧紧，经初拧后的高强螺栓用电动扭力扳手进行终拧，终拧完成后，螺栓前端的梅花头被抓掉；

c. 初拧的螺栓应及时终拧，且高强螺栓连接部位附近，严禁气割、电焊。

3）高强度螺栓施工质量检查

当天施工的高强度螺栓必须当天检查完毕，首先用肉眼观察钢板表面是否平整，螺栓长度、垫圈数量是否符合设计要求，垫圈是否装好，且未被拧掉梅花头的螺栓数不得大于节点总数的 5%。

5.3 劳动力组织

汽车司机 2 名，汽车吊司机 1 名，起重工 15 名，测量工 4 名，卷扬机司机 5 名，电工 2 名，搬运工 3 名，机修工 2 名，普工 10 名，合计 44 人。

6. 材料与设备

汽车吊 1 台，卷扬机 5 台，汽车 2 辆，YJ—24 型电动扭力扳手 2 台，链条葫芦 8 个。

7. 质 量 控 制

质量除"施工工艺"要求外，需遵守高空作业、起重作业的有关规程及质量评定有关规范。

7.1 高强螺栓进库须验收，包括外观形位公差检查，机械性能复验、出厂资料核对与保管；

7.2 高强度螺栓施拧过程必须按工艺操作，严禁不经过初拧而直接一次终拧到位，对扭力扳手要坚持扭矩天天检查，上班前控制误差不超过 3%，下班后标定误差在 5% 以内为合格；

7.3 电动扭力扳手输出扭矩的稳定十分重要，要接专用线路；

7.4 严格按照操作规程进行施工作业。

8. 安 全 措 施

安全除"施工工艺"要求外，需遵守高空作业、起重作业的有关规程。

8.1 所有施工人员须上技术课，进行安全培训，考核上岗，严格执行岗位责任制。

8.2 跨江悬空作业，所有施工人中须拴安全绳，戴安全帽、穿防滑鞋，并配工具袋，禁向江河丢物本，工具及杂物；

8.3 所有施工人员，须严格遵守信号统一，听从指挥，防患于未然；

9. 环 保 措 施

9.1 成立对应的施工环境卫生管理机构，在工程施工过程中严格遵守国家和地方政府下发的有关的环境保护的法律、法规和规章。

9.2 将施工场地和作业限制在工程建设允许的范围内，合理布置，规范围挡，做到标牌清楚、齐全，各种标识醒目，施工场地整洁文明。

10. 效 益 分 析

采用大六角扭剪形高强螺栓进行加劲梁上、下弦杆节点刚结，用电动扭力扳手施拧到位，从其工效看，快捷、方便、且扭矩达到其梅花头扭断，质量保证，为我国钢桥及建筑钢结构中高强螺栓的选择极具推广价值，社会效益显著。

11. 应 用 实 例

11.1 丰都县自筹资金修建的丰都长江大桥是一座主跨为 450m 的悬索桥，主缆跨度为 164.5m＋450m＋130m，加劲梁为浅加劲平弦三角形钢形架，桁高和节间长度均为 3m，主桁中心距 14m，杆件断面采刚焊接 H 形，宽度 360mm，板厚 12～16mm（横梁位于吊杆处按 6m 间距设置，构造为形钢组成的二角形桁架）。为便于工地安装架设，主桁在工厂组焊成 12m 的平面单元，横梁在工地组成 14m 的平面单元，再由主桁、横梁和风构组成 12m×14m 空间吊装单元（图 11），各单元间采用摩擦形高强度螺栓连接。本工法在该桥首次使用。节段上弦采用节点拼装，下弦采用弦杆拼接，上、下节点利用大六角扭剪高强螺栓刚结，用电动扭力扳手一次施拧到位，仅 5.5d 就完成了刚结任务，确保了施拧质量，提高了功效，且无安全事故发生，社会、经济效益十分显著。

11.2 西藏角笼坝大桥采用了大跨度悬索桥第列工法之加劲梁钢结工法完成了钢桁梁施工，采用兼备大六角形和扭剪形两种螺栓优点的大六角扭剪形高强度螺栓进行单元间刚接，采用扭矩法施工，

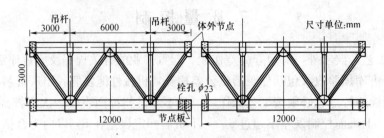

图 11　吊装单元图（单位：cm）

采取一系列控制轴力的工艺和制度，施拧质量优良，施工快捷。

第十节　大跨度悬索桥刚性路面施工工法

1. 前　　言

大跨度悬索桥是柔性结构体系，桥面设计为刚性。易引起开裂，钢纤维混凝土是近二十年来迅速发展起来的一种新型复合材料，具有优良的抗裂性、抗弯曲特性、耐冲击性、耐疲劳性等特点。该工法是我公司在长江上游第一座大跨度悬索桥——丰都长江大桥（图一、图 1）施工中开发研制的，其桥面铺装层选用钢纤维混凝土，经施工工艺研究、控制，无一开裂现象，为公路桥面铺装层的合理形式选用提供参考。

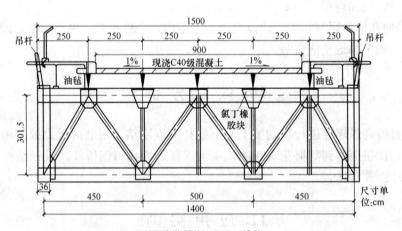

图 1　桥道结构断面图（单位：cm）

2. 工 法 特 点

2.1　简单的机具设备施工、料具易于筹备，人员易于掌握；

2.2　铺装层配间距为 150mm×150mm 的 φ6.5mm 钢筋网层，与钢纤维混凝土共同组成的桥面铺装层，与普通混凝土桥面铺装层相比，改变了桥面的使用性能，降低了维修费用、延长了使用寿命。

3. 适 用 范 围

本工法适用于大跨度悬索桥桥面铺装层选用钢纤维混凝土的施工。

4. 工艺原理

4.1 钢纤维

钢纤维的类型、体积掺量、长细比、基体强度等对桥面铺装层钢纤维混凝土增强效果影响大，应选用方便施工、搅拌不易成团又能达到增强效果的钢纤维。

4.2 桥面铺装钢纤维混凝土配合比设计

配合比设计应以抗折强度为主要控制指标，须注意满足施工要求的和易性，并符合选用材料方便、节省钢纤维和水泥的原则，同时满足抗压强度，耐磨性、抗冲击韧性等要求。

4.3 施工控制

为保证桥面层的施工质量，须严格按《钢纤维混凝土结构设计与施工规程》的规定执行，并监测桥面层厚度，确保桥面线型达设计。

4.4 钢纤维混凝土配合比设计对桥面铺装层的施工质量影响甚大，除满足施工要求外，还应达到选材方便、节约水泥和钢纤维的原则。

4.4.1 确定钢纤维混凝土的配制抗折强度（抗拉强度）

由于钢纤维混凝土组成材料质量的不均匀性、施工操作的误差、拌制条件的变化及试验方法等因素的影响，会使材料强度具有一定的不稳定性和误差，故而其配强度要高于其设计强度。

4.4.2 确定钢纤维体积率和水灰比

桥面铺装层所用的钢纤维体积率据已有的资料介绍，选为 1.2％体积率确定后，由钢纤维混凝土抗折强度与主要影响因素的关系可求得水灰比。

$$f_{ftm} = R_{tm}(0.12 \backslash W + 0.31 + B_{tm} P_f L_f \backslash d_f) \tag{4.4.2}$$

式中　　f_{ftm}——钢纤维混凝土配制抗折强度；

　　　　R_{tm}——水泥实测 28d 的抗折强度；

　　　　$C \backslash W$——混凝土的水灰比；

　　　　B_{tm}——钢纤维对抗折强度的影响系数；

P_f、$L_f \backslash d_f$——钢纤维的体积掺量和长细比。

4.4.3 确定用水量

在水灰比、钢纤维体积率确定的条件下，用水量是控制钢纤维混凝土混合料和易性的主要因素，应便于施工为准，通过几组不同单位用水量试拌混合料，求得较好和易性的单位用水量。

4.4.4 确定单位水泥量

据水灰比和用水量，可求得水泥用量。

4.4.5 确定砂率

通过优先确定。

4.4.6 用绝对体积法或假定密度法求得砂石用量

通过计算得到配合比，试拌并测定，最后调整有关参数，确定配合比（表 4.4.6）。

计算配合比　　　　　　　　　　　　　　　　　　　　　　　　　表 4.4.6

每 m³ 混凝土用料量（以质量计）(kg)					
水泥	细量料	粗骨料	水	外加剂	钢纤维
	（特细砂 60％＋机制砂 40％）			A 型早强减水剂	
440	382＋255	1132	185	3.5	100

5. 施工工艺流程及操作要点

5.1 施工准备

5.1.1 表面打磨清扫

全桥行车道板、人行道板吊装完毕后，钢筋混凝土车道板因长期暴露于空气中，由于浮尘沉积和初期养护残渣已填满其表面，为提高与路面钢纤维混凝土的粘结力，须对每块铺上桥的行车道板表面严格进行打磨、清扫，并用高压水冲洗干净。

5.1.2 施工设施布置

铺装层混凝土施工从跨中向两岸进行，拌合机布设在跨中，随施工的转移而移至两岸引桥上，并制做滚筒，检修捣固器，以施工顺利。

5.2 施工工艺

5.2.1 桥面加载及钢桁梁刚结

车道板、人行道板吊装完毕并清扫干净后，对大缆垂度检测，为使桥面线型接近设计，在每段钢桁梁上、下游侧道板上用碎石、砂施以加载。

加载完毕，对全部钢桁梁吊杆节点检查，尽量调整吊杆，使与设计接近一致。而后自跨中逐段朝两岸进行钢桁梁节点网结及风构焊接。

5.2.2 行车道路缘石施工

从跨中朝两端进行，按设计要求布置缘石配筋，朝人行道板一侧设置油毡层一道，采用加钉 P 板的木模型制做外侧挡模，并配以钢模型，模型安装好后，检查桥面宽度尺寸及缘石宽度，分段浇筑缘石混凝土，立模时隔板模垂直，以便桥面切割横缝直通。施工中严格测定标高。待混凝土初凝后，表面凿毛，以利与人行道彩磨砂浆粘结。

5.2.3 现浇桥面铺装混凝土

随行车道板、人行道板、吊装、板间缝吊小立木块，并布置板间纵向螺旋筋、随路缘石的施工，从跨中朝两岸逐段铺装桥面钢筋网，以及加强桥面整体性及板端负弯矩抗弯强度的钢筋，每 6m 段横向安方木条，并测定标高使之固定。

首先拌合不含钢纤维的板间填缝 C_{40} 混凝土，由于板间设有螺旋筋，故捣固必须密实，而后拌合钢纤维混凝土，按照配料、搅拌、运输、铺筑、捣固、整平、做面、切缝、养护等工序有序作业。

1. 投料和搅拌

钢纤维在拌合物中分散的均匀与否，对其混凝土质量至关重要，其投料的顺序和搅拌方式以钢纤维不结团并保证一定的生产率为原则，据现场拟定，按先投放水泥及掺和料、粗细骨料、水，在拌合过程中，定人分散加入钢纤维。

2. 铺筑和捣固

由于拌合机随施工而移，故运输采用人力架子车、拌合料运到浇筑点后，及时摊铺，按板边、边缝、板中顺序进行，其厚度约为设厚度的 1.15 倍。

采用机械振捣，先沿模板四周用插入式捣固器振捣，其余部分为平板式振捣器振捣密实。

3. 整平做面和拉毛

用钢滚筒反复进行整平，将竖起的钢纤维和位于表面的石子和钢纤维压下去，等表面无浸水时用金属抹刀抹平，表而收浆后进行拉毛处理。

4. 养护及切缝

切缝应及时进行，按设计，全桥面板每 6m 在简支处锯 5mm 宽 2cm 深横缝一道，纵向中心通缝一道，据施工气候，采用覆盖塑料薄膜的保温养护方法。

5.2.4 主桥钢纤维混凝土施工至两岸桥塔处时，留出伸缩缝位置，待全桥混凝土施工完毕，安装伸缩缝及浇筑端部高强混凝土。

施工主桥的同时，安装引桥人行道系，布置引桥面钢筋网。主桥混凝土施工完毕，浇筑引桥 C_{30} 混凝土，而后浇筑桥台栏杆，最后安装栏杆、灯柱。

5.3 劳动力组织

钢筋工 10 名，木工 10 名，电焊工 5 名，电工 4 名，搬运工 10 名，混凝土工 40 名，试验工 4 名，测量工 4 名，杂工 10 名，合计 97 人。

6. 材料与设备

拌合机 4 台，电焊机 4 台，插入式捣固器 4 台，平板式振捣器 2 台，钢筋机械 2 套，木工机械 2 套，人力架子车 10 辆。

7. 质 量 控 制

质量除"施工工艺"中要求外，需遵守现行《公路桥涵工程质量评定验收标准》。

7.1 桥面铺装、缘石、栏杆、灯柱每项均涉及外观质量，须线条顺直、大面平整、排水坡顺、混凝土外观质量好、泄水管畅通、缘石、栏杆、灯柱整齐划一、路面不积水、油漆不脱落、起泡。

7.2 认真执行公路桥涵、道路工程规范，混凝土及钢筋规范，规则、严格按验收标准施工。

8. 安 全 措 施

安全除"施工工艺"中要求外，需遵守现行《公路桥涵施工技术安全规程》。

8.1 主跨下面是通航河道，须注意安全，防止物体下坠击伤过往船只；

8.2 管生产必须管安全，必须按制定的安全措施施工。

9. 环 保 措 施

9.1 成立对应的施工环境卫生管理机构，在工程施工过程中严格遵守国家和地方政府下发的有关的环境保护的法律、法规和规章。

9.2 将施工场地和作业限制在工程建设允许的范围内，合理布置，规范围挡，做到标牌清楚、齐全，各种标识醒目，施工场地整洁文明。

10. 效 益 分 析

丰都长江大桥桥面铺装使用钢纤维混凝土，从已通车达 6 个月后检查的情况看，桥面依然如旧，无一开裂现象，且施工中严格按配合比施工，确保了质量。

11. 应 用 实 例

11.1 丰都长江大桥是一座主跨为 450m 的外张式浅加劲桁式悬索桥，引桥北岸为 5 孔 20m，南岸为 1 孔 20m 的简支梁，桥全长 596.14m，桥面净宽净 9+2×2.5m 人行道，桥面系采用钢筋行车道板及人行道板简支于横梁上，钢梁采用桁架形式，横梁在纵桥向 6m 设一根，钢筋混凝土桥面板（尺寸为 6m×2.5m×0.3m）。与钢梁接触处设有氯丁橡胶块，以减小与钢梁的直接冲击及振动，行车道板间纵向缝设有螺旋抗剪筋，接头处设有横、纵向加强连接筋，桥面板上为 $\phi6.5mm$，15×15cm 钢筋网和 6cm 厚的钢纤维混凝土，本工法在该桥首次使用，质量优良，且安全生产，为公路桥面层钢纤维混凝土使用提供了实践经验。

11.2 西藏角笼坝大桥采用大跨度悬索桥系列工法之刚性路面施工工法，选用具有优良的抗裂性、抗弯曲特性、耐冲击性、耐疲劳性的钢纤维混凝土作为桥面铺装层，配间距为 150mm×150mm 的 $\Phi6.5mm$ 钢筋网层，与钢纤维混凝土共同组成的桥面铺装层，圆满完成了刚性路面施工，与普通混凝土桥面铺装层相比，改变了桥面的使用性能，降低了维修费用，延长了使用寿命。

下承式钢管拱肋公路跨铁路桥双向转体施工工法

YJGF26—96（2005-2006 年度升级版）

中铁七局集团有限公司

刘林山　张群胜　刘宝贵　杜翔斌

1. 前　　言

拱桥转体施工技术作为桥梁施工方法之一，在特殊的桥位上与其他施工方法相比，具有明显的优越性和竞争力。我国自 1977 年在四川首次应用转体法施工净跨 70m 箱形拱桥以来，转体技术不断完善和发展，转体方式越来越多，应用越来越广。但以往各种桥梁转体都是采用竖转或平转单一的转体方式，且跨越的障碍多为河流、峡谷等，在安阳文峰路立交桥施工中，运用先竖转后平转的双向转体施工技术，不但顺利就位合拢，而且在繁忙的京广铁路干线上作业不中断行车，在安全、质量及效益等方面取得了突出的综合效益。

2. 工 法 特 点

2.1 采用竖转，将主拱肋放低到地面最低位置拼装施工，可节约大量的脚手架支撑，大型吊装设备，而且还避免过高的高空作业，既安全又保证质量。

2.2 采用平转，可大幅度减少对桥下铁路运输作业的干扰。可不中断行车，对运输繁忙的铁路干线尤为重要。

2.3 采用高强钢绞线液压千斤顶竖转提升系统和力偶式千斤顶张拉平转系统，较钢丝绳卷扬机系统，不但技术上先进，而且还安全可靠，运行平稳，节约专用设备投资。

2.4 平转时采用小环道钢筋混凝土支墩保险，大环道四个牛腿支撑保险和用压力传感器监控平衡重精确整等三重保险措施，行之有效，确保平转安全可靠。

3. 适 用 范 围

3.1 适合跨越铁路、公路、山谷、河流等大跨度拱桥施工。

3.2 适合平原地区建筑高度高、场地狭窄、缺少大型装吊机具、设备和支撑材料的工地。

4. 工 艺 原 理

4.1 竖转：将拱肋分为两半跨在铁路两边分别就地拼装。在拱脚与墩身联结处设临时竖转铰；在墩顶设临时塔架、墩后设平衡梁并配置及平衡重；在塔架顶设扣索，张拉系统并用钢绞线作扣锁连接拱肋（图 4.1）。用液压千斤顶以张拉方式作动力牵拉扣索，将趴在地平面拼装好的拱肋拉起竖转到以拱脚为轴心旋转抬拉到拱肋设计高度。

原理：当拱肋在竖向范围内旋转时，根据平衡性由拱肋自重 G 计算出 F_1、F_2，从而得到平衡配重。

$$G_{平衡} \geqslant \frac{\mathrm{tg}\beta}{\mathrm{tg}\alpha}(0<\alpha<90°, \beta 为固定值) \tag{4.1}$$

在旋转过程中，α 逐渐减小，当到达预定高度时 α 最小，则 $G_{平衡}$ 为最大，因此，将在地平面拼装好的拱肋以拱脚为轴，旋转抬拉到拱肋设计高度时，选取平衡重大于计算出的最大 $G_{平衡}$ 即可。

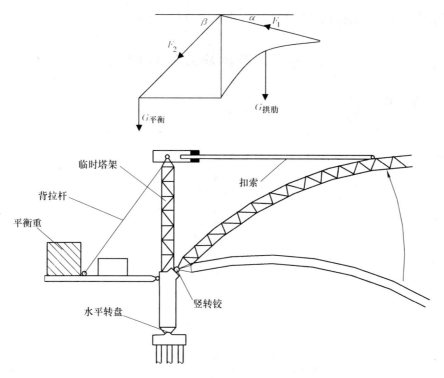

图 4.1　塔架顶扣索张拉系统设置图

4.2　平转：在承台与墩身之间设置水平转盘（图 4.2-1）。水平转盘一般为 C50 钢筋混凝土球缺面铰，并在球铰下盘心设一钢轴。上下盘充分磨合并加润滑剂。采用力偶式千斤顶张拉系统将墩身连同竖转体系组成（部分平衡重已卸去）同时平转。两侧半跨拱肋合拢对接（图 4.2-2）。

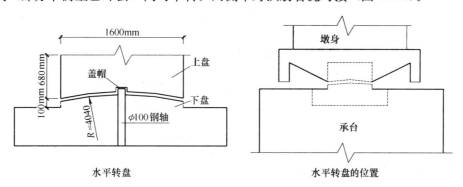

图 4.2-1　水平转盘设置图

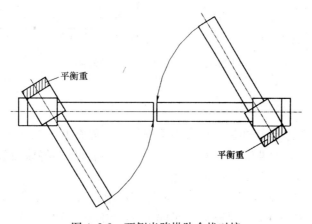

图 4.2-2　两侧半跨拱肋合拢对接

原理：在平转过程中，根据杠杆原理保证配重和拱肋自重平衡。

5. 施工工艺流程及操作要点

5.1 施工工艺流程

5.1.1 总体施工流程（图 5.1.1）

施工准备
基础承台施
制作水平转
墩身施工
拱肋拼装
安装平衡
安装塔
安装竖转
提升系统试
竖转
调整平衡体
平转
安装吊杆及横
灌注钢管混凝土
安装系杆、逐次张
做桥面系
竣工

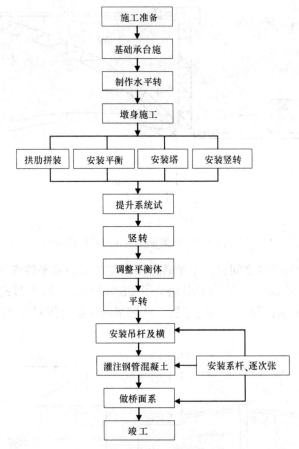

图 5.1.1 总体施工流程图

5.1.2 平、竖转施工流程（图 5.1.2）

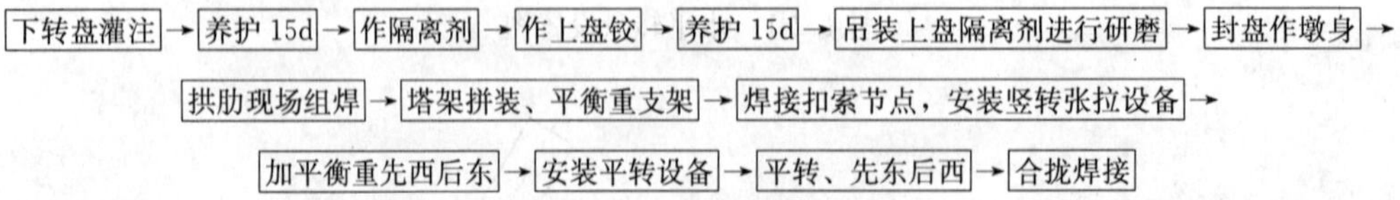

下转盘灌注
养护 15d
作隔离剂
作上盘铰
养护 15d
吊装上盘隔离剂进行研磨
封盘作墩身
拱肋现场组焊
塔架拼装、平衡重支架
焊接扣索节点，安装竖转张拉设备
加平衡重先西后东
安装平转设备
平转、先东后西
合拢焊接

图 5.1.2 平、竖转施工流程图

5.2 工艺操作要点

5.2.1 水平转盘制作

1. 水平转盘为钢筋混凝土球缺面铰。承台施工完毕后，先在其上制作下转盘，下盘球面利用刮板成型。制作时要保证球面位置的准确和球面形状的一致，并用水砂轮将球面磨光。

2. 以下球面为底模，盖上塑料膜，立侧模浇上盘。

3. 待上盘混凝土到一定强度后，吊起上盘，取掉塑料膜，再将上盘盖上，转动上盘，进行磨合。

4. 当球绞上下盘研磨光滑并完全密贴后，吊起上盘，将球面清理干净，涂上专用润滑剂，盖好上盘并临时固定后进行墩身施工。

5. 专用润滑剂由四氟粉与黄油按一定比例混合而成。

5.2.2 保险栓及牛腿的安装

1. 为增加转动体系抗倾覆的能力，在墩身底部设置4个钢筋混凝土保险栓，在墩身两侧设四个钢制牛腿，并在保险柱、牛腿下面各设相应水平环道（图5.2.2）。

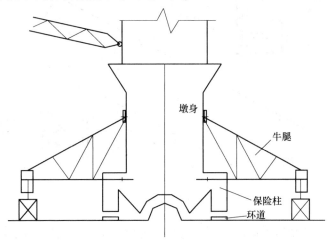

图 5.2.2 牛腿和保险栓

2. 竖转时保险柱、牛腿与水平环道间隙垫死并固牢；平转时保险柱与环道间隙8mm，并用聚四氟乙烯板填塞，牛腿末端设置液压千斤顶与环道保持一定间隙，并随时监视其变化。

5.2.3 竖转铰安装

拱肋竖转铰为钢销轴铰，是拱肋竖转时关键部位之一，除要求其足够的强度、刚度外，在安装中应特别注意以下几点。

1. 竖转铰座标位置要准确，要保证竖转到位后，拱肋各点坐标位置与设计位置相符合。

2. 两个轴的同心度要好，同一竖转铰的每根销轴应位于同一轴线上，以防止竖转过程中产生过大的局部应力。

3. 竖转铰轴线必须水平，并且与拱肋轴线垂直，以保证拱肋沿垂线平面竖转和拱肋两侧主弦管水平，以便合拢。

5.2.4 拱肋竖转

1. 在塔顶设置摆动式顶镐作业平台。因拱肋竖转时，扣索倾斜角不断变化，顶镐作业台也随之摆动，与受力方向一致。

2. 扣索选用直径15.2mm钢铰线束，锚具选用XYM工具无顶压锚具。穿好扣索后，先逐级张拉调整各钢铰线的预拉力，使其拉力均匀。

3. 为使拱肋两侧同步竖转，将两侧张拉千斤顶油管路并联，并采用随时量取千斤顶行程，在钢铰线贴应变片测量应力，在钢铰线做长度标记，量取长度变化情况和随时用水平仪测量两拱肋相对高差。拱肋头端相对高差控制在±5cm。

5.2.5 平衡重调整

1. 在竖转完成后，为保证水平转体顺利，必须调整平衡重。调整平衡重以实测为准，误差控制在万分之一以内。过程中，随拱肋不断升高，其重心不断移近墩身，从而为维持整体平衡所需的平衡重，也应相对应调减。为了简化操作，采用了竖转过程不进行平衡重调整，待竖转到位后平转开始之前再统一调整的方法。

2. 调减配重除以计算数据为依据外，还在墩身牛腿及平衡梁下各设一台压力传感器，根据传感器压力值计算出应调减的配重值。

3. 调减配重采取分批调减，少减多调的原则，严禁超减。减载至各压力传感器压力为零，系统平衡为准。为保险起见，调整时设限位架。

5.2.6 平转及对接合拢

1. 平转采用力偶式千斤顶张拉钢绞线平转系统。即在上盘墩身底部缠绕钢绞线，利用千斤顶张拉钢绞线使体系转动（图5.2.6）。

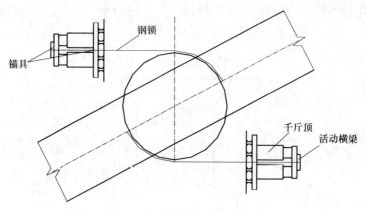

图5.2.6 力偶式平转系统

2. 平转时要密切注意转动体系倾斜、摆动等异常情况；平转快到位时应放慢，防止平转过位。

3. 平转完毕，两拱肋对位准确后，应立即进行接头合拢焊接，竖转铰加固，用混凝土封固上转盘等项工作。

5.2.7 系杆张拉

对于系杆拱桥利用系杆张力平衡部分拱肋对桥墩侧推力，所以在吊装横梁、灌注钢管混凝土和桥面系施工逐步增大拱肋对桥墩侧推力同时，应相应逐次张拉系杆，减少整个桥体对桥墩侧推力。

5.3 劳动力组织（表5.3）（按文峰立交桥施工规模，两侧转体分别进行）

劳动力组织 表5.3

编号	作业内容	人数（人）	编号	作业内容	人数（人）
1	施工技术	2	7	钳工、电工	6
2	测量控制	4	8	安全防护	4
3	油泵操作	4	9	安全、质量检查	1
4	千斤顶操作	5	10	总指挥	1
5	锚具操作	4	计		41人
6	吊装作业	10			

6. 材料与设备（按文峰立交桥规模）

材料与设备见表6。

材料与设备 表6

序号	名 称	规 格	单 位	数 量	备 注
1	拆装式桁梁	32m	孔	9	
2	钢构件加工		t	185	
3	工字钢	Ⅰ100	片	6	$l=16m$
4	工字钢	Ⅰ63C	m	480	
5	钢绞线	15.2	t	6.1	
6	锚具	XYM15-12	套	40	

序 号	名 称	规 格	单 位	数 量	备 注
7	锚具	XYM15-4	套	12	
8	公路空心板梁	$l=20m$	片	16	
9	千斤顶	YD320 行程 1.2m	台	12	
10	千斤顶	YCD-23	台	3	
11	千斤顶	YD320 行程 250	台	13	
12	吊车	20~25t	台	2	
13	吊车	40t	台	1	
14	油泵	40~50MPa	台	6	

7. 质 量 控 制

7.1 建立完善的质量保证体系，各过程均有专职质检人员检查验收，前一过程不合格不得转入下一过程施工。

7.2 转体施工应满足《公路桥涵施工技术规范》和《公路工程质量检验评定标准》的规定和要求，对规范中没有规定的特殊项目和内容，在转体施工作业细则中要有专项规定。

7.3 坚持"三服从、五不施工、一个坚持"制度，即"进度服从计划，进度服从安全、质量，质量否决服从监理"；"施工准备不做充分不施工，试验未达到标准不施工，施工方案和质量保证措施未确定不施工，设计图纸没有审核方案、未进行优化不施工，现场没有进行技术交底及特殊工序没有《作业指导书》不施工"；"坚持工程质量未达标坚决进行返工"。

7.4 对工程实施全过程的质量控制，要突出质量的事前控制，重点强调质量的过程控制，做好工程质量的事后控制。

7.5 按照施工方案，对材料、机具、设备、施工工艺、操作人员等影响因素进行控制，以保证总体质量处于稳定状态。

7.6 做好施工工艺质量控制，对全体施工人员进行"施工工艺技术标准"的交底，对关键环节的质量、工序、材料进行验证，使施工工艺的质量控制符合标准化、规范化、制度化的要求。

7.7 加强施工工序的质量控制，实行总工程师负责制，专业工程师、技术员和质检工程师层层把关，对影响施工质量的五大因素（人、材料、机具、方法、环境）进行控制，使工序质量数据波动处于允许的范围内。通过工序检验等方式，对工序质量进行评定；在产生偏离标准的情况下，分析产生的原因，并及时采取措施，使之处于允许误差范围内。

7.8 定期对全体施工人员进行规程、规范、工序、工艺、标准、计量、检验等基础知识的培训，开展质量管理和质量意识教育。

7.9 实行班组保证本工序、监督前工序、服务后工序的自检、互检、交接检和专业性的"中间定期"质量检查，保证不合格工序不转入下道工序。出现不合格工序时，做到"三不放过"（原因不清不放过、责任不明不放过、措施未落实不放过），并采取必要的措施，防止再次发生。

7.10 制订施工作业细则和工艺操作要点，并在作业前对现场作业人员培训，使每个操作人员都能熟练掌握、正确操作。

7.11 严把进料关，杜绝不合格品进入工地。

7.12 加强测量控制，确保孔跨尺寸和拱肋拼装结构尺寸的精度，以保证拱肋正确对接合拢。

8. 安 全 措 施

8.1　建立完善的施工安全保证体系，加强施工作业过程中的安全检查，确保作业标准化、规范化。

8.2　制订适应该工程特点的施工安全措施和注意事项，并在施工过程中认真执行。

8.3　高空作业区设置安全防护网和防护围栏，高空作业人员必须配带安全防护用品。

8.4　加强施工机具设备管理和施工用电管理，防止机械事故和触电事故。

8.5　加强铁路安全防护，防止机具材料侵入铁路限界及铁路上空作业坠物砸坏过往列车。在铁路两侧设防护栏杆，防止人员随意穿越铁路。

8.6　对铁路安全威胁大的施工过程，派专人与车站值班人员联系，随时掌握列车动态，并加强现场安全防护。

9. 环 保 措 施

9.1　严格遵守国家有关环境保护的法律、法规和规章，按照合同和国家及地方有关环境保护的有关规定，对环境保护工作做全面规划，综合治理。

9.2　及时与环境保护管理机构取得联系，遵守有关控制环境污染的法规，从组织管理、防止和减轻水、气污染、施工噪声及震动控制、水土保持、粉尘控制等多方面采取一切合理措施，将施工现场周围环境的污染降至最小程度，搞好污水处理，防止污染水质，做好水土保持。

9.3　制定下发环保细则，对职工进行环保教育，采取有效措施保护自然环境。废弃物和垃圾弃到指定地点；疏通排水系统，防止水土流失。

9.4　定期清理工程废弃物及工程材料运输过程中的防散落与沿途污染措施，废水除按环境卫生指标进行处理达标外，并按当地环保要求的指定地点排放。

9.5　对施工场地及进场道路进行硬化，并在晴天经常对其进行洒水，防止尘土飞扬，污染周围环境。

9.6　完工后及时清理施工场地，做到"工完料净"，不给周围环境遗留工程垃圾。对于偿还用地，待工程完工后，覆盖熟土，恢复耕作条件。

10. 效 益 分 析

10.1　该桥主跨拱肋最高达 37m，如要不采用就地搭架支撑，则需架高 40m 宽 20m 脚手架两座，租用 75t 吊车四台，仅此两项费用计 60 万元。采用竖转方案，费用仅 30 万元，节省 50%。

10.2　采用平转，可避免或减少空中作业对桥下作业的干扰。对于繁忙的铁路干线，可不中断行车，效益更明显。例如，按常规施工，需要点 220 次，采用平转后，只在 22 个横梁吊装时要点 22 次，节约要点近 200 次。

10.3　如果采用卷扬机钢丝绳转体方案，需购置 15t 大型卷扬机 4 台，直径 40mm 钢丝绳 8000m，此两项就需资金 50 万，这些机具材料通用度小，而且钢丝绳过长弹性大，不稳定。采用顶镐钢绞线转体方案，顶镐只需少量添置，钢绞线亦可重复使用，资金只用不到 10 万元。

11. 应 用 实 例

安阳文峰立交桥位于安阳火车站南咽喉，横跨京广上行正线和站线 14 条线路。主跨 138m，高

39m，结构为下承式钢管混凝土系杆拱桥，主拱肋由 4 根直径 720mm 钢管组焊成正梯形，腹管直径 300mm。

由于该桥位于运输繁忙的京广铁路干线上，为减少主桥施工对运输的影响，采用将主桥分成两个半跨。分别在线路两侧拼装，然后采用平转，使其在空中对接合拢的施工技术。此外，由于主拱肋距地面最大高度达 37m，若采用满堂支架正位拼装方案。一则需大量支撑脚手，特大型吊装设备，二则不安全，故采用将拱架放低到地平面制作，然后竖转将其抬高到正位。该桥单侧平转总重 2719t，平转角度 78°，单侧拱肋竖转总重 346.4t，转角 26°7′50″，端点升高高度 31.9m。

由于数据计算准确，施工方法科学可靠，实施操作严格标准，协调配合严密得当，该工程采用竖平转结合的双向转体法施工得以顺利进行。与此同时，在竖转铰的制作安装，平衡重体系的计算和转换，平转转盘的制作、研磨和减磨剂配置以及平转竖转动力张拉体系等方面形成具有自己特点的施工技术。

地下建（构）筑物逆作法施工工法

YJGF02—96（2005-2006 年度升级版）

上海市第二建筑有限公司

邓文龙　朱灵平　吴献　周乐敏　尤根良

1. 前　言

我公司经过恒积大厦、陕西路南地铁、住业京沙大厦、河南路地铁等工程的成功实践，于 1996 年获得了国家级工法《高层建筑多层地下室结构逆作法施工工法》YJGF 02—96，1996 年到现在，经过这几年在超大超深复杂环境下众多工程实践（上海市规划展示馆、四明里城市绿化、上海由由国际广场、上海机场城市航站楼、明天广场、上海兴业大厦、明珠二号线东安路车站、上海瑞嘉花苑、上海长峰商城、上海廖创兴金融中心大厦）对逆作法施工技术进行了不断的实践，并不断对逆作法施工工艺进行改善和提高，取得了一系列的部市级科技进步奖、部市级奖、专利成果。由于逆作法施工技术得到了重大的发展，特对原工法进行重新修订。

2. 工 法 特 点

2.1　缩短工程施工的总工期，地上地下结构可同步施工时，地下结构层数越多，用逆作法施工工期优势越明显。

2.2　地下多层逆作法挖土采用地下室首层楼板结构完成后，由多种专用的挖取土设备进行暗挖施工。

2.3　封闭式施工，降低施工受气候条件的影响，及操作面产生的噪声、扬尘、光污染对周边居民和环境的影响。

2.4　逆作阶段楼板结构支撑柱及围护墙垂直度要求高，需采用特定的施工工艺和措施。

2.5　减小基坑变形。楼板作为支撑的刚度远远大于传统支撑系统的刚度，因此基坑变形比传统支护体系小，相邻建（构）筑物、管线的沉降也相对小。

2.6　结构设计与施工方案关系密切。不同的施工工况直接影响到结构构件的受力状况。施工方案与结构设计在工程实施前期需紧密协调。

3. 适 用 范 围

本工法适用于高层建筑、多层地下室结构施工及类似于地下室结构的地下构筑物的结构施工。尤其适用于工期紧，环境保护要求高，施工场地狭小的建（构）筑物工程。地下工程可采用地下连续墙、排桩等作为围护体系。

4. 工 艺 原 理

地下多层建（构）筑物逆作法施工是建筑深基坑施工中，主体地下结构与基坑支护结构相结合的一种施工方法。即永久地下室外墙与基坑围护结构相结合、永久结构竖向构件与基坑支撑临时立柱相结合、永久结构梁板与基坑水平支撑相结合。在完成地下连续墙或钻孔灌注桩围护结构以及工程桩和逆作支撑柱桩后，地下室结构自上而下施工，利用已完成的围护结构和楼板结构自身的能力对基坑形成支护能力，地上结构在完成±0.000结构后向上施工。

5. 施工工艺流程及操作要点

5.1 施工工艺流程（图5.1）

5.2 逆作法操作要点

5.2.1 逆作法方案准备

在逆作法围护结构设计阶段就必须确定以下一系列的逆作法施工方案：围护形式的选择、上下同步施工的层数、桩柱的形式和布置、模板体系的选择、首层楼板行车路线及加固、逆作施工节点形式的设计、土方和材料垂直运输系统以及取土孔布置。

5.2.2 逆作法总体设计

在逆作法工程的设计中，首先应根据施工的具体要求进行逆作法的总体设计，即先确定逆作法施工的时间顺序和空间顺序；然后根据逆作法的施工流程，分析结构在不同施工阶段的受力及变形机理，进行总体概念设计。逆作法设计既要满足使用阶段的受力要求，又要满足施工阶段的承载力要求。

5.2.3 地下连续墙、钻孔灌注桩等围护结构施工

围护结构需满足作为永久结构使用的垂直度、沉降以及抗渗等性能的设计要求。施工时可采用墙底注浆、接头注浆、控制泥浆指标等施工技术措施来满足逆作法施工要求。

与逆作结构相连接的连接钢筋、接驳器须在围护结构施工时预留，其预留标高和水平位置须满足永久结构施工偏差要求。

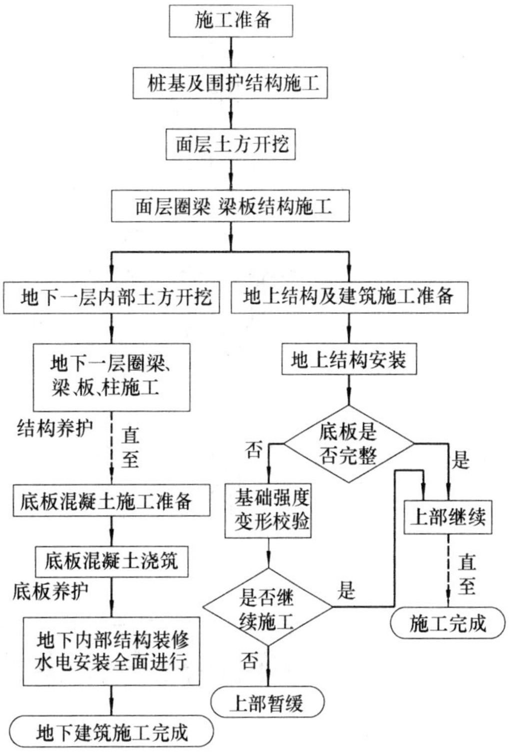

5.2.4 逆作支撑柱桩及工程桩施工

采用专用的垂直度监测系统和调垂系统确保逆作支撑柱的垂直度，施工时可采用桩底注浆等施工技术措施来减少逆作支撑柱的不均匀沉降。

图5.1 施工工艺流程图

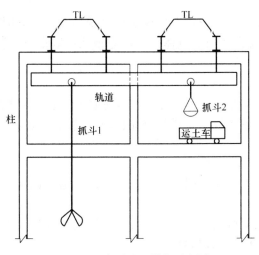

图5.2.6 专用取土设备示意图

5.2.5 基坑降水

基坑降水方案设计必须考虑井点管穿越楼板、抽水引起的逆作支撑柱的附加沉降等问题。

5.2.6 逆作土方开挖

采用小型挖机进行逆作暗挖土方开挖，在楼板结构上合理布置取土孔，采用专用取土设备（图5.2.6）进行土方垂直运输，确保土方开挖顺利进行。结构楼板需满足特定的施工荷载要求。

5.2.7 逆作结构施工

逆作法结构施工关键在于解决已完成的支撑柱和围护墙（桩）与楼板结构的连接以及已完成楼板结构与后浇竖向结构的连接，合理设计节点系统使结构形成整体达到设计要求。

5.2.8 模板体系的设计

采用专门的无排吊模体系（图5.2.8）和短排模板体系。首先将基坑内的土按施工组织设计要求挖至标高，做好混凝土垫层，然后搭设模板。

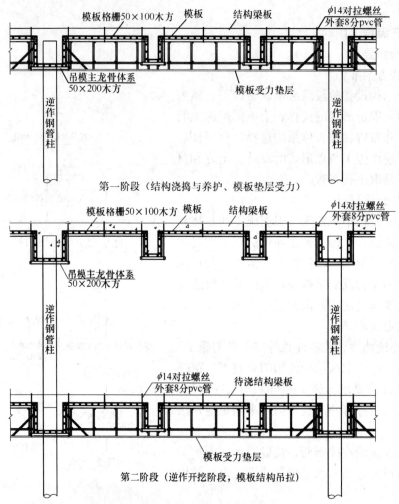

图5.2.8 无排吊模体系示意图

结构达到设计规定的强度后，进行下皮土方开挖的推进，当楼板底的模板外露后，即可将模板拆除，如果采用吊模体系可以待施工人员能够进入该空间后进行模板拆除。

5.2.9 柱、梁、板、墙的节点施工

逆作法施工需要解决柱、梁、板、墙之间的连接问题，节点形式既要满足设计受力要求，同时又要简单容易施工。我公司在逆作节点上已经形成了一系列成熟的节点体系：传力板法、双梁节点法、扩梁加腋法等等。

5.2.10 逆作法通风系统

地下施工通风措施：在各层地下室楼板上预留通风口，洞口平面按挖土工作面的推进路线设置，随着地下挖土工作面的推进，当露出通风口后，及时安装轴流风机，进行强制排风，清新空气通过取土孔自然进风，形成空气流通，保证施工安全。

5.2.11 逆作法照明系统

电线采用预留暗管安放于结构内，由专业人员负责实施，在照明度达不到要求的地方可以在支撑柱一定高度范围内另行补充照明设施。

地下挖土和其他后期施工时必须安装一路低压应急照明线路，以防电路发生故障熄灭而造成地下无法施工和操作人员无法行走，并且低压灯必须安装在上下扶梯通道处。

5.2.12 实时动态监控系统

对基坑围护结构、周边环境的位移、倾斜、沉降、应力、地面开裂、基底隆起、相邻逆作支撑柱差异沉降以及地下水位的动态变化、土层空隙水压力变化等进行综合监测。比较设计所预期的性状与监测结果的差别，对原设计成果进行评价并判断施工方案的合理性。通过实践取得的数据合现场描述，并预测下一施工阶段可能出现的性状，当有异常情况时立即采取必要的工程措施，将问题抑制在萌芽状态，确保工程顺利进行。

6. 材料与设备

6.1 逆作法临时支承柱垂直度控制系统
1）第一代：上部校正架法垂直度控制系统；
2）第二代：气囊法垂直度控制系统；
3）第三代：套管法垂直度控制系统；
4）第四代：无线传导钢立柱调垂监测系统，精度达到了 1/1000。

6.2 挖取土设备
自制取土设备：根据基坑面积 1 台/1500～2000m²，且不少于 2 台。
小型挖机。

6.3 废气监控及排放设备
由于挖深较大，地下可能会出现有毒有害如硫化氢（H_2S）或不明废气泄出，严重影响地下施工人员的健康与作业，所以现场必须设置"地下有害气体自动报警系统"和"废气强制排放系统"。

7. 质 量 控 制

所有钢筋混凝土结构质量必须符合国家标准《钢筋混凝土结构施工及验收规范》（GBJ 94—2002）要求。
另各项控制指标如下：
挖土标高±50mm 水平仪检测
混凝土垫层标高±15mm 水平仪检测
砂浆找平层标高±15mm 水平仪及靠尺检测
降水水位控制为每次开挖面以下 0.5～1.0m，设置水位观测井及测绳检测
桩柱垂直度控制满足设计和规范要求 专用调垂监控系统。

8. 安 全 措 施

严格遵守国务院发布《建筑安装工程安全技术规程》、上海市建委《关于加强施工现场安全生产管理若干规定》、上海建筑工程局《安全制度汇编》、《建筑机械使用安全技术规程》，还应根据"逆作法"施工的特点，编制施工组织设计，提出安全的注意事项及具体措施。

逆作法施工的周边环境的安全保护，应对基坑周边围护墙进行设计验算，在施工过程中，对墙体变形，地面沉降等进行实时观测。对基坑周边地下管线、邻近建筑（构筑物）进行位移观测，发现异常立即采取有效措施，以确保周边环境安全。

逆作法施工操作人员做好安全交底工作，而人员相对固定。

定制取土设备，专人操作管理，上岗做好培训交底，并设专人指挥。

9. 环 保 措 施

地下封闭作业环境必须设置通风系统，确保人员作业环境达到环保要求。

有控制的进行降排水及回灌，控制周边地面沉降。

10. 效 益 分 析

10.1 经济效益：由于采用"二墙合一"、"以板代撑"、"以永久结构柱作为竖向支撑构件"等技术，与传统支护体系相比，可以降低造价 10% 左右。

10.2 工期：采用地上地下结构同步施工，可以大大缩短工期，地下结构的施工基本不占施工总工期。

10.3 安全文明：以地下室各层楼板结构作为水平支撑系统，大大提高了支撑系统的刚度，减少了围护结构的水平变形和周边环境的沉降，提高了施工的安全可靠性；在进行地下各层结构施工之前，首层楼板结构已经完成，因此工程完成实现硬地坪化施工，同时操作面下移，大大降低了噪声、废气和风尘的对环境的污染。

10.4 环保节能：与传统支护体系相比，逆作法施工以永久结构楼板取代了支撑系统，大大节约了资源。同时也省去了拆除支撑带来的能耗和废弃物产生。

11. 应 用 实 例

11.1 上海长峰商城逆作施工

长峰商城作为国内罕见的超深、超大面积逆作施工工程，工程采用了逆作法进行施工。2004 年 8 月 3 日，长峰商城完成了最后一块主楼大底板混凝土的浇捣，而上部结构有两区已经施工至地上三框比采用常规顺作法缩短了工期降低了工期，成本并保证了基坑安全确保了地铁二号线的安全营运，降低了工期成本 80 万元。

工程施工中采用了无排吊模施工工艺即避免超挖，保护环境安全模板支撑与结构吊拉相结合，达到先挖土再拆模，减少逆作挖土期间因拆模板与挖土交叉施工的安全隐患，加快施工进度，节省了排架搭设费用降低施工成本。本工程基坑总面积为 22000m^2，估计节约将近 24.3 万元。

在结构梁与钢管柱处理上采用了工厂加工预制钢管，如采用现场加工必然会增加节点焊缝、钢牛腿或接驳器、因焊接废气而产生的地下通风成本。而采用工厂预制钢管节约了工期，确保了工程质量。采用该方法共节约了成本近 32 万元。

长峰商城工程式在施工技术上，突破了传统的施工方法，针对超大面积基坑采用逆作法施工技术并开创性的发明了逆作法无排吊模施工工艺、逆作法施工中的预制钢管，创造了良好的社会经济效果，为以后逆作法施工同类工程提供了借鉴。

11.2 上海 500kV 世博输变电工程逆作法施工

上海 500kV 世博输变电工程是目前我公司正在实施的国内开挖深度最深的逆作法工程。工程位于上海市静安区北京西路、成都北路、山海关路和大田路的合围处。为全地下四层筒形结构，地下建筑直径（外径）为 130m，基坑开挖深度达 34m。目前工程已经完成地下连续墙、钻孔灌注桩单位工程的施工，结构首层楼板的混凝土浇筑已经完成。

工程地下连续墙深 57.5m，厚 1.2m，设计地下连续墙成槽垂直度控制要求小于 1/600，目前工程地下连续墙单位工程已经全部完成，80 幅地下连续墙的垂直度均达到了设计要求，垂直度最小达到了 1/1000。

工程一柱一桩直径 ϕ950 钻孔灌注桩，有效桩长 55.8m，桩底标高为 -89.200，并采用桩端后注浆施工工艺，桩身混凝土强度为 C35，上插 ϕ500/16 的钢管，工程桩垂直度控制小于 1/300，钢管垂直度小于 1/600，目前工程钻孔灌注桩单位工程已经全部完成，所有均满足了设计要求。

从设计的角度分析，工程采用逆作法施工技术，不仅缩短了地下连续墙的厚度和深度，而且减少了至少 5 道支撑，为建设单位减少了巨大的建设投资。

从基坑施工安全角度分析，工程采用逆作法施工技术，大大提高了支撑的刚度，减少了基坑的变形，从而大大提高了工程施工的安全可靠性。

11.3　上海廖创兴金融中心大厦逆作施工

上海廖创兴金融中心大厦位于上海市黄浦区南京西路与新昌路交叉口。基地占地面积约 5151m²，五层地下室，基坑挖深度为 22.4m，局部深坑挖深达 28.4m。上部三层裙房，主楼 34 层，建筑总高度 161.5m，为一类超高层建筑。工程结构为现浇钢筋混凝土框架、劲性钢结构及混凝土楼板结构。其中内核心筒为混凝土筒体，外框架梁为劲性钢柱混凝土梁。上部钢结构与下部混凝土结构以 16 根劲性钢柱作为连接的主要受力柱。

工程采用逆作法施工技术，但又与传统的逆作法施工技术有所区别，即工程钢柱施工中采用劲性钢柱分段预埋逆作施工工艺，而非在工程桩施工时同时劲性钢柱。劲性钢柱分段预埋逆作施工工艺已通过上海市科学技术委员会鉴定；且经过中华人民共和国技术部的科技成果登记和查新，查新结果：超深地下五层劲性钢柱逆作法，较之于现有国内外同类工程实践具有新颖性；该研究成果有广泛的应用前景，其经济效益和社会效益明显，成果总体上达到国际先进水平。并获得实用新型专利，授权号：200520047629.8。

11.4　上海明天广场逆作施工

明天广场位于上海南京西路、黄陂北路路口，工程包括主楼和裙房两部分，均为地下三层，主楼基础底板厚 3.8m，裙房基础底板厚 1.5m，之间设置后浇带。地下室顶板结构采用梁板体系，地下一层、二层采用无梁楼盖。由于主楼和裙房以后浇带形式连接，并且主楼的 8 根大柱为超高层主楼的竖向重要受力构件，因此采用以后浇带为界的一顺一逆的施工方案，即主楼采用顺作法，裙房采用逆作法。在裙房逆作法中作为支承水平楼板用的中间支承柱，采用一柱多桩的方案，即中间支承柱以 3 根或 4 根为一组的钢格构柱通过预埋件嵌固在混凝土承台内支承楼板结构，在逆作法施工完成后即拆除，并被永久钢筋混凝土柱所替换。采用厚 1m 的地下连续墙作为围护结构，地下各层永久性结构的楼盖作为水平支撑，部分工程桩为中间支承柱的承重桩。裙房逆作法先施工地下室顶板，作为逆作法的始点然后向下施工地下一层楼盖，并施工顶板及地下一层之间的钢筋混凝土柱，待形成整体后从顶板楼盖开始向上施工上部结构，同时向下施工地下二层楼盖，最后完成底板施工。在底板完成之前，裙房上部结构可施工至地上五层，当底板完成并达到强度后，上部结构可继续施工。而主楼顺作法是从裙房封底板后才开始的。

明天广场从 1997 年 4 月 22 日开始挖土到 1997 年 11 月底大底板完成，裙房上部结构已完成 4 层（结构封顶），总工期仅为 7 个月，其中还包括八运会、国庆节无法施工的时间。根据同等条件的工程，有地下三层、地上六层，采用顺作法施工其施工周期一般为 1 年。

尽管明天广场引入逆作法的时间相对较晚，但仍取得了较好的经济效益。通过与原顺作法施工方案的比较，采用逆作法可减少基坑支护费用 10％左右。如果明天广场能够从围护结构就开始考虑采用逆作法，地下连续墙厚度可相对减小（由于实测地下连续墙变形较小），同时也可以采用二墙合一的施工方案，增加建筑物的有效使用面积，可以使投资方做到少投入多产出。针对明天广场工程我们曾做过分析，如果从一开始就采用逆作法施工方案，本工程可节省地下结构造价的 12％左右。同时，逆作法具有施工周期相对较短的特点，对工程投资方来讲可以早日投入使用，其经济效益也是相当可观的。

11.5　上海城市规划展示馆逆作法施工

上海城市规划展示馆位于人民大道、西藏路路口，建成后主要向观众介绍上海城市的发展以及规划、树立上海对外开放的国际性大都市形象。工程地下室共两层，其地下一层为美食一条街，为将地铁内的人流引入美食街，在城市规划展示馆地下一层与人民广场地铁车站之间，需建造一地铁连接通道，将城市规划展示馆与地铁车站相连接，进一步便利展示馆与外界的联系。通道采用钢筋混凝土结构，总长 20m，顶板水平，顶标高 -3.05m，底板倾斜，整个通道净高度为 3～3.66m，顶板、侧墙以及底板均厚 600mm。通道正位于运行地铁的上方，离地铁隧道最近处距离仅 180mm，周边管线密布，在通道顶还有一根 11 万 V 电缆横穿通道，施工条件非常恶劣。施工采用了在通道两端明挖土，中间暗作业的逆作法施工方案。

展示馆地铁连接通道采用了传统围护及挖土施工的施工技术，再结合目前较为先进的逆作法施工工艺，在此高风险、高难度的运行隧道上方施工，在施工当中利用土体的时空效应结合钢支撑与预应力施工方法，利用在通道顶板上回填土调节隧道变形，从而比较经济化的安全完成了通道的施工。相比之下，若在此处采用其他施工措施（比较理想的为采用沉井，用顶管法施工），不但施工的难度及风险未降低，而且总的投资将增加许多。展示馆地铁通道施工中，围护及基坑加固费用共计 120 万元，结构施工费用仅 80 万元（包括支撑费用），共计耗用 200 多万元，而采用顶管施工，预计费用将高达 500 万元左右，远远超出采用逆作法施工所耗用的费用，而且隧道可能会产生较大的变形。

11.6 上海由由国际广场逆作施工

由由国际广场工程基坑面积大，采用了钻孔灌注桩＋结构梁板替代水平支撑＋主楼顺做＋裙楼逆做的施工方法，整个工程地下二层，基坑面积达 3.5 万 m^2，整个建筑面积近 21 万 m^2，基坑平均开挖深度约为 10m。

由由国际广场从 2004 年 9 月开始桩基施工，11 月开始挖土施工 B0 板，到 2005 年 5 月 20 日完成整个工程的大底板浇捣工作，仅 9 个月就完成了整个工程的地下结构施工，给整个工程定于 2006 年底竣工打下了扎实的基础。地下结构施工按照顺作施工至少要 12 个月左右，提前 3 个月，按合同要求超出工期每天罚款 5 万计算，相当于创利 450 万。同时如顺作施工至少需采用 2 道支撑体系，仅支撑体系就将耗费 800 万元。另外由由国际广场北侧有地铁四号线，采用逆作施工保证了基坑的变形控制，从而确保了基坑施工安全以及周边环境的安全，收到了良好的社会效益。

由由国际广场基坑围护打破传统采用地下连续墙施工的方法，以每层结构梁板作为水平支撑，很好地将主体工程地下结构与基坑支护结构相结合，利用结构梁板的强大刚度，既可有效控制变形还省去了大量内支撑的设置和拆除，再加上出土口大，加快了整个工程的出土速度，为后续顺作施工创造了极大的时间效益。采用灌注桩挡土，梁板作为水平支撑的施工方法，因目前灌注桩施工单价较低，每平方施工约 1400 元左右，总造价为 2400 万元，而地下连续墙施工单价较高，目前一般为 1800 元/m^2，按地下连续墙施工深度 20m，厚度 800mm 计算，需耗费 2900 万元，比灌注桩施工多 500 万元。

由由国际广场从 2005 年 5 月 20 日大底板浇捣完成后，即刻展开 3 大主楼的顺作施工，当地下结构全部完成并回填结束时，三大主楼已施工至 18 层，大大加快了整个工程的施工工期。

由由国际广场工程在施工技术上，突破了传统的施工方法，针对在上海软土地基施工超大基坑，采用以灌注桩作为挡土，结构梁板作为水平支撑的逆作法施工技术，在地下施工过程中采用合理的施工方法，例如对不同部位土体采用不同的加固方法，裙房逆作、主楼顺作施工方法，充分利用时空效应的盆式挖土方法等，确保了整个基坑的安全。同时由于采用各合理的施工技术措施，比常规施工方法节约了近 1000 万元，收到了良好的经济和社会效益，为今后同类逆作法施工工程提供了可靠的借鉴。

射水地下成墙施工工法

YJGF06—92（2005-2006 年度升级版）

江苏省工程勘测研究院有限责任公司　江苏鸿基岩土工程有限公司

江苏邳建集团有限公司

李辉　强成仓　李兴兵　王新生　裴生虎

1. 前　言

射水法建造地下连续墙是我公司于 1990 年引进的施工技术，它是采用射水法原理成槽、导管法水下浇筑技术建造地下混凝土连续墙的一种施工技术（简称为"射水地下成墙技术"）。经现场试验和工程实际应用，由我公司主持编著的"射水地下成墙施工工法"，已于 1992 年度被评为国家级工法，编号为（YJGF 06—1992）。

为拓展该技术的适用领域，适应各种复杂地质条件，提高在深度大于 20.0m 条件下的施工工效，经过多年的施工实践，在原"射水地下成墙技术"的基础上，对配套机械、设备结构及工艺工序进行了研究和改进，主要改进的技术有：设备结构由井架结构，改为门式结构，大大提高了设备的整体刚度和稳定性；在射水成槽的基础上，增加了反循环泵，同步吸取孔内大颗粒沉渣，提高成槽进度，保证孔内泥浆质量；改进了用卡箍式定位接头替代丝扣式或法兰式连接接头，减少接管辅助工作时间，大幅提高施工工效。由于设备及工艺改进，使得该技术在加大施工深度、适应地层能力、缩短施工工期、提高机械操作安全度、降低工程造价等方面均有突破和提高，使得该项技术更趋成熟，取得了良好的技术、经济和社会效益。

2. 工法特点

2.1　工法特点

2.1.1　最大造墙深度：40.0m 以内选用。

2.1.2　墙体厚度：0.2～0.8m 之间选用。

2.1.3　墙体垂直度：1/400 左右。

2.1.4　墙体接缝质量：接缝平顺，连接紧密、牢固；根据墙体功能，可选用不同的连接形式。

用于薄型防渗墙时，采用平面对接的连接形式；

用于受力结构墙时，采用齿嵌连接的连接形式。

2.1.5　墙体使用材料：可选用各级强度等级和抗渗标号的混凝土或塑性混凝土，也可选用其他防渗材料。

2.2　主要技术性能

2.2.1　原理简明、施工方便：本法是应用大流量高压泥浆液射流冲切地层，根据土层类别，采用正循环或反循环方法成槽，在泥浆固壁作用下，形成规则的矩形断面槽孔。然后在槽孔中采用导管法水下浇筑混凝土的方法，将按设计配制好的混凝土按序浇筑成连续墙体，无需开挖设模。

2.2.2　墙体规则，质量可靠：所成墙体厚度均匀、墙面平整、接缝良好、无蜂窝麻面，混凝土强度和抗渗性能稳定。

2.2.3　成墙深度大，墙体厚度薄，适用地层广：本法建造的地下混凝土连续墙厚度最小达 0.2m，最大厚度达 0.8m；深度可由设计确定，采用卡箍定位式连接方式，有效缩短了接杆时间，施工深度可达40m。本工法适用于一般黏性、砂性土地层；在采用反循环施工工艺后，也适用于直径小于100mm的卵、砾石地层，以及地下障碍物较多的复杂地层。

2.2.4 经济合理，省工省料：本法使用的设备造价便宜，建造的地连墙墙体厚度薄，槽孔孔壁稳定、平整，孔形规则，并采用直线连接。因此，混凝土用量较少，材料无浪费现象，也无须开挖立模或打坝排水，运行期无须专门维修，故用工用料都较经济。

3. 适 用 范 围

3.1 适用地层

3.1.1 一般人工堆、填地层；坚硬以下的黏性土地层；

3.1.2 各类砂性土地层：一般砂性土地层、砾砂地层以及含直径小于100mm的砂礓或卵、砾石的土层。

3.1.3 强风化以下的残、坡积地层。

3.2 适用工程领域

3.2.1 水利工程土堤、土坝及围堰等地基的防渗加固或止漏。

3.2.2 水利工程中的水闸、地涵及抽水站等挡水建筑物地基的防渗截渗。

3.2.3 港口、交通工程中的船闸、船坞、码头地基防渗截渗或闸室挡土护坡。

3.2.4 工民建系统、能源系统的建筑物、构筑物的基坑截渗和挡土护坡等。

4. 工 艺 原 理

本法施工工艺主要由成槽工艺和浇筑工艺两部分组成。

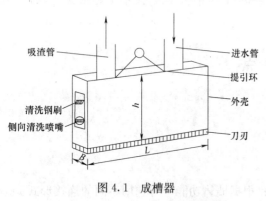

图4.1 成槽器

4.1 成槽工艺：成槽工艺是应用一种设有高压射水机构和刀刃的成型器建造槽孔。工作时，送入大流量高压冲洗泥浆液，通过喷射器形成强大射流，破碎土层，冲成槽孔，再由成形器下口刀刃修整孔壁，使其平整规则。自上而下造孔，直至预定深度，则可形成一个规则的矩形槽孔。此亦称造孔过程。针对含砂礓或卵、砾石的土层，成槽过程中，采用泵吸反循环清渣（图4.1）。

4.2 本法采用间隔成槽的施工工序，即先建造单号墙体，可连续建造多个单号墙体，待其混凝土初凝后，再按序插建双号墙体。

4.3 单双号墙体之间的连接形式（图4.3），可根据墙体的功能进行选择：

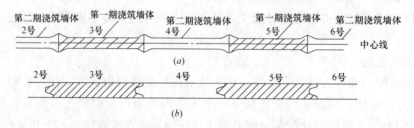

图4.3 墙体浇筑顺序及连接形式示意图
(a) 直线对接式；(b) 直线啮接式

4.3.1 当墙体以防渗功能为主时，采用直线对接形式，即采用侧面为平面形的成形器成槽施工；

4.3.2 当墙体有结构功能要求时，采用直线啮嵌连接式，即采用侧面为凹凸形的成形器成槽施工；

4.3.3 上述两种形式的成形器，侧向均设置了清洗装置，成槽过程中对单号单元墙体侧面进行洗刷处理，保证了墙体连接面的清洁和可靠连接。

4.4 浇筑工艺

浇筑工艺是在已建槽孔中进行防渗体材料浇筑。把一组或两组灌注导管下至预定深度（如浇筑钢筋混凝土墙体，则先放置钢筋笼），将按设计配制好的防渗体材料，通过导管浇筑至槽孔底部，由下而上连续灌注墙体材料至设计墙顶高程，浇筑过程中保持导管下口掩埋在混凝土面下 2m 左右。待其凝固后，即成一块形状规则的防渗体材料墙体（或钢筋混凝土墙体）。此即为水下防渗体材料浇筑过程（墙体浇筑过程见图 4.4）。

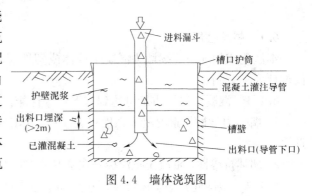

图 4.4　墙体浇筑图

5. 施工工艺流程及操作要点

本法施工工艺流程概括为"三环十二步"。"十二步"是指每项工序中各有四个操作子工序，共计十二个子工序（图 5）。

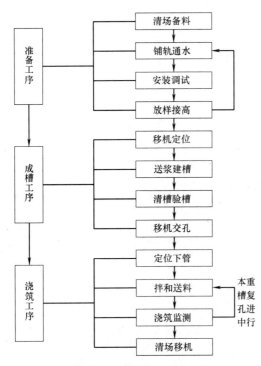

图 5　射水地下成墙施工工艺流程

5.1　准备工序

5.1.1　清场备料：清理施工场地，备集黄砂、石子和水泥等建筑用材，修建泥浆池。

5.1.2　铺轨通水：铺设钢轨，接通浆路与水路和挖通排浆沟。

5.1.3　安装调试：安装设备、接通电源、进行试车。

5.1.4　放样接高：按设计要求测定施工轴线，确定槽孔中心，接测槽口高程。

5.2　成槽工序

5.2.1　移机定位：将造孔机移至施工位置，进行对中、调平。

5.2.2　送浆建槽：按规定供水供浆，进行冲孔建槽。

5.2.3　清槽验槽：对单一软土层，用正循环冲洗孔中残土；对含砂礓或卵、砾石的土层，用反循环吸渣。再检验槽孔深度和宽度。

5.2.4　移机交孔：开机移位，把已成槽孔移交给下道工序。

5.3　浇筑工序

5.3.1　定位下管：把浇筑机移至已建槽孔中心，下混凝土导管至槽孔底，接通进料漏斗（如为钢筋混凝土，先放置钢筋笼）。

5.3.2　拌合送料：在上机下导管的同时，给拌合机上料，并一边拌合，一边运送至待浇筑槽孔处。

5.3.3　浇筑监测：把拌合合格的防渗体材料提送至进料漏斗，通过导管灌注槽孔内，并随时对防渗体材料和质量、坍落度及槽孔内防渗体材料面高程进行监测，控制防渗体材料浇筑质量。

5.3.4 清场移机：整理槽孔内防渗体材料面和孔口地面，提起导管，排除前方障碍，开机移机。

6. 材料与设备

6.1 材料性能

本法建成的地下连续墙为混凝土墙体或塑性混凝土墙体。混凝土的强度、抗渗标号和渗透系数可按设计要求配制。

6.1.1 混凝土墙体质量可达到如下技术性能：

1. 墙体力学性：素混凝土强度可在 10～25MPa 之间选用；钢筋混凝土强度可在 20～35MPa 之间选用。

2. 墙体抗渗性：混凝土抗渗标号在是 S2～S6 之间选用。渗透系数 K 小于 $A\times10^{-7}\sim A\times10^{-10}$ cm/s。

6.1.2 塑性混凝土墙体质量可达到如下技术性能：

1. 抗压强度：$R28\geqslant2.0$MPa。

2. 弹性模量：$\leqslant1000$MPa。

3. 渗透系数：$K\leqslant i\times10^{-7}$ cm/s （$1\leqslant i\leqslant10$）。

4. 允许渗透比降：$J\geqslant20$。

6.2 机具设备

"射水地下成墙技术"主要设备如下：

6.2.1 造孔机

主要功能是建造槽孔，其中应配有：

1. 灰渣泵：流量$\geqslant200$m³，压力$\geqslant300$N。

2. 成型器：外形尺寸视需要设定。

3. 卷扬机：3～5t 级手把式电动卷扬机。

4. 起重塔：塔式钢架结构，高 12m（自制）。

6.2.2 浇筑机

主要功能是放置钢筋笼和混凝土浇筑。其中应配有：

1. 卷扬机：3t 级电动卷扬机；

2. 卸料机：自动升降卸料装置（自制）；

3. 起重塔：塔式钢架结构，高 8～12m（自制）；

4. 行走装置：电动自行走机构（自制）。

6.2.3 拌合机

主要功能是混凝土拌合及输送。其中应配有：

1. 拌合机：容量为 0.35～1.0m³，1～2 台；

2. 行走装置：电动自行走机构（自制）。

上述三部分在同一轨道上作业。

7. 质 量 控 制

7.1 技术质量执行标准

7.1.1《水利水电工程混凝土防渗墙施工技术规范》SL 174—96。

7.1.2《建筑地基基础工程施工质量验收规范》GB 50202—2002。

7.1.3 其他相关行业的规范、规程。

7.2 关键部位、关键工序的质量控制

7.2.1 槽孔中心线与垂直度

1. 孔距的定位尺寸要准确，各单孔中心线位置在设计防渗墙中心线上、下游方向的误差不大于2cm，轴线方向误差不大于3cm。

2. 槽孔应平整垂直，防止偏斜，孔斜率不得大于0.3%，一、二期槽孔的搭接在任一深度的偏差值应能保证有效墙厚要求。

3. 槽孔深度：墙底高程应达到设计图纸要求。

4. 造槽过程中要保证射流有足够压力，宜控制在0.35～0.40MPa之间，并注意根据地层情况控制成形器的进尺过程。

7.2.2 终孔及清孔

1. 槽孔终孔后应进行槽孔孔位、孔深、长度、宽度及孔斜全面检查验收，验收合格后方可进行清孔换浆。清孔换浆置换量不少于槽孔总体积量的1/3或下部5m的体积量。对含砂礓或卵、砾石的土层，置换和清基必须采用槽底抽吸、槽顶补浆方法，沉淀物厚度不大于100mm。

2. 清孔换浆结束1h后，应达到清孔要求：当使用一般黏土时，孔内泥浆比重<1.25g/cm³，黏度<30s，含砂量<10%；当使用膨润土泥浆时，泥浆比重<1.10g/cm³，黏度<35s，含砂量<3%，在30min内失水量<40ml。

3. 二期槽孔清孔换浆结束前，应用成形器侧向的喷嘴及刷子清洗防渗体孔壁上的泥皮，以刷子上基本不带泥屑为合格标准。

8. 安 全 措 施

8.1 用电安全措施

8.1.1 发电机和电源：由持有上岗证的专职电工操作和管理，严格按章作业；

8.1.2 电源线和电器：定期检查和随机检查，发现情况，及时排除和处理；

8.1.3 随机电缆和配电柜：由专人负责，经常检查，定期维修保养；

8.1.4 用电规则和制度：正确而合理地按用电法规和用电制度执行。

8.2 移机安全措施

8.2.1 各机移动，由各机组负责人统一指挥，检查前行方向，确定无人和无障碍时，才能发号启动；

8.2.2 各机移动途中，严禁非驾驶操作人员登机和逗留机上，严禁非岗位培训人员驾驶移机；

8.2.3 经常检查止动机构，使其保持良好工作状态。

8.3 高空作业安全措施

8.3.1 凡高空作业人员均应配戴安全帽，系安全带；

8.3.2 高空作业期间，凡可能被触摸到的高压电器和电缆均应断电；

8.3.3 高空作业期间，严禁戏闹，严禁架下站人。

8.4 施工操作安全措施

8.4.1 施工期间，所有人员均应戴安全帽和防护手套；

8.4.2 施工期间，严禁闲人进入场内，严禁操作人员离岗离位或串岗串位；

8.4.3 对场内电器和电缆应设专人监察；

8.4.4 每台班应有安全员，进行安全作业监督和管理。

9. 环 保 措 施

9.1 根据场地实际情况合理地进行布置，设施设备按现场布置图规定设置存放，施工机具、器材

等集中存放，堆放整齐。砂石分类堆放成方，水泥做到分清标号，堆放整齐，目能成数。有制度、有规定，专人管理，限额发放，分类插标挂牌，记载齐全而正确，牌物账相符，库容整洁。

9.2 在实际施工中应采取相应的措施避免产生噪声、振动、泥浆飞溅、流出及地基变形等现象，以降低对周边环境的影响。

9.3 场地废浆、废料等的处理，应按设计要求，按监理工程师指定地点处理，防止水土流失，尽量减少对周围绿化的影响和破坏。施工废水、生活污水不得污染水源、耕地、农田、灌溉渠道，采用渗井或其他措施处理，工地垃圾及时运到指定地点。清洗集料，机具或含有油污的操作用水，采用过滤的方法或沉淀池处理，使生态环境受损降到最低程序。

10. 效 益 分 析

10.1 对射水法设备的改进，使设备的整体性能得到提高，设备的适用范围得到进一步扩大。

10.2 在直线条件下施工时，采取反循环吸渣措施，改善了护壁泥浆性能，降低了孔底沉渣物的厚度，使单元墙体连接质量得到更可靠保证。

10.3 本工艺增加了反循环装置后，与原射水法相比，成槽速度有显著提高，在同类地层条件下成槽工效可提高 20%～30%。

10.4 根据设计要求，对墙体配合比材料进行优化选择，选用细石（瓜子片）替代碎石主材，既降低了施工成本，又降低了墙体的弹性模量。

10.5 本法在建造地下连续墙诸方案中，一次性投资及用工用料等方面均较省，经工程实例测算，比同类地下连续墙工程投资可节省 20% 以上，且有较好的技术效果。

11. 应 用 实 例

11.1 江西省赣抚大堤加固配套工程粮洲堤段 2 号单位工程（粮 3 标）

江西省赣抚大堤加固配套工程位于江西省中部，包括赣江下游东岸大堤和抚河下游西岸大堤及其附属建筑物等，是赣江下游以东抚河下游以西广大平原区域和城镇的安全屏障。粮 3 标段射水造墙工程位于丰城市泉港镇以西，赣抚大堤粮洲堤段，设计加固堤段桩号为 2+700～3+400、3+800～4+536，加固堤长 1436m。本工程区堤防堤身填土主要由黏土、壤土、砂壤土、中细砂组成，结构疏松；堤基地层为黏土、淤泥质黏土、壤土、砂壤土、砂、砾砂、砾卵石，泥质粉砂岩。

设计要求混凝土防渗墙墙顶高程为设计洪水加 0.5m 超高，墙底嵌入基岩相对不透水层 0.5m，混凝土防渗墙深度约为 21.0m；墙厚（有效厚度）不小于 0.22m，墙体混凝土抗压强度≥10.0MPa，渗透系数 $K \leqslant 1 \times 10^{-6}$ cm/s，墙体允许渗透坡降：J>50。

我公司于 2003 年 5 月 14 日组织三台套机械开工，至 2003 年 9 月 23 日顺利完工。本次实际施工完成射水造墙 1439.24m，完成防渗墙面积 30277.24m²。防渗墙检测结果如下：

11.1.1 粮 3 标段射水造墙工程每个单元在施工现场预留一组抗压试样，共留取 74 组，混凝土强度在 24.0～26.0MPa，均满足设计要求。在每个分部中各留取抗渗试样一组，共 5 组，室内试验结果表明，渗透系数 $K \leqslant 1 \times 10^{-8}$ cm/s，满足设计要求。

11.1.2 现场开挖检验：按每 200m 左右挖一处，共挖了 8 处，开挖深度 3.0m。从暴露出的墙体看到：防渗墙墙体上部稍有扩孔、鼓凸现象，墙体整体规则、连续、无断层、无蜂窝、麻面等现象；单元墙体间连接紧密，无夹泥、夹砂；墙体厚度满足设计要求。

11.1.3 单位工程质量评定为优良。

11.2 洪泽湖大堤堤基堤身防渗处理工程

洪泽湖大堤堤基堤身防渗处理工程位于江苏省洪泽县境内，是 2003 年淮河流域灾后重建重点工程之一，主要针对汛期显现的较为严重的隐患地段进行防渗加固处理。洪泽湖大堤堤基地层条件复杂，地下障碍较多，地下 3～9m 范围内较为普遍存在高黏粒含量且坚硬的③₁层老黏土。桩号 44＋200～44＋800 段 600 延长米的堤基段结合江苏省三河闸管理处、江苏鸿基岩土工程有限公司与水利部签订的重点科技推广项目《反循环射水法防渗墙技术在洪泽湖大堤防渗加固中的推广应用》的研究，采用反循环射水成墙技术建造地下连续墙。设计地下防渗墙墙体深度 14.3m，墙厚（有效厚度）不小于 0.20m，墙体混凝土强度＞3.0MPa，渗透系数 $K \leqslant A \times 10^{-6} cm/s$。

该工程于 2004 年 4 月至 2004 年 10 月经过 5 个月的施工，完成防渗墙面积 8576.7m²，经现场留取防渗体试样检验，从开挖的探坑裸露出来的墙体及注水试验结果来看，本次地下防渗墙施工质量如下：

11.2.1 防渗体强度：留样试块 28d 龄期强度＞8.0MPa；防渗体抗渗性能：留样试块 28d 龄期渗透系数 K 为 $A \times 10^{-6} cm/s$。

11.2.2 轴线定位准确，偏差值在允许范围内，满足设计求。

11.2.3 原状土部分墙体形状较规则，墙体厚度 0.21m，墙面较平整。

11.2.4 防渗墙接缝连接良好，无开叉现象。在开挖的探坑中注水后，墙体无渗透，洇潮现象。

11.2.5 单位工程质量评定为优良。

11.3 江苏熔盛重工集团有限公司船坞地连墙工程

江苏熔盛重工集团有限公司船坞土建工程位于江苏省如皋市长清沙镇东南端，工程规模为 30 万 t 级。船坞坞室平面尺寸为 102m×464m，坞底高程－7.0m。拟建场区主要由粉土、粉砂组成。船坞防渗主要采用地连墙围封截渗，共 2 道，由 45cm 厚围封地连墙和 22cm 厚围封地连墙构成。设计要求 22cm 厚地下连续墙总长 1111.52m，施工高程为▽－1.0～－21.0m，深度为 20.00m，墙体混凝土强度等级为 C25，采用射水法成槽施工工艺，相邻墙体端部采用平面对接。

该工程于 2006 年 5 月至 2006 年 10 月经过 6 个月的施工，完成 22cm 厚素混凝土地连墙墙体方量 5486.6m³，经现场留取混凝土试样检验，结合开挖的探坑裸露出来的墙体来看，本次 22cm 厚素混凝土施工质量如下：

11.3.1 混凝土强度：留样试块抗压强度满足设计要求。

11.3.2 轴线定位准确，墙体厚度 0.23m，偏差值在允许范围内，满足设计求。

11.3.3 墙体形状较规则，墙面较平整。

11.4 江苏金陵船舶有限责任公司扩建项目船坞工程地下连续墙工程

本船坞位于江苏省仪征市十二圩镇江苏金陵船舶有限责任公司，建设规模为建一 7 万 t 干船坞。船坞平面尺寸为长 280m×宽 50m×深 13.5m。船坞地连墙共有两种规格，450mm 厚钢筋混凝土地下连续墙和 220mm 厚素混凝土地下连续墙，分别采用液压抓斗成槽地连墙和射水法成槽施工工艺。设计要求 22cm 厚地下连续墙总长 710m，深度为 29.00m，墙体混凝土强度等级为 C25，采用射水法成槽施工工艺，相邻墙体端部采用平面对接。

该工程于 2006 年 12 月至 2007 年 3 月经过 4 个月的施工，完成 22cm 厚素混凝土地连墙墙体方量 4500m³，经现场留取混凝土试样检验，结合开挖的探坑裸露出来的墙体来看，本次 22cm 厚素混凝土施工质量如下：

11.4.1 混凝土强度：留样试块抗压强度满足设计要求。

11.4.2 轴线定位准确，墙体厚度 0.23m，偏差值在允许范围内，满足设计求。

11.4.3 墙体形状较规则，墙面较平整。

强夯置换施工工法

YJGF06—91（2005-2006 年度升级版）

山西省机械施工公司

李保华　韩晋宁　苏继华　李锋瑞　刘淑芳

1. 前　　言

　　强夯置换法是在强夯法地基处理技术基础上发展而来的一种新型的地基处理方法。它是采用在夯坑内回填块石、碎石、砂、建筑废料及其他高强度、透水性好的粗颗粒材料，利用强夯法的高能量冲击和挤压，将这些粗颗粒料挤压入土中，形成整体层式置换或柱状墩式置换的地基，这种强夯法与置换法相结合的地基处理方法即是强夯置换法。强夯置换工艺是强夯地基处理技术的新发展，它解决了强夯法处理软土地基、高饱和地基的不足。此方法的产生拓展了强夯技术的应用领域。

　　山西省机械施工公司是国内最早引进强夯施工技术的单位之一。在多年的强夯施工中，不断开发总结，并于 20 世纪 90 年代成功编写和申报了国家级工法"强夯法处理地基工程施工工法"。强夯加固地基是山西省机械施工公司的主营产品，并且施工项目遍布全国各地。但随着市场的开放，施工领域的逐渐扩大，我公司在港口、电厂、公路等大量建设施工中，遇到了只用强夯难以处理的高饱和地基、软弱土地基。为了解决这个问题，山西省机械施工公司在强夯的基础上，引进了置换的工艺，进行了大量的试验、研究和改进，最终形成了较成熟的强夯置换施工工艺。该工艺施工简便、节约材料、施工费用低、施工速度快、工期短、对周围建（构）筑物影响小，加固效果好，具有良好的社会效益和经济效益。

　　在强夯置换工艺改进中，由山西省机械施工公司研制的适用于各类软弱地质条件的置换"异型夯锤"，已于 2007 年 4 月获国家实用新型专利。

　　强夯置换施工工法关键技术经过 2004 年 12 月山西省建设厅组织的科技成果鉴定，达国内领先水平。

2. 工 法 特 点

　　2.1　强夯置换法适用范围广，可处理的地基土类型广泛，加固地基投入设备少、施工简便、加固费用低，更适用于大规模地基加固。而且加固地基时，可根据上部结构需要，在原地面上布置加固范围，具有直观性和灵活性等特点。

　　2.2　具有良好的加固效果。强夯置换法集垫层作用、混合土作用、透水墩排水作用、挤密作用、振密作用等诸多作用于一身，最后可形成单墩承载地基或墩土复合地基，地基承载力和场地均匀性大大提高。

　　2.3　墩体材料可选用级配良好的块石、碎石、矿渣和建筑废料等坚硬粗颗粒材料，形成的特大直径排水墩柱，有利于墩间、墩下地基土的排水和加密。

　　2.4　强夯置换对周围建（构）筑物的影响程度比普通强夯小，且施工文明。

　　2.5　加固地基仅改变原地基的物理特性，对地基土及周围环境亦不产生任何化学污染。

3. 适 用 范 围

　　强夯置换法适用于处理高饱和度的粉土、粉质黏土、黏土和软塑～流塑的黏性土等地基工程。

4. 工 艺 原 理

强夯置换法加固地基作用机理类似于强夯法，通过大量的工程实践和现场实测资料分析，对它的作用机理的认识正逐步明朗，但对一些复杂场地还需经过试验确定其适用性。

强夯置换法，是用几吨或几十吨的重锤从高处落下，反复多次夯击地面，对地基进行强力夯实，这种强大的夯击能在地基中产生强烈的冲击波（其中体积波起主导作用，包括纵波和横波）和动应力。从夯击点发出的纵波和横波向地基纵深方向传播，使地基土经历孔隙压缩、局部液化、可变渗透（动力排水）和时效触变恢复等几个阶段，使原地基土压缩，形成夯孔。再在夯孔内回填块石、碎石、砂、建筑废料及其他高强度、透水性好的粗颗粒材料，利用强夯法的高能量冲击和振动，将这些粗颗粒夯入夯坑内，形成整体层式置换或柱状桩（墩）式置换的复合地基。

工程实践证明，强夯置换的加固原理相当于强夯（加密）、碎石墩、特大直径排水井三者之和，对地基土有较好的加固效果。

5. 施工工艺流程及操作要点

5.1 施工工艺流程（图 5.1）

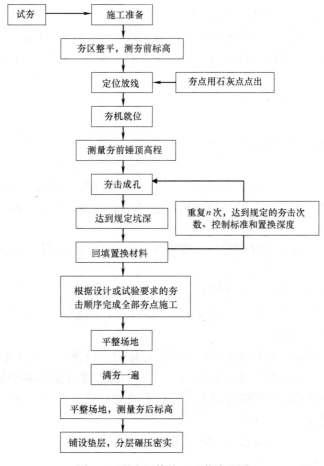

图 5.1 强夯置换施工工艺流程图

5.2 操作要点

5.2.1 施工准备

1. 开工前应首先对现场进行踏看调查，清除各类地上、地下障碍物。

2. 熟悉图纸等技术文件，编制详细的施工方案，进行技术安全交底。

3. 施工前要求场地平整，符合施工要求。

4. 施工机械、现场人员及材料齐备，具备开工条件。夯锤应根据地质条件、承载力要求及夯击能选择、组合异形夯锤。

5. 在施工现场周围设置平面及高程控制桩，桩附近应设立明显的标志加以保护，并设专人对其定期进行复核检查。

6. 场地平整后，并在开工前，对场地标高进行复测。

7. 设置安全警戒线，防止闲杂人员进入施工现场。

5.2.2 试夯

1. 在施工前，应先对设计提出的强夯参数或其他替代方案进行试夯。根据设计单位初步确定的参数提出试验方案，在施工现场有代表的场地上选取一个或几个试验区，进行试夯或试验性施工。试验区数量应根据建筑场地复杂程度、建筑规模及建筑类型确定。

2. 通过试夯，以验证本工艺加固处理的可行性，确定最佳夯击能、最佳夯击数、夯坑间距、间隔周期、地面变形量以及填料的最优级配要求和填料量等参数，用于指导大面积的施工。

3. 强夯置换夯点的夯击次数除应通过现场测试确定外，且应同时满足下列条件：

1）置换体应穿透软弱土层，到达较硬土层上，且达到设计墩长。

2）累计夯沉量为设计墩长的 1.5～2.0 倍。

3）填料后最后两击的平均夯沉量应符合规范及设计要求。

4. 由于强夯置换时有大量的填料填入地基中，施工场地不可避免要抬高，尤其是饱和黏性土地基。试夯时，应认真对置换前后的场地标高进行观测，详细记录观测值，得出合理的抬高或沉降数据，以便控制夯后标高。

5. 经检测满足要求后方可大面积施工。

5.2.3 测量及放线定位

1. 根据施工图纸和现场布设的坐标控制网，采用经纬仪或全站仪测放夯点位置，用明显的标志标出或用石灰点标出夯位中心点。

2. 在每一遍夯击前应对夯点放线进行复核，如施工中发现夯锤偏离夯坑中心，应立即调整对中；夯击后如发现坑底歪斜度较大，需及时用填料将坑底垫平后，方可继续夯击。夯完后检查夯坑位置，发现偏差或漏夯应及时纠正。

3. 夯机就位即夯锤就位时，夯锤中心和测放的夯点要重合，必要时以夯点为中心画石灰圈，提高夯锤就位准确度。

4. 在夯前及夯击过程中，用塔尺立于锤顶，由专门测量人员用水准仪测量锤顶标高，每夯一锤测量一次，前后两次的差值即为此次夯击的夯沉量，以最后两击夯沉量满足设计要求为停夯标准。

5.2.4 夯击能（落距）控制

根据工程所需的夯击能和选定的锤重，即可确定相应的夯锤落距。开工前，应检查夯锤的质量和落距。施工过程中，落距应通过钢丝绳长度锁定控制，并在龙门架上做出落距标志。

在技术交底中，应由技术员按照能级要求，针对不同的夯锤，将每一夯锤的落距向班组长逐一交底，以确保夯击能符合设计要求。

施工过程中对夯锤落距的偏差要求，一般控制在 30cm 以内。

5.2.5 夯击及填料控制

1. 夯锤及起重机就位后，便开始起锤对该夯点进行连续夯击。

2. 强夯置换的深度由施工现场的土质条件决定，置换体应位于较硬的土层上。在夯击过程中应根据设计及试夯参数由专人来控制夯击数及停夯标准，并详细记录。一般填料时夯坑深度不小于 2m。

3. 当夯坑成型后，测量上坑口直径，计算夯坑体积，然后用装载机向坑内填料，直至与坑顶平，记录填料数量，并用推土机辅以整平后再落锤夯击。如此重复直到满足规定的夯击次数及控制标准即完成一个墩体的夯击。当夯点周围软土挤出影响施工时，可随时清理并在夯点周围铺垫垫层，以利于继续施工。垫层材料可与回填料相同，粒径不宜大于 100mm。

4. 为提高置换成墩效果和施工效率，严格控制填料的频次和夯坑的深度，一般填料视地质情况控制在 2～3 次为宜。如遇不良地质情况，可适当增加填料次数，但不宜超过 5 次。

5.2.6 间距及布点形式

强夯置换布点形式应根据基础形状和宽度采用等边三角形、等腰三角形或正方形布置。置换墩间距应根据荷载大小和原土的承载力通过试夯选定，当满堂布置时，第一遍夯击点间距一般取夯锤直径的 2.5～3.5 倍，第二遍夯击点位于第一遍夯击点之间，以后各遍夯击点间距可适当减小。对独立基础或条形基础，一般取夯锤直径的 1.5～2.5 倍。满夯应采用轻锤或低落距锤按试夯结果进行夯击。

5.2.7 场地整平

1. 每遍施工完成后，应用推土机对其场地进行整平。

2. 表面平整度应以不影响强夯机械行走和正常施工且高差不大于 200mm 为宜。

5.2.8 满夯

1. 满夯是强夯置换的一个重要工序。场地表层土是基础的主要持力层，如果处理不好，将会增加建筑物的沉降和不均匀沉降。

2. 当点夯完成后，用推土机将场地推平，采用轻锤或低落距锤进行满夯，以确保场地表层松土夯实。

3. 满夯能级及布点形式由试夯确定。

5.2.9 墩顶应铺设一层厚度不小于 500mm 的压实垫层，垫层材料可与墩体相同，粒径不宜大于 100mm。

5.2.10 变形及标高控制

1. 变形控制

在试验区试验之前，根据初步确定的各种参数，在每个试区均应做单点夯击试验和群点夯击试验，进行夯间地表变形观测。

单点夯击试验点，在夯点轴线上，两侧应对称埋设 4 个沉降标点，埋设点距夯点中心位置一般为 2.25m、2.75m。群点夯击点应在夯点轴线上两侧对称埋设 6 个沉降标点，埋设点距夯点中心位置一般为 1.85m、2.25m、2.85m。沉降观测标点为 15cm×15cm、厚 1cm 的钢板制作，钢板中心两侧均焊 15cm 长 $\phi16$ 钢筋，一侧为埋设锚固筋，一侧为沉降观测基准。在试夯过程中，应测量每次夯击沉降标点的位移量，绘制夯击数-地表位移曲线。

通过地表夯沉量的监测和夯间地表变形观测，掌握地表的沉降、隆起程度及夯坑的填料，确定饱和夯击数和最佳夯击能。

2. 标高控制

开工后，首先对施工场地进行清理、整平。在标出夯点位置后，用水准仪按 10m×10m 的方格网进行夯前标高测量。待满夯结束后，仍按原来的方格网测量夯后标高，从而确保夯沉量、夯后标高的准确度。

3. 夯击时应观测对周围构筑物的影响，发现问题及时处理。

5.2.11 施工顺序

夯点施打顺序应根据场地和地质条件合理安排，一般按由内向外，隔行跳打的原则进行施工。但对于软弱土质或淤泥质土地基进行强夯置换处理时，可一遍逐点逐行完成。

5.2.12 如果在施工中遇到地下水位较高，影响强夯正常施工，应采取轻型井点、明沟排水等降水措施。

5.3 劳动力组织

5.3.1 每个施工班组配备：

吊车司机 2 人，起重人员 3 人，测量工 1 人，记录员 1 人，修理工 1 人。

5.3.2 每班配备装载机司机 1 人，推土机司机 1 人。

5.3.3 现场管理人员：根据工程规模配置项目经理、技术负责人、工长、质量检查员等管理人员。

6. 材料与设备

6.1 材料

回填材料选用级配良好的块石、碎石、砾石土、风化的山皮石、矿渣或建筑废料等坚硬的粗颗粒料，最大粒径不超过 300mm 为宜，且含量不宜超过全重的 30%。

6.2 施工设备及仪器

6.2.1 强夯施工设备主要由履带式或轮胎式起重机、门式支架、自动脱钩器和夯锤组成，辅助机械有装载机、自卸汽车、推土机等。使用数量根据工程规模增减。

1. 夯锤

夯锤的选用是强夯置换的关键。为提高强夯置换的处理深度和成坑速度，夯锤选用自制的异形倒锥台形夯锤（普通夯锤为圆柱形），夯锤底面积为 $1.3m^2$ 左右，锤底静接地压力值不小于 $100kPa$。为了提高夯击效果和夯击时夯锤周围排气，防止产生吸锤现象，一般沿锤体边均匀设置 4 个上下贯通的排气槽，直径 30～40cm 为宜。近两年来发展到采用组合式夯锤，这种夯锤有重量可调，减少整体磨损，后期使用成本低，能级变化灵活等优点。

满夯选用锤重 15t 左右、锤底面积大于 $5m^2$ 的夯锤，以利于表面地基土的夯实。

2. 起重机

起重机起重能力应根据强夯置换的能级和锤重选用，一般起重机的起重能力不小于锤重的 1.5 倍，一般 20t 左右的锤，选用起重能力在 32t 以上的履带式起重机为宜。

3. 门式支架

门式支架，高度除满足落距的要求外，还应考虑锤高、挂脱钩器高度等并留有一定的空间高度。门式支架在施工之前，必须通过计算，使其支承能力满足起吊要求。采用门式支架起吊夯锤的优点是：增强起重机起吊的稳定性，保持起重臂顶位置不变，落锤时不会因突然产生的冲击引起起重臂的颤动和左右晃动，从而保证了夯锤落点重叠性好和施工安全。根据多项工程检测，带门架主机的强夯效果明显优于不带门架的效果。

4. 自动脱钩器

自动脱钩器由脱钩装置与滑轮组二者合一，强度可靠、施工灵活。当夯锤吊起到设计高度时，与脱钩器连接的控制钢丝绳拉紧时，便打开锁卡使夯锤从吊钩中滑出自由落向地面。

5. 填料设备采用装载机，功率以满足工程需要为宜，通常为 ZL50 型。

6. 辅助机械为推土机，用于整平施工场地。

6.2.2 施工所用测量仪器主要有全站仪、经纬仪、水准仪、塔尺及钢卷尺。

1. 全站仪用来测放施工主要控制点和平面控制网。

2. 经纬仪和钢卷尺根据主控制点测放细部控制点，主要用来测放施工主夯点。

3. 水准仪和塔尺用来布设高程控制点、测量强夯施工中每击的夯沉量（贯入度）和用来测量场地标高。

7. 质 量 控 制

7.1 施工及质量控制遵照的规范标准

7.1.1 《建筑地基处理技术规范》JGJ 79—2002

7.1.2 《建筑地基基础工程施工质量验收规范》GB 50202—2002

7.1.3 《建筑地基基础设计规范》GB 50007—2002

7.1.4 《工程测量规范》GB 50026—93

7.1.5 相关地方、行业标准

7.2 工程质量控制标准

强夯置换施工质量执行《建筑地基基础工程施工质量验收规范》GB 50202—2002，允许偏差按表7.2执行。

强夯置换地基质量检验标准   表 7.2

序　号	检查项目	允许偏差或允许值		检查方法
		单　位	数　值	
1	夯锤落距	mm	±300	钢索标志
2	锤重	kg	±100	称重
3	夯击遍数及顺序	设计要求		计数法
4	夯点间距	mm	±400	用钢尺量
5	夯击范围和前后两遍间歇时间	设计要求		用钢尺量
6	地基强度和地基承载力	设计要求		按规定方法

7.3 质量保证措施

7.3.1 现场的控制桩要树立明显的标志加以保护，并定期进行复核检查。

7.3.2 夯锤气孔保持畅通，如遇堵塞，应随时将塞土清除。

7.3.3 如施工中发现夯锤偏离夯坑中心，应立即调整对中，夯击后如发现坑底歪斜较大，需及时用填料将坑底垫平后，方可继续夯击。

7.3.4 认真做好施工记录，对每击的沉降量都进行观测和记录，并掌握好停锤标准。

7.3.5 密切注意异常现象，对夯沉量异常、夯锤反弹、地表隆起要加强监测，如实记录，并及时上报业主和监理工程师研究解决办法。

7.3.6 对场地夯沉量有控制要求时，每遍夯前和夯后都应对场地夯沉量进行测量。

7.3.7 回填材料的级配及质量应符合施工要求。

7.3.8 夯完的夯坑及时推平，不得积水。

7.3.9 及时办理有关质量文件，如场地定位测量成果、现场施工记录、设计变更单、现场签证、工序质量评审等，加强原始资料整理、归档管理工作。

7.3.10 夯后处理效果，需经第三方检测。

8. 安 全 措 施

8.1 进入现场施工人员必须佩戴安全帽，吊车驾驶室前应设安全网，以防强夯时土、石飞溅伤人，夯击时所有人员应退至安全线外，非施工人员严禁进入施工现场。

8.2 施工人员必须集中统一指挥，信号明确；吊车司机、推土机司机应按信号操作，夯锤起吊后任何人不得由吊臂杆下方通过。

8.3 施工人员必须明确分工，各负其责，各岗位人员必须严格执行本工种的有关安全操作规程及强夯作业的安全规定。关键岗位持证上岗，例如施工工长、质量检查员、吊车司机、测量人员及起重人员等。

8.4 吊车要按性能要求使用，不得超负荷，工作一定时间后应进行保养。

8.5 施工中应经常对夯锤、脱钩装置、吊车臂杆及索具等进行检查，发现问题及时处理后方可继续施工。

8.6 施工现场应保持平整，夯坑回填时应注意压实，防止强夯机组施夯和转移时发生翻车、龙门架扭转和背杆等事故发生。

8.7 六级以上大风天气、大雾以及夜间照明不良情况下严禁强夯作业。

8.8 严禁酒后操作机械及上岗工作。

9. 环 保 措 施

9.1 合理安排施工作业时间，减少夜间施工对周围居民的干扰。

9.2 对使用的工程机械和运输车辆安装消声器，并加强维修保养、降低噪声。

9.3 对有害物质（如废料、垃圾等）要经过可行措施处理，征得业主或监理工程师同意后，弃至指定地点进行掩埋，并防止对动植物的损害。

9.4 配备专用洒水车对施工现场和运输道路经常进行洒水湿润减少扬尘。

9.5 文明施工注意事项

9.5.1 坚持挂牌施工制度。施工现场设置宣传标语牌、安全标识、指示、指示牌和警示牌，及有关工程图牌等。

9.5.2 工程竣工后，及时进行现场清理、做到工完、料净、脚下清。

9.5.3 对于各种施工机具和设备进行保养，做到定期清洗检查。

9.5.4 对建筑工地施工人员应当经常开展遵纪守法、文明施工教育，注重精神文明建设。

10. 效 益 分 析

强夯置换总的特点是节约材料，机械化程度高，缩短工期，造价低，对周围建（构）筑物影响程度小。在相同的工程地质情况下，比碎石桩、预制桩及混凝土灌注桩节约投资 20%～30%，且加固效果显著，适用范围广，设备简单，施工方便和节约劳力等优点，具有良好的社会效益和经济效益。

强夯置换法集垫层作用、混合土作用、透水墩的排水作用、挤密作用等诸多作用于一身，在地基加固处理中有较广泛的适用性，应用前景广阔。

11. 应 用 实 例

11.1 实例一

大连大窑湾外拖箱场站地基强夯工程，总强夯面积 7 万余平米，采用强夯置换处理的面积近 1 万多平方米，该区紧邻挡土墙，且场地中竖向排水井林立，对侧向变形要求高。山西省机械施工公司采用 1200kN·m 强夯置换处理该区域，以 3.5m×3.5m 正方形布点，每点 8～14 击，分 3～4 次回填碎石土。该工程于 2001 年 10 月开工，并于 2002 年 7 月底竣工。该场地强夯置换处理后经大连理工大学检测，地基承载力≥250kPa，达到了设计要求，对排水井侧向变形观测结果显示几乎没有位移。被大连港口质量监督站评为优良工程，并受到监理及业主的好评。

11.2 实例二

大连大窑湾 11～14 号泊位基础处理地基强夯工程，总施工面积近 40 万 m²，采用 5000kN·m 能级强夯、8000kN·m 能级强夯和 2000～4000kN·m 能级强夯置换进行地基处理。强夯置换区位于码头前沿，离开沉箱内壁 40m 范围内，面积约 15 万 m²，采用 3m×3m 正方形布点，能级从沉箱内壁向外，由 2000kN·m 能级逐渐增大到 4000kN·m 能级，20 击/点，分两次填料，最后两击夯沉量不大于 50mm。最后一遍 1500kN·m 能级满夯。该区域经试夯检测后于 2004 年 5 月开始正式施工，现已交工，经大连理工大学振动与强度测试中心检测，地基承载力达 550kPa，远远大于 180kPa 的设计要求。

11.3 实例三

大连大窑湾 15～18 号泊位基础处理地基强夯工程，总施工面积近 60 万 m²，采用 8000kN·m 能级强夯和 2000～6000kN·m 能级强夯置换进行地基处理。2000～4000kN·m 强夯置换区位于码头前沿，离开沉箱内壁 40m 范围内，面积约 10 万 m²。该区域填海厚度大，可达 20m 左右，紧邻的重力式沉箱为对变形敏感的码头构筑物，而强夯置换法的采用则很好地解决了这些问题。它采用 3m×3m 的正方形布点，夯击能量从沉箱内壁向外，由 2000kN·m 能级逐渐增大到 4000kN·m 能级，沿沉箱内壁向外依次夯击，20 击/点，分两次填料，最后两击夯沉量不大于 50mm。最后一遍为 1500kN·m 能级满夯。6000kN·m 能级强夯置换位于后方陆域，该区域为吹填形成陆域并在上部回填黄黏土形成，吹填物为港池开挖时的沉积碎石、砾砂及淤泥。正式施工时将上部黄土换填 2m 厚的开山碎石料，采用 3m×3m 的正三角形布点，15 击/点，分次填料，最后两击夯沉量不大于 100mm。最后一遍为 1500kN·m 能级满夯。上述强夯置换区域经试夯检测后已经开始正式施工，现已交工，经天津港湾工程质量检测中心检测，强夯置换处理后，地基承载力大于 180kPa 的设计要求。

大直径超深入岩钻孔扩底灌注桩施工工法

YJGF03—98（2005-2006 年度升级版）

中国建筑第六工程局

徐士林　徐开元　高小强　王丽梅　程兵荣

1. 前　言

随着我国经济实力的不断增强，建筑将会持续快速发展，高大建筑会进一步增多，特别是路桥建设的步伐会进一步加快。在大型桥梁及部分超高层建筑的基础设计中，大都会采用大直径超深灌注桩。因此形成一套切实可行的大直径超深灌注桩综合施工技术是社会发展的必然结果。

香港新机场北大屿山高速公路东涌站行人桥桩基工程，桩直径为 2.5m，桩端扩孔至 3.3m，桩上部 35m 范围内埋设直径 2.7m，厚 12mm 的钢护筒，以保护桩芯混凝土不受海水腐蚀。成孔过程中要穿过砂层、砂夹石层、卵石漂石层、强风化花岗岩、强或中风化断层角砾岩层、中风化花岗岩等各类土层及岩层，最后钻入的持力层为微风化花岗岩岩层，入岩深度达 32m，在入岩过程中遇到大斜度（最大岩面坡度为 73.2°）坚硬岩面，其成孔垂直度的控制技术也是一个技术难点。

中国建筑第六工程局联合设计单位开展了科技创新，取得了"大直径超深入岩钻孔扩底灌注桩综合施工技术"这一国内领先的综合施工技术。此项施工技术于 1998 年通过了中国建筑工程总公司组织的科学技术成果鉴定，荣获 1998 年中国建筑工程总公司科技进步一等奖。同时，形成了大直径超深入岩钻孔扩底灌注桩施工工法，确定了以气举反循环泥浆护壁施工工艺成孔的原则和方法。

2. 工 法 特 点

2.1　采用永久性钢护筒：钢护筒直径大（直径 2.7m）、沉入深（深度达 35m）、壁薄（厚仅 12mm），沉入后垂直偏差要求不大于 1/300。

2.2　护壁泥浆无公害处理：泥浆采用膨润土＋纯碱＋CMC，并用泥浆分离器对泥浆进行处理，再配以其他措施，使泥浆重复使用，现场消化处理。

2.3　超深硬质岩石分级钻进：由于工程桩的直径大，入岩深度深（达 32m 深），岩石强度高，部分钻机由于机械性能的限制，一次向全断面钻进十分困难，因而采用分级钻进技术。

2.4　遇大斜度（最大岩面坡度为 73.2°）坚硬岩面的成孔：采用球齿合金钻头，并在钻头上部安装钻头稳定器，及时减压，慢速钻进，稳定压力、防止钻头跑偏，保证垂直度偏差不大于 1/300。

2.5　钢筋采用完全绑扎成型，所有主筋没有焊点。

2.6　超大口径，超深钻孔硬质岩石中扩孔技术。

2.7　钻机的进尺速度控制以自动为主，钻机配备自动给进仪，钻机受人为的约束减少，大为提高钻进效率。同时，操作者只要注意到几个仪表数值的变化就能知道钻机的钻进情况。

2.8　通过二次清孔能达到孔底无沉渣，大大提高了桩的容许承载力。

3. 适 用 范 围

本工法适用于穿过各种复杂土层，特别是穿过中风化，微风化岩层的大直径扩孔灌注桩的施工。

4. 工 艺 原 理

气举反循环排渣原理：空气压缩机通过钻杆的通气孔，从空气钻杆（或风包）把压缩空气送进钻杆内部，从而在钻杆内部形成比重较泥浆小的三项流，从钻杆排出孔外。排出过程中能捎带钻渣，从而达到钻进成孔的目的。

气举反循环在20m以内由于风包没入率太小，排渣效率不高。在孔深20m以后效率越来越高，在50m以后超过泵吸反循环。当钻深超过80m时，如空压机压力小于0.8MPa，宜采用两个气室钻杆。

5. 施工工艺流程及操作要点

5.1 施工工艺流程

大口径钻孔灌注桩施工通常由：钢护筒制做及沉入，桩的成孔及扩孔，钢筋骨架制作及安装，二次清孔及灌注水下混凝土，泥浆的处理五个部分组成，根据其工艺特点制定以下工艺流程图（图5.1）。

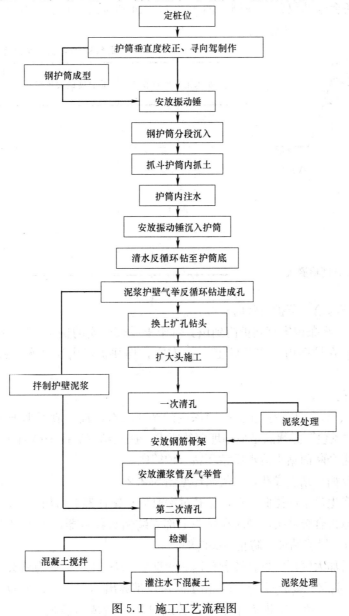

图 5.1 施工工艺流程图

5.2 操作要点

5.2.1 钢护筒制做及沉入

1. 钢护筒制做及沉入，在工序安排上是将每组桩的护筒全部沉到位后，才开始架设钻机，钻进成孔。

2. 钢板下料：同一块钢板的两条边长的长度差值不大于 3mm，两条短边的差值不大于 2mm，两条对角线差值不大于 3.6mm。不同钢板下料时，各钢板的长边还必须采用同一尺寸，其长度误差不大于 4mm。

3. 钢板的一条长边和一条短边加工成 45°坡口，便于成型的钢护筒焊接牢固。

4. 裁过的钢板在卷板机上卷制成型，成型后的钢护筒用十字撑加固，防止变形。

5. 几个小节钢护筒在地面平台上对接成一节长的钢护筒。

6. 护筒加固：首节护筒的底部包焊高 600mm、厚 12mm 的钢板箍，每节护筒的上端包焊 200mm 高的钢板箍，防止钢护筒在沉没过程中变形。

7. 钢护筒起吊就位，割除十字撑。

8. 安装钢护筒垂直度校正导向架，校正钢护筒垂直度，安放振动锤，振动下沉。下沉过程中钢护筒垂直度用十字方向两台经纬仪跟踪观测（图 5.2.1）。沉到位后，垂直度用图 5.2.1 所示方法检测，每条护筒垂直精度按表 5.2.1 数值控制。

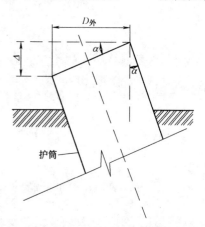

图 5.2.1 护筒垂直度检测法

每条钢护筒垂直精度控制表 表 5.2.1

沉入土中护筒节号	垂直度最大允许偏差	中心位移最大偏差（mm）
一	1/250	15
一＋二	1/300	25
一＋二＋三	1/400	30
一＋二＋三＋四	1/400	45

9. 起吊第二节护筒与第一节护筒竖向对接。

10. 重复上述 6、7、8 条内容直到护筒到位。对于土质较密实的桩位，同一桩位上可先沉 2～3 节护筒（18～27m），然后在护筒内干作业抓土 15m 左右，再往护筒内注满水，最后对接第四节护筒沉到位。

5.2.2 成孔及护孔

1. 抓斗在护筒内抓土，干作业抓土到护筒深度的 2/3 左右，且一般不小于 15m，由于采用气举反循环钻进成孔，钻具"风包"必须满足最小埋深的要求。抓土结束后往护筒内注水。

2. 安放钻机用楔齿全断面钻头清水反循环钻至护筒底。

3. 泥浆护壁气举反循环钻进成孔，泥浆循环见图 5.2.2。

4. 为了防止钻杆产生过量的揉曲变形，钻孔过深时应在钻杆架上增加一个稳定器。

5. 刚入岩时换上球齿合金钻头，同时在钻头上部安装钻头稳定器，由于岩土交接面一般有一定的倾角，所以应及时减压，慢速钻进，防止钻头跑偏。

6. 钻头完全入岩后加大气压气量。转盘转速 $N=60V/\pi D$；式中：V 为钻头外边缘的线速度，D 为桩径。在入岩钻进时一般 $V=0.5～1.5$m/s，由上式可以推算出 $N=(9～29)D$。对于香港工程实际操作中转速每分钟保持 4～7 转，钻进效果最好。转速过快会造成岩渣的"二次破碎"反而影响钻进

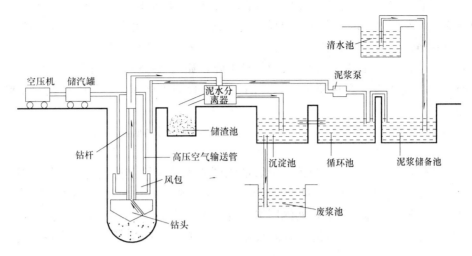

图 5.2.2　气举反循环泥浆循环图

效率。

7. 钻进过程中，如果岩石太硬，而钻机又由于机械性能的限制，无法提高配重，至使分配到每个球齿合金头上的转压太小，无法对岩面形成有效的破碎，此时可采用"分级钻进"法，即先换上小直径钻头，钻至孔底后再换上大直径钻头，直到钻出所需要的桩孔来。

8. 进尺速度的控制采取自动给进方式，提前给钻机配上自动给进仪，一旦调整好钻压，给进仪便可根据岩石的硬度自动调整进尺速度。

9. 成孔到位后，将扩孔钻头连同配重一起下到孔底，使其四翼处于最大限度的张开状态后，进行扩孔。扩孔完毕后，保持泥浆循环，并继续让扩孔钻头空转，用 20～30min，把孔底的大块岩渣清除干净。

5.2.3　钢筋骨架的制做及安装

1. 提前制做两套成型胎膜，见图 5.2.3（a）。

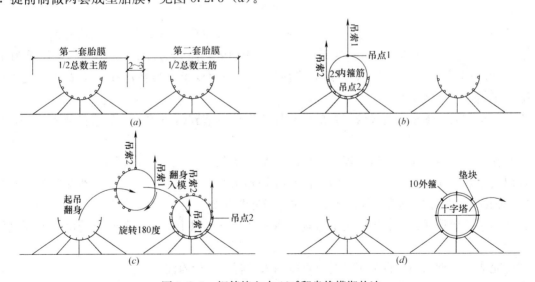

图 5.2.3　钢筋笼空中 180°翻身换模绑扎法

2. 钢筋骨架主筋总数的一半分别装入两个胎模中定位，见图 5.2.3（b）。

3. 主筋与加强筋用"U"码固定，"U"码螺栓用气动扳手拧紧。每节钢筋架骨最上端的加强筋做成双支箍便于竖向吊装。

4. 用吊车反加固好的半套钢筋骨架整体吊起，在空中 180°翻身落入另一套胎膜内，具体操作见图 5.2.3（c）。

5. 主筋与加固筋用"U"码连接，绑扎外箍筋，固定保护层垫块。

6. 于加强筋处焊十字撑，每节钢筋骨架焊三道，成型后脱模，见图 5.2.3（d），绑扎超声波管。

7. 吊车吊起钢筋骨架，割去十字撑后，放入桩孔中，上端用"杠子"固定。

8. 吊起上节钢筋骨架，对准下节钢筋骨架徐徐下降，让四个超声波管对齐。

9. 调整钢筋骨架垂直度，焊接超声波管，两节钢筋骨架主筋用"U"码连接，主筋搭接长度为 46D，绑扎外箍筋。

10. 吊起钢筋骨架，抽出"杠子"。重复 7、8、9 内容，直到钢筋骨架安装完毕。

5.2.4 二次清孔及灌注水下混凝土

1. 工作平台就位，安装导管和气举管，导管的深度应能使其触及孔底岩面。气举管的长度为导管的 3/4，且不小于 15m，不大于 70m。对于深度小于 20m 的桩不宜采用气举反循环进行二次清孔。

2. 接通风管、进浆管、排渣管后，实测回淤深度，将导管下口提至淤面位置处后，开启空压机和供浆泵。刚开始时气量小一点，待排渣口有泥浆排出时，再逐步加大气量与供浆量。气举反循环二次清孔原理见图 5.2.4-1。

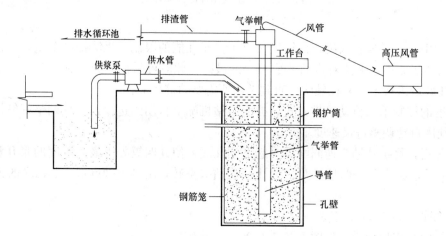

图 5.2.4-1 反循环二次清孔工作原理图

3. 清孔过程中，用吊车不断变换导管在孔内、导管下口在孔底的位置。二次清孔所用的泥浆应符合下列标准：含沙量不大于 0.5%，黏度不小于 39s（1000mL 泥浆通过漏斗的时间），比重为 1.03～1.06g/cm³，剪力不大于 3.0bs/100ft²，如泥浆性能达不到此要求，会在清孔完毕灌注混凝土前产生"二次回淤"现象。

4. 当排渣正常后，逐步下落导管，到最后将导管下口下落到岩石顶面。如果排渣不通畅，可上提 10cm 左右。

5. 验收孔深、孔径、孔底沉渣，即泥浆性能，如不合格继续清孔，直至合格。

6. 抽出气举管，安装初灌漏斗，在漏斗内悬挂好隔水塞后，往漏斗内先装入少量砂浆，再装满混凝土。然后割断连接隔水塞的钢丝绳，水下灌注过程见图 5.2.4-2：

7. 初灌结束后要保证：一、导管的下端埋入混凝土中 1m 以上。二、孔底下的沉渣被反到混凝土面以上。

8. 初灌完成后，拆除漏斗将泵车出料口直接插入导管内进行灌注。

9. 在混凝土浇筑过程中必须始终保证导管下口在混凝土中深度不小于 2m。拆除导管以混凝土下落是否通畅，泥浆外流是否均匀一致，导管的上下活动是否灵活来判断。埋管太深会造成拔管困难，一般埋管深度不超过 18m。

5.2.5 泥浆系统的管理

现场泥浆管理中二个重要的环节就是：一、在保持泥浆基本特性不变的前提下设法降低泥浆中的含沙量。二、泥浆用管道化的方式进行输送。

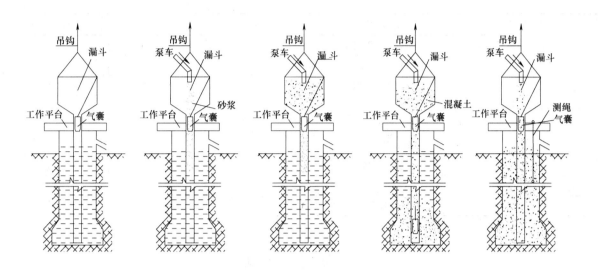

图 5.2.4-2　混凝土的初灌过程图

1. 泥浆管在直线段采用钢管，管道转弯用 45°或 90°弯头来实现。曲线段采用软管，在过路段暗埋。管道采用法兰连接，安装应牢固。

2. 钻机的排渣管道直接连接在泥水分离器的漏斗上，所有的循环泥浆都经过分离器分离。

3. 从泥水分离器流出的泥浆流入沉淀池，自然沉淀后流入泥浆循环池。

4. 在泥浆储备池中掺加 CMC、膨润土、纯碱等外加剂，根据不同的需要进行配制不同性能的泥浆，使其满足工作需要。

5. 灌注水下混凝土后，部分被水泥污染的泥浆直接排放到废浆池里加入适量凝聚剂（如氧化铁，氢氧化钙等）使之产生凝聚反应，形成絮状物。废浆经沉淀后，清水抽出，沉淀物挖走。注意要选用无毒性的凝聚剂以便处理后的泥渣和水不污染环境。

6. 材料与设备

6.1 材料

6.1.1 桩体材料：本工法所用材料大部分为普通材料，主要为钢筋、混凝土、钢板等常规材料，无需进行特别的说明。

6.1.2 泥浆：采用膨润土＋纯碱＋CMC 配制而成，并用泥浆分离器对泥浆进行处理。在灌注混凝土后，部分泥浆由于被混凝土污染不能使用，采取加凝聚剂（氧化铁、氢氧化钙等）使之产生沉淀。

6.2 设备

采用的机具设备见表 6.2。

机具设备表　　　　　　　　　　　　　　　　　　　　　　表 6.2

机具名称	主要用途	规　格	数　量
钻机	钻孔	KPG-300、PJ-250、BDM-4	各一台
钻头	扩孔	刮刀、楔齿、球齿	各四台
空气压缩机	转孔	40m³/h	3 台
扩孔转头	扩孔	$\phi2500/\phi3300$	3 个
砂石泵	进浆	8BS	5 台
泥浆泵	泥浆循环	3PN	10 台
泥水分离器	改善泥浆性能	250m³/h	1 台

机具名称	主要用途	规 格	数 量
混凝土泵车	灌注水下混凝土	70m³/h	1台
气动扳手	钢筋骨架制做		2台
卷扳手	钢护筒制做	30m×3m	1台
泥浆测定仪	测量泥浆性能		1套
震动锤	钢护筒沉没	400kW	1台
吊车	转机就位,抓土	150t 100t 50t	各1台
氧割设备	钢护筒制做		3套
电焊机	钢护筒制做		6台
挖土机	清理废渣	0.8m³	1台

7. 质 量 控 制

7.1 引用的标准规范

工程施工质量执行《建筑地基基础工程施工质量验收规范》（GB 50202—2002）及《建筑桩基技术规范》JGJ 94—94。

7.2 质量标准

按表 7.2-1 "混凝土灌注桩钢筋笼质量检验标准"、表 7.2-2 "混凝土灌注桩质量检验标准"及表 7.2-3 "灌注桩的平面位置和垂直度"的允许偏差执行。

混凝土灌注桩钢筋笼质量检验标准　　　　　　　　　　　表 7.2-1

项	序	检查项目	允许偏差或允许值(mm)	检查方法
主控项目	1	主筋间距	±10	用钢尺量
	2	长度	±100	用钢尺量
一般项目	1	钢筋材质检验	设计要求	抽样送检
	2	箍筋间距	±20	用钢尺量
	3	直径	±10	用钢尺量

混凝土灌注桩质量检验标准　　　　　　　　　　　表 7.2-2

项	序	检查项目	允许偏差或允许值		检查方法
			单 位	数 值	
主控项目	1	桩位			基坑开挖前量护筒,开挖后量桩中心
	2	孔深	mm	+300	只深不浅,用重锤测,或测钻杆、套管长度,嵌岩桩应确保进入设计要求的嵌岩深度
	3	桩体质量检验	按基桩检测技术规范		按基桩检测技术规范
	4	混凝土强度	设计要求		试件报告或钻芯取样送检
	5	承载力	按基桩检测技术规范		按基桩检测技术规范
一般项目	1	垂直度			测套管或钻杆,或用超声波探测
	2	桩径			井径仪或超声波检测
	3	泥浆比重	1.15～1.20		用比重计测,清孔后在距孔底50cm处取样
	4	泥浆面标高	m	0.5～1.0	目测
	5	沉渣厚度:端承桩	mm	≤50	用沉渣仪或重锤测量
	6	混凝土坍落度:水下灌注	mm	160～220	坍落度仪

续表

项	序	检查项目	允许偏差或允许值		检查方法
			单 位	数 值	
一般项目	7	钢筋笼安装深度	mm	±100	用钢尺量
	8	混凝土充盈系数		>1	检查每根桩的实际灌注量
	9	桩顶标高	mm	$^{+30}_{-50}$	水准仪,需扣除桩顶浮浆层及劣质桩体

灌注桩的平面位置和垂直度的允许偏差　　　　　　　　表 7.2-3

序号	成 孔 方 法	桩径允许偏差 (mm)	垂直度允许偏差(%)	桩位允许偏差(mm)	
				1~3 根、单排桩基垂直于中心线方向和群桩基础的边桩	条形桩基沿中心线方向和群桩基础的中间桩
	泥浆护壁钻孔桩 $D>1000$mm	±50	<1	100+0.01H	150+0.01H

注:1. 桩径允许偏差的负值是指个别断面。
　　2. 采用复打、反插法施工的桩,其桩径允许偏差不受上表限制。
　　3. H 为施工现场地面标高与桩顶设计标高的距离,D 为设计桩径。

7.3 质量控制要求

7.3.1 钢护筒制做的直径误差小于 10mm,垂直度偏差小于 1/1000 护筒长度。沉入完毕后的钢护筒垂直偏差小于 1/300 护筒长度。

7.3.2 钢筋骨架制做允许偏差必须满足设计和施工规范要求,主筋应采用绑扎成型,搭接长度不小于 46 倍的钢筋直径。

7.3.3 成桩孔直径和深度不小于设计要求,桩孔垂直度偏差小于 1/100 桩长,成桩中心位移不大于 75mm。

7.3.4 最外层钢筋的保护层为 100mm。

7.3.5 灌注混凝土前,孔底岩渣应清理干净,使混凝土与孔底岩层接触良好。

7.3.6 桩身混凝土应连续完整,无断桩,夹泥等现象,桩头混凝土无松疏现象。混凝土灌注高度比设计桩顶标高高出 5% 桩长,保证桩头混凝土的质量。

7.4 质量保证措施

7.4.1 施工原始记录必须如实填写,并按时整理,提供有关规定的资料。

7.4.2 施工质量和交工验收,必须严格执行施工图纸的设计和有关施工规范执行。

7.4.3 建立质量目标管理责任制,实行工程质量和职工的承包奖挂钩的制度。

7.4.4 按照施工工艺要求,健全岗位目标责任制,全工程实行三级检验制度,班组 100% 自检,工序交接 100% 互检,质检员 100% 专检。

8. 安全措施

8.1 认真贯彻"安全第一、预防为主"的方针,根据国家有关规定、条例,结合施工单位实际情况和工程的具体特点,组成专职安全员和班组兼职安全员以及工地安全用电负责人参加的安全生产管理网络,招待安全生产责任制,明确各级人员的职责,抓好工程的安全生产。

8.2 施工现场按符合防火、防风、防雷、防洪、防触电等安全规定及安全施工要求进行布置,并完善布置各种安全标识。

8.3 各类房屋、库房、料场等的消防安全距离做到符合公安部门的规定,室内不堆放易燃品;严格做到不在料库等处吸烟;随时清除现场的易燃杂物;不在有火种的场所或其近旁堆放生产物资。

8.4 施工现场的临时用电严格按照《施工现场临时用电安全技术规范》的有关规定执行。电缆线路采用"三相五线"制，电气线路及电气设备必须绝缘良好。场内架设的电力线路悬挂高度和线间距应符合规范要求。

8.5 氧气瓶与乙炔瓶隔离存放，严格保证氧气瓶不沾染油脂，乙炔发生品有防止回火的安全装置。

8.6 施工前做好安全交底和岗位技术的培训工作，使作业人员了解安全技术措施。

8.7 施工工具要勤检查，注意各连接件的松紧度，严防脱落伤人。

8.8 进入现场必须戴安全帽，登高作业超过2m时，应系好安全带。

9. 环保措施

9.1 成立对应的施工现场环境卫生管理机构，在工程施工中严格遵守国家和地方政府下发的有关环境保护的法律、法规和规章制度。加强对工程材料、设备、废水、生产生活水平垃圾、弃渣等的控制和治理，遵守有防火和废弃物处理的规章制度。具体环境保护的目标如下：

（1）规范施工现场的场容，保持作业环境的整洁卫生。

（2）科学组织施工，是生产有序进行。

（3）减少施工对周围居民和环境的影响。

（4）保证职工的安全和身体健康。

9.2 环境保护措施

（1）施工现场设置明显的标识牌。

（2）管理人员佩戴胸卡。

（3）材料成品、半成品严格按照施工总平面图摆放并设安全文明施工标识牌。

（4）机械停放或行走不得侵占场内道路，保证施工道路畅通，排水系统处于良好状态，保持场容场貌整洁随时清理建筑垃圾。

（5）施工现场要设置各类必要的职工生活措施，并符合卫生、通风、照明及消防要求。

（6）施工现场垃圾及时清除出现场，基本做到不扬尘，减少对周边环境的影响。

（7）施工现场道路应指定专人定期洒水清扫，防止道路扬尘。

（8）施工用的泥浆、渣土设专人管理并用防漏防渗的车辆运输到指定场所。

（9）尽量避免在夜间和中午施工作业，以免对周边居民造成噪声污染。

（10）项目部成立环境管理小组，并设组长全权负责环境目标的实现和环境措施的实施。

10. 效益分析

本工法技术在香港新机场东涌站行人桥桩基工程、山西滹沱河大桥桥墩桩基工程、湖北荆沙长江大桥32号墩桩基工程及吉林江湾大桥沉井桩基工程中的成功应用，为企业创造了380万元的利润，取得了很好的经济效益；

在施工中保证了桩身垂直度及桩身在软弱土层的成孔效率，另外在施工护壁泥浆采取无公害处理，采取重复使用，取得了良好的节能及环保效益；

由于本工法填补了国内空白，提高了企业的知名度，促进了企业的经营生产工作，取得了很好的社会效益。

11. 应用实例

11.1 香港新机场东涌站行人桥桩基工程

香港新机场东涌站行人桥是一条跨越双线高速公路和一条轻铁路的大型桥梁。整座桥共8个桥墩，每个桥墩 4 根桩。桩的直径为 2.5m，桩端扩孔至 3.3m，桩上部 35m 范围内埋设直径 2.7m，厚 12mm 的钢护筒，以保护桩芯混凝土不受海水腐蚀。成孔过程中要穿过砂层、砂夹石层、卵石漂石层、强风化花岗岩、强或中风化断层角砾岩层、中风化花岗岩等各类土层及岩层，最后钻入的持力层为微风化花岗岩岩层，入岩深度达 32m，在入岩过程中遇到大斜度（最大岩面坡度为 73.2°）坚硬岩面，其成孔垂直度的控制技术也是一个技术难点。工程验收检测数据表明，最深的一根桩成孔深度达到 102m。设计规定：

（1）桩底的沉渣为基本为 0；

（2）桩身垂直度偏差不大于 1/100；

（3）上部钢护筒垂直度偏差不大于 1/300。

采用本工法进行施工，成桩质量受到了香港专家及工程设计单位的高度评价，取得了经济、社会效益 315 万元；并且在施工过程中满足了香港政府的环境要求。

11.2 山西滹沱河大桥桥墩桩基工程

山西滹沱河大桥桥墩桩基工程桩直径为 2.0m，成孔过程中要穿过漂卵石层及微风化花岗岩层，入微风化花岗岩层 10m 以上，最大成桩长度为 55m。采用本工法施工，顺利完成了施工任务，整个施工过程的成桩质量达到国家验收合格标准，并取得了较好的经济效益。

11.3 湖北荆沙长江大桥 32 号墩桩基工程

湖北荆沙长江大桥 32 号墩桩基工程桩直径 2.5m，桩深度达到 118m，上部钢护筒 36m，成孔过程中要穿过砂层和卵石层。采用本工法施工，顺利完成了施工任务，工程质量优良，并取得了较好的经济效益。

11.4 吉林江湾大桥沉井桩基工程

吉林江湾大桥沉井桩基工程共 10 个沉井，每个沉井下 7～9 棵桩，共计 80 棵桩，桩的直径为 1.5m，成孔过程中要穿过圆砾层、安山岩层、砾岩层及砂岩层等岩层，最大成桩长度为 37m。采用本工法施工，顺利完成了施工任务，整个施工过程的成桩质量达到国家验收合格标准，并取得了较好的经济效益。

长输管道半自动下向焊接流水作业工法

YJGF35—96（2005-2006 年度升级工法）

新疆石油工程建设有限责任公司

黄鹤 黄军平 蒋华雄 文运明 田昭非

1. 前 言

新疆石油工程建设有限责任公司引进的国外先进的管道半自动下向焊工艺和技术，给公司的发展带来了广阔的空间和机遇，同时也带动了国内焊接技术的提高。1997 年由新疆油建申报的《长输管道半自动下向焊接流水作业工法》被评为国家级工法。在随后的 10 年当中，新疆油建又对该工法进行了不断的改进。该工法在国家重点工程西气东输工程、陕京二线工程、冀宁联络线工程以及西部管道等工程中大规模地推广应用，取得显著的经济效益和社会效益。实践证明该工法具有质量高、速度快、劳动强度小、易熟练掌握等特点。

2. 工 法 特 点

2.1 下向焊接、对口间隙小、填充量少。

2.2 采用焊接电流大、焊接速度快。

2.3 半自动焊接，既发挥焊接自动化优势，又利用操作者技能，使组对要求与全自动焊相比稍低，符合我国管材现状。

2.4 采用自保护焊丝，无需保护气体、设备简单、使用方便、抗风性好，特别适用野外作业。

2.5 每道焊口的多层焊道由分工明确的根焊、热焊、填充焊和盖面焊焊工分别完成，无焊接参数调节工作，利于提高技术熟练程度，从而保证了焊接质量。

3. 适 用 范 围

本工法适用管道直径大于等于 φ219mm，壁厚大于等于 6mm 的石油、天然气等长输管道。

4. 工 艺 原 理

焊接方向为下向焊，由 2 名焊工同时施焊，一人先从平焊位置焊接至立焊位置，另一人从立焊位置焊接至仰焊位置，之后同时停机打磨接头位置，打磨好接头后再将剩余焊道焊完，具体施焊顺序如图 4。使用药芯自保护焊丝，在风速不超过 11m/s 时，均可正常施工。

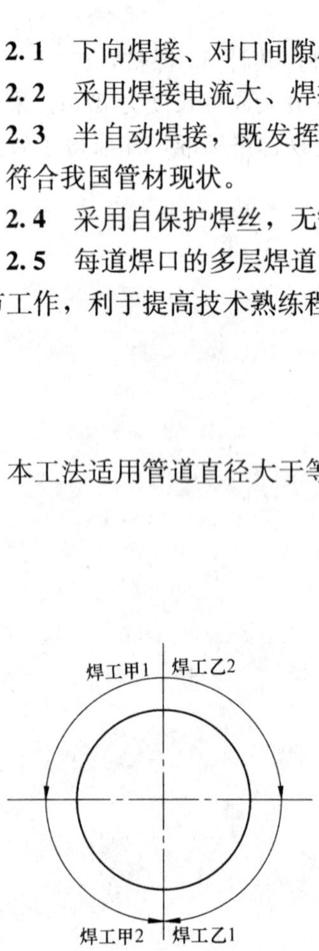

图 4 焊接顺序图

5. 施工工艺流程及操作要点

5.1 工艺流程

半自动下向焊流水作业程序见图 5.1-1，平面布置见图 5.1-2。

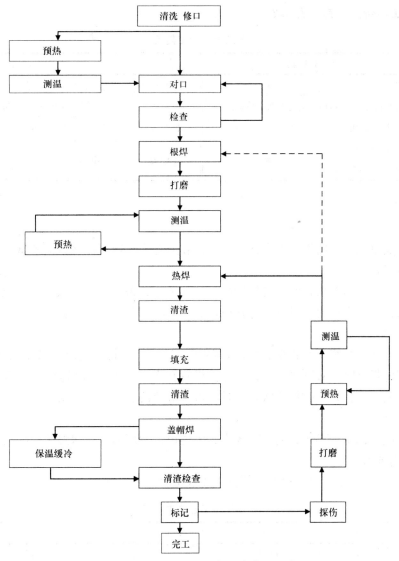

图 5.1-1　半自动下向焊流水作业程序

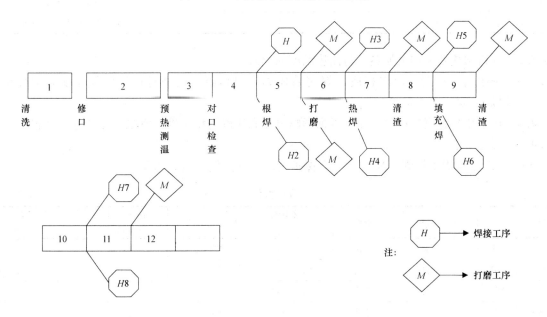

图 5.1-2　半自动下向焊流水作业平面布置图

5.2 推荐各工序所用工具（表5.2）

各工序所用工具表　　　　　　　　　　　　　　　　　　　　　表5.2

工序名称	所用工具	工序名称	所用工具
清洗	汽油、刷子	根焊道打磨	角向磨光机（砂轮片直径150mm，厚3mm为好）
修口	角向磨光机（修坡口用）、电动钢刷（除锈用）	清渣	电动钢刷（钢丝直径0.5mm及以上）
预热	电加热、火焰加热	保温缓冷	专用保温带、石棉绳
测温	红外线测温仪	标记	钢印、排版图
对口	内对口器、外对口器		

5.3 施工要求

5.3.1 焊工

必须同时持有关单位颁发的焊工安全技术合格证和适合本工程焊接项目的考试合格证方可上岗。

5.3.2 焊接材料

该工法采用纤维素下向焊条打底，自保护药芯焊丝填充、盖面，其存放、保管按 JB 3328《焊条质量管理规程》要求执行，现场使用时方可打开原包装，一经打开应尽量当日用完。

5.3.3 焊接设备

焊机启动前应检查各接线是否正确、牢固，各开关设置是否符合要求，特别在冬季用发动了的电焊机驱动未发动着的焊机时，必须将 CV 装置开关设置在 VV 档上，否则会烧坏 CV 转换器和 K—350 装置。送丝机送丝要求平稳，定时保养吹扫，且不可用溶液清洗，若出现出丝不稳，应及时查找原因。

5.3.4 所用附件

角向磨光机、电动钢刷、起子、内六方扳手、尖嘴钳、专用地线、保温筒、活动扳手等。

5.4 焊接工艺要点

5.4.1 该工法对组对质量要求较严，其质量要求见表5.4.1。

焊接工艺要求　　　　　　　　　　　　　　　　　　　　　表5.4.1

壁厚(mm)	坡口角度	钝边(mm)	间隙(mm)	错边量
6～7	60°～70°	1.6～2	1.6～2.5	<3/1000 管外径且不大于2mm
8～10	60°～70°	1.6～2	1.6～2.5	<3/1000 管外径且不大于2mm
11～12	60°～65°	1.6～2	1.6～2.5	<3/1000 管外径且不大于2mm

5.4.2 管口预热宜采用电加热且为预热温度的上限。

5.4.3 采用内对口器，应将打底焊焊完后撤离内对口器，用外对口器时应至少焊完整焊道的50%，分每段焊长度视管径而定。

5.4.4 接地线与管道连接要牢靠，否则影响电弧和送丝的稳定性。宜采用专用地线装置。

5.4.5 焊接参数

以 E6010 纤维素焊条根焊，NR—207 自保护药芯焊丝为例（表5.4.5）。

焊接参数　　　　　　　　　　　　　　　　　　　　　表5.4.5

项目	焊材	规格	极性	焊接电流(A)	焊接电压(V)	送丝速度 cm/min	焊接速度 m/min
根焊	E60105P	φ4	反接	100～140	23±2		
热焊	NR—207	φ2	正接	210～240	19±2	90	0.3±0.02
填充焊	NR—207	φ2	正接	210～240	19±2	90	0.3±0.02
盖面焊	NR—207	φ2	正接	210～230	18±2	90	0.24±0.02

注：根焊焊接速度以熔池边缘与焊条边缘距离为2～3mm为最佳（图5.4.5），尽量采用短弧，不做摆弧运条。收弧处打磨斜坡状。

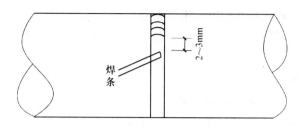

图 5.4.5　熔池边缘与焊条边缘距离示意图

5.4.6　根焊道清理必须由角向磨光机打磨，只需把凸起部分打磨掉 2/3 即可，打磨过多热焊时易烧穿，过少时则易产生边缘未熔合缺陷（图 5.4.6）。

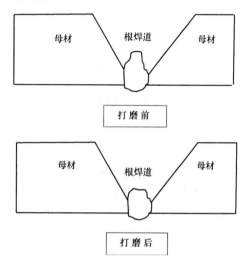

图 5.4.6　根焊道打磨前后对比图

5.4.7　填充焊层数取决于管口壁厚，当填充金属至管端坡口表面差 1～2mm 时，即可进行盖帽焊，一般填充层数为：$\delta=8mm$ 一层；$\delta=10mm$ 二层；$\delta=12mm$ 三层。

5.4.8　盖面焊时，在 5～6、7～6 点位置焊枪必须由 1 挡换 2 挡，并连续焊接到位（超过 20mm 左右），可左右摆弧，摆至坡口棱角处即可。

5.5　焊道返修要求

5.5.1　确定焊缝内部缺陷具体位置，如根部或层间，偏左或偏右，将缺陷打磨掉后，若焊缝开口宽度超过 2.5mm 则不宜采用下向焊条焊接，而采用向上焊条。

5.5.2　焊前的预热、热焊、清洗等程序同正常工序，但预热温度及层间温度要提高 20℃以上。

5.5.3　返修工序应由技术较高的焊工担任，以确保返修一次合格。

5.5.4　返修次数不允许超过 2 次，而且第二次返修要有书面保证措施，并由项目技术负责人签字批准。

5.6　焊道检查与验收原则

5.6.1　焊工标记未标出及清理不合格的不进行焊道外观检查，外观不合格的不进行无损探伤检查，探伤不合格的不进行机械抽件检查。

5.6.2　焊道管口质量检查评定，自检与互检有矛盾时由专职检验人员或技术人员裁定，上下级的专职检查评定有矛盾时以上级为准。

5.7　焊道外观验收标准

5.7.1　推荐焊缝宽度为坡口两侧各覆盖 1～2.0mm。

5.7.2　推荐焊缝余高为 0.2～1.5mm，管底部分允许高些，但不得超过 3mm，且长度不超过 50mm。

5.8 焊道探伤抽查片、机械抽件检查标准及验收标准

按设计规定执行，设计无规定时按《现场设备、工业管道焊接工程施工及验收规范》GB 50236—1998 执行。

5.9 对焊道标记的要求

5.9.1 设计无要求时，可打钢印，钢印深度小于 0.5mm。

5.9.2 标记位置在管顶部离开焊道沿输送介质流动上方 100mm 处。

5.9.3 标记用管口号代替，但要在原始记录上标注清楚焊工岗定位的详细情况。

5.10 劳动组织——以每个流水作业台班配置（表 5.10）

劳动力组织情况表　　　　　　　　　　　　　　表 5.10

工序	根焊	热焊	填充焊	盖帽焊	返修工	打磨工	合计
人数	2	2	2～10	2～4	1	5～7	14～26

6. 材料与设备

机具设备见表 6。

机具设备表　　　　　　　　　　　　　　表 6

序号	名　称	型号与规格	单位	数量	备　注
1	林肯焊机	SAE—400	台	8～16	根焊采用直流焊机
2	林肯焊机	SAE—400	台	1	返修用
3	送丝机	LN—23P	台	6～16	含返修的一台
4	吊管机	QGY—10B	台	3	
5	内外对口器		台	1(2)	
6	角向磨光机	φ108	台	8～10	带钢刷
7	焊条保温筒		台	9	
8	红外线测温仪		支	1～2	
9	钳形电流表		块	1	
10	风速计		支	1	
11	温度计		支	1	
12	放大镜	5～10	只	1～2	
13	探伤仪				根据组织设计定

7. 质量控制

半自动下向焊要求施焊参数依据焊接层次确定，且设置要准确，否则直接影响焊接质量和外观成型，若不采取流水作业则调节参数频繁，很难发挥速度快优势，采用流水作业，每位焊工只负责一层焊道，参数无需调节，操作技能单一，节省时间、速度快。由于半自动焊所用电流大，焊层薄，根据工程拍片验证，焊缝层间很少有缺陷产生，缺陷产生的部位 95％ 都在根部，而产生直接原因为组对质量所致，必须做到严格控制组对质量，参数设置准确，根焊道打磨符合要求。

7.1 检查项目

焊接接头应 100% 进行质量检验，质量检验包括外观检查、X 射线检验、UT 超声波检验。

7.2 检查标准

7.2.1 《油气长输管道工程施工及验收规范》 GB 50369—2006

7.2.2 《石油天然气钢质管道无损检测》 SY/T 4109—2005

7.2.3 《钢质管道焊接及验收》 SY/T 4103

8. 安 全 措 施

8.1 电焊机启动前要做好设备的例行保养和安全检查。

8.2 所有上岗人员必须按规定穿戴劳保用品。

8.3 工作场地附近不得堆放易燃易爆物品。

8.4 焊接现场有积水或潮湿时，应采取垫放干燥木板或橡胶板等隔水隔潮措施。

8.5 不允许将通电的焊把或裸露的把线随意搭在管子上。

8.6 电焊把线截面积宜采用 50mm² 电缆，尽量不要有接头，有接头应连接良好，绝缘可靠，导线裸露应及时做绝缘处理。

8.7 施工现场所有电气设备及电源开关应具有良好的防风防火和防盗性能。

8.8 预热时用的氧气瓶和乙炔瓶要离开焊接场地 5m 以外，两瓶间距也应相距 5m 以外，并注意预热火焰与钢瓶的方向与风向。

9. 环 保 措 施

半自动焊采用药芯焊丝自保护，焊接过程中飞溅小，不会像手工焊那样产生各种焊渣、药皮、焊条头等污染环境物质。对环境的影响主要是固体废物、噪声等污染，对于固体废弃物采用统一回收外卖。噪声污染则通过在满足生产需要的前提下，选用低噪声、密封性好的设备和机械。

10. 效 益 分 析

10.1 社会效益分析

半自动下向焊焊接技术通过在我公司的成功应用，已发展为一项成熟的焊接技术，大大提高了管线焊接的进度和质量。另外，半自动焊采用药芯焊丝自保护，焊接过程中飞溅小，不会像手工焊那样产生各种焊渣、药皮、焊条头等污染环境物质，有利于环境保护。

10.2 经济效益分析

10.2.1 焊材的费用

1. 进口药芯焊丝的价格一般为 6 万元/t，进口下向焊焊条的价格一般为 5 万元/t。

2. 药芯焊丝的熔敷率通常为 75% 左右，而下向焊焊条的熔敷率通常为 50%～55%。

综合以上两条，半自动焊的焊接材料经费是焊条的 65%～75%。

10.2.2 设备的费用

每公里管道焊接施工半自动焊效率明显高于手工焊，是手工焊的 200%。

10.2.3 人工的费用

半自动焊人员投入相对手工焊较少，是手工焊的 80%。

10.2.4 综合比较（以西气东输工程 3A 标段 φ1016mm×14.6mm 为例）（表 10.2.4）

手工电弧焊与半自动焊的综合比较   表 10.2.4

序 号	项 目	焊 接 方 法	
		手工电弧焊	半自动焊
1	工效（道/台班）	10	20
2	焊接材料（kg/道）	6.5	4.5
3	焊接一次合格率（%）	86	96
4	电弧燃烧时间（min/道）	180	130
5	设备费（万元/km）	8	7
6	人工费（万元/km）	12	10
7	综合费用比较（万元/km）	21.2	17.8

11. 应 用 实 例

　　新疆石油工程建设有限责任公司于 2003 年中标并承建了西气东输管道工程 3A 标段工程，全标段总长度为 100.631km，线路设计压力 10MPa，管径 ϕ1016mm，壁厚分别为 14.6、17.5、21mm，材质为 X70。在该工程中大规模采用半自动下向焊焊接技术，至 7 月 14 日完工，半自动下向焊总计焊接 6607 道口，72.746km，总体合格率达到 99.43%，从而有力的保证了 3A 标段提前 108d 完工。采用该技术，其焊缝成型好，焊接质量高；焊接效率高；劳动强度小。陕京二线工程、冀宁联络线工程以及西部管道等工程中也广泛采用了此项技术，为公司创造了良好的社会与经济效益。

水下铺设大口径管道施工工法

YJGF09—98 （2005-2006年度升级版）

中铁四局集团有限公司

张广林　王岱山　王健　李戈　徐洪岭

1. 前　　言

按常规施工，管路通过江河湖海埋设较浅时，均需设围堰，排水挖沟铺设。围堰及排水挖沟施工不仅工程量大，而且污染水系，有时也影响灌溉及水上运输。尤其伸进湖泊取水的导水工程，由于湖水无固定流向，相对来说自净能力较低，且残余的草袋和污泥引起藻类繁生，故由于施工措施不当而影响取水的水质。因此，需要探索不设围堰、水中开槽、水下铺管的施工方法。

合肥四水厂水源扩建工程技术关键是伸进巢湖的导水干管，建设单位为合肥市重点工程指挥部，要求导水干管必须采用水下铺管法施工。针对工程的水文地质条件和设计要求，通过研究采用了绞吸式挖泥船挖管沟、穿心式浮桶运管、双体船下管、液压顶推装置接管的水下铺管新工艺，安全优质地完成了导水干管铺设任务，经总结形成工法。该工法先后在合肥四水厂水源管道延伸工程、襄樊鱼梁洲污水处理厂工程中推广使用，取得了良好的经济效益和社会效益。

2. 工 法 特 点

2.1 施工全过程不设任何形式的围堰，故节约投资且不污染水系。

2.2 施工所用设备简单。船舶可以就地租用，其他机具可自行加工，现场组装，避免了调运大型设备运输困难的问题。

2.3 施工不受水位影响，汛期仍可施工。

3. 适 用 范 围

适用于非石质河（湖）床的江河湖泊水下铺管工程，水温不低于6℃，风力不超过5级（平行管线）和4级（垂直管线），水的流速平缓。

如果用水下桩基铺架管路，只要在双体船上增加一套打桩设备即可完成全部铺管作业。

4. 工 艺 原 理

采用"绞吸式挖泥船"开挖管道沟槽及承插口工作坑，绞出的土方用自备的排泥管送出，避免泥水回流；岸边由吊车将检查合格的管节放入浅水区，配合人工穿好专用的"穿心浮筒"，浮运管节；拖船将管节拖至双体船中间，电动单梁起重机吊住管节后，抽出"穿心浮筒"；下管，使用对中装置对中，潜水员使用接管装置水下进行管节安装；水压试验合格后，由绞吸式挖泥船进行管沟回填。

5. 施工工艺流程及操作要求

5.1 施工工艺流程（图 5.1）

5.2 操作要点

5.2.1 水下挖管沟

针对巢湖的地质条件，通过调研国内与该工程相似的取水工程，吸取了起步较早的水下施工单位的教训，从我国现有的几种挖泥船中优选出"绞吸式挖泥船"，其工作能力为 80m³/h。用常见的链斗式或抓斗式挖泥船开挖管沟，沟底标高很难达到设计要求，而用绞吸式挖泥船可以控制沟底标高和沟宽，只要掌握住从船后斜下方伸出的机械手（绞吸装置）的角度，施工误差可控制在 ±10cm 内。不仅沟底平整，而且每隔 5m 一个的承插接口工作坑也由该船挖出，可明显减小潜水作业量。另外，该船将绞出的土方用自备的排泥管送出，避免泥水回流，保持该范围内的水质不因作业而混浊，为下一步潜水作业工序提供良好条件。

5.2.2 水上运管

大直径管节较重，用内河常见吨位的货运船只装、卸、运时重心不易掌握，租用大吨位的浮吊又不经济。因此，自行设计加工了"穿心浮桶"。在岸边将管节吊到水中，再将浮桶穿进管节内，使管节漂浮在水面上，然后用两吨机动船将其拖拉到铺设地点。

浮筒装有汽、水控制阀，桶内有分仓及偏心配重设施，使其可沉可浮，又可平稳运行。穿心浮筒见图 5.2.2。

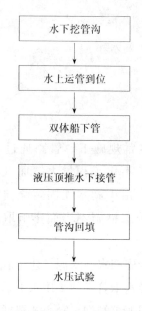

图 5.1 施工工艺流程图

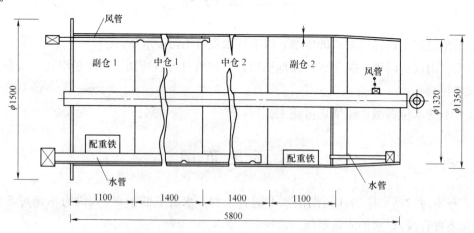

图 5.2.2 浮筒

5.2.3 双体船下管

管节到位后，由骑跨在管线上的双体船将其吊起，使管径 4/5 漏出水面。此时浮桶所受的浮力与自重基本平衡，稍加外力即可从管节内抽出浮桶，并利用横架在该船上的单梁桥式起重机及安装在管线上的找中标志杆将管节大致对中，然后下沉到水底。

双体船由两艘 30t 船只及若干杆件连接而成，两船体之间相距 3m，使拖拉船能够顺利通过。双体船见图 5.2.3。

5.2.4 水下接管

管节沉落到水中沟底后经"找中器"导向，潜水员校正，当待铺管节与管线同心时将液压顶推接

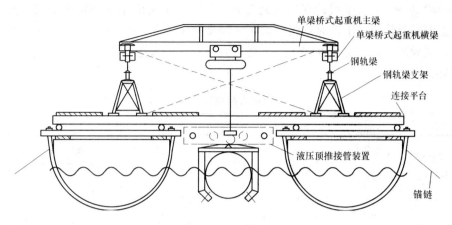

图 5.2.3　双体船图

管装置套在管节上，并将待铺管节围在当中，启动油泵，液压千斤顶将管节顶推到位。经潜水员检查，管口和胶圈无异常时，立即抛填装有卵石的草袋或编织袋稳固管节两侧。找中接管装置见图 5.2.4。

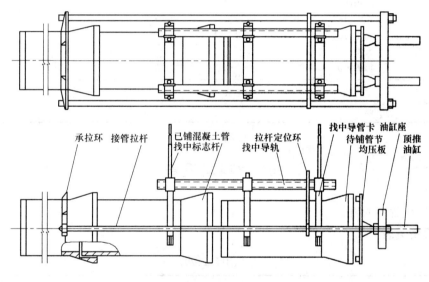

图 5.2.4　找中接管装置

5.2.5　管沟回填

管沟回填仍采用绞吸式挖泥船施工，既可就近取土填沟，又可挖前填后，以泥浆不流进未铺管的管沟为妥。

由于设计要求管顶覆土后基本上与水下原地面高程相同，而水中填土又无法夯实，因此一次填土高度应超过水下原地面 50cm。在保修期内分 1 个月、6 个月、12 个月 3 次检查填土沉落情况，如低于水下原地面高程，则须补填。

5.2.6　水压试验

管路铺设完毕后，按设计要求进行水压试验，试验压力为 0.1MPa。

由于管径较大，水压试验时管端横截面将承受 153.9kN 的顶力，分段试验堵管困难，故采取管道铺完后，1.5km 一次试验，两端堵板分别支顶在岸边水泵房及湖心取水头部，注水加压管、排气管、压力表等均装在靠岸一端。用电动试压泵加压注水，当达到试验压力后，停泵 10min，压力下降值未超过规范要求，且沿管线检查无漏失迹象，即为合格。

5.2.7　施工测量

挖管沟、下管、回填等均需测量。该工程采用激光经纬仪控制管线中心及高程。全部工程分两段进行测量，第一段 0～800m，基线设在岸边通视处，置镜于泵房前平地，转角定向，前视点测工手持激光靶，指挥挖泥船及管节对中，通知调整沟底挖深及管顶标高。在距岸边 800m 的管线上，搭一个固定平台，上设测量导线转点，由该点到终点的施工测量，均在该处置镜。

5.3 劳动力组织（表 5.3）

劳动力组织情况表 　　　　　　　　　　　　　　　　　　　　　　表 5.3

序号	作业组名称	工种及人数		上岗要求	职责
1	挖泥船操作组	船长（司舵）	1 人	持证	船体到位，抛锚，绞吸装置定位，布置排泥管，挖沟及回填
		司机	3 人	持证	
		普工	4 人		
2	运输组	吊车司机	1 人	持证	岸边装卸管节，穿浮桶，水上运输
		空压机司机	1 人	持证	
		机动船司机	3 人	持证	
		普工	7 人		
3	铺管组	总指挥	1 人		填碎石，安找中器，抽浮桶，沉管，接管，稳管
		潜水员	8 人	持证	
		发电司机	2 人	持证	
		起重司机	2 人	持证	
		普工	8 人		
		值班医生	1 人	持证	潜水员身体状况监控
4	测量组	工程师	1 人		中心、标高控制及质量监督
		测工	5 人		

6. 材料与设备

本工法无需特别说明的材料。

6.1 标准设备见表 6.1。

需用的标准设备 　　　　　　　　　　　　　　　　　　　　　　表 6.1

序号	设备名称	设备规格	单位	数量	用　途
1	绞吸式挖泥船	80m³/h	艘	1	挖沟及回填
2	机动船	30t	艘	2	组装双体船
3	机动船	2t	艘	3	拖拉管节及水上运输
4	单梁桥式起重机	50kN	套	2	安装在双体船上起吊管节
5	吊车	160kN	台	1	在岸边起吊管节
6	载重汽车	8t	台	4	运管到岸上
7	柴油发电机	50kW	台	1	双体船上发电
8	空压机	0.9m³/min	台	2	岸边及双体船上各一台
9	潜水设备	轻潜水	套	10	包括备用 2 套
10	对讲机	手携式	套	2	双体船对岸边及对置镜点
11	激光经纬仪	J2 系列	台	1	最小读数 1″～2″

6.2 非标准设备见表 6.2。

非标准设备 表 6.2

序号	设 备 名 称	设 备 规 格	单位	数量	用　　途
1	浮桶	$\phi1400$	套	3	浮运管节
2	双体船	$30t \times 2$	艘	1	主要的水上操作平台
3	找中接管装置		套	2	入水管节的找中和安装

7. 质 量 控 制

应遵照《给水排水构筑物施工及验收规范》（GBJ 141—90）有关规定，结合水下施工的特点，尚需遵守以下事项：

管节下水前应认真检查外观，发现管壁有空鼓、脱落、开裂等现象者，不得使用，尤其是承插口部位必须平整、尺寸正确，其偏差应符合验收规范的规定。管节顶推后，必须潜水检查到位情况，凡有怀疑，必须拔出重新顶进。

管沟开挖前，要做好纵断面测量，编制挖深表，并在当日开挖区作好水上标记，向挖泥船工作人员及测工交底。每挖完 5m 管沟必须进行一次标高和中心复测，超挖部分，应回填碎石，使之达到标高。

8. 安 全 措 施

除应遵守国家建筑总局颁发的《建筑安装工人安全技术操作规程》（80 建工劳字 24 号）外，还须注意以下事项：

潜水员除身体强壮、无高血压症、无心脏病外，还应具备一定的水下操作技能，需经培训并取得合格证后方准上岗操作；

潜水员在水下施工时应事先规定统一的"工作"、"暂停"信号，以防止挤压碰伤事故；

参与施工的各类船只上，都必须配备足够的救生设备。

9. 环 保 措 施

9.1 成立对应的施工环境卫生管理机构，在工程施工过程中严格遵守国家和地方政府颁布的有关环境保护的法律、法规和规章，加强对施工燃油、工程材料、设备、废水、生产生活垃圾、弃渣的控制和治理，遵守有关防火及废弃物处理的规章制度，做好交通环境疏导，充分满足便民要求，认真接受城市交通管理，随时接受相关单位的监督检查。

9.2 将施工场地和作业限制在工程建设允许的范围内，合理布置、规范围挡，做到标牌清楚、齐全，各种标识醒目，施工场地整洁文明。

9.3 对施工中可能影响到的各种公共设施制定可靠的防止损坏和移位的实施措施，加强实施中的监测、应对和验证。同时，将相关方案和要求向全体施工人员详细交底。

9.4 设立专用排浆沟、集浆坑，对废浆、污水进行集中，认真做好无害化处理，从根本上防止施工废浆乱流。

9.5 定期清运沉淀泥砂，做好泥砂、弃渣及其他工程材料运输过程中的防散落与沿途污染措施，废水除按环境卫生指标进行处理达标外，并按当地环保要求的指定地点排放。弃渣及其他工程废弃物按工程建设指定的地点和方案进行合理堆放和处治。

9.6 优先选用先进的环保机械。采取设立隔声墙、隔声罩等消声措施降低施工噪声到允许值以下，同时尽可能避免夜间施工。

9.7 对施工场地道路进行硬化，并在晴天经常对施工通行道路进行洒水，防止尘土飞扬，污染周围环境。

10. 效益分析

本工法不仅能保证工程质量和人身安全，而且各道工序之间干扰少。当人员操作熟练时，每日铺管 10 节（50m），最高达 12 节，经济效益十分显著。以合肥四水厂水源扩建工程为例，水下铺管比草袋围堰铺管法降低造价 30.67%，达 146.18 万元（见表 10）。

铺管费用比较   表 10

序号	工程名称	单位	数 量	水下铺管法		围堰铺管法	
				单 价	总 价	单 价	总 价
1	挖泥	m³	42000	25.20	1058400	25.54	1002680
2	水下土建工程	m	3000	37.54	112620		
3	草袋围堰	m³	57000			34.02	1939140
4	施工便道	m²	7640			15.02	114753
5	安装 φ1.4m 钢筋混凝土管	m	3000	711.32	2133960	546.72	1640160
	合 计				3304980		4766733

注：1. 水下铺管法各项单价按 1991 年 4 月 2 日合肥四水厂水源工程中标价格。
    2. 围堰铺管法各项单价近 1990 年 11 月 29 日合肥四水厂水源扩建工程中标价格。
    3. 草袋围堰按枯水期平均水深 2.35m，堰顶宽按行驶汽车 4.7m 计。

11. 应用实例

11.1 实例一：在合肥四水厂扩建工程中首次采用该工法。设计由岸边取水泵房向湖心铺设双排 φ1.4m 预应力钢筋混凝土取水管道，水下铺管工程开始于 1992 年 5 月，于 1992 年 11 月竣工，共计铺设 φ1.4m 预应力钢筋混凝土管 3000m。工程质量良好，一次交验合格。

11.2 实例二：合肥四水厂水源管道延伸工程，水下铺设 Φ1.4m 管道 2 条，长度分别为 583m 及 568m，该工程自 1994 年 4 月开工，于 1994 年 9 月竣工，工程中推广使用本工法，完成了将取水口继续向湖心延伸的施工。

11.3 实例三：在襄樊鱼梁洲污水处理厂工程中，2001 年 11 月至 2002 年 6 月施工的污水过汉江管道（进场管道的一部分），为双排 D2020 钢制倒虹吸管，过江跨度为 203m，管中心距为 3m，管顶最小覆土约 1.5m，并且业主方要求施工期间应保证通航。采用了本工法，进行岸边制做管段、浮运就位、水下铺设的工艺完成了该工程的施工，管道水压试验一次合格。不仅取得了良好的经济效益，而且由于保证了通航，还取得了良好的社会效益。

光缆施工接续工法

YJGF67—92（2005-2006 年度升级版）

中国铁路通信信号上海工程公司

李春　王予平　冯燕媛　曹俊敏

1. 前　　言

本工法系在原国家一级工法：《光缆施工接续工法》YJGF 67—1992 的基础上经过工艺改进后的重新修订，它适用于光缆接续全过程。

光纤的接续采用高精度的新型全自动光纤熔接机进行电弧熔接，由经过培训并取得合格证的技术人员上岗操作。通过光时域反射仪进行光纤熔接质量的监测，对整个接续过程进行有效的质量控制。因此光纤熔接、盘留、监测、接头盒的密封是本工法的关键。

经过多年施工，我们发现光纤束的预留、光纤的盘留是光缆接续质量长期可靠性的保证，本工法对原工艺进行了改进，提出了光纤束盘留技术和两侧单根光纤压花盘留技术。

本工法中采用国产 GLH 系列光缆接头盒。GLH—22PY—A 型光缆接头盒及操作工艺 1988 年通过铁道部通号总公司和江苏省轻工业厅组织的技术鉴定，证书号：铁通技鉴字 88008 号（ST—88—轻工—184 号）；GLH—40DC—B 光缆接头盒的鉴定证书号：铁通技鉴字 06 号。

1988 年起原工法在京郑光缆接续测试过程中获得成功应用并全面推广。北京至保定光纤工程被授予"国家光纤通信试点示范工程"证书。北京至郑州光缆接续测试质量管理小组在铁道部成果发表会上被评为 1990 年铁道部优秀质量管理小组。

本工法中的接续工艺在近两年施工中经过实践，对光缆安全性和可靠性取得很好效果。

2. 工 法 特 点

2.1　光纤接续方法是电弧熔接法，该工法以光纤自身熔化合为一体，无须外界物质，接续损耗小，长期稳定，可靠性好。

2.2　采用 OTDR（光时域反射仪）进行现场接续损耗监测。

2.3　接头盒内增加了光纤束管预留盘工艺，通过光纤束管的预留来抵消热胀冷缩时光缆的伸缩给光缆接头带来的影响，从而确保了整个光缆接头的稳定性和传输质量。

2.4　光纤接续后将 A、B 两侧光纤同时压花盘留，盘留圈数最好是偶数，以达到相互抵消阻力的作用，如盘留圈数是奇数应将扭度控制在 360°以内。从根本上解决扭力对光纤接头的影响。

3. 适 用 范 围

本工法适用于直埋、管道、架空光缆的接续，以及光缆的分歧、成端的接续。

4. 工 艺 原 理

4.1　光纤接续工艺可分为端面制备、对准、熔接、增强 4 道工序

4.1.1　端面制备：光纤接续之前，使光纤端面形成与轴线垂直的镜面，这是利用脆性玻璃的应力断裂原理来实现的。

4.1.2 对准方法有监控光功率的方法（功率监控法）及直接观察纤芯位置法（纤芯直视法）。

4.1.3 熔接：电弧熔接使光纤在电弧作用下自身熔化合为一体达到光纤接续的目的。

4.1.4 增强：必须对光纤熔接部位增强以确保接续处具有普通光纤同等以上的可靠性，因此采用热可缩加强管补强。

4.2 光纤接续损耗的测量方法

光时域反射法，即 ITU-T 推荐的光纤衰减测试三种方法之一——后向散射法。用此方法能测量光纤的衰减、衰减常数、光纤接续损耗、光纤长度等。光中继段光纤接头平均损耗的检验亦可采用 ITU-T 推荐的另一种方法——介入损耗法。

4.3 光纤束及光纤的盘留

4.3.1 光缆由于受温度等外力影响，产生热胀冷缩现象，对光缆内部结构带来一定的影响。不同材质组成的光缆结构在温度的变化下，可以产生出 50～100mm 的伸缩性。这种现象的产生直接影响到了光缆接头的稳定性和传输质量，甚至会出现拉断光纤的现象。针对以上情况，在光缆接头盒内增加光纤束管预留盘（板），通过光纤束管的预留来抵消热胀冷缩时光缆的伸缩给光缆接头带来的影响，从而确保了整个光缆接头的稳定性和传输质量。

4.3.2 由于应用环境的不同，部分光纤接头在使用一段时间后，会出现损耗增大，甚全出现断纤现象，给施工维护带来很大的影响。通过分析，发现产生上述现象的主要原因是光纤盘留弯曲半径偏小和光纤盘留时产生扭力，其中光纤盘留产生的扭力对其影响更大。为此，我们找到了消除扭力的盘留改进方法：光纤熔接后应单根盘留，盘留时应将 A、B 两侧光纤同时盘留，盘留圈数尽量控制为偶数，以达到相互抵消扭力的作用；如盘留圈数是奇数，应将扭度控制在 360°以内。

5. 施工工艺流程及操作要点

5.1 工艺流程

见图 5.1。

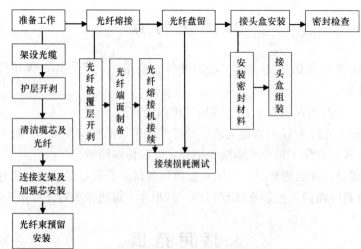

图 5.1 光纤接续测试工艺流程图

5.2 工艺操作

5.2.1 准备工作

1. 平整接头场地，将两侧的光缆引出地面，用棉纱擦去光缆外护套上污泥（距端头 2.3m），用钢锯锯去两侧端头（约 100mm）。

2. 把已理直的光缆架设在工作台两侧的固定支架上。

见图 5.2.1。

5.2.2 护层开剥

1. 将2只 ϕ60 挡圈用专用切割刀割至内径尺寸与光缆外径尺寸相符合，然后在两侧光缆上各套入一只待用。

2. 距光缆端头 2000mm 处，用专用切割刀环切外护套一周，然后轻折几次使环切处折断，往端口侧用力抽去，裸露 LAP 护套，见图 5.2.2-2。

3. 外护套连接处开剥（图 5.2.2-1）

4. LAP 护套连接处开剥（图 5.2.2-2）

5.2.3 清洁缆芯及光纤

1. 从光缆缆芯端头松解包层至护套切口处，并用刀片将油膏包层割除，裸露光纤或塑管以及填充物，加强芯等。

2. 依次用棉纱、清洗剂和酒精棉将裸露光纤或塑管，加强芯上油膏擦净，并剪去填充物等。

5.2.4 连接支架、加强芯安装

1. 在外护套切口处保留加强芯 100mm 长，其余部分剪去，在加强芯端头 30mm 处用刀片割除塑管，露出钢绞线（图 5.2.4-1）。

2. 将光缆连接支架上的光缆夹箍紧固在两端光缆上，夹箍距外护套切口 5mm（如缆身小于夹箍内孔直径，应在该部位缠绕若干层橡胶自黏带）（图 5.2.4-2）。

3. 将光缆加强芯穿入支架孔内固定（图 5.2.4-2）。

5.2.5 连接线安装

1. 用钳子将连接线夹片夹住翻起的 LAP 护层端头（两端相同），连接线的带齿部位应安全夹紧 LAP 护层，使接触良好。

2. 把两端 LAP 护套与连接线压接部位翻起口稍捋平，两侧连接线用扎带绑扎在底部支架上（图 5.2.5）。

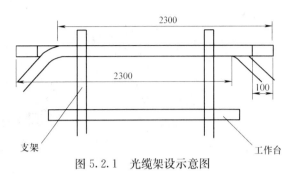

图 5.2.1 光缆架设示意图

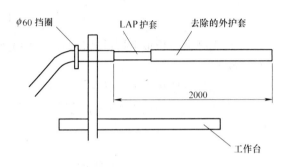

图 5.2.2-1 外护套连接处开剥图

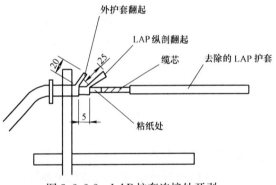

图 5.2.2-2 LAP 护套连接处开剥

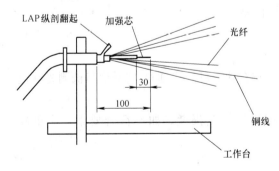

图 5.2.4-1 加强芯安装示意图

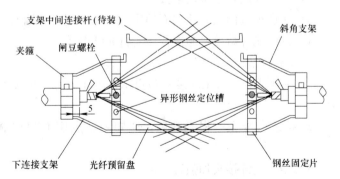

图 5.2.4-2 光缆夹箍紧固示意图

5.2.6 预留盘、盘留板安装

1. 按顺序检查光纤的排列，把两侧光纤分开理顺、编号。

2. 将已处理擦净的带束管的光纤 A、B 两端分别置入预留盘中，沿着引入口预留一个整圈（光纤长度约 500～600mm），然后再从原引入处引入至上面的光纤盘留板上。

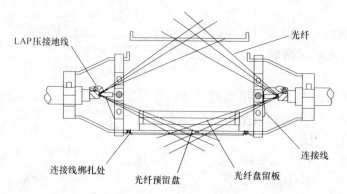

图 5.2.5　两端 LAP 护套与连接线安装示意图

3. 将光纤盘留板最下层的孔位对准下面光纤束预留盘的 2 个螺栓柱中，用螺栓拧紧，将光纤盘留板叠层放置。

4. 在光纤盘留板引入口处，用塑管专用割刀将光纤束管环切一周，轻轻折断并抽去露出光纤。

5. 用清洗剂、酒精棉纸擦净光纤上油膏，把光纤放置在盘留板的引入槽内，用绑扎带绑扎固定（图 5.2.6）。

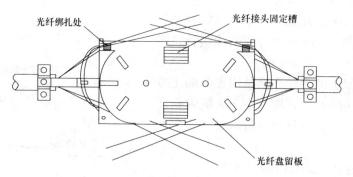

图 5.2.6　光纤置入盘留板示意图

5.2.7　光纤接续

1. 光纤接续时按束管和色谱顺序编号。

2. 光纤端面的制备和接续：

1）用光纤切割刀制备端面。

2）将光纤放入熔接机熔接。

3）注意观察两根光纤端面的质量，如发现光纤端面不符合要求应重新制备。

4）按照光纤熔接机操作程序进行光纤熔接。

5.2.8　光纤接续测试

1. 在测试点，将尾纤接入 OTDR，尾纤的另一端接 1km 左右裸光纤，再通过 V 形槽与被测光纤连接。

2. 接续点接完一根光纤后，通知测试点用 OTDR 测试光纤接头损耗。如不符合要求，应重新熔接。

5.2.9　光纤接头加强管安装

光纤熔接完后，用光纤接头保护管热熔保护。

5.2.10　光纤的盘留

1. 每完成一根光纤接续后，应把光纤余长在盘留板内进行盘留。盘留时应将 A、B 两侧光纤同时压花盘留，盘留圈数尽量控制为偶数，以达到相互抵消扭力的作用，如盘留圈数是奇数，应将扭度控制在 360° 以内。最后将光纤接头保护管按顺序放入固定槽内（图 5.2.10-1）。

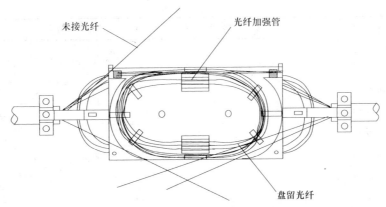

图 5.2.10-1　光纤余长的盘留示意图

2. 按顺序从下往上将盘留板翻开，每接完一层合上盘留板，依此类推，直至全部光纤接续完毕。

3. 每层光纤盘留板接续完成后，覆盖一片塑料保护层，层与层之间和最上层都需用塑料保护片覆盖，并通知测试点对每根光纤进行复测。

4. 连接上部支架中间杆，把整个内部增强支架连成一体（图 5.2.10-2）。

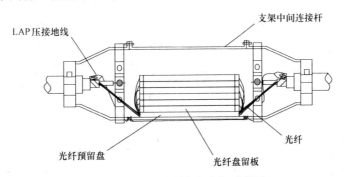

图 5.2.10-2　光纤盘留支架示意图

5.2.11　接头盒组装

严格按照接头盒操作细则或安装说明书进行组装。

5.2.12　地线引出、盒体密封

1. 装配前盒体内部地线端子（已带地线）套在地线柱上用螺母紧固，地线另一头固定在光缆夹箍的螺栓上。

2. 根据设计要求，需引出地线时，外接地线与地线柱上拧紧使之固定、密封。

6. 材料与设备

本工法所采用的机具设备见表6。

机具设备表　　　　　　　　　　　　表6

序号	名　称	规　格	单位	数量	备　注
1	发电机	800～1000W	台	1	野外供电(220V)
2	稳压器	500W	台	1	电源稳压
3	熔接机	单模(进口)	台	1	光纤接头
4	充气帐篷	7m²	顶	1	包括皮老虎
5	工作台		把	1	
6	工作伞		把	1	

序号	名　称	规　格	单位	数量	备　注
7	工作凳		只	3	
8	工作灯	60W	只	2	220V
9	勤务电话		只	2	通信联络
10	电风扇		台	1	夏天施工用
11	吹风机		把	1	接头时备用
12	插销板	4 连多孔式	块	3	连线 10m
13	专用工具提箱		只	1	含光纤使用工具
14	材料箱		只	1	含光纤使用材料
15	光纤切割刀		把	2	
16	镊子		把	2	
17	剪刀	医用	把	2	
18	万用表		支	1	
19	克丝钳		把	2	
20	偏口钳		把	2	
21	钢锯		把	1	
22	组合工具	28 件	套	1	
23	扳手	150 号活络	把	2	
24	卷尺	2m	把	1	
25	电工刀		把	1	
26	喷枪		把	1	
27	材料盒		只	1	

7. 质 量 控 制

7.1　质量标准

本工法中单模光纤接续质量标准、接续损耗及盘留弯曲半径，均符合铁道部标准《铁路运输通信工程施工质量验收标准》TB 10418—2003 的规定。而接续损耗的测试方法则采用国家标准《通信光缆一般要求》GB 7424—87 表 10 单模光纤的光学特性及传输特性测量方法中衰减常数测试替代方法—后向散射法。

7.2　质量控制

7.2.1　影响质量的因素分析

光纤接续时的端面制作，光纤盘留，及接头盒组装是影响接续质量的主要因素，因此一支经过培训的专业化光缆接续测试队伍，制定一整套科学、合理的光缆操作工艺是光缆接续质量的保证。

7.2.2　质量控制点

1. 光纤端面制作。
2. 光纤的清洁状况。
3. 光纤接头热熔保护。
4. 光纤的盘留。
5. 接头盒组装。

7.2.3　质量检查

1. 用 OTDR 对光缆单盘测试。

2. 过程监测。

1）用 OTDR 对每根光纤熔接过程进行监测。

2）光纤接续时，在熔接过程中进行实时监测，盘留后进行复测。

3. 光中继段测试。

测试中继段衰减和平均接头损耗。中继段衰减应满足设计文件要求，单模光纤一个光缆中继段内每根光纤接续损耗平均值不应大于 0.08dB（1300nm、1550nm）。

8. 安 全 措 施

8.1 光纤接续，必须在环境温度－5℃以上进行，雨天及大雾天严禁接续。

8.2 确认输出电源电压平稳，符合仪表使用要求，并确认仪表在关机状态时，才能插接电源，以免损坏仪表。

8.3 光时域反射仪系激光仪表，严禁肉眼直视发射端孔，以免灼伤眼睛。

8.4 光纤系玻璃纤维，切割下的光纤要收集在容器内，以免刺伤人。

8.5 在公路、铁路或其他交通道路边施工时，应注意往来车辆，做好安全防护工作。

8.6 开挖接头坑前，应调查地下管线的分布情况，以免损伤其他设施；应做好基础防护，避免塌方。汛期必须安排人员对施工区段进行巡视，以防由于光缆沟开挖引起路基塌方。发现隐患必须及时派人进行回填、加固、处理。

9. 环 保 措 施

9.1 光缆接续全过程均应进行环境监控，清洁施工。对有特殊要求的地区，应识别并遵守当地地方法律法规中对环保的要求。

9.2 施工接续后残留的废弃物如废弃的短段光缆、光缆外皮、填充物、金属芯线等，应分类收集处置。

9.3 开挖接头坑需要破坏地面植被时，应及时恢复。

10. 效 益 分 析

采用本工法后使光缆的接续测试规范化、标准化，保证了光纤优异的接续质量。原工法在京保段光纤接头损耗平均值远低于当时的铁道部标准 0.12dB/个的要求。由于全程损耗的降低，相应的可延长中继段的距离，使原设计的 30km 长的中继段可以增长到 60km，不仅使京保段减少了两个中继站设备的投资，而且为京郑光缆线路中继段的设置提供了依据。

本次修订的工法，进一步完善光缆接续工艺，工法的推广应用，将对我国铁路光缆工程接续工作光纤的安全性，可靠性得到进一步改进和完善，对提高光缆使用寿命，减少维护工作量，确保运输指挥畅通，提高运输效率具有很好的社会效益。

本工法采用的光纤接头盒及工艺与国外同类产品 3M 公司相比具有性价比较大优势。在青藏线施工 1200km 光缆线路中使用 600 套盒子，每套盒子可节约 1100 元（3M 盒子每套 1800 元，国产盒子每套 700 元），共节约 66 万元，取得了很好的社会和经济效益。

11. 应 用 实 例

原工法首次应用在北京—郑州铁路单模光缆工程北京—保定段。1988 年仅用 2 个月时间完成京保段154km光缆接续测试任务。该工程于1988年9月13日按期试通，得到铁道部电务局的表扬，在全国光通信工作会议上展览，被国务院电子办授予国家光纤通信试点示范工程证书。

原工法已在北京—郑州光缆工程全线推广应用获得成功，此工程已在1991年12月全线开通使用。

在铁路青藏线、京广线（信阳—陈家河段）通信光缆工程施工中，应用重新修订的光缆接续工法施工，对原施工工艺中薄弱环节改进和完善，延长了光纤使用寿命，减少了维修单位工作量，对确保铁路干线的通信畅通起到了很好作用。

上述工程光缆接续质量及接头盒密闭性均符合铁路验收要求，施工工法合理，具有较好的社会效益。

附　录

2005～2006 年度国家一级工法名单

工法编号	工法名称	完成单位	工法主要完成人
YJGF001—2006	喷涂硬泡聚氨酯面砖饰面外墙外保温施工工法	1. 北京振利建筑工程有限责任公司 2. 浙江宝业建设集团有限公司 3. 中天建设集团有限公司	唐军香、林燕成、黄振利 俞廷标、金跃辉、钱建芳
YJGF002—2006	现浇混凝土有网聚苯板复合胶粉聚苯颗粒面砖饰面外墙外保温施工工法	北京振利建筑工程有限责任公司	刘晓明、任玮、黄振利、杨军、朱青
YJGF003—2006	保温节能无缝双层板块外墙施工工法	1. 苏州第一建筑集团有限公司 2. 苏州市华丽美登装饰装潢有限公司	方韧、朱云峰、钱全林、陆少卿、韩伟
YJGF004—2006	背栓式干挂石材幕墙施工工法	1. 山西建筑工程(集团)总公司 2. 中国新兴建设开发总公司 3. 中国建筑第七工程局	郝玉柱、任续红、刘晖 周桂云、段春伟、陈荣 沈亚波、吴景华、黄晓红
YJGF005—2006	预制混凝土装饰挂板施工工法	1. 中建一局建设发展公司 2. 北京中建建筑科学技术研究院 3. 中建一局华江建设有限公司 4. 中铁建工集团有限公司	付雪松、马雄刚、赵静 宋歌、杨功满、马向丽
YJGF006—2006	大面积青铜装饰板施工工法	北京建工集团有限责任公司总承包部	杨秉钧、朱文键、张跃升、葛磊、卢小洁
YJGF007—2006	超薄石材与玻璃复合发光墙施工工法	1. 中国建筑二局第三建筑公司 2. 中国建筑第二工程局第二建筑公司 3. 江河幕墙公司	倪金华、陈小茹、杨发兵、谭中心、纪兴宏
YJGF008—2006	大面积连续曲面铝条板吊顶施工工法	北京市建筑工程装饰有限公司	张春雷、付文、单艳杰、白玉璞、张帆
YJGF009—2006	现浇清水混凝土看台板施工工法	北京城建五建设工程有限公司	毛杰、伍路平、史育童、邓建明、申利成
YJGF010—2006	GKP外墙外保温(聚苯板聚合物砂浆增强网做法)面砖饰面施工工法	北京住总集团有限责任公司	鲍宇清、钱选青、王文波、周宁、龚海光
YJGF011—2006	PRC轻质复合隔墙板施工工法	1. 北京城建集团有限责任公司 2. 北京艾格科技有限公司 3. 北京翔宇新型建材有限公司	肖专文、周辉、王念念、朱瑞璘、刘云
YJGF012—2006	轻质防火隔热浆料复合外保温体系施工工法	1. 北京六建集团公司 2. 北京振利高新技术有限公司 3. 中国建筑科学研究院建筑防火研究所	陈丹林、宋长友、樊旭辉、张莉莉、季广其
YJGF013—2006	聚氨酯硬泡体屋面防水保温系统施工工法	1. 上海市房地产科学研究院 2. 上海克络蒂涂料有限公司 3. 龙信建设集团有限公司	孙生根、杨永巍、季亭、钱朱凤、张海军
YJGF014—2006	大型钢结构整体提升与滑移施工工法	中国机械工业建设总公司	关杰、顾宁、孙希社、张岳云、姚建光
YJGF015—2006	双向张弦钢屋架滑移与张拉施工工法	1. 北京城建集团有限责任公司 2. 北京市建筑工程研究院 3. 浙江精工钢结构有限公司	王甦、杨郡、黄明鑫、张然、娄卫校、秦杰
YJGF016—2006	大跨度马鞍型空间钢结构支撑卸载工法	北京城建集团有限责任公司	李久林、邱德隆、高树栋、万里程、杨庆德
YJGF017—2006	网壳结构折叠展开式整体提升施工工法	1. 浙江大学空间结构研究中心 2. 浙江东南网架股份有限公司	罗尧治、董石麟、周观根、胡宁、徐春祥
YJGF018—2006	大跨度拱形钢结构安装施工工法	河北建设集团有限公司	高秋利、王福才、张士臣、田伟、刘永建
YJGF019—2006	超长预应力系梁施工工法	1. 中国建筑第八工程局第三建筑公司 2. 南京东大现代预应力工程有限责任公司 3. 江苏邗建集团有限公司	杨中源、程建军、沈兴东、李龙、汪仲琦
YJGF020—2006	环形预应力梁施工工法	上海市第七建筑有限公司	王美华、方刚、陈辉、华士辉、陶金
YJGF021—2006	预制预应力混凝土装配整体式框架结构梁柱键槽节点施工工法	南京大地建设集团有限责任公司	刘亚非、庞涛、仓恒芳、贺鲁杰、王翔

续表

工法编号	工法名称	完成单位	工法主要完成人
YJGF022—2006	型钢混凝土结构施工工法	1. 北京城建五建设工程有限公司 2. 北京城建四建设工程有限责任公司 3. 莱西市建筑总公司	杨晓成、伍路平、金星 赵成福、于振方、蔡强
YJGF023—2006	超高层竖向钢筋混凝土筒中筒结构与水平钢梁组合楼板结构分离施工工法	北京城建集团有限责任公司	张晋勋、郭洪军、王罡、袁志强、吕豪
YJGF024—2006	超高层钢结构复杂空间坐标测量定位工法	中铁建设集团有限公司	张淑莉
YJGF025—2006	现浇混凝土斜柱施工工法	1. 北京建工集团有限责任公司总承包部 2. 北京建工一建工程建设有限公司 3. 北京城建集团有限责任公司	原波、曲春珑、翟培勇 杨俊峰、杜峰、汪蛟
YJGF026—2006	高位大悬挑转换厚板施工工法	1. 南通建工集团股份有限公司 2. 山河建设集团有限公司 3. 江苏中兴建设有限公司重庆分公司 4. 甘肃第七建设集团股份有限公司	张向阳、易兴中、李光 程秋明、林中茂、何显波 张松林、赵春潮、赵济生 王立红、齐荣彪、刘毅
YJGF027—2006	大跨度网壳(架)外扩拼装—拔杆接力转换整体提升施工工法	中国新兴建设开发总公司	汪道金、张艳明、苏建成、李栋、陈革
YJGF028—2006	钢柱支撑式整体自升钢平台脚手模板系统施工工法	上海市第一建筑有限公司	龚剑、朱毅敏、汤洪家、杜臻、周虹
YJGF029—2006	冷却塔电动爬模施工工法	1. 中建三局第二建设公司 2. 上海电力建筑工程公司	汤丽娜、李再伦、许洪 崔东靖、史耀辉、顾菊生
YJGF030—2006	高层建筑利用整体升降脚手架提升 G-70 外墙大模板施工工法	上海市第四建筑有限公司	朱利峰、顾靖、梅竹
YJGF031—2006	渐变扭坡组合钢模板施工工法	北京市建筑工程研究院	阎明伟、牛其林、国久良
YJGF032—2006	先置内爬式塔吊施工工法	江苏省苏中建设集团股份有限公司	钱红、王亚琦、焦远俊、周华俊、冯加兵
YJGF033—2006	宽截面梁"V"形模板支撑系统施工工法	福建省九龙建设集团有限公司	韩明、陈川、陈北溪、胡治良
YJGF034—2006	节能型开放式双层石材坡屋面施工工法	1. 苏州第一建筑集团有限公司 2. 苏州市华丽美登装饰装潢有限公司	戚森伟、丁骥、朱云峰、韩伟
YJGF035—2006	高层、超高层弧形立面整体提升脚手架施工工法	上海市第二建筑有限公司	张斌、尤根良、刘和樑、郑继学
YJGF036—2006	外围结构花格框架后浇节点施工工法	1. 中国建筑第一工程局第五建筑公司 2. 中国建筑第一工程局第二建筑公司 3. 中国建筑第一工程局第三建筑公司	房静波、刘为民、任志永、徐浩、王静梅
YJGF037—2006	大流态高保塑混凝土施工工法	中建三局建设工程股份公司商品混凝土公司	王军、胡国付、高育欣、姜龙华、彭友元
YJGF038—2006	激光整平机铺筑钢纤维混凝土耐磨地坪施工工法	1. 中国建筑一局(集团)有限公司 2. 江苏南通二建集团有限公司	刘吉诚、王红媛、刘宇 沈兵、施卫东、陈建国
YJGF039—2006	双层 BDF 空心管芯模空心楼板施工工法	北京城建建设工程有限公司	王伟、张国亮、史鹏、姚辉煌、张洁
YJGF040—2006	高强人工砂混凝土施工工法	中国建筑第四工程局	虢明跃、林力勋、土林枫、钟安鑫、许小伟
YJGF041—2006	浅埋地铁单拱双柱双侧洞法暗挖车站施工工法	1. 北京市政建设集团有限责任公司 2. 北京城建设计研究总院有限责任公司 3. 北京勤业测绘科技有限公司 4. 中铁十二局集团第二工程有限公司	魏玉明、黄美群、杨永亮 贾大鹏、王鹏程
YJGF042—2006	深立井井筒冻结工法	中煤第一建设公司	蒲耀年、杨维好、梁洪振、郭永富、李志清
YJGF043—2006	深厚表土层冻结井高强高性能混凝土井壁施工工法	中煤第三建设(集团)有限责任公司	徐辉东、方体利、潘声杰、王敏建、刘宁
YJGF044—2006	高水压小断面(φ2～4.2m)水下隧道复杂地层泥水加压盾构施工工法	中铁隧道集团有限公司	张学军、张昌伟、谢仁根、黄学军、吕传田
YJGF045—2006	城市淤泥地层地下过街道浅埋暗挖工法	中铁隧道集团有限公司	吴绍勇、焦伟、赵胜、蔡勉生、李越

工法编号	工法名称	完成单位	工法主要完成人
YJGF046—2006	三重管双高压旋喷施工工法	上海隧道工程股份有限公司	余喧平、王吉望、肖晓春、朱卫杰、郭亮
YJGF047—2006	海工工程GPS远距离打桩定位工法	中交第三航务工程局有限公司	曹根祥、尹海卿、马松平、夏显文、施冲
YJGF048—2006	动载条件下双套拱桩基托换施工工法	中铁十四局集团有限公司	宫海光、廖大恳、李卫华、王海峰、衡会
YJGF049—2006	富水砂质粉土地层地铁车站深基坑开挖与支撑施工工法	中铁十七局集团公司	武有根、王选祥、杨元军、经伟平、李宗海
YJGF050—2006	软土地层大断面管幕—箱涵推进工法	1. 上海市第二市政工程有限公司 2. 上海城建（集团）公司	周松、杨俊龙、葛金科、杨光辉、龚叶峰
YJGF051—2006	坐底式半潜驳出运沉箱工法	中交第一航务工程局有限公司	李一勇、岳铭滨、刘亚平、丁志军、潘利民
YJGF052—2006	模袋固化土海上围堰堤心施工工法	1. 中交第一航务工程局有限公司 2. 中交天津港湾工程研究院有限公司	苗中海、刘爱民、朱耀庭、阚卫明、黄传志
YJGF053—2006	箱筒形基础结构气浮拖运与负压下沉工法	中交第一航务工程局有限公司	陈平、彭增量、吴凤亮、官云赠、任爃
YJGF054—2006	海上桥梁承台与承台防撞设施一体化施工工法	路桥集团国际建设股份有限公司	刘国波、周先念、全少彪、曾越.党权交
YJGF055—2006	水下多孔空心方块安放工法	中交第三航务工程局有限公司	郑荣平、黄兆周、夏显文、施冲、叶伟民
YJGF056—2006	护底软体排铺设工法	中交第三航务工程局有限公司	华耀良、邵海荣、朱虹、丁捍东、杨立文
YJGF057—2006	环氧沥青混凝土钢桥面铺装施工工法	1. 山东省路桥集团有限公司 2. 北京城建亚泰建设工程有限公司	王洪敢、陈富勇、李志、王振玲、董佳节、金雨霆
YJGF058—2006	多空隙排水降噪沥青路面工法	1. 上海浦东路桥建设股份有限公司 2. 中国建筑第八工程局 3. 北京市政建设集团有限责任公司 4. 北京市市政工程研究院 5. 北京市市政工程管理处 6. 中交第二公路工程局有限公司	王庆国、徐斌、赫振华 肖绪文、吕艳萍、谢刚奎、刘彦林、崔丽、任明星 严晓生、张景禄、扈成熙
YJGF059—2006	青藏铁路低温早强耐久混凝土施工工法	中铁一局集团有限公司	白杨军、王崇新
YJGF060—2006	高原高寒地区草皮移植回铺施工工法	1. 中铁十九局集团有限公司 2. 中铁五局（集团）有限公司	周建春、薄春莲、罗俊国、冯群忠、杨长维
YJGF061—2006	中承式及下承式拱桥吊杆更换工法	1. 上海同吉建筑工程设计有限公司 2. 上海同吉预应力工程有限公司 3. 同济大学	熊学玉、汪继恕、黄海应、宣守明、李新川
YJGF062—2006	预应力混凝土连续箱梁节段短线匹配法预制、架桥机悬拼施工工法	1. 江苏省苏通大桥建设指挥部 2. 中交第二航务工程局有限公司 3. 中铁大桥局股份有限公司 4. 广州市建筑机械施工有限公司 5. 中铁十七局集团第六工程有限公司	秦宗平、刘亚东、刘景红 杜官民、倪勇、廖云沼 丁昌银、陈慕贞、叶彬彬 宋晋心、刘烈生、邱永添
YJGF063—2006	超大型钢吊箱水上整体拼装下放施工工法	1. 江苏省苏通大桥建设指挥部 2. 中交第二公路工程局有限公司	欧阳效勇、任回兴、贺茂生、张先武、何超
YJGF064—2006	高含冰量多年冻土区路堑施工工法	中铁十六局集团有限公司	常彦博、苑仁增、吕秀华、杨俊
YJGF065—2006	柔性台座预制拼装顶推施工工法	中铁十四局集团有限公司	刘运平、李学乾、戴尊勇、朱传刚、周宗海
YJGF066—2006	矮塔斜拉桥斜拉索施工工法	中铁十二局集团第四工程有限公司	李保明、贾优秀
YJGF067—2006	中等跨度连续梁造桥机架设连续弯箱梁施工工法	1. 铁道第五勘察设计院 2. 北京中铁建北方路桥工程有限公司	党海军、罗红春、尚庆保、何映春、孙世豪
YJGF068—2006	多跨连续拱桥双索跨缆索吊装施工工法	广西壮族自治区公路桥梁工程总公司	冯智、韩玉、李玉彬、陈光辉、李彩霞
YJGF069—2006	斜拉桥索塔钢锚箱安装施工工法	1. 中交第二航务工程局有限公司 2. 江苏省苏通大桥建设指挥部	张鸿、罗承斌、刘鹏、赵健、侯爵

工法编号	工法名称	完成单位	工法主要完成人
YJGF070—2006	钢拱桥卧拼竖提转体施工工法	路桥集团国际建设股份有限公司	李德钦、刘炜、李友清、宋满忠
YJGF071—2006	50m/1430t 预应力混凝土箱梁整孔预制、运输、架设施工工法	中铁二局集团有限公司	李友明、刘乃生、林原、刘阳、陈拥军
YJGF072—2006	青藏铁路机械铺轨施工工法	1. 中铁一局集团有限公司 2. 中铁二十二局集团有限公司	樊卫勋、孙恒毅、孙军红、吴延江、孙柏辉
YJGF073—2006	70m 后张法预应力混凝土箱梁现场预制工法	1. 中铁大桥局股份有限公司 2. 上海市第二市政工程有限公司 3. 上海城建（集团）公司	赵剑发、谭国顺、徐敬森崔革军、汪铁钧、顾利军
YJGF074—2006	宽级配砾石土心墙堆石坝施工工法	中国水利水电第七工程局	莫永彪、何福江、赵海洋、周朝德、刘福友
YJGF075—2006	碾压混凝土仓面施工工法	1. 中国水利水电第七工程局 2. 中国葛洲坝集团股份有限公司	吴旭、林勇、陈兴科周厚贵、朱焱华、孙昌忠
YJGF076—2006	岩壁吊车梁岩台（双向控爆法）开挖施工工法	1. 中国水利水电第十四工程局 2. 中国水利水电第六工程局 3. 中国水利水电第十二工程局	尹俊宏、杨天吉、谢勇兵、刘化才、景建国
YJGF077—2006	岩壁吊车梁混凝土施工工法	1. 中国水利水电第十四工程局 2. 中国水利水电第六工程局 3. 中国水利水电第十二工程局	尹俊宏、杨天吉、王红军、陈时彬、景建国
YJGF078—2006	双聚能预裂与光面爆破综合技术施工工法	中国水利水电第八工程局	秦健飞、涂怀健、张祖义、曾凡杜、秦如霞
YJGF079—2006	碾压混凝土筑坝中变态混凝土施工工法	1. 中国水利水电第十一工程局 2. 中国葛洲坝集团股份有限公司 3. 中国水利水电第八工程局 4. 中国水利水电第四工程局	任学文、葛建忠、卢大文、黄巍、田育功、李哲朋
YJGF080—2006	混凝土面板堆石坝挤压式边墙固坡施工工法	1. 中国水利水电第十五工程局 2. 中国葛洲坝集团股份有限公司 3. 中国水利水电第五工程局	苗树英、王星照、孙志峰王亚文、张安平、廖光荣
YJGF081—2006	斜井变径滑模混凝土衬砌施工工法	中国水利水电第十四工程局	邓孝洪、钱兴喜、熊训邦、张玉彬
YJGF082—2006	拱坝坝肩槽开挖施工工法	1. 中国水利水电第四工程局 2. 中国水利水电第八工程局	曹明杰、董彬、祁得成、尹岳降、王飞跃
YJGF083—2006	不良地质条件下开敞式大型调压井开挖施工工法	中国水利水电第五工程局	母中兴、陈勇、蔡远武、肖红斌、蒋小刚
YJGF084—2006	孔口封闭水泥灌浆施工工法	1. 中国水电基础局有限公司 2. 葛洲坝集团基础工程有限公司 3. 中国水利水电第八工程局	王志仁、夏可风、温文森余开云、焦家训、辛永国
YJGF085—2006	混凝土防渗墙（地连墙）"铣削法"槽孔建造工法	中国水利水电建设集团公司	蒋振中、宗敦峰、胡迪煜、宋伟、郭宏波
YJGF086—2006	混凝土防渗墙墙下帷幕灌浆预埋灌浆管工法	1. 中国水利水电建设集团公司 2. 葛洲坝集团基础工程有限公司	宗敦峰、宋伟、郭宏波焦家训、邬美富、饶建国
YJGF087—2006	斜井导井阿里玛克爬罐施工工法	1. 中国水利水电第三工程局 2. 中国水利水电第一工程局	王鹏禹、姬脉兴、马少龙、李伟、许立利
YJGF088—2006	翻转模板施工工法	1. 葛洲坝集团第二工程有限公司 2. 中国水利水电第八工程局 3. 中国水利水电第十一工程局 4. 葛洲坝集团第五工程有限公司	郭光文、朱明星、吴兴萍卢大文、夏国文、杨光忠付兴安、刘松林、苏波吕芝林、冷向阳、周山
YJGF089—2006	混凝土面板堆石坝面板施工工法	1. 中国葛洲坝集团股份有限公司 2. 中国水利水电第十二工程局	王亚文、廖光荣、黎开润李中方、俞伟弘、周爱民
YJGF090—2006	碾压式沥青混凝土防渗面板施工工法	1. 葛洲坝集团三峡实业有限公司 2. 葛洲坝集团第二工程有限公司	侯建常、陈春雷、尤绪华、戈文武、李学平
YJGF091—2006	混凝土结构地下室抗裂防渗工法	青岛建设集团公司	张同波、王胜
YJGF092—2006	"一明两暗"盆式开挖施工工法	上海市第七建筑有限公司	王美华、梁其家、吴杏第、于国光

工法编号	工法名称	完成单位	工法主要完成人
YJGF093—2006	逆作法条件下的劲性钢柱施工工法	上海市第二建筑有限公司	朱家平、谢凯、唐军、林文明、吴剑帅
YJGF094—2006	建筑工程地下室钢结构逆作法施工工法	广东省第一建筑工程有限公司	陈守辉、丘秉达、何亚瑞、叶昕亮、姚晋华
YJGF095—2006	地下室膨润土防水毯施工工法	1. 通州建总集团有限公司 2. 上海市第四建筑有限公司	瞿启忠、邱欣、曹汉标、尹晓洁、晏江民、叶永斌
YJGF096—2006	隧道施工中乳化炸药泵送装填工法	中铁三局集团有限公司	张东青、杨尚柏、李俊桢、容建华、刘崇峰
YJGF097—2006	预制钢筋混凝土排水检查井施工工法	1. 北京市政建设集团有限责任公司 2. 北京市市政工程研究院 3. 北京欣金宇砼制品有限公司	王贯明、萧岩、焦永达、陈辉、宋玉
YJGF098—2006	采用大直径钢筋混凝土圆环桁架内支撑基坑施工工法	浙江中成建工集团有限公司	刘有才、张荣灿、张文健
YJGF099—2006	深基坑钢筋混凝土内支撑微差控制爆破拆除施工工法	江苏三兴建工集团有限公司	徐安宁、赵诚堪、苏常高
YJGF100—2006	控制加载爆炸挤淤置换施工工法	中交第四航务工程局有限公司	李汉渤、江礼茂、王健、王伟智、何卓文
YJGF101—2006	复合土钉墙施工工法	1. 江苏南通六建建设集团有限公司 2. 湖南省第五工程公司 3. 江苏省苏中建设集团股份有限公司	石光明、余远建、邹科华、郭秋菊、刘运龙、唐继清、钱红、王邦国、徐朗
YJGF102—2006	压浆混凝土湿法施工工法	中交第一航务工程局有限公司	郁祝如、李广森、张树兴、徐士星、经东风
YJGF103—2006	桥梁工程超长、超大直径钻孔灌注桩施工工法	1. 中交第二航务工程局有限公司 2. 中铁十四局集团有限公司	张鸿、姚平、高纪兵、周洪顺、薛峰、孙晓迈
YJGF104—2006	基坑支护型横隔式预应力混凝土管桩制作施工工法	华丰建设股份有限公司	章铭荣、邹建平、谢立军、袁勇为、吴佳雄
YJGF105—2006	湿陷性黄土地基强夯处理工法	1. 陕西建工集团总公司 2. 陕西省建筑科学研究院	师管孝、高宗祺、陆建勇、张昌叙、田立奇
YJGF106—2006	城市地铁机电设备安装施工工法	1. 中国机械工业建设总公司 2. 中国机械工业机械化施工公司	卢跃春、张群成、娄季兴、时龙彬、姜跃宇
YJGF107—2006	地源热泵供暖空调施工工法	1. 山西省第二建筑工程公司 2. 南京建工集团有限公司 3. 上海市第二建筑有限公司 4. 上海市安装工程有限公司	王巧利、邢根保、刘志伟、鲁开明、韩宝洪、张怡、邓文龙、杜传国、朱家平、顾勇慧、张忠孝
YJGF108—2006	炼钢厂转炉汽化烟道(余热锅炉)制作工法	上海宝冶建设有限公司	陈文进、吴小庆
YJGF109—2006	"斜井穿越法"黄土塬管道施工工法	中国石油天然气管道局第一工程分公司	王宝忠、康仲元、梁国俭、何轩林
YJGF110—2006	滩海铺管船铺设海底管线施工工法	胜利油田胜利石油化工建设有限责任公司	桑运水、韩清国、王允、张军、张金波
YJGF111—2006	大直径引水压力钢管整体卷制工法	中国水利水电第四工程局	高武军、顾俭、钟艺谋、康学军、唐明金
YJGF112—2006	特大型PCCP安装施工工法	1. 中国水利水电第十一工程局 2. 中国水利水电第三工程局 3. 北京韩建集团有限公司 4. 葛洲坝集团第八工程有限公司	胡超、梁艺华、马建政、张德刚、刘江宁、徐准刚、牟方学、张小华、张斌
YJGF113—2006	工艺管道工厂化预制工法	浙江省开元安装集团有限公司	张云建、屈振伟
YJGF114—2006	中小口径管道内防腐施工工法	河北华北石油工程建设有限公司	魏广存、倪春江、周绍明、吴斌、赵明法
YJGF115—2006	高强异型节点厚钢板现场超长斜立焊施工工法	1. 中建三局建设工程股份有限公司 2. 中国建筑工程总公司	张琨、王宏、欧阳超、陈韬、熊杰
YJGF116—2006	压力钢管全方位自动焊接工法	葛洲坝集团机电建设有限公司	周复明、陈群运、吴辉、赵丞刚、卫书满
YJGF117—2006	13万t/年裂解炉模块化施工工法	1. 中国石油天然气第六建设公司 2. 中油吉林化建工程股份有限公司	蒋明道、李俊益、梁强、张炜东、李明东

工法编号	工法名称	完成单位	工法主要完成人
YJGF118—2006	火炬(塔架)散装工法	中国化学工程第四建设公司	罗旺、阳正源、孙韵、李红云
YJGF119—2006	大型双盘式浮顶储罐外脚手架正装施工工法	1. 中国石化集团宁波工程有限公司 2. 中国石化集团第二建设公司	贺贵仁、杨开宇、郑文仁杭万红、郑祥龙、王爱民
YJGF120—2006	液压牵引平移石化设施施工工法	1. 中国石化集团第十建设公司 2. 中国建筑工程总公司	嵇彬、吴忠宪、陈淑芬徐祥兴、徐磊铭、费慧慧
YJGF121—2006	大型空分制氧站装置安装工法	浙江省开元安装集团有限公司	李海、王炳发、刘云生
YJGF122—2006	700MW 水轮发电机组安装工法	葛洲坝集团机电建设有限公司	乔新义、陈强、赵仕儒、王家强、吴建洪
YJGF123—2006	汽轮发电机基座施工工法	河南省第二建筑工程有限责任公司	黄道元、王庆伟、吴明权、岳明生、王晓增
YJGF124—2006	双向倾斜大直径高强预应力锚栓安装工法	中建三局建设工程股份有限公司	张琨、彭明祥、陈振明、杨道俊、黄刚
YJGF125—2006	LPG 地下液化气库竖井安装施工工法	1. 中国机械工业建设总公司 2. 中国机械工业机械化施工公司	张群成、卢跃春、韩立春、辛淼
YJGF126—2006	制麦塔工程成套施工工法	中国建筑第六工程局	贺国利、李永红、王树铮、张杰、雷学玲
YJGF127—2006	高塔大吨位缆索起重机滑移施工工法	中铁十三局集团有限公司	朱森、潘大鹏、赵智强、惠中华、柳桂芝
YJGF128—2006	大型储罐内置悬挂平台正装法施工工法	中建八局工业设备安装有限责任公司	赖君安、张成林、王志刚、郑光辉、廖招晟
YJGF129—2006	大型液压系统"一步法"安装工法	上海宝冶建设有限公司	唐燕、王连军
YJGF130—2006	卷帘密封型干式储气柜结构安装施工工法	中冶东北建设有限公司	焦洪福、王延忠、周峰、孟令荣、孙俊波
YJGF131—2006	7.63m 焦炉砌筑工法	1. 中冶成工建设有限公司 2. 中国第一冶金建设有限责任公司 3. 中国第十七冶金建设有限公司	程爱民、程先云、石永红徐超、黎耀南、陈进中何伟、朱项银、张启友
YJGF132—2006	薄板坯连铸安装工法	中冶京唐建设有限公司	刘术军、钟秉超、陈雷、鲁福利
YJGF133—2006	大型高炉透平压缩机安装工法	北京首钢建设集团有限公司	张永新、周亚新、史殿贺、戴书荃
YJGF134—2006	循环流化床锅炉安装工法	1. 江苏华能建设工程集团有限公司 2. 江苏省聚峰建设集团有限公司 3. 江苏武进建筑安装工程有限公司	孙保兴、宋健、杨云龙、谈志祥、曹旦
YJGF135—2006	特大型井架竖立工法	中煤第三建设(集团)有限责任公司	张炳辉、廖鸿志、陈诚、黄庆宏、吴向东

2005～2006 年度国家二级工法名单

工法编号	工法名称	完成单位	工法主要完成人
YJGF136—2006	钢丝网架 SB 保温板墙面抹灰施工工法	莱西市建筑总公司	赵成福、于振方、蔡强、李承霖、沈雷
YJGF137—2006	外墙外保温施工工法	1. 中天建设集团有限公司 2. 浙江省一建建设集团有限公司 3. 杭州康居节能技术工程有限公司 4. 东亚联合控股(集团)有限公司 5. 中国核工业华兴建设有限公司	方旭慧、王国兴、解新刚、施泉民、任鸿飞 陈伟、张耀明、钱士明 姜温贤、李斌、李军平
YJGF138—2006	FGC(有机硅)外墙外保温施工工法	江苏江都建设工程有限公司	沈克健、王健、仇育赋、薛秀明、姜磊
YJGF139—2006	MLC 多功能轻质混凝土保温屋面施工工法	1. 江苏武进建筑安装工程有限公司 2. 常州市武进东方人防实业有限公司	曹旦、张荣方、周盘方、陆建林、李海军
YJGF140—2006	EPS 保温板粘贴式施工工法	1. 辽宁三盟建筑安装有限公司 2. 上海市第一建筑有限公司	钟雷、金大海、李彦华 王庆龙、王浩浩
YJGF141—2006	直立边锁扣式铝镁锰合金屋面施工工法	1. 江苏省建工集团有限公司 2. 通州建总集团有限公司	许平、陆建斌、徐建、丁峰、刘迎
YJGF142—2006	镂空铝型材幕墙施工工法	中铁建工集团有限公司	许慧、张广平、毕彦春、张国洪
YJGF143—2006	大面积大坡度屋面琉璃瓦施工工法	中建三局建设工程股份有限公司	胡宗铁、顾晴霞、何穆、徐均、刘宏林
YJGF144—2006	可拆装玻璃内幕墙(大板块)施工工法	北京市建筑工程装饰有限公司	张宝奇、张耀辉、上官越然、冯鹤、马洪波
YJGF145—2006	薄木贴面密度板装饰部件安装工法	中天建设集团有限公司	蒋金生、姚晓东、傅元宏、胡翔宇、郭军
YJGF146—2006	室内墙基布裱涂施工工法	浙江省建工集团有限责任公司	缪方翔、吕步逸、钱昀、柴如飞
YJGF147—2006	刚性点支式玻璃幕墙施工工法	浙江省建工集团有限责任公司	王坚飞、许传惠、徐群力、施泽民、郑峰
YJGF148—2006	流水幕墙施工工法	山东省建设建工(集团)有限责任公司	刘景波、张虎、陈凯、李冬冰、孙春利
YJGF149—2006	干挂陶瓷板幕墙施工工法	1. 正太集团有限公司 2. 河北建设集团有限公司 3. 中天建设集团有限公司 4. 温州东瓯建设集团有限公司	范宏甫、何益民、孟向惠 吴金辉、王朝阳、杨达 傅元宏、毛西平、唐宝兴
YJGF150—2006	大跨度预应力悬索钢结构玻璃屋面施工工法	北京建工博海建设有限公司	郭剑飞、王文月、崔广为、杨金卓、薛贺昌
YJGF151—2006	喷涂型聚脲弹性防水涂料施工工法	1. 北京城乡建设集团有限责任公司 2. 海洋化工研究院 3. 北京市中通防水施工有限公司	吴培庆、王晓维、黄微波、郑延年、郝德昌
YJGF152—2006	钢筋混凝土结构录音棚房中房结构施工工法	北京城建四建设工程有限责任公司	程占甫、张维成、周长泉、李维杰、葛海东
YJGF153—2006	GKP 外墙外保温(聚苯板聚合物砂浆增强网做法)涂料饰面施工工法	北京住总集团有限责任公司	鲍宇清、钱选青、王文波、周宁、董坤
YJGF154—2006	外墙仿真石漆面层施工工法	内蒙古兴泰建筑有限公司	王静波、周文静、郅栓明、郭曙光、薛瑞
YJGF155—2006	台风地区节能铝合金窗防渗漏施工工法	1. 方远建设集团股份有限公司 2. 龙信建设集团有限公司	应群勇、徐润胜、马从福 陈祖新、王士广、陈岗
YJGF156—2006	隐框型中空玻璃幕墙90°平开窗施工工法	浙江八达建设集团有限公司	金国春、许煜、孙利强、俞一鸣、何军林
YJGF157—2006	聚合物水泥基防水涂料工法	江苏南通二建集团有限公司	陈建国、杨顺、陈东
YJGF158—2006	虹吸式屋面雨水排水系统施工工法	1. 中国建筑第七工程局 2. 北京城建集团有限责任公司 3. 上海市安装工程有限公司	王水木、洪安辉、吴建英 梁丰、段先军、谢会雪 沈耀中、张忠秀

续表

工法编号	工法名称	完成单位	工法主要完成人
YJGF159—2006	超高超长临空女儿墙施工工法	河北建设集团有限公司	李贵良、汪孟、王保辉、朱梦杰、李新征
YJGF160—2006	砂基透水砖施工工法	1. 北京城乡建设集团有限责任公司 2. 北京仁创科技集团有限公司	吴培庆、秦升益、刘利、罗贤标、魏秀洁
YJGF161—2006	钢结构支撑体系同步等距卸载工法	1. 中建一局钢结构工程有限公司 2. 中建一局建设发展公司 3. 中国建筑第一工程局第六建筑公司	庞京辉、佟强、吴月华、贺小村、韩文秀
YJGF162—2006	空间钢结构节点平面自动测量快速定位施工工法	1. 中建一局建设发展公司 2. 中建一局钢结构工程有限公司 3. 中建一局华中建设有限公司 4. 河北建工集团有限公司	张胜良、冯世伟、陆静文 安占法、王喜国、郭天宇
YJGF163—2006	箱形空间弯扭钢结构构件加工制作工法	1. 北京城建集团有限责任公司 2. 浙江精工钢结构有限公司	李久林、高树栋、邱德隆、俞荣华、董海
YJGF164—2006	新式索托结构拉索张拉施工工法	北京韩建集团有限公司	侯俊、丁朝阳、马永利、王利、朱振刚
YJGF165—2006	多曲面壳形板结构喷射施工工法	上海市第二建筑有限公司	赵琪、张祝荣、李强
YJGF166—2006	穹顶桅杆整体提升施工工法	1. 中国建筑工程总公司 2. 深圳建升和钢结构建筑安装工程有限公司 3. 南通华新建工集团有限公司	张琨、徐坤、高勇刚 王金军、史加庆、章季
YJGF167—2006	大跨度柱面网壳结构累积滑移施工工法	浙江东南网架股份有限公司	周观根、肖炽、严永忠、张桂弟、万荣涛
YJGF168—2006	高层混凝土建筑钢筋焊接网施工工法	1. 中天建设集团有限公司 2. 河北建设集团有限公司	金跃辉、姚晓东、胡翔宇、罗卫、高忠文、王志义
YJGF169—2006	巨型框架结构转换层钢桁架组合吊装工法	江苏南通六建设集团有限公司	石光明、卢兴明、许荣华、金树平、耿忠原
YJGF170—2006	管结构加工制作工法	1. 苏州二建建筑集团有限公司 2. 龙信建设集团有限公司	陈赟、朱江、周立人 张裕忠、董佩龙、葛杰
YJGF171—2006	重晶石防辐射混凝土现浇结构施工工法	湖南省第六工程公司	常科龙、常旗、陈鸿钧
YJGF172—2006	超长大体积预应力混凝土结构施工工法	1. 青岛建设集团公司 2. 青岛建设装饰集团有限公司 3. 福建省第五建筑工程公司	张同波、周伟桥、李衍雷 吕建星、吴炳来、蔡自力
YJGF173—2006	大直径高预拉值非标高强度螺栓预应力张拉施工工法	中建国际建设公司	安建民、孙先锋、秦力、余建国、张家伟
YJGF174—2006	超长曲面混凝土墙体无缝整浇施工工法	1. 中国建筑第五工程局 2. 中国建筑工程总公司	谭青、张剑、刘忠林、胡跃军
YJGF175—2006	超薄、超大面积钢筋混凝土预应力整体水池底板施工工法	中国建筑第六工程局	柳晓君、解新宇、魏鑫、尹晓明、赵绪刚
YJGF176—2006	有粘结及无粘结立体式预应力施工工法	1. 浙江省建工集团有限责任公司 2. 中国建筑科学研究院上海分院 3. 贵州建工集团总公司	柴如飞、南建林、陆优民 张均涛、钟伟、张玉琴
YJGF177—2006	重型塔基工具式路基支撑系统在长距离楼面上的施工工法	1. 北京建工集团有限责任公司 2. 北京市机械施工有限公司	高玉兰、董巍、王益民、冯贵宝、张伟
YJGF178—2006	房屋建筑平移工法	山东省建设建工(集团)有限责任公司	赵经海、黄启政、陶敬生、王首鉴、杨全新
YJGF179—2006	大悬臂双预应力劲性钢筋混凝土大梁施工工法	中国建筑第七工程局	翟国政、王国栋、聂意江、黄延铮、张银竹
YJGF180—2006	钢管内混凝土浇筑施工工法	1. 浙江国泰建设集团有限公司 2. 宏润建设集团股份有限公司	洪昌华、刘远明、陈明、庄国强、章文湘、李津
YJGF181—2006	超高超重大跨度结构 HR 重型门架与钢筋混凝土临时结构联合支模架设计与施工工法	浙江省长城建设集团股份有限公司	何邦顺、李元武、李宏伟、汪琼
YJGF182—2006	空中连廊悬浮架施工工法	1. 浙江展诚建设集团股份有限公司 2. 福建省九龙建设集团有限公司	楼道安、吴建挺、赵鹏飞、韩明、陈北溪、胡治良

续表

工法编号	工法名称	完成单位	工法主要完成人
YJGF183—2006	固定式塔吊无后浇带基础设计及应用施工工法	江苏省苏中建设集团股份有限公司	钱红、王亚琦、韩良荣、蔡善波、徐玉健
YJGF184—2006	体外管内预应力吊拉多层外挑结构施工工法	江苏南通六建建设集团有限公司	邹科华、石光明、祝志明、陈书兵、陈小兰
YJGF185—2006	钢筋混凝土钢筋安装施工工法	1. 江苏江都建设工程有限公司 2. 江苏省苏中建设集团股份有限公司	王健、钱红、朱雪峰、刘光荣、吕昌祝
YJGF186—2006	钢筋混凝土筒体外立柱式液压爬升倒模施工工法	江西省建工集团公司	夏有保、李富荣、胡章福、李向阳、乐金亮
YJGF187—2006	无站台柱雨棚钢管桁架结构施工工法	中铁四局集团有限公司	陈宝民、龚剑波、刘辉、刘瑜、杜世军
YJGF188—2006	木工字梁、方钢管组合式顶板模板快拆体系施工工法	北京城建五建设工程有限公司	毛杰、李全智、彭其兵、黄沛成、范明
YJGF189—2006	内筒外架支撑式整体自升钢平台脚手模板系统施工工法	上海市第一建筑有限公司	龚剑、朱毅敏、汤洪家、钱磊、周虹
YJGF190—2006	超高层、重荷载、大悬挑脚手架施工工法	1. 天元建设集团有限公司 2. 华丰建设股份有限公司	张建华、张建平、胡美辉 王兼嵘、黄秋红、孙策
YJGF191—2006	电动同步爬架倒模施工工法	1. 中国建筑第二工程局 2. 重庆中建机械制造厂 3. 湖南省第四工程公司	李景芳、许远峰、邵宝奎 匡达、朱林、何格利
YJGF192—2006	门式与扣件式钢管组合模板支架施工工法	中天建设集团有限公司	方旭慧、林王剑、周乐宾、汤华、吴惠进
YJGF193—2006	筒中筒同步滑模施工工法	1. 镇江建工建设集团有限公司 2. 中国十五冶金建设有限公司 3. 河北省第四建筑工程公司	朱坚、朱先玉、黄康南 郭文胜、刘明年、龚必武 线登洲、高任清、王彦航
YJGF194—2006	斜拉钢桁架高支模施工工法	1. 龙信建设集团有限公司 2. 东南大学华东预应力技术联合开发中心 3. 南通四建集团有限公司	陈祖新、刘瑛、刘新龙 耿裕华、宋茂进、庄永国
YJGF195—2006	大跨度干煤棚曲面钢网架安装用移动脚手架施工工法	1. 南通建工集团股份有限公司 2. 江西省建工集团公司	张向阳、易兴中、邱林 丁庆云、李文、张乐
YJGF196—2006	混凝土砌块(砖)墙体裂缝控制施工工法	1. 湖南建筑工程集团总公司 2. 长沙理工大学 3. 福建省泉州市丰泽区建设工程质监站 4. 福建省第五建筑工程公司 5. 华侨大学土木工程学院	陈火炎、杨伟军、赵波 薛宗明、蔡自力、严捍东
YJGF197—2006	筒仓倒模施工工法	长春建工集团有限公司	郭乃武、葛春城、樊天恩
YJGF198—2006	住宅工程现浇钢筋混凝土楼板控制裂缝施工工法	浙江中成建工集团有限公司	刘有才、张荣灿、陈尧火、徐涛、陈珍刚
YJGF199—2006	秸秆镁质水泥轻质条板(SMC)施工工法	1. 广厦重庆第一建筑(集团)有限公司 2. 重庆君泰环保轻质建材有限公司 3. 成都市金橙环保轻质建材有限公司 4. 南通市新华建筑安装工程有限公司	姚刚、周忠明、陈阁琳 邬建华、赵汉祥、李晓新
YJGF200—2006	混凝土模块砌体施工工法	1. 北京市政建设集团有限责任公司 2. 北京市市政工程管理处 3. 北京市四方如钢混凝土制品有限公司 4. 南通华新建工集团有限公司 5. 上海钟宏科技发展有限公司	杨树丛、梁林华、孙宪宪 马勤俊、陈丰华、钱忠勤
YJGF201—2006	高耸桥墩倒模提架施工工法	通州建总集团有限公司	瞿启忠、丁春颖、丁海峰、黄晓松、刘萍
YJGF202—2006	吊拉式电动附着升降脚手架施工工法	1. 歌山建设集团有限公司 2. 上海星呈建筑机械有限公司 3. 龙元建设集团股份有限公司 4. 广州市第四建筑工程有限公司	沈小军、骆卫群、李耀 程舒、向海静、史盛华 冯文锦、冯永鎏、江涌波

续表

工法编号	工法名称	完成单位	工法主要完成人
YJGF203—2006	房屋建筑工业灰渣混凝土空心隔墙条板内隔墙施工工法	1. 浙江宝业建设集团有限公司 2. 福建省九龙建设集团有限公司	葛兴杰、李锋、周旭亚、韩明、张党生、陈川
YJGF204—2006	液压整体提升施工工法	1. 中天建设集团有限公司 2. 浙江省一建建设集团有限公司	马政纲、邵凯平、申建义、马国平、王伟
YJGF205—2006	混凝土叠合箱网梁楼盖施工工法	1. 山东天齐置业集团股份有限公司 2. 济南坚构建筑技术有限公司 3. 湖南省建筑工程集团总公司 4. 江西省建工集团公司 5. 潍坊昌大建设集团有限公司	肖华锋、李克翔、刘玉彦 向方、熊君放、谭小星 吴祥红、李向阳、徐树发 孟宪礼、徐顺福、王明艳
YJGF206—2006	大型工业厂房混凝土地面施工工法	莱西市建筑总公司	赵成福、于振方、蔡强、李承霖、沈雷
YJGF207—2006	大面积普通混凝土地面及耐磨地面一次成型机械研磨压光工法	1. 北京住总集团有限责任公司 2. 武汉建工股份有限公司 3. 浙江海天建设集团有限公司上海公司 4. 浙江昆仑建设集团股份有限公司	梅晓放、朱晓峰、任红利 李文祥、王爱勋、李杨唐 黄伟、李纯发、叶坚强 施金宝、竺百川、吕怡芳
YJGF208—2006	自密实混凝土扩大截面加固施工工法	1. 湖南省建筑工程集团总公司 2. 中南大学土木建筑学院 3. 湖南中大建科土木科技有限公司	陈火炎、余志武、熊君放、刘赞群、余锋
YJGF209—2006	混凝土快速抹面施工(HKM)工法	通州建总集团有限公司	瞿启忠、陆建中、夏雪康、张宏标、丁春颖
YJGF210—2006	防静电环氧自流平地面施工工法	江苏省苏中建设集团股份有限公司	钱红、刘光荣、景生俊、郭金宏、周健海
YJGF211—2006	高层建筑清水混凝土施工工法	莱西市建筑总公司	王松山、孙华明、孙涌、刘全明、于亿卓
YJGF212—2006	大掺量粉煤灰混凝土施工工法	甘肃第七建设集团股份有限公司	王立红、周永平、李远滨、斯秀、刘毅
YJGF213—2006	仿古建筑预制构件后置焊接安装施工工法	陕西省第三建筑工程公司	王奇维、王福华、刘永新
YJGF214—2006	隧道"零仰坡"开挖进洞施工工法	中铁十二局集团有限公司	邢利军、王法岭
YJGF215—2006	大型深水沉井采用自制空气吸泥机下沉施工工法	1. 中国建筑工程总公司 2. 深圳龙岗阳光金属构件公司	王贵军、田茂荃、单彩杰、钟燕、邓腾精
YJGF216—2006	旋喷桩内插型钢工法	1. 铁道第三勘察设计院集团有限公司 2. 宏润建设集团股份有限公司	郑习羽、周建勇、杨贵生、陈超、谢剑
YJGF217—2006	小半径曲线段盾构始发施工工法	中国建筑一局(集团)有限公司	黄常波、李钟、牛经涛、张峰、牛晋平
YJGF218—2006	混合地层泥水盾构施工工法	1. 广东省基础工程公司 2. 广东省建筑工程集团有限公司	钟显奇、邵孟新、易觉、赖伟文、刘联伟
YJGF219—2006	连拱隧道两导洞施工工法	中铁十六局集团有限公司	陈炳祥、易国华
YJGF220—2006	盾构隧道衬砌管片制作工法	1. 中铁二十三局集团有限公司 2. 中铁十八局集团有限公司 3. 北京住总集团有限责任公司 4. 南京大地建设集团有限责任公司	王乔、汪永进、李志鼎 陈英盈、龚文昌、叶尔威 杨安东、张震东、巍从新
YJGF221—2006	顶管隧道地下对接施工工法	上海市第一市政工程有限公司	董泽龙、徐刚、徐飞、胡瑞灵、王剑锋
YJGF222—2006	桥梁深水桩基础基桩与钢套箱平行施工工法	四川公路桥梁建设集团有限公司	张佐安、于志兵、李文琪、马青云、刘益平
YJGF223—2006	大断面斜井机械化作业线快速施工工法	中煤第五建设公司	孔庆海、曹武昌、袁兆宽、黄坤强、李明
YJGF224—2006	立井冻结表土机械化快速施工工法	1. 中煤第五建设公司 2. 中煤第一建设公司 3. 中煤第三建设(集团)有限责任公司	杜勇、蒲耀年、徐辉东、程志彬、刘传申
YJGF225—2006	深立井冻结孔施工工法	中煤第一建设公司	梁洪振、郭永富、李庆功、黄文学、马万昌
YJGF226—2006	斜井井筒冻结工法	中煤第一建设公司	梁洪振、郭永富、黄文学、马万昌、李志清

续表

工法编号	工法名称	完成单位	工法主要完成人
YJGF227—2006	盾构机通过矿山法开挖段管片衬砌施工工法	中铁隧道集团有限公司	杨书江、周红芳、王国安
YJGF228—2006	浅埋暗挖地铁区间隧道"PBA"施工工法	中铁十八局集团有限公司	郭北硕、弭尚宝、黄广错、安建平、顾华
YJGF229—2006	滩涂海域区承台装配式钢筋混凝土底板钢套箱围堰施工工法	1. 中铁四局集团有限公司 2. 中铁十九局集团有限公司	詹崇谦、张万虎、黄新 刘昌济、卜显英、李志斌
YJGF230—2006	绞吸式挖泥船"三锚五缆"施工工法	中交天津航道局有限公司	董保顺、赵凤友
YJGF231—2006	无盖重高压固结灌浆施工工法	中国水利水电第十工程局	向学忠、史青松、赵启强、方成名、鲍庆红
YJGF232—2006	水泥混凝土路面碎石化施工工法	1. 山东省公路建设(集团)有限公司 2. 山东省公路养护工程有限公司	贾海庆、张建 孙同波、张鹏
YJGF233—2006	机场停机坪混凝土道面施工工法	1. 中国建筑第八工程局 2. 河北建设集团有限公司 3. 云南省第四建筑工程公司	黄昌标、宋建忠、吴建国 穆少飞、刘再龙、刘占虎 拜继梅、王天锋、王自忠
YJGF234—2006	适用于海上高墩施工的CDMss50/1200移动模架施工工法	广东省长大公路工程有限公司	郭波、王中文、陈士平、刘刚亮、刘志峰
YJGF235—2006	煤矸石填方路基施工工法	中交第一公路工程局有限公司	胡益众、谢建怀
YJGF236—2006	钢桥面铺装浇筑式沥青混凝土施工工法	1. 大津五市政公路工程有限公司 2. 天津城建滨海路桥有限公司	黄玉海、李凡、巴金辉、徐凤亮、李琳
YJGF237—2006	水泥稳定再生混合料底基层施工工法	中交第二公路工程局有限公司	吴敏、董勋、黄志静、张井锋、于定权
YJGF238—2006	混凝土结构自锚悬索桥施工裂缝控制施工工法	1. 天津第三市政公路工程有限公司 2. 天津城建集团有限公司工程总承包公司	贾明浩、黄立伟、姜彧申、訾建忠、钱林玉
YJGF239—2006	195m跨钢筋混凝土拱桥多节段缆索吊装工法	中铁十七局集团有限公司	王宇、戴志用、梁毅、王清明、孙良标
YJGF240—2006	混凝土斜拉桥牵索式挂篮施工工法	1. 天津第一市政公路工程有限公司 2. 天津天佳市政公路工程有限公司	何大川、张宝刚、李庆华、李会东、杜亚民
YJGF241—2006	YZP5型路基边坡压实一体机施工工法	中铁十五局集团公司	熊建新、徐向真、赵中华、王红升、杨俊
YJGF242—2006	桥梁悬壁浇筑无主桁架体内斜拉挂篮施工工法	中国建筑第七工程局	毋存粮、焦安亮、鲁万卿、崔秉育、黄延铮
YJGF243—2006	架桥机跨内斜吊桥面梁工法	上海市第七建筑有限公司	王美华、朱王怡、吴杏弟、曾安平
YJGF244—2006	地下水平拉索平衡上承式拱桥现浇施工工法	中铁十五局集团公司	苏举、胡志广、韩庆洲、梁统战、马林林
YJGF245—2006	大跨度钢管混凝土平行拱侧倾转化提篮拱工法	中铁二十局集团有限公司	杜越、王永刚
YJGF246—2006	自锚式悬索桥主跨钢梁无支架施工工法	中铁十八局集团有限公司	陈野、王建秋
YJGF247—2006	70m跨双铰型上承式拱桥施工工法	中铁十八局集团有限公司	王朝辉、谭伟姿
YJGF248—2006	TLJ900t箱梁架设工法	中铁三局集团有限公司线桥分公司	张宁南、陆宝川、高彦明、刘彪、许美英
YJGF249—2006	千斤顶斜拉扣挂连续浇筑拱肋混凝土施工工法	广西壮族自治区公路桥梁工程总公司	冯智、韩玉、陈光辉、李玉彬、秦大燕
YJGF250—2006	大跨度提篮拱桥拱肋单吊单扣安装工法	广西壮族自治区公路桥梁工程总公司	冯智、韩玉、陈光辉、何华、李彩霞
YJGF251—2006	超宽桥面部分斜拉桥悬灌施工工法	中铁四局集团有限公司	姚松柏、罗贤辉、唐俊、王江洪、胡永
YJGF252—2006	斜拉桥预应力混凝土单索面牵索挂篮施工工法	1. 广东省长大公路工程有限公司 2. 路桥集团国际建设股份有限公司	王中文、刘刚亮、毛志坚 雷志超、付开庆、袁志宏
YJGF253—2006	钢箱梁双吊机吊装施工工法	1. 中交第二航务工程局有限公司 2. 江苏省苏通大桥建设指挥部	张鸿、陈鸣、刘鹏、彭哗丹、白炳东
YJGF254—2006	风积沙路基(湿压法)施工工法	中冶京唐建设有限公司	朱焕柏、欧林、张建英、刘邓辉

工法编号	工法名称	完成单位	工法主要完成人
YJGF255—2006	桥梁高塔(墩)液压爬模施工工法	中交第二航务工程局有限公司	汪文霞、罗承斌、肖文福、刘鹏、高雄
YJGF256—2006	大跨径钢筋混凝土箱形拱桥拱圈悬浇施工工法	四川路桥建设股份有限公司	聂东、张佐安、廖旭、曹瑞、裴宾嘉
YJGF257—2006	门式膺架半拱整体安装钢管拱肋施工工法	中铁一局集团有限公司	李世清、李宏涛
YJGF258—2006	高原、高寒大坡道铁路机械架梁施工工法	中铁一局集团有限公司	孙军红、樊卫勋、孙柏辉
YJGF259—2006	水泥药卷张拉锚杆施工工法	中国水利水电第十四工程局	黄岗、杨天吉、董发俊、李武诚
YJGF260—2006	碾压混凝土拱坝诱导缝重复灌浆施工工法	1. 中国水利水电第八工程局 2. 中国水利水电第十一工程局	何培章、郭国华、丁寿波、付兴安、闻艳萍
YJGF261—2006	石粉掺量对碾压混凝土性能影响试验工法	中国水利水电第四工程局	田育功、高居生、胡宏峡、王焕、郑凯
YJGF262—2006	水工建筑物流道抗磨蚀层环氧砂浆施工工法	中国水利水电第十一工程局	张涛、黄俊玮
YJGF263—2006	斜井开挖激光导向施工工法	1. 中国水利水电第三工程局 2. 中国水利水电第一工程局	王鹏禹、姬脉兴、皮高华、王振军、徐景辉
YJGF264—2006	混凝土坝塑料拔管法接缝灌浆系统施工工法	1. 中国水利水电第四工程局 2. 葛洲坝集团第五工程有限公司	汪文生、王裕彪、李琪、王剑、吕芝林、杨友山
YJGF265—2006	混凝土取长芯施工工法	1. 中国水利水电第三工程局 2. 葛洲坝集团基础工程有限公司 3. 中国水利水电第八工程局 4. 中国水利水电第四工程局	赵存怀、姜命强、李力、余开云、赵献勇、袁志
YJGF266—2006	混凝土面板堆石坝冬期施工工法	中国水利水电第一工程局	常焕生、刘万海、李伟、冯兆彤、王显艳
YJGF267—2006	连续拉伸式液压千斤顶—钢绞线斜井滑模系统施工工法	1. 中国水利水电第一工程局 2. 中国水利水电第十四工程局	常焕生、张洪江、金晨、邓孝洪、熊训邦、张玉彬
YJGF268—2006	面板堆石坝坝身溢洪道施工工法	1. 中国水利水电第十二工程局 2. 中国水电建设集团十五工程局有限公司	景建国、卓玉虎、程林、朱宏伟、续继峰
YJGF269—2006	大直径调压井混凝土衬砌滑模施工工法	1. 中国水利水电第五工程局 2. 中国水利水电第十工程局	母中兴、蔡远武、肖红斌、陈勇、万春来、林德槐
YJGF270—2006	大型环保人工砂石系统半干式制砂工艺施工工法	中国水利水电第九工程局	王忠禄、李永杰、张国军、魏辉、尹宏程
YJGF271—2006	上置式针梁钢模混凝土衬砌施工工法	中国水利水电第十四工程局	王仕虎、陈炳兴、邱东明
YJGF272—2006	抓取法混凝土防渗墙(地下连续墙)成槽施工工法	中国水电基础局有限公司	宗敦峰、蒋振中、宋伟、李昌华、李军
YJGF273—2006	接头管(板)法混凝土防渗墙(地下连续墙)墙段连接施工工法	中国水电基础局有限公司	肖恩尚、潘三行、李昌华、解同芬、陈航
YJGF274—2006	半圆形预应力混凝土渠槽离心—振动成型工法	中国水利水电第十三工程局	周建、王熙勇、徐建亭、辛炳烈
YJGF275—2006	混凝土防渗墙(地连墙)"上抓下钻法"槽孔建造工法	中国水利水电建设集团公司	蒋振中、宗敦峰、胡迪煜、李军、郭宏波
YJGF276—2006	混凝土防渗墙槽孔爆破辅助成槽工法	中国水利水电建设集团公司	蒋振中、宗敦峰、胡迪煜、宋伟、郭宏波
YJGF277—2006	新老混凝土结合面新增人工键槽施工工法	1. 湖北葛洲坝试验检测有限公司 2. 中国水利水电第三工程局 3. 葛洲坝集团第二工程有限公司	周厚贵、程雪军、宋拥军、李东锋、潘纪良、王宏民、马江权、丁新中、谭别军
YJGF278—2006	混凝土面板堆石坝坝体填筑工法	1. 中国葛洲坝集团股份有限公司 2. 中国水利水电第十二工程局	王亚文、王小和、廖光荣、施荣跃、严大顺、李中方
YJGF279—2006	单戗立堵截流施工工法	1. 中国葛洲坝集团股份有限公司 2. 中国水利水电第四工程局	周厚贵、邢德勇、马金刚、廖绍凯、阴承德、杨元庆
YJGF280—2006	碾压式沥青混凝土防渗心墙施工工法	1. 葛洲坝集团第六工程有限公司 2. 中国水利水电第一工程局 3. 中国水利水电第七工程局 4. 中国水电建设集团第十五工程局有限公司	黄兴龙、高万才、胡贻涛、李伟、何勇、何小雄

续表

工法编号	工法名称	完成单位	工法主要完成人
YJGF281—2006	大坝接缝灌浆采用球面键槽的施工工法	葛洲坝集团第五工程有限公司	吕芝林、郭光文、冷向阳、彭元平、周山
YJGF282—2006	钢筋混凝土箱形暗渠全断面钢模台车衬砌施工工法	甘肃省水利水电工程局	杨贤远、张成明、李耀荣、程英
YJGF283—2006	地铁盖挖逆作基础综合施工工法	1. 中铁三局集团有限公司 2. 北京住总集团有限责任公司	李彪、田军令、邢学峰 陈英盈、蔡永立、杨开忠
YJGF284—2006	掏挖法地连墙施工工法	1. 天津第六市政公路工程有限公司 2. 中铁十八局集团有限公司	佟宝祥、薛长迁、王朝辉、刘宴斌、张连丰
YJGF285—2006	地下室结构梁兼深基坑水平支撑梁逆作施工工法	江苏江中集团有限公司	沈忠星、权大桥、陶金华、时学俊、吴辉强
YJGF286—2006	基坑内塔吊基础逆作法施工工法	1. 浙江省长城建设集团股份有限公司 2. 中达建设集团股份有限公司 3. 浙江中成建工集团有限公司	李元武、韩葆和、庞堂喜 刘有才、张荣灿
YJGF287—2006	40m直径雨水调蓄池半逆作法施工工法	江苏江都建设工程有限公司	王健、赵顺定、杨金奎、仇育赋、童飞
YJGF288—2006	泳池聚氯乙烯(PVC)膜片施工工法	1. 江苏省建工集团有限公司 2. 通州建总集团有限公司	许平、王先华、陆建彬、丁峰、张晓冬
YJGF289—2006	"逆作法"吊顶施工工法	中铁六局集团有限公司	裴健、梁牛武、李志、贾珍则、刘胜尧
YJGF290—2006	全液压静力桩机沉管式自动压扩器压扩桩施工工法	山西省宏图建设工程有限公司	欧阳甘霖、孙永刚、徐延凯、李春晓、高翔
YJGF291—2006	薄壁筒桩软基处理施工工法	中铁十二局集团有限公司	曹钢龙、王建平、杜方元
YJGF292—2006	自钻式锚杆在砂卵石地层深基坑施工工法	1. 中国建筑一局(集团)有限公司 2. 中国建筑第二工程局	黄常波、白建民、刘炎辉、刘欧丁、王强伟
YJGF293—2006	桩锚基坑支护施工工法	1. 山东万鑫建设有限公司 2. 珠海智顺岩土工程专利技术有限公司 3. 山东鑫国基础工程有限公司 4. 浙江环宇建设集团有限公司	王庆军、李宪奎、李永峰 童宏伟、陈绍炳、陶红雨
YJGF294—2006	硬塑性黏土层海中深水桩基成孔施工工法	广东省长大公路工程有限公司	郭波、刘志峰、熊大胜、何韶东、温海强
YJGF295—2006	临海复杂地质条件旋喷桩止水帷幕工法	1. 青岛建设集团公司 2. 青岛海川建设集团有限公司 3. 青岛施运机械施工有限责任公司	张同波、刘海军、李华杰、魏国
YJGF296—2006	城市深孔爆破施工工法	中国建筑工程(香港)有限公司	何军、曹炎、袁定超、刘大洪、邹定祥
YJGF297—2006	钻孔咬合桩施工工法	浙江省长城建设集团股份有限公司	傅宏伟、金光炎、殷建、张文元、周明
YJGF298—2006	长螺旋钻机成孔压灌混凝土后插钢筋笼施工工法	南通华新建工集团有限公司	史加庆、汤卫华、李亚娥、周玉荣、章季
YJGF299—2006	地下连续墙液压铣槽机施工工法	中铁一局集团有限公司	雒红卫、王恩华、陈军、吕国庆、杨志明
YJGF300—2006	喀斯特地质嵌岩泥浆护壁冲孔灌注桩基础施工工法	云南省第四建筑工程公司	王自忠、孙培熙、杨庆
YJGF301—2006	水冲法(内冲内排)辅助静压桩沉桩施工工法	中国建筑第七工程局	焦安亮、钟荣昌、黄延铮、王耀
YJGF302—2006	高压旋喷桩辅以高强土工格室软基处理施工工法	中国建筑第七工程局	任刚、李玮东、林崇飞、孙龙涛、张会林
YJGF303—2006	HDPE膜防渗施工工法	1. 中国水利水电第十二工程局 2. 中国水利水电第十三工程局 3. 上海市第一市政工程有限公司 4. 广州胜义环保工程有限公司	李洪林、李秋生、杨涛 季嵘、张道玲、杨辉
YJGF304—2006	房屋建筑工程防火风管施工工法	上海市安装工程有限公司	陈晓文、张耀良

工法编号	工 法 名 称	完 成 单 位	工法主要完成人
YJGF305—2006	玻镁复合风管施工工法	1. 温州建设集团公司 2. 浙江省诸暨市工业设备安装公司	黄兆聘、刘晓霞、林胜义 郦寅希、戴关镇、周杨斌
YJGF306—2006	管道沟槽式卡箍连接施工工法	1. 浙江省开元安装集团有限公司 2. 宁波建工集团工程建设有限公司 3. 浙江省诸暨市工业设备安装公司 4. 上海市第一建筑有限公司	冯喜春、盛方伟、童新华 蒋兆忠 吴凯民、张华
YJGF307—2006	共板法兰金属板风管自控加工安装工法	1. 北京住总集团有限责任公司 2. 中铁建设集团有限公司 3. 潍坊昌大建设集团有限公司	吕莉、徐显辉、张宝龙 汪诗超、贾学斌、申友勇 王维奇、贾德祥、刘志伟
YJGF308—2006	城市燃气管道不停输封堵施工工法	上海煤气第二管线工程有限公司	陶志钧、王敬凡、董东、傅明华、孙凌晔
YJGF309—2006	非开挖燃气旧管道改造—PE 管内插法施工工法	上海煤气第一管线工程有限公司	顾军、王敏敏、张煦、钟红光、许文浩
YJGF310—2006	制药车间洁净系统管道安装工法	中冶成工建设有限公司	杨汉林、廖兴国、赵桃
YJGF311—2006	箱形结构(BOX)柱加工制作工法	1. 上海宝冶建设有限公司 2. 大连金广建设集团有限公司	刘春波、孙海亮 赵瑞杰、杨振林、刘国强
YJGF312—2006	现浇钢筋混凝土输水管水压试验工法	1. 中国建筑第二工程局 2. 中国建筑一局(集团)有限公司	吴荣、程惠敏、李政、刘虎、杨均英
YJGF313—2006	大直径单层焊接球面网壳经线定位分条安装施工工法	江西省建工集团公司	李向阳、覃坚、兰哲民、丁涛
YJGF314—2006	大型球形储罐 γ 源三源组合全景曝光技术施工工法	陕西化建工程有限责任公司	胡锡宁、龚固、袁黎明、张来民、李丽红
YJGF315—2006	立轴多喷嘴冲击式水轮机配水环管安装工法	1. 中国水利水电第七工程局 2. 河海大学	赵显忠、程云山、覃国茂、陈宇、张德虎
YJGF316—2006	30 万 m³ POC 型煤气柜制作安装工法	云南建工安装股份有限公司	华志宇、王晓方、张小青、李映光、龙宝昆
YJGF317—2006	无衬砌气垫式调压室施工工法	中国水利水电第十工程局	陈茂、郑道明、赵启强、苏小明、王福科
YJGF318—2006	液压、润滑管道气液混合冲洗工法	中国二十冶建设有限公司	王英俊、樊金田、王亚第、曹国良
YJGF319—2006	微小防护区安全射线(M-RT)检测工法	1. 中油吉林化建工程股份有限公司 2. 吉林亚新工程检测有限责任公司	关一卓、王斌、王建玲、王生利、迟振军
YJGF320—2006	双金属复合管焊接工法	四川石油天然气建设工程有限责任公司	杨胜金、王学军、杨旭
YJGF321—2006	加热炉炉管焊缝无损检测工法	中建八局工业设备安装有限责任公司	胡斌定、梁刚、王开红、刘金平
YJGF322—2006	大型球罐半自动 CO₂ 气体保护焊焊接工法	中国化学工程第十一建设公司	杜敏、汤志强、王志刚、张建华、翟东清
YJGF323—2006	大型储罐倒装自动焊焊接施工工法	新疆石油工程建设有限责任公司	张平、黄军平、杨建强、李卫国、宗涛
YJGF324—2006	Q460 高强钢厚板焊接工法	1. 北京城建集团有限责任公司 2. 北京城建精工钢结构工程有限公司 3. 江苏沪宁钢机股份有限公司 4. 浙江精工钢结构有限公司	李久林、邱德隆、高树栋 黄明鑫、芦广平、俞荣华
YJGF325—2006	国产厚钢板 CO₂ 气体保护焊施工工法	中铁建设集团有限公司	钱增志、张淑莉
YJGF326—2006	液压顶升吊装系统大型设备施工工法	中国石油天然气第六建设公司	程立允、关则新、张仕经、毛善荣、黄建华
YJGF327—2006	大型立式活塞迷宫密封压缩机安装工法	中国化学工程第十四建设公司	陈岗麒、支武银、孙兴泽、陈彧
YJGF328—2006	大中型船闸人字门安装工法	葛洲坝集团机电建设有限公司	曹毅、赵传明、李浩武、黄羽平、魏艳
YJGF329—2006	火电厂超高大直径烟囱钛钢内筒气顶倒装施工工法	中国建筑第七工程局	焦海亮、靳卫东、王五奇、卢春亭、黄延铮

续表

工法编号	工法名称	完成单位	工法主要完成人
YJGF330—2006	平桥塔架、升降机、泵车在冷却塔施工中的组合应用施工工法	浙江省建工集团有限责任公司	饶益民、焦挺、张霞军、潘红英
YJGF331—2006	超高输电塔组立施工工法	江苏省送变电公司	熊织明
YJGF332—2006	大型水内冷机组定子下线及试验工法	中国水利水电第八工程局	徐宗林、周光荣、刘新松
YJGF333—2006	大型通用桥式起重机安装施工工法	中国机械工业第一安装工程公司	罗宾、尹波、李晓琼、毛鸿燕、辛森
YJGF334—2006	塔式起重机空中组合拆除施工工法	湖南省第六工程公司	朱森林、蔡德顺、伍灿良、龚赐立
YJGF335—2006	井字形钢架正倒混合吊装法安装超高钢桅杆工法	1. 武汉建工股份有限公司 2. 武汉建工安装工程有限公司	王爱勋、李文祥、王岂强、刘庆瑞、匡世明
YJGF336—2006	CTS2型轨枕式电动转辙机安装及调试工法	中铁十二局集团电气化工程有限公司	罗世昌、王充希、成登高、屈海滨
YJGF337—2006	建筑电气暗配箱（盒）一次到位施工工法	陕西省第三建筑工程公司	陈家荣、邵延宁、马建国、赵丕毅、李军伟
YJGF338—2006	双曲线冷却塔塔机软附着施工工法	1. 重庆中建机械制造厂 2. 中国建筑二局第三建筑公司 3. 中国建筑第二工程局第二建筑公司	黄泽森、吴殿昌、姜宏、唐兴林、张巧芬
YJGF339—2006	薄壁不锈钢管卡压式连接施工工法	浙江宝业建设集团有限公司	杨晓华、陈均夫、李锋、孙国勋、周小香
YJGF340—2006	计算机区域联锁施工调试工法	中铁八局集团有限公司	蒲元明、谢邦、朱永丽
YJGF341—2006	橡胶轮胎成套设备安装工法	中国建筑第四工程局	虢明跃、刘虹、左波、李方波、蒋华雄
YJGF342—2006	大型转炉线外组装、整体安装工法	1. 上海宝冶建设有限公司 2. 中国第十七冶金建设有限公司	唐燕、丁明富、代超、夏显胜、胡明德、吴强
YJGF343—2006	干熄焦本体砌筑工法	中国第二冶金建设有限公司	陈曦、何东升、黄金、王晓刚、马玉华
YJGF344—2006	热风炉炉壳不开口内衬施工工法	中冶京唐建设有限公司	许嘉庆、钟英卓、谢之侠、史千波、李兴东
YJGF345—2006	矿物绝缘电缆施工工法	中铁四局集团有限公司	刘敏、吴荣生、李多贵、张闻夏、陈波
YJGF346—2006	CCPP余热锅炉受热面模块安装施工工法	鞍钢建设集团有限公司	王贤权、徐世鸿、武振海、李晓翱、刘凯
YJGF347—2006	艾萨炉及喷枪导轨制安工法	云南建工安装股份有限公司	曹云祥、胡冰、王晓芳、何乃文、马源
YJGF348—2006	立井井筒机电安装工法	1. 中煤第五建设公司 2. 中煤第三建设（集团）有限责任公司	杨益明、马智民、田德文、黄庆红、廖鸿志

2005～2006年度国家一级工法名单（升级版）

工法编号	工法名称	完成单位	工法主要完成人
YJGF41—2000 （2005—2006年度 升级版）	胶粉聚苯颗粒贴砌聚苯板面砖饰面外墙外保温施工工法	1. 北京振利建筑工程有限责任公司 2. 北京建工集团有限责任公司 3. 安徽建工集团有限公司	宋长友、田胜利、黄振利、 朱青、孙桂芳
YJGF39—98 （2005—2006年度 升级版）	高层建筑钢筋混凝土与舒乐板复合外墙一次成型施工工法	威海建设集团股份有限公司	王奋、高中勤、李启东、赵秀荣、赵晓
YJGF21—96 （2005—2006年度 升级版）	大跨度球面网架结构施工工法	中国建筑第六工程局	李永红、崔新玉、田国魁、 李书堂、魏剑
YJGF14—96 （2005—2006年度 升级版）	蛋形消化池施工工法	1. 中建八局第二建设有限公司 2. 中国建筑第八工程局	李忠卫、韦永斌、庞爱红、 徐微林、苑玉刚
YJGF37—2000 （2005—2006年度 升级版）	圆形预应力混凝土池壁无缝施工工法	1. 山西省第一建筑工程公司 2. 杭州市市政工程集团有限公司 3. 浙江省二建设集团有限公司	王庭瑞、贾高莲、李建民 聂小勇、周东波、郑旭晨
YJGF15—96 （2005—2006年度 升级版）	液压整体提升大模工法	上海市第七建筑有限公司	周之峰、梁其家、吴杏弟、 曾安平、陈辉
YJGF21—91 （2005—2006年度 升级版）	高层建筑施工"滑一浇一"工法	上海市第七建筑有限公司	周之峰、费跃忠、梁其家、 陈辉
YJGF21—2000 （2005—2006年度 升级版）	立井机械化快速施工工法	中煤第五建设公司	杜勇、程志彬、刘传申、江军、陈晓辉
YJGF15—92 （2005—2006年度 升级版）	大跨度隧道全断面开挖施工工法	中铁隧道集团有限公司	朱戈、李朝忠、韩忠存、何剑、马彦启
YJGF09—91 （2005—2006年度 升级版）	隧道与地铁浅埋暗挖工法	中铁隧道集团有限公司	罗琼、刘招伟、范国文、马锁柱
YJGF13—98 （2005—2006年度 升级版）	汽车试验场水泥混凝土路面施工工法	中铁四局集团有限公司	关永藩、熊选爱、杨家林、王道义、胡典全
YJGF15—98 （2005—2006年度 升级版）	大跨度悬索桥施工系列工法	中铁二局集团有限公司	施龙清、唐诚、陈正贵、余秋凉、蒋攀
YJGF26—96 （2005—2006年度 升级版）	下承式钢管拱肋公路跨铁路桥双向转体施工工法	中铁七局集团有限公司	刘林山、张群胜、刘宝贵、杜翔斌
YJGF02—96 （2005—2006年度 升级版）	地下建(构)筑物逆作法施工工法	上海市第二建筑有限公司	邓文龙、朱灵平、吴献、周乐敏、尤根良
YJGF06—92 （2005—2006年度 升级版）	射水地下成墙施工工法	1. 江苏省工程勘测研究院有限责任公司 2. 江苏鸿基岩土工程有限公司 3. 江苏邤建集团有限公司	李辉、强成仓、李兴兵、王新生、裴生虎
YJGF06—91 （2005—2006年度 升级版）	强夯置换施工工法	山西省机械施工公司	李保华、韩晋宁、苏继华、李锋瑞、刘淑芳

续表

工法编号	工法名称	完成单位	工法主要完成人
YJGF03—98 （2005—2006 年度 升级版）	大直径超深入岩钻孔扩底灌注桩施工工法	中国建筑第六工程局	徐士林、徐开元、高小强、王丽梅、程兵荣
YJGF35—96 （2005—2006 年度 升级版）	长输管道半自动下向焊流水作业工法	新疆石油工程建设有限责任公司	黄鹤、黄军平、蒋华雄、文运明、田昭非
YJGF09—98 （2005—2006 年度 升级版）	水下铺设大口径管道施工工法	中铁四局集团有限公司	张广林、王岱山、王健、李戈、徐洪岭
YJGF67—92 （2005—2006 年度 升级版）	光缆施工接续工法	中国铁路通信信号上海工程公司	李春、王予平、冯燕媛、曹俊敏